KB171270

최신 대기과학용어사전

Glossary of Atmospheric Science

大氣科學用語辭典

최신 대기과학용어사전

Glossary of Atmospheric Science

大氣科學用語辭典

(사)한국기상학회 · 기상청 편찬

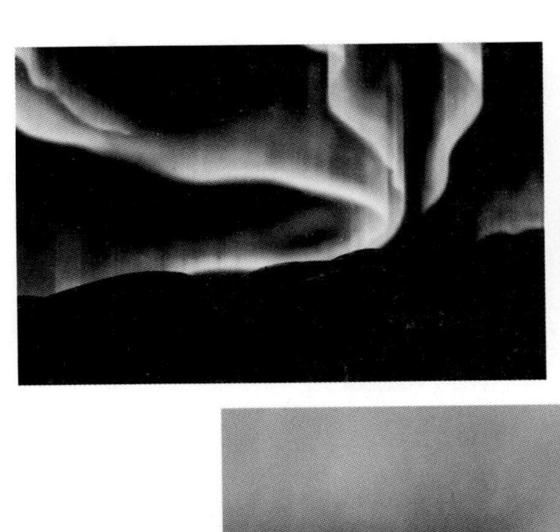

Σ 시그마프레스

최신 대기과학용어사전

발행일 | 2015년 2월 5일 1쇄 발행

편찬 | (사)한국기상학회 · 기상청
편집 | 대기과학용어사전 편찬위원회
발행인 | 강학경
발행처 | (주)시그마프레스
등록번호 | 제10-2642호
주소 | 서울특별시 영등포구 양평로 22길 21 선유도코오롱디지털타워 A401~403호
전자우편 | sigma@spress.co.kr
홈페이지 | http://www.sigmapress.co.kr
전화 | (02)323-4845, (02)2062-5184~8
팩스 | (02)323-4197
ISBN | 978-89-6866-250-8

편찬사

1958년 서울대학교 문리과대학에 천문기상학과가 창설되어 우리나라에 처음으로 기상학 교육이 시작되고 1963년 한국기상학회가 창립되어 기상학이란 학문 연합체가 태동된 지 반세기가 지났다. 지난 반세기 동안 불모지 상태에서 급성장하여 현재는 우리나라 기상학(대기과학) 수준이 선진국과 어깨를 나란히 할 정도로 발전한 것을 보면 가슴 벅차다. 이와 같은 학문 발전 과정에서 대기과학에 대한 용어 정립이 필요하여 한국기상학회에서는 학회 창립 30주년 기념사업의 일환으로 대기과학용어집 편찬사업을 계획하였고 그 후 10여 년 만인 1996년에 12,000여 용어를 수록한 **대기과학용어집**이 탄생되었다. 최근 들어 새로운 대기과학용어가 등장하고 기존의 대기과학용어 중 일부가 수정될 필요성이 대두되어 2013년 한국기상학회 창립 50주년을 기념하는 의미로 기상청의 재정적 지원을 받아 개정된 **대기과학용어집**을 발간한 바 있다. 이 대기과학용어집 개정판에는 무려 21,000여 단어가 수록되어 크게 보충되었다.

대기과학용어집 개정판 발간과 함께 그 후속 사업으로 각 대기과학용어의 뜻을 설명하는 해설집을 편찬하기 위한 기상청의 계속적인 지원에 힘입어 **대기과학용어사전**을 출판하게 되었다. 이 사전은 대기과학용어집 개정판 용어에서 중요하고 활용성이 높다고 생각되는 용어 약 3,000여 개를 해설한 것이다. 대기과학용어사전은 지난 1년간 대기과학 세부전공 분야 전문가 44명의 집필진이 수고하여 만들어 낸 작품이다. 수많은 대기과학 전문가들이 수년에 걸쳐 대기과학용어해설집을 만든 외국에 비하여 우리 용어사전은 적은 수의 집필진이 짧은 기간에 집필했기 때문에 그 노고가 매우 컸다. 이와 같이 좋지 않은 여건에서 일을 하면서 모든 집필진은 좋은 책을 만들기 위해 최선의 노력을 경주해 왔다. 그동안 집필진은 한곳에 모여 집필 결과를 갖고 여러 차례 합숙하며 집중 토론도 하고 내용을 다듬기도 하였으며 보다 명료한 용어해설을 위해 국어학자에게 철저한 감수도 받았다.

대기과학용어사전은 이용자의 편의를 위해 책 형태로 출판할 뿐만 아니라 웹기반 자동용어검색시스템(XML)을 이용하여 용어 설명 도중에 나오는 또 다른 대기과학용어를 클릭하면 그 용어의 해설이 나타나도록 하였다. 즉, 이번에 출판되는 대기과학용어사전은 하드웨어 형태와 소프트웨어 형태로 제작되는 셈이다. 지금까지 집필진 모두가 최선을 다해 만든 용어사전이지만 아직도 부족한 점이 많다. 따라서 이 용어사전은 차후 계속 수정 보완되어야 할 것이다. 앞으로 대기과학용어사전이 독자들의 사랑을 받아 많이 애용되기를 기대하며 우리나라 대기과학 발전에 큰 디딤돌이 될 수 있기를 기원한다.

그동안 편집위원장으로서 집필과 교정 등으로 노고를 아끼지 아니한 오성남 박사를 비롯하여 열정적으로 집필에 참여한 모든 분께 심심한 감사의 뜻을 표한다. 아울러 대기과학용어사전이 출판될 수 있도록 재정적 지원을 해준 기상청 관계자 여러분에게 고마움을 전한다.

2014년 7월

편찬위원장 전종갑

발간사

기상학은 과연 오래된 학문인가, 아니면 신생 학문인가? 이 질문에 대한 답은 아마 둘 다 일 것이다. 수렵생활을 마치고 농경생활을 하면서부터 인간은 날씨에 많은 관심을 가졌을 것이다. 농경의 성패는 날씨에 절대적으로 의존하기 때문에 그때부터 인간은 날씨에 관한 많은 경험적 지식을 가지려 했고 더 나아가 활용하려 노력했으며, 그러한 지식들이 후에 기상학의 바탕이 되었을 것이다. 그런 관점에서 기상학은 오래된 학문이다. 그러나 20세기 들어서 관측기술의 발달과 컴퓨터와 통신망의 급속한 발전은 기상학의 학문적 울타리를 대기과학이라는 넓은 울타리로 확장시키는 계기를 제공하였다. 특히 1960년대 초의 포트란 4와 같은 프로그래밍 언어의 개발과 1970년대 후반의 위성에 의한 기상 관측 등은 우리에게 기상 · 기후를 통찰하고 분석할 수 있는 능력을 제공해 준 혁명적인 사건들이다. 이렇게 새로운 기술과 접목된 기상학은 21세기 첨단학문으로서 나날이 새롭게 거듭나고 있다. 이러한 관점에서 보면 대기과학은 수학이나 물리학 등에 비하여 이제 폭발적 발전이 시작된 신생학문이다. 이렇듯 대기과학의 영역이 넓어지고 분야가 다양해짐에 따라 활용되는 용어도 날로 급증하고 있다.

대기과학용어사전은 단순히 구름, 바람과 같은 단순한 날씨를 설명하는 사전이 아니라 최근 20~30여 년간 관측과 연구에 의해서 새로 발견된 계절안 진동과 극 진동 그리고 엘니뇨 현상과 기후변화에 이르는 다양한 시 · 공간적 스펙트럼을 갖는 기상 및 기후현상들에 대한 물리적 메커니즘과 기본적인 개념을 정리한 사전이다.

21세기는 우리가 원하든 원하지 않든 환경을 이해하고 환경의 편에 서지 않으면 안 되는 시대이다. 지난 수세기 동안 인간의 무분별한 인위적 활동에 의해서 방출된 각종 온실기체와 오염물질이 이제는 부메랑이 되어서 인류의 생존과 삶을 위협하기 시작했다. IPCC 보고서에서 보듯이 지구온난화라는 인류 재앙적 시나리오가 우리에게 주는 메시지를 우리는 더 이상 결코 간과해서는 안 된다. 즉, 지구 시스템의 구성원인 대기, 해양, 해빙, 식생, 지각이 수억 년 동안 섬세한 상호 유기체적 활동에 의해 이루어져 온 오늘날의 지구환경이 얼마나 깨어지기 쉬운 균형에 의해 유지되고 있는가 하는 것을 우리는 이해해야 한다. 이러한 변화를 이해하고 대처하려 할 때 대기과학과 관련한 다양한 용어에 대해 기본적이며 개념적인 내용을 정리한 이 대기과학용어사전은 큰 도움이 될 것이다.

대기과학의 눈부신 발전에도 불구하고 마땅한 우리말 대기과학용어사전이 없어 안타깝던 차에 늦게나마 뜻있는 학계의 인사들이 참여하여 작업을 마쳐준 것을 고맙게 생각한다. 2013년에 발간된 대기과학용어집과 더불어 앞으로 표준화된 대기과학용어에 대한 이 사전이 대기과학을 연구하는 사람은 물론이고 기상전문기관에 종사하는 기상인과 정부, 지방자치단체의 정책결정자와 학생, 일반인 그리고 농업, 수문 등 기상을 응용하는 학문 관련 분야에 종사하는 모든 분께 귀하게 쓰이기를 바란다.

마지막으로 용어사전의 성공적인 편찬을 위해 희생적 수고를 아끼지 않은 전종갑 편찬위원장과 오성남 편집위원장을 비롯한 집필인 여러분의 노고에 깊은 감사를 드린다.

2014년 7월

한국기상학회장 안중배

추천사

"다음 세대와의 소통을 위한 통로"

국립고궁박물관에는 규장각 측우대가 전시되어 있습니다. 이 측우대의 네 면에는 측우기의 역사적 사실에 대해 새겨져 있습니다. 측우기가 크기는 작지만 두 성군(세종, 영조)이 수해와 가뭄을 다스리는 데 큰 힘을 내니 참 소중하다는 내용입니다. 이렇게 기상은 백성의 삶과 무척 밀접하므로 왕이 친히 신경 써야 할 일 중 하나였습니다.

스마트폰으로 열흘 뒤의 날씨까지 손쉽게 확인할 수 있는 오늘날에도 기상자료는 국가 공공재로 그 역할을 충실히 하고 있습니다. 이제 기상업무는 수해와 가뭄의 피해를 예방하는 것뿐만 아니라, 첨단장비를 이용한 관측자료의 증가로 활용범위가 국민생활과 산업 전반으로 확대되기에 이르렀습니다. 기상자료가 풍부해진 만큼 연구 분야는 확대되었고, 여러 학제간 교류가 활성화되었습니다. 다양한 기상정보가 생성되고 있는 동시에 새로운 용어가 끊임없이 생겨나고 있습니다.

새로운 용어는 기상기술의 발전 속도만큼이나 빠르게 생기고 있지만 이를 연구자와 국민이 소통하기에는 다소 어려움이 있었습니다. 그래서 기상청은 새로운 용어가 무분별하게 사용되거나 부정확한 용어가 유통되는 일을 방지하기 위해 체계적인 용어 정립이 필요하다고 생각했습니다. 이미 미국과 유럽 등의 기상학회에서는 대기과학의 쉬운 이해를 위해 대기과학사전을 편찬하여 활용하고 있습니다.

기상청과 한국기상학회는 2012년부터 다양한 대기과학용어를 정리하고 표준화하여 대기과학용어 21,000여 개를 담은 용어집을 발간하였습니다. 이어 올해에는 대기과학용어 3,000여 개의 뜻을 풀어 **대기과학용어사전**을 발간하였습니다.

작지만 수해와 가뭄을 다스리는 데 큰 힘을 보탠 측우기처럼, **대기과학용어사전**이 기상과학과 국민의 소통, 그리고 기상과학을 이끌어 갈 다음 세대와의 소통을 위한 통로가 되리라 기대합니다.

감사합니다.

2014년 7월

기상청장 고윤화

머리말

대기과학용어사전은 기상학을 포함한 수학, 물리학, 화학, 생물학, 해양학, 천문우주학 등 순수자연과학뿐만 아니라 환경, 원격탐사, 도시계획 및 산업 등 응용 분야까지 포함한 전문 학술용어사전이다. 그동안 대기과학의 발전상에 비하여 새로운 전문용어가 충분히 정리되지 못하고, 또 관련 학문 분야에서 다양하게 혼용되어서 대기과학 지식정보의 활용과 학문적 소통에 적지 않은 장애를 초래하기도 하였다.

한국기상학회와 기상청은 대기과학의 학술용어를 재정비하고, 정의를 명확히 하여 대기과학 분야에서 국민적 소통을 원활히 하고 아울러 우리나라 대기과학의 대중화를 위하여 그 초석을 마련하고자 하였다. 이에 따라 2012년 한국기상학회 대기과학용어심의위원회는 기상청과 협의하여 먼저 대기과학용어집을 편찬하고 이 용어 중에서 중요한 용어를 기본 표제어로 하여 용어의 정의와 해설용 표준 대기과학용어사전을 편찬하기로 합의하고 편집 기준을 정하였다.

용어해설 내용은 대기과학의 기본개념을 학술적으로 바르게 이해하여 전문적 활용이 가능하도록 하였다. 그리고 일반 사용자가 쉽고 간편하게 용어를 찾아보고, 또 새로운 용어의 등재를 추천하여 새로운 정의나 해설을 추가할 수 있도록 하였으며, 기상청 홈페이지를 비롯한 개방형 서비스 브라우저에서도 조회하여 용어의 활용을 크게 넓힐 수 있게 하였다.

대기과학용어사전 편찬과정에 있어서 가장 중요시한 세 가지는 (1) 용어의 선정과 해설 수준 결정, (2) 해설 집필인의 초빙, (3) 용어해설 내용의 규격화이다. 용어사전 내용은 대기역학, 종관기상, 중규모기상, 기후학, 수치예보, 환경기상, 응용기상, 원격탐사, 항공기상, 기상관측, 산업기상, 생물기상, 농업기상 등 대기과학의 모든 영역이 포함되었고 분야별로 학술적 전문가가 대표 집필위원으로 초빙되어 3,000여 대기과학용어가 이 책에 담기게 되었다. 특히 수치예보 분야 전문용어의 해설을 위하여 '한국수치예보개발사업단'의 집필을 부탁하였다.

용어해설을 위한 규정과 집필 기준은 다음과 같다.

- 용어의 해설 내용 수준은 대기과학 기초 및 응용 분야에서 가장 많이 사용되는 전문용어의 이해를 위하여 대기과학에 대한 기본개념을 포함하도록 하였다.
- 해설 내용에는 용어의 정의, 어원 및 활용성 등을 포함시키고 필요에 따라 그림, 사진, 도표 및 수식 등을 삽입하되 가급적 제한하였다. 그리고 '~라 말한다', '~를 가리킨다', '~라는 의미', '~라는 뜻' 등의 반복적 표현은 자제하였다.
- 표제어는 한글 용어를 기본으로 하고, 영문 및 한자 용어는 표제어 뒤에 두어 상호 참조가 되도록 하였다.

용어해설의 규정은 다음과 같이 통일하였다.

- 맨 먼저 표제어에 대한 정의를 구(句) 형태로 표현하고, 그다음에 문장 형태로 용어에 대하여

부연설명을 하였다.

- 표제어의 의미가 두 개 이상일 때는 번호를 붙여 각각을 정의하고 필요에 따라 부연설명을 하였다.
- 한글 표제어는 같으나 이에 대한 영어나 한자가 다를 경우, 한글 표제어를 반복하여 내용을 별도로 설명하였다.
- 한자가 없는 한글이나 영어와 결합된 용어의 경우, 한자 표기 란에 '-'를 표시하였다[예 : 오일러 좌표(Eulerian coordinates, -座標), 기댓값(expected value, 期待-), 에너지 캐스케이드(energy cacade)].

본 대기과학용어사전의 한글 표현과 어문 규정은 국립국어원의 어문 규정에 따라 감수되었다. 따라서 대기과학 관련 분야에서 사용자들이 정의하거나 이해하기 어려운 학술용어 또는 실용용어가 명확하게 정의되고 해설되도록 하였다. 그럼에도 용어의 정의와 해설이 완벽하지 못하고 혹시 누락된 부분도 있을 것이다. 이는 5년 내지 10년의 편집기간을 두고 편찬한 선진국의 경우와는 달리 1년여의 집필과 교정을 위한 짧은 기간이 집필진의 능력 이상의 것을 요구하게 되었기 때문이다.

본 사전에 있는 학술용어의 의미 중에는 전문 서적에서 보는 일반적인 의미와 다른 부분도 있다. 따라서 전문적인 지식을 추구하는 사람에게 용어사전이 좋은 참고서가 되기를 바란다. 본 대기과학용어사전이 대기과학자는 물론 인접 분야의 연구자나 학술인, 과학기술 분야 종사자나 일반인에게도 대기과학 분야의 지식을 올바르게 습득하는 데 도움을 줄 것이라 믿는다.

본 용어사전은 도서로 인쇄될 뿐만 아니라 기상청 데이터베이스(DB)에 수록되어 검색할 수 있기 때문에 자생적이며 지속적인 대기과학용어 생산과 보완을 자유롭게 할 수 있도록 하였다. 특히 이 사전은 세계기상기구(WMO) 등 국제기구나 국가 사이의 대기과학 분야 협력에 기여할 것이고, 기상 분야 대국민 소통을 보다 원활하게 하여 오늘날 지식 정보화 시대에 새로운 과학기술 발전에 큰 밑거름이 될 수 있을 것이다. 본 대기과학용어사전은 우리나라 대기과학 발전의 또 다른 출발점으로서 새로운 대기과학용어가 추가되고 다양한 매체를 통하여 사용자에게 부족함이 없이 편리하게 활용될 수 있도록 계속 보완하고 보충해 나갈 것이다.

그동안 본 대기과학용어사전이 발간되기까지 주관연구기관으로서 과제 수행을 성실히 도와준 한국기상학회와 물심양면으로 끝까지 격려와 힘이 되어 준 기상청에 편집인을 대표하여 깊은 감사의 뜻을 전한다. 아울러 어려운 일임에도 묵묵히 집필에 열정을 쏟으신 44명의 집필진과 언어감수를 위하여 수고하신 연세대학교 강현화 교수에게 감사를 드린다.

2014년 7월

한국기상학회 대기과학용어심의위원장 겸 편집인 대표 오성남

일러두기

대기과학용어사전의 해설범위는 용어의 정의와 어원 및 활용성 등의 부연설명으로 하였고 해설 형태는 표제어(한글, 영어, 한자)와 정의, 보충해설 순으로 하였다. 해설 내용의 처음은 구(句) 형태를 취한 용어의 정의로 시작하였다. 본 용어사전에 표제어로 사용된 용어는 2013년 개정 편찬된 대기과학용어집의 용어를 바탕으로 선정되었고, 대기과학용어집에서 찾을 수 없는 영문 용어는 한국기상학회 대기과학용어심의위원회에서 한글 및 한자 표제어를 명명하여 해설하도록 하였다.

대기과학용어사전의 표제어 정비는 국립국어원의 '어문 규정'의 준수를 대원칙으로 하였다. 다만, 집필진의 협의에 따라 일부 표제어는 한국기상학회의 관용적 사용을 인정하여 제안된 정비 규정과 실제 기술이 다를 수 있다.

본 용어사전의 편집 원칙은 다음과 같다.

□ [표제어]에서 북한어나 방언으로 된 용어는 표준어로 고치고, 한글 맞춤법 규정에 어긋난 용어는 어문 규정에 정한 대로 정비한다.

□ 띄어쓰기는 한글 맞춤법의 전문용어 띄어쓰기 규정을 대원칙으로 삼는다. 한글 맞춤법 제5장 50항의 띄어쓰기 규정에 의하면 "전문용어는 단어별로 띄어씀을 원칙으로 하되 붙여쓸 수 있다." 라고 규정하고 있다.[예 : ㄱ. 해양성 기후, ㄴ. 해양성기후(ㄱ을 원칙으로 하고, ㄴ을 허용함)]

□ 전문용어란 특정의 학술용어나 기술용어로서 대개 둘 이상의 단어가 결합하여 하나의 의미 단위에 대응하는 말을 뜻하는데, 이 용어는 곧 합성어의 성격을 갖고 있다. 따라서 붙여쓸 만한 용어이지만, 그 의미 파악이 쉽도록 하기 위하여 띄어쓰는 것을 원칙으로 하고, 편의상 붙여쓸 수 있도록 한다. 다만, 명사가 용언의 관형사형으로 된 관형어의 수식을 받거나, 두 개(이상)의 전문용어가 접속 조사로 이어지는 경우는 전문용어 단위로 붙여쓸 수 있다.(두 개 이상의 체언이 접속 조사로 연결되는 구조일 때는 붙여쓰지 않는다.)

□ **어문 세부원칙**

○ '명사+명사'로 구성되어 있는 용어 : 전문용어를 이루면서 하나의 개념을 이루기 때문에 다음 절로 길어지는 경우를 제외하고는 집필자의 의견을 존중하여 붙여씀을 허용한다. (예 : 봉우리구름, 명주실구름, 안개모양구름)

○ 다음 절 복합어 : 복합어를 이루는 음절이 너무 긴 경우 의미 이해를 고려하여 의미 단위로 띄어씀을 제안하고 전체 단어를 이루는 음절의 수를 고려하여, 4음절 이상으로 자주 나타나지 않는 단어는 띄어쓸 것을 제안한다.(예 : 대수바람연직분포방정식 → 대수바람 연직분포 방정식)

○ '용언의 관형사형+명사'의 경우 : 관형사형이 단순히 명사를 서술하는 경우에는 '어문 규정'에 따라 띄어씀을 원칙으로 하되, 만약 새로운 의미를 가지고 하나의 단어처럼 쓰이는 경우에는 붙여씀을 허용한다.

○ 단어의 구성 요소 중 하나가 한 음절로 이루어진 경우 : 한 표제어에 '값'이 복합되는 경우에 음절수에 따라 띄어쓰기가 달라지는 사례가 있어 음절수가 적은 경우(2음절어+값)에는 한 단어처럼 인식되므로 붙여씀을 허용한다.(예 : 증발값)

○ 같은 의미의 다른 단어가 존재하는 경우 : 가능한 한 붙여쓰도록 한다.(예 : 싸락눈 vs 가루눈 vs 분설)

○ 용어 간의 대립이 있어 비교(구름속 vs 구름사이)가 되는 개념인 경우 : 붙여씀을 허용하여 의미를 명시적으로 파악할 수 있게 한다.(예 : 구름속 섬광, 구름속 번개 vs 구름사이 섬광, 구름사이 방전)

○ 외래어+한자어, 외래어+고유어 : 외래어를 한글로 음차한 경우, 의미의 이해를 돕기 위해 외래어와의 경계를 띄어쓴다. 먼저, '외래어+한자어'의 경우 음절수가 많고 붙여썼을 경우 의미 파악이 어려운 경우 띄어쓴다.(예 : 리처드슨 수, 스칼라 양, 콜로이드 계 등. 다만, '마이크로파'와 같은 용어처럼 한 단어로 익숙해진 경우에는 붙여씀을 허용한다.)

○ 사이시옷 : '표준국어대사전'에 등재된 형태로 정비하되, 등재되지 않은 용어의 경우에는 어문 규정에 제시된 사이시옷 규정을 따르고, 합성어에서 사잇소리가 나면 사이시옷을 표기한다.(예 : 최댓값, 최솟값, 초깃값 등)

□ 외래어 표기

일차적으로 '표준국어대사전'에 따라 정비하고, 등재되지 않은 용어는 국립국어원의 외래어 표기 용례집을 따른다. 인명, 고유어 등을 외래어로 표기한 경우, '어문 규정'에 따라 한글로 표기한 후 영어를 병기한다.[예 : 손스웨이트(Thornthwaite), 뉴턴(Newton)]

□ 내용상의 정비 지침

○ 복수를 나타내는 접사 '-들'의 사용 : 우리말은 복수의 의미라도 '-들'을 쓰지 않아도 의미 해석에 어려움이 없는 경우가 많다. 따라서 '-들'이 붙는 경우 더 어색해지는 경우나 '-들'이 불필요할 경우 이를 삭제한다.

○ 영어의 음차보다 우리말 표현이 자연스러운 경우, 문맥에 따라 우리말로 표현하고, 우리말이나 한자어로 된 색채 표기에 외래어가 섞여 있을 경우 우리말이나 한자어로 한다.(예 : 세트 → 집합, 핑크색 → 분홍색, 오렌지색 → 주황색)

○ 단어에 의미가 중복되는 부분은 삭제한다.(예 : 부채꼴형 → 부채형)
경우에 따라서는 사용된 어휘보다 문맥과 더 잘 어울리는 어휘를 사용한다.
(예 : 아주 위험 스트레스 → 고 위험 스트레스)
그러나 서술형이 가능한 경우에는 이를 사용한다.
(예 : 스트레스 없음, 스트레스 보통, 스트레스 위험)

○ 해설 내용의 수준 결정을 위하여 미국기상학회(AMS)의 *Glossary of Meteorology*(2000)를 대표 참고문헌으로 사용하였다.

대기과학용어사전 편찬위원회

편찬위원장 : 전종갑(서울대학교)

편집위원장 : 오성남(연세대학교)

집필 및 편집위원(가나다 순서)

권혁조(공주대학교)
김경익(경북대학교)
김광열(서울대학교)
김병곤(강릉원주대학교)
김상일(한국수치예보개발사업단)
김성중(극지연구소)
김영준(광주과학기술원)
김정우(연세대학교)
김준(서울대학교)
김준(연세대학교)
김해동(계명대학교)
류찬수(조선대학교)
문병권(전북대학교)
문영수(대구한의대학교)
문일주(제주대학교)
박록진(서울대학교)
손병주(서울대학교)
송인선(한국수치예보개발사업단)
신동빈(연세대학교)
안순일(연세대학교)
염성수(연세대학교)
예상욱(한양대학교)
오성남(연세대학교)
오재호(부경대학교)
유희동(기상청)
윤일희(경북대학교)
이규태(강릉원주대학교)
이동규(서울대학교)
이동인(부경대학교)
이변우(서울대학교)
이상현(공주대학교)
이승수(미국해양기상청)
이우진(기상청)
이화운(부산대학교)
임규호(서울대학교)
전종갑(서울대학교)
정관영(기상청)
정영근(전남대학교)
차은정(기상청)
최영은(건국대학교)
하경자(부산대학교)
허복행(기상청)
허창회(서울대학교)
홍성길(한국기상전문인협회)

언어감수 : 강현화(연세대학교)

주관연구기관 : 사단법인 한국기상학회

주무기관 : 기상청

참고문헌

건설교통부 국토지리정보원, 2003: 측량용어사전. 싸이알, 242pp.

기상청, 2006: 기상장비사전. 동진문화사, 250pp.

물학술단체연합회, K-water, 2011: 물용어집. 시그마프레스, 338pp.

한국기상학회, 기상청, 2013: 대기과학용어집. 시그마프레스, 1042pp.

한국지구과학회, 2009: 지구과학사전. 북스힐, 1234pp.

한국해양학회, 2005: 해양과학용어사전. 아카데미서적, 749pp.

화학용어사전편찬회, 2010: 화학용어사전. 일진사, 1156pp.

山岸米二郞, 2011: 氣象辭典. 朝倉書店, 306pp.

Adrien, Nicolas G. 2004: *Computational Hydraulics and Hydrology: An Illustrated Dictionary.* CRC Press, 452pp.

American Meteorological Society, 2000: *Glossary of Meteorology* (2nd Edition). American Meteorological Society, 855pp.

Andrews, David G., 2000: *An Introduction to Atmospheric Physics.* Cambridge University Press, 229pp.

Arya, S. Pal, 2001: *Introduction to Micrometeorology* (2nd Edition). Academic Press, 420pp.

Bridgman, Howard A. and Oliver, John E., 2006: *The Global Climate System: Patterns, Processes, and Teleconnections.* Cambridge University Press, 331pp.

Frederick, John E., 2008: *Principles of Atmospheric Science.* Jones and Bartlett Publishers, 211pp.

Glickman, Todd S. (editor), 2000: *Glossary of Meteorology.* American Meteorological Society, 855pp.

Holton, J. R., 2004: *An Introduction to Dynamic Meteorology* (4th Edition). Academic Press, 450pp.

McIntosh, M. A., 1972: *Meteorological Glossary.* Chemical Publishing Company, Inc., 317pp.

Tuck, Adrian F., 2008: *Atmospheric Turbulence: A Molecular Dynamics Perspective.* Oxford University Press, 157pp.

Wallace, J. M. and P. V. Hobbs, 2006: *Atmospheric Science: An Introductory Survey.* (2nd Edition). Academic Press. 483pp.

차례

ㄱ

대기과학용어사전

가강수량(precipitable water, 可降水量) 대기의 두 고도 사이의 단위면적당 공기층에 포함된 총수증기량.
가강수 수증기를 깊이로 표시하는 도량 단위이다. 일반적으로 단위면적당 기층에 포함된 수증기가 모두 응결하여 같은 면적을 갖는 용기에 채웠을 때의 물의 높이로 표시하며 단위는 밀리미터(mm)이다. 기층은 지구의 표면으로부터 대기 꼭대기까지 단위면적 위의 공기층 모두를 포함한다. 표현되는 수식에서 $x(p)$를 기압 p에서의 혼합비라고 하면 기압면 p_1과 p_2 사이의 가강수량 W는 다음과 같이 주어진다.

$$W = \frac{1}{g}\int_{p1}^{p2} x dp$$

여기서 g는 지구중력가속도이다. 뇌우와 같은 호우의 경우 강수량이 이곳의 가강수량 값을 넘는 경우도 종종 나타난다. 이는 주변공기로부터 수증기가 호우구름으로 수렴되기 때문이다. 경우에 따라 이 값은 큰 수치로 나타나기도 한다. 그러나 주어진 구름으로부터 강수량은 이 구름의 형성에 관련된 기단의 가강수량과 밀접한 연관성을 보인다. 연평균 가강수량의 위도분포는 저위도 지역에서 높게 나타나고(열대해양, 약 45mm), 고위도에서는 상대적으로 작은 값으로 나타난다.

가금 스트레스 지수(poultry stress index; PSI, 家禽-指數) 가금의 열적 스트레스.
약자를 쓴다. 온도-습도지수(THI)로부터 정의한 카테고리는 THI 값이 크면 가축의 사망률도 증가한다.

THI	PSI	(일 사망자수에 나타난) 효과
<27℃	스트레스 없음	증가 없음
27~29℃	스트레스 보통	0.5~1% 증가
29~30℃	스트레스 위험	1~2% 증가
>30℃	스트레스 아주 위험	2% 이상 증가

가능증발량(potential evaporation, 可能蒸發量) 임의 지역의 기상이나 기후조건이 물의 증발에 적합한 정도를 나타내는 값.
순수한 물의 표면에서 대기와 접한 층의 기온 변동에 따라 변화하는 최대증발량 또는 증발률로서 실제증발량과의 비율을 나타낼 때는 상대증발량(relative evaporation)으로 산정된다.

가능증발산(량)(potential evapotranspiration, 可能蒸發散(量)) 1. 수분이 충분히 공급되는 식물이 지면을 덮은 동일한 지역에서 토양으로부터 증발과 식물의 증산량을 포함한 증발과 발산되는 수분의 양.

ㄱ

2. 단위면적당 단위시간에 균일하게 퍼져 있는 동일한 식물이 덮고 있는 지역에서 토양으로부터 증발되는 양과 식물이 증산하는 양을 합하여 증발산되는 수분의 총량.
또는 경험적인 지수로서 (1) 일반적으로 주어진 지면에서 증발산으로 소모되는 수분을 물 깊이 단위로 나타낸 습기의 총량. 이는 건조한 지역에서 필요한 관개용수의 양을 판단하는 데 이용된다. 또한 습윤지역에서는 강수량과 유출량 간의 차이를 의미하며, 외부로부터 차단된 토양에서 일정한 토양수분을 유지하기 위한 필요한 물 공급량을 의미한다. (2) 1948년 손스웨이트(Thornthwaite)의 기후구분에 의하면, 계속되는 12개월 동안의 cta로 표시되는 값의 합으로서, 여기서 t는 섭씨로 표시한 월평균기온, a와 c는 연열지수(annual heat index)로부터 결정되는 상수이다.

가능증산(량)(potential transpiration, 可能蒸散(量)) 토양 수분이 무한하다고 가정할 때 식물에 의하여 소모되는 물의 양.
수증기 속(flux)과의 비율로 표시된다. A-급 증발계에서 증발하는 양을 기준으로 보통 식물이나 식생 종류에 따라 그 값이 경험적으로 결정된다. 가능증발산값은 증발계의 증발값보다 크게 나타난다. 예로서 식물의 최대성장기에는 증산량이 수분의 증발계 값의 105%가 되기도 한다. 증발산을 참조하라.

가능최대강수량(probable maximum precipitation; PMP, 可能最大降水量) 가장 극한 기상조건하에서 임의 지역에서 특정 기간 동안에 발생 가능한 이론적인 최대강수량.
PMP는 대기 중의 가능강수 수분량(水分量)으로서 구름층의 두께를 결정하고 바람, 기온 등 호우를 발생시킬 기상학적 조건과 강수 유역의 지형학적 특성, 연중계절 등 다양한 복합적인 요인과 연관된다. 대기 중 가능강수 수분량은 연직 방향의 공기기둥 내에 있는 수증기가 모두 응결하여 지면에 낙하한다고 가정할 때의 강수량으로 나타낼 수 있으며, 공기기둥 내의 가능강수 수분량 $P(g/cm^2)$는 절대습도 ρ_w를 이용하여 다음과 같이 구할 수 있다.

$$P(g/cm^2) = \int_{z=0}^{z=\infty} \rho_w dz$$

PMP는 강수량 예보 또는 수로나 댐의 설계에 활용된다.

가능최대홍수량(probable maximum flood; PMF, 可能最大洪水量) 특정 유역에서 발생할 수 있는 가장 극한 기상조건에서 발생 가능한 호우 등으로 인해서 예상되는 가장 큰 홍수.
PMF는 PMP가 결정되면 단위도를 적용하여 산정할 수 있으며, 가능최대강수량(PMP)으로부터 산정하기 때문에 빈도를 계산할 수 없다. 대규모 댐의 여수로나 중소규모댐인 경우 붕괴 시

많은 인명 및 재산 피해가 예상되는 경우에만 PMF를 설계 기준으로 사용한다.

가라앉음형(fumigation, -形) 난류혼합층이 플룸고도에까지 성장하여 공중에 부유하는 대기오염이나 (때때로 기온역전과 같은 안정한 공기층에 들어 있는) 플룸이 난류혼합층으로 하향 혼합하는 현상.
그을리기, 훈증형퍼짐이라고도 한다. **고리형**(looping), **원뿔형**(coning), **부채형**(fanning), **상승형**(lofting)을 참조하라.

가렛-뭉크 스펙트럼(Garrett-Munk spectrum) 깊은 바다 전체에 동일한 구조를 갖는 것으로 관측되는 (연직 크기에 비해 큰 수평 크기를 갖는 해양파에 대한) 내부중력파 스펙트럼의 분석적 근사.
에너지 밀도 스펙트럼은 다음 양에 비례한다.

$$Ef/\left[\omega\left(\omega^2-f^2\right)^{1/2}\right] \approx Ef/\omega^2 \quad (\omega \gg f\text{에 대하여})$$

여기서 ω는 파의 진동수, f는 코리올리 매개변수이고 E는 경험적으로 결정되는 무차원 매개변수로서 $E \approx 6 \times 10^{-5}$의 값을 갖는다. 넓은 범위에 대하여 관측한 결과, E가 이 값의 2배를 넘지 않는 범위에서 변하는 것으로 나타났다.

가로진동(roll, -振動) 세로축(종방향)에 대한 선박의 가로 방향(횡방향) 진동.

가루눈(powder snow) 일반적으로 직경이 1mm 미만인, 대단히 작고 평평하거나 길쭉한 모양의 희고 불투명한 얼음 알갱이로 구성되어 내리는 눈.
분설(粉雪) 또는 쌀알눈이라고도 한다. 잘 뭉쳐지지 않으며 기온이 낮고 바람이 강한 추운 날씨에 **층적운** 또는 **층운**에서 잘 나타난다. 스키를 타는 데 가장 알맞은 눈으로 알려져 있으며 **싸락눈**과 매우 유사하다.

가명(aliasing, 假名) 1. 연속적 자료로부터 샘플링하는 구간이 그보다 더 낮은 주파수의 진폭에 오류를 발생하는, 일종의 단속 샘플링으로 인하여 푸리에 분석에서 생기는 에러.
샘플링이나 디지타이징 할 때 느린 반응 측정기구나 유사 전기회로를 사용하여 고주파수를 제거함으로써 가명현상을 피할 수 있다. **나이퀴스트 주파수**를 참조하라.
2. 레이더, 소다, 라이더 등에서 목표물로부터 오는 신호 접힘이 정상 구간 외부에서 정상 구간으로 되돌아올 때(구간 접힘) 혹은 외부속도 구간에서도 정상속도 구간으로의 방사속도 접힘(속도 접힘).

가뭄(drought) 임의 지역에 수리학적으로 심각한 불균형을 초래할 정도로 비정상적으로 긴 건조기상 기간.
한발(旱魃)이라고도 한다. 일반적으로 평균 이하의 강수량이 지속적으로 나타나는 지역의 현상으로 물의 양에 대한 상대적인 용어로서 여러 가지 기준에 의해 정의되며, 크게 기상학적(강수량, 증발량, 증발산량 등 고려), 기후학적(사용가능한 물의 기후학적 평균강수량 기준), 수문학적(댐, 저수지, 하천의 물수지 기준), 농업적(농작물에 필요한 토양 수준 확보 기준) 가뭄으로 분류할 수 있다. 가뭄은 여러 해에 걸쳐 나타나기도 하며, 짧은 기간에 강하게 나타나기도 한다.

가뭄지속기간(drought duration, －持續其間) 장기간 평균 이하의 강수량을 나타내는 기상학적 가뭄지속기간과 수문학적 가뭄은 용수 공급에 대한 강수 부족 기간을 말하며, 농업적 가뭄의 경우 토양수분의 부족으로 증발산이 감소되기 시작한 이후 충분한 강우가 있을 때까지의 기간.

가뭄지수(drought index, －指數) 습기 부족의 누적효과를 나타내기 위해 계산된 값.
일반적으로 개울, 호수, 저수지 등에서 평균 이하 수준의 수문학적 가뭄을 나타내는 지수이다. 농업가뭄 지수의 경우는 절대증산부족 또는 비정상증산부족의 누적효과로 표현한다(WMO). 팔머 가뭄심도지수, 표준강수지수를 참조하라.

가속도(acceleration, 加速度) 속도를 시간의 함수로 규정지은 입자속도 벡터의 시간에 따른 변화율.
속도 벡터가 $\boldsymbol{U}$일 때, 가속도는 $d\boldsymbol{U}/dt$로 표현된다. 여기서 d/dt는 물질미분 혹은 총미분이라고 부른다. 유체역학적 목적에서는 오일러 좌표를 도입하여 가속도를 다음과 같이 분해하여 나타낸다.

$$\frac{d\boldsymbol{U}}{dt} = \frac{\partial \boldsymbol{U}}{\partial t} + \boldsymbol{U} \cdot \nabla \boldsymbol{U}$$

여기서 $\partial \boldsymbol{U}/\partial t$는 국지 가속도이며, $\boldsymbol{U} \cdot \nabla \boldsymbol{U}$항은 대류 가속도 혹은 이류 가속도이다.

가시거리(visual range, 可視距離) 일광 조건일 때 구체적 형태의 목표물과 그 목표물의 배경 사이의 명확한 시각적 대조가 관측자의 시각적 한계인 문턱 대조와 정확히 같아지는 곳의 거리. 야간시계와는 구분되어야 한다. 가시거리는 대기 소산계수, 대상의 반사율과 시각, 관찰 순간 관찰자의 문턱대비값의 함수로 나타낸다. 소위 기상학적 범위에서만 시정값이 소산계수에 의존한다.

가시거리공식(visual-range formula, 可視距離公式) 수평선 위로 크고 작은 목표물을 육안으로 볼 수 있는 정도의 수평거리인 가시거리를 구하는 공식.
가시거리공식은 다음과 같이 정의한다.

$$V = \frac{1}{\sigma}\ln\frac{|C|}{\epsilon}$$

여기서 σ는 대기 감쇠계수, C는 수평에 위치한 목표물과 물체와 배경을 구분할 수 있는 최소한의 한계(thresold contrast, ϵ)를 가지는 관측자에 의해 대기를 통과하여 보이는 목표물 주위 배경 사이의 대비를 의미한다. 주로 $C=1$의 값을 가지는 어두운 목표물의 경우에 다음의 형태로 사용된다.

$$V = \frac{1}{\sigma}\ln\frac{1}{\epsilon}$$

특히 기상학적 거리 계산에서는 ϵ 또한 상수값을 사용한다.

가역과정(reversible process, 可逆過程) 우주의 엔트로피는 일정하다는 개념적인 과정. 임의의 물질계가 A상태에서 B상태로 변화가 일어났을 경우, 외부에서 변화를 유발하지 않았을 때도 B상태에서 A상태로 완벽하게 되돌아가는 과정을 가역과정이라고 한다. 그러나 실제 자연현상에서 가역과정은 존재하지 않는다.

가역습윤단열과정(reversible moist-adiabatic process, 可逆濕潤斷熱過程) 물의 증발 또는 응결, 주변공기에 의한 수증기 엔탈피의 생성 또는 주변공기로의 수증기 엔탈피의 제거로 인해 공기덩이가 포화상태를 유지할 때, 공기덩이가 겪는 과정.
위단열팽창과는 대조적으로 가역습윤단열과정을 통해 임의의 공기덩이에 팽창하여 응결된 물은 공기덩이에 포함되어 있어, 단열습윤 압축이 진행되면 공기덩이는 원상태로 돌아간다. 이 경우는 응결된 물방울이 낙하하지 못할 정도로 충분히 작아 공기덩이에 모두 남아 있는 상태이다. 가역과정에서 습윤단열감률은 다음과 같이 주어진다.

$$\Gamma = g\frac{(1+r_t)\left(1+\dfrac{L_v r_v}{RT}\right)}{c_{pd}+r_v c_{pv}+r_l c+\dfrac{L_v^2 r_v(\epsilon+r_v)}{RT^2}}$$

여기서 Γ은 가역습윤단열감률, g는 중력가속도, r_v, r_l, r_t는 각각 전체 공기에 대한 수증기, 액체상태의 물, 그리고 모든 물의 혼합비를 나타낸다. c_{pd}, c_{pv}, c는 각각 건조공기, 수증기, 액체상태인 물의 정압비열을 나타내며, L_v는 증발열을 의미한다. R은 건조공기의 기체상수, ϵ은 건조공기의 기체상수와 수증기 기체상수의 비, T는 온도이다.

가온도(virtual temperature, 假溫度) 기압과 밀도를 변하지 않게 유지하고 수증기 대신 건조공

ㄱ

기를 채울 때 공기덩어리가 갖는 온도.
습윤공기의 기온이 T일 때, 가온도 $T_v = T(1+r_v/\epsilon)/(1+r_v)$로 정의되는데 여기서 r_v는 혼합비, ϵ은 건조공기와 수증기의 기체상수비율이다. 습윤공기는 수증기가 포함되는 정도에 따라 평균 분자량이 변하므로 이에 따라 기체상수값이 달라진다. 이를 적용하여 이상기체상태방정식을 표현하면 다음과 같다.

$$p = \rho R_m T$$

여기서 습윤공기의 기체상수 $R_m = R_d(1+0.61\mathrm{q})$이다. 수증기량에 따라 달라지는 기체상수를 건조공기 기체상수 R_d를 이용하고, 변하는 부분을 기온에 포함시키면 다음과 같이 된다.

$$p = \rho R_d T_v$$

따라서

$$T_v = (1+0.61\mathrm{q})T$$

여기서 T_v가 가온도이다. 습윤공기의 열역학적 과정에서는 가온도를 사용한다.

가온위(virtual potential temperature, 假溫位) 수증기를 포함한 습윤공기를 단열과정을 거쳐 1,000hPa까지 도달했을 때의 온도.
온위(potential temperature)를 구하는 식에 기온 대신에 가온도를 이용하여 계산할 수 있다.

$$\theta_v = T_v(1000/p)^{k_d}$$

여기서 $k_d = R_d/c_p = 0.286$을 사용한다.

가용잠재 에너지(available potential energy, 可用潛在-) 닫힌 계에서 단열적인 질량 재배치를 통해 운동 에너지로 변환될 수 있는 총 위치 에너지의 양.
실제로 대기의 전체 내부 에너지 중에서 운동 에너지로 전환될 수 있는 양을 의미한다. 1955년 미국 에드워드 로렌츠(Edward Lorenz)가 최초로 정량화한 이래 많은 연구에서 활용되어 왔다. 초기상태에 아래 첨자 I를 붙이고, 단열적 질량 재배치 이후 참고상태에 아래첨자 r을 붙일 때, 가용잠재 에너지(A)는 다음과 같이 정의된다.

$$A = P_I - P_r = \frac{c_p}{g p_{00}^{\kappa}(1+\kappa)} \int_S \int_0^{\infty} \left(p_I^{1+\kappa} - p_r^{1+\kappa}\right) d\theta dS$$

여기서 P는 잠재 에너지, c_p는 정압비열, g는 중력가속도, p_{00}는 참고고도에서의 기압(보통 1,000hpa), $\kappa = R/c_p$, R은 대기에 대한 기체상수, θ는 온위, S는 전지구를 감싸는 등온위면을 나타낸다.

가용태양복사(available solar radiation, 可用太陽輻射) 지구에 의하여 차단된 태양복사의 총량.
이 값은 $S\pi r^2$로 계산된다. 여기서 S는 태양상수, π는 원주율, 그리고 r은 지구반경이다.

가용수분(available water, 可用水分) 현재 토양수분과 시듦점(wilting point) 간의 차이.
최대가용수분은 바탕용량(field capacity)에서 시듦점을 빼준 값이다.

가용위치 에너지(available potential energy, 可用位置-) 단열적으로 닫힌 계에서 운동 에너지로 변환될 수 있는 총 위치 에너지의 일부.
만일 대기가 수평적으로 성층화되어 있다면 위치 에너지 변환이 불가능하다. 따라서 어떤 주어진 대기상태에서 가용위치 에너지는 그 상태에서의 총 위치 에너지 값과 질량의 단열적 재분배로 수평적 성층화가 되었을 때 값의 차이를 의미한다.

가용토양수분(available soil moisture, 可用土壤水分) 식물의 뿌리에 의해 쉽게 흡수될 수 있는 토양 속의 수분 함량.
일반적으로 최대 1,500kPa까지의 토양수압을 거슬러 토양 안에 담겨 있는 물을 의미한다.

가우스(gauss) 자기유도(또는 자기장에 직각인 면을 가로지르는 단위면적당 자기 플럭스)의 cgs(cm-gram-second) 단위.
1가우스는 cm^2당 1맥스웰(maxwell) 값과 같다. 자기유도의 cgs 단위와 mks(meter-kilogram-second) 단위는 10^4가우스$=1weber\ m^{-2}=1\ Tesla(T)$와 관련되어 있는데, 여기서 $1weber=1(\neq wton\ \ meter)/amp=1volt\ \ s$이다. 미국에서 지구의 자기유도는 0.5가우스 차수이고, 천정으로부터 약 20° 각도 방향의 자기장이 존재한다. 초전도 자석 내부의 자기유도는 $20T$만큼 높고, 반면에 인간 척추에 의해 발생되는 자기유도는 $15\times10^{-15}\ T\ (1.5\times10^{-10}$ 가우스$)$의 차수의 크기이다.

가우스 구적법(Gaussian quadrature, -求積法) 일반적인 구적법의 경우 적분 구간 내 내삽함수(interpolating function) $f(x)$를 두어 정적분을 수치적으로 계산하는 방법.
여기서 x는 변수이다. 이때 정해진 점 개수에 따라 내삽함수의 차수가 정해지게 되며, 대표적인 방법으로 1개 점에 대해 0차 내삽함수를 사용하는 리만 합(Riemann Sum)과 n개 점에 대해 $n-1$차 다항함수를 내삽함수를 사용하는 뉴턴-코테 공식(Newton-Cotes Formula)이 있다. 가우스 구적법의 경우 뉴턴-코테 공식과 달리 n개 점을 사용할 경우 그 점 위치와 가중치를 미지수로 두고 $2n-1$차 다항식을 내삽함수로 둔다. 특정 점 개수에 대해 미리 계산된 점 위치와 그 가중치들을 이용해 수치적분을 다음과 같이 계산할 수 있다.

$$\int_{-1}^{1} f(x) = \sum_{i=1}^{n} w_i f(x_i)$$

가우스 소거(Gauss elimination, -消去) 선형대수방정식(특히 연립 1차방정식)의 해법 중 하나로서 일반적인 소거법을 조직적인 절차를 통해 구현하도록 정리한 것.

$$\begin{aligned}
\alpha_{1,1}x_1 + \alpha_{1,2}x_2 + \cdots + \alpha_{1,n}x_n &= b_1 \\
\alpha_{2,1}x_1 + \alpha_{2,2}x_2 + \cdots + \alpha_{2,n}x_n &= b_2 \\
&\cdots \\
\alpha_{n,1}x_1 + \alpha_{n,2}x_2 + \cdots + \alpha_{n,n}x_n &= b_n
\end{aligned}$$

위와 같은 연립 1차방정식에서 두 번째 식 이하에서 x_1를 소거하고, 세 번째 식 이하에서는 x_3를 소거하는 등 계속해서 변수를 하나씩 소거해 나감으로써 해를 하나씩 구하는 소거법이다.

가을(autumn) 태양이 동지로 향하는 여름에서 겨울로 전환되는 기간.
천문학적으로는 9월 23일 추분부터 12월 21일 동지까지의 9~11월 기간으로서, 24절기로는 입추(8월 7일경)부터 입동(11월 7일경)까지의 계절이다. 일반적으로 북반구에서는 9월, 10월, 11월을 포함하며 남반구에서는 3월, 4월, 5월을 포함한다.

가청역(audibility zone, 可聽域) 특별한 장치를 이용하지 않고 사람이 식별할 수 있는 소리의 출처인 음원을 둘러싸는 한 영역.
가청역이란 개념은 인간의 청각 범위 밖의 진동수와 인간의 귀보다 훨씬 더 민감한 식별장치에 적용될 수도 있다. 가청역들의 존재와 생김새는 음원과 수신자 사이의 경로에 따른 온도나 바람에 의존된다. 성층권과 중간권 그리고 대류권 제트 기류가 있는 대기의 고도에서 온도분포들이 가청역의 위치와 범위를 결정한다.

가축 안전지수(livestock safety index, 家畜安全指數) 온도-습도지수(THI)에 따라 다음 표와 같이 가축의 스트레스를 나타낸 지수.
약어로는 LSI(livestock safety index)라 하며 가축의 증체율과 육질 및 우유 생산 등과 밀접하게 관련되어 있다.

THI	LSI	효과
<75°F (23℃)	안정	열적 스트레스 없음
75~78°F (23~25℃)	경보	체중 증가 감소, 우유 생산량 감소, 호흡수 증가
79~83°F (26~28℃)	위험	체중 증가 감소, 우유 생산량 감소, 더 스트레스를 받게 될 경우 잠재적 사망 가능성
>84°F (28℃)	위급	활동, 물 부족, 외부 냉각 부족 등으로 인해 더 스트레스를 받게 될 경우 사망 가능성

가항반원(navigable semicircle, 可航半圓) 태풍이 이동할 때 북반구에서는 진행 방향의 왼쪽 반원, 남반구에서는 진행 방향의 오른쪽 영역 반원.
이곳에서는 태풍의 바람 방향과 주위의 바람 방향이 서로 반대가 되어 상쇄되므로 상대적으로 풍속이 약해진다. 상대적인 용어로서 위험반원(dangerous semicircle)이 있다.

각도파수(angular wavenumber, 角度波數) 기상학에서 요란이 발생하는 위도에서 지구를 한 바퀴 도는 데 필요한 주어진 파장의 파동 수.
방위각파수(azimuthal wavenumber), 반구파수(azimuthal wavenumber), 동서(東西)파수(zonal wavenumber)라고도 한다. 여기서 각도파수 k는 $k = 2\pi r \cos\phi / L$(여기서 L은 파장, r은 지구 반지름, ϕ는 지리적 위도)로 산출한다.

각분해능(angular resolution, 角分解能) 레이더 기상학에서 (1) 특정 대상에 대해 구별될 수 있는 같은 범위에서 두 개의 대상에 대한 안테나에서 최소한의 각도 구분. (2) 분산된 대상에 대해 분산된 목표의 특징(굴절률과 같은)을 구분하는 안테나에서 최소한의 각도 구분.
각도분해능은 보통 $3dB$ 빔폭이다. 동일한 범위의 두 개의 목표를 구별할 수 있는 안테나의 최소한의 각도 구분으로 분산되어 있는 대상의 고유한 특징(예 : 반사 코어와 같은)을 구별할 수 있는 안테나의 최소한의 각도이다.

각속도(angular velocity, 角速度) 회전운동을 하는 물체의 회전축에 대한 회전율.
각속도는 물체의 임의의 점에서 각 변위 시간율과 같은 크기를 가지고 오른손 회전과 일치하게 방향을 가지는 벡터이다. 정현파가 벡터의 회전에 의해 생기는 것이라고 생각할 때 그것이 단위 시간당 회전하는 각도를 말하며, 정현파의 주파수와 사이에 다음과 같은 관계가 있다.

$$\omega = 2\pi f$$

여기서, ω는 각속도[rad/s], f는 주파수[Hz]이다. 물체의 회전운동에 있어서 회전의 중심과 물체의 점을 연결한 선분이 기선과 이루는 각의 시간적 변화율을 말한다. 지구의 자전 각속도는

ㄱ

7.29×10^{-5}/sec이다.

각운동량(angular momentum, 角運動量) 뉴턴 역학에서 임의의 점 O에서의 선형운동량 $\boldsymbol{p}$와 점 O로부터 물체의 상대적인 위치 벡터 $\boldsymbol{r}$을 벡터 외적함으로써 정의되는 벡터 물리량. 각운동량 $\boldsymbol{L}$은 다음과 같이 표현된다.

$$\boldsymbol{L} = \boldsymbol{r} \times \boldsymbol{p}$$

그리고 각운동량의 시간적 변화율이 토크($\boldsymbol{N}$)로서 다음과 같다.

$$\boldsymbol{N} = \frac{d\boldsymbol{L}}{dt}$$

이 식은 순 토크가 없다면 각운동량은 보존된다는 것을 나타낸다. 기상학에서 단위부피당 각운동량으로 나타낼 때 $\boldsymbol{r}\times\rho\boldsymbol{V}$로 표현되기도 한다. 여기서 ρ는 밀도이고 $\boldsymbol{V}$는 속도이다.

각운동량보존(conservation of angular momentum, 角運動量保存) 절대 각운동량은 생성 또는 소멸 없이 하나의 물리계에서 다른 물리계로 이동한다는 원리.
결과적으로 고립된 물리계의 절대 각운동량은 상수로 보존된다.

각파수(angular wavenumber, 角波數) 지구의 주어진 위도에서 기상학적인 요란이 수평 방향으로 진행할 때 특정 파장에서 파장의 수.
방위각 파수, 반구상의 파수, 동서파수라고도 한다.

간섭(interference, 干涉) 파수 k와 진동수 w가 같은 둘 이상의 파들이 중첩하여 그 결과로 조성되는 파의 진폭이 그것의 각 성분들의 진폭들의 대수합(代數合)이 반드시 되지 않는 현상. 예로서 위상이 서로 다른 두 파들의 합은 다음과 같이 나타낸다.

$$A\cos(kx-\omega t+\phi_1)+A\cos(kx-\omega t+\phi_2) = B\cos(kx-\omega t+\psi)$$

여기서 $B=A(2+2\cos(\phi_2-\phi_1))$, 그리고 $\tan\psi=\sin\phi_1+\sin\phi_2/\cos\phi_1+\cos\phi_2$ 이다. 이들 두 파가 합성된 진폭 B는 위상 차이 $\Delta\phi=\phi_2-\phi_1$에 따라 0(파괴적인 간섭)과 2A(건설적인 간섭) 사이에 놓인다. 파괴적인 간섭은 $\Delta\phi=\pm\pi, \pm3\pi, \cdots$인 때, 건설적인 간섭은 $\Delta\phi=0, \pm2\pi\cdots$인 때 일어난다. 간섭의 두 극단일 뿐, 흔히 생각하듯이 두 가능성만은 아니다. 간섭은 파들의 결맞음을 요구한다. 즉 두 파 사이에 정해져 있는 고정된 위상 차이가 있음을 뜻한다.

간섭성 레이더(coherent radar, 干涉性-) 일련의 레이더 펄스(혹은 FM-CW 레이더에서처럼 확장된 관측 간격)로부터 에코의 위상을 측정하여 목표물에 대한 추가 정보를 추출하는 레이더의 일종.
위상정보는 신호잡음비(signal-to-noise ratio, 동조적분 참조)를 개선하고, 도플러 효과를 통해 목표물의 속도를 추정하거나 합성개구(synthetic aperture radar, 合性開口) 레이더에서 목표물의 위치 등을 파악하는 데 사용할 수 있다.

간섭성 산란(coherent scattering, 干涉性散亂) 레이더에서 발사되는 입사파가 정지되어 있거나 일정한 시선 방향 속도로 이동하는 점표적물을 만났을 때 발생되는 산란현상.
또는 산란요소들이 개별적으로 정지되어 있거나 서로에 대하여 상대적으로 느리게 이동할 때, 이들이 분포되어 있는 표적물을 입사파가 만났을 때 발생되는 산란현상이다. 이러한 표적물들은 동조 에코를 만들어 낸다.

간접순환(indirect circulation, 間接循環) 상대적으로 낮은 온도지역에서 상승운동이 있고, 상대적으로 높은 온도지역에서 하강운동이 있는 열적 간접순환의 배경에서 보통 사용되는 연직 순환.
그러므로 열적인 과정이라기보다는 역학적 과정으로 인정되며 간접순환에 반대되는 순환은 직접 순환이다. 예를 들면, 북반구 상층 제트의 입구지역 상층 제트(Jet) 왼편에서 발산지역이 형성되어 상승운동을 유발하고, 상층 제트 오른편에서 수렴지역이 형성되어 하강운동이 발생하거나 지상저기압을 발달시키는 데 기여한다. 이때 상승운동이 발생하는 지역은 상대적으로 온도가 낮고 상층 제트의 북쪽에 위치하고 하강운동이 발생하는 지역은 상대적으로 온도가 높아 그 제트의 남쪽에 위치한다.

간헐성(intermittency, 間歇性) 임의 장소와 시간에 따라 간헐적으로 발생하는 기단 내에서의 난류 특성.
사이 시간이나 장소에서는 발생하지 않는다. 균질한 난류에 대한 과거 이론은 난류 에너지의 소멸률, ϵ이 공간에서 일정하다(실제로는 일정하지 않지만)는 가정에 근거를 두고 있다. 비균질성은 난류의 간헐성을 유도한다. 임의 기단 내에서 난류나 또는 층류의 역할을 예측하기 위해서는 대기의 가잠재온도나 부력에 대한 수직구조를 파악해야 한다. 난류는 야간의 경계층과 같은 안정된 경계층과 대류 혼합층을 착모하는 유입지역에서 가끔 간헐성을 보인다.

갈고리 에코(hook echo) 강수가 중규모저기압의 저기압성 나선 속으로 끌려 들어갈 때 발생하는 늘어진 곡선모양의 반사도 영역.
갈고리 에코는 아주 얕은 것이 특징으로 경계 있는 약한 에코 영역(bounded weak echo region, BWER)의 한 부분이 되기 전에 보통 3~4km 고도까지 뻗친다.

ㄱ

갈색구름(brown cloud, 褐色-) 대기 중에 떠다니는 고농도의 입자성 물질이 빛의 산란을 일으켜 시정을 악화시키고, 하늘 색깔이 갈색으로 보이게 하는 현상.
갈색연무(褐色煙霧)라고도 한다.

갈색눈(brown snow, 褐色-) 먼지입자가 혼합되어 갈색으로 나타나는 눈.
세계 곳곳에서 흔하게 발생하며 때로는 붉은색눈, 황색눈 등으로 나타난다.

갈퀴구름(uncinus) 구름의 모양이 굽은 갈고리(curly hooks)와 유사한 권운의 한 종류.
기온이 −50∼−40℃인 낮은 온도에서 나타나며 일반적으로 온난전선 또는 정체전선이 접근할 때 볼 수 있다. 일명 말꼬리구름(mares' tails) 또는 새털구름이라고도 한다.

감극(depolarization, 減極) 비등방성(非等方性)인 매질을 통과하면서 산란이나 전파(傳播)의 결과로 라디오 신호 같은 편광된 신호가 원래의 편광을 잃는 과정.
차등 감쇠나 차등 위상 전이의 결과로 이 신호는 편광변화(예 : 원형으로부터 타원형으로)를 받을 수 있다. 또한 이 신호는 편광을 잃을 수도 있는데, 비균질한 매질에서 산란의 결과로 비편광화될 수 있다.

감률(lapse rate, 減率) 대기 중에서 고도 증가에 따른 기상요소의 감소율.
이러한 대표적 기상요소에는 기온, 기압, 습도 등이 있다. 즉, 고도에 따른 기온감률은 환경 기온감률과 건조단열 기온감률 및 습윤단열 기온감률 등으로 분리되나 이들의 구별 없이 보통 혼용되기 때문에 기온감률의 정확한 의미는 대기상태를 파악하여 확인될 수 있다.

감마 분포(gamma distribution, -分布) 확률분포의 종류 중 하나로 연속적인 무작위변수 x의 범위가 모든 양의 실수에 해당하고 x가 밀도함수 $f(x)$로 나타나면서 아래의 식을 만족하는 경우의 분포.

$$f(x) = \frac{1}{\beta\Gamma(p)}(x/\beta)^{p-1}e^{x/\beta}(x>0)$$

여기서 $\beta>0$, $p>0$, Γ는 다음의 적분 형태로 정의되는 감마 함수이다.

$$\Gamma(p) = \int_0^{\infty} t^{p-1}e^{-l}dt$$

이 식은 $p>0$인 조건에서 해당한다. 밀도함수의 평균은 β_p로, 표준편차는 $\beta(p)^{1/2}$로 나타낼 수 있다. 감마 분포 중 오른쪽으로 편향된 모습을 보이는 특별한 경우를 피어슨 분포(Pearson distribution)라 한다. 기상학에서의 예로는 구름방울의 크기분포를 표현하기 위해 감마 분포의 스칼라 곱을 사용한다.

감마선(gamma ray, -線) 원자핵의 에너지 수준들 사이의 전이로부터 생기는 전자기 복사. 베타 또는 알파 방출의 결과로 형성되는 핵은 때때로 들뜬 에너지 수준으로 존재하여, 초기 수준과 최종 수준 사이의 에너지 차와 같은 에너지를 갖는 감마선 광자의 방출을 통하여 낮은 에너지 수준으로 전이를 만든다. 방사성 붕괴로부터 생기는 감마선 에너지는 대략적으로 10keV ~6MeV의 범위에 들어 있다. 감마선은 또한 핵반응에서도 방출된다. 엑스선(X-ray)과 감마선의 경계는 분명하지 않은데, 감마선이란 용어는 핵으로부터 나오는 전자기 복사에 대해서 가장 많이 사용된다. 태양으로부터 방사되는 복사광의 감마선은 파장이 10^{-5}㎛, 진동수는 3×10^{10}GHz, 파수는 10^{6}cm^{-1}에 해당한다.

감마선 적설계(gamma-ray snow gauge, -線積雪計) 지면에 설치한 송신기 위에 덮인 눈이 흡수한 감마선 복사의 양을 측정함으로써 눈의 물 함량을 산정할 수 있는 기기.
지구는 자연적으로 감마 복사를 방출하기 때문에 비행경로를 따라 항공기로 감마 복사를 측정하면 지상에 있는 눈의 물 함량을 알아낼 수 있다.

감소중력(reduced gravity, 減少重力) 공기와 같은 유체에 작용하는 중력가속도가 부력(buoyancy force)에 의해 밀도가 다른 유체와 접하여 있기 때문에 감소되어 나타나는 중력. 밀도가 ρ인 공기덩어리가 밀도가 ρ_0인 환경에 놓여 있다고 할 때, 공기덩어리에 작용하는 중력의 크기는 다음 식으로 표현되는 감소중력(g')으로 나타난다.

$$g' = g\frac{\Delta\rho}{\rho_0}$$

여기서 g는 중력가속도, $\Delta\rho(=\rho-\rho_0)$는 밀도차이며 ρ_0는 기준밀도이다. 감소중력은 또한 성층화된 두 유체 경계면에서 나타나는 내부파(internal wave)의 전파속도를 결정하는 중요한 인자이다. 예를 들면 성층화된 모형에서 마찰이 없고 이류항을 고려하지 않을 때, 상층과 하층의 운동방정식으로부터 감소중력은 $g'=g(\rho_2-\rho_1)/\rho_2$이다. 여기서 ρ_1은 상층 유체밀도이고 ρ_2는 하층 유체밀도이다. 유체 경계에서 나타나는 내부파의 전파속도는 $\sqrt{g'H_1}$로 나타난다(H_1은 상층의 두께). 천해파(표면중력파)의 속도가 $\sqrt{gH}$ (H는 하층의 두께)임을 고려하면, 내부파는 감소중력에 의해 생성되는 표면파라는 것을 알 수 있다. 다른 관점에서는 천해파는 공기와 물의 경계에서 나타나는 내부파라 할 수 있다. 따라서 공기의 밀도가 물에 비해 매우 작기 때문에 천해파의 전파속도는 감소중력 대신 중력을 사용하여 표현한 것이 된다. 엘니뇨 발생과 관련 있는 적도 켈빈 파(Kelvin wave)인 경우는 다음과 같은 값을 갖는다.

ㄱ

$$\frac{\rho_2 - \rho_1}{\rho_2} = 0.003,\ \mathrm{H}_1 = 150\mathrm{m},\ \mathrm{c} = 2.1\mathrm{m/s}$$

감쇠(attenuation, extinction, 減衰) 어느 한 지점에서 다른 지점으로 전달될 때 줄어드는 신호의 세기를 표시할 때 쓰이는 일반적인 용어로서 전자파가 매질을 통과할 때 흡수나 산란현상으로 그 세기가 줄어드는 현상.
어떤 매개체를 통과하며 전파되는 전자기파의 경우 감쇠는 흡수나 산란에 의해 발생한다. 복사에너지가 구름이나 인공위성에 의해서 수신되는 복사량이 감소되는 현상으로서 대기에 의하여 산란되거나 흡수되는 것을 지칭한다.

감쇠계수(attenuation coefficient, extinction coefficient, 減衰係數) 어떤 매개체를 통과하며 전파되는 복사에 대한 단위경로에 대해 복사량의 감소 또는 단위경로당 평면파 복사량의 출력밀도가 감소되는 양을 나타내는 분할계수.
부게(Bouguer)의 법칙에 따르면 감쇠계수는 다음과 같이 표현된다.

$$\frac{dL}{L} = -\gamma ds$$

여기서 L은 주어진 파장에서의 단색복사, γ는 감쇠계수, ds는 경로의 차등증분을 나타낸다. 감쇠계수는 체적소산계수(volume extinction coefficient)와 같은 개념이며, 차원은 길이의 역수와 같다, 레이더 분야에서는 일반적으로 데시벨 규모에 대한 멱의 소모를 측정하며 특정 감쇠(specific attenuation) Y로 측정되며, 감쇠계수와는 다음과 같이 연관되어 있다.

$$Y = 4.343\gamma$$

γ가 킬로미터의 역수이다. 이때 Y는 킬로미터당 데시벨을 나타내며, 수치계수는 e값에 밑이 10인 로그함수를 취한 후 10을 곱한 값 $10\log_{10}(e)$이다.

감시(watch, 監視) 날씨 상황(기온, 강수, 기압 등) 또는 기후변수(예 : 태양복사수지, 이산화탄소 농도 등)에 대하여 일정 기간 동안 지속적으로 관측하고 분석하는 과정.
특히 짧은 시간 내에 태풍, 집중호우 등 위험기상 발생이 예상될 때 이 과정은 대단히 중요하고 이때부터 예보관들은 주의보나 경보단계를 준비한다. 모니터(monitor)라고도 한다. 위험기상이나 수문사상이 증가될 때 감시에 대해서는 지역과 시간에 따라 불확실성은 존재한다.

강도(intensity, 强度) 1. 일반적으로 강우량, 전자기 에너지, 소리 등과 같은 물리량의 단위면적당 전달.
2. (또는 복사 강도) 단위입체각당 복사능.

ㄱ

SI 단위로서 W/sr^{-1}로 표현된다.
3. 종관기상학에서 개별적인 흔히 저기압이나 고기압, 전자의 주변 흐름의 일반적인 세기.
이 개념은 보통 또는 저기압강도 또는 강화와 같은 어떤 과정을 표현할 때 사용된다.

강도-지속시간-빈도 곡선(intensity-duration-frequency curve, 强度持續時間頻度曲線) 강우의 지속시간 내에 발생할 수 있는 주어진 초과 확률에 대한 강우 강도를 표현하는 곡선.
이 곡선은 강우의 한정된 지속시간이 명백하지 않을 때를 대비하여 많은 구조물들의 설계를 위해 중요하다. 흔히 일종의 곡선들이 제공되고 각 곡선은 특정한 초과 확률에 대한 강우의 지속시간-강도 관계에 해당한다.

강수(precipitation, 降水) 1. 대기 중에서 생성되어 지표로 떨어지는 모든 액체상 또는 고체상 물입자.
2. 일정 시간 동안 임의의 지점에 떨어지는 물로 된 물질의 액체로 환산한 깊이.
보통 mm로 표시한다. 보통 고정된 강우계로 측정되지만 적은 양의 이슬, 서리, 무빙(霧氷)도 강수총량에 포함된다. 보다 더 일반적인 강수라는 용어도 강우뿐만 아니라 이 모든 형태의 강수 현상을 포함하고 있다.

강수궤적(precipitation trajectory, 降水軌跡) 레이더 기상학에서 주로 하늘 공간의 어떤 지역에서나 새로 발달하는 구름으로부터 낙하하는 눈(snow)에 의해 나타나는 거리고도를 측정하는 지시기(Range Height Indicator, RHI) 또는 온도-습도지수(Temperature- Humidity Index, THI)의 양상을 분석할 때 나타나는 궤적.
강수궤적의 모양은 눈이 생성되는 고도의 풍속, 눈의 낙하속도, 그리고 눈이 떨어지는 주변 대기 바람의 연직단면도에 따라 달라진다.

강수그늘(precipitation shadow, 降水-) 강수량을 급속히 감소시키는 지역, 강수를 가져오는 탁월한 풍계 속에 있는 산 또는 산맥의 풍하 측이 풍상 측에 비해 강수량이 매우 적고 감소되는 지역.
우리나라의 경우 겨울의 남동 해안지역이 여기에 속한다.

강수량(amount of precipitation, 降水量) 어떤 시간 내에 내린 강수가 지형의 방해가 없는 해당 지역 표면에 균일하게 퍼졌을 때의 깊이.
눈, 우박 등과 같이 강수가 고체인 경우에는 이것을 녹인 물의 깊이를 지칭한다. 단위로는 mm를 일반적으로 사용한다.

ㄱ

강수 실링(precipitation ceiling, 降水-)　강수현상이 있을 때 연직 방향으로의 시정. 강수운고라고도 한다. 이는 강수로 인해 구름의 높이를 파악하기 어려울 때 필요하다. 모든 구름바닥(雲底) 높이는 다음과 같은 지침에 따라 추정된 것이다. 구름바닥 높이는 운고계 반응이 나타나는 가장 높은 높이, 운고 측정 시 빛이 도달하는 최고 높이, 또는 운고 측정 풍선이나 바람 측정 풍선이 사라지는 고도와 일치한다. 이런 지침은 보통 실제 연직시정으로 측정되는 높이보다 낮게 나타난다. 강수 실링은 항공기상관측에서 *P*로 나타낸다.

강수역전(precipitation inversion, 降水逆轉)　산악지형의 경사면을 따라 위로 올라갈수록 강수가 줄어드는 고도 구간.
산 아래 지역에서 위로 1~2km 경사면을 따라 올라가면 강수는 일반적으로 최댓값을 갖는 고도까지 올라갈수록 증가하다가 더 이상 올라가면 올라갈수록 강수는 줄어든다. 이렇게 강수가 고도가 높아질수록 줄어드는 지역이 강수역전이다.

강수유효도(precipitation effectiveness, 降水有效度)　1. 식물이 필요로 하는 수분량에 대한 총강수량의 비율.
2. 식물생장에 필요한 수분량에 대한 실제 강수 이용도.
강수과도, 강수효과라고도 한다. 강수유효도는 강수강도, 계절, 기온, 지표 이용도, 잔디 종류 등에 따라 달라진다. 강수유효도가 온도와 증발과 관련되어 있다는 것은 많은 문헌을 통해 발표되었다. 예를 들면, 사막기후를 결정하는 쾨펜 수식, 랑의 수분요소(Lang's moisture factor), 마톤의 건조도(De Martonne's index of aridity), 고르첸스키의 건조계수(Gorczyńnski's aridity coefficient), 옹스트롬의 습윤계수(Ångström's humidity coefficient), 트란소우의 강수-증발몫(Transeau's precipitation-evaporation quotient), 그리고 손스웨이트의 강수유효지수 등이 있다.

강수전류(precipitation current, 降水電流)　대류운동으로 전하를 띤 강수입자 또는 다른 대기수상(水象)으로 인해 구름으로부터 지표로 내려오는 전하량.
뇌우가 발생하는 동안 각 빗방울이 전하를 띠게 되는 과정은 복잡하고 다양하다. 일반적으로 강수전류에 의하여 음전하를 띠는 경우보다 양전하를 띠는 빗방울이 지표로 떨어진다. 하지만 뇌운들 간에 또 같은 뇌운이라도 위치에 따라 매우 다양하게 나타난다. 이렇게 다양하게 나타나는 이유에 대해서는 아직 잘 알려져 있지 않다. 지속적으로 내리는 강수전량은 10^{-12}에서 10^{-10}A/m^{-2} 범위에서 변하고 있다. 그러나 뇌우의 경우 10^{-8}A/m^{-2} 정도가 된다.

강수정화(scavenging by precipitation, precitation scavenging, 降水淨化)　비 또는 눈에 의해 공기 중에 있는 오염물질이 제거되는 것.

구름 아래서 에어로졸이나 기체오염물질이 낙하하는 빗방울에 의해 제거되는 것을 세정제거라고 한다. 세정제거는 빗방울이 클수록 더 효과적으로 이루어진다. 한편 구름 내부에서 입자들이 응결핵 또는 빙정핵으로 포획되어 정화되는 것을 강수제거(rain-out) 또는 강설제거라고 한다.

강수증발비(precipitation-evaporation ratio; P-E$_{ratio}$, 降水蒸發比) 기후를 수치적으로 분류하기 위해 어느 특정 지역의 특정한 달의 강수와 증발값으로부터 도출한 경험식.

$$P\text{-}E_{ratio} = 11.5\left(\frac{P}{T-10}\right)^{10/9}$$

여기서 P는 인치로 표시한 월평균강수량, T는 화씨로 표시한 월평균기온이다. 만약 기온이 28.4°F 아래이면 28.4°F로 간주하고, $P\text{-}E$비가 40보다 크면 40으로 제한한다. 강수효과지수를 참조하라.

강수확률(precipitation probability, 降水確率) 강수가 있을 때 6시간 누적 강수량을 4개의 계급으로 나누어, 앙상블 멤버들의 예보가 각 계급에 해당하는 확률을 정량적으로 계산하는 강수의 확률분포.

확률(P)의 계산은 격자마다 각 계급에 해당하는 강수량을 예측한 앙상블 멤버의 수를 M이라 할 때, 확률예측 P는 다음과 같이 나타낸다.

$$P = \left(\frac{M}{24}\right) \times 100$$

강수량 계급 : 1, 5, 10, 25mm/6시간

일반적으로 가장 약한 강수에 대한 강수확률 예측을 먼저 확인해 보고, 강수 가능성이 있을 경우 어느 정도 강도의 강수가 예측되는지에 대한 정보를 얻기 위해 강수량 계급이 더 높은 구간에 대한 강수확률 분포도를 참고한다. 총 4개(1, 5, 10, 25mm/6시간)의 계급별로 메뉴가 구성되어 있으며, 각 단계별로 예측한 앙상블 멤버가 전체 대비 몇 %인지를 강수확률로 표현한 것이다. 강수확률 50% 이상은 노란색, 70% 이상은 주황색으로 알아보기 쉽게 표현되어 있다.

강수효과지수(precipitation-effectiveness index, 降水效果指數) 한 지역의 식물 성장을 촉진하는 데 있어서 강수의 장기간 효과를 재는 척도.

보통 $P\text{-}E$ 지수라고 쓴다. 강수-증발지수(precipitation-evaporation index)라 하기도 한다. 관계식은 $P\text{-}E$ 지수$=10\Sigma(P\text{-}E)$. 월별 강수-증발의 비(월별 강수량을 월별 증발량으로 나눈 비)를 합하여 10을 곱한 것이다.

강수효과비(precipitation effectiveness rate, 降水效果比) 임의의 지역에 공급되는 순 수분량

(net moisture)으로서 공급되는 강수량(precipitation) P와 증발량(evaporation) E에 의하여 소요되는 수분 비.
식생의 생육에 필요한 수분량을 만족하도록 공급하는 강수량이다. 즉, 매월의 강수량을 증발량으로 나눈 값을 **강수효율**이라 하며, P-E_{ratio} 또는 P-E로 표현한다. 이와 대조하여 증발에 필요한 에너지나 열적 공급을 나타내는 것을 기온효율(temperature efficiency rate)이라 한다.

강수효율(precipitation efficiency, 降水效率) 다음과 같이 세 가지로 정의되는 양.
첫 번째 정의는 구름 하부로 유입되는 수증기 플럭스를 고려한 것으로 처음 브라함(Braham)이 강수효율을 1952년에 정의한 이후 이에 대해 많은 연구가 진행되고 있다. 강수효율(PE)에 대한 정의는 다음 두 가지로 처음 정의하였다.

$$(PE)_{wv} = \frac{\text{지상에 도달하는 강수율}}{\text{구름기저로의 수증기 유입률}} \tag{1}$$

두 번째 정의는 구름의 미세물리 관점에서 구름에서 수증기의 응결률에 대한 강수율로 다음과 같다.

$$(PE)_{cn} = \frac{\text{지상의 강수율}}{\text{구름에서의 수증기 응결률}} \tag{2}$$

대기 중의 수증기가 강수로 바뀌는 과정은 강수운에서 이루어진다. 그러나 모든 강수운이 수증기를 강수로 동일한 비율로 전환하는 것은 아니며 구름에 따라 다르다. 구름기저로 들어오는 수증기의 유입률 또는 구름에서 수증기의 응결률에 대한 지상의 **강우강도**를 **강수효율**이라 정의할 수 있으나 이에 대해서는 여러 가지 정의가 있다. 브라함(Braham, 1960)은 사례연구를 통해 작은 규모의 뇌우의 경우$(PE)_{wv}$는 11%, 그리고 $(PE)_{cn}$은 19%임을 제시한 바 있다. 최근 마켓(Market) 등은 강수효율을 시간 평균 가강수량에 대한 시간 평균 강수량으로 다음과 같이 정의하였다.

$$(PE)_{pw} = \frac{\text{시간 평균 강수량}}{\text{시간 평균 가강수량}} \tag{3}$$

강우(rainfall, 降雨) 강수의 모든 유형(우박, 진눈깨비, 이슬, 서리, 상고대)에 의한 강수량. 통상적으로 우량계를 이용하여 측정되는 강수량이다. 강우는 통상적으로 우량계로 측정하며 직접 응결한 작은 양의 강수도 포함한다(예 : 이슬, 서리 등). 강우에 대한 좀 더 정확한 용어는 강수 또는 강수량이다. 그러나 강우라는 용어가 기상학 특히 수문학과 기후학에 대한 문헌에는 넓게 이용되고 있다. 따라서 액체강수에 한정해서 가용하는 것이 가장 적절하다. 토양과 하천으로 직접 들어가는 강수와 지상에 눈 또는 얼음으로 저장되어 있다가 나중에 토양과 하천으로 유입되는 강수와 구분이 된다.

강우감쇠(rain attenuation, 降雨減衰) 전자기파가 강우를 통과하는 과정에서 산란과 흡수에 의한 그 에너지의 감소.
감쇠효과는 단위경로에 대한 복사휘도의 비례감소로 다음 베르의 법칙으로 주어진다.

$$\frac{dL}{L} = -\gamma ds$$

여기서 L은 주어진 파장에서 단색복사휘도(monochromatic radiance), γ는 강우입자의 산란과 흡수에 기인한 체적감쇠계수 또는 소산계수(extinction coefficient) 그리고 ds는 경로의 증가를 나타낸다. 레이더의 경우 입사한 평면복사의 전력손실은 종종 비감쇠(specific attenuation)로 체적감쇠계수를 이용하여 다음과 같이 기술한다.

$$Y = 4.343\gamma$$

여기서 Y는 비감쇠를 나타내며, γ의 단위가 km^{-1}일 때 Y의 단위는 dB(decibel)/km이다. 비례상수는 $10\log_{10}e$의 값을 나타낸다. 주어진 레이더 파장에 대해 비감쇠는 대기온도와 수적크기분포에 따라 달라진다. 만일 수적크기분포가 알려져 있거나 또는 강우율의 함수로 근사할 수 있는 경우에는 이로부터 비감쇠를 추정할 수 있다.

강우강도(rain intensity, 降雨强度) 지표에 단위시간 내리는 비의 양을 액체수의 깊이로 나타낸 것.
강우강도는 우량계를 이용하여 측정하며 그 단위는 1분 동안 또는 1시간 동안 비가 내리는 양을 mm/min 또는 mm/hr로 나타낸다.

강우강도계(rain-intensity gauge, 降雨强度計) 비가 내리는 비율을 측정하는 기기.
강우율강도계(rain-rate gauge)라고도 한다. Jardi 설계에서 빗물 수집기에서 모은 물은 챔버 안으로 유입된다. 챔버에는 부표가 들어 있으며, 부표에는 마개 달린 바늘이 설치되어 있어 유출률을 통제한다. 비의 양이 많을수록 부표도 높이 떠오르고 유출량도 증가한다.

강우빈도(rainfall frequency, 降雨頻度) 한 관측소에서 주어진 기간에 비가 내린 횟수.
어떤 일정량의 강우 또는 그 이상의 강우가 발생한 횟수를 의미한다.

강우율(rainfall rate, 降雨率) 정해진 임의의 기간 동안 강우강도가 일정할 경우, 주어진 시간 간격에 대하여 낙하하는 빗물의 양을 계산하여 나타내는 강우의 강도.
강우율은 일반적으로 단위시간당 빗물의 깊이로써 표현하는데, 예를 들면 시간당 밀리미터 또는

ㄱ

시간당 인치로 나타낸다.

강제복원법(force-restore method, 强制復元法) 토양 최상층의 열저장을 산정하기 위하여 지표면 에너지 수지를 근사적으로 구하는 방법.
여기서 지표면 에너지는 열저장(storage of heat)을 나타낸다. 이 방법에서 사용하는 모형에서는 개념적으로 지표를 두 개의 층으로 분리해서 고려한다. 한 층은 균일한 온도분포를 보이는 토양 꼭대기에 가까운 얇은 층이고 다른 한 층은 아래층인 깊은 토양층이며 온도는 균일하나 다른 분포를 보인다. 토양 꼭대기에 가까운 위층의 두께는 주기적인 온도 표면력(a periodic temperature surface forcing)이 뚜렷한 효과가 있는 영역에 기반을 두어서 신중히 선택하여야 한다. 아래층인 깊은 토양층으로부터의 플럭스는 위층을 복원하고, 대기로부터의 복사력을 저지한다. 이 강제복원법은 다중토양층 모형으로 대치할 수 있으나, 다중토양층 모형은 강제복원법에 비해 다양한 과정을 거쳐 수행해야 한다.

강제파(forced wave, 强制波) 시스템의 경계에서 불규칙성을 맞추거나 또는 시스템 내에 강제된 힘을 만족하기 위해 요구되는 파동.
강제파는 일반적으로 시스템이 지닌 진동의 특성 모드가 아니며, 시스템에 자유파가 존재하지 않는다고 가정하지 않는 한, 강제파는 독립적으로 발현될 수 없다. 대기의 중력 풍하파동(gravity lee wave)은 강제파와 자유파의 혼합된 예이다.

강폭풍우(severe storm, 强暴風雨) 일반적으로 구분이 없는 파괴적인 폭풍.
통상적으로 국지적인 격렬한 폭풍으로 강한 뇌우, 우박 스톰 그리고 토네이도에 적용된다. 일반 종관일기 분석에서는 분석이 불가능하지만 규모가 큰 중규모나 종관규모의 대기현상과 깊은 연관성을 지니고 있다.

개별도함수(individual derivative, 個別導函數) 임의 유체덩이를 따라 흐르는 시간에 대한 물질량의 변화율.
물질도함수(material derivative), 입자도함수(particle derivative), 실질도함수(substantial derivative)라고도 한다. 예를 들면, $\Phi(x, y, z, t)$를 유체의 성질, $x=x(t)$, $y=y(t)$, $z=z(t)$를 유체 내의 어떤 입자의 개별 방향에 대한 운동이라 할 때 총도함수(total derivative)는 다음과 같이 개별도함수로 나타낸다.

$$\begin{aligned}\frac{D\Phi}{Dt} &= \frac{\partial\Phi}{\partial t}+\frac{\partial\Phi}{\partial x}\frac{dx}{dt}+\frac{\partial\Phi}{\partial y}\frac{dy}{dt}+\frac{\partial\Phi}{\partial z}\frac{dz}{dt}\\ &= \frac{\partial\Phi}{\partial t}+\boldsymbol{u}\cdot\nabla\Phi\end{aligned}$$

여기서 u는 속도이고, ∇는 델 연산자이다. 개별도함수는 주어진 유체덩이의 개별 변화율인데 반해, 고정된 지점에서의 유체덩이의 변화율은 **국지도함수**(local derivative)로 나타낸다. $u \cdot \nabla \Phi$는 Φ가 다른 지역으로 움직이는 유체덩이의 Φ 공간변화를 뜻하며 이류항이 된다.

객관예보(objective forecast, 客觀豫報)　기상현상을 예측하기 위하여 관측과 모델 자료에 대한 처리 · 예측 및 발표까지의 일련의 과정.
예보자의 경험과 해석 및 편견으로부터 초래되는 주관적 판단으로부터 벗어나 객관적으로 예보가 될 수 있도록 사용되는 예보방법으로써 주관적인 방법이 아닌 객관적으로 관측 및 모델 자료에만 근거하여 기상현상을 예측하는 방법이다. 전통적인 방법으로 종관적 예보는 3차원장의 예측으로부터 일기도의 해석까지 일련의 과정을 예보관이 기상학적인 지식과 경험을 기반으로 수행함으로써 예보자의 주관적 판단이 크게 포함된다. 지금까지 수행해 온 대표적 객관예보는 통계적 예보방법으로서 과거에는 장기간의 기상자료를 통계적으로 처리하여 일기를 예측하는 방법이지만 오늘날 중요한 객관적 예보방법은 대부분이 수치모형에 의한 예보(numerical and statistical forecasts)로 전환되었다. **주관예보**를 참조하라.

갤러킨 차분방법(Galerkin method, -差分方法)　상호 독립적이며 완전한 기본함수의 조합으로 임의의 함수를 전개할 수 있다는 수학적 원리를 이용하여, 적분방정식이나 미분방정식을 기본함수의 계수에 대한 대수방정식으로 환원하는 방법.
대기운동의 유체방정식에는 흔히 라플라스 연산자(Laplacian operator)가 많이 사용되므로 이 연산자의 고유함수가 흔히 기본함수로 쓰인다. 그 이유는 고유함수들은 상호 직교하고 고유함수의 집합은 완전하기 때문이다. 컴퓨터의 계산자원은 유한하므로 고윳값이 큰 순서로 기본함수를 정렬하여 유한한 수의 기본함수만으로 예측변수를 전개하는데, 이때 필연적으로 절단오차가 생겨난다.

갤러킨 근사(Galerkin approximation, -近似)　미분방정식의 해(解)에 존재하는 오차의 측정 최소화로 결정되는 가중치와 기본함수의 선형적인 조합을 함께 사용하는 근사 방법.
갤러킨 근사의 결과로 도출되는 오차는 각 기본함수에 직교한다. 또한, 유한요소근사(finite-element approximation)는 구간적 선형기본함수가 선택될 때 그 결과가 얻어진다. 스펙트럼 근사는 구면조화 기본함수가 구면체 영역 위에서 선택될 때 나타난다.

거리감쇠(range attenuation, 距離減衰)　레이더 기상학에서 측정거리가 증가됨에 따라 레이더 빔의 발산이 확대되어 역제곱의 법칙에 의해 광세기가 감소되는 현상.
한 방향 전파의 경우 감쇠는 거리(r)의 자승에 역비례 한다. 단안정 레이더에서 점표적의 경우

ㄱ

거리감쇠는 $1/r^4$에 비례한다. 그 이유는 레이더의 빔 전자파가 표적까지 왕복함으로써 양방향 감쇠가 발생하기 때문이다. 단안정 레이더에서 공간에 분포된 표적의 경우 거리감쇠는 펄스 부피가 강수 또는 다른 산란물질의 매질 내에 채워진 정도에 따라서 $1/r^4 \sim 1/r^2$의 범위에서 변한다. 거리감쇠는 거리증가에 따른 레이더 빔의 퍼짐에 기인한 것으로 대기 중의 입자 또는 기체에 의한 흡수와 산란에 의한 감쇠와 구별된다.

거리-고도지시기(range-height indicator; RHI, 距離高度指示器) 기상 레이더의 에코 반사율이나 기타 다른 관측 특성들을 극좌표상에서의 거리와 고도각의 함수로써 표시한 레이더 표시기.
방위각을 고정한 상태에서 레이더 안테나의 고도각을 변화시키면서 레이더 빔을 주사하여 생성할 수도 있고, 여러 가지 고도에서 연속하는 PPI 표시기로부터 수집한 데이터로 구성할 수도 있다. 이는 강도가 변조된 표시기가 될 수도 있고, 표시된 함수의 값들을 나타내는 색상의 척도로 사용할 수 있다.

거시점성(macro-viscosity, 巨視粘性) $u^* z_0$로 정의되는 동점성(kinematic viscosity)의 차원을 가진 양.
여기서 u^*는 마찰속도, z_0는 공기역학 거칠기 길이(aerodynamic roughness length)이다. 부드러운 흐름에서 거시점성은 동점성의 1/10의 크기이다. 매우 거친 대기 흐름에서 거시점성은 $10^{-2}\mathrm{m}^2\mathrm{s}^{-1}$의 크기이거나 동점성의 1,000배 크기이다.

거칠기 길이(roughness length) 표면의 거칠기를 나타내는 길이로서 로그 함수 형태로 변화하는 수직 바람구조에서 풍속이 이론적으로 영(zero)이 되는 높이.
실제로 이 높이에서는 풍속은 더 이상 로그함수 형태의 변화를 따르지 않는다. 이 용어는 물리적 길이는 아니며 표면의 거칠기를 표현하는 길이척도이다. 전형적으로 표면을 구성하는 요소의 거칠기와 관련되며 대략적으로 실제 표면 거칠기의 1/10 정도의 값을 가진다. 예를 들면 1cm의 짧은 잔디는 약 0.1cm의 거칠기 길이로 표현된다. 다양한 표면의 종류와 거칠기 길이와의 관계는 아래 표와 같다. 해상에서 거칠기 길이는 풍속에 비례하는 식이 주로 사용되지만 때로는 바다의 상태(파령, 파고, 파경사 등)를 고려한 식이 사용된다. 공기역학 거칠기 길이(Aerodynamic roughness length)를 참조하라.

표면의 종류와 거칠기 길이

표면의 종류	거칠기 길이(cm)
진흙으로 된 평원, 빙원	1×10^{-3}
미끄러운 해면	2×10^{-3}
평탄한 사막	3×10^{-3}
잔디밭(키 1cm)	0.1
잔디밭(키 5cm)	1~2
키가 큰 풀(키 60cm)	4~9

거품 고기압(bubble high, -高氣壓) 종종 뇌우와 관련된 공기의 수직운동 및 강수에 의해 유발되는, 규모가 80~480km(50~300마일) 크기의 작은 고기압.
단순히 거품(bubble)이라고도 한다. 이 일시적인 소규모 고기압은 상대적으로 한랭하며 때로는 대류유출 경계선 뒤편에 위치한다.

거품얼음(bubble ice) 기포를 포함하고 있는 빙하 얼음.
이때 기포는 물이나 압축된 눈으로부터 얼음이 만들어질 때 포획된다. 거품얼음층을 흰얼음(white band)이라고도 한다.

건구온도(dry-bulb temperature, 乾球溫度) 기술적으로 건습계의 건구온도계가 나타내는 온도.
건습계의 습구온도에 대응되는 말이다. 온도계의 수감부를 공기 중에서 햇빛이 직접 닿지 않게 노출시켜 측정한 온도이다. 건구온도는 공기의 온도와 일치하는 개념으로 사용된다. 습구온도(wet-bulb temperature)를 참조하라.

건기(dry spell, 乾期) 기후적으로 1년 중 특정 양 미만의 강수나 무강수가 계속되는 시기.
건조지속기를 참조하라.

건성침착(dry deposition, 乾性沈着) 대기로부터 산성물질이 빗물에 의하지 않고 대기운동에 의하여 에어로졸의 형태로 지면에 강하하여 축적되는 현상.
주로 중력에 의한 침강, 작은 입자들이 공기 중에서 충돌하여 생기는 차단효과, 작은 입자가 큰 입자에 흡착되는 효과, 확산이나 브라운 운동에 의한 충돌, 난류에 의한 충돌 등으로 건성침착이 발생한다.

건습계(psychrometer, 乾濕計) 습도를 측정하는 기기.
건습구온도계라고도 한다. 두 개의 온도계가 서로 이웃하여 설치되어 그중 하나는 일반적인

ㄱ

건구온도계이다. 나머지 하나는 온도계의 구가 수분이 있는 천으로 싸여 있는 습구온도계로 구성되어 있다. 습구온도계에 나타난 온도는 일반적으로 건구온도계가 나타내는 온도보다 낮다. 이는 습구온도계의 경우 구를 둘러싸고 있는 수분이 증발할 때 열을 가져가기 때문이다. 따라서 이 두 온도계가 가리키는 온도 간의 차이를 이용해서 공기 습도를 측정한다. 주변공기가 건조할수록 증발이 크게 발생하여 습구온도는 더 내려가게 된다. 습구온도가 얼마나 내려가는지는 주변공기의 습도에 따라 건습구식에 의해 계산된다. 아스만 건습계를 참조하라.

건조계수(aridity coefficient, 乾燥係數) 1. 폴란드 기후학자인 블라디슬라브 고르친스키(Wladyslaw Gorzynski)에 의하여 고안된 방법으로 어느 장소의 유효 습기 부족 정도 혹은 건조도 정도를 나타내기 위한 강수와 기온의 함수로 표현되는 계수.
이 함수는 (위도인자)×(기온범위)×(강수 비)이며, 위도인자는 위도의 코시컨트이고 기온범위는 최난월과 최한월의 화씨온도로 표시된 평균값 차이이다. 그리고 강수 비는 50년 기간 동안 강수가 가장 많은 해와 적은 해의 총 강수량 차이를 평균값으로 나눈 값이다. 예를 들어 이 계수는 사하라 중부에서 약 100이 된다.
2. 어느 지점에서 식물이 최대로 성장하는 데 필요한 수분량에 대해 부족한 물의 양을 측정하는 지수.
이 용어는 1948년 미국의 기후학자인 찰스 손스웨이트(Charles Warren Thornthwaite, 1899~1963)가 도입한 것으로 100Wd/PE로 계산된다. 여기서 Wd는 물 부족량이고 PE는 가능증발산량이다.

건조공기(dry air, 乾燥空氣) 1. 대기열역학과 대기화학에서 수증기를 포함하고 있지 않은 것으로 가정한 공기.
습윤공기를 참조하라.
2. 일반적으로 습도 또는 상대습도가 낮은 공기.

건조기후(dry climate, 乾燥氣候) 연평균기온과 강수의 계절분포의 함수에 의해 정해진 건조한계에 이르지 못했을 시기의 기후.
통상 연평균 강수량이 500mm 미만일 경우에 해당하며, 주로 아열대고기압대와 수분이 부족한 대륙 내부에 많이 발달한다. 쾨펜의 1918년 기후구분에서 스텝 기후와 사막기후를 나타내는 B 카테고리에 속하며, 손스웨이트의 1948년 기후구분에서 계절적인 물수지지수가 0보다 작은 기후대의 일종이다.

건조단열감률(dry-adiabatic lapse rate, 乾燥斷熱減率) 1. 정역학 평형에 있는 대기에서 가역단열과정으로 상승하는 건조공기덩이의 높이에 따른 온도 감소율.

이 감소율은 g/c_{pd}인데, 여기서 g는 중력가속도이고 c_{pd}는 건조공기의 정압비열이다. 건조단열감률의 값은 약 9.8℃km^{-1}이다. 이 감소율을 가진 대기층에서는 온위가 높이에 따라 일정하다.
2. 수증기를 포함하고 있는 불포화 공기의 단열감률.
이것은 1항에서 정의한 값(g/c_{pd})에 다음 인자를 곱한 것이다.

$$\frac{1+r_v}{1+r_v c_{pv}/c_{pd}} \approx 1-0.85\,r_v$$

여기서 r_v는 수증기의 혼합비이고 c_{pv}는 수증기의 정압비열이다. 대기 중에서 r_v의 값이 10^{-2}을 크게 초과하지 않으므로 건조공기의 단열감률과 불포화 공기의 단열감률은 거의 같다.

건조단열과정(dry-adiabatic process, 乾燥斷熱過程) 공기덩이가 수증기를 포함하지 않거나 또는 수증기가 포함되어 있어도 응결할 때까지 공기덩이가 외부와 열과 질량교환을 하지 않는 상태에서 연직운동을 함으로써 발생하는 열역학적 과정.
건조단열과정에서는 온위가 보존된다.

건조단열선(dry adiabat, 乾燥斷熱線) 열역학선도에서 온위가 일정하게 나타나는 대기선. 즉, 건조공기(불포화 공기 포함)의 단열변화 과정을 나타내는 선을 의미한다. 기압을 p, 비체적을 α라 하면, 건조단열선의 식은 다음과 같다.

$$p\alpha^{c_p/c_v} = constant$$

여기서 c_p와 c_v는 각각 일정 기압, 일정 체적에서의 건조공기의 비열이다. 기상학적으로 건조단열선은 건조단열과정에서의 건조공기의 치올림을 표현하고 있다. 이는 또한 등엔트로피 과정(isentropic process, 등온위과정)이 된다. 즉, 건조단열선은 등온위선이다.

건조도(aridity, 乾燥度) 기후적으로 필요한 생명 유지를 위한 수분이 부족한 정도.
습윤도(humidity)의 반대말이다. 습도 대 건조도의 일반적 개념은 강수유효도 혹은 강수과도로 알려져 있다. 두 가지의 기본적 접근법이 있다. 첫째, 쾨펜과 베일리에 의해 수정된 방법으로 완전히 건조도를 설명하지는 못하지만 다른 형태의 건조기후와 구분하기 위하여 분포와 기온과 관련하여 연간 강수의 한계값을 정하여 두는 것이다. 둘째는 분류에 주된 매개변수로 건조도나 강수유효도를 바로 정해 놓는 방법이다. 손스웨이트의 강수구분은 유효도지수와 습기지수를 사용하고 있다.

건조선(dryline, 乾燥線) 하층의 습윤공기와 건조공기 사이에 존재하는 중규모 경계지역 또는 전이지역.

ㄱ

건조선은 수백 킬로미터의 길이와 최대 수십 킬로미터의 폭을 나타낸다. 건조선의 길이는 대규모 지형이나 대규모 날씨 시스템과 관련되어 있는 반면, 건조선의 폭은 중규모 과정과 연관되어 있다. 고요한 상태에서 건조선은 하층 습윤층의 꼭대기와 경사지대의 대규모 특징 사이에 생기는 교차선으로 생각할 수 있다. 이 상태에서 높은 지대 가까이 있는 얇은 습윤층은 주간 가열로 발생하는 난류혼합에 의해 침식된다. 또한 건조공기의 수평운동량이 하향 수송되어 만들어지는 수평 수렴으로 인하여 수분 경도(傾度)는 추가적으로 강화된다. 역학적으로 더 활발한 상태에서는 건조선이 흔히 중위도 저기압 또는 전선파의 필수성분으로서 높은 지대와 떨어져 진행한다. 이와 같은 경우에 건조선은 저기압이나 파동으로부터 적도 쪽으로 확장된다. 이 상태에서 수분 경도와 경계운동은 건조공기의 대규모 침강으로 생기는 수평운동량의 하향 수송에 의해 크게 영향을 받는다. 건조선은 전 세계에서 발견된다. 미국에서 건조선은 멕시코만으로부터 오는 습윤한 공기와 서쪽에서 오는 건조한 대륙 공기 사이의 경계로 나타나는데, 이 건조선은 평원지역에 형성된다. 건조선은 봄철에 가장 잘 발생하며 건조선 발생 장소에서 뇌우가 잘 발달한다. 전형적으로 미국에서는 건조선이 낮에 동쪽으로 진행하며 밤에 서쪽으로 물러간다.

건조 정적 에너지(dry static energy, 乾燥靜的-) 정적 에너지의 개념에서 어떤 운동 에너지도 한 지역에서 열로 소멸된다는 것을 가정하고 있는데, 이 개념을 제외한 온위와 유사한 열역학 변수.

이 용어는 몽고메리(Montgomery) 유선함수라고도 한다. 건조 정적 에너지 s를 $kJkg^{-1}$의 단위로 표현할 때, 이 값은 $300kJ\,kg^{-1}$의 차수이다. 건조 정적 에너지는 연직 및 수평으로 불포화운동을 하는 동안 보존되고, 다음과 같이 정의된다.

$$s = c_p T + gz$$

여기서 c_p는 공기의 정압비열, T는 절대온도, g는 중력가속도, z는 고도이다. 이때 기준고도는 임의로 잡을 수 있는데, 보통 온위와 일관되게 하기 위해 $P=1{,}000\,hPa$에서 $z=0$으로 잡거나 지역적 지면 또는 해면에 상대적인 고도로 택할 수 있다. 습윤 정적 에너지를 참조하라.

건조지속기(dry spell, 乾燥持續期) 특정 양 미만의 강수가 있거나 비가 내리지 않는 기간. 특정 기간에 대한 강수량의 결정은 적용하는 활동에 따라 변할 수 있다. 일반적으로 2주~1개월 정도의 기간으로서, 건기라고 하기에는 짧은 기간이 된다. 건기를 참조하라.

건조지수(aridity index, index of oridity, 乾燥指數) 1948년 미국 기후학자인 찰스 손스웨이트(Charles Thornthwaite, 1899~1963)가 기후구분에 사용한 건조도의 척도로서 어느 지점에서 필요한 물 부족 정도를 나타내는 지수.

건조지수 계산식은 다음과 같다.

$$\text{건조지수} = 100d/n$$

여기서 d는 물 부족을 나타내는 것으로 강수가 잠재증발산보다 적은 몇 개월 동안에 강수와 잠재증발산 사이의 월평균 차이의 합이며, n은 부족한 몇 개월 동안의 잠재증발산의 월 값들의 합으로 정의된다. 손스웨이트는 건조지수를 두 가지, 즉 수분지수의 성분으로, 그리고 습윤한 기후의 더 자세한 분류에 사용하였다. 또한 프랑스 지리학자 엠마누엘 드 마르통(Emmanuel de Martonne, 1873~1955)이 경험적으로 고안한 기후지수로서 P를 연강수량(mm), T를 연평균 기온(℃)이라고 할 때 표시되는 값이다. 크기는 자연경관이나 식생과 잘 일치하는데, 5 이하인 지역은 하천이 없는 지역이며 5~10에서는 내륙하천유역, 10 이상은 해양으로 유출하는 하천유역에 거의 대응된다. 또한 10 이상이 되어야 건조농업이 가능하고 30 정도에서 삼림지역이 된다. 그리고 이 지수는 열수지 및 물수지 이론에서도 중요하다. 손스웨이트 등에 의하면 증발에 소비되는 에너지와 태양에서 받는 유효에너지의 비율은 토양수분에 비례하며, 미하일 부디코(Mikhail Ivanovich Budyko, 1920~2001)는 순복사량은 적산온도에 비례한다고 하였다. 연간 증발량이 강수량과 비례관계에 있다는 사실과 이들을 아울러 고려하면 결국 연강수량과 연평균기온의 비는 토양수분의 지표가 될 수 있다. 월평균의 상태에서도 건조지수 I는 토양의 건습도가 됨을 증명하였다.

2. 강수효과 또는 건조의 척도.

1925년 드 마르통이 제시하였으며 다음 관계식으로 주어진다.

$$\text{건조지수} = P/(T+10)$$

여기서 P(cm)는 연강수량, T(℃)는 연평균기온이다.

검은북동풍(black northeaster, -北東風) 1. 여름철 오스트레일리아 남동부에서 발생하는 강한 북동풍.

오스트레일리아 뉴사우스웨일스 주 북서부에는 저기압이, 연안지역에는 고기압이 동반된다. 이 바람은 때로는 3일 정도 지속되며 짙은 전천구름과 호우를 동반한다(가시거리는 400m 정도로 짧다.).

2. 뉴질랜드 북섬의 동쪽 해안에 나타나는 강한 북동풍.

몇 시간씩 지속되며 검은구름과 호우를 동반한다.

검은서리(black frost) 1. 식물에 영향을 주는 건조결빙으로서, 즉 보호작용을 하는 하얀서리의 형성 없이 식물의 내부가 어는 상태.

ㄱ

검은서리는 항상 된서리이며 검은서리라는 명칭은 영향을 받은 식물의 외관이 검어지기 때문에 붙여진 것이다.
2. 일부 어부들 사이에서 어선의 함교 위로까지 확산되는 증기안개를 지칭하는 용어.
만약 증기안개가 이 높이까지 도달하지 못하면 하얀서리가 된다.

검은얼음(black ice) 1. 담수 또는 염수 위에 형성되는 얇은 새 얼음.
그 투명성 때문에 어둡게 나타나며 얼음의 주상조직에서 기인한 것이다. 호수에서는 검은얼음 위에 보통 재결빙된 눈이나 슬러시로 이루어진 흰얼음이 덮인다.
2. 선원들의 용어로서 작은 배를 전복시킬 수 있을 만큼 무겁고 위험한 형태의 얼음.
3. 우빙 대신에 널리 쓰이는 용어.
가벼운 비나 가랑비가 섭씨 0℃ 이하의 도로면에 내렸을 때 형성되는 상대적으로 어두운 색의 얇은 얼음판을 말한다. 이러한 현상은 과냉각된 안개방울들이 건물, 담장, 또는 식생에 가로막혔을 때도 형성될 수 있다.

겉보기 수평선(apparent horizon, －水平線) 천구에 투영된 하늘과 지구면 사이의 선.
이 선은 지구의 지형 때문에 때로는 불규칙하다. 바다나 평야와 같은 평평한 곳에서는 관측자가 지표 가까이에 있는 경우 큰 원에 가깝지만, 관측자의 고도가 지표로부터 크게 떨어져 있는 경우에는 작은 원형에 가깝다.

겉보기 중력(apparent gravity, －重力) 지구와 같이 회전하는 행성에서 중력 및 원심력에 따라 생긴 힘의 결과.
유효중력(effective gravity), 가상중력(virtual gravity)이라고도 한다. 겉보기 중력은 다음과 같다.

$$g^* = g - \Omega \times (\Omega \times r)$$

여기서 g는 중력(단위면적당), Ω는 각속도, r은 지구 중심에 대한 위치 벡터이다. g처럼, g^*도 위치(위도)에 따른 변수이다. 지구의 대기 내에서 원심력($\Omega \times (\Omega \times r)$)의 크기는 g의 0.03%보다 적은 값이다. 겉보기힘(apparent force)을 참조하라.

겉보기 태양일(apparent solar day, －太陽日) 태양이 자오선을 가로질러 다음 자오선까지의 시간 간격, 즉 태양의 일(日) 남중에서 다음날 남중까지의 실제 시간.
지구의 공전궤도가 정확한 원이 아니고 약간 타원이기 때문에 계절에 따라서 태양과의 거리와 공전속도에 차이가 있고, 또한 태양의 겉보기 연주운동은 공전궤도상에서 일어나므로 태양의 움직임이 일정할지라도 직경의 변화는 장소에 따라서 날마다 조금씩 달라진다. 이 두 가지 원인으로 태양의 겉보기 운동속도는 1년을 통하여 매일 변하고 태양의 남중에서 다음날 남중까지의 시간, 즉 태양일(solar day)의 길이도 변한다. 따라서 편의상 진태양일을 1년 동안 평균한 것을 상용시로 이용하는데, 이를 **평균태양일**(mean solar day)이라고 한다.

겉보기힘(apparent force) 가상적 힘으로 나타나는 대기운동 방정식에 도입되는 힘.
가상력, 관성력, 수송력이라고도 한다. 물체의 질량 m과 물체에 작용하는 힘(F)을 나타내는 뉴턴의 운동법칙 $F=ma$가 성립하려면, 가속도(a)를 관성기준좌표계에 대한 값으로 명시하여야 한다. 비관성계의 가속도(예 : 회전기준좌표계)가 $\boldsymbol{a}^*$이면, $a=a^*+a_i$이고, 운동방정식은 $F-ma_i=ma^*$나타낼 수 있다. 여기서 물리량 $-m\boldsymbol{a}_i$는 관성 혹은 겉보기힘이고, $\boldsymbol{a}_i$는 관성가속도이다. 대표적인 겉보기힘은 원심력과 전향력이다. 고전역학(뉴턴 역학)에서 관성력은 단지 가상적인 힘으로 질량에 가속도를 곱한 힘이다. 그러나 일반상대성이론에서는 관성가속도와 중력가속도를 구분하지 않기 때문에, 관성력은 물체의 상호작용에서 생긴 실제 힘과 동일하다. 두 가속도 모두 물체의 질량에 무관하다. 겉보기 **중력**(apparent gravity)을 참조하라.

겨울(winter) 천문학적으로 북반구에서 동지와 춘분 사이 남반구에서는 추분 사이의 기간으로서 1년 중 태양의 고도가 낮고 가장 추운 계절.
보통 북반구는 12, 1, 2월이고, 남반구는 6, 7, 8월이다.

결빙(freezing, 結氷) 액상의 물질이 고체상으로 변하는 현상.
구름 내부에서 수증기나 물방울이 결빙핵(freezing nuclei, 結氷核)과의 상호작용으로 얼음핵화(ice nucleation)되면서 발생하는 현상이다. 그러나 일반적으로 공기의 온도가 0℃에 다다를 때 공기가 결빙상태에 있다고 한다.

결빙고도(freezing level, 結氷高度) 보통 지표나 해수면에서 고도가 증가함에 따라 감소하는 공기의 온도가 처음으로 0℃에 이르는 고도.
하지만 이러한 정의가 실제 관측 사례들에서 단순히 적용되지 못하는 경우가 있다. 예를 들어, **온도역전**이 처음으로 고도상승과 함께 공기의 온도가 0℃에 다다르는 고도보다 높은 곳에서 발생할 수 있기 때문이다. 이런 경우 공기의 온도가 0℃를 중심으로 고도의 증가와 함께 올라감과 내려감을 반복할 수가 있다. **구름물리학**에서는 결빙고도를 **융해고도**(melting level, 融解高度)라고도 한다. 즉, 이 고도에서 빙정(ice crystal, 氷晶)이 녹기 때문이다. 그러나 이 고도에서 물방울은 과냉각상태로 얼지 않고 존재할 수 있다.

결빙점(freezing point, 結氷点) 액체가 어떤 주어진 일련의 조건하에서 고체화되는 온도.
어는점, 또는 겉보기 결빙점이라고도 한다. 녹는점, 또는 더 엄격하게 참결빙점이나 (물의) 빙점과 같지 않을 수도 있다. 이는 액체상태에만 적용되기 때문이고 물질의 고유한 평형 특성이 아니기 때문이다. 결빙점은 액체의 순도, 액체덩이의 체적과 모양, 빙결핵의 수, 그리고 그 액체에 작용하는 압력에도 크게 좌우된다. 또한 용액의 용액 특성이고, 용해된 물질량의 증가에 따라 비례적으로 낮아진다. 따라서 천연수는 거의 모두가 어떤 양의 용매를 포함하고 있기 때문에, 결빙점은 0℃보다 약간 낮다. 예를 들면, 정상적인 해수는 약 −1.9℃(28.6°F)에서 얼게 된다.

결빙지수(freezing index, 結氷指數)　한 결빙계절의 누적도일의 시곡선(time curve)상에서 가장 높은 점과 가장 낮은 점 사이의 화씨도일의 값.
결빙지수는 어떤 주어진 결빙계절 동안 일어나는 결빙온도 미만의 크기와 기간을 함께 고려한다. 지면상 1.5m(4.5ft)에서의 기온을 결정하는 지수를 공기결빙지수(air freezing index)로 정의한다. 한편, 지면 바로 아래의 온도를 결정하는 것은 지상동결지수(surface freezing-index)로 알려져 있다.

결빙핵(freezing nucleus, 結氷核)　과냉각된 작은 물방울이나 물방울의 내부에 침투하거나 접촉하여 이들 물방울의 결빙을 유도해 빙정을 형성시키는 아주 작은 미세입자.
접촉을 통해 결빙을 유도하는 미세입자를 접촉핵이라 하며 내부침투를 통해 결빙을 유도하는 미세입자를 침윤핵(浸潤核)이라 한다. 결빙핵의 시공간분포, 크기분포, 생성요인과 화학적 구성은 결빙핵의 종류에 따라 크게 변한다. 그리고 또한 결빙핵의 종류에 따라 결빙이 일어나기 시작하는 온도는 크게 변한다. 식물군으로부터 형성되는 박테리아성 결빙핵은 −2℃의 비교적 높은 온도에서 결빙을 유도할 수 있다. 점토와 같이 토양성분으로 구성된 결빙핵은 −10∼−20℃ 사이에서 결빙을 유도하는 것으로, 요오드화은과 같은 철성분의 결빙핵은 −5∼−10℃ 사이에서 결빙을 유도하는 것으로 알려져 있다.

결정(crystal, 結晶)　물질을 구성하는 원자들이 일정하게 배열되어 있는 내부적 규칙성이 외부적으로 나타나 있는 고체.

결정나무(decision tree, 決定-)　모든 가능한 결과와 이에 도달할 수 있는 경로를 도식적으로 보이는 표현.
이 도식적 표현은 흔히 분류 작업을 하는 데 사용된다. 결정나무에서 꼭대기 층은 입력마디(예 : 기상관측과 자료)로 구성되어 있다. 결정마디는 그래프에서 진행 순서를 결정한다. 뿌리는 최종 결과(예 : 일기예보 또는 기후구분)를 나타내는 반면, 나뭇잎은 모든 가능한 결과나 분류를 나타낸다. 거의 모든 전문적 시스템과 많은 기상학적 알고리즘들은 결정나무로 가장 적절하게 도식화할 수 있다.

결정핵(crystallization nucleus, 結晶核)　수체(水體)에서 빙정을 형성하는 데 작용하는 빙정핵.

빙정핵과 같은 것으로 지칭하나 주로 물에서 얼음결정의 형성에 적용된다. 핵화와 같은 특정한 물리적 과정과 상관없이 빙정 형성을 초래하는 핵으로 역할을 하는 입자이다. 이 과정을 비균질 핵화라고 하며 이는 균질핵화와 반대되는 개념이다. 균질핵화는 얼음입자의 성장이 단지 물분자의 무작위운동에 의해서만이 커질 수 있어 이 과정이 얼음입자의 성장을 결정하는 과정이 된다. 다음 네 가지 과정이 일반적으로 구별된다. (1) 침적(흡착, 과거에는 '승화'라 하였음), 이 과정에서 얼음(氷象)은 수증기로부터 직접적으로 형성된다. (2) 응결, 결빙, 이 과정에서 얼음은 구름응결핵의 성장 및 희석 후에 과냉각된 용액에서 형성된다. (3) 접촉결빙, 이 과정에서 과냉각방울은 얼음핵화 에어로졸과 직접적으로 접촉 후에 핵화된다. (4) 침수결빙, 이 과정에서 핵화입자는 과냉각된 액체 속에 완전히 잠기게 되며, 충분히 냉각됨으로써 핵화된다. 핵화(핵생성) 메커니즘의 다양성 때문에 해당 구름에서 활발한 과정들을 추론하기가 어려운 경우도 있다. 요오드화은(옥화은)과 같은 인공생성 에어로졸은 네 가지 메커니즘 모두의 경우를 따른 활동을 보여주지만 반응률은 각각 다르다. 자연 에어로졸의 결빙핵화에서는 상기 모든 결빙모드 과정에 나타나지 않는 것이 일반적이다. 관측결과가 강하게 시사하는 바는 생화학적 성질이 무엇이든 간에 가장 자연적인 핵들은 침적에 의하기보다는 결빙과정을 통하여 응결된다. 얼음결정을 참조하라.

결집(coagulation, 結集) 1. 구름물리학에서 다수의 작은 구름입자(구름방울)가 보다 큰 작은 수의 강수입자로 변환되는 모든 과정.
2. 해당 의미로 사용될 경우, 용어는 모든 콜로이드계(colloidal system)의 응고와 유사하게 사용됨. 본 과정은 과냉각입자(물방울)에 대해 영상 혹은 영하(즉, 섭씨 0℃ 이상 혹은 이하)로 온도가 오르내릴 때 발생할 수 있다.
3. 에어로졸(연무제) 혹은 콜로이드성 입자가 브라운 확산운동에 의해 서로 충돌하여 응축되거나(액체의 경우) 혹은 쌓이는(고체의 경우) 과정.

결착(accretion, 結着) 1. 구름물리학에서 과냉각물방울이 얼음입자와 충돌하여 얼게 됨으로써 얼음입자가 성장하는 현상.
큰 얼음입자가 작은 얼음입자를 채집하는 것을 일컫기도 한다. 물방울입자가 다른 물방울입자를 채집하는 병합과정과 유사한 결집의 한 형태라 할 수 있다.
2. 구름 모델링에서 이슬비방울이나 강수입자에 의한 구름방울의 채집.
이 명칭은 자동변환, 자기채집과 함께 구름 모델링 결과에서 확인할 수 있는 충돌병합과정의 세 가지 세부과정을 구분하기 위해 사용한다.

결합계수(combination coefficient, 結合係數) 중립 에이트킨 핵과 결합하여 새로운 큰이온들을 형성하거나 반대극을 지닌 큰이온들과 결합하여 중립 에이트킨 핵을 형성하기 때문에 발생하

ㄱ

는 작은이온의 비소실률(非燒失率)을 측정하는 인자.
차원적으로 볼 때 결합계수는 물리적으로 동일한 재결합계수와 동일하다. 두 가지 유형의 결합계수는 해면고도에서 $10^{-5}cm^3s^{-1}$의 오차(차수)범위로 평균값을 보인다. 반면 재결합계수는 대체로 크기가 한 차수 낮게 나타난다. 재결합을 참조하라.

결합 에너지(bond energy, 結合-) 분자 내의 화학적 결합을 깨뜨리는 데 요구되는 에너지. 해체된 분자들을 무한한 거리까지 분리하는 데 필요한 에너지와 같다. 즉, 분자의 안정화를 위한 에너지를 각 결합에 분배한 에너지로서 일반적으로 단결합, 이중결합, 삼중결합의 순으로 크기가 결정된다. 예를 들면, 오존(O_3) 분자 내의 산소-산소 결합강도는 오존 분자와 결합이 끊어진 O와 O_2 분자 사이의 에너지 차이로 정의된다.

경계류(boundary current, 境界流) 해안선의 존재에 따라 그 역학적 움직임이 결정되는 해류. 즉, 해안 경계 부근을 흘러가는 해류로서 대양의 서쪽에 대체로 강한 해류(예 : 쿠로시오 해류, 멕시코 만류 등)가 존재한다. 경계류는 두 종류로 나뉘는데, (1) 좁고, 깊고, 빠르게 흐르는 서안경계류는 제트 기류와도 흡사하며 해류 불안정 및 맴돌이의 발생과 연관된다. (2) 얕게 흐르고, 넓은 지역에 영향을 미치며, 중간 정도의 강도를 가진 동안경계류는 종종 연안용승과 수면 아래 대륙사면을 따라 발달하는 반류를 동반한다. 두 경계류 모두 환류순환의 필수적인 내부 구성요소이다. 지구자전은 에너지를 서쪽에다 축적시키는데, 이 에너지는 경계류에서는 해소되어야 한다. 이 때문에 서안경계류는 전형적으로 100km 규모의 폭과, $2m\ s^{-1}$의 속도를 가지며, 에너지 해소를 위해 자주 와류를 발생시킨다. 그러나 동안경계류에서는 이렇게 에너지를 소멸시킬 필요가 없으므로, 폭이 넓고 흐름도 느리다. 동안경계류의 특별한 특성은 연안용승과 온도전선(溫度前線)에서 유래하는데, 연안용승은 수온약층(水溫躍層)을 해수면 근처까지 끌어올리고, 연안 제트류로 알려진 유속에서의 최대 지균력이 발생함으로써 온도전선이 생겨난다. 또한 용승 때문에 동안경계류는 대기의 열 흡수원이 되며 서안경계류 역시 차가운 바닷물을 적도 근처로 운반하고 있을 때는 대기의 열 흡수원이 된다. 이런 현상은 아한대환류 지역에서 일어난다. 한편 서안경계류는 아열대환류에서처럼 열대지역의 바닷물을 온대지역으로 운반할 때는 대기의 열원이 된다.

경계면(interface, 境界面) 두 유체를 분리한 면으로서 이 면을 경계로 밀도, 속도 등 어떤 유체 성질을 나타내는 요소들의 불연속이 있거나 그 경계면에 대한 법선 방향으로 이들 성질에 대한 도함수의 불연속이 있는 면.
따라서 운동방정식들은 경계면에서 적용되지 못하고 운동학적이고 역학적인 경계조건들로 대치된다. 내부경계라고도 불린다.

경계조건(boundary condition, 境界條件) 해(解)를 찾는 특정 지역의 가장자리, 또는 물리적

ㄱ

경계(액체 경계를 포함하여)에서 이에 관한 미분방정식의 해를 구할 때 만족되어야 하는 수학적 조건.
즉, 임의의 계의 경계를 만족하기 위하여 주는 조건이다. 이 조건들의 본성은 보통 문제의 물리적 성질에 따라 결정되며, 문제의 완벽한 공식화를 위한 필요한 부분이다. 대기에 대한 일반적인 경계조건은 지표면에서의 수직 방향 속도요소를 없애는 것과 상층에서의 압력의 개별 파생요소를 고려하지 않은 것이다. 이 용어는 또한 다른 '외부' 계와 상호작용하는 '열린 동역학적 시스템'이 시간에 따라 점점 더해 가는 추이의 맥락에서도 사용된다. 외부 시스템의 상태는 고려 중인 동역학적 시스템의 시간에 따른 변화추이를 추론하기 위해, 경계조건으로서 규정지어야 한다. 예를 들어, 지구대기상태의 변화추이를 파악하기 위한 수치 모델링에서는 해수면온도를 경계조건으로 요구한다. 해양의 수치 모델링에서 대기와의 경계조건으로 바람의 영향을 요구한다. 경곗값 문제(boundary-value problem), 초기조건(initial condition)을 참조하라.

경계층(boundary layer, atmospheric boundary layer, planetary boundary layer, 境界層)
물체의 표면에 매우 근접하여 표면과의 마찰 및 열 또는 다른 변수들의 영향을 받는 유체의 층. 유체는 물체의 표면에 가까울수록 점성의 영향을 크게 받아 유체속도가 감소하고 멀어질수록 점성의 영향이 줄어들어 어느 정도 멀어지게 되면 유체속도는 자유 흐름의 속도를 갖는다. 점성력의 영향을 기준으로 점성 유동을 두 개의 층으로 나누는 것을 경계층 근사라 하며, 이때 점성의 영향을 강하게 받는 쪽의 층이 경계층이다. 대기경계층은 지면을 둘러싸고 있는 대기층에서 지면의 영향을 직접 받는 부분으로 대기경계층의 대기흐름은 종종 난류적이며 정적으로 안정적인 공기층 또는 기온역전층으로 덮여 있다. 대기경계층의 하위 10m 부근에서는 기계적인 난류 발생이 지배적으로 일어나는데, 이 부분을 지표경계층(surface boundary layer) 또는 지표층(surface layer)이라 한다. 지표경계층과 자유대기층 사이는 에크만 층으로 에크만 층의 공기운동은 표면마찰력, 전향력, 기압경도력 등의 영향을 받는다.

경계층 분리(boundary layer separation, 境界層分離) 레이놀즈 수가 충분히 높을 때 지표면의 유선이 지표면으로부터 분리되는 현상.
경계층 분리는 지표면과 접한 유체입자 속도가 지표면 속도와 같은 무활조건(no-slip condition)을 만족하고 와류가 발생하는 고체경계층이 존재할 때 발생한다. 단단한 평면이나 구면의 벽에 흐르는 안정된 경계층의 분리는 경계층 외벽의 유체의 속도가 평균 유속의 방향과 크기가 충분히 빠르고 클 때마다 일어난다. 이러한 현상은 유체의 방향에서 반대되는 방향의 기압경도가 적용되어 이루어질 수 있다.

경계층 레이더(boundary layer radar, 境界層-) 대류권 하부를 연구하기 위해서 특별히 개발

ㄱ

된 수직측풍장비(wind profiler)의 일종.
대기경계층에서의 청천대기 반사도는 보통 대류권 상부보다 크기 차수가 한 단계 높기 때문에 이 장비들은 대류권 상부를 측정하는 장비(예 : MST 레이더) 등에 비해 크기와 소비전력이 작다. 경계층 레이더는 일반적으로 짧은 단파(100m 이하)로 구성되어 있으며 설치된 레이더 상공으로 100~200m에서부터 시작하여 일반적 대기상태에서는 적어도 2~4km까지 관측이 가능하며, 이것은 경계층 레이더가 UHF 레이더 밴드(radar band) 안에서 작동할 때 가능하다.

경계혼합(boundary mixing, 境界混合) 해양 주변부의 경사지형이나 해산(海山) 위에서 내부파가 부서지는 초기 원인으로 일어나는 혼합작용.
경계혼합은 수직열 수송에 주요한 작용을 하는 것으로 알려져 있다.

경곗값 문제(boundary-value problem, 境界-問題) 어떤 영역의 경계 위에 주어진 미지수에 관한 특정 정보(경계 조건)에 근거를 두고 유효한 미분방정식에 의해 완전하게 결정되는 물리적 문제.
특정한 문제에 따라 완전하게 그리고 유일하게 결정되는 미분방정식의 해를 구하기 위해서는 필요한 정보가 요구되기 때문이다. 많은 다양한 기상학 문제들이 경곗값 문제로 귀착(歸着)된다. 초깃값 문제(initial-value problem)를 참조하라.

경도(gradient, 傾度) 함수의 감소의 공간적 비율.
기울기, 물매라고도 한다. 3차원 공간에서의 함수의 경도는 함수값이 일정한 면에 대한 법선 벡터이며, 벡터의 방향은 값이 감소하는 방향이고, 벡터의 크기는 함수의 감소비율과 같은 값이다. 함수의 경도 f는 $-\nabla f$로 표시되며(오래된 문헌에서는 음수 부호가 없음), 그 자체로 공간과 시간 모두에 대한 함수이다. 경도가 커지는 방향은 음의 방향이다. 데카르트 좌표계에서 경도는 다음과 같은 식으로 정의된다.

$$-\nabla f = \frac{\partial f}{\partial x}\boldsymbol{i} + \frac{\partial f}{\partial y}\boldsymbol{j} + \frac{\partial f}{\partial z}\boldsymbol{k}$$

경도는 종종 수평기압장의 기울기나 상승의 크기를 표현하는 데 사용되기도 한다.

경도류(gradient current, 傾度流) 해양에서 해류는 (유체정역학적인) 물질의 분포로 생기는 수평 기압장이 지구의 자전으로 인한 전향력과 균형을 이루는 방향의 흐름.
경도류는 대기의 지균풍에 해당되는 개념이다. 실제 밀도의 분포는 각 위치에서 일련의 깊이에서의 염분과 온도에 의해 결정된다. 이로부터 다른 등압면에 대한 어떤 등압면에서의 지위고도 지형이 계산되고, 수평기압경도는 등압면의 지위고도 경사로 표현이 가능하다. 기상학에서의

ㄱ

온도풍에 해당하는 상대적인 등압면에서 해류도 이러한 방법으로 얻는다. 특정한 등압면의 고도를 알고 있으면, 이를 기준으로 다른 등압면에서의 절대적인 지위고도 지형도 계산할 수 있고, 나아가 절대기압경도류도 알 수 있다. 어떤 등압면의 고도도 알 수 없다면, 전체적인 기압경도류는 밀도의 분포에 따른 상대기압경도류와 밀도의 분포가 아니라 등압면의 기울기로 인한 경사류의 상수로 결정된다. 지균류를 참조하라.

경도 리처드슨 수(gradient Richardson number, 傾度-數) 부력에 의한 난류 생산 또는 소비를 시어에 의한 난류 생산으로 나눈 부차원 비(比).
이 무차원 수 Ri는 난류의 형성과 역학 안정도를 판단하는 데 사용되고 다음과 같이 표현된다.

$$Ri = \frac{\dfrac{g}{T_v}\dfrac{\partial \theta_v}{\partial z}}{\left(\dfrac{\partial U}{\partial z}\right)^2 + \left(\dfrac{\partial V}{\partial z}\right)^2}$$

여기서 T_v는 절대가온도, θ_v는 가온위, g는 중력가속도, z는 고도, U와 V는 각각 풍속의 동서 방향 성분과 남북 방향 성분이다. 임계 리처드슨 수 Ri_c는 약 0.25로서, $Ri < Ri_c$일 때 흐름은 역학적으로 불안정하고 난류가 존재한다. 이와 같은 난류는 바람 시어가 충분히 커서 안정화시키는 부력을 압도할 때 (이때는 분자가 양) 또는 정적으로 불안정할 때(이때는 분자가 음) 일어난다.

경도수송이론(gradient transport theory, 傾度輸送理論) 분자수송과 유사하게 어떤 변수의 난류 플럭스가 그 변수 평균의 국지적 경도 아래쪽으로 흐른다고 가정하는 1차 난류종결 근사 이론.
이 국지적 난류종결 근사법은 난류가 작은 맴돌이만으로 구성되어 있어서 확산과 같은 수송을 일으킨다고 가정하고 있다. 한 가지 예는 다음과 같다.

$$\overline{w'c'} = -K\frac{\partial \bar{c}}{\partial z}$$

여기서 오염물 농도(c)에 대한 연직 운동학적 플럭스 $\overline{w'c'}$는 평균 농도 $\bar{c}$의 연직 경도와 맴돌이 열 확산도 K를 곱한 것과 같은 것으로 모형화되고 있다. 이 이론을 케이 이론 또는 맴돌이 점성 이론이라 부르기도 한다.

경도풍(gradient wind, 傾度風) 등압선이 곡선일 때 기압경도력 및 전향력과 함께 원심력이 작용하여 세 힘이 평형을 이루는 상태에서 곡선 등압선을 따라서 부는 바람.
저(고)기압성의 흐름은 곡률반경(R) 벡터가 $R>0(R<0)$가 되기 때문에, 저(고)기압성 경도풍의 풍속은 같은 지점에서 부는 지균풍의 풍속보다 약하다(강하다).

ㄱ

경도 흐름(gradient flow, 傾度-) 수평 방향의 기압경도력과 지구자전에 의한 전향력, 등압선의 곡률에 의한 원심력 등 세 힘이 균형을 이룰 때, 등고도면(등압선)과 평행하게 원형으로 흐르는 흐름.

순수한 경도 흐름은 마찰이 없는 상태를 가정한 이론적인 균형이므로 실제 관측에서 완벽하게 만족되는 흐름을 찾기는 힘들지만, 지상 마찰이 거의 없는 높이 2km 이상의 상층에서는 경도 흐름에 가까운 흐름이 나타난다.

경보(warning, 警報) 날씨의 위험 정도를 나타내는 용어, 태풍, 집중호우 등 위험기상의 정도에 따라 감시(watch, 또는 monitor)−주의보(advisory)−경보(warning)로 구분하여 위험기상에 대처한다(아래 '특보의 발표기준' 참조).

특보의 발표기준

종류	주의보	경보
강풍	육상에서 풍속 14m/s 이상 또는 순간풍속 20m/s 이상이 예상될 때. 다만, 산지는 풍속 17m/s 이상 또는 순간풍속 25m/s 이상이 예상될 때	육상에서 풍속 21m/s 이상 또는 순간풍속 26m/s 이상이 예상될 때. 다만, 산지는 풍속 24m/s 이상 또는 순간풍속 30m/s 이상이 예상될 때
풍랑	해상에서 풍속 14m/s 이상이 3시간 이상 지속되거나 유의파고가 3m 이상이 예상될 때	해상에서 풍속 21m/s 이상이 3시간 이상 지속되거나 유의파고가 5m 이상이 예상될 때
호우	6시간 강우량이 70mm 이상 예상되거나 12시간 강우량이 110mm 이상 예상될 때	6시간 강우량이 110mm 이상 예상되거나 12시간 강우량이 180mm 이상 예상될 때
대설	24시간 신적설이 5cm 이상 예상될 때	24시간 신적설이 20cm 이상 예상될 때. 다만, 산지는 24시간 신적설이 30cm 이상 예상될 때
건조	실효습도 35% 이하가 2일 이상 계속될 것이 예상될 때	실효습도 25% 이하가 2일 이상 계속될 것이 예상될 때
폭풍해일	천문조, 폭풍, 저기압 등의 복합적인 영향으로 해수면이 상승하여 발효기준값 이상이 예상될 때. 다만, 발효기준값은 지역별로 별도 지정	천문조, 폭풍, 저기압 등의 복합적인 영향으로 해수면이 상승하여 발효기준값 이상이 예상될 때. 다만, 발효기준값은 지역별로 별도 지정
지진해일	한반도 주변 해역(21N∼45N,110E∼145E) 등에서 규모 7.0 이상의 해저지진이 발생하여 우리나라 해안가에 해일파고 0.5∼1.0m 미만의 지진해일 내습이 예상될 때	한반도 주변해역(21N∼45N, 110E∼145E) 등에서 규모 7.0 이상의 해저지진이 발생하여 우리나라 해안가에 해일파고 1.0m 이상의 지진해일 내습이 예상될 때
한파	10∼4월에 다음 중 하나에 해당하는 경우 ① 아침 최저기온이 전날보다 10℃ 이상 하	10∼4월에 다음 중 하나에 해당하는 경우 ① 아침 최저기온이 전날보다 15℃ 이상 하

	강하여 3℃ 이하이고 평년값보다 3℃가 낮을 것으로 예상될 때 ② 아침 최저기온이 −12℃ 이하가 2일 이상 지속될 것이 예상될 때 ③ 급격한 저온현상으로 중대한 피해가 예상될 때	강하여 3℃ 이하이고 평년값보다 3℃가 낮을 것으로 예상될 때 ② 아침 최저기온이 −15℃ 이하가 2일 이상 지속될 것이 예상될 때 ③ 급격한 저온현상으로 광범위한 지역에서 중대한 피해가 예상될 때
태풍	태풍으로 인하여 강풍, 풍랑, 호우, 폭풍해일 현상 등이 주의보 기준에 도달할 것으로 예상될 때	태풍으로 인하여 다음 중 어느 하나에 해당하는 경우 ① 강풍(또는 풍랑) 경보기준에 도달할 것으로 예상될 때 ② 총강우량이 200mm 이상 예상될 때 ③ 폭풍해일 경보기준에 도달할 것으로 예상될 때
황사	황사로 인해 1시간 평균 미세먼지(PM10) 농도 400㎍/m^3 이상이 2시간 이상 지속될 것으로 예상될 때	황사로 인해 1시간 평균 미세먼지(PM10) 농도 800㎍/m^3 이상이 2시간 이상 지속될 것으로 예상될 때
폭염	6~9월에 일최고기온이 33℃ 이상인 상태가 2일 이상 지속될 것으로 예상될 때	6~9월에 일최고기온 35℃ 이상인 상태가 2일 이상 지속될 것으로 예상될 때

출처 : 기상청(2013년 8월 31일)

경보수준(alarm level, 警報水準) 기상현상으로 위험하거나 해를 입힐 수 있는 가능성이 있을 때 발표하는 경보나 주의보 등의 특보.
예를 들어 특보는 호우, 강풍, 풍랑, 태풍, 황사 등 예측이나 관측을 기반으로 발표한다. 보통 기상청은 예보를 기반으로 선행시간을 가지고 특보를 발표하여 재해관련기관에서 사전에 대비토록 한다.

경사(inclination, 傾斜) 1. 일반적으로 어떤 선이나 평면이 수직선과 이루는 각도를 의미하는데, 기상학적으로는 지구자장의 남북 자오면 수평 아래로 자유로이 걸려 있는 자장이 기우는 각도.
자기적도(aclinic line, dip equator)에서 경사는 영(0)이며 자기극(dip pole)에서 경사는 90°이다.
2. 위성궤도와 지구적도면이 이루는 각도.
90°보다 작은 경사각은 순행궤도(prograde orbit)라 하고 90°보다 큰 경사각은 역행궤도(retrograde orbit)라 한다.

경사대류(slantwise convection, 傾斜對流) 부력과 코리올리 힘 혹은 원심력의 영향으로 공기덩어리가 비스듬히 상승하는 대류.
경사대류에 의해 상승하는 공기덩어리는 부력과 코리올리 힘(혹은 원심력) 그리고 기압경도력의

ㄱ

합력에 의해 이동한다.

경사대류 가용잠재 에너지(slantwise convective available potential energy, 傾斜對流可用潛在-) 경사대류 시 불안정한 대기에서 한 특정 공기덩이가 경사상향 변위 시에 운동 에너지로 전환될 수 있는 위치(잠재) 에너지의 총량.
경사대류 가용잠재 에너지(SCAPE)는 다음 식으로 주어진다.

$$SCAPE = \int_{PNB}^{p} |M| R_d (T_\rho - T_{\rho e}) d\ln p$$

여기서 R_d는 건조공기의 기체상수, T_ρ는 샘플의 밀도온도(density temperature), $T_{\rho e}$는 주변 공기의 밀도온도, PNB는 상승하는 공기덩이와 주위 공기덩이의 밀도가 같은 기압, $|M|$은 공기덩이가 절대운동량(absolute momentum)이 일정한 면(열대저기압과 같은 원형대칭 흐름에서는 절대운동량이 일정한 면)을 따라 경사 방향으로 상승하는 것을 표시한다.

경압(baroclinc, 傾壓) 유체의 밀도변화와 관련된 운동량 변화.
유체속도의 경압성분은 전체 운동량에서 순압성분을 제거한 양이다.

경압대기(baroclinic atmosphere, 傾壓大氣) 등밀도면, 등온면, 등압면이 서로 일치하지 않은 상태의 대기.
온도와 기압에 의한 밀도와 고도에 다른 지균풍이 변화가 있고 등압면상에서 온도풍 방정식과 연관되어 있는 수평온도경로가 있는 대기상태이다.

경압모형(baroclinic model, 傾壓模型) 경압대기 및 경압파의 발달과 쇠퇴를 모사할 수 있는 모형.
순압모형에서의 절대와도 이류는 물론 온도 이류까지 포함하여 경압파의 발달 및 쇠퇴를 모사할 수 있다. 차등와도 이류와 차등온도 이류, 그에 따른 연직운동을 기술할 수 있도록 연직 방향으로 최소한 2개 층으로 구성되어야 한다.

경압불안정(baroclinic instability, 傾壓不安定) 남북 간의 지나친 온도 경도를 해소하기 위해 발생하는 대기 불안정.
대기 중 어느 곳에서라도 남북 간 온도차가 임곗값을 벗어나거나, 혹은 온도풍 관계에 따라 기본류의 연직 시어가 허용 범위를 벗어나든가 하면 경압적으로 불안정한 상태가 된다. 그로 인해 기본류로부터 요란이 발생해서 불안정한 기본류의 상태를 해소하게 되는데, 이 요란을 경압요란(혹은 경압파)이라고 한다. 경압불안정을 결정하는 것은 상기 남북 간 온도경도와 기본류의 연직 시어뿐 아니라 해당 현상의 위도, 대기의 연직안정도 및 경압파의 파장과도 관계가 있다.

경압성(baroclinity, baroclinicity, 傾壓性) 등밀도면, 등온면, 등압면이 서로 일치하지 않은 유체의 상태.

경압성의 크기는 기압경도 벡터와 밀도경도 벡터의 벡터 곱, 즉 $\nabla p \times \nabla \rho$에 비례한다. 즉, 등압면과 등밀도면 간의 각도에 비례한다고 볼 수 있다. 또한 어떤 임의의 면상에서 등압-등밀도 솔레노이드의 개수로 경압성의 정도를 나타낼 수 있는데 수평면의 경우라면 그 수는 다음과 같다.

$$N = \frac{\partial \alpha}{\partial x}\frac{\partial p}{\partial y} - \frac{\partial p}{\partial x}\frac{\partial \alpha}{\partial y}$$

여기서 α는 비용적, p는 압력이다. 순압성(barotropy)을 참조하라.

경압요란(baroclinic disturbance, 傾壓搖亂) 경압대기에서 발생하는 3차원 파동.

경압파(baroclinic wave)로 불리기도 하며 대개 경압불안정에 의해 발생한 요란을 일컫는다. 종관일기도상에서는 종관규모 저기압/고기압의 발달 · 이동 · 쇠퇴과정을 거치는 요란 등이 있다. 강한 수평온도경도, 기압골의 연직 방향 기울어짐, 온난공기의 상승과 한랭공기의 하강, 기압골 전면/후면에 온난/한랭이류 등의 특성을 지니고 있다.

경위의(theodolite, 經緯儀) 라디오존데 기구를 시각적으로 추적하거나 방위각 및 앙각을 결정하는 데 사용되는 광학기기.

경향(tendency, 傾向) 공간의 임의지점에서 시간에 따른 벡터 또는 스칼라 양의 어떤 변수의 국지적 변화.

예를 들어, 기압의 경향은 $\partial p/\partial t$, 와도의 경향 $\partial \zeta/\partial t$로 표기하고 대기에서 어떤 요소의 순간적인 변화를 측정하기가 어려우므로 유한한 기간 내의 크기 차를 구하여 얻을 수 있다. 따라서 경향은 국지적 변화를 의미하게 된다. 지상일기도에서 3시간 기압변화를 기압경도의 단위값으로 사용한다.

경향방정식(tendency equation, 傾向方程式) 지표 또는 대기 중 어느 한 지점에서 기압의 국지적 변화를 나타내는 식.

경향방정식은 연속방정식과 정역학방정식 결합으로부터 얻어지며 해면 높이 h인 지점에서 기압경향$(\partial p/\partial t)_h$는 다음과 같다.

$$\left(\frac{\partial p}{\partial t}\right)_h = -\int_h^\infty g(\nabla \cdot \rho \boldsymbol{V}_H)dz + (\rho h w)_h$$

여기서 ρ는 공기밀도, $\boldsymbol{V}_H$는 수평바람, g는 지구중력가속도, w는 대기의 연직속도이다.

ㄱ

경향제거(detrend, 傾向除去) 분석에 활용되는 자료에서 최소제곱 최상적합과 같은 선형 회귀를 먼저 계산하여 그 결과를 자료로부터 삭제함으로써 시계열에서 배경 선형 변동을 제거하는 것.
이와 같은 방법은 부적절하게 수집된 장파장 또는 장주기 신호와 연관된 적색잡음을 제거하는데 도움을 준다.

경화(hardening, 硬化) 저온을 경과하면서 내동성이 증가하는 현상.
하드닝이라고도 한다. 가을부터 겨울에 이르면서 온도가 서서히 내려가면 식물의 내동성이 증가하여 동사점이 내려간다. 이와 같은 현상은 인위적인 저온처리에 의해서도 발생한다. 자연에서 경화된 식물이라도 봄이 되어 온도가 높아지거나 인위적으로 온도를 높이면 내동성이 저하하는데 이를 디하드닝(dehardening)이라고 한다.

계곡역풍(upvalley wind, 溪谷逆風) 산의 계곡을 따라 평지로부터 산 정상(頂上)을 향하여 부는 바람 또는 그 성분.
낮 동안에 경사지의 공기가 빠르게 가열되면 경사지를 따라서 상승하는 기류가 형성되고 상층에서 발산(發散)하게 되므로 지표면 부근의 기압이 낮아지게 된다. 그리고 계곡이 전체적으로 평지에 비해 기압이 낮아지게 되면 평지로부터 계곡을 따라 산 정상부(頂上部)를 향하는 바람이 발생한다. 종관기압계의 영향이 약하고 맑은 때, 일출 후 1~4시간이면 바람이 시작되고 풍속은 최성기에 보통 3~5m/sec에 이른다.

계곡바람(along-valley wind, 溪谷-) 계곡의 주(세로 방향)축을 따라서 부는 열적으로 움직이는 강제(활승 또는 활강)풍.
때로는 상층의 반류(countercurrent)를 동반한다.

계곡횡단바람(cross-valley wind, 溪谷橫斷-) 산 계곡의 한쪽 경사면에서 다른 쪽 경사면으로 계곡을 가로질러 부는 바람.
계곡을 경계로 하여 마주 보는 두 경사면에 강한 온도차가 발생하는 차등 일사가 있을 때 열적으로 발생하는 활승바람이나 활강바람에 적용한다. 이때 바람은 일사에 의하여 더 강하게 가열되는 경사면을 향해 불게 된다.

계단형 선도(stepped leader, 階段形先導) 뇌운과 지면 사이의 전위차가 수~수십 억 볼트 이상이 될 때 뇌운 속의 전하가 전기적으로 부도체인 공기를 뚫고 지면을 향해서 내려오는데 이때 지면까지 전하가 일격에 진행하지 못하고 약 30m씩 충전과 방전을 거듭하면서 계단형으로 진행을 하게 되는 계단모양의 선도.

ㄱ

계량 텐서(metric tensor, 計量-) 일반적인 곡면좌표계에서 공간의 거리를 정의하기 위해 사용되는 수학적 표현.

계량 텐서를 통해서 좌표계의 특성(직교성 및 분해능 등)을 파악할 수 있다. 카테시안 좌표계의 계량 텐서는 성분이 1인 대각행렬을 이룬다. 원통좌표계나 구면좌표계는 직교하지만 곡면좌표계이므로 성분이 각각 다른 대각행렬을 이룬다. 일반적으로 직교하지 않는 곡면좌표계는 계량 텐서의 모든 성분이 값을 가지게 된다. 또한 계량 텐서는 비직교좌표계에서 유용한 개념인 공변 벡터(covariant vector)와 반변 벡터(contravariant vector) 간의 변환에 사용된다.

계류기구(tethered balloon, 繫留氣球) 양의 부력을 갖는 무인기구로서 케이블에 부착하여 기구의 고도를 조절하는 측정기기.

계류기구는 기온, 바람, 습도, 굴절지수(refractive index), 미량기체(trace gase), 에어로졸과 같은 특성을 시간 혹은 고도의 함수로서 측정한다. 계류기구는 평균값과 난류 변동 모두를 측정할 수 있으며, 육지의 고정지점이나 선박에 설치된다.

계산 모드(computational mode, 計算-) 미분방정식의 물리적 해와는 관계없이 유한차분법에 의해 생기는 가짜 해.

예를 들어 등넘기 차분방법(leapfrog differencing)을 사용했을 때, 수치적 안정성은 푸리에 시리즈로 검토될 수 있다. 이때 나오는 물리적인 모드와 물리적이지 않은 계산 모드가 만들어진다. 계산방식이라고도 한다.

계절관측(season observation, 季節觀測) 동식물의 출현과 개화의 늦고 빠름에 따라 기후변화 추이를 판단하는 중요한 관측방법.

모든 기상관서에서 통상적으로 수행한다. 생물계절 · 기후계절 · 생활계절 관측의 세 가지로 분류한다. 계절관측은 지정된 관측 종목 · 장소 · 방법 등을 일정하게 하여 매년 동일 지점 · 동일 개체에 대해서 관측해야 한다. 또한 계절현상은 관측 장소의 주변 환경 영향을 크게 받기 때문에 계절관측을 실시하는 장소는 노장 또는 지정된 장소에서 가능한 한 부근 일대를 대표할 만한 장소를 택하여야 한다.

계절풍(monsoon, 季節風) 아랍어로부터 유래된 계절바람으로서 6개월은 북동풍이 나머지 6개월은 남서풍이 교차하면서 부는 아라비아해(Arabian Sea)의 바람에 붙여진 계절바람을 일컫는 용어.

몬순이라고도 하며 전지구적으로 같은 형태는 아니다. 해양의 열용량이 대륙에 비하여 크기 때문에 대륙은 짧은 시간에 데워지고 빨리 냉각된다. 따라서 여름에는 대륙지역이 해양지역보다 온도가 높아 저압부가 되며 겨울에는 온도가 낮아 고압부가 되어 바람이 여름에는 해양에서 대륙으로 불고, 겨울에는 대륙에서 해양으로 불게 되는 열적 순환이 발생한다. 우리나라에서는 겨울에 북서풍이 불고 여름에는 남동풍 계열의 바람이 분다. 즉, 겨울에는 대륙과 해양이 다 같이 냉각되나 비열이 작은 대륙의 냉각이 더 크게 발생하여, 이로 인해 대륙 위 공기의 냉각이 빠르게 진행되고 밀도가 높아지며 이것이 쌓여 큰 고기압이 형성된다. 일반적으로 대륙과 해양의 온도차는 겨울에 현저하고 여름에는 비교적 작으므로 겨울의 계절풍은 여름의 계절풍에 비하여 훨씬 강하다.

계절풍기압골(monsoon trough, 季節風氣壓-) 몬순 지역에서 해면기압이 제일 낮은 지역으로 일기도에 나타나는 기압선.
강하게 발달하는 열대요란들이 빈번하게 발생하는 지역이다. 이 지역에서 열대저압부(tropical depression)가 많이 발생한다. 초여름에 남아시아의 대류권 하층에 위치한 기압이 낮은 곳이다. 대개 인도와 벵갈만 끝부분의 상공에 위치한다.

계절풍파도(monsoon surge, 季節風波濤) 평년보다 발달한 강한 몬순 흐름의 일시적인 확장. 계절풍 서지라고도 한다. 이러한 비정상적인 발달은 수일에서 3주가량 지속된다. 이러한 계절풍 파도는 일반적으로 필리핀 해상에서 북서태평양을 향하거나, 호주 동쪽에서부터 남서태평양을 향하여 발생하는 현상이 가장 많다. 역방향 몬순골의 형성은 몬순 흐름에서 동쪽을 향한 계절풍 파도에 동반한다. 계절풍파도는 종종 열대저기압 발달의 전조현상이 되기도 한다.

계통오차(systematic error, 系統誤差) 측정자의 부주의, 측정 시의 환경, 측정 계기의 부정확성에 기인한 오차로 보정이 가능한 오차.
계통오차는 온도, 습도, 진동 등의 영향에 의한 외부오차, 측정기기의 부정확성에 기인한 기기오차, 그리고 측정자의 습관 또는 부주의에 의한 개인오차 등이 있다. 수치예보의 계통오차는 수치모형의 부정확성에서 기인한다.

고공전위기록계(alti-electrograph, 高空電位記錄計) 활성 뇌우 내 대기의 전기장 세기값을 기록하기 위한 풍선을 매개로 한 기구.
풍선이 상승함에 따라 아네로이드 요소에 의해 느리게 회전하는 특별히 처리된 종이의 디스크는 두 개의 철 전극 사이에 놓여 있는데, 위의 철 전극은 풍선에 부착된 배출지점에 전기적으로 연결되고, 아래의 철 전극은 아래로 길게 내려진 선에 전기적으로 연결되어 있다. 두 전극에서 설정한 전위차의 영향을 받아 종이를 관통하는 전류는 대략 주위의 전기 강도에 관한 크기 패턴에 따라 특수 처리된 종이를 변색시킨다. (고층)기상 자동 기록기 방식으로 온도와 습도를 기록할 수 있는 장치이다.

고기압(anticyclone, 高氣壓)　대기의 닫힌 순환으로서 고기압성 순환을 갖는 기압계.
고기압성 바람은 북반구에서 시계 방향으로, 남반구에서는 반시계 방향으로 분다. 회전의 상대적 방향으로 보면 고기압은 저기압의 반대이다. 고기압성 순환과 주위 대기와 상대적으로 높은 기압영역은 보통 공존하기 때문에 용어에서 고기압(anticyclonie)과 **고기압**(high)은 실제로 같은 뜻으로 사용된다. 고기압은 일반적으로 거의 이동 없이 한 장소에 머물러 있는 수평규모가 큰 정체성 고기압과 중위도에서 서쪽에서 동쪽으로 이동하는 수평규모가 비교적 작은 이동성 고기압이 있다. 고기압이 형성되기 위해서는 상층의 공기가 주위로부터 수렴되고 또 지상 부근에서는 지표마찰 때문에 고기압에서 바람이 불어나간다.

고기압(high, 高氣壓)　기상학에서 높은 기압의 영역.
일기도상에서 2차원(닫힌 등압선)의 최대 대기압 또는 등압면 일기도(닫힌 등고선)에서 최대 고도지역이다. 종관일기도에서 기압이 높은 고기압을 고기압 순환과 연관하여 왔기 때문에 '고기압(anticyclone)'과 같은 뜻으로 사용된다.

고기압발생(anticyclogenesis, 高氣壓發生)　고기압 소멸작용과 반대로 고기압 순환의 강화나 발달과정.
처음에는 존재하지 않았으나 고기압 순환이 발달되거나 이미 존재하는 고기압성 순환이 강화될 때 발생한다. 가장 흔한 형태는 새로운 고기압이 형성될 때이며 기압이 증가되어 고기압성 순환이 증가될 때와는 구별한다. 따라서 고기압이 형성되거나 강화되는 단계를 말한다. 고기압이 형성될 수 있는 방법에는 여러 가지가 있다. 저기압 가족들이 서에서 동으로 이동하는 중위도에서는 한대 공기가 유입되는 경우가 종종 일어난다. 이러한 한랭하고 밀도가 높은 공기는 그다음의 저기압의 진출을 막고 고기압을 형성하게 된다. 이러한 고기압을 이동성 고기압이라 한다. 이러한 저기압과 동반되는 고기압은 제트류의 골과 마루와 연관되어 나타난다.

고기압성 순환(anticyclonic circulation, 高氣壓性循環)　국지적 연직축에 대한 회전이 지구자전과 반대의 회전을 하는 유체운동.
즉, 북반구에서 시계 방향, 남반구에서는 반시계 방향이고, 적도에서는 정의되지 않는다. 이 순환은 **저기압 순환**과 반대이다. 북반구에서 고기압이 중심인 경우에 기압경도력이 바깥으로 향하고 중심으로 전향력이 작용하여 전향력을 오른쪽에 두고 시계 방향으로 부는 바람이 형성되는데, 마찰력에 의하여 바깥 방향으로 향하는 시계 방향의 순환이 형성된다. 반대로 저기압 순환은 저기압이 중심이 있을 때이며 북반구에서는 중심을 향하며 시계반대 방향으로 순환을 이룬다. 상층 흐름의 경우에는 마찰력이 작기 때문에 등압선을 가로지르지 않고 고기압을 중심으로 등압선에 나란하게 시계 방향으로 순환이 형성된다.

고기압성 시어(anticyclonic shear, 高氣壓性-) 고기압성 소용돌이도에 기여하는 수평바람 시어.
이것은 유선을 따라 공기입자가 고기압성 회전을 유발하는 데 기여한다. 북반구에서는 흐름을 가로질러 왼쪽에서 오른쪽으로 풍속이 감소할 때 고기압성 시어가 나타나고, 남반구에서는 방향이 반대로 나타난다. 저기압성 시어를 참조하라.

고기후 차례(paleoclimatic sequence, 古氣候次例) 지질시대로 보는 기후변화 연대기.
이 차례는 온난기간과 빙하기 사이에 연속적 진동을 보이나 수많은 아주 짧은 진동들이 서로 중첩되어 연대하여 있다. 지난 2천만 년 이상 동안 전 지질기간의 변화 경향은 하나의 기후형 같이 제4기의 빙하기와 간빙기가 연속적으로 나타난 것과 같이 단순하게 진동한 것으로 보인다. 온난기간이라 할지라도 온난의 정도에 따라 다른 기후의 연속이라 볼 수 있다. 그러나 더 많은 정보를 얻을 때까지 초기 고기후의 변화 차례를 자세히 정립하는 것은 용이하지 않다.

고도(altitude, 高度) 지평선 혹은 해수면 등을 0으로 기준하여 측정한 대상 물체의 높이.
기상학에서 지표면 위의 비행물체, 혹은 해발고도를 나타낼 때 주로 사용한다. 주로 고도의 측정은 항공기의 고도계에 의해 이뤄진다.

고도계(altimeter, 高度計) 물체의 고도를 결정하는 기구.
고도계는 다음과 같은 종류가 있다. (1) 기압고도계는 기압을 측정하고, 이것을 측정된 해면기압을 이용하여 해발고도로 변환시키거나 표준기압을 참고하고 현지 기압으로 변환한다. (2) 전파고도계 또는 레이더 고도계는 송신기에서 지표로, 다시 수신기로 되돌아가는 라디오 신호의 이동시간을 측정함으로써 고도를 추정한다. (3) 위치정보 시스템(GPS)은 GPS가 장착된 위성과 수신기 사이에서 라디오 신호가 이동한 시간을 측정함으로써 고도를 결정한다. GPS 수신기는 위성으로부터 수신받은 신호를 처리하여 수신기의 위치와 속도, 시간을 계산하기 위하여 3차원 좌표와 시간의 관측이 필요하여 4개 이상 위성의 동시관측이 필요하다.

고도계 보정(altimeter corrections, 高度計補正) 실제 고도를 얻기 위해 기압고도계의 측정값을 보정하는 것.
다음과 같은 보정이 있다. (1) 해면기압의 변화로 인한 기압 보정, (2) 고도계 속 공기 컬럼의 실제 온도와 표준 대기 온도 프로파일 간의 차이로 인한 기온 보정, (3) 고도계 자체의 기계적 결함으로 발생할 수 있는 오차에 대한 대기 보정.

고르기(smoothing) 시간 또는 공간함수의 자료를 취급할 때 관심을 두고 있는 규모 이하의 무작위오차가 상쇄되면서 자료에 최적합하도록 하는 작업.

평활(平滑)이라고도 한다. 온도계는 온도계의 시상수 규모에 따라 기온변화를 시간적으로 평활시키고, 일기도 작성에서는 관측지점의 기압을 종관기압계에서 한 지역을 대표하는 기압이 되도록 공간적으로 평활시킨다.

고리형(looping, -形) 불안정한 대기상태에서 풍속이 강하여 대류혼합운동이 심할 때 연기 플룸이 위아래로 크게 요동치는 형태.
날씨가 맑고 태양복사가 강하여 큰 난류소용돌이가 있을 때 발생한다. 가라앉음형, 원뿔형, 부채형, 상승형을 참조하라.

고립파(solitary wave, 孤立波) 파의 형태가 변화됨 없이 전파하는 유한 진폭의 중력파.
스콧 러셀(Scott Russel)에 의해 1844년 처음 기술되었으며 고립파는 비선형성과 분산이 균형을 이룰 때 형성된다. 비선형성은 진폭의 증가에 따른 파속의 증가로 인해 파의 전면(wave front)을 가파르게 한다. 한편 분산은 파수의 증가에 따라 스펙트럼 성분의 파속이 감소하므로 파를 편평하게 한다. 동질의 비회전, 유한한 깊이를 가진 유체의 자유표면에 대한 고립파 연구가 광범위하게 수행되었다. 대기 중에서 발달하는 고립파는 두 가지 유형으로 구별할 수 있다. 하나는 지표 부근에서 뇌우 유출류(outflow), 해풍 또는 활강바람(katabatic wind)과 같은 중규모 현상에 의해서 생성된다. 호주 북부 해안에서 발달하는 아침 그림자광륜(morning glory)은 저층 고립파의 좋은 예이다. 다른 하나는 대류권 전체에 나타나는 것으로 중규모보다 더 큰 현상에 의한 것으로 지균조절(geostrophic adjustment)에 의해 생성된다.

고산광(alpenglow, 高山光) 일몰 바로 후 저녁노을이 (눈으로 덮인) 산 정상에 다시 나타나는 현상(일출 전에도 유사한 현상 발생).
고산광에는 세 가지 단계가 있다. 첫 단계 [태양고도 $h_0(h_0 < 2°)$]에는 산 정상의 색은 평상시와 같다. 두 번째 단계(0°보다 약간 낮은 h_0, 산 정상은 여전히 해가 비추고 있는 상태)에서는 처음 색이 사라지고 난 후, 몇 분 뒤에 처음보다 맑고 주로 분홍빛을 띤 경계가 산 정상 아래 수백 미터에서 발생하고 점차 위쪽으로 이동하여 어두워지면 사라진다. 세 번째 단계($-5° < h_0 < -9°$, 산 정상에는 직달일사가 없음)는 잔광(afterglow)으로 처음 보라색 빛과 거의 동시에 발생한다. 빛은 더욱 분산되고, 경계는 초기 단계보다 흐릿하다. 이 단계는 다른 두 단계보다 길고, 색은 노란색부터 보라색까지 다양하다. 희미한 2차 잔광이 보고된 바 있으며, 드물게 발생하는 2차 보라색 빛과 관련이 있다. 고산광은 일출보다는 일몰 시에 더 일반적으로 나타난다. 아침노을은 분홍과 보라색이, 저녁노을은 주황과 붉은색이 주종을 이룬다.

고속 푸리에 변환(fast Fourier transform, 高速-變換) 불연속 푸리에 변환의 디지털 형태를

ㄱ

빠르게 계산하는 알고리즘.
이 과정에서 변환을 받는 자료의 길이가 2의 승수가 되어야 한다. 이를 충족시키기 위하여 자료를 2의 승수에서 끊어버리거나 필요한 만큼 0의 값을 추가하여 2의 승수로 만든다. 길이가 2의 승수가 아닌 자료를 변환하기 위하여 더 융통성 있는 혼합근 알고리즘들이 개방되었는데, 이 알고리즘들은 자료의 길이를 표현하는 소인수가 작을수록 계산이 더 효과적이며 소인수가 2일 때 고속 푸리에 변환과 같은 가속효과를 나타낸다.

고스트(ghost) 레이더에서 점표적의 구름에 의하여 또는 구름 없는 대기에서 굴절률의 공간 변동으로부터 생기는 브래그(Bragg) 산란에 의하여 발생하는 청천 대기의 흩어진 에코.
고스트 에코는 기상 에코와 유사한 특성을 가진 비간섭성 에코이다.

고유진동수(natural frequency, 固有振動數) 외력이 없을 경우에 안정평형상태 위치에 있는 계에 대한 저진폭진동의 진동수.
특성진동수라고도 한다. 여기서 외력이 어떤 의미를 가지는지에 대해 주의를 기울여야 한다. 평형상태에 있는 길이가 h인 추는 외력에 의해 평형상태가 약간 요란될 경우, 고유진동수 $\omega=\left(\frac{g}{h}\right)^{1/2}$로 진동한다. 여기서 g는 중력가속도를 나타낸다. 이 진동은 외력, 즉 오직 중력으로만 계에 힘을 가하는 것을 의미한다. 보통 안정평형상태 위치에 있는 역학적인 계는 서로 다른 자유도(degree of freedom)에 대한 일련의 독특한 고유진동수를 갖는다.

고유진동 주파수(intrinsic wave frequency, 固有振動周波數) 평균풍속과 함께 이동하는 센서에 의해서 측정되는 진동주파수.
파장 λ인 파가 본질적인 고유(intrinsic) 주파수 $f(Hz)$를 가지고 있고, U의 평균풍속에 포함되어 있다고 가정하면, 지상에 고정된 센서에 의해 측정된 국지적인 파동주파수 f는 $f=f_i+U/\lambda$ 관계에 있다. 이 관계는 대기 중의 내부중력파에도 적용된다. 반면 산악파(렌즈구름 발생 시)에서는 $f=0$인 곳으로 고유주파수가 정확하게 바람의 영향에 대응하는 특별한 경우가 된다.

고윳값(eigenvalue, 固有-) 선형연산자 L이 n차 정방행렬이고, 영 벡터가 아닌 임의의 벡터 y가 적당한 스칼라 λ에 대하여, $Ly=\lambda y$를 만족할 때의 λ값.
y가 함수인 경우 L은 미분 또는 적분의 형태로 표시되며, 이때 y는 고유함수(eigenfunction)가 된다.

고적운(altocumulus; Ac, 高積雲) 주 구름 형태의 하나로서 층이 진 모양, 둥근 덩어리, 두루마리모양 등의 요소를 지닌 흰색 혹은 회색의 층이나 조각 형태의 구름.

일반적으로 경계가 분명하나 부분적으로 섬유질 같은 혹은 분산된 형태를 지닌다. 요소들끼리 합쳐질 수도 있다. 요소들은 일반적으로 그늘진 부분을 갖는다. 일반적으로 수평선 위 30° 혹은 그 보다 높은 각도에서 바라볼 때 고적운 요소는 1°에서 5° 사이의 각을 만든다. 작은 물입자들이 항상 고적운을 구성하는 중요 성분이 된다. 이 때문에 경계가 선명하고, 내부의 시정이 작으며(둘 다 적운형의 특징임), 코로나 혹은 채운현상(색을 띠는 회절현상)을 일으키기도 한다. 주로 탑이나 포기 형태의 고적운이 충분히 낮은 온도를 가지면 얼음결정이 나타나며 소낙눈을 뿌릴 수도 있다. 고적운에서 떨어지는 결정들은 때때로 햇무리나 해기둥을 만들기도 한다. 모든 성분이 얼음결정으로 구성되어 있을 때는 선명한 경계를 갖는 특징이 사라진다. 고적운은 종종 맑은 공기에서 바로 생성된다. 권적운의 전체 층이나 조각이 두꺼워지거나 커지면서(Ac stratocumulomutatus), 층적운 층이 나누어지면서(Ac stratocumulomutatus), 고층운 혹은 난층운이 변형되어서(Ac altostratomutatus 혹은 Ac nimbostratomutatus), 또는 적운 혹은 적란운이 퍼져서(Ac cumulogenitus 혹은 Ac cumulonimbogenitus) 생길 수도 있다. 고적운은 여러 고도에서 자주 나타난다. 또한 종종 다른 종의 구름과 연관되어 나타난다. 고적운 종류와 함께 꼬리구름이 나타나기도 한다. 이러한 부수적인 특징은 포기고층운이 소멸할 때 자주 나타나는 얼음결정의 매우 하얀 흔적과 혼동하지 말아야 할 것이다. 떨어져 나오면 얼음결정 흔적은 권운이 된다. 때때로 고적운과 함께 유방운이 나타난다. 권적운과 층적운이 고적운과 쉽게 혼동된다. 권적운 요소들은 결코 자신의 그림자를 만들지 않으며 대부분 더 작다. 층적운 요소들은 더 크다. 고적운과 연관된 두루마리나 세포 요소는 지구복사 흡수 혹은 레일리-베나르 대류나 켈빈-헬름홀츠 시어 불안정을 야기하는 바람 시어의 결과로 간주되고 있다.

고전응결이론(classical condensation theory, 古典凝結理論) 고전적인 열역학 원리에 기반하여 기체상의 물질이 액체나 고체상으로 응결하는 과정을 기술하는 이론.
이 이론에 의하면 대기가 포화(즉, 평평한 물 혹은 얼음표면에 대한 100% 상대습도)상태를 약간 넘어서면 수증기가 물 혹은 얼음으로 응결을 시작한다는 결론에 이르게 된다. 현실적으로는 대기가 과포화되었다고 하더라도 거의 항상 응결핵 혹은 빙정핵과 같은 외래입자가 전재하여야 응결을 시작한다.

고주파수 레이더(high-frequency radar, 高周波數-) 주파수가 3~30MHz(파장이 10~100㎛) 범위의 전자파를 이용하는 레이더.
기상 레이더의 경우 L(1~2GHz), S(2~4GHz), C(4~8GHz), X(8~12GHz), Ku(12~18GHz), K(12~18GHz), Ka(24~40GHz), V(40~75GHz), W(75~110GHz)밴드 레이더가 주로 사용된다. 주파수가 높을수록 더 작은 입자에 대한 반사 에너지를 측정할 수 있다. 강한 강수입자 등은 주파수가 낮은 L, S, C, X, Ku, K 밴드에서 적절히 관측할 수 있으며 입자 크기가 작은

ㄱ

구름 등은 W 밴드와 같은 고주파 영역 밴드를 활용할 경우 관측이 용이하다. 기상학적 측면에서 이러한 미세 구름입자 관측이 가능한 주파수 밴드를 사용할 경우 고주파수 레이더라고 분류될 수 있다. 해파(海波)의 이동속도에 해당하는 속력으로 도플러(Doppler) 변위가 발생하는 수신된 신호이다. 도플러 레이더(Doppler radar)를 참조하라.

고차종결(high-order closure, 高次終結)　난류운동 에너지 같은 분산이나 운동학적 열 플럭스와 운동학적 운동량 플럭스 같은 공분산을 포함하는 고차 통계량뿐만 아니라 온위와 바람 같은 평균변수에 대한 예측방정식을 종결시키기 위해 사용하는 난류에 대한 근사.
예측방정식의 통계적 차수와는 관계없이, 다른 고차 통계적 항들이 이 예측방정식에 나타나고, 이 방정식의 해를 구하기 위해 난류종결 가정으로 알려진 근사가 필요하다. K-이론과 같은 1차종결보다 정확하다고 생각되는 이 고차종결의 해를 얻기 위해서는 계산 비용이 더 든다. 난류종결은 흔히 다음 두 가지 속성에 따라서 분류된다 : 통계적 종결의 차수와 비국지성의 정도. 종결의 차수로 분류한 고차종결의 일반적 유형에는 1.5차종결, 2차종결, 3차종결이 있다. 비국지성 정도에 따른 분류에는 국지종결과 비국지종결이 있다. 모든 난류종결은 풀 수 없는 무한 세트의 방정식을 (날씨예보를 돕고 물리과정을 기술하기 위해) 근사적으로 풀 수 있는 한정된 세트의 방정식으로 줄이기 위해 설계된다.

고층기상학(aerology, 高斷氣象學)　지표면에 근접한 대기층에 국한되어 연구하는 기상학과 다르게 수직적으로 확장하여 자유대기에 해당하는 대기층 전체를 연구하는 기상학.

고층운(altostratus; As, 高層雲)　10종 구름 형태의 하나로서 회색 혹은 푸른색을 띠는 평행으로 뻗은 줄이 있거나 섬유질 같은 혹은 균일한 모양의 구름.
고층운은 매우 자주 하늘 전체를 덮는데 그 면적이 수천 평방킬로미터에 이를 수도 있다. 구름층이 아주 얇으면 태양의 위치를 파악할 수도 있으며 다양한 모양의 틈이 생기기도 한다. 수백 미터에서 킬로미터에 이르는 연직 범위를 갖는 고층운에서는 매우 이질적인 성분의 입자들이 존재할 수도 있다. 즉, (1) 상부는 주로 얼음결정들로, (2) 중부는 얼음결정과 눈송이가 과냉각 수적과 혼합된 것으로, (3) 하부는 주로 과냉각된 물방울이나 보통의 물방울로 구분될 수 있다. 위의 세 가지가 모두 존재하지 않는 경우도 있으나 (3)만 있는 경우는 없다. 구름을 구성하는 입자들이 서로 충분히 멀리 떨어져 있어 아주 두꺼운 부분을 제외하면 태양을 완전히 가릴 수는 없다. 그 대신에 태양 영상 위에 'ground-glass' 효과를 내거나 지상의 물체가 경계가 뚜렷한 그림자를 만들지 못하게 한다. 무리현상은 일어나지 않는다. 고층운은 강수를 내리는 구름이므로 종종 꼬리구름이나 유방운이 동반된다. 구름 속의 비, 눈, 얼음싸라기 등이 구름 아래로 내려올 때 특히 이러한 강수입자가 지상에 도달하지 못할 때는 구름 하단의 위치가 불분명해진다. 지상에 도달하는 강수는 일반적으로 강도가 약하나 오래 지속된다. 고층운은 권층운이 두꺼워지거나(As cirrostratomutatus), 난층운이 얇아져서(Ac nimbostratomutatus) 생긴다. 고적운에서 넓은 영역에 걸친 강수를 내릴 경우 고층운이 만들어지기도 한다(As altocumulogenitus). 때때로 특히 열대지방에서는 적란운의 중부나 상부가 널리 퍼져서 고층운이 생기기도 한다(As cumulonimbogenitus). 가장 흔히 고층운과 혼동되는 구름은 권층운과 난층운이다. 구분점은 권층운은 지상그림자를 만들며 무리현상도 일으킨다는 것이고 난층운은 더 어두운 색을 띠며 태양을 가리고 광학깊이가 균일하고 항상 강수를 내린다는 것이다. 밤에는 구분하기 어려운데, 강수가 지상에 도달하지 않는다면 고층운으로 간주한다. 층운형 구름은 온도역전층에 의해 연직발달이 제한적일 때 형성된다. 고층운의 두루마리나 세포형 요소는 고적운의 그것들과 유사한 근원을 갖는다.

곡선맞춤(curve fitting, 曲線-)　자료의 유한한 세트 내에서 자료점(x_i, y_i) $(i=1, 2, \cdots, n)$들을 지나가거나 이 점들 가까이 지나가는 그래프 $y=f(x)$의 함수 $f(x)$를 유도하는 것.
곡선맞춤 방법에는 내삽법과 최소제곱법 두 가지가 있다. 내삽법의 경우에는 각 자료점에 대하여 $f(x_i)=y_i$여야 하고, 최소제곱법에서는 모든 자료점에서 $f(x_i)$와 y_i 사이의 차에 대한 제곱의 합을 최소화시킨다. 곡선맞춤에서 사용하는 함수는 보통 다항식이다. 최소제곱법에서는 통상적으로 자료가 분포되어 있는 x의 전체 범위에 대해서 1차 다항식을 사용한다. 반면 내삽법에서는 다항식을 각 부(副)구간으로 분리하여 이 분리된 부구간에 대하여 정의하고 어떤 연속조건을 부여함으로써 다항식 부분들을 연결한다.

곡선좌표(curvilinear coordinates, 曲線座標)　카테시안 좌표를 제외한 선형좌표로 유클리드 공간(Euclidean space)을 나타내는 좌표축이 곡선일 경우의 좌표계.
카테시안 좌표를 제외한 선형좌표로 3차원 공간의 직교좌표를 (x, y, z)라 할 때, 세 조의 곡면군 $f1(x, y, z)=u$, $f2(x, y, z)=v$, $f3(x, y, z)=w$를 선정하여 매개변수 u, v, w의 각 값의 한 조로 공간의 한 점을 (x, y, z)에 대응시킬 수 있으며 (u, v, w)를 새로운 좌표로 쓸 수 있는데, 이것을 일반적으로 곡선좌표라고 한다. 각 곡면군 사이에는 함수관계가 성립하지 않고 독립이어야 한다. 대표적으로 곡선좌표를 사용하는 극좌표계(polar coordinates)와 구면좌표계(cylindrical coordinates)가 있다.

곡하풍(downvalley wind, 谷下風)　야간에 산등성이에서 골자기 쪽으로 부는 산바람.
산악지대에 나타나는 국지풍인 산곡풍(mountain and valley wind) 중 낮에는 산등성이의 온도가 상승하여 공기밀도가 낮아지면서 골짜기에서 산등성으로 부는 골바람이 발생하는 반면에 밤에는 반대로 복사냉각에 의해 산등성이에서 골짜기로 산바람 곡하풍이 분다.

ㄱ

공간 채움 곡선(space filling curve; SFC, 空間-曲線) 수치 해석에서 공간 채움 곡선 2차원 단위의 정사각형 전체를 표현할 수 있는 1차원 곡선.
이탈리아 수학자인 주세페 페아노(Giuseppe Peano, 1858~1932)가 처음 발견했다. 실제에서, 한붓그리기로 공간을 빠짐없이 채울 수 있는 사각꼴의 단위곡선을 의미한다. 보통 2차원의 사각꼴의 단위곡선을 뜻하지만, n-차원으로도 확장된다. 2차원에서 흔히 사용되는 형태는 힐버트(Hilbert), 페아노(Peano), 싱코(Cinco) 곡선들이 있다. 공간 채움 곡선은 공간을 빠짐 없이 채우면서 임의의 국소영역에서도 동일한 형태를 유지하는 프랙털(fractal) 특성을 갖는다. 따라서 국소영역의 특징을 보존하면서 n-차원을 1차원으로 매핑하는 알고리즘에 많이 사용된다.

공기(air, 空氣) 질소(~78%), 산소(~21%), 수증기 및 이산화탄소, 헬륨, 아르곤, 오존 등과 각종 오염기체 등 미량기체로 구성된 지구대기를 형성하는 혼합기체.
이 중에서 수증기는 대기의 온도와 고도에 따라 농도의 변화를 크게 나타내는 변수관계의 성분기체이다. 건조한 공기는 측정 시 수증기의 양을 물리적으로 제거한 공기이다. 순수한 건조공기는 기온이 273K이고 기압이 101.325kPa인 대기에서 1.293kg m^{-3}의 밀도를 나타낸다. 떨어져 수증기의 변화에서, 공기의 조성비는 약 50km 고도까지는 본질적으로 일정하고 표준대기에서 대기의 조성비는 근사적으로 다음과 같다.

구성	기호	체적 비
질소	N_2	0.78084
산소	O_2	0.20948
아르곤	Ar	9.3×10^{-3}
이산화탄소	CO_2	3.6×10^{-4}
네온	Ne	1.82×10^{-5}
헬륨	He	5.24×10^{-6}
메탄	CH_4	1.7×10^{-6}
크립톤	Kr	1.14×10^{-7}
수소	H_2	5.0×10^{-7}
이산화질소	N_2O	3.3×10^{-7}

공기광(airlight, 空氣光) 대기의 분자와 작은 입자에 의하여 준수평시선 방향으로 산란된 빛(일반적으로 안개와 빗방울은 제외).
맑은 날부터 일부 흐린 날에 공기광은 단일 산란된 빛이 대부분이나, 구름, 지면, 청천 등에 의한 다중 산란된 빛도 포함하고 있다. 엄격하게 정의하면 공기광은 맑은 날에만 국한되며, 포괄적으로 정의하면 공기광이 보이는 고도각에 제한을 두지 않는다. 연무 농도가 증가함에 따라 지평선 근처에서 어느 선까지 공기광 복사도 증가한다. 공기광이 증가하면 멀리 떨어진 물체의

대비가 낮아져 가시거리가 줄어든다. 수평 광학두께가 큰 경우에는, 즉 대비가 임계치 아래로 떨어질 경우, 주변 환경으로부터 물체를 가시적으로 구분하기가 불가능하다. 물체까지의 거리가 증가할수록 대비가 떨어지기 때문에 공기광과 대기 원근은 서로 연관이 있다. 공기광은 상층대기에서 형성되는 대기광과는 구별된다.

공기광 공식(airlight formula, 空氣光公式)　수평선 근처에서 완전한 검은 물체에 대한 공기광의 조도(L_a)를 예측하는 복사전달방정식.
코슈미더 법칙(Koschmieder's law)이라고도 한다. L_a는 주간에 가시거리를 계산하는 데 사용할 수 있다. 수평 하늘의 조도 L_h, 소산계수 σ, 관측자까지 거리가 x일 때 $L_a = L_b(1 - \exp(-\sigma x))$로 나타낼 수 있다.

공기덩이(air parcel, 空氣-)　대기의 운동이나 열역학 특성을 근거하여 정의되는 공기의 형상적 체적.
공기의 움직임이나 대기과정을 추적하는 데 사용되는 공기덩이는 공기괴, 공기덩어리와 함께 기괴라고도 하며, 작게 뭉쳐진 것은 덩이, 크게 뭉쳐진 것은 덩어리라 한다. 공기덩이는 아주 많은 기체분자를 포함하고 있으나 분자의 특성이 같다고 보며 주위 공기에 대하여 보상이 없는 상대적 운동을 한다. 공기덩이나 공기덩이가 상승하여 기압이 더 낮은 고도로 계속 상승하게 되면, 상승응결고도에 이르러 이슬점온도까지 냉각하게 되어 응결을 일으킨다.

공기선 탐측(air-line sounding, 空氣線探測)　수면 아래에서부터 알려진 고도까지 뻗어 있는 압축된 공기선(air line)에서 배압을 측정하는 원리를 이용하여 우물, 호수 또는 자유표면을 지닌 수면의 수위를 결정하는 기술.
압축공기가 공기선에 유입되면 선 안의 물을 관의 바닥에서부터 기포가 생길 때까지 밖으로 밀어낸다. 이때 선 안의 기압을 측정하면 수학적으로 수위를 추정할 수 있다. 공기선 탐측은 매우 깊은 우물 속 수위를 측정하는 데 매우 효과적인 방법이다.

공기역학(aerodynamics, 空氣力學)　기체(특히 대기)에 상대적으로 움직이고 있는 물체(특히 비행기)에 작용하는 힘과 물체 주변의 흐름에 대해 연구하는 학문.
공기역학은 때로 비행과학의 동의어로 사용된다.

공기역학 거칠기 길이(aerodynamic roughness length, 空氣力學-)　지표층에서 대수풍속분포를 아래로 외삽했을 때 평균바람이 0이 되는 변위면 위의 높이.
이 높이를 나무나 집과 같은 개별적인 거칠기 요소의 배열, 간격, 물리적 높이 등과 연결시키려는 연구가 일부 성과를 보이기는 하나, 풍속분포로부터 결정해야 하는 이론적인 높이이다. 지표층

ㄱ

내의 평균풍속, $\overline{M}$은 모닌-오부코프 상사이론(Monin-Obukhov similarity theory)을 사용하여 다음과 같이 나타낼 수 있다.

$$\overline{M} = \frac{u_*}{k}\left[1n\left(\frac{z-d}{z_0}\right) + \psi\left(\frac{z-d-z_0}{L}\right)\right]$$

여기서 z는 지면 위의 높이, d는 지면 위의 변위면의 높이, L은 모닌-오부코프 길이규모, k는 카르만 상수, ψ는 안정도 보정인자(정적으로 중립인 경우 $\psi=0$), 그리고 u_*는 마찰속도이다. 공기역학 거칠기를 결정하기 위해 대부분의 실험자들은 위 식에서 $\psi=0$를 만족하는 정적으로 중립상태에서 풍속분포 관측을 수행한다.

공기역학 방법(aerodynamic method, 空氣力學方法)　난류 경계층 내의 느낌열 플럭스와 숨은열 플럭스를 계산하는 방법 중의 하나로서 분자 열확산율 대신에 ku^*z로 주어지는 난류확산계수로 치환하여 플럭스들을 계산하는 방법.
그런 다음 이러한 방정식들을 고도 z_1에서부터 z_2까지 적분한다. 여기에 대수바람 연직분포방정식을 사용하면 느낌열 플럭스(H)와 숨은열 플럭스(LE)는 다음과 같이 계산된다.

$$H = -\rho c_p k^2 \frac{\Delta T \Delta u}{(\ln z_2/z_1)^2}$$

$$LE = -\rho L k^2 \frac{\Delta q \Delta u}{(\ln z_2/z_1)^2}$$

여기서 Δu, ΔT 및 Δq는 고도 z_2와 z_1 사이의 풍속 차이, 기온 차이 그리고 비습 차이를 각각 나타낸다. 어떤 고도에서 풍속은 z_0에 의존하기 때문에 느낌열 플럭스와 숨은열 플럭스들의 값은 지면 거칠기, 즉 지표면의 형태에 따라 결정된다.

공기연료비(air-fuel ratio, 空氣燃料比)　탄화수소 연료를 물과 이산화탄소로 모두 전환하는 데 필요한 정확한 양과 비례하는 연료 혼합가스 중 공기의 비율.
화학당론적 혼합기(chiometric mixture)라고도 알려져 있다. 공기량이 공기연료비율보다 크면 해당 혼합물은 연료가 적은 것이고, 공기량이 적으면 혼합물의 연료가 풍부한 것이다.

공동(cavity, 空洞)　장애물이나 산악 등에 대해 정확히 풍하 측 방향에서 거슬러 흐르는 역류의 영역.
전형적으로 대기의 정적 안정성이 거의 중립을 이룰 때[약 1.5 이상인 프루드(Froude) 수] 발견된다. 역류란 지상풍이 장애물의 풍상 측의 탁월풍과 반대로 부는 곳에, 해당 장애물의 풍하 측으로 순환 혹은 영구맴돌이가 발생하는 것을 의미한다. 순환은 산비탈 중턱까지 계속된 후 산을 벗어나 탁월풍 방향으로 흘러가 마침내, 하강하면서 밀폐형(폐쇄) 순환을 이룬다. 이러한 공동순환(空洞循環)으로 인해, 산이나 건물의 풍하 측 저부(低部)에서 방출된 대기오염물질이 장애물 쪽으로 이끌리게 되고 일부는 순환 내에서 포집된 채로 머무르게 된다. 따라서 이러한 경우 오염물질 집중도는 전형적인 오염물질 분산모형이 예측하는 값보다 훨씬 높아지게 된다.

공명(resonance, 共鳴) 물체의 고유진동수와 외력에 의한 주기가 일치하여 특정 진동수에서 큰 진폭으로 진동하는 현상.
이 특정 진동수를 공명진동수라고 하며, 공명진동수에서는 작은 힘의 작용에도 큰 에너지를 전달할 수 있게 된다. 모든 물체는 각각의 고유한 진동수를 가지고 진동하는데, 이를 물체의 고유진동수라고 한다. 물체는 여러 개의 고유진동수를 가질 수 있으며 고유진동수와 같은 진동수의 외력이 주기적으로 전달되면 진폭이 크게 증가하는 현상이 발생하는데, 이를 공명현상이라고 한다. 이때의 진동수가 공명진동수이다.

공변 벡터(covariant vector, 共變-) 일반화된 곡면좌표계에서 하나의 좌푯값이 단조적으로 변화하는 선으로서 좌표계를 정의하는 두 면이 만나는 연속된 점.
주어진 벡터장을 곡면좌표계에서 정의하기 위해서는 기저 벡터를 정의해야 하는데, 일반적으로는 두 가지의 기저함수가 존재한다. 그 중 하나가 좌푯값이 단조적으로 변화하는 선에 평행한 단위 벡터로서, 이러한 벡터를 공변 벡터라 한다. 이 공변단위 벡터를 e_i라고 할 때, 일반적인 벡터장 V는 $\sum v^i e_i$로 표현된다. 여기서 v^i는 벡터의 반변(contravariant) 성분이라고 한다. 일반적으로 공간에 정의된 벡터는 공변단위 벡터의 선형 결합으로 표현할 수 있다.

공분산 행렬(covariance matrix, 共分散行列) 열 벡터 값을 갖는 변수 $X(x_1, x_2, x_3, \ldots, x_n)$와 $Y(y_1, y_2, y_3, \ldots, y_m)$의 공분산을 나타내는 $m \times n$ 행렬.
다음과 같이 정의된다.

$$Cov(X, Y) = E\left[(X - \mu_X)(Y - \mu_Y)^T\right]$$

여기서 μ_X와 μ_Y는 각각 변수 X와 Y의 기댓값이다.

공유 메모리 병렬화(shared memory parallelism, 共有-竝列化) 여러 개의 코어가 장착된 CPU로 작동하는 최근 데스크톱이나 서버에서 흔히 구현할 수 있는 병렬화 형태.
한 노드(컴퓨터) 내에서 하나의 프로세스가 생성한 문턱값들은 같은 메모리 전역 주소(global address)에 접근할 수 있다. 일반적으로 하나의 메모리를 공유하는 UMA(Uniform Memory Access) 방식과 코어마다 할당된 메모리를 공유하는 NUMA(Non-Uniform Memory Access) 방식이 있다. 보통 프로세스 단위의 병렬 프로그램에 비해 구현이 용이하며 병렬 태스크 사이의 정보전달이 메모리 접근속도에 의존하므로 프로세스 사이의 통신을 사용하는 분산 병렬화에 비해 성능이 좋다.

공전(sferics, stray, atmospherics, 空電) 대기 중 이온 입자들이 불규칙적이고 급격히 변동하면서 발생하는 약 3~300KHz의 고주파 전자기 복사.
주로 뇌우방전 시에 나타난다. 공전은 다음 두 가지 의미로 사용된다. (1) 번개로 같은 자연현상에 의해서 생긴 전자기파의 복사. (2) 대기의 전기현상(예 : 번개)으로 인해 전파를 수신하는 장치(예 : AM 라디오)에서 청취할 수 있는 교란.
약 100km 이내에 번개가 생기면 AM 라디오 수신기에 '바지직'거리는 잡음이 들려온다. 지속시간은 수 밀리초(millisecond)이지만 포함되는 진동수 성분은 발생원 근방에서 수십 Hz에서 수 GHz까지에 이른다. 진동수가 높은 성분은 거리에 대한 감쇠가 크므로 1,000km(때로는 2,500km) 이상의 원거리를 전파하면 10KHz 전후의 성분만이 남는다. 공전은 무선통신의 장해가 되지만, 이 관측으로부터 공전원, 즉 천둥번개의 위치나 그 활동의 변화를 탐지할 수 있다.

공전수신기(sferics receiver, 空電受信機) 전파공학적으로 공중장해의 도착 방향, 강도, 발생률을 측정하는 측기.
번개방향탐지기라 부르기도 한다. 일종의 전파방향탐지기로서 멀리서 발생한 뇌우로부터 오는 구름-지면 번개방전을 탐지하여 위치를 알려주는 데 가장 보편적으로 사용한다. 이 측기의 가장 간단한 형태는 전자기장 변화를 측정하는 2개의 직교 안테나로 구성되고, 번개방전에서 발생하여 도착한 방향을 결정한다. 구름-구름 방전은 도착한 시그널의 성질로부터 구별하고 근처의 기하학적 방전 통로로부터 결정할 수 있다.

공지전도전류(air-earth conduction current, 空地傳導轉流) 대기 자체의 전기 전도에 의해 발생한 공지전류의 일부.
청천전류라고도 한다. 공지전도전류는 뇌우가 없는 지역에서 하강전류로 대표된다. 전도전류는 공지전류에서 가장 큰 부분을 차지한다. 뇌우가 없는 지역에서는 강수전류와 대류전류가 없으므로 이의 영향력이 훨씬 크다. 규모는 약 3×10^{-12} 암페어(A)/m^2, 혹은 지구 전체에 대하여 약 1,800A이다. 전도전류를 연직으로 관측하면, 대류권에서 대략 일정하다는 사실을 유추할 수 있는데, 이는 전도전류가 양(positive)으로 대전된 하부이온층에서 음(negative)으로 대전된 대지로 흐른다는 관점과 일치되기 때문이다. 일시적으로 기상요란이 있는 지역에서는 공지전류의 흐름이 반대로 일어난다. 뇌우가 지구 전역에 항상 흩어져 나타나고 있기 때문에 대기 상층으로 양전하를, 대지로는 음전하를 지속적으로 공급한다.

공지전류(air-earth current, 空地轉流) 양으로 대전된 대기로부터 음으로 대전된 대지로 전달되는 전하.
이 전류는 **공지전도전류**, 첨단방전전류(끝점방전전류), 강수전류, 대류전류, 그 외 부수적인 요인들에 의해 나타난다. 이들 중 공지전도전류의 공헌도가 가장 크다. 뇌우가 발생한 지역을 제외한 전 세계 지역 80~90%에서 공지전도전류에 의해 대지로 전하가 공급된다. 맑은 날 거의 안정적으로 전류가 존재하고 있다는 것은 지속적으로 상층대기에는 양전하, 대지에는 음전하가 보충되고 있다는 의미이다.

공항표고(airport elevation, 空港標高) 공식적으로 평균해수면으로부터 공항이 위치한 높이. 국제적으로 사용하는 기호는 Ha이다. 활주로에서 가장 높은 지점의 고도로 정의한다. **관측소 고도**를 참조하라.

과냉각(supercooling, 過冷却) 액체 또는 기체의 온도가 빙점 이하이면서 고체로 상변화가 일어나지 않은 상태.
결빙핵이 없거나 고체를 형성할 정도의 분자 배열이 이루어지지 않을 때 나타난다. 보통 구름 내부에서는 과냉각 수적이 많다. 물방울이 순수하고 작을수록 과냉각 수적으로 존재하고, −40℃에서도 관측되는 경우가 있다.

과냉각 구름(supercooled cloud, 過冷却-) 기온이 0℃ 이하에서 얼지 않은 상태의 과냉각 수적을 포함하고 있는 구름.
대기 중에 과냉각 수적의 존재가 가능한 이유는 첫째로 구름응결핵에 비해서 빙정핵의 수가 작기 때문이다. 둘째는 과냉각 수적이 떠 있는 동안 수적 표면이 주변공기와의 마찰로 변형이 일어나면서 수적을 구성하고 있는 물이 수적 내부에서 운동하기 때문이다. 순수한 물의 경우 −40℃ 부근에서도 과냉각 상태로 존재한다. 과냉각 구름은 불안정한 상태의 내부 구성이 이루어져 있어서 빙정이나 다른 빙정핵이 자연적으로 또는 인위적으로 구름 속에 투입될 때 베르게론-핀다이젠 이론(Bergeron-Findeisen theory)에 입각하여 혼합구름이나 빙정구름으로 급속한 상(phase)의 변화가 이루어지기 쉽다. 이러한 형태의 구름은 항공기 결빙(icing)의 원인이 된다.

과대오차(gross error, 過大誤差) 관측자료가 가질 수 있는 물리적 또는 현실적 허용 범위를 벗어나게 관측 또는 기록된 오차.
특정한 방향성을 포함하고 있어 반복적으로 되풀이되는 특징이 있다. 예를 들어 밝기 온도의 경우 온도가 음의 값을 갖거나 위도가 ±90 범위 밖에 있거나 경도가 ±180 범위 밖에 있는 경우 과대오차에 해당된다.

과잉무지개(supernumerary rainbow, 過剩-) 1차무지개 안쪽 방향에 가끔 나타나는 가늘고

ㄱ

약하게 색상이 나타나는 일련의 무지개.
무지개의 기본 색상을 만드는 **데카르트 광선**에 인접하여 상방과 하방으로 입사한 빛이 물방울 내에서 반사되어 나올 때 약간의 경로 차이가 생기고, 이로 인해서 서로 간섭이 일어나면서 형성된다. 일반적으로 빗방울의 크기가 균일하지 않으므로 1차무지개의 안쪽에서만 가끔 관측된다. 소나기성 강수 때는 입자의 크기가 매우 다양하여 무지개의 가장 윗부분에서만 나타나기도 한다.

과잉씨뿌리기(overseeding, 過剩-)　인공강우를 실시하는 과정에서 강수효과를 증가시키는 데 필요 이상으로 구름의 응결핵 생성물질을 뿌리는 것.
목표 구름으로부터 지상에서 받는 최대 강수량을 생산하는 데 기대되는 응결핵 생성물질을 과도하게 사용하는 것이다. 즉, 강수량을 증가시키기 위해서 드라이아이스 또는 옥화은을 과냉각수의 구름에 씨뿌리기를 하는 경우에 이들 물질을 너무 많이 뿌리게 되면 과잉의 빙정이 생성된다. 그리고 이들 빙정들이 가용하는 수증기의 양에 대해 응결핵은 서로의 경쟁으로 수분이 적어 충분한 성장이 이루어지지 않고 강수로 낙하할 수 있는 빙정수는 오히려 줄어든다. 바라는 강수효과를 얻기 위한 구름씨 뿌림물질의 적정량에 대해서는 아직 미해결 문제로 남아 있다. 이들 문제는 적정량의 물질을 추정하는 방법과 그 물질을 구름에 뿌리는 시기이다. 즉, 과잉씨뿌리기가 가져올 수 있는 강수감소효과를 방지하고 최대의 효과를 위한 정량적인 **구름씨뿌리기**를 실시하는 것은 결코 용이하지 않다.

과정감률(process lapse rate, 過程減率)　공기덩이가 대기 내에서 들어 올려질 때의 온도 감소율.
$-dT/dz$ 또는 dT/dp로 표현한다. 이 개념은 밀도의 과정감률 처럼 다른 대기변수에도 적용될 수 있다. 과정감률은 유체의 성질에 의해 결정되므로 공간의 온도 분포에 의해 결정되는 환경감률(environmental lapse rate)과 구별해야 한다. 대기에서 과정감률은 보통 **건조단열감률** 또는 **습윤단열감률**도 되는 것을 가정한다.

과포화(supersaturation, 過飽和)　1. 상대습도가 100% 이상으로, 순수한 물 또는 얼음표면에 대한 포화수증기압보다 더 높은 수증기압을 나타내는 상태.
응결을 도와주는 물방울이나 얼음결정 표면 또는 응결핵이 없을 경우의 자연상태에서 순수한 수증기만의 응결은 쉽게 일어나지 않는다. 순수한 실험 공간에서 400% 정도 이상의 상대습도가 용이하게 관측된다. 그러나 실제 구름이나 안개 조건에서 상대습도는 100% 미만이거나 100% 정도이다.
2. 여러 가지 성분이 혼합된 용액에서 평형 농도 이상으로 한 종류의 용질이 과잉 혼합되어 있는 상태.

관성력(inertial force, 慣性力) 좌표계에서 하나의 공기덩이에 미치는 힘으로서 다른 좌표계에 대해 움직이는 그 덩이의 관성 때문에 생기는 힘.
예를 들면, 관성좌표계에 대해 일정한 속도로 움직이는 덩이는 지구와 함께 자전하는 좌표계에서 코리올리의 가속도로 움직이는데, 이 가속도는 그 자전하는 좌표계에서 관성력이 된다. 겉보기힘을 참조하라.

관성 모멘트(moment of inertia, 慣性-) 점 질량계에서 (각 입자의 질량)×(입자로부터 회전축까지의 수직 거리)^{2}를 모두 더한 값.
연속적인 질량분포로 이루어져 있을 때 그 합은 적분을 통해 나타낼 수 있다. 일반적으로 관성 모멘트는 서로 다른 3개의 축으로 구성되어 있어 텐서로 나타내며, 선형운동량에서 질량의 운동은 각운동량에서의 관성 모멘트와 유사한 역할을 한다.

관성불안정(inertial instability, 慣性不安定) 1. 일반적으로 정상상태와 교란된 상태 사이에 전달되는 에너지의 형태가 운동 에너지뿐인 불안정 상태.
역학적 불안정이라고도 한다. 순압불안정을 참조하라.
2. 한 회전 유체에서 교란의 운동 에너지가 그 회전의 운동 에너지의 소모에 의하여 자라도록 속도분포가 되어 있을 때 발생하는 유체역학적 불안정.
공기덩이 방법으로 이루어진 한 작은 평면-대칭 (파수가 영인) 변위에 대해, 불안정을 위한 기준은 변위된 덩이에 작용하는 원심력이 그 환경에 작용하는 원심력보다 더 크다는 것이다. 절대 각운동량이 (변위 중에) 보존된다는 가정 위에서, 이 기준이 나타내는 것은 절대 각운동량이 축으로부터 외향으로 갈수록 감소하면 그 유체가 불안정하다는 것이다.

$$R\frac{\partial \omega_a}{\partial R} + 2\omega_a < 0$$

여기서 ω_a 는 절대 각속도이고 R은 그 축으로부터의 거리이다. 만일 이 기준이 지구의 축 주위의 편서풍의 회전에 적용된다면, 지구의 각속도가 너무 커서 불안정은 실패하고 교란은 안정하다. 만일 한 국지적 연직선 주위로 회전하는 시스템에 적용된다면, 그 국지적 연직선에 내린 지구 자전의 성분이 작은 저위도에서 그 기준이 만족될 수 있을지 모른다. 허리케인의 발생과 관련해서 관성 불안정이 제안되어 왔다.

관성아구간(inertial subrange, 慣性亞區間) 에너지를 포함하는 에디보다는 더 작지만 점성 에디보다는 더 규모가 큰 난류나 파장의 중간 구간.
관성아구간 안에서 에너지를 지니는 에디로부터 들어오는 순에너지와 난류의 운동 에너지를 분자의 운동 에너지로 바꾸는, 달리 말해 난류 에너지를 소산시키는 더 작은 에디로 폭포같이 떨어지며 나가는 순에너지는 서로 균형을 이루고 있다. 곧 이 구간에서 에너지 스펙트럼의 기울기는 일정한 채로 있다. 콜모고로프는 차원 논의를 기초로 그 기울기가 −5/3라는 것, 즉 $S \propto \epsilon^{\frac{2}{3}} k^{-\frac{5}{3}}$임을 보였다. 여기서 S는 난류 신호의 푸리에 분해에서의 스펙트럼 에너지이고, ϵ은 난류운동 에너지의 점성 소산율, k는 파수로서 파장에 역비례한다. 또한 콜모고로프 유사가설을 참조하라.

관성아층(inertial sublayer, 慣性亞層) 충분히 큰 레이놀즈 수와 로가리듬 속도 프로필로 특성이 결정되는 벽으로 한정된 시어 흐름 안에 있는 아층(예 : 대기 지표층).
난류운동 에너지 스펙트럼과의 비유로 그리 불린다. 관성아구간에서 소산이 난류운동 에너지에 대한 흡원(sink)을 제공하듯이 점성은 운동량에 대한 흡원을 제공한다.

관성영역(inertial range, 慣性區間) 분자 점성에 의한 소산이 무시될 수 있어 에너지가 그대로 전달되는 길이 규모의 구간.
멱 스펙트럼은 관성영역에 걸쳐 멱 법칙 행위를 갖는다. 2차원 난류에서 그 멱 스펙트럼은 이론적으로 파수 k에 대해 k^{-3}에 비례하고, 3차원 난류에서 그 멱 스펙트럼은 이론적으로 $k^{-5/3}$에 비례한다. 그 후자는 콜모고로프 마이너스 5/3 법칙이라 알려져 있다.

관성원(inertial circle, 慣性圓) 관성 흐름 안에서 공기덩이가 나타내는 고리형 궤적.
위도 변위가 작으면 근사적으로 원형이다.

관성좌표계(inertial coordinate system, 慣性座標系) 입자의 (벡터) 운동량이 외력의 부재에서 보존되는 좌표계.
따라서 뉴턴의 운동법칙은 관성계에서만 적절하게 적용될 수 있다. 기상학에서 모든 목적들을 위해, 지구의 축 위에 원점을 잡고 항성들에 대해 고정된 하나의 계(절대좌표계)는 관성계로 고려될 수 있다. 그 관성계에 대해 상대적으로 움직이는 좌표계들이 사용되는 때, 뉴턴의 법칙들 안에, 코리올리 힘 같은 겉보기힘들이 일어난다.

관성중력파(inertio-gravity wave, 慣性重力波) 부력과 코리올리 힘을 함께 받으며 전파하는 내부중력파.
그 분산관계는 $\omega = \pm(Nk_h + fk_v)/|\boldsymbol{k}|$로 주어지는데, 여기서 ω는 진동수, N은 부력진동수, f는 코리올리 매개변수, 그리고 k_h와 k_v는 각각 파수 벡터 $\boldsymbol{k}$의 수평 및 연직성분들이다. 모든 파수들에 대해, 관성중력파들은 N보다 작고 f보다 큰 진동수를 갖는다, 그들의 군속도는 그것의 연직성분과 위상속도의 연직성분이 서로 반대인 부호를 가지도록 위상속도에 직교한다. 북반구에서 위로 전파하는 관성중력파에 대해, 섭동하는 바람 벡터는 고도에 따라 고기압성 순환으로 방향을

회전한다.

관성진동(inertial oscillation, 慣性振動)　유체 관성이 순전히 코리올리 힘으로만 균형을 이루는 주기운동.
관성진동에서 유체덩이의 운동은 일정한 속력으로 대체적으로 수평이고 원형이며, 그 속도 벡터는 북반구에서 오른쪽으로, 그리고 남반구에서 왼쪽으 로 순전한다. 진동의 주기, 곧 관성주기는 $2\pi/f$이다. 여기서 f는 매개변수이다.

관성 참고틀(inertial reference frame, 慣性參考-)　뉴턴 역학 내에서 하나의 참고틀로서, 순 힘을 받지 않는 질점마다 그것에 대해 상대적으로 가속되지 않는 틀.
특수 상대론에서, 참고틀로 표현된 (국지적인) 시공 영역 안의 모든 질점이 그 틀에 대해 균일한 속도로 움직이면 그 틀은 그 영역 안에서 관성 참고틀이다. 상대성의 원리에 따라, 어떤 관성 참고틀로 표현되는 모든 물리법칙은 동일한 형식을 가지며 동일한 수치상수를 가진다. 특별히 빛의 속도가 동일하다.

관성파(inertia wave, 慣性波)　1. 운동 에너지 이외에 다른 형태의 에너지가 없는 어떤 파동. 이 의미로 헬름홀츠 파, 순압파, 로스비 파 등은 관성파들이다.
2. 더 제한적으로, 교란의 운동 에너지의 원천이 어떤 주어진 축 주위의 유체의 회전인 파동. 대기에서 편서풍 시스템이 그런 원천인데, 여기서 관성파는 일반적으로 안정하다. 비슷한 분석이 허리케인 같은 더 작은 소용돌이에 적용되어 왔다. 관성불안정을 참조하라.

관성흐름(inertial flow, 慣性-)　외력이 없는 가운데 있는 흐름. 기상학에서, 기압경도가 없는 데서 한 지위 면 안에 있는 마찰 없는 흐름.
그런 흐름에서 원심 가속도와 코리올리 가속도는 크기가 같고 반대 방향을 가져야 하며, 일정한 관성 풍속 V_i는 $V_i = fR$로 주어진다. 여기서 f는 코리올리 매개변수이고 R은 그 경로의 곡률 반경이다. 일정한 속력의 관성 경로는 양반구에서 고기압성이고, 적도보다 극 부근에서 더 세게 휘어, 관성원이라 불리는 비슷한 고리모양으로 나타난다. 입자가 이 고리들을 그리는 관성주기는 고리의 크기에 무관하게 위도 ϕ에서 대략 각 항성일당 $f/2\pi = 2\sin\phi$이 된다. 그러므로 관성주기는 진자일의 절반이다.

관측공간(observation space, 觀測空間)　관측기기에서 관측된 대기 중의 기온, 기압 등의 기상요소를 측정하는 지점들의 영역(관측자료의 시공간적인 위치)을 의미하는 것.
모형 격자와는 달리 불규칙하게 분포되어 있다.

관측연산자(observational operator, 觀測演算子)　관측지점을 둘러싸는 수치모형의 격자값들을 관측공간으로 변환해야 하며 이를 가능하게 하는 연산자.
수치모형과 관측자료를 병합하는 자료동화를 위해서는 관측자료와 수치모형의 변수를 비교해야 한다. 이때 두 자료는 시공간적으로 동일한 위치에 존재해야 하지만 수치모형의 격자와 관측자료의 위치 또 이 둘의 변수 종류가 완벽하게 일치하는 경우는 극히 드물다. 동일한 종류의 변수를 시공간적으로 일치시키기 위한 수평 또는 연직 내외삽하는 과정이다. 복사자료나 레이더 반사도 및 시선속도처럼 모델의 변수와 동일하지 않은 관측의 경우, 모델의 예단 변수값을 관측된 변수로 변환해 주는 복사전달 모델이나 레이더 자료 시뮬레이터 등도 관측연산자라 칭할 수 있다.

관측소고도(station elevation, 觀測所高度) 관측소에서 현지 기압 측정 시 기간수준면으로 적용하는 평균해면고도에 대한 수직거리.
관측소고도와 연관된 기압을 관측소기압이라 한다.

관측소기압(station pressure, 觀測所氣壓) 관측소고도를 기준으로 계산된 기압.

관측오차(observational error, 觀測誤差) 어떤 물리량의 참값과 관측값 사이의 차이.
모든 관측은 관측오차를 포함하는데 크게 계통오차와 무작위 오차로 구분할 수 있다. 계통오차는 관측자료 전반에 동일한 방식으로 영향을 미치는 오차로서 무게를 측정하는 관측기기의 0점 조절이 잘못되었을 경우를 예로 들 수 있다. 관측의 계통오차는 표준 측정값과의 비교를 통해 파악할 수 있으며 쉽게 이를 수정할 수 있다. 무작위 오차는 관측자료의 일정 부분에 특별한 규칙이 없이 나타나는 오차로 그 크기는 보통 오차 확률분포로 나타내며, 계통오차와 달리 보정이 어렵다.

광년(light year, 光年) 빛이 1태양년 동안 진공 속을 진행하는 거리.
멀리 떨어진 천체들 사이의 거리를 측정하는 데 사용된다. 1광년은 9.46×10^{12}km이다.

광도계(photometer, 光度計) 광원의 휘도, 발광강도, 또는 조도를 측정하는 기기.
사람의 눈에 반응하는 복사 에너지의 파장에 대해 가중치를 둔 광(光) 측정 결과로서 복사계와는 구별한다. 전통적인 문헌에서 이 용어는 발광효율 스케일링의 유무에 관계없이 인간의 눈에 보이는 파장에 반응하는 복사계에서 사용된다. 원거리의 빛에 대한 강도를 측정하는 데 사용되는 광도계는 종종 격측광도계 또는 투과율계라 한다.

광전효과(photoelectric effect, 光電效果) 어떤 물질에 빛을 가했을 때 그 물질이 전자를 자유롭게 하는 데 필요한 최소의 에너지를 흡수하여 전자가 분리되는 현상.
광전효과는 보통 고체나 액체와 보통 기체 사이의 경계에서 빛에 의해 전자가 방출되는 것을 의미하는 표면광전효과와 같은 의미로 사용된다. 광전효과는 1887년 헤르츠에 의해 발견되었고, 기본 법칙은 아인슈타인 법칙으로 다음과 같다.

$$e = h\nu - p$$

여기서 e는 방출된 광전자의 최대 운동 에너지, ν는 광원의 진동수, h는 플랑크 상수, 그리고 p는 전자 내부와 물질의 경계 밖에서의 각각의 위치 에너지 사이의 차이(최소)를 의미한다. 여기에 전제된 가정은 전자의 초기 운동 에너지는 최대 운동 에너지에 비해 무시할 만하다는 것이다. 아인슈타인 법칙은 빛의 양자론을 확립하는 데 있어 기초적인 역할을 한다.

광학공기질량(optical air mass, 光學空氣質量)　단위시간에 천체로부터 발생된 광(光)이 지구 대기를 통과하여 해수면 고도에 이르는 광학적 경로의 길이.
주어진 천체와 지표면의 천정각의 시컨트 함수값으로 추정된다. 보다 정확한 값을 얻기 위하여 대기의 실제 압력과 해수면 압력의 비율을 고려하여 계산해야 한다.

광학두께(optical thickness, 光學-)　복사 에너지가 매질을 통과할 때 흡수계수, 산란계수 또는 감쇠계수(흡수계수+산란계수)를 전자기파의 이동경로에 대하여 적분하여 얻어지는 값.
단위가 없으며 광학두께가 클수록 해당 전자기파의 투과율이 지수 함수적으로 낮아진다. 감쇠계수와 관련되어 전자기파의 주파수, 감쇠입자의 모양, 광학적 특성 및 분포 등에 의해 결정된다. 특히 광투과경로가 수직 방향일 경우 광학깊이로 지칭된다.

광학질량(optical mass, 光學質量)　광학적 흡수체의 밀도를 통과한 두 개의 고도 사이의 경로에 대하여 선 적분한 값.
흡수기체를 통과한 광학적 양을 결정하기 위하여 활용한다. 단위는 단위면적당 질량으로 표시된다(예 : kg m^{-2}).

광합성(photosynthesis, 光合成)　수중의 조류, 육상식물 등이 태양 에너지를 이용하여 공기 중의 이산화탄소(CO_2)와 토양의 수분을 재료로 포도당을 합성하고 동시에 산소를 만들어 내는 과정.
광합성은 크게 빛이 있는 조건에서 수분을 전자, 수소 이온 그리고 산소로 분리하는 광화학반응과, 광화학반응에서 만들어진 화학적 에너지를 사용하여 이산화탄소로부터 포도당을 합성하는 과정으로 요약할 수 있다.

광화학(photochemistry, 光化學)　복사 에너지가 매질을 통과할 때 분자나 원자가 빛을 흡수할 때 발생하는 화학적 물리적 변화를 연구하는 화학의 한 분야.

ㄱ

광화학과정에는 광해리, 형광, 화학발광 등을 들 수 있다. 대기는 태양으로부터 나오는 가시광선과 적외선 복사가 대기를 구성하는 기체분자(혹은 원자)들과 반응하여 복잡한 광화학반응이 일어나는 거대한 반응기(反應器)로 생각할 수 있다.

광화학대기오염(photochemical air pollution, 光化學大氣汚染) 로스앤젤레스 스모그와 같이 탄화수소류의 광분해과정에서 형성되는 산화물의 대기 내 축적에 의해 야기되는 대기오염.
광분해반응을 위해서는 태양 에너지가 필요하기 때문에 붙여진 이름으로, 오존과 이산화질소는 광화학반응에 의해 형성되는 혼합물로서 대기오염 현상을 야기하는 기체이다. 그 외에도 질산과산화아세틸(peroxyacetyl nitrate), 포름알데히드(formaldehyde) 등도 광화학반응의 부산물로 형성된다.

광화학반응(photochemical reaction, 光化學反應) 복사 에너지의 흡수 혹은 방출이 관여하는 화학반응.
자외선의 흡수는 대기에서 분자들의 화학 결합을 끊어 연쇄반응을 일으킬 수 있도록 만든다. 광화학반응의 예로 이산화질소나 오존의 광분해를 들 수 있다.

$$NO_2 \rightarrow NO + O$$
$$O_3 \rightarrow O_2 + O$$

이후 화학반응은 대류권에 존재하는 탄화수소와 그 외의 오염물질들을 제거하는 연쇄반응을 촉발한다.

광화학 스모그(photochemical smog, 光化學-) 안개의 존재 유무와 관계없이 오존, 질소산화물, 탄화수소에 의해 오염된 대기상태.
광화학연개라고도 한다. 태양복사가 존재할 경우 탄화수소와 질소산화물(NO_x)은 복잡한 화학반응 과정을 거쳐 오존과 그 외 2차 산화오염물질들을 형성한다. 오존은 질소산화물과의 화학반응에 의해 파괴도 동시에 일어난다. 일반적으로 광화학 대기오염의 정도는 대기 중에 포함된 질소산화물과 탄화수소의 농도에 비례한다. 강한 일사와 높은 기온이 유지되는 기상조건에서는 식생에 의해 대기 중으로 배출되는 휘발성 유기 화합물의 증가로 광화학 대기오염의 정도가 더욱 나빠진다. 반대로 광화학 대기오염도는 풍속과 대기경계층 높이와는 반비례 관계에 있다. 즉, 풍속이 강하거나 대기경계층이 높게 발달하는 경우에는 오염의 정도가 낮아진다.

광화학 정상상태 관계식(photostationary state relation, 光化學定常狀態關係式) 대류권에서 일산화질소(NO)와 이산화질소(NO_2)의 농도비를 결정하는 광화학반응 관계식.
대류권에서 일산화질소는 오존과의 화학반응을 통해 이산화질소로 변환이 일어나고, 낮시간에 광분해과정을 통해 다시 일산화질소로 환원된다.

$$NO + O_3 \rightarrow NO_2 + O_2 \qquad k_1 = 1.4\times10^{-12}\exp(-1310/T)\ [cm^3s^{-1}],$$

$$NO_2 + h\nu \rightarrow NO + O_3 \qquad \lambda < 420nm$$

이 두 화학 변환과정은 O(100s)의 시간규모에서 평형상태를 이루며, 이를 광화학 정상상태 관계식이라고 한다. 이 관계식은 종종 발견자의 이름을 따서 레이튼 관계식이라 부르기도 한다. 광화학 정상상태에서 일산화질소의 이산화질소의 비는 다음과 같이 나타낼 수 있다.

$$\frac{[NO_2]}{[NO]} = \frac{k_1[O_3]}{J_{NO_2}}$$

실제 대기에서 이 비율은 하이드로퍼옥실라디칼(hydroperoxyl radicals)이나 유기퍼옥실라디칼(organic peroxyl radicals)과 같은 산화제에 의해 달라질 수 있으며, 그 결과 순(net) 오존량이 발생한다.

교대단위 텐서(alternating unit tensor, 交代單位-)　수학에서 정의된 ε_{ijk}로 표기되며, 인덱스 i, j, k 값에 따라 각각 1, 0, 또는 −1의 값을 갖는 단위 텐서.
아래와 같은 규약에 따라 인덱스 형태로 표기된다. 특히 물리학이나 유체역학에서 힘의 변화를 나타내는 데 있어서 아래와 같은 지수형태의 텐서를 이용하는 게 유용하며 다음과 같이 정의된다.

$\varepsilon_{ijk} = 0 \quad i, j, k$ 세 개의 인덱스 중 두 개의 인덱스가 같을 때

$\varepsilon_{ijk} = +1 \quad i, j, k = 123, 231, 312$

$\varepsilon_{ijk} = -1 \quad i, j, k = 321, 213, 132$

교정(calibration, 較正)　측정기기의 출력 크기(예 : 온도계의 수은 높이, 기상 레이더의 후방산란세기)와 측정기기에 작용된 입력 힘의 크기(예 : 온도, 레이더 반사도)와의 관계를 알아보는 과정.
검정(檢定)이라고도 한다.

교차(range, 較差)　1. 주어진 수들의 집합에서 최대와 최솟값 차이.
거리, 범위, 주파수대라고도 한다. 주기적인 과정에서는 이 차이는 진폭의 두 배, 즉 파장의 크기이다.
2. 두 물체 간 거리 : 일반적으로 관측지점과 관측대상 물체 사이의 거리.
3. 시정거리나 항공기 가시범위에서처럼 어떤 과정에 기인하는 최대 거리.
4. 조수 간만의 주기에서 고수위와 저수위 사이의 차이.
4m를 초과하는 범위는 간혹 최대 만조라 하고, 2m 미만의 것은 최소 간조라 한다. 중간 범위의

ㄱ

것들은 중위(中位) 조수라 칭한다.
5. 레이더, 라이더 및 음파 기상 탐지기에서, 송신기 위치로부터 외부 방향으로 측정된 방사상의 거리.
통상적으로 목표물까지의 거리이다.

교차궤도탐사(cross-track scanning, 交叉軌道探査) 수동형 마이크로파 관측을 위한 지구 관측위성의 관측방법 중 하나로 위성이 진행하는 방향과 수직 방향으로 센서를 이동시키며 탐사하는 방법.
위성의 거울(mirror)이 회전하면서 탐사체를 비추어 반사된 에너지를 센서가 탐지하는 방법 또는 위성 자체가 회전하면서 탐지하는 방법 등이 있다. 주로 가시광과 열적외에서 사용되고 수동형 마이크로파에서는 탐측(sounding)을 위하여 주로 사용된다.

교차상관(cross correlation, 交叉相關) 두 시계열 $x(t)$와 $y(t)$ 간의 상관.
두 시계열은 다른 장소에서 측정된 같은 변수 또는 같은 장소에서 관측된 동일 변수로 관측 시기가 다른 경우를 들 수 있다. 예로서 $y(t)$는 $x(t+L)$을 나타낼 수 있으며, 이때 L은 시간 지연을 의미한다.

교환계수(exchange coefficient, 交換係數) 어떤 면에 직각 방향으로 계산한 평균 성질의 경도에 대한, 이면을 지나는 보존 성질의 난류 플럭스의 비(比).
케이 이론에 의하면 다음과 같이 표현할 수 있다.

$$\overline{u'w'} = -K\frac{\partial \overline{U}}{\partial z}$$

여기서 K를 맴돌이 점성도라고 부른다. 이 K와 밀도 ρ를 곱한 값을 교환계수라 한다. 난류전달계수, 맴돌이확산도, 오스타슈(Austausch) 계수라고도 부른다. 확산, 맴돌이 플럭스, 난류를 보라.

구름(cloud) 대기 중의 수증기가 상공에서 응결하거나 승화하여 매우 작은 물방울이나 얼음의 결정으로 변한 것들이 무리지어 공기 중에 떠 있어 우리 눈에 보이는 현상.
이러한 구름의 형성, 발달 그리고 소멸 등은 지상에서 날씨 변화를 일으킨다.

구름감쇠(cloud attenuation, -減衰) 마이크로 파장역의 복사 에너지가 전파될 때 구름에 의하여 감쇠되는 현상.
얼음과 물로 이루어진 구름에서 흡수에 의한 감쇠보다는 산란에 의한 감쇠가 더 크다. cm 파장역의 입사복사 에너지에 대하여 구름입자는 주로 레일리(Rayleigh) 산란현상을 일으키며 입자의 크기에 대해서는 특별한 제한은 없다. 레일리 산란은 반지름이 산란복사 파장의 1/10 이하인 미소한 구형(球形) 입자에 의한 빛의 산란으로서 대기의 성분기체에 의한 산란이 이에 속한다. 한쪽 방향의 투과만을 고려할 때 구름감쇠는 다음 관계에서 구할 수 있다.

$$\text{구름감쇠}(\text{dB km}^{-1}) = 0.454\frac{6\pi}{\lambda}\frac{M}{\rho}Im(-\kappa)$$

여기서 M은 구름의 수액량(gm^{-3})이고, $\rho(gcm^{-3})$는 수액밀도, λ는 파장이다. κ는 다음과 같은 관계가 있다.

$$\kappa = (nr^2-1)(m^2+2)^{-1}$$

여기서 m^2는 복합쌍극전자 상수이다. 감쇠는 M의 값에만 의존되고 1~10cm 파장의 범위 내에서 구름의 물의 양에 대하여 $(1\sim100)\times10^{-2}M$이 되고 얼음에 대해서서는 $(2\sim20)\times10^{-2}$의 값을 가진다.

구름거울(nephoscope, cloud mirror)　구름의 이동 방향이나 구름의 겉보기 속도를 측정하는 둥근 거울.
측운기, 구름측정기라고도 한다. 거울 면에 16방위와 동심원이 새겨져 있어서 관측할 때에는 거울을 실제의 방위에 맞추어서 수평하게 놓고 구름의 형상을 띤다. 거울 면으로부터 눈의 높이를 일정하게 하고 구름이 움직이는 방향과 속도를 측정한다.

구름계(cloud system, -系)　태풍, 고기압, 저기압역 내 또는 전선 부근에 형성되는 순서가 바르고, 또 지속성이 있는 구름모양의 배열.
서고동저형의 겨울철 기압배치일 때 반드시 나타나는 동해상의 줄무늬구름의 줄 등, 특징적인 하늘모양이나 구름모양의 배열을 말한다.

구름관측 카메라(cloud camera, -觀測-)　구름의 위치, 이동속도, 운량 등 구름에 관한 내용을 촬영하기 위하여 특별히 제작된 카메라 시스템.
구름발달 모습을 분석하기 위해 매초 또는 매분 간격으로 촬영한다. 비디오 또는 동영상 카메라는 구름의 발달과정을 상세하게 관측할 수 있다. 그러나 구름관측용 카메라는 낮에만 사용가능하다는 것이 단점이다.

구름광학깊이(cloud optical depth, -光學-)　구름 상단과 하단 사이의 연직 광학깊이.
구름광학두께라고도 한다. 구름광학깊이는 가시광선 영역에서는 상대적으로 파장에 무관하지만 적외선 영역에서는 물에 의한 흡수 때문에 파장에 따라 급격히 증가하여 지구장파 영역에서는 대부분의 구름을 흑체로 근사할 수 있다. 가시광선 영역에서는 구름광학깊이의 거의 전부가

ㄱ

구름방울과 얼음결정의 산란에 의한 것인데 얇은 권운에서는 0.1 이하, 적란운에서는 1,000 이상에 이르는 매우 넓은 범위의 값을 갖는다. 구름광학깊이는 구름의 두께, 구름수분함량, 빙수량(얼음수분 함량), 구름방울과 얼음결정의 크기분포에 의해 결정된다.

구름꼭대기 유입불안정도(cloud-top entrainment instability, -流入不安定度) 구름꼭대기에서의 건조공기 유입에 의해 더 많은 유입이 유도됨으로써 구름의 소멸을 유도할 수 있는 조건. 유입된 공기가 구름공기와 섞이면 이 혼합공기에 들어 있는 구름방울이 증발하면서 냉각된다. 이러한 냉각된 혼합공기의 하강이 난류적 순환을 일으키고, 이에 따라 더 많은 유입이 유도되는데, 이 과정이 구름이 소멸될 때까지 계속된다. 이러한 과정이 일어날 수 있는 조건에 대해서는 아직도 논란이 있는데, 초기에 제안된 이론은 구름 상단 바로 위와 바로 아래의 상당온위 차이($\Delta\theta_e$)가 그 임곗값($\Delta\theta_{e\ critical}$; 거의 0에 가까움)보다 작으면(즉 $\Delta\theta_e < \Delta\theta_{e\ critical}$) 불안정이 일어난다. 정확한 $\Delta\theta_{e\ critical}$ 값은 아직 정해지지 않았지만 공기의 부력(즉 가온위)과 구름방울의 증발잠열에 따른 온도변화에 의해 좌우된다.

구름높이(cloud height) 지표 관측지점으로부터 구름밑면까지의 높이.
운고(雲高)라고도 한다. 관측값에서는 구름이 나타나는 장소의 지면으로부터의 높이를 말하나, 일반적으로는 해면이나 평지를 기준으로 한 높이를 말하는 경우와 항공기 보고와 같이 기압고도계에 의한 높이를 말하는 경우가 있다. 구름높이는 구름조명등, 운고계, 실링 기구, 목측에 의하여 관측된다. 가끔 해면고도로 측정한 구름꼭대기의 높이와 구름밑면의 높이를 이용하여 구름꼭대기와 밑면까지를 측정하여 구름의 두께를 계산하기도 한다.

구름대전(cloud electrification, -帶電) 구름이 대전화(帶電化)되는 과정, 즉 전기적 성질을 갖게 되는 과정.
일반적으로 구름꼭대기에는 (+)전하가 구름하부에는 (−)전하로 대전되다. 천둥과 번개를 참조하라.

구름되먹임(cloud feedback) 외적 기후의 섭동에 반응하여 구름의 복사효과에 발생하는 변화. 전체 구름되먹임 효과는 운량과 운고 구름의 반사도 등에서 발생한 변화의 조합된 결과이다. 되먹임은 지구에 흡수된 태양복사 에너지와 지구에서 우주 밖으로 나간 지구복사 에너지 사이의 순복사 효과이다. 구름의 여러 가지 특성은 구름의 되먹임에 영향을 미치고, 구름의 여러 가지 형태는 태양복사와 지구복사 양에 다양한 효과를 미친다. 따라서 확신을 가지고 구름되먹임을 규정할 수 있다. 기후 모델은 구름의 양의 되먹임이거나 음의 되먹임에 관여하지 않고 있다. 이로 인하여 인간활동의 변동에 대한 전지구적 기후의 민감도를 산정하는 데 불확실성의 주요 원인이 된다.

되먹임은 양의 되먹임과 음의 되먹임으로 나뉠 수 있는데, 양의 되먹임은 어떠한 임의의 변화가 기후 시스템에 주어졌을 때 그 초기의 변화가 시스템 내에서 작용하면서 새로운 결과를 만들어 내고, 이는 일련의 결과가 처음에 주어진 변화를 더욱 강화시키고 이로써 기후의 변화가 계속해서 가속되는 형태의 되먹임이라 할 수 있고, 음의 되먹임은 그 반대로 처음의 변화가 약화되는 형태의 되먹임이라 할 수 있다. 음의 되먹임의 예로서 태양복사와 관련된 구름 되먹임을 생각할 수 있다. 가령 어떤 원인에 의해 지구대기온도가 상승한 경우, 기온의 증가로 포화수증기압이 증가하고 대기 중의 수증기량이 증가하게 되며 수증기의 증가는 대류권에서의 구름의 양을 증가시키게 된다. 구름의 증가는 알베도를 증가시켜 지면에 도달하는 태양복사 에너지 양을 감소시키고 기온을 더욱 하강시킨다. 따라서 최초에 시스템에 주어진 기온은 이러한 음의 되먹임을 거치면서 약해진다. 그러나 구름의 존재는 지면으로부터 방출되는 장파의 복사 에너지를 흡수하고 하층으로 다시 방출하기 때문에 양의 되먹임 역할을 하기도 한다. 구름의 이 두 가지 되먹임 작용 중에서 알베도를 감소시키는 양의 되먹임의 역할이 더 크기 때문에 결과적으로 구름은 기온을 감소시키게 된다. 즉, 알베도 증가에 의한 기온 감소의 효과는 수증기 증가에 의한 기온 상승의 효과보다는 작기 때문에 결국 이산화탄소의 증가는 기온의 상승을 가져오게 된다.

구름 레이더(cloud radar)　구름을 탐지하기에 적합한 레이더.
주로 파장이 8mm(Ka band) 혹은 3mm(W band)이기 때문에 밀리미터 레이더로도 불리는 짧은 파장을 이용하는 레이더이다. 작은 입자들의 레이더 산란단면이 레이더 파장의 4승에 반비례하기 때문에 이러한 짧은 파장은 구름탐지에 장점이 있다. 그러나 이러한 짧은 파장에서는 구름방울과 수증기에 의한 감쇠가 심각하게 발생하기 때문에 구름 레이더는 대략 20km 범위 내에서 운용된다. 구름 레이더는 전방위 주사형이거나 연직 고정형이다. 구름 레이더는 공간 분해능이 좋아 구름의 섬세한 구조적 특징을 찾아낼 수 있으며, 능동감지장비(예 : 라이더)나 수동감지장비(예 : 마이크로웨이브 혹은 적외선 라디오미터)와 함께 사용할 경우, 구름의 빙수량(얼음수분 함량), 구름수분 함량, 입자 크기와 수농도 등을 그려낼 수 있다.

구름모형(cloud model, -模型)　구름의 움직임을 예측하는 물리적 혹은 수치적 뼈대.
물리모형은 주어진 환경에 노출된 더 가벼운 혹은 더 무거운 유체덩어리의 움직임을 나타낸다고 할 수 있다. 이론(수치)모형은 유체흐름을 나타내는 방정식을 바탕으로 주어진 환경 속에서 입자들의 성장을 계산한다.

구름무지개(cloudbow)　희미한 색깔, 둥근 호(弧) 모양으로 구름 또는 안개 안에서 보통 태양빛에 의해 형성되는 무지개.
안개무지개, 박무무지개, 하얀무지개 등으로 불리기도 한다. 무지개는 일반적인 무지개를 의미하고, 구름무지개는 작은 구름이나 안개 속에서 형성되는 무지개를 말한다. 구름무지개의 생성 메커니즘은 일반 무지개와 동일하나 구름무지개의 물방울 입자가 직경이 약 50㎛ 이하로 일반 무지개와 비교하여 매우 작다. 구름무지개의 뚜렷한 중심은 태양과 정반대 쪽에 위치한다.

구름물리학(cloud physics, -物理學) 대기에서 볼 수 있는 구름의 물리적 성질과 그 속에서 일어나는 과정을 주제로 하는 학문.
구름물리학은 구름에서의 응결과 강수과정에 대한 연구뿐만 아니라 자연에서 볼 수 있는 구름에서 일어나는 복사 에너지 전달, 광학현상, 전기적 현상, 다양한 수문학적 · 열역학적 과정을 다룬다. 구름물리학은 물리기상학의 한 부분을 이룬다. 이 분야에 대한 초기의 관심은 비행기 운항 안전과 관련된 구름에 의한 착빙과 난류 문제와 구름씨뿌리기에 의한 기상조절기술의 발견에 의해 자극을 받은 것이었다. 강수의 형성과 대기에서 일어나는 복사과정(태양복사, 지구복사 둘 다 포함)에 있어서의 구름의 영향이 전지구 기후변화에 결정적 역할을 하는 것으로 알려져 있다.

구름 미세구조(cloud microstructure, -微細構造) 우리 눈에 보이는 구름 크기의 규모보다는 작으나 개개 구름입자들 자체의 규모보다는 큰 규모에서 일어나는 구름입자들의 분포에 의해 형성되는 특징적인 구름의 구조(구름세포, 물결구름 등).

구름 미세물리(cloud microphysics, -微細物理) 우리 눈에 보이는 구름 크기의 규모가 아니라 개개의 에어로졸이나 강수입자 규모에서 일어나는 성장, 증발 등과 같은 구름 과정.

구름방울(cloud drop) 흡습성 입자(즉, 구름응결핵)에 수증기가 응결하여 생성된 직경이 수 마이크로미터에서 수십 마이크로미터에 이르는 구형의 물입자.
하늘에 떠 있는 이러한 입자들이 우리가 볼 수 있는 구름을 만든다. 구름은 직경이 2~3㎛ 이하인 활성화되지 못한 입자들도 포함할 수 있다. 구름방울은 이슬비방울, 빗방울과 크기가 다르다. 구름방울로 간주할 수 있는 입자 직경의 상한을 0.2mm 제안하는데, 그 이유는 이보다 직경이 크면 상당히 빠른 속도로 낙하할 수 있기 때문이다. 그러나 강한 대류에 의해 생성된 적운에서는 이보다 직경이 큰 입자들이 낙하하지 않고 구름 속에 머무를 수 있으므로 이러한 분할은 임의적인 측면이 있다.

구름방울채집기(cloud-drop sampler, -採集機) 구름방울의 크기, 불순물 등, 구름의 물리적 · 화학적 성질을 파악하기 위하여 구름방울을 수집하는 관측기기.
구름방울채집기에는 구름 상고대(rime rod) 등의 화학성분 분석을 위하여 구름방울을 포획하는 부피채집기(bulk sampler)가 있고, 구름방울의 충돌, 표면장력 등 물리적 특성 분석을 위하여 구름방울을 직접 포집하는 구름총(cloud gun) 형태가 있다.

구름방패(cloud shield, -防牌) 연이어서 넓은 범위에 퍼지며, 비교적 두꺼운 구름층을 이루고 있는 구름의 배열.
주로 온대저기압의 한랭전선 영역에서 자주 발생한다. 한랭전선의 이동속도가 온난전선보다 빨라서 온난전선을 따라 붙으면서 찬공기는 위로 올라가고 한랭전선 후면의 더 찬공기가 온난전선 전면의 찬공기와 만난다. 이때 전선 부근에서는 소나기와 뇌우, 우박 등 위험기상이 발생한다. 온난전선 전면(advance)에 최대의 구름방패가, 한랭전선 후면에 최소로 나타난다.

구름변조(cloud modification, -變造) 지구대기에서 생성·발달하는 자연적인 구름형성과정이 아니고 인위적인 영향에 의해 구름이 생성되는 과정.
예를 들면, 비행기 엔진 분출에 따른 비행기 주변에서 생기는 구름이나, 아마존 밀림 등에서 발생하는 거대한 산불에 의한 열과 연기의 영향으로 인한 구름형성과정을 의미한다.

구름복사강제력(cloud radiative forcing, -輻射强制力) 평균적인 대기조건에서 측정된 순조도와 같은 지역과 시간대에서 구름이 없을 때 측정될 수 있는 순조도의 차이.
구름복사강제력은 운량과 운량에 대한 복사의 민감성에 의존한다. 구름복사강제력은 단파와 장파로 나누어 생각할 수 있으며, 둘을 합쳤을 때에는 일반적으로 대기의 상단(위성 관측에 해당)에서 음의 복사강제력을 갖는다. 즉, 맑은 지역은 평균적인 대기조건에 비해 태양복사를 덜 반사하고 지구복사를 더 방출하는데, 맑은 날과 구름낀 날의 태양복사 반사의 차이값이 지구복사 방출의 차이값보다 크다. 평균적인 측정값을 기준으로 구름복사강제력을 정의하는 것은 명료한 데 반해 구름복사강제력과 구름이 기후에 미치는 복사평형효과, 특히 지상온도에 미치는 영향은 매우 복잡한 것으로 알려져 있다.

구름분류(cloud classification, -分類) 구름을 모양과 고도, 형성과정에 따라 군집으로 시행하는 분류.
구름의 분류는 19세기 초까지는 공식적으로 분류되지 않았다. 프랑스의 라마르크(Lamarck)가 1802년에 최초로 구름의 분류를 제안하였으며, 1803년 영국의 과학자 루크 하워드(Luke Howard)가 구름분류 시스템을 만들어 널리 사용하게 되었다. 이에 따라 세계기상기구(WMO)에서는 이를 채택하여 1956년 **국제구름도감**(*International Cloud Atlas*)을 발간하였다. 그는 구름을 크게 네 가지로 나누어 라틴어로 명명하였다. 즉, 층을 의미하는 'stratus', 쌓여 있다는 의미의 'cumulus', 곱슬머리를 뜻하는 'cirrus', 격렬한 강수를 뜻하는 'nimbus'로 나누었다. 현재는 WMO에서 정한 기본 운형 10종을 인정하여 세계 공통으로 사용하고 있다. 일반적으로 구름의 겉모양과 고도에 따라 분류한다(다음의 표 '구름분류' 참조).

ㄱ

구름분류

	유형	종류	변종	부분적으로 특징 있는 모양의 구름과 이에 부속되어 나타나는 구름
상층운 (6~15km)	권운(卷雲, Cirrus, Ci)	명주실구름(fib) 갈퀴구름(unc) 농밀구름(spi) 탑구름(cas) 송이구름(flo)	얽힌구름(in) 방사구름(ra) 늑골(肋骨)구름 (ve) (두)겹구름(du)	유방구름(乳房雲)(mam)
	권적운(卷積雲, Cirrocumulus, Cc)	층상구름(str) 렌즈구름(len) 탑구름(cas) 송이구름(flo)	파도구름(un) 벌집구름(la)	꼬리구름(尾流雲)(vir) 유방구름(乳房雲)(mam)
	권층운(卷層雲, Cirrostratus, Cs)	명주실구름(fib) 안개모양구름(neb)	(두)겹구름(du) 파도구름(un)	
중층운 (2~6km)	고적운(高積雲, Altocumulus, Ac)	층상구름(str) 렌즈구름(len) 탑구름(cas) 송이구름(flo)	반투명구름(tr) 틈새구름(pe) 불투명구름(op) (두)겹구름(du) 파도구름(un) 방사구름(ra) 벌집구름(la)	꼬리구름(尾流雲)(vir) 유방구름(乳房雲)(mam)
	고층운(高層雲, Altostratus, As)		반투명구름(tr) 불투명구름(op) (두)겹구름(du) 파도구름(un) 방사구름(ra)	꼬리구름(尾流雲)(vir) 강수구름(pra) 토막구름(pan) 유방구름(乳房雲)(mam)
하층운 2km 미만	층운(層雲, Stratus, St)	안개모양구름(neb) 조각구름(fra)	불투명구름(op) 반투명구름(tr) 파도구름(un)	강수구름(pra)
	난층운(亂層雲, Nimbostratus, Ns)			꼬리구름(尾流雲)(vir) 강수구름(pra) 토막구름(pan)
	층적운(層積雲, Stratocumulus, Sc)	층상구름(str) 렌즈구름(len) 탑구름(cas)	반투명구름(tr) 틈새구름(pe) 불투명구름(op) (두)겹구름(du) 파도구름(un) 방사구름(ra) 벌집구름(la	유방구름(乳房雲)(mam) 꼬리구름(尾流雲)(vir) 강수구름(pra) 토막구름(pan)

구름분류(계속)

	유형	종류	변종	부분적으로 특징 있는 모양의 구름과 이에 부속되어 나타나는 구름
수직운	적운(積雲, Cumulus, Cu)	넓적구름(hum) 중간구름(med) 봉우리구름(con) 조각구름(fra)	방사구름(ra)	두건구름(pil) 면사포구름(vel) 꼬리구름(尾流雲)(vir) 강수구름(pra) 아치 구름(arc) 토막구름(pan) 깔때기구름(tub)
3km 이내	적란운(積亂雲, Cumulusonimbus, Cb)	대머리구름(cal) 털보구름(cap)		강수구름(pra) 꼬리구름(尾流雲)(vir) 토막구름(pan) 모루구름(inc) 유방구름(乳房雲)(mam) 두건구름(pil) 면사포구름(vel) 아치 구름(arc) 깔때기구름(tub)

구름분해 모델(cloud-resolving model; CRM, -分解-)　구름 내부에서 나타나는 다양한 대기 수상(hydrometeor)의 질량분포 및 그 시간적 변화를 계산하는 방법인 구름 미세물리 과정을 채택한 대기 모델.
대기 수상의 질량분포를 명시적으로 알기 위해서는 보통 수평격자 3km 미만, 연직격자 간격이 수백 미터 정도인 모델이 필요하므로, 구름분해 모델은 보통 이러한 기준보다 더 작은 공간 해상도를 갖는다. 구름 내부의 역학, 강수과정 및 구름-복사 상호작용과 관련된 연구에 직접적으로 사용될 뿐만 아니라, 더 큰 공간격자를 갖는 대규모(혹은 전지구) 수치모형이나 기후 모델에서 사용하는 적운 혹은 층운 모수화를 검증하는 방법으로도 사용된다.

구름생성(cloud formation, -生成)　수없이 많은 구름알갱이가 모여서 우리 눈으로 식별할 수 있는 형태의 구름이 만들어지는 과정.
구름형성이라고도 한다. 구름이 생성되는 원인은 상승기류에 의한 생성과 냉각에 의한 생성으로 나눌 수 있다.

- 대류에 의한 상승기류 : 온난한 공기덩이의 상승, 일사로 데워진 지표면으로부터의 가열, 수증기가 응결되었을 때 방출되는 숨은열에 의한 가열, 상공에 찬공기가 유입되어 대기가 불안정해졌을 경우 등에 의하여 상승한 습윤공기가 상공에서 팽창에 의한 냉각현상으로 구름이 생성된다.

- **전선에 동반되는 상승기류** : 한랭전선 부근에서 발생하는 것으로 따뜻한 공기 밑으로 차가운 공기가 파고들어 따뜻한 공기를 급상승시키는, 주로 덩이모양의 구름으로서 구름 윗부분이 둥근 지붕 모양으로 부푼 적운계 구름을 발생시킨다. 온난전선의 불연속면을 따라 따뜻한 공기가 천천히 올라갈 때에는 층모양의 구름을 발생시킨다. 이들 전선에 동반된 구름을 전선성 구름이라고 한다.
- **지형성 파동이나 소용돌이에 의한 상승기류** : 산의 능선 부근의 풍상 측으로부터 풍하 측에 걸쳐서 또는 산 높이의 몇 배나 되는 상공에까지 산악파가 발생하여 불연속면이 있을 때 그 불연속면이 파동을 이루며, 파의 봉우리 부근에 구름을 발생시킨다. 이때 파의 봉우리가 평행하게 몇 줄기로 늘어서서 **물결구름**이 생긴다.
- **공기의 수렴에 의한 상승기류** : 저기압이나 태풍 때문에 저기압 구역 내에 나타나는 여러 가지 구름을 총칭하여 저기압성 구름이라고 한다.
- **기류의 흐트러짐에 의하여 생기는 상승기류** : 높은 곳에 역전층이 있어서 바람이 강할 때 아래쪽 공기층 내에서 기류가 흐트러져 심한 상하운동이 일어난다. 이 때문에 응결고도 이상에 층모양의 구름이 발생한다.
- **그 밖의 상승기류** : 화산의 분화, 대형 산불, 원자폭탄 실험 등에 동반되는 상승기류에 의한 구름이다. 이상 설명한 것은 상승기류에 동반된 구름의 발생이지만 냉각에 의하여 형성되기도 한다.
- **복사냉각** : 야간에 지면복사 때문에 냉각됨과 동시에 지면 부근의 공기도 냉각되어 구름을 발생시킨다. 이때 발생한 구름이 지면과 접해 있을 때는 안개라고 한다.
- **서로 다른 성질을 가진 두 공기의 만남** : 따뜻한 공기덩이와 한랭한 공기덩이가 혼합되어 냉각되면서 구름을 발생시킨다.

구름속 방전(cloud flash, cloud discharge, -放電) 구름의 양전하 지역과 음전하 지역 사이에서 발생하는 번개방전.
구름-지면 사이의 섬광은 벼락(落雷)을 의미한다. 즉, 방전로의 한쪽 끝이 대지에서 끝나는 것 이외의 번개방전의 총칭이다. 가장 흔한 것은 1개의 구름 안에서 분극이 일어나서 전하 사이에 일어나는 방전으로서 구름속 방전이라고 불린다. 구름방전에는 이 밖에 2개의 떨어져 있는 구름 사이에서 일어나는 구름사이 방전(intercloud discharge, cloud to cloud discharge) 및 구름 바깥쪽에 있는 공간전하에 대하여 일어나는 대기방전(cloud to air discharge)이 있다. **구름-지면 사이 섬광**을 참조하라.

구름속 섬광(intracloud flash, -閃光) 구름 속에서 일어나는 번개방전에 의한 번쩍이는 빛.
번개의 방전은 양전하의 중심과 음전하의 중심 사이 또는, 둘 모두가 같은 구름 안에 놓여 있을 때 일어나고, 상부의 양전하와 하부의 음전하가 있는 공간 전하 영역 사이 강한 전기장 구역에서 가장 빈번하게 발생한다. 여름철 뇌우 발생 시, 구름속(intracloud) 섬광은 구름과 지면 사이 섬광보다 먼저 번쩍이며 훨씬 빈번하게 발생한다. 구름속 번개는 두 개로 갈라진 나무처럼 두 방향으로 작용하여 발달한다. 나뭇가지 끝 하나는 음의 리더(leader)가 분기한 것이고, 다른 하나는 양의 리더(leader)가 분기한 것이다. 섬광 후, 화살과 같은 빠른 음의 리더들(또는 K 방전이라 불림)은 양의 끝부분 지역에서 출현하고 섬광의 근원을 향하여 전파한다. 기상관측에서 방전의 이런 유형은 종종 구름사이 섬광으로 오해된다. 하지만, 구름사이 방전은 구름속 방전보다는 자주 나타나지 않는다. 일반적으로, 구름속 섬광은 구름에 의해 전적으로 둘러싸이게 되며 구름을 외부로부터 봤을 때 분산된 불빛을 생산하며 이 넓게 퍼진 불빛을 판번개라 부른다.

구름 실링(cloud ceiling) 불투명한 구름층의 바닥 높이.
운저고도를 의미하고, 지면 위 고도(above ground level, AGL)라고 표현한다.

구름씨뿌리기(cloud seeding) 강수에 영향을 줄 의도로 구름입자의 상과 크기분포를 변형시킬 수 있는 물질(에어로졸, 작은 얼음입자)을 구름 속에 투여하는 것.
가장 흔히 사용되는 물질에는 얼음상을 개시할 수 있는 알갱이로 된 고체 이산화탄소(드라이아이스)나 요오드화은, 에어로졸과 큰 구름방울을 만들 수 있는 염(소금)이 있다. 많은 다른 물질(예 : 유기물, 박테리아)들도 시험을 거쳐 뿌리기물질로 제시된 바 있다. 구름씨뿌리기의 의도는 자연적인 구름의 발달을 변형하여 강수를 증대 혹은 재분배하거나 우박 생성의 억제, 안개나 층운의 소산, 번개 억제를 유도하는 것이다. 구름씨뿌리기에는 다양한 기술이 적용된다. 뿌리기 물질을 지상으로부터 항공기를 이용하거나 로켓에 실어 날려 보낼 수 있다. 얼음상 구름씨뿌리기의 목표는 과냉각 구름방울을 포함하는 구름에 상의 변화를 유도하여 부분적으로 혹은 전체적으로 얼음으로 구성된 구름을 만드는 것이다. 역학적 구름씨뿌리기의 목표는 동결잠열의 방출에 의해 유도된 부력의 증가가 연직적인 공기의 움직임을 자극하거나 강화하는 것이다. 흡습성 구름씨뿌리기에는 물의 응결이 쉽게 일어나면서 단시간에 충돌병합을 유도할 수 있는 크기로 클 수 있는 흡습성 염 에어로졸을 이용한다.

구름씨 살포장치(pyrotechnic flare, -撒布裝置) 높은 온도에서 환경에서 증발된 물질이 차가운 환경에서 에어로졸 같은 입자로 응결될 수 있는 구름씨를 뿌리는 장치.
플레어(flare)는 얼음형성이나 흡습성이 높은 구름씨 물질을 생산하기 위해 만들어졌다. 일반적인 플레어는 20초에서 수 분 동안 연소하며, 10∼100g의 씨 물질들을 방출한다. 플레어는 주로 구름씨를 뿌리는 항공기 외부 선반에 장착되며, 큰 플레어는 상층이나 구름 안에서 연소된다. 작은 플레어는 연소되거나 구름을 통해 추락할 수 있다.

ㄱ

구름아래층(subcloud layer, -層) 구름층의 바로 아래 있는 대기층으로서 지면에서 구름바닥까지의 경계층.
구름아래층의 온도와 습도에 따라 낙하하는 강수입자의 융해, 증발 정도가 달라진다.

구름알갱이(cloud particle, cloud droplet) 구름을 형성하는 작은 물방울.
구름방울의 분포는 구름의 종류나 성장 정도에 따라 변한다. 작은 대류성의 구름에 있어서 구름방울의 크기는 평균반지름이 5㎛ 정도이고, 가장 큰 구름방울이라 하더라도 20~30㎛이나, 적란운의 경우에는 10㎛ 정도가 보통이고, 가장 큰 것은 100㎛나 되는 것도 있다. 구름방울이 보다 큰 방울로 성장하기 위해서는 수증기의 응결에 의한 성장과 구름방울끼리의 병합에 의한 성장이 있다. 전자로서는 그다지 큰 과포화는 대기 중에 없으므로 작은 구름방울이 수 10㎛로 성장하기 위해서는 많은 시간을 필요로 하나, 큰 방울과 작은 방울의 낙하속도의 차이에 의하여 생기는 병합에서는 비교적 짧은 시간에 큰 구름망울로 성장하여 빗방울의 근원이 될 수 있다. 과냉각된 구름방울은 눈의 결정에 달라붙어서 눈조각을 만들거나 나뭇가지에 달라붙어서 상고대를 만들기도 한다.

구름 알베도(반사율)(cloud albedo, (反射率)) 대기 중의 구름에 의해 직접적으로 반사된 태양복사의 비율.
지구 알베도의 주된 부분을 이룬다. 평균적으로 지구는 100단위의 태양복사를 받았을 때 31단위를 반사하여 우주로 보낸다. 이 31단위 중 23을 구름 알베도가 설명한다. 개개의 구름에 대해서는 국지적으로 알베도가 0.7을 넘을 수도 있다.

구름양(cloud amount, -量) 특정한 구름 형태 혹은 고도(부분 구름양) 혹은 모든 구름 형태와 고도(전 구름양)에 의해 하늘이 가려진 비율.
구름양의 측정값은 팔분위로 표현한다. **구름양**(sky cover)과 같은 의미이다.

구름양(sky cover, -量) 관측지점 상공이나 지상에서 발생하는 구름이나 대기현상에 의해서 가린 하늘의 비율.
운량이라고도 한다. 불투명 구름양은 하늘이 전혀 보이지 않는 비율이고, 전 구름양(total sky cover)은 투명도에 관계없이 가려진 하늘의 비율이다. 일반적으로 구름양의 관측은 불투명 구름양을 말하며 안개, 연무, 연기, 황사 등이 희박하게 나타나 하늘에 해, 달, 별 등이 보이면 이는 구름양으로 산정되지 않는다. 구름양은 하늘 전체의 몇 퍼센트쯤이 덮여 있는지에 따라 0부터 10까지의 계급으로 표시한다. 항공기상관측에서는 구름양을 맑음, 구름조금, 튼흐림, 온흐림 또는 부분 차폐, 차폐 등으로 나누어 표시하기도 한다.

구름 에코(cloud echo) 구름에 반사되어 온 레이더 에코.
일반적으로 구름 에코는 강수와 비교하여 매우 약하기 때문에 구름을 탐지하는 레이더는 강수 에코보다 정밀한 민감도를 요구한다. 레이더 에코, 레이더 관측을 참조하라.

구름열(cloud street, -列) 풍향에 따라 대체로 평행하게 줄지어 떠 있는 구름의 열.
서고동저의 겨울철 기압배치가 되었을 때 기상위성영상에서는 서해 남부나 동해 해상 등에서 찾아볼 수 있다. 태풍이 온대저기압으로 변질될 때, 태풍의 남쪽에서도 대류운들이 열을 지어 있는 모습이 나타난다.

구름응결핵(cloud condensation nuclei; CCN, -凝結核) 대기의 작은 구름방울의 핵 역할을 할 수 있는 흡습성의 에어로졸 입자.
즉, 일반적인 대기의 구름에서 도달할 수 있는 과포화도(1% 내외)하에서 물이 응결하여 활성화될 수 있는 입자를 말한다. 구름응결핵의 수농도는 실제로 관측될 수 있는 과포화도 범위 내에서의 과포화도에 따른 수농도 분포로 나타낸다.

구름응결핵계수기(cloud condensation nuclei counter; CCN counter, -凝結核計數機) 대류권의 구름 형성 시에 나타날 수 있는 과포화도하에서 수증기의 응결에 의해 만들어지는 구름입자의 수농도(=구름입자로 활성화된 대기입자의 수농도)를 측정할 수 있는 기기.
이 기기의 핵심을 차지하는 응결관 속의 과포화도는 대략 0.01~2% 범위 안에 있도록 조절된다. 그러나 구름이나 연무는 100% 상대습도 이하에서 흡습성이 매우 좋은 입자들에 수증기가 응결하여 생성될 수도 있기 때문에 불포화된 조건에서 관측이 가능하도록 조정된 기기도 있다. 구름응결핵 수농도는 일반적으로 물에 대한 과포화도 혹은 불포화도하에서 활성화된 입자의 $1cm^3$당 개수로 나타낸다.

구름이동 벡터(cloud motion vector, -移動-) 위성영상에서 구름의 움직임을 추적하여 결정하는 대기 흐름의 이동속도와 방향.
이것은 거의 바람 벡터와 유사하다.

구름 종(species of clouds, -種) 구름의 종류를 세분하여 14종으로 나눈 것.
구름의 종을 구분하는 기준은 모양과 내부구조의 특징이며, 다음과 같이 14종이 있다. 대머리구름(calvus), 털보구름(capillatus), 탑구름(castellanus), 봉우리구름(congestus), 명주실구름(fibratus), 넓적구름(Humilis), 렌즈구름(lenticularis), 중간구름(nediocris), 안개모양구름(nebulosus), 농밀구름(spissatus), 층상구름(stratiformis), 갈퀴구름(uncinus). **구름분류**를 참조하라.

ㄱ

구름-지면 사이 섬광(cloud-to-ground flash, -地面-閃光) 구름과 지면 사이의 전하의 중심지역에서 발생하는 번개섬광.
구름속 방전을 참조하라.

구름측정거울(mirror nephoscope, -測定-) 거울에 반사된 구름의 움직임을 관찰하는 측운기. 보통 반사 측운기라고도 한다. 대표적으로 검은색 거울판과 특수한 동심원에 새겨진 각도 보정기, 그리고 수평 나사가 장착된 삼각대로 구성되어 있다. 접안 렌즈는 거울의 중심을 기준으로 회전할 수 있고, 거울 표면 위에서의 거리를 조절할 수 있도록 설치되어 있다. 관찰 시 각도 보정기를 0으로 조절하여 진북을 향하게 하고, 구름이 거울의 중심에 위치할 때까지 접안 렌즈를 조정하여 거울을 맞춘다. 구름의 이동 방향은 거울에 반사된 구름의 방위각을 통해 나타낸다.

구름크기 대수정규분포(lognormal cloud-size distribution, -對數正規分布) 적운에서 구름 직경과 구름 두께 사이에 나타나는 가우스 정규분포.
구름 직경과 구름 두께는 다음 함수로 표현된다.

$$f(x) = \frac{\Delta x}{(2\pi)^{1/2} x s_x} \exp\left[-0.5\left(\frac{\ln(x/L_x)}{s_x}\right)^2\right]$$

여기서 x는 구름직경, Δx는 구름직경의 구간 폭, $f(x)$는 구름직경이 $x-0.5\Delta x$와 $x+0.5\Delta x$ 사이에 해당하는 확률, L_x는 위치변수, s_x는 무차원 확산변수이다.

구름탐지 레이더(cloud-detection radar, -探知-) 관측대상을 강수입자보다 작은 구름입자를 측정하기 위하여 고안된 기상 레이더.
파장이 1cm 또는 그 이하로 짧은 레이더(보통 Ka band 레이더)로서 측정거리가 짧고 고분해(high resolution)이다. 관측 목적에 따라 구름입자의 형태나 크기를 측정하기 위하여 다중파장이나 편파 레이더를 사용한다. 레이더의 파장이 짧을수록 모든 기상관측 대상에 민감하게 측정할 수 있으나 구름이나 가수에 의한 감쇠가 증가한다.
구름입자는 강수입자에 비해 매우 작으므로 검출 가능한 신호를 얻으려면 짧은 파장의 전파를 사용하지 않으면 안 된다. 구름탐지 레이더는 보통 레이더와는 달리 송신용 안테나와 수신용 안테나를 사용하여 연속적인 전파를 송수신한다. 이것은 파장이 짧아 펄스 레이더(pulse radar)와 같은 송수신 전환이 어렵기 때문이다. 일반적인 관측은 안테나를 천정으로 향해 고정시켜서 행하므로 관측점 상공을 통과하는 구름으로부터 반사파를 수신한다. 자동기록장치를 부착시켜 구름의 구조와 변화의 상세한 연속기록을 얻을 수 있다. 파장이 짧아 구름밑면 고도의 측정에 적합하지만 감쇠가 심해 빗방울이나 구름물양(雲水量)이 많은 구름의 경우에는 측정 가능한 구름꼭대기의 고도는 낮아지는 경우가 있다. 일반적으로 빙정구름 쪽이 물방울로 된 구름보다 잘 관측된다. 구름탐지 레이더에 의하여 구름밑면과 구름꼭대기의 고도 외에 저기압 통과 시의 구름의 구조, 강수현상의 발생, 꼬리구름의 관측으로부터 강수입자의 낙하속도 등을 알 수 있다.

구름파열(cloudburst, -破裂) 우박이나 뇌우, 강풍을 동반한 매우 짧은 시간 내에 발생하는 매우 강한 집중호우.
비공식적으로 시간당 100mm 이상 강우가 내릴 때 적용한다.

구름흡수(cloud absorption, -吸收) 물체에 입사한 복사가 그 진행에 따라 점차 강도가 감소되는 현상.
이 중에는 입사광의 일부가 진로만 바꿀 뿐, 복사 에너지 자체에는 변화가 없는 경우와, 복사 에너지가 물체의 열에너지로 변환되어 실제로 감소되는 경우가 있다. 전자를 산란, 후자를 흡수라고 한다. 구름에 의하여 흡수되는 복사를 의미한다. 몇 가지 가정을 하면, 전형적인 구름에 의한 흡수율은 장파복사는 약 10%, 단파복사는 약 95%이다. 얇은 구름 특히, 권운의 흡수율은 적다. 그러나 물방울이나 빙정을 많이 포함한 구름, 즉 적란운의 흡수율은 크다.

구면조화함수(spherical harmonic function, 球面調和函數) 일반적으로 분광(스펙트럼) 모델에 사용되는 구형의 분석기본함수.
구면조화함수는 위도 μ와 경도 λ의 사인함수로 각각의 총파수 n과 동서파수 m에 의해 다음과 같이 정의된다.

$$Y_{m,n}(\mu,\lambda) = P_{m,n}(\mu)e^{im\lambda}$$

여기서 $P_{m,n}$은 르장드르(Legendre) 함수와 관계하여 다음과 같이 정의된다.

$$P_{m,n}(\mu) = \left[\frac{(2n+1)(n-m)!}{(n+m)!}\right]^{1/2}\frac{(1-\mu^2)^{m/2}}{2^n n!}\frac{d^{n+m}}{d\mu^{n+m}}(\mu^2-1)^n.$$

구면조화 기본함수 또는 기저함수는 직교함수를 만족하며,

$$\frac{1}{4\pi}\int_0^{2\pi}\int_{-1}^{1} Y_{m,n}Y^*_{m',n'}\,d\mu d\lambda = \begin{pmatrix} 1 \text{ for } (m',n') = (m,n) \\ 0 \text{ for } (m',n') \neq (m,n) \end{pmatrix}$$

구면 위의 타원방정식을 만족시킨다.

$$\nabla^2 Y_{m,n} + \frac{n(n+1)}{a^2}Y_{m,n} = 0$$

구면조화함수는 구면좌표계에서 라플라스 방정식을 만족하는 고유함수들의 집합이다. 구면조화

ㄱ

함수는 동서 방향으로 푸리에 급수와 남북 방향으로 르장드르 함수의 곱으로 이루어진다. 구면상의 임의의 스칼라 장은 각각 계수가 곱해진 구면조화함수들의 합으로 표현될 수 있다. 이 특징 때문에 구면조화함수는 대부분의 전지구 스펙트럼 모델들에서 스펙트럼 공간의 기저함수(또는 기본함수)로 사용된다.

구면좌표(spherical coordinates, 球面座標) 공간상에 있는 한 점(a point)의 위치는 원점이나 반경벡터를 따른 기둥으로부터의 거리, r과 반경벡터와 원뿔각 또는 여위도(colatitude)라 불리는 수직 방향의 극축 사이의 각, ϕ, 그리고 ϕ 면과 극각(polar angle) 또는 경도라 불리는 극축을 통과하는 고정된 자오면과의 각 θ의 값으로 주어지는, 하나의 길이와 두 개의 각으로 공간상의 위치를 나타내는 곡선좌표계(curvilinear coordinates).
공간 내의 O를 원점으로 하는 직교좌표축을 잡고 공간의 점 $P(x, y, z)$에서 XY평면에 수선 PP'를 내려서 선분 $OP=\rho$, $\angle XOP'=\theta$, $\angle ZOP=\phi$라 하면, 점 P는 (ρ, θ, ϕ)로 나타낸다. 직교좌표(x, y, z)와 구면좌표와의 관계는 $x=r\cos\theta\sin\phi$; $y=r\sin\theta\sin\phi$; $z=r\cos\phi$. 즉, 극 방향의 구의 반경 r은 반경 벡터의 고정된 진폭으로 정해지고 점에 대한 위치는 ϕ와 θ의 값으로 정해진다. 일명 공간에서의 극좌표계(polar coordinates)라 한다. 기상학에서는 좌표축으로 (λ, ϕ, z)을 사용함으로써, λ는 경도, ϕ는 위도, z는 고도를 의미한다. $\boldsymbol{i}$, $\boldsymbol{j}$, $\boldsymbol{k}$를 각각 동쪽, 북쪽, 연직 방향을 가리키는 단위 벡터(unit vector)일 때 속도 벡터는 다음과 같이 나타낸다.

$$\boldsymbol{V} = u\boldsymbol{i} + v\boldsymbol{j} + w\boldsymbol{k}$$

구면좌표에서 u, v, w는 다음과 같이 정의된다.

$$u = r\cos\phi\frac{d\lambda}{dt}, \quad v = r\frac{d\phi}{dt}, \quad w = \frac{dz}{dt}$$

여기서 r은 지구 중심에서부터 거리이며, a가 지구반지름일 때 $r=a+z$의 관계가 있다. 그런데 대기의 두께가 지구반경보다 훨씬 작기 때문에 (즉, $a \gg z$), 흔히 $r \approx a$로 가정한다. 따라서 위 식은 다음과 같이 나타낸다.

$$u = a\cos\phi\frac{d\lambda}{dt}, \quad v = a\frac{d\phi}{dt}, \quad w = \frac{dz}{dt}$$

구면좌표계를 사용할 때 유의해야 할 점은 (직교좌표계와는 다르게) 단위 벡터들이 위치에 따라 다른 방향을 향한다는 점이다. 따라서 직교좌표의 $x=r\cos\theta\sin\phi$, $y=\sin\theta\sin\phi$, $z=r\cos\phi$의 관계가 성립된다. 구면좌표계에서 정의되는 경도, 발산, 소용돌이도, 라플라스 연산자를 참조하라.

구상번개(ball lightning, 球狀-) 지상에 가까이 대기 중에 떠 있거나 움직이는 것으로 관측되는, 드물게 무작위로 나타나는, 빛나는 공모양의 번개.
관측을 통하여 다양하게 변하는 특징들을 보이지만, 가장 공통된 묘사는 오렌지나 불그레한 색깔을 띠고 사라지기까지 단지 수 초 동안만 지속하며, 때로는 큰 소리를 내는, 반경 15~50cm의 공 모양의 번개이다. 아주 흔히 최근 구상번개는 뇌우나 벼락 근처에서 보이는데, 이는 구상번개가 조성이나 발생 면에서 전기적임을 의미한다. 그 존재를 뒷받침할 명확한 물리적 증거의 부족으로 논쟁의 여지가 있다고 생각되지만, 구상번개가 전에 비해 더 받아들여지는 것은 구상번개를 닮은 것들이 실험실에서 재생됨으로써 시작되었다. 관측과 이 불덩이들의 모형들이 계속됨에도 불구하고, 자연적으로 일어나는 구상번개를 위한 정확한 메커니즘은 알려져 있지 않다.

구심가속도(centripetal acceleration, 求心加速度) 곡선경로상에서 이동하는 입자의 가속도. 구심가속도는 경로의 순간곡률 중심 방향을 향하며, 크기는 V^2/R가 된다. 여기서 V는 입자의 속력, 그리고 R은 경로의 곡률반경이다. 단위질량당 원심력에 대하여 크기는 같고 방향은 반대이다. 따라서 회전하는 물체의 가속력의 방향은 회전축을 향하므로 벡터로 표현하면, $dV/dt = -\omega^2 R$이 되고 따라서 회전축을 향한 구심가속도는 $-\omega^2 R$이 되며 줄에 매달려 회전하는 공을 잡아당기는 힘이 구심가속도를 만든다. 여기서 w는 각속도이다.

구조함수(structure function, 構造函數) 시간에 따라 또는 공간상의 거리차가 있을 때 난류량의 차이의 분산으로 다음과 같이 정의되는 함수.

$$D_q(r) = \overline{[q(r) - q(x+r)]^2}$$

앞에 식에서 q는 스칼라 또는 속도성분이며 분리거리(x) 또는 시간지연(t)의 함수이다. 두 지점 사이의 짧은 거리차($r \leq z$,z는 지면에서 높이)에 대해서는 구조함수는 다음과 같이 주어진다.

$$D_q(r) = 4.01 b \chi_q \epsilon^{-\frac{1}{3}} r^{\frac{2}{3}}$$

여기서 온도의 경우 b≈0.7, 습도에 대해서는 b≈0.76 그리고 χ_q는 분자확산에 의한 $\frac{1}{2}q^2$의 파괴율(destruction rate), ϵ은 열로 바뀌는 난류 에너지의 소산율을 나타낸다. 앞에 주어진 식에서 계수 $C_q^2 = 4.01 b \chi_q \epsilon^{-\frac{1}{3}}$을 q의 구조상수(structure constant)라고 한다. 구조함수의 이와 같은 공식화는 변동량의 평균 성분을 제거하고 분리거리를 또는(시간 지연)에 의해서 결정되는 파장(또는 진동수)의 밴드 내에서 변동의 분산에 대한 척도를 제공한다.

국가지리정보체계(national geographic information system; NGIS, 國家地理情報體系) 국가의 관리기관이 구축·관리하는 지리정보체계.

ㄱ

국토부를 중심으로 각 부처가 협조하여 추진하는 지리정보체계 구축사업으로서 공간 및 지리정보자료를 효과적으로 생산 · 관리 · 사용할 수 있도록 지원하기 위한 기술 · 조직 · 제도적 체계이다.

국세지도(national atlas of Korea, 局勢地圖) 국토의 각종 여건과 경제사회 등 주요지표를 체계적으로 조사 분석하여 이를 일목요연하게 지도 도표화함으로써 국세현황을 용이하게 파악할 수 있도록 하고 정책 입안, 교육홍보, 계획행정 등의 참고자료로 활용하게 하며, 역사적 자료로 보존하기 위하여 제작하는 지도.

국제종관지상관측부호(international synoptic surface observation code, 國際綜觀地上觀測符號) 지상관측자료를 기록하는 부호.
고정된 지상관측소에서 종관지상기상관측값을 기록하는 FM 12-XI SYNOP, 해양이동관측소에서 기록하는 FM-13-XI SHIP, 이동형 육지관측소에서 기록하는 FM 14-XI SYNOP MOBIL이 있다.

국제지점번호(international index number, 國際支店番號) 기상관측소들을 숫자로 표기하는 시스템.
세계기상기구(WMO)에 의해 설정되어 운영되고 있다. 이 방안 아래서 세계의 특정 구역들은 각각 두-숫자 표지를 갖는 블록들로 나뉜다. 각 블록 안에서 관측소들은 부가적으로 고유한 세-숫자 표지를 사용하는데, 이 수들은 일반적으로 동에서 서로 그리고 남에서 북으로 증가한다. 이 국제적 언어는 원칙적으로 기상 보고의 빠른 확인을 돕는다.

국제 테이블 칼로리(international table calorie; ITcal, 國際-) 물 1g의 온도를 1℃ 상승시키는 데 요구되는 에너지의 양을 표시한 에너지 단위.
때로 국제 칼로리 또는 국제 증기 테이블 칼로리라고도 한다.

국제표준대기(international standard atmosphere, 國際標準大氣) 국제민간항공기구(international civil aviation organization, ICAO) 표준대기를 의미하는 표준대기.
표준대기를 참조하라.

국제단위 시스템(international system of units, 國際單位-) 근본적인 양인 길이, 시간, 질량, 전류, 온도, 광도 및 물질의 양의 단위를 미터(m), 초(s), 킬로그램(kg), 암페어(A), 켈빈(K), 칸델라(cd) 및 몰(mol)로 표현하는 국제 시스템.
모든 언어에서 약어 SI로 표기한다. 이 시스템은 무게와 척도에 관한 일반 사용자 회의에 의해 공식적인 지위가 주어졌고 범세계적인 사용을 위해 추천되었으며, (프랑스어로) 알려진 공식 명칭은 Système International d'Unités이다.

국지바람(local wind, 局地－) 좁은 영역에서 대규모 기압분포에 의해 형성될 수 있는 바람과 구별되어 부는 바람.
국지풍이라고도 한다. 발생 원리가 같은 국지바람이라도 발생 지역에 따라 독특한 이름으로 불리는 경우가 많다. 국지바람은 크게 세 그룹으로 구분할 수 있다. 첫 번째, 바다(혹은 호수)와 육지 경계 부근에서 나타나는 지표열 플럭스의 국지경도나 경사지(혹은 산악 지역)에서 나타나는 지표의 차등 가열에 의해 발생하여 일(日) 주기로 변화하는 바람으로 해륙풍, 산곡풍, 활강풍 등이 여기에 속한다. 두 번째는 종관규모 바람과 산악의 상호작용에 의해 형성되는 바람으로 장벽 제트, 활강 폭풍 등이 있으며, 푄, 산타아나, 미스트랄, 보라 등의 이름으로 불린다. 세 번째는 단일 뇌우나 중규모 대류계 등 대류활동이 동반하는 바람으로 갑작스럽게 발생하는 강한 돌풍이 여기에 속한다.

국지 앙상블 변환 칼만필터(local ensemble transform Kalman filter; LETKF, 局地－變換－) 미국 메릴랜드대학 날씨-혼돈 그룹에서 헌트(Hunt) 박사가 주축이 되어 개발한 필터링 기술. 모델의 한 격자점에 대해 영향 반경하의 관측들을 이용해서 분석을 수행하기 때문에 병렬 컴퓨터 구조에서 특히 효과적인 앙상블 칼만필터(EnKF) 알고리즘인 것으로 알려져 있다. 날씨연구 및 예측 모델 그리고 기상학 이외의 여러 수치모형들에 구현되어 있다.

국지 열역학적 평형(local thermodynamic equilibrium; LTE, 局地熱力學的平衡) 복사온도와 운동온도(kinetic temperature)가 동일한 값인 상태.
공기분자가 흡수한 복사 에너지는 재복사되어 방출되거나 다른 분자와의 충돌을 통해 운동 에너지로 전환될 수 있으며, 이들 과정을 통해 국지 열역학적 평형상태를 유지한다. 국지 열역학적 평형 가정은 플랑크 법칙과 키르히호프 법칙의 전제 조건이 된다. 지구대기 중에서 기압이 0.05hPa보다 높은 영역(즉, 대기의 약 99.5% 영역)에서는 **평균자유행로**(mean free path)가 짧으므로 공기분자에 의해 흡수된 복사 에너지가 분자들 사이에서 충돌에 통해 운동 에너지로 전환되는 과정으로 평형상태가 유지된다. 이때 분자들의 속도 혹은 운동 에너지 분포는 **맥스웰-볼츠만 분포**를 따른다. 기압이 낮아 분자들 사이 충돌을 통해 운동량 교환이 활발하게 일어나지 못하는 상황에서는 분자들의 운동 에너지 분포가 맥스웰-볼츠만 분포를 벗어날 수 있으며, 이런 상태를 비국지 열역학적 평형(non-local thermodynamic equilibrium)이라 한다.

국지기후(local climate, 局地氣候) 기후의 척도를 대기후, 중기후, 소기후 및 미기후 4개로 구분하였을 경우 소기후와 같은 뜻으로 기후 변동을 일으키는 가장 작은 규모의 기후.

ㄱ

만일 대 · 중 · 소의 3개로 구분했을 경우에는 중규모와 소규모의 중간 규모의 기후현상으로서 지방기후보다 한 단계 작은 규모의 현상이다. 국지기상이 겹쳐진 현상이므로 그 발생빈도 또는 현상의 강도와 크기가 평균상태 또는 장기간의 상태에 영향을 끼칠 정도가 아니면 국지기후는 인식되지 않는다. 예를 들면, 해안에서는 해풍에 의하여 여름철의 낮 최고기온은 내륙보다 낮다. 또, 가을부터 겨울에 걸친 11~12월은 이동성 고기압에 덮여서 지면의 강한 복사냉각에 의하여 역전층이 발달하고, 찬공기호수(cold air lake)가 잘 형성된다. 그러므로 산악의 경사면 중턱은 야간온도가 높고, 일최저기온(日最低氣溫)의 월평균값에도 뚜렷하게 나타나는 경사면의 온난대가 인정된다. 국지기후는 소지형, 지표면의 피복상태, 수면과 육지면의 분포, 건조물 등의 장애물, 식물생육 등에 의하여 발생된다. 지형기후라고 불리는 산지경사면(山地傾斜面), 분지(盆地), 골짜기 등에 생기는 기후, 도시기후라고 불리는 도시의 중심부와 교외의 상이한 기후, 삼림기후라고 불리는 삼림(森林) 안팎의 기후의 차이, 삼림이 부근 지역에 미치는 기후, 소지역 내에서의 식생분포라든가 서로 교대되는 기후 등이 국지기후의 대표적인 예이다. 이들은 농업적 토지이용, 도시계획, 삼림자원 보호, 건축위생, 환경평가 등의 응용문제에 매우 중요하다. 종관기상관측의 관측망보다 조밀한 관측망이 필요하므로 특별관측이나 여러 가지 지표를 이용하여 조사한다.

국지도함수(local derivative, 局地導函數) 고정된 한 점에서의 어떤 물리량의 시간에 따른 변화율.

수학 기호로는 선형 편미분 연산자 $\partial f/\partial t$로 나타낸다. 시간과 공간에 따라 변화하는 스칼라 또는 벡터인 어떤 물리량 $A(x, y, z, t)$의 전미분은 다음의 관계를 가진다.

$$\frac{DA(x, y, z, t)}{Dt} = \frac{\partial A(x, y, z, t)}{\partial t} + \boldsymbol{V} \cdot \nabla A(x, y, z, t)$$

여기서 $\boldsymbol{V}$는 속도 벡터, ∇는 델 연산자를 나타낸다. 물리량 A의 라그랑주 미분은 시간에 대한 편미분인 국지도함수와 공간에 대한 편미분인 이류로 전개할 수 있다.

국지종결(local closure, 局地終結) 어떤 고도에서 난류 혼합 효과를 주어진 고도 부근의 대기상태만을 고려하여 근사하는 방법.

국지종결 방법은 어떤 고도 z에서의 온도, 운동량 등의 물리량의 난류 플럭스를 이 고도 부근의 풍속, 바람 시어, 온도 경도 등을 이용하여 모수화한다. 일차 난류 종결의 경우 국지 대기의 평균상태를 이용하여 난류 플럭스를 결정하고, 고차(higher order) 난류 종결에서도 동일하게 국지 대기상태를 표현하는 저차(lower order) 통곗값과 그 경도를 이용하여 계산한다. 국지종결은 난류 혼합이 작은 에디들에 의해 일어난다는 가정을 하고 있어, 대류경계층에서 큰 규모의 에디들에 의한 비국지(non-local) 난류 플럭스를 명시적으로 고려하지 않는다. 하지만 수치모형에서 난류 혼합과정을 비국지 종결방법에 비해 간단히 모수화하는 장점이 있다.

군속도(group velocity, 群速度) 거의 같은 진동수를 가진 파 집단의 포락선 속도.
1. 분산관계 $\omega(k)$로부터 군속도는 $d\omega/dk$로 정의되는데, 위상속도 ω/k와 구별된다. 이 용어는 파수가 $k\pm\Delta k$이고 진동수가 $\omega\pm\Delta\omega$이며 진폭이 같은 두 조화(調和)파의 중첩을 고려하면 더 명확해진다. 이 두 조화파의 중첩은 다음과 같이 표현된다.

$$2A\cos(kx-\omega t)\cos(\Delta kx-\Delta\omega t)|\Delta\omega/\omega| << 1$$

이기 때문에, 이 합성 파는 훨씬 더 작은 진동수 $\Delta\omega$를 가진 파에 의해 조정되는 위상속도 ω/k의 고진동수파로 볼 수 있다. 고진동수파의 포락선은 군속도 $\Delta\omega/\Delta k$로 전파하는 저진동수파이다. 이것은 맥놀이와 유사성이 있음을 주목하라. 정말로 파의 군집은 이동하는 맥놀이로 볼 수 있다. 파의 군집이 이동하는 속도 또는 파의 에너지가 이동하는 속도이다.
2. 깊은 물에 대한 선형 수파(水波) 이론에 의하면, 군속도는 위상속도의 절반과 같음을 알 수 있다.

굳은상고대(kernel ice) 항공 결빙에서 대기 중의 수증기가 승화하거나 과냉각된 안개 등의 미세한 물방울들이 표면에 불규칙적이고 저밀도로 불투명하게 부착되어 동결된 것.
굳은상고대는 주로 영하 15℃ 이하에서 주로 형성된다.

굴뚝구름(chimney cloud) 수평 폭보다 수직 폭이 훨씬 더 높은 적운계 구름(뭉게구름). 이 구름은 하층운 덩어리의 윗부분으로부터 길쭉하게 나온 '목'의 형태를 갖춘 경우도 자주 있다. 이러한 하층운에서는 국부적으로 강력한 대류가 역전층을 관통하여 발생한 경우이다. 이러한 모양은 상공에서 비교적 습한 공기가 수분 증발을 방해하고 이 공기층을 관통하기 때문에 발생한 결과이다.

굴절(refraction, 屈折) 전자기파가 진행할 때 매개물질의 성질이 공간적으로 변화한 결과로서 파장의 척도상에서 균일한 물질의 매체 내부를 통해 전파하는 전자기파, 음파 및 기타 파동의 방향 또는 발생할 수 있는 파의 진폭 변화.
이 변화는 파장의 규모에 따라 갑자기 발생할 수 있어 공기와 물 접촉면으로부터 전자기파의 굴절에서 발생하는 경우와 대기에 의한 전자기파의 굴절에서 발생할 수 있는 경우이다. 굴절은 (거울에 의한) 반사와 구별되는데, 이는 굴절파의 전파 방향에 입사파의 방향과 반대되는 구성요소가 존재하지 않기 때문이다. 대기굴절(atmospheric refraction), 굴절률(refractive index), 회절(differation), 산란(scattering)을 참조하라.

ㄱ

굴절계(refractometer, 屈折計) 액체, 기체 또는 고체의 굴절률을 측정하기 위한 기기. 기상학에서 일반적으로 사용하는 굴절계는 초단파를 받는 지역에서 운용되고 있고, 공동(空洞)의 공명 주파수가 해당 물체의 유전체 상수에 좌우된다는 원리에 기반하고 있다. 크레인(Crain) 굴절계에서는, 초단파 발진기는 해당 공명 주파수에서 공동(cavity)에 의해 안정화시킨다. 다음과 같은 두 개의 안정화된 시스템을 사용한다. 하나는 봉인된 공동이 탑재된 것이고, 다른 하나는 구멍이 뚫려 공기가 유입될 수 있는, 천공(穿孔) 공동이 부착된 것이다. 이 시스템들은 30~50MHz 주파수 간격만큼 떨어져 있으며, 차분화된 주파수를 측정한다. 차분화된 주파수의 변화는 천공 공동의 내용물의 굴절률의 변화에 대해 선형적으로 관련되어 있다. 번바움(Birnbaum) 굴절계는 작동 원칙이 이와 유사하다.

굴절계수(refraction coefficient, 屈折係數) 1. 광파(光波)가 굴절되는 정도를 나타내는 값으로서 자유공간에서의 광속도(d)와 물질 내에서의 광속도(u)와의 비(比)로 나타내는 값.
공기의 굴절계수는 1.00, 물의 굴절계수는 1.33이다.
2. 해양학에서의 경우만을 보면, 깊은 물속과 얕은 물속에서 직교하는 광파 사이의 공간 비의 제곱근.
굴절계수는 파고점의 길이를 증가시켜서 파고를 감소시키는 굴절효과를 측정한 값이다. (파장 마루의 길이가 증가함에 따라 파장 높이는 감소하게 되는데, 이 계수는 굴절효과를 측정한 값이다.)

굴절도(refractivity, 屈折度) 무선공학에서 사용하는 수정된 공기의 굴절률.
굴절계수(refractive modulus)라고도 한다. 공기의 굴절률 n과 관련된 식은 다음과 같다.

$$N = (n - 1) \times 10^6$$

N은 수정된 굴절률로 표시한다.

굴절률(refractive index, 屈折率) 광학적으로 균일한 무한한 매질 내에서 평면조화 전자기파의 위상속도에 대한 빛의 자유공간에서의 속도(보편상수) 비.
일명 절대굴절률(absolute refractive index)이라 한다. 특정한 상태에서 특정한 물질에 대해 일반적으로 n으로 표기하는 굴절률은 평면파의 주파수에 좌우된다. 흡수율이 무시될 정도인 상이한 두 매체 간의 광학적으로 매끄러운 인터페이스로 평면 조화파가 입사되면, 스넬(Snell)의 법칙에 따라 결정된 방향에서 다음 관계와 같이 변화가 발생한다.

$$\frac{\sin\theta_i}{\sin\theta_t} = \frac{n_t}{n_i}$$

여기서 θ_i은 굴절률이 n_i인 매체 내에서 접면에 대한 수직선과 입사파의 벡터 방향과의 각도,

θ_t는 굴절률이 n_t인 매체 내에서 접면에 대한 수직선과 투과된 혹은 굴절된 파의 벡터 방향파 사이의 각이다. 비율 n_t/n_i는 상대적 굴절률이다. 엄밀하게 말하면 무한한 균질한 매개물질 내에서의 평면 조화파의 전파는 복잡굴절률로 기술하고 다음과 같이 표기할 수 있다.

$$n \pm ik$$

여기서 n 및 k는 음수가 될 수 없다. 부호의 선택은 조화시간 종속성에 관한 규약에 따른다.

$$\exp(\mp i\omega t)$$

여기서 ω는 원형 주파수(circlean frequency)이다. 그리고 실수 n은 이전에 정의한 것에 따르며, 허수 부분 k(가끔 흡수율로 봄)는 아래의 관계에 따라 흡수계수와 연결된다.

$$\frac{4\pi k}{\lambda}$$

여기서 λ는 자유공간에 대한 파장이다. 흡수계수의 역은 평면파동의 복사조도가 인자 e(흡수에 의하여)에 의해 감쇠되는 거리이다. 복잡한 굴절률의 실수 부분이 일반적으로 n으로 표기되긴 하지만, 허수 부분에 대해 널리 사용되는 부호는 없다. 특히 복잡한 굴절률은 간혹 아래와 같이 표기한다.

$$n(1 \pm ik)$$

이 경우에 흡수계수는 $4\pi k/\lambda$로 나타낸다. 여기서 λ는 매개물질 내에서의 파장이다.

권운(cirrus; Ci, 卷雲)　주 구름 형태의 하나로서 하얀색의 섬세한 가는 실이나 조각, 엷은 띠 모양의 권운형 요소로 구성된 구름.
권운은 섬유질 같은 혹은 비단결 같이 윤기 있는 면모를 보인다. 권운을 구성하는 얼음결정 입자들 중 많은 수는 상당히 큰 낙하속도를 가질 만큼 크기 때문에 구름의 연직 범위를 늘리는 효과를 나타낸다. 바람 시어와 입자 크기의 다양성으로 인해 이러한 섬유질 같은 흔적은 기울어지거나 불규칙하게 구부러지기도 한다. 이러한 이유 때문에 다른 구름들과 달리 수평선 근처에서 수평적으로 보이지 않는다. 권운 요소는 매우 좁기 때문에 완전한 원형 무리를 만들지 못한다. 종종 권운은 권적운의 꼬리구름이나(Ci cirrocumulogenitus) 고적운에서(Ci altocumulogenitus), 혹은 적란운의 상부에서(Ci cumulonimbogenitus) 진화되어 나온다. 또한 일정하지 않은 광학깊이를 갖는 권층운의 얇은 부분이 소산되어(Ci cirrostratomutatus) 생기기도 한다. 때때로 권운은 권층운과 구분하기 어려우며 수평선 근처에 있을 때는 거의 불가능하다. 권층운은 훨씬 더 연속적인 구조를 가지며, 세분화되었을 때의 띠도 더 넓다. 두꺼운 권운은 고층운 조각과 구분될 수 있는데, 그것은 크기가 더 작고 덜 희기 때문이다. '권운'이라는 용어는 흔히 모든 종류의 권운형

ㄱ

구름에 사용한다.

권운형(cirriform, 卷雲形) 구름방울이 충돌병합하여 이슬비방울을 형성하는 과정의 초기 단계. 원래는 구름방울이 이슬비방울로 변환하는 과정을 근사하는 반응속도식에 사용되는 용어이다. 구름방울들 간의 충돌효율은 작기 때문에 자기변환은 이슬비방울 생성을 제한하는 요소로 작용한다.

권운형 구름(cirriform cloud, 卷雲形-) 대부분이 빙정과 작은 물방울로 구성되어 있고 하늘에 넓게 퍼져 있어 비교적 투명하고 흰색으로 보이는 구름.
무지갯빛 현상이 관측되며 구름분류에서 운정온도 −25∼−85℃ 사이의 값을 가지는 높은 구름에 속한다. 태양빛이 권운형 구름을 통과할 때 구름의 두께가 충분하면 정오시간 이후부터 하늘빛이 노랑 또는 주황색을 나타내는 낙조의 원인이 될 수 있다. 천정각(zenith) 부근에는 흰색으로 수평선 각도에서는 노랑이나 주황색의 낙조를 물들게 한다. 태양이 지평선 아래로 사라지는 일몰 직전에는 이 구름의 색이 노랗게 보이다가 점차 분홍색과 붉은색으로 변한다. 일몰 후에는 구름의 색이 회색으로 변하고 어둠이 이어진다. 권운형 구름은 권운(cirrus), 권적운(cirrocumulus), 그리고 권층운(cirrostratus)으로 구분된다.

권적운(cirrocumulus; Cc, 卷積雲) 구름의 주된 형태의 하나로서 알갱이나 물결모양의 매우 작은 요소로 구성된, 얇고 하얀, 그림자를 드리우지 않는 조각구름.
요소들이 합쳐지거나 분리될 수 있으나 대략 규칙적으로 정돈되어 있다. 수평선 위 30° 이상에서 관측되었을 때는 1° 이하의 각을 만든다. 권적운은 틈새를 자주 보인다. 권적운은 매우 과냉각된 물방울, 작은 얼음결정 혹은 둘이 혼합된 성분을 갖는다. 물방울은 일반적으로 빠르게 얼음결정으로 대체된다. 때때로 코로나 혹은 채운현상이 관측되기도 한다. 유방운이 나타날 수도 있다. 탑권적운이나 포기권적운에서 작은 꼬리구름이 내려올 수도 있다. 권적운은 권운 혹은 고층운에서 주로 생겨난다(Cc cirrogenitus 혹은 Cc cirrostratogenitus). 중위도 · 고위도 지역에서는 시공간적인 측면에서 권적운이 권운 혹은 권층운과 연관되어 있다. 이러한 연관성은 저위도에서는 흔하지 않다. 권적운은 전반적으로 섬유질 같거나 비단결같이 부드러운 다른 권운형 구름과 달리 물결모양을 이루며 작은 구름조각으로 세분화되어 있다. 권적운은 주로 고적운과 혼동되는데 차이점은 구성요소가 훨씬 작고 그림자가 없다는 것이다.

권층운(cirrostratus; Cs, 卷層雲) 주 구름 형태의 하나로서 하얀 막처럼 보이는, 일반적으로 섬유질처럼 부드럽기도 한, 하늘 전체를 덮을 수도 있는, 부분적인 혹은 온전한 무리를 자주 만들어 내는 구름.
때때로 띠와 같은 양상을 보이기도 하나 띠들 사이는 얇은 구름 막으로 채워져 있다. 권층운

막의 경계는 선명한 직선을 이룰 수도 있으나 대개는 불규칙적이고 권운이 가장자리를 차지한다. 구름을 구성하는 얼음결정들의 일부는 낙하할 수 있을 만큼 커서 섬유질 같은 양상을 만들어 내기도 한다. 어떤 때는 특히 연무가 끼었거나 밤에는 너무 얇고 투명한 권층운은 구별해 낼 수 없기도 하다. 그런 때에는 무리의 존재 여부가 구분의 기준이 된다. 권층운에 입사하는 빛의 입사각이 구름의 특징을 찾아내는 데 매우 중요한 역할을 한다. 태양의 고도각이 50° 이상일 때 권층운은 지상 물체에 의해 그림자가 지는 것을 막지 못하고 무리는 완전한 원을 이룰 수도 있다. 점점 고도각이 낮아지면 무리는 깨어지며 빛의 강도는 줄어든다. 권층운은 권운 요소가 합쳐져서(Cs cirromutatus), 권적운으로부터(Cs cirrocumulogenitus), 고층운이 얇아져서(Cs altostratomutatus), 혹은 적란운의 모루구름에서 생겨날 수 있다. 권층운과 고층운은 서로에게서 생겨날 수 있기 때문에 구분하는 것이 쉽지 않다. 일반적으로 고층운은 무리를 만들지 않으며, 권층운보다 두껍고, 더 빠르게 움직이며, 더 균일한 광학깊이를 가진다. 수평선에 가까울 때 권층운은 권운과 구분하기 어렵다.

궤적(trajectory, 軌跡) 대기의 운동에서 연속적으로 지나간 점들을 연결한 공간상의 곡선. 임의 순간의 궤적의 접선은 입자속도를 나타낸다. 정상상태의 흐름에서 유체의 궤적이나 유선은 동일하나 정상류가 아닐 때는 궤적의 곡률 K_T는 유선 K_S와 다음과 같은 관계를 나타낸다.

$$K_T = K_S - \frac{1}{V}\frac{\partial \Psi}{\partial t}$$

여기서 V는 공기괴의 속도, $\partial\Psi/\partial t$는 지점의 풍향 변화를 나타내며, 만약 흐름이 저기압성이라면 곡률과 바람의 변화는 양의 값을 갖는다.

규모고도(scale height, 規模高度) 등온대기에서 기압이나 대기의 밀도가 높이에 따라 자연대수 밑수($e \simeq 2{,}71828$) 분의 1 비율로 감소되는 고도.
보통 H로 표시한다. 규모고도의 적용은 이온층의 고도를 나타낼 때 가장 적합하며 그 이하 층은 중립대기에서 용이하다. 대기층의 상대적인 두께를 산정(算定)하기 위하여 기압 규모고도 H는 다음 식으로 나타낼 수 있다.

$$H = \frac{kT}{mg} = \frac{R^* T}{Mg}$$

여기서 m과 M은 대기입자의 질량과 대기의 평균분자량이며 위 식에서 건조공기의 보편기체상수 $R^* = 8.3143\, Jk^{-1} mol^{-1}$, 대기의 온도 $T = 273^o K$, 대기의 평균분자량 $M = 0.02896 kg/mol$, 중력가속도 $g = 9.81\, m/\sec^2$를 사용하면 $H \simeq 7{,}989.5m$가 된다.

ㄱ

규모분석(scale analysis, 規模分析) 대기의 특별한 현상이나 상태를 나타내기 위하여 많은 항으로 이루어진 방정식을 단순화하여 개략적(概略的)으로 나타내기 위해 사용하는 무차원 분석 방법.
특정 조건이나 현상에 대해서 방정식을 적용할 때 각 항의 상대적인 크기를 결정하기 위한 분석법이다. 크기가 작은 항들을 무시하면 개략적인 간단한 방정식을 얻을 수 있다. 예로 준지균방정식(quasigeostrophic equations)은 규모분석으로부터 유도되었다.

규모적응(scale adaptive, 規模適應) 대기분석에서 다중 규모 현상에 규모별로 적응하여 적용 및 처리되는 과정.
모델의 격자 관점에서는 적응 격자(adaptive mesh refinement)를 의미할 수 있고 수치적 연산자의 관점에서는 규모에 따라서 그에 상응하여 구현되는 방안일 수 있다.

균질권(homosphere, 均質圈) 대기 조성의 균질성을 크게 나누어 대기를 두 부분으로 구분할 때 대기의 하층 부분.
비균질권에 반대되는 용어이다. 균질권은 대기 조성에서 큰 변화가 없는 영역이다. 즉, 이 영역은 지표면으로부터 약 80km 내지 100km까지의 대기층에 해당하며 대류권, 성층권, 중간권을 포함한다. 그러나 이 영역에서 CO_2, H_2O, O_3 등의 미량기체 성분은 그 변동이 제법 크다.

균질권계면(homopause, 均質圈界面) 균질권의 꼭대기 또는 균질권과 비균질권 사이의 전이 고도.
이 균질권계면은 지상으로부터 80km와 100km 사이의 고도에 존재하며 여기서 산소분자가 산소원자로 분리되기 시작한다. 균질권계면은 밤보다 낮에 약간 더 낮다.

균질대기(homogeneous atmosphere, 均質大氣) 밀도가 고도에 따라 변하지 않고 일정한 가상적 대기.
2개의 정의로 표현하면 다음과 같다.
1. 이 대기에서의 온도감률을 **자동대류감률**이라고 하고, 이 값은 g/R(약 3.4℃/100m)이다. 여기서 g는 중력가속도, R은 공기의 기체상수이다. 균질대기는 $R_d T_v/g$의 유한한 두께를 갖고 있는데, 여기서 R_d는 건조공기의 기체상수이고 T_v는 지표면에서의 가온도(K)이다. 지표면 온도가 273K인 경우, 균질대기의 두께는 약 8,000m이다. 이 대기의 꼭대기에서 압력과 절대온도는 모두 0이 된다.
2. 단열대기와 같은 의미로 사용하는 용어.

균형방정식(balance equation, 均衡方程式) 지역적 또는 개별적 변화율이 영(zero)이 된다는 의미로서 물리량의 균형을 나타낸 방정식.
기압장과 수평운동장 간의 균형을 표현하는 진단방정식으로 지균풍보다 더욱 상세한 방정식이며, 대규모 운동에서 바람과 기압장의 관계를 표시하며, 수치예보에 이용되고, 발산방정식으로부터 규모분석에 의해 유도된다. 바람장을 유선함수 ψ로, $u=-\psi_y, v=\psi_x$로 표현하면, 균형방정식은 다음과 같이 나타낼 수 있다.

$$f\nabla^2\psi+\nabla\psi\cdot\nabla f+2(\psi_{xx}\psi_{yy}-\psi_{xy}^2)=g\nabla^2 z$$

이때, f는 코리올리 매개변수, g는 중력가속도, z는 등압면고도, 연산자 ∇는 등압면에서의 수평 델 연산자, ∇^2는 라플라스 연산자, 그리고 ψ_{xx}, ψ_{yy}, ψ_{xy}에서의 아래 첨자는 x, y 성분으로의 편미분을 나타낸다. 이 방정식은 지오퍼텐셜을 알고 수평풍속을 구하거나 수평풍속을 알고 지오퍼텐셜을 구하는 데 사용될 수 있다. 전자는 주로 중위도나 고위도에서 사용되며, 후자는 저위도에서 많이 사용되었다.

그라쇼프 수(Grashoff number, -數) 열전달 이론에서 사용되는 무차원 매개변수.
독일 공학자인 프란츠 그라쇼프(Franz Grashof, 1826~1893)가 개발한 그라쇼프 수 Gr은 다음과 같이 정의된다.

$$Gr=L^3 g\frac{T_1-T_0}{\nu^2 T_0}$$

여기서 L은 대표 길이, T_1과 T_0는 대표 온도, g는 중력가속도, ν는 운동 점성도이다. 이 수는 대류 연구에서 레이놀즈(Reynolds) 수 및 프란틀(Prandtl) 수와 연관되어 있다.

그램(gram) 질량의 cgs(cm-gram-second) 단위.
원래 1그램은 4.5℃의 물 $1cm^3$의 질량으로 정의되었으나, 지금은 표준 킬로그램의 1/1000로 정의하고 있다. 이 표준 킬로그램은 프랑스에 있는 국제도량형사무국(International Bueau of Weights and Measures)에 보관되어 있다.

그린 정리(Green's theorem, -定理) 경곗값 문제의 해를 얻기 위한 그린 함수 방법을 적용하는 데 유용한 공식을 만들어 내도록 선택된 벡터장에 적용되는 발산 정리의 한 형태.
가장 일반적인 그린 정리의 형태는 다음과 같다.

$$\int_V(\phi\nabla^2\psi-\psi\nabla^2\phi)\,dV=\oint_S\left(\phi\frac{\partial\psi}{\partial n}-\psi\frac{\partial\phi}{\partial n}\right)dS$$

여기서 dV와 dS는 각각 부피 V와 닫힌 경계면 S의 미소량이고, ϕ와 ψ는 부피 V 안에서 연속

ㄱ

2차 편도함수를 가진 2중 미분함수이다. 그리고 n은 S에 직각으로 바깥을 향하는 거리이며 ∇^2은 라플라스 연산자이다.

그린 함수(Green's function, -函數) 어떤 명시된 지역에서 균질 미분방정식의 알려진 해(解)가 되고 (만일 방정식이 선형이라면) 주어진 경계조건이나 초기조건을 만족하도록 일반화시킬 수 있는 함수 또는 비균질방정식의 알려진 해(解)가 함수.
이것은 많은 동일한 문제에 적용할 수 있는, 푸리에 변환 또는 라플라스 변환 대신 사용하는 방법이다. 그린 함수 방법은 기본 해(解)를 취하여 주어진 경계조건의 값에 따라서 경계의 각 점에 가중치를 부여하는 방법이다. 그러나 푸리에 방법에서는 파 성분 각각에 가중치 또는 진폭을 부여하여 전체 경계조건을 분석한다. 그러고 나서 두 방법은 모두 합계 또는 적분하여 최종 해(解)를 얻는다.

그림자광륜(glory, -光輪) 물구름에서 내려다볼 때 보이는, 대일점(對日點)을 둘러싸고 있는 작고 희미하게 채색된 광환(光環).
불과 몇 도 안 되는 반경을 갖고 있기 때문에 그림자광륜은 흔히 구름에 생긴 항공기 그림자 또는 계곡의 안개에 생긴 등산객의 그림자를 둘러싼다. 이 그림자광륜은 코로나처럼 간단한 이론으로 쉽게 설명되지는 않는다. 그럼에도 불구하고 유사한 특성이 있다. 즉, 특별한 광환의 각(角) 크기는 물방울 크기에 근사적으로 반비례한다. 그 결과, 그림자광륜은 약 25㎛보다 작은 반경의 물방울에 의해 형성된다. (이보다 더 큰 물방울로부터 생긴 광환은 태양의 각(角) 너비 때문에 사라진다.) 유사하게, 폭넓은 물방울 분포는 그림자광륜을 파괴시킨다.

그림자대(shadow zone, -帶) 1. 공기나 물속에서 전파나 음파가 그 발원체로부터 직접 도달하지 못하는 지역.
전파 매질의 입자에 의한 산란이나 회절효과에 의해서는 일부분 전달될 수 있다.
2. 지진파가 지구 중심부에서 흡수 또는 굴절되기 때문에 매우 약하거나 전혀 도달하지 못하는 지역.
진앙으로부터 103~143° 사이의 구역은 P파나 S파가 약하게 관측되고, 142~180° 구역은 S파가 전혀 관측되지 않는다.
3. 지구곡률로 인해서 레이더 관측이 불가능한 구역.

극값분포(extreme value distribution, 極-分布) 1. 다른 하나의 무작위 변수 x로부터 얻은 어떤 무작위 변수에 대한 확률분포.
이때 유도된 분포에 대한 각 견본값은 일련의 x의 무작위값으로부터 최대 크기를 선택함으로써 얻을 수 있다. 가장 일반적인 극값분포는 굼벨(Gumbel) 분포로서, 다음과 같은 누적확률함수로 정의된다.

$$F(x) = e^{-e^{-\lambda(x-x_0)}}$$

여기서 x는 평균 및 λ와 같은 표준편차와 함께 지수적으로 분포되어 있다고 가정되고 여기서 $e^{\lambda x_0}$는 견본 크기 N과 같다. 그리고 이중지수 형태는 N이 클 때 유효하다.
2. 주어진 기간(예 : 1년)이 경과하는 동안 어떤 측정량이 규정된 값을 초과할 확률을 가리키는 확률분포.
해안 구조를 디자인하는 데 사용된다. 일반적으로 '100년 파'란 0.01의 확률로 12개월 기간 안에 초과될 것으로 예상되는 파고이다.

극광(aurora, 極光)　중 · 고위도 지역의 상층대기로부터 나오는 산발적인 복사 방출현상.
이 현상은 주로 질소분자 N_2, 그 분자의 이온 N^{2+} 및 산소 원자 [O]의 (복사) 방출에 기인하는 것으로 믿어지고 있다. 극광은 자기폭풍과 태양으로부터의 대전된 입자들의 유입에 단정적으로 관계되어 있다. 그 본질적으로 메커니즘들에 관한 정확한 세부 내용들은 아직 조사 중에 있다. 극광은 자기폭풍 때에 가장 강하고(그때 그것은 또한 적도 쪽으로 가장 멀리 관측되고) 태양의 27일 자전 주기와 11년 태양 흑점 주기에 관련된 주기성을 보인다. 고도에 따른 분포는 100km 부근에서 뚜렷한 최대를 보인다. 하한은 대체로 80km 부근에 있다. 극광은 때로 명백히 보일 수 있고, 극광 방출의 특정한 무늬들인 다양한 모습들과 색깔들을 띤다. 그 다양한 형태에 주어진 이름들을 보면, (1) 호 : 하늘을 가로지르는 빛의 띠들로서, 호의 가장 높은 점은 자기 경선의 방향에 있다. (2) 광선 : 서치라이트 빔같이 단일선이나 그런 선들의 묶음으로 나타난다. (3) 주름진 커튼 : 밑부분이 예리하고 윗부분이 희미한 커튼의 모습이다. (4) 왕관 또는 코로나 : 하늘의 한 점으로부터 광선들이 퍼져나가는 듯 나타날 때 보인다. (5) 띠 : 호와 비슷한데, 광선 구조를 가질 수도 안 가질 수도 있다. 그리고 (6) 산만하게 빛나는 곡면들 : 이들은 무정형의 빛나는 구름처럼 나타난다. 아주 높은 고도에 이르는 극광 형태들을 서술하기 위해 '유광'이란 용어가 때때로 쓰인다. 북반구에서 이들은 북극광, 북방 빛 등이라 불리고, 남반구에서 이들은 남극광이라 불린다. 대기광(airglow)을 참조하라.

극광대(auroral zone, 極光帶)　지구의 두 지자기 극점들의 각 둘레에 나타나는 최대의 극광활동이 있는 개략적으로 원형인 극광지역.
이 지역은 지자기 극점들로부터 지자기 위도로 약 10~15°에 놓인다. 극광대는 강력한 극광 전시 중에 적도 쪽으로 확장되며 넓어진다.

극궤도위성(polar-orbiting satellite, 極軌道衛星)　지구 주위를 회전하는 저궤도 위성 중 위성

ㄱ

궤도 경사각(inclination angle)이 90° 전후이어서 극지역을 통과하는 위성.
위성궤도 경사각은 지구적도면과 위성궤도면이 이루는 각으로 정의된다. 기상관측 목적의 주요 극궤도위성들은 90~100° 사이의 경사각을 가지고 있다.

극성(물)(polarity, 極性(物)) 보통 서로 반대(부호 또는 방향)이면서 단지 2개의 값을 가지는 물리계의 성질 또는 물질.
전자와 양자는 전하의 크기가 같으나 부호가 반대이므로 서로 반대의 극성이라 할 수 있다. 양극과 음극은 반대의 전극이다.

극성층운(polar stratospheric cloud, 極成層雲) 권운 또는 렌즈 고적운에서 태양이 지평선 아래 3~4° 정도 내려갔을 때 아주 강한 무지갯빛 현상을 보이는 구름.
자개구름, 진주모운, 아주 가끔 발광운이라 부르기도 한다. 극성층운은 지상 20~30km 고도에서 발생한다. 이 구름은 쉽게 보이지 않으며 일부 지역에서만 관측할 수 있다. 이 구름은 남극 극둘레 소용돌이에서 더욱 찬 온도가 존재하므로 이때 관측된다. 북유럽 상공에 강하고 폭이 넓고 깊은 서풍 및 북서풍의 균질 기류가 있는 기간에 스코틀랜드와 스칸디나비아에서 형성되며, 알래스카에서도 관측된다. 저위도에서 관측되는 빈도는 아주 낮다. 다소 불규칙 모양의 여러 개 색깔의 스펙트럼이 동시적으로 발생하는 것은 구형 입자들의 회절임을 뜻한다. 구름입자들의 물리적 성분은 항공기의 침투 탐측으로 결정되었는데, 질산수화물과 2~3° 더 찬 온도에서 얼음이 가해진 질산 수화물이 존재함을 보였다. 구름의 응결핵은 화산 폭발에서 왔을 가능성이 있는 황산으로 여겨진다. 이 구름은 역학적 치올림이나 복사냉각으로 공기의 온도가 다른 성분의 포화 아래로 떨어지는 지역에서 형성된다(약 −95℃). 극성층운은 대기로부터 활성질소를 흡수하는데, 이것은 오존이 파괴되도록 촉매 작용을 하므로 '오존 구멍'의 형성에 주요 역할을 하는 것으로 볼 수 있다. 자개구름은 정체하는데 낮에는 가끔 옅은 권운처럼 보인다. 일몰 시 모든 색깔의 스펙트럼이 나타나고, 일몰 후 하늘이 어두워지면 구름은 더욱 밝아진다. 태양이 더욱더 지평선 아래로 떨어져 마지막 광선이 구름을 비출 때 나타나는 여러 개 색깔은 먼저 주황색 그다음 분홍으로 채색되면서 바뀌어 검은 하늘과 생생하게 대조를 이룬다. 그다음 구름은 회색으로 나타나고 모든 색깔의 스펙트럼이 아주 약하게 다시 나타난 후 빠르게 사라진다. 자개구름은 일몰 후 약 2시간까지 별이 빛나는 하늘을 배경으로 희미한 회색구름으로 여전히 뚜렷하다. 달빛이 있으면 밤새도록 볼 수 있다. 새벽 전 일련의 같은 면모가 반대 순서로 나타난다.

극소용돌이(polar vortex, 極-) 주로 극지방에 중심을 둔 행성 규모의 저기압성의 흐름.
소용돌이의 높이는 대류권 중단부터 성층권까지 이른다. 편서풍은 중위도 및 아한대 위도에 위치한 한대전선 영역 위의 온도풍에 의해 생성된다. 소용돌이는 극지방과 적도 간의 온도경도가

ㄱ

가장 큰 겨울에 가장 강하다. 북반구의 경우, 배핀(Baffin) 섬 부근과 시베리아 북동부에 두 개의 소용돌이 중심이 위치한다.

극편동풍지수(polar-easterlies index, 極偏東風指數) 위도 55~70° 사이의 편동풍 강도를 나타내는 지수.
해당 위도 범위의 평균 해면기압차로 계산되며, 지균풍의 동서방향 성분(0.1m/s)으로 표현된다.

극한대(cold cap, 極寒帶) 연중 가장 따뜻한 달의 평균기온이 0~10℃인 지역.
쾨펜의 열대와 건조기후, 온대, 한대, 극기후 등 5개의 기후구분 중 극기후는 툰드라 기후와 영구동토기후로 나누어진다. 극한대는 툰드라 기후 지대로서 동토기후라고도 한다. 주로 북위 70° 이상의 고위도 지역이다. 영구동토기후는 빙설기후라고도 하며 극한대보다 더 극에 가까운 고위도 지역으로서 연중 가장 따뜻한 달의 평균기온이 0℃ 이하인 지역이다.

근사적분(inexact integration, 近似積分) 이류-확산 방정식의 수치해를 갤러킨 방법으로 해를 구하는 경우, 방정식의 각 항에 대한 수치적분을 부분적으로 정확하게 계산하기 위해 격자점을 설정하는 방법.
방정식의 종속변수를 N차 다항식으로 전개하는 경우, 시간 변화를 포함하는 질량항은 2N, 이류항은 3N, 그리고 확산항은 2N-1차 다항식으로 표현된다. 위의 항들 중에서 가장 낮은 차수를 갖는 확산항을 기준으로 르장드르-가우스 혹은 르장드르-가우스-로바토 격자점을 설정할 수 있다. 확산항이 2N-1차이므로 이 항의 적분을 정확하게 하기 위해서는 약 N개의 격자점만 사용하면 된다. 완전히 정확한 방법을 사용하지 않더라도, 수치 해의 전체적인 정확도에는 큰 영향을 주지 않으며, 오히려 계산속도 향상 및 메모리 절약을 가져오는 효과가 있어 대부분은 수치계산모형에서 근사적분 방법을 사용한다.

근상운(cloud street, 筋狀雲) 하층풍향과 평행하게 적운(Cu)과 층적운(Sc) 등으로 이루어진 구름 줄(雲列)이 다수 늘어선 구름 패턴.
구름의 꼭대기 고도는 거의 일정하고 구름 내에서 풍향의 연직 시어(shear)는 작으며 열린 세포와 닫힌 세포에 비하여 풍속의 연직 시어는 크다.

근일점(perihelion, 近日点) 행성 또는 혜성이 궤도운동을 하는 그 타원궤도 위에서 태양에 가장 접근하는 위치.
지구 타원의 장축과 교차하는 타원상의 2점 중에서 태양이 위치한 초점에 가장 가까운 점을 근일점이라고 하며, 그 거리는 147,166,462km이다. 근일점과 반대쪽에 있는 점을 원일점이라고 하며 그 거리는 152,171,522km이다. 지구의 근일점은 행성의 섭동에 의하여 지구의 공전운동과

ㄱ

같은 방향으로 1년에 11′′ 이동한다.

근적외복사(near-infrared radiation, 近赤外輻射) 적외선 영역 중 파장이 750~2,000nm 정도로 짧은 전자기파의 에너지 전달.
해당 전자기파 영역이 가시광선 부분과 적외 부분에 포함되어 있어 지표 또는 대기에 의해 반사된 태양복사 에너지와 물리적 온도에 의한 방출률에 따른 열적 복사 에너지(thermal radiation)가 함께 포함된다. 가시영역의 전자기파가 거의 존재하지 않는 야간에는 적외영역의 열적 복사 에너지만이 근적외복사를 구성한다.

글로 방전(glow discharge, -放電) 밝기를 발생시키는 모든 기체 전기방전에 대한 포괄적인 용어.
코로나 방전은 글로 방전의 한 예이나 첨단방전은 글로 방전이 아니다. 복사적으로 재결합하는 원자와 분자의 밀도는 커야만 하기 때문에, 글로 방전에는 비교적 강한 전기장 강도가 필요하다. 불꽃방전과 번개가 이 정의 안에 포함지만, 이 용어는 일반적으로 좀더 연속적이고 조용하며 덜 번쩍이는 방전에 적용된다.

금박막습도계(goldbeater's skin hygrometer, 金薄膜濕度計) 민감한 소자(素子)인 금박 가죽을 사용하여 만든 습도계.
금박 가죽의 흡습성(吸濕性) 성질 때문에 생기는 이 가죽의 물리적 크기 변동은 대기의 상대습도 변화를 가리킨다. 금박 가죽의 길이는 습도가 0%부터 100%까지 변할 때 5%와 7% 사이에서 변한다. 반응시간 상수는 낮은 주위 온도에서 그리고 매우 높거나 매우 낮은 상대습도에서 극히 길어진다.

금속관 액체 자기온도계(liquid-in-metal thermometer, 金屬管液體自記溫度計) 보통 부르동 튜브 형태의 금속관에 열적으로 민감한 성분인 액체로 채워진 온도계.
이 온도계의 경우 금속은 열팽창이 심하기 때문에 눈금 표시 부분은 보통 유리를 사용하고 있다.

급변난류이론(transilient turbulence theory, 急變亂流理論) 연직 공기기둥 내에 있는 격자점들의 모든 쌍 사이의 비국지적 연직혼합을 허용하여 난류를 모수화하는 방법.
이 방법은 열기포 같은 상관성이 큰 난류 구조 내에서 이류 형태의 난류수송을 설명한다. 열기포는 직경이 큰(1km) 상승류의 중심에서 지표 근처에서 혼합층 꼭대기까지 공기를 거의 희석하지 않고 상승시킨다. 또한 이 방법은 중간 크기 그리고 작은 에디들의 혼합효과를 모수화하므로 난류 파장의 물리적-공간적 스펙트럼을 표현한다. 모수화의 기틀은 다음의 행렬방정식이다.

$$S_i(t+\triangle t) = \sum c_{ij}(t, \triangle t)S_j(t)$$

여기서 S_j는 발원 격자점 j에서 초기시간 t의 온위, 비습, 바람속도 성분 같은 스칼라 양, S_i는 종착 격자점 i에서 $\triangle t$ 시간 스텝 후의 최종값, 행렬 c_{ij}는 급변행렬이라 하며 발원 격자 셀 j에서부터 종착 격자 셀 i에 이르는 공기의 비율이다. 이 방정식은 공기기둥을 표현하는 모든 격자점 n개에서 합한다. 이 이론은 비국지적 1차 난류종결이라 한다.

기계적 내부경계층(mechanical internal boundary layer; MIBL, 機械的內部境界層) 지면 거칠기의 불연속을 지나는 공기의 이류(advection)에 의하여 발생되는 내부경계층.
새로 접하는 지면이 기존의 지면보다 거칠 때 기계적 내부경계층의 깊이는 대략 두 면의 거칠기 비율의 8배 증가한다.

기공저항(stomatal resistance, 氣孔低抗) 식물 잎 기공을 통해 일어나는 수증기나 이산화탄소의 수송에 대한 저항.
수증기에 대한 기공저항(r_c)은 다음과 같이 정의한다.

$$r_c = \frac{\rho(q_i - q_s)}{E}$$

여기서 q_i와 q_s는 잎 기공 내부와 잎 표면 외부에서의 비습, ρ는 공기밀도, E는 수분 플럭스이다. 기공저항의 단위는 s m^{-1}로서 속도의 역수와 같은 단위를 가진다. 전기저항을 나타내는 식과 유사한 형태를 지닌다.

기구 실링(balloon ceiling, 氣球-) 날씨관측 절차를 따라 운고 기구나 측풍 기구를 띄워 보낼 때 기구가 상승할 때와 사라지는 시간을 측정하여 구름높이가 결정될 때 적용되는 분류.
기구 실링들은 항공기상관측에서 B로 표기되며, 단지 구름이나 상층에서 시야를 가리는 현상들에만 적용된다.

기단(air mass, 氣團) 수평으로 수천 km^2 수직으로 수 km 정도의 범위에서 온도와 습도 등의 물리적 성질이 일정한 거대한 공기덩어리.
다른 지역으로 이동하면서 변질되기 시작하여 타 기단과 혼합하면 온도와 수증기 함량이 변한다. 대규모의 공기덩어리가 일정한 성질을 가지는 것은 기단이 생성되는 지역의 범위가 넓고 일정한 성질을 가진 평지이기 때문이며, 공기가 오랫동안 정체하면서 동질화된다. 이런 조건은 주로 고기압이 지배하고 있는 지역에서 형성된다. 겨울에는 얼음이나 눈이 덮인 고위도 대륙이고, 여름에는 저위도 아열대 해양이나 사막지역이 된다. 중위도 지역은 기단의 발생지로는 적합하지 않으나 지표 특성에 따라 특유의 기단이 형성되는 경우도 있다. 우리나라 주변 극동 아시아의

ㄱ

기단으로는 시베리아 기단과 오호츠크해 기단, 북태평양 기단 등이 있다. 각 기단마다 특유의 날씨를 가지므로 어느 기단이 지배하는가에 따라 날씨는 달라진다. 기단발원지역, 기단변질, 기단분류를 참조하라.

기단강수(airmass precipitation, 氣團降水) 전선이나 지형적 상승에 의한 영향으로 기단 내의 습도나 기온분포에 의하여 발생되는 강수.
가장 흔한 기단강수는 기단성 소나기이다. 그런데 습하지만 안정한 대기의 기단은 전선이나 산악 영향과 무관하게 이슬비를 만들어 낼 수 있다. 지형이나 전선의 직접적인 영향 없이 하나의 기단 중에서 수증기의 양이나 기온 분포상태만이 원인이 되어 일어나는 강수가 여기에 속한다.

기단기후학(airmass climatology, 氣團氣候學) 기단의 발생과 특성으로 지역 기후를 설명하는 종관기후학의 분야.
대기의 유적선이나 근원지를 설명하기 위하여 다른 방향에서의 바람과 연관된 날씨를 분석하여 한 달보다 긴 기후값으로 나타낸다. 처음에 독일에서 평균된 기온, 습도, 그리고 구름을 겨울과 여름에 8계급으로 분리하여 표로 작성하였다. 유사한 표들이 지구상 모든 곳의 기후 특성을 나타내는 데 사용되고 있다. 기단의 빈도와 그 천후적(天候的)인 특징에 의해서 기후의 개념을 설명하는 기후학의 한 분야를 말한다. 보통 기단 캘린더를 작성하여 기후의 연변화 등을 설명한다. 독일의 프랑크푸르트에서 최초로 시도되었으며, 미국에서도 란트스베르크(H. Landsberg)가 펜실베이니아에서 연구를 시도했고, 벨라스코(J. E. Belasco)는 런던에서 연구하였다. 내용은 기단별로 빈도, 평균 기온, 습도, 운량(雲量) 등의 특성을 가지고 기후를 설명하는 것이다.

기단발원지역(airmass source region, 氣團發源地域) 수평적으로 균질한 기온과 습도 특성을 가지고 있는 대규모 공기덩어리가 발원되는 지역.
기단의 수평적 균질성은 오랜 기간(수 일에서 수 주) 지표와의 접촉하여 생긴 것이다. 주 기단발원지역은 영속적이거나 반영속적인 고기압이 발생되는 지역들이다. 예를 들면, 겨울철 우리나라에 영향을 주는 대륙성 한대기단은 유라시아 대륙 동부인 시베리아 지방에서 발원하는 기단으로 그 발원지 이름을 따서 시베리아 기단이라 한다.

기단변질(airmass modification, 氣團變質) 기단이 형성된 곳으로부터 다른 지역으로 이동하여 그 특성이 변화되는 현상.
예컨대 중위도에서 발원한 높은 습도와 차가운 기온을 가지는 해양성 기단이 연안 산 정상을 향하여 이동하면서 산악지형성 강우를 내리고 건조해져 산맥의 반대편에서는 건조하고 온난한 기단이 된다. 기단변질률은 발원지 특성과 이동되는 지표면의 특성 사이의 차이가 얼마나 되는지에 의존된다. 발원지의 기단이 다른 지역으로 이동하면서 성질이 다른 지표면과 접하게 되어 아랫부분부터 그 성질이 바뀌게 된다. 성질이 차게 변질되면 기단분류 뒤에 k로 표시($_cP_k$)하고, 반대로 따뜻하게 변질되면 w로 표시($_mT_w$)한다.

기단분류(airmass classification, 氣團分類) 기단의 특성을 인지하여 기단이 서로 다른 성질을 가지고 있는 것을 구분하는 것.
베르게논 분류법이 가장 보편적으로 사용된다. 첫째, 기단이 놓여 있는 지역의 열적 특성에 따라 열대(T), 한대(P), 극(A)으로 나눈다. 둘째, 습기의 분포 특성에 의하여 대륙성(c)과 해양성(m)으로 구분한다. 셋째, 기단이 움직일 때 지표면보다 차거나(k) 따뜻(w)한가에 따라 두 가지로 나눈다. 이것은 기단이 갖는 특성 때문에 대기 하층의 안정도 조건을 변화시키거나 지표면에 의하여 변질될 수도 있기 때문에 날씨에 관련된다. 기단의 이러한 성질을 이용하여 분류하면 다음과 같다.

$$_cT_k,\ _cT_w,\ _mT_k,\ _mT_w,\ _cP_k,\ _cP_w,\ _mP_k,\ _mP_w,\ _cA_k,\ _mA_k,\ _mA_w$$

윌레트(Willett)는 더 분류하였는데 상층의 안정도 조건에 따라 안정(s)과 불안정(u)으로 나누어 보다 더 상세히 분류하였다. 일부 학자들은 적도(E), 몬순(M) 등을 구분에 사용하기도 한다. 기단은 주로 성질이 균일한 지표면 위에 공기가 광범위하게 장시간 정체하여 지표면과 열이나 수증기를 교환함으로써 형성된다.
기단은 (1) 광역의 대륙이나 해양 위, (2) 고위도지방이나 저위도지방, (3) 정체성인 고기압권 내 또는 기압경도가 작은 거대한 저압부 등에서 발생하기 쉽다. 대륙 위에서 형성된 경우는 건조, 해양 위에서 형성된 경우는 습윤, 저위도에서 형성된 경우는 기온이 높은 것 등 기단은 지표면의 영향을 강하게 받기 때문에 지표기단이라고도 한다. 이와 비교하여 지표면의 영향을 직접 받지 않고 형성된 기단을 상층기단이라고 한다. 지표기단은 형성된 지역(발원지)에 따라 분류한다. 분류는 다음 표와 같다. 몬순기단(기호 M)을 덧붙여 분류하는 사람도 있다. 몬순기단은 열대몬순지방의 기단으로 매우 고온다습하다. 그 밖에 대기의 대규모 흐름(대기대순환)에 따른 분류나 발원지와 관계없이 대기의 기온과 수증기 함유량을 기준으로 한 분류 등이 있다.

기단분석(airmass analysis, 氣團分析) 극전선과 서로 분리되는 광역 규모의 기단을 분석하는 지상 종관분석의 이론 및 방법.
노르웨이학파 방법이라고 불린다. 지상일기도에서 기단분석은 공간적 범위, 각 기단의 안정도 특성, 이동 및 기단변질 등을 취급하며, 기단을 분리하는 전선의 위치를 전선 구조와 이동을 분석하여 정확하게 파악하고, 전선상에서 파의 섭동을 분석하여 날씨를 묘사하고 설명할 수 있도록 도와준다.

기단소나기(airmass shower, 氣團-) 기단강수의 가장 흔한 형태로 불안정한 공기의 기단 내에서 국지 대류에 의하여 발생되는 소나기.
이런 소나기는 전선이나 불안정성과 관계되지는 않는다. 이들은 충분히 불안정하여 주간의 지표 가열이 잘 발달된 적운을 만들어 습한 기단 내에서 자주 흔하게 발생된다. 기단소나기의 가장 강력한 형태가 기단뇌우이다. 불안정한 기단의 내부에서 발생하는 국지적인 대류에 의하여 내리는 소나기가 이에 포함된다. 전선이나 불안정선 등의 요란에 동반된 것은 포함되지 않는다. 기단소나기는 매우 불안정한 성층상태인 습윤기단이 낮 동안의 일사에 의한 기온 상승이 원인이 되어 적운 대류가 발달하는 경우에 종종 발생한다.

기댓값(expected value, 期待-) 개념적으로 단순 평균과 비슷하나 범위가 보다 넓은, 무작위 변수의 산술 평균.
만일 $g(x)$가 x의 연속함수라면, $g(x)$의 기댓값 $E[g(x)]$는 $g(x)$의 적분(x가 불연속적이면 합)에 x의 확률요소를 곱한 것이다. 만일 x가 범위 $a < x < b$에서 정의된 확률밀도함수 $f(x)$와 함께 연속적이라면, 기댓값은 다음과 같이 표현할 수 있다.

$$E[g(x)] \equiv \int_a^b g(x)f(x)dx$$

만일 x가 가능한 값 $x_1, x_2, \cdots, x_n$ 및 확률함수$f(x_i)$와 함께 불연속적이라면 기댓값은 다음과 같이 표현된다.

$$E[g(x)] \equiv \sum_{i=1}^{n} g(x_i)f(x_i)$$

$g(x) = x$의 경우에 기댓값은 x 자신의 평균이 된다.

기둥저항(columnar resistance, -抵抗) 대기전기에서 지표면으로부터 특정 고도까지의 $1m^2$ 면적당 공기기둥의 전기적 저항.
대기의 고도 18km까지 측정범위를 확장하면 해당 고도에 대한 대기 기둥저항이 대략 10^{17}ohm m^{-2}에 달한다는 사실을 알 수 있다. 아마도 이 수치는 지상으로부터 이온권까지의 총 기둥저항보다 단지 약간 작은 값이 된다. 사실, 지상으로부터 고도 18km까지 대기의 총 기둥저항의 약 1/2은 최하부 3km 길이의 기둥의 영향 때문에 발생한다. 이 공간적 영역에서는 대기의 밀도가 더 클 뿐 아니라, 대기 중 부유미립자의 농도가 높기 때문에 유동성이 활발한 작은 이온보다 이동성이 현저히 낮은 큰이온의 비율이 상대적으로 높다. 총 기둥저항은 시간이나 국지(영역)적으로 크게 변화하지 않는다. 이와 대조적으로 1km 최하부의 기둥저항은 크게 변동하는데, 이로 인해 해면에서의 대기전기장의 변동이 발생하며 특히 대기오염도의 변동이 심한 공업지대에서 이 현상이 두드러진다. 이온 이동도(ion mobility)를 참조하라.

기록기간(length of record, 記錄期間) 기상관측소에서 관측이 유지되거나 기후자료를 생산하여 제공하는 기간.
세계기상기구는 기후자료 생성을 위한 기간을 30년(연속된 10년의 3배)으로 결정하였고 대부분의 기상요소들에 대하여 이와 같이 30년 동안 기후 평균된 자료는 합리적인 것으로 평가된다. 관측시간과 관측방법 및 관측기기의 변화 때문에 연속적인 관측이 중단될 수 있고 또한 도시의 성장이나 국가 특성 변화 때문에 50년 정도의 연속적인 자료를 얻기는 매우 어렵다. 그러나 이러한 변화를 이해하고 100년 이상의 기후변화를 설명할 수 있는 기록을 구성하는 것도 중요하다.

기본차원(fundamental dimension, 基本次元) 물리량을 표시하기 위한 기본적인 7개의 차원. 다음 표와 같이 길이, 질량, 시간, 전류, 온도, 양(예 : 분자량), 광학강도 등 7개의 종류로 구분된다.

기본차원	단위	약어
길이(length)	meter	m
질량(mass)	kilogram	kg
시간(time)	second	s
전류(electrical current)	ampere	A
온도(temperature)	Kelvin	K
양(amount)	mode	mol
광학강도(luminous intensity)	candela	cd

기본함수(basis function, 基本函數) 수학에서 모든 연속적인 함수가 함수 공간에서 이것의 선형 결합으로 표현될 수 있다는 함수.
기저함수라고도 한다. 흡사 2차원 벡터 공간에 존재하는 벡터장을 2개의 기본함수의 선형 결합으로 나타낼 수 있는 것과 유사하다. 흔히 사용되는 기본함수로는 다항함수[예 : 라그랑주(Lagrange) 다항함수], 사인 및 코사인으로 표현되는 푸리에 함수 등이 있다. 벡터 공간에서와 같이 함수 공간에서도 기본함수의 직교성을 적분관계로 정의할 수 있으며, 물리학에서 많이 접하게 되는 미분방정식의 해의 대부분은 해당 미분방정식이 정의된 영역에서 직교 기본함수를 이룬다. 벡터 공간에서와 같이, 함수 공간에서도 기본함수의 길이를 다음과 같이 정의할 수 있다.

$$\|f\| = \left(\int f(x)^p dx\right)^{1/p}$$

기본함수의 제곱을 적분한 값의 제곱근이 유한한 값을 갖는 경우($p=2$), 이 기본함수는 L^2 함수 공간을 전개(span)한다고 본다. 위 식에서 볼 수 있듯이, 벡터 공간에서와 유사하게 L^2

함수 공간에서는 함수 간의 내적(inner product)이 정의될 수 있으며, 내적이 정의되는 함수 공간을 특별히 힐버트 공간(Hilbert space)이라고 부른다. 수학에서 L^p 함수 공간은 일반적으로 레베스쿠 공간(Lebesque space)이라고 한다.

기상관측(weather observation, 氣象觀測) 지상이나 상층의 대기상태를 기상요소의 개개 요소나 집합체를 추정 또는 측정하는 것.
대분류로 지상관측과 상층관측이 있다. 이들은 세부 항목을 고려할 수 있다. 일반적인 구분과 분리하여 레이더 기상관측, 대기전상의 관측, 태양복사 관측 등으로 세분할 수 있다.

기상관측소(weather station, 氣象觀測所) 날씨관측소로 지상, 상층, 그리고 기후학적인 관측을 행하는 장소로서 필수적인 건물, 인원, 장비를 구비하고 있는 기관.
광범위하게는 일기도를 준비하며 날씨예보 및 기상경보와 주의보를 발행하며 날씨 브리핑을 함으로써 날씨예보나 현황을 필요로 하는 수요자에게 제공하거나 기후학적인 정보를 생산 분배하는 기관을 의미한다.

기상기호(meteorological symbol, 氣象記號) 기상기록이나 일기도에 사용되는 문자, 숫자, 도표, 또는 부호로서 간결하고 정확한 형태로 과거와 현재의 기상학적 현상을 나타내기 위한 기호.
기상기호는 람베르트(J. A. Lambert)가 1771년 처음 제안하였다. 그는 구름, 비, 눈, 안개, 그리고 천둥기호를 제안하였다. 미국의 지표관측에 속하는 기호는 1955년 *Manual of Surface Observations,* 제7판'에 기재되어 있으며, 일기도나 일기분석에 속하는 기호들은 1942년과 1950년에 미국 기상국에서 발행한 *Preparation of Weather Maps, Weather Analysis Symbols*에 기재되어 있다.

기상 레이더(weather radar, 氣象-) 구름 혹은 강우를 탐지하는 데 사용되거나 관측에 적합한 레이더.
일반적으로 (1) 1~30cm의 파장, (2) KW~MW 범위의 최대전력(high-peak-power)으로 빔의 발사, (3) 상대적으로 좁은 빔 폭, (4) 1~수 μs(microseconds)의 펄스 길이, (5) 수백 헤르츠(Hertz)의 발사반복주파수, (6) 물체의 방위각 및 고도각의 자동 스캔 장치 등의 구성을 갖는다. 전자회로와 신호 프로세싱은 레이더 반사도 또는 신호세기를 정량적으로 관측할 수 있게 한다. 도플러 레이더의 경우 시선속도(radial velocity)를 측정할 수 있다. 수직측풍장비(wind profiler)를 참조하라.

기상실험용 구름상자(meteorlogical cloud chamber, 氣象實驗用-箱子) 구름형성의 미세

물리과정을 연구하기 위하여 제작한 밀폐된 용기.
습도, 온도, 기압을 조절할 수 있으며 안개상자라고도 한다. 구름상자의 유형에는 수 cm^3, 수 m^3, 수 $100m^3$ 크기의 종류와 확산구름상자(diffusion cloud chamber), 팽창구름상자(expansion cloud chamber), 그리고 혼합구름상자(mixing cloud chamber)가 있다.

기상역학(dynamic meteorology, 氣象力學) 대기의 운동과 그 원인에 대한 학문, 유체역학의 기본방정식 해(海)로 대기운동을 연구하거나 난류의 통계적 이론에서와 같이 특별한 환경에 알맞은 방정식 시스템의 해(解)로 대기운동을 연구하는 학문.
이와 같은 정의에 따라 기상역학을 물리기상학이나 종관기상학과 같은 다른 분야와 충분히 구별할 수 있다.

기상이변(extreme weather event, 氣象異變) 한 해의 특정 시간 및 장소에서 발생하기 어려운 보기 드문 기상현상.
기상이변은 대체로 관측된 확률밀도 함수의 10% 또는 90% 값을 기준으로 드물다로 정하고 기상이변이라는 특징은 절대적 의미에서는 장소마다 다를 수 있다. 단일 기상이변을 간단히 직접적으로 인위적 기후변화 때문이라고 단정할 수는 없다. 제한적이나마 문제의 기상현상이 자연적으로 발생할 가능성이 있기 때문이다. 기상이변 패턴이 한 계절 등 얼마간 지속되는 경우, 특히 평균이나 총계가 그 자체로 극단적인 경우(예 : 한 계절 내내 가뭄이나 집중호우가 지속된 경우)에는 기후이변(extreme climate event)으로 분류될 수도 있다.

기상잡음(meteorological noise, 氣象雜音) 본질적으로는 기본 유체역학방정식의 해 가운데에서 수치예보에 필요하지 않는 매우 작은 규모나 고주파 해.
그러나 기상잡음의 의미는 일반적으로 원치 않는 주파수 대역의 의미로 확대된다. 그리고 '잡음'은 대기 조석부터 움직이는 저기압 규모의 기상 패턴까지 널리 적용되는 용어이다. 칼만-부시 필터(Kalman-Bucy filter)를 참조하라.

기상적도(meteorological equator, 氣象赤道) 1. 북위 5도선, 적도기압골의 연평균 위도를 기준으로 한 지역.
2. 적도지역에서 순압적(barotropic)으로 저기압성 대류권(low troposphere)의 특징을 갖는 축. 이 축은 수렴선의 존재로 특징지어진다(열대수렴대). 적도기압골이라고도 불린다. **열적도**(heat equator), **우량적도**(hyetal equator)를 참조하라.

기상조절(weather modification, 氣象調節) 대기의 자연현상을 인위적으로 변경하고자 하는 일련의 행위나 노력.

가장 일반적인 형태는 강수를 증가시키거나 감소시키기 위하여 실행하는 **구름씨뿌리기**(cloud seeding)이다. 방풍림조성, 안개 소멸, 열 공급이나 물 뿌리기, 물 미립자 생성 살포나 혼합, 이외 기타 작물의 동해나 결빙 방지를 위한 인위적인 결빙 유도 등이 인공조절에 해당한다. 불합리한 대기 변조를 야기하는 온난화 가스 배출, 에어로졸 증가, 먼지 생성과 관련된 지구 반사도의 변화나 인간의 도시 형성과 농업과 상공업의 발달에 따른 지구표면의 특성 변경에 따른 기상상태와 기후변화도 포함하기도 한다.

기상주의보(weather advisory, 氣象注意報) 나쁜 날씨에 대비하여 발표하는 주의보.
날씨 경보에 미치지는 않지만 생활에 주의를 요하는 경우 날씨예보 소식, 한국의 경우 기상청이 발행하는 권고문이다.

기상학(meteorology, 氣象學) 1. 해양과 육지에서 지구－대기의 경계층과 관련된 효과를 포함하여 지구－대기의 물리, 화학 그리고 역학을 다루는 학문 분야.
기상학의 기본 주제는 대기조성, 구조 그리고 대기운동이다. 기상학의 목적은 대기현상의 완전한 이해와 정확한 예측이다.
2. 대중적인 의미는 일기와 일기예보의 기초가 되는 과학.

기압경도(pressure gradient, 氣壓傾度) 대기에서 두 지점의 기압 차이를 의미하며, 주어진 시간에 공간에서 거리에 대한 기압의 변화율로서 기압장의 경사도를 나타내는 기울기.
기압경도력은 고기압에서 저기압 방향으로 힘이 미치는 벡터로서 방향과 크기를 가진다. 따라서 기압경도란 임의의 주어진 거리에서 기압 차이이다.

기압경향(pressure tendency, 氣壓傾向) 특정 기간에 대한 기압변화의 특성과 변화량.
일명 'barometric tendency(기압경향)'이라고도 한다. 일반적으로 관측 선행 3시간 기간의 변화량을 보며 기압경향은 기압의 변화값과 기압변화 특성 두 부분으로 해석한다. 기압변화는 관측 기간의 처음과 끝 시각 사이의 기압값의 순(net) 차이이다. 기압 특성은 해당하는 기간 동안에 기압이 어떻게 변화해 왔는가에 대한 표시로서, 예를 들면 감소하다가 증가하거나, 증가하다가 보다 급속히 감소하는 것을 보여준다. 일반적으로 적도지방에는 기압의 변화량이 작아 24시간 동안의 기압변화량의 차이를 사용하고 기타 지역에서는 3시간 동안의 기압변화량을 사용한다.
경향(tendency)을 참조하라.

기압계(barometer, 氣壓計) 대기의 압력을 측정하는 측기.
일반적으로 수은기압계와 아네로이드 기압계 두 유형의 기압계가 기상관측에서 사용되고 있다.

기압고도(pressure altitude, 氣壓高度) 국제민간항공기구(ICAO)의 표준대기에 따른 주어진 대기압과 일치하는 고도.
압력고도라고도 한다. 평균 해면높이에서 5.5km 이상 상공을 비행하는 항공기에서 기압고도는 해면고도가 1013.2hPa(76cm의 수은기둥 압력)으로 설정된 고도계가 나타내는 고도를 의미한다. 그러므로 이 고도는 1013.2hPa 기압 면에서의 상공 고도를 나타낸다. 평균 해면고도 5.5km 이하를 비행하는 항공기는 가장 가까운 비행장의 항공관제사가 보고하는 관측된 기압으로 고도계를 설정한다.

기압고도계(pressure altimeter, 氣壓高度計) 대기 압력장의 고도를 나타내도록 조정된 아네로이드 기압계.
압력고도계라고도 한다. 기압고도계는 표준 기압-고도 관계를 이용하여 기압을 고도로 나타낸다. 그러므로 종종 기압고도계가 나타내는 고도는 실제와는 다른 경우가 많다. 기압고도계는 임의의 주어진 고도에서 관측된 고도값으로 설정된다. 실제 사용에서는 해면높이에서 76cm (1013.2mb)의 수은기둥의 압력으로 설정하여 사용한다. 항공에서는 기준고도로 비행장 지표에서 대기압을 기준 기압면으로 사용하기도 한다.

기압골(trough, 氣壓-) 주위보다 상대적으로 기압이 낮은 영역이 길게 뻗어 있는 지역으로 대체로 바람의 저기압성 곡률이 최대로 나타나는 영역.
상층 편서풍 파동에서 저기압성 바람의 곡률이 최대로 나타나는 지역이 골에 해당한다. 상층 기압골은 하층 저기압 발달에 큰 영향을 미친다. 이와 반대로 고기압성 바람에 해당되는 지역은 기압능(ridge)이라 한다. 또한 기상학에서는 기온, 혼합비, 온위 등이 주위보다 낮게 나타나는 지역을 선별하여 정의한다.

기압기록계(barograph, 氣壓記錄計) 측정된 기압값을 기록하는 기압계.
기압기록계들은 제조형식을 기초로 (1) 아네로이드 자기기압계(미기압기록계 포함), (2) 부표형 자기기압계, (3) 사진기압계 및 (4) 중력자기기압계로 분류할 수 있다.
아네로이드 자기기압계는 기상관측소에서 가장 보편적으로 사용되고 있다.

기압력(pressure force, 氣壓力) 대기 또는 물 등 유체 안에서 서로 다른 압력 차이로 발생하는 힘.
기압경도력과 같은 의미로 사용된다. 단위부피에 미치는 힘(벡터)은 기압이 높은 방향에서 낮은 방향으로 미치며 그 크기는 기압경도력(∇p)과 비용적의 곱($-\alpha \nabla p$)과 같다. 대기 중에서는 연직 방향의 기압력이 수평 방향의 기압력보다 만 배 정도 더 크다. 기상학에서 기압경도력이란 주로 수평기압경도력을 말한다.

ㄱ

(기압)마루(ridge, (氣壓)-) 주위보다 상대적으로 기압이 높은 영역이 길게 뻗어 있는 지역으로 대체로 바람의 고기압성 곡률이 최대로 나타나는 영역.
상층 편서풍 파동에서 고기압성 바람의 곡률이 최대로 나타나는 지역이 마루에 해당한다. 이와 반대로 저기압성 바람에 해당되는 지역은 기압골(trough)이라 부른다. 또한 기상학에서는 기온, 혼합비, 온위 등이 주위보다 높게 나타나는 지역을 마루라 한다.

기압배치비행(pressure-pattern flight, 氣壓配置飛行) 비행시간을 줄이기 위해 비행고도의 바람(기압배치)을 이용하도록 계획되어 운항하는 항공기 비행.
기술이 발달함에 따라 이 개념은 점점 최소 비행(minimal flight)으로 간주한다. 오늘날 가장 널리 쓰이는 방법으로는 압력과 전파고도계에 의한 D 값을 결정하는 것이다. 항해사가 만든 비행 계획은 바람분포에 대한 기상예보를 근거로 한다.

기압보정(pressure correction, 氣壓補正) 압력과 다른 변수, 특히 속도, 사이의 공분산. 예로서 $\overline{w'p'}$ 이 있다. 여기서 p' 은 압력, w' 은 연직속도, 프라임은 평균으로부터의 편차 또는 섭동이며 바는 그 평균이다. 이 특별한 예는 운동 에너지의 재분포와 관계되고 난류 또는 파동과 연계된다.

기압보정(barometric correction, 氣壓補整) 한 수은기압계의 눈금값을 정확하게 확정하기 위해 그 값에 적용해야 되는 보정.
네 가지의 보정이 있다. (1) '계기보정'은 주어진 수은기압계의 눈금값과 표준 계기의 눈금값 사이의 평균 차이이다. 그것은 한 조합적인 수정으로서, 모세관 효과, 지수 부정렬, 불완전한 진공 및 눈금 수정으로 이들은 기압계의 오차들이다. (2) 수은의 팽창률과 눈금 사이의 차이를 보완하기 위해 '온도보정'이 적용된다. (3) 중력가속도가 고도와 위도에 따라 변하기 때문에 '중력보정'이 필요하다. (4) 기압계 고도가 해당 관측소의 고도나 기후학적 관측소 고도와 다른 때 '이동보정'이 적용된다.

기압비약(pressure jump, 氣壓飛躍) 기압관측에서 돌발적인 기압 상승현상.
보통 지상에서는 기온이 급격히 떨어지고 상층에서는 역전층의 높이가 급변한다. 유체 내에서 전파되는 충격파와 유사하며 찬공기의 돌출에 의해서 국지적 소규모로 발달하는 한랭전선과 같은 특성을 갖는다. 보통 지표 부근 1km 기층이 10°K 하강하면 3hPa 정도 기압비약이 일어난다. 일반적으로 스콜 선, 비활동전선, 불안정선 등에서 나타나고 풍향풍속의 급변, 돌풍 등을 동반한다.

기압 스펙트럼(pressure spectrum, 氣壓-) 관성아구간 내의 스펙트럼 형태.

$$S_p'(k_1) = c\,\epsilon^{4/3}k_1^{-7/3}$$

여기서 ϵ은 난류 에너지의 소멸, k_1는 경도 방향의 파수이다. 중규모 운동과 종관규모 일기계에 의하여 작은 파수의 기압 스펙트럼은 상당히 증가한다.

기압좌표계(pressure coordinates, 氣壓座標系) 대기기압을 연직좌표로 하는 좌표계.

기압파(pressure wave, 氣壓波) 대기 중에서 음향의 전파와 관련된 매우 짧은 주기를 가진 미세한 기압의 진동.
기압파는 세로파(longitudinal wave)의 한 유형으로 미기압 기록계에서 관측되며 전형적인 주기는 1/2~5초이고, 파장은 100~1,500m 정도이다. 고층대기에서 폭발에 의해 형성된 기압파는 고층의 바람과 온도를 결정하는 데 유용하다.

기온극값(extreme temperature, temperature extremes, 氣溫極-) 임의 지역에서 임의 기간(예 : 일, 월, 계절) 동안 관측된 기온의 최곳값 또는 최젓값.
관측기간 전체에 대한 최고 또는 최저는 기온절대극값(absolute temperature extremes)이라 한다.

기입모형(plotting model, 記入模型) 종관일기도의 관측소 위치 주위에 기호를 기입하는 전통적 패턴.

기입배치(plotting position, 記入配置) 확률분포에서 얻은 임의 샘플에 근거하여 샘플 값에 대한 샘플 분포의 초과(누적)확률을 기입하여 얻은 경험적 분포.
특별한 샘플 값에 대한 초과확률이란 샘플 크기와 그 특별한 샘플 계급의 함수이다. 초과확률에서 샘플 값은 가장 큰 것부터 가장 작은 것으로 계급화된다. 기입배치의 일반적 표현은 $P=(r-b)/(n+1-2b)$이다. 여기서 r은 샘플 값의 계급 순위, n은 샘플 크기, b는 기입방법에 따라 결정되는 0과 1 사이의 상수이다.

기조력(tide-producing force, 起潮力) 조석이나 조류를 일으키는 힘으로 지구와 천체 간의 인력에서 지구 자체의 원심력을 제거한 차이값.
이 힘은 천체의 질량에 비례하고 거리의 3승에 반비례한다. 태양의 질량은 달의 질량의 2.5×10^7배이지만, 달보다 400배나 멀리 떨어져 있어, 달에 의한 기조력이 태양의 그것보다 2배를 조금 넘는다.

기준등압면(mandatory level, 基準等壓面) 대기의 상태를 기술할 때 기준으로 하는 표준

ㄱ

등압면.
현재 1000, 850, 700, 500, 400, 300, 200, 150, 100, 50, 30, 20, 10, 7, 5, 3, 2, 1hPa를 기준등압면으로 정의하여, 연직 대기관측이나 일기도 분석과 같은 대기상태를 기술할 때 기준면으로 한다. 전지구 규모 관측망인 라디오존데 관측은 이들 기준등압면에서의 기온, 습도, 풍향, 풍속 등 기상요소들을 측정하여 정확한 값을 보고하도록 하고 있으며, 필요에 따라 연직 고해상도 자료를 얻기 위해 유의 고도(significant level)에 대해서도 함께 관측을 수행한다.

기체상수(gas constant, 氣體常數)　이상기체상태방정식에서 절대불변하는 상수값.
보편기체상수(universal gas constant)는 $R^* = 8.316963 Jmol^{-1}K^{-1}$이다. 특정 기체에 대한 기체상수는 $R = R^*/m$, 여기서 m은 기체의 분자량을 의미한다. 혼합기체의 경우 분자량은 각 요소들의 분자량의 평균무게이다.

$$m = \left(\frac{f_1}{m_1} + \cdots + \frac{f_n}{m_n}\right)^{-1}$$

여기서 $m_1, \cdots, m_n$은 각각 n개 기체의 분자량이고, $f_1, \cdots, f_n$은 각 기체의 질량이다. 건조공기에 대한 기체상수 $R_d = 2.870 \times 10^2$ J $kg^{-1}K^{-1}$이고, 수증기에 대한 기체상수 $R_v = 4.615 \times 10^2$J $kg^{-1}K^{-1}$이다. 습윤공기에 있어서 수증기 함유 비율은 온도 대신에 가온도를 사용하면서 건조공기의 기체상수를 고정함으로써 구할 수 있다.

기체색층분석(gas chromatography, 氣體色層分析)　혼합기체의 미량 성분들을 분리해서 개개 성분으로 분해하는 분석적 분리기법.
이 기법에서는 운반기체를 이용함으로써 크로마토그래프의 칼럼을 통하여 기체시료를 수송한다. 분리하려고 하는 기체는 친화력을 갖고 있고 이 친화력의 강도는 개개의 성분이 칼럼에 머무르는 시간을 결정하는데, 이 칼럼은 이와 같은 성질의 물질로 채워져 있거나 그 물질로 코팅되어 있다. 기체색층분석에는 매우 특정한 화합물에 반응하는 검출기(불꽃 광도측정 검출기, 전자 포획 검출기, 광이온화 검출기 등)로부터 일반적으로 민감한 검출기(불꽃 이온화 검출기, 열전도 검출기, 원자 방출 검출기 등)까지 여러 가지 검출기가 사용된다. 기체색층분석은 일반적으로 대기 중 할로겐화탄소와 탄화수소의 농도를 측정하는 데 사용된다.

기체온도계(gas thermometer, 氣體溫度計)　기체의 열적 성질을 이용한 온도계.
두 형태의 기체온도계가 있다. (1) 기체의 부피를 일정하게 유지시킨 채 압력으로 기체의 열적 성질을 알아내는 유형, (2) 기체의 압력을 일정하게 유지시킨 채 부피로 기체의 열적 성질을 알아내는 유형. 이론적으로는 정확한 온도가 측정되는 것으로 알려져 있지만, 정확한 온도 측정을 위해서는 정확한 압력을 측정하거나 정확한 부피를 측정해야 하므로 기체온도계로 정확한 온도를 측정하는 것은 쉽지 않다. 따라서 일반적인 기상관측에서는 기체온도계를 사용하지 않고 있다. 기체온도계에 사용되는 기체는 공기, 질소, 헬륨, 수소 등 이상기체에 가까운 것들이다.

기포폭발(bubble bursting, 氣泡暴發) 파도가 부서진 후 기포가 해수면으로 상승하면서 터지는 과정.
버블 폭발이라고도 한다. 기포가 터지는 과정에서 얇은 수막 캡이 부서지며, 직경이 수 밀리미터 이상인 기포의 경우 레일리 제트(Raleigh jet)의 분사가 잇달아 일어난다. 여기서 발생된 입자들은 기화하면서 잔여물을 남기는데, 이들은 해양에서 근원한 대기의 구름응결핵으로 작용하기도 한다.

기화(vaporization, 氣化) 물체의 상태가 액체나 고체에서 기체로 변하는 현상.
액체표면에서 기화를 증발(evaporation)이라고 하며 액체의 내부에서 기화를 끓음(boiling)이라고 한다.

기후개황(climatological summary, 氣候槪況) 특별한 기상상황이 발생하거나 기상요소의 특이값이 관측되었을 때 특정 지역에 대한 평균, 극한값 등 다양한 통계분석을 제시한 표나 기술된 내용.

기후관측망(climatological network, 氣候觀測網) 기후자료를 관측하고 수집하기 위해서 설치된 기상관측망.
보통은 기압, 기온, 일최고기온과 일최저기온, 바람, 24시간 강수량 등 주요 기후요소를 관측한다. 일부 지점에서는 증발량, 강설량, 깊이별 지중온도와 같은 추가적인 자료를 관측한다. 기후관측은 기후 시스템을 이해하는 데 요구되는 기후요소를 취득하는 과정으로 육지와 해양에서 포괄적인 관측이 필요하다. 기후를 기술하고, 비교하는 데 사용하는 기후표준평년값의 산출에는 관측지점의 이전이 없는 동질적이고, 연속적인 고품질의 기후자료가 요구된다. 전 세계적으로 11,000여 개 이상의 관측지점이 존재하고, 인공위성, 선박, 항공기도 기후관측망에 포함된다. 기후변화를 탐지하고, 그 원인을 규명하기 위해서 전 세계적으로 고품질의 기후자료를 엄격하게 산출하기 위해 1,040개의 관측지점이 선정되었다.

기후대(climate zone, 氣候帶) 기후를 결정하는 여러 가지 요소에서 동질적인 기후 특성을 나타내는 지역.
가장 간단한 유형은 열적 특성에 따라 기후를 대상(zone)으로 분류하면 기후요소의 위도분포에 따라 정의할 수 있다. 예를 들어, 극에서 적도까지 극기후, 온대기후, 아열대기후, 열대기후,

ㄱ

적도기후의 순서로 기후대가 존재한다. 그러나 하나의 기후대에서도 기후인자나 기후요소의 특성에 따라 다양한 기후형이 나타나고 있고 이것을 종합적으로 표현하기 위한 여러 가지 방법이 강구되어 왔다.

기후도(climatological chart, 氣候圖) 특정 관측지점이나 특정 지역에 대한 기후요소의 특성을 나타내는 기후정보가 제시된 지도.
보통 기후요소의 지리적 분포를 파악하기 위해서 작성한다. 개개 기후요소별로 작성하여 등온선도(기온), 등강수선도(강수량), 등압선도(기압)으로 부르고, 여러 요소를 조합하여 그리기도 한다. 강설일수나 서리일수와 같은 현상일수의 빈도분포나 서리가 시작하는 날이나 끝나는 날과 같은 시기도 기후도로 작성한다.

기후도감(climatological atlas, 氣候圖鑑) 지역, 국가, 대륙, 전지구 등 다양한 공간 규모에서 연, 계절, 월별기온(최고기온, 최저기온, 평균기온, 일교차) 강수량, 계급구간별 풍향 빈도와 풍속, 현상일수, 생물계절 등의 분포를 지도나 표로 제시하는 도감.
다양한 기후요소의 분포 특성을 기술하기 위해서 기술된다. 해양기후도감은 해면기압, 파고, 돌풍 등 항해에 중요한 현상을 포함한다.

기후민감도(climate sensitivity, 氣候敏感度) 교란시키는 힘이 작용했을 때 나타나는 기후의 반응 강도.
기후 모델링에서는 매개변수에 변화를 주었을 때 나타나는 모의결과의 차이로 정의하기도 한다. 기후변화과학 분야에서는 복사강제력이 변화할 때 나타나는 전지구 평균표면온도의 평형변화로 정의한다. 때때로 이산화탄소의 농도 증가로 인해 초래되는 강제력 변화에 대한 기후반응으로 표현되기도 한다.

기후변동(climate variability, 氣候變動) 평균상태를 기준으로 대기-해양 시스템에 나타나는 기후의 시간적 변동.
일반적으로 종관적 규모의 기상현상보다 긴 시간규모에 사용한다. 시간적 규모는 짧게는 월 단위부터 길게는 수천 년과 수백만 년까지를 포함한다. 때때로 지질시대, 역사시대를 포함하여 오랫동안의 기후변동을 기후변화라 하고, 보다 짧은 시간 간격으로 불규칙하게 생기는 기후변화를 기후변동이라 구별하기도 한다. 태양복사의 변화, 지구공전궤도의 변화, 대기와 해양의 상호작용, 화산분화, 대륙이동, 대기조성의 변화 등 다양한 원인으로 나타난다. 자연변동성은 인위적 변동성의 반대되는 개념으로 인류의 활동에 의한 영향이 없거나 원인을 인류활동에서 찾을 수 없을 때 사용할 수 있는 용어이다.

ㄱ

기후연구방법(climatonomy, 氣候硏究方法) 더 경험적이고 묘사적인 전통 기후학의 방법과는 달리, 물리와 수학에 기초하여 기후를 연구하는 방법.
레타우(Lettau, 1969)가 지표에서의 에너지와 물 수지에 기초하여 기후를 일차원적으로 표현하기 위해 처음으로 이 용어를 사용하였다.

기후자료(climatological data, 氣候資料) 관측기기나 역사기록(일기, 작물의 수확량과 같은 다양한 기록), 프록시(나이테 등) 등을 이용하여 취득한 다양한 유형의 기후와 연관된 자료. 기상 및 기후관측망, 연구 프로젝트 등에서 취득되며, 기후 및 일기예보에 필수적이다. 기후변화가 중요한 이슈가 되면서 기후자료의 취득과 품질관리에 대한 관심이 높아지고 있다. 기후자료의 가장 중요한 역할은 기후 특성을 기술하는 것이며 다양한 기후연구에 사용된다.

기후적응(acclimatization, 氣候適應) 1. 살아 있는 유기체가 기후환경의 변화에 적응되는 과정.
기후순응이라고도 한다. 극 혹은 적도지역, 그리고 고위도에서의 극한 환경에 인간이 순응해 가는 연구가 점점 증가되고 있다. 이러한 연구의 방향은 주로 세 가지로 나누어진다. 첫째, 새로운 기후에 노출되어 생긴 내부 신경생리학인 변화나 피부의 변화를 결정하는 것이다. 둘째, 특정 기후에 가장 잘 적응할 수 있는 인간형을 선택함으로써 선택에 대한 한계점을 결정하는 것이다. 셋째는 습관, 섭생, 의복 등의 변화와 수정 등과 같이 기후에 적응하기 위한 외부 조건의 발달에 관한 것이다.
2. 기후적응의 상태나 정도.

기후표준평년값(climatological standard normal, 氣候標準平年-) 평년기후를 나타내는 기후값 또는 평년값 중에서 현재의 기후상태를 표시하기 위해서 WMO 지정에 따라 정해진 연속적인 30년에 대해 산출된 기후자료의 평균.
현재는 1961년 1월 1일~1990년 12월 31일의 기후값을 기후표준평년값으로 사용하고 있다. 과거에는 1901년 1월 1일~1930년 12월 31일, 1931년 1월 1일~1960년 12월 31일 등을 사용하였다. 2021년부터는 1991년 1월 1일부터 2020년 12월 31일까지의 기후값을 기후표준평년값으로 사용하게 된다.

기후학적 예보(climatological forecast, 氣候學的豫報) 현재의 기상상태를 역학적으로 적용하기보다는 한 지역에 대한 기후학적 통곗값들을 기반으로 하는 예보.
기후학적 예보는 기상과 기후예보의 성능을 평가하는 기준으로도 사용한다.

김안개(steam fog) 수증기가 증발하고 있는 표면에 비해 공기가 차가울 때 형성되는 안개.

ㄱ

보통 역전층을 동반한 차가운 공기가 따뜻한 수면 위로 유입될 때 나타나며, 물표면의 가열에 의해 지표면 부근의 공기는 불안정해지므로 산발적이고 얕게 발생하는 경우가 많다.

깁스 함수(Gibbs function, -函數) 상태에 대한 열역학 함수의 수학적 정의.
가역적 등압-등온 과정에 대하여 상수값을 갖는다. 기상학에서는 물의 상변화가 이에 해당하는 가장 중요한 과정이다. 깁스 함수 g는 $g=h-T_s$로 정의되며, 여기서 h는 비엔탈피(specific enthalpy), T는 캘빈 온도, s는 비엔트로피(specific entropy)를 나타낸다.

깃발구름(banner cloud) 고립되고 뾰족한 흔히 피라미드 모양의 산정상으로부터 풍하 측으로 연장되어, 심지어 구름이 없는 날들에도 흔히 관측되는 깃털모양의 구름.
구름깃발이라고도 부른다. 마테호른과 에베레스트 산은 깃발구름들이 자주 관측되는 유명한 봉우리들이다. 이와 같은 구름의 형성 물리가 완전하게 이해된 것은 아니다. 봉우리 주위 흐름의 공기역학은 산정상의 풍하 측에 흐름의 분리 및 역학적으로 유도되는 기압 하강을 산출한다. 풍하 측에 대한 기압 부족의 크기는 고도에 따라 증가하여 산정상 근처에서 최대가 되어 경사 위로 향하는 기압경도와 그 산의 풍하 측 경사를 따라 경사 위로 향하는 흐름을 산출한다. 산의 바닥 근처의 공기가 충분히 습한 때 그것은 경사 위로 향하는 흐름 안에서 상승하고 응결하여, 그 봉우리의 풍하 측에 삼각형 모양의 구름, 곧 깃발구름을 형성한다. 이와 같은 유별난 모습과 위치 때문에 이 구름은 봉우리에서의 눈 날림과 크게 유사하여 때로는 그 차이를 구별하기가 어렵다.

꼬리구름(virga) 구름에서 떨어져 나온 물과 얼음입자들이 강수가 되어 낙하하나 지표에 닿기 전에 증발하면서 보이는 구름 줄기.
주로 고적운이나 고층운을 따라서 보이며, 높은 고도의 적운형 구름의 경우 구름 하부에서 운저 아래의 건조한 층으로 강수현상이 있는 경우 볼 수 있다. 꼬리구름은 전형적으로 시작 부분에서는 거의 수직으로 떨어져 끝부분에서는 거의 수평 형태로 나타나 갈고리 형태의 모습을 보인다. 이러한 꼬리구름의 곡선 형태는 강한 연직바람 시어에 의해 생길 수도 있지만, 보통 꼬리구름의 끝부분에서 물방울이나 얼음입자가 증발하면서 낙하종속도(terminal fall velocity)가 줄어들어 생성된다. 일부 조건에서는 증발에 의해 형성되는 건조 마이크로버스트와 관련이 있다.

끌개(attractor) 평형에서 벗어난 작은 변이가 주어질 때 변이의 크기를 점차 연속적으로 줄여 나가는 안정된 평형상태.
끌개는 좌표계 안에서 단일점으로 나타나는 것이 보통이나 한계순환에서와 같이 일정한 범위 내에 놓이는 무한히 많은 점의 집합으로 표현될 수도 있다. 끌개의 흥미로운 점은 어느 상태에서 매우 작은 변화가 그 계의 다음 상태를 전혀 예측할 수 없는 아주 다른 상태로의 변화를 초래할 수 있는 그런 끌개가 있다는 점이다. 기상학 분야에서 잘 알려진 이러한 끌개는 1963년 로렌츠가 발견한 것으로, 아래로부터 가열되고 있는 평평한 층 내에서의 공기운동을 묘사하는 단순화된 방정식계에 대한 풀이과정에서 나온 것이다.

끓는점(boiling point, -點) 액체와 그 액체 외부환경의 수증기 사이에 증기압이 평형을 이루어 액체에 대한 외부압력이 수증기압과 같을 때의 온도.
물리학적으로 액체 내에서 초기에 형성된 공기방울이 터지지 않고 성장할 수 있을 만큼 온도가 올라갈 때까지 액체 안에서 끓음(또는 비등)은 일어나지 않는다. 공기방울이 성장하려면 내부 증기압이 공기방울 표면에 가해지는 유체의 정압을 초과하여야 한다. 개방되어 있는 아주 얕은 용기에서 가열되는 액체의 경우, 유체의 정압은 본질적으로 외부 대기압과 같으므로, 비등은 평형증기압이 대기압과 같아질 때 시작된다. 이물질로부터 완벽히 차단되어 있고, 완벽하게 매끄러운 벽으로 둘러싸인 용기 속에 있는 액체의 경우, 위에서 말한 조건에서도 비등이 시작되지 않는다. 그 이유는 그 과정을 초기화하는 데 사용되는 '핵' 내부에서는 유사하게 비등이 시작되지 않고 응축이 일어나기 때문이다. 아주 순수한 표본 액체에 끓는점 이상으로까지 가열했을 경우, 그 액체는 과열되었다고 하며, 그 상태는 증기가 핵이 없는 환경에서도 존재할 수 있는 과포화 상태와 유사하다. 고도가 높아지면서 기압은 감소하기 때문에, 물의 끓는점도 고도가 1km 상승할 때마다 섭씨 3.0~3.5℃가량 감소한다. 끓는점은 용액의 융해에 대한 총괄적 특성으로서 비융해물질이 증가할수록 끓는점도 높아진다. 표준압력 상태에서 순수한 물의 끓는점은 100℃(212°F)로서, 이것은 물과 얼음 그리고 소금을 섞어 얻을 수 있는 가장 낮은 온도를 수은온도계에서 0℃로 정하였다. 이는 온도계 보정을 위한 기준점이 된다.

ㄴ

대기과학용어사전

나머지층(residual layer, -層) 대기경계층 내에서 약하고 산발적인 난류현상이 그 특성을 형성하게 하며, 대기의 잠재온도와 전날 혼합층에 남아 있는 오염물질의 일정한 혼합이 원인이 되어 발생한 야간의 대기경계층의 중간 영역.
잔류층이라고도 한다. 아래에는 복사냉각이 발생하는 지면과 접한 야간경계층이 존재하고, 위에는 자유대기의 공기와 경계층의 공기를 분리하는 역전층이 존재한다. 지표와 직접 닿아 있지 않으므로, 엄격하게 정의하면 경계층은 아니다.

나뭇가지모양 결정(dendritic crystal, -結晶) 나뭇가지모양의 구조로 짜인 얼음결정.
육각형 구조를 가지며 영하 15℃ 내외에서 수증기가 응축하면서 이루어지는 결정으로 눈 결정이나 창문에 발달하는 서리 결정의 형성과 유사하다.

나비에-스토크스 방정식(Navier-Stokes equation, -方程式) 점성유체에 대해 다음과 같이 주어지는 운동방정식.

$$\frac{d\boldsymbol{V}}{dt} = -\frac{1}{\rho}\nabla p + \boldsymbol{F} + \nu\nabla^2\boldsymbol{V} + \frac{1}{3}\nu\nabla(\nabla \cdot \boldsymbol{V})$$

여기서 t는 시간, $\boldsymbol{V}$는 유체의 속도, p는 압력, ρ는 유체의 밀도, $\boldsymbol{F}$는 유체에 작용하는 총 외력, 그리고 ν는 동점성계수이다. 점성의 효과는 열전도에서 온도 그리고 단순한 확산에서 밀도와 유사한 역할을 한다. 나비에-스토크스 방정식의 해는 다만 제한된 특별한 경우에 얻어진다. 대기운동에서 분자점성의 효과는 통상적으로 난류과정의 효과보다 덜 중요시한다. 그리고 나비에-스토크스 방정식은 직접 적용은 거의 이루어지고 있지 않고 있다. 맴돌이 점성에 대한 개념을 이용하면 어떤 문제에서는 이 한계가 극복된다. 나비에-스토크스 방정식들은 유체의 응력 텐서와 관련된 어떤 단순화한 가정을 기초로 유도된다. 일차원의 경우 이 방정식들은 뉴턴 마찰법칙이라는 가정을 나타낸다. 비압축성 유체의 경우 $\nabla \cdot \boldsymbol{V}=0$이 된다. 에크만 나선(Ekman spiral)을 참조하라.

나이퀴스트 주파수(Nyquist frequncy, -周波數) 시계열 관측자료에서 추출 또는 분석 가능한 최대 진동수.
관측시간 간격이 Δt인 경우 나이퀴스트 주파수(f_N)는 $f_N = \frac{1}{2\Delta t}$로 주어진다. 어떤 신호의 표본수집주기가 2Hz(즉, $\Delta t = 0.5s$)인 경우, 관측점을 연결하면 원래의 주기적인 신호를 얻을 수 있다. 또한 $\Delta t < 0.5s$인 경우에도 이 신호는 정확하게 포착된다. 그러나 $\Delta t > 0.5s$인 경우, 예를 들면 $\Delta t = 1.5s$인 경우, 즉 표집진동수가 2/3Hz인 경우에는 관측이 0, 1.5, 3초에서 이루어져 이 점을 연결하면 주기가 3초인 진동이 되어 원래 주기가 1초인 신호가 포착되지 않으며 이것을 위신호(aliasing)라고 한다.

낙진풍(fallout wind, 落塵風) 대기 중에서 실시한 핵폭탄 실험에서 나오는 방사능물질과 낙진을 포함하여 이를 이동시키는 대류권 내의 바람.
상하층바람 관측으로부터 나타나며 상층대기와 지상에 낙진된 방사능물질을 이동시킨다.

낙하 존데 관측(dropsonde observation, 落下-觀測) 강하하는 낙하 존데로부터 수신되는 기상자료의 평가.
낙하 존데는 항공기에서 떨어뜨리는 작은 소모성 장비꾸러미이다. 이 낙하 존데는 강하하면서 측정한 기압, 기온, 상대습도 자료를 항공기로 무선 송신한다. 또한 라디오 항법기술, 즉 위치정보 시스템을 이용하여 낙하 존데의 위치를 추적함으로써 풍속과 풍향 자료를 얻는다. 처리된 자료는 보통 유의 기압고도에 대한 고도, 기온, 이슬점 및 풍향풍속으로 표시된다. 낙하 존데 관측은 레윈존데 관측과 유사하다. 낙하 존데의 자료는 측기를 떨어뜨린 항공기에서 수신하고 처리되는 것이 보통이다.

낙하종속도(terminal fall velocity, 落下終速度) 어떤 낙하하는 물체가 특정한 물리적 성질을 갖는 매질을 통과할 때, 물체에 작용하는 부력과 매질의 항력의 합이 물체에 작용하는 중력과 같게 되는 순간 물체가 갖는 속도.
낙하종속도는 물체가 다른 물리적 성질을 갖는 매질로 진입하지 않는 한 일정하게 유지된다. 대기 중에서는 대기층 간의 물리적 성질이 점진적으로 변화하므로, 빗방울과 같이 높은 고도에서 떨어지는 물체의 낙하속도도 조금씩 변하여, 이러한 과정이 끝난 이후에 낙하종속도를 유지하는 것처럼 보인다. 정체된 공기에서 지름이 80㎛보다 작은 물방울의 낙하종속도는 스토크스 법칙으로 계산할 수 있고, 그보다 큰 물방울의 경우 경험적인 값들을 사용한다.

난기풀(warm pool, 暖氣-) 1. 주위에 차가운 공기로 둘러 쌓여 있는 상대적으로 따뜻한 공기지역.
2. 분리 공기압이 형성될 때 고위도 지역에서 따뜻한 공기가 고립되어 수직으로 확장되는 공기덩이.
필리핀 동쪽 해상에 위치한 연평균 해수면온도가 약 26~27℃ 이상을 유지하는 따뜻한 해수면 영역이며, 이곳은 대류가 활발하여 열대저기압이 자주 발생하는 해역이다.

난류(turbulence, 亂流) 유체의 운동에서 매우 불규칙하며 무작위 변동을 보이는 운동.
운동의 각각의 성분이 예측할 수 없을 정도이나 통계적인 특성은 지니고 있다. 보통 유체역학에서 레이놀즈 수가 어떤 임곗값을 넘으면 유체가 시공간적으로 매우 불규칙한 변동을 나타내어 이를 난류라고 하며, 3차원적인 입체 구조, 비선형, 와도, 확산 등의 특징을 갖는다. 난류층에서는 유체요소가 활발하게 혼합되며 운동량, 열, 수분 등의 확산과 수송이 층류에서 보다 탁월하다.

난류(warm current, 暖流) 열대 또는 아열대에서 발원하여 적도에서 극 방향으로 향하는 해류.
유역 밖의 해수보다 고온 · 고염분이지만, 산소가 적어서 일반적으로 생산력이 낮다. 저위도의 따뜻한 물을 고위도로 운반하는 역할을 한다. 태평양의 쿠로시오 해류나 대서양의 멕시코 만류가 대표적이다. 한류를 참조하라.

난류길이규모(turbulence length scales, 亂流-規模) 난류에서 맴돌이 규모의 크기를 나타내는 척도.
최대, 최소 크기의 구분은 레이놀즈 수에 의해 결정된다. 최대길이규모는 보통 경계층 깊이와 같은 기하 흐름에 제한된다. 난류운동 에너지가 최대규모의 평균류에서 발생하기 때문에 난류길이규모는 종종 에너지 함유 범위라고 한다. 최소규모는 점성과 최대규모 맴돌이에 의한 에너지 공급률에 의해 결정된다. 최대규모와 최소규모 사이의 중간규모를 관성아구간규모라고 하는데, 이 규모에서 난류운동 에너지의 생성과 소멸은 없지만 큰 규모에서 작은 규모로 에너지를 전달하기만 한다. 작은규모의 맴돌이는 소용돌이늘림의 비선형적인 과정을 통해 큰규모의 맴돌이로부터 생성된다. 일반적으로 에너지는 최대맴돌이에서 최소맴돌이로 전달되며, 그 시간규모는 큰 에디 하나의 반전시간 정도이다. 맴돌이 크기규모에 따른 각각의 표준난류길이규모가 있는데, 에너지 함유 맴돌이는 적분길이규모, 관성아구간 맴돌이는 테일러 미규모, 소산영역 맴돌이는 **콜모고로프 미규모**(Kolmogorov microscale)가 표준난류길이규모이다.

난류속(turbulent flux, 亂流束) 준 무작위 맴돌이에 의하여 이동되는 유체의 흐름.
난류 플럭스라고도 한다. 속도성분과 임의변수 사이의 공분산으로서 온위와 속도수직성분의 시계열 값은 난류의 수직 동역학적 열속, F_H를 밝히는 데 이용될 수 있다.

$$F_H = \frac{1}{N}\sum_{i=1}^{N}(w_i - \overline{w})(\theta_i - \overline{\theta}) = \frac{1}{N}\sum_{i=1}^{N} w_i'\theta_i' = \overline{w'\theta'}$$

여기서 N은 시간에 따른 자료의 수, t는 측정시각, w'과 θ'은 풍속과 온위의 수직성분의 평균값에 대한 편차이다. $\overline{w}$와 $\overline{\theta}$는 풍속의 수직성분과 온위의 시간 t에 대한 평균값이다. 이와 같이 대기경계층에서 물리량, ψ는 일반적으로 평균치, $\overline{\psi}$와 변동, $\psi'(t)$의 합, 즉 $\psi = \overline{\psi} + \psi'$과 같이 나타낼 수 있다. 대기의 밀도를 ρ, 연직속도를 w라고 하면 ρw는 연직방향의 질량속을 나타낸다. 그리고 질량과 함께 연직으로 이동하는 물리량의 플럭스는 $F_z(\psi) = \rho\psi w$로 주어진다. 여기서 $w = w'$으로 고려하고 시간평균을 하면, ψ의 연직난류속은 $J_{z\psi} = \overline{\rho w'\psi'}$으로 주어진다. $J_{z\psi}$에서

$\psi' = u'$이면 연직운동량 플럭스, 그리고 $\psi' = q'$이 비습이면 수분 플럭스를 나타낸다.

난류운동 에너지(turbulence kinetic energy; TKE, 亂流運動-)　난류에서 맴돌이와 관련된 단위질량에 대한 평균 에너지.
물리적으로 난류운동 에너지는 시어, 마찰, 부력 등에 의해서 생성된다. 난류운동 에너지는 에너지 다단과정(cascade)에 의해 이동하며 콜모고로프 규모(Kolmogorov scale)에서 점성에 의해 소모된다. 유체에서 난류운동 에너지의 시간 변화율은 $d(TKE)/dt = S + B - D + T_r$로 주어진다. 여기서 $TKE = (\overline{u'^2} + \overline{v'^2} + \overline{w'^2})/2$이며, u', v' 그리고 w'은 유체속도의 3성분의 평균에 대한 변동을 나타낸다. 그리고 S와 B는 각각 시어와 부력에 의한 난류에 에너지 생성, D는 점성에 의한 난류 에너지 소모 그리고 T_r 은 난류 에너지가 유체의 한곳에서 다른 곳으로 이동하는 것을 의미한다.

난류혼합(turbulence mixing, 暖流混合)　난류 작용에 의하여 물리량이 평균화되는 현상.
연직혼합과 수평혼합으로 구분할 수 있다. 안정도에 의하여 크게 좌우되며 레이놀즈 수가 큰 경우에 발생한다. 해양은 수직적으로 안정적인 층을 유지하고 있기 때문에 연직혼합이 잘 이루어지지 않고 수평혼합에 비하여 그 값이 매우 적다.

난방도일(heat degree-day, 煖房度日)　일평균기온이 기준이 되는 온도 이하인 날들의 일평균기온과 기준온도 간의 차이를 월간 혹은 연간으로 누적하여 나타내는 값.
난방에 필요한 에너지 비용을 산출하는 데에 이용된다. 여기서 기준온도는 민족, 연령, 목적, 시설, 사회 경제적 여건에 따라 다르게 결정되며 우리나라의 현재 일평균기온의 기준온도는 18℃이다.

난층운(nimbostratus, 亂層雲)　회색 그리고 종종 어두운 색을 띠며 다소 지속적인 산만하면서 다양한 비, 눈, 진눈깨비 등을 내리지만 번개, 천둥, 우박을 동반하지 않는 주요한 구름 유형.
대부분 강수는 지면에 닿지만 그렇지 않은 경우도 있다. 난층운은 부유하는 수적, 약간의 과냉각 수적, 낙하하는 수적과 혹은 눈 결정체, 눈송이로 이루어져 있다. 난층운은 수평과 수직 규모가 크다. 이 구름의 큰 밀도와 두께(보통~1km) 때문에 태양을 볼 수 없다. 더욱이 구름 하부에 작은 물방울이 없으면, 난층운은 내부에서는 희미하면서 균일한 빛을 띤다. 난층운은 뚜렷한 아랫부분이 없으며 오히려 시정의 감쇠가 일어나는 깊은 구역이 존재한다. 종종 구름의 기저로 오인할 수 있는 고도가 눈입자가 빗방울로 바뀌는 고도에서 나타난다. 일반적으로 고층운이 태양을 완전히 분간할 수 없을 정도로 두꺼워지면서 난층운이 발생한다(Ns altostratomutatus). 이 시점은 통상적으로 그리고 상대적으로 지속성 강수의 시작과 일치한다. 드물게 층적운 또는 고적운과 같은 형태에서 발달하기도 한다(Ns stratocumulomutatus 또는 Ns altocumulomutatus). 난층운은 적란운이나 봉우리 적운이 강수를 내릴 때 이 구름들이 퍼져나가면서 형성된다(Ns cumulonimbogenitus 또는 Ns cumullgeneiuts). 정의에 의하면 난층운은 항상 상호보완적인 형태로 강수구름이나 미류운을 동반한다. 부속구름, 토막구름 또한 난층운의 보편적인 형태이다. 처음에 토막구름은 독립된 단위로 구성되어 있으나 나중에는 합쳐져 연속적인 층을 이루며, 위로 확장하여 난층운이 된다. 난층운을 확인하는 데 있어서 두터운 고층운, 층운 또는 층적운과 매우 혼동하기 쉽다. 그러나 고층운은 색이 더 밝으며, 구름 아래가 덜 균일하며 태양을 완전히 가리지 않는다. 구름에서 강수가 지상에 도달하는 구름을 난층운이라고 하는 좀 더 의심스러운 경우도 있다. 층운도 강수가 있을 수 있으나 그 강수입자가 작다. 층적운은 구름의 기저 한계가 뚜렷하며 뚜렷한 기복을 보인다.

날린 물보라(blowing spray) 바람에 의해 원래의 물덩어리에서 분리된 물방울의 집단. 일반적으로 파도의 물마루에서 형성되며, 양적인 면에서 충분할 때 대기 중으로 날리면서 수평 시정거리를 11km(약 7마일) 이하로 감소시킨다. 지상항공관측 시스템에서는 시정장애 요소로서 BY로 표기되며, METAR 또는 SPECI 관측 시스템에서는 BLPY로 표기된다.

날씨예보(weather forecast, -豫報) 강수, 구름 발생, 바람, 기온으로 표시되는 미래 대기상태를 파악하고 이를 국민의 생활, 안전, 산업활동, 여가 선용 등에 활용할 수 있게 알리는 일. 이러한 업무는 주로 국가 공공기관이나 사설기관이 법적 권한의 형태로 행한다. 현재로서는 공식적인 한국의 날씨예보권은 기상청이 보유하고 있다. 최근 날씨예보를 위한 필수적인 도구로 수치예보모형을 사용하는 경우가 일반적이다. 이러한 수치예보모형은 대기유체의 운동을 수학적인 방정식으로 표현하여 날씨를 예측할 수 있게 한다.

남극고기압(antarctic anticyclone, 南極高氣壓) 그린란드 고기압과 유사한 남극대륙에 놓여있는 빙하 고기압.
과거에는 관측적 증거가 불충분하였으나 국제지구관측년(International Geophysical Year, IGY)에 의하여 상당히 밝혀졌다. IGY에 의한 관측이 이루어지기 전까지 남극고기압에 대해서는 복사냉각에 의해 설빙면을 덮는 매우 얇은 것, 몇 개의 셀(cell)로 나누어진 것, 대륙 주위에만 존재하는 것 등 여러 가지 설이 있었다. 기온의 접지역전과 지형의 경사에 따라 발생하는 수평방향의 기압경도에 의한 소위 중력풍의 개념이 도입되면서, 남극고기압의 개념은 그다지 사용되지 않고 있다. 한편 탈야드(H. Taljaad)는 연안의 상층풍이 600hPa 정도까지 1년을 통해 동남극에서는 동풍이 탁월하고, 서남극에서는 서풍이 탁월하다는 사실에서 적어도 동남극의 연안 내륙부는 600hPa 고도까지는 고기압이며, 서남극에서는 저기압부라는 사실을 확인하였다.

남극대(antarctic zone, 南極帶) 남극권 안의 지대로서 남위 66° 33´과 남극점 사이의 지역. 남극전선과 대륙수 경계(continental water boundary : 남극환류와 편서풍이 있는 남극해안 부근 사이의 좁은 경계지역) 사이의 지역.

지리학적으로 남극권(남위 66° 33´)과 남극점 사이의 지역을 지칭한다. 기후학적으로는 남위 60° 정도의 한계 지역으로, 극 쪽으로 향하는 편서풍이 동풍 혹은 다른 바람으로 바뀐다. 대부분의 이 지역들은 여름에도 기온이 0℃를 넘지 않는다.

남극순환해류(antarctic circumpolar current, 南極循環海流) 서풍해류로 알려져 있으며, 남극을 순환하며 표면에서 해저까지 광범위하게 동쪽으로 향하는 해류.
이 해류 수송은 130스베드럽이나 되는 가장 강한 해류이며, 속도는 $0.1ms^{-1}$ 정도이다. 수송의 75%는 면적으로는 20%에 해당하는 극과 아극 전선대에서 발생한다. 이 해류는 해저지형에 영향을 받으며 일반적으로 서쪽으로의 진로에서 편향이 일어나 지역적으로 소용돌이를 형성하기도 한다. 남극대륙 주변을 서에서 동으로 흐르는 해류이다.

남극 오존 구멍(antarctic ozone hole, 南極-) 1980년대 중반에 발견된 남극에서 겨울과 봄철에 성층권 하부에 일어나는 오존량의 감소현상.
극 성층권 구름에서의 비균질 화학작용과 간헐적인 태양빛의 조명현상으로 남극 성층권 하부에 일어나는 오존의 전체 혹은 많은 양이 광화학적으로 파괴되는 현상이다. 염소나 브롬 같은 할로겐 원소들이 상당히 견고한 분자들을 비균질 반응을 통하여 쉽게 광분해하여 원자나 일산화물 할로겐을 만들어 내고 결국 이들이 오존을 화학적으로 파괴하게 된다. 주로 염화불화탄소(CFCs)나 다른 할로겐 화합물과 질소 산화물과의 광화학반응으로 오존이 산소분자로 변환됨으로써 기존의 오존층이 엷어지고 주로 극지방에서 심하게 오존층이 얇아져 구멍 형태로 그 현상이 나타난다.

남극 중층수(antarctic intermediate water, 南極中層水) 남극지방에 수심 약 700m에서 1,200m 사이 부근에 존재하는 해수로 염분도가 가장 낮고 높은 산소량을 보이는 이동속도가 매우 느린 해수.
칠레의 동쪽과 그레이트 오스트레일리아만의 남쪽 심층수 대류 사이 및 남극 극전선을 따라 다양한 위치에서 형성된다. 남극 중층수는 지구대기의 에크만 수송과 수밀도의 발산과 수렴현상으로 인해 이동하고, 남극 수렴선 부근에서 침강하여 대양 중층을 따라 적도 해역의 중층까지 퍼진다.

남방진동(southern oscillation, 南方振動) 동태평양과 서태평양의 해수면 기압 크기가 서로 번갈아 진동하는 현상.
남반진동은 1924년 잉글랜드 기상학자인 길버트 워커(Gilbert Walker, 1868~1958)에 의해 발견되었으며, 연구가 진행되면서 대기-해양 상호작용에서 나타나는 엔소(El Niño와 Southern Oscillation, ENSO)의 대기 성분임이 밝혀졌다. 남방진동의 기압 패턴은 서태평양에 고기압 편차, 동태평양에 저기압 편차가 위치하고 있다. 시간이 진행되면서 서태평양에 저기압 편차, 동태평양에 고기압 편차로 바뀌게 된다. 이후 다시 반대의 분포로 변하는 등의 진동을 하며, 주기는 약 2~6년이다. 남반진동의 강도는 남방진동지수(Southern Oscillation Index, SOI)를 통해 알 수 있는데, SOI는 남태평양의 섬 타히티와 오스트레일리아의 다윈(Darwin)의 기압차이로 계산한다.

남북지수(meridional index, 南北指數) 자오면 방향의 대기운동 성분을 각 위도대에서 부호 없이 평균한 값.
더 나아가 5일 기간의 값을 평균을 할 때 남북지수는 북반구 중위도 대류권의 저층 중층에서 5~20노트 정도의 값을 가진다. 동서지수(zonal index)를 참조하라.

남적도반류(South Equatorial Countercurrent, 南赤道反流) 대서양과 태평양에서 발생하며 남반구 무역풍의 바람응력이 최소가 되어 8°S 근처 남적도류(south equatorial current)에 묻힌 동쪽 방향 흐름의 띠.
태평양의 남적도반류는 아시아-오스트레일리아 몬순에 의해 조정되며 북서 몬순 기간(12~4월) 동안 $0.3ms^{-1}$의 속력으로 가장 강하지만, 나머지 기간 동안과 동태평양에서는 거의 나타나지 않는다. 대서양의 남적도반류는 약하고 흐름의 띠가 좁고 변화하는 데 가장 강한 속력은 해수면 아래 100m 근처에서 약 $0.1ms^{-1}$ 정도이다.

남적도해류(South Equatorial Current, 南赤道海流) 남반구 아열대 북쪽지역에서 형성되는 무역풍에 의해 광범위하게 나타나는 서쪽 방향의 일정한 해류.
직접적으로 바람을 유도하는 남적도해류(SEC)는 바람장에 의해 즉각적이고 다양하게 반응하므로 남반구의 겨울(8월)에 가장 강해진다. 남적도해류는 대서양에서 0.1~0.3m/s의 속도로 흐르며 3°N~25°S 사이에서 발견된다. 태평양에서도 같은 위도대를 흐르지만 유속이 0.6m/s에 달하며, 8월에는 27 Sv($27 \times 10^6 m^3/s$)를 수송시키지만 2월에는 7 Sv로 감소한다. 인도양에서는 북동계절풍(12~4월) 기간 동안 위도 8~30°S 사이에서 나타나며, 한 해 동안 0.3m/s에 가까운 속도로 북향하여 남서 계절풍 기간 동안인 9월에는 6°S까지 확장된다.

남태평양 수렴대(South Pacific convergence zone; SPCZ, 南太平洋收斂帶) 남태평양에서 나타나는 하층 수렴대로서 서태평양(적도 140°E)의 온난역(warm pool)에서 30°S, 120°W에

이르기까지 뻗어 있는 수렴대.
이 수렴대를 따라서 구름대와 강수대가 함께 나타나며, 간단히 SPCZ라 한다.

낮은 지수(low index, -指數) 중위도에 나타나는 비교적 낮은 동서지수.
기류가 상대적으로 약한 편서풍 성분을 가질 때를 가리킨다(보통 강한 남북운동에 적용). 이러한 형태의 순환모양을 저기압 지수상태라고 한다. 저기압지수(低氣壓指數)라고도 한다.

내리바람(fall wind) 온도가 낮고 밀도가 커서 활강운동에서 가속되는 바람.
내리바람은 개개의 경사 규모보다 큰 규모의 현상으로서, 산맥의 경사나 상공에 누적된 찬공기가 흘러내리면서 형성된다. 때로는 평원이나 고지대에 찬공기가 쌓이거나, 또는 한랭전선 후방에서 광범위하게 한랭기단의 한 부분으로 산맥에 다가온다. 내리바람은 댐을 넘쳐흐르는 물과 비슷한 수력 특성을 나타낸다. 특히 노르웨이의 해안이나 어느 정도 먼 섬에서 강한 동풍이 나타날 때 내리바람이 잘 발달한다. 이때 이것들은 해안을 따라 좁으면서도 길게 좋은 날씨 띠를 형성한다. 내리바람은 또한 에게해(Aegean Sea)의 북안에서도 잘 나타난다. 이곳 그리스의 Hagion Oros 반도의 남쪽 끝에 아토스산이 솟아 있어서 바다로 급격한 경사를 이루고 있는데, 이곳에서 한랭한 북동풍인 큰 규모의 아토스(Athos) 내리바람으로 내려온다. 때로는 이 바람이 풍력계급 8로서, 바다 쪽으로 수 킬로미터를 불어나간다. 페루의 해안에서는, 해풍의 시작 이후 가끔 고지대로부터 불어내리는 갑작스러운 강한 돌풍으로 내리바람이 분다. 브라질의 리우데자네이루에서는 북서쪽으로부터 하강하는 스콜을 테레알토소(terre altos)라고 한다. 남극내리바람은 내륙 얼음벌판으로부터 나오는 격렬한 내리바람으로서 눈보라가 형성된다. 기타 내리바람의 예로는 미스트랄(mistral), 파파가요(papagayo), 바다르(vardar) 등이 있다. 연구자에 따라서는 한랭공기의 흐름이 아니더라도, 큰 중규모 과정과 종관규모(즉, 개개의 경사 규모보다 큰 규모)의 과정에 의해 발생하는 활강바람도 내리바람이라 한다. 비표준 용어에서는 푄(foehn)과 치누크(chinook)도 내리바람으로 간주된다.

내부경계층(internal boundary layer; IBL, 內部境界層) 지표로 밑에서 한정되고 어떤 대기 성질의 다소 간의 예리한 불연속으로 위에서 한정되는 대기층.
내부경계층들은 지표의 어떤 성질(예 : 공기역학적 거칠기 길이 또는 지표열 속 등)의 불연속을 건너뛰며 일어나는 공기의 수평 이류와 관련되어 있으며, 그 안에서 대기가 새로운 지표 성질들에 대하여 스스로 조절하고 있는 그런 층들로서 간주될 수 있다.

내부 에너지(internal energy, 內部-) 어떤 계의 집합적 운동의 운동 에너지와 그 계에 미치는 외력들로부터 일어나는 잠재 에너지를 제외하고 남은 그 계의 에너지.
분자들의 계의 내부 에너지는 그들의 병진적 운동 에너지들, 그들의 진동적(운동 및 잠재) 및 회전적 (운동) 에너지들, 그리고 분자들 사이에 작용하는 힘들로부터 일어나는 잠재 에너지 전량의 합이다. 이상기체는 그 분자 간 잠재 에너지가 영인 기체로 정의된다. 그런 기체의 내부 에너지는 그것의 온도에만 의존한다.

내부중력파(internal gravity wave, 內部重力波) 부력의 영향 아래서 밀도의 차이로 층리된 유체 안에서 전파하는 파.
내부파, 중력파라고도 한다. 그 분산방정식은 $\omega = \pm(Nk_h)/|\boldsymbol{k}|$ 로 주어진다. 여기서 ω는 진동수, N은 부력진동수, 그리고 k_h 는 파수 벡터 $\boldsymbol{k}$의 수평 성분이다. 모든 파수들에 대해 내부중력파들은 N보다 더 작은 진동수를 가진다. 그들의 군속도는, 그것의 연직성분이 위상속도의 연직성분과 반대 부호를 가지도록, 위상속도에 직교한다.

내부파(internal wave, 內部波) 유체운동의 하나의 파로서 그 최대 진폭을 유체 안이나 한 내부적 경계(경계면)에서 갖는 파.
내부와 외부파들의 개념들은 비압축성 균질 유체들 안의 중력파들의 연구에서 생겨났다. 그 유체의 정지 안정도가 한 자유 곡면에 집중되어 있는가 아니면 한 (내부) 경계면에 집중되어 있는가는 그 파의 역학에 아무 차이도 주지 않는다. 하지만 연속적으로 변하는 밀도를 가진 유체 안에서 내부중력파는 최대 진폭들과 마디 면들을 그 유체 자체 내부에 가지며, 그래서 이들은 외부파들과 적절히 분별된다.

내삽(interpolation, 內插) 종속변수의 알려진 이산적인 값들로부터 알지 못하는 중간값들을 추정하는 방법.
일차원에서 다항식들이나 다른 함수들을 그 알려진 점들에 맞추는 다양한 방법이 동원될 수 있는데, 그 사용되는 기술의 정교함은 무엇보다도 그 알려진 값들의 수와 정확도에 의존한다. 한 일기도의 분석은 이차원에서의 한 내삽이며 평활이다.

냉각거울습도계(chilled-mirror hygrometer, 冷却-濕度計) 수증기가 응결될 때까지 거울을 영하 온도로 냉각시켜(얼려) 이슬점온도를 측정하는 측기.
거울에 반사되는 빛을 측정하고 그 빛이 분산되어 반사광이 변하는 시점을 기록함으로써 응결 시작점을 측정한다. 거울은 다양한 방법으로 냉각 및 가열할 수 있어, 열전기적 방법이 그중에 하나이다. 전기회로는 끊임없이 빛의 반사를 감지하여 습도가 변화하는 중에도 거울의 온도가 이슬점을 유지하도록 조절한다. 본 장치는 대부분의 경우 절대적으로 정확도와 정밀도가 높다. 그러나 반응속도는 다소 늦다.

냉각단위(chill(ing) unit, 冷却單位) 온대 과실나무가 휴면에서 벗어나 꽃이나 잎이 정상적으로 발육하기 위해서는 일정 온도 이하의 저온에서 일정 기간 이상 경과되어야 하는데, 이와 같은 식물의 휴면요구도의 충족 정도를 기온으로 계산한 일종의 지수.
냉각단위는 시간단위로 계산되며 일정 기간 누적한다. 1℃ 이하에서 1시간 경과한 경우는 냉각단위는 0이며, 7℃ 부근에서 1시간 경과한 경우는 냉각단위 1이고 14℃ 부근에서 1시간 경과한 경우는 다시 냉각단위 0으로 저하되고 21℃에서 1시간 경과한 경우는 냉각단위 −1로 저하한다. 봄철에 정상적인 생장을 재개하는 데 필요한 최소한의 누적 냉각단위는 식물종과 품종에 따라서 다르다.

냉각률(cooling power, 冷却率) 인간생기후학의 연구에서, 인체에 대한 대기의 냉각효과를 측정하기 위해 고안한 몇 가지 매개변수 중 하나.
본질적으로 냉각률은 계의 등온(대체로 섭씨 34℃)을 유지하기 위해 임의의 장치를 필요로 하여 가해진 열의 양으로 결정한다. 전체 계는 가능하면 물체의 외부 열교환 메커니즘에 가깝게 대응될 수 있도록 고안되어야 한다. 이 원칙을 적용하는 데 사용되는 도구들에는 카타 온도계, 프리고리미터(냉각력 측정계) 그리고 냉각계 등이 있다.

냉각시간(chill(ing) hour, 冷却時間) 과실나무가 휴면에서 벗어나 꽃이나 잎이 정상적으로 발육하기 위해서는 일정 온도 이하의 저온에서 일정 기간 이상 경과되어야 하는데, 일정 온도 이하로 내려간 총시간.
냉각단위와 같은 의미로 사용한다. 냉각시간 계산에 이용하는 기준온도는 식물종에 따라 다르다. 예를 들어, 복숭아의 경우는 기준온도를 7℃를 기준으로 하여 그 이하로 내려가는 총시간을 계산하여 냉각시간으로 한다.

냉방도일(cooling degree day, 冷房度日) 냉방도일은 일평균기온이 냉방도일의 기준온도인 24℃ 이상인 날에 대해서 기준온도와 일평균기온 간의 차이를 1년 기간 동안 합산한 값.
냉방도일의 계산식은, 일평균기온(t_o)이 기준온도(t_e)보다 높은 날에 대해서 $Dc=\sum(t_o-t_e)$로 계산된다. 냉방도일을 계산함에 있어서 필요한 기준온도는 국가에 따라서 다르게 사용되지만 대체적으로 24℃를 사용하는 경우가 많다.

너셀트 수(Nusselt number, -數) 유체에서 열전달 시에 나타나는 무차원의 수.
너셀트 수 Nu는 때로는 열전달 계수라고 하며 다음과 같이 주어진다.

$$Nu = \frac{HL}{kS\Delta T}$$

여기서 H는 유체 내부에 있는 물체에서 단위시간에 표면적(S)을 통해서 유체로 전달된 열, ΔT

는 물체와 유체의 특성 온도차, k는 열전도도, 그리고 L은 물체의 특성 길이이다. 물체의 특성량을 적절히 선택하면 순수한 전도 상황에서 전달될 수 있는 열에 대한 실제로 전달된 열의 비로 해석할 수 있다.

너울(swell) 바람이 부는 지역을 벗어나 바람이 약해지거나 그친 지역에서 더 이상 발달하지 않는 해파.

이때 파봉은 둥글어지고, 전체 파형은 비교적 규칙적으로 변해 가며, 파장은 점점 길어져 빠른 속도로 멀리까지 전파된다. 일반적으로 짧은 너울은 파장이 100m 이하이며 주기는 8초 이하이다. 중간 정도의 너울은 파장이 100~200m이고 주기는 8~11초이다. 긴 너울은 파장이 200m이고 주기는 11초를 넘는다. 태풍이 접근해 올 경우 일반적으로 태풍의 이동속도보다 빠른 너울이 해안에 먼저 도달된다. 우리나라 동해안에서는 파도가 잔잔한 날에 갑자기 멀리서 전파해 온 큰 너울이 해안에 도달하여 갯바위나 방파제에서 낚시하는 사람을 덮치기도 한다. 너울과는 달리 바람이 불고 있는 해역에서 갖가지 파고, 파장, 주기의 파들이 동시에 존재하여 파봉이 불규칙한 파도를 형성하며 계속 발달하는 해파를 풍랑이라고 한다.

네뷸(nebule) 사람의 눈이 느끼는 밝기를 기준으로 한 대기 불투명도를 나타내는 단위. 1네뷸은 투과율 T_n을 가진 영상막의 불투명도를 말한다.

$$T_n^{100} = 0.001$$

즉, 연속적으로 놓인 영상막 100개는 단지 입사광의 1,000의 1만 투과시킨다. 일반적으로 주어진 대기나 대기의 층이 1km당 특정 네뷸 값의 불투명도를 가진다고 말한다. 단위 km의 n 네뷸의 불투명를 가지는 대기를 통과하는 광학길이 r km에 대한 투과율 T는 $T = T_n^{nr}$로 주어지며, T_n은 위에서 정의한 바와 같다. 단위 km당 1네뷸의 불투명도는 단위 km당 0.069의 소산계수에 해당한다.

노부인의 여름(old wives' summer, 老夫人-) 중유럽의 9월 말경 밤은 차고 아침은 안개가 있으나 따뜻하고 맑은 날씨의 기간.

인디언 서머(Indian summer)와 비교되는 용어이다. 여름과 겨울 기압계 사이의 전이현상으로 설명한다. 여름 중유럽은 아조레스 고기압이 지배적인데, 이 고기압의 쐐기가 남서 독일로 확장한다. 겨울은 시베리아 고기압의 능선이 스위스를 건너 확장한다. 이 두 고기압이 발생하는 기간 사이 평균 9월 18~22일간 독일에 독립적인 고기압이 형성되는 기간이 나타난다. 이 고기압이 점점 동쪽으로 이동하면 노부인의 여름은 지연되며 서부 러시아에서는 10월까지 지속한다. 이 용어는 유난히 좋은 가을 날씨와 관련이 있는 'old wives' tales(미신)'가 널리 퍼져나가 유래된 것으로 추측한다.

노트(knot) 1. 항해 시스템에서 사용하는 속도 단위.
2. 시간당 하나의 해상 마일.
1노트는 시간당 1.1508 법정 마일(1.852km) 또는 초당 1.687ft(0.5144m)와 같다. 그 명칭은 당시 선미(船尾)에 삼각형의 널조각을 끈에 매달아 흘려보내면서 그 끈에 28ft(약 8.5m)마다 매듭(knot)을 짓고, 28초 동안 풀려나간 끈의 매듭을 세어 배의 속력을 측정하였던 데서 유래한다.

녹색섬광(green flash, 綠色閃光) 일출이나 일몰 때 태양의 상부 가장자리 또는 그 부근에 보이는 초록빛의 섬광.
녹색섬광은 하나의 신기루이다. 그러나 이 경우에 형성되는 영상은 땅에 있는 물체의 부분 영상이 아니라 태양의 부분 영상이다. 녹색섬광에는 신기루의 특성인 변위와 일그러짐 현상 외에 현저한 분산현상도 존재한다. 저고도 태양의 상부 가장자리는 보통 얇은 초록색 테두리를 갖고 있는데, 이 초록 테두리는 너무 좁아서 태양의 나머지 부분이 수평선으로 차단되지 않는 한 육안으로 보기 어렵다. 녹색섬광은 태양의 나머지 부분에 의한 불명화와 수평선에 의한 차단 사이에서 초록색 테두리가 일시적으로 나타난다고 흔히 주장하고 있다. 그러나 이 일련의 현상은 아주 희미한 섬광을 발생시킨다. 오히려 현저한 섬광은 항상 초록색 테두리의 다중 영상과 확대 영상을 포함하고 있는 것 같다. 태양의 작은 부분에 다중 영상이 나타나면 이것은 앞으로 나타날 섬광에 대한 좋은 예표이다. 다중 영상이 나타날 광학적 징후로서는 태양에 톱니모양의 모서리가 생긴다. 대기가 없을 때 저고도 태양의 위치로부터 대기가 있을 때 저고도 태양의 영상을 위로 변위시키는 굴절은 짧은 파장일수록 더 강한 효과를 나타낸다. 이 과정이 태양의 밑부분에 붉은 테두리를 만들고 태양의 꼭대기 부분에는 파랑 또는 초록의 테두리를 만든다.

논블로킹 통신(non-blocking communication, -通信) 블로킹 통신과 달리 프로세스는 통신 루틴이 호출된 후 통신의 완료까지 대기하지 않는 현상.
이런 논블로킹 통신 특성을 이용하게 되면 병렬 프로그램이 교착에 빠지는 문제를 막을 수 있고, 통신과 수치계산의 중첩을 통해 병렬 프로그램의 성능을 향상시킬 수 있다. 하지만 통신에 이용한 버퍼를 계산에 사용하기 위해서는 통신이 완료되었는지 항상 확인해야 한다.

농사력(agricultural calendar, 農事曆) 계절에 따른 자연환경의 변화를 잘 이해하여 농작물이나 농작업과 잘 조화되도록 만들어진 달력.
달의 차고 기욺에서 유래한 태음력에 태양의 위치에서 유래한 태양력(24절기)을 추가하여 농사력이 만들어졌다.

ㄴ

농업기상학(agricultural meteorology, 農業氣象學) 농업 시스템이나 특정 농업에 관련된 기상학이나 미기상학이 포함된 학문.
이 분야는 식물과 동물군의 대기환경과의 에너지 및 질량 교환뿐만 아니라 농업에 영향을 주는 곤충, 병원균 등의 대기 내의 이동 등도 취급한다. 토양이나 식생이 현열이나 대기의 잠열 에너지 교환율에 어떠한 영향을 미치는가는 농업이 기상학에 미치는 영향을 표현하는 것이다. 농업기상학은 농업과 기상과의 관계를 연구하여 가장 합리적인 농업을 경영하기 위한 학문이라 할 수 있다. 농업기상학의 정의에 대해서는 사람에 따라 견해를 달리하기도 하지만, 농업생산을 인간과 자연 지리적 환경 사이에 있어서의 에너지 전달의 복합한 프로세스계로 간주하면 어느 정도 견해 차이를 해소시킬 수 있을 것으로 생각된다. 농업은 작물이나 가축을 이용하여 지표에 도달한 태양 에너지의 고정과 전달을 목표로 하는 극히 자연환경적 산업이라고 할 수 있다.

농업기후학(agricultural climatology, 農業氣候學) 기후학의 분야로 작물에 미치는 기후의 영향을 취급하는 학문.
학문적으로 농업기후학은 식물의 생장 계절의 길이, 생장률과의 관계, 다양한 기후요인에 의하여 작물이 어떻게 달라지는지, 작물 종류에 따라 최적의 기후와 한계기후 특성, 관개, 작물 질병에 기후나 날씨가 어떠한 영향을 미치는가를 취급한다. 이 분야는 주로 작물에 의한 공간과 식물 상단의 대기층, 토양층을 포함하기 때문에 크게 보면 미기후학의 범주에 속한다.

농업적 가뭄(agricultural drought, 農業的-) 보통 식물이 대기조건이나 한정된 토양수분으로 인하여 잠재 증발산을 할 수 없게 되어 작물의 생육 반응을 거스르는 결과를 만드는 가뭄상태.
가뭄심각도는 **팔머 가뭄심도지수**나 수확량을 감소시키는 물 부족의 함수로 정의되기도 한다.

높날림 눈(blowing snow) 바람에 의해 지표면에서 2m 또는 그 이상의 고도에 떠오른 눈(땅날림 눈보다 높음).
이때 수평시정거리는 11km 이하로 감소한다. 높날림 눈은 시정장애 요소로서 지표 항공관측 시스템에서 BS로 표기되며, 항공기상관측(METAR) 또는 SPECI 관측 시스템에서는 BLSN으로 표기된다. 날리는 눈은 강하 중인 눈이거나, 이미 지표에 쌓여 있었지만 강한 바람에 의해 쓸려서 날리는 눈일 수 있다. 높날림 눈은 블리저드가 형성되기 위한 가장 기본적인 조건 중의 하나이다.

높날림 먼지(blowing dust) 특정 지표면에서 섞여든 후 구름이나 공기층을 통해 날리는 먼지.
대기먼지현상으로 분류하며, 항공기상관측(METAR)에서는 시정장애 요소로서 BLDU로 표기(SAO 관측 포맷에서는 BD라 표기)한다. 이때 날리는 먼지가 전 하늘을 완전히 가릴 수 있는데, 이와 같은 극한 상황을 **먼지폭풍**이라 부른다. 하늘 높이 발달한 안정한 공기층은 맴돌이에 의하여 발생되는 먼지의 수직이동을 차단하는 경향이 있다. 또한 먼지층의 상층부는 뚜렷한 한계를 갖는다.

높날림 모래(blowing sand) 수평시정을 11km 이하로 감소시키는 바람에 의해 지표면으로부터 섞여든 모래입자.
이 대기먼지현상은 지상항공기상관측 시스템에서 시정장애 요소로서 BN으로 표기되며, METAR나 SPECI 시스템에서는 BLSA로 표기된다. 높날림 모래가 극단적으로 발달하였을 경우 모래폭풍이 된다.

높은 지수(high index, -指數) 중위도 지역에서 나타나는 동서지수(일명 대상지수)의 상대적 높은 값.
편서풍대에서 평균풍속이 높음을 나타내는 지수로서 반대로 풍속이 낮을 경우 낮은 지수(low index)라 한다. 높은 지수일 때는 풍속이 강하여 동서류형(東西流形)의 기류분포가 되고 낮은 값을 보일 때는 편서풍이 약하여 남북류형의 기류분포가 된다. 지수의 계절변동에서 겨울에는 높은 값을 여름에는 낮은 값으로 상대적 크기를 나타낸다. 또한 평년값보다 크면 높은 지수, 작으면 낮은 지수라 할 경우 이에 따른 날씨의 특성을 나타낸다. 일반적으로 종관순환 패턴(synoptic circulation pattern)에서는 평년값이 크면 높은 지수라 한다.

뇌우(thunderstorm, 雷雨) 천둥과 번개를 동반하는 폭풍우.
돌풍, 우박, 폭우 또는 폭설 등이 나타나는 악기상일 때가 많다. 국지적 현상이며 수명은 대체로 2시간 이내이다. 최성기에는 구름 내에서 상승기류와 하강기류가 동시에 나타난다. 일반적으로 **대류불안정** 상태에서 지표 근처의 온난하고 습윤한 공기가 상승하고 적란운이 크게 발달하면서 나타난다. 보통의 적란운에 비해 상승기류가 매우 강하여 구름 내에서 전하 분리가 쉽게 일어나고 천둥 번개가 일어난다. 초기의 상승기류는 주로 지표의 가열 지형효과 전선 건조선 등과 연관하여 일어나며, 화산폭발 또는 산불에 의해서도 유발될 수 있다.

뇌우세포(thunderstorm cell, 雷雨細胞) 천둥과 번개를 동반한 적란운의 **대류세포**.
대류세포는 성장과 소멸에서 생존의 순환을 거치며 구름에서 국지적으로 레이더 반사도 인자가 최대인 부분이다.

뇌우전하분리(thundersorm charge separation, 雷雨電荷分離) 뇌운 내에 형성되는 양 및 음전하의 분리과정.
일반적으로 양(+)전하는 상층 −28℃ 부근, 음(−)전하는 하층 −10℃ 부근을 중심으로 나타난다. 그리고 0℃ 이상의 낮은 하층에도 양(+)전하가 상당한 크기로 나타나는 경우가 많다. 뇌운 내에서 전하의 분리가 일어나는 과정에 대해서는 여러 가지 이론이 제시되고 있으나 아직도 구름 내부에서 일어나는 모든 현상을 명확히 설명하기는 어렵다. 근래 실험과 관측자료들은 공통적으로 뇌운 내에 강한 상승기류가 존재하고, 또는 하강기류까지 공존하면서 다양한 크기의 강수입자들이 서로 충돌하게 되고, 이 과정에서 작은 입자는 양전하를 띠고 상승하고, 큰 입자는 음전하를 얻으면서 하강하게 된다는 것이다. 이러한 구름 내 전하 분리에 대한 과정은 대표적으로 과냉각수적의 분열이론 워크먼-레이놀즈(Workman-Reynolds effect) 효과, 작은 빙정과 비교적 큰 싸락우박의 충돌효과 등에 의해 설명되고 있다.

눈(snow) 구름으로부터 낙하하는 얼음결정 또는 이들이 덩어리진 눈송이 모양의 강수.
얼음결정들이 떨어지면서 서로 부착하여 눈송이가 되어서 다양한 크기와 형태로 낙하하는 경우가 많으나 때로는 수적이 부착하여 동결된 것이나 일부분이 녹아서 수분을 포함하는 경우도 있다. 눈결정 내부는 빛이 반사할 수 있는 무수히 많은 면을 가지고 있어서 보통 하얗게 보이지만 공기 중에 부유하고 있는 먼지나 미생물이 붙으면 붉은색, 노란색 또는 검은색으로 나타나게 되는 경우도 있다. 눈의 강도는 시정이나 눈이 내려 쌓이는 모습을 보고 정한다.

눈결정(snow crystal, -結晶) 눈에서 발견되는 얼음결정의 여러 가지 유형.
통상 다수의 눈결정이 부착되어 만들어진 눈송이에 비해 눈결정은 단일 결정이다. 빙정의 가장 기본적인 형태는 육각주면 형태이다. 육각주면의 형태는 두 개의 상하의 6각인 기저면과 여섯 개의 각주면을 가진다. 육각주면은 성장 시 기저면(c)/각주면(a)의 값이 1보다 크고 작음에 따라 평판모양이나 기둥모양으로 성장할 수 있으며, 어느 면이 더 빨리 왕성하게 성장하느냐에 따라 그 세부 형태가 결정된다. 일반적으로 빙정이 아주 작을 경우 대부분 이러한 6각 기둥 형태를 띠며, 성장함에 따라 좀 더 복잡한 형태로 다양하게 변한다. 면과 6개의 각주면을 가진다.

눈단계(snow stage, -段階) 공기덩이가 상승하여 수증기의 응결이 일어날 때 빙점 이하의 조건에서 응결되는 모든 입자는 즉시 빙결된다고 가정하는 상승과정.
공기 상승과정을 기술하는 모델 개발 단계에서 초기에 사용된 단순한 개념이다.

눈덮임(snow cover) 1. 눈에 덮여 있는 지표면의 비율.
보통 관측 장소 주위의 면적에 대한 %로 표시한다.
2. 적설과 동의어.
3. 지표면에 눈으로 쌓여 있는 층.

눈밀도(snow density, -密度) 눈의 비중, 즉 눈의 단위부피에 해당하는 무게.
단위는 g/cm^{3}이다. 방금 내린 눈은 공기를 많이 포함하고 있으므로 0.07~0.15 정도이나, 적설의 하부에 있는 눈은 압축되기 때문에 0.3~0.5 정도가 되는 경우도 있다.

눈벽(eyewall) 태풍의 눈을 둘러싸고 있는 깊은 적란운으로 이루어진 고리모양의 구름대. 레이더 영상에서 고리모양의 호가 반 이상은 되어야 눈벽이라고 불린다. 강력한 태풍의 경우 눈벽의 바깥에 또 다른 눈벽이 생길 수 있는데, 이런 현상을 눈벽의 관점으로는 동심눈벽(concentric eyewall), 눈의 관점에서는 이중 눈(double eye)이라고 한다. 통상 태풍이 강해지는 단계에서는 바깥 눈벽이 안쪽으로 수축해서 들어오며 안쪽 눈벽을 대치하는 동심눈벽순환(concentric eyewall cycle)이 발생하기도 한다.

눈보라(blizzard) 폭풍, 강설 및 날리는 눈 등의 영향으로 가시거리의 감소가 특징지어지는 악기상 상태.
블리저드(blizzard) 또는 눈보라라 하며 두 용어 모두 통용되고 있다. 미국 국립기상대(NWS)는 시속 35마일 또는 그 이상의 풍속과 함께 가시거리가 400m 이하일 정도로 대기 중에 충분한 눈이 존재하는 상황을 블리저드라 정의한다. 과거의 정의에서는 온도가 낮은 기온조건이 포함되어 있어 보통은 섭씨 −7℃(20°F) 이하 그리고 심한 눈보라의 경우 섭씨 −12℃(10°F) 이하의 기온 구간을 포함하고 있다. 블리저드라는 용어는 미국에서 유래되었지만 현재는 다른 나라에서도 사용되고 있다. 남극지역에서는 빙원 위로 부는 격렬한 가을바람을 블리저드라고 하고 프랑스 남동부에서는 눈을 동반한 차가운 북풍을 블리저드라 칭한다. 러시아-아시아 지역에서 발생되는 유사한 폭풍을 'Buran'과 'Purga'로 부른다. 미국과 영국에서 일반적으로 자주 활용하는 용어로서 보통 강한 바람을 동반한 눈 폭풍우를 지칭한다.

눈 생성면(snow-generating level, -生成面) 작은 대류세포에서 얼음결정이 형성되어 그 아래 낮은 고도로 떨어지는 강수로 가득 찬 대류권 중상층.
그와 같은 층은 **대류불안정**의 성질을 나타낸다고 생각한다. 그 층 내에서 발달하여 세포가 생성되는 작은 대류세포는 그 아래층으로 정착하게 될 얼음결정을 만든다. 그 대류불안정의 기저를 눈 생성면이라 부른다. 레이더 관측에 따르면 전형적으로 세포의 생성은 눈 생성면 위 약 1~2km까지 확장된다.

눈송이(snowflake) 투명한 얼음결정으로 이루어져 있으면서도 미세한 결정면의 방향이 매우 불규칙하므로 빛이 난반사되어 보통 하얗게 보이는 여러 개의 얼음 결정입자가 집합된 덩어리. 눈송이는 낙하할 때의 온도와 습도에 따라 다양한 형태를 띠므로 같은 형태를 찾기는 어렵다. 바람이 약할 때는 직경이 5~10cm에 이르고 또는 그 이상일 때도 있다.

눈싸라기(snow pellet) 백색이고 불투명한 작은 얼음덩어리로 내리는 강수.
얼음덩어리는 구형이나 원추형이며 직경은 대략 2~5mm이다. 딱딱한 지면에 부딪치면 깨어지거나 튀어 오르기도 한다. 소나기 형태로 설편이나 빗방울과 함께 내리는 경우가 많다. 보통 과냉각 수적이 눈송이에 병합되어 얼면서 만들어지며 얼음싸라기 또는 우박의 중심핵이 되기도 한다.

뉴턴 유체(Newtonian fluid, -流體) 응력 텐서가 변형률에 비례하며 나비에-스토크스 방정식을 만족하는 유체.
뉴턴 유체에서 유체가 흐르는 방향에 직각 방향으로 유속의 변화, 즉 시어가 존재할 때 속도차를 없애려는 시어 응력이 점성 때문에 나타난다. 이 경우 시어 응력을 τ, 역학점성을 μ, 그리고 고도에 따른 유속 u의 변화(시어)를 $\frac{\partial u}{\partial z}$라고 하면 $\tau = \mu \frac{\partial u}{\partial z}$로 주어진다.

뉴턴의 운동법칙(Newton's law of motion, -運動法則) 뉴턴 역학의 기본이 되는 세 가지 운동법칙.

(1) 관성의 법칙 : 정지해 있거나 등속직선운동을 하는 물체는 외부의 힘에 의한 영향을 받지 않는 한 그 상태를 유지한다.
(2) 가속도의 법칙 : 움직이는 물체의 운동량의 시간 변화율의 크기와 방향은 그 물체에 작용하는 힘의 방향과 크기가 같다. 물체에 작용하는 외력이 $\boldsymbol{F}$, 물체의 질량을 m, 속도를 $\boldsymbol{v}$라고 할 때 $\boldsymbol{F} = \frac{d}{dt}(m\boldsymbol{v})$가 성립한다.
(3) 작용 반작용의 법칙 : 한 물체가 다른 물체에 힘을 작용하면 힘을 받은 물체는 그 힘과 같은 크기로 반대 방향으로 힘을 준 물체에 힘을 작용한다.

뉴턴의 마찰법칙(Newtonian friction law, -摩擦法則) 유체에 작용하는 응력에 대한 뉴턴의 기술식.
두 평판 사이에 놓인 유체에서 흐름의 방향과 나란한 방향의 단위면적당 작용하는 접선력을 기술하는 법칙이다. 하나의 평판은 고정되어 있고 다른 평판이 등속도로 움직인다고 할 때 이 접선력은 그 고도에서 유체의 시어에 비례하게 된다. 이 법칙은 다음과 같은 수식으로 나타낼 수 있다.

$$\tau = \mu \frac{\partial u}{\partial z}$$

여기서 τ는 단위면적당 작용하는 접선력으로 보통 시어 응력이라 부른다. μ는 동점성계수, $\partial u/\partial z$는 고정된 평판에 수직 방향으로 유체흐름의 시어를 나타낸다. 이 관계식을 유도할 때 움직이는 평판의 속도 u 혹은 두 평판 사이의 거리는 아주 작은 값을 가진다고 가정한다. 이 가정으로 일단 정상상태에 도달한 후에 유체의 속도(u)는 고정된 평판에서 0, 움직이는 평판에서

U를 가지면 그 사이에서 선형적으로 증가한다. 이 상황에서 운동 시어나 시어 응력은 유체 내에서 일정한 값을 가진다.

느낌열 흐름(sensible heat flow, -熱-) 유체의 한 지역에서 다른 지역으로 느낌열의 수송. 대기에서 어떤 위도대를 건너는 단위질량당 느낌열의 극방향 수송은 다음과 같이 표현한다.

$$\int c_p \, \rho \, T_v \, ds$$

여기서 c_p는 건조공기의 정압비열, ρ는 공기밀도, T는 온도, v는 바람의 남북 성분, ds는 그 위도의 연직경계이다.

능률(moment, 能率) 어떤 매개변수와 거리의 곱.
능률은 점, 선, 평면에 대해 가진다. 만일 매개변수가 벡터이면 능률은 점, 선, 평면에서 매개변수에 벡터 거리의 벡터 곱이다. 한 축에 대해 단위부피당 유체입자의 운동량의 능률은 $r \times \rho u$이다. 이 식에서 r은 축에서 유체덩이에서까지의 벡터이고, ρ는 유체밀도, r은 유체덩이의 속도 벡터이다. 이것이 각운동량이다. 축에 대한 힘 F의 능률은 $r \times F$는 토크이다. 매개변수의 2차 능률은 1차 능률의 능률이며, 점차 고능률이 된다.

대기과학용어사전

다단 샤워(cascade shower, 多段-) 대기를 통과하여 낙하되는 다량의 우주복사선으로서 제1차 우주 선이 상층대기의 원자와의 상호작용으로 소립자와 감마선을 방출하면서 생성하는 제2차 우주 선의 복합적 생산.
일명 '공기 샤워', '다단, 광범위 공기 샤워', '샤워'라고 부른다. 제2차 우주 선은 결과적으로 대기를 통과하면서 더욱 많은 우주 선을 만들어 낸다. 이러한 입자들 수십 억 개가 거의 광속에 가까운 속도로 낙하하면서 지표면에 가까이 도달하여 수 평방킬로미터 이상 퍼지게 된다(이 경우 샤워는 '광범위 공기 샤워'라고 명명할 수 있음). 제1차 및 제2차 우주 선은 대기의 20km의 고도에서 최대 플럭스에 도달하고, 이보다 낮은 고도에서는 대기에 의한 흡수 때문에 플럭스가 줄어든다. 그럼에도 불구하고 우주 선들은 해면에서도 쉽게 탐지할 수 있다. 우주 선 샤워의 세기는 위도에 따라 변화하는 것으로 관측되어 극지방에서 더 강력한 것으로 확인되었다.

ㄷ

다단 충돌채집기(cascade impactor, 多段衝突採集器) 대기 중에 부유하는 고체 및 액체입자들을 채집하는 데 이용하기 위한 충돌채집기에 내장된 일련의 채집판들을 병렬 혹은 직렬로 연속적으로 연결시켜 놓은 저속충돌장치.
각 충돌채집판 위의 노즐과 슬릿의 직경은 주로 입자의 대표되는 한 가지 크기 범위의 입자들을 수집(샘플링)할 수 있도록 고안되어 있다. 본 방법을 이용하여 0.5부터 30㎛까지 직경 범위에 있는 다양한 크기의 주변입자들을 포집한다.

다르시의 법칙(Darcy's law, -法則) 토양과 같은 투과성 또는 다공성 매체를 통한 유체의 이동에 대한 관계를 나타내는 법칙.
낮은 레이놀즈 수에서 유체속도 V는 다음과 같이 수력경도 dh/dl에 비례한다.

$$V = -K\frac{dh}{dl}$$

여기서 비례상수 K는 수리전도도(hydraulic conductivity), 수두 h는 압력계 내의 유체의 높이로서 유압에 비례하며, l은 유체 유선에 따른 매체 속의 경사길이이다. 속도 V는 매체의 단면도 단위면적당 유체의 부피 흐름률로서, 때로 다르시 속도 또는 다르시 플럭스라고 한다. 수리전도도는 매체의 투과성 k와 유체의 역학점성 ν에 따라 달라진다.

$$K = \frac{kg}{\nu}$$

여기서 g는 중력가속도이다.

다방과정(polytropic process, 多方過程) 상태함수인 압력(p)과 체적(V)이 $pV^n = C$(상수)를

따르는 가역적인 열역학 과정.
여기서 n은 다방계수를 나타낸다. 이 방정식은 기체의 팽창, 수축을 정확히 특성화하는 데 유용하다. 앞 식에서 $n=0$인 경우 등압과정, $n=1$인 등온과정, $pV=const$를 나타낸다. 그리고 n이 정적비열에 대한 정압비열의 비, $n=\gamma=c_p/c_v$인 경우 단열과정을 나타내며 $pV^{\gamma}=C$로 주어진다.

다방대기(polytropic atmosphere, 多方大氣) 기온감률(γ)이 일정한 값으로 존재하는 대기에서 고도에 따른 온도변화가 $T(z)=T_0-\gamma z$로 주어지며 정역학 평형상태에 있는 모형 대기.
고도 z에서 다방대기에서 온도(T)와 압력(p)의 연직분포가$(p/p_0)=(T/T_0)^{g/R\gamma}$와 같이 주어진다. 여기서 T는 절대온도이고, g는 중력가속도, R은 공기에 대한 기체상수이며, 그리고 p_0와 T_0는 각각 지표에서 기압과 기온을 나타낸다.

다세포대류폭풍(multicell convective storm, 多細胞對流暴風) 대류세포의 일생주기에서 여러 단계에 있는 보통 대류세포의 무리로 이루어진 대류 폭풍계.
대류계에서 새로운 세포는 주로 기존의 경계를 따라서 저층 수렴 또는 기존 세포들에 의해 만들어진 시스템 규모의 찬공기 풀(pool)의 선단(leading edge)에서 치올림에 의해서 생성된다. 다세포 폭풍의 생존기간은 5~6시간이며 또한 계의 한 부분으로서 거대세포를 포함한다.

다이나믹 미터(dynamic meter) 지오퍼텐셜 고도를 측정할 때 사용되는 단위로서 $10\,m^2s^{-2}$을 1다이나믹 미터로 정의하는 역학고도의 표준 단위.
지오퍼텐셜 ϕ, 기하고도 z(m단위), 지오퍼텐셜 고도 Z(지오퍼텐셜 미터 단위) 사이에는 다음과 같이 관련되어 있다.

$$d\phi = 10\,d\psi = 9.8\,dZ = g\,dz$$

여기서 g는 $m\,s^{-2}$ 단위의 중력가속도이다. (일부에서는 상수 10과 9.8에 $m\,s^{-2}$의 단위 부여를 선호한다. 그러면 ψ와 Z의 단위가 기하고도 단위인 m와 같아진다.) 다이나믹 미터는 기하학적 미터나 지오퍼텐셜 미터보다 약 2% 더 길다.

다인스 보상(Dines compensation, -補償) 대류권과 성층권 사이에서 적어도 한 번 수평발산의 부호가 바뀌는 특성.
그 결과 지면으로부터 대기 상한까지 적분하면 발산이 서로 상쇄되고 이와 연관되어 지상의 기압변화가 작게 나타난다. 또한 대류권의 찬 (따뜻한) 기단과 연관된 요란 위의 권계면이 내려가고 (올라가고), 성층권 내에서는 따뜻한 (찬) 요란을 만나 서로 보상을 하는 관계가 성립된다. 따라서 전체 공기기둥은 거의 일정한 평균기온이 유지되는 것을 알 수 있다. 이 원리는 20세기 초 윌리엄 다인스(W. H. Dines, 1855~1927)가 제안했다.

다인스 풍속계(Dines anemometer, -風速計) 발명자의 이름을 딴 압력관 풍속계의 유형. 이 풍속계에는 바람이 불어오는 쪽의 풍향계 끝에 압력 헤드(head)가 위치해 있다. 흡입 헤드는 풍향계를 지지하는 베어링 근처에 샤프트와 동심원 형태로 설치되어 있고, 풍향에 관계없이 흡입을 일으킨다. 흡입 헤드와 압력 헤드 사이의 압력차는 풍속의 제곱근에 비례하고, 이 압력차는 선형 바람 눈금이 새겨진 특별히 설계된 부유 압력계로 측정한다. 다인스 풍속계는 1892년에 잉글랜드 기상학자인 윌리엄 다인스(William Henry Dines)가 처음 고안했는데, 최근 형태의 압력관 풍속계에 대한 모든 필수 요소를 지니고 있었다. 그 후에 여러 가지 개발 단계를 거쳐서 다인스 풍속계는 유용한 바람 측정 장치가 되었다.

다중대류권계면(multiple tropopause, multi-tropopause, 多衆對流圈界面) 대류권과 성층권의 경계인 대류권계면이 수평 방향으로 연속적인 면이 아니고 접힘에 의해 아래로 처져 권계면 부분이 측면으로 기울어짐에 따라 지면의 한 지점에서 권계면을 관측하였을 때 2~3개의 대류권계면이 보이는 현상.
겹대류권계면이라고도 하며, 대류권 상부에서 기온의 수평변화가 크게 두드러진 지역에서 잘 나타난다. 대규권 공기와 성층권 공기의 역학적 혼합으로 극단적인 경우에는 다중대류권계면의 경계가 뚜렷하지 않다. 대류권계면 접힘이 발생했을 때 주어진 지점에서 2~3개의 다중대류권계면이 나타나며, 라디오존데 관측에서 이를 확인할 수 있다.

다중산란(multiple scattering, 多重散亂) 입자에 의한 전자기복사 산란이 2회 이상 일어나는 산란.
입자에 의한 전자기복사 산란이 1회 일어나는 산란을 단일산란이라고 한다.

다중상관(multiple correlation, 多重相關) 임의의 변수와 회귀함수 사이의 상관.
Y를 $x_1, x_2, \cdots, x_n$에 따라 변하는 임의의 변수 y의 회귀함수라고 하면 x와 y 사이의 다중상관 계수를 보통 최소제곱법으로 결정할 수 있고, 이로부터 y와 Y 사이의 선형 관계식을 얻는다. 다중상관 계수(R)는 0에서 1 사이의 값을 가지며, 계수의 제곱(R^2)은 변량의 총분산에 대한 회귀식에 의해 설명 가능한 분산의 비율을 의미한다.

다항식(polynomial, 多項式) x의 거듭제곱꼴인 $1,\ x,\ x^2,\ x^3,\ \cdots,\ x^n$에 상수를 곱하여 더한 것으로 다음 형태로 나타나는 식.

$$p(x) = a_0 + a_1x + a_2x^2 + a_3x^3 + \ \cdots \ + a_nx^n$$

여기서 $a_n \neq 0$일 때 가장 큰 지수 n을 다항식의 차수로 둔다. 각각 1차, 2차, 3차 다항식의 예를 들면 다음과 같다.

$$2x-1,\ 1-5x+7x^2,\ x-7x^3$$

단기(일기)예보(short-range forecast, 短期(日氣)豫報)　예보시간 12~60시간 사이인 일기예보. 기상청은 일기예보를 초단기, 단기, 중기, 장기로 구분한다. 초단기는 예보시간을 12시간까지, 단기예보는 12시간(0.5일)에서 60시간(2.5일)까지, 중기예보는 72시간(3일)에서 240시간(10일)까지이다. 국제적으로 예보숙련도가 향상됨에 따라 단기예보는 48시간에서 72시간까지 연장하는 경향이다. 기상청도 72시간까지 연장할 계획이다. 세계기상기구(World Meteorological Organization)은 단기예보를 12시간(0.5일)에서 72시간(3일)까지로 정하였다. 장기예보는 10일 이후의 일기예보와 계절예보를 목표로 하고 있다.

ㄷ

단면(cross section, 斷面)　3차원 자료의 2차원적 표현을 일컬으며, 주로 일기/기후 분석 또는 예측에 있어서 수평선 또는 임의의 경로를 따라서 지표면에서 연직으로 주어진 높이까지 대기변수의 분포를 나타낸 단면.

단속성(intermittency, 斷續性)　한 기단 안에서 어떤 시간들과 어떤 장소들에서는 발생하고 그 사이에 드는 시간들과 장소들에서는 발생하지 않는 난류의 그런 성질.
간헐성이라고도 한다. 균질 난류의 고전이론이 난류 에너지 소산율 ϵ이 공간적으로 일정하다는 가정에 의존하는 반면에, 실제에서 ϵ은 늘 일정하지 않다. 그 비균질성이 간헐적인 난류로 인도할 수 있다. 한 기단 안에서 난류나 비난류(층류) 행위를 옳게 예측하려면, 가온위나 부양성(=부력)의 연직 프로필이 완전하게 알려져야 한다. 흔히 안정한 경계층(예 : 야간 경계층) 안에서 그리고 대류 혼합층(예 : 대낮 경계층)을 덮는 흡입대 안에서 난류는 간헐적이다.

단스고-외슈거 사건(Dansgaard-Oeschger event, -事件)　최후빙하기 동안 그린란드 빙하 코어와 북대서양의 퇴적물 코어의 산소동위원소 기록에서 나타나는 온난한 기후 이벤트.
북대서양과 그린란드의 빙하와 해양 퇴적물 프록시 기록에는 한랭한 기후 이벤트와 온난한 기후 이벤트가 25차례 반복해서 나타나는데, D-O 사건은 온난한(interstadial) 때를 지칭하며, 수백 년에서 수천 년 동안 지속되며 생성과 소멸은 수십 년 내의 빠른 시간 내에 이루어졌다. 덴마크 고기후학자인 빌리 단스고(Willi Dansgaard, 1922~2011)와 스위스 물리학자인 한스 외슈거(Hans Oescher, 1927~1998)의 이름을 따서 명명되었다.

단안정 레이더(monostatic radar, 單安定-)　하나의 안테나를 이용하여 전파를 발사하고 그리고 반사되어 오는 전파를 수신하는 레이더.
대부분의 사용하고 있는 레이더가 단안정 레이더에 속한다.

단열대기(adiabatic atmosphere, 斷熱大氣) 공기덩이가 주변 환경과 열을 주고 받지 않는 열교환이 없는 대기.
보통 건조단열대기를 나타내며 균질한 대기, 대류성 대기로 불리기도 한다. 주로 연직으로 움직이는 대기에서 건조단열 온도변화율로 변화되는 대기를 이른다. 현실적으로는 이러한 상황이 일어나는 것이 아니며 가상적으로 이러한 상황을 가정하며 편리하게 대기의 열역학과정을 설명할 수 있다. 예를 들어 단열대기에서 기압은 높이에 따라 다음과 같이 변한다고 할 수 있다.

$$p = p_0\left(1 - \frac{gz}{C_{pd}T_0}\right)^{C_{pd}/R_d}$$

여기서 p_0와 T_0는 초기 해면에서의 기압과 기온이고, 높이 z는 실제고도이고, R_d는 건조기체상수, C_{pd}는 일정 기압에서의 건조공기비열, 그리고 g는 중력가속도이다. 균질대기를 참조하라.

단열온도경도(adiabatic temperature gradient, 斷熱溫度傾度) 단열 조건상태에서 기압변화에 기인된 기온의 변화율.
실제 해양에서의 압력변화는 깊이 변화에 비례하기 때문에 단열온도경도는 보통 단위력 대신 단위깊이당 변화율로 나타낸다. 실용적으로 단위깊이는 1,000미터가 많이 사용된다.

단열온도변화(adiabatic temperature change, 斷熱溫度變化) 단열상태에서 공기덩이가 상승하거나 하강하여 가지게 되는 온도의 변화.
공기덩이가 단열상태에서 상승하게 되면 외부환경의 기압이 낮아져 공기덩이가 팽창하게 되어 내부 에너지가 낮아져 온도의 냉각이 있으며, 반대로 공기덩이가 단열상태에서 하강하게 되면 기압이 높아지고 따라서 내부 에너지의 증가에 의하여 공기덩이의 온도는 승온이 일어난다. 즉, 단열온도변화는 공기덩이가 상승하면 단열냉각이 일어나고 공기덩이가 하강하면 단열승온이 일어난다. 단열온도변화에는 건조단열 온도변화와 습윤단열 온도변화가 있다. 건조공기의 단열변화에 있어 기압변화(dp)와 온도변화(dT)와의 사이에는 열역학 제1의 법칙에 의해 $dT/T = R_d\,dp/C_p\,p$(단, p=기압, T=온도, R_d=건조공기의 기체 정수, C_p=정압비율)라는 관계가 성립, 공기덩이가 단열상승하면 기압은 하강하고 외력에 대항해서 팽창하기 때문에 에너지가 소비되어, 단열감률로 기온이 내려가고 반대로 단열하강할 때 온도는 올라간다.

단위(cell, 單位) 레이더를 이용한 구름 관측에서 구름세포가 성장과 소멸 등 수명순환을 거치는 동안 국지적 레이더 반사율이 최댓값을 나타내는 부분.
일명 전지, 세포, 소자라고도 한다. 반사율이 최댓값을 나타내는 부분은 그 값이 상승한 폭만큼 구름속 상승기류를 가리키며, 이후 반사율의 감소는 하락폭만큼 강수의 하강기류를 의미한다.

평범한 대류폭풍의 세포들은 20분에서 30분 정도 지속되지만, 이보다 더 긴 시간 동안 지속되는 다중세포 대류폭풍을 형성하는 경우도 가끔 있다. 슈퍼세포 폭풍우의 세포들은 보다 안정적으로 상당히 오랜 시간 지속된다.

단일기둥모형(single column model, 單一-模型) 수평좌표 없이 오직 연직좌표계와 시간에 대한 해만을 구하는 수치모형.
또는 전지구 모델의 격자기둥이라는 뜻으로서 전지구 모델에서 분리하여 다른 구성요소들로부터 격리되어 역학과정 없이 한 수평좌표 격자에서 오직 물리과정으로 연직좌표계와 시간에 대한 해를 구하도록 만들어진 모델을 의미하기도 한다. 후자의 경우 인접한 기둥의 값들은 관측 또는 모델에서 산출된 값으로 처방되어야 한다. 단일기둥모형을 이용하여 물리과정 모수화의 다양한 변수와 수식들을 효과적으로 시험할 수 있다.

단일 모멘트 구름 미세물리(single moment cloud microphysics, 單一-微細物理) 구름입자의 성장과 이에 따른 강수 발생과정을 다루는 데 있어, 대기수상(대기 중에서 형성된 물입자 및 얼음입자)에 대한 절대습도나 혼합비만을 예측하는 방법.

단일산란(single scattering, 單一散亂) 산란입자의 분산을 구성하는 전파 매질에서 어떤 입자 근처에 형성된 전자기장이 다른 입자의 영향을 받지 않는 상태에 나타나는 산란.
이때 모든 입자들에 의해 나타나는 전체 산란장은 각각의 입자들로부터 산란된 양의 산술적인 합이며, 각각의 산란은 다른 입자들에 의해 산란된 장과는 격리되어 독립된 장으로 취급한다. 단일산란 근사의 유효성은 입자의 특성, 복사의 파장, 산란장을 측정하는 방법에 따라 달라질 수 있다. 희박한 농도를 이루는 입자들이 입사한 전자기파의 파장보다 작을 때나, 검출기의 빔 폭이 좁은 실험에서 보다 적합할 수 있다. 이러한 단일산란 가정은 대부분의 기상 레이더와 연직측풍장비의 관측자료를 설명하는 기반이 된다. 라이더에서 단일산란은 전송된 광자가 수신기에 도달하기 전에 산란과정을 단 한 번 경험함을 의미한다.

단일산란 알베도(single scattering albedo, 單一散亂-) 소산계수에 대한 산란계수의 비율.
단일산란 알베도는 산란 매질 내의 복사 전달에 영향을 주며, 일반적으로 파장의 함수이다. 구름이나 대기 중 대부분의 기체가 갖는 단일산란 알베도는 가시광선 영역에서 1에 가까운 값이지만, 적외영역에서는 큰 편차를 보인다.

단절(break, 斷切) 1. 갑작스러운 날씨의 변화.
보통 비정상적으로 덥거나, 춥거나, 습하거나, 건조한 날씨가 길게 이어지다 끝나는 현상이다.
2. 구름층 내에 생긴 구멍 또는 간극.

틈흐림을 참조하라.

단진동파(simple harmonic wave, 單振動波)　일정한 속력과 진폭을 가지고 변환하는 진동. 수학적으로 삼각함수 또는 복합지수함수로 표현한다. 삼각함수로 표현할 수 있다.

$$A \sin(2\pi x/\lambda - \nu t + \phi) \text{ 또는 } A \sin(i(2\pi x/\lambda - \nu t + \phi))$$

여기서 A는 진폭, λ는 파장, ν는 주파수, ϕ는 상각도, i는 허수이다.

단파(short wave, 短波)　1. 대기순환의 관점에서 수평으로 운동하는 저기압 규모의 전진파. 장파(저기압 및 고기압 규모보다 긴 편서풍대의 주요 파)와 구별되며 단파는 대류권에서 기본 흐름과 동일 방향으로 이동한다. 단파의 각파수(angular wavenumber)는 8과 12 사이이다.
2. 상대적으로 파장과 주기가 짧은 파.
해양의 풍랑(풍파)은 보통 약 60s보다 짧은 주기의 파를 뜻한다.

단파복사(shortwave radiation, 短波輻射)　복사는 물체에서부터 에너지가 전자기파 형태로 방출되어 전달되는 과정과 그 과정 중에 포함된 에너지로서 파장의 범위에 따라서 자외선, 가시광선, 적외선, X선 등으로 구분될 수 있으며, 일반적으로 약 0.3~4㎛의 파장 범위를 가지는 복사 에너지.
절대온도가 0 이상인 물체는 모두 자체적으로 복사 에너지를 흡수·방출하며, 고온의 물체에서 방출된 에너지가 저온의 물체로 전달된다. 복사 에너지의 총량은 **스테판-볼츠만 법칙**(Stefan-Boltzmann law, $E=\sigma T^4$)에 따라 절대온도의 4승에 반비례 하며, 복사 에너지가 가장 크게 발생하는 파장은 빈의 법칙(Wien's law, $\lambda_{MAX}=\frac{2897}{T}$[㎛])에 따라 표면온도와 반비례관계이다. 이에 따라 온도가 높은 물체일수록 파장이 짧은 복사 에너지를 방출하게 된다. 지구상에 존재하는 단파복사는 대부분 태양에 근원하므로 일반적으로 단파복사는 태양복사와 동일한 의미를 가진다. 반면 상대적으로 표면온도가 낮은(약 288K) 지구에서 방출되는 복사 에너지는 10㎛에서 최댓값을 가져 장파복사라고 한다.

닫힌 세포(closed cell, -細胞)　해상에서 다각형을 한 층적운(Sc)으로 구성되는 구름 패턴. 보통 풍속과 풍향의 연직 시어는 작고 풍속도 20kts 이하인 경우 많으며, 구름꼭대기(운정)는 역전층에 억눌려 고기압의 남동상한에 해당하는 하층의 고기압성 흐름이 있는 영역에서 출현하기 쉽다. **열린 세포**(open cell)와 비교하여 해수면온도와 기온과의 차가 작을 때 출현한다. 한기의 유입이 약한 경우에 닫힌세포가 형성되거나 유입된 한기가 약해진 경우에 열린 세포에서 닫힌 세포로 변화하는 경우가 있다. 열린 세포가 되거나 닫힌 세포가 되는 것은 주로 한기의 강약에 대응하므로, 열린 세포가 존재하는 영역과 닫힌 세포가 존재하는 영역의 경계는 상층의 강풍축의 위치와 일치한다.

닫힌 저기압(closed low, -低氣壓) 등압선 혹은 등고선에 의해 완전히 둘러싸일 수 있는 저기압.

(이 용어의 의미는 임의 값의 등압선이나 등고선을 의미하며, 일기도의 분석을 위하여 임의로 선정된 값에 국한될 필요는 없다.) 엄밀히 말해 모든 저기압은 닫힌 것이다. 하지만 일기도분석 용어에서는 이 지정된 표현이 일반적으로 두 가지 측면에서 사용된다. (1) 지상일기도에서 기압골과 저기압을 구별하기 위해서, 특히 저기압이 기압골 내부에 발달한 경우, 그리고 (2) 상층일기도에서 특히 이러한 상황이 잘 발생하지 않은 여러 고도와 위도에서 순환이 닫힌 사실을 강조하기 위해 사용되고 닫힌 고기압의 정의도 유사하다.

닫힌 계(closed system, -系) 수학에서 미분방정식과 보충조건 시스템의 모든 독립변수(대개 공간과 시간) 값에 대해 모든 미지수(종속변수)의 값들이 수학적으로 결정되는 시스템.
열역학에서는 고정된 질량의 시스템을 의미한다. 생태학에서는 시스템이 주변 환경과 물질은 교환하지 않고 에너지와 정보만을 교환하는 시스템을 의미한다.

닫힘가정(closure assumption, -假定) 유동과 난류변수에 대한 해를 구하기 위한 레이놀즈 평균방정식 혹은 레이놀즈 평균 나비에-스토크스 방정식의 근사.
레이놀즈 평균방정식은 속도나 온도 등의 종속변수 사이의 (공)분산과 같은 통계적 관계를 포함한다. 이 방정식은 저차의 상관관계를 예측하기 위해 알려지지 않은 고차의 통곗값들을 포함하고 있는데, 이것은 닫힘문제라고도 알려져 있다. 고차의 항들은 저차의 항들 또는 알려져 있는 독립변수들의 경험적 값으로 근사했을 때, 이러한 닫힘문제는 풀어질 수 있으며, 이러한 근사법을 닫힘가정이라 하고, 모수화 규칙을 만족해야 한다.

닫힘문제(closure problem, -問題) 난류이론에서 방정식의 개수보다 미지수의 개수가 더 많음으로 인해 해를 구할 수 없는 난제.
닫힘문제는 레이놀즈 평균 나비에-스토크스(RANS) 방정식에서 레이놀즈 응력항으로 알려진 대류가속도로부터 나온 비선형항 $\overline{v'_i v'_j}$으로 기인한다. $R_{ij}=\overline{v'_i v'_j}$ RANS 방정식을 닫으려면 레이놀즈 응력 R_{ij}를 모델링해야 한다. '닫힘'이란 단어에는 레이놀즈 응력의 텐서를 포함한 모든 미지항을 풀기 위한 방정식의 개수가 충분하다는 것을 의미한다. 이 방정식을 닫기 위해 사용된 방정식에 따라 난류 모델의 유형을 결정한다.

달대기조석(lunar atmospheric tide, -大氣潮汐) 달의 만유인력으로 생긴 지구대기의 조석.

검출되는 조석 성분으로 해양조석과 같은 반일주기가 있고 이 주기와 거의 같은 주기를 가진 두 성분이 더 있다. 달대기조석의 진폭은 적도에서 약 0.06hPa, 중위도에서 0.02hPa로서 아주 작다. 이 진폭은 장기간 기록을 섬세하게 통계 처리해야만 검출할 수 있다. 조석을 참조하라.

달랑베르 역설(d'Alembert's paradox, -逆說) 유체에 잠긴 고체 주위로 유체가 변함없이 흐를 때, 점성을 무시함으로써 생기는 유체역학적 역설.
이 역설에 의하면 유체에 잠긴 물체는 비점성 유체의 흐름에 아무 저항도 주지 않고, 이 유체가 물체의 표면에 미치는 압력은 물체에 대하여 대칭적으로 분포된다. 점성력은 물체에 근접한 곳의 속도장을 변화시켜서 유체 저항을 간접적으로 일으키는데, 이 역설은 점성력을 무시하는 것으로 볼 수 있다.

달무지개(lunar rainbow, moonbow) 햇빛이 아닌 달빛으로 만들어지는 무지개.
무지개가 해의 반대쪽 하늘에 생기는 것과 같이 달무지개도 달의 반대쪽 하늘에 만들어진다. 그러나 달빛이 매우 약하기 때문에 달무지개는 일반 무지개에 비해 매우 희미하게 보인다. 카메라를 이용하여 장시간 노출을 준다면 달무지개의 색깔을 확인할 수 있다. 달무지개는 달빛이 강할수록 만들어지기 쉬우므로 보름달 근처에서 쉽게 관찰된다. 달의 고도가 낮으면서(일반적으로 42° 이하) 하늘이 어두울 때 폭포 주위에서나 달의 반대편에서 비가 내리고 있을 때 달무지개가 나타난다. 달무지개가 일반 무지개보다 덜 관측이 되는 이유가 있다. 달과 해가 수평선 위에 동시에 있을 때 일반 무지개만 볼 수 있다. 달은 위상 변화를 하기 때문에 보름달일 때가 아니면 달빛이 약하여 달무지개를 만들 수 없고 관찰하기 어렵다. 달이나 해의 반대쪽에 물방울을 만드는 대류성 소나기는 밤보다는 주로 낮에 발생한다.

달환영(moon illusion, -幻影) 수평 근처의 달이 하늘 높이 떠 있는 달보다 크게 나타나는 현상.
이 차이는 한 장소와 다른 장소 사이에서 보는 달의 각너비가 다르지 않으므로 환영(착각)이다. 대기에서의 굴절 때문에 달의 각높이의 차이는 보통 작다. 그러나 이 굴절효과는 수평선 위의 달 높이를 낮게 보이는 역할을 하는 것이지 높게 보이게 하지는 않는다. 환영은 대부분 관측자들이 달이 실제로 수평선 근처에 있을 때 아주 큰 각크기를 가지고 대기광학의 물리적 근거를 가진다고 믿게 한다. 그러나 이 현상은 지각적인 것이고, 이에 대한 설명은 심리학의 영역이다. 사람들이 보인다고 주장하는 면을 한 가지로 설명하기는 곤란하다. 한 가지 설명으로는 이 현상이 기상학적 광학과 관계가 있다는 것이다. 맑은 하늘이 반구로 인식되지 않고 많은 모양으로 인식되는데, 한 예는 넓적한 돔으로 보인다는 것이다. 그래서 관측자에게 천정보다 수평선은 아주 더 멀게 보인다. 크기가 일정하다는 지각적 현상은 각 크기가 고정되어 있으나 거리를 변하게 하여 수평선이 더 먼 거리에서 더 크게 나타나게 한다는 것이다.

대규모(large scale, 大規模) 기상학에서 지구의 곡률이 무시될 수 없는 규모.
이것은 대류권 상층의 장파형태의 규모이며, 중위도 반구 둘레에서 4~5파수를 갖는다. 이러한 파동은 대순환과 종관규모 기상 모두에 속하지만, 용어는 이러한 규모를 대류권 하층의 이동성 고저기압계의 그것과는 구분해야 한다. 로스비 파와 그 외의 다른 긴 순압파동은 대규모 요란이다.

ㄷ

대규모(macroscale, 大規模) 기상학에서 수천 킬로미터 이상의 공간규모를 가지는 대기현상들을 칭하는 용어.
대규모는 일반적으로 수평규모 2,000km 이상의 종관규모와 행성규모(plantary scale) 현상들을 포함하여 나타내며, 고기압, 저기압, 경압파 등의 현상들이 이에 속한다. 이와 구분하여 중간규모(mesoscale)는 2~2,000km의 수평규모를 가진 현상을, 미세규모는 2mm~2km 규모를 가지는 현상을 각각 지칭한다. 대기에 대한 일반적 규모는 다음과 같다.

수평 크기(~이상)	규모	이름	
20,000km		행성규모(Planetary scale)	대규모(macroscale)
2,000km		종관규모(Synoptic scale)	
200km	중-α	중간규모(mesoscale)	
20km	중-β		
2km	중-γ		
200m	미-α	경계층난류(Boundary-layer turbulence)	
20m	미-β	지상층난류(Surface-layer turbulence)	
2m	미-γ	관성아구간난류(Inertial subrange turbulence)	
2mm	미-δ	미세규모난류(Fine-scale turbulence)	
모든 분자	분자	점성소산 아구간(Viscous dissipation subrange)	

대규모 대류(large-scale convection, 大規模對流) 적운과 관련된 대기의 자유대류보다 큰 규모의 조직화된 연직운동.
태풍, 허리케인 또는 이동성 저기압에서의 연직운동 형태가 그 예이다.

대규모 소용돌이 교환(gross-austausch, 大規模-交換) 중위도의 이동성 대규모 요란에 의해 전 세계적으로 발생하는 운동량 및 에너지 수송과 기단 성질의 교환.
대기순환을 대규모 난류과정으로 간주할 때, 저기압과 고기압은 평균 동서 방향 바람 위에 겹쳐진 맴돌이로 볼 수 있다. 혼합길이, 즉 이 이동하는 맴돌이가 본래의 주위 환경 특성을 유지시킬 수 있는 평균거리는 약 $10^8 cm$이다. 대규모 교환과정 강도의 척도이고 따라서 대기대순환 강도의 척도인 난류질량 교환계수 또는 그냥 교환계수는 $10^6 g cm^{-1} s^{-1}$ 내지 $10^8 g cm^{-1} s^{-1}$의 크기를 갖는다. (소규모 난류에 대한 값인 약 $10^2 g cm^{-1} s^{-1}$과 비교된다.) 지금까지 얻은 결과에 의하면 이 난류 개념을 대기의 대규모 특징에 의미 있게 적용할 수는 없다.

대기(atmosphere, 大氣) 천체의 중력에 의해 행성과 위성, 항성(별) 등의 천체 주위를 둘러싸고 있는 기체.

천체에 따라 대기는 매우 다른 성질을 가지고 있다. 금성의 대기는 매우 두꺼운 구름층으로 되어 있어서 온실효과에 의한 높은 표면온도를 나타낸다. 반면에 화성 대기는 매우 희박하다. 지구의 대기는 그 중간으로서 매우 활발한 물순환을 지니고 있고, 이 때문에 우주에서 본 지구 사진은 복잡한 구름모양을 보이고 있다. 지구대기 중의 물은 매우 중요한 에너지 전달 매체이다. 지구대기의 화학적 조성 때문에 대부분의 태양광은 대기층을 통과하여 지표에 흡수된다. 흡수된 열은 현열과 수분수송에 의해 대기로 전달되며 응결과정을 통해 다시 대기 중으로 방출된다. 수증기에 의한 열은 지구대기의 운동에 중요한 역할을 한다. 태양광은 고위도보다 적도에 더 많이 흡수되며 이로 인해 대기(해양)는 극지방 쪽으로 열을 이동시킨다. 이러한 이동은 대기대순환을 결정하는 지구자전에 의해 큰 영향을 받는다. 대기는 열과 이온화 구조에 따라 몇 개의 층으로 구분된다. 지표의 상향 열수송에 의해 온도가 감소하는 대류권, 그 위 오존의 태양광 흡수로 온도가 상승하는 성층권, 성층권 복사열 감소 때문에 다시 온도가 감소하는 중간권, 그 위 강한 방사선의 온도가 증가하는 열권 등이다. 중간권과 열권 사이는 강한 태양광이 기체를 이온화시켜 전리층을 형성한다. 고도별 공기분포는 이산화탄소와 오존을 제외하면 지상 80km까지는 기체의 조성비가 거의 일정하게 분포되어 있다. 높은 상공에서는 공기의 상하운동이 거의 없고 혼합작용이 감소하므로, 공기분자 자체의 분자운동으로 인해 무거운 기체는 아래쪽으로 가벼운 기체는 위쪽으로 분리하게 된다. 따라서 대기는 지상 120km까지는 주로 질소와 산소로 되어 있고, 120~1,000km 층은 산소원자로, 1,000~2,000km 층은 헬륨으로, 그 이상 10,000km까지는 수소로 형성된 성층(成層)을 이루고 있다. 즉, 지상 80km까지는 균질권, 그 위는 이질권이다. 지표 부근에서 수증기를 제외한 건조공기의 성분 부피비는 질소가 78%, 산소가 21%, 아르곤이 0.9%, 이산화탄소가 0.035%(350ppm), 그 나머지는 미량의 네온, 헬륨, 크립톤, 제논(크세논), 수소, 메탄 등으로 이루어져 있다. 수증기의 양은 0~0.04%이다. 지구가 원시행성이었을 때의 원시대기는 주로 암모니아, 메탄, 수증기, 수소 등이었으나, 태양열이 수증기를 산소와 수소로 분리시켰고, 산소는 메탄과 반응하여 이산화탄소와 물을 형성하였다. 또 태양열은 암모니아에서 질소를 분리시켰고, 이렇게 하여 질소와 산소를 주성분으로 하는 대기가 생겨났다. 현재 대기 중의 21%를 차지하는 산소의 대부분은 지구상 녹색식물의 출현으로 인한 광합성 작용에 의한 것이다.

ㄷ

대기각(층)(atmospheric shell, 大氣殼(層)) 지구대기를 여러 수직층으로 나누었을 때 그 중의 한 층.
대기층 또는 대기지역이라 하기도 한다. 온도분포는 지구대기를 여러 각 또는 층으로 나누는 데 흔히 사용되는 기준이다. **대류권**은 대기의 가장 낮은 10km 또는 20km까지의 높이를 가리키며, 고도에 따라 온도가 감소한다. **성층권**은 **대류권계면** 바로 위에 있는 등온인 영역을 포함하여 대류권계면으로부터 기온이 가장 높은 40~50km 높이 영역까지의 기층을 가리키는 데 사용된다. **중간권**은 성층권 위층으로 기온이 높이에 따라 낮아지며, 기온이 가장 낮은 70~80km 높이까지의 기층이다. **열권**은 중간권 상부에 있는 층으로 고도에 따라 대체로 지속적인 온도 상승이 있는 기층이다. 여러 가지 물리화학적 과정들이 일어나는 연직분포는 대기층을 나누는 또 다른 기준이 된다. 대체로 10km와 50km 사이에 있는 **오존권**은 상층대기에서 대부분의 오존이 존재하는 층이며, 이 층에서 오존에 의한 태양복사의 흡수는 대기의 복사 균형에 중요한 역할을 한다. 약 70~80km 높이에서 시작하는 **이온권**은 이온화된 입자가 중요하게 작용하는 영역이다. 이온권 아래의 층(중성권)은 이온권에 비해 대조적으로 이온화된 입자의 비율이 크게 낮아진다. **화학권**은 일반적으로 고도에 따른 경계가 확실하지는 않지만 특이한 광화학 반응들이 잘 일어나는 고도 영역이 존재한다. 역학적 및 운동학적 과정들도 하나의 기준이 될 수 있다. 지구 중력권 탈출의 임계 고도 이상, 대기의 가장 상부 영역인 **외기권**에서 대기입자들은 지구 중력의 영향을 받지 않고 자유로운 궤도로 움직일 수도 있다. 대기 조성 변화도 층 구분의 기준이 될 수 있다. **균질권**은 광-해리 작용이나 중력에 의한 구성입자들의 분리가 뚜렷하게 일어나기 어려워서 대기의 평균 분자량이 거의 일정한 층이고, 이에 비해 균질권의 위에 있는 **이질권**은 대기의 조성과 평균 분자량이 일정하지 않은 영역이다. 그 둘 사이의 경계는 산소분자의 광-해리가 시작되는 고도가 될 수 있으며, 이는 보통 80~90km 부근이다. 대기층을 더 세밀하게 나누는 예는 **오존권**과 **대류권**을 참조하라.

대기감쇠(atmospheric attenuation, 大氣減衰) 대기를 통해 투과하는 복사 에너지, 음향 및 전자기 신호의 세기가 대기의 기체 성분과 에어로졸, 수분 등에 의해 발원지의 거리에 따라 감소되는 것.
감쇠의 원인은 산란과 흡수이며 음파(소리)에는 흡수가 산란보다 더 크게 작용한다. 흡수는 온도와 습도에 의해 결정되고 진동수가 많으면 더 잘 흡수된다. 레이더 전자파의 감쇠도 주로 산소와 수증기, 대기의 수체 등의 산란에 의해 일어나며, 진동수가 많을수록 증가한다.

대기경계층(atmospheric boundary layer; ABL, 大氣境界層) 지구의 표면과 접촉하고 있는 대류권의 최하층.
행성경계층 혹은 경계층이라고도 한다. 종종 난류가 두드러지며, 정적으로 안정한 대기층 또는 역전층이 위를 덮고 있는 층이다. ABL 깊이(즉, 역전고도)는 강한 정적안정상태의 경우에는 수십 미터, 사막 위의 대류조건의 경우에는 수 킬로미터까지 시간과 공간에 따라 변화를 보인다. 지상에서 날씨가 좋은 경우, ABL은 뚜렷한 일변화 주기를 보인다. 낮 동안에는, 강한 난류 혼합층이 깊게 성장하며, 정적으로 안정한 간헐적 난류의 유입지대가 그 위를 덮는다. 경계층에서는 난류 규모의 대기운동에 의한 열, 습기, 운동량의 연직 수송이 활발하며 경계층의 상부는 정적으로 안정한 혹은 역전층으로 구분된다. 경계층의 높이는 시공간적으로 달라져, 매우 안정한 야간경계층의 경우 수십 미터, 대류가 활발한 사막의 주간 경계층은 수 킬로미터에 달한다. 해질 무렵에는 난류가 쇠약해지면서 혼합층의 자리에 잔류층이 남게 된다. 밤에는 잔류층의 하층이 복사냉각으로 식은 지면과 접촉하면서 정적안정경계층으로 변화된다. 습한 ABL의 상부에 적운과 층적운이 형성될 수 있으며, 안정경계층의 하부에는 안개가 형성될 수 있다. ABL의 하층 10%를 지표층이라 한다.

ㄷ

대기광(airglow, 大氣光) 중위도 및 저위도 지역에 걸쳐서 대기 상층으로부터 오는 준정체 복사 방출.
고위도 지방의 오로라와 구별된다. 대기광은 대기 상층의 광화학 발광현상이다. 많은 화학반응은 여기상태의 분자와 원자를 만들고, 이 물질들은 특정 파장대에서 복사를 방출한다. 산소분자 O_2, 산소원자 O, 나트륨 Na, 하이드록실 라디칼(radical) OH에서 복사 방출이 두드러지며, 분광기법을 이용하여 대기광의 강도를 측정할 수 있다.

대기과학(atmospheric science, 大氣科學) 지상으로부터 수백 킬로미터 높이까지 지구대기의 물리, 화학 및 역학을 포괄하는 학문.
이 학문은 보통 대기화학, 고층대기물리학, 자기권 물리 및 전 대기 영역에 미치는 태양의 영향에 관한 내용을 포함한다. ‘science’를 ‘sciences’로 쓰기도 한다.

대기굴절(atmospheric refraction, 大氣屈折) 대기의 밀도변화에 의한 굴절현상.
대기 중에서 기온기압 또는 수증기압이 변화하면 단위부피당 대기분자 수의 변화가 일어나서 대기굴절률의 변화가 일어난다. 이 결과 전자기파나 음파의 진행이 굴절된다. 수 미터 정도 높이의 지표면 근처에서 가시광 또는 근가시광의 대기굴절은 보통 온도분포에 의해 결정된다. 대기굴절은 특별한 언급이 없을 때는 일반적으로 전자기파의 굴절을 의미하나, 음파의 굴절을 나타내기도 한다. 신기루는 전자기파의 대기굴절에 의해 나타나는 대표적인 현상이다.

대기권(atmosphere, 大氣圈) 중력에 의해 지구를 둘러싸고 있는 공기층.
영문은 ‘aerosphere’로도 쓰인다. 지구의 대기권은 오로라가 출현하는 산소의 분포를 고려하면 지상 약 1,000km까지이고, 가장 가벼운 원소인 수소분포를 고려하면 지상 약 10,000km까지이다. 지구대기권은 고도별 온도분포에 따라 4개의 권역으로 나누는데, 지표로부터 지상고도가 증가할수록 기온이 감소하는 대류권이 있다. 지표면온도는 15℃이지만 고도 증가에 따른 지구복사열 감소로 인하여 평균 0.65℃/100m의 감률로 하강하여, 지상 약 12km의 대류권계면에서의 기온은 −55℃ 정도가 된다. 대류권 내에서는 대류현상이 일어나며 기상현상이 나타난다. 그 위 지상 약 50km까지는 기온이 상승하는 성층권이다. 성층권은 대기가 매우 안정한 기층이며 지상 20~30km에는 기온 상승의 원인이 되는 오존(O_3)이 많이 분포하고 있다. 성층권계면의 온도는 지표보다 약간 낮다. 그 위 중간권에선 성층권 복사열의 감소로 인하여 기온은 다시 하강하여, 지상 약 85km 중간권계면에서는 −90℃에 이른다. 대기의 질량분포는 **대류권**이 약 80%, **성층권**이 약 19.9%로서 두 층의 합이 지구대기 총질량의 99.9%를 차지한다. 마지막 층을 열권이라 하며 고도에 따른 온도가 계속 증가하여 1,500℃를 초과한다. 하지만 이 높은 온도는 희박한 공기로 인하여 의미가 없으며, 단지 대기의 분자운동에 의해 추정된 온도일 뿐 뜨겁게 느껴지는 것은 아니다. 일반적으로 대류권을 하층대기, 성층권을 중층대기 그리고 열권을 고층대기라 한다.

대기난류(atmospheric turbulence, 大氣亂流)　난류 참조.

대기대순환(general circulation, 大氣大循環)　대규모 대기운동에 대한 통계적인 이해를 바탕으로 한 광역적 표현.
대규모적인 순환운동이 일어나는 제1의 원인은 태양복사량의 불균질한 분포이지만, 물의 존재가 현상을 보다 복잡하게 만들고 있다. 열대에서 증발한 수증기는 고위도지방으로 운반되고, 그곳에서 응결하여 열을 방출하고, 자신은 낙하하여 강수가 된다. 대기 중의 수증기와 구름을 운반하는 것이 바람이다. 열을 운반하는 바람은 기압장의 차이에 기인하여 생긴다. 불균질한 기압장은 태양복사 에너지의 위도 차이에 기인하고 있다. 결국 열과 물의 대규모적인 순환은 풍계에 의해 결정되므로, 대기대순환을 대규모적인 풍계라 한다. 이상을 정리하면, 에너지의 불균질한 분포가 원인이 되어 물의 순환과 풍계를 만들고, 그것에 수반되어 열이 순환하며, 그 결과 다양한 대기순환을 만들고, 그것이 다시 에너지의 분포와 물의 순환에도 영향을 주게 된다. 이러한 기구를 지구되먹임 현상(feedback)이라고 하는데, 지구-대기계 내의 대기현상과 기후는 대부분이 이 시스템을 가지고 있다. 대기대순환에 있어서 또 하나의 중요한 요인은 지구의 자전이다. 지구의 자전에 의해 발생하는 전향력과 기압차에 의해 생기는 기압경도력이 균형을 이루는 형태로 바람이 분다. 이러한 바람을 지균풍이라고 하는데, 상층풍은 주로 이러한 원인으로 적도 부근에 저압대가 생기고, 15~25° 위도권에 고압대가 발생하여 바람이 불어나간다. 고압대로부터 극을 향하여 부는 바람은 전향력에 의해 편서풍이 된다. 적도 쪽으로 부는 바람은 편동풍으로 된다. 또 극 쪽에서 아한대 저압대로 불어드는 바람도 있는데, 마찬가지로 편동풍이 되므로, 아한대 편동풍이라고 한다. 중위도 상공에서 부는 편서풍이 가장 대규모적인 순환인데, 지상의 고기압이나 저기압의 이동과 밀접하게 연결되어 있다. 중위도에서는 일기의 변화가 서에서 동으로 이동하는 것도 이 편서풍의 영향이다. 편서풍의 흐름에는 두 가지 큰 특징이 있다. 하나는 파동을 이루고 있다. 편서풍은 단순히 지구를 감싸 돌고 있는 것이 아니라, 남북으로 사행해 가면서 지구상을 일주하고 있다. 이 파의 파장은 1만 km 내외로 대단히 길어, 초장파라고 불린다. 이렇게 파장이 긴 파에는 중규모의 파가 존재하는데, 이것이 기압의 곡(though)과 능(ridge)에 상당한다. 그런데 지상의 저기압은 초장파 곡의 동쪽에 생기고, 곡의 서쪽이나 능 쪽에는 큰 고기압이 형성되어 있다. 또 하나의 특징은, 흐름이 대단히 강한 제트 기류가 상층에 존재하여 장소에 따라서는 100m/s를 넘어서는 경우도 적지 않다. 통상, 편서풍 제트 기류는 아열대 제트 기류와 아한대 제트 기류로 분류된다. 아한대 제트 기류는 지상의 한대전선대에 대응하는 것으로, 매일매일의 일기를 좌우하는 고 · 저기압의 활동과 밀접한 관계가 있다. 이상은 주로 동서순환에 관한 설명이었는데, 대기대순환이 태양복사량의 지구위도대의 불균형을 시정한다는 측면에서 남북순환이 존재하는 것이 당연하다. 중위도 편서풍의 남북으로의 이동에 의한 결과로 생기는 남북순환이 로스비(Rossby) 순환이고 열대지역에서 볼 수 있는 것이 해들리(Hadley) 순환인데, 이들은 모두 저위도의 열을 고위도로 이동하는 데에 중요한 역할을 담당한다.

대기대순환모형(general circulation model, 大氣大循環模型) 대기대순환을 설명하기 위하여 단순화하여 제시된 대기대순환 패턴.

대표적인 것으로 해들리(J. Hadley, 1685~1768)의 단세포 대기대순환모형과 페렐(W. Ferrel, 1817~1891)의 삼세포 대기대순환모형이 있다. 1735년에 영국의 물리학자인 해들리는 저위도 지상에서 관측되는 북동무역풍을 설명하기 위하여 단세포 모형의 간단한 대기대순환 패턴을 제안하였다. 해들리의 대기대순환모형은 선원들이 저위도를 항해할 때에 통상적으로 동쪽에서 서쪽으로 부는 바람에 마주친다는 사실을 설명하고자 하는 것이 주요 목적이었다. 해들리의 단세포 대기대순환모형의 구성은 다음과 같다. 지구는 전부 해양으로 덮여 있으며, 적도 상공에 떠 있는 태양에너지를 받아 지표가 가열되는 것으로 가정하였다. 해들리는 적도지표에서 가열된 공기는 상층대기 쪽으로 연직 상승한 후에 양 극 쪽으로 발산하고, 극지방에서 침강하여 다시 적도로 되돌아오는 하나의 순환세포를 제안하였다. 페렐의 삼세포 대기대순환모형에서는 해들리 세포가 지표면의 약 반 정도 되는 지역의 공기분포와 이동을 감당한다. 각 반구에서 해들리 세포 바로 옆에 페렐 세포가 존재하는데, 이는 아열대고기압대와 아한대저기압 또는 저기압부 사이에서 공기를 순환시킨다. 페렐 세포의 적도 쪽에서, 북반구 아열대고기압으로부터 극 쪽으로 이동하는 공기는 우측으로 전향되어 편서풍대를 형성한다. 해들리 세포와 달리 페렐 세포는 가열의 차이로 생기는 것이 아니고 이웃하는 두 세포(해들리 세포와 극 세포)의 순환에 의해 생성된 것이어서 간접 세포라고 한다. 삼세포 대기대순환모형의 극세포 내에서 지표공기는 극고기압에서 아한대저기압 쪽으로 이동한다. 아한대 지역에 위치한 공기는 극지역의 공기와 비교하여 볼 때 기온이 약간 더 높아서 지표 저기압이 생성되며 상승운동이 일어난다. 극지대에서의 한랭한 환경은 지표 고기압을 생성시키며 적도 방향으로 향하는 하층 운동을 야기한다. 양반구에서 전향력은 기류를 전향시켜 대기 하층에서 극편동풍대를 형성한다.

대기먼지현상(lithometeor, 大氣-現象) 먼지, 안개, 연기 그리고 모래 등을 포함한 대기 중에 모든 물질들에 대한 일반적 용어.

대기물리(atmospheric physics, 大氣物理) 대기운동과 직접적 관련이 없이 대기 중에서 일어나는 여러 가지 물리현상을 취급하는 대기과학의 한 분야.
물리기상학과 거의 동의어로 사용한다. 물리기상학에는 보통 대류권에서 일어나는 광학, 전기, 음향 및 열역학적 현상, 대기의 화학적 조성, 복사의 법칙들, 그리고 구름과 강수의 물리과정 등이 포함되어 있다.

대기물수지(atmospheric water budget, 大氣-收支) 대기 중에 유입되는 물의 양과 대기로부터 유출되는 물 사이의 평형.
전지구의 대기 중에 있는 물의 양 변화는 지표로부터 증발에 의해 유입되는 물의 양과 강수로 지면에 떨어지는 양 사이의 차이로 결정된다.

대기물현상(hydrometeor, 大氣-現象) 대기 중 수증기가 응결과정을 통해 형성할 수 있는 액체 및 고체상태의 대기입자.
수상체라고도 한다. 대기물현상은 상과 밀도에 따라 분류되며 구름 물방울, 빗방울, 안개, 눈, 우박, 빙정 등이 포함된다.

대기복사(atmospheric radiation, 大氣輻射) 대기가 방출하는 적외역의 긴 파장역의 복사에너지.
지구는 태양으로부터 항구적 복사 에너지를 받고 있으나 기온이 계속 올라가지는 않는다. 이것은 대기복사에 의해 지구대기가 열을 내보내기 때문이다. 지구가 1년을 평균할 때 거의 일정한 상온 15℃를 유지하는 것은 흡수하는 태양복사의 양과 방출하는 지구복사(대기복사+지표복사)의 양이 거의 같기 때문이며, 지구복사에 있어서 대기복사와 지표복사의 비는 7 : 3 정도이다.
태양복사, 지구복사를 참조하라.

대기복사수지(atmospheric radiation budget, 大氣輻射收支) 특정 시간과 장소에서의 대기복

사의 입사량과 방출량에 대한 계산.
대기복사수지는 우주로의 장파복사에 의한 방출과 지표에서의 장파복사에 의한 입사에 따른 에너지 손실과 이득의 계산이다. 장기적 평균치에 의한 지구의 대기복사수지는 약 -100W/m^2 이다.

대기분극(atmospheric polarization, 大氣分極) 대기 중에서 분극이 안 된 빛이 분극되어 한정된 몇 개의 방위로 서로 상관되어 진동하는 전자기파로 바뀌는 과정.
대기편광이라고도 한다. 빛은 진동하는 전자기장이다. 관련된 전자기장에서 전기 벡터가 한 평면 이상에서 서로 상관성을 갖지 않고 진동하고 있는 빛을 분극 안 된 빛이라고 한다. 태양이나 램프 또는 촛불에서 방출되는 빛은 분극이 안 된 빛이다. 그런 빛은 여러 방향으로 진동하는 전하들이 각 방향으로 진동하는 전자파를 만듦으로써 생긴다. 분극 안 된 빛이란 개념을 가시화하기란 어렵다. 일반적으로 분극 안 된 빛을 그리는 데 도움을 주는 것은 평균적으로 한 절반의 진동들이 어느 평면에서 일어나고 다른 절반의 진동들은 이에 수직인 면에서 일어나는 것으로 생각하는 것이다. 분극된 빛 곧 편광은 그 빛의 전파 방향에 직교하는 평면 위에서 전기 벡터가 진동하는 분포 형태에 따라 선형 편광, 원형 편광 및 타원형 편광으로 구별된다. 빛의 분극을 초래할 수 있는 과정들은 투과반사굴절 및 산란 등 크게 네 가지이다. 맑은 날 낮 하늘복사의 분극은 선형분극 P의 값과 분극된 복사의 타원분포에서 장축과 그 방향에 의해 정량화될 수 있다. 스토크스의 매개변수 I(산란된 빛의 전량), Q, U 및 V에 대하여, 하늘빛의 선형분극 P는 다음과 같은 식으로 표현된다.

$$P = \frac{(Q^2 + U^2 + V^2)^{1/2}}{I}$$

여기서 원형 분극된 값 V/I를 무시하면, P는 중립점에서 영이고, 태양으로부터 약 90°인 천구 대원을 따라 국지적으로 최대치를 갖는다. 일출과 일몰 시 이 대원은 지평면에 직교하는 하늘을 반으로 나누는 자오선이 된다.

대기산화용량(oxidizing capacity of atmosphere, 大氣酸化容量) 대기 중으로 배출된 물질(종종 유기성분)의 대기자정능력.
대기 중에 배출된 대부분의 유기성분의 분해는 하이드록실라디칼에 의해 시작되는 산화과정으로 이루어진다. 현재 수준의 대기 중 탄화수소류를 제거할 수 있는 하이드록실라디칼(OH)의 농도를 유지하는 대기의 능력을 대기산화용량이라고 부른다. 대기산화용량에 대한 정량적 척도는 아직까지 정의되어 있지 않다.

대기상학(macrometeorology, 大氣象學) 대기대순환, 로스비 파 등과 같이 지구 전체에 걸쳐 변동하는 대규모 대기현상과 그 특성을 연구하는 학문.
대기운동은 시간과 규모에 따라 대규모, 종관규모, 중규모, 미규모로 분류할 수 있다. 대규모 대기현상과 중규모 대기현상 사이에는 커다란 격차가 있고, 이 격차는 종관규모의 대기 특성에 의해 연결된다.

대기순환모형(atmospheric circulation model, 大氣循環模型) 대기에서 나타나고 있는 순환의 구조와 순환구조의 요인들을 정량적으로 서술, 모사 또는 분석하기 위해 사용하는 수학적 모형.
대기대순환모형 또는 반구모형 등은 이의 한 예다.

대기생물학(aerobiology, 大氣生物學) 대기 중에 자유롭게 떠도는 살아 있는 유기체의 분포와 그 영향을 연구하는 학문.
미생물체, 벌레, 씨앗, 균류식물의 포자 등을 포함한다. 주로 바람에 의해 분산되나 일부 종류는 특별한 적응이나 비행을 통해 분산을 촉진한다. 작은 유기체들은 맴돌이확산과 상승 열기류에 의해 들려져 공기 중에 머물며, 때로는 기류 내에서 옆혼합에 의해 16km가 넘는 고도에 도달하기도 한다.

대기시간(latency, 待機時間) 일반적으로 시스템 안에서의 시간 지연을 의미.
'latency time' 또는 'latency period'라고도 한다. 전산과학에서는 기억 장치 내의 어떤 특정한 물리 어드레스로 정보 데이터를 입력할 때까지 필요한 시간을 의미한다.

대기압력(atmospheric pressure, 大氣壓力) 관측점 위 수직 방향 기둥 안에 있는 공기입자들이 지구와의 만유인력으로 인해서 관측점에 작용하는 압력.
기압이라 하기도 한다. 기압은 기체 또는 액체상태의 성분을 포함한 공기분자들이 표면 위에 수직으로 부딪히면서 단위면적당 가해지는 힘이다. 공기 중 유체 내에서 임의 지점에 가해지는 힘은 모든 방향으로 같은 양이며 그 크기는 $ML^{-1}T^{-2}$로 주어진다. 기압은 지구표면 임의 지점에 중력 방향으로 단위면적당 수직으로 가해지는 공기의 무게이며 지구표면 $1m^2$당 무게는 평균 약 10^4kg(10tons)에 해당한다. 기압(P)은 힘(F)과 단위면적(A)과의 관계에서 $P=F/A$로 나타내어 $F=mg$의 관계가 성립되며 여기서 F는 힘, m은 질량, g는 지구중력가속도이다. 사용되는 압력의 단위는 SI 국제표준으로서, Newton/m^2에 해당되는 파스칼(Pascal)로 나타내고, cgs 단위로서는 millibar(mb)를 사용한다. 일반적으로 지표고도에서 기압은 10^5Pa(1,000 hpa) 또는 1,000mb가 된다(1mb=100pascal). 1hector Pascal은 1hPa로서 표현되어 기압의 통상 단위로 사용된다. 전지구의 평균 해면고도상의 기압은 1013.25mb이며 이 중에서 약 765mb는 질소, 약 235mb는 산소 그리고 약 13mb는 아르곤 분자에 의한 압력에 해당한다. 바람에 의한 압력은 기압에 비하여 매우 적어 보퍼트 6개급 풍력 규모에서 풍압은 대략 기압의 1,000분의 1의 값이다.

대기역학(atmospheric dynamics, 大氣力學) 날씨 및 기후와 관련하여 일어나고 있는 모든 규모의 대기운동을 다루는 학문.
대기역학에서 공기는 연속적인 유체로 간주되고, 유체역학과 열역학의 기본 법칙들은 바람, 공기 밀도, 기압 및 기온을 연관시키는 편미분방정식으로 표현된다.

대기열역학(atmospheric thermodynamics, 大氣熱力學) 열역학을 대기에 응용하는 학문.
지구대기는 온도와 압력과 성분기체의 조성에 극히 한정되어 특징지어진다. 그러나 수분(water, 水分)의 상이 변할 때는 대기의 열역학적 이론에 따라 그 과정이 지배된다.

대기오염(air pollution, 大氣汚染) 대기의 성분 중에서 자연적으로 생성된 물질이 아닌 성분 기체로서 대기의 질을 저하시키고 그 성분을 변하게 하는 물질.
인위적으로 방출된 바람직하지 않은 오염물질에 의해 대기의 성분이 변화하고, 그 질이 악화되어 사람의 건강을 해치고 동식물의 삶에 해롭고 쾌적한 생활을 방해하는 대기의 구성물질을 말한다.

대기오염기상학(air pollution meteorology, 大氣汚染氣象學) 대기오염에 관한 연구를 중심으로 하는 기상학의 세부 분야.
대기오염기상학의 주제들은 오염원과 배출률, 플룸 상승, 낙진, 건성 및 습성 침착, 화학성, 강수 제거, 분산(분자확산과 난류수송), 단거리 및 장거리 수송(이류), 구속현상, 적운 정화, 복합 지형 및 중규모 순환, 포획제, 사회 영향, 경고와 사건, 정책과 조정, 모델링, 예보, 통제, 기후변화 등이다.

대기오염기준(air quality criteria, 大氣汚染基準) 대기오염에 대한 노출과 인간 건강, 독성, 식물, 물질 등의 영향을 고려한 대기오염 농도의 기준.
대기오염기준은 오염농도의 시간대별 영향으로서 다양한 시간 간격에 따른 평균농도를 나타낸다. 단시간 동안의 고농도 오염물질 노출과 장시간 동안의 저농도 오염물질 노출은 같은 영향을 미치기 때문에 시간평균농도가 사용된다.

ㄷ

대기오염에 대한 우리나라의 대기환경기준(2007)

항목	기준
아황산가스(SO_2)	• 연간평균치 0.02ppm 이하 • 24시간 평균치 0.05ppm 이하 • 1시간 평균치 0.15ppm 이하
일산화탄소(CO)	• 8시간 평균치 9ppm 이하 • 1시간 평균치 25ppm 이하
이산화질소(NO_2)	• 연간평균치 0.03ppm 이하 • 24시간 평균치 0.06ppm 이하 • 1시간 평균치 0.1ppm 이하
미세먼지(PM_{10})	• 연간평균치 50㎍/m^3 이하 • 24시간 평균치 100㎍/m^3 이하
오존(O_3)	• 8시간 평균치 0.06ppm 이하 • 1시간 평균치 0.1ppm 이하
납(Pb)	• 연간평균치 0.5㎍/m^3 이하
벤젠	• 연간평균치 5㎍/m^3 이하(2010년부터 적용)

대기오염사건(air pollution episode, 大氣汚染事件) 대기의 조건과 대기오염물질에 의해 사람과 생물체에 심한 해를 끼친 세계적 사건.
대기오염사건의 대표적 예로는 1930년 12월 벨기에의 뮤즈 계곡 사건과 1948년 10월 미국의 도노라 사건, 1952년 12월 영국의 런던 스모그 사건, 1954년 8~9월 미국의 로스앤젤레스 스모그 사건 등이 있다.

대기오염통제(air pollution control, 大氣汚染統制) 오염원 또는 대기오염물질들의 배출이나 전조를 규제함으로써 대기오염을 최소화하는 과정.
대기오염의 통제전략은 모델링에 의하여 대기오염을 줄일 수 있는 장기정책이다. 이산화황과 같은 1차 오염물의 통제전략은 청정 저유황 석탄을 태우는 것과, 연소물질들이 대기로 배출되기 이전에 이산화황을 제거하는 것 등이다. 직접 대기로 배출되는 것이 아니고 질소산화물(NO_x)과 휘발성 탄화수소의 화학 및 광화학 반응에 의해 낮은 대기에서 형성되는 오존과 같은 2차 오염물은 1차 오염물 중 한두 개의 배출물을 바꿈으로써 통제할 수 있다.

대기 오존(atmospheric ozone, 大氣-) 대기를 구성하는 미량기체.
오존은 생명체에 매우 필수적이지만 임계치 이상의 노출에서는 심각한 생리 및 환경적 피해를 야기할 수 있는 유독가스이다. 대류권과 성층권의 오존 농도는 인간활동에 의해 증감한다. 오존의 대기작용에 대한 다양한 양상은 잘 알려져 있으나, 기상 및 화학적 해결책이 요구되는 문제점은 아직 남아 있다. 상층대기의 성층권 오존은 지구에서 생물의 삶을 영위하는 데 필수 불가결한 요소이지만, 지구 표층 대류권의 오존은 폐와 눈에 염증을 유발하고 식생을 파괴하는 대기오염의 주요 성분이 되기도 한다. 다행히 대류권 저층에서의 오존 발생은 몇 분 정도만 지속되기 때문에, 많이 오염되어 있는 도시공기 내에서도 오존 농도는 약 0.15ppm밖에 되지 않는다. 그러나 성층권 내 지상 25km 고도에서의 오존 농도는 7.5~15ppm으로 지상의 50~100배 정도 높게 나타난다.

대기전기(atmospheric electricity, 大氣電氣) 1. 지구대기에서 일어나는 모든 전기적 현상들을 집합적으로 나타내는 표현.
번개나 **성엘모의 불**같이 직접 눈으로 관찰할 수 있는 현상뿐만 아니라 공기입자의 이온화, 공지전류와 같이 눈에 잘 띄지 않는 전기적 과정들도 포함한다. 대기 중에 전하를 띤 입자는 주로 우주 선, 자외선 및 뇌우 등에 의한 것이나 작은 먼지나 물보라에 의한 미세입자가 이온 입자를 흡착하여 대전되기도 한다. 뇌우에서의 전하 분리 현상은 아직 명확히 이해되지 못하고 있으나 현재 지구대기 전체적인 전기장은 일반적으로 뇌우에서의 전하 분리에 의해 유지되고 있는 것으로 믿고 있다.
2. 대기 중에서 일어나고 있는 전기적 과정들을 취급하는 연구.

대기전기장(atmospheric electric field, 大氣電氣場) 대기 내에서 발생하는 전기장의 세기. 일반적으로 시간 공간에 따라 크게 변화한다. 맑은 날씨일 때 지표면 부근에서 대기전기장은 약 100볼트/미터이며, 보통 대기 중 양전하는 지표면 쪽으로 서서히 이동하고 방전된다. 맑은 날씨에서 전기장의 세기는 고도에 따라 감소하며, 약 10km 고도에서 5볼트/미터에 불과한 경우도 많다. 뇌우 근처나 구름이 연직으로 발달하고 있는 지역에서 지표면 부근의 전기장은 그 세기와 방향이 일반적으로 크게 변화한다. 활동적인 뇌우 바로 밑에서는 전기장의 방향이 순간적으로 바뀌는 경우도 흔하다. 큰 규모의 국지적 요란이 없는 지역에서 전기장의 일 변동을 관측하면 지구의 어느 지점에서나 보통 1900UTC에 최대가 나타난다. 이는 이 시각에 세계적으로 뇌우가 많이 발생하여 맑은 날씨 지역에서 양전하의 지표면 방전에 의해 약화되는 전기장을 전지구적으로 다시 강화시키기 때문인 것으로 믿어지고 있다. 맑은 날씨일 때 전기장의 변화폭은 전지구적으로 지리적인 위치에 따라 크게 달라지나, 어느 지점에서 국지적인 대기오염원에 의해 변동하는 전기장의 변화를 무시하면 일반적으로 지표 부근의 전기장 변동은 1900UTC 부근에서 최대 진폭을 나타낸다.

대기조석(atmospheric tide, 大氣潮汐) 해양조와 유사한 지구규모의 대기운동.

대기진동이라고도 한다. 연직속도의 변화보다는 공기의 밀도변화에서 잘 나타난다. 태양 또는 달에 의해 만들어지며, 중력에 의한 조석과 대기 가열에 의한 조석이 있다. 최대 진폭의 대기조석은 태양에 의한 12시간 또는 반일 주기이다. 이는 중력과 가열에 의한 조석의 두 특성을 동시에 가지며, 해양조의 주기와 아주 유사하게 달에 의해 나타나는 대기조석에서의 진폭보다는 훨씬 크다. 이외에도 6, 8, 12 및 24시간 주기의 대기조석이 관측되고 있다.

대기질(air quality, 大氣質) 공기 중의 오염물질의 농도를 정의하는 공기의 청결함의 척도. 주로 인간 건강에 대한 잠재적인 효과를 나타내는 데 사용된다.

대기질 모델(airshed model, 大氣質-) 주어진 지역의 대기질 예측 및 연구를 위해 고안한 모델.
대기질 모델은 전형적으로 1차적으로 오염원에 의한 배출, 지역 내 바람장이나 안정도 등 기상상황에 의한 확산과 이류, 2차 오염물질 생성을 설명할 수 있는 화학반응 등을 포함한다. 도시지역에 대한 대기질 모델이 가장 일반적이다.

대기창(atmospheric window, 大氣窓) 대기의 기체에 의해 복사의 흡수가 거의 일어나지 않는 파장의 범위.
주요 대기창으로는 ~0.3에서 ~0.9㎛의 가시창, ~8에서 ~13㎛의 적외창, 그리고 ~1mm보다 큰 마이크로파 창이 있다. 적외창은 매우 습한 경우 수증기에 의한 흡수로 투명성의 대부분을 잃게 되며, 구름이 있을 때는 완전히 불투명해질 수 있다.

대기파(atmospheric wave, 大氣波) 시간 또는 공간의 장에서 주기성을 갖고 반복해서 나타나는 형태나 모양.
대기역학에서 음파, 중력파 또는 로스비 파 등은 대기파로 나타날 수 있다.

대기-해양 대순환결합모형(coupled ocean-atmosphere general circulation model, 大氣海洋大循環結合模型) 대기와 해양 성분이 서로 상호작용하도록 결합된 대순환 기후모형.
이러한 종류의 모형은 주로 기후 강제력의 변화에 따른 기후의 반응을 조사하는 데 이용된다.

대기-해양 상호작용(air-sea interaction, 大氣海洋相互作用) 대기와 해양 경계층의 역학과 열역학에 영향을 주는 해양표면과 접촉하고 있는 대기의 결과적인 과정.
이러한 상호작용의 범주에는 운동량, 열, 파동 에너지, 난류를 포함하는 역학적 에너지, 수증기, 기체, 입자, 물보라, 공기방울 등의 질량의 교환, 표면 파동의 생성, 난류의 생성, 그리고 바람과 해류의 연직 프로파일에 주는 영향 등을 포함한다.

대기현상(atmospheric phenomenon, 大氣現象) 지표면 부근에서 관측 가능한 대기의 물리적 특성으로서 비역학적이고 비종관적인 현상.
대기현상은 구름을 제외한 수문기상과 먼지현상, 전기현상, 빛현상, 폭풍, 지상 토네이도, 해상 토네이도, 돌풍 등이다. 수문기상은 비와 눈, 안개 등이며, 먼지현상은 매연과 황사, 전기현상은 뇌전, 빛현상은 무지개와 무리, 광환, 채운 등이다. 바람과 기압, 온도의 국지적 또는 광역적 특성과 같은 '현상'들은 제외시킨다. 대기현상은 구름에 의한 여러 작용이 있긴 하지만 구름은 제외시킨다. 항공기상관측에서의 대기현상은 '날씨와 시정방해' 두 가지 범주로 나눈다.

ㄷ

대기화학(atmospheric chemistry, 大氣化學) 대기의 조성과 대기 중에 일어나는 화학변화를 연구하는 학문.
대기화학분야는 야외관측, 컴퓨터모델링, 실험실 측정을 포함하며, 대기권과 생물권 간의 상호작용과 현재의 상태를 설명하고 미래의 변화를 예측하기 위해 인위적인 영향을 이해하는 것이 필요하다.

대류(convection, 對流) 전도, 복사 등과 함께 열의 세 가지 전달과정 중의 하나로, 열 때문에 유체가 상하로 뒤바뀌며 움직이는 현상.
물체 자체가 유동적으로 움직여 열이 운반되며, 액체나 기체에서 일어나는 열전달 현상이다. 이는 흔히 물을 끓일 때 일어나며, 이로 인해 유체는 전체가 고루 가열된다. 크게 자유대류와 강제대류로 나누어진다. 자유대류는 유체가 부분적으로 가열되어 온도가 높아지면(물의 4℃ 이하와 같은 경우는 제외), 그 부분이 팽창하여 밀도가 작아지기 때문에 부력이 생겨 위로 올라가고, 대신 위에 있던 온도가 낮고 밀도가 큰 부분이 내려온다. 즉, 국지적인 가열로 인해 정역학균형이 만족되지 못할 때 자유대류는 형성되게 된다. 이러한 과정을 되풀이함으로써 물질 자신의 운동에 의해 열을 전달하며, 유체는 전체가 고루 가열된다. 강제대류는 지표 불균질, 난류, 지형과 같은 요인으로 발생하는 역학적 강제력에 의해 발생하게 된다. 특히 대기 중에서의 대류는 상대습도가 100%보다 낮을 때 발생하는 건조대류와 상대습도가 100%보다 높을 때 발생하는 습윤대류로도 나누어질 수 있다. 이들 대기 중에서의 대류는 주로 주변공기보다 높은 온도를 가지고 상승하는 공기덩어리와 증발과 같은 과정에 의해 주변공기보다 낮은 온도를 가지고 하강하는 공기덩어리로 구성된다.

대류가용잠재 에너지(convective available potential energy; CAPE, 對流可用潛在-) (공기)덩이 이론(parcel theory)에 따라 공기덩이가 상승할 때 사용될 수 있는 최대 에너지.
외부와 고립된 채 외부공기와 열교환을 하지 않는 공기덩어리가 연직으로 상승할 때, 이 공기덩어리의 온도는 단열팽창과 응결 등으로 변하게 된다. 이렇게 변하는 공기덩어리의 온도가 주변공기의 온도보다 높아지는 고도, 즉 자유대류고도부터 이 공기덩어리는 자신의 온도가 주변공기의 온도보다 낮아지는 고도, 즉 중립부력고도까지 외부 강제력의 도움 없이 스스로 계속 상승하게 된다. 이때 자유대류고도에서 중립부력고도까지 공기덩이가 가지는 부력 에너지를 합산한 것을 말한다. 참고로 부력 에너지는 공기덩어리의 온도와 주변공기의 온도차에 정비례한다. 즉, 공기덩어리가 주변공기에 비해 따뜻할수록 부력 에너지는 증가한다. 단열선도에서 부력 에너지는 공기덩어리가 따르는 온도경로선과 주변공기의 온도선과의 차이로 측정된다. 이러한 부력 에너지의 합산, 즉 대류가용잠재 에너지를 수치적으로 표현하면 다음과 같다.

$$\mathrm{CAPE} = \int_{p_n}^{p_f} (\alpha_p - \alpha_e)\,dp$$

여기서 α_e는 주변공기의 비적(比積)을, α_p는 공기덩어리의 비적, p_f는 자유대류고도에서의 압력 그리고, p_n은 중립부력고도에서의 압력이다.

대류경계층(convective boundary layer; CBL, 對流境界層) 지표층, 혼합층, 전이층의 3층 구조로 구성되어 있는 대기경계층.
지표층은 대류 난류와 기계적 난류에 의해서 동시에 작용한다. 바람 시어는 지표면 부근에서 가장 강하고 바람 시어의 영향은 지표층 내로 제한된다. 혼합층은 대류 난류가 지배적인 반면 시어에 의해서 발생하는 기계적 난류는 아주 약하다. 대기경계층 꼭대기 근처에는 시어에 의한 기계적 난류가 전이층 내에서 일어난다. 지표층은 CBL의 가장 아래쪽의 5~10%로 구성된다. 여기서는 높이에 따른 풍속, 온위와 비습의 유의적인 변동(경도)이 일어나고 있음이 관측된다. 그러나 평균풍향은 높이에 따라 거의 변하지 않는다. 얕은 지표층 바로 위에는 아주 두꺼운 혼합층이 놓여 있고, 이 혼합층은 상층 역전층의 밑부분까지 거의 확장된다. 혼합층의 특성은 온위 또는 가온위가 높이에 따라 일정하고 바람과 비습이 높이에 따라 거의 일정하다는 것이다. 혼합층 두께 또는 역전층 밑면의 높이 z_i는 가장 중요한 높이, 즉 혼합층 상사이론 내의 길이 규모를 구성한다. 혼합층은 높이가 증가함에 따라 난류가 억제되고 PBL의 꼭대기에서는 난류가 완전히 소멸되는 안정 성층 전이층에 의해서 마치 모자를 덮어 쓴 것처럼 되어 있다. 전이층은 아래로부터 중간쯤에 침투하는 열기포와 특히 PBL이 급격하게 성장하는 늦은 아침 기간 동안 자유대기 위로부터 더 온난하고 더 건조한 비난류 자유대기의 유입에 의해서 영향을 받는다. 비록 상한과 하한 경계 모두에서 넓은 범위로 변동할 수 있지만, 전이층은 전형적으로 $0.9z_i$에서부터 $1.2z_i$까지 확장된다.

대류권(troposphere, 對流圈) 대기의 하층으로 지표면에서부터 고도에 따라 기온이 감소하는 부분.

대류권의 두께(즉, 대류권계면의 높이)는 위도에 따라 크게 다르지만, 보통 지표에서 고도 10~20km까지가 대류권에 속한다. 대류권은 높이에 따라 기온이 감소하므로, 바람의 수렴/발산, 연직 운동에 따른 수증기 응결/증발 등이 활발하게 발생하는 등 대부분의 날씨 현상이 이곳에서 나타난다. 대류권은 지표면의 영향을 강하게 받는 경계층과 영향을 받지 않는 자유대기로 나뉜다.

대류권계면(tropopause, 對流圈界面) 대류권과 성층권 사이의 경계면.
보통 이 권계면에서 기온감률이 급격히 변한다. 대류권계면의 높이는 대류권의 평균기온에 비례하므로, 열대 약 16km, 중위도 약 12km, 극지역 약 9km 정도에서 나타난다. 이런 특징과 대류권의 기온감률을 고려하면 대류권계면의 기온은 적도 상공에서 가장 낮음을 쉽게 추측할 수 있다.

대류권계면 불연속(tropopause discontinuity, 對流圈界面不連續) 대류권계면 접힘으로 인해 형성된 대류권계면의 불연속.
대류권계면의 고도는 대기상태, 위도, 그리고 계절에 따라서 바뀌며, 한대 제트와 아열대 제트가 형성되어 있는 대류권계면 부근에서는 대류권계면 접힘에 의해 대류권계면 불연속이 발달한다. 이 불연속 부분을 통해서 성층권의 공기, 오존 그리고 방사능물질이 대류권으로 이동한다.

대류권계면 접힘(tropopause folding, 對流圈界面-) 대류권계면이 국지적으로 하강할 때 아래로 가면서 끝부분이 가는 원뿔모양으로 접히는 현상.
대류권계면 접힘 시에 한 지점에서 서로 다른 고도에서 2개 또는 3개의 대류권계면이 관측된다. 대류권계면 접힘 현상이 일어날 경우 접힌 부분을 통해서 성층권의 수분이 적은 건조공기와 함께 오존이 대류권으로 유입되어 국지적으로 대류권의 오존 농도가 증가할 수 있다. 그리고 성층권의 안정도와 잠재와도가 큰 공기가 대류권으로 유입되어 상층에 절리저기압과 지상저기압의 발달을 유도하는 경우가 있다.

대류권 에어로졸(tropospheric aerosol, 對流圈-) 대기 중에 떠 있는 구름과 강수입자를 제외한 모든 입자.
에어로졸은 육지, 해양 그리고 대기 내에서 광화학 과정 등에 의해서 형성된다. 에어로졸은 크게 대류권 에어로졸과 성층권 에어로졸로 구분하며, 이 둘 사이에는 에어로졸의 형성과정, 화학조성 그리고 크기 등에서 커다란 차이가 있다. 대류권 에어로졸의 발생원으로 네 가지를 들 수 있다. 첫 번째 생물학적 원인으로는 동물과 식물의 방출한 씨, 꽃가루, 포자 그리고 동식물에서 떨어져 나온 작은 입자 등으로 직경은 1~250㎛이다. 둘째는 육지와 해양에서 나온 것으로 화산폭발 시 대기 중으로 분출된 입자, 해염 바람과 난류에 의해 지표에서 대기 중으로 이동한 먼지입자와 토양입자이다. 셋째는 인간의 생활과 산업활동에 의해 인위적으로 생긴 것이다. 예를 들면 화석연료의 연소와 산불과 공장에서 나온 매연입자 등이다. 도시 대기 중에서 기체의 입자화에 의해서 황산염과 질산염 등을 형성한다. 이러한 입자들은 구름 응결핵으로 작용한다. 에어로졸 입자는 일반적으로 구형은 아니지만 구형을 가정했을 때의 상당 직경에 따라 직경이 0.001~0.1㎛인 에이트킨 입자, 직경이 0.1~1㎛인 대핵입자 그리고 직경이 1㎛ 이상인 거대입자로 분류한다. 대류권 에어로졸의 체류시간은 대체로 1일 이하이다.

ㄷ

대류 리처드슨 수(convective Richardson number, 對流-數) 밀도성층 유체 속에서 나타나는 난류의 발달성쇠를 나타내는 매개변수.
난류 에너지 방정식에서 레이놀즈 응력과 부력 간의 비로 에너지 생성률을 나타내는 것을 플럭스 리처드슨 수라고 한다. 한편, 레이놀즈 응력과 열 플럭스를 난류확산계수로 나타낸 것을 경도 리처드슨 수 또는 대류 리처드슨 수(Ri)라고 한다.

$$Ri = \frac{g}{\theta} \frac{\partial\theta/\partial z}{(\partial u/\partial z)^2}$$

여기서, g는 중력가속도, θ는 평균온위, $\partial\theta/\partial z$는 온위의 연직경도, $\partial u/\partial z$는 풍속의 연직경도이다. $Ri > 1$이면 난류가 감쇠·소멸한다. 불안정에 의한 난류 발생의 한계를 정의하는 임계 리처드슨 수 Ric는 0.2로 알려져 있다.

대류불안정(convective instability, 對流不安定) 상당온위 또는 습구온위가 상층으로 갈수록 감소하는 경우의 불안정.
대류불안정은 대기층 전체가 전선면이나 산 사면을 따라서 활승하거나 저기압 내에서 수렴성 상승이 발생하여 전 대기층이 응결고도 이상이 되면 전 대기층에서 기온감률이 습윤단열감률보다 크게 되기 때문에 격렬한 대류가 발생하여 많은 비가 내리기도 한다.

대류성 강수(convective precipitation, 對流性降水) 적란운 내부의 상승기류가 활발한 곳에서 주로 수적의 병합 또는 결착에 의해 성장한 후 상승기류가 생긴 곳에서 그리 멀리 떨어지지 않은 곳에 내리는 강수.

대류세포(convection cell, 對流細胞) 1. 대류가 일어나는 층에서 대류의 조직화된 단위. 대류세포는 중심에 상승기류가 있고 그 주위에 하강기류가 있는 경우 또는 이와 반대인 경우 대류세포는 두 기류의 경계면에 의해서 분리된다. 실험실에서 생성하는 대류는(베나르 세포라고도 함) 보통 수평길이가 대류의 길이와 비슷해서 그 형태가 정방형, 삼각형 또는 육각형 구조를 갖기도 한다. 또한 이들 세포는 층류 또는 난류로 그리고 정상상태 또는 진동을 하기도 한다. 대기경계층 대류에서는 이 용어는 수평규모가 적어도 대기경계층의 길이와 비슷한 조직화된 난류대류를 의미한다. 구름 낀 경계층의 경우에는 대류세포는 열린 세포나 닫힌 세포의 구조를 가질 수 있다. 열린 세포는 세포 내 하강기류로 인해 구름이 없는 구역과 이 구역을 둘러싸고 있는 좁은 구역은 상승기류에 의해 형성된 구름으로 이루어져 있다. 닫힌 세포의 경우 그 중심에 층적운이 있고 그 주위에는 좁은 구역에 하강기류가 나타난다.
2. 강수를 동반하는 습윤 대류에서 생존시간이 대체로 20~30분이고 레이더 반사도의 등치선이 종종 닫힌 대류.
이러한 세포는 일반적으로 초기에 적운 상승기류, 강수에 의해 유도된 하강기류, 그리고 마지막으로 약한 하강기류를 포함한 구름으로 바뀐다.

대류수송이론(convective transport theory, 對流輸送理論) 대류열이 대기경계층에서 비국지적 연직수송을 일으키는 상태를 지표 플럭스와 혼합층 대기상태의 관계로 나타낸 이론.
변수 S의 운동 유속 F_s는 다음과 같이 정의된다.

$$F_s = b_s w_B (S_{sfc\,skin} - S_{mid-ML})$$

여기서 w_B는 부력속도(buoyancy velocity), $S_{sfc\,skin}$은 단단한 매질의 지구표면에서의 S의 값, S_{mid-ML}은 대류혼합층 중간에서의 S의 값이며, b_S는 10^{-3} 차수의 경험적 매개변수이다.

대류억제(convective inhibition; CIN, 對流抑制) 공기덩이를 시작고도에서 자유대류고도(LFC)까지 위단열적으로 치올리는 데 소요되는 에너지.
공기덩어리가 지표나 해수면 근처에서 상승할 때 많은 공기덩어리는 주변공기보다 낮은 온도를 가지게 된다. 하지만 이들 공기덩어리가 외부와 열교환을 하지 않는다는 가정을 하면 이들 중 일부는 상승하면서 주로 내부 수증기의 응결로 인해 주변공기보다 낮은 온도감률을 가지게 된다. 결국 이러한 공기덩어리들은 주변공기보다 높은 온도 또는 부력을 가지게 되고 이렇게 높은 온도 또는 부력을 나타내는 고도(즉, 자유대류고도)부터는 외부 강제력의 도움 없이 공기덩어리 자체의 부력으로 상승이 가능하게 된다. 따라서 공기덩어리가 자체의 부력으로 상승하기 위해서는 자유대류고도 아래에서 외부 강제력의 도움으로 주변공기의 높은 부력을 극복하며 자유대류고도까지 상승해야 되는데, 이 극복되어야 할 주변공기의 높은 부력 또는 부력 에너지를 대류억제라 한다. 대류억제가 클 경우 대류가용잠재 에너지가 충분히 큰 값을 가지더라도 강한 대류구름이 발달하지 못하는 경우가 많다. 대류억제(CIN)는 수치적으로 다음과 같이 표현된다.

$$\mathrm{CIN} = -\int_{p_i}^{p_f} F_d (T_{vp} - T_{ve})\, d\ln p$$

여기서 p_i는 공기덩어리가 올라가기 시작하는 고도에서의 압력, p_f는 자유대류고도에서의 압력, R_d는 건조공기의 비기체상수, T_{vp}는 공기덩어리의 가온도, 그리고 T_{ve}는 주변공기의 가온도를 나타낸다. 이 공식은 주변공기는 정역학균형에 있고 공기덩어리 내부의 압력은 주변공기의 압력과 같다는 가정하에서 도출된다.

대류응결고도(convective condensation level; CCL, 對流凝結高度) 지표나 해수면 부근이 일사 등에 의해 가열되어 공기덩어리가 상승하면서 포화·응결되어 구름이 발생하기 시작하는 고도.

ㄷ

단열선도상에서는 주변공기의 온도선과 약 500m 아래의 지표층에서의 포화수증기압에 해당되는 포화수증기압선과의 교차점으로 표시된다.

대류조절(convective adjustment, 對流調節) 대기모형이 대류를 재현할 수 없을 때, 대규모 연직분포를 부과하여 이를 표현하는 방법.
모형의 감률이 단열 불안정일 때 대류조절이 적용된다. 이때 정적 에너지 보존 및 단열감률을 적용하여 불안정층에 대하여 새로운 온도가 계산되며, 또한 공기괴가 습기에 대하여 과포화된 경우에는 과포화된 습기는 강수로 변환하고, 온도는 포화상태로 조절된다. 최근에는 에너지 보존은 그대로 유지하면서, 대류조절을 단열감률보다는 경험적 감률에 조절되도록 발전하고 있다.

대류질량속(convective mass flux, 對流質量束) 적운 또는 열상승기류와 같은 질량의 평균연직수송률.
대류질량 플럭스라고도 한다. 질량속은 $M_c = \rho\sigma w_{up} = \rho\sigma(1-\sigma)(w_{up} - w_{down})$의 식으로 구하고, ρ는 공기밀도, σ는 상승기류의 면적비율, w_{up}와 w_{down}은 상승기류와 하강기류의 평균속도이다. 이러한 질량속은 보존되는 변수, 예를 들어 구름이 없는 열기포에서의 잠재온도 θ의 평균난류수직수송은 다음과 같이 나타난다.

$$\rho\overline{w'\theta'} = M_c(\theta_{up} - \theta_{down})$$

$\overline{w'\theta'}$는 연직운동열속, $\theta_{up}(\theta_{down})$은 모든 상승(하강)기류들의 잠재온도를 평균한 값이다. 이러한 방법은 각각의 상승(하강)기류들의 특성값 없이 일반적 통계값으로 나타낼 수 있게 한다.

대류한계(limit of convection; LOC, 對流限界) 포화된 공기가 상승하면서 부력이 중립이 되는 고도.
구름입자들이 자체적으로 부력을 받을 경우 구름방울의 가온위와 주변공기의 가온위가 동일한 고도까지 상승 가능하다. 즉, 구름방울의 관성에 의한 상승이 무시된다면 LOC는 구름방울이 상승할 수 있는 최대 고도이며 그에 따른 대류운의 정상 고도에 해당한다.

대륙고기압(continental high, 大陸高氣壓) 겨울철 대륙에 찬공기가 축적되면서 평균 해면기압이 높아져 나타나는 고기압.
겨울 동안 복사냉각으로 매우 차가워진 대륙의 지표면은 그 위를 덮고 있는 대기 하층을 냉각시킨다. 하층의 냉각된 공기는 밀도가 매우 높아 무거우므로 상대적으로 따뜻한 주변의 해양대기보다 기압이 높은 대륙고기압을 형성하는데, 등압면에서의 기온이 주위보다 낮으므로 한랭고기압의 특성을 가진다. 대륙고기압은 그 기원이 지표면과 대기 하층의 냉각이므로 지표면에 영향을 거의 미치지 않는 중간 대류권 이상의 고도에서는 저기압성 순환을 나타내고, 연직 범위가 최대 2~3km 정도로 높지 않아 키 작은 고기압이라고도 불린다. 보통 대륙기단이 형성되는 지방에서 1개 또는 여러 개의 고기압성 순환을 나타내는 공기덩어리 세포로 발달하며 시베리아 고기압, 북아메리카 고기압, 사하라 고기압 등이 있다. 시베리아 고기압과 북아메리카 고기압은 겨울철에 대륙이 냉각되면서 광범위한 지역의 공기를 냉각시켜 상층공기를 하강하게 함으로써 형성되므로 몹시 한랭하고 건조하다. 한국은 겨울철에 시베리아 고기압의 영향을 받아 한랭하고 건조한 날씨를 보이는데, 시베리아 고기압이 남동쪽으로 확장하며 한랭한 대륙공기를 동반한 북풍기류가 강해져 우리나라를 포함한 동아시아 지역에 혹한을 가져온다. 여름철에는 대륙이 가열되어 거의 소멸되거나 발생하지 않는다.

대륙기단(continental air mass, 大陸氣團) 매우 넓은 육지에서 발달하며 그 영향을 받아 비교적 수분량이 작은 기단.
시베리아 기단이 대륙기단에 속한다. 보통 기단의 수평규모는 수백~수천 킬로미터이고, 높이는 지상에서 1~수 킬로미터이다.

대륙도(continentality, 大陸度) 기후의 대륙성이 어느 정도인지를 나타내는 지수.
해양도에 반대되는 개념이 된다. 기후요소 가운데 수륙분포의 영향을 가장 잘 나타내는 것은 기온이므로 기온의 연교차를 척도로 하여 작성되어 극치(최고기온, 최저기온 등)가 발생하는 날이 얼마나 빨리 나타나는가에 착안한 것, 대륙기단이 영향을 미친 일수가 얼마나 되는가에 착안한 것 등이 있다. 콘라드(V. Conrad)에 의하면 대륙도를 나타내는 지수 k는 다음과 같이 구할 수 있다.

$$k = \frac{1.7A}{\sin(\phi + 18)} - 14$$

여기서 A는 최한월과 최난월의 평균기온의 차이(℃)이고 ϕ는 위도이다.

대륙붕파(continental shelf wave, 大陸棚波) 해양의 대륙붕 경사면에서 해안 경계면과 평행으로 진행하는 중력파의 일종으로 파의 진행 방향이 해저가 경사진 해안과 평행을 이루는 파. 북반구에서 일정한 경사를 가진 대륙붕 위에서 어떤 파가 수심이 낮은 곳으로 진행하면 음의 상대와도에 의해 시계 방향의 순환을 하는 데 반해 수심이 깊은 방향으로 진행하면 양의 상대와도에 의해 반시계 방향의 순환을 하기 때문에 결과적으로 해안에 평행하게 진행한다. 이는 해안으로 멀어짐에 따라 수심이 깊어지고 파고가 급격히 줄어들어 해안의 가장자리 이외의 곳에서 무시될 정도로 작게 나타난다.

ㄷ

대륙성 기후(continental climate, 大陸性氣候) 대륙의 영향을 강하게 받는 기후.
전형적인 대륙성기후는 해양에서 멀리 떨어진 대륙 내부에서 볼 수 있다. 해양기후에 반대되는 용어로, 대기 중에 존재하는 수증기가 적어 상대습도가 낮고 운량이 적다. 맑은 날이 많아 강수량이 적다. 기온은 일교차와 연교차가 모두 크게 나타난다. 가장 극단적인 대륙성기후로는 사막기후를 들 수 있다. 대륙성기후가 가장 잘 나타나는 곳은 유라시아 대륙의 내부로서 이곳에서는 겨울에 극히 한랭해져서 생명체가 살아가기 어려울 정도가 된다.

대비(contrast, 對比) 대조 참조.

대수풍속분포(logarithmic velocity profile, 對數風速分布) 지표 대기층에 나타나는 고도에 따른 평균풍속분포.
코리올리 힘을 무시할 수 있고, 시어 응력과 기압경도력이 고도에 따라 일정한 지표 대기층에서 난류의 혼합 길이는 지표로부터 거리에 비례하고 평균풍속의 연직분포는 대수분포를 가진다. 대기 안정도가 중립인 경우 평균풍속(U)의 연직분포는 다음의 관계를 나타낸다.

$$U(z) = \frac{u_*}{k} ln\left(\frac{z}{z_0}\right)$$

여기서 k는 폰 카르만 상수로 약 0.4이고, u_*는 지표면 마찰속도, z_0는 지표면 거칠기 길이를 나타낸다. 지표면 거칠기 길이와 같은 고도에서 풍속은 0이 된다. 거칠기 길이는 바다와 같이 매끈한 표면에서는 작은 값을 가지고 산림이나 도시처럼 높은 장애물들이 불규칙하게 나열된 곳에서는 큰 값을 가진다. 거칠기 길이가 큰 지면에서 풍속이 0이 되는 고도의 원점이 연직 방향으로 이동되어 다음의 관계식을 만족한다.

$$U(z) = \frac{u_*}{k} ln\left(\frac{z-d}{z_0}\right), \quad z \geq d + z_0$$

여기서 d는 영면변위(zero-plane displacement)라고 부른다. 대기가 안정하거나 혹은 불안정한 경우 위 관계식에 대기안정도에 따른 수정인자가 포함된다.

대용기후기록(proxy climate record, 代用氣候記錄) 연대를 아는 생물학적 또는 지질학적 구조에서 과거기후 정보를 뽑은 기록.
또는 역사적 문서에서 뽑은 기후정보를 기준으로 사용하는 기록을 말한다. 대용기후기록은 관측 기록이 부족한 시간과 장소에 대해 사용한다. 예로서 바위, 지표 구조, 해양 또는 호수 침전물의 동위원소 또는 종의 구성, 극 및 고산지역 얼음의 동위원소와 화학 구성, 나무의 나이테와 산호의 성장 띠의 구성에서 얻은 화석 집합물 등이다.

대원(great circle, 大圓) 구(球)의 중심을 지나는 평면과 어떤 구(球)의 표면이 만나 형성되는 선(線).

대조(spring tide, 大潮) 해와 달이 일직선에 놓여 조석이 강한 시기.
해와 달이 일직선에 놓이는 보름달(망, 望)과 초승달(삭, 朔) 시기에 해와 달의 기조력(tide-producing force)이 합쳐져 조차(tidal range)가 가장 클 때이다. 이때의 조차를 대조차(spring range)라고 한다. 같은 뜻으로 '사리'라는 용어도 사용된다. 소조(neap tide)를 참조하라.

대조(contrast, 對照) 기상학적 관례에서 다음과 같이 정의되는 용어.
대조 C는 다음과 같이 정의된다.

$$C = \frac{L_o - L_s}{L_s}$$

여기서 L_0는 표적물의 휘도이며 L_s는 그 가시적 배경 환경의 휘도이다. 두 휘도 모두 대기광(大氣光) 또는 반사된 섬광을 포함하며, L_s는 항상 0보다 큰 것으로 가정한다. 옥외에서 목표물의 탐지는 색도 차이들보다 휘도에 종종 좌우되기 때문에 C는 보통 스펙트럼이 적분된 전파장 휘도로부터 계산한다. 완벽히 검은 표적물의 대조값 C는 이론상 -1이지만, C는 자체발광 표적물에 대해서 상한값을 갖지 않는다. 만일 C의 절대값 $|C|$가 변하는 문턱 대조값보다 적으면, 표적물은 주변 환경으로부터 가시적으로 구분할 수 없다.

대체비행장(alternate airport, 代替飛行場) 항공기가 예정된 공항으로 착륙이 불가능하거나 어려운 상황이 발생하는 경우를 대비해 미리 선정해 놓은 공항.
다음과 같이 세 가지 대체비행장이 있다.
(1) 이륙대체공항(takeoff alternate) : 원래 출발 예정에 있던 비행장을 사용할 수 없거나, 이륙 후에 즉시 비상착륙이 필요하게 된 항공기가 바로 사용할 수 있도록 미리 지정해 놓은 대체비행장. (2) 중도대체공항(enroute alternate) : 항로 도중에 비정상적 상태나 비상사태가 일어난 경우 항공기가 착륙할 수 있도록 미리 지정해 놓은 대체비행장. (3) 목적지대체공항(destination alternate) : 예정된 착륙 비행장에서 착륙이 불가능하거나 어려울 경우 대체 착륙할 수 있도록

미리 지정해 놓은 대체비행장.

대칭불안정(도)(symmetric instability, 對稱不安定(度)) 대기가 동시에 정역학적 안정과 관성 안정인 경우에도 불구하고 온위와 지균운동량은 어떤 분포에 대해서 공기덩이가 수평면에 대해 경사 변위를 할 경우 나타나는 불안정.
온위가 고도에 따라 증가하는 안정한 대기에서 연직으로 변위된 공기는 원래 위치로 되돌아가려 한다. 이와 유사하게 관성안정인 대기에서는 지구자전의 영향으로 수평으로 변위된 공기덩이가 원래 위치로 되돌아간다. 그러나 동시에 대기가 정역학적 안정과 관성안정인 경우에도 온위와 지균운동량의 어떤 분포에 대해서는 공기덩이가 수평면에 대해 경사 변위를 할 경우 원래 위치에서 계속 멀어지는 경우가 있으며, 이를 대칭불안정이라고 한다. 이와 같은 불안정도는 평균 수평 바람의 연직 시어가 존재하는 경우에만 발생한다. 여기서 '대칭'의 의미는 대칭불안정도의 조건에서 관성안정이 일어나는 방향이 수평면에서 어느 특정 방향에 의존하지 않음을 의미한다.

ㄷ

대표법(representer method, 代表法) 이차함수로 정의된 비용함수의 최솟값을 가중 최소 자승법으로 구하는 4차원 변분자료동화 방법 중 하나.
대표법은 주어진 비선형 모델에 대한 접선 선형모형과 수반모형을 사용하여 선형화된 오일러-라그랑주(Euler-Lagrange) 방정식의 해를 구하는 방법으로, 그 해는 가중치가 적용된 대표함수들의 선형 결합으로 이루어진다. 이러한 대표함수는 관측 위치와 시간에서의 정의된 델타 함수를 초기 장으로 갖는 수반모형의 결과를 구한 후, 이 결과를 초기 장으로 사용한 접선 선형모형의 결과로 구해진다. 가중치가 적용된 대표함수들의 선형 결합이 분석장이 되며, 이것이 주어진 비용함수의 최솟값이 된다. 이러한 대표법은 구해진 대표함수들의 가중치를 구하는 방법에 의해 직접 대표법 또는 간접 대표법으로 나뉜다.

덕트(duct) 대기와 해양에서 어떤 방향으로 내보낸 파가 파의 발원으로부터 반경 방향으로 전파하기보다 이 지역 안에 갇혀서 연직으로 변하는 성질을 갖게 되는 어느 영역.
덕트가 존재하기 위해서는 덕트의 특성 길이 정도의 거리 내에서 감쇠를 무시할 수 있어야 한다.

덮개층(lid, -層) 낮은 정적안정도를 지니고 있는 대기의 상태에서 임의층으로부터 큰 대류작용을 일으킬 수 있는 아랫부분에 대류가용잠재 에너지를 크게 가진 층과 분리하게 되는 더 강화된 정적안정도를 지닌 얇은 대기층.
덮개의 출현은 일반적으로 대류억제효과를 동반하고 덮개 아래 저부로부터 상승하는 불충분한 운동 에너지를 지닌 공기괴는 그 덮개층을 통과할 수 없다.

데시벨(decibel) 두 플럭스 밀도 특히 소리 강도와 라디오/레이더 출력밀도 사이의 상대적

값인 상대공률의 대수 척도.
강도 I_2와 I_1 사이의 데시벨 차 n은 다음 관계식으로 표현된다.

$$n = 10\log_{10}\left(\frac{I_2}{I_1}\right)$$

데시벨이 절대적 강도가 아니라 상대적 강도의 척도이기는 하지만 어떤 특별한 강도나 공률 수준을 임의로 하나의 기준으로 잡음으로써 절대눈금을 설정하는 것이 가능하다. 레이더의 경우, 수신 공률을 밀리와트($m\,W$)의 단위로 측정하고 $1m\,W$를 기준값으로 잡는 것이 보통이다. 레이더 반사도인자 Z는 dBZ의 대수적 눈금으로 측정되는데, 이때 기준값은 $Z = 1\,mm^6\,m^{-3}$이다. 소리의 경우에는 $10^{-10}\,\mu\,W cm^{-2}$의 강도를 기준 강도로 취급한다. 이 값은 인간이 들을 수 있는 최소 가청도에 해당한다. 데시벨은 덜 빈번히 사용되는 단위인 벨(bel)로부터 유도되었는데, 이 벨은 알렉산더 그레이엄 벨(Alexander Graham Bell, 1847~1922)에게 경의를 표하여 이름 지어졌다. 두 플럭스 밀도 중 큰 쪽이 작은 쪽보다 10배 클 때, 두 플럭스 밀도는 1벨(10데시벨)만큼 차이가 난다.

데이비스 수(Davies number, -數) 강수입자의 종단(낙하)속도를 계산하는 데 사용하는 무차원 수.
이 무차원 수는 $C_d Re^2$으로 표현되는데, 여기서 C_d는 항력계수이고 Re는 레이놀즈 수이다. 데이비스 수를 베스트 수(Best number)라고도 부른다.

데카르트 광선(Descartes ray, -光線) 빛의 작용을 일련의 광선으로 설명하는 무지개 이론에서 빛이 물방울 속으로 들어갈 때 굴절의 결과로 생기는 편각을 최소로 만드는 광선.
물방울 속으로 들어간 광선은 물방울 안에서 한 번 또는 그 이상 굴절하며 물방울 밖으로 나올 때 다시 굴절한다. 데카르트 광선의 특징은 그 복사휘도가 이웃한 광선의 복사휘도보다 현저하게 크다는 것이다. 이와 같이 데카르트 광선은 무지개 위치를 근사적으로 알아내고 색깔 순서를 파악하는 데 유용하다.

델 연산자(del operator, -演算子) 스칼라 장을 그 장의 기울기로 전환하기 위해 사용하는 연산자.
델 연산자를 기호로는 ∇로 표시한다. 카테시안(Cartesian) 좌표에서 3차원 델 연산자는 다음과 같다.

$$\nabla = \boldsymbol{i}\frac{\partial}{\partial x} + \boldsymbol{j}\frac{\partial}{\partial y} + \boldsymbol{k}\frac{\partial}{\partial z}$$

그리고 수평 성분은 다음과 같이 표현된다.

$$\nabla_H = \boldsymbol{i}\frac{\partial}{\partial x} + \boldsymbol{j}\frac{\partial}{\partial y}$$

여러 가지 곡선좌표계에서 ∇에 대한 표현은 벡터 분석에 대한 교과서에서 찾아볼 수 있다. 기상학에서는 압력이나 온위와 같은 열역학 상태함수를 연직좌표로 사용하는 것이 편리하다. 만일 σ가 연직좌표를 나타내는 매개변수라면, 델 연산자는 다음과 같이 표현된다.

ㄷ

$$\nabla = \boldsymbol{i}\left(\frac{\partial}{\partial x}\right)_\sigma + \boldsymbol{j}\left(\frac{\partial}{\partial y}\right)_\sigma + \boldsymbol{k}\frac{\partial \sigma}{\partial z}\frac{\partial}{\partial \sigma}$$

여기서 x와 y에 관한 미분은 σ가 일정한 면에서 수행되는 것으로 이해하면 된다. 이 델 연산자의 수평 성분은 다음과 같다.

$$\nabla_\sigma = \boldsymbol{i}\frac{\partial}{\partial x} + \boldsymbol{j}\frac{\partial}{\partial y}$$

만일 준정역학 근사가 만족된다면, 대부분의 기상학적 상황에서처럼 압력이 유용한 연직좌표이고 델 연산자는 다음과 같이 표현된다.

$$\nabla = \nabla_p - \boldsymbol{k}g\rho\frac{\partial}{\partial p}$$

여기서 g는 중력가속도이고 ρ는 밀도이며, ∇_p는 다음과 같다.

$$\nabla_p = \boldsymbol{i}\frac{\partial}{\partial x} + \boldsymbol{j}\frac{\partial}{\partial y}$$

이 미분(∇_p)은 등압면에서 수행된다는 의미이다.

도법(map projection, 圖法) 구면 위의 자오선, 좌표 참고선, 기상변수들을 평면 위에 투영하는 방법.

지도 투영법이라고도 한다. 지표 위의 여러 인문지리 현상을 지도 위에 표시하듯이, 구면 위의 대기상태도 지도 위에 나타내려면 일정한 도법을 사용해야 한다. 나아가 운동을 수식으로 표현하기 위해서도 도법을 사용해야 한다. 가장 일반적인 도법은 지구 중심을 원점으로 한 투영도법이다. 한편 지역 모델의 경우 특정 위도에 접한 평면에 대기운동을 투영한 도법들이 많이 쓰인다. 원뿔이나 원기둥에 투영하기도 한다. 실제 대기운동은 지도 위의 평면에서는 왜곡되어 나타나며, 지도계수를 이용하여 지도 위의 운동과 실제 운동 간의 차이를 보정해 주게 된다.

도시경계층(urban boundary layer, 都市境界層) 공기 흐름이 도시를 지날 때 형성되는 내부경계층.
도시경계층은 도시의 지표면의 성질에 의해 크게 영향을 받으며 중규모 현상이다.

도시기후(urban climate, 都市氣候) 마을이나 도시의 존재로 영향을 받는 기후.
도시 발달은 지표면의 복사, 열, 수분, 공기역학 특성을 상당히 변화시킨다. 이러한 변화는 뚜렷한 도시경계층을 형성하면서 열, 질량, 운동량의 플럭스와 균형을 바꾼다.

도시열섬(urban heat island, 都市熱-) 도시지역 인간활동으로 발생된 열적 효과로 주위지역보다 기온이 높고 고립되고 폐쇄된 등온선 닫힌 지역.
도시를 중심으로 기온분포를 등온선으로 표시했을 때 도시의 중심부의 등온선 모양이 섬처럼 보인 데서 유래한 용어이다. 도시에서 과다한 에너지 사용으로 인한 열오염이 도시열섬 형성에 크게 기여한다.

도시-전원순환(urban-rural circulation, 都市田園循環) 도시와 전원 사이의 온도 차이에 의해 발생하는 순환계.
저층의 전원 바람이 도시 중심가를 덮는 대기순환계는 상층에 발산을 가져오고, 다시 상층 흐름으로 되돌아온다. 전원 바람의 진동과 순환의 세기는 대기 안정도와 수평온도 차이에 따른다. 도시-농촌 풍계라 부르기도 한다.

도시 캐노피(urban canopy, 都市-) 건물과 나무, 마을이나 도시를 구성하는 다른 물체와 이들 사이 공간의 집합.
이 개념은 지어진 건물이 하늘로 열려 있고 식물의 줄기와 몸통 같은 영역이 없는 것만 제외하면 식생 캐노피와 거의 유사하다. 건물의 옥상 및 나무 꼭대기 아래의 공기층을 포함하여 도시 캐노피층을 형성한다.

도시 캐노피층(urban canopy layer, 都市-層) 건물과 나무의 평균 높이 아래에 위치한 도시 캐노피 속의 공기층.
도시 캐노피층의 기후는 지표면의 복잡한 배열(방향, 반사율, 방출률, 열적 특성, 습도 등) 때문에 미규모 과정이 지배한다. 특히 도시협곡에서 다중 반사와 방출 그리고 후류와 와도가 일어나는 영역이다.

도시협곡(urban canyon, 都市峽谷) 도시의 도로와 도로 양 측면의 빌딩에 의해 형성된 특유의 기하학적 구조.

사이에 있는 지붕을 포함하여 도시협곡은 도시에 대한 1차원 반복구조를 일광과 그늘의 패턴 그리고 교차로의 소용돌이 특성으로 제공한다. 흔히 무차원 종횡비 H/W로 설명하며, 여기서 H는 빌딩의 평균 높이이고 W는 도로의 폭이다.

도약모형(jump model, 跳躍模型) 대기경계층 꼭대기에서 불연속이 있거나 '점프'하는 층에 의하여 덮여 있고 경계층 내에서는 높이에 따른 변화가 없는 일정한 값들을 가정하는 대기경계층의 이상화 모형.
이러한 방법에 대한 다른 명칭은 경계층 내의 일정한 부분이 물질의 일정한 얇은 층을 가정하는 것과 같아 '슬랩 모형'이라고도 한다. 이러한 도약모형이나 단계적 변화모형들은 강한 열기포들이 경계층을 잘 혼합하는 경향이 있는 대류경계층을 단순화하기 위하여 적합하다. 그러나 정적으로 안정경계층이나 중립상태의 경계층에 대해서는 적용하기가 어렵다.

도일(degree-day, 度日) 적산(積算)온도를 표현할 때 사용하는 단위 중 하나로서, 일반적으로 일평균기온과 기준온도(표준값)의 차를 어떤 기간에 대하여 적산한 값.
하루 동안 표준값 이상(또는 이하) 편차가 1도(℃ 또는 ℉)이면 1도일이라 말한다. 도일은 어느 지점에서 한 계절 동안 누적된다. 이 계절 동안의 총 도일은 식물 생장, 연료 소비, 전력 생산 등의 양에 미치는 과거 온도 효과의 지수로서 사용될 수 있다. 이 개념은 처음에 식물 생장에 관련하여 사용되었는데, 식물 생장이 5℃(41℉)를 기준으로 하여 누적한 온도와 직접 관련성이 있기 때문이었다. 최근에는 도일이 난방도일이나 냉방도일과 같이 연료 및 전력 소비에 더욱 빈번히 사용되어 왔다. 난방도일 계산을 위해서는 일평균기온이 18℃ 이하인 날을 선택하여 해당 일의 일평균기온과 18℃와의 차를 적산한다. 그리고 냉방도일의 경우, 일평균기온이 24℃ 이상인 날에 대하여 해당 일의 일평균기온과 24℃ 사이의 차를 적산한다. 생명과학에서는 표준값이 아래 한계로 사용되면 표준값을 기본온도로, 표준값이 위 한계로 사용되면 표준값을 위 문턱값으로 선택하고 있다. 미국 공병단에서는 화씨도일을 계산하는데, 32℉를 표준값으로 하여 양의 편차나 음의 편차로 누적시켜 계산한다. 혼동을 피하기 위해 음의 편차로 누적한 값을 결빙도일이라 한다.

도파관(waveguide, 導波管) VHF나 마이크로웨이브 에너지를 한 지점에서 다른 지점으로 이송하는 전도체의 한 형태.
대부분의 도파관은 비어 있는 단면이 직사각 혹은 원형의 관이다. 단면적의 모양이나 크기는 이송하고자 하는 파의 진동수와 에너지를 고려하여 정밀하게 고안하여야 한다. 단거리의 저에너지용으로는 동심축 케이블을 도파관으로 사용할 수 있다. 레이더에 있어서 주 기능은 송신관, 안테나, 수신관 사이의 전파 이동통로 역할을 한다. 적절하게 성형된 도파관은 그 자체가 전파복사관(혼안테나)으로 작용하며 안테나의 초점에서의 피더(feeder)로 사용한다.

도플러 넓어짐(Doppler broadening) 분자의 무작위 운동의 결과로 스펙트럼 선의 진동수가 넓어지는 현상.
도플러 효과 때문에 어떤 분자가 방출한 복사의 관측 진동수는 관측자에 상대적인 분자운동에 좌우된다. 정지한 분자가 단일 진동수만의 복사를 방출한다 할지라도, 어떤 속도분포를 갖고 모든 방향으로 무작위적으로 움직이는 분자의 기체는 광속에 상대적인 평균 분자속도에 비례하는 진동수 범위에서 복사를 방출하는 것으로 관측된다. 이 평균속도는 절대온도의 제곱근에 비례하는데, 온도 때문에 도플러 넓어짐이 커진다. 정상적인 온도와 압력에서 도플러 넓어짐은 충돌확장(collision broadening)에 의해 작아지나 이것은 원격으로 온도를 유추하는 수단이 된다.

도플러 라이더(Doppler lidar) 본래의 송신 진동수와 비교하여, 대기 에어로졸로부터 산란된 회귀광선의 진동수 변이를 측정함으로써 공기의 반경속도(레이저를 향하거나 레이저로부터 멀어져 가는 방향의 속도)를 결정하는 레이저 레이더(laser radar).
도플러 라이더를 이용하면 개개의 대류 열기포 속도와 직경이 큰 난류 에디의 속도를 측정할 수 있다. 대부분의 라이더 신호는 구름과 안개에 의해 차단되고 매우 오염된 공기에 의해서 크게 감소된다.

도플러 레이더(Doppler radar) 목표물의 반경속도로 도플러 효과를 탐지하고 해석하는 레이더.
이동하는 목표물로부터 레이더가 받는 신호의 진동수는 도플러 효과에 의해 송신 진동수와 다르게 된다. 이때 달라지는 진동수의 변이량은 레이더에 상대적인 목표물 속도의 반경 방향 성분에 비례한다. 따라서 도플러 레이더를 사용하면 진동수 변이량을 측정하여 목표물의 반경속도를 알 수 있다. 이 레이더로 관측할 수 있는 것은 구름과 강수입자의 운동이다. 비교적 안정한 층운형 구름으로부터 내리는 강수의 경우, 안테나를 위로 향해서 관측한다면 강수입자의 낙하속도를 측정할 수 있고, 이로부터 빗방울의 크기분포를 추정할 수 있다. 안테나의 앙각을 90°로부터 점점 낮추면서 관측하면 상층바람의 풍향 풍속에 대한 연직분포가 측정된다. 기상 도플러 레이더는 강수입자의 공간분포와 이동속도를 알 수 있기 때문에 뇌우의 강도 및 토네이도의 발생 가능성을 추정하는 데 이용되고 있다. 도플러 진동수 변이를 참조하라.

도플러 소다(Doppler sodar) 본래의 송신 진동수와 비교하여, 기온의 난류요동 영역으로부터 산란된 회귀 음파의 진동수 변이를 측정함으로써 공기의 반경속도(소다를 향하거나 소다로부터 멀어져 가는 방향의 속도)를 관측할 수 있는 음파 레이더(소다).
도플러 소다로 개개의 지표층 플룸 안에서의 속도와 대류 열기포의 밑바닥을 측정할 수 있다.

대부분의 소다 신호는 강한 바람이 불 때 날아가 버리기도 한다. 또한 소다 관측 시 도로, 도시, 바삭거리는 나뭇잎과 같은 것으로부터 오는 외부 잡음을 막기 위한 음파 방어막이 필요하다.

도플러 속도(Doppler velocity, -速度)　도플러 레이더나 도플러 라이더 같은 원격 센서로 관측하여 알 수 있는 산란물체의 속도 벡터의 반경 방향 성분.

ㄷ

만일 $\boldsymbol{V}$가 산란물체의 속도 벡터를 나타낸다면, 반경 방향 성분 v_r은 $\boldsymbol{V}\cdot\boldsymbol{r}$인 내적으로 정의하는데, 여기서 $\boldsymbol{r}$은 레이더나 라이더가 가리키는 방향의 단위 벡터이다. 이 정의에 의하면 도플러 속도는 레이더로부터 멀어져 가는 운동에 대해서 양이다. 레이더 분포표적물에 대해서는 도플러 속도라는 용어가 흔히 도플러 스펙트럼의 평균 도플러 속도를 의미한다. 도플러 속도의 해석은 표적물의 겉모양과 종류에 따라 달라진다. 맑은 날 에코는 바람과 함께 이동된다고 가정하여 대기의 어떤 주어진 위치에서 측정된 도플러 속도는 그 위치에서 바람의 반경 방향 성분과 같다. 강수는 공기에 상대적으로 떨어지므로, 강수 표적물의 도플러 속도는 강수 종단낙하속도의 반경 속도 성분과 대기운동의 반경 방향 성분과의 합으로 가정된다. 도플러 진동수 변이와 도플러 스펙트럼을 참조하라.

도플러 진동수 변이(Doppler frequency shift, -振動數變移)　일반적으로 수신기와 송신원(源)이 서로 상대적인 운동을 할 때 수신기에 도달하는 신호의 진동수 변화.

이 현상은 음파에 대하여 1842년에 오스트리아 물리학자 크리스찬 요한 도플러(Christian Johann Doppler, 1803～1853)가 처음 발견하였다. 기상학에서 이 효과는 수신기가 고정되어 있고, 산란기만이 이동하는 도플러 레이더와 도플러 라이더와 같은 원격 센서에 이용되고 있다. 레이더에 상대적 반경 방향 속도 v_r을 갖는 산란기가 유발하는 진동수 변이 f는 다음과 같이 표현된다.

$$f = -2\frac{v_r}{\lambda}$$

여기서 λ는 송신기에서 나가는 파의 파장이고, f는 레이더를 향한 운동에 대해서 양(positive)의 값을 갖는다. 즉, 관례적으로 v_r은 레이더에서 멀어져 가는 운동에 대해서 양(positive)이다.

도플러 스펙트럼(Doppler spectrum)　레이더에서 도플러 진동수 또는 도플러 속도의 함수로 표현한 복소신호의 멱 스펙트럼(power spectrum).

이것은 $S(v)$로 나타내며 구름과 강수 같은 레이더 분포 표적물인 산란물체의 반사도-가중반경속도 평면의 분포로 생각할 수 있다. 즉, $S(v)\,dv$는 속도 구간 dv에서의 수신공률을 나타낸다. 이 정의로부터 $S(v)$는 다음과 같이 정규화된다.

$$\int_{-\infty}^{\infty} S(v)\,dv = \overline{P_r}$$

여기서 $\overline{P_r}$는 레이더 방정식이 정의한 대로 평균 수신공률이다.

도플러 스펙트럼 능률(Doppler spectral moment, -能率) 도플러 스펙트럼을 구하는 데 필요한 능률.
단위물리량이 아닌 분포상태를 의미한다. 기본적으로 도플러 스펙트럼을 나타낼 때 정규화된 가우시안 분포(normalized Gaussian distribution)를 기초로 하기 때문에, 도플러 스펙트럼 능률은 정규화된 가우시안 분포로 표현된 도플러 스펙트럼의 통계적인 능률을 의미한다. 도플러 스펙트럼 능률은 신호력, 평균속도와 스펙트럼 폭 등 세 가지 요소에 의해 결정된다. 그러나 토네이도와 같은 소용돌이현상 발생 시에는 도플러 스펙트럼이 이중 스펙트럼과 같이 가우시안 분포를 벗어날 수 있기 때문에 이 세 가지 요소로만 도플러 스펙트럼 능률을 결정하기에는 충분하지 않다는 연구결과가 도출되었다.

도플러 스펙트럼 확장(Doppler spectral broadening, -擴張) 일반적으로 분광학에서 도플러 스펙트럼이 넓어지는 현상.
분자, 원자운동을 측정할 때 도플러 스펙트럼 선이 넓어짐을 뜻하는 용어이다. 도플러 레이더 관측에 있어 요란, 바람 시어, 레이더 빔의 기하학적인 특성 등 다양한 원인에 의해 도플러 스펙트럼 확장현상이 발생한다. 이 현상은 시선속도 퍼짐(A spread of radial velocity)의 변화와 관계가 있다.

도플러 효과(Doppler effect, -效果) 관측자와 에너지원(源)이 서로 상대적인 운동을 하고 있을 때 에너지가 관측자에 도달하는 에너지 신호의 진동수 변화.
도플러 효과는 에너지원과 관측자 사이의 상대적 운동 때문에 생기는 음파와 전자파의 평균 진동수 변이(變移)에 흔히 사용된다. 음파나 전자파의 파원(波源)과 관측자 사이의 거리가 감소하면 관측자가 받는 진동수가 증가하고 반대로 그 거리가 증가하면 관측자가 받는 진동수는 감소한다. 도플러 변이의 상대적 크기는 전파속도(예 : 음속이나 광속)에 대한 특성 속도(예 : 에너지원의 속도)의 비(比)의 차수이다. (기준 진동수에 상대적으로) 낮은 진동수로의 변이는 '붉은 변이'로, 높은 진동수로의 변이는 '푸른 변이'로 부르기도 한다. 고전적 이론에 따르면 수신기와 송신기를 잇는 선에 직각으로 송신기가 이동하면 전자복사의 진동수 변이는 일어나지 않는다. 그러나 상대성 이론에 따르면, 이와 같은 종류의 운동에 대해서도 가로 방향 도플러 변이가 세로 방향 도플러 변이보다 아주 작기는 하지만 도플러 변이가 발생한다.

독립변수(independence variable, 獨立變數) 편의를 위해 임의로 명세한, 그리고 이때 종속변수를 결정하는 문제의 변수들의 한 종류.
독립변수는 흔히 좌표로 쓰이는데, 특별히 공간운동과 관련된 문제에서 독립변수는 길이를 나타낸다. 직교좌표계(x, y, z)에서 x, y, z는 각각 독립변수이고, 속도 u, v, w는 종속변수로 사용한다. 종속변수와 독립변수는 교환이 가능하다(예 : 고도와 압력관계).

돌연전리층 요란(sudden ionospheric disturbance, 突然電離層搖亂) 이온층의 요란에 일어나는 갑작스러운 변화의 복잡한 조합 그리고 이변화의 영향.
돌연이온층 요란은 보통 태양 플레어에 관계되어 발생하고 지구의 햇빛 면에서만 볼 수 있다. 완전한 돌연 이온층 요란이 있은 후 이온층이 정상조건으로 되돌아오는 시간은 보통 30분에서 1시간 걸린다. 다음은 돌연 이온층 요란과 동반해 나타나는 중요한 영향이다. (1) 단파 사라짐 : D-지역에서 고주파(HF) 라디오파의 현저하고 급격한 증가에 따라 이 주파수대의 장거리 라디오 수신이 단절. (2) 지구자장의 단기간 요란(자기 크로치트) : 이온층 하층의 전도가 증가하여 지구자장의 수평 성분에서 돌연변화. (3) 저주파수 라디오파에 대해 D-지역 사선 입사에서 향상된 반사로 인하여 주파수대 10～100kHz에 기록되는 장파 공전장치의 돌연 증가. (4) D-지역이 낮아져 발생하는 저주파 라디오파(10～100kHz)의 돌연 위상 편차. (5) 지상파와 공중파 사이의 간섭으로 인한 먼 거리 저주파 시그널의 돌연 장세기의 편차.

돌턴 수(Dalton number, -數) 대기와 상호작용하고 있는 식생으로 덮인 지표면 부근에서 절대습도를 측정하여 구하는 총체적 전달계수.
완전히 거친 흐름인 경우, 돌턴 수(Da)는 다음과 같이 정의된다.

$$Da^{-1} = 0.47\left(u_* \frac{h_p}{v}\right)$$

여기서 u_*는 마찰속도이고, h_p는 지표면 기복, v는 운동학적 분자점성이다. h_p는 보통 $15z_0$로 추정된다. 여기서 z_0는 지표면 거칠기 길이(m)이다. 중립경계 조건인 경우, 습윤 지표에서는 돌턴 수는 약 6.4이고, 건조 지표면인 경우의 돌턴 수는 약 8.4이다.

돌턴의 법칙(Dalton's law, -法則) 기체 혼합물의 전체압력은 각 성분 기체의 부분압력을 모두 합한 것과 같다는 법칙.
여기서 부분압력이란 혼합물이 차지한 부피에 한 성분의 기체만 남겨 두었을 때 그 기체로 인한 압력이다. 1801년에 영국의 화학자 돌턴은 모든 기체가 이상기체이고 각 기체 사이에 화학적 상호작용이 없다는 가정하에 이 법칙을 만들어 냈다. 실제 기체일 경우에는 압력이 충분히 낮고 온도가 높을 때 이 법칙이 근사적으로 적용된다.

돌풍(gust, 突風) 1. 짧은 시간 동안의 갑작스러운 풍속의 증가.
이는 스콜보다 순간성이 더 강해서 돌풍의 기간은 보통 20초 미만이다. 일반적으로 바람은 넓은 수면에서는 돌풍성이 최소이고, 거친 육지와 높은 빌딩 주위에서는 돌풍성이 최대가 된다. 미국의 '기상관측실무'에 의하면, 최대풍속이 최소한 16노트에 달하고, 풍속의 최대와 최소 사이의 변동이 최소한 9노트일 때 돌풍으로 보고한다.
2. 항공기 난류의 관점에서 항공기에 대해 상대적인 풍속의 예리한 변화, 즉 기류의 요동에 의해 항공기 구조응력을 증가시키는 대기속도의 급격한 증가.
3. 드물게는 폭우(cloudburst)와 같은 의미.

돌풍성분(gustiness components, 突風成分) 1. 대기 중에서 직교좌표적인 3방향의 바람의 난류요동성분.
만일 관측탑에서 측정이 이루어진다면, 종축(x)성분은 공통적으로 평균풍향을 따르고, 횡축(y)성분은 종축에 대해 수평면 직각 방향이고, 연직축(z)성분은 상방향으로 종축과 횡축성분에 수직이다. 항공기 관측에서라면 돌풍성분은 항공기좌표 시스템에서 종축성분은 항공기의 종축을 따르고, 횡축성분은 항공기의 수평면에서 종축성분에 직각 방향이며, 연직성분은 상방으로서 항공기의 수평면에 수직이다.
2. 바람의 평균풍속에 대하여 서로 수직인 세 축을 따르는 성분요동의 평균 크기의 비.
평균풍속 U, x축(종축 또는 풍하 돌풍도), y축(횡축 또는 측풍 돌풍도), 그리고 z축(연직 돌풍도)에서의 돌풍성분은 각각 다음과 같다.

$$g_x = \frac{\overline{|u'|}}{U}, \quad g_y = \frac{\overline{|v'|}}{U}, \quad g_z = \frac{\overline{|w'|}}{U}$$

여기서 $\overline{|u'|}, \overline{|v'|}, \overline{|w'|}$는 각각 x, y, z축의 맴돌이속도(eddy velocities)의 평균 크기이다.
3. 평균풍속에 대한 맴돌이속도의 평균제곱근의 비.
종축성분에 대해서는 $g_x = (\overline{u'^2})^{1/2}/U$인데, 종축성분과 연직성분도 비슷하게 표현된다. 때로는 돌풍성분이 위의 표현의 제곱으로 정의되기도 한다.

돌풍전선(gust front, 突風前線) 깊게 발달하는 대류운의 강수구역에서는 하강류가 나타나는데, 보통 주변보다 낮은 온도로서 지표 부근까지 하강한 후 사방으로 퍼지면서 주변의 상대적으로 따뜻한 공기와 만나 형성하는 전선.
보통 발달하는 중규모 구름계 진행 방향의 맨 앞쪽에 위치하며 하강기류로 구성되는 돔모양의 차가운 지역과 주변의 따뜻한 공기와의 경계를 이룬다. 돌풍전선의 전면에는 상승류가, 후면에는 하강류가 발달하며 하강류와 상승류를 연결하는 지표 부근에서의 강한 수평흐름의 바람을 동반하기도 한다.

돕슨 단위(Dobson unit, -單位)　대기 중 오존의 기둥함량비를 측정하는 데 사용되는 단위. 1돕슨 단위는 1cm^{2}당 2.69×10^{16} 오존 분자에 해당한다. 달리 말하면, 1돕슨 단위는 오존이 표준온도(273K) 표준압력(1013.25hPa 또는 1기압)에 있을 때 0.01mm 두께의 오존층에 해당한다.

ㄷ

돕슨 분광광도계(Dobson spectrophotometer, -分光光度計)　대기의 오존 함량을 측정하기 위하여 사용되는 광전자 분광광도계.
이 기구는 오존의 흡수띠에 있는 두 파장 각각의 복사를 광전지 위에 번갈아 떨어지게 함으로써 이 두 파장의 태양 에너지를 비교한다. 광도계의 광전 시스템이 복사 균등을 가리킬 때까지 더 강한 복사가 광학적 쐐기에 의해 감쇠된다. 이와 같은 방식으로 복사 강도의 비(比)가 얻어지고 대기의 오존 함량은 이 값으로부터 계산된다.

동결건조(freeze drying, 凍結乾燥)　썩기 쉬운 재료들을 보존하거나 재료들을 수송하기에 더 간편하게 하기 위해서 전형적으로 사용되는 탈수과정.
동결건조는 먼저 재료들을 냉동시키고 그다음 주변 압력을 내려서 재료 내의 물이 동결되도록 하여 고체상에서부터 기체상으로 직접 승화하도록 한다.

동결학(cryopedology, 凍結學)　강력한 결빙에 의한 지표 움직임의 원인과 발생빈도 등을 연구하는 학문 분야.
극지동토지역에서 결빙에 의한 제반 어려움들을 해결하기 위한 공학적 장치들도 고안되고 있다.

동기검파(coherent detection, 同期檢波)　도플러 레이더 또는 도플러 라이더 관측에서 에코들의 위상이 보존되도록 I 및 Q채널로의 중간주파수신호를 변환하는 것.
위상이 직교하는 IF 기준신호들을 받는 두 개의 혼합기를 사용하는 방법이 일반적이다. 이 혼합기를 이용해, 정보 콘텐츠의 수정 없이, IF 주파수에서 중심에 위치한 IF 신호의 주파수 성분을 0주파수에서 중심 주파수 성분을 가진 두 개의 영상(비디오)으로 변환하는 것이 일반적이다.

동기통신(synchronous communication, 同期通信)　분산 메모리 기반의 병렬 컴퓨팅에서 각 프로세스에서 독립적으로 수행된 계산 결과를 다른 프로세스로 데이터를 전송할 때, 상대방 프로세스의 자료 수신 여부를 확인한 후에야 비로소 다음 계산 작업을 수행하는 것을 허락하는 통신방법.
저지 통신(blocking communication)이라고 불리기도 한다. Message Passing Interface(MPI) 표준에서 제공하는 MPI_SEND나 MPI_RECV와 같은 점대점(點對點) 통신이나, 일대다(一對多) 혹은 다대다(多對多) 통신을 위한 루틴인 MPI_BCAST나 MPI_ALLGATHER와 같은 기본 루틴에서 사용하고 있는 방식이다.

동기후학(dynamic climatology, 動氣候學) 기후를 동적으로 취급하는 기후학.
평균값, 표준편차 등의 통계량으로 기후를 조사하는 통계기후학을 정(靜)기후학이라고 하는 반면, 고저기압, 기단, 전선, 제트류 등을 1개월 이상 기간에 걸쳐 동적 특성으로 지역 기후를 기술하는 학분 분야이다.

동서지수(zonal index, 東西指數) 중위도 편서풍의 강도를 나타내는 지수.
대상지수라고도 한다. 보통 35°와 55° 위도대 평균의 지표면 기압의 차이 또는 이에 상응하는 지균풍속으로 나타낸다.

동서풍(zonal wind, 東西風) 1. 어느 지점에서 관측되는 바람을 그 지점의 위도선과 경도선에 따르는 두 개의 바람 성분으로 나눌 때, 위도선을 따라서 부는 동서 방향의 바람 성분.
대상풍이라고도 한다. 보통 서풍을 양(+), 동풍을 음(−)으로 표시한다.
2. 편서풍과 같은 의미.

동압(dynamic pressure, 動壓) 공학 분야의 유체역학에서 유체의 운동 에너지인 $(1/2)\rho V^2$.
여기서 ρ는 밀도, V는 속도이다. 동압은 정압(靜壓)과 더하여 편리하게 사용할 수 있는데, 어떤 주어진 점에서 동압은 이 점에서의 정압과 동일 유선에 있는 정체점에서의 전압(全壓) 사이의 차이다. 이 용어가 기상학적 문맥에서 혼동을 주고 있기 때문에 이 개념은 유체 동압력(hydrodynamic pressure)과 구별되어야 한다.

동적 플럭스(dynamic flux, 動的-) 임의 물리량의 수송.
동적 플럭스의 단위는 단위시간, 단위면적당 통과하는 물리량이다. 여러 가지 종류의 플럭스를 대표하는 표현이라는 점에서 동적 플럭스는 플럭스 자체와 구별될 수 있다. 예로 운동량 플럭스, 열 플럭스, 질량 플럭스와 같은 물리량의 플럭스를 총칭하는 표현이다.

동점성(kinematic viscosity, 動粘性) 역학적 점성을 유체밀도로 나눈 값.
단위는 MKS(SI) 단위계에서는 m^2s^{-1}이고, cgs 단위계의 스토크스(St)로 사용되며, $1St=cm^2s^{-1}$이다. 대부분의 기체들의 운동학적 점성은 온도에 따라 증가하고 기압에 따라 감소한다. 0℃의 건조공기에 대하여 운동학적 점성은 약 $1.46\times10^{-5}m^2s^{-1}$이다. 이 값을 나타낼 때 역학적 점성 μ를 사용하여, μ/ρ로 나타낸다.

동점성계수(dynamic viscosity, 動粘性係數) 유체흐름 방향의 단위면적당 전단응력을 흐름에 직각인 횡방향 속도구배로 나눈 값으로, 점성계수와 밀도의 비.
물의 점성은 물분자가 운동을 할 때 물분자 간, 혹은 물분자와 고체 경계면 사이의 마찰력을 유발시키는 물의 성질을 말하며 물분자의 응집력 및 물분자 간의 상호작용으로 인해 생긴다. 이 점성에 의해 유체 내부에는 전단응력이 생기게 된다.

ㄷ

동조(coherence, 同調) 1. 정해진 시각에 위치변수의 연속, 선형함수로 표현할 수 있는 위상을 가진 단일파의 특성.
동조파를 생성하는 안정된 국부 발진기이다.
2. 시공간적으로 위상이 일치한 두 개 이상의 파의 특성.
같은 파장을 가진 서로서로 고정위상관계가 성립할 때 파의 동조라 한다. 위상관계가 고정적이지 않을 때의 파들에 대해서 '부분적 동조' 혹은 '비동조'라 한다.
3. 시공간적으로 떨어진 지점들에서의 전자기장 간의 상관계수.
때로는 동조도(동조된 정도)라고 한다. 이와 같은 정의에 따르면 동조값은 완전 동조된 파의 경우에 1이며, 부분 동조된 파에 대해서는 1보다 작다. 길버트 워커(Gilbert Walker, 1932)경이 사용한 예처럼, 어떤 한 지점에서 기압의 연속된 일일값이 보여주는 통계적 일관성도 동조라 볼 수 있다. 일명 간섭성(干涉性), 상관성(相關性), 점착(粘着), 부착(付着)이라고도 한다.

동조구조(coherent structure, 同調構造) 속도, 온도 등에 관하여 특정한 구조와 잔류시간을 가진 난류 흐름의 삼차원 영역.
응집구조라고도 한다. 가장 작은 국지규모보다 훨씬 크거나 더 오래 지속된다. 난류수송의 대부분, 평균류 에너지의 난류 에디로의 변환, 작은 규모로의 비선형수송, 궁극적인 소산이 동조구조와 관련 있다.

동조시간(coherence time, 同調時間) 동조 레이더 또는 라이더계에서 수신된 신호가 근사적으로 단색광으로 간주될 수 있는 시간 간격.
일명 '비상관성 시간'이라고 한다. 대기표적물에 대해서 시간 간격은 1m 파장에서는 약 1초, 1㎛ 파장에서는 1㎲까지 변화를 허용한다.

동조 에코(coherent echo, 同調-) 연속 레이더 펄스에서 작은 변화를 보여주거나 또는 일반적이고 예측 가능한 방식에서 변경되어 나오는 위상과 진폭을 지닌 레이더 에코.

그러한 에코는 고정 또는 느리게 움직이는 점 목표물로부터, 또는 다른 것에 비하여 움직이지 않은(또는 느리게 움직이는) 개개의 산란요소들 속에 분포되어 있는 목표물로부터 발생할 수 있다. 대조적으로 비동조 에코는 펄스에서 펄스로 연결되는 임의의 위상과 진폭을 지닌 에코이다. 이러한 에코는 강수와 같은 서로에 대해 이동하는 목표물로 분포되어 있을 때 발생하는 개개의 산란체로부터 나타난다.

ㄷ

동조요소(coherence element, 同調要素) 레이더에서 동조시간과 펄스 부피의 곱에 의해 산출된 4차원 부피.
이 부피 내에서 목표신호는 부분적 상관관계가 있다. 목표물의 신호 강도를 산정(算定)하기 위해 독립표본 여러 개에 대한 평균계산이 요구되므로, 이 의미는 동조요소와 비교해 크기가 큰, 측정 셀로부터 받은 신호들에 대해 평균값을 계산하는 것이다.

동조적분(coherent integration, 同調積分) 기상 레이더 관측에서 신호잡음비를 개선하기 전에 신호 특성을 추정하고 신호 처리를 최소화하는 동안 펄스 시퀀스나 관측간격에 대한 동조 레이더 내의 측정 시간 영역을 통합하는 것.
동조 평균화 또는 시간 영역 평균화라고도 한다. 그러한 통합은 효과적이어야 하며 통합 기간은 지속적으로 변하지 않는 기준위상에 대하여 상대적으로 신호의 위상에 대한 시간으로 제한되어 있다. 동조통합과정의 효과는 자료의 샘플링 속도와 나이퀴스트(Nyquist) 주파수를 줄인다.

동지(winter solstice, 冬至) '태양이 머무른다(solstice)'는 뜻으로, 적도로부터 북반구에서는 남쪽, 남반구에서는 북쪽으로 가장 치우쳤을 때.
밤이 가장 길고, 낮이 가장 짧으며 태양의 남중고도가 가장 낮다. 북반구에서 12월 21일 또는 22일이며, 남반구에서는 6월 21일경이다.

동한난류(East Korea Warm Current, 東韓暖流) 대한해협의 동쪽 끝에서 쓰시마 해류로부터 갈라져 한반도의 남동해안을 따라 북상하는 온난한 해류.
북위 약 36~38°에서 동한난류는 한반도 동안을 따라 남하하는 북한한류와 만나 동해의 남동쪽으로 흐른다. 두 해류 사이의 경계는 연중 계속 변동하며, 경계 부근에서는 해양의 맴돌이(eddy)가 자주 나타나고, 동한난류는 결국 쓰시마 해류와 다시 합쳐진다.

되돌아가기(backtracking) 일차 심도의 탐색으로 시작해서 단계적으로 의사결정 (나무)가지들을 탐색하는 방법.
되추적이라고도 한다. 탐색은 마지막 결정 포인트와 그것의 대안들을 기록한다. 만일 탐색 경로가 실패하면, 그 시스템은 가장 최근의 결정 포인트로 되돌아가서 대안 가지를 따른다. 이것은 탐색이 가능한 한도 안에서 그 나무의 한 작은 부분이 되도록 허용한다. 대부분의 날씨예보 전문 시스템들은 의사결정 나무들로 조직되어 있고, 그들의 효율을 증진시키기 위해 되돌아가기를 사용한다.

되돌이 뇌격(return stroke, -雷擊) 선도전격 바로 뒤에 이어서 지상에서 구름으로 위로 전파해 가는 매우 밝고 강한 방전.
전형적인 **번개섬광**에서 첫 번째 되돌이 뇌격은 하강하는 계단형 선도방전과 전기 접촉을 지상에서 하는 즉시 바로 위로 올라간다. 이 과정에서 되돌이 뇌격은 대개 지상에서 짧게 위로 올라간 지상 스트리머(ground streamer)와 접촉한다. 두 번째 그리고 계속적인 되돌이 뇌격은 **계단형 선도**가 아닌 **화살선도**(dart leader)에 의해서 시작되는 것이 첫 번째 되돌이 뇌격과 다를 뿐이다. 대부분 구름-대지 전격에서 대부분의 빛을 생성하고 전하를 이동시킨다. 되돌이 뇌격의 커다란 상승속도(대략 $1\times10^{8}ms^{-1}$)가 가능한 것은 두 가지 이유 때문이다. 첫째는 바로 앞에 진행한 선도방전 통과 시 그대로 남아 있는 번개길의 잔류이온화이고 둘째는 번개길 통과 시 되돌이 뇌격의 속도가 스트리머의 전자사태의 영역에서 위로 올라가는 부분으로 내려진 전자길 전자에서 전기장의 수렴으로 인해 더 증가하기 때문이다. 보고된 최고 전류는 $3\times10^{5}A$이며 보통 $3\times10^{4}A$이다, 되돌이 뇌격의 전 과정은 몇 수십 $\mu s\,(10^{-6}s)$ 내에 이루어진다. 심지어 이 과정의 대부분은 앞서 단지 수 μs 동안에 최고 전류로 상승한 후에 뒤따르는 긴 감소기간이다. 전파속도와 전류 모두 높이에 따라 감소한다. 음의 구름-대지 섬광에서는 되돌이 뇌격은 먼저 일어났던 음전하 선도 길에 5~6쿨롬의 양전하를 축적하여 지구를 음으로 대전시킨다. 양의 구름-대지 섬광에서는 되돌이 뇌격은 50~60쿨롬의 음전하를 앞에 일어났던 양전하 선도 길에 축적하여 지상에 양전하를 증가시킨다. 음의 구름-대지 섬광에서는 **다중 뇌격**이 보통이며, 양의 구름-대지 섬광에서는 대조적으로 보통 하나의 되돌이 뇌격만 일어난다. 구름-대지 방전의 되돌이 스트리머는 지상의 높은 전기전도도 때문에 매우 강하다. 따라서 공중방전, **구름속 방전** 또는 구름-지면 사이 방전에서는 발견되지 않는다.

되먹임(feedback) 초기 변위에 대한 시스템의 반응을 결정하는 상호작용의 순환.
되먹임 작용은 시스템의 상태를 증가(양의 되먹임) 또는 감소(음의 되먹임)시킬 수 있다.

되얼음(regelation) 얼음의 표면에 압력을 가하면 녹았다가 압력이 감소하면 다시 동결하여 얼음으로 바뀌는 이중과정.
복빙이라고도 한다. 되얼음은 패러데이(Faraday)에 의해 발견되었으며, 0℃의 두 조각의 얼음에 압력을 가한 후 압력을 낮추어 준 결과 어는 것을 알게 되었다. 되얼음 현상은 얼음과 같이 동결 시에는 팽창하고 녹는점이 외부 압력에 따라 감소하는 물질에서만 나타난다. 순수한 얼음의 녹는점은 1기압당 0.0072℃의 비율로 압력에 따라 감소한다. 이 감소율은 매우 작으므로 되얼음은 얼음의 온도가 0℃ 또는 이보다 매우 약간 낮은 온도에서 일어난다. 눈덩이가 0℃보다 매우 낮은 온도보다는 0℃ 근처에서 잘 다져지는 이유는 되얼음의 결과이다. 얼음에 압력을 가하면 순간적으로 녹아서 물이 되었다가 압력을 제거하면 얼음으로 되돌아가는 현상이다. 눈싸움을 할 때 눈에 압력을 가하여 눈을 뭉치면 쉽게 뭉쳐지는 것도 되얼음 현상에 의한 것이다. 되얼음은 0℃ 또는 이보다 낮은 온도에서만 일어난다.

두건구름(pileus, 頭巾-) 적운 또는 적란운의 정상에 위치하거나 또는 그 위에 나타나는 수평규모가 작은 스카프, 후드나 모자모양을 한 구름.
모자구름이라고도 한다. 때로는 몇 개의 두건구름이 서로 위에 나타난다. 두건구름은 아래 있는 구름의 상승으로 인해 습한 기층이 국지적으로 치올려질 때 형성된다.

두께선도(thickness chart, -線圖) 대기에서 물리적으로 정의된 어떤 기층의 두께를 보여주는 종관선도의 한 유형.
층후도라고도 한다. 보통 등압면 두께선도를 말하며, 이 선도는 두 개의 등압면 사이의 거리를 나타낸다. 이 경우 기층의 두께는 흔히 기층의 평균온도에 비례한다. 보통 500hPa과 1,000hPa 사이의 층후가 두께선도에 이용된다.

두루마리구름(rotor cloud) 높은 산맥의 풍하 측 또는 산맥과 산맥 사이의 계곡에서 발달하는 닫힌 연직순환의 상부에 발달하는 구름.
두루마리구름의 형성을 유도하는 닫힌 연직순환의 회전축은 산맥에 나란하다. 두루마리구름을 'roll cloud'라고도 하나 이는 부적절한 표현이다.

두방향풍향계(bivane, -方向風向計) 난기류를 연구할 때 사용하는 바람 벡터의 수평, 수직 경사도를 측정하기 위해 사용하는 감도가 뛰어난 풍향계.
양방향풍향계라고도 한다. 지지대 역할을 하는 막대 위에 직교하는 두 개의 가벼운 에어포일 단면체를 얹은 것으로 수평 방향과 수직 방향으로 모두 자유롭게 움직일 수 있다. 풍향계 날개의 각 위치는 보통 전위차계로 탐지한다. 몇몇 두방향풍향계에는 에어포일의 반대편 끝에 풍속을 측정하기 위한 프로펠러가 달려 있다.

두줄전위계(bifilar electrometer, -電位計) 측정할 전위가 2개의 금속 코팅 석영 섬유에 인용되고 그 상호 반발에 의한 편향을 저전력 현미경을 통해 관찰하는 정전기형 전위계.
두줄전위계는 대기 전기 연구에서 전위 측정을 하는 데 사용된다.

둑(bank, barrage, dike, levee) 하천이나 해안, 호수나 늪의 물을 일정한 유로(流路) 내로 제한시킴으로써 범람을 방지하고 폭풍, 해일, 파도로부터 해안 항만을 보호하기 위해 토사 등을 쌓아 조성한 토목 구조물.

둥지격자(nested grids, -格子) 고해상도 영역 분할은 수치해석모형 또는 분석 시스템의 저해상도 영역 안에 내재되어 있는 고해상도 영역 분할.
이러한 고분해능은 열대성 저기압과 같은 중규모 기상현상 또는 지리적 정보에 초점을 맞출 수 있다. 단방향 격자에서 정보가 저해상도 영역에서 고해상도 영역으로만 전달되는 것과 달리, 양방향 둥지격자에서는 고해상도 영역과 저해상도 영역 사이에서 서로 주고받을 수 있다.

뒷바람(tail wind, following wind) 지표에 대하여 움직이는 물체와 관련하여 물체가 운동하는 방향으로 불어가는 바람.
뒷바람은 물체의 속도를 증가시킨다.

드라이아이스(dry ice) −78.5℃ 환경과 주변의 기압 조건에서 열을 흡수하면 직접 기체(가스)로 변하는 고체이산화탄소.
드라이아이스는 과냉각구름과 안개개조과정에서 빙정 단계를 유도하기 위한 냉각제로 사용된다.

드보락 기법(Dvorak technique, -技法) 위성영상에서의 구름 패턴을 분석하여 열대저기압의 강도를 추정하는 기법.
위성영상 중에서도 정지위성의 가시영상, 적외영상, 적외강조 영상을 활용한다. 열대저기압을 둘러싼 구름의 모습을 기반으로 몇 가지의 T 넘버를 제시한다. 구름 밴드의 스파이럴 길이, 구름의 시어의 양상, 운정온도 등을 기반으로 MET(Model Expected T number), 순전히 구름의 패턴으로만 판정한 패턴 T 넘버 등을 조정하여 최종 T 넘버(Final T number)에 이르게 되며 마지막으로는 태풍 강도의 당시 추이를 고려해 CI(Current Intensity) 수를 생산하는 과정이다. 이 CI 수에 따라 미리 준비된 표에 따라 중심기압이나 최대풍속 등의 열대저기압의 강도가 결정된다.

등각사상(conformal mapping, 等角寫像) 주어진 공간에서 정의된 어떠한 함수를 다른 공간에서 표현하기 위한 좌표 변환방법 중 하나.
등각이라 함은 두 개의 서로 다른 2차원 공간에서 좌표선들이 이루는 각도가 공간 변환과정에서 국지적으로 동일하게 유지되는 것을 의미한다. 예를 들어, 2차원 공간 (x, y)로 정의된 함수를 다른 2차원 공간 (r, θ)에서 표현할 때, (x, y) 공간이 카테시안 직교좌표계이고 (r, θ)가 극좌표계라고 한다면, (x, y) 좌표계에서 좌표선들은 서로 직각으로 교차하고, 마찬가지로 (r, θ)의

좌표선들($x = r\cos\theta$, $y = r\sin\theta$)도 서로 직각으로 교차하게 된다. 이러한 좌표 변환을 등각사상의 한 예로 볼 수 있으며, 모든 종류의 좌표계 회전 변환 또한 등각사상의 예가 된다.

등각지도(conformal map, 等角地圖) 각들을 보존하는 지도, 즉 두 곡선이 주어진 각에서 교차할 때 두 곡선의 지도상 투영 이미지 역시 동일한 각에서 교차하도록 제작된 지도.
등편각도(isogonal map), 정형도(orthomorphic map)를 말한다. 지도상의 각 지점에서 눈금(척도)은 모든 방향에 대해 동일하다. 작은 지역들의 형태들은 보존되지만 면적들은 단지 근사적으로만 보존된다(면적보존은 등면적도의 고유한 특성임). 가장 일반적으로 사용되는 등각지도는 람베르트 정각원추도법으로서 기준위도가 북위 30°와 60°N이다. 기준위도상에서 눈금은 매우 정확하여 기준위도 간에는 1% 이상 감소하지 않고 기준위도 밖에서는 왜곡이 급격히 증가한다. 메르카토르 도법과 평사(平射)도법 역시 등각지도법이다.

등고선(contour line, 等高線) 일반적으로 등압면 일기도에 있어서 지오퍼텐셜 고도가 같은 지점들을 이은 선.
저위도를 제외하고는 자유대기에서는 등고선은 유선과 나란하게 나타난다.

등기압변화선(isallobar, 等氣壓變化線) 어떤 특정한 시간 간격 안에 대기압의 변화가 똑같이 일어난 지점들을 연결한 선.
보통은 한 종관지상일기도 위에 3시간 국지 기압변화에 대해 그려지는 선이다. 때때로 양의 등기압변화선을 기압상승선, 음의 등기압변화선을 기압하강선이라 한다.

등넘기 차분방법(leapfrog differencing, -差分方法) 시간에 대한 일차 미분항을 계산하는 방법의 일종.
개구리 뜀 시간차분방법이라 부르기도 한다. 중앙차분방식을 적용하여 시간에 대한 제곱오차를 줄이고 단위시간 간격의 주기를 갖는 고주파 계산파를 제어하는 이점이 있다. 이 방법에 따르면 현재보다 한 시간단위 앞의 기상상태는 한 시간단위 전의 기상상태와 현재의 상태변화율 또는 강제력에 의해 계산할 수 있다.

등면적지도(equal-area map, 等面積地圖) 지도의 어느 두 부분에서 동일 단위의 실제 면적이 서로 같은 지도 면적을 갖도록 그려진 평평한 지도.
지구표면의 어떤 부분을 나타내는 지도의 경우, 이 등면적지도는 자오선과 위도선의 눈금을 계속적으로 변화시킴으로써 얻을 수 있다. 샌존-플램스티드(Sanson-Flamsteed) 사인 곡선투영법과 같이 전지구에 대한 등면적지도는 대략 타원형이다. 람베르트(Lambert)의 방위각 등면적투영법에서, 위도선은 적도에 접근함에 따라 서로 가까워진다. 전지구에 대한 어느 지도도 그리고 반구에 대한 어느 지도도 지도 중심으로부터 먼 영역의 모양을 왜곡시킨다. 그러나 이와 같은 지도는 정확한 면적 표현이 중요한 기후 연구에서 유용하다. 지구의 한정된 부분에서는 등면적 투영법이 아주 실용적이다.

등밀도면(isopycnal surface, 等密度面) 밀도가 일정한 면.
일반적으로 압력이 변하기 때문에 일어나는 유체밀도의 변화를 보상하기 위해 등밀도면은 등위치밀도면으로 바뀐다.

등방성 난류(isotropic turbulence, 等方性亂流) 각 속도성분의 곱, 제곱 그리고 그 도함수가 방향에 대해 서로 독립적인 난류.
유체의 평균 흐름을 따라 움직이는 좌표계에서 좌표축의 대칭, 회전에 대하여 변하지 않는 것을 의미한다. 이런 경우 모든 연직응력은 같고, 접선응력은 0이 된다. 등방성난류는 풍동실험에서 가장 쉽게 발생되며 난류에 대한 이론적 분석의 기초임에도 불구하고, 대기난류는 일반적으로 비등방성을 띤다. 이보다는 덜 제한된 형태의 난류로 균질난류가 있다. 균질난류는 그 요동이 유체흐름 내의 모든 지역에서 오직 규모에 따라 다르다. 레이놀즈 응력(Reynolds stress)을 참조하라.

등방성 목표(isotropic target, 等方性目標) 레이더 또는 라이더 관측에 있어 모든 방향에 대해 일정한 복사강도로 산란되는 목표.
평면파 형태의 입사복사에 대해 등방성목표물은 모든 방향으로 단위입체각당 같은 크기의 힘으로 산란한다. 대기 중의 실제 목표물들은 등방성이 아니라 비등방성이다. 실제 목표물들은 등방성은 아니지만 등방성목표와 상응하도록 취급하는 개념이다. 한 목표의 후방산란단면은 레이더 수신기 방향으로 같은 강도의 산란을 보이는 등방성을 갖는 횡단면적을 나타낸다.

등비부피(isosteric, 等比-) 시간이나 공간에 대해 비부피(단위질량당 부피)가 일정한 것. 등밀도와 같다.

등압도(isobaric chart, 等壓圖) 특정 등압면(1000, 850, 700, 500, 200hPa 등)상에 관측자료를 등고선, 등온선 등으로 나타낸 종관일기도.
등압면에 따라 700hPa 이하의 대기 중하층에서는 등포차선과 전선을 분석하고, 500hPa 부근의 대기 중층에서는 기압골과 기압능을 분석하고, 300hPa 이상의 대기 상층에서는 등풍속선으로 제트 기류를 추가로 분석한다.

등압면(isobaric surface, 等壓面) 대기 중에서 기압의 크기가 같은 면.

지면으로부터의 고도는 고기압 지역에서 높고 저기압 지역에서 낮으므로, 상층대기의 기압분포를 등압면의 등고선도로 나타낼 수 있다. 상층일기도에서 등고도면 대신 등압면으로 분석하는 이유는 고층관측에서 등고도면의 관측값보다 등압면의 고도 산출이 용이하고, 단열변화를 가정할 때 등압면에서 등온선은 등온위선으로 간주될 수 있어 등층후선 산출이 용이하고, 등압면이 거의 수평이라 등고도면과 비교하여 큰 차이가 없이 사용할 수 있기 때문이다.

등압선(isobar, 等壓線) 일기도상에서 기압이 같은 점을 연결한 선.
보통 지상일기도상에서 기압계를 분석하기 위해 등압선을 그린다. 등압선은 각 지점의 기압값으로부터 외삽법 또는 내삽하여 추정하나, 자료가 부족한 지역에서는 바람과 기압장의 관계를 이용하여 추정한다. 등압선은 절대 교차되지 않으며, 도중에 갈라지지도 않고, 이 선을 경계로 한쪽은 높고 다른 한쪽은 반드시 낮다. 등압선의 간격은 특정 기상 패턴을 묘화하기 위해 필요한 규모에 따라 보통 2hPa, 4hPa 간격으로 작성한다.

등온대기(isothermal atmosphere, 等溫大氣) 모든 고도에서 온도가 일정한 정역학 평형을 이루는 이상적인 대기.
지수대기라고도 한다. 이런 대기조건에서는 기압이 고도가 상승함에 따라 지수적으로 하강한다. 이러한 대기에서는 임의의 두 고도 사이의 층후가 다음 식으로 표현될 수 있다.

$$z_B - z_A = \frac{R_d T_v}{g} \ln \frac{P_A}{P_B}$$

여기서 R_d는 건조기체상수, T_v는 가온도(K), g는 중력가속도, P_A와 P_B는 임의의 고도 Z_A와 Z_B에서의 기압을 각각 나타낸다. 등온대기에서는 기압이 표기되지 않은 지점을 유한한 고도로 나타낼 수 없다.

등온선(isotherm, 等溫線) 일기도상에서 기온이 같은 곳을 연결한 선.
등온선은 등압면상에서 **등온위선**, 등밀도선과 일치하고, 전선 부근에서 밀집되는 특징이 있다.

등온위면분석(isentropic analysis, 等溫位面分析) 온위를 연직좌표로 채택하고, 등온위면에서 각종 기상변수와 운동을 분석하고 물리과정을 탐색하는 방법.
온위는 건조단열과정에서 보존되는 양으로, 대규모 상승 하강운동에 수반되는 숨은열을 무시한다면 이차원 평면에서 삼차원 운동을 해석하는 데 용이하다. 즉, 특정한 온위면 위에서 움직이는 공기덩이는 그 면을 따라 움직이고, 외부의 열을 받거나 빼앗길 때만 그 면을 벗어나게 된다. 온위면에서 기압이 낮은 곳으로 바람이 불면 이동하는 공기덩이가 상승하여 구름대가 발달하고, 높은 곳으로 불면 하강하며 안정하거나 구름대가 약화된다는 신호다. 흔히 온위면 위에서 기압,

바람, 응결기압, 위치소용돌이도가 분석에 많이 활용된다. 단열변화를 가정할 수 있는 대기운동에서 건조한 공기는 등온위면을 따라 운동한다. 등온위면상에 고도, 기압, 이슬점온도, 바람분포 등을 그리면 특정 성질을 지닌 공기의 대규모적인 이동을 파악할 수 있기 때문에 일기분석에 유용하다.

ㄷ

등온위선(isentrope, 等溫位線) 일기도상에서 온위가 같은 점을 연결한 선.
등압면상에서 등온선은 등온위선으로 간주된다. 공기덩이가 건조단열변화를 하는 한 온위는 일정하기 때문에 등온위선을 추적하는 것은 기단의 움직임을 조사하는 데 도움이 된다.

등온위연직좌표계(isentropic vertical coordinate, 等溫位鉛直座標係) 수치예보모형에서 연직적인 상태를 온위값으로 규정하는 좌표계.
다른 좌표계에 비해 (1) 전선이 존재하는 것과 같은 경압성이 강한 지역에서는 보다 조밀한 연직 분해능을 제공, (2) 보다 적은 연직차분과 이류 계산 시보다 적은 오차를 유발, (3) 단열, 비단열 성분과 관련된 총연직운동을 보유하게 됨에 따라 보다 직접적인 인과관계로 모델 예보결과를 해석하는 것이 가능, (4) 온위가 보존되는 양이기 때문에 중요한 역학적인 성질이 보존되는 등의 장점이 있고, 단점으로는 (1) 등온위면이 지면을 가로지르기 때문에 모든 시간과 위치에서 항상 유용하지는 않음, (2) 특히 고도에 따라 균일한 성질을 보이지 않는다는 점이다. 이와 같은 단점을 보완하고자 지표면 근처에서는 지형추종 좌표를, 모델 꼭대기층 가까이에서는 기압좌표계를 사용한다.

등온위혼합(isentropic mixing, 等溫位混合) 등온위면에서 발생하는 대기의 난류적 혼합과정.
대부분의 대기운동이 가역 단열과정이기에 이 혼합 형태가 중요하다.

등온평형(isothermal equilibrium, 等溫平衡) 복사가열 또는 복사냉각에 의한 영향을 받지 않는 정지된 가상의 대기상태에서 충분한 시간이 흐른 뒤 전도에 의한 열 교환에 의해 전체 대기에 걸쳐 온도가 균질하게 된 상태.
전도평형이라고도 한다. 이러한 대기가 하나의 기체 이상으로 구성되어 있으면 각 기체의 분압은 다음의 돌턴의 법칙을 따라 지수적으로 분포된다.

$$p_n = p_{n0}^{-(m_n ghkT)^b}$$

여기서 P_{n0}는 지상기압, m_n은 n번째 기체성분의 평균분자질량, g는 중력가속도, h는 기하고도, k는 볼츠만 상수(1.3804×10^{-23}J K^{-1}), T는 절대온도를 각각 나타낸다. 위 식에 따르면 충분히 높은 고도에서는 가벼운 기체가 더 많아질 것이다. 또한 혼합기체에서 한 기체의 확산에 의해 등온평형이 이루어지는 시간은 고도에 따라 빠르게 감소하는데, 100km 근처에서는 약 1년이었던 것이 200km 근처에서는 수초 정도밖에 안 걸린다. 등온대기를 참조하라.

등치선(isogram, 等値線) 기상학적인 여러 변수를 연결한 선.
등치선에 의하여 해당 변수의 공간적 분포나 시간적 변화의 특징을 개략적으로 파악할 수 있다.

등치선도(isopleth, 等値線圖) 일기도 등에서 주어진 물리량의 동일한 값을 공간이나 시간에 대해 연결한 선.
중위도에서 보통 날씨가 서쪽에서 동쪽으로 옮겨가므로 등치선도의 시간축을 오른쪽에서 왼쪽으로 취하면 등치선도의 형태가 실제 대기구조와 유사하게 되어 여러 판단을 하기에 편리하다.

등퍼텐셜면(equipotential surface, 等-面) 함수 '$\phi(x, y, z) =$ 상수'로 정의되는 면.
여기서 ϕ는 $\boldsymbol{F} = -\nabla\phi$로 표현할 수 있는 모든 장(場)과 연관된 퍼텐셜 함수이다. 예를 들면, 중력 등퍼텐셜면, 정전기 등퍼텐셜면, 정자기 등퍼텐셜면 등이 있다.

등풍속선(isotach, 等風速線) 일기도상에서 풍속이 같은 곳을 연결한 선.
특히 상층일기도에서 제트류 분석 시 많이 사용된다.

디 값(D-value) 일기도상에서 등압면 위의 임의 점의 (해발)고도와 표준고도의 편차값.
Z를 평균해면상의 실제 고도, Z_p를 같은 지점의 기압고도라 하면, $D = Z - Z_p$로 표현된다.

디디에이 값(depth-duration-area value, DDA value) 주어진 크기의 면적에 대하여 명시된 시간 구간 내에 발생한 강수량의 평균 깊이.
통상적으로 어떤 주어진 스톰이나 연구 기간에 대하여, 디디에이 값은 각 선택된 기간과 면적 크기에 대하여 가장 큰 평균 깊이를 나타낸다. 실제로 디디에이 값을 알기 위하여 넓은 지역에서는 긴 시간이, 좁은 면적에서는 짧은 시간이 필요한 경우가 많다.

디비지(dBZ, dBz) 다음 식으로 정의되는 레이더 반사도 인자 측정을 위한 대수 눈금.

$$\zeta = 10\log_{10}\left(\frac{Z}{Z_1}\right)$$

여기서 Z는 레이더 반사도 인자($mm^6\,m^{-3}$)이고 Z_1은 1 $mm^6\,m^{-3}$이며 ζ는 dBZ 단위의 레이더 반사도 인자이다.

디어도프 속도(Deardorff velocity, -速度) 대류혼합층에 대한 연직속도 규모.
이 연직속도 규모 w^*는 다음과 같이 표현된다.

$$w^* = \left[\frac{g}{T} z_i \overline{(w'\theta_v')_s} \right]^{1/3}$$

여기서 g는 중력가속도, T는 절대온도, z_i는 혼합층의 평균 깊이, $\overline{(w'\theta_v')_s}$는 지표 근처에서 측정한 가온위의 운동학적 연직난류 플럭스이다. 이 속도 규모는 전형적으로 $1ms^{-1}$의 차수인데, 이것은 대략적으로 대류 열기포에서의 상승기류 속도에 해당한다. 이 규모는 흔히 대류혼합층에 대한 상사이론에서 사용되고 있으며, 이전에는 대류속도규모로 알려져 있었다.

ㄷ

디 영역(D region, -領域)　이온층에서 가장 낮은 영역.
이 영역은 고도 약 70km에서 시작하여 E 영역과 합쳐지는 고도까지에 해당하며 D 영역에서 라디오파가 주로 흡수된다. 이와 같이 D 영역은 이곳에서 이온화가 가장 강한 낮에 고주파와 초고주파 라디오파의 장거리 전파를 방해한다. 저위도와 중위도 지방에서는 주로 태양복사가 산화질소(NO)에 작용함으로써 D 영역이 발생한다. 고위도에서 D 영역이 발생하는 것은 태양이나 오로라로부터 오는 활동적 입자들이 주 원인일 수 있다. 이 경우에 라디오파는 낮 동안 내내 강하게 D 영역에서 흡수될 수 있다. 경우에 따라서 D 영역 대신 D 층이라는 용어가 E 층 및 F 층과 함께 쓰이기도 한다. D 층에서는 이온존데 기록장치에 에코가 잘 나타나지 않으나, E 층과 F 층에서는 뚜렷한 에코가 나타난다.

디지털 필터(digital filter)　시간적 또는 공간적 진동수를 가진 비선택 신호는 감소시키면서 선택된 신호만을 통과시키기 위해 설계되고 시간적으로 불연속적인 자료에 적용시키는 알고리즘. 이 필터는 흔히 잡음을 제거하거나 원하는 신호만을 통과시키기 위해 사용된다. 일반적으로 사용되는 유형으로는 로패스 필터, 하이패스 필터, 밴드패스 필터가 있다. 로패스 필터는 고진동수의 에너지를 제거하고, 하이패스 필터는 저진동수의 에너지를 제거하며, 밴드패스 필터는 저진동수 에너지와 고진동수 에너지를 모두 제거하여 이 둘 사이의 진동수 범위에 있는 에너지만을 통과시킨다.

땅-구름방전(ground-to-cloud discharge, -放電)　원래의 번개선도(先導) 과정이 지면의 어떤 물체로부터 위로 출발하는 번개방전.
이와 반대 과정인 구름-땅방전이 더 일반적이다. 땅-구름방전은 매우 큰 구조물로부터 빈번하게 생긴다. 이것은 매우 큰 구조물이 지구와 동일한 전위에 있을 때, 이 구조물의 상부 끝부분 가까이에 번개선도를 일으킬 수 있는 강한 전장(電場)이 나타나기 때문이다.

땅날림눈(drifting snow)　바람에 의해 지표로부터 지표상 6ft 미만 높이까지 받아올라 휘날리는 눈.

낮은 땅눈보라라고도 한다. 항공기상관측에서는, 땅날림눈이 지면상 6ft 이상에서는 수평 시정장애를 일으키지 않기 때문에 시정장애 현상이 아닌 것으로 간주된다. 눈이 지표상 6ft 이상으로 날리면 높날림눈으로 분류된다.

땅날림먼지(drifting dust) 바람에 의해 공중에 날리는 (크기가 10~100㎛인 매우 고운 고체입자로 구성된) 지표먼지.
낮은 풍진이라고도 한다.

땅전류폭풍(earth current storm, -電流暴風) 지구 전기장의 변화에 영향을 줄 수 있는 땅전류의 불규칙한 변화.
땅전류는 근본적으로 이온층의 요란과 관련이 있으며, 땅전류폭풍의 크기는 지각 위에서 킬로미터당 약 수 볼트에 해당되며, 정상적인 땅전류의 일 변화 범위와 중첩된다. 땅전류폭풍과 유사한 종류의 폭풍은 자기폭풍과 관련이 있다.

떠보임(looming) 먼 거리에 있는 물체의 상이 실제보다 더 높게 보이는 신기루 현상의 일종. 지표 부근에 기온역전층이 있거나 지표 부근 대기의 기온감률이 자동대류감률(34.2℃km^{-1})보다 작으면 대기굴절률이 고도에 따라 감소한다. 이러한 조건에서 떨어져 있는 물체에서 오는 광선은 지구곡률 방향으로 오목하게 휘어서 관측자에게 도달하여 물체의 상이 실제보다 더 높게 떠 있는 것처럼 보인다. 이러한 현상이 떠보임이며, 상층신기루(superior mirage)의 일종이다.

띠너비(bandwidth) 1. 일반적으로 띠 안에 포함된 헤르츠의 수 또는 상하 경계 주파수들로 정해지는 주파수 범위.
2. 전자파 기기가 발생, 취급 또는 제공할 수 있는 주파수 범위.
보통 최고 반응의 3dB 내에서 반응을 보이는 범위이다. 예를 들면, 변조된 신호 또는 대역통과 필터의 띠너비는 멱 스펙트럼 밀도가 그 띠 안의 것보다 3dB(또는 그 두 배) 더 적은 주파수로 정의된다.
3. 신호가 점유하며 그 신호로 정보를 효과적으로 운송하는 데 필요한 주파수 공간의 양.
자료 전송에서 띠너비가 더 클수록 자료 비트를 전송하는 능력이 더 크다.

대기과학용어사전

라그랑주 다항식(Lagrange polynomial, -多項式) 수치해석에서 데이터 포인트의 주어진 집합으로부터 미지의 위치의 함수값을 보완할 때 사용하는 해석방법.
조제프 루이 라그랑주(Joseph-Louis Lagrange)의 이름에서 왔다. 이것은 1779년 에드워드 워링(Edward Waring)에 의해 처음으로 발견되었고, 1783년에 레온하르트 오일러에 의해 마지막으로 재발견되었다. 라그랑주 다항식은 요소의 양 끝점을 포함하는 $P+1$개의 주어진 포인트, x_q에 대하여 다음과 같이 정의된다.

$$\Phi_p(x) = \frac{\pi^{P}_{q=0, q \neq p}(x - x_q)}{\pi^{P}_{q=0, q \neq p}(x_p - x_q)}$$

여기서 $p=0, \cdots, P$ 라그랑주 다항식의 두드러진 특성 중 하나는 $\Phi_p(x_q) = \delta_{pq}$이며, 여기서 δ_{pq}는 크로네커 델타(Kronecker delta) 함수이다.

라그랑주 방법(Lagrangian method, -方法) 유체와 함께 이동하면서 그 특성을 측정하는 방법.
예를 들면 이동 부이를 사용하여 유속을 측정하거나, 라디오존데로 상층 기상을 측정하는 방법이 있다.

라그랑주 방정식(Lagrange equation, -方程式) 라그랑주 좌표에서 표현되는 유체역학의 기본 방정식.
라그랑주 방정식에서 독립변수는 시간과 입자들의 위치자료(예 : 초기 위치)들이다. 라그랑주 방정식은 오일러 방정식보다 자주 사용되지는 않으나 등엔트로피면을 따른 대류권과 성층권의 에너지 교환의 경우 화학 및 역학적인 문제 등의 해결을 위하여 유용하게 이용된다.

라그랑주 승수(Lagrange multiplier, -乘數) 제약이 있는 최적화 문제를 푸는 방법.
최적화하려는 값에 형식적인 라그랑주 승수항을 더하여, 제약된 문제를 제약이 없는 문제로 바꾼다. 조제프 루이 라그랑주가 도입하였고, 수학, 라그랑주 역학 등 여러 분야에서 널리 이용된다.

라그랑주 좌표(Lagrange coordinates, -座標) 어떤 유체의 위치를 표시하기 위한 좌표계로서 시간에 따라 변화하지 않으며 임의의 어떤 시간에 대해서도 유체 위치를 식별할 수 있는 좌표계.
예를 들어 (1) 운동 중에 보존되는 유체의 어떤 특성값 또는 (2) 임의의 순간에 대한 유체의 공간적 위치를 나타내기 위한 좌표계이다. 이 좌표계에서 유체의 연속적인 공간 위치 변화는 종속 변수로서 시간과 라그랑주 좌표의 함수이다. 즉, 라그랑주 좌표계에서는 동일한 유체를 연속적으로 추적하게 되는데 기상학적으로 공기가 이동하는 경우는 일반적으로 라그랑주 좌표계가 적용되지 않는다. 그러나 이동하는 공기덩어리의 기압이 보존될 경우 등압풍선관측과 공기입자들의 소규모 확산 등은 라그랑주 좌표계 적용이 타당하다.

라니냐(La Niña) 엘니뇨-남방진동의 차가운 위상, 엘니뇨 현상과 반대현상.
스페인어로 여자아이를 의미한다. 일반적으로 엘니뇨 현상이 시작되기 전 또는 종료 후에 평년보다 강한 무역풍이 지속될 때 발생하기 쉽다. 강한 무역풍에 의하여 해수면 밑에 따뜻한 물의 두께는 평년에 비교하여 서태평양(온난역)에서 두껍고, 동태평양(페루 앞바다 지역)에서 얇아진다. 또한 해수면온도는 평년보다 서태평양에서 높아지고 동태평양에서 낮아진다.

ㄹ

라디오 덕트(radio duct) 고도에 따른 대기의 굴절률의 감률이 $157N-units/km$ 이상인 대기의 얇은 수평층.
라디오 덕트는 지표공기와 비교하여 상층의 공기온도가 높아 역전층이 형성되어 있거나 또는 매우 건조한 경우에 형성된다. 라디오 덕트 내에서는 전파가 덕트의 아래 경계와 위 경계 사이를 반복 반사하면서 먼 곳까지 전파된다. 라디오 덕트에는 지표면에 접해서 형성되는 덕트와 상층 덕트가 있으며 라디오 덕트를 레이더 덕트라고도 한다.

라디오존데(radiosonde) 자유비행기구(풍선)를 이용하여 하늘 높이(성층권 이상고도) 띄우는 일련의 1회용 대기요소 측정기기로서, 지표면에서 성층권까지의 대기요소들의 수직분포를 측정하여 해당 데이터를 무선 통신하여 지상수신 시스템에 전송하는 일련의 기상관측기기.
라디오존데는 일반적으로 온도, 습도, 기압을 측정한다. 라디오존데 구조는 보통 계기부, 발진기부, 전원부, 수용상자(收容箱子)로 구성되어 있다. 라디오존데 온도 감지기가 일반적으로 측정하는 것은 물체의 전기 저항, 정전용량 및 전압 등에서 유도 변화하여 기온으로 나타낸다. 라디오존데 습도 감지기는 수증기 함유량에 좌우되는 대기의 특성을 직접 측정하는 장치가 될 수도 있고, 주지한 방식으로 주변 습도의 변화에 따라 반응하는 물질이 될 수도 있다. 라디오존데 기압 감지기는 일반적으로 일부가 기압변화에 비례하여 변화하는 아네로이드 셀로 구성된다. 몇몇 라디오존데는 기압을 측정하지는 않지만, 기압 데이터는 온도, 습도 및 고도 데이터를 사용하는 고도분포 방정식으로부터 계산한다. 경우에 따라 라디오존데는 풍속과 방향만을 측정하기도 한다. 라디오존데는 매분 300~400m의 속도를 상승하여 10hPa 고도 이상까지 도달하므로 무게의 경량이 중요하다. 그러나 일회용으로 사용하기 때문에 값이 싸야 한다는 조건도 중요하다. 레윈존데를 참조하라.

라디오존데 관측(radiosonde observation, -觀測) 기구로 띄운 라디오존데를 이용하여 기압, 온도 및 상대습도 등을 측정하는 것.
처리된 데이터는 일반적으로 의무지정값 및 주요 기압 수준에서 지오퍼텐셜(위치 에너지) 고도,

온도 및 이슬점으로 표시한다. 상공의 바람을 결정하기 위해 라디오존데의 위치를 측정하는 경우 해당 관측을 레윈존데 관측이라고 부른다.

라디오존데 기구(radiosonde balloon, -氣球) 라디오존데를 하늘 높이 띄우기 위하여 사용하는 기구.
라디오존데 기구는 시험기구나 실링 기구보다 크고, 높이 띄우기 위해 일반적으로 수소 기체나 헬륨 기체로 채우고, 주간에는 약 30km 그리고 야간에는 약 25km의 고도에서 터트린다.

ㄹ

라디오 진동수 밴드(radio frequency band, -振動數-) 전자기파에서 구체적으로 정해진 진동수 영역.
라디오 진동수 밴드는 다음과 같이 구분한다. 이들 진동수 밴드는 3의 배수이며, 진동수(f)는 광속($3\times10^8ms^{-1}$)을 파장(λ)으로 나누어 준 것으로 $f=c/\lambda$로 주어진다. 진공에서 VHF의 파장은 1~10m이다.

진동수 밴드	진동수 영역
초저주파(very low frequency : VLF)	<30 KHz
저주파(low frequency : LF)	30~300 KHz
중주파(medium frequency : MF)	300~3,000 KHz
고주파(high frequency : HF)	3,000~30,000 KHz
초고주파(very high frequency : VHF)	30~300 MHz
자외초단파(ultra high frequency : UHF)	300~3,000 MHz
극초단파(super high frequency : SHF)	3,000~30,000 MHz
극고주파(extremely high frequency : EHF)	30~300 GHz

라디오 차폐(radio occultation; RO, -遮蔽) 대기의 연직상태를 관측하기 위한 원격관측 방법 중, 하나의 위성에서 다른 위성으로 전송되는 라디오파가 대기에서 굴절되는 정도로부터 대기의 온도, 기압 및 수증기량을 측정하는 방법.
다른 원격관측과 비교했을 때, 관측오차의 편향이 적고, 연직으로 고해상도의 관측 결과를 줄 수 있는 것이 특징이다. 보통 라디오파를 보내는 위성으로 위치정보 시스템(global positioning system, GPS) 위성을 사용하며, 시그널을 받는 위성으로는 저궤도(low earth orbit, LEO) 위성이 사용된다. 이러한 이유로 흔히 GPSRO 관측으로 불리기도 한다. GPSRO로 관측되는 대기변수는 라디오 시그널이 굴절하여 지구 지표면과 평행해지는 위치에서의 변수를 의미하며, 결국 그 위치를 알기 위해서는 시그널이 굴절에 의해 휘어지는 각도를 정확히 산출해야 한다.

라울 법칙(Raoult's law, -法則) 액체에 용해된 용질의 양과 액체의 수증기압의 변화를 관련시키는 물리법칙.
라울 법칙은 $p_o - p = p_o x_i$로 기술할 수 있다. 여기서 x_i는 용해된 용질의 몰분율이며, $(p_0 - p_i)$는 종종 용액의 증기장력이라고 한다. 라울 법칙의 결과는 용액의 총괄성이라고 하며, 순수한 용매에 대하여 용액의 어는점과 녹는점의 낮아짐(강하) 그리고 삼투압의 강하가 있다. 겨울철 보도에 얼음을 녹이기 위해 소금을 뿌리는 것은 라울 법칙을 이용한 것이다. 이것은 다만 물에 소금이 용해되면 녹는점이 낮아진다는 라울 법칙을 적용한 것이다.

라이더(lidar) 마이크로파 레이더의 작동 원리와 유사한 방법으로 대기의 다양한 원격 표적을 탐지하고 그 표적까지의 거리를 측정하기 위하여 고안된 사용되는 전자신호 처리장치와 레이저 송신기 및 수신기가 결합된 장치.
원격 표적으로부터 후방산란되어 돌아오는 레이저 에너지 측정을 위하여 송신기와 수신기는 보통 나란히 설치된다. 레이저는 빛의 진동수를 극한적으로 짧고 강하게 변동시켜 원격 표적에 발사되나 구름이 있을 경우는 레이저 세기가 급격히 감쇠되기 때문에 탐지거리의 제약을 받는다. 레이저는 송신기와 수신기 및 채널 수 등의 특성에 따라 다양한 분야의 대기과학 연구에 활용되고 있으며 이와 같이 레이저를 이용한 원격 표적 탐지장비들을 라이더라 호칭한다. 즉, 간단한 단일 채널의 운고계는 운저 고도와 구름의 내부 구조를 측정할 수 있다. 그리고 편광 라이더는 구름의 위상과 물입자를 측정할 수 있고 차등 흡수 라이더와 라만 라이더는 선택된 분자들의 농도를 측정한다. 또한 고분해능 라이더는 분자와 에어로졸 및 구름 성분들을 분리 측정할 수 있고 도플러 라이더는 에어로졸이나 구름의 시선속도를 측정한다. 이와 같은 라이더에는 자외선에서 중적외선 사이의 파장(≈0.3∼12㎛)이 주로 사용된다.

라이더 방정식(lidar equation, -方程式) 원격 탐지 목표로부터 거리 r만큼 떨어져 있는 라이더에서 수신되는 전기적 에너지(p)는 라이더 시스템의 특성과 레이저광이 통과하는 경로(일반적으로 대기) 등에 따라 다양한 형태로 표시될 수 있는 방정식 중에서 가장 일반적인 라이더 방정식 형태.
이 방정식은 평면-편광 복사와 단일산란에 대한 것으로 다음 식과 같다.

$$p(r) = \frac{C\beta(r)t^2(r)}{r^2}$$

여기서 β는 거리(r)의 함수로 표시된 체적 후방산란 계수이고 t^2은 거리 r에 대한 투과율 그리고 C는 라이더 상수이다. 이 라이더 상수는 투과 전력과 펄스 기간 및 송신기의 특성에 따라 변화되며 투과율은 부피소산계수 Y와 관련되어 다음과 같이 나타낼 수 있다.

$$t^2(r) = \exp\left[-2\int_0^r \gamma(s)ds\right]$$

일반적으로 라이더광의 산란과 소산과정은 분자와 에어로졸 및 물입자(액체와 기체 및 고체, 물입자) 성분들의 복합적 효과에 의해서 발생되고 위 식에서 β와 γ로 나타낸다.

라이만알파 방출선(Lyman-alpha emission line, -放出線) 수소원자 또는 수소 양이온 전자가 여기상태에서 바닥상태로 전이할 때 방출하는 스펙트럼 선과 동일한 121.5668nm 파장에서 발생하는 태양복사방출 스펙트럼의 특징.
특정한 파장에서 산소분자의 흡수 단면적이 지극히 낮기 때문에 이 복사는 지구대기로 깊숙이 침투한다. 이 복사는 소수의 대기성분 기체, 특히 일산화질소를 이온화시키기 때문에 상부 중간권에서 미량기체의 해리와 하부 이온층의 형성에 중요하다.

라이만알파 습도계(Lyman-alpha hygrometer, -濕度計) 121.5668nm 파장에서 원자수소의 방출선인 라이만알파 방출선에서 수증기로 인한 복사흡수를 기초로 만든 습도계.
수소 글로 방전(glow discharge)으로 라이만알파 선이 생성되어 방출되고 산화질소 이온 챔버에서 다시 검출된다. 복사원과 검출기에 모두 있는 불화마그네슘(MgF_2) 창이 흡수경로를 한정시킨다. 라이만알파 습도계는 매우 빠른 주기로 습도를 측정할 수 있기 때문에 항공기관측이나 잠열 플럭스 관측에 이용된다.

라이시미터(lysimeter) 농경지 등에서 증발산량, 물수지 등을 측정하기 위한 장치.
라이시미터는 일정 면적의 유저(有底) 탱크에 수분검출장치를 부착하여 통 내의 수분변화를 측정하여 증발산량을 측정한다. 탱크 하부에는 자갈을 깔고 그 위에는 현지 토양의 성층과 유사하게 흙을 채워 넣는다. 작물은 탱크 내외 특히 주변에도 넓게 재배하여 오아시스 효과를 줄여야 한다. 수분검출방법의 차이에 따라서 칭량 라이시미터, 프로팅 라이시미터, 정수위 급수형 라이시미터 등으로 구분한다. 칭량 라이시미터는 로드셀(load cell) 등을 이용하여 탱크 내의 수분변화량을 중량변화로 검출하는 방식이다. 프로팅 라이시미터는 탱크에 공기실을 부착하고 수조에 띄워서 중량변화를 수위변화로 기록시키는 방식이다. 정수위 급수형 라이시미터는 정수위 장치를 붙여서 통으로부터 증발산에 의하여 빠져나가는 물의 양만큼의 물이 공급되어 일정 수위가 유지되도록 하면서 급수된 물의 양을 기록시키는 방식이다.

라이프니츠 정리(Leibniz's theorem of calculus, -整理) 적분의 미분과 미분의 적분 사이의 관계.
라이프니츠의 정리는 다음 식과 같은 관계가 있다.

$$\frac{d}{dt}\left[\int_{s_1(z)}^{s_2(z)} A(t,s)ds\right] = \int_{s_1(z)}^{s_2(z)}\left[\frac{\partial A(t,s)}{\partial t}\right]ds + A(t,S_2)\frac{dS_2}{dt} - A(t,S_1)\frac{dS_1}{dt}$$

여기서 S_1과 S_2는 적분의 범위, s는 높이 z는 가상거리 또는 공간변수, t는 시간, 그리고 A는 공간과 시간의 함수인 온위 또는 습도 등과 같은 기상학적인 변수들이다. 만약 적분 범위가 시간에 따라 일정할 경우 마지막 두 항은 0이 되기 때문에 적분의 미분은 미분의 적분과 같아진다. 그러나 실제 대기에서는 대기경계층의 발달 등과 같이 적분범위가 시간에 따라 변화될 수 있는 상황들이 많이 있다. 그 예로서 경계층의 깊이($z=0$부터 $z=z_i$까지)에 대해 적분하고자 할 경우 고도 $z_i(t)$에서 경계층의 최상단이 시간에 따라 일정하지 않기 때문에 위 식에서 우변 두 항이 필요하며 라이프니츠 정리의 완전한 형태를 사용해야 한다.

라플라스 방정식(Laplace equation, -方程式) 다음과 같이 표현되는 타원편미분방정식.

$$\nabla^2\phi = 0$$

ϕ는 위치에 대한 스칼라 함수, ∇^2은 라플라스 연산자를 나타낸다. 직교좌표계에서 이 방정식은 다음과 같이 쓰일 수 있다.

$$\frac{\partial^2\phi}{\partial^2} + \frac{\partial^2\phi}{\partial y^2} + \frac{\partial^2\phi}{\partial z^2} = 0$$

라플라스 방정식은 예를 들어 다음의 경우에 만족한다. 비회전 흐름에서의 속도 퍼텐셜, 자유공간에서의 중력위치 에너지, 고체전도체상 전류의 정상 흐름에서의 정전기위치 에너지, 고체의 정상상태 온도분포를 나타낸다. 라플라스 방정식의 해는 조화함수라 불린다. **푸아송 방정식**(Poisson equation)을 참조하라.

라플라스 변환(Laplace transform, -變換) 주어진 함수 $f(t)$에 e^{-pt}를 곱하여 적분한 것. p는 새로운 변수이며 t에 대해 $t=0$부터 $t=\infty$까지 적분한다. 그러므로 $f(t)$의 라플라스 변환을 다음과 같이 나타낼 수 있다.

$$Lf(t) = \int_0^\infty e^{-pl}f(t)dt$$

라플라스 변환은 특별히 일정한 계수를 갖는 비균질선형 미분방정식과 관련된 초깃값 문제의 해를 구하는 데에 유용하다. **푸리에 변환**(Fourier transform)을 참조하라.

라플라스 연산자(Laplace operator, -演算子) 수학적 연산자 $\nabla^2 = \nabla \cdot \nabla$(때때로 $\triangle$로 쓰임). ∇는 라플라스 연산자이다. 직교좌표계에서 라플라스 연산자는 다음의 형태로 쓰인다.

$$\nabla^2 = \frac{\partial^2}{\partial x^2} + \frac{\partial^2}{\partial y^2} + \frac{\partial^2}{\partial z^2} = 0$$

라플라스 방정식을 참조하라.

람베르트(lambert) 광학밝기인 휘도의 cgs 단위.
1cm^{2}당 1루멘(lumen) 또는 1cm^{2}당 1/π칸델라(candela)와 같다. 이 휘도의 값, 람베르트는 1cm 거리에서 1칸델라의 발광강도를 내는 흑체에서 생산하는 값이다. mks 단위로 표시할 때는 apostilb이며 1m 거리에서 1칸델라의 발광강도로 람베르트의 10^4배이다. 청천 시 천정 아래 해수면에서 태양광의 휘도는 약 470,000 lambert이고, 60W의 백열전구에서 발광하는 휘도는 약 38 lambert이다.

ㄹ

람베르트 공식(Lambert formula, -公式) 일련의 관측값으로부터 평균풍향을 계산하는 공식. 이 공식은 다음과 같다.

$$\tan\alpha = \frac{E-[W(NE+SE-NW-SW)\cos 45°]}{N-[S(NE+NW-SE-SW)\cos 45°]}$$

여기서 α는 평균풍향을 나타내는 각도, 각방위(N, S, E, W 등)는 관측값에서 각방위의 풍향이 나타난 횟수이다.

람베르트 코사인 법칙(Lambert's cosine law, -法則) 이상적 표면으로부터 반사되거나 방출되는 복사 에너지의 각도별 크기를 코사인 함수로 나타내는 법칙.
람베르트 법칙이 적용되는 표면에서 반사되거나 방출되는 복사 에너지는 반사각 또는 방출각에 일정하다. 즉, 등방형의 반사 또는 방출 에너지 분포를 가지게 되는데, 이런 경우의 표면을 람베르트 표면이라 한다.

람베르트 원추투영법(Lambert conic projection, -圓錐投影法) 원뿔모양의 원추를 지구에 씌워 원추면에 지구의 위도, 경도선을 투영하여 전개한 등각지도투영법 중 하나.
'Lambert conformal conic projection'으로도 쓰인다. 한쪽 반구를 위도 10°와 40° 또는 30°와 60°의 표준위도선을 절단하는 원추면에다 지구 중심에 있는 광원을 투영시켜 만든 지도이다. 이 지도는 중위도지방의 한 대륙이나 대양 정도의 크기를 나타내는 일기도를 만들 때 적당하다. 이때 축척은 보통 1 : 7,500,000~1 : 20,000,000 정도이다.

랑리(Langley) 복사 에너지 이론에 근거한 단위면적당 에너지.
1랑리는 1평방센티미터당 1그램-칼로리이다. 랑리는 복사속밀도로 표현하며 시간의 개념이 포함되어 있다. 그러나 이 경우 시간의 개념은 다양하게 활용될 수 있도록 분리 가능하도록 되어 있다. 랑리라고 하는 단위 용어는 미국 과학자 사무엘 랑리(Samuel P. Langley, 1834~1906)의 이름을 따서 명명되었다. 현재 대기과학에서는 랑리 대신 mks 단위인 Wm^{-2}를 주로 사용하고 있다.

랜드새트(Landsat) 지표면의 자연적 인위적 변화 탐지를 주 임무로 하는 미국의 지구관측위성. 1972년에 랜드새트 1호가 태양동기, 극궤도로 발사되었으며 주 탑재 센서로는 MSS(multi-spectral scanner)로 가시광선 및 근적외 영역의 4개 채널을 가졌다. 해상도는 80m였다. 랜드새트 2, 3호가 각각 1975년과 1978년에 유사한 탑재체로 발사되었다. 1982년과 1984년에 발사된 랜드새트 4호와 5호에는 추가로 TM(thematic mapper)으로 명명된 센서가 가시와 근적외 영역에서 7개 채널을 이용하여 지표면을 관측하였다. 랜드새트 5호는 3년의 위성임무를 초과하여 29년 동안 지표면 관측을 하였고 2013년 5월에 임무를 종료하였다. 랜드새트 시리즈는 1993년 6호 및 1994년 7호가 지속적으로 운영되었으며 2013년 2월에는 8호가 발사되어 임무를 수행하고 있다.

ㄹ

랭뮤어 수(Langmuir number, -數) 랭뮤어 순환에 적용되는 다음과 같은 관성력과 점성력의 비를 나타내는 무차원 수.

$$La = [(\nu_T \beta / u_*)^{3/2}][(S_0/u_*)^{-1/2}]$$

여기서 ν_T는 에디 점성을 의미하고 $2S_0$와 $1/2\beta$는 각각 스토크스 풍조(Stokes drift current)의 표면값과 그 값이 1/e만큼 감소하는 깊이(e-folding depth)를 나타낸 것이며 u_*는 마찰속도이다. 즉, 랭뮤어 수는 에디 점성에 의한 유선 방향의 와도 확산율과 스토크스 풍조 및 와동 확장에 따른 유선 방향의 와도 생산율 사이의 균형으로 해석될 수 있으며 레이놀즈 수와는 반비례 관계에 있다.

랭뮤어 순환(Langmuir circulation, -循環) 대기의 비선형 순환 중 하나.
롤 순환은 바다 혹은 호수의 경계층 위에서 주로 발생하는 표면 응력 벡터와 대체로 평행하게 형성되고 랭뮤어 순환은 자오 방향의 롤 순환과 유사한 형태이나 표면중력파장과 혼합층 내에서 대규모 난류운동들의 비선형적 상호작용에 의해 발생된다. 표면 근처의 랭뮤어 순환 영역에서 거품이나 그의 파편 등이 열을 이루어 바람에 날릴 경우 띠모양이 발생되기도 한다. 랭뮤어 순환의 공간 규모는 혼합층 깊이와 관련이 있고 물의 마찰속도를 u_*라 할 때 그 특성 속도는 대략 $8u_*$ 정도이다. 이러한 특성 때문에 랭뮤어 순환이 발생되기 위해서는 표면에서의 풍속은 8m/s 이상이 되어야 한다.

랭킨 소용돌이(Rankine's vortex) 원통형 소용돌이 자유표면에서 소용돌이의 발원지인 내부 원형 중심부 지역에 우묵 파이게 나타나는 고체회전을 하는 2차원 원형 흐름.
랭킨 복합 소용돌이라고도 한다. 소용돌이 내에서는 접선 방향의 속도가 소용돌이 중심으로부터 거리에 비례한다.

$$\frac{V}{r} = \text{상수}$$

여기서 V는 접선속도이며 r은 중심으로부터의 거리이다. 외부 영역에서는 와도가 존재하지 않으며, 이곳에서 접선속도는 중심에서 거리(r)에 대해 역비례하며 Vr =상수로 주어진다. 소용돌이는 태풍, 허리케인의 바람분포에 대한 모델로서 종종 사용한다. 스코틀랜드 글래스고대학교 교수 윌리엄 랭킨(William Rankine)에 의하여 고안된 원통형 소용돌이이다.

러브 파(Love wave, -波) 지진파 중에서 표면파의 일종으로 지진파의 진행 방향에 대해 직각으로 진동하는 수평면 운동.
전파속도는 밀도와 강성률(剛性率)에만 의존하고 체적탄성률에는 좌우되지 않으며, 약 $3kms^{-1}$이다. 이 명칭은 처음으로 러브 파를 발견한 영국 수학자 오거스터스 러브(Augustus Edward Hough Love)의 이름에서 명명된 것이다.

런던 스모그(London (sulfurous) smog) 화석연료의 연소과정에서 배출되는 황산화물과 이들이 대기 중 수분과 반응하여 생성된 황화합물에 의해 야기되는 스모그 현상.
스모그는 연기(smoke)와 안개(fog)의 합성어이다. 주로 공장 및 빌딩의 연소시설이나 가정난방 시설 등에서 배출되는 아황산가스, 분진, 미립 에어로졸이 원인물질이며, 바람이 약하고 안정한 대기상태에서 안개가 발생하면 이와 결합하여 황산을 형성하면서 스모그가 발생하게 된다. 따라서 안개가 잘 발생할 수 있는 기상조건을 만족하는 겨울철 밤이나 새벽 무렵에 나타나기 쉽다. 런던 스모그 명칭은 1952년 12월 영국 런던에서 발생한 황산화물로 인한 대규모 대기오염 피해 사건에서 유래된다. 당시 영국은 산업혁명으로 공업이 발달했으며, 인구 밀도가 높았던 수도 런던의 템스 강 유역에서는 발전소, 제철소 및 공장들이 활발히 가동되고 있었다. 수 일간 고기압의 정체로 대기가 안정하였으며 야간에는 복사냉각이 활발히 일어나 짙은 안개가 발생하였다. 이러한 기상조건하에서 대기 중 기체 황산화물과 미세먼지 농도가 상승하여 호흡장애, 질식 등의 피해를 일으켰다. 이로 인해 사건 발생 3주 동안 약 4천 명의 시민이 사망하였으며, 이후에도 만성폐질환으로 약 8천 명의 시민이 사망하였다. 이후 영국은 이런 형태의 스모그에 의한 피해를 막기 위해 대기오염현상의 과학적 원인을 규명하였으며, 적극적으로 아황산가스 배출을 규제하는 노력을 기울였다.

레나르트 효과(Lenard effect, -效果) 분무과정에서 깨진 물방울들에 의한 전하 분리 정도가 물방울 온도, 물방울 속의 불순물, 물방울의 공기분사 속도 그리고 분사된 물방울이 접촉하는 외부물질의 표면 등에 따라 변화하는 효과.
분무 대전 또는 폭포수 효과라고도 한다. 물방울의 공기역학적 분해에 따른 전하 분리에 대하여 1892년 독일 물리학자 레나르트(P. Lenard)가 처음 체계적으로 연구하였다. 그리고 이 경우 깨진 물방울의 가장 큰 조각은 양전하를 발생시키고 충돌 기류를 타고 움직이는 작은 물방울들은 음전하를 이동시킨다. 이와 관련된 실험은 1953년에 채프먼(Chapman)에 의하여 수행되었다. 즉, 직경 4mm의 증류수 방울이 1ms^{-1} 상승기류가 존재하는 환경 속에서 5cm 자유낙하하는 동안 깨진 물방울에 의하여 분리된 양전하 및 음전하는 10~10C였다. 레나르트 효과는 심프슨(Simpson, 1927)에 의하여 뇌우의 전하 발생 및 분리이론에 적용되었으나 뇌우의 전하와 관련된 세부 내용들은 여전히 잘 이해되지 못하고 있는 측면이 있다.

레윈존데(rawinsonde) 라디오존데 관측과 라디오윈드 관측을 병합하여 고층대기의 기온, 습도, 기압, 바람(풍향 · 풍속)을 관측하는 탐측기.
레윈존데 관측은 지상으로부터 약 35km(5hPa)까지의 고도별 기압, 기온, 습도, 풍향, 풍속을 관측하며, 세계기상기구(World Meteorological Organization, WMO)의 세계기상감시계획(WWW)에 따라 세계 990여 개의 고층기상관측소에서 우리나라 시각으로 오전 9시(00UTC)와 오후 9시(12UTC)에 동시에 실시한다. 기상청의 고층기상관측소는 기상청 소속의 포항 · 고산 · 백령도 · 속초 · 흑산도기상대의 5개소, 공군 소속의 오산과 광주기상대 2개소에서 운영되고 있다. 역사적으로 무선방향탐색장치를 탑재한 기구를 띄운 라디오존데를 추적하여 바람 데이터를 수집하여 왔다. 최신 방법으로는 GPS 또는 Loran 무선운항신호로부터 위치와 라디오존데 속도를 측정하는 것을 포함한다. 이에 따라 기상청은 GPS 레윈존데를 사용하여 상층대기를 관측하고 있으며, 이 장비는 GPS 라디오존데, 지상점검장치, 비양 기구, 낙하산, 얼레, 지상수신장치, 자료분석장치 등으로 구성되어 있다. GPS 라디오존데는 관측 센서를 탑재하여 고층 대기의 상태를 관측하고 GPS 위성으로부터 라디오존데의 공간정보를 수신한 후에, 이 관측자료를 무선신호로 안테나와 지상수신장치로 송신한다. 지상수신장치는 지상에서 라디오존데의 전파신호를 수신하여 원시관측자료를 산출한다. 자료분석장치는 지상수신장치에서 수신된 원시관측자료를 처리하여 그래픽과 문자 또는 숫자로 표출하며, 일정한 품질검사를 수행한 후에 고층기상관측전문을 작성하여 송신한다〈기상청〉.

레이놀즈 수(Reynolds number, -數) 나비에-스토크스 방정식(Navier-Stokes equation) 내의 두 항인 관성력과 점성력의 비로 정의되는 무차원의 수.
U를 수평속도 규모, L은 수평길이 규모, ν를 유체의 운동학적 점성계수라 할 때, 레이놀즈

수 R_e는 다음과 같이 나타낼 수 있다.

$$Re = \frac{UL}{\nu}$$

레이놀즈 수는 유체운동의 안정성과 난류 발생을 이해하는 데 매우 중요하게 사용된다. 관성력은 소용돌이 늘림이나 비선형 상호작용을 통해 유체의 흐름을 불규칙하게 만든다. 따라서 분자점성력에 비해 관성력이 우세할 때, 즉 레이놀즈 수가 클 때는 난류가 발생한다. 실험에 의하면 레이놀즈 수가 2100보다 큰 경우에 유체의 흐름은 난류가 된다고 한다. 경계층에서서는 공기의 운동학적 점성계수 $\nu = 1.5 \times 10^{-5}\mathrm{m^2s^{-1}}$와 경계층의 특징적 규모 $U = 5\mathrm{ms^{-1}}$, $L = 100\mathrm{m}$를 이용하면, 레이놀즈 수는 $Re = 3 \times 10^7$가 된다. 즉, 레이놀즈 수가 매우 크게 나타나는 것으로 경계층의 대기운동을 이해하기 위해서는 난류를 고려해야 함을 알 수 있다.

레이놀즈 응력(Reynolds stress, -應力) 난류에 의해 수송되는 운동량속에 의하여 작용되는 응력.

레이놀즈 응력은 나비에-스토크스 방정식을 레이놀즈 분해와 레이놀즈 평균을 적용하여 전개할 때 비선형 항인 이류항(advection term)에서 도출된다. 레이놀즈 응력의 일반적인 형태는 다음과 같다.

$$\tau_{ij} = -\rho\overline{u_i' u_j'}$$

여기서 속도의 공분산 형태인 $\overline{u'_i u'_j}$은 x_i 방향의 운동량속이 x_j 방향에 수직인 평면을 가로지르는 것을 의미하거나, x_j 방향의 운동량속이 x_i 방향에 수직인 평면을 가로지르는 것을 의미한다. 난류 흐름에서는 레이놀즈 응력의 수렴/발산이 평균류 변화에 큰 영향을 미친다. 직교좌표계에서 u_i'과 u_j'는 각각 세 방향 속도 성분을 의미하므로 레이놀즈 응력 τ_{ij}에는 총 9개 운동량속 성분이 있다. 이 성분은 대칭성을 띠고 있어 $\overline{u_i' u_j'} = \overline{u_j' u_i'}$가 된다. 바람 시어가 매우 큰 값을 갖는 지상 가까이를 제외하면 대부분의 경우 레이놀즈 응력은 층밀림 응력보다 큰 값을 갖는다. 대기경계층에서는 수평방향 운동량이 연직 방향으로 수송되는 것을 의미하는 다음 형태의 레이놀즈 응력이 중요하게 작용한다.

$$-\rho\overline{u'w'}, \quad -\rho\overline{v'w'}$$

여기서 u', v', w'는 각각 동서 방향, 남북 방향, 연직 방향의 난류 성분을 의미한다.

레이놀즈 평균(Reynolds averaging, -平均) 난류에서 온도, 풍속과 같은 변수에 적용하는 평균절차.

변수를 s라고 하면 평균절차는 다음과 같다.

$$\bar{s} = \frac{1}{T}\int_0^T s(t)dt$$

여기서 $s-\bar{s}=s'$을 s의 변동 부분으로 나타낸다. 그리고 s'의 평균 즉 $\overline{s'}=0$이다. 평균은 일정 기간에 걸쳐 또는 주어진 공간에서 실상의 앙상블에 대해서 취할 수 있다. $s=\bar{s}+s'$을 레이놀즈 분해라고 한다. 레이놀즈 평균은 난류 플럭스와 난류운동 에너지, 나비에-스토크스 방정식을 공식화에 적용한다. 이 방법의 단점은 난류종결의 문제, 즉 주어진 방정식보다 미지수가 더 많아 해를 구할 수 없는 문제가 발생한다.

레이더(radar) 라디오파 에너지가 목표물을 향해서 발사되었을 때 산란되거나 반사되어 되돌아오는 전자파 에너지의 특성을 이용하여 목표물까지의 거리나 형상을 측정하는 전자측정기기. 전파법 제2조 제19항 "결정하고자 하는 위치에서 반사 또는 재 발사되는 무선신호와 기준신호와의 비교를 기초로 하는 무선측위 설비를 말한다."라고 정의되어 있다. 멀리 있는 물체와의 거리를 전자파의 반사 정도를 계측해서 전시하는 것으로 항공기의 위치를 파악하거나, 강수량을 예측하는 데 사용되고 있다. 레이더는 발신기, 수신기, 안테나, 표출장치, 그리고 조정장치와 신호처리장치로 구성되어 있다. 가장 보편적인 레이더는 같은 안테나를 전파 발신과 수신용으로 사용하는 단일정적(monostatic) 레이더이다. 이 레이더는 목표 물체로부터 감지할 수 있을 정도의 역산란 정도에 의존한다. 이중정적(bistatic) 레이더는 한 지역에 발신 안테나를 설치하고 수신 안테나는 다른 지역에 위치하는 레이더이다. 이 레이더가 감지할 수 있는 신호는 전방산란에 의존한다. 발신기에서 방출된 전자기파는 단일정적 레이더의 안테나에 의해 좁은 전자빔으로 대기로 발사된다. 이 전자빔의 진행 방향에 위치하는 물체는 전자파 에너지를 반사, 산란, 그리고 흡수한다. 목표신호라고 불리는 반사되거나 산란되는 에너지의 작은 양이 되돌아와서 수신 안테나에 잡힌다. 전자기파 발신에서 목표신호 수신까지 걸린 시간을 이용해서 목표물까지의 거리 또는 레이더로부터 목표물의 사광거리를 판단하는 데 활용된다. 레이더 전자빔 안테나의 목표를 향한 방향, 각도를 가지고 목표물의 방향과 고도를 판단한다. 이런 정보는 레이더 표출장치에 에코로 나타난다. 대기수상(水象)은 전자기파를 산란시킬 수 있기에 기상 레이더는 감시 범위가 레이더의 종류나 날씨 상태에 따라 달라지기는 하지만 수백 킬로미터 떨어진 강수현상이나 다른 기상현상을 감시할 수 있다. 기상 레이더보다는 더 큰 파장의 전자기파를 사용하는 MST 레이더나 윈드 프로파일러는 대기층의 공간적인 반사도 변동 특성을 이용하여 눈으로 보기에는 아무것도 없는 맑은 대기층의 에코를 감지할 수 있다. 레이더로부터 얻을 수 있는 추가적인 정보로는 방사 방향의 속도나 목표물까지 거리, 도플러 레이더 경우 편광 레이더와 마찬가지로 목표물의 탈분극 특성을 파악할 수 있다.

레이더 간섭계(radar interferometry, -干涉計) 레이더의 개별 안테나 또는 같은 안테나의 나눠진 점에서 받은 신호를 비교하거나 약간 다른 반송 주파수를 사용하여 받은 신호를 비교하여 산란 매질의 특성을 측정하기 위한 기기.
예를 들어 공간 간섭계에서 두 개 또는 그 이상의 개별 안테나 혹은 공간이 나눠진 안테나에서 받은 신호의 위상을 비교하여 도착 신호의 각도를 계산한다. 이 각도는 측정된 도플러 진동수와 결합하여 목표물의 속도를 추정하기 위해 사용될 수 있다. 거리분해능을 향상시키기 위해 진동수 영역 간섭계는 약간 다른 두 반송 주파수에서 나타난 신호의 위상을 비교한다.

ㄹ

레이더 강수 에코(radar precipitation echo, -降水-) 비, 눈 또는 우박에 의한 레이더 에코. 일반적으로 강수 에코의 강도는 눈, 비, 우박 순으로 강하게 나타난다.

레이더 관측(radar observation, -觀測) 레이더 기상관측의 부호화된 전송기록.
이 기록에는 레이더로 관측된 에코의 방위각, 거리, 고도, 모양, 강도, 이동과 그 외 다른 특징들이 있다. 관측대상은 주로 강수에 한하지만 강수는 기상상태의 일부분의 결과이므로 간접적으로 상층바람, 난류, 대기안정도, 일기의 실황을 알 수 있다.

레이더 기상(radar meteorology, -氣象) 관측과 측정 수단으로 레이더를 사용하여 대기와 날씨를 연구하는 학문.
물리기상 중 하나이며 레이더 기상은 **구름물리학**과 많은 부분을 공유한다. 보다 일반적으로 대기 원격탐사라고 한다.

레이더 기상관측(radar meteorological observation, radar weather observation, -氣象觀測) 기상 레이더의 표출기에 나타난 에코와 관측모수에 대한 기상학적 추정.
여기서 기상학적 에코와 관측모수는 레이더 반사도 인자와 도플러 속도 그리고 이중편파의 경우 대기수상체(hydrometeor)의 분류에 이용되는 이중편파 레이더 모수를 의미한다. 예를 들면 에코와 관련된 레이더 반사도 인자의 경우에 대한 기상학적 추정은 강수강도와 관련된 에코의 강도, 에코 강도의 변화 경향, 높이, 이동속도 그리고 에코의 독특한 특성이다. 에코의 이와 같은 기상학적 추정은 구름과 스톰의 유형(태풍, 뇌우 또는 토네이도)을 결정하는 데 도움을 준다. 한편 도플러 속도 바람장의 경우 PPI에서 풍향, 풍속, 하층 제트 그리고 대기의 수평발산 등을 추정할 수 있다.

레이더 기후학(radar climatology, -氣候學) 레이더의 시·공간적인 기상관측자료를 기반으로 한 기상변수 또는 모수 기후학적인 자료 해석.
레이더 반사도의 10년 자료를 활용한 강수의 시·공간 분포 특성 또는 계절에 따른 레이더 반사도

인자의 연직분포 등을 기후학적 관점에서 분석한다.

레이더 단면(radar cross section, -斷面) 실제 목표물과 같은 신호 에너지를 보내는 등방성 산란체의 가상 단면적.
레이더 단면 σ는 다음 관계식으로 정의된다.

$$\sigma = \frac{4\pi r^2 S_r}{S_i}$$

여기서 S_i는 거리 r에 있는 목표물에 입사되는 신호의 세기를 의미하며, S_r은 수신 안테나로 되돌아오는 신호의 세기를 의미한다. 목표물의 물리적 크기가 정확히 구별될 필요가 없고, 대부분의 대기수상체가 구의 형태를 하고 있다는 가정 아래 후방산란 단면적이 정의되어 레이더 방정식에 사용된다.

레이더 돔(radome, radar dome) 마이크로파가 투과할 수 있는 원형의 구조물로서 강풍과 일기로부터 레이더 안테나 등 시스템을 보호하기 위하여 설치한 돔.
레이돔을 설치하면 이로 인해 레이더파의 감쇄가 발생한다.

레이더 반사도 인자(radar reflectivity factor, -反射度因子) 산란체의 체적 내에 존재하는 강수입자의 직경과 개수에 따라 결정되는 값.
레이더 반사도 인자 z는 다음과 같이 정의한다.

$$z = \int_0^\infty N(D) D^6 dD$$

여기서 D는 강수입자의 직경, $N(D)$는 단위체적 내에 존재하는 강수입자의 개수이다. 따라서 레이더 반사도 인자는 강수입자의 직경과 개수에 따라 결정되는 값으로, 강수강도를 결정하는 인자로 사용되며, 단위는 $\mathrm{mm^6/m^{-3}}$이다. 실제 반사도 z의 값은 일반적으로 상당히 큰 수이므로 로그(log)를 취하여 표현한 dBZ를 통상적으로 사용하며

$$z(dBZ) = 10 \log\left(\frac{Z}{\mathrm{mm^6 m^{-3}}}\right)$$

을 이용하여 레이더 반사도 인자 중 상당 반사도 인자 Z_e는 파장이 동일한 레이더가 동일한 거리에 있는 입자를 레일리 산란의 특징을 가진다고 가정했을 때 얻어지는 레이더 반사도 인자로 다음과 같이 정의한다.

$$Z_e = \frac{\lambda^4 \eta}{\pi^5 |K|_w^2}$$

여기서 $|K|_w^2$는 수적에 대한 유전인자, η는 레이더 반사율, 그리고 λ는 레이더 빔의 파장이다.

레이더 반사율(radar reflectivity, -反射率) 목표물이 레이더 전자파 에너지를 차단 · 회귀시키는 효율의 척도.
레이더 반사율은 목표물의 크기, 모양, 측면, 전기 전도도 및 유전적 특성에 따라 달라진다. 또한, 레이더 반사율은 레이더 목표물에 의한 반사, 산란, 회절에 영향을 받는다. 특히 기상학적 목표물은 다음과 같은 요소에 따라 레이더 반사율에 영향을 미친다. (1) 단위체적당 대기수상체의 수, (2) 대기수상체의 크기, (3) 대기수상체의 물리적 상태(얼음 혹은 물), (4) 입자군에 따른 형태, (5) 비대칭성. 레이더 반사율 η는 단위체적에 대한 면적으로 나타내며, 단위($cm^2 m^{-3}$, 더 일반적으로 cm^{-1} 또는 m^{-1})는 다음과 같이 정의된다.

$$\eta = \sum_i N_i \sigma_i$$

레이더 방정식(radar equation, -方程式) 레이더의 관측 목표물이 거리와 레이더파에 대한 단면적의 함수로서 수신 안테나가 받은 신호의 세기를 정량적으로 표현하기 위한 방정식.
목표물 탐지를 위해 송신된 전파가 물체의 표면에 부딪혀 수신 안테나에 되돌아올 때, 수신된 전파의 세기는 레이더 방정식으로 계산할 수 있다. 점 목표물에 부딪혀 수신된 전파의 세기는 다음 방정식과 같이 점 목표물의 크기와 거리, 안테나의 크기, 송신 파장, 송신전력 등과 같은 인자들에 의해 정의된다.

$$P_r = P_t \frac{g^2 \lambda^2 \sigma}{64 \pi^3 r^4}$$

여기서 P_r은 수신된 전파의 세기, P_t는 송신되는 전파의 세기, g는 안테나 이득, λ는 파장, σ는 후방산란 단면적, 그리고 r은 점 목표물과의 거리를 의미한다. 대기수상체에 부딪혀 수신된 전파의 세기는 대기에 퍼져 있는 대기수상의 특성에 따라 다음과 같은 방정식으로 표현될 수 있다.

$$\overline{P_r} = P_t \frac{G^2 \lambda^2 \theta \phi h}{1024 l \pi^2 \ln 2} \frac{n}{r^2}$$

여기서 θ와 ϕ는 레이더 빔의 수평과 수직면의 빔 폭, h는 송신되는 신호의 펄스 길이, 그리고 η는 대기수상체들의 후방산란 단면적의 합이다. 대부분의 물방울들은 레이더 파장에 비해 작기 때문에, η 값은 레일리 근사를 사용하여 다음과 같이 표현된다.

$$\eta = \frac{\pi^5 |K|^2}{\lambda^4} \sum_{Volume} D^6$$

물과 얼음에 대한 유전상수 $|K|^2$는 각각 0.93과 0.21이며, 주로 기상목표물인 물에 대한 유전상수를 사용한다. D는 체적 내 물방울의 직경이며, D^6의 합의 값을 알기 위하여 다음과 같이 레이더 반사도 인자 z를 이용한다.

$$z = \int_0^{\infty} N(D) D^6 dD$$

여기서 $N(D)dD$는 직경별 수농도를 나타내며, 레이더 방정식은 최종적으로 다음과 같은 식으로 표현된다.

$$\overline{P_r} = P_t \frac{\pi^3 g^2 \theta \phi h |K|^2 z}{1024 \ln(2) \lambda^2 r^2}$$

레이더 보정(radar calibration, -補正) 1. 목표물의 레이더 반사도 인자와 레이더 수신기에서 측정한 전력을 관련짓는 비례상수, 즉 레이저 상수를 결정하는 행위.
2. 목표물의 레이더 반사도 인자와 수신 전력을 비교하여 결정하는 레이더 상수의 수치.

레이더 분해능(radar resolution, -分解能) 대기 중에 존재하는 목표물들이 레이더에 의해 구별될 수 있는 서로 간의 최소한의 거리.
대기에 존재하는 목표물들을 구분짓는 레이더 분해능은 레이더가 방사한 펄스 길이의 절반을 의미한다. 레이더의 성능이 좋을수록 분해능이 좋으며, 현재 기상청에서 운용 중인 기상 레이더는 일반적으로 1°의 빔 폭과 250m의 레이더 분해능을 가진다. 만약 관측된 목표물 간의 거리가 레이더 분해능의 거리보다 작다면, 인접한 두 목표물은 하나의 목표물로 인식되어 나타난다.

레이더 빔(radar beam) 레이더 안테나에서 집중된 전자기파의 방출.
레이더 빔은 안테나 패턴의 주 방사부(main lobe)에 의해서 정의된다.

레이더 상수(radar constant, -常數) 주어진 거리에서 레이더 목표물의 반사도 인자와 안테나에서 측정한 전력 사이의 비례상수를 결정하는 레이더 방정식에 나타나는 물리 모수와 레이더 시스템 모수의 결합에 의한 상수.
레이더 안테나에 수신되는 전력을 P_r, 레이더에서 목표물까지 거리를 r, 레이더 반사도 인자를 z, 그리고 레이더 상수를 C라 하면 레이더 방정식은 다음과 같다.

$$P_r = \frac{Cz|k|^2}{r^2}$$

레이더 상수를 결정하는 모수는 첨두 전력(peak power), 안테나 이득, 빔 폭, 펄스 길이 그리고 레이더 파장에 의해 결정된다. 앞에 식에서 $|k|^2$은 목표물의 유전율을 나타낸다. 레이더 방정식을 참조하라.

레이더 수평선(radar horizon, -水平線) 송신기로부터 전파되는 레이더의 전자파가 직사되어 지표에 접하는 점의 궤적.
레이더파가 대기 중에서 전파하는 동안에 대기에 의한 굴절이 원인이 되어 빔의 기하학적 수평선과 그 경로가 다르게 나타나는 경로이다. 라디오 수평선(radio horizon)이라고도 한다.

레이더 에코(radar echo) 목표물에서 산란 또는 반사된 레이더 신호가 레이더 표출기에 나타내는 겉모양에 대한 일반적 용어.
레이더 에코의 특징은 (1) 파의 형태, 진동수, 입사파의 전력, (2) 레이더에 대한 목표물의 거리와 속도, 그리고 (3) 목표물의 크기, 모양, 목표물의 성분 등에 의하여 결정된다.

레이더-우량계 비교(radar-rain gauge comparison, -雨量計比較) 동일한 시공간에서 레이더 반사도 값과 우량계에서 측정된 강우량 값을 강수강도로 산출하여 비교함을 일컫는 용어.
일반적으로 마샬과 팔머(Marshall and Palmer)의 Z-R 관계식을 이용하여 두 값을 비교한다. 그러나 이들의 비교는 표본추출의 한계점을 가지고 있다. 레이더로 관측된 값은 지상으로 낙하하는 도중에 강수입자의 증발이나 충돌로 인하여 지상에 도달하는 실제 우량 간에 차이가 발생하고, 우량계 네트워크는 약 10~20km 간격으로 설치되어 있어 레이더보다 낮은 공간해상도를 가지기 때문이다.

레이더 주파수띠(radar frequency band, -周波數-) 레이더 전자기파를 주파수에 의해 분류하여 유사한 성질을 보이는 주파수를 일컫는 범위.
레이더 주파수대라고도 한다. 제2차 세계대전 당시, 신호 부호의 암호화를 위해 처음 지정되었으며, 재정립을 통해 현재에도 적용되고 있다. 레이더 주파수대역들은 서로 다른 특징을 가지고 있으며, 주파수 범위와 파장 범위에 대한 특징은 다음 표와 같다. 레이더 주파수대 S, C, X 밴드는 주로 강수를 관측하기 위해 사용된다. 대기 중의 기체, 강수, 구름입자들의 영향으로 감쇄되는 주파수 에너지는 상당하며, 특히 X 밴드의 경우 폭우에 의한 감쇠현상이 심하다. 레이더 연직측풍계와 MST 레이더는 저주파수인 UHF, VHF 파장역에서 측정한다.

주파수띠 명칭	주파수 범위	파장 범위
HF	3~30MHz	100~10m
VHF	30~300MHz	10~1m
UHF	300~1,000MHz	1~0.3m
L	1~2GHz	30~15cm
S	2~4GHz	15~8cm
C	4~8GHz	8~4cm
X	8~12GHz	4~2.5cm
Ku	12~18GHz	2.5~1.7cm
K	18~27GHz	1.7~1.2cm
Ka	27~40GHz	1.2~0.75cm
V	40~27GHz	0.75~0.4cm
W	75~110GHz	0.4~0.27cm

레이더 지상 에코(radar ground echo, -地上-) 레이더파가 지면이나 지면에 있는 물체에 의해서 반사되어 레이더 영상에 나타나는 에코.
지상 에코는 지면의 형상과 특성에 따라 다르게 나타나며 지상 클러터(ground clutter)라고도 한다.

레이더 지시기(radar indicator, -指示機) 레이더에 의해서 선택된 에코 신호를 가시적으로 지시하는 데 이용되는 관련 부품이나 음극관.

레이더 파장대(radar band, -波長帶) 레이더를 작동시킬 때 이용하는 마이크로 복사의 진동수 밴드.
레이더 진동수 밴드라고도 한다. 레이더 진동수 밴드는 처음에는 제2차 세계대전 당시 보안상 암호문자로 표시하였다. 정확한 진동수의 범위는 재정의되었지만 이 문자들이 아직도 통상적으로 사용되고 있다. 이 밴드들은 전파진동수(주파수) 밴드의 UHF(Ultra High Frequency : 초고주파수), SHF(Super High Frequency : 슈퍼고주파) 그리고 EHF(Extremly High Frequecy : 극고주파)에 속한다. 구름과 강수탐지에 통상적으로 이용되는 레이더 밴드는 다음과 같다.

진동수 밴드	진동수(GHz)	파장 범위(cm)
L 밴드	1~2	15~30
S 밴드	2~4	7.5~15
C 밴드	4~8	3.75~7.5
X 밴드	8~12	2.5~3.75
Ku 밴드	12~18	1.67~2.5
K 밴드	18~27	1.11~1.67
Ka 밴드	27~40	0.75~1.11
V 밴드	40~75	0.4~0.75
W 밴드	75~110	0.27~0.4

S, C 그리고 X 밴드에서 작동하는 레이더는 주로 강수측정에 이용되는 레이더이다. X 밴드보다 진동수가 더 큰 모든 진동수 밴드에 대해 전파된 전파의 에너지는 대기 중의 기체, 강수 그리고 구름입자에 의해 심한 감쇠를 받는다. 그리고 심지어 X 밴드도 호우 시에는 심한 감쇠를 받는다. K, Ka 그리고 W 밴드에서 작동하는 레이더는 강수를 멀리까지 투과할 수 없지만 구름을 탐지할 수 있기 때문에 구름관측에 이용된다. 윈드 프로파일러 레이더 그리고 MST 레이더는 여기에 주어진 표에 있는 진동수보다 더 낮은 진동수에서 UHF와 VHF 밴드에서 작동한다.

레이더 편광술(radar polarimetry, -偏光術) 송수신 신호의 편광 특성을 비교하는 레이더 관측.
수평편파와 수직편파 정보를 이용하여 관측 대상의 입체적인 모양을 관측한다. 강우의 강도뿐 아니라 빗방울의 모양, 크기, 형태에 관한 정보를 얻을 수 있다. 특히 강수가 아닌 새, 벌레, 채프(chaff)와 같은 목표물의 구분이 가능하다.

레이더 편파측정(radar polarimetry, -偏波測定) 송수신 신호의 편파 특성을 기반으로 한 레이더 측정.
이중 편파 레이더의 경우 수평편파와 연직편파를 이용한다. 또 원형편파 레이더의 경우 우향 편파와 좌향 편파를 이용한다.

레이더 표출(radar display, -表出) 2차원 직교좌표나 극좌표를 써서 나타내는 레이더의 출력 데이터를 표시하는 표시장치.
A-scope에서는 가로축은 거리, 세로축은 신호의 강도를 나타낸다. PPI(plan position indicator)는 주어진 고도각에 대해서 레이더 주사를 통해서 얻은 데이터를 시선거리(반지름 방향)와 방위각을 써서 표출한다.

레이더 합성도(radar composite chart, -合成圖) 여러 개의 고도각으로 관측한 레이더 수신 데이터를 목적에 따라 합성하여 이를 수평면에 또는 연직면에 표출한 그림.
CAPPI(Constant Altitude PPI)는 관측기간에 얻은 부피자료를 특정 고도(예 : 1.5km)에 해당하는(예 : 레이더 반사도) 인자를 선택하여 작성한 레이더 합성도이다. 기둥 최대도는 부피자료에서 주어진 지점에서 고도에 따른 레이더 반사도 인자분포에서 그 값이 최대인 값만 선택하여 만든 합성도이다.

레이저(laser) 유도 방출된 복사 에너지를 증폭시킨다는 뜻의 약어로 사용하는 용어.
즉, 빛을 여러 번 순환시켜 좁은 폭의 전자기 에너지를 발생시키되 매번 순환할 때마다 빛의 상(相)간섭에 의하여 에너지를 증폭시키는 기기이다.

일반적으로 이 장치에 의하여 방출되는 빛은 내부 공동에서 새어 나오는 미량의 순환 에너지에 속한다. 즉, 이러한 장치를 이용하여 적외선과 가시광선 및 자외선 등의 파장 영역의 빛 에너지를 생산할 수 있기 때문에 종종 광학기술에 응용된다.

레일리-베나르 대류(Rayleigh-Bénard convection, -對流) 베나르 세포의 특별한 경우로서 대류의 측면과 밑면의 비가 3 : 1로 나타나는 현상.
이 현상은 아래에서 가열되거나(냄비의 안과 같은 상태) 증발에 의하여 위로부터 냉각되는(금속성 도료와 같은) 얕은 액체 내에서의 대류로서 실험실에서 처음으로 관측되었다. 이러한 관측은 대기층에서 얇은 세포 내에서의 대류와 유사점을 갖는데, 마치 권적운의 구름이 형성되는 중심에서는 상부 방향운동을 보이며 구름의 맑은 가장자리에서는 하강운동을 보이는 현상과 같다.

레일리 산란(Rayleigh scattering, -散亂) 작은 입자들에 의한 전자기 복사광에 의한 산란에 관한 근사이론으로서, 산란물질의 반지름이 입사하는 복사파의 1/10 이하의 크기인 미소한 구형의 입자에 대한 산란.
레일리경(Lord Rayleigh, 1842~1919)의 이름을 따른 것이다. 레일리경은 1871년에 청명한 하늘의 푸른색은 대기 중의 분자들에 의한 빛의 산란으로서 설명할 수 있다는 사실을 입증하였다. 보다 더 복잡한 미(Mie) 이론에 대한 레일리 근사법에 따르면, 입자들은 복사파의 파장과 비교하여 매우 작아야 한다. 레일리 이론의 적용가능 범위는 입자의 굴절률에 따라 좌우된다. 물방울을 기준으로 할 때 일반적으로 $D<\lambda/10$로 표현한다. 여기서 D는 물방울 지름이고, λ는 입사복사파의 파장이다. 레일리 산란의 특성에 따르면 지름이 D인 구형입자의 산란 단면은 D^6/λ^4에 비례하며 위상함수는$(1+\cos 2\theta)$에 비례하며 여기서 θ는 산란각이다. 레이더에서 레일리 산란이론은 일반적으로 10cm보다 훨씬 짧은 파장에 대해 빗방울과 더 긴 파장에 대한 우박에 대해, 레일리 기준이 충족되지 않는다 할지라도, 강우로부터의 에코에 대한 관측값들을 해석하기 위해 응용한다. 미(Mie) 이론에 근거한 보정은 3cm보다 짧은 파장에서 관측한 값들에 간혹 적용된다. 큰 빗방울과 우박은 구의 형태와 편차를 보일 수 있다. 비구형(구의 형태가 아닌) 입자들에 의한 레이더 산란은 작은 타원체들에 대해서는 간스(Gans) 이론에 입각하여 근사하였다.

레일리 수(Rayleigh number, -數) 유체 역학에서 유체 내에서 열전달과 관련된 부력과 열이류의 곱(積)과 점성력(粘性力)과 열전도와의 곱의 관계로 나타낼 수 있는 무차원 수의 비율.
레일리 수가 유체의 임곗값보다 작으면 열은 전도의 형태로 전달되고, 반대로 유체의 임곗값보다 크면 대류의 형태로 전달된다. 레일리 수는 그라쇼프(Grashoff) 수와 프란틀(Prandtl) 수의 곱으로 정의되는데, 그라쇼프 수는 유체 간의 부력과 관성 사이의 관계를 나타내는 값이고, 프란틀 수는 유체의 점성과 온도 사이의 관계를 나타내는 값이다. 따라서 실험실에서 흐름에 대한 열적

불안정 이론에서 임곗값에 관한 매개변수가 된다. 따라서 레일리 수, Ra는 다음과 같은 관계를 갖는다.

$$Ra = \frac{g|\Delta_z T|\alpha d^3}{\nu k}$$

여기서 g는 중력가속도이고, $\Delta z T$는 액체의 특성을 나타내는 깊이 d에서 액체의 수직온도 차이, α는 팽창계수, ν는 동역학적 점성, k는 분자의 열전도성이다.

레일리 영역(Rayleigh region, -領域) 전자기파의 산란이론에서 크기 모수 k 값이 $0 < k < 1$인 영역.
크기 모수는 구형입자의 반경 r, 입사하는 전자기파의 λ인 경우 $k = 2\pi r / \lambda$로 정의한다. 레일리 영역에서는 입자의 산란이 k^4에 비례한다. k의 범위가 $0 < k < 10$인 영역을 미(Mie) 영역 또는 공명영역 그리고 $k > 10$인 영역을 광학영역이라고 한다.

로그 미분법(logarithmic differentiation, -微分法) 방정식의 양변에 로그를 취한 후에 미분하여 도함수를 구하는 방법.
예를 들어 다음과 같이 주어지는 푸아송 방정식에 로그 미분이 적용된다.

$$\frac{d\theta}{\theta} = \frac{dT}{T} - K\frac{dP}{P}$$

여기서 θ는 온위, T는 온도, P는 압력, K는 푸아송 상수이다.

로렌츠 격자(Lorenz grid, -格子) 대기 모델에서 사용되는 변수를 연직 방향으로 이산화하는 방법 중의 하나로, 수평바람과 온도 변수를 모두 층의 중앙에 정의한 격자 형태.
로렌츠 격자는 2차의 보존량을 잘 보존하는 특성이 있으나, 정역학방정식의 차분과정에서 계산 모드를 발생시키는 것으로 알려져 있다. 이에 반해 온도와 연직속도를 층의 경계에 정의한 차니-필립스 격자에서는 정역학방정식의 차분에서 연직 방향으로 인접한 두 층의 지위를 사용하기 때문에 이러한 단점이 사라진다. 최근에는 로렌츠 격자의 단점을 보완하고, 차니-필립스 격자의 장점을 활용하기 위한 유한요소법(finite-element method)에 근거한 새로운 연직 이산화 방법도 제안되고 있으며, 유럽 중기예보 센터를 중심으로 실제로 활용되고 있다.

로비치 일사계(Robitzsch actinograph, -日射計) 로비치(M. Robitzsch)가 개발한 수평면 일사계.
이 일사계는 반구형 유리그릇의 중앙에 수평으로 놓인 3개의 바이메탈 조각을 사용한다. 이때 외부의 흰색 조각은 빛을 반사시키며, 중앙에 위치한 검정 조각은 빛을 흡수한다. 바이메탈은

검정과 흰색 조각의 온도차에 비례해서 기구의 펜 방향이 바뀌고 수신된 복사의 강도에 비례하는 방식으로 결합되어 있다. 로비치 일사계는 주기적인 보정이 필요하다.

로스비 변형반경(Rossby radius of deformation, -變形半徑) 대기나 해양운동에서 지구자전에 의한 영향이 크게 나타나는 수평길이 규모.
두께가 H인 순압 해양인 경우 로스비 변형반경(λ_R)은 다음과 같이 정의된다.

$$\lambda_R = \frac{\sqrt{gH}}{f} = \frac{c}{f}$$

초기에 계단함수로 주어진 해수면 높이가 지균조절되는 경우를 예로 들면 로스비 변형반경보다 작은 규모의 고도분포는 지균균형이 이뤄지면서 변형된다. 반면에 로스비 변형반경보다 큰 규모는 초기 고도분포가 그대로 유지된다. 만약 따뜻한 공기와 차가운 공기가 만나면서 차가운 공기가 따뜻한 공기 밑으로 이동하는 경우에서는 부력에 의해 중력이 변하므로 감소중력을 이용하여 다음과 같이 정의된다.

$$\lambda_R = \frac{(gH\Delta\theta/\theta_0)^2}{f}$$

여기서 $\Delta\theta$는 온위의 차이며, θ_0는 따뜻한 공기의 온위이다. 또한 성층화된 대기나 해양을 고려할 때 n번째 경압 로스비 변형반경은 다음과 같다.

$$\lambda_{R,n} = \frac{NH}{f}$$

여기서 N은 브런트-바이살라 진동수(Brunt-Väisälä frequency), H는 규모 높이이다. 대류권에서 보통 $N/f \approx 100$이므로 로스비 변형반경은 규모 높이의 약 100배가 된다. 따라서 대류권의 첫 번째 경압 로스비 변형반경은 $\lambda_{R,1} \approx 1{,}000\,\mathrm{km}$이고, 이 수평규모는 중위도 저기압/고기압의 특성 규모와 일치한다.

로스비 수(Rossby number, -數) 운동하는 유체에 작용하는 관성력과 전향력(코리올리 힘)의 비로 정의되는 무차원 수.
U를 바람의 속력, L을 수평길이 규모, f가 코리올리 인자일 때 로스비 수는 다음과 같이 표현된다.

$$R_o = \frac{U}{fL}$$

로스비 수는 대기나 해양에서 나타나는 어떤 운동이 대규모 운동이냐를 판단할 때 중요하게 사용될 수 있다. 지구상에서 대규모 운동은 큰 수평규모 L을 갖기 때문에 지구자전의 영향을 크게 받으며 로스비 수가 1보다 작게 나타난다. 종관규모 운동의 경우는 $L \sim 10^6\mathrm{m}$, $U \sim 10\mathrm{m\,s^{-1}}$이므로 로스비 수는 $R_o \sim \dfrac{10}{10^{-4} \times 10^6} \sim 0.1$이다. 따라서 (코리올리 인자의 크기는 $10^{-4}\mathrm{s^{-1}}$를 이용하였다.) 로스비 수가 1보다 훨씬 작기 때문에 바람의 가속도보다는 전향력이 더 크게 작용함을 알 수 있다. 좀 더 규모가 큰 행성파의 경우는 $L \sim 10^7\mathrm{m}$, $U \sim 10\mathrm{m\,s^{-1}}$을 이용하면, $R_o \sim 10^{-2}$이다. 즉 바람의 속력은 종관규모와 비슷하지만, 행성파의 경우에 코리올리 힘이 더 크게 영향을 준다는 것을 의미한다. 높새바람(푄)의 경우는 $L \sim 10^4\mathrm{m}$, $U \sim 10\mathrm{m\,s^{-1}}$을 이용하면 $R_o \sim 10$이다. 이 경우 풍속은 종관규모의 같지만 수평규모가 작기 때문에 코리올리 힘이 높새바람에 큰 영향을 주지 못한다는 것을 알 수 있다. 끝으로 욕조에서 물이 빠져나가는 경우에 로스비 수는 $L \sim 1\mathrm{m}$, $U \sim 10^{-1}\mathrm{m\,s^{-1}}$이므로 $R_o \sim 10^3$이다. 로스비 수가 1보다 훨씬 크므로 욕조의 물의 흐름에는 코리올리 힘이 거의 작용하지 않는다는 것을 알 수 있다. 다시 말하면 욕조에서 물이 회전하면서 빠져나갈 때 물의 회전 방향을 지구자전이 결정하지 않음을 의미한다.

로스비-중력파(Rossby-gravity wave, -重力波) 양(동쪽으로)의 큰 동서파수에 대해서는 적도 켈빈 파에 점근하고 음(서쪽으로)의 큰 동서파수에 대해서는 적도 로스비 파에 점근하는 분산관계의 적도파.

혼합 로스비-중력파 또는 야나이(Yanai) 파라고도 한다. 천수 근사에 대해 분산관계는 다음과 같이 주어진다.

$$\omega = \kappa c(1-(4\beta/(\kappa c)^{1/2})/2$$

여기서 κ는 동서파수, β는 적도에서 코리올리 매개변수의 남북경도, $c=(gH)^{1/2}$이며, g는 중력가속도, H는 유체의 평균 깊이이다.

로스비 파(Rossby wave, -波) 절대소용돌이도가 보존되는 흐름에서 코리올리 인자(f)가 위도에 따라 달라지는 효과(즉, β-효과)에 의해 나타나는 파.

행성파라 부르기도 한다. 외부 강제력이 없고 비발산 순압대기를 가정할 때, 로스비 파의 분산관계식은 다음과 같다.

$$\omega = \bar{u}k - \frac{\beta k}{(k^2+l^2)}$$

자유 순압 로스비 파의 위상속도가 $c=\omega/k$임을 이용하면 다음과 같다.

$$c = \bar{u} - \frac{\beta}{k^2+l^2}$$

여기서 $\bar{u}$는 평균 편서풍, β는 코리올리 인자의 남북경도$\left(\beta = \frac{df}{dy}\right)$, k와 l은 각각 동서 방향과 남북 방향의 파수이다. 로스비 파는 평균류에 대해 서쪽으로 움직이는데 파장이 길수록 서진하는 속도가 빠르다. 그러므로 평균 편서풍에 의해 로스비 파가 동쪽으로 움직일 때는 장파가 단파보다 더 느리게 동쪽으로 이동하게 된다. 파장이 길어 서쪽으로 전파되는 로스비 파의 위상속도가 동서 평균류의 풍속과 같게 된다면 로스비 파는 정체하게 된다. 로스비 파는 비단열적 가열에 의한 열원이나 지형에 의한 강제력에 의해 생성될 수 있는데, 이 경우에는 위치소용돌이도를 보존하는 대기흐름을 고려하여 이해할 수 있다.

로스비 매개변수(Rossby parameter, -媒介變數) 지구에서 발생하는 코리올리 매개변수의 북쪽 방향 변화.
구면좌표에서 다음과 같이 표현된다.

$$\beta = \frac{1}{a}\frac{d}{d\phi}(2\Omega \sin\phi) = \frac{2\Omega\cos\phi}{a}$$

여기서 Ω는 지구의 자전 각속도, ϕ는 위도, a는 지구의 평균 반경, β는 로스비 매개변수이다. 일반적으로 상수로 취급되는 로스비 매개변수는 동역학적으로 중요한 로스비 파를 생성한다.

로스앤젤레스 (광화학) 스모그(Los Angeles (photochemical) smog, (光化學)) 질소산화물의 광화학반응에 의해 야기되는 대기오염현상.
고농도 오존과 낮은 시정이 특징으로 나타난다. 광화학 스모그가 형성되기 위해서는 햇빛, 질소산화물, 그리고 탄화수소류들이 필요한데, 일반적으로 도시지역에서는 자동차 배기가스를 통해 대기 중으로 배출된다. 대기 중에서 햇빛을 받아 광화학반응을 일으키는 과정에서 생물에 유해한 질소화합물이 만들어지고 황갈색 스모그가 나타난다. 화학반응에 의해 생성된 입자상 물질들은 햇빛을 산란시켜 시정을 떨어뜨린다. 대도시 지역에서 일사가 강하고 풍속이 약해 오염물질의 환기가 잘 이루어지지 않는 기상조건에서 자주 나타난다.

로켓 발사번개(rocket-triggered lightning, -發射-) 땅과 연결될 수도, 또 그렇지 않을 수도 있는 로켓 꼬리전선에서 발사되는 인공 번개방전의 형태.
방전의 첫 단계는 전선의 끝에서 시작하는 일정 방향의 선도이다. 전선의 아래 끝이 땅과 연결되지 않을 때, 항공기에서 시작하는 방전과 비슷하게 전선의 양 끝에서 두 방향의 선도가 발달한다. 음의 공간대전의 경우에(보통 여름 뇌우조건), 시작된 방전은 양의 선도만일 수 있고, 또 초기 양의 선도를 따라 화살선도-되돌이 뇌격 과정의 순서가 될 수도 있다. 후자는 첫 되돌이 뇌격과 유사한 초기 양의 선도를 가지는 음의 구름-지면 사이 섬광에서 다음의 되돌이 뇌격 과정과 유사하다. 머리 위 양의 공간대전의 경우(겨울 스톰 조건), 발사된 방전은 유일한 음의 선도이다.

루멘(lumen) 광속(光束)의 측정 단위.
루멘은 1칸델라(cd)의 발광강도를 갖는 점광원에서 단위입체각으로 방출되는 빛 에너지의 총량과 같다. 텅스텐 필라멘트 전구는 단위 와트(W)당 대략 15루멘을 방출한다.

룩스(lux) 조도와 조명의 측광 단위.
1루멘의 광속(光束)이 단위 평방미터의 면적에 비치는 밝기와 같다. 또는 1칸델라의 점광원에서 1m 떨어진 곳에 비치는 빛의 밝기와 같다.

르장드르-가우스 격자(Legendre-Gauss(LG) grid, -格子) 함수의 적분을 근사하는 방법인 가우시안 적분법에서 사용되는 격자.
가우시안 구적법에서 가중치와 격자점 값은 르장드르 함수의 근에 의해 결정되며, 결정된 격자는 0에 대해 대칭적이고 구간의 양 끝 값은 포함하지 않는 형태이다.

르장드르-가우스-로바토 격자(Legendre-Gauss-Lobatto(LGL) grid, -格子) 르장드르-가우스-로바토 구적법에서 사용되는 격자.
르장드르 다항식의 미분 형태와 관련된 로바토 다항식의 근에 의해 결정된다. 이 격자는 적분 구간의 양 끝 값을 포함하고 0에 대칭적인 구조이다.

르장드르-가우스-로바토 구적법(Legendre-Gauss-Lobatto(LGL) quadrature, -求積法) 가우시안 구적법과 유사한 수치적분법으로 정적분 구간의 양 끝 값을 정확히 포함한다는 점에 차이점이 있는 구적법.
보통 n개의 가우시안 격자점에 대해서 가우시안 구적법은 $2n-1$차까지의 다항식에 대해 정확한 적분값을 줄 수 있으나, 구간의 양 끝점이 미리 결정되어 있는 르장드르-가우스-로바토 격자에서는 n의 격자에 대해서 $2n-3$차까지의 다항식에 대해 정확한 적분값을 줄 수 있다.

리본 번개(ribbon lightning) 일반적으로 구름에서 지표면으로 떨어지는 번개가 매우 강한 바람이 불 때, 수평으로 퍼지면서 관찰자의 시선에서 직각으로 평행하게 빛나는 번개.
연속적인 번개는 작은 각도에서 나타나며, 눈이나 카메라에 뚜렷한 진로가 나타날 수 있다. 이런 효과는 카메라의 필름이 노출된 동안 빠르게 가로지르는 움직임에 의해 손쉽게 인위적으로 만들 수 있다.

리처드슨 수(Richardson number, -數) 난류운동 에너지 방정식을 구성하는 두 항인 부력에 의한 난류운동 에너지 생성/소실항과 바람 시어에 의한 난류운동 에너지 생성항의 비로 표현되는 무차원 수.
리처드슨 수는 다음과 같이 표현된다.

$$R_i = \frac{\frac{g}{\overline{\theta}}\frac{\partial\overline{\theta}}{\partial z}}{\left(\frac{\partial\overline{u}}{\partial z}\right)^2}$$

이를 또한 **경도 리처드슨 수**(gradient Richardson number)라 한다. 평균류의 방향과 나란히 x축을 설정하고, 수평방향의 균질성 등을 가정하면 난류운동 에너지 방정식은 다음과 같이 표현된다.

$$\frac{\partial\overline{e}}{\partial t} = \frac{g}{\overline{\theta}}(\overline{w'\theta'}) - \overline{u'w'}\frac{\partial\overline{u}}{\partial z} - \frac{\partial(\overline{w'e})}{\partial z} - \frac{1}{\overline{\rho}}\frac{\partial(\overline{w'p'})}{\partial z} - \epsilon$$

여기서 우변의 첫째 항과 둘째 항이 각각 부력에 의한 난류의 생성/소실항, 바람 시어에 의한 난류 생성항을 의미한다. 부력에 의한 난류 생성/소실항은 대류활동이 활발한 불안정한 상태에서는 양의 값을 가지며 연직 방향으로 향하는 열속에 의해 난류가 생성됨을 의미하고, 정적으로 안정하여 난류가 소멸되는 대기에서는 음의 값을 갖는다. 바람 시어에 의한 난류 생성항은 평균류 시어에 비례하고 항상 양의 값을 갖는다. 부력에 의해 난류가 소실되는 비율과 시어에 의해 난류가 생성되는 비로 정의되는 **플럭스 리처드슨 수**(flux Richardson number)는 다음과 같이 정의된다.

$$R_f = \frac{\text{부력 손실}}{\text{시어 생성}} = \frac{-\frac{g}{\theta}(\overline{w'\theta'})}{-\overline{u'w'}\frac{\partial\overline{u}}{\partial z}}$$

관측에 의하면 난류의 소멸과 생성을 판단할 수 있는 R_f 기준값은 약 0.25라 한다. 그리고 플럭스 리처드슨 수의 값이 0.25보다 클 때는 난류가 소멸된다. **케이 이론**이나 **속-기울기 이론**을 이용하면 **플럭스 리처드슨 수**를 앞서 보인 경도 리처드슨 수 R_i로 바꾸어 표현할 수 있다. 그리고 경도 리처드슨 수를 유한차분법을 적용하면 다음과 같이 **총체 리처드슨 수**(bulk Richardson number)로 표현된다.

$$R_B = \frac{g\Delta\overline{\theta}\Delta z}{\overline{\theta}(\Delta\overline{u})^2}$$

리치 수(Reech number, -數) 특정 유체의 관성력과 중력과의 무차원 비율로서 정의되는 **프루드 수**(Froude number)의 상호 간 Lg/M^2으로 표현되는 관계.
여기서 g는 중력가속도이고, L은 유체의 특정한 길이이며, M은 유체 내의 임의구간의 속력이다.

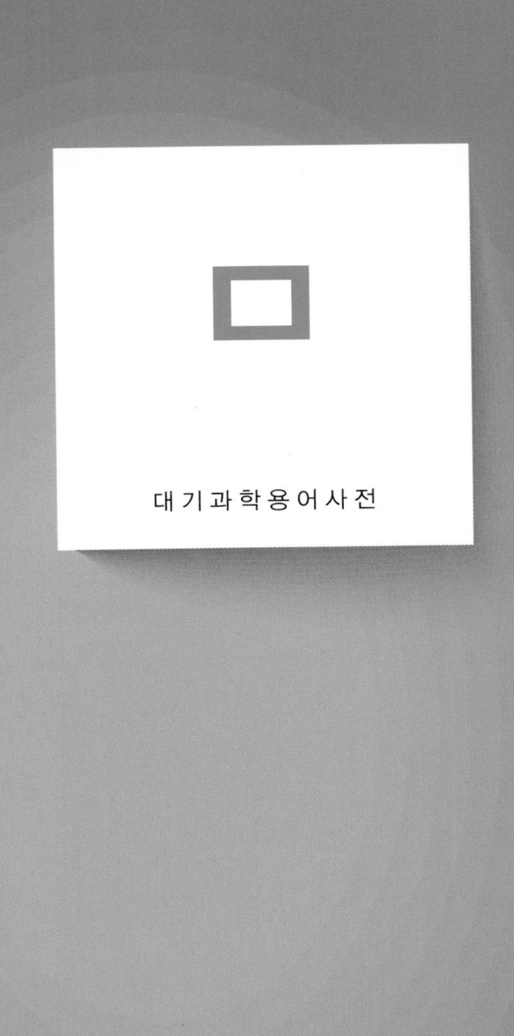

ㅁ

대기과학용어사전

마그네트론(magnetron) 레이더에서 마이크로파를 발생시키는 자기진동 진공관의 일종. 동축(同軸) 원통 중에서 내부 원통을 음극으로, 외부 원통을 양극으로 하는 이극관을 만들고 축 방향으로 자기장을 걸어 마이크로파를 생성한다. 마그네트론에서 생성되는 송신 전파는 펄스마다 위상이 무작위로 바뀐다. 마그네트론은 크기가 작지만 출력이 높고 저전압에서 운영되어 안정성이 높고 수명이 길다. 마그네트론은 1921년 미국의 알버트 헐(Albert W. Hull)이 발명하였고, 저렴한 레이더와 전자 레인지에 사용된다.

마르굴레스 방정식(Margules's equation, Margules's formula, -方程式) 불연속면에 평행한 지균운동 조건에서 두 기단이 분리되는 불연속면의 기울기를 구하는 방정식.

$$\tan\alpha = \frac{f}{g}\frac{(T_2 v_1 - T_1 v_2)}{(T_2 - T_1)}$$

여기서 α는 표면의 수평면에 대한 기울기 각도이며, f는 코리올리 인자, g는 중력가속도, 그리고 T_1과 T_2는 각각 속도가 v_1과 v_2인 한랭기단과 온난기단의 절대온도이다. 이 식은 오스트리아 기상학자 막스 마르굴레스(Max Margules)가 1906년에 발표하였으며, 이 평형조건은 전선면의 기울기를 계산하는 데 이용된다.

마르스덴 격자체계(Marsden square, -格子體系) 세계지도를 위도 10°와 경도 10°의 격자모양으로 나누고 각 단위격자마다 숫자 식별자를 부여한 시스템.
단위격자는 80°N과 70°S 사이에서 540개로 구성되며, 각 단위격자에는 1에서 288까지와 300에서 551까지의 숫자가 부여된다. 여기에 고위도에 대해 936까지의 숫자가 추가로 부여된다. 단위격자를 다시 1° 간격으로 세분화한 100개의 세부격자에 대해 00에서 99까지 숫자가 부여된다. 마르스덴 격자체계는 해양지역에서 기상자료의 지리적 위치를 식별하기 위해 주로 사용된다.

마르코프 사슬(Markov chain) 미래의 어떤 상태가 발생할 확률분포가 현재 상태에만 의존하는 확률과정.
미래의 상태는 과거의 상태와는 무관하게 일어난다고 가정한다. 기상학에서 마르코프 사슬과정은 우적의 크기분포를 기술하거나 난류에 의한 확산과정을 기술할 때 많이 사용된다. 예를 들면, $n+1$ 시각의 우적의 크기분포는 n 시각에서의 크기분포를 가지는 우적의 충돌과정을 통해 기술한다.

마빈 일조계(Marvin sunshine recorder, -日照計) 크로노그래프(chronograph)를 사용하여 일조시간을 계측하는 유형의 일조계.
진공으로 유리 껍질 속에 투명한 유리구와 검게 칠해진 유리구가 있고, 두 유리구는 작은 직경의 유리관으로 연결되어 있다. 유리관은 수은과 알코올이 분리되어 채워져 있고 두 개의 전기접점이 들어 있다. 햇빛이 비추면 검은색의 유리구에 있는 공기가 투명한 유리구에 있는 공기보다 더 가열된다. 가열된 공기는 팽창하여 연결된 유리관을 통해 수은이 전기접점이 있는 위치로 이동하게 한다. 이때 크로노그래프에 있는 펜으로 전기회로가 연결되어 일조시간을 기록한다. 마빈 일조계는 태양이 지평선에서 5° 이내로 낮게 있어서 햇빛이 약할 때 일조시간을 기록하지 않는다. 또한 태양의 직사광선과 하늘의 산란복사에 민감하게 반응한다. 이런 점에서 측정값의 불명확성이 있다. 이 일사계는 미국 기상청의 표준장비로 사용되고 있다. **캠벨-스토크스 일조계**(Campbell-Stokes sunshine recorder), **조르단 일조계**(Jordan sunshine recorder)를 참조하라.

ㅁ

마샬-팔머 관계식(Marshall-Palmer relation, -關係式) 수적 크기의 지수분포에 따른 레이더 반사도 인자(Z)와 강우강도(R) 사이의 관계식.
$Z-R$ 관계식은 마샬(J. S. Marshall)과 팔머(W. M. Palmer)가 1948년에 개발했으며 $Z=200R^{1.6}$으로 주어진다. 여기서 Z의 단위는 mm^6m^{-3}, 그리고 R의 단위는 mmh^{-1}이다. 이 관계식은 일반적으로 $Z=aR^b$으로 표현하며 여기서 a와 b는 레이더 반사도 인자와 지상우량계에서 관측한 강우강도에서 조정되는 상수이다.

마샬-팔머 분포(Marshall-Palmer distribution, -分包) 빗방울의 크기분포를 $N(D)=N_0\exp(-\Lambda D)$와 같이 지수분포로 나타낸 것.
여기서 $N_0(=0.08cm^{-4})$으로 절편모수(intercept parameter)이고 $\Lambda=4.1R^{-0.21}mmh^{-1}$로 기울기이다.

마이크로 강수 레이더(micro rain radar; MRR, -降水-) 지상에서부터 수백 미터 되는 지점까지 강우율, 액체수 함량, 수적 크기분포 등을 관측하기 위해 사용되는 마이크로파를 이용한 연직 지향 레이더.
융해층, 동결층 관측과 구름물리 연구 등에 이용된다.

마이크로파(microwave, -波) 파장이 약 1mm~1m 또는 주파수가 0.3~300GHz인 전자기파. 마이크로파를 활용한 기상관측은 수동형과 능동형으로 나뉘며 수동형은 대상체로부터 방출되는 에너지를 관측하며 능동형은 해당 주파수의 마이크로파를 송신하여 반사된 에너지 양을 관측한다. 수동형 마이크로파 센서들은 주로 지표면의 유형 및 대기 강우, 강설, 수증기 등 수상체의 연직적분 양과 연직 구조를 관측한다. 또한 산소 흡수 밴드를 활용하여 온도의 연직 구조도 관측한다. 능동형 마이크로파 센서는 레이더로 구분될 수 있다.

마이클슨 자기일사계(Michaelson actinograph, -自記日射計) 직달태양복사의 강도를 측정하는 바이메탈 방식의 일사계.
마이클슨 일사기록계라고도 한다. 직달태양광선에 노출된 바이메탈의 휨 정도를 측정하여 시간에 따른 복사강도를 측정하는 장치이다.

마찰(friction, 摩擦) 물체가 다른 물체와 접촉하여 상대운동을 할 때 생기는 기계적인 저항력. 상대운동을 하는 고체는 미끄럼마찰과 구름마찰을 하게 되는데, 이는 물체가 누르는 힘과 관계있고 물체의 형태나 상대속도와는 거의 무관하다. 그러나 고체에 대하여 상대운동을 하는 유체의 저항은 상대속도와 물체의 형태, 유체 자체의 성질에 따라 달라진다. 대기와 접촉하고 있는 지구의 난류저항은 하층 바람의 속도에 의한 두 힘에 모두 비례하는 것으로 표현된다. 첫 번째 힘은 등압선을 가로지르는 바람에 의한 마찰과 하층대기의 마찰 수렴으로 표현되고, 두 번째 힘은 지표대기의 운동량과 에너지 개념으로 표현된다. '마찰'이란 단어는 종종 대기경계층과 이를 제외한 대류권 상부와의 차이점을 기술할 때 난류항력을 대신하여 부적절하게 사용되곤 한다.

마찰속도(friction velocity, 摩擦速度) 다음과 같은 식으로 정의되는 기준 풍속(u_*).

$$u_* = (|\tau/\rho|)^{1/2}$$

여기서 τ는 레이놀즈 응력이고, ρ는 밀도이며, 표면응력을 나타내기 위해 x 방향과 y 방향에서의 표면운동량속을 $\overline{u'w'_s}$와 $\overline{v'w'_s}$로 표현하면, 마찰속도는 다음의 식으로 나타낼 수 있다.

$$u_* = \left[\overline{(u'w'_s)}^2 + \overline{(v'w'_s)}^2\right]^{1/4}$$

위 식은 일반적으로 전단응력이 고도와 관계없이 일정한 것으로 간주되어 마찰속도가 평균속도의 제곱에 비례하는 것으로 가정되는 지표 근처에서의 운동에 적용된다.

마찰수렴(frictional convergence, 摩擦收斂) 각기 다른 장소에서 각기 다른 지표면에 대한 항력 때문에 (대개의 경우 수평적으로) 공기가 모여드는 현상.
마찰수렴의 대표적인 예는 해양으로부터 해안가로 바람이 불어올 때이다. 해양은 마찰항력이 적어 상대적으로 매끄럽고, 육지는 수목, 건물 등이 있어 해양에 비해 표면이 거칠고 마찰항력이 크다. 해양으로부터 불어온 바람이 육지에 다다르면 마찰항력이 증가하여 풍속이 감소한다. 이 때문에 공기는 해안가에 도착했을 때보다 해안가 쪽으로 불어올 때 더 빠른 흐름을 만들게 되어 해안가에서 수평적인 수렴이 일어나게 된다. 수렴된 공기는 질량 연속성 때문에 상승하여 구름을 생성하고 강수현상을 유발한다. 공기역학 거칠기 길이를 참조하라.

마찰영향깊이(depth of frictional influence, 摩擦影響-) 바람의 응력(단위면적당 수평 힘)이

미치는 해양표면 밑 깊이.
이 깊이를 알기 위해서는 난류응력을 직접 측정해야 한다. 그러나 난류응력을 직접 측정하는 일은 드물고, 흔히 해류 프로파일을 관측하여 에크만(Ekman) 층 프로파일에 적합시킴으로써 난류응력을 추론한다. 성층화가 난류수송에 강한 효과를 갖고 있기 때문에, 마찰영향깊이는 혼합층 깊이와 같은 개념으로 취급하고 온도와 염도 프로파일로부터 알 수 있다.

마찰층(friction layer, 摩擦層) 대기경계층 내의 임의의 층.
실제 대기에서는 분자에 의한 마찰보다는 오히려 난류항력이 경계층 내에서의 풍속 감소에 영향을 미친다. 또한 맴돌이 점성이 분자점성을 대신하여 사용될 때를 제외하고 난류가 분자마찰과 유사하게 모사될 때, 마찰층은 역시 부정확한 의미로 에크만 층을 대신하여 쓰이곤 한다.

ㅁ

마찰 토크(frictional torque, 摩擦-) 마찰력에 의해 가해지는 토크.
기상학에서 이 용어는 일반적으로 지표면 마찰효과의 의미로 사용되곤 한다. 마찰 토크의 동쪽 방향 성분이 주로 관심이 되는데, 이것은 산맥 토크의 동쪽 방향 성분과 함께 주로 언급되기 때문이다. 마찰 토크의 동쪽 방향 성분은 대기가 지구자전축에 대하여 절대 각운동량을 얻거나 잃게 되는 중요한 기작을 구성한다. 마찰 토크는 다음과 같은 식으로 표현 가능하다.

$$-a\int_{s}\tau_{x}\cos\phi\, ds$$

여기서 a는 지구반경을, ϕ는 위도를, τ_x는 면적에 대한 마찰력의 동쪽 방향 성분을 의미하고, ds는 지구표면의 면적 성분을 뜻한다. 마찰 토크는 대기에 대한 지구의 각운동량의 효과로 나타나기 때문에 (상대) 풍속을 감소시키거나 증가시킨다.

마찰항력(frictional drag, 摩擦抗力) 공기가 지표면 위를 움직일 때, 분자점성에 의해 움직임을 지연시키는 힘.
대기경계층에서는 난류항력이 분자의 마찰항력에 비해 훨씬 큰 규모로 일어난다. 마찰항력은 물방울이나 비행기 등과 같은 물체가 대기를 통과할 때 움직임을 지연시키는 힘으로도 설명할 수 있다.

마하 수(Mach number, -數) 유체 내에서 음파 속도(v_s)와 유체흐름의 특성 속도(v)의 비로 정의되는 무차원 수.

$$M=\frac{v}{v_s}$$

마하 수는 유체의 매질에 따라 다른 값을 나타내며, 온도와 압력 등 물리적 조건에 의해서도 달라진다. 마하 수가 작은 값을 가질 경우 비압축 가정을 잘 만족한다.

만성절 여름(All-hallown summer, 晩成節-) 인디언 서머와 같이 영국에서 오랜 시간 사용한 용어로 계절에 어울리지 않게 더운 날.
만성절(11월 1일) 전날 발생한다고 생각한다. 이 용어는 셰익스피어가 언급한 바 있으나 현재는 많이 사용하지 않는다. 오늘날은 성누가의 여름(St. Luke's summer), 성마틴의 여름(St. Martin's summer), 노부인의 여름(Old Wives' summer) 등의 용어를 자주 사용한다.

만유인력(gravitation, 萬有引力) 질량을 가진 모든 물체는 두 물체 사이에 질량의 곱에 비례하고 두 물체의 질점 사이 거리의 제곱에 반비례하는 인력.
1665년에 뉴턴(Issac Newton, 1642~1727)이 발견했다. 뉴턴은 태양이나 행성 같은 우주의 모든 물체 사이에는 서로 당기는 힘 F가 작용하며, 물체의 종류 또는 물체 사이에 존재하는 매질(媒質)과는 관계없이 그 물체의 질량 m, m′의 곱에 비례하고, 두 물체의 질점 사이의 거리 r의 제곱에 반비례한다는 것을 발견하였는데, 이를 만유인력의 법칙이라고 한다. 뉴턴은 태양과 행성 사이에서 작용하는 인력이 두 천체의 질량과 거리에 의해 결정되므로 어떤 특정한 천체에 국한되는 것이 아니라 질량이 있는 모든 물체 사이에 작용한다고 생각하였기 때문에, 이 힘을 만유인력이라고 한다. 지구와 지구상의 모든 물체 사이에 작용하는 만유인력은 지구의 중심 방향을 향한다. 사람이 하늘을 날지 않고 땅위를 걸어 다닐 수 있는 것은 이러한 만유인력 때문이다. 사과와 같은 물체가 땅으로 떨어지는 것도 만유인력이 있기 때문이다. 태양과 지구 사이에도 만유인력이 존재하여 공전운동이 유지되고 있다.

말위도(horse latitudes, -緯度) 바람이 아주 고요하거나 매우 약하며 날씨가 덥고 건조한 약 30~35°N과 약 30~35°S에 위치한 해양지역의 위도대.
이 위도대는 아열대고기압의 정상적 축과 일치하고, 태양을 따라 약 5°만큼 남과 북으로 이동한다. 두 개의 고요 대(帶)는 북반구 아열대무풍대와 남반구 아열대무풍대로 알려져 있다. 북대서양에서는 이 위도를 사르가소해(Sargasso Sea)의 위도라고 한다. 말위도라는 이름은 범선 시대에서 유래된 것으로 믿고 있는데, 이때 이 위도대에서 바람이 거의 불지 않거나 매우 약하게 불기 때문에 대서양을 횡단하는 항해가 길어져서 식수마저 고갈되고 있는 형편이므로 서인도로 말을 나르는 배를 가볍게 하려고 말을 바다에 빠뜨렸다는 고사에서 유래된 용어이다.

맞무리해(anthellon) 무리해 테 위의 태양의 정반대에 나타나는 광점.
위에 태양으로부터 방위각 180° 위치에 생겨나는 백색 광점을 일컫는다. 맞무리해는 그리스 어원으로 '태양의 반대'라는 뜻으로 주로 무리해 테 위의 태양의 정반대 쪽에(180°)에 나타나는 광점으로써 맞무리해는 기둥모양의 빙정에 의한 빛의 굴절과 내부반사에 의하여 발생하는 보기 드문 광학현상이다.

맞바람(headwind) 이동하는 물체의 진행 방향과 반대로 부는 바람.
즉, 풍향이 사람이나 물체의 진행 방향과 같은 바람이다. 이 경우 공중에 뜬 물체의 대기(對氣)속도는 대지(對地)속도보다 더 빠르다. 이와 반대의 바람이 뒷바람이다. 이 효과는 특히 항공기 운항에서 중요하다. 풍향이 항공기의 의도된 경로를 방해하는 성분을 갖고 있지 않다는 것과, 그러나 표류 효과 때문에 항공기 몸체가 향하는 방향과 반대되는 성분을 갖고 있다는 것을 주목하는 것은 흥미롭다.

매개변수(parameter, 媒介變數) 1. 일반적으로 독립변수가 아닌 문제의 양.
더 구체적으로 종속변수와 구별하기 위해 사용하는데, 문제를 쉽게 할 목적으로 다소 임의로 주는 값일 수 있는 양을 말한다. 모수화라고도 한다.
2. 통계용어로서 모집단 혹은 확률분포에서 유도한 상수.
특히 확률분포의 수학적 표현에서 임의의 상수이다. 예를 들어 분포 $f(x)=\alpha\exp(-\alpha x)$라 표현할 때, 상수 α는 매개변수이다.

매개변수방정식(parametric equation, 媒介變數方程式) 독립변수나 좌표를 매개변수로 표현하는 방정식 세트.
예를 들면, $y=f(x)$ 또는 $F(x,y)=0$를 사용하는 대신에 x와 y를 매개변수 u를 사용하여 $x=g(u)$ 그리고 $y=G(u)$를 사용하는 것이 가끔 장점을 가진다. 이때 매개변수는 기하학적 또는 물리적 의미를 지닐 필요는 없다.

매개변수화(parameterization, 媒介變數化) 물리과정을 직접 표현하는 대신 그 과정의 물리적 효과를 간접적으로 표현하는 방식.
모수화라고도 한다. 어떤 물리과정(예 : 구름물리과정)이 아주 복잡하거나 혹은 그 과정이 명시적으로 잘 알려지지 않은 경우 물리과정을 직접 표현하는 대신 물리과정에 의한 효과를 간단히 표현하는 것을 모수화라 한다. 수치모형에서는 격자 규모에서 분해되지 못하는 작은 규모(아격자 규모)의 운동을 격자에서 정의되는 변수를 이용하여 나타내는 것을 일컫기도 한다. 일반적으로 수~수십 킬로미터 수평 격자 간격을 사용하는 중규모 수치예보모형에서 대기난류나 대류에 의한 적운 등의 현상들은 격자 규모에서 분해되지 않으므로 모수화를 통해 그 효과를 수치적분에 반영한다.

매닝 방정식(Manning equation, -方程式) 개수로(開水路)에서 흐름의 평균유속을 계산하기 위한 경험식.

$$V = \left(\frac{1}{n}\right)R^{2/3}S^{1/2}$$

여기서 V는 평균속도, n은 흐름에 대한 저항을 나타내 고클래 매닝의 거칠기계수, S는 물표면의 기울기나 총수두선(總水頭線)의 기울기, R은 경심(徑深)이다. 이 방정식은 고클래-매닝의 식(Gauckler-Manning formula)이라고도 한다. 이 방정식은 1867년에 프랑스 엔지니어 필립 고클래(Philippe Gauckler)가 처음으로 제시하였고, 1890년에 아일랜드 엔지니어 로버트 매닝(Robert Manning)이 다시 제안하였다.

매든-줄리안 진동(Madden-Julian oscillation; MJO, -振動) 전지구적으로 열대지역에서 발생하는 계절적 기상진동 또는 계절파동.
MJO는 열대지역의 기상변화에 주요한 원인이 되고, 상층과 하층의 풍향과 풍속, 운량, 강수, 해수면온도(SST)와 해면의 증발을 포함하는 대기와 해양 사이의 중요한 요소들의 변화를 일으킨다. MJO는 자연적으로 발생하는 대기-해양 결합 시스템의 구성요소로서 전형적인 MJO 순환 또는 파동의 길이는 대략 30∼60일이다. MJO는 원래 인도양과 태평양에서 강화되고 억제된 열대강수역이 동쪽으로 전파되어 그 특성이 결정된다. 강수의 편차는 인도양 상공에서 가장 뚜렷이 나타나고, 강수가 서태평양 및 중앙열대태평양의 매우 따뜻한 해양을 따라 동쪽으로 진행되는 것이 뚜렷하게 나타난다. 동태평양의 차가운 해수를 지나면서, 열대강수의 패턴은 일반적으로 약해지지만, 종종 열대대서양과 아프리카 지역에서 재연된다. 열대강수의 이러한 변동을 따라, 열대와 아열대지역에서 대기상하층 순환편차들이 특징적인 패턴을 나타낸다. 이러한 특징은 전지구로 확장되고, 동쪽 반구에 국한되지 않는다. 이와 같이 진동의 특이한 상태와 연관되는 대기의 상승 및 하강운동 지역에 대한 중요한 기상 정보를 제공한다.

매몰(filling-up, 埋沒) 정고도면 일기도에서 기압계의 중심기압의 증가.
또는 정압면 일기도에서 기압계의 중심고도의 증가를 의미한다. 채움이라고도 한다. 심화(deepening)의 반대 용어이다. 이 용어는 보통 고기압에서보다 저기압에서 많이 적용된다. 매몰(filling-up)이 거의 항상 저기압성 순환의 강도 감소로 나타나기 때문에 흔히 저기압소멸의 과정을 의미하는 데 사용된다. 매몰은 최소한 다음 두 가지의 정량적인 방법으로 정의될 수 있다. (1) 중심기압 증가의 시간율, (2) 기압계의 해당 점에 대한 상대적인 운동이나 대기조석의 영향을 배제한 기압(고도)의 증가.

맥스웰-볼츠만 분포(Maxwell-Boltzmann distribution, -分布) 절대온도 T에서 열역학적 평형상태에 있는 이상기체분자들의 운동 에너지 (혹은 속도) 분포.
기체의 분자운동 에너지의 분포 f_E는 다음과 같이 나타낸다.

$$f_E dE = \frac{2\sqrt{E}}{\sqrt{\pi}(kT)^{3/2}} e^{-E/kT} dE$$

여기서 E는 분자운동 에너지, k는 볼츠만 상수를 나타낸다. 이 분포의 임의의 두 에너지 구간을 적분하면 이 구간 내에 운동 에너지를 갖는 분자들의 총 분자수에 대한 비를 구할 수 있다. 물리계의 온도는 그 계를 구성하는 분자들이나 원자들의 운동에 의해 정의한다. 이 입자들은 각각 다른 속도 범위를 보이는데 다른 입자들과 충돌하면서 일정하게 무작위로 변한다. 맥스웰-볼츠만 분포는 이러한 속도분포를 계(system)의 온도에 대한 함수로 기술한다. 대부분 기상학 분야에서 공기분자의 속도분포는 이 맥스웰-볼츠만 분포를 따른다고 가정할 수 있다.

ㅁ

맴돌이(eddy) 1. 분자에서 유추하여 어떤 구조와 역사를 갖고 있는 유체덩이 내에 존재하는 유체의 '작은 방울'.
유체의 총체적 활동은 여러 에디 운동을 합성한 결과로 나타난다. 이 개념은 순간적으로 급발생하는 작은 크기의 바람으로부터 크기가 큰 스톰과 고기압까지에 걸쳐 모든 크기의 기상현상에 적용된다.
2. 훨씬 큰 규모의 흐름으로부터 그 에너지를 끌어들이는 모든 순환.
이것은 고체 장애물 뒤에서처럼 압력이 불규칙하게 형성되기 때문에 발생된다.
3. 대기대순환 연구에서 어떤 장(예 : 온도 또는 상대소용돌이도)의 동서 평균으로부터 그 장의 편차.
4. 해류로부터의 지류(支流)로서 발생되는 닫힌 순환계.
이 에디는 해양순환의 난류로 말미암아 발생하고 전 세계 해양에서 일반적으로 나타난다. 대기에서 고기압과 저기압 요란 주위에서 생기는 바람이 에디이다. 해양 저기압성 에디는 그 중심에 얕은 수온약층이 있어서 이것을 한랭핵 에디라고 부른다. 한편 고기압성 에디는 그 중심에서 낮아진 수온약층과 연관되어 있고 온난핵 에디라고 부른다. 가장 현저한 에디는 서쪽 경계류에 의해 생긴 것으로서 '고리(ring)'라고 알려져 있다. 이 에디는 그 직경이 약 200km이고 1,500m를 넘는 깊이까지 뻗어 있다. 또 다른 종류의 에디는 서로 반대 방향으로 흐르는 흐름 사이의 시어에 의해 발생한다. 이 에디들은 더 작고(직경이 10～15km) 더 얕은 경향이 있다.

맴돌이 상관(eddy correlation, -相關) 1. 난류운동과 연관된 두 변수 사이의 공분산.
예를 들어, 오버 바(¯)가 평균값을, 프라임(′)이 평균과의 편차를 의미한다면, 다음 식이 연직속도 w와 온위 θ 사이의 맴돌이 상관을 나타낸다.

$$\overline{w'\theta'} = \frac{1}{N}\sum_{i=1}^{N}(w_i - \overline{w})(\theta_i - \overline{\theta})$$

여기서 i는 자료지표이고 N은 자료점의 총 개수이다. 만일 두 변수 중 하나가 이 예에서처럼 속도라면, 맴돌이 상관은 난류와 연관된 운동학적 플럭스가 된다. 이 예에서의 상관은 연직 운동학적 열 플럭스($K\,m\,s^{-1}$ 단위)이고, 이것은 공기밀도와 정압비열을 곱함으로써 역학적 열 플럭스($W\,m^{-2}$ 단위)로 변형할 수 있다.

2. 난류 흐름의 한 점에서 어떤 평면을 횡단하는 질량, 열 및 운동량의 플럭스 밀도를 측정하는 방법.

연직 플럭스의 경우 이 플럭스는 연직 풍속의 변동과 농도, 열용량 또는 수평 풍속 각각의 국지적 변동 사이의 공분산으로 계산할 수 있다. 대기 지표층의 보존량에 대하여 이와 같은 연직 플럭스는 지표에서의 플럭스와 사실상 같다. 관측탑으로부터 플럭스를 측정하려면 약 1초보다 길지 않은 반응속도를 가진 센서가 필요하다. 그러나 이때 필요한 반응속도는 고도, 풍속 및 부력으로 유발된 혼합의 양에 따라 달라진다. 행성경계층에서 고정된 날개의 항공기에 설치된 맴돌이 상관 시스템으로 관측하려면 지상에 정지해 있는 시스템보다 약 10배 더 빠른 반응 속도가 필요하다.

맴돌이 속도(eddy velocity, -速度) 어느 한 점에서 유체흐름의 평균속도와 순간속도 사이의 차. 예를 들면, 다음과 같다.

$$u = U - \overline{U}$$

여기서 u는 맴돌이 속도, U는 순간속도, $\overline{U}$는 평균속도이다. 평균속도를 정의하는 시간 구간과 같은 구간에서 맴돌이 속도를 평균하면 그 값은 반드시 0이 된다.

맴돌이 연속체(eddy continuum, -連續體) 맴돌이 형상이 어떤 물질의 크기나 성질의 단절 없이 계속되는 속성을 지녔을 때의 상태.

일반적으로 유체나 기체와 같은 연속적인 물질을 고려할 때 질점(point mass)에서 뉴턴의 운동법칙을 일반화하기 위해 사용하는 연속체를 가정한다. 맴돌이 연속체에 대한 가정은 난류 흐름에 대한 유체연속체 개념을 보다 작은 규모의 유체입자에 대한 맴돌이로 대체한 것이라 볼 수 있다. 맴돌이 연속체 가정을 적용하기 위해서는 규모분석이 필요하다. 이 규모분석은 매우 작은 크기인 난류맴돌이의 역학적인 효과가 반영될 수 있을 정도로 충분히 오랜 기간 평균되어야 한다. 만약 맴돌이의 길이 규모가 평균 흐름 길이의 규모와 비교할 만하다면, 맴돌이 연속체는 규정지을 수 있다. 맴돌이 연속체 가정은 행성경계층 난류 내에서 작은 규모의 난류맴돌이 연구에서 빈번히 사용된다.

맴돌이 이류(eddy advection, -移流) 난류 흐름에서 맴돌이 확산도로 모형화하기에 너무 큰 맴돌이에 의한 유체 성질의 수송.
대기와 해양의 경계층에서 조직화된 큰 맴돌이에 의한 수송이 발생하는데 이것이 그 예이다. 이 큰 맴돌이들은 경계층 고도만큼 큰 크기를 갖고 있다.

맴돌이 점성(eddy viscosity, -粘性) 층류에서 분자점성의 활동과 유사한 방법으로, 그러나 이보다 훨씬 더 큰 규모로 발생하는, 유체 내부 마찰을 일으키는 맴돌이가 만드는 난류적 운동량 수송.
교환계수라고도 부르는 맴돌이 점성계수의 값은 $1m^2s^{-1}$의 차수이고 이것은 분자운동 점성도의 10만 배이다. 맴돌이 점성은 흔히 기호 K로 나타내고, 맴돌이 점성을 사용하는 난류 모수화를 케이 이론(K-이론)이라 부른다. 이 이론에서 운동학적 단위로 나타낸 맴돌이 플럭스는 평균 연직 경도에 관련되어 있다. 수평 운동량의 연직 플럭스에 대한 예를 든다면 다음과 같다.

$$\overline{u'w'} = -K\frac{\partial \overline{U}}{\partial z}$$

여기서 w는 연직속도, U는 x 방향 수평 풍속이고, 윗줄(¯)은 평균을, 프라임 부호(′)는 평균과의 편차를 나타낸다. 맴돌이 점성은 유체 물질의 함수가 아니라 흐름의 함수이다. 따라서 맴돌이 점성 값은 난류가 강한 흐름일수록 더 크다. 맴돌이 점성 또는 K 이론의 목적은 맴돌이 운동량 플럭스를 모수화하는 것이다. 유체흐름에 작은 맴돌이만 존재할 때는 이 모수화가 합리적으로 잘 되나, 대류 혼합층의 열기포와 같이 큰 맴돌이가 존재할 때는 K 이론으로는 모수화가 잘 되지 않는다.

맴돌이 플럭스(eddy flux) 난류 맴돌이에 의하여 어떤 면을 지나는 보존성 유체 성질의 수송률. 평균상태가 변하지 않는 경우에 z 방향으로 성질 S의 맴돌이 플럭스는 다음과 같이 표현된다.

$$F_s = \bar{\rho}\,\overline{ws}$$

여기서 소문자는 난류값(평균으로부터의 편차)을 나타내고, w는 연직속도, ρ는 밀도, 윗줄(¯)은 선택된 기간에 대한 평균을 나타낸다. 분자 확산에서 유추하여 행성경계층의 맴돌이 플럭스는 보통 다음과 같이 표현된다.

$$F_s = -\rho K_s \frac{\partial S}{\partial z}$$

여기서 K_s는 난류수송계수(또는 난류교환계수 또는 맴돌이 확산도)이다. 이것은 수평(x, y) 평면의 맴돌이 확산을 포함시키기 위하여 일반화시킬 수 있다. 만일 S를 $c_p T$(여기서 c_p는 정압비열을 나타내고 T는 온도를 나타낸다.)로 치환한다면 연직 난류 열속(열 플럭스, 맴돌이 열속)은 다음과 같이 표현될 수 있다.

$$F_h = c_p \bar{\rho} \overline{w\theta} = -\rho K_h \left(\frac{\partial \overline{T}}{\partial z} + \Gamma \right)$$

여기서 θ는 온도 변동이고, K_h는 맴돌이 열확산계수(또는 맴돌이 전도도), Γ는 단열감률을 나타낸다. 이와 유사하게 맴돌이 운동량 플럭스는 다음과 같이 표현된다.

$$F_m = -\rho K_m \frac{\partial U}{\partial z}$$

여기서 U는 평균 바람 방향의 평균풍속을 나타내고 K_m은 맴돌이 점성계수(또는 맴돌이 점도)를 나타낸다. 또한 수증기의 난류수송은 에너지 단위로 다음과 같이 표현될 수 있다.

$$F_e = -\rho L K_e \frac{\partial \bar{q}}{\partial z}$$

여기서 L은 기화잠열이고, K_e는 맴돌이 확산계수이며, $\bar{q}$는 평균 비습이다. 확산과 난류를 참조하라.

맴돌이 확산도(eddy diffusivity, -擴散度) 어떤 난류에서 소용돌이에 의해 보존되는 막 흐름의 양이 확산되는 교환계수.
난류확산에서 열이나 운동량 등의 단위면적을 통한 확산비율이 그 면에 수직인 방향의 맴돌이 전도도 기울기에 비례한다고 했을 경우의 비례계수라고도 한다.

먼지(dust) 크기가 미시적으로 작은 불규칙한 모양의 형태로 대기 중에 떠 있는 고체물질. 먼 곳의 물체를 황갈색이나 회색으로 보이게 한다. 낮 동안 태양 광구를 창백한 색, 무색 또는 누른색을 띠게 한다. 먼지는 대기의 안정 성분이 아니다. 왜냐하면 바람과 난류가 약해서 먼지를 지탱하지 못하게 될 때는 결과적으로 지표면으로 떨어져 버리기 때문이다. 먼지는 많은 자연발원과 인공발원에 의해 발생한다. 예를 들면 화산폭발, 해양에서의 물보라, 고체입자 날림, 식물 포자, 박테리아 및 산불의 연기와 재 그리고 산업의 연소과정 등이다. 한때 먼지입자들은 응결핵의 주 발생원이라고 생각했었다. 그러나 대부분의 먼지가 충분히 흡습성이 아니기 때문에 더 이상 그렇게는 생각하지 않게 되었다. 연기, 연무, 먼지폭풍, 먼지회오리를 참조하라.

먼지폭풍(duststorm, -暴風) 강한 바람에 의해 먼지가 지면으로부터 하늘 높이 세차게 올라가는 현상.
먼지폭풍은 보통 경작지 영역에서 가뭄 기간 후에 발생한다. 이 먼지폭풍은 사막지역에서 일반적으로 일어나는 모래폭풍과는 달리 아주 가는 먼지입자를 일으킨다. 먼지폭풍을 진행하는 방향에서 보면 그 앞면은 폭이 넓고 높이가 높은 먼지벽이 계속해서 다가오는 것처럼 보인다. 이 먼지벽은 길이가 수 km이고 깊이가 1km 정도이다. 먼지벽 앞에는 먼지폭풍과 떨어져 있거나 또는 함께 붙어 있는 먼지회오리가 존재할 수 있다. 먼지벽 앞의 공기는 매우 덥고 바람은 약하다. 미국의 실제 날씨 관측에서는 높날림 먼지(blowing dust)로 인하여 시정이 5/8 법정 마일과 5/16 법정 마일 사이까지 감소할 때 '맹렬(severe) 먼지폭풍'으로 보고한다. 먼지폭풍 바람은 뇌우 유출 및 돌풍전선과 연관되어 나타날 수 있다.

먼지회오리(dust devil) 1. 회오리바람이 작지만 현저하게 발달한 것.
직경은 약 3m로부터 30m 이상에 이르기까지 다양하다. 평균 높이는 약 200m 정도이지만 때로는 높이가 1km 이상인 것도 관측된 바 있고 보통 지속 기간이 짧다. 먼지회오리들은 저기압성 회전뿐만 아니라 고기압성 회전도 관측되었다. 먼지회오리는 가끔 후지타 등급(Fujita scale)으로 F1 정도까지의 소규모 피해를 일으키기도 한다. 연직속도는 탁월하게 상방향이지만, 큰 먼지회오리의 축을 따르는 흐름은 하방향일 수도 있다. 큰 먼지회오리는 또한 제2 소용돌이를 가지기도 한다. 먼지회오리는 건조지역에서 뜨겁고 바람 없는 오후에 강한 지표 가열로 대기의 최하층 100m에서 매우 가파른 기온감률을 나타낼 때 잘 형성된다.
2. 건조하고 먼지가 많은 곳에서나 또는 응달진 곳에서, 땅으로부터 불려 올라간 먼지, 나뭇잎, 기타 가벼운 물체를 이동시키며 빠르게 회전하는 회오리바람의 기주.
먼지회오리는 전형적으로 햇빛이 강하고, 뜨겁고, 무풍인 여름철 오후 강한 대류 때문에 발달한다. 이런 형태는 일반적으로 지면에서는 직경이 수 미터이고 위로 조금 올라가면서 좁아지다가 다시 넓어져서, 마치 정점을 마주한 두 원뿔모양을 형성하기도 한다. 높이는 다양하여, 보통은 30~100m에 불과하지만, 뜨거운 사막지역에서는 1km의 높이에 이르기도 한다. 회전은 저기압성 회전일 수도 있고 고기압성 회전일 수도 있다. 사막지역에서는 먼지회오리, 모래용오름, 모래회오리라고도 한다. 사막지역에서는 시야에서 한꺼번에 3개 이상의 먼지회오리가 나타나는 경우도 많다. 또 다른 형태의 활발한 먼지회오리는 거의 적란운 또는 적운의 운저 아래 바람급변선이나 그 부근에서 생긴다. 이 와동들은 피해가 적으며, 생애가 짧다. 그러나 가끔 토네이도 발달의 가시적인 첫 번째 징조가 되기도 한다. 길모퉁이에서 가끔 나타나는 또 다른 형태의 먼지회오리는 교차하는 두 길을 따라 부는 바람의 만남에 의해 발생하는 맴돌이에 불과하다. 이러한 회오리바람은 작고 수명이 매우 짧다. 먼지폭풍을 참조하라.

메니스커스(meniscus) 가는 관속에 있는 액체의 둥근 모양의 표면.
관벽을 따라 액체의 중앙부가 솟아올라 볼록면을 형성하거나 내려가는 오목형이 있다. 메니스커스는 초승달을 상징하는 그리스어다.

메이유 전선(Mei-yu front, 梅雨電線) 장마(plum rains) 전선에 대한 중국식 표현. 바이우 전선(Baiu front)이라고도 불린다. 동중국해로부터 대만을 거쳐 일본의 남쪽인 태평양까지 동서 방향으로 대류권 하부에 늘어서는, 상당히 지속적이고, 거의 정체적인 약한 경압 지대를 가리킨다. 메이유 전선은 일반적으로 한봄이나 늦봄에서부터 초여름이나 한여름에 걸쳐 발생한다. 이 하층 경압지대는 대체로 티베트 고원의 풍하 측 상공에서 합류하는 제트 기류의 입구지역 밑에 놓인다. 메이유/바이우 전선은 그 경압지대를 따라 동쪽으로 전파하는 중규모대류복합체(MCC) 또는 중규모대류계(MCS)와 연계된 지속적인 대류성 호우의 중심 역할을 하기 때문에, 남동 아시아의 날씨와 기후에 매우 중요하다. 깊은 상승과 그 결과로 조직되는 중규모대류복합체와 중규모대류계들은 적도 쪽을 향하는 상층 제트 기류 입구지역 하층에 온난공기의 이류가 놓이는 때에 특히 선호된다.

ㅁ

메탄(methane) 탄소원자 하나와 수소원자 네 개의 결합으로 이루어진 분자. 화학식은 CH_4이다. 가장 간단한 탄소화합물로, 분자량은 16.042g/mol, 녹는점은 −182.5℃, 끓는점은 −161.6℃이며 상온에서 무색의 기체이다. 유기물의 부패과정이나 가축들에 의해 다량의 메탄이 생성되어 대기 중에 배출된다. 화석연료인 석탄, 석유 등과 함께 형성되므로 천연가스와 석탄가스의 주성분을 이룬다. 대기 중 메탄의 혼합비는 약 1.7ppm으로 산업화 이후 지속적으로 증가하는 추세에 있다. 메탄의 대기 중 체류시간은 약 8년 정도이다. 화학반응을 통해 대기 조성에 영향을 미칠 뿐만 아니라 지구온난화를 일으키는 주요한 온실기체 중 하나이다. 온난화 효율은 이산화탄소의 23배에 이른다.

멕시코 만류(Gulf Stream, -灣流) 북대서양 아열대 순환류의 빠르고 강한 서쪽 경계류. 깊고, 좁고, 빠른 해류이고 플로리다 해류의 연장에 있으며, 북대서양 북부에서는 북대서양 해류로 연결된다. 플로리다 해류의 수송량은 약 30Sv($1Sv=10^6 m^3/s$)이고 해터러스 곶 연안(30°N)에서는 약 85Sv으로 증가하고 이 지역에서 멕시코 만류는 북미대륙과 떨어져 일부는 북동진하고 일부는 동진하여 재순환하는데, 65°W에서는 멕시코 만류의 재순환 성분에 의해 수송량이 최대 150Sv까지 증가한다. 50～60Sv의 해류가 북동진하는데, 이를 멕시코 만류 확장류 혹은 북대서양 해류(또는 North Atlantic Drift)라 하며 북유럽까지 진출한다. 멕시코 만류는 플로리다부터 캐나다 뉴펀들랜드, 그리고 서유럽과 북유럽의 기후에 지대한 영향을 미친다.

멱법칙 풍속분포(power-law profile, 冪法則風速分布) 대기의 지표층에서 기준고도 (Z_r)에서 풍속 U_r에 대해 임의고도에서 풍속 $U(Z)$의 비를 $U(z)/U_r=(Z/Z_r)^m$와 같이 나타낸 식. 기준고도는 보통 지표에서 10m로 취하며 지수 m의 값은 프란틀에 의하면 평활한 지표에 대해서는 $m=1/7$이다. 지수 m의 값은 서로 다른 두 개의 고도에서 풍속 관측자료를 $m=\ln(U_2/U_1)/$

$\ln(Z_2/Z_1)$에 적용하면 구할 수 있다. 대기의 지표층에서 풍속의 분포는 대수분포(logarithmic profile)를 따른다. 그러나 거칠기 길이를 측정할 수 없는 경우에는 멱법칙 바람분포, $U(z)/U_r = (Z/Z_r)^m$를 적용하여 풍속의 분포를 구할 수 있다.

멱급수(power series, 冪級數) 변수의 멱이 무한히 증가하는 급수.
변수 x의 멱급수는 다음과 같이 표현될 수 있다.

$$\sum_{n=0}^{\infty} a_n x^n \equiv a_0 + a_1 x + a_2 x^2 + \cdots + a_n x^n + \cdots$$

변수 x와 계수는 복소수이다. 수렴되는 멱급수로 표시되는 변수 x의 총합은 급수의 수렴구간으로 불린다.

멱 스펙트럼(power spectrum, 冪-) 1. 주어진 주기함수의 푸리에 계수의 제곱.
2. 출력밀도 스펙트럼과 같은 의미의 용어.
만약 주기 T를 갖는 주기함수 $f(t)$의 푸리에 계수는 다음과 같다.

$$F(n) = \frac{1}{T}\int_0^T f(t)e^{-inwt}dt$$

여기서 $\omega = 2\pi p/T$, 그리고 $f(t)$의 멱 스펙트럼은 $|F(n)|^2$이다. 여기서 n은 스펙트럼이 이산형일 때, 적분 수를 의미한다. 주기함수의 총 에너지는 무한하다. 그러나 멱(冪) 또는 단위기간의 에너지는 유한하다. 유한한 총 에너지를 갖는 비주기적인 함수의 경우, 에너지 밀도 스펙트럼은 대응하는 스펙트럼 함수이다. 이는 진동수의 연속함수이다. 그러므로 에너지 밀도(에너지/진동수)의 차원을 갖는다. 이런 함수의 유사정리에 관련된 수학적 조건은 서로 다를 수 있다. 그러나 관측자료를 실제로 계산할 때는 유한한 이상 형태의 값들이 이용된다. 또 함수를 계산 범위의 바깥도 주기적이라는 가정한 결과와 큰 차이가 없다. 모든 스펙트럼은 원래 함수의 푸리에 전환에서 주어진 진동수 구간이 기여하는 정도를 값으로 매기는 것으로 볼 수 있다. 통상적으로 용어 '멱(冪, power)'과 '에너지'는 시공간적인 함수를 해석할 때 실제 어떤 차원의 함수일지라도 관계없이 상대적인 차원을 의미한다. 실제 멱 스펙트럼을 계산할 때는 자기상관함수의 푸리에 계수라는 정리를 이용하는 것이 유용하다.

면적(강)우량(areal rainfal, 面積(降)雨量) 어떤 지역 내의 여러 점 강우량을 구하여 이들을 평균하여 산정한 면적 내의 평균강우량.
호우 중심으로부터 유역면적이 커질수록 평균 면적우량은 작아진다. 따라서 점 강우량으로부터 면적강우량을 구하기 위해서는 면적의 증가에 따라 강우량이 감소하는 것을 반영하는 면적감소계수를 적용한다.

면적강수(areal precipitation, 面積降水) 일정 면적에서의 수액의 평균 깊이로서 표현되는 특정 면적에서의 강수.
특정 지역에서의 강수 평균 깊이는 스톰 규모, 계절 규모, 연간 시간규모 등으로 계산된다.

면적평균(area average, 面積平均) 여러 지점의 관측값으로부터 일정 수평지역이나 등압면에 대한 평균.
영역평균이라고도 한다. 대기 난류 연구에서는 앙상블 평균을 대신하여 사용되기도 한다. 실제 대기에서 면적평균은 레이더, 소다 및 라이더 같은 원격탐사기기를 사용하는 데서 수행될 수 있다. 수치모형에서 면적평균은 일정 모형고도에서 몇 개의 격자점으로부터의 자료를 사용하여 계산된다.

면적환원인자(areal reduction factor, 面積還元因子) 주어진 강수 지속시간과 재현기간 동안의 면적강수량에 대하여 적용되는 개념으로서, 같은 면적 내에서 발생할 수 있는 평균 면적강수량과 평균 점 강수량과의 비.

명시적 시간분할적분(split-explicit time integration, 明示的時間分割積分) 명시적 시간분할 적분 방안은 준암시적 시간적분 방안과 유사하게 모델 내부에서 발생한 빠르게 전파하는 파동을 효과적으로 처리하기 위한 수치적 기법.
빠르게 전파하는 파동과 느리게 전파하는 파동을 구분함에 있어서는 준암시적 시간적분 방법과 마찬가지이지만, 명시적 연산자만을 이용하여 빠른 파는 비교적 단순한 명시적 연산자로 분할된 작은 시간간격으로 적분하고 느린 과정은 큰 시간간격으로 적분한다는 데에 차이점이 있다. 전체 계산 영역에 대한 타원미분방정식을 계산해야 하는 암시적 계산과정이 없어 병렬 통신과정에 유리하다.

모닌-오부코프 길이(Monin-Obukhov length) 지표경계층에서 난류수송과정을 표현하는 식에 나타나는 보편적 매개변수.
모닌-오부코프(M-O) 상사가설 내의 네 가지의 독립변수들은 세 가지 근본 차원(길이, 시간, 온도)을 포함하고 있기 때문에, 버킹엄 정리(Buckingham theorem)에 따라 세 가지의 근본 차원을 통하여 단지 하나의 독립 무차원 조합만을 공식화할 수 있다. M-O 상사이론에서 채택된 전통적인 조합은 부력 매개변수 $\zeta = z/L$이다. 여기서 모닌-오부코프 길이(L)는 다음과 같이 정의된다.

$$L = -u_*^3/[k(g/T_0)(H_0/\rho c_p)]$$

이것은 중요한 부력 길이 규모로서 정의에 의하면, L은 $-\infty$에서부터 ∞까지 분포할 수 있다. 이들 극값들은 열 플럭스들이 양의 값에서 영(0)으로 접근하는 경우(불안정)와 음의 값에서 영(0)으로 접근하는 경우(안정)에 각각 상응하는 극한들이다.

모닌-오부코프 상사이론(Monin-Obukhov similarity theory, -相似理論) 대기경계층의 지표층 내에서 모닌-오부코프의 핵심모수를 이용하여 무차원의 평균류와 난류의 연직 행동을 기술하는 관계식.

1954년 러시아의 미기상학자인 안드레이 모닌(Andrei Sergeevich Monin, 1921~2007)과 알렉산드르 오부코프(Aleksandr Mikhailovich Obukhov, 1918~1989)에 의해서 최초로 제안된 기본 상사이론을 말한다. 상사이론에 이용되는 모수는 다음과 같다.

(a) 지표에서 고도 : z

(b) 부력모수 : g/T_{v0}

(c) 운동학적 지표능력 : τ_o/ρ

(d) 지표에서 가온도 플럭스 : $Q_{v0}=\dfrac{H_{v0}}{\rho C_p}=\overline{(w'T_v')}_s$

여기서 g는 지구중력가속도, T_{v0}는 가온도, τ_0는 지표에서 난류응력, ρ는 공기밀도, Q_{v0}는 지표에서 운동학적 열 플럭스, H_{v0}는 지표에서 동역학적 열 플럭스, C_p는 공기의 정압비열, 그리고 $\overline{(w'T_v')}_s$는 지표 부근에서 가온도와 연직속도(w)의 공분산을 나타낸다. 앞에 주어진 핵심모수들을 이용하여 지표층에 대한 차원을 가진 4개의 규모를 정의한다.

(1) 마찰속도 : $u_*=(\tau_0/\rho)^{\frac{1}{2}}$ (1)

(2) 지표층 온도 규모 : $T_*=Q_{v0}/u_*$ (2)

(3) 오부코프 길이 : $L=\dfrac{-u_*T_{v0}}{kgQ_{v0}}$ (3)

(4) 지면위고도 : z

여기서 k는 카르만(von Kármán) 상수이다. 앞에서 정의한 4개의 핵심모수는 지표층의 모든 공기 흐름의 성질을 z/L의 무차원 보편함수로 나타내기 위해서 차원분석에 이용된다. 예를 들면 국지적으로 균일한 준정상상태의 지표층에서 연직바람 시어는 다음과 같이 나타낼 수 있다.

$$\frac{\partial u}{\partial z}=\frac{u_*}{z}\phi_m\left(\frac{z}{L}\right) \tag{4}$$

여기서 $\phi_m(z/L)$는 무차원 고도(z/L)의 보편함수이다. 식 (4)는 다음과 같이 나타낼 수 있다.

$$\phi_m(z) = \frac{z}{u_*}\left(\frac{\partial u}{\partial z}\right) \qquad (5)$$

동일한 방법으로 지표층의 온위분포 대해서 다음과 같이 표현할 수 있다.

$$\phi_\theta = \left(\frac{kz}{T_*}\right)\left(\frac{\partial \theta}{\partial z}\right) \qquad (6)$$

여기서 보편함수는 모닌-오부코프 상사이론에서 주어지지 않으며, 이론이나 관측에 의해서 결정된다. 모닌-오부코프는 지표층의 모수와 통계량(변화율, 분산, 공분산)을 u_*와 T_0의 멱으로 정규화하면 z/L의 보편함수가 된다는 것을 가정하고 있다.

ㅁ

모델(model) 대기와 같은 역학 시스템의 물리적 반응을 모사하거나 예측하기 위한 도구. 모델은 주관적 체험적 방법, 통계학, 수치적 방법(참조 : **수치예보**), 단순물리 시스템, 유추 등에 기반을 둘 수 있다. 현재는 수치모형에 가장 흔히 적용되는 용어이다.

모델링 프레임워크(modeling framework) 기후 및 기상 시뮬레이션을 위한 프로그램과 같은 거대 소프트웨어의 구축에 있어 해당 소프트웨어 안에서 수많은 작은 규모의 소프트웨어 컴포넌트들이 결합되는 방식을 결정하는 규약.
컴포넌트의 결합에 있어서 요구되는 내용으로는 컴포넌트 간의 자료의 교환, 자료가 저장될 메모리의 관리, 병렬 환경의 통제 등이 포함된다. 대표적인 예로 미국 항공우주국(NASA), 미국 국립대기연구소(NCAR), 미국 해양기상국(NOAA) 등의 기관에서 공동 개발한 Earth System Modeling Framework(ESMF)가 있다.

모래보라(sandstorm) 건조한 지표면으로부터 강한 바람에 의해 먼지와 모래가 불려 올라가서 공기 중에 부유하며 이동하는 현상.
입자의 지름은 보통 0.08~1.0mm 정도이다. 대부분 지표로부터 15m 고도 이내에 부유하며, 지면에 가라앉고 다시 불려 올라가는 것이 반복되면서 이동한다. 건조한 지역이나 사막지역에서 지면 가열이 극심한 오후에 잘 나타난다.

모래연무(sandstorm, -煙霧) 매우 작은 입자의 모래와 먼지가 바람에 뒤섞여서 공기 중에 부유함으로 인해서 시정이 악화된 현상.
하늘색이 연한 황색 또는 연한 푸른색을 띠며, 습도가 낮고 식물이 잘 자라지 않은 건조지역이나 사막지역에서 자주 발생한다.

모루구름(anvil cloud) 성숙한 적란운의 상부를 차지하는 모루모양의 구름.
복슬 적란운(cumulonimbus capillatus)이 특히 모루 형태의 특징을 보일 때 붙여지는 대중적인 이름이다.

모멘트(moment) 통계용어에서 임의변수의 멱의 평균값.
평균 μ에서 취한 대응하는 중앙 모멘트 μ_n과 구별하여 ν_n을 원재료 모멘트라 하면, $\nu_n = E(X^n)$, 여기서 $n = 1, 2, \cdots$, $E(X^n)$는 변수 x의 n승까지의 기댓값이다. 특별히 $\nu_0 = 1$이고, $\nu_1 = \mu$이다. 중앙 모멘트는 $\mu_n = E[(x-\mu)^n]$ $n = 1, 2, \cdots$이다. $E[(x-\mu)^n]$는 평균으로부터 변수편차의 n번째 멱의 기댓값이다. 특별히 $\mu_0 = 1$, $\mu_1 = 0$, $\mu_2 = \sigma^2$이다. 여기서 σ^2는 분산이다.

모발습도계(hair hygrometer, 毛髮濕度計) 인간의 모발(머리카락) 다발의 길이의 변화로 상대습도를 재는 습도계.
적정하게 취급한 모발 다발의 길이는 습도가 0%로부터 100%로 변화하는 동안 2~2.5% 정도의 변화를 보인다. 반응률은 온도에 잘 따르지만, 지연시간은 온도 감소에 따라 증가한다. 좋은 모발습도계라면 기온이 0℃와 30℃ 그리고 상대습도가 20%와 80% 사이일 때 약 3분 사이에 습도의 갑작스러운 변동의 90%를 표현할 수 있어야 한다. 극단적으로 낮은 습도가 매우 드물게 나타나는 경우라면 모발습도계는 만족스러운 측기로 평가된다.

모세관강하(capillary depression, 毛細管降下) 관의 액체가 용기 벽에 퍼지지 않는 경우(예 : 수은기압계) 해당 관에 포함된 액체 메니스커스의 강하를 지칭.
메니스커스는 위쪽 방향으로 볼록한 형태이며 그 결과 메니스커스의 강하가 일어난다.

모세관보정(capillarity correction, 毛細管補正) 수은기압계에 적용한 것처럼, 수은의 메니스커스의 형태에 따라 요구하는 기기보정의 일종.
수은은 유리에 퍼지지 않기 때문에 결과적으로 메니스커스의 모양은 대체로 위쪽으로 볼록하여 양의 보정이 된다. 해당 기압계에 대해, 본 보정은 메니스커스의 높이에 따라 약간 다르다. 모세관보정은 지름이 큰 관을 이용하여 최소로 줄일 수 있다.

모세관채수기(capillary collector, 毛細管採水器) 대기에 있는 수분을 채집하기 위한 기구.
채집 헤드는 30㎛ 단위의 구멍 크기를 가진 투과성 재질로 제작한다. 수분과 공기접촉면 간의 압력차이 때문에 공기는 모세관조직으로 침투하는 것이 불가능하지만 수분은 자유롭게 이동할 수 있다.

모세관파(capillary wave, 毛細管波) 1차 복원력이 표면장력인 파동.

일명 '잔물결(파문)', '모세관물결'이라 한다. 대체로 파장의 길이가 1.7cm 미만인 경우로 간주하는데, 이 파장의 크기는 이론적으로 위상의 속력이 최소가 되는 값이며 중력으로부터 표면장력으로의 전이를 해면에서의 주요 복원력으로 규정한다. 중력파를 참조하라.

모이주기(seeder-feeder) 지형성 강우 발달 시 뿌리는 구름(seeder)과 모이 받는 구름(feeder)의 강수 증대기구.
상층에 있는 강수운에서 낙하하는 강수가 언덕이나 작은 산위에 형성된 하층의 지형성 층운(모이 받는 구름)을 통해서 낙하하면서 강수 증대가 얻어진다. 높은 고도에서 낙하하는 물방울 또는 얼음입자가 더 낮은 구름을 통과하면서 부착 또는 결착에 의해 더 많은 구름물을 수집한다. 그 결과 언덕이나 작은 산에서 강수가 그 근처 평지에서 강수보다 많아진다. 모이주기 과정의 효율성은 모이 받는 구름(feeder cloud)의 구름물의 양이 확보될 수 있도록 유지해 주는 충분히 강한 저층의 습한 공기의 흐름과 뿌리는 구름(seeder clouder)에서 계속적인 강수입자의 공급 정도에 따라 결정된다.

모자구름(cap cloud) 대체로(근사적으로) 정지상태의 구름 혹은 서 있는 구름, 즉 고립된 산봉우리 상공이나 산 정상에 앉아 있는 구름.
구름모자라고도 한다. 이 구름은 산봉우리 상공에 모이게 된 습한 공기가 응축하거나 냉각하여 형성된다.

모조 소용돌이(bogus vortex, 模造-) 수치모형의 초기자료를 마련하는 과정에서 분석장에서의 열대저기압을 대치하는 인위적 소용돌이.
수치모형의 초기자료를 마련하는 데 있어서 첫 단계인 분석장에서 나타난 열대저기압은 주변 관측자료가 태부족한 해양상에 있기 때문에 전구모형의 분석장에서 나타난 강도나 구조는 실제와 큰 차이를 보인다. 따라서 태풍센터 등에서 발표된 태풍 강도(중심기압, 최대풍속) 및 크기(30노트 반경, 50노트 반경) 등, 최소한의 태풍 정보를 기반으로 3차원 모조 태풍을 만들어 고해상도의 수치모형의 초기장으로 사용하는 것이다.

모형산출통계(model output statistics, 模型算出統計) 수치예보모형에 의해 예측된 변수와 관측된 기상변수 사이의 통계적 관계.
모형산출통계는 날씨 예측을 위해 예측된 모형변수가 가지는 예보오차를 교정하거나 모형에 의해 명시적으로 계산되지 않는 기상요소를 산출하기 위해 사용한다. 일반적으로 예보날씨요소(예 : 기온, 운량)와 모형에 의해 예측된 변수들 사이의 다중선형 회귀식으로 나타낸다. 이 관계식을 이용하여 수치예보모형이 나타내는 계통오차를 보정하여 더 정확한 예보를 생산한다. 완전예보(perfect prognostic) 방법이 예측량(predictant)의 관측값들을 예측인자로 하여 통계적 관계를 찾는 방법인 반면에 모형산출통계(model output statistics) 기법은 예측량을 실제 모형의 산출 결과를 이용한다는 점에서 차이가 있다. 계통오차가 큰 수치예보모형의 경우 완전예보 기법에 비해 정확한 장점이 있으나, 일정 기간 수치예보모형의 결과가 축적되어야만 통계적 관계식을 도출할 수 있다는 단점이 있다.

모호성 함수(ambiguity function, 模糊性函數) 레이더 측정 범위와 도플러 주파수의 이차 함수.
모호성 함수는 레이더 수신기의 최적 반응을 결정하는 파동에 의해 정의된다. 특히 레이더의 정확성, 분해능, 탐지능력 등을 판단하는 데 사용되며 복잡한 레이더 수평 방향 패턴 중 주 빔 이외의 방향으로 방사되는 사이드로브의 반응성을 결정한다. 모호성 함수는 독립되어 있는 하나의 목표물이나 혹은 산재해 있는 목표물 둘 다에 적용될 수 있다.

ㅁ

몬순(monsoon) 아라비아 언어로 계절을 의미하는 'mausim'에서 유래하고, 아라비아해에서 여름 반년에 부는 남서풍과 겨울 반년에 부는 북동풍을 가리켰으나, 오늘날에 단순히 사용되는 1년 중 풍향이 반전하는 계절풍.
또한 한국-일본-중국이나, 인도나 동남아시아에서는 몬순은 바람이 아니고 여름의 계절풍이 초래하는 우기 또는 우기에 내리는 비를 말하는 경우가 많다. 몬순이 발생하는 이유는 대륙과 해양의 태양에 의한 가열차에 기인하는 것으로 알려져 있다.

몬순 기후(monsoon climate, -氣候) 극동아시아(한국 · 일본 · 중국), 동남아시아, 인도 등 서남아시아에서 발생하는 계절풍이 탁월한 지역의 고유한 기후.
계절풍은 겨울과 여름에 대조적인 기후를 이룬다. 일반적으로 대륙으로부터 한랭건조한 대륙기단이 내습하는 겨울이 건조기가 되고, 해양으로부터 고온다습한 해양기단이 내습하는 여름이 우기가 된다. 그러나 대만 동부나 베트남 등과 같이 해상에서 기단이 변질되어 겨울에 우기가 되는 곳도 있다. 그리고 기후 특성에 차이가 있는 것으로부터 열대계절풍기후와 온대계절풍기후를 구별하는 경우도 있다.

몬순 자이어(monsoon gyre) 북서태평양의 여름철 몬순 순환 중에서 직경이 약 2,500km가량 되는 하층의 강한 저기압성 회전.
이러한 소용돌이 형태의 몬순 자이어는 약 2주 정도 지속되고, 열대저기압 발생에 좋은 조건을 제공하기도 한다.

몬순 저기압(monsoon depression, -低氣壓) 여름철 열대해상에서 직경이 약 1,000km가량 되는 대규모로 발달한 대류계.

이 대류계의 중심은 비교적 약한 바람의 핵이 있고, 이 핵 주변에는 강한 바람이 둘러싸고 있다.

몬순 저기압(monsoon low, -低氣壓) 여름철에는 대륙에서, 겨울철에는 대륙에 인접한 해양에서 발생하는 계절에 따라 나타나는 저기압.
예를 들면, 저기압이 여름철에는 남서 미국과 인도에서 나타나는 반면에 겨울철에는 캘리포니아 끝부분과 벵갈만에서 뚜렷하게 나타난다. 이와 같이 계절별로 위치가 다른 저기압을 의미한다.

몬테카를로 방법(Monte Carlo method, -方法) 난수를 이용하여 함수값을 확률적으로 계산하는 수치 모델링 방법.
몬테카를로 모델링은 어떤 실험을 무작위적 선택을 통해 반복 수행하여 통계적 결론을 끌어내는 방법으로, 복잡한 계산이나 확률적 계산이 필요한 상황에 적용하여 근사해를 구할 때 활용하는 방법이다.

ㅁ

몬트리올 의정서(Montreal protocol, -議定書) 1987년에 오존층 파괴와 관련된 화학물질인 프레온가스(CFCs)의 사용을 규제하기 위해 체결된 국제협약.
차후 여러 차례 개정 및 조정협약(런던, 1990; 코펜하겐, 1992; 비엔나, 1995)을 거쳐 규정을 수정함에 따라 화합물의 수를 증가시키고 화합물 생산의 단계적 규제를 강화하였다.

몽고메리 유선함수(Montgomery stream function, -流線函數) 등온위면상에서 측정한 c_pT+gz로 주어지는 함수.
여기서 g는 중력가속도, z는 등온위면의 고도, 그리고 c_p는 공기의 정압비열, T는 절대온도이다.

무리(halo) 하늘에서 빙정으로 구성된 권층운과 같은 구름에 의하여 빛이 반사나 굴절되어 착색되거나 약간 흰색을 띠는 고리, 호, 기둥 또는 반점모양이 나타나는 현상.
이들은 보통 해와 달과 같은 광원 부근에 나타난다. 그러나 예를 들어 얼음안개를 통해 볼 때라면 인공광원 부근에서도 나타난다. 어떤 프리즘 착색을 보이는 무리는 적어도 부분적으로는 빙정에 의한 빛의 굴절 때문이다. 그러나 색깔은 보통 가시광의 적색 끝에서 잘 나타나는 매우 창백한 색이다. 매우 밝은 색깔을 띠는 예외적인 것은 그 최저 굴절각에 의해 결정되지 않는 주위수평호와 주위연직호이다. 흰색 무리 또는 광원 자체와 같은 색깔을 보이는 무리들은 빙정면에 입사되는 빛의 반사에 의해 설명되든, 또는 굴절로 설명되든, 나타나는 패턴은 빙정의 형태와 방위(실제적으로 빙정 집단 내의 여러 방위의 확률), 그리고 광원의 고도각에 달려 있다. 이러한 높은 확률 범위에서 무리의 여러 변종이 이론적으로 가능하여 50종 이상의 무리현상이 사진으로 보고되어 있다. 어떤 무리는 이론적으로는 예측되고 있으나 아직 보고된 바가 없고, 보고된 어떤 종류의 것 중에는 아직 성공적으로 설명하지 못하고 있는 것도 있다. 가장 일반적인 무리는

22도무리이다. 빈번히 나타나는 또 다른 무리들은 22도무리환일, 해기둥, 22도접호, 천정호, 46도 무리 및 무리해 테 등이다. 무리는 무지개, 광환 및 그림자광륜과 같이 물방울에 의해 생기는 광학현상과는 구분된다.

무리해(parhelion) 태양을 보았을 때 태양을 중심으로 태양과 같은 각(角)고도에 나타나는 조금 밝게 빛나는 부분.
환일(sun dog)이라고도 한다. 가장 흔한 무리해는 태양과 무리해 사이의 관측자를 중심으로 각이 22°를 이루며 태양의 양쪽 또는 어느 한쪽에 나타난다. 태양이 지평선상에 있을 때는 각이 22°이지만 태양의 고도각이 증가하여 60°가 되면 태양과 무리해 사이의 각이 거의 두 배인 45°가 된다. 22°의 무리해는 중심축이 연직 방향과 나란한 상태에서 낙하하는 6각 빙정 내에서 태양광의 굴절로 설명할 수 있다. 무리해에서 태양과 가까운 쪽은 붉은색을 띤다.

무리해 테(parhelic circle) 태양고도에 생기는 희미한 흰색 수평 원호 형태의 무리.
완전한 해 테보다는 작은 조각 원호를 더 자주 볼 수 있다. 달에 의한 경우를 무리달 테(paraselenic circle)라 부른다. 무리해 테는 큰 육면체 판 같은 얼음결정체의 연직면에서 빛이 반사되어 생긴다. 또 이들 육면체 판은 환일(parhelia)과 먼무리해(paranthelia)를 만들기도 한다.

무발산 고도(level of nondivergence, 無發散高度) 바람의 수평발산이 없는 고도.
대기 상황에 따라 이러한 조건을 만족하는 면 여러 고도에서 존재할 수 있지만, 보통 무발산 고도는 대류권의 중간 고도인 500hPa 부근으로 본다. 전형적인 이동성 저기압(고기압)계는 대류권 깊이 규모의 대기운동으로 하부 대기층에서는 수렴(발산)이 나타나고 상부층에서 발산(수렴)이 나타나게 되는데, 이런 일기를 결정하는 규모를 가진 운동의 연직 구조에서 수평 수렴이 일어나는 지역과 수평발산이 일어나는 지역을 구분하는 고도이다.

무선음파탐측계(radio acoustic sounding system; RASS, 無線音波探測計) 가상온도의 연직 분포를 결정하기 위해 레이더 및 음향기술을 결합한 지상의 원격탐사기기.
흔히 측풍장비와 함께 사용한다. RASS 기술을 이용하여, 레이더 근처에 위치한 음향원이 발생시키는 음파는 대기 굴절률에 의하여 섭동을 하게 된다. 이 섭동은 음파와 동일한 속력으로 대기 상층으로 전파되며, 레이더의 표적물이 되기도 한다. 음향 파장이 레이더 파장의 절반과 일치하는 경우, 공명조건이 발달하여 탐지 가능한 레이더 에코(반향)를 생성한다. 이 에코의 도플러 천이는 해당 레이더 부피에서 음속과 수직대기운동의 총합을 측정한 값이다. RASS를 사용했던 초창기 측정에서는 수직대기운동을 무시하거나 해당 효과를 감소시키기 위하여 시간 평균법을 사용하였다. 일부 현대 RASS 처리장치들은 수직대기운동을 교정하는 성능을 갖추고 있다. 소리의 지역적 속력과 대기의 가온도의 관계식은 다음과 같다.

$$C_s = (\gamma R T_v)^{1/2} \approx 20\, T_v^{1/2}$$

여기서 $C_s(ms^{-1})$는 음속, R은 대기의 기체상수, $\gamma(=c_p/c_v)$는 공기의 비열비(比熱比), T_v는 켈빈 온도로 나타낸 가온도이다. 이 관계식을 이용하면, 음속의 연직 방향분포는 가온도분포로 변환할 수 있다. RASS 기법은 음향파장이 레이더 파장의 절반값에 얼마나 가깝게 일치하는가에 의존한다(일명 Bragg Matching). 연직 방향분포에서 예상되는 온도 범위에 반드시 브래그매칭이 발생하도록 하기 위해, 모든 필요한 공간파장들을 포함시킬 수 있도록 충분한 광범위 구간에 대해 음향원의 주파수를 조사한다. 한편, 브래그매칭의 요구조건은 다양한 음향 주파수 대역들이 여러 레이더 주파수들에 대하여 사용되도록 하는 것이다. 음향 주파수의 범위는 50MHz 레이더에 대한 약 100Hz에서부터 약 1GHz로 운용하는 레이더에 대한 2kHz까지 다양하다. 대기 중 음향감쇠는 주파수에 크게 좌우되기 때문에, RASS의 고도 범위 또는 도달 범위는 레이더 주파수에 따라 크게 변화한다. 대표적인 소형 UHF 경계층 레이더는 대략 1.5km 고도까지 RASS 온도분포를 측정할 수 있는 반면 대형 VHF MST 레이더는 10km 이상의 고도까지 온도를 측정할 수 있다.

무역풍(trade wind, 貿易風) 아열대 고압대와 적도 저압대 사이에 형성되는 기압경도력과 지구전향력(일명 코리올리 힘)의 영향으로 아열대에서 적도 방향으로 흐르는 대류권 하부층의 동풍계열 바람.
북반구에서는 북동풍 그리고 남반구에서는 남동풍이 일정하게 불어 16세기에 유럽인들이 이 편향된 바람을 타고 동양으로 진출하여 상업을 함으로써 무역풍이라 불렀다. 위도 5°에서 30°까지의 저위도지방의 지표에서 관측되며, 특히 해양상에서는 현저하다. 북적도 해류와 남적도 해류는 이 바람에 의해 주로 형성된 해류이다. 편서풍을 참조하라.

무역풍 역전(trade inversion, 貿易風逆轉) 보통 열대 바다의 동쪽 부분인 무역풍대에서 발생하는 독특한 기온역전현상.
이러한 현상은 해들리(Hadley) 세포와 워커(Walker) 순환의 하강 기류를 구성하는 큰 침하 흐름에서 찾을 수 있다. 역전층 내의 침하 온난은 무역풍 적운 꼭대기로부터 복사냉각과 증발에 의해 균형을 이루며, 아열대고기압의 동부사지는 500m, 서부 및 적도사지는 2,000m로 역전층이 발생하는 높이가 다르고, 적도 저압지역과 무역풍대 서쪽에는 평소 존재하지 않으나 눈에 띄는 기상 패턴을 가지고 발생한다. 역전의 강도는 1km 상승할 때 10℃보다 크게 변하거나 때때로 북반구에서는 변하지 않을 때도 있을 정도로 다양하며, 일반적으로 역전이 시작되는 높이가 낮을수록 또는 높을수록 강하게 나타난다. 역전층의 두께는 불과 몇 미터에서 1,000m 이상으로도 형성될 수도 있으며, 평균적으로 400m 정도의 두께를 보인다. 또한 역전층 아래의 기류는 매우 습하고

적운으로 가득 차 있으며, 그 위로는 매우 고온 건조하다.

무정형 구름(amorphous cloud, 無定形-) 뚜렷한 구조를 나타내지 않고 넓게 퍼져 있는 구름.
주로 지표면이 눈으로 덮여 있을 때 발생하며 안개 또는 두꺼운 구름 안에서 방향성을 알 수 없는 특정한 형태가 없는 구름이다. 무정형 구름은 종종 강수를 동반한다. 특히 눈 위나 두꺼운 구름에서 발생하여 사방을 온통 백색으로 만들어 동서남북 상하좌우의 방향감각을 상실하게 한다.

무지개(rainbow) 비, 안개, 구름, 또는 분사 등에 의하여 공급되는 많은 양의 물방울에 빛(일반적으로 태양광)이 도달됨으로써 형성되는 대형의 유색(有色), 원형(또는 거의 원형)의 호(弧). 호의 중심으로 보이는 것은 일반적으로 관측자 머리가 드리운 그림자이다. 따라서 무지개는 개개인이 볼 수 있는 현상으로서 각자 약간씩 다른 활모양을 목측하게 된다. 무지개는 원형으로 형성될 수는 있으나 비의 영향을 받으면, 원의 하단 부분이 대체로 지면에 의해 잘라진 모습이 되어 호 모양을 남기는데, 그 정도는 빛의 고도에 의해 좌우된다. 무지개라는 용어는 태양 주변과 구름 내 대일점에서 목격되는 유사원형 호들에는 사용하지 않는다. 이러한 예로는 코로나와 광휘를 들 수 있다. 역시 이 용어들은 얼음결정에 조사되는 빛이 만들어 내는 대형 원형호들에는 사용하지 않는 용어이다. 이러한 예는 무리가 있다. 무지개는 태양과 관측자를 연결하는 선을 연장한 방향을 중심으로 시반경 42°되는 주 무지개인 1차무지개(외부가 적색이고 내부가 청색인)와 주 무지개 바깥으로 나타나는 (보다 큰) 시(視)반경이 51°되는 부 무지개인 2차무지개(내부가 적색인), 기타 무지개들(1차 활모양의 내부 쪽으로 목격됨), 그리고 굴절 활모양(중심이 지평선 위에 있음)처럼 관련 호 무리들을 통틀어 무지개로 간주한다. 그러나 이러한 무지개들(활모양)의 모습은 어떤 것에서 형성되느냐에 따라 크게 다양할 수가 있다. 가령, 비, 이슬비, 또는 구름 등에서 형성될 수 있는데 호들의 반지름 및 색상순도는 물방울 크기에 좌우된다. 분명히, 무지개들 중에서 가장 선명하고 흔히 볼 수 있는 종류는 1차무지개이지만 지평선 위의 전체 호가 보이는지 여부는 강우지점에 따라 좌우된다. 동일한 활모양(무지개)의 동떨어진 두 개의 부분이 있을 때, 누군가가 두 개의 무지개를 보았다고 말하는 경우가 드물지 않게 일어난다. 신빙성을 희생시키면서까지 단순함을 확보하려 했던 무지개에 관한 이론들의 위계구조가 있다. 빛을 일련의 광선으로 간주한 이론들은 1차무지개와 2차무지개의 근사적 위치와 색상을 효과적으로 설명하고 있지만 기타 무지개들에 대해서는 설명하지 못한다. 색상순도, 밝기, 호 부근의 기타 무지개들의 분포와 같이 쉽게 관찰 가능한 자연 무지개의 특질들을 설명하기 위해서는, 빛의 파장으로서의 본질, 구름 내의 물방울 크기분포, 그리고 크기에 좌우되는 빗방울의 모양 등과 같은 요소들을 반드시 고려하여야 한다.

무지갯빛(iridescent) 틴구름 또는 커다란 구름 가장자리에서 나타나는 회절효과에 의해서 관측되는 대기광학현상.
코로나 현상은 비교적 균일한 물방울 또는 얼음입자 크기에 의존한다. 그러나 만약 작은 구름들이 증발하게 되면 물방울 크기분포 또는 작은 얼음결정의 크기들이 좁은 각거리에 걸쳐서 뚜렷하게 변동할 수 있다. 따라서 구름에 색깔을 띤 뚜렷한 밴드를 가질 수 있는 가시 회절 밴드들은 단지 스펙트럼의 일부분에 지나지 않는다. 이런 효과가 일어나기 위해서는 작은 물방울 또는 미세한 얼음결정들이 국지적으로 대단히 균일하게 분포되어야만 한다.

무지갯빛 구름(iridescent cloud) 해로부터 약 30°에 이르기까지 관측되며, 흔히 붉은색과 초록색의 찬란한 점들이나 경계들을 내보이는 빙정 구름.
채운(彩雲)이라고도 한다. 이 채운현상은 보통 여러 차원의 중복된 회절에 기인하는 광학적 현상이다. 이 현상을 일으키는 구름입자들은 매우 작고(수 마이크로미터), 국지적으로 크기가 거의 모두가 똑같다. 그들은 흔히 렌즈구름이나 잘 발달된 적운 위에 있는 두건구름 안에 보이고, 때로는 얇은 대류의 영역 안에서 균일한 색깔의 불규칙한 조각들을 말한다. 이 경우엔 때때로 진주모운이라 한다. 습윤한 공기 안에서 일어나는 국지적이며 거의 단열적인 상승과 응결로 생긴다.

무지갯빛 현상(irisation, -現象) **무지갯빛 구름**에 의해, 그리고 때로 렌즈구름의 가장자리를 따라 나타나는 채색현상.

무차원 그룹(dimensionless group, 無次元-) 보통 물리적 의미를 갖고 있는 몇몇 물리변수(예 : 속도, 밀도, 점성)들의 무차원적 결합.
무차원 그룹은 방정식을 **규모분석**하면 자연적으로 생긴다. McGraw-Hill 출판사의 *Encyclopedia of Science and Technology,* 제6판은 12페이지에 걸쳐 무차원 그룹을 열거하고 있다. 예를 들어, **부시네스크**(Boussinesq) 수, **코시**(Cauchy) 수 또는 **훅**(Hooke) 수, **그라쇼프**(Grashoff) 수, **마하**(Mach) 수, **너셀트**(Nusselt) 수, **페클렛**(Peclet) 수, **프란틀**(Prandtl) 수, **레일리**(Rayleigh) 수, **레이놀즈**(Reynolds) 수, **리처드슨**(Richardson) 수, **로스비**(Rossby) 수, **스트로할**(Stroulhal) 수, **테일러**(Taylor) 수 등이다. 부시네스크 수는 어떤 양의 분자 플럭스에 대한 맴돌이 플럭스의 비(比)이고, 코시 수는 마하 수의 제곱으로서 압축력($1/\kappa$)에 대한 관성력(ρU^2)의 비인데 여기서 κ는 압축도, ρ는 밀도 그리고 U는 특성 속도이다. 그라쇼프 수(Gr)는 열전달 이론에서 사용되는 무차원 매개변수로서 다음과 같이 정의된다.

$$Gr = L^3 g \frac{T_1 - T_0}{\nu^2 T_0}$$

여기서 L은 대표 길이, T_1과 T_0는 대표 온도, g는 중력가속도 그리고 ν는 운동학적 점성도이다. 그라쇼프 수는 대류 연구에서 레이놀즈 수 및 프란틀 수와 연관되어 있다. 마하 수는 어떤 유체에서의 음속에 대한 이 유체에서의 특성 속도에 대한 비이고, 너셀트 수(Nu)는 유체의 열전달 문제에서 일어나는 무차원 수로서 다음과 같이 정의된다.

$$Nu = QL/kS\Delta T$$

여기서 Q는 면적 S를 가로질러 물체로부터 단위시간에 전달되는 열량이고, L은 특성 길이, k는 열전도율 그리고 ΔT는 특성 온도차이다. 페클렛 수(Pe)는 유체의 열전달 문제에서 일어나는 무차원 수로서 열 확산에 대한 열 이류의 비로 정의되고 다음과 같이 표현된다.

$$Pe = UL/k$$

여기서 U는 특성 속도, L은 특성 길이 그리고 k는 열 전도율이다. 또한 페클렛 수는 레이놀즈 수와 프란틀 수의 곱과 같다. 프란틀 수(Pr)는 열 이류와 점성력의 곱과 열 확산과 관성력의 곱 사이의 무차원 비로서 다음과 같이 표현할 수 있다.

$$\mathrm{Pr} = \frac{C_p \mu}{k}$$

여기서 C_p는 정압비열, μ는 동 점성도 그리고 k는 열 전도율이다. 프란틀 수는 또한 레이놀즈 수에 대한 페클렛 수의 비로 정의될 수도 있고, 열 전도율에 대한 운동학적 점성도의 비로 정의될 수도 있다. 레일리 수(Ra)는 부력과 열 이류의 곱과 점성력과 열 전도의 곱 사이의 무차원 비로서 다음과 같이 쓸 수 있다.

$$Ra = \frac{g|\Delta_z T|\alpha d^3}{\nu k}$$

여기서 g는 중력가속도, $\Delta_z T$는 특성 깊이 d에 대한 특성 연직 온도차, α는 팽창계수, ν는 운동학적 점성도 그리고 k는 열 전도율이다. 레일리 수는 그라쇼프 수와 프란틀 수의 곱과 같고, 실험실 유체흐름의 열적 불안정 이론에서 중요한 매개변수이다. 레이놀즈 수(Re)는 나비에-스토크스(Navier-Stokes) 방정식에서 점성력($\sim \nu U/L^2$)에 대한 관성력($\sim U^2/L$)의 무차원 비(比)로 정의된다. 여기서 U는 특성 속도, L은 특성 길이, ν는 유체의 운동학적 점성도이다. 레이놀즈 수는 유체역학 안정도와 난류 기원에 대한 이론에서 아주 중요하다. 리처드슨 수(Ri)는 난류 시어 발생에 대한 난류 부력 억제의 무차원 비로서 다음과 같이 정의된다.

$$Ri = \frac{g\beta}{(\partial u/\partial z)^2}$$

여기서 g는 중력가속도, β는 대표적 연직 안정도 (일반적으로 $\partial\theta/\partial z$, 여기서 θ는 온위) 그리고 $\partial u/\partial z$는 바람의 특성 연직 시어이다. 이 수는 난류가 존재하는지 결정하기 위하여 동역학적 안정도 척도로 사용된다. 스트로할 수(S)는 흐르는 유체에 잠긴 물체의 후류(後流)에 대한 주기적 또는 준주기적 변동 연구에서 다루는 무차원 수로서 다음과 같이 정의된다.

$$S = nD/U$$

여기서 n은 진동수, D는 대표적 길이, U는 흐름의 대표적 속도이다. 테일러 수(T)는 회전하는 점성 유체의 문제에서 일어나는 무차원 수로서 다음과 같이 표현된다.

$$T = f^2h^4/\nu^2$$

여기서 f는 코리올리 매개변수, h는 유체의 대표적 깊이, ν는 운동학적 점성도이다. 테일러 수의 제곱근은 회전 레이놀즈 수이고, 테일러 수의 네 제곱근은 에크만 층 깊이에 대한 대표적 깊이 h의 비(比)에 비례한다.

무풍대(calm zone, 無風帶) 바람이 아주 약하고 변동성이 거의 없는 위도대.
아열대 고압대와 적도수렴대에 무풍대가 존재한다. 아열대 고압대에 형성되는 무풍대를 말위도라 하고 적도수렴대에 형성되는 것을 적도무풍대라 한다.

물(water) 투명하고 무색, 무취, 무미한 지구의 지표면 부근에 대량으로 존재하는 액체.
지구의 암권, 수권, 대기권에서 물은 가스, 액상, 고체상으로 존재한다. 물은 구름에서 비, 우박, 진눈깨비, 싸락눈, 눈의 형태로 낙하한다. 산골의 개울, 지천, 강을 지나 호수나 바다에 이른다. 고체상으로 얼음과 눈이 있다. 액상 혹은 얼음 형태의 물은 지구표면의 70.8%를 덮으며 지각과 대기의 에너지 균형에 지대한 영향을 미친다. 분자식으로 H_2O인 물은 산소원자 2개와 수소원자로 구성된다. 무게로 11.9%가 수소 나머지 88.81%가 산소원자에 기인한다. 물의 융해온도는 0℃(32°F)이며 끓는점은 100℃(212°F)이다. 온도 4℃(39°F)일 때 비중은 1.000로 최대이다. 물덩이를 지칭하기도 하는데, 예로 호수나 개천, 혹은 큰 규모의 물덩이로 내해나 해양의 일부를 지적하는 데 사용한다. 예로 국제 수역이 있다.

물결구름(billow cloud) 파상운의 일반적 용어.
일부 형태는 층밀림 불안정의 결과이며(켈빈-헬름홀츠), 일부는 중력파의 결과이다. 물결구름은 파동의 상승작용 중에 충분한 수분이 있어서 파동 구조가 구름방울의 응결에 의해 보이게 될 때 나타난다. 중력파에 의해 형성되는 파동은 넓고 거의 평행하며 풍향에 수직이고 운저는 역전층 근처에 있는 구름 라인들을 나타낸다. 파동 사이의 거리는 1,000~2,000m 정도이다.

물결권운(billow cirrus cloud, -卷雲) 위성영상에서 규칙적인 간격으로 밀착된 파상 권운으로서 제트 기류에 수직으로 형성되는 구름.
이 구름은 강한 수직 바람 시어의 결과로 생성된다.

물구름(water cloud) 구름 전체가 수적으로 이루어진 구름.
물구름은 온난운이라고도 한다. 구름입자의 상(相)을 기준으로 했을 때 구름은 물구름(또는 수적운), 빙정운, 그리고 혼합운으로 구분할 수 있다.

물대기(irrigation) 작물들의 생육을 촉진시키기 위하여 토양에 인위적으로 물을 대는 일.
관개(灌漑)라고도 한다. 부족한 강우를 보충하려고 건조한 땅에서 처음 시행되었지만, 지금은 최대의 작물 수확을 위하여 물 공급의 적당한 타이밍을 보장하기 위해 보다 습한 지역에서 관개가 광범위하게 사용된다. 최초의 관개 형태는 하천의 넘치는 흐름들을 경작지로 돌려대는 것으로 구성되었다. 오늘날 더 흔한 시행은 홍수 시 많은 양의 수량을 저수지에 저수하고 필요에 따라 그 물을 재활용하는 방식이다. 우물에서 펌프로 올린 지하수를 쓰는 광범위한 관개 계획들도 개발되었다.

물뜀(hydraulic jump) 임계깊이 이하의 낮은 수위로부터 임계깊이 이상의 높은 수위로 열린 수로의 물이 갑작스럽고 난류적으로 통과하는 현상.
이렇게 물이 통과하는 동안 속도는 과(過)임계상태에서 아(亞)임계상태로 변한다. 물뜀이 있는 동안에는 상당한 에너지 손실이 있게 된다. 기상학적 적용에 대해서는 기압비약을 참조하라.

물리기상학(physical meteorology, 物理氣象學) 대기광학, 대기전기학, 기상음향학, 대기복사학, 구름물리학, 대기조성 등 대기의 물리적 성질을 연구하는 기상학의 한 분야.
대기의 물리적 성질을 연구하는 학문으로서 역학을 주 대상으로 하는 부문과는 구별된다. 보통 기상역학은 물리기상학에 포함되지 않으며 대기열역학은 두 분야의 경계 영역에 해당된다고 할 수 있다.

물리기후학(physical climatology, 物理氣候學) 기후의 표현보다는 기후의 물리적 특성과 원리를 밝히는 기후학의 주요 분야.
기후를 설명하기 위해 물리학적 이론을 도입하여, 지표면 또는 그 근처의 질량과 에너지 교환을 다룬다. 에너지와 물의 평형과 수지에 초점을 맞춘다.

물방울 분열이론(breaking-drop theory, -分裂理論) 뇌운에서 관찰되는 레나르트 효과에 근거한 뇌우의 전하 분리 이론.

즉, 물방울의 분열에 따라 전하가 분리된다는 이론이다. 심프슨(George C. Simpson, 1927)경이 제안한 이 이론은 처음에는 뇌우 내의 양극성 전하분포, 즉 주요 양전하는 뇌우의 운저 중심 부분 주위에 모이며, 주요 음전하는 훨씬 높은 곳에 모인다는 현상을 설명하기 위한 것이었다. 그러나 심프슨의 이론은 이 현상을 잘 설명하지 못했는데, 뇌우지역의 온도가 구름의 어는점보다 낮은 온도지역이었기 때문이다. 항상 그렇지는 않았지만 온도가 어는점보다 높은 온도지역의 많은 뇌우들에서는 약한 양전하가 주요 음전하가 모여 있는 지역 조금 아래에서 발견되기도 했기 때문이다. 따라서 물방울 분열이론은 이 국지적인 구름의 이차적 양전하 중심을 설명하는 가장 훌륭한 이론이다.

물방울 크기분포(drop-size distribution, -分布) 강우 또는 구름의 특징인 단위체적에 있는 수적의 크기(직경) 또는 체적의 빈도분포.

대부분 자연상태의 구름은 최대치가 하나인 단봉형(unimodal) 분포를 보이지만 때로는 쌍봉형(bimodal) 분포를 보이기도 한다. 대류운에서는 수적 크기분포가 시간과 고도에 따라 체계적으로 변하는 것으로 알려져 있다. 고도증가에 따라 최대빈도를 나타내는 수적의 크기는 증가하고, 수밀도는 감소한다. 많은 경우에 수적 크기분포를 나타내는 단일모수로 중간 부피직경 D_0를 사용하며 다음과 같이 정의한다.

$$\frac{M}{2} = \frac{\pi}{6}\rho\int_0^{D_0} D^3 N(D) dD$$

여기서 M은 전체 수적에 대한 총질량, ρ는 물의 밀도, $N(D)$는 단위체적에서 직경이 $D \sim D+dD$ 범위에 있는 수적의 수를 나타낸다. 수적 크기분포는 구름 또는 낙하 중인 강수의 레이더 반사도를 결정하는 데 있어 중요한 인자 중의 하나이다.

물분자(water molecule, -分子) 중앙에 하나의 산소원자를 두고 두 개의 수소원자가 104°의 각으로 배치되어 쌍극자 형태를 이루는 분자.

물분자는 전하의 비대칭 배열에 의해 정전 쌍극자를 갖는다. 이로 인해 물분자는 기체, 액체, 고체에 관계없이 높은 유전율을 보인다. 물분자 간 결합들 사이의 공명은 근적외 및 열적외선 파장대의 전자기파를 흡수하거나 방출한다. 따라서 물분자는 대기의 온실효과나 강수입자에 의한 레이더파의 흡수와 산란 등과 같이 기상학에서 중요하게 취급된다.

물상당(water equivalent, -相當) 눈이나 적설(눈 쌓임)을 녹였을 때 물의 양으로 환산한 양. 따라서 신설(새롭게 내린 눈)의 물상당량은 강설로 내린 강수량에 해당한다.

물수지(water balance, hydrologic balance, water budget, -收支) 지구상의 어떤 지역에서

일정 기간 동안 물의 유입과 유출이 균형을 이루는 상태.
물순환 과정에서 보면 다른 지역에서 하천수나 지하수의 유입이 없으면 그 지역의 강수량이 전체 함양량이 되고, 배출량은 하천수, 지하수로서 다른 지역으로 유출되거나 증발산이 되어 다시 대기 중으로 돌아가는 양이다. 유입과 관련한 대표적인 예는 모델 구역 상류부로부터 유입되는 지하수, 강수에 의해 함양되는 물, 지표 흐름으로부터 유입되는 물, 관정을 통해 함양되는 물이며, 유출과 관련된 예는 모델 구역 하류부로 흘러나가는 지하수, 증발산되는 물, 지표로 유출되는 물, 관정을 이용해서 이용되는 물 등이다.

물통기압계(cistern barometer, -氣壓計) 수은의 아랫면이 상층면보다 더 넓은 수은기압계. 물통기압계의 기본 구성방법은 다음과 같다. 길이 1m의 유리관의 한쪽 끝을 막고 수은을 채운다. 그런 다음 거꾸로 뒤집는다. 관은 그 입구가 이른바 '기압계 물통'라는 이름의 수은저장소 상층면을 관통할 수 있도록 설치한다. 물통기압계는 물통의 부피가 고정되어 있는지(참고 : 큐 기압계, Kew barometer) 혹은 변화하는지(참고 : 포르탕 기압계, Fortin barometer) 여부에 따라 분류된다. 수은기압계 종류에는 포르탕(Fortin) · 사이펀(Siphon) · 스테이션(station) · 마린형 등이 있으며, 이 중 포르탕 수은기압계는 토리첼리(Torricelli) 실험의 원리를 응용한 것으로 1800년경 프랑스인 장 니콜라 포르탕(Jean Nicolas Fortin, 1750∼1831)에 의해 기상 측기로 개량되어 가장 오래된 역사를 지녔고 널리 사용되고 있는 기상 측기이다. 1643년 이탈리아인 토리첼리 실험에 의하면, 수은이 들어 있는 한쪽 끝이 막힌 1m 유리관을 수은 용기 속에 거꾸로 세워 넣으면 760mm 높이의 수은기둥이 만들어진다. 이것은 유리관 속의 수은 무게와 용기에 담긴 수은의 표면에 작용하는 기압이 서로 평형을 이루고 있기 때문이며, 이때 수은 높이가 대기압이다. 그러나 밀도가 기온에 따라 변하고 중력가속도도 지역에 따라 다르기 때문에 이들 값을 알맞게 바로잡아 줘야 현지기압이 산출되는데, 이를 보정기압이라 한다. 이 기압은 기차보정, 온도보정, 중력보정을 통해서 구해진다.
포르탕 수은기압계는 수은용기, 수은관(진공 유리관), 척도(주척, 부척)로 구성되어 있으며, 기압 눈금은 mmHg 또는 hPa 단위로 되어 있다. 기압 측정은 아래의 수은면 조절나사를 오른쪽, 왼쪽으로 돌리면 수은 용기 내의 수은면이 상하로 오르내린다. 수은 용기 천장에 매달린 뾰족한 상아침 끝 부분에 수은 표면을 일치시킨 다음, 수은관 안의 수은주 높이를 주척과 부척의 눈금을 이용하여 기압을 측정한다. 수은 용기 안에는 양피(羊皮) 주머니가 있으며, 이 가죽 조직의 미세한 빈틈을 통해서 대기 중의 기압이 유도된다. 황동 수은관은 양피와 직접적인 접촉으로 더럽혀지거나 변색을 막기 위해 운모판이 사이에 끼워져 있다. 포르탕 수은기압계는 취급과 측정방법이 매우 까다로운 반면에 측정 정밀도가 높아 기상관측뿐만 아니라 다양한 분야에 널리 사용되고 있다. 이 기압계의 오차는 기압계실 출입으로 인한 내부의 급격한 기압변화, 부착온도계의 불확실한 값, 수은관의 진공상태 불량, 수은주가 평평한 바닥과 수직이 아닌 경우에 주로 발생하기 때문에 신중한 취급이 요구되는 측기이다.

보정의 종류와 설명

구분	내용
기차보정	측기 제작 시 발생되는 근원적 원인 또는 설치 장소, 경년 변화 등의 환경적 원인으로 인해 발생되는 기기 자체의 오차로 기준기 값과의 차이를 바르게 수정해 주는 것
온도보정	수은은 온도에 따라 체적이 팽창하거나 수축하여 밀도가 변하기 때문에 표준온도값인 0℃ 상태값으로 바르게 수정해 주는 것이며, 일반적으로 기차보정에 비해 비중이 크다.(수은의 체적팽창계수=0.0001818/℃, 수은밀도=13.5950889g/cm^3)
중력보정	중력가속도는 지구자전에 의한 원심력이 위도에 따라 다르고 지구가 타원체이며 지구 내부의 지질구조가 균일하지 않다는 것 등 여러 원인으로 장소에 따라 다르다. 따라서 관측지점의 중력가속도를 표준중력가속도(9.80665m/s^2)가 작용하는 때의 수은주 높이로 바르게 수정해 주는 것

물통온도계(bucket thermometer, -溫度計) 구(bulb) 주변에 단열 용기가 설치되어 있는 수온계.

온도계를 줄에 매달아 바다에 내린 다음, 수온계의 눈금이 해수면온도에 도달할 때까지 기다렸다가 다시 회수하여 온도를 측정한다. 구(bulb)를 둘러싼 단열 처리된 물이 수온을 알려준다. 이는 또한 바다의 염도 측정을 위한 표본으로도 사용될 수 있다.

뭉크 경계층(Munk boundary layer, -境界層) 운동량의 측면 수송이 유체입자에 토크를 작용하여 입자들이 배경 잠재소용돌이도의 등치선을 건너가게 하는 수평경계층.

대부분 해양 대순환 모델에서 서쪽 경계류들은 뭉크 경계층이다.

미규모(microscale, 微規模) 기상학에서 대기운동의 공간 규모가 2km 이하인 현상들을 칭하는 용어.

미규모는 다시 200m~2km의 공간규모를 미규모-α, 20m~200m를 미규모-β, 2m~20m를 미규모-γ로 세분하기도 한다. 난류, 열기포 등 대기경계층 현상들이 이 규모의 대기운동에 해당한다. 이와 구분하여 중간규모는 2~2,000km의 수평규모를 가진 현상들을, 대규모는 2,000km 이상의 규모를 가지는 대기현상들을 포함한다.

미기상학(micrometeorology, 微氣象學) 근사적으로 2km 이내의 공간규모와 1시간 이내의 시간규모를 가지는 대기운동과 현상을 연구하는 기상학의 한 분야.

미기상학은 대류권 하부 1~2km의 대기경계층에서 일어나는 기상현상을 다루는 학문으로 대기

경계층 기상학이라고도 부른다. 대기경계층에서의 대기 흐름은 주로 복잡한 난류 상태이며, 이 때문에 결정론적 방법보다는 확률적 방법, 경험적 방법, 상사방법을 통해 주로 현상을 연구한다. 전통적으로 미기상학의 발전은 야외관측과 난류의 수치 모델링을 통해 이루어졌다. 다양한 지표에서의 대기와 지표 간의 난류에 의한 에너지, 열, 수분 교환은 중요한 연구 주제들 중 하나이다. 이런 미기상학적 요소들의 장기간 평균 특성이 미기후를 형성한다. 미기상학은 최하부 대기층을 다루고 있어 인간활동과 밀접한 관련이 있기 때문에, 대기오염 기상학, 중규모 기상학, 대규모 기상학, 농업 및 산림기상학, 도시 설계 등 다양한 학문 분야에서 응용되는 분야이다.

미기후(microclimate, 微氣候) 대규모(혹은 중규모) 국지 기후와 구별되어 지구 지표면의 영향에 의해 지표 부근의 대기에서 형성되는 기후.

미기후는 국소 지역의 대기의 평균상태를 나타내며, 중규모 혹은 대규모 기후조건과 중첩되거나 함께 변화한다. 미기후를 정의하기 위한 대기층의 높이는 특정 높이로 규정하기 어려우며 지표조건에 따라 달라질 수 있다. 일반적으로 지표 구조물의 4배 정도 높이 이상의 고도로 올라가게 되면 지표에 의한 직접적인 미기후 영향이 사라지는 것으로 간주한다. 미기후는 지표조건에 따라 다양하게 나타나는 온도, 습도, 바람 등 기상요소로 그 특징을 기술한다. 예를 들면, 도시 미기후는 포장도로, 건물, 대기오염, 높은 인구밀도 등에 의해 이들 기상요소들이 영향을 받아 나타나며, 식생지역의 미기후는 식생과 토양의 종류, 토양 수분량 등에 의해 기상요소들이 변화하여 도시지역과는 다른 독특한 국지 기후를 형성한다.

미기후학(microclimatology, 微氣候學) 미기후를 연구하는 학문.

지표 특성에 따른 최하부 대기층에서의 기온, 습도, 바람 등의 연직분포에 관한 연구, 식생이나 인위적 건물에 의한 미기후변화에 관한 연구, 대규모 기후변화에 미치는 영향 연구 등 다양한 분야의 연구를 포함한다. 지구상에 존재하는 대부분의 생명체는 미기후 영향권에서 살기 때문에 미기후학은 생명체 존재에 중요한 의미를 지닌다.

미량기체(trace gas, 微量氣體) 대기에 존재하는 기체들 중 반응성이 아주 좋거나 발생량이 적어서 대기 내 구성비율이 아주 낮은(1% 이하) 기체.

오존, 질소산화물, 황산화물 등의 오염물질과 이산화탄소, 메탄 등 주요 온실기체들이 여기에 포함된다.

미량원소(trace element, 微量元素) 농도를 기준으로 할 때 미량 또는 극미량 상태의 낮은 수준에서 대기 중에 존재하는 원소.

일반적으로 흔하게 존재하는 탄소, 질소, 황 등과 같이 대량원소란 개념의 상대적인 의미로도 볼 수 있다. 바다에는 현재까지 75가지의 원소가 발견되고 있다. 그러나 향후보다 정밀한 측정이

도입되면 이보다 더 많은 수의 원소가 발견될 수 있을 것이다. 그러나 새로 발견되는 화학종들도 10~9g/liter의 농도를 초과하지는 않을 것으로 보인다. 다른 환경계와 마찬가지로 해수 중에서도 무수하게 다양한 미량원소들이 용존상태 또는 부유상태로 존재한다. 이들 원소 중 상당수는 해수 중의 생물들이 정상적으로 생장하는 데 필수불가결한 요소(Cu, Zn, Fe 등)로 작용한다. 반대로 해양생물이나 인체에 별로 이롭지 않거나 또는 해로운 성분들(Pb, As, Hg 등)도 동시에 존재한다. 대량원소가 대체로 균질한 농도를 보이는 것과 달리, 이들은 반응성이 크기 때문에 공간적으로 농도분포가 상당히 가변적 비균질적인 경향을 보인다. 대부분의 유용한 미량원소들은 일반적인 영양소 성분들과 마찬가지로 해양의 표층에는 낮은 농도로 존재하고, 심해로 내려갈수록 농도가 증가하는 양상을 보인다. 주로 해수면 가까이에서는 식물플랑크톤과 같은 생물들이 이들을 집중적으로 포획 및 이용하기 때문인 것으로 볼 수 있다.

ㅁ

미 산란(Mie scattering, -散亂) 입자의 모양, 크기 및 굴절률 등에 영향을 받는 입자의 산란.
동질의 구형 단일입자에 대하여 입자의 크기와 전자기파 파장의 비율, 즉 크기변수에 따라 산란 유형을 구분하고 있다. 크기변수는 입자 단면의 둘레와 파장과의 비율로 정의된다. 크기변수에 따라 분류되는 전자기파의 산란 유형에는 레일리(Rayleigh) 산란, 미(Mie) 산란, 기하학적 산란으로 분류된다. 크기변수가 약 0.2~2,000 사이의 산란은 미산란으로 지칭되며 산란되는 전자기파의 방향은 전방이 후방보다 우세하다. 가시광선과 대기 중의 입자가 큰 먼지, 레이더와 입자 큰 강수입자 등이 미산란을 일으키는 예이다. 미 산란은 독일 물리학자인 구스타프 미(Gustav Mie, 1868~1957)의 이름에서 유래되었다.

미세망격자(fine-mesh grid, 微細網格子) 비교적 고해상도를 갖고 있는 격자.
이 격자점들은 상대적으로 서로 가까이 있다. 과거에는 200km 미만의 격자 길이를 갖고 있는 격자망을 일반적으로 미세망이라 하였는데, 지금은 극히 높은 해상도 격자를 사용할 수 있는 컴퓨터가 급성장하여 이 용어가 좀더 문맥적인 방식으로 사용된다.

미소 섭동법(method of small perturbation, 微小攝動法) 적절한 지배방정식의 선형화를 위해 식을 정상상태와 정상상태에서 벗어난 미소 섭동으로 나누는 방법.
섭동법으로 불리기도 한다. 선형미분방정식을 참조하라.

미스트럴(mistral) 프랑스 론 계곡(Rhône valley)에서 리옹만(Gulf of Lions)으로 부는 북풍.
순환, 내리바람, 제트 효과바람이 복합적으로 작용해 풍속이 강하고, 한랭 건조하다. 론 삼각주(Rhône Delta)의 북쪽 또는 북서쪽, 프로방스의 북서쪽에서 불어오는 바람이 가장 강하며, 일반적인 미스트럴은 유럽 중부에 고기압이 있고, 지중해 서부에 저압부가 발달할 때 발생한다. 겨울철과 봄철에 강하게 불며 상당한 피해를 입히는데, 근교농원 및 과수원은 피해를 막기 위해 바람막이를 설치하고 농촌 주택은 바람에 일부 노출시켜 피해를 방지한다.

미 이론(Mie theory, -理論) 입자 크기에 상관없이 일반적으로 적용될 수 있는 구형입자와 전자기파와의 산란을 설명하는 이론.
미 이론에는 전자기파의 입사, 산란 및 내부장 묘사를 위해 맥스웰(Maxwell) 방정식이 활용되며 산란 단면, 유효인자, 산란 강도 및 위상 등을 유도한다. 로렌츠-미(Lorenz-Mie) 이론으로도 지칭된다.

미진(microseism, 微震) 지진과는 관련이 없는 1.0~9.0초의 주기를 가지는 지구에서의 미소운동을 나타내는 집합적 용어.
이러한 미소운동은 다양한 자연적 · 인공적 작용에 의하여 발생한다. 특정 유형의 미진은 압력교란과 밀접하게 관련이 있는 것으로 보이며 특히 열대저기압의 경우 이 교란의 위치를 찾는데 활용될 수 있다. 이 외에도 교통, 산업활동, 바람에 의한 나무와 고층건물의 휨이 미진을 생성할 수 있다.

미터-톤-초 단위계(meter-tonne-second system, -秒單位系) 길이, 질량, 시간의 기본 단위를 각각 미터, 미터톤(또는 톤 : 10^6그램), 그리고 초로 사용하는 물리단위계.
약어로 mts 단위계이다. 이 단위계에서는 밀도는 tonne m^{-3}으로, 속도는 m s^{-1}로, 힘은 tonne m^{-2}(또는 sthene)로, 압력은 centibars(또는 pieze)로, 그리고 에너지는 kilojoule로 나타낸다. 이 미터-톤-초 단위계는 유럽의 공학자들이 주로 사용한다.

미풍(brisa, 微風) 'breeze'의 스페인어로 보통 바다 쪽에서 불어오는 북동풍.
일명 'briza'라고 표기하기도 한다. 이 용어는 여러 의미로 쓰인다. (1) 브라질과 베네수엘라 동해안에서는 북동무역풍을 의미하며, (2) 우루과이, 몬테비데오에서는 강한 산들바람, 즉 바다에서 불어오는 해풍으로서 된바람을 의미한다. (3) 필리핀에서는 북동계절풍을 의미하며, (4) 푸에르토리코 북부에서는 동서로 뻗은 산맥 때문에 동쪽으로 방향을 바꾸는 북동무역풍을 말한다. (5) 남아메리카, 콜롬비아에서는 습기가 많은 가벼운 미풍을 뜻한다. 미풍은 또한 육풍과 해풍 시스템의 일부, 또는 양쪽 모두를 뜻하기도 한다.

밀도(density, 密度) 1. 어떤 물질이 차지하는 부피에 대한 질량의 비.
단위는 통상적으로 Kgm^{-3}이다. 밀도의 역수를 비체적이라고 한다. 연속 매질에서는 극한 과정에 의해서 정의되며 한 지점의 함수이다.
2. 물체가 차지하는 체적 또는 면적에 대한 물체 양의 비.

예를 들면 플럭스 밀도, 전력밀도, 이온 밀도, 전자밀도 등이 있다.

밀도류(density current, 密度流)　중력과 밀도차에 의하여 발생하는 주로 정역학적 힘 때문에 밀도가 높은 유체가 밀도가 낮은 유체 아래로 가라앉아 발생하는 유체흐름.
이 용어는 주로 공학에서 큰 강의 어귀에서 해수가 담수 아래로 침투하는 경우와 호수나 바다 바닥에서 침착된 쇄설물을 포함하고 있는 밀도가 높은 물의 흐름을 표현할 때 사용한다. 밀도류의 많은 부분이 대기에서 한랭전선이 발생할 때 현상과 상당히 연결되어 있다.

밀도보정(density correction, 密度補正)　1. 온도에 따른 밀도의 변화 때문에 압력관풍속계 또는 압력관풍속계의 표시에 적용되는 보정.
2. 온도에 따른 수은의 밀도의 변화 때문에 필요한 수은기압계의 온도보정 부분.

밀란코비치 이론(Milankovitch theory, -理論)　세르비아 천체물리학자인 밀루틴 밀란코비치(Milutin Milankovitch, 1879~1958)에 의해 소개된 이론으로 "지구궤도와 자전축 그리고 지구의 세차운동의 변화에 의해 결정되는 태양입사열의 계절적이고 지리적인 변동에 따라 지구의 플라이토세 기간 연속되었던 빙하시대의 기후변화를 맞이할 수 있다."는 이론.
지구 기후변화에 영향을 주는 지구궤도 변화로 23,000년의 주기를 갖는 분점의 세차운동, 41,000년의 주기를 갖는 자전축의 기울기 변화, 100,000년의 주기를 갖는 이심률의 변화가 있다.

밀란코비치 진동(Milankovitch oscillation, -振動)　지구에 도달하는 태양복사 에너지의 장기 변동으로 인한 지구 기후의 주기적 변동.
지구에 도달하는 태양복사 에너지의 변화를 일으키는 요인으로 세차운동, 지구자전축의 경사변화, 지구공전궤도의 이심률 변화를 들 수 있다. 세차운동은 지구의 자전축은 도는 팽이처럼 약 26,000년마다 한 바퀴씩 도는 현상을 말한다. 지구자전축의 경사변화는 황도면을 기준으로 지구 자전축의 강사가 41,000년을 주기로 21.5°에서 24.5° 사이에서 변화하는 것을 의미한다. 지구의 공전궤도는 타원형으로, 이심률은 타원이 원에서 얼마나 찌그러져 있는지를 나타내는 척도이다. 지구공전궤도의 이심률은 대략 10만 년 주기로 0.005에서 0.058 사이에서 변화하고 평균 이심률은 0.028이다. 1910년대 수학자이자 천체물리학자인 밀란코비치는 이들 변동에 의해 지구에 도달하는 태양복사 에너지가 장기 변동을 일으키며 지구의 빙하기와 간빙기가 주기적으로 나타난다는 이론을 제시하였다.

밀리바(millibar)　과거에 기압을 표시하는 데 사용했던 단위.
현재 사용하고 있는 파스칼과의 관계는 다음 식으로 주어진다.

$$1mb = 100pa = 10^{-5}\text{bar}$$

밀물(flood current) 저조에서 고조로 해수면이 상승할 때 발생하는 해수의 수평적인 흐름. 주로 해안이나 하구 방향으로 흘러 들어오는 조류를 말한다. 창조류(漲潮流)라고도 표현된다. 창조류 중에서 가장 빠른 유속을 가진 조류를 최강 창조류라고 하며, 고조와 저조의 중간인 평균해수면 때에 발생한다. 썰물을 참조하라.

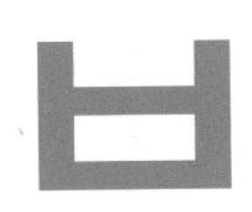

대기과학용어사전

바다무지개(marine rainbow, sea bow) 깨진 파도나 강풍으로 생긴 파도의 비말에서 나타나는 무지개.
일반 무지개와 같은 원리로 만들어진다. 바닷물의 굴절률이 약간 달라서 무지개의 각도반경에서 차이가 있다. 이 차이는 빗방울로 만들어진 무지개가 동시에 나타날 때 분명하게 확인할 수 있다.

바닥마찰(bottom friction, -摩擦) 일반적으로 해저 바닥의 바로 위에 위치하는 해양 내부경계층에서의 운동량 전달.
해저 바닥에서는 해류의 흐름이 없고 해양경계층 내부에서는 해류의 흐름이 존재하게 되는데 이로 인해 연직 시어가 존재하고 이로 인해 해양 내부의 운동량이 바닥으로 전달되는데, 이와 같은 운동량 전달이 결국 해저 바닥의 마찰력에 의해 기인하기 때문에 운동량 전달의 크기는 마찰력 크기로 표현할 수 있다.

바닥얼음(anchor ice) 자연적인 생성을 무시하고 강, 호수, 얕은 해양의 바닥에 붙은 얼음.
상대적으로 잔잔한 물과 청명하고 추운 밤에 바닥얼음은 침수 대상에 바로 형성될 수 있다. 모든 깊이에서 일정한 온도를 유지하기 위한 난류가 충분하다면, 바닥얼음은 과냉각된 물에서도 생성될 뿐만 아니라 결빙의 스펀지 덩어리 경우 빠른 흐름에 노출된 물체에 누적된다. 그리고 후에 침적이 구멍들을 채우고 고체형 빙정이 만들어지기도 하며, 물의 온도가 0℃ 이상 증가할 때, 빙정은 누적된 물체 표면에서 지표면으로 떠오른다. 때때로 바닥얼음은 토빙(土氷)으로 잘못 불리고 있는데 토빙은 언 땅에서 덜 깨끗한 빙정을 의미하는 용어이다.

바람(wind) 지표면에 대한 상대적인 공기의 수평운동.
측정 기구의 발달로 3차원적인 바람 성분을 거론할 수도 있다. 전통적인 관점과 종관기상을 다루는 경우 바람은 수평면이나 평탄한 지면에 대하여 수평 방향 공기의 이동을 의미한다. 바람의 연직성분은 관측하기에 너무 약하여 수식을 이용하여 추정하는 경우가 대부분이다. 초음파 풍속계의 등장으로 요란이나 대기경계층, 혹은 중규모 이하의 작은 규모를 다루는 경우 직접 연직속도를 관측하기도 한다. 전통적으로 지표면 부근의 풍향풍속은 풍속계, 풍향계로 상층풍은 파일럿 기구(pilot balloon)나 라디오존데(radiosonde)를 이용하여 관측한다.

바람냉각지수(windchill index; WCI, -冷却指數) 바람에 의하여 급속하게 한랭한 기후조건이 조성되어 동물의 체온을 정상 수준의 온도 이하로 떨어지게 하는 정도(hypothermia)를 지수로 나타내어 위험을 방지하게 하는 수단.
인체가 느끼는 온도나 습도는 풍속에 따라 크게 달라지며, 특히 한랭기후에서는 매우 중요하다. 이에 대하여 폴 사이플(Paul Allman Siple, 1908~1968)과 찰스 페이젤(Charles F. Passel)이

체감기온의 중요성을 고려하여 1945년에 고안하여 발표한 것이 바람냉각지수이다. 바람냉각지수는 아래와 같은 식에 의해서 구할 수도 있고, 모노그램을 이용하여 구할 수 있다. 이것은 결국 기온과 풍속에 기인하는 종합적인 냉각력을 나타내며, 이때 피부온도는 33℃로 계산한다.

$$WCI = (\sqrt{(100v)} - v + 10.5) \times (33 - Ta)$$

(단, WCI : 바람냉각지수(인체의 열손실률)(kcal $m^{-2}h^{-1}$)

여기서 v는 풍속(m/s), Ta는 기온(℃)이다. 바람냉각지수는 극지방, 고산 등 한랭한 곳에서의 추운 날 실외작업 등에 잘 맞는다. 냉각력의 변화가 가장 큰 것은 무풍으로부터 2m/s 사이이고, 9~13m/s 이상이 되면 냉각력의 변화는 매우 적어진다. WCI가 800일 때는 방한복 등을 착용하여야 한다. WCI가 1,000 이상일 때는 대단히 추워 동상에 걸리기 쉽고, 이때 스키나 여행은 자제하거나 충분한 대책을 강구하여야 한다.

ㅂ

바람 시어(wind shear) 수직 또는 수평 방향으로 풍향과 풍속의 차이.
동향을 x축, 북향을 y축, 상향을 z축으로 정하면, x 방향의 바람 $U(y, z)$에 대해 $\partial U/\partial z$를 바람의 연직바람 시어, $\partial U/\partial y$를 수평바람 시어라고 한다. 연직바람 시어가 크면 기류가 흩어져서 청천난류 등이 생긴다. 수평바람 시어가 크면 순압불안정이 생겨서 소용돌이가 형성된다.

바람응력 컬(wind stress curl, -應力-) 바람응력에 컬(curl)을 취한 것.
curl $\tau = \partial\tau_y/\partial x - \partial\tau_x/\partial y$로 표현된다. 여기서 τ는 바람응력 벡터를 의미한다. 바람응력 컬은 해양의 에크만 펌핑을 유도하는 요인이 되며, 해면에서 연직운동은 다음과 같이 표현된다.

$$w_E(0) = -\mathrm{curl}\left(\frac{\tau}{\rho f}\right)$$

바람인자(wind factor, -因子) 항공 운항에 있어서 비행물체가 갖는 지면에 대한 상대적인 속도에 영향을 미치는 바람의 총체적 요소.
운항 비행체의 정면 방향의 바람성분이 있으면 음의 값으로 후면 방향의 바람성분이 있으면 양의 값으로 나타나며 '비행체의 지면에 대한 상대속도=기체의 속도+바람인자'의 관계로 추정한다. 속도값은 운항 전체 기간에 대한 평균값으로 표현한다. 지면에 대한 바람인자는 측풍의 지연효과를 고려할 수 있게 한다. 해양물리 분야에서 바람속도에 대한 해양표층수의 운동 벡터 비율을 수치값으로 나타낼 때 수백 분의 1에 해당하며, 비행지역의 마찰깊이에 역비례한다. 충분히 얕은 천수지역은 실제 깊이가 중요조정인자가 된다.

바람장미(wind rose, -薔薇) 어떤 지점에서 관측된 바람 방향 분포를 쉽게 파악할 수 있도록 보여주는 방법.

바람장미로부터 탁월풍의 방향을 쉽게 알 수 있다. 그림은 바람장미의 한 예를 나타낸다. 이 지역은 북서풍이 탁월풍인 것을 알 수 있다.

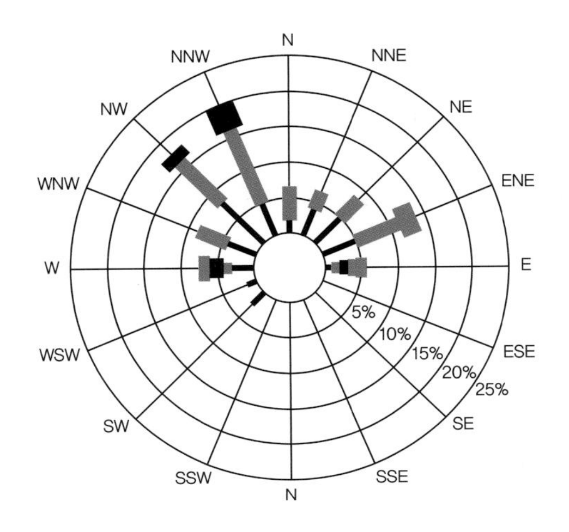

바위스 발롯 규칙(Buys Ballot's law, -規則) 대기권에서 수평적 바람의 방향과 기압분포 사이의 관계를 나타내는 규칙.
바릭 바람 규칙이라고도 한다. 만약 누군가 바람이 불어오는 방향을 등지고 서 있다면, 북반구에서는 그의 왼쪽 편 압력이 오른쪽 압력보다 약하다. 한편 남반구에서는 상황이 반대로 변한다. 이 법칙은 1857년 네덜란드 기상학자인 바위스 발롯(Buys Ballot)이 공식화한 것으로, 지균풍 관계를 질적으로 기술한 것이다.

바이우 전선(Bai-u front, -電線) 메이유 전선 참조.

박명(twilight, 薄明) 해 뜨기 전 또는 해가 진 후에 태양빛이 대기 중에 있는 기체, 입자 또는 구름에 의하여 산란되어 하늘이 희미하게 밝은 상태.
일반적으로 박명을 상용박명, 항해박명 그리고 천문박명으로 구분한다. 일몰 후부터 태양의 고도가 지평선 아래 6°가 될 때의 박명을 상용박명이라고 한다. 그리고 태양이 지평선 아래 고도각이 6~12°일 때를 항해박명, 그리고 태양의 고도각이 12~18°까지를 천문박명이라고 한다.

박무(mist, 薄霧) 많은 미세한 물방울이나 습한 흡습성 입자가 대기 중에 떠 있는 것.
엷은안개라고도 한다. 박무 발생 시 먼 곳의 물체가 흐려 보이고 시정은 1km 이상이고 안개발생 시 시정은 1km 미만이다. 기상통보(weather report)에서 박무는 시정이 1km 또는 그 이상이며, 이 경우 상대습도는 95% 또는 그 이상이지만 일반적으로 100% 미만이다.

반감기(half-life, 半減期)　어떤 주어진 종류의 방사성 원자의 수가 지수적으로 초깃값의 반으로 감소하는 기간.
반감기는 1초 미만의 짧은 시간의 것으로부터 수십 억 년이 되는 긴 것까지 다양하다. 반감기는 지수적으로 감소한다. 만일 물리적인 값이 초깃값 N_0에 상대적으로 어떤 시간 t에 물리적 양 N은 $N = N_0 e^{-t/\tau}$이 된다. 이 과정에서 반감기는 $\tau \ln 2$가 되는데, τ는 평균수명이다.

반건조지대(semiarid zone, 半乾燥地帶)　건조지대의 주변이면서 습윤기후지역의 경계에 가까운 지대.
이 지대는 연도별 강수량의 변동이 커서 비가 많이 내린 해에는 토양의 물균형이 수분과잉이지만, 비가 적게 내린 해에는 심한 물부족으로 관개시설 없이는 경작이 불가능하다. 관개시설에 이용해 안정된 농업을 영위할 수 있어 앞으로도 개척의 가능성이 많은 지역이다.

반경도 플럭스(counter-gradient flux, 反傾度-)　어떤 변수의 평균경도에 대해 역방향의 일정한 플럭스.
역경도속(upgradient flux)이라고도 한다. 예를 들면 평균기온이 고도 증가에 따라 감소하는 대기에서 반경도 열 플럭스는 하향으로 평균온도가 낮은 상층에서 평균온도가 높은 하층을 향한다. 이러한 현상은 열은 뜨거운 곳에서 차가운 곳으로 흐른다는 열역학에 위배되는 것처럼 보이지만 비국지운동(즉, 유한거리를 가로질러 이동하는 공기덩이)을 고려했을 경우 열역학 법칙을 위배하지 않은 것으로 확인되었다. 이것은 롤랜드 스털(Roland B. Stull)에 의한 대기의 비국지적 안정도 분석과 일치한다. 동조구조가 존재하는 난류에서 플럭스는 국지경도에 의해 생기지 않으며 또한 국지경도와 관련되어 있는 것도 아니다.

반구모형(hemispheric model, 半球模型)　적도를 따라 경계조건을 가정하여 만든 수치모형. 많은 경우에 경계조건은 적도를 따라 남북 방향 속도가 0이 되도록 한다. 일부 스펙트럼 형식에서는 대칭적 또는 반대칭적 전개 함수를 사용하여 경계조건을 처방한다. 대기순환모형이나 대기대순환모형을 참조하라.

반년진동(semiannual oscillation, 半年振動)　6개월 기간의 진동으로 연주기의 한 성분. 대류권 열 및 운동량의 강한 반년진동 시그널은 열대와 남반구 중고위도의 해양에서 발견된다.

반대무역풍(antitrades, 反對貿易風)　열대지방에서 지상무역풍이 부는 상공에서 이와 풍향이 반대인 편서풍 바람.
적도에서 중위도 편서풍 지역 사이 상층에서 나타난다. 반대무역풍은 여름반구에서 약하고 겨울반구에서 강하며, 아열대고기압의 동쪽 경계의 상공에서 잘 발달된다. 반대무역풍은 열대수렴대에서 상승하는 공기가 극지방으로 이동하면서 각운동량의 보존 때문에 서풍의 형태로 나타난다. 대류권 상공의 반대무역풍은 지상의 무역풍과 함께 직접순환에 따른 대기대순환의 중요한 요소이다.

반데르발스 방정식(Van der Waal's equation, -方程式) 실제 가스의 물성과 가스상태를 표시할 수 있는 방정식이 이상기체를 묘사하는 방정식으로부터 이탈하는 정도를 감안하기 위하여 제안된 많은 방정식 중 가장 널리 알려져 있는 방정식.
반데르발스 방정식은 다음과 같다.

$$\left(p+\frac{a}{\alpha^2}\right)(\alpha-b) = RT$$

여기서 a와 b는 상수이며 가스에 따라 다르다. p는 압력, α는 비적이다. 비적은 정상(혹은 표준) 기압과 온도 조건하에서 기체 단위무게, 예를 들면 가스의 단위무게 1g 혹은 1kg이 차지하는 부피다. R은 기체상수, T는 켈빈 단위의 기체온도이다. 가스상태와 액체상태의 두 위상 사이의 변화를 반데르발스식으로 표현 가능하다. p가 매우 낮고 α가 큰 경우 수정항이 작아져서 반데르발스식과 이상기체방정식은 동일하게 된다.

반 라그랑주법(semi-Lagrangian method, 半-法) 수치모형에서 라그랑주 미분을 계산하는 방식의 하나.
시간과 공간에 대한 변화를 나타내는 오일러 미분을 계산하는 대신 라그랑주 미분을 직접 계산하는데, 여기서 오일러 격자 좌표를 이용하게 되므로 반 라그랑주법이라고 부른다. 특별한 강제항이 존재하지 않는 경우에 대해 어떤 물리량 A의 보존방정식은 다음과 같이 쓸 수 있다.

$$\frac{DA}{Dt} = 0$$

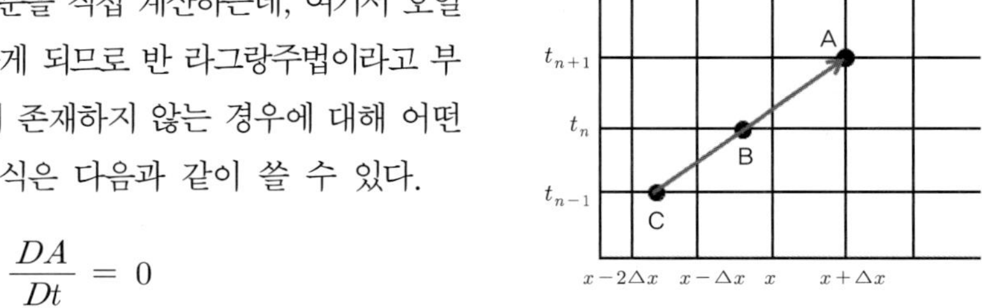

이 방정식은 유체의 흐름 궤적을 따라 물리량 A는 변화하지 않는 것을 의미한다. 시간차분법을 이용하여 이 방정식을 계산할 수 있다. 즉, 미래 시각 t^{n+1}에 오일러 격자점 위에서 정의되는 예측값 A^{n+1}(모식도 점 A)은 공기덩이의 후방 궤적 계산을 통해 현재(모식도 점 B)나 과거(모식도 점 C)에서의 위치를 먼저 찾은 후, 주변 격자점 값을 공간 내삽법을 이용하여 물리량 A를 구한다. 오일러 방법에 의한 계산에 비해 수치적 계산의 안정성이 높고, 계산량이 적은 장점이 있다.

반변 벡터(contravariant vector, 反變-) 일반화된 곡면좌표계에서 단조적으로 변화하는 좌표를 갖는 선은 좌표계를 정의하는 두 면이 만나는 연속된 점.
주어진 벡터장을 곡면좌표계에서 정의하기 위해서는 기저 벡터를 정의해야 하는데, 일반적으로는 두 가지의 기저함수가 존재한다. 그중 하나가 좌표계를 정의하는 면의 수직인 단위 벡터로서, 이러한 벡터를 반변 벡터라 한다. 이 반변단위 벡터를 $\boldsymbol{e}^i$라고 할 때, 일반적인 벡터장 $\boldsymbol{V}$는 다음과 같이 표현된다.

$$\sum v_i \boldsymbol{e}^i$$

여기서 v_i는 벡터의 공변성분이라고 한다. 일반적으로 공간에 정의된 벡터는 반변단위 벡터의 선형 결합으로 표현할 수 있다.

ㅂ

반사(reflection, 反射) 매질의 성질에 따라 물체에 전파되는 전자파, 음파 또는 다른 모든 파의 진행 방향이 변하고, 진폭 또한 변할 수 있는 현상.
정반사(또는 거울반사)에서 물과 공기 사이의 경계처럼 갑작스러운(파장 규모에 대해) 공간적 변화가 일어난다. 이는 반사의 법칙에 의해 설명된다. 반사의 법칙이란 반사파는 입사파의 반대쪽에 있고, 둘 다 법선과 같은 평면 내에 있으면 입사각과 반사각이 같다는 것이다. 이 법칙은 레이더 전자기파에도 적용할 수 있다. 정반사는 반사파의 진행 방향과 입사파의 진행 방향이 정반대라는 점에서 굴절과 구별된다. 반사의 법칙은 좋은 근사치이기는 하지만 정확한 것은 아니다. 매체가 모든 크기에서 균질하지 않기 때문에, 방향에 있어서 확산반사는 반사의 법칙에 의해 항상 정반사로 설명되지 않는다. 구름에 의해 반사된 햇빛은 확산반사의 예다. 반사는 넓은 의미로 입자 빔의 방향 변화로 나타낼 수 있다.

반사각(reflection angle, 反射角) 전파되는 광 에너지가 매질의 경계면에서 반사될 때, 그 경계면에 세운 법선과 반사파의 진행 방향이 이루는 각.
반사각은 법선과 입사파의 진행 방향이 이루는 입사각과 크기가 같으며, 반사각과 입사각은 동일 평면상에 있다.

반사계수(reflection coefficient, 反射係數) 관측하는 물체에 대한 입사파와 반사파에 대한 진폭의 비.
반사계수 Γ는 다음과 같이 표현한다.

$$\Gamma = \frac{E^-}{E^+}$$

여기서, E^-는 반사파 E^+는 입사파를 의미한다. 물체에 대한 반사계수는 물질의 고유 특성에 따라 다르게 나타나기 때문에, 파를 이용하여 관측을 수행할 때에는 물체의 반사계수를 알아야 정확하게 관측할 수 있다. 또한 음의 반사계수는 반사된 파는 180°로 위상이 변화되어 돌아온다는 의미임에 주의해야 한다. 반사계수의 절대등급은 정체파비(standing wave ratio, SWR)로 다음과 같이 계산될 수 있다.

$$|\Gamma| = \frac{SWR-1}{SWR+1}$$

여기서 SWR은 정체파비를 의미하며 정체파비의 값이 1에 가까울수록 정합상태가 양호하다.

반사도(reflectance, 反射度) 두 매질의 경계면에 파동(또는 입자)이 입사할 때 반사하는 파동의 강도(또는 입자수)와 입사하는 파동의 강도(또는 입자수)의 비율.
이 값은 물질의 종류와 표면의 상태로 결정되며, 일반적으로 금속에서 크다. 반사도(reflectance)는 반사율(reflectivity)과 개념적으로 거의 같지만 반사도는 특정한 물질에서의 반사율을 뜻하는 것으로 대기과학에서는 대개 지표면을 뜻한다.

반사 무지개(reflection rainbow, 反射-) 장시간 수면에 반사된 태양광에 의해 형성되는 무지개.
물의 표면 아래에서 반사되어 보이는 무지개와는 다르다. 물이 잔잔할 때, 반사 무지개의 중심은 태양과 같은 높이에 있지만 반대편 하늘에 있다. 일반적으로 활 형태를 띠며, 1차 또는 2차무지개와 수평선에서 교차한다. 매끈하지 않은 물의 경우, 반사되는 활의 형태는 수평선의 무지개와 교차하는 데 필수적인 수직 무지개를 생산하는 덮개로 형성된다.

반사율(reflectivity, 反射率) 물체의 표면에 빛이 수직으로 입사(入射)할 때 반사광 에너지의 입사광 에너지에 대한 비(比).
반사능(反射能)이라고도 한다. 빛이나 기타 복사가 물체의 표면에서 반사하는 정도를 나타내는 것이며, 물질의 종류와 표면의 상태에 따라 그 값이 결정된다. 굴절률 n_0인 등방체(等方體) 매질로부터 굴절률 n, 흡수계수 k인 등방체 매질에 수직으로 투사할 때의 반사율 R은 다음 식으로 표현된다.

$$R = \frac{(n-n_0)^2 + k^2}{(n+n_0)^2 + k^2}$$

따라서 반사율은 n이 클수록, 또 k가 클수록 크다. 또한 굴절률이 $n_0 \fallingdotseq n$이 되면 반사율은 작아진다. 물질의 전기전도율을 σ, 진공 속에서의 광속을 c라고 하면 $k=\sqrt{\pi n \sigma / c^2}$가 되므로 전도율이 큰 금속에서는 일반적으로 반사율도 크다. 또한 n과 k는 파장에 따라 다르기 때문에 반사율은 파장에 따라 달라진다. 예컨대 가시광선에 대해서 은(銀)의 반사율은 알루미늄보다 큰 데 반해 자외선에 대해서는 그 반대이다. 일반적으로 n의 분산에 비해 k의 분산이 크기 때문에 금속광물은 비금속광물에 비해 반사율의 분산이 크고 반사광에 색이 있다. 한편, 천문학 및 기상학에서 행성 · 달 · 구름 등의 반사율을 알베도라 하는데, 금성은 59%, 지구는 29%이며 일반적으로 대기에 싸여 있는 천체일수록, 또한 대기가 많을수록 그 값이 크다.

반암시법(semi-implicit method, 半暗示法) 방정식을 유한차분의 명시법으로 표현할 때 운동 방정식에서 주로 중력파를 일으키는 기압경도력 항을 암시법으로 표현하는 방안.
예로서 수평운동량 방정식을 유한차분할 때 이류항과 코리올리 항은 명시법으로 표현하나 기압경도력은 암시법으로 표현한다. 즉, 동서 방향 운동량 방정식, $\partial u/\partial t = u\partial u/\partial x + v\partial u/\partial y + \omega\partial u/\partial p - \partial\Phi/\partial x - fv$을 유한차분으로 적분할 때 $\partial\Phi/\partial x$항을 암시법으로, 다른 항들을 명시법으로 표현하여 중력파를 줄이고 계산을 안정시킨다.

반일주조(semidiurnal tide, 半日週潮) 주기가 반일(평균 12시간 25)인 조석.
음력 하루 동안에 두 번의 고조와 저조를 보이는 조석을 말한다. 이에 비해 주기가 하루(평균 24시간 50분)인 조석은 일주조라고 한다. 우리나라의 서해와 남해는 전형적인 반일주조를 나타낸다.

반입자(antiparticle, 反粒子) 원자보다 작은 모든 입자의 한 쌍을 만드는 입자로서 입자와 그 질량과 전하량은 같지만 반대 부호의 전하를 가지는 입자.
만약 입자가 자기 모멘트를 가지고 있으면 반입자는 같은 자기강도를 가지되 반대 부호의 자기 모멘트를 가지게 된다. 예를 들어 전자와 양전자는 입자–반입자 한 쌍을 구성하며 다른 예로 양성자–반양성자, 중성자–반중성자 등의 입자–반입자 쌍이 존재한다.

반전(backing, 反轉) 1. 국제적으로 인정된 일반적인 용법에 따라, 지구의 양반구에서 반시계 방향으로(예 : 남풍에서 남동풍으로 그리고 동풍으로) 일어나는 풍향 변화.
2. 미국 기상학자들 가운데 널리 퍼진 용법에 따라 북반구에서 반시계 방향으로, 남반구에서 시계 방향으로 발생되는 풍향 변화.

반지균 방정식(semigeostrophic equation, 半地均方程式) 반지균 이론의 조건을 만족하는 지균 운동량 근사에 의해 유도된 지균좌표계 X, Y, Z, T의 운동량 및 열역학 방정식 계.
운동량 면에서 고도좌표

$$Z = [1-(p/p_0)k]c_p\theta_0/g$$

를 사용하면, 방정식은 다음과 같이 나타낼 수 있다.

$$\frac{\partial u_g}{\partial T} + u_g \frac{\partial u_g}{\partial X} + v_g \frac{\partial u_g}{\partial Y} - f v_{ag}^{*} = 0$$

$$\frac{\partial v_g}{\partial T} + u_g \frac{\partial v_g}{\partial X} + v_g \frac{\partial v_g}{\partial Y} + f u_{ag}^{*} = 0$$

$$\frac{\partial \Phi}{\partial T} + \left(\frac{g}{\theta_0}\right)\theta$$

$$\frac{\partial u_{ag}^{*}}{\partial X} + \partial \frac{v_{ag}^{*}}{\partial Y} + \frac{\partial (\rho w^{*})}{\rho \partial Z} = 0$$

$$\frac{\partial \theta}{\partial T} + u_g \frac{\partial \theta}{\partial X} + v_g \frac{\partial \theta}{\partial Y} + \frac{\theta_0}{g} q_g \rho w^{*} = 0$$

여기서 u, v는 지균바람 성분, u, v는 변환된 비지균바람 성분, w는 변환된 연직속도, $\Phi = \phi + (1/2)(u+v)$는 지오퍼텐셜 ϕ로부터 유도된 위치함수, q는 지균위치 소용돌이도, θ는 온위, g는 중력가속도, f는 코리올리 매개변수, ρ는 Z-공간의 밀도, θ_0는 기준 온위이다.

반지균 이론(semigeostrophic theory, 半地均理論) 지균운동량근사를 준정역학 원시방정식계에 관련시켜 준지균이론을 더 정확히 대체하는 이론.
반지균이론은 비지균 이류의 효과를 충분히 나타낸다. 전선, 강한 저기압 세포, 넓고 약한 고기압 세포의 구조를 준지균이론보다 반지균이론이 더 정확히 표현한다.

반짝임(scintillation) 굴절률이 매 순간 심하게 변화하고 있는 매질을 통하여 전자기파 또는 음성파가 전파할 때 매 순간 파의 경로가 바뀌기 때문에 한 지점에서 관측되는 파의 위상 및 진폭의 변화가 요동치는 현상.
섬광이라고도 한다. 밝기가 매 순간 변화하는 별의 반짝임은 풍속의 연직변화가 심한 대기층을 통과할 때 자주 관찰되는 대표적인 광학현상이다. 대기층을 통과하는 전자기파의 굴절률 변화에는 온도의 변화가 가장 중요하고, 적외선이나 전파 같이 파장이 길면 습도의 변화도 큰 영향을 준다. 전자기파의 반짝임은 천문관측, 전파통신, 전자기파나 음파를 이용한 원격탐측 등에서 정확성 확보에 큰 영향을 준다.

반트호프 인자(Van't Hoff's factor, -因子) 주어진 질량에서 계산된 용질의 분자수에 대해 용질이 이온화되었을 때 유효한 이온의 수를 고려한 인자.
용질의 대부분이 물에 용해되어도 이온화가 안 된 경우는 반트호프 인자는 실제로 1이다. 그러나 예를 들면 소금(NaCl)의 경우 물에 녹으면서 이상적인 경우 두 개의 이온(Na^{+}, Cl^{-})으로 분리된다. 이 경우 반트호프 인자는 $i \approx 2$가 된다. 실제로 모든 소금입자가 2개의 이온으로 분리되지 않으므로 근사적으로 $i \approx 2$로 표시한다. 반트호프 인자의 값이 클수록 용액에 대한 평형 수증기압이나 어는점이 더 낮아진다.

발광효율(luminous efficiency, 發光效率) 수신된 복사 에너지에 대해 특별한 파장에서 사람 눈으로 감지된 복사 에너지의 비율.
이 비율은 복사 스펙트럼의 가시영역에서 최대가 되고 그 외의 영역에서는 0으로 떨어진다. 발광효율의 단위는 무차원이지만 보통은 와트당 루멘으로 나타낸다. 측광량은 복사량에 발광효율을 곱하여 얻기 때문에 발광 플럭스와 같이 형용사 '발광'이 자주 붙는다. 그러나 복사휘도와 복사조도와 같은 복사량이 측광량으로 변형될 때는 휘도와 조도라는 특별한 이름이 부여된다.

발산(divergence, 發散) 벡터장의 팽창이나 퍼짐.
수학적으로 논의할 때는 음의 발산인 수렴도 발산으로 취급한다. 어떤 부피 안에서 장 F의 평균 발산은 그 부피를 둘러싸고 있는 면을 통과하는 벡터 $\boldsymbol{F}$의 순(純) 침투와 같다. 발산은 좌표 변환을 하여도 변하지 않으며 다음과 같이 표현된다.

$$\nabla \cdot \boldsymbol{F}$$

여기서 ∇은 델 연산자이다. 카테시안 좌표에서 $\boldsymbol{F}$가 F_x, F_y, F_z 성분을 가지고 있다면 발산은 다음과 같이 표현할 수 있다.

$$\frac{\partial F_x}{\partial x} + \frac{\partial F_y}{\partial y} + \frac{\partial F_z}{\partial z}$$

다른 좌표계에서의 발산 표현은 벡터 분석에 관한 교과서에서 볼 수 있다. 유체역학에서 벡터장이 명기되어 있지 않다면 발산은 보통 속도장의 발산을 의미한다. 기상학에서는 수평운동이 우세하기 때문에, 발산은 보통 다음과 같이 속도장의 2차원 수평발산을 의미한다.

$$\frac{\partial u}{\partial x} + \frac{\partial v}{\partial y}$$

여기서 u와 v는 각각 속도의 x 성분과 y 성분이다. 이 발산은 다음과 같이 여러 가지 형태로 나타낸다.

$$\nabla_H \cdot \boldsymbol{V},\ \nabla_2 \cdot \boldsymbol{V},\ \nabla_p \cdot \boldsymbol{V}$$

여기서 $\nabla_p \cdot \boldsymbol{V}$는 등압면에서의 도함수를 포함하고 있다. 대기운동에서 수평발산의 크기 차수는 역학적으로 아주 중요하다. 지균풍은 $10^{-6}s^{-1}$ 차수의 발산을 가지고 있고, 이동성 저기압계와 연관된 바람장은 $10^{-5}s^{-1}$ 차수의 발산을 가지고 있으며, 중력파, 전선파 및 적운 대류와 같이 보다 작은 규모의 운동은 하나 또는 두 차수 더 큰 크기의 발산을 가지고 있다.

발산방정식(divergence equation, 發散方程式) 어떤 유체덩이에 작용하는 수평발산의 변화율에 대한 방정식.
이 방정식은 소용돌이도 방정식과 유사한 모양을 갖고 있다. 마찰이 없는 흐름에 대하여 발산방정식은 다음과 같이 표현된다.

$$\frac{D}{Dt}(\nabla_p \cdot \boldsymbol{u}) = -(\nabla_p \cdot \boldsymbol{u})^2 + 2J(u,v) - \nabla\omega \cdot \frac{\partial \boldsymbol{u}}{\partial p} - \beta u + f\zeta - \nabla^2\Phi$$

여기서 $\nabla_p \cdot \boldsymbol{u}$는 수평발산, $J(u,v)$는 야코비안, 즉 $J(u,v)=\begin{vmatrix}\partial u/\partial x & \partial u/\partial y \\ \partial v/\partial x & \partial v/\partial y\end{vmatrix}$, ω는 압력의 변화율 즉, $\omega = Dp/Dt$, β는 로스비 매개변수, 즉 $\beta = \partial f/\partial y = 2\Omega\cos\phi/a$로서 $f=2\Omega\sin\phi$이고 Ω는 지구자전각속도, ϕ는 위도, a는 지구의 평균반경이다. 그리고 ζ는 연직 소용돌이도이고 Φ는 지오퍼텐셜이다. 이 식에서 모든 수평미분은 등압면에서 수행된다. 이 발산방정식은 벡터 운동방정식에 발산을 취함으로써 유도된다. 발산방정식에서 발산이 포함되어 있는 두 항이 무시될 때, 이 방정식은 균형방정식이 된다.

발산정리(divergence theorem, 發散定理) 어떤 부피 V에 대하여 속도 벡터 $\boldsymbol{V}$와 같은 벡터의 발산을 부피 적분한 값은 그 부피를 둘러싸고 있는 면적 s 위에서 $\boldsymbol{V}$의 수직 성분을 면적 적분한 값과 같다는 진술.
이 진술은 $\boldsymbol{V}$와 그 도함수가 연속적이고 부피 V와 면적 s 전체를 통하여 단일 값을 가질 때 성립한다. 이 정리를 식으로 표현하면 다음과 같다.

$$\iiint_V \nabla \cdot \boldsymbol{V}\, dV = \oiint_s \boldsymbol{V} \cdot \boldsymbol{n}\, ds$$

여기서 $\boldsymbol{n}$은 면적소(素) ds에 직각인 단위 벡터이고, 기호 $\oiint$는 닫힌 면적 위에서 적분이 수행됨을 의미한다. 2차원 흐름의 경우에 이 정리는 때때로 평면의 그린(Green) 정리라고 부르고, 위에서 기술한 3차원 경우에 대해서는 공간의 그린 정리라고 부른다. 발산정리는 기상학적 운동방정식을 다루는 데 광범위하게 사용된다.

발원(source, 發源) 질량 또는 에너지가 순간 또는 연속으로 하나의 계(system)에 가해지는 점, 또는 선, 또는 면적.
비압축 유체는 속도의 발산이 있는 점에서만 질량의 발원 또는 흡원을 가진다. 즉, 발원(소스)은 양의 발산, 흡원(싱크)은 음의 발산(수렴)과 관계된다. 일반적으로 유체는 방사선을 따라 발원에서 바깥으로 그리고 흡원을 향해 안으로 방향을 가진다고 가정한다. 발원을 둘러싼 곡선의 내부를 통해 단위밀도당 유체의 질량 흐름의 율은 $Q=2\pi rv$로 주어진다. 여기서 r은 발원으로부터의 거리, v는 방사 방향 속력이다.

발자국 모델링(footprint modeling) 어떤 주어진 고도에서 대기변수의 값에 미치는 풍상측 공급원 영역의 상대적 중요성을 알기 위한 모델링 접근법.
이 발자국은 대기 안정도와 지표 유형에 좌우되는데, 스칼라에 대해서는 난류 플럭스와 같은 고차 난류 통계량에 대한 것과 다르다. 발자국 모델은 오일러(Euler) 분산이론을 사용하거나 라그랑주(Lagrange) 분산이론을 이용한다. 오일러 분산이론은 보통 이상화 가정(예 : 수평적 균질, 연직 범위의 제한)에 근거하고 있는 반면, 라그랑주 분산이론(확률 입자 모델링)은 보다 현실적인 환경을 고려하고 있으나 계산 비용이 훨씬 더 비싸다.

밝기온도(brightness temperature, -溫度) 같은 파장에서 동일한 양의 복사를 방출하는 가상의 흑체 온도의 관점에서 복사를 설명하는 척도로서 관측된 복사량과 동일한 복사량을 가지는 흑체의 온도.
동일한 온도를 가진 물체가 방출하는 복사량은 빛의 파장별로 달라지며, 밝기온도는 플랑크 함수의 역수를 측정된 복사에 적용함으로써 얻어진다.

밝은띠(bright band) 레이더 관측에서 강수입자가 녹는 층의 신호.
레이더의 구름관측에서 대기권에서 눈이 녹아 강우로 변하는 고도층의 강수가 나타내는 더 강한 레이더 반사도를 보이는 좁은 수평면 층을 의미한다. 밝은띠는 거리고도지시기(RHI)나 시간고도지시기(THI) 화면에서 가장 쉽게 관측된다. 상부 고도에서 얼음결정이 더 따뜻한 기온 영역으로 낙하하면 서로 병합되어 커다란 눈송이를 형성한다. 이런 눈송이의 성장은 레이더 반사도 증가의 원인이 되는데, 낙하하는 입자들이 녹는 고도로 접근하기 때문이다. 이 입자들이 섭씨 0℃ 고도를 통과하면 표면에서부터 안쪽을 향해 녹기 시작하여 얼음표면이 물로 덮여 쌓이게 되며 결국 물방울로 변해 낙하하게 된다. 녹는 층에서 반사도가 최대가 되는 것은 부분적으로 물과 얼음의 유전계수값 $|K|$에서 차이나기 때문이다. 녹고 있는 눈송이에 수막이 형성되기 시작하면, 레이더 반사율은 열역학적상의 변화 때문에 반사도가 6.5dB까지 상승할 수 있다. 반사도는 녹는 고도 아래에서는 감소하는데, 눈송이가 물방울로 붕괴되면서 하강속도가 상승하여 단위부피당 강수입자들의 숫자가 줄어들기 때문이다. 또한 녹는 과정에서는 입자들의 크기 역시 작아져서 구름의 밀도, 눈, 녹는 눈, 물 순으로 증가하게 된다. 강수입자들의 크기와 농도 감소는 녹는 고도 이하에서의 레이더 에코 강도의 감소를 유발하며, 이 때문에 섭씨 0℃ 등온선 아래 100m 부근에 반사율이 높은 고립된 수평층이 형성된다. 밝은띠는 주로 층운형 강수에서 관측된다. 소나기와 뇌우에서의 강한 이류들은 구름의 밝은띠의 형성과 유지에 필수적인 수평 성분이다.

밝은 부분(bright segment, -部分) 박명이 선명한 시기에, 태양의 고도가 -7° < h_0 < −18°일 때(하부 한계가 h_0 > −18°에서 나타날 수도 있음), 대일점 위에서 보이는 희미하게 빛나는 띠. 일명 박명호라고도 한다. 이 띠의 방위각 폭은 20~30°이지만, 수직 또는 고도각 폭은 단지 몇 도에 불과하다. 밝은 부분은 보랏빛이 사라진 뒤에 나타나며, 천문박명이 끝날 때까지 지속된다. 선명한 항해박명 또는 천문박명 시기에, 하늘 전체는 밝은 부분과 어두운 부분으로 구성된다.

방사능(radioactivity, 放射能) 원자핵이 붕괴하면서 고에너지 전자기파 혹은 입자를 방출하는 방사선을 내는 능력.
방사능이라는 말은 방사능을 가진 물질(방사능물질)을 줄여 가리키는 말로 쓰인다. 방사능에 대한 물리학적인 정의는 초당 원소 붕괴 회수이다. 단위는 베크렐(Bq)을 사용하는데, 1Bq은 1초당 1번의 붕괴로 정의된다. 방사성 물질의 적당한 크기의 샘플은 많은 원자를 포함하기 때문에, 1Bq은 붕괴에 대한 매우 작은 측정량이다. 따라서 기가베크렐(GBq) 또는 테라베크렐(TBq)의 양이 일반적으로 사용된다. 방사능의 다른 단위는 퀴리(Ci)이며, 이는 원래 1g의 순수한 라듐-226과의 평형상태의 라듐 에마나티온(radium emanation, 라돈-222)의 양이다. 현재는 정의에 의해, 1Ci는 붕괴율 3.7×10^{10}Bq으로 붕괴하는 핵종의 작용과 같다.

방사성 기체(radioactive gas, 放射性氣體) 방사성 원자를 포함하는 기체상 물질.
대기 중에 존재하는 라돈(Rn), 토론(Tn), 악티논(An)은 방사성 기체들로 원자 번호 86번의 동위원소이다. 이들은 α선 붕괴에 의해 형성되며 토양이나 바위틈에서 형성되어 갈라진 틈을 따라 대기 중으로 스며 나오며, 대기 난류에 의해서 공기 중으로 확산된다. 라돈은 발암 원인물질로 알려져 있다.

방사성 낙진(radioactive fallout, 放射性落塵) 열핵폭발 등에 의해 대기 중에 배출된 방사성 물질이 지구표면으로 강하.
방사능을 방출하는 핵폭발에 의한 낙진은 대기 중 배출 고도에 따라 폭발지역의 낙진, 대류권 낙진, 성층권 낙진으로 나누어 볼 수 있다. 폭발지역의 낙진은 핵폭발지역에 떨어지는 많은 양의 방사성 물질로 방사능이 강하지만 곧 약해진다. 대류권에 유입된 방사성 물질은 확산 속도는 느리지만 넓은 지역에 걸쳐 떨어지게 된다. 성층권으로 유입된 방사성 물질은 주로 1㎛ 미만의 작은 입자로, 핵폭발 후 수 년에서 수십 년까지 대기 중에 머물면서 거의 전 세계에 걸쳐 떨어질 수 있다. 하지만 핵폭발에 의해서 성층권에 방사성 물질이 유입될 가능성은 대체로 낮다. 핵폭발 과정에서 여러 가지 다른 방사성 동위원소가 생기지만 반감기가 긴 방사성 동위원소만이 성층권에 유입될 수 있다. 예를 들어 세슘-137과 스트론튬-90은 반감기가 각각 27년과 28년이다.

방사성 붕괴(radioactive decay, 放射性崩壞) 불안정한 원자핵이 자발적으로 이온화 입자와 방사선의 방출을 통해서 에너지를 잃는 과정.
전리방사선은 토양 내 방사능물질에 의한 α, β, γ선 형태로 방출되거나 기체상 방사성 딸 핵종(radioactive daughter products)(예 : 라돈)에 의한 형태로 방출된다. 지표물질에 의해 방출되는 α선은 대기 수 센티미터 이내에서 흡수가 일어나고, β선은 수 미터 투과가 가능하며, γ선은 수백 미터까지 영향을 미친다. 대기 중 방사성 기체에 의해 형성된 이온화는 변동성이 크고 토양에서부터 배출률과 대기 중 확산 정도에 따라 달라진다. 방사성 붕괴는 원자 수준의 무작위적인 과정이기 때문에 하나의 원자가 언제 붕괴할지를 예측하는 것은 불가능하지만 많은 수의 동종 원자의 평균 붕괴율은 예측 가능하다. 우라늄 붕괴에 의해 생성되는 라돈-222(^{222}Rn)은 약 3.8일의 반감기를 갖는다.

방사풍(radial wind, 放射風) 원의 반지름 방향을 따라 부는 바람.
또는 바람 벡터의 반지름 방향의 성분을 말한다. 이에 대해 원의 접선 방향으로 부는 바람을 접선풍이라 한다.

방위각(azimuth, 方位角) 구면좌표 수평면에서 기준 방향으로부터 시계 방향으로 나아갈 때 임의 방향의 단면까지 수평면 호(arc)의 길이.
천문학에서는 남점을 포함하는 연직면을 기준으로 서쪽(시계 방향)으로 회전 방향을 두고 0~360°로 측정한다.

방출(exhalation, 放出) 1. 토양과학에서 방사성 기체가 토양의 지표층으로부터 탈출하는 과정, 또는 방사성 소금의 감쇠로 방사성 기체가 형성되는 곳에서 암석을 잃게 하는 과정.
방사성 기체 중에서 특히 라돈과 토론의 방출은 토양온도와 함께 증가해서 보통 정오 근처에 일 최댓값을 보인다. 대기압이 감소하면 통상적으로 이 방출은 증가하고, 표면 토양층이 결빙하면 방출은 많이 감소한다.
2. 화산 기체의 분출, 또한 자장(磁場)으로부터 기체의 탈출.

방출률(emissivity, 放出率) 온도 T에서 흑체가 플랑크(Planck) 복사법칙에 따라 방출하는 공률에 대한, 같은 온도 T의 물체가 방출하는 공률의 비.
엄격하게 말하면 방출률은 방출된 복사의 주파수, 방향 및 편광상태로도 설명되어야 한다. 이 방출률은 전체 범위의 주파수가 아닌 어떤 주어진 주파수에 해당하는 것으로 정의되고 반구(半球) 방향에 대한 비가 아닌 어떤 특별한 방향에 대한 비로 정의된다. 널리 알려진 잘못된 개념과는 반대로, 방출률의 상한값은 1이 아니다. 이 상한값은 주어진 주파수에 해당하는 파장보다 큰 물체에 대해서만 근사적으로 유효하다.

방출목록(emission inventory, 放出目錄) 방출되는 오염원의 원천을 종합적으로 기록한 목록. 이 기록에는 지역, 위치, 방출 높이, 방출되는 대기오염물질의 종류, 방출비 그리고 부력, 초기운동량, 연속적이지 않을 경우 오염원이 방출되는 스케줄과 같은 초기적인 방출 특성 등이 기록된 종합적인 정보 목록이다.

방출선(emission line, 放出線) 대기 기체의 파장에 따른 복사 에너지 특성을 나타내는 방출 스펙트럼의 유한 분포곡선의 파 넓이.
방출선은 파선의 너비, 중심파장, 선강도 등으로 그 특성이 결정된다. 빛 등의 전자파는 강도가 다른 여러 가지 파장을 지니고 있다. 어느 파장에서도 쉽게 강도가 변하는 연속광, 특정의 파장에서 약해지는 흡수선, 역으로 강해지는 방출선이 있다. 방출선은 고온의 가스에서 복사되는 원자나 분자 주위의 전자가 에너지가 높은 쪽에서 낮은 쪽으로 옮겨갈 때 복사되는 특정 파장역의 복사 에너지 분포선이며, 이것이 방출선을 형성한다.

방출인자(emission factor, 放出因子) 오염물의 배출원에서 방출되는 오염물의 양을 나타내기 위한 인자로 각 배출원에서 사용되는 연료의 양과 그 연료를 사용해서 방출되는 각종 대기오염물질량의 비.
방출인자는 주로 오염물질의 무게를 단위질량, 체적, 거리 또는 오염물질 방출활동의 지속시간으로 나눈 값으로 표시한다.

방풍대(shelterbelt, 防風帶) 나무나 관목류가 많이 있어서 지표 거칠기가 증가하고 이로 인해 풍속이 많이 감소하는 지대.
이러한 방풍대는 지표의 풍속을 저감시키는 효과를 보이게 되는데, 위로는 방풍대 높이의 6배 정도, 풍하측으로는 그 높이의 15배에서 20배 후방까지 풍속 저감효과를 나타낸다. 풍하 측에서 풍속 저감 효과가 가장 뚜렷한 곳은 방풍대 높이의 3~4배 되는 지점에 나타나고 방풍대 내에 나무들이 조밀할 경우 종종 난류가 나타난다. 침엽수와 활엽수를 잘 조합하여 적당한 밀도로 구성할 때 최적의 방풍효과를 기대할 수 있다.

배경오염(background pollution, 背景汚染) 국지적으로 발생되지 않은 대기오염.
대기오염의 농도 전량은 국지적으로 발생된 오염과 비국지적으로 발생된 오염의 합이다. 그러나 오직 국지적으로 발생된 오염만이 국지적으로 규제될 수 있다. 그런 규제에서 외부로부터 안으로 유입되거나 자연적으로 발생되었을 것으로 보이는 오염물들을 때때로 배경오염이라 한다. 주변공기를 참조하라.

배경장(background field, 背景場) 객관분석과 자료동화에서 선천적이라고 판단되는 대기상태.

대부분의 자료동화 시스템들에서 배경장은 이전 분석 시간으로부터 나온 하나의 예보이다. '초기 추정장'이란 용어가 배경장이라 할 곳에 쓰여 왔음에 유의하여야 한다. 그러나 현재 선호되는 쓰임새는 '배경장'이다.

배경복사(background radiation, 背景輻射) 자연상태에 존재하는 복사 에너지. 측정하고자 하는 특정한 임의의 물체의 복사 강도에 더해지는 지표면에서 방출되는 배경복사는, 대기의 분자운동으로부터 나오는 복사 에너지, 우주 선의 방사와 자연적으로 발견되는 극소의 방사성 원소에 의해 생성되는 전리복사 등이 있다. 지하에서는 방사성 추적물질이나 이들의 활동 이전에 자연적으로 발생되는 방사를 일컫는다. 초기의 우주에 넘치고 있던 빛이 우주의 팽창과 함께 파장이 늘어나 현재 3K의 흑체복사에 상응하는 전파가 되어 모든 방향에 등방으로 관측된다.

배경오차 공분산(background error covariance, 背景誤差共分散) 자료동화에서 제시된 최적 내삽법 혹은 변분자료동화 기법 등에서 사용되는 예측장(혹은 배경장)의 오차에 대한 기댓값. 보통 매트릭스 형태로 표현된다. 많은 경우 배경장의 오차와 관측의 오차가 서로 상관관계가 없다고 가정되며, 이 가정을 통해 배경장과 관측의 정보가 결정하는 최적의 상태의 대기 분석장의 오차는 배경오차 공분산에 비례하는 형태가 된다. 자료동화 이론으로부터 배경오차 공분산은 관측의 정보를 공간적으로 분산시키는 역할을 하는 것으로 해석될 수 있다. 배경오차 공분산 행렬을 구성하는 데 있어, 물리계의 정확한 참값을 알지 못하기 때문에 오차의 통계적 특성만을 구속조건으로 사용한다. 3차원 대기 모델에서 배경오차 공분산은 전체 격자 개수가 n개라고 할 때, $n \times n$ 행렬이 된다. 모델이 고해상도화되거나 더 높은 고도 영역을 표현하게 되면, 컴퓨터 메모리에서 감당할 수 없을 정도의 거대한 행렬이 될 수 있다. 배경오차 공분산을 계산하기 위한 샘플을 얻는 방법으로 기존에는 흔히 미국 NMC(National Meteorological Center) 방법이 사용되어 왔다. 이 방법에서는 24시간 예측과 48시간 예측(혹은 12시간 예측과 36시간 예측)의 결과 간의 차이의 분산과 상관관계를 이용하여 배경오차 공분산이 추정된다. 현재는 발달하는 컴퓨터 환경에 의해 앙상블 예보로부터 샘플을 얻는 방법들도 현업에서 활용되고 있다.

배경하늘(sky background, 背景-) 관측하고자 하는 별의 배경이 되는 하늘. 도시에서 멀리 떨어진 아주 깜깜한 밤하늘을 갖는 좋은 관측지의 배경하늘의 광도는 지구대기의 복사, 어두운 별, 먼 은하 등에 의하여 영향을 받는다. 아주 좋은 관측지의 경우 하늘의 밝기는 푸른색에서 21.5~22.0등급/$(11^n)^2$이 되고, 노란색이나 붉은색, 적외선에서는 더 밝다. 이런 천문관측에서 배경하늘에 결정적인 영향을 주는 것이 도시의 가로등이다. 참고로 가로등 불빛을 제외한 배경하늘의 색은 약간 붉은색(B-V 색지수=0.6)을 띠고 있다.

배심문제(jury problem, 陪審問題) 경계조건을 주고 해를 맞히는 연속 근사 방법의 하나로 수치적으로 해를 구하는 미분방정식.
푸아송 방정식 같은 타원방정식은 이러한 배심문제를 가진다. 순압와도방정식과 같은 편미분방정식은 배심문제와 매칭(행진) 문제를 결합한 것으로 볼 수 있다.

배출면적(discharge area, 排出面積) 지표 수문학에서 유체의 흐름 율(率)을 계산하기 위하여 사용하는, 하천의 면적 또는 속도 벡터에 직각인 도관의 면적.

배출지역(discharge area, 排出地域) 아(亞)지표 수문학에서 증발산, 샘, 삼출(滲出) 및 누출에 의해 물이 방출되는 대수층(帶水層)의 면적.
대수층이란 샘이나 우물에 물을 공급하는 포화된 지질학적 물질층을 말한다.

배출풍(drainage wind, 排出風) 지면과 접촉한 공기가 냉각되어 경사면 아래쪽이나 계곡 밑으로 내려올 때 발생하는 찬바람.
이 용어는 경사면에서 발생하는 배출풍과 계곡에서 발생하는 배출풍을 구별하기 어려울 때 두 종류를 합해서 나타내기 위해 흔히 사용된다. 이와 같은 경우는 계곡의 상부에서 빈번히 일어난다. 즉, 경사면 방향과 계곡 방향이 직각이 아닌 복잡한 지형에서 잘 일어나고, 또한 약하고 얕은 경사면 배출풍이 강한 계곡 배출풍에 막히거나 압도될 때 단순한 계곡에서도 잘 일어난다. 보통으로 경사진 지형 위에서도 배출풍이 발생하는데, 이 배출풍은 찬공기를 상혈(霜穴), 강계곡 및 다른 저지대로 배출하는 중력풍이라 한다.

백색잡음(white noise, 白色雜音) 분해 가능한 모든 주파수에 대하여 일정한 크기의 파워나 진폭을 가지는 난수 집합체.
이론적으로는 난수의 집합으로 총칭하지만, 실제로 백색잡음을 만들기는 매우 어렵다. 난수 집합으로 다양한 종류, 예로 정상분포를 가지는 난수 집합체, 생성된 값들이 통계적으로 일정한 확률을 가지는 균일분포 난수 집합체 등이 있으나 난수의 통계적인 특성과는 무관하게 정의된다. 이는 시간축상의 델타 함수와 구분할 필요가 있다. 시간축의 델타 함수도 진동수(주기)의 일정한 함수로 표현된다. 이는 진동수 축상에서 두 과정이 중첩(degenerate)됨을 의미한다.

백엽상(instrument shelter, 百葉箱) 직사광, 강수 및 응결에의 노출로부터 기상 측기들을 보호하고 동시에 적절한 환기를 제공하기 위해 설계된 상자 같은 구조물.
'thermometer shelter', 'thermoscreen', 'thermometer screen' 등은 다 백엽상으로 번역된다. 백엽상은 보통 흰색으로 도장되고, 미늘창으로 되어 있는 측면들과 보통 이중 지붕이며, 땅바닥으로부터 1m 정도 높이의 받침대 위에 올려놓아지고, 극 쪽을 향하는 문이다. 백엽상 안에 들어

갈 것들은 건습계, 최고 및 최저 온도계들, 그리고 온습도기록계 등 같은, 온도 측정 계기들이다.

버거 수(Burger number, -數) 수직적 밀도성층과 수평적 지구자전과의 비율을 나타내는, 대기 및 해양학적 흐름에 관한 무차원 수.
버거 수 Bu는 다음과 같다.

$$Bu = \left(\frac{NH}{\Omega L}\right)^2 = \left(\frac{Ro}{Fr}\right)^2 = \left(\frac{R_D}{L}\right)^2$$

이때 N은 브런트-바이살라 진동수, Ω는 지구의 각 회전율, H는 대기의 규모고도, L은 전형적 운동의 수평 길이규모이다. 또한 Ro는 로스비 수, Fr은 프루드 수(Froude number), R_D는 로스비 변형반경이다. Bu는 종종 많은 기상현상에 사용되는 표현으로서 성층 및 지구자전 모두가 유체의 수직운동 및 다른 움직임을 지배하는 데 거의 동일한 역할을 함을 의미한다.

ㅂ

버거 소용돌이(Burger's vortex) 소용돌이도 확산에 대하여 외부 변형장에서 소용돌이 늘림에 의해 균형(상쇄)을 이루는 안정된 소용돌이에 대한 나비에-스토크스(Navier-Stokes) 방정식의 정확한 해.
이 소용돌이의 분포는 가우스 모양을 나타낸다. 예를 들어, 다음과 같이 주어지는 외부 속도장에서 수직 축대칭 소용돌이에 대하여

$$(u, v, w) = \gamma(-x/2, -y/2, z)$$

소용돌이도는 $\omega = \omega_o \exp[(-\gamma(x^2 + y^2)/4\nu)]$가 되며, 여기서 ν는 유체의 동점성이다.

버뮤다 고기압(Bermuda high, -高氣壓) 북대서양 서쪽 버뮤다 제도의 평균해면기압이 높은 지역에 중심을 둔 반영구적 아열대고기압.
이 동일한 고기압이 대서양의 동쪽으로 위치가 바뀌면 아조레스(Azores) 고기압이 된다. 특히 여름과 가을에 버뮤다 고기압이 잘 발달되고 서쪽으로 세력을 넓힐 때 미국 동부지방은 고온다습한 상태가 된다.

버스터(burster) 지면에 낮게 부는 바람이 지형적으로 막혀 지형성 냉기류가 발생하여 부는 바람.
남방 버스터(southerly buster)라고도 한다. 호주 남부와 남동부에서 갑자기 바람이 남동쪽으로 불어가는 현상을 말한다. 특히 여름에 시드니 부근의 뉴사우스웨일스 주 연안에서 빈번하게 일어난다. 버스터는 호주 서부에서 고기압이 빠르게 접근하고 있을 때, 저기압의 기압골 후면에서 생겨난다. 며칠 간 뜨겁고 건조한 북풍이 분 뒤에, 두터운 뭉게구름이 남쪽에서 다가오면

바람이 잦아든다. 그러다 갑자기 남쪽에서 바람이 부는데 때로 이는 강력한 돌풍이 되기도 한다. 이 바람이 불자 30분 사이에 시드니의 기온이 38℃에서 18℃로 하강한 적도 있었다. 시드니에서 여름에 버스터가 부는 횟수는 평균 32회이며, 유사한 남방 버스터 바람은 북미 서안, 로키 산맥의 전선지역 동부, 미국 애팔라치아 동서산맥, 남아프리카 동부, 특히 더반(Durban) 등 지역에서도 발생한다.

버킹엄 파이 정리(Buckingham Pi theory, -定理) 특정 대기 상황에 적절한 변수들을 파이 그룹이라 부르는 무차원 그룹으로 형성하는 체계적인 차원분석 방법.
무차원 그룹의 수가 변수의 본래 수에서 모든 변수에 존재하는 기본적인 차원의 수를 뺀 것과 같기 때문에, 이 분석은 물리적 상황의 자유도를 감소시키고 관측 프로그램의 설계를 안내하는 데에 사용할 수 있다. 버킹엄 파이 정리는 상사이론에서 적절한 차원 그룹을 밝히는 데 자주 사용된다. 기본적인 차원은 길이, 질량, 시간, 전류, 빛의 세기이며, 모든 다른 차원은 이러한 기본 차원의 조합으로 형성할 수 있다.

번개(lighting) 수 킬로미터의 경로를 따라 발생되는 고압 전류의 순간 방전.
대부분의 번개는 평범한 뇌운에 의한 전하 분리가 주 원인이고 이러한 번개방전의 절반 이상은 뇌운 내에서 발생되며 구름 내 방전이라고 한다. 보통 구름에서 땅으로 방전되는 번개(한 줄기 또는 여러 갈래로 나누어짐)는 부상이나 죽음의 원인 그리고 전력과 통신 시스템 장해 및 산불 등을 동반하므로 현실적인 관심사일 수밖에 없고 번개 치는 구역이 바로 구름 아래일 경우 사진을 찍거나 광학적 기기를 사용하기 수월하기 때문에 이러한 종류의 번개에 대하여 많은 연구가 진행되고 있다. 이와 달리 구름과 구름 사이의 방전 그리고 구름과 공기 사이의 방전은 구름 내 방전이나 구름과 지표면 사이의 방전보다는 덜 흔하고 구름과 지표면 사이의 방전을 제외한 다른 모든 방전은 단순히 구름방전이라 한다. 번개는 대기 중에서 자연의 이치에 따라 대전된 구름입자들이 이온화 및 전하 분리과정을 거쳐 전도 가능한 경로로 방전되는 것이다. 양의(+) 선도방전과 음의(−) 선도방전은 번개의 필수 요소이고 이러한 선도방전이 지표면에 도달할 경우 복귀방전을 유도한다. 그리고 번개는 음양의 두 방향으로 선도방전되어도 적당한 시간이 경과하면 단방향으로 발전될 수 있다. 그리고 번개는 높은 구조물을 이용하거나 로켓에 쇠줄을 매달아 인위적으로 발생시킬 수도 있고 또한 번개에 의한 에너지는 대부분 열로 전환되며 그중 적은 양이 소리(천둥)와 복사 및 섬광으로 전환된다. 번개의 종류는 내려치는 번개, 여러 갈래로 갈라지는 번개, 판 모양의 번개 그리고 열 형태의 번개 등 여러 종류가 존재하고 가끔 공기방전이 발생되기도 하며 또한 드물고 신기한 공 번개와 로켓 번개도 있다. 기상학적으로 전지구에서 발생되는 번개가 중요한 이유는 지구대기로부터 지표면 쪽으로 음전하가 순이동한다는 것이며 이 결과를 통하여 대기 중의 전하 공급 경로와 전하 공급원을 부분적으로 이해할 수 있으나 아직 해결되지 않은 문제들이 여전히 남아 있다. 증거자료에 근거하면 번개방전은 지구상의 여러 지역에서 산발적으로 대략 초당 100의 비율로 발생하고 있으나 그에 따른 전하들(특히 음전하 이동이 중요)이 대기와 지구 사이를 지속적으로 이동하고 있기 때문에 지표와 전리층 사이에 수십 만 볼트의 전위차가 유지되고 있는 것으로 분석된다. 그러나 대기 중의 전하 균형은 뇌운 등에 의한 번개보다 **첨단방전**(point discharge)이 더 중요하게 작용할 수 있다는 근거도 제시되고 있다.

번개방전(lightning discharge, -放電) 1초 이내의 시간 동안 특별한 통로를 따라 이동하는 전하들에 의하여 발생되는 전기적 방전현상.
이와 같은 방전은 뇌운 내에서 반대 부호를 가진 전하들의 중심 사이 또는 뇌운의 전하 중심과 지구표면(구름에서 지표면 쪽으로 방전 또는 지표면에서 뇌운 쪽으로의 방전) 사이 그리고 전하 부호가 다른 두 뇌운 사이 및 뇌운과 주변공기 사이에서 발생된다. 번개방전이라 함은 일반적으로 규모가 큰 불꽃방전을 의미하며 한 줄기 소규모 번개방전은 섬광(flash)으로 분류된다.

ㅂ

번개억제(lightning suppression, -抑制) 번개 발생을 억제하는 과정.
콜로라도 지역에 있는 연구소의 실험 결과에 따르면 10cm 정도의 섬유질(여물 등)을 왕성하게 활동하고 있는 뇌운 바닥에 뿌릴 경우 코로나 방전이 발생됨을 확인하였다. 즉 뇌운 아랫부분에 섬유질을 뿌리면 그렇지 않은 경우보다 훨씬 빨리 뇌운이 소멸되고 구름에서 지상으로 진행하는 번개도 상당히 감소시킬 수 있다는 증거가 제시되고 있다. 그리고 또 다른 실험으로서 지상의 사람이나 번개에 민감한 장비 보호를 위하여 번개 방향을 바꿀 수 있도록 머리 위쪽 방향의 뇌운에 레이저를 사용하여 번개를 방전시키고자 하는 연구도 진행하였다. 1960년대에는 뇌운에 요오드를 뿌림으로써 코로나 방전을 유도하고 지상에 도달하는 번개를 억제하고자 시도하였으나 그다지 성공적이지는 못하였다. 또한 코로나 방전을 유도하기 위하여 지상의 고전압 전선을 통한 전하 생성 및 방출을 시도하였으나 이 방법은 약간의 번개억제 효과밖에 없음이 밝혀졌다.

번개통로(lightning channel, -通路) 대기 중에서 번개가 지나가는 불규칙한 경로.
번개통로는 선도방전의 성장 단계부터 발생되고 뇌운의 전하 발생 부분과 지표면 사이의 저항이 최소가 되는 경로를 번개통로로 선택한다. 그리고 뇌운 속에서 서로 반대 부호를 가진 전하들의 중심이 번개통로로 사용될 수 있고 또한 뇌운 속의 전하 발생 지역과 주변공기 층 사이 및 인접한 뇌운들의 중심 지역도 번개통로가 될 수 있다.

범위잡음(range aliasing, 範圍雜音) 레이더 기상학에서 최대한 명확한 거리를 초과하여서 위치한 에코들을 레이더 측정범위 내에 있는 것처럼, 수신할 경우 발생하는 표본 추출 문제. 범위중첩이라고도 한다. 신호가 직전에 전송된 펄스와 관련되어 있다고 가정하여, 일반적으로 레이더는 펄스의 전송점과 되돌아오는 신호의 수신점 사이의 시간 간격을 측정하여 목표물의 거리를 계산한다. 그러나 펄스 반복 주파수에 따라, 되돌아오는 신호는 가장 최근의 신호보다 이전에 전송된 여러 펄스들 중의 하나와 연관될 수 있다. 따라서 범위 r 내에서 생겨난 것으로 표시된 돌아온 신호는 $r+r\max$(2차 주행 에코), 또는 $r+2r\max$(3차 주행 에코) 등에서 발생된 것일 가능성이 있다. 기상현상 목표물로부터 생겨난 거리잡음 에코는 간혹 왜곡된 형태로 인식될 수 있다. 방위각 폭은 레이더로부터 떨어진 범위에 따라 감소하는 반면, 방사 길이는 잡음으로부터 영향을 받지 않고, 목표물 크기의 정확한 측정치이기 때문에, 거리잡음은 방사상으로 길어져 보이거나 방위각의 정도가 줄어든 것처럼 보일 수 있다.

베르게론-핀다이젠 과정(Bergeron-Findeisen process, -過程)　강수입자가 빙정과 수적의 혼합구름에서 형성되는 과정.
일반적으로 강수의 결빙과정으로 불리고, 이전에는 빙정설로 불렸으며, 베르게론-핀다이젠-베게너(Bergeron-Findeisen-Wegener) 과정 또는 이론으로도 불린다. 이 이론은 동일한 기온하에서 빙정표면의 포화증기압이 수적표면의 포화수증기압보다 낮다는 사실을 기반으로 한다. 따라서 빙정과 수적이 혼합된 입자들이 있을 때 총함수량이 충분히 높다면 수적은 증발에 의해 감소하면서 빙정에 증착되어 커지게 된다. 빙정이 충분한 크기가 되면 눈이 되어 낙하하며, 지면에 도달하기 전에 부착, 용융 및 증발에 의해 변형되는 경우가 많다. 이 이론은 베르게론이 1933년에 처음 제안했으며, 핀다이젠이 더 발전시켰다. 베게너는 이미 1911년에 핵 형성에 관한 특성 중 일부를 제안했다. 이 과정에는 과냉각된 작은 수적이 매우 많아야 하며, 이는 약 0～－20℃ 이하 범위의 구름에서 나타나는 일반적 특징이다. 또한 적은 수의 빙정이 함께 있어야 한다. 결정은 증착에 의해 일정 속도로(최대 약 －12℃) 성장하여 약 10～20분 내에 눈결정을 만든다. **구름씨뿌리기**는 대부분 얼음입자를 더 공급하기 위해 요오드화은이나 드라이아이스 같은 인공 빙정핵을 사용한다.

베르누이의 정리(Bernoulli's theorem, -定理)　유체의 유속과 압력의 관계를 수량적으로 나타낸 법칙.
1738년 베르누이(D. Bernoulli)가 발표하였다. 유체의 유속을 v, 밀도를 ρ, 중력가속도를 g, 임의의 수평면에서의 높이를 h, 유체의 정압을 p라고 하면, 유체의 어떤 부분에 대해서도 $\rho gh+p+1/2\rho v^2=const$라는 관계가 성립한다. 여기서 유체가 동일 수평면 위를 흐른다고 하면 위 식은 $p+\rho v^2/2=const$라는 식으로 단순화된다. 이 식의 $\rho v^2/2$의 항은 유체의 흐름에 기인하는 동압(動壓)으로서 유체의 운동 에너지에 해당하고, $\rho gh+p$는 유체의 위치 에너지에 해당한다. 즉, 이 정리는 유체의 위치 에너지와 운동 에너지의 합은 항상 일정하다는 내용을 담고 있다. 그러나 이 법칙이 적용되는 것은 점성을 무시할 수 있는 이상유체가 규칙적으로 흐르는 경우에만 한정되고, 실제의 유체의 흐름에 대해서는 적당히 변형된다. 이 정리에 의하면 유체의 흐름 내에서는 유속이 빠를수록 정압이 낮고, 유속이 느릴수록 정압이 높아지므로 정압을 측정하면 유속을 알 수 있다. 일반적으로 차압식 유량계(差押式流量計)라고 불리는 유량측정창치는 이것을 원리로 하고 있다.

베링 경사류(Bering slope current, -傾斜流) 베링해의 서쪽 끝부분에서 발생하는 아한대 극환류.
이 환류는 바람, 해파, 기압배치, 강수 및 하천수의 유입 등으로 해수면의 경사가 생겨 발생하는 경사류로 흐름은 약하지만(0.1~0.2m/s), 대양저까지 도달하며, 해령의 맴돌이 형성과 관련이 있다. 최대속도 0.25m/s로 150m 깊이 부근에 흐르는 남향 반류가 암상과 북향 베링 경사류 사이에 존재하므로, 베링 경사류가 아한대 극환류의 동쪽 경계류이다.

ㅂ

베타 나선(beta spiral, -螺線) 해양학에서 밀도가 보존될 때 층상 지균류로부터 발생하는 흐름 벡터의 회전(해양 수온약층에서와 같은 경우).
θ가 흐름의 각도, U가 크기, f가 코리올리 변수, g가 중력가속도, w가 수직속도일 때 $\partial\theta/\partial z = -(gw/f' U2)(\partial p/\partial z)$이다. 따라서 물기둥 내에서 수직적으로 움직일 때 용승류 구역에서는 시계 방향, 하강류 구역에서는 시계 반대 방향이 된다.

베타 입자(beta particle, -粒子) 일반적으로 핵반응(β 붕괴)의 산물로 매우 빠른 속도로 원자핵으로부터 방출되는 전자 또는 양성자.
베타(β) 입자는 네가트론(negatron, β^-)과 파지트론(positron, β^+)이 있다. 우라늄이 방출하는 전리 방사선이 최소 두 가지의 다른 유형으로 구성된다는 것을 발견한 어니스트 러더퍼드(Ernest Rutherford, 1871~1937)가 이 용어를 만들었다. 하나는 매우 잘 흡수되는 것으로서 α 방사이며, 다른 하나는 더 투과성이 강한 특성을 가진 것으로서 β 방사이다. 베타 입자의 운동 에너지는 수만 eV부터 수백만 eV까지이다. 전자 또는 양전자가 베타 붕괴에서 방출되는 것이므로, 베타 입자라는 용어는 그 정체성이 알려지지 않은 시대의 유물로서 이제 사용되지 않게 되었다.

베타 평면(beta plane, -平面) 로스비(C. G. Rosssby)가 소개했으며, 구형의 지구를 남북 방향으로 선형 변화하는 일정 회전속도의 평면(코리올리 변수에 의거)으로 본 모델.
$y : f = f_o + \beta(y - y_o)$ 상수 β(로스비 변수)는 구형 지구 위의 중앙 위도에서 값이 주어지며 $((2\Omega \cos\phi_o)/a)$, 여기서 Ω는 지구의 각속도이고 a는 평균 반경이다. 주로 와도방정식과 함께 사용되는 이 모델은 보통 코리올리 변수가 미분화 형태로 나타날 때 일정한 값을 가진다는 전제를 수반한다($f = f_o$). 이 모델은 물리적 조건에 정확히 적용되지는 않지만 기상역학 분야에서 널리 사용된다.

베타 표류(beta drift, -漂流) 열대저기압이 코리올리 인자의 남북 경도인 베타(β) 효과만으로 이동하는 것.
축대칭인 열대저기압일지라도, 북반구를 예를 들자면, 열대저기압의 동쪽은 남풍에 의해 음의 지구와도 이류가 발생한다. 서쪽은 반대이다. 이에 의해 시간이 지남에 따라 와도의 동서 비대칭을 야기하는 2차순환이 생겨난다. 이 2차순환은 1차순환인 축대칭 열대저기압과의 상호작용을 통해 대략 북동쪽에 음의 와도, 남서쪽에 양의 와도를 갖는 쌍극자 형태의 순환을 띠게 되는데 이를 베타 자이어(beta gyre)라고 한다. 이 베타 자이어만으로 열대저기압이 이동하는 것을 베타 표류라고 한다.

베타 효과(beta effect, -效果) 지구의 곡률 때문에 유체의 운동에 미치는 지구자전효과가 달리 나타나는 것.
지구 와도로서의 코리올리 인자 $f=2\Omega\sin\phi$가 위도에 따라 다른 값을 갖게 되는데, f의 남북 경도 즉 df/dy를 β라고 하며 유체운동이 이 사실에 반응하는 것을 베타 효과라고 한다.

벡터(vector) 크기와 방향을 갖는 물리량.
기상학에서는 바람, 가속도, 힘, 경도 등이 이에 속한다. 벡터는 흔히 화살표로 나타내는데, 이때 화살표의 길이는 크기에 비례하도록 정한다. 직교좌표계에서 단위 벡터 $\boldsymbol{i}$, $\boldsymbol{j}$, $\boldsymbol{k}$을 이용하면, 바람 벡터는 다음과 같이 나타낼 수 있다.

$$\vec{V} = u\boldsymbol{i} + v\boldsymbol{j} + w\boldsymbol{k}$$

여기서 $u=dx/dt$, $v=dy/dt$, $w=dz/dt$이다.

벡터곱(vector product) 어떤 두 벡터의 벡터 곱은 벡터가 되는데, 크기는 두 벡터 크기의 곱과 두 벡터가 이루는 각의 사인(sine)을 곱한 것이고 방향은 오른손 법칙에 의해 결정된다. 외적이라고도 한다. 두 벡터 $\boldsymbol{a}$와 $\boldsymbol{b}$의 벡터곱은 $\boldsymbol{a}\times\boldsymbol{b}$로 표시되며 다음과 같이 정의된다.

$$\boldsymbol{a} \times \boldsymbol{b} = \|\boldsymbol{a}\|\,\|\boldsymbol{b}\|\sin\theta\ \mathbf{n}$$

여기서 θ는 두 벡터가 이루는 내각이고, $\mathbf{n}$은 오른손 법칙에 의해 정의되는 단위 벡터로이다. 벡터곱은 대기운동을 기술하는 데 자주 등장한다. 3차원 바람 벡터 $\boldsymbol{V}$에 대한 코리올리 힘(전향력)은 $-2\Omega\times\boldsymbol{V}$로 표현되며, 상대소용돌이도는 $\zeta=\boldsymbol{k}\cdot(\nabla\times\boldsymbol{V})$, 등압좌표계를 이용할 때 지균풍은 $\boldsymbol{V}_g=f^{-1}\boldsymbol{k}\times\nabla_p\Psi$로 표현된다.

벽구름(wall cloud, 壁-) 국지적이고 갑자기 적란운의 구름밑면이 낮게 매달린 부속구름.
부속구름은 직경이 1km 또는 그 이상이다. 벽구름은 매우 강한 상승류의 아랫부분을 표시하는

데, 보통 거대세포 또는 강한 다세포 뇌우와 관련이 있다. 이것은 적란운의 강수지역 부근에서 일반적으로 발달한다. 심한 회전과 연직운동을 보이는 벽구름은 종종 토네이도가 발생하기 수분에서 수 시간 전에 나타난다.

변분객관분석(variational objective analysis, 變分客觀分析) 대기상태를 추정하기 위한 바람직한 혹은 그렇지 못한 상태를 표시하기 위한 수학적인 양이나 지표를 객관적인 방법으로 계산할 수 있는 분석기술.
분석지표는 주로 관측자료, 배경장, 그리고 역학적인 조건의 충족도를 포함한다. 변분법을 이용하며 초기조건의 계산에 사용된다.

변분법(variational method, 變分法) 미분방정식 풀이 방안 중 변분법은 어떤 물리량이 최소화되는 값이 미분방정식의 해가 되도록 방정식을 변환한 후 최소화 기법을 적용하여 미분방정식을 풀이하는 기법.
변분자료동화 방안은 변분법을 기상 분야에 적용한 사례이다.

변분자료동화(variational data assimilation, 變分資料同化) 주어진 배경장(흔히 단기예보장)과 관측자료들과의 차이를 비용함수로 정의하고, 이를 최소화시키는 분석장을 구하는 자료동화 방안.
주어진 두 가지 정보와 임의의 분석장 사이의 차이는 각각의 오차의 대푯값인 오차 공분산을 이용하여 정의된다.

변분편향보정(variational bias correction, 變分偏向補正) 자료동화에서 최소화 과정이 수행될 때 관측자료의 편향보정을 위한 보정상수가 동화에 사용되는 제어변수와 같이 하나의 변수로 다루어져서, 자료의 동화를 통해 얻은 분석과 일관성을 가진 최적화된 값으로 구해지는 온라인 편향보정 기법.

변압풍(isallobaric wind, 變壓風) 코리올리 힘이 어떤 국지적으로 가속되는 지균풍을 정확하게 상쇄하는 때의 풍속.
브런트-더글러스 변압풍이라고도 불린다. 수학적으로 변압풍 $\boldsymbol{V}_{is}$는 국지적 가속도로서 정의되지만, 변압경도로 다음과 같이 어림된다.

$$\boldsymbol{V}_{is} = \boldsymbol{k} \times \frac{1}{f}\frac{\partial \boldsymbol{V}_g}{\partial t} = -\frac{\alpha}{f^2}\nabla_{\boldsymbol{H}}\frac{\partial p}{\partial t}$$

여기서 $\boldsymbol{k}$는 연직단위 벡터, f는 코리올리 매개변수, $\boldsymbol{V}_g$는 지균풍, α는 비부피, ∇_H는 수평

구배 연산자, 그리고 p는 압력이다. 변압풍은 그래서 기압이 감소하는 압력 쪽으로 향해 등기압 변화선에 직교하며, 그 크기는 변압경도에 비례한다. 변압풍은 일시적인 효과들과 연관되기 때문에, 그리고 그 방정식을 유도하는 데 사용된 많은 가정들 때문에, 관측된 바람이 변압풍임을 입증할 사례들이 매우 드물다.

변형(deformation, 變形) 속도장의 공간 변동, 구체적으로 말하면, 신장(伸長) 또는 층밀림에 의한 유체덩이의 모양 변화.
2차원 속도장을 선형분석하면 이 속도장을 다음과 같이 발산, 소용돌이도, 변형(좀 더 엄격하게 말하면 변형률)의 항으로 표현할 수 있다.

$$u = u_0 + b_0 x - c_0 y + a_0 x + a_0{}' y + \ldots$$
$$v = v_0 + b_0 y + c_0 x - a_0 y + a_0{}' x + \ldots$$

여기서 첨자 ‘$_0$’은 선택된 고정 원점이고 계수들은 다음을 나타낸다.

$$2b_0 = \left(\frac{\partial u}{\partial x} + \frac{\partial v}{\partial y}\right)_0 = \text{발산}$$

$$2c_0 = \left(\frac{\partial v}{\partial x} - \frac{\partial u}{\partial y}\right)_0 = \text{소용돌이도}$$

$$2a_0 = \left(\frac{\partial u}{\partial x} - \frac{\partial v}{\partial y}\right)_0 = \text{신장 변형}$$

$$2a_0{}' = \left(\frac{\partial v}{\partial x} + \frac{\partial u}{\partial y}\right)_0 = \text{층밀림 변형}$$

순수한 신장 변형장($u = a_0 x$, $v = -a_0 y$)은 직각 쌍곡 유선으로 나타난다. 이 장은 두 개의 특성 축을 갖고 있는데, 하나는 신장축이고 다른 하나는 수축축이다. 전자의 경우에 유선이 이 축을 향해 점근적으로 수렴하고, 후자의 경우에는 이 축으로부터 유선이 점근적으로 발산한다. 한편 순수한 층밀림 변형장($u = a_0{}' y$, $v = a_0{}' x$) 또한 직각 쌍곡 유선으로 나타나나, 특성 축들이 좌표축으로부터 45° 회전된다. 적절한 좌표 선택을 하여 결과적으로 생기는 변형은 신장 변형장과 층밀림 변형장의 결합이다. 변형은 전선발생과 전선소멸 과정의 주요한 인자이다.

병렬확장성(parallel scalability, 竝列擴張性) 병렬 성능을 가늠하는 지표로서 주어진 병렬 태스크 단위(스레드 혹은 프로세스)에 대한 병렬 성능 향상도.
이것은 병렬 알고리즘뿐만 아니라 시스템의 메모리 접근 성능, 통신 성능, 로드 밸런싱 등에 영향을 받게 되며, 이상적인 경우 전체 프로그램 영역에 대한 병렬화할 수 있는 병렬 영역의 비율에만 의존한다(Amdal’s law). 그러므로 병렬 프로그래밍에서 가능한 한 많은 영역을 병렬화해야 그 효율이 극대화된다.

병합(coalescence, 併合) 구름물리학에서 두 물방울이 충돌 이후 하나의 더 큰 방울로 합쳐지는 현상.
충돌하는 물방울의 병합은 충돌 에너지에 의해 영향을 받는데, 이는 더 큰 물방울이 더 빨리 낙하하기 때문에 물방울이 커지면 증가하는 경향이 있다. 표면 에너지에 비해 무시할 만큼 작은 충돌 에너지를 갖고 충돌하는 물방울들은 떨어지는 구체에 대한 이론으로 예측할 수 있는 충돌효율(기하 충돌단면 내에 존재하는 작은 물방울들 중에서 큰 물방울에 충돌할 수 있는 작은 물방울의 비율)을 가지고 충돌하는 구체로 행동한다. 충돌 에너지 증가의 결과는 충돌하려는 물방울들을 충돌지점에서 평평해지게 만들어 공기의 배출을 방해함으로써 서로의 접촉을 지연시키는 것이다. 찌그러짐이 누그러지면서 물방울들이 튕겨져 나오게 되어 작은 구름방울과 구름방울 혹은 이슬비방울의 병합효율이 줄어들게 된다. 충돌 에너지가 더 큰 경우에는, 회전 에너지(각운동량보존에 의해 정해진)가 병합하는 물방울들의 표면 에너지보다 크면 두 물방울의 분리가 일어난다. 임시 병합이라 불리는 이 현상은 원래 충돌하는 물방울보다 훨씬 작은 부수 물방울들을 만들게 된다. 이 현상은 부분 병합이라고도 불리는데, 그 이유는 큰 물방울이 작은 물방울 안의 더 높은 내부 압력의 결과로 질량이 증가할 수 있기 때문이다. 더 큰 충돌 에너지에서는 작은 물방울이 깨지게 된다. 빗방울(직경＞3mm)과 이슬비방울(직경＞0.2mm) 사이의 높은 에너지 충돌의 20% 정도에서는 두 물방울이 다 깨어지는 결과가 나타난다. 병합에 영향을 미치는 다른 요인은 전하와 전기장이며 둘 다 병합을 촉진시킬 수 있는데, 그 이유는 튕겨나옴이나 임시 병합을 억제하여 병합효율을 높이기 때문이다. 이러한 모든 과정은 0℃ 이상과 이하 둘 다의 조건에서 물구름의 강수입자 형성에 중요하게 작용한다.

병합효율(coalescence efficiency, 併合效率) 일정한 크기의 물방울의 모든 충돌 중에 실제로 병합하여 하나의 물방울을 만드는 경우의 비율.
충돌과 병합에 의한 빗방울의 성장을 자세히 취급하는 데 있어서는 병합효율, 충돌효율, 채집효율(병합효율과 충돌효율의 곱)을 분명히 구분하는 것이 중요하다.

보라(bora) 아주 차가운 지역에서 발원되어 불어 내리는 한랭건조한 바람.
매우 추운 발원지역에서 시작된 바람이 산악의 경사면을 불어내릴 때 단열승온 등 역학적인 승온효과가 발생되어도 산기슭이나 해안지방의 본래 기온보다 낮아 상대적으로 매우 큰 추위를 느끼게 한다. ‘Borino’와 ‘Boraccia’라는 용어는 각각 약한 보라와 강한 보라를 나타낸다. 이 용어는 원래(karstbora와 함께) 크로아티아와 보스니아의 달마티아 연안에서, 겨울에 러시아로부터 불어오는 찬공기가 산맥을 타고 넘어 상대적으로 따뜻한 아드리아해 연안으로 강하할 때

부는 차가운 북동풍을 의미하였다. 스미스(Smith, 1987)에 따르면 보라는 '종종 내리바람의 원형'으로 간주되었다. 최근의 연구에서 몇몇 보라들이 내리막폭풍 또는 도수 구조를 가졌음을 밝혀냈다. 보라는 종종 하루 또는 그 이하로 지속되지만, 더 긴 보라가 빈번히 발생하여 "오랜 지속성은 보라의 주요 특징 중 하나이다. 4~6일 동안 지속되는 보라도 드물지 않다."라는 언급도 있을 정도다. 보라는 매우 거센 바람과 스콜형 돌풍을 동반하며, 스콜의 풍속은 때에 따라 초속 50m 또는 그 이상이 되기도 한다. 데판트(F. Defant, 1951)는 구름과 비를 동반하며 아드리아해 전역에 영향을 미치고, 아드리아해 남부에는 저기압을 불러오는 저기압성 보라와 중부 유럽에서부터 달마티아 연안까지 영향을 미치는 강력한 고기압을 동반하는 건조한 고기압성 보라로 구분하였다. 이때 후자는 육지에서는 아주 격렬한 영향을 끼치지만, 바다 쪽으로는 멀리 가지 않는다. 아드리아해 동부 연안에서는 또한 국지적 보라가 발생하여, 발칸 반도 위로 차가운 고기압대를 형성한다. 러시아 대륙에서 발달한 한대기단의 차가운 지역에서 갑자기 시작한 매우 강한 바람으로서 유고슬라비아에서는 달리는 열차를 전복시키는 경우도 있어 바람막이 콘크리트 방벽을 두기도 한다. 이제 보라라는 용어는 세계의 다른 지역에서도 유사한 바람을 지칭할 때 사용한다. 잘 알려진 예로 흑해 북부 연안의 노보로시스크(Novorossiisk)와, 러시아 북극해에 위치한 노바야젬랴(Novaya Zemlya) 제도의 보라가 대표적이다. 지중해 동부 이스켄드론(Iskenderon)만의 알메닥(Alme Dagh)에서 발생하는 스콜성 활강바람은 'rageas(또는 ragut, ghaziyah)'라 불린다. 불가리아에서는 보라를 'buria'라 부른다. 세계의 몇몇 산악지역에서는 경사면을 타고 내려오는 모든 중규모, 또는 대규모의 차가운 대기 흐름을 보라로 지칭하는데, 이 중에는 북극전선을 넘어오는 내리바람과, 도수 구조와 특징을 갖는 아래쪽으로 활강하는 차가운 폭풍도 포함된다. 아래쪽으로 활강하는 폭풍의 경우, 몇몇 학자들은 차가운 이류풍(바람을 받지 않는 산맥 반대편을 냉각시키는 바람)을 지칭할 때 보라라는 용어를 사용한다. 따라서 푄 현상과 대응되는 기상현상으로 분류되고 있다.

보라놀(purple light) 맑은 박명 시 태양 쪽 하늘 위에 보이는 희미한 보랏빛 띠.
보라놀은 태양고도가 −2° 내지 −6°일 때 보인다. 방위 폭은 약 40~80°이며 연직 또는 고도각이 약 10~15°이다. 최대 광채는 태양고도가 −4°에서 일어나고, 저녁 박명 시 보라놀의 영역은 꾸준히 태양을 향해 하강한다. 태양고도 −7°에서 밝은 부분은 보랏빛으로 바뀐다.

보상심도(depth of compensation, 補償深度) 수층에서 빛의 투과량이 감소하여 광합성에 의한 산소 생산과 호흡에 의한 산소 감소가 같아지는 깊이.
지질해양학에서는 해양의 탄산염 퇴적물이 해수의 용해에 의해 녹는 깊이를 탄산염 보상심도(calcium carbonate compensation depth, CCD)라 한다.

보엔 비(Bowen ratio, -比) 지표면에서 대기로의 현열 플럭스와 잠열 플럭스의 비.
보엔 비는 건습구상수에 역학온도 플럭스와 역학수분 플럭스의 비를 곱한 것과 같다. 또한 대기 지표층 내의 두 높이에서 관측된 온위의 차이와 수증기 혼합비의 비에 건습구상수를 곱해서 산출하기도 한다. 반건조지역의 경우, 보엔 비는 >5.0, 초지나 산림은 0.5, 관개된 과수원이나 초지는 0.2, 바다는 0.1, 그리고 오아시스와 같이 이류가 발생하여 현열 플럭스와 잠열 플럭스의 방향이 반대가 되는 경우 보엔 비는 음수가 된다.

보이든 지수(Boyden index, -指數) 700mb 아래의 층에서 평균 열역학적 안정성을 측정하는 단위.
보이든 지수는 I-Z-T-200으로 표기하는데, I는 보이든 지수를, Z는 댐에서의 1,000~700mb 두께를 나타내며, T는 700mb에서의 섭씨온도이다.

ㅂ

보이스 카메라(Boys camera) 번개의 섬광관측에 사용되는 카메라.
초기 기기 모델은 고정된 필름판과 그 원판의 양쪽 끝을 회전하는 두 개의 렌즈로 구성되어 있다. 뇌격의 속도와 지속시간은 두 장의 사진을 비교하고 렌즈의 회전속도를 알면 계산할 수 있다. 나중에 개발된 카메라의 모델은 고정된 렌즈들과 회전하는 필름 드럼으로 구성되어 있는데, 이러한 구조에 의한 자료해석은 보다 훨씬 쉽게 되었다.

보일의 법칙(Boyle's law, -法則) 이상기체의 경우 등온과정에서 압력 p와 부피 V의 곱이 상수라는 경험적 법칙.
$pV=F(T)$ 여기서 온도 T의 함수인 F는 다른 법칙에 근거하지 않고는 명시할 수 없다.

보조기상대(supplementary meteorological office, 補助氣象臺) 국제민간항공기구(International Civil Aviation Organization)의 명세서에 따라 주요 기상대 또는 보조기상대에서 받은 기상정보와 다른 이용할 기상보고를 항공기상 직원에게 제공하기에 적임인 기상대.

보조온도계(auxiliary thermometer, 補助溫度計) 한 전도온도계의 가지에 부착된 유리관 수은온도계.
이 온도계는 그 전도온도계와 동시에 읽히는데, 이로써 전도 후에 일어나는 온도변화에서 일어날 전도온도계의 눈금에 대한 수정이 계산될 수 있다.

보존변수 다이어그램(conserved variable diagram, 保存變數-) 구름과정들을 연구할 목적으로 이용되는 대기에 대한 열역학 선도.
도표에서 열 또는 온도를 나타내는 보존변수는 대체로 가로축에 표시하며, 물의 보존을 나타내는 또 하나의 보존변수는 세로축에 표시한다. 변수들은 포화 및 불포화운동 모두에 대해 보존되는 것들로 선별한다. 이들 보존변수에는 상당온위 ϕe, 액체수온위 ϕ_L, 습윤잠재 에너지 se, 액체수잠재 에너지 sL, 총 물혼합비 rT, 포화점압력 PSP, 그리고 포화점온도 TSP 등이 있다. 이 변수들은 강수, 복사냉각 및 혼합 등의 과정들에 대해서는 보존되지 않는다. 높이 z 또는 압력 P를 나타내는 3차 변수 역시 다이어그램에 표시하고 나면 공기의 열역학적 상태 및 수분함유량을 완전히 정의할 수 있는 충분한 자료가 된다. 널리 활용되는 변수집합들은 $(P, \theta e, rT)$, $(P, \phi L, rT)$, (P, se, rT), (P, sL, rT), 그리고 (P, PSP, TSP) 등으로 구성된다.

보존장(conservative field, 保存場)　임의의 폐곡선을 따라서 취한 선적분이 영이 되는 변수의 장.

이를 수식으로 나타내면 $\oint F=0$과 같다. 보존장은 어떤 벡터장이 공간상의 영역 D 안의 임의의 두 점을 잇는 경로 C에 대한 선적분 값이 경로 C에 무관하게 되는 경우, 즉 선적분이 경로에 무관하게 되는 경우를 말한다. 보존장의 대표적인 예로 마찰손실이 없는 중력장을 생각할 수 있다. 한 점에서 출발하여 다시 그 점으로 돌아오면 소모된 에너지도 없고 따라서 그 물체의 위치 에너지 변화도 없다. 즉, 위치 에너지는 움직인 경로에 무관하며 각 지점에서 유일한 고윳값을 갖고 있는데 이를 전위라 한다.

보존적 재사상(conservative remapping, 保存的再寫像)　주어진 격자에서 수치적으로 정의된 함수를 상이한 격자에 재정의하는 방법 중 하나로서, 각 격자가 담당하는 공간 영역에 대해서 적분된 값이 서로 정확히 일치하도록 하는 사상(mapping)하는 방법.

원래 대기, 해양, 해빙 등 다양한 지구 시스템 모델이 결합된 결합 기후 모델에서 서로 다른 형태의 격자 구조를 갖는 대기 모델과 대기 이외의 다른 모델 컴포넌트 간에 주고받는 열 및 수증기 플럭스의 전지구 적분값이 보존되도록 하기 위해서 개발되었다. 정밀한 보존적 재사상을 구현하기 위해서는 주어진 격자에서 함수값뿐만 아니라 고차 미분이 주어져야 한다. 수치적으로는 각 격자를 대표하는 영역을 나타내는 격자 경계 안에서 함수값 및 함수의 미분값에 대한 가중치를 계산하는 방식으로 계산된다. 궁극적으로 보존적 재사상 방법은 앞에서 언급한 가중치에 대한 희소 행렬(sparse matrix)에 함수값 및 미분값이 일렬로 나열된 벡터를 곱하는 계산을 수행하는 형태로 환원된다.

보편기체상수(universal gas constant, 普遍氣體常數)　기체상수 참조.

보편함수(universal functions, 普遍函數)　모닌-오부코프 상사이론(Monin-Obukhov similarity theory)에 따라 무차원 안정도 함수에 비례하는 지표층의 무차원 시어, 온도경도 그리고 다른 경도.

$$\Phi_M \equiv \frac{\partial M}{\partial z}\frac{\kappa z}{u_*}$$

$$\Phi_H \equiv \frac{\partial \theta}{\partial z}\frac{\kappa z}{\theta_*}$$

여기서 M은 바람속력, θ는 온위, u_*는 마찰속도, θ_*는 마찰속도로 나눈 지면운동학의 열 플럭스, κ는 카르만 상수=0.4, z는 고도이다. 이 함수들은 중립 성층에 대해 거의 1의 값을 가지고, 불안정 성층에 대해 $0<(z/L)<1$의 범위의 값을 가지고, 안정 성층에 대해 $z/L>1$의 값을 가진다. 여기서 z는 지면 위의 고도, L은 오부코프 길이이다. 아주 강한 안정도 조건($z/L \gg 1$)에 대해 우주함수는 거의 상수이다. 정확도는 불안정 성층의 경우 약 10%, 안정 성층에 대해 약 20%이다.

ㅂ

복사(radiation, 輻射) 1. 전자기 복사가 자유 공간에서 전파(傳播)되는 과정
전파는 전자기장에서 공동(직교) 진동의 방식으로 빛의 속도(진공에서 $3.00\times10^8\text{ms}^{-1}$)로 발생한다. 이 과정은 전도나 대류와 같은 다른 형태의 에너지 전달과 구별되어야 한다.
2. 파동방정식으로 지배되는 임의의 물리량에 의한 에너지의 전파.

복사강제력(radiative forcing, 輻射强制力) 어떤 계의 안으로 유입되거나 밖으로 방출되는 복사의 플럭스.
복사강제력이 달라지면 온도의 변화와 같이 시스템의 비복사 에너지 상태가 달라진다. 일반적으로 대기의 복사강제력은 대류권계면에서 측정하고, 단위로는 W/m^2를 사용한다. 양의 강제력은 유입하는 에너지가 많은 것을 의미하며 계의 온도를 상승시킨다. 음의 강제력은 방출되는 에너지가 많은 것을 말하며 시스템을 냉각시킨다. 대기조성과 태양 에너지 입사량이 달라지면 복사강제력도 변화한다. 기후학의 관점에서는 지구 기후 시스템에서 일정 지점에 순복사속밀도의 기후값이 크게 변화하는 것을 의미한다. 기체의 농도변화, 지구에 도달하는 태양복사의 변화량 변화, 지표 알베도의 변화가 그 예이다.

복사계(radiometer, 輻射計) 전자파복사 에너지를 측정하는 기기.
보통 적외선 파장역이나 마이크로 파장역에서 운영하는 측정은 수동형 대기 원격탐사에서 사용된다. 대기과학에는 복사 에너지의 파장 범위를 단파복사(0∼4㎛)와 장파복사(4∼100㎛)로 구분한다. 따라서 단파복사 에너지를 측정하는 측기를 일사계라 하며, 장파복사를 측정하는 장비를 장파복사계라 한다. 일사계에는 태양으로부터 직접 도달하는 직달복사 에너지를 측정하는 직달일사계와 산란광을 포함하여 모든 단파장의 빛을 측정하는 전천일사계가 있다. 일사계에는 특히

자외선 파장 부분만 측정하는 $UV-B$복사계도 있다. 장파복사계는 대기, 구름, 지표 등으로부터 방출되는 복사 에너지를 측정하는 기기로서 동형의 복사계를 상하 두 방향으로 향하게 하여 동시에 관측하면 적외선복사수지를 측정할 수 있다.

복사냉각(radiational cooling, 輻射冷却) 물체로부터 방사된 복사량이 흡수된 복사량보다 많을 때 그 물체의 온도가 내려가는 상태.
기상학에서 지구표면과 주변공기의 복사냉각에 의한 결과이다. 복사냉각은 지표로부터의 장파 방출이 흡수된 단파복사와 지표면 위의 대기로부터 방출된 하강장파복사 플럭스와의 균형이 이루어지지 못할 때, 또 이러한 불균형의 차이를 보상하기 위한 충분한 에너지를 갖는 비복사원이 없을 때, 고요하고 청명한 밤에 대표적으로 발생한다. 지구대기와 지표에서 장파복사 방출에 의한 냉각현상을 말한다. 지표는 입사하는 태양복사 에너지에 비하여 항상 장파복사를 방출함으로써 에너지를 잃는다. 특히 맑고 바람이 없는 야간에 복사냉각이 현저하여 이슬이 생기기도 한다. 대기에서 장파복사를 흡수하고 방출하는 성분들은 CO, CO_2, CH_4, N_2O, H_2O, O_3 등이다. 이들 성분 중에서 장파복사에 의한 가열과 냉각에 중요한 역할을 하는 기체는 지구온실기체로 알려진 H_2O, CO_2, O_3 등이다. 이들 기체가 지표나 다른 고도에서 방출되어 전파해 온 특정 장파의 복사 에너지를 흡수하며, 동시에 그 특정 파장역의 에너지를 방출한다. 방출되는 특정 파장의 에너지는 그때의 지구대기 온도에 해당하는 흑체 방출복사 에너지의 양과 동일하다. 대류권에서는 이러한 온실기체의 장파복사 에너지의 흡수와 방출에 의하여 대기가 냉각된다. 단위시간에 대기가 냉각되는 율을 복사냉각률이라 하고 저위도 대류권 상부에서 대략 2~2.5℃ day^{-1}에 달한다. 태양으로부터 입사된 복사 에너지가 통과하는 대기에 의한 냉각률(또는 가열률)은 다음과 같이 나타낸다.

$$\frac{dT}{dt} = -\frac{1}{\rho_{air} c_p} \frac{dF}{dz}$$

여기서 c_p는 공기의 정압비열, ρ는 공기의 밀도, F는 복사 에너지 속밀도이며 따라서 dT/dt는 복사 에너지가 통과하는 매질의 냉각률이 된다.

복사법칙(radiation law, 輻射法則) 복사 에너지의 흡수, 방출 및 이들과 연관된 현상들을 설명하기 위한 법칙.
다음 두 가지 부류로 나눌 수 있다. (1) 복사 에너지의 방출을 설명하기 위해 가장 보편적으로 사용하는 네 가지의 물리법칙이나 수식으로 ① 키르히호프 법칙(Kirchhoff's law), ② 플랑크 법칙(Planck's law), ③ **스테판-볼츠만 법칙**(Stefan-Boltzmann law), ④ **빈의 변위법칙**(Wien's displacement law)이 있다. 네 가지 중 ①, ② 법칙은 기본 법칙이며 나머지 ③, ④ 법칙은

② 플랑크 법칙을 사용하여 유도할 수 있다. (2) 모든 복사현상을 표현하기 위한 경험적·이론적 법칙을 포함한 더욱 포괄적인 법칙으로 부게-람베르트 법칙(Bouguer-Lambert law), **람베르트의 코사인 법칙**(Lambert's cosine law), 스테판-볼츠만 법칙 등을 들 수 있다.

복사안개(radiation fog, 輻射-) 복사냉각에 따라 대기온도가 이슬점 이하로 내려갈 경우 대기의 접지층에 생성되는 대표적 형태의 안개.
따라서 심한 복사안개는 야간에 발생한다. 복사안개는 저녁 황혼 무렵에 형성되기 시작할 수도 있고 일출 이후까지도 사라지지 않는 경우도 많지만, 제한적 의미의 복사안개는 야간에 발생한다. 복사안개의 형성에 미치는 요인들은 다음과 같다. (1) 건조한 대기층과 맑은 하늘 하단에 존재하는 상대적 습윤공기로 이루어진 얇은 지표면 대기층, (2) 가벼운 지상풍의 영향. 일반적으로 야간의 냉각으로 인해 모든 종류의 안개가 강해지기 때문에 복사안개는 연안수가 있는 해안가에서 복사안개와 다른 유형의 안개 사이의 구별이 어려워 관측자가 혼동하기 쉽다. 지상 2~3m의 기층에 바람이 불면 대기의 난류혼합에 의하여 냉각층의 두께가 증가하므로 깊이 50m, 때로는 200m의 안개가 발생한다. 계절적으로 가을에서 겨울 기간에 많이 발생하고 특히 분지나 저지대에서 빈번히 발생한다. 복사안개가 발생한 날은 하루 중에서 날씨가 좋고 기온이 상승한다. 해상에서는 기온의 일변화가 적어 복사안개가 거의 발생하지 않는다. 복사안개를 일명 땅안개라 한다. 이것은 안개에 흐려진 하늘에 대해서만 적용하는 용어이다.

복사압력(radiation pressure, 輻射壓力) 전자기 복사 에너지에 의하여 조사(照査)된 물체에 작용하는 복사 에너지 압력(또는 힘).
일반적인 기준에 의하면 복사압력은 작은 값이다. 예를 들어, 강렬한 햇빛에 노출된 물체에 작용하는 복사압력은 해면기압의 약 1/1,011 수준이다. 그러나 태양의 중력과 복사파의 회귀복사압력(repulsive radiation pressure)에만 영향을 받을 정도로 작은(가시 및 근가시복사 에너지 파장보다 더 작은) 입자들(예 : 혜성입자들)에게는 복사압력을 무시할 수 없다. 예를 들어, 혜성 꼬리의 곡률은 복사압력으로 계산한다.

복사역전(radiation inversion, 輻射逆轉) 야간의 복사냉각 등 복사의 순손실로 인해 지표면이 냉각되고 이로 인하여 지표면 위에 상대적으로 기온이 낮은 층이 형성되어 발생하는 기온역전.
이 경우 지표층 내에서 기온이 고도에 따라 상승한다. 일반적으로 맑고 바람이 약한 날 야간부터 다음날 새벽까지 잘 나타난다. 이 경우 역전층의 높이는 10~300m로서 지표면과 이 층의 꼭대기까지의 기온 차는 10℃ 정도로 나타난다. 이 용어는 가끔은 지면의 상대적 냉각으로 형성된 대기층의 정역학적 안정상태에서 고도에 따라 온위가 증가하는 대기층을 포함시켜 포괄적으로 정의하기도 한다. 즉 복사냉각된 지면이 원인이 되어 형성된 정역학적으로 안정한 모든 대기층들을 포함하는 의미이다. 복사냉각은 야간의 안정경계층들을 형성하는 역할뿐만 아니라 습도가 충분히 높을 경우, 복사역전은 이슬, 서리 및 안개 형성의 원인이 된다. 지표면 상공의 일정 고도에서 잠재온도의 극소값을 결정하는 냉각이 일어나면 차가운 공기가 역전층에서 하강하는 원인이 될 수 있어 역전을 무너뜨리는 교란이 생길 수 있기 때문에, 상승복사역전이 형성되는 것은 드문 일이다. 대륙 내부에서 야간의 복사냉각이 계속 축적되어 강한 역전층이 발달하는 경우가 있다. 특히 알래스카와 같은 고위도 지방에서는 겨울 동안에 일사에 의한 지표에 가열이 없기 때문에, 냉각된 공기가 축적되기 쉬워 높이 100~2,000m의 온도차 20℃ 내외의 대표적인 역전층이 관측되는 경우가 있다.

복사유형(radiation pattern, 輻射類型)　안테나에서 일정거리에 있는 어느 지점에서 라디오 또는 레이더 안테나가 수신하는 모든 방향에서 오는 복사장의 강도를 나타내는 선도.
안테나 패턴, 로브 패턴, 범위선도라 부르기도 한다. 보통 복사유형은 모든 안테나 로브(열편)들을 둘러싼 기하학적 고체를 간주한다. 수신 안테나의 경우, 모든 방향에서 도달하고 단위 복사장의 세기를 가지는 신호에 대한 안테나의 감응이다. 하나의 안테나에 대해 전환 복사유형과 수신한 복사유형은 동일하다. 복사유형을 두 가지로 구분하는데, (1) 안테나의 완전 로브이면서 파장, 원료공급 체계, 반사체의 특성의 함수인 자유공간 복사유형과 (2) 지상 레이더에서와 같이 직접 파동열과 반사 파동열이 서로 간섭할 때마다 간섭 로브들을 형성하는 장복사유형이다.

복사전달(radiative transfer, 輻射傳達)　복사 에너지가 산란물질(물체), 흡수물질 및 방출물질이 포함될 수 있는 매체를 통과해 나아가는 과정.
대기를 구성하고 있는 성분기체들은 특정 파장역의 복사 에너지를 방출한다. 그 에너지는 모든 방향으로 동일한 크기를 갖는 등방성(isotropic)이다. 따라서 기체의 미소 부피 dv로부터 방출된 에너지와 매질에 의하여 다중산란(multiple scattering)된 복사 에너지의 일부는 입사된 복사 에너지와 같은 방향으로 전파해 간다. 이에 대한 관계를 물리학적 · 수학적 관계식으로 나타낸 것이 복사전달방정식이다. 특히 1차원 단색광 문제들에 대해 많은 연구가 이루어졌고 3차원 흐린 대기의 광대역 복사전달을 해결하는 보다 일반적인 문제를 취급하기 위해서는 컴퓨터를 이용한 계산 방법이 요구된다.

복사조도(irradiance, 輻射照度)　복사 에너지의 양을 설명하는 용어로서 단위단면적을 통과하는 복사 에너지.
복사속밀도로도 지칭된다. 복사조도는 직접 측정될 수 없는 값이며 복사휘도를 주어진 입체각으로 적분함으로써 얻을 수 있다. 따라서 입사면적의 방향성에 의존된다. 단위는 Wm^{-2}이며 단색광의 경우 $Wm^{-2}\mu m^{-1}$이다.

ㅂ

복사휘도(radiance, 輻射輝度) 특정 방향으로의 입체각 내에서 전달되는 복사 에너지가 통과하는 수직표면(실제 또는 가상)의 단위면적당 단위입체각에 대한 에너지 양의 비율.
복사조도와는 다르게 복사휘도는 복사 에너지가 임의 표면으로 향하는 방향이 아니라, 복사장(輻射場) 고유의 성질이다. 복사휘도의 단위는 W/m^2.sr이다. 일반적으로 복사조도는 시간, 위치, 방향 그리고 주파수 (단색 또는 스펙트럼 복사휘도) 또는 주파수대의 종속변수이다. 임의의 표면에 대한 복사휘도는 해당 표면의 상부 또는 하부 방향의 반구(半球) 전체의 복사휘도의 합이다. 복사휘도의 광도측정 등가(치)는 조도인데, 이 값은 가시 스펙트럼에 대한 조도 효율로 가중치가 적용된 파장별 각 복사휘도 값을 합하여 구한다.

복잡지형(complex terrain, 複雜地形) 산악이나 해안과 같이 지형변화가 불규칙한 지역.
복잡지형은 시골과 도시, 관개지와 비관개지와 같은 토지 사용에서의 변화를 포함하며, 또한 복합지형은 종종 지엽적인 순환을 만들어 내며, 주위의 종관적인 날씨의 특색을 바꾸어 하강기류, 상승구름, 해풍 등의 독특한 지역 날씨를 형성한다. 복잡지형의 날씨예보 모델은 이러한 지형으로 야기되는 날씨 특징을 잘 나타내기 위해 고해상도를 가져야 한다.

복중(dog day, 伏中) 여름철 가장 더운 기간.
특히 개들이 미치게 될 것 같은 기간이라는 뜻으로부터 이 용어가 유래된 것으로 생각되지만, 사실 그 이름은 도그 스타(Dog Star)라고 부르기도 하는 시리우스(Sirius)로부터 붙여졌다. 고대 그리스와 로마에서는 시리우스가 태양의 일출과 함께 떠오르면 무더운 여름철이 온다고 믿고 있었다. 이와 같은 날씨로 사람들은 에너지를 잃고 식물들이 시드는 것은 인간에 미치는 시리우스의 재앙으로 믿게 되었다. 복중에 대한 공식적인 기상학적 정의나 기후학적 정의는 존재하지 않는다. 미국에서 복중은 7월 중순과 9월 초순 사이 4주 내지 6주 동안 지속된다. 서부 유럽에서 복중은 약 7월 3일부터 8월 11일까지 지속되고 천둥 빈도가 가장 높은 기간이기도 하다. 한국에서의 복중은 초복부터 중복을 거쳐 말복까지의 기간에 해당한다고 볼 수 있다. 초복은 하지로부터 세 번째 경일(庚日)에 해당하고 중복은 하지로부터 네 번째 경일에 해당한다. 그러나 말복은 하지로부터 다섯 번째 경일이거나 여섯 번째 경일에 해당한다. 말복이 항상 입추 후이어야 하므로 하지로부터 다섯 번째 경일이 입추 후가 되면 그날이 말복이 되나 입추 전이 되면 하지로부터 여섯 번째 경일이 말복이 되는데 이러한 경우를 월복(越伏)이라 부른다.

복합신호(complex signal, 複合信號) 레이더 측정에서 시간에 따라 변하는 수신신호의 진폭과 위상을 나타내는 값들로서 각각 시간에 따라 변하는 복소수의 실수 부분과 허수 부분.
이 부분들을 동위상 및 사분성분이라고 부르며, 수신신호에 대한 동조 검파에 의해 측정된다. 동(위)상신호는 전송신호와 동일한 위상과 주파수를 가지는 국지발진기를 이용해 수신신호를 복조, 검파함으로써 얻을 수 있다. 이때 사분신호는 위상이 90° 정도 빠르거나 느린 국지발진기신호를 이용해 수신신호를 복조, 검파하여 얻을 수 있다.

볼츠만 상수(Boltzmann's constant, -常數) 분자당 기체상수, 또는 볼츠만의 보편전환계수. 보편기체상수와 아보가드로 수의 비율은 $1.3804 \times 10^{23}\mathrm{WK}^{-1}$이다.

볼프 수(Wolf number, -數) 태양흑점의 활성 정도를 표시하는 수.
다음의 수식으로 표현되며 각각의 의미는 아래와 같다. 국제 태양흑점 수, 상대 태양흑점 수, 혹은 취리히 수(Zürich number)라고도 불린다.

$$R = k(10g + s)$$

여기서 R은 상대흑점 수, s는 흑점 개개의 총수, g는 그룹 흑점수이고, k는 관측소 인자 혹은 관측자 성향 감안계수(personal reduction coefficient)로서 관측자, 수식, 관측소의 위치와 고도, 관측 기기에 따라 정해지는 일종의 상수이다.

ㅂ

부게의 법칙(Bouguer's law, -法則) 복사 에너지(또는 빛)가 광학적으로 균일한(투명한) 매질을 통과할 때 매질에 의한 복사 에너지의 감쇠되는 관계를 나타낸 법칙.
베르-부게-람베르트 법칙(Beer-Bouguer-Lambert law), 때로는 람베르트 흡수법칙이라 한다. 피에르 부게(Pierre Bouguer)가 '빛의 단계적 변화에 대하여(1729)'라는 에세이에서 처음으로 기술한 것으로, 그는 이 법칙이 감쇠 메커니즘과는 별개의 독립된 것임을 밝혔다. 거리에 따른 지수적 감쇠를 밝힌 것은 부게, 람베르트, 그리고 베르이지만, 역사적으로는 '부게의 법칙'이 정확한 명칭이다. 탁한 매질에 대하여 다중산란현상이 무시될 만한 것임을 설명하고 있다. 다소 역사적 논란을 거쳐 오면서 '베르 법칙'은 두께가 한정되어 있는 매질에 대하여 흡수하는 매질의 농도가 변동이 있을 경우 '부게의 법칙'의 연장이라고 할 수 있다. 수학적으로 '부게의 법칙'은 다음과 같은 관계가 있다.

$$I = I_o \exp(-\tau)$$

여기서 I_0는 초기 매질을 통과하기 전의 복사휘도, I는 투과된 후의 복사휘도, 그리고 τ는 빛이 통과한 경로의 광학적 길이이다.

부력(buoyancy, 浮力) 물체가 액체의 표면에서 부유하거나, 액체 내부에서 상승 또는 하강, 또는 대기와 같은 비압축성 유체 내에서 자유롭게 부유할 수 있도록 가능하게 하는 특성. 정량적으로는 물체의 무게와 물체와 동일한 부피를 갖는 유체의 무게의 비로 표현된다. 일반적으로 부력은 아래와 같은 물리적인 수식을 통해 표현된다.

$$F = g\left(\frac{\rho_0}{\rho} - 1\right)$$

여기서 F는 부력, g는 중력가속도, ρ는 물체의 밀도, ρ_0는 그 물체를 둘러싸고 있는 유체의 밀도를 의미한다. 중력장에서 유체 내에 물체가 있을 때 밀도 차에 의해서 물체에 중력 방향과 반대 방향으로 미치는 힘을 의미한다. 대기 중에서 공기덩이에 미치는 부력은 공기덩이의 온도(T)와 주변공기의 온도(T_0)의 차에 비례하며 다음과 같이 주어진다.

$$F_0 = g\left(\frac{T - T_0}{T_0}\right)$$

여기서 $(T - T_0)/T_0$를 부력인자라고 한다. 그리고 종종 F를 감소중력이라고 한다.

부력길이규모(buoyancy length scale, 浮力-規模) 정적으로 안정화된 대기에 의해 수직적인 난류운동이 억제되는 정도를 나타내는 길이 규모.

$$\frac{\sigma_w}{N}$$

여기서 σ_w는 수직속도의 표준편차를 나타내며 N은 브런트-바이살라(Brunt-Väisälä) 진동수를 나타낸다. 특히 부력길이규모는 안정화된 경계층을 표현하는 데 매우 유용한 길이 규모이다.

부력불안정도(buoyant instability, 浮力不安定度) 부력이나 감소중력이 유일한 복원력으로 작용하는 시스템에서의 정적불안정도.
일반적으로 유체는 그 유체가 가지고 있는 밀도의 감률보다 주변 환경의 밀도감률이 클 때 부력불안정이 된다. 비압축성 유체에서 부력불안정도가 생성되기 위해서는 고도에 따른 밀도의 증가가 있어야 하며 유체 내에서 유체입자의 수직적인 변위가 있을 때 단열감률보다 입자 내부의 기온감률이 클 때 이와 같은 불안정도가 발생하게 된다.

부력속(buoyancy flux, 浮力束) 가온위의 연직 운동학적 플럭스($\overline{w'\theta_v'}$)와 부력모수(g/T_v)의 곱으로 주어지는 부력에 비례하는 플럭스.
부력속은 다음과 같이 주어진다.

$$B_f = \frac{g}{T_v}\overline{w'\theta_{v'}}$$

여기서 w'과 θ_v'은 각각 연직속도와 가온위의 변동이며, g는 중력가속도, T_v는 가온도이다. B_f는 난류운동 에너지 수지의 한 항으로 난류의 부력 생성 또는 부력 소모를 나타낸다. B_f는 플럭스 리처드슨 수(Richardson number)에서 분자로 주어진다.

부력속도(buoyancy velocity, 浮力速度) 대류를 유도하는 부력과 혼합층의 길이와 관련된 대류경계층에서 정의되는 연직속도 규모.
부력속도는 다음과 같이 정의된다.

$$w_B = \left[\frac{gZ_i}{T_{vML}} (\theta_{vSfc} - \theta_{vML}) \right]^{1/2}$$

여기서 g는 중력가속도를 T_{vML}과 θ_{vML}은 각각 혼합층 내에서 평균된 절대 가온도와 가온위를 의미하며 θ_{vSfc}는 표면에서 가온위를 나타낸다.

부력아영역(buoyant subrange, 浮力亞領域) 정적으로 안정한 대기에 대해 관성아영역의 파장보다 큰 파장에 위치하는 난류운동 에너지의 부분.
부력아영역에서는 스펙트럼 에너지(S)가 부력으로 인해 파수(k)의 −3승에 비례하며 S는 다음과 같이 나타낼 수 있다.

$$S \propto Nk^{-3}$$

여기서 N은 브런트-바이살라 진동수이다. 강한 정적안정도에서는 난류운동은 연직으로 매우 억제되며 중력파와 비슷한 특징을 갖는다.

부력준거리(buoyant subrange, 浮力準距離) 안정화되어 있고 성층화되어 있는 대기에서 난류 맴돌이의 거리.
일반적으로 시어에는 영향을 받지 않지만 부력에 의해서는 영향을 받는다.

부력진동수(buoyancy frequency, 浮力振動數) 연속적으로 성층화된 유체에서 유체입자의 연직운동의 자연진동수.
때로 부력진동수(N)는 브런트-바이살라 진동수로 불리기도 하는데 일반적으로 아래와 같이 표현된다.

$$N^2 = -\left(\frac{g}{\rho}\right)\frac{d\rho}{dz}$$

여기서 g는 중력가속도, $\rho(z)$는 고도에 따른 밀도함수를 의미한다.

부력파수(buoyancy wave number, 浮力波數) 난류운동 에너지의 스펙트럼 안에서 부력아영역과 관성아영역을 나누는 파수.

부력파수(K_B)는 다음과 같이 정의된다.

$$K_B = N^{3/2}\epsilon^{-1/2}$$

여기서 N은 브런트-바이살라 진동수, ϵ은 난류 에너지의 소산계수를 의미한다.

부르동 관(Bourdon tube, -管) 몇몇 온도계와 기압계에 활용되는 타원형 단면을 가진 밀폐된 굽은 관.
부르동 관 온도계는 액체로 완전히 채워진 부르동 관으로 구성되어 있다. 온도변화에 의하여 액체가 팽창하면 관의 곡률반경이 증가한다. 따라서 관의 끝부분을 따라 움직여 이 곡률을 측정할 수 있다. 부르동 관 기압계는 진공 부르동 관으로 구성되며, 부르동 관 온도계와 유사한 방법으로 측정한다.

부르동 관 자기온도계(Bourdon tube thermograph, -管自記溫度計) 1849년 프랑스의 유진 부르동(Eugene Bourdon, 1808~1884)이 고안한 것으로 압력이 변화함에 따른 곡률이 변하는 원리를 이용하여 압력이나 온도를 측정하는 측기.
압력온도계라고도 하는 부르동 관은 타원형의 단면을 가진 밀폐된 공간에 알코올, 톨루엔 등을 넣고 밀봉한 관으로 온도가 변하면 관 안에 있는 액체가 팽창 또는 수축함에 따라 압력변화가 발생하고 그 변화량이 부르동 관의 곡률을 변화시킨다. 부르동 관은 한쪽 끝이 고정된 축에 고정되어 있어 온도변화와 곡률변화는 일정한 비례관계에 놓이게 된다. 따라서 부르동 관 끝에 연결되어 있는 지시침에 변위량이 전달되고 기록 펜은 변화하는 위치를 원통형 시계에 부착된 기록지에 온도변화를 나타내게 되는 원리이다.

부분 빔 차폐(partial beam blocking, 部分-遮蔽) 레이더 관측 범위 내에 있는 지형, 건물, 나무 등에 의한 레이더 빔 전파의 차단현상.
이로 인해서 차폐물 뒤의 관측 데이터에 편의(bias)가 발생한다.

부분상관(partial correlation, 部分相關) 일반적 회귀자에 대한 두 개 무작위 변수의 잔차 사이의 상관.
회귀자 $x_1, x_2, \cdots, x^n$에 대해 두 변수 y, z의 회귀함수를 Y, Z라 놓으면, 두 변수 y, z 사이 부분상관계수는 $(y-Y)$와 $(z-Z)$ 사이의 간단한 선형상관계수로 정의한다. 부분상관을 추정하기 위해서는 보통 Y와 Z의 샘플 근사치인 Y'과 Z'으로 다시 분류하는 것이 필요하다. 이 경우 부분상관은 $(y-Y')$와 $(z-Z')$ 사이 간단한 선형상관계수를 샘플 값으로 추정한다. Y'과 Z'을 한 개 변수 x의 선형함수로 취하는 아주 간단한 경우에 부분상관계수의 샘플 추정 r은 다음 공식으로 주어진다.

$$r = \frac{r_{yz} - r_{yx} - r_{zx}}{[(1-r_{yx}^2)(1-r_{zx}^2)]^{1/2}}$$

여기서 r은 변수 u, v의 짝 사이의 선형상관 표본계수를 뜻한다.

부속운(accessory cloud, 附屬雲) 구름 형성과 지속성에서 주 구름 종의 하나에 의존되어 발달되거나 변하는 구름 형태.
자주 모(母)구름이 있을 때 부속적으로 나타나며 큰 구름 무리 바로 주변에서 볼 수 있다. 구름 분류를 참조하라.

부시네스크 근사(Boussinesq approximation, -近似) 역학적 운동방정식의 한 종류로서 유체 내의 밀도의 변화는 충분히 작아 무시할 수 있을 정도이지만, 중력과 관련된 부력항에서는 $-g\rho'/\rho_0$과 같이 밀도의 편차를 고려하는 근사 방법.
여기서 g는 중력가속도이며 ρ'은 밀도의 편차, 그리고 ρ_0는 기준대기의 밀도로 상수이다. 부시네스크 근사의 핵심은 관성에서의 밀도 편차는 무시되나, 중력의 효과는 충분히 커서 서로 다른 질량을 갖는 유체 간의 경계에서 부력에 의한 연직변위가 나타난다는 점이다. 음파는 밀도(혹은 압력)의 변동을 통해 나타나므로, 부시네스크 근사가 적용된 계에서는 음파는 발생할 수 없다. 음파가 원천적으로 제거된 방정식 계라는 점에서 부시네스크 근사는 비탄성 근사의 하나로 볼 수 있다. 부시네스크 근사하에서 질량 보존을 나타내는 유체의 연속방정식은 무발산 방정식 ($\nabla \cdot \boldsymbol{V}=0$)으로 변형된다.

부시네스크 수(Boussinesq number, -數) 유체흐름이 나타내는 분자 플럭스에 대한 일부 유체흐름이 나타내는 맴돌이 플럭스의 비.
프랑스 물리학자인 조제프 부시네스크(J. V. Boussinesq, 1842~1929)에 의해서 정의되었다.
일반적으로 부시네스크 수(Bo)는 다음과 같이 정의된다.

$$Bo \equiv \frac{u}{\sqrt{2gL}}$$

여기서 u는 유체흐름의 속도이고, g는 중력가속도이고, L은 길이규모이다.

부식(corrosion, 腐蝕) 산화 및 산의 작용과 같은 화학과정에 의한 물질의 점진적인 부패 및 악화.
대기효과 때문이라면 풍화의 유형이다. 기온, 습도 및 부유불순물 등으로 인한 복합적 효과를 말한다. 가령 철이 녹스는 경우와 산성수로 젖은 표면에 대한 직접효과 혹은 토양 및 폐쇄공간 내의 곰팡이와 박테리아의 작용으로 나무가 썩는 것 같은 간접효과 등이 포함된다.

부싱어-다이어 관계(Businger-Dyer relationship, -關係) 변수의 표면 플럭스(속밀도)와 평균 수직분포 사이의 유사성을 나타내는 관계식.
이 관계식은 다음과 같다.

$$\frac{M}{u_*} = \frac{1}{k}\left[\ln\left(\frac{z-d}{z_o}\right) + \psi\left(\frac{z-d}{L}\right)\right]$$

여기서 M은 평균풍속, u_*는 마찰속도, k는 폰 카르만 상수, z는 지상 위의 고도, d는 이동거리, z_0는 거칠기 길이, ψ는 경험적 안정성 교정 용어, L은 오부코프 길이이다.

부정 실링(indefinite ceiling, 不定-) 보고된 실링 값으로서 연직시정을 지상에 근거한 대기현상(강수는 제외)으로 표현할 때 적용되는 실링 분류의 하나.
이와 같은 현상은 안개, 높날림눈, 모든 대기먼지현상을 포함한다. 부정 실링은 추정치이나 다음 중 하나를 가이드로 사용해야 한다. (1) 관측자가 연직으로 장애를 볼 수 있는 거리, (2) 실링고도 빔의 꼭대기에 해당하는 고도, (3) 실링 풍선이 완전히 사라지는 고도, (4) 자동관측소에서 센서 알고리즘으로 결정하는 고도. 부정실링은 'VV(vertical visibility)'로 나타낸다.

ㅂ

부착(aggregation, 附着) 1. 이웃한 이질적 지역의 서로 다른 표면 성질이 결합하여 평균적 값을 갖게 되는 과정.
표면속, 항력, 거칠기 등의 경계층 연구에 사용된다. 성긴 격자 간격 때문에 개개의 표면 성질을 분해할 수 없는 수치모형에서 표면 성질을 정의하는 데 주로 필요하다.
2. 눈결정들이 서로 충돌하여 뭉쳐 눈송이를 만드는 과정.
이 과정은 입자표면이 녹아 물로 감싸진 눈입자들이 서로 달라붙기 쉬운 조건을 갖는 용해층 근처에서 매우 잘 일어난다. 더 낮은 온도에서도, 특히 나뭇가지모양의 눈결정들이 서로 달라붙을 때나 권운의 장미꽃모양 결정들이 서로 달라붙을 때도 일어난다.

부채형(fanning, -形) 통계적으로 안정대기에서 연돌 플룸이 연직으로는 퍼지지 않고 정해진 고도에서 접부채처럼 수평적으로 사행하면서 확산하는 모양.
부채형 연기퍼짐이라고도 한다. 고리형, 상승형, 원뿔형, 가라앉음형을 참조하라.

부챗살빛(crepuscular ray) '박명선(薄明線)'으로서 땅거미가 질 때, 광선이 태양의 위치로부터 어둡고 밝은 띠가 번갈아 나타나는 부채모양으로 갈라지는 것처럼 보이는 현상.
일명 차광띠라고도 한다. 평행 태양광이 이렇게 명확히 발산하는 것처럼 보이는 것은 직선원근법의 결과이다. 박명광은 (1) 높고 멀리 떨어진 구름꼭대기들 때문에 보랏빛광에 걸쳐 드리워진 그림자 혹은 (2) 하층대기에서 아지랑이(연무, 안개)에 의해 태양광선으로부터 산란한 빛 근처의 그림자처럼 보일 수 있다. 설사 황혼이 아닌 주간에 관측되더라도 이와 같은 태양광선들을 때로는 부챗살빛으로 부르기도 한다.

부하분산(load balancing, 負荷分散) 병렬로 운용되고 있는 기기 사이에서 계산 부하가 가능한 균등하게 되도록 작업처리를 분산하여 할당하는 것.
부하분산을 효율적으로 하기 위해서는 각 기기의 부하를 계속적으로 측정할 필요가 있다. 그러나 부하의 측정을 지나치게 엄밀하게 운용하게 되면 부하분산 제어 자체가 오히려 큰 부하가 될 수 있어 신중한 제어가 필요하다.

북극고기압(arctic high, 北極高氣壓) 북극해 위에 늦은 봄, 여름, 이른 가을 동안 지상 종관일기도상에 나타나는 약한 고기압.
과거에는 겨울철의 북극해가 고기압을 이루고 있다고 알려졌었지만 관측자료가 늘어나면서 오히려 봄, 여름, 가을에 고기압이 잘 형성되는 것으로 알려져 있다.

북극권(arctic circle, 北極圈) 위도 66° 34′N선, 혹은 $66\frac{1}{2}$°N로 정의되는 위도선.
이 위도선은 태양이 하지(6월 21일)에 지지 않고 동지(12월 22일) 부근에는 해가 뜨지 않는 위도이다. 이 선을 따라 북극까지 6개월 동안 24시간 낮이거나 밤이 계속된다.

북극기단(arctic air, 北極氣團) 얼음이나 눈으로 덮인 겨울철 북극지면에 발달하는 기단의 종류.
북극기단은 상층도 차서 높이 발달하지만 지표면 기온은 한대기단보다 높을 때도 있다. 여름철 북극기단의 2~3개월 동안은 얕아지고 남쪽으로 이동하면서 원래의 성질을 잃어버린다.

북극대(arctic zone, 北極帶) 지리적으로 북극 주변의 위도 66° 34′N보다 북쪽 지역.
전에는 북쪽 혹한대라고 불렀다.

북극사막(arctic desert, 北極砂漠) 고위도에서 주로 암석으로 이루어져 있으며 종종 눈이나 얼음이 있으나 연간 강수가 적고 식생이 거의 없는 지역.
이러한 사막은 두 반구에 빙관(ice cap) 지역과 툰드라 기후 지역에서 나타난다.

북극한대전선(arctic polar front, 北極寒帶前線) 북반구에서 아열대와 아한대 소용돌이 사이에 형성된 전선대.
대서양에서 온난하고 고염의 걸프 해류와 차갑고 담수인 래브라도 해류가 만나서 기온과 염분 전선대를 형성하며, 때때로 뉴펀들랜드의 남부와 그랜드뱅크스로부터 북동쪽으로 중앙 북대서양까지 형성되는 차가운 벽으로 알려져 있다. 태평양에서는 두 부분이 있으며 일본 열도에 의하여 나누어진다. 더 많은 양의 저염수는 온난하고 고염의 쿠로시오와 차고 저염의 오야시오 해류의 수렴에 의하여 형성되고 35° 위도 부근의 일본으로부터 동쪽으로 온도와 염분의 전선이 확장되어 나타난다. 동해를 가로질러서 적은 양의 담수가 서쪽으로 확장되어 나타난다.

북대서양 해류(North Atlantic Current, 北大西洋海流) 그랜드뱅크스(약 40°N, 50°W)의 동쪽으로부터 유래된 걸프 해류가 북대서양으로 연장되어 흐르는 해류.
북대서양 표류 또는 서풍해류로 알려져 있다. 북대서양 해류는 대서양 아열대성 환류의 일부분에서 30Sv의 수송($30\times10^6 m^3 s^{-1}$)으로 45°W 부근 500km 미만에서 북동쪽으로 회전하여 북극한대 전선을 따라 이동하는 것으로 시작된다. 해수의 일부분은 극전선을 지나면서 혼합되어 아한대 환류로 흘러가거나 아르밍거 해류의 원류가 되지만, 대부분 북대서양 해류는 노르웨이 해류로 흐르게 된다. 북극대서양 해류는 따뜻한 아열대성 해수를 다른 북반구 해류들보다 북쪽으로 더 멀리 운반한다. 그 결과로 북부 유럽의 기후는 동위도에 위치한 알래스카 또는 북부 시베리아의 기후보다 더 온화하다.

ㅂ

북대서양 심층수(North Atlantic deep water, 北大西洋深層水) 북대서양의 1,000~4,000m 깊이에서 발견되는 물.
대서양 저층수의 약 5Sv($5\times10^6 m^3 s^{-1}$)가 덴마크 해협과 스코틀랜드-페로 제도-아이슬란드를 거쳐 북대서양 심층수의 일부를 형성하고, 북대서양 동쪽으로부터 5Sv가 유입된다. 나머지 5Sv는 겨울 대류에 의해 래브라도해에서 채워지며, 총 15Sv의 북대서양 심층수를 형성하게 된다. 오늘날 기후에서 가장 중요한 수괴 중 하나이며, 형성 원인은 해양 컨베이어 벨트의 동력이다.

북부한대수림(boreal forest, 北部寒帶樹林) 북극수목한계선을 따라 툰드라를 연결하는 산림 지역.
크게 두 부분으로 나누어져 있는데, 북부지역에는 타이가 또는 북방산림대, 남부지역에는 주로 침엽수로 구성된 전형적인 산림대가 있다.

북엔드 와류(book-end vortex, -渦流) 대류세포의 선 영역 마지막 부분에서 관측되는 중규모의 와류.
보통 연직바람 시어가 서쪽을 향하는 환경(북반구)에서 와류 시스템의 북쪽 끝은 저기압성, 남쪽 끝은 고기압성을 나타낸다. 와류들은 일반적으로 지표면 상공 2~4km 높이에서 가장 강하며, 지표면으로부터 8km 상공까지 발달할 수 있다. 와류의 규모는 10~200km 사이에서 관측되며, 종종 여러 시간 동안 지속된다. 극단적인 경우 커다란 저기압성 와류들이 지구의 전향력과 보조를 맞추어 며칠씩 지속되기도 한다.

북적도역류(North Equatorial Countercurrent, 北赤道逆流) 서쪽으로 흐르는 북적도해류와 남적도해류 사이에서 동쪽으로 흐르는 해류의 띠.
북적도역류의 위치와 강도는 대기의 적도수렴대가 결정한다. 태평양에서는 5월에서 1월 사이 위도 5°N와 10°N 사이로 흐를 때 0.4~0.6ms^{-1}로 가장 강하며, 2월에서 4월 사이 4~6°N로 축소되고 0.2ms^{-1} 이하이다. 대서양에서는 5~10°N 사이에서 0.1~0.3ms^{-1}로 흐르는데 남미에서 기니만으로 흐를 때 8월에 가장 강하고 20°W 동쪽 지역으로 제한될 때 2월에 가장 약하다. 인도양에서는 역류만 있는데 북동 몬순 계절에서만 존재한다. 적도수렴대의 5°S에 중심이 있다.

북적도해류(North Equatorial Current, 北赤道海流) 무역풍에 의해 발생하는 북반구 아열대 순환의 남쪽에서 형성되어 서쪽으로 이동하는 해류.
바람장의 변화에 빠르게 반응하고, 겨울(2월)에 가장 강하다. 대서양에서는 8~30°N에서 0.1~0.3ms^{-1}의 속도로 이동한다. 태평양에서는 이와 유사한 속도이지만, 범위가 8~20°N로 제한된다. 인도양에서는 북동계절풍이 동일한 속도의 무역풍을 발생시키는 12~4월 동안에만 발생한다. 말라카 해협으로부터 스리랑카로 0.3ms^{-1}의 속도로 좁게 흐르며, 남쪽으로 방향이 전환되어 2°S와 5°N 사이의 60~75°E 지역에서 0.5~0.8ms^{-1}로 속도가 증가되어 적도를 향해 흐른다.

북쪽한대지역(boreal zone, 北-寒帶地域) 짧지만 대체로 더운 여름의 특성을 지닌 지역으로서 눈이 오는 뚜렷한 겨울이 있는 지역.
대략 위도 45°N 지역과 북극지역 사이의 북부한대지역을 일컫는다.

북태평양 해류(North Pacific Current, 北太平洋海流) 북태평양 아열대 순환계의 북쪽 부분을 형성하고 동쪽으로 향하는 해류.
서풍해류라고도 한다. 북태평양 해류는 엠페러 해산군(Emperor Seamounts) (170°W)의 동쪽에 위치한 쿠로시오 속류(Kuroshio Extension)로부터 발생하고, 동쪽으로 진행함에 따라 더 많은 혼합이 일어나 알류샨 열도나 태평양 아북극해류와 함께 북극한대전선을 유지한다. 넓은 영역의 흐름은 약 2,000km에 이르고, 북미 연안에 접근하여 캘리포니아 해류와 합류한다.

북한한류(North Korea Cold Current, 北韓寒流) 리만 해류에 연결되어 한국 북부 연안을 따라 남쪽으로 흐르는 해류.
37~38°N에서 동한난류와 만나 동해(일본해)의 북극한대전선을 형성한다. 북한한류는 중앙 일본한류의 근원이며, 중앙 일본한류는 북한한류로부터 물을 공급받아 동해 전체를 가로지르는 극전선을 강화한다.

분광모형(spectral model, 分光模型) 예단장이 격자점보다 오히려 분광모형의 유한 세트의 합으로 표현되는 모형.
스펙트럼 방식은 일차원 경우의 푸리에 방식이거나 이중 푸리에 방식 또는 2차원상의 구면조화일 수 있다. 분광모형의 장점은 수평적 함수가 모형에서 나타난 분광방식을 정확히 계산하므로, 모형 오차가 모형의 분광 절단을 벗어나 표시되지 않은 상위 분광방식에 국한된다는 점이다.

분광법(spectroscopy, 分光法) 물질과 복사 사이의 상호작용의 방법.
모든 원자와 분자의 에너지 수위는 분리되기 때문에 복사의 흡수와 방사는 주어진 화합물이 분리된 에너지 특성으로 발생한다. 에너지 수위는 회전(마이크로파 지역), 진동(적외선 지역), 전자(가시광선 또는 극자외선)로 나타날 수 있다. 질량분광법에서 분자란 이온화되고 전기 또는 자기장을 사용하여 선택한 또 다른 질량이다. 대기에서 분자 또는 원자를 규명하기 위해 많은 분광기술이 사용된다.

ㅂ

분광습도계(spectral hygrometer, 分光濕度計) 일명 광습도계로 수증기의 흡수 파장대에서 복사 에너지가 얼마나 감소하는지를 측정해 주어진 대기에서 침전하는 습기량을 결정하는 습도계. 기구는 평형화된 에너지원으로 이루어지는데, 이것은 조사지역에 따라 수증기 흡수대에 해당하는 빈도에 민감한 탐지기로부터 분리된 것이다. 수증기농도를 결정하는 기본은 베르(Beer) 법칙으로 다음과 같이 표현된다.

$$I/I_0 = \exp(-kx)$$

여기서 I는 표본을 통과한 후의 광도, I_0는 발생 강도, x는 STP 같은 절대기준으로 감소된 경로길이, k는 흡수계수이다. 사용 목적에 가장 잘 부합되는 전자기 스펙트럼 영역은 자외선과 적외선 영역이다. 가장 광범위한 적용은 습기의 아주 높은 빈도 변화를 관찰하는 것으로 스펙트럼 습도계의 시간 상수는 무려 몇천 분의 1초이다. 스펙트럼 습도계의 이용은 주로 연구 분야에 국한되어 있다.

분광요소법(spectral element, 分光要素法) 미분방정식의 해를 수치적으로 구할 때 사용하는 방법 중의 하나.
공간을 요소단위로 나누고 각 요소에서 르장드르 다항식 혹은 라그랑주 다항식 등을 기저함수로 사용하여 함수 공간을 전개하며, 이때 미분연산자들은 기저함수의 미분으로 변환된다. 기본적인 형태는 유한요소법(finite-element method)과 유사하지만, 하나의 요소에서 고차 다항식을 기저함수로 사용하여 수치 정확도와 병렬 확장성을 높이는 데 더 유리한 장점이 있다.

분광차분방법(spectral method, 分光差分方法) 예측변수들을 유한개의 스펙트럼 모드로 구성된 세트의 합으로 표현하는 모델.

스펙트럼 모드로는 일차원의 경우 푸리에 모드이고, 이차원의 경우 이중 푸리에 모드 또는 구면 조화일 수 있다. 스펙트럼 모델의 장점은 모델의 스펙트럼 모드에 대해 수평 미분을 정확히 계산할 수 있다는 것이다. 따라서 모델의 오차는 모델의 스펙트럼을 절단하여 절단 모드보다 더 큰 고분해 스펙트럼 모드에 한정된다. **스펙트럼 법**과 같다.

분류(diffluence, 分流)　인접한 흐름이 문제의 점에서 흐름에 직각인 축을 따라 발산하는 흐름.
합류의 반대이다. 분류는 $\partial v_n/\partial n$ 또는 $V\partial\Psi/\partial n$로 표현된다. 여기서 V는 풍속, n축은 바람 벡터 방향으로부터 시계 방향으로 90° 방향이고, v_n은 n 방향의 바람성분이다. 그리고 Ψ는 기준 방향으로부터 시계 방향으로 1° 단위로 측정한 풍향이다.

분리(decoupling, 分離)　대기의 한 층이 근접층과 상호작용을 멈추는 과정.
해리라고도 한다. 예를 들면, 야간에 발달하는 층적운의 경우 구름하부에 난류 경계층이 발달하게 되는데, 구름상부의 장파복사 냉각은 공기를 침강시키는 작용을 하여 구름과 구름하부 대기층 간의 강한 상호작용을 유도하게 된다. 한편 주간의 태양복사는 구름층의 온도를 구름하부의 대기층보다 높이는 작용을 하여, 결국 두 층 간에 약한 안정층이 형성되고, 이로 인해 두 층의 상호작용은 감소하거나 멈추게 된다.

ㅂ

분리고기압(cut-off high, 分離高氣壓)　파동의 발달과정 중 마지막 단계에서 적도 쪽의 고기압이 극 쪽으로 분리되어 나간 상태.
파동이 발달하면서 북쪽의 찬 저기압은 남쪽으로, 남쪽의 따뜻한 고기압은 북쪽으로 이동하게 되는데 마지막 단계에서 적도 쪽의 따뜻한 공기를 품은 고기압이 극 쪽으로 본류에서부터 분리되어 나간 온난고기압으로서 대개 저지고기압으로서의 역할을 한다.

분리저기압(cut-off low, 分離低氣壓)　파동의 발달과정 중 마지막 단계에서 극 쪽의 저기압이 적도 쪽으로 분리되어 나간 상태.
파동이 발달하면서 북쪽의 찬 저기압은 남쪽으로 남쪽의 따뜻한 고기압은 북쪽으로 이동하게 되는데 마지막 단계에서 극 쪽의 찬공기를 품은 저기압이 적도 쪽으로 본류에서부터 분리되어 나간 한랭저기압을 말한다. 대개 분리고기압과 아울러 풍상 측 흐름을 저지하는 역할을 한다.

분산(dispersion, 分散)　1. 진동수 또는 파장에 따른 복소굴절지수의 변화.
때때로 증가하는 진동수와 함께 이 지수가 증가하면 '정상'으로, 증가하는 진동수와 함께 이 지수가 감소하면 '이상'으로 분류된다. 그러나 이상분산이라고 하여 이상한 것은 아니다. 모든 물질은 어떤 진동수에서 이상분산을 보인다. 분산은 시간적으로 변하는 조화장에 의해 생기는 들뜸 현상에 대한, 개개의 원자와 분자의 고유한 진동수에 의존하는 반응 결과이다. 분산에 의해 여러 진동수로 구성된 빛을 프리즘을 통과시키는 것처럼 성분들로 분리할 수 있다. 무지개와 무리의 색깔은 각 분산 때문에 생긴다.
2. 대기오염물과 같은 대기성분들의 퍼짐 현상.
분산은 분자 확산, 난류 혼합 또는 평균 바람 시어에 의해 발생할 수 있다. 오염된 공기가 바람에 의해 이동되는 것은 분산이라 하지 않고 수송이라 부른다. 분산의 양은 보통 통계적 방법으로 계산하는데, 어떤 물질의 폭발처럼 순간적인 방출의 경우에 폭발오염물 질량 중심으로부터 오염물 입자 위치(x, y, z)의 표준편차(σ_x, σ_y, σ_z)로, 굴뚝에서 나오는 것처럼 연속적인 방출의 경우에는 플룸 중심선으로부터 오염물 입자 위치(x, y, z)의 표준편차(σ_x, σ_y, σ_z)로 나타난다. 플룸에 대해서 카테시안 좌표계는 x축을 플룸 중심선 고도의 평균 바람방향으로 잡을 수 있고, 이때, 풍향에 직각인 분산과 연직분산은 각각 σ_y와 σ_z로 기술된다.
3. 통계학의 빈도분포에서 평균으로부터 빈도값의 산포 정도.

분산(variance, 分散) 변동성의 정도 변동의 폭.
시계열의 경우 시간에 따른 변동성의 정도를 의미하며 유사하게 공간적인 변동성도 고려할 수 있다. 주어진 시계열의 평균값에서 벗어나는 정도를 이야기하며 수식으로 다음과 같이 정의된다.

$$\sigma^2 \equiv E[(x-\mu)^2] \equiv E(x^2)-\mu^2$$

위에서는 E는 기댓값으로 앙상블 평균값을 나타낸다. 시계열의 경우 시간축상의 변동성에 대한 평균값을 앙상블 평균으로 대체함이 일반적이다. 위 식에서 양의 값을 가지는 σ^2의 제곱근을 표준편차라 하며 n개의 표본들 x_1, x_2, ..., x_n과 평균값 $\overline{x}$를 계산할 수 있는 경우 다음과 같이 표현한다.

$$s^2 = \left[\sum_{i=1}^{n}(x-\overline{x})^2\right] \Big/ (n-1)$$

s^2의 제곱근 중 양의 부호를 가지는 s가 표본 표준편차이며 상응하는 표준편차 값의 추정치이다. 계산 통계 분야의 전문 용어이다.

분산관계(dispersion relationship, 分散關係) 파동에 있어서 주파수와 파장의 이론적 관계식. 예로서 순압대기 로스비 파의 분산관계는 다음과 같다.

$$\nu = \overline{u}k - \beta k/(k^2+l^2)$$

여기서 ν는 주파수, k, l은 동서 및 남북 방향의 파수이며, $\beta = df/dy$, f는 코리올리 매개변수이다.

분산 메모리 병렬화(distributed memory parallelism, 分散-竝列化)　스레드 단위로 병렬화를 수행하는 공유 메모리 병렬화와 달리 프로세스 단위로 수행하는 병렬화 기법.
동일 노드 내에서도 프로세스 사이의 정보는 통신으로 전달해야 하는 단점이 있지만 많은 노드들 사이에서도 정보를 전달할 수 있어 병렬화의 기본이 된다. 분산 메모리 병렬화에서는 알고리즘을 제외하면 통신 성능이 가장 중요한 요소가 되기 때문에 시스템의 네트워크 성능이 병렬 성능을 좌우하게 된다.

분산선도(dispersion diagram, 分散線圖)　파동에 대한 주파수와 파장의 관계식을 나타낸 그림.
이는 파동의 속력과 분산 특성을 결정하는 데 유용하다.

분석(analysis, 分析)　1. 주어진 시각에 대기의 실제 상태를 유추하는 과정.
분석의 결과물은 그 자체로서 특정 시각의 대기상태에 대한 종합적 · 진단적 정보를 제공한다는 점에서 매우 유용하다. 분석의 결과물을 보통 분석장이라 하며, 이 분석장은 수치예보모형의 초기장으로 사용되거나 관측자료의 품질을 조사하기 위한 기준값으로도 사용될 수 있다. 수치예보에서 분석장은 이전의 예측된 모델 결과값과 주어진 기간에 대해서 얻어진 관측자료를 통계적으로 결합하여 생산된다. 이러한 과정을 자료동화 과정이라고 부른다. 분석장을 생산하는 데 예측된 모형의 결과(배경장)를 이용하는 것은 보통 주어진 기간에 존재하는 관측의 수가 모형 내 모든 격자에 정보를 전달할 정도로 많지 않기 때문이다. 따라서 전지구적으로 (혹은 지역적으로) 격자화된 대기의 실제 상태를 유추하기 위해서 모형의 배경장을 활용하는 것이 필수적이다.
2. 종관기상학에서 관측에 기반을 둔 대기상태의 연구를 지칭하는 말.
어떤 변수나 물리량을 성분 패턴을 분리하거나 여러 등치선을 그리는 작업을 의미한다. 따라서 종관 차트의 분석은 동시에 관측되거나 예측된 바람, 기압, 온도, 습도, 구름, 대기 중 물현상의 패턴들을 그리고 해석하는 것을 포함한다.
3. 불완전하고 불규칙하게 분포된 관측들의 유한한 모음으로 알려진 대기 또는 어떤 시스템의 상태를 규칙적인 격자에 투영하거나, 대기상태를 표준화된 수학적인 함수의 진폭으로 표현하는 절차.

분쇄(comminution, 粉碎)　서리 등 응결 같은 자연작용을 통해 암석이 작은 조각으로 쪼개지는 것(응결과 해동과정을 번갈아 거치면서 형성되는 균열).
식물, 나무 및 바위에서 자라는 유기체들의 생화학적 작용, 바람침식(모래분사와 유사한 자연현상), 해양파작용(海洋波作用), 빙하수중침식, 그리고 구조 작용[지표면 크러스트에서의 응력으로 인한 암석의 전단(剪斷) 및 절리(節理)]에 사용되는 용어이다.

분압(partial pressure, 分壓) 밀폐된 용기 속에 두 종류 이상의 기체가 혼합되어 있을 때의 절대온도를 T, 압력을 p, 체적을 V라고 할 때, 이 용기로부터 한 종류의 특정 기체만 남기고 다른 기체를 모두 제거하더라도 체적과 온도는 변하지 않는데 이때 용기 안에 남은 기체(i)에 의한 압력(p_i).
일반적으로 대기의 압력은 건조공기의 압력과 수증기압의 합이다. 따라서 공기압에서 수증기압을 제거하면 건조공기의 압력만 작용하게 되는데, 이를 건조공기의 분압이라고 한다.

분자규모 온도(molecular-scale temperature, 分子規模溫度) 미국 표준대기(1962)의 성질에서 정의한 온도.
분자규모 온도의 정의는 다음과 같다.

$$T_m(z) = M_0 T(z) / M(z)$$

여기서 $T_m(z)$는 고도 z에서 분자규모 온도, M_0는 해면에서 공기의 분자량, $M(z)$는 고도 z에서 공기의 분자량이다. 그리고 $T(z)$는 고도 z에서 절대온도이다.

분자량(molecular weight, 分子量) 어떤 특정 분자의 1몰[분자의 아보가드로(Avogadro) 수와 같은]의 질량.
탄소원자 1몰의 질량을 12gm으로 정의한다.

분포 그래프(distribution graph, 分布-) 수문학에서 특정한 기간의 스톰에 대하여 통계적으로 유도한 수문곡선.
시간의 함수로 하천의 한 점을 통과하는 총 직접유출의 백분율을 도식적으로 나타낸 것이다. 이것은 보통 연속적인 짧은 시간 구간 안에 백분율 유출의 막대 그래프나 표로 나타낸다. 원칙적으로 이것은 단위유량도와 같다. 둘 다 강(江) 예보의 도구로 사용되기도 하고 다른 배수 영역의 유출 특성과의 비교와 같이 다른 목적을 위하여 사용되기도 한다.

분포함수(distribution function, 分布函數) 어떤 무작위 변수가 어느 임의의 수 x보다 작거나 같은 값을 가질 확률을 나타내는 함수 $F(x)$.
정의에 의하면 분포함수는 무작위 변수의 가능 최솟값 밑에 있는 모든 값의 x에 대하여 0이고 무작위 변수의 가능 최댓값과 같거나 보다 더 큰 모든 값의 x에 대하여는 1이다. 더욱이 $x_2 > x_1$이면 언제나 $F(x_2) \geq F(x_1)$이다. 때때로 이 용어의 의미를 분명히 하기 위해 분포함수를 누적분포함수라 부른다.

분할유선(dividing streamline, 分割流線) 언덕이나 산에 접근하는 안정한 유체흐름을 두 영역 — 유체흐름이 수평적이고 장애물 둘레로 나누어지는 하부 영역과 유체흐름이 3차원적이고 언덕을 넘어가는 상부 영역 — 으로 분리시키는 고도를 나타내는 유선 또는 흐름 경계.
이것은 유체흐름과 장애물 높이 H 사이의 관계를 나타내는 프루드(Froude) 수가 1보다 작을 때 일어난다. 이 흐름 경계의 고도 H_c는 $H_c = H(1-Fr)$인 것으로 알려져 있다. 이처럼 흐름 경계의 고도는 언덕의 꼭대기와 밑면 사이에 놓이게 되고 흐름이 안정할수록 이 고도는 낮아진다. 이 개념은 오염 플룸이 부딪치기 쉬운 경사면의 고도를 결정하기 위하여 대기오염 연구에 사용되어 왔다.

분해(resolution, 分解) 거의 동일한 수량값이 식별 가능한 정도.
해상(解像), 해(解), 분해능(分解能), 해상도(解像度)라고도 한다. (1) 측정 가능한 수량의 최소 변화(량), (2) 구분 가능한 측정 수량의 최솟값, (3) 컴퓨터 프로그램의 논리적 사고를 가능하게 하는 정규 추론, (4) 광학 시스템이 대상의 가시적으로 구분되는 부분을 표현하고, 다양한 광원들 사이에서 구별할 수 있는 능력.

불스아이 스콜(bull's eye squall) 남아프리카 연안의 해상에서 특징적으로 나타나는 좋은 날씨에 형성되는 스콜.
스콜의 명칭은 폭풍의 보이지 않는 소용돌이 꼭대기에 나타나는, 작고 고립된 구름의 특이한 형상에서 따온 용어이다.

불안정(instability, 不安定) 한 계의 정상상태의 한 성질로서, 그 상태 안으로 이입된 어떤 요란들이나 섭동들이 크기로 증가하여, 최고의 섭동 진폭이 늘 그 초기 진폭보다 더 커지는 상태.
고정파를 가정하는 작은 섭동들의 방법은 불안정을 시험하는 통상의 방법이다. 불안정한 섭동들은 그담에 보통 시간에 따라 지수적으로 증가한다. 한 불안정한 비선형계는 다른 정상상태로 접근할 수도 있고 안 할 수도 있다. 작은 섭동의 방법은 이 예측을 만들어 낼 수 없다. 그 작은 섭동은 한 파동 변위일 수도 있고 덩이 변위일 수도 있다. 덩이 방법은 그 덩이의 변위로 그 환경이 영향을 받지 않는다고 가정한다. 덩이와 환경의 상호작용에 관한 약간의 정보를 얻기 위해 그 덩이 방법의 한 수정으로 조각 방법이 자주 사용되어 왔다. 위와 같이 정의된 안정도는 한 점근적인 개념이다. 다른 정의들이 가능하다. 정밀성은 사용자의 편에서 요구되고, 주의는 독자 편에서 요구된다. 불안정의 개념은 많은 과학 분야들에서 채택되고 있다. 기상학에서 보통 다음 가운데 하나에서 언급되고 있다. (1) 정수 균형에 있는 한 유체 안에서 한 덩이의 연직변위들의 정지 불안정 (또는 정수 불안정). (**조건부불안정**, **절대불안정**, **대류불안정**, **부력불안정**을 참조하라.) (2) 준정수 근사가 적용되거나 안 되거나, 유체역학의 근본 방정식들로 지배되는, 움직이는 유체 시스템 안에 있는 덩이 변위들, 또는 더 흔히 파들의 유체역학적 (또는 역학적) 불안정. (헬름홀츠 불안정, 관성불안정, 경압불안정, 순압불안정을 참조하라.) 불안정한 파들의 공간 규모가 기상학에서 중요하다. 헬름홀츠, 경압 및 순압불안정이 주는 불안정한 파들의 파장은, 일반적으로 이 순서로 증가한다. 시간규모도 중요하다. 죽기 전에 이틀 동안 자라는 한 섭동은 많은 기상학적인 목적들을 가지고 보면 효과적으로 불안정하지만, 이것은 한 초기치 문제이고 우리는 영속적인 파들의 존재를 가정할 수 없다. 이들 기상학적 유형들의 유체역학적 불안정은 수학자들과 물리학자들에 의해 흔히 똑같은 용어로 언급되는 그 현상과 혼동되어서는 안 된다. 다량의 연구가 실험실 조건들 밑에서 나타나는 간단한 흐름들 안에서의 난류 발생의 문제에 바쳐져 왔는데, 여기서 불안정의 한 원천은 점성이다.

불연속 갤러킨 방법(discontinuous Galerkin method, 不連續-方法) 연속 갤러킨 방법과 유사하게 불연속 갤러킨 방법도 유한요소법과 갤러킨 방법을 결합한 것.

ㅂ

수치해를 계산하는 전체 영역을 작은 요소들로 나누고 각 요소 내의 격자점에서 정의되는 함수를 요소 안에서 정의된 기저함수의 선형 결합으로 표현한다. 각 요소의 경계에 격자점을 두기 때문에 경계에 함수값이 존재한다. 연속 갤러킨과의 차이는 요소의 경계에서 함수값들이 연속이 되도록 하는 구속조건이 존재하지 않는다는 점에 있다. 따라서 약형 미분으로 미분방정식을 계산할 때, 약형 미분연산자와 원천항 외에도 플럭스 항이 나타나게 된다. 또 다른 차이는 시험함수가 정의되는 함수 공간에 있다. 불연속 갤러킨 방법에서 사용되는 시험함수는 L^2 공간에서 정의되나, 연속 갤러킨 방법의 시험함수는 H^1 공간에서 정의된다.

불연속 난류(discontinuous turbulence, 不連續亂流) 대기경계층의 정적 안정지역에서 발생하는 난류처럼 연직적으로나 수평적으로 연속되지 않은 난류.

예를 들면, 야간의 안정한 경계층에서는 비난류층(층류층)에 의해 분리되는 하나 또는 그 이상의 난류층이 형성될 수 있다. 각 층의 난류가 지표와 상호작용하지 않고 별도로 변할 수 있기 때문에 이 경우를 모형화하기는 매우 어렵다. 낮에 대류혼합층 꼭대기에는 보통 정적으로 안정한 마개역전층이나 유입역이 존재하는데, 여기서 안정역전층의 층류 영역이 층을 뚫고 올라온 난류 열기포와 자유대기를 분리시킨다. 이 지역을 수평으로 비행하는 항공기는 간헐적인 난류를 경험할 수 있다.

불연속 스펙트럼(discrete spectrum, 不連續-) 성분 파장, 성분 파수 및 성분 진동수가 연속적인 값이 아니라 불연속적인 값으로 구성되어 있는 스펙트럼.

어떤 함수가 주기적이거나 주기적이라 가정될 수 있다면, 또는 이 함수가 어떤 값을 가진 한정된 표본으로 나타내진다면, 이 함수의 푸리에 분석은 불연속 스펙트럼을 제공한다. 푸리에 급수가 이 분석에 사용될 수 있다.

불쾌지수(discomfort index, 不快指數) 미국의 기후학자 톰(E. C. Thom)이 1959년에 고안하여 발표한 체감기후를 나타내는 지수.
온습도지수라고도 한다. 기온과 습도만의 조합으로 구성되어 있기 때문에 여름철 실내의 무더위를 알아보는 기준으로는 적당하지만 다른 용도로 사용하는 것은 한계가 있다. 원래 불쾌지수(discomfort index, DI)를 건구온도 Td와 습구온도 Ts를 이용하여 $DI=0.4(Td+Ts)+15$로 나타내는 화씨온도를 기준으로 한 관계식을 $DI=0.72(Td+Ts)+40.6$으로 수정하여 섭씨온도로 사용할 수 있도록 하였다. 습구온도가 관측되지 않는 기상관서에서는 $DI=9/5$(건구온도)-0.55(1$-$상대습도)(9/5(건구온도)-26)$+32$(단, 기온은 ℃, 상대습도는 소수 단위)의 식을 이용하여 계산한다. 인종에 따라 쾌적구간의 범위가 다르기 때문에 동일한 불쾌지수 값에 대해서 불쾌감을 느끼는 정도에 차이가 있다. 예를 들어, 미국인들은 DI 75~80의 경우에 일부가, 80~85의 경우에 모두가, 85 이상의 경우에는 모두가 참을 수 없을 정도로 불쾌감을 느끼는 것으로, 한국인들은 DI 75~80의 경우에 10% 정도가, 80~83의 경우에 50% 정도가, 83 이상의 경우에 모두가 불쾌감을 느끼는 것으로 조사되었다. 따라서 불쾌지수가 80 이상일 때는 업무를 중단하고 휴식을 취하는 것이 효율적이다. 위에 제시한 경우에서는 일사나 풍속을 고려하지 않았기 때문에 야외에서 적용하기는 어렵다. 예를 들어, 일사가 강할 때는 불쾌감이 더 강해지고, 바람이 불면 불쾌감이 약해지기 때문이다. 야외에서 적용할 수 있는 불쾌지수를 다음과 같이 고안하여 사용하고 있다.

$$DI = 0.74(Td + Ts)\sqrt{(w)} + 21.6(S) + 40.6$$

여기서 w는 풍속이고 S는 전천일사량이 된다.

불확정성(uncertainty, 不確定性) 동일한 측기 또는 방법에 따라 동일한 양의 충분히 큰 측정수의 표준편차.
따라서 한 측기의 부정확성은 수정가능하지 않은 부분으로서, 측정 정밀도의 한계를 표현한다. 측기의 불확정성은 마찰, 헛돌음, 전자 잡음 같은 요소가 작용하는 예측 가능하지 않은 효과로부터 기인한다.

불활성 기체(noble gas, 不活性氣體) 주기율표의 18족을 이루는 헬륨(He), 네온(Ne), 아르곤(Ar), 크립톤(Kr), 크세논(Xe), 라돈(Rn) 등의 활성도가 매우 약한 기체.
불활성 기체는 원자궤도가 완전히 채워졌기 때문에 반응성이 매우 작으며 대기 중에 미량 함유되어 있다.

붉은 비(blood rain) 강하 중에 빗물에 포집된 이물질(예 : 꽃가루, 붉은색의 먼지 등)의 영향으로 붉은색조를 보이는 비.
붉은 비가 나타나려면 지상에서 구름의 밑면까지의 먼지로 가득 찬 기층이 형성되어 있어야 하며, 이때 먼지입자들은 붉은색을 나타낼 수 있을 만큼 풍부한 산화철이 포함되어야 한다. 유황비(sulfur rain)를 참조하라.

붕괴(breakdown, 崩壞) 전기적으로 스트레스를 받은 공기가 절연체에서 전도체로 변환되는 과정.
붕괴에는 뇌운에 의하여 발생된 전기장하에서 전자의 가속이 이온화 전위(電位)에 도달하는 과정이 포함되며, 연속적으로 새로운 전자들이 생겨나 이러한 붕괴를 촉진하고 규모를 크게 하거나 전도성(傳導性)이 강화된 공기의 부피를 확대시킨다. 붕괴는 번개가 발전하기 전 단계이다.

브라운 운동(Brownian motion, -運動) 유체분자가 입자와 충돌하는 속도의 변동으로 인해 정지해 있는 유체에 부유해 있는 입자의 빠르고 혼돈적인 운동.
평균적으로 입자는 궁극적인 힘을 받지 않으나 그 평균으로부터의 편차가 브라운 운동을 일으키는 것이며, 식물학자 로버트 브라운(Robert Brown)이 화분가루에서 처음으로 발견했기 때문에 그의 이름을 따라 명명되었다.

브라질 해류(Brazil Current, -海流) 남대서양에 위치하고 있는 아열대 자이어(gyre)의 서안경계류.
남적도해류에서 분기되며 폭이 매우 좁은 것이 특징이다. 남아메리카 해안을 따라 남쪽으로 약 10스베드룹의 수송량을 가지는 서안경계류 중 가장 약한 강도를 가지고 있는 해류이다. 브라질 해류는 33S와 38S 사이의 남아메리카 해안으로부터 분기되는데, 그 분기점은 계절적으로 약간의 변동성을 보이며 남반구 여름철(12~2월)에 좀 더 적도 쪽에서 가까운 쪽에 위치한다.

브런트-바이살라 진동수(Brunt-Väisälä frequency, -振動數) 공기덩이가 정적으로 안정된 환경에서 수직 방향으로 임의의 변위를 받은 유체입자가 평형점 주위에서 진동할 때의 진동수.
공기덩이가 정적으로 안정된 환경에서 연직으로 변위되었을 때 나타나는 진동수로 다음과 같이 표현된다.

$$N = \left(\frac{g}{\theta_v} \frac{\partial \theta_v}{\partial z} \right)^{\frac{1}{2}}$$

여기서 $g(=9.8\mathrm{ms}^{-1})$는 중력가속도, θ_v는 평균 가온위, $\partial\theta v/\partial z$는 가온위의 연직경도이다. 단위는 비록 보통 s^{-1}로 표시되지만 초당 래디안을 의미한다. N은 정적으로 불안정한 대기에서는 정의되지 않고 정적으로 중립인 대기에서는 0이다.

브레드벡터(bred vector) 수치모형의 수치해에서 역학적으로 가장 빠르게 자라는 불안정한 벡터를 증식법(breding method)에 의해서 만들어 낸 섭동 벡터.
비섭동 모델과 섭동 모델을 시간적으로 적분하여 주기적으로 섭동 모델의 결과와 비섭동 모델의 결과 차이로 나타나는 벡터이다.

브로켄 괴물(Brocken spectre, -怪物) 구름 위로 비치는 관측자의 그림자.
보통 관측자가 산이나 산마루 꼭대기에 있고, 낮게 뜬 해가 관측자의 그림자를 계곡 아래의 안개 또는 구름 위로 드리울 때 생겨난다. 사실 그림자의 크기는 관측자의 크기와 같지만 관측자는 때때로 그림자의 크기가 거대하다고 느낀다. 이런 효과는 가까운 데 있는 그림자와 구름 사이로 보이는 먼 물체 사이의 대조 때문에 생겨난 것으로 보인다. 그 명칭은 독일의 하르츠 산맥 꼭대기에 있는 브로켄 산에 오른 등반가들의 초기 관측에 의하여 붙여진 것이다.

블로킹 통신(blocking communication, -通信) 메시지 패싱(message passing) 기반 병렬 프로그램에서 프로세스들 사이의 정보를 전달하기 위한 통신방법.
크게 블로킹 통신(blocking communication)과 **논블로킹 통신**(non-blocking communication)으로 나눌 수 있으며, 블로킹 통신의 경우 루틴이 호출된 시점에서 통신이 완료될 때까지 프로세스는 계속 대기하고 있으며 완료된 이후에 통신에 사용한 버퍼를 안전하게 사용할 수 있다. 이 때문에 점대점 통신에서 송신 및 수신의 순서가 제대로 정렬되어 있지 않을 경우 프로세스들이 교착(deadlock)에 빠질 수 있다.

블루 노이즈(blue noise) 난류시계열의 푸리에 분석과 같이 스펙트럼의 고주파수(짧은 파장) 부분에 더해진 잘못된 스펙트럼 에너지.

브뤼크너 주기(Brückner cycle, -週期) 상대적으로 기온이 낮고 습한 시기와 따뜻하고 건조한 시기가 약 35년을 주기로 교대로 나타나는 현상.
네덜란드에서 35~40년 주기로 이러한 현상이 발생한다는 것을 베이컨(Francis Bacon)경에 의하여 알려진 후, 1890년에 브뤼크너(E. Brückner)에 의해 재발견되었는데, 당시에는 이 현상을 세계적인 것이라 여겼고 여기에 상당한 경제적 중요성이 있다고 보았다. 몇몇 연구들은 많은 기상 및 관련 현상들에서 수십 년의 시간적 규모로 일어나는 준주기적 활동을 발견하였지만, 실제 이러한 특수한 빈도를 가진 브뤼크너 주기가 존재하는가에 대해서는 아직도 많은 논란이 있다.

비(rain) 지름이 0.5mm 이상의 크기의 물방울 형태의 강수.
광범위하게 흩뿌려질 때 물방울의 크기는 이보다 더 작을 수 있다. 다른 형태의 액상강수로 유일한 예는 이슬비로서, 물방울의 지름은 대체로 0.5mm 미만이고, 물방울의 수가 훨씬 더 많으며, 약한 비보다 시정을 훨씬 더 감소시킨다는 점에서 일반적인 강수와 구별된다. 임의의 시간과 장소에서 강우강도는 관측 목적에 따라 다음과 같이 분류할 수 있다. (1) **약함** : 강우 흔적과 시간당 0.25cm(0.10인치) 사이의 강우강도 범위로서, 최대강우율이 0.025cm(0.01인치)를 넘지 않는 경우이다. (2) **보통** : 시간당 0.26에서 0.76cm(0.11~0.30인치) 범위로서, 6분 동안 최대강우율이 0.076cm(0.03인치)에 불과하다. (3) **강함** : 강우율이 시간당 0.76cm 또는 6분 동안에 0.076cm 이상인 경우이다. 비의 우량계 측정이 강우강도를 판정하기 위해 바로 준비가 되어 있지 않은 경우, 관측 매뉴얼에 기재된 기술(記述)체계에 의거하여 추정할 수 있다.

비 그늘(rain shadow) 장벽의 풍상 측 방향 지역과 비교하여 산악장벽의 풍하 측에서 강수량이 급격히 감소하는 지역.
습윤한 주풍(主風)의 흐름 혹은 계절 흐름 대해 바람 방향에 마주보는 경사면에서 대체로 강한 산악성 강우를 경험할 수 있다. 하지만 장벽의 풍하 측으로 하강기류는 따뜻해지거나 건조해지는 것보다 안정적이 되어 강우가 억제된다. 극적인 예로서 흔히 인용되는 두 가지 경우는 우선 인도 서부의 가트(Ghat) 산맥으로서, 해당 산맥의 서부 경사면상의 여러 지점들에서 연간 600cm 이상의 강우량을 보였지만, 동부 경사면은 연간 60cm 이하의 강우량을 보였다. 다른 예로 하와이 섬은 북동무역풍을 마주보는 경사면에서의 강수량은 450cm에 달하는 반면, 섬의 풍하 측 여러 지점들에서 강수량은 100cm 미만으로 관측되었다. 미국에서 비 그늘을 보여주는 좋은 예는 시에라네바다의 동부지역이 있다. 여기서 주풍으로 서풍이 이 지역의 서부 경사면에 대부분의 습기를 침적하는 반면, 이 지역의 동부에는 대분지 사막이 형성되어 있다.

비가역과정(irreversible process, 非可逆過程) 우주(시스템과 그 주위)의 엔트로피가 증가하는 과정, 원래의 상태로 돌아오지 않은 과정, 계와 그 주위의 총엔트로피가 증가하는 과정. 모든 실제 과정들은 비가역적이다.

비국지 난류(nonlocal turbulence, 非局地亂流) 기술적으로 공간상의 어떤 점에서 함수값을 구할 때 모든 공간의 정보를 필요로 한 경우 이를 비국지적(non-local)이라고 하는데 이때의 난류.
어떤 한 지점에서의 난류효과를 근사할 때 인접한 지점뿐만 아니라 공간적으로 다른 지점에서의 기상상태(바람 속도, 바람 시어, 온도경도 등)를 고려하여 난류를 근사하는 것을 말한다. 보통은 열적인 요인으로 지면 근처에서 발생한 강하고 큰 규모의 난류가 지면에서 멀리 떨어진 영역의 난류 혼합에 영향을 주는 과정을 의미한다.

비국지 종결(nonlocal closure, 非局地終結) 어떤 고도 z에서 난류 혼합(예 : 난류열 플럭스)을 난류가 발생된 영역 전체의 대기상태를 고려하여 근사하는 방법.
비국지 종결방법은 어떤 고도 z에서의 온도, 운동량 등의 물리량의 난류 플럭스를 계산할 때 대기경계층 내의 대기상태, 즉 풍속, 바람 시어, 온도경도 등을 고려하여 결정한다. 난류가 작은 에디들로 구성되어 있다고 가정하는 국지 종결과는 달리 난류에 의한 혼합이 다양한 크기 스펙트럼을 가진 에디들에 의한 혼합을 고려하는 방법이다. 주로 열기포와 같은 큰 규모의 에디들에 의해 발달하는 대류경계층에서 난류 혼합효과를 고려할 때 사용한다.

비국지 플럭스(nonlocal flux, 非局地-) 물리량의 국지 경도에 관계없는 대류경계층 내 큰 에디들에 의한 난류 플럭스.
지표 가열에 의해 형성되는 대류경계층 내에서 지표 난류열 플럭스는 큰 에디들에 의해 연직 방향으로 분배되는데, 이 큰 에디들에 의해 수송되는 난류열 플럭스는 국지 온위 경도와 무관하게 나타날 수 있다. 수치모형에서 이러한 대류경계층에서의 난류수송 효과를 모수화하기 위해 K-이론에 의한 국지 종결 방안에 비국지(non-local) 플럭스 항을 추가하는 방법을 사용한다.

$$\overline{w'\theta'} = -K\left(\frac{\partial\overline{\theta}}{\partial z} - \gamma\right)$$

여기서 γ는 비국지 플럭스 영향을 나타낸다. 국지 경도를 이용하지 않고 비국지 혼합(non-local mixing)을 표현하는 방법으로 혼합 행렬(transilient matrix)을 이용하기도 한다. 이 방법에서 난류열 플럭스의 연직 난류 수송은 아래와 같은 식으로 표현된다.

$$\overline{w'\theta'}(t, \Delta t) = \frac{\Delta z}{\Delta t}\sum_{i=1}^{k}\sum_{j=k+1}^{n}\left[c_{ji}(t, \Delta t)\theta_i(t) - c_{ij}(t, \Delta t)\theta_j(t)\right]$$

여기서 n은 총 연직 격자수, Δz는 연직 격자 간격, Δt는 시간 증분, θ는 각 층의 온위, c_{ij}는 혼합 행렬을 나타낸다.

비균질권(heterosphere, 非均質圈) 대기 조성의 균질성에 따라 대기를 두 부분으로 나눌 때 대기의 상층 부분.
즉, 균질권 위에 있는 층이 비균질권이다. 고도에 따라 조성의 변화가 있고 성분 기체의 평균 분자량 변화가 있는 것이 비균질권의 특징이다. 이 변화는 주로 태양으로부터 오는 자외선에 의해 산소분자가 산소원자로 분리되기 때문에, 이 영역에서는 혼합작용보다는 확산작용이 더 지배적이기 때문이다. 비균질권은 지표면으로부터 80~100km 상공으로부터 시작하므로 이온권 및 열권과 거의 일치한다.

비늘구름하늘(mackerel sky)　고등어 비늘모양으로 줄지어 있는 권적운이나 고적운으로 덮인 하늘.
비늘구름은 전선계가 고기압 영역을 만나 쇠약해지면서 고층운이 깨져 고적운으로 변하여 발생한다. 그리고 한랭전선 앞에 있는 온대저기압의 난역에서 소나기 현상과 관련되어 발생하기도 한다.

비단열과정(non-adiabatic process, 非斷熱過程)　고려하고 있는 계(system)와 주위 사이의 전도, 복사에 의한 열 교환과정.

비동기 통신(asynchronous communication, 非同期通信)　분산 메모리 기반의 병렬 컴퓨팅에서 각 프로세스에서 독립적으로 수행된 계산 결과를 다른 프로세스로 데이터를 전송할 때, 상대방 프로세스의 자료 수신 여부에 상관없이 다음 계산 작업을 수행하는 것을 허락하는 통신방법. 비저지 통신(non-blocking communication)이라고도 한다. 일반적으로 계산과 통신이 중첩되도록 설계할 수 있어, 병렬 효율성을 높이기 위해 흔히 사용되는 방법이다. Message Passing Interface(MPI) 표준에서 제공하는 MPI_ISEND나 MPI_IRECV와 같은 점대점(點對點) 통신에서 사용되는 비동기 통신 루틴이 대표적인 예이며, 2012년 9월에 공표된 MPI-3 표준에서부터는 일대다(一對多) 혹은 다대다(多對多) 통신을 위한 비동기 루틴인 MPI_IBCAST, MPI_IALLGATHER 등도 제공하고 있다.

비등(ebullition, 沸騰)　액체의 끓음, 구체적으로 말하면 액체의 정상적인 끓는점에서 시작되는 과정으로서 그 액체 안에서 액체의 증기 기포가 형성되는 것과 액체표면으로 기포가 활발하게 상승하는 현상.
비등은 증발보다 액체분자를 증기 형태로 탈출시키는 율을 훨씬 더 크게 만든다. 그 이유는 상(相) 변화에 대한 유효 면적이 증발하는 액체보다 끓는 액체에서 훨씬 더 크기 때문이다.

비복사강도(specific radiation intensity, 比輻射强度)　입사하는 복사 에너지(빛 등)의 파장별 특성을 나타내는 물리량으로 단위면적에 단위시간 동안 단위입체각에 제한된 방향에서 단위파장 범위의 입사하는 복사 에너지의 강도(J/m^2 · st · si · min).
이 물리량은 복사 에너지가 입사되는 면적, 파장 범위, 시간, 입체각 내에서 평균된 양이라 할 수 있다. 따라서 입사되는 면적, 입체각의 크기, 파장 범위, 시간을 세밀하게 나누어 산정한 복사강도는 보다 구체적인 값이 된다. 앞에서 정의된 물리량은 입사 비복사강도이고 동일한 방법으로 물체의 단위면적에서 방출되는 복사 에너지의 복사강도를 정의할 수 있는데, 이를 방출(放出) 비복사강도라 한다.

비부피(specific volume, 比-) 어떤 물질의 단위질량당 부피.
단위는 m^3/kg이다. 밀도의 역수가 되고 보통 α로 나타낸다.

$$\text{사용 예} : p\alpha = RT \Leftrightarrow p = \rho RT$$

비 세척 제거(rain washout, -洗滌除去) 떨어지는 빗방울에 의한 미립자와 가스상 오염물질들이 포획되는 현상.
상기 두 경우에서 '세척계수(W_p)'는 세척기간 t 동안의 오염물질의 부분적 고갈(X/X_0)을 나타내는 것으로서 추정될 수 있다.

$$X/X_o = \exp(-W_p t)$$

여기서, X_0는 오염물질의 초기농도이고 X는 시간이 흐른 뒤 시간 t에서의 농도이다.

비숍 고리(Bishop's ring) 1883년 하와이, 크라카토아 화산이 분출했을 때 호놀룰루의 비숍(Rev. S. Bishop)이 관찰한 희미하고 넓은 적갈색 코로나.
그는 이 코로나의 내측 각도반경이 20°, 각 너비가 10°라고 기술하였다. 그 뒤 추가적인 관찰기록은 거의 전무하게 나타나지 않았다.

비습(specific humidity, 比濕) 습윤공기에서 수증기 질량을 전체 공기 질량으로 나눈 값.
비습도라고도 한다. 비습 q는 m_v, m_d가 각각 수증기 질량, 건조공기 질량일 때, 다음과 같이 표현된다.

$$q = \frac{m_v}{m_v + m_d}$$

대개의 경우 단위는 g/kg을 사용한다. 비습은 혼합비와 다음 관계가 있는데,

$$q = \frac{x}{1 + x}$$

대기 중 수증기 질량이 차지하는 비율은 4% 이내이므로, 비습과 혼합비는 거의 비슷한 값을 갖는다. 그러므로 종종 비습과 혼합비를 혼용하기도 한다. 비습은 다음 식과 같이 가온도(T_v)를 정의하는 데 사용된다.

$$T_v = (1 + 0.61q)T$$

비압축성 유체(incompressible fluid, 非壓縮性流體) 일정 온도를 유지하며 압력이 변화할 때 밀도가 일정한 유체.
즉, 유체의 압축성 계수가 영인 유체를 말한다. 비단열 가열 또는 냉각과정에서 비압축성 유체는 팽창이나 수축을 한다. 보통 등온과정의 문제에서 이 유체는 성층을 하기도 또 하지 않기도 하는데(밀도 차이를 가짐), 압력이 높은 데서 낮은 데로 또는 그 반대의 경우에 공기덩이가 이동하면 그 공기덩이의 밀도는 변하지 않는다. 수학으로 표현하면 밀도경도 $\nabla\rho$와 국지도함수 $\partial\rho/\partial t$는 영이 아닐 수 있으나 개별도함수 $d\rho/dt$는 영이다. 아래와 같이 연속방정식의 총발산은 영이다.

$$\nabla \cdot \boldsymbol{u} = \frac{\partial u}{\partial x} + \frac{\partial v}{\partial y} + \frac{\partial w}{\partial z} = 0$$

여기서 $\boldsymbol{u}$는 성분 u, v, w를 가지는 속도이다. 기상학에서 많은 경우에 대기는 연직운동만이 압축성인 비균질 유체로 취급한다. 정역학 평형의 가정을 쓰면, 압축파(음파를 포함)를 제거하는 효과를 얻는다.

ㅂ

비얼음(glaze) 비, 이슬비, 안개에 의해 침적되거나 과냉각 수증기로부터 응결된 과냉각 물막의 결빙에 의하여 노출된 물체 위에 형성되는 얼음의 입힘 현상.
비얼음은 일반적으로 투명하고 매끄러운 편인데, 상고대 또는 하얀서리보다는 더 농밀하고 딱딱하고 투명하다. 비얼음의 밀도는 0.8 또는 0.9g cm^{-3}로 큰 편이다. 비얼음이 잘 형성되려면 물방울의 크기가 크고, 결착(結着)이 급격히 이루어지고, 과냉각이 약하고 융해열의 소산이 느려야 한다. 이와는 반대의 조건들이 상고대 형성에는 좋은 조건이 된다. 지구상 물체에 비얼음의 결착은 얼음보라를 발생시킬 수 있다. 항공기 착빙의 한 유형으로서 이것을 맑은 얼음이라 부른다. 상고대뿐만 아니라 비얼음은 대기 중의 얼음입자 위에 형성될 수 있다. 보통의 우박은 전적으로 (또는 거의) 비얼음으로 구성되어 있다. 우박 속에 교대로 나타나는 투명층과 불투명층은 각각 비얼음과 상고대를 나타내는데, 이것은 성장하는 우박 주위의 상태가 변하는 가운데 침적되기 때문이다.

비에너지(specific energy, 比-) 수문학에서 채널 단면의 단위유체 무게당 총에너지.
비에너지 방정식은 다음과 같다.

$$E = y + v^2/2g$$

여기서 y는 유체흐름의 깊이, v는 평균속도, g는 중력이다.

비야크네스 순환정리(Bjerknes circulation theorem, -循環定理) 비야크네스(Bjerknes)가 순환의 시간적 변화율을 알기 위해 유도한 정리.

절대순환은 상대순환(C)과 지구의 자전에 의한 순환(C_e)의 합으로 나타낼 수 있다. 지표면과 수평인 폐곡선에 대한 순환을 고려하면, $C_e = 2\Omega < \sin\phi > A = 2\Omega A_e$와 같이 쓸 수 있는데, Ω는 지구의 자전각속도, ϕ는 위도, $< \cdot >$는 순환을 정의하는 폐곡선 내부의 평균치를 의미하며 A는 폐곡선으로 둘러싸인 면적, A_e는 A가 적도 평면에 투영된 면적을 나타낸다. C와 C_e를 사용하면 켈빈의 순환정리는 다음과 같다.

$$\frac{dC_a}{dt} = \frac{dC_e}{dt} + \frac{dC}{dt} = -\oint \frac{dp}{\rho}$$

상대순환은 다음과 같이 정의할 수 있다.

$$\frac{dC}{dt} = -\frac{dC_e}{dt} - \oint \frac{dp}{\rho} = -2\Omega\frac{dA_e}{dt} - \oint \frac{dp}{\rho}$$

이를 비야크네스의 순환정리라 한다. 비야크네스의 순환정리에 따르면, 순압유체가 운동 중에 A_e가 증가할 경우(예 : A가 일정하게 유지되면서 북으로 이동한다면) 순환은 감소하게 된다.

ㅂ

비열용량(specific heat capacity, 比熱容量) 어떤 시스템 내의 총 열용량을 질량비로 나타낸 양. 비열용량은 전적으로 시스템에 구성된 물질의 성질을 반영한다. 열용량과 함께 비열은 등적(c_v), 등압(c_p)에서 발생하는 과정으로부터 정의된다. 이상기체의 경우 두 과정 모두 온도에 대하여 상수이며, $c_p = c_v + R$의 관계를 갖는다(여기서, R은 기체상수). 273K에서 건조공기의 경우 등압, 등적의 비열용량은 아래와 같다.

$$c_p = 1005.7 \pm 2.5 Jkg^{-1}K^{-1}$$
$$c_v = 719 \pm 2.5 Jkg^{-1}K^{-1}$$

습윤공기의 경우, 건조공기와 수증기의 비열용량을 각각의 질량 비율에 따라 가중 평균해야 한다.

비저항(resistivity, 比抵抗) 특정 온도에서 주어진 물질의 단위 상호 단면적당, 단위길이당 전기저항.
비저항(specific resistance)이라고도 한다. 전류는 반대면들에 대해 수직으로 흐르며, 또 그 반대측 면들에 대해 균일하게 분포한다는 것을 이해함으로써 단위길이의 가장자리를 가진 해당 물질의 정육면체의 저항으로도 해당물질의 비저항을 정의할 수 있다. 비저항은 통상적으로 옴 센티미터 단위로 표현한다. 비저항의 상대개념은 전도율이다.

비점성유체(inviscid fluid, nonviscous fluid, 非粘性流體) 유체의 각 작은 요소의 경계에

압력을 가하는 모든 표면력이 이 경계에 수직으로 작용하는 유체.
이상유체, 완전유체라고도 한다. 의미상 응력 텐서는 압력으로 단순화되고 이 압력은 유체 내의 점-함수 스칼라이다. 그래서 실제 점성유체와는 대조적인 비점성유체의 역학은 다음과 같다. (1) 딱딱한 경계면에서 흐름의 접선성분에서 어떠한 저항도 없고, (2) 유체 내에서 운동 에너지가 열 에너지로 소산되지 않는다. 자유대기에서 흐름은 보통 비점성으로 취급하며, 다양한 목적으로 점성력은 무시한다. 비점성유체가 어떤 표면을 따라 흐를 때, 그 표면을 자유 미끄러짐면(free slip surface)이라고 한다.

비정렬격자(unstructured grid, 非整列格子)　유클리드 평면 또는 공간상에서 삼각형이나 사면체 등의 간단한 모양으로 계산 영역을 분할하는 것.
이러한 유연성으로 인해 **유한체적법**이나 **유한요소법** 등의 수치기법을 이용하는 경우에 쓰이는 방식이다. 정렬격자와 달리 n차원 공간 영역을 표현하는 전체 격자를 단지 1개의 인덱스로만 표현할 수 있다.

ㅂ

비정역학모형(nonhydrostatic model, 非靜力學模型)　정역학 가정을 사용하지 않는 대기모형.
비정역학모형에서는 정역학 균형방정식 대신 예단 연직운동량 방정식을 직접 계산한다. 비정역학모형은 수평규모가 O(100m)인 대기운동이나 적운 대류, 해륙풍과 같이 작은 규모의 중규모 순환들을 모의하는 데 적합하다. 컴퓨터 계산 성능의 급속한 향상으로 중규모 일기예보에서는 주로 비정역학모형을 사용한다.

비즈(bise)　스위스 중부지방(쥐라 산맥과 알프스 산맥 사이의 지역)과 동부 프랑스의 여러 지역에서 부는 찬 북풍, 북동풍 또는 동풍의 전선 뒤 바람.
비즈는 보통 알프스 산맥의 북서쪽 또는 북쪽에서 강화되는 고기압에 의해 발생한다. 워너(Wanner)와 퍼거(Furger, 1990)에 따르면, 북쪽과 북동쪽에서 오는 찬 기류가 쥐라 산맥과 알프스 산맥 사이의 협곡으로 흐르며, 이에 의해 스위스 중부지방과 상류 론강 골짜기 위로 비즈가 형성된다. 비즈는 일반적으로 전선 뒤 현상이며 한랭건조한 대륙공기의 이류와 밀접하게 관련되어 있다. 전형적으로 비즈는 약 1~3일 동안 지속된다. 비즈는 봄에 가장 많이 발생하여 맑고 화창한 날씨가 된다. 겨울에는 비즈의 특별한 경우가 발생하는데, 이때에는 알프스 산맥 남쪽에 지중해 저기압계에 의해서 기압경도가 발생하여 발칸지역의 습한 공기를 가져온다. 짙은 구름과 산악지역의 눈보라, 그리고 비, 눈 또는 우박이 수반되는 이 바람은 '검은 비즈'로 불린다. 봄에는 비즈가 수일 동안 지속되며 서리 피해를 준다. 프랑스 동쪽 중부의 모르방에서는 3월의 아주 건조한 찬 비즈를 '3월의 건조한 바람(hale de mars)'이라고 부른다. 프랑스 남동부 발렌시아 지방의 남동쪽에 있는 드롬 계곡에서는 습하고 포근하며 때로 안개를 유발하는 북서풍을 '비즈

안개'라고 부른다.

비지균풍(ageostrophic wind, 非地均風) 실제 또는 관측된 바람과 수평 기압경도력과 전향력의 균형을 통해 나타나는 바람의 지균풍(geostrophic wind)과의 벡터차로 정의된 바람.
실제 바람을 $\boldsymbol{u}$, 지균풍을 $\boldsymbol{u}_g$로 정의했을 때, 비지균풍 $\boldsymbol{u}_a$은 $\boldsymbol{u}-\boldsymbol{u}_g$로 정의된다. 지균풍은 균형 원심력을 무시하고 마찰력이 없다고 가정한 바람으로 기압경도력과 전향력이 균형을 이루어 그 방향이 등압선과 평행한 바람이다. 주로 고도가 높은 곳의 상층풍이 이러한 지균 성질을 나타낸다. 그러나 실제로 상층의 바람은 제트류를 포함하여 항상 변화하며, 이러한 비지균 성질을 가진 실제 바람의 벡터와 지균풍의 벡터의 편차값을 비지균풍이라 한다. 종관규모 대기역학의 관점에서 한순간의 중위도 대기의 바람을 지균풍으로 근사할 수 있으나, 비지균풍이 존재하지 않으면 지균풍의 시간적 변화를 예측하는 방정식을 얻을 수 없다. 즉, 비지균풍이 존재하지 않는 경우, 종관규모 수평바람은 대기 질량 (혹은 온도)과 완전히 별개의 것이 되어, 종관규모 대기역학에서 중요하게 다뤄지는 준지균 잠재와도의 보존에 대한 방정식을 얻어낼 수 없다. 보통 지균풍은 무발산으로 공기기둥의 연직 팽창이나 수축에 영향을 받지 않지만, 발산적인 비지균풍으로 표현되는 공기기둥의 팽창 및 수축을 통해 온도변화의 영향이 수평적인 지균풍으로 전달된다.

ㅂ

비직교좌표(non-orthogonal coordinate, 非直交座標) 비직교좌표계는 좌표에 평행한 기저 벡터들의 내적이 0이 아닌 좌표계.
비직교좌표계에서는 기저 벡터가 공변 기저 벡터와 반변 기저 벡터로 나뉘며 이 둘은 서로 직교한다. 따라서 비직교좌표계에서는 하나의 벡터가 공변 벡터, 반변 벡터로 각각 표현되는 이중성(duality)을 가지며, 이 둘은 계량 텐서를 통해 서로 변환된다.

비차등위상(specific differential phase, 比差等位相) 편파 레이더에서 구해지는 모수의 하나로서 거리에 따른 차등위상의 변화율.
비차등위상은 다음 식으로 정의한다.

$$K_{DP} = \frac{\phi_{DP}(r_2) - \phi_{DP}(r_1)}{2(r_2 - r_1)}$$

여기서 ϕ_{DP}는 차등위상이며, r은 레이더 관측 거리를 나타낸다. 강우의 경우 비차등위상은 0~10°/km이고 강설의 경우 0~2°/km이다.

비탄성근사(anelastic approximation, 非彈性近似) 오구라(Yoshi Ogura)와 필립스(Norman A. Phillips, 1962)가 처음으로 제시한 근사.
이 근사를 통해 깊은 대류현상을 표현할 수 있는 역학방정식계를 얻을 수 있다. 부시네스크

계와 비교하여 상대적으로 대류권의 높이 정도의 깊은 계를 다룰 수 있는 장점이 있다. 비탄성계이므로 이 역학방정식계에서는 음파의 발생이 원천적으로 불가능하다. 단, 이와 같이 근사된 방정식계는 부시네스크 계와 같이 참고 대기를 필요로 하며, 비탄성계는 등온위 대기를 참고 대기로 가정한다. 실제 대기가 평균적으로 등온 대기와 등온위 대기의 중간 정도에 위치한다는 점을 감안할 때, 등온위 대기를 이용하는 것에 비현실적인 면이 존재하기는 하지만, 비탄성계 자체만으로도 운동량 보존, 각운동량 보존 및 에너지 보존에 대한 관계식을 완전히 표현할 수 있다는 점에서 물리학적으로 합법적인 역학계이다. 비탄성근사하에서는 질량 보존을 나타내는 유체의 연속방정식이 다음과 같이 질량 속의 무발산 방정식으로 변형된다.

$$\nabla \cdot (\rho_0 \boldsymbol{v}) = 0$$

여기서 ρ_0는 참고 대기의 밀도로서 일반적으로 고도의 함수로 주어진다.

비활동구름(passive cloud, 非活動-) 대기경계층과 상승기류 및 하강기류와 연계하여 더 이상 역학적이지 못한 적운.
이 구름들은 경계층 꼭대기 바로 위에서 감쇠하고 소멸하며, 오염물질을 집중하여 남긴다. 이 구름들은 방사식으로 대기경계층과 접합하여 땅으로 흐른다.

비피아이 증발계(BPI pan, -蒸發計) 직경이 6피트, 깊이가 2피트인 색칠하지 않은 아연도금한 철로 만든 원형증발 팬.
팬은 땅에 묻되 가장자리가 표면으로부터 2인치 정도 나오도록 묻고, 수면은 지면 높이로 유지한다. 이렇게 설치하면 팬의 온도변화를 줄이고 팬 계수를 일에 더 가깝게 유지하게 된다. 평균 팬 계수는 0.9로 보고되어 있다.

비회전(irrotational, 非回轉) 유체의 흐름에 있어 회전성이 나타나지 않는 상태.
비회전 운동에서는 소용돌이도의 벡터 값이 0($\nabla \times V = 0$)이고, 속도 퍼텐셜이 존재한다. 자동순압적인 흐름에서 어떤 특정 시간에 그 흐름이 비회전적 성질을 보였다면, 모든 시간에 대해 그 흐름은 비회전적 성질을 갖는다. 또 다른 예로는 중력파를 들 수 있는데, 규모가 작은 대기운동의 경우 중력파는 비회전으로 취급하고, 규모가 충분히 큰 경우에는 회전적 성질을 갖는다.

빈도(frequency, 頻度) 통계학에서 사용되는 용어로 주어진 일련의 관측에서 어떤 특정한 사건이 일어나는 횟수.
예를 들면, 어떤 기간 동안 한 특별한 관측소에서 관측되는 비오는 날의 수를 말한다. 여러 종류의 연구(특히 수문기상학적 연구)에서 빈도의 역수인 재현기간이 사용된다.

빈도분포(frequency distribution, 頻度分布) 1. 변수의 값과 발생빈도를 각각 좌표로 하는 영역에서 나타나는 곡선.
이것은 보통 막대 그래프로 나타낸다.
2. 문턱값을 초과할 확률과 문턱값 사이의 관계.
빈도곡선이라 부르기도 한다. 수평 x축에 강우량을 수직 y축에 빈도나 확률을 나타내는 그래프에 빈도곡선이 그려진다.

빈의 법칙(Wien's law, -法則) 빈이 열역학적 관점으로 유도한 이상적 흑체의 단색 방출률과 온도 사이의 관계식.

$$e_\lambda / T^5 = f(\lambda T)$$

여기서 e_λ는 파장이 λ인 흑체의 단색 방출률(방출력)이고 T는 흑체의 절대온도이며 함수 $f(\lambda T)$는 고전 열역학적 방식으로는 결정될 수 없는 함수였지만, 1901년 플랑크가 함수 $f(\lambda T)$에 대해 기술하면서 현대 양자역학의 시초를 형성하였다.

빈의 변위법칙(Wien's distribution law, -變位法則) 흑체에서 방출되는 가장 강한 복사 에너지의 파장은 온도에 반비례한다는 복사법칙.
이 법칙은 다음과 같다.

$$\lambda_{MAX} = \frac{2897}{T} [\mu m]$$

여기서 λ_{MAX}는 최대 복사 에너지를 갖는 파장이고, T는 복사체의 표면온도를 말한다.

빗가시거리(oblique visual range, -可視距離) 수평선에서 기울어진 시선을 따라 볼 때 일정한 목표를 인식할 수 있는 최대거리.
매우 다른 배경 휘도 때문에 상향 빗가시거리와 하향 빗가시거리를 구별해야 한다. 또 거리는 보통 수평 가시거리가 사실인 것 같이 주어진 목표 형태에 대해만 고려될 수 있다. 지면가시접촉에서 하향 빗가시거리와 항공기 가시 감지에서 상향 빗가시거리가 중요하지만, 이에 대한 만족할 이론은 아직 전개하지 못했다. 이 문제를 취급함에 최고의 장애물은 감쇠지수의 비균일한 고도변화에 있다.

빗모양 측운기(comb nephoscope, -模樣測雲器) 1897년 베손(L. Besson)이 제작한 직시측운기(direct vision nephoscope) 가로받침대에 붙어 있는 일정한 간격으로 위치한 연직막대 여러 개로 이루어진 빗으로 구성되어 있는 측운기.

이 빗은 2.5~3m 길이의 기둥 한쪽 끝에 부착되어 연직 축 주위를 자유롭게 회전하는 받침대로 지지한다. 사용할 때 구름이 연직막대의 끝부분들에 대해 평행하게 이동하는 것처럼 보이도록 이 빗이 회전한다.

빗방울(raindrop) 대기를 통해 낙하하는 지름이 0.5mm 이상의 크기에 해당하는 물방울. 엄밀한 의미로 자유 낙하하는 물방울의 지름이 0.2에서 0.5mm 범위라면 빗방울이라기보다 이슬비 방울이라 부르지만 이 구분은 자주 무시하고 있으며, 지름이 0.2mm를 초과하는 모든 물방울을 빗방울이라 한다. 지름을 0.2mm로 제한한 것은 다소 임의적이지만 이 정도 크기의 물방울이 급격히 낙하하여(대략 초속 0.7m) 수백 미터 척도의 거리에서 증발하여 소멸되지 않을 충분한 속력을 내기 때문에 택한 기준이다. 정확한 물방울의 생존 거리는 상대습도의 함수이다. 이렇게 제한한 크기보다 훨씬 더 작은 물방울은 대부분의 구름들로부터 너무 천천히 떨어지기 때문에 지면에 도달하기 이전에 증발한다. 거의 대부분의 경우, 미류운(尾流雲)은 이슬비방울에 부여된 제한크기보다 지름이 약간 작은 물방울로 구성된다. 전형적인 빗방울은 지름이 1~2mm 사이이지만 전형적인 구름 물방울의 지름은 0.01~0.02mm 정도이다. 빗방울은 초당 2~12m로 낙하한다(고도에 따라 다름). 대략 1mm 이상 크기의 빗방울들은 기류에 의하여(물방울의 기반이 더 편평함) 점차로 변형되는데, 가장 큰 빗방울은 높이 대 폭의 비율이 1 : 2이다. 빗방울은 구름 물방울이 병합하거나 얼음 강수가 녹아서 생성될 수 있다. 임의의 강우의 특징은 빗방울의 특정 크기분포에 의하여 결정되고 특정한 폭풍우 내에서도 이 분포 때문에 폭풍우의 특성들을 변화시킬 수 있다. 강한 뇌우에서 관측된 빗방울들 중에 가장 큰 수치는 구형지름이 5~8mm에 이르기도 한다. 이렇게 큰 빗방울들은 드물지만, 종종 구름강수의 침착으로 인한 따뜻한 강수과정에서 형성될 수도 있으며 우박이 녹으면서 생길 수도 있다.

빗방울 분열(raindrop breakup, -分裂) 빗방울이 낙하하며 다른 빗방울과 충돌하면서 하나 이상의 빗방울로 분열되어 나누어지는 현상.
분열된 후의 빗방울의 크기분포는 충돌에 관여하는 빗방울들의 크기에 의존하는 복잡한 형태의 함수이다. 하지만 대체로 분열 후 빗방울의 수는 분열 전 낙하하는 빗방울의 크기에 비례한다. 큰 빗방울이 분열될 확률이 높고, 이러한 분열은 충돌·병합과정에 의한 빗방울의 성장을 제한하게 된다.

빗방울 크기분포(raindrop size distribution, -分布) 임의 지역에 낙하하는 빗방울들에 대한 크기분포.
이 분포는 형성과정(눈녹음 또는 물방울 병합 등에서 발생) 그리고 수평 및 수직 바람 시어에 따라 큰 폭으로 변화한다. 이는 지역에 따라 각기 다른 낙하속도를 분석하여 빗방울을 분류하는 기준이 된다.

빙구온도(ice-bulb temperature, 氷球溫度) 습구온도가 0℃ 미만이고 온도계 위의 물이 얼 때의 습구온도와 같은 의미의 용어.
건조한 상태에서 건습구습도계의 습구는 기온이 어는점보다 어느 정도 높을 때에도 빙결할 수 있음을 주목하라.

빙산(iceberg, 氷山) 빙하로부터 부서져 나가 바다에 떠다니거나 얕은 바닷물에 좌초하여 움직이지 못하는 큰 얼음덩어리.
보통 해면으로부터 5m 이상의 크기를 갖고 있다. 이것은 표류빙산과 구별된다. '빙산'이란 용어는 보통 지형적으로 거친 해안을 따라 빙하가 떨어져 나감으로써 생기는 불규칙한 얼음덩어리를 말한다. 반면, 평판빙산과 얼음섬은 얼음선반으로부터 떨어져 나가 생기고 표류빙산은 바다얼음으로부터 형성된다. 크기가 큰 것에서 작은 순으로 빙산을 분류하면 다음과 같다. (1) 얼음섬(ice island) : 면적으로 수천 m^2에서 500km^2까지, (2) 평판빙산(tabular iceberg), 빙산(iceberg), 소빙산(bergy bit) : 해면 위 5m보다 작고 면적으로 1m^2와 200m^2 사이, (3) 작은 빙산(growler) : 해면 위 1m보다 작고 면적으로 약 20m^2.

빙설권(cryosphere, 氷雪圈) 지구 내에서 자연적 요소인 물, 토양 등이 동결된 상태로 존재하는 지역.
주로 극지역 또는 높은 고도의 지역이 이에 속하며, 대륙빙하, 해빙, 동토층, 계절 강설지역 등이 있다.

빙정핵(ice nucleus, 氷晶核) 얼음결정(혹은 빙정)이 만들어지는 데에 핵의 역할을 하는 것.
대기에서 대부분의 빙정핵은 과냉각 물방울이 얼어 핵이 되거나, 수증기가 바로 승화되어 핵이 된다. 드물지만 점토입자나 화산재 등도 빙정핵이 될 수 있다.

빙하(glacier, 氷河) 고지대에서 쌓인 눈이 장기간 재결정화에 의해 축적된 후 중력 때문에 지속적으로 천천히 저지대로 흐르는 얼음덩어리.
빙하는 내린 눈의 양이 녹거나 승화에 의해 소멸되는 양보다 클 경우 수백 년간 축적된 얼음덩이가 자체의 무게에 의해 변형되어 흐르게 된다. 빙하는 흐르는 지형에 따라 고지대빙하, 평원빙하, 습곡빙하 등으로 불린다.

빙하바람(glacier wind, 氷河-) 빙하와 면해 있는 공기의 온도와 같은 고도의 공기의 온도 차이에 의해 빙하의 표면을 따라 부는 작은 중력풍.

산바람이나 계곡풍과 달리 빙하바람은 방향이 바뀌지 않으며 통상 오후에 발달하고 난류의 특징을 보인다.

빙하시대(ice age, 氷河時代) 지질시대에서 지구 여러 곳이 광범위하게 얼음으로 덮여 있던 시기.
홍적세라고도 한다. 반대로 지구온도가 높아서 얼음이 양극지역에 국한되거나 아예 분포하지 않은 시기를 간빙기라고 한다. 홍적세는 1만~160만 년 전 기간을 나타내는데, 이 기간에는 얼음이 북아메리카와 유라시아의 북부 중위도의 넓은 지역을 주기적으로 덮었다. 대륙을 덮은 얼음 면적은 대개 수만 년 동안 증가하고 감소하는 형태를 반복했다. 즉, 홍적세 내에서도 여러 번의 간빙기가 있었다.

(빙하의) 증량(alimentation, 增量) 일반적인 의미는 자양물이나 영양을 공급하는 과정이며, 빙하학에서는 빙하나 설원의 양을 증가시키는 과정.
융삭(ablation)의 반대 의미이다. 눈이 퇴적하는 것이 빙하를 증량시키는 주된 요인이지만, 강수의 승화나 해빙수의 재냉각도 또 다른 원인이다. 증량으로 늘어난 양을 누적(accumulation)이라 부른다.

빙하주변기후(periglacial climate, 氷河周邊氣候) 대륙빙하 또는 빙모의 외부 주변 바로 경계 지역의 기후.
주된 기후 특징은 얼음지역 끝에서 차고 건조한 바람이 발생하는 빈도가 높다. 이들 지역은 강한 저기압 활동대가 유지되기 위한 이상 조건이 만들어진다고 여긴다.

대기과학용어사전

사나운 서풍(brave west wind, -西風) 온대지역 해양에서 강하고 지속적으로 부는 서풍을 나타내는 항해 용어.
사나운 서풍은 북반구에서는 위도 40~65°, 남반구에서는 위도 35~65°에서 부는데, 특히 남반구 40~50°에서 자주 발생하고 매우 강하게 불기 때문에 이 위도대를 '포효하는 40°'라 한다. 이 바람은 아한대 온대지역에서 발생하여 동진하는 저기압의 강한 기압경도(적도 방향을 향한)와 연관이 있다. 따라서 이 바람은 주로 남서풍과 북서풍 사이에서 변동한다.

사막기후(desert climate, 砂漠氣候) 식물이 성장하기에 부적합할 정도로 습기가 충분하지 않은 기후.
극도로 건조한 기후를 의미하며, 쾨펜의 기후구분에서는 BW에 해당된다. 연강수량이 가능증발량의 1/2보다 적으며, 주로 위도 15~30°에 나타난다.

사막화(desertification, 砂漠化) 건조함이 심화되면서 사막기후로 변하는 과정.
자연기후 강제력의 변화에 따른 대규모 대기순환장의 변화가 원인으로 작용하거나 인위적으로는 산림벌채, 가뭄, 부적절한 농사활동, 인간활동의 증가에 따른 온실가스 방출에 의한 온난화 등이 주원인인 것으로 알려져 있다. 현재 사막화는 미국의 남서부, 멕시코 동부, 북아프리카, 아프리카 남부, 오스트레일리아 등지에서 빠르게 진행되고 있다.

사분위수(quartile, 四分位數) 임의의 확률변수 축에서 확률분포를 4등분하는 값의 조합.
어떤 분포의 양 극한 사이를 4등분하는 3개의 4분위수는 Q_1, Q_2, Q_3로 표기되며, 확률분포함수 $F(x)$를 이용하여 다음과 같이 정의된다.

$$F(Q_1) = 0.25;\ F(Q_2) = 0.50;\ F(Q_3) = 0.75$$

따라서 Q_2는 중앙값과 일치한다. 경험적인 상대빈도표에서 사분위수는 내삽으로 추산된다. 사분위수 Q_1과 Q_3 사이를 사분위 범위라 하고 $2Q$로 나타낸다. 또 이 사분위 범위의 절반인 Q를 준사분위범위라 하며, 확률변수의 분산도를 대략적으로 파악하는 데 활용된다.

46도무리(halo of 46°, -度-) 해나 달과 같은 광원 주위에 각반경이 약 46°가 되는 완전한 원모양 또는 원모양의 일부로 형성된 무리.
무리, 22도무리를 참조하라.

4차원 변분자료동화(4 dimensional variational data assimilation, 四次元變分資料同化) 3차원 공간과 시간을 결합한 4차원 공간에서 모델의 예측기능을 활용하여 기상상태를 객관적으로 결정하는 방법의 일종.

분석오차를 비용함수로 나타내고, 변분원리를 비용함수에 적용하여 이 함수가 최소가 되도록 분석장을 결정한다. 이때 서로 다른 시각의 관측자료들은 모델의 예측기능 또는 구속기능을 통해 같은 시각의 자료처럼 분석할 수 있게 된다. 비용함수는 크게 관측오차와 모델 오차로 구성하는데, 관측오차는 분석값과 관측값의 차이며 모델 오차는 분석값과 모델 예측값의 차이다. 보통 모델이 예상한 6시간 예보값이 사용되며 두 오차값은 각각의 분산으로 정규화하여 사용한다. 관측오차가 모델 오차보다 크면 관측자료를 분석에 많이 반영할수록 비용함수가 커지므로, 비용을 최소화하는 과정을 거치면서 모델 예측자료가 분석에 많이 반영된다. 반대로 관측오차가 모델 오차보다 작으면 관측자료가 분석에 많이 반영된다. 관측오차와 모델 오차의 공분산은 통상 과거자료의 통계분석으로 결정한다. 최근에는 앙상블 예측자료를 활용하여 현재 기류 패턴에 적합한 모델 오차를 다시 산정하여 활용하는 기법이 많이 쓰인다.

4차원 자료동화(4 dimensional data assimilation, 四次元資料同化) 3차원 공간과 시간을 결합한 4차원 공간에서 모델의 예측기능을 활용하여 기상상태를 객관적으로 분석하는 방법. 분석에 사용하는 관측자료들은 종류가 다르고, 좌표가 다르고, 고도도 다르지만, 특히 관측 시점이 다르기 때문에 동일한 시점에서 다양한 관측자료들을 통합하여 분석하기 쉽지 않다. 하지만 수치모형의 예측기능을 활용하면 서로 다른 시점에서 관측한 자료들을 동일한 시점에서 분석할 수 있다. 예를 들면 북서풍이 불 때 6시간 전에 백령도에서 관측한 자료는 남동쪽으로 이류하는 효과를 감안하면 현재 시점의 오산 부근 가상관측자료로 근사할 수 있다. 한편 관측자료가 희박한 지역에서는 모델의 예측장을 많이 반영하고 관측자료가 풍부한 곳에서는 모델의 예측장을 보정해 준다면, 균질적인 4차원 분석자료를 확보할 수 있다. 모델의 예측기능을 활용하는 방법은 크게 두 부류로 나누어지는데, 너징(nudging)을 이용한 역학적 초기화 방법과 수반모델을 이용한 4차원 변분자료동화 방법이다.

사태(avalanche, 沙汰) 1. 가파른 산 경사를 따라 밑으로 빨리 움직이는 다량의 눈. 눈사태라고도 한다. 눈사태는 흐트러지고 광폭하는 것이나 평판으로 분류될 수 있다. 어느 분류나 그것을 만드는 눈의 성질에 따라 건조할 수도 습할 수도 있지만, 보통 건조한 눈은 흐트러진 눈사태를 이루고 습한 눈은 평판들을 이룬다. 큰 눈사태는 함께 발생하는 바람과 전면의 공기를 휩쓸면서 사태바람을 만드는데, 이 사태바람은 눈사태의 파괴력을 더욱 크게 한다.
2. 가파른 언덕 밑으로 빨리 움직이는 다량의 지상물질(흙, 바위 등).
산사태라고도 한다.

사태바람(avalanche wind, 沙汰-) 마른 눈사태의 전방 또는 산사태의 전방에 생기는 공기의 돌진.

가장 파괴적인 형태인 사태돌풍은 사태가 계곡 바닥으로 거의 연직으로 낙하하여 별안간에 멈출 때 일어난다. 이때 발생한 돌풍은 어느 한 집을 부숴 뭉개지만 이웃집에는 전혀 해를 주지 않는 등 매우 변덕스럽게 나타난다.

사피어-심슨 허리케인 규모(Saffir-Simpson hurricane scale, -規模) 허리케인의 강도를 최대 지상풍속에 따라 5단계로 구분하여 나타낸 것.
허리케인에 의한 피해 규모를 예측할 수 있다. 1971년 사피어와 심슨에 의해 제안되어 1974년부터 미국립허리케인센터에서 사용되고 있으며 허리케인의 중심기압이나 강수 등은 고려되지 않았다.

산곡풍계(mountain-valley wind system, 山谷風系) 종관기상 기류가 약하고 맑거나 또는 거의 맑은 날씨 동안 산-계곡에서 발생하는 국지풍의 일변화 주기.
이 주기에 해당하는 전통적 바람에는 활승바람, 낮 시간의 계곡풍, 활강바람, 밤 시간의 산곡풍이 있다. 이 바람들은 대응하는 상층 흐름이 있어 닫힌 순환을 이룬다고 볼 수 있다. 예로서 활강바람의 경우 계곡 위로 향하는 상층 흐름이 있을 수 있으며, 관측에서도 일부 확인된 바 있다. 고전적 바람 모델에는 일몰 후에도 계속 부는 활승바람이 있으나, 보엔 비가 크거나 지상열속이 큰 반건조 지역에서 대기경계층의 대류가 이 활승바람을 차단하여 오후 중 또는 오후 늦게 바람이 아래로 분다. 계곡이 평지에 열려 있을 때 지속적 활강바람인 계곡유출 제트가 평지에서 수 킬로미터까지 계속 뻗는다. 산곡풍계에서 바람을 변화하게 하는 기본 원리는 계곡의 위치이다.

산란(scattering, 散亂) 물질에 의한 복사 에너지의 방출과는 다르게 외부 전자기파가 어떤 물질에 작용한 후 물질이 복사 에너지를 변화시키는 과정.
광범위하게 볼 때 전자기파의 반사, 굴절, 회절을 포함한다. 산란은 정반사(거울면 반사)나 회절로 설명할 수 없는 부분을 설명하는 한정적인 의미로 사용된다. 이것은 복사와 상호작용하는 매질이 모든 크기의 입자 규모에서 연속성을 갖지 않기 때문이다. 산란광은 광원의 입사광과는 다른 방향에서 관측된 복사를 의미하기도 하며, 이러한 개념은 음파나 다른 파동에도 적용할 수 있다. 입사광과 산란광의 주파수가 변하지 않을 경우 산란광은 탄성파로, 반대의 경우에는 비탄성파로 지칭된다. 산란은 빛의 진행 방향을 변화시킬 수 있는 입자들 사이의 상호작용을 의미하기도 한다.

산란각(scattering angle, scatter angle, 散亂角) 입자 또는 빛의 입사 방향과 산란 방향 사이 각.
산란각은 빛의 진행 방향을 기준으로 정의되거나, 산란 원과 복사 원을 잇는 선을 기준으로 정의된다.

산란계수(scattering coefficient, 散亂係數) 단색의 복사가 산란입자를 포함하는 매질을 통과할 때, 산란에 의한 복사의 소산 정도를 나타내는 척도.
일반적으로 길이의 역 단위(단위부피당 면적 : m^2m^{-3})를 갖는 부피 산란계수나 단위질량당 면적 단위(m^2kg^{-1})를 갖는 질량 산란계수를 사용한다.

산란단면(scattering cross-section, 散亂斷面) 한 입자에 의해 산란되는 복사 총량을 차단하는 기하학적인 단면.
입사광에 수직이 가상의 면적으로 입자의 기하학적 단면과는 구별되어야 한다. 구형입자의 반경을 r이라 할 때 산란효율=산란단면/기하학적 단면($=\pi r^2$)으로 주어진다.

산란행렬(scattering matrix, 散亂行列) 어떤 타깃으로부터 발생한 산란을 편광 기본 벡터를 이용하여 특징짓고자 할 때 사용하는 4개의 시그널 진폭으로 구성된 2×2행렬.
편광 기본 벡터는 2개의 직교 벡터(예 : 수평, 수직 또는 오른쪽, 왼쪽 회전)로 정의된다. 산란행렬의 대각선 성분은 2개 송신편광에 해당하는 동일편광신호의 진폭, 비대각 성분은 교차편광신호의 진폭을 의미한다. 각각의 항은 송신과 수신 편광을 나타내는 이중 첨자를 포함한다.

산란효율인자(scattering efficiency factor, 散亂效率因子) 입자의 기하학적 면적에 대비한 산란단면의 비율.
산란입자의 산란효율을 의미한다. 입자의 크기, 형태, 광학적 성질, 입자에 입사하는 빛의 파장에 따라 다르며, 일반적으로 입자 크기 매개변수($2\pi r/\lambda$)에 따라 변화하는 값으로 표현된다. 레일리 산란 영역에서는 입자 반지름의 6제곱에 비례하여 증가하고, 광학 영역에서의 비흡수 산란물질의 경우 기하면적의 약 2배로 증가하는 경향을 보인다.

산바람(mountain wind, mountain breeze, 山-) 열적 순환으로 나타나는 국지 바람인 산곡풍의 야간 바람.
야간에 산이 냉각되면서 지표면과의 열적 차이가 생겨 산의 경사면을 따라 바람이 불어 내려온다. 계곡풍이나 야간에 산-평지 풍계에서 경사면을 따라 부는 활강바람 등을 가리킨다.

산사이바람(mountain-gap wind, 山-) 산과 산 사이에 부는 국지풍.
사이바람이라고도 한다. 스코러(R. S. Scorer, 1952)가 지브롤터 해협을 통해 부는 지상풍을 지칭하기 위해 도입하였다. 보통 여름철 대기가 안정할 때 고기압에서 저기압 쪽으로 바람이 불면서 산 사이를 통과하면서 풍하 측에 큰 소용돌이 흐름과 함께 제트가 발생한다. 이때 고기압은 풍상 측에 위치하며 산에 의해 차가운 공기웅덩이의 움직임이 지연되어 발생한다. 대표적으로 테완테페세르(tehuantepecer) 같이 산악대 사이에서 발생하는 바람이 있으며, 워싱턴의 올림픽

산과 벤쿠버 섬 사이의 후안 데 푸카 해협, 브리티시컬럼비아 같은 긴 해협에서 발생하는 바람이 있다.

산사태(avalanche, 山沙汰) 사태의 2항을 참조.

산성비(acid rain, 酸性-) 산성을 띠는 비.
강수에 의한 식물, 토양, 건물 등에 악영향을 미치는 여러 대기오염물질(특히 SO_2와 NO_2)의 침적에 대한 표현으로 쓰인다.

산성안개(acid fog, 酸性-) 상당한 양의 산성물질이 기체상으로부터 올라와 생성되는 안개나 연무.
산성연무라고도 한다. 액체상에서 대략 3 이하의 pH 값을 띤다.

산성오염물질(acid pollution, 酸性汚染物質) 대기 중에서 자연적으로 발생하지 않으며, 산성이거나 또는 쉽게 반응하거나 물에 용해되어 산성이 되는 화학물질.

산성침적(acid deposition, 酸性沈積) 대기 중의 산성화학물질이 지표, 식생 또는 구조물의 표면에 축적되는 현상.
산류는 pH가 7보다 작은 경우를 나타내며, 물에 용해되면 수소이온 농도가 높아진다. 산류는 금속류를 부식시키고, 석회암과 같은 일정 유형의 바위들을 용해시키고, 식물을 손상시키며, 인간과 동물의 특정 상태를 악화시킨다. 산성침적은 두 가지 형태로 일어날 수 있다. (1) 산성비, 산성눈, 산성우박, 산성이슬, 산성서리 및 산성안개를 포함하는 습성침적과 (2) 무거운 입자들의 강하, 가벼운 입자들의 중력에 의한 침적, 식물표면에 의한 차단과 반응을 포함한 건성침적이 있다. 비록 문자적으로 산성비는 액체 형태의 경우에만 적용되나, 때로 모든 형태의 산성침적을 산성비라고 느슨하게 부르기도 한다. 공기 중에 항상 존재하는 이산화탄소는 구름입자와 빗방울에 용해되어 pH가 약 5.6인 탄산을 생성하게 되는데, 이러한 과정은 대기 중에서 정상적으로 발생하므로 비는 pH가 5.6보다 낮은 경우에만 산성비로 정의한다. 그러나 도심이 아닌 외딴곳에서도 대기 중의 깨끗한 물을 4.5~5.5 범위의 pH를 갖게 할 만큼 충분한 양의 황산염, 질산염, 암모니아 또는 토양 양이온(탄산염과 전형적으로 관련 있는 칼슘이나 마그네슘)이 존재한다. 오염된 지역은 낮게는 2~3 정도의 pH를 보이나, 전형적으로 3~4 범위의 pH를 나타낸다. 가장 심각한 산성침적을 일으키는 화학물질은 대기 산화제와 물(예 : 구름, 안개 및 강수)이 존재할 때 반응하여 각각 황산과 질산이 될 수 있는 황산화물(SOx)과 질소산화물(NOx)이다. 이러한 강한 산류는 물에 대한 친화력이 있어서 60~70%의 낮은 상대습도에서도 대기 중의 습기를 빨아들여 물방울이 자라게 함으로써 연무나 스모그를 생성한다.

산소(oxygen, 酸素) 원자 번호는 8번, 원자량은 16.0이며 화학 기호 O로 표시되는 기체. 산소분자(O_2)는 분자량이 32이며 대기 중에서 질소에 이어 두 번째로 많은 양(약 21%)을 차지한다. 대기 중 산소가 차지하는 비는 지표에서 약 80km까지 일정하게 분포하고 있으며, 그 이상의 고도에서는 광해리 작용에 의해 대부분 산소원자상태로 존재한다. 산소는 지구상 생명체가 살아가는 데 필수적인 기체이다. 산소원자는 대기 중에서 산소분자(O_2), 오존(O_3), 혹은 이산화질소(NO_2)가 광분해되어 형성된다. 광분해에 의해 형성되는 산소원자는 화학반응을 통해 대기 중 가장 중요한 산화제인 하이드록실라디칼(OH)을 형성한다.

산술평균(arithmetic mean, 算術平均) 몇 가지 중앙경향 값으로 받아들여지는 척도의 하나. 물리적으로는 중력 중심과 유사하다. 이들을 모두 더하여 n으로 나누어 산술평균을 구한다. 평균에는 가중평균, 기하평균, 조화평균 등이 있는데, 보통 아무런 평균의 종류 표시가 없는 평균은 대개 산술평균을 의미한다.

산악관측(mountain observation, 山岳觀測) 산악지역에서 동시적 기상관측.
고산관측 환경, 관측지점 접근성, 먼 거리 등의 어려움으로 산악 날씨를 장기간 관측하는 데 제한된다. 이러한 불편은 관측의 대표성도 포함한다. 평평하고 단순한 지형이라도 관측이 넓은 지역을 대표할 수 있다고 생각하는 위치에 측기를 설치하는 데 주의가 필요하다. 정상, 비탈, 계곡 바닥은 고려해야 할 세 가지 중요한 관측을 위한 환경이다. 한 번의 관측으로 대표성을 갖는다고 주장하는 것은 적절하지 않으며 산악관측을 해석하는 데 대단한 주의가 요구된다. 산악기후를 결정하기 위해서 아주 조밀한 관측망과 위성관측 같은 다른 관측방법도 필요하다.

산악기후(mountain climate, 山岳氣候) 일반적으로 높은 고도의 기후.
고지기후라고도 한다. 산악기후는 대체로 공기가 희박하고 위도, 해발고도, 태양에 노출되는 정도의 차이 등이 매우 다양하게 나타나서 주변 저지대와 다른 특징이 나타난다. 산악기후에 대한 명확한 정의는 없지만 보통 고도가 높아질수록 압력이 감소하고 가용산소량이 줄어든다. 또한 기온이 낮아지고 일사가 증가하는데, 이 두 가지 현상을 '뜨거운 태양과 차가운 그늘'로 표현하기도 한다. 풍하 측보다 풍상 측에서 강수량이 많으며 최대강수량 또한 풍상 측에서 나타난다. 열대지방의 산악은 구름 높이까지 숲이 이어지고, 습한 기후와 더불어 이른바 안개 숲이 형성된다. 또한 산악지형은 많은 국지풍을 유발하는데 푄, 산곡풍, 산사이바람, 활강바람이 대표적이다. 특히 안데스 산맥에서는 고도에 따라 열대지, 온대지, 냉대지, 한대지의 네 가지 영역으로 구분할 수 있을 정도로 다양한 식생이 나타난다.

산악 토크(mountain torque, 山岳-) 산악의 두 면에 생기는 기압 차이로 인한 힘에 의하여 지표면에 작용하는 토크.

예로서 만일 토크의 축이 지구의 극축이고, 기압이 산악의 동쪽 면보다 서쪽 면에 더 크다면, 이로 인하여 지구자전 속도를 가속하려는 산악 토크가 작용한다.

산악파(mountain wave, 山岳波) 안정한 상태의 공기가 산이나 산맥을 통과할 때 풍하 측에 형성되는 정상파.
풍하파라고도 하기도 한다. 종종 풍하파의 마루에 고적운이나 렌트형 구름이 형성되는데, 이를 산악파 구름이라 한다.

산타아나(Santa Ana) 미국 캘리포니아 남부 산타아나 지방에 부는 고온 건조한 바람.
늦가을과 겨울(10~3월)에 주로 나타난다. 가을에는 뜨거운 바람으로 산불을 악화시키고, 봄에는 과일 작물에 극심한 피해를 유발한다. 미국 서부의 대분지에 고기압이 강하게 발달하면서 모하비 사막으로부터 시에라네바다 산맥 쪽으로 부는 바람으로 산맥을 넘으면서 단열 압축되어 고온 건조해지고 먼지를 동반하는 경우가 많다. 특히 연이은 산맥이 끊기는 협곡을 따라서 위치하는 산타아나 지방은 강풍이 나타나는 경우가 많다.

산포도(scatter diagram, 散布度) 어떤 두 변수(예 : x, y)를 직교좌표계에 점으로 표시한 그래프.
산포도는 두 변수가 서로 연관되는지를 확인할 수 있는 분석방법 중 하나이다. 두 변수가 서로 관련되었을 때는 점들이 좌표평면에 직선이나 곡선 형태로 집중되어 나타난다. 반면에 서로 연관되지 않을 때는 평면에 고루 분포한다.

산화(oxidation, 酸化) 어떤 물질이 산소와 결합하거나 수소를 잃는 화학과정.
화석연료의 연소과정이나 철에 녹이 생기는 현상을 예로 들 수 있다. 용액상태의 이온화학에서는 전자 밀도가 줄어드는 과정, 즉 원자가 전자를 잃는 것으로 정의한다. 산소는 전기 음성도가 높기 때문에 산소와 결합하여 분자를 형성하게 되면 전자밀도가 줄어들게 된다. 대기는 많은 부분이 산소로 구성되어 있어 내재적으로 자연 산화력이 있다고 볼 수 있다. 보통 대기오염물질들의 광화학 분해는 산화도가 증가되는 방향으로 일어나며, 결과적으로 어떤 분자에서 수소원자가 감소한다. 메탄(CH_4) → 포름알데히드($HCHO$) → 포름산($HCOOH$) → 이산화탄소(CO_2)의 화학변환과정을 산화의 예로 들 수 있다.

산화알루미늄제 감습소자(aluminum oxide humidity element, 酸化-製感濕素子) 알루미늄과 산소의 화합물로 만들어진 산화알루미늄(알루미나라고도 불림)을 이용한 습도 측정기기.
한쪽 전극을 산화알루미늄으로 다른 전극을 절연물질이 코팅된 금속을 이용하여 습도가 증가하면 두 전극 사이의 임피던스가 감소하고, 습도가 감소하면 임피던스가 증가하는 원리를 이용하여 습도를 측정하는 데 사용된다.

삼중점(triple point, 三重點) 열역학적 평형상태에서 어떤 물질이 기체, 액체, 고체상태가 공존하는 압력과 온도.
물의 삼중점에서 온도는 0.01℃ 그리고 수증기압은 6.11hpa이다.

삽입(intromission, 插入) 혼합층 대류 열기포 또는 적운의 가장자리로 주변 환경으로부터 측면에서 혼합되는 공기.
이때 열기포의 중심부는 희석되거나 흩어지지 않는다. 측면 유입(lateral entrainment)과 밀접한 관련이 있는 용어지만 '측면 유입'이라는 용어는 주변공기가 중심부를 모두 희석시키며 플룸의 직경 전체로 섞이는 이상적인 현상을 의미한다. 측면유입 모델이 수 미터에서 수십 미터 직경의 연돌이나 굴뚝에서 배출되는 플룸(plume)에 잘 적용되어 온 반면 1km 규모의 직경을 보이는 혼합층 열기포에는 적합하지 않다.

삿갓구름(cloud crest, crest cloud) 산맥을 따라 산 위나 풍하 쪽 바로 상공에 정체하여 나타나는 삿갓모양의 구름.
발생과정은 모자구름의 경우와 같다.

ㅅ

상고대(rime) 과냉각 수적인 구름입자나 안개입자가 물체에 부딪쳐 순간적으로 얼면서 부착되는 현상.
추운지방이나 겨울철 산에서 기온이 −2℃∼−8℃ 정도일 때 바람이 불어오는 방향으로 잘 나타난다. 얼음입자가 쌓이면서 수많은 작은 공동이 만들어지므로 불투명하고 하얗게 보인다. 물체에 부착되는 과냉각 수적의 크기와 온도에 따라 투명도나 형태가 달라진다. 보통 세 가지로 구분되는데, 공기 중의 수증기의 승화 또는 작은 안개입자에 의한 수상(air hoar, 樹霜), 안개입자나 구름입자에 의한 수빙(soft rime, 樹氷), 구름입자에 의한 조빙(hard rime, 粗氷) 등이 있다. 조빙의 경우 반투명 또는 투명한 얼음덩어리에 가깝다.

상고대화(riming, -化) 얼음입자가 과냉각 수적과 충돌 시 그 일부 또는 전체가 동결로 인한 얼음입자의 성장.
결착이라고도 하며, 싸락눈이 형성되는 과정이다.

상관(correlation, 相關) 변수들 간의 상호관련성.
두 변수 간의 선형적 상관 정도는 −1과 1 사이의 값을 갖는 상관계수를 구하여 측정한다.

상관계수(correlation coefficient, 相關係數) 상관성의 정도를 나타내는 값.

통계적 상관계수는 일반적으로 선형 상관계수를 의미하며, 상관계수는 임의의 두 변수 x, y 간의 승적률 계수 ρ 또는 추정치 r로 측정된다.

$$\rho = \frac{E[(x-\mu_x)(y-\mu_y)]}{\sigma_x \cdot \sigma_y}, \quad r = \frac{\sum(x_i-\overline{x})(y_i-\overline{y})}{\sqrt{\sum(x_i-\overline{x})^2}\sqrt{\sum(y_i-\overline{y})^2}}$$

여기서 승적률 $E[(x-\mu_x)(y-\mu_y)]$는 변수 x와 y의 공분산을 의미한다.

상관삼각형(correlation triangle, 相關三角形) 직교좌표계에서 정의되는 세 방향 속도 성분을 이용하여 나타낸 분산과 공분산의 집합.
예를 들어 두 번째 모멘트 상관삼각형은 다음과 같다.

$$\begin{array}{ccccc} & & \overline{u'^2} & & \\ & \overline{u'v'} & & \overline{u'w'} & \\ \overline{u'^2} & & \overline{v'w'} & & \overline{w'^2} \end{array}$$

여기서 제곱한 양들은 속도 공분산이며 다른 항들은 공분산이다. 1차 난류종결 모수화 값들에 대해 위의 상관삼각형의 모든 항들은 미지의 값들을 나타내며, 근사적으로 추산하여야 한다. 고차 종결에 대해서는 더 큰 차수를 갖는 미지의 삼각형이 존재한다.

상당반사율인자(equivalent reflectivity factor, 相當反射率因子) 레이더 파장보다 작은 물방울 표적의 레이더 반사율인자.
이 물방울 표적은 알려지지 않은 성질을 갖고 있는 표적의 반사율과 같은 반사율을 만들어 낸다. 수학적으로 어떤 주어진 표적의 상당 레이더 반사율인자 Z_e는 다음과 같이 정의된다.

$$Z_e = \frac{\eta\lambda^4}{0.93\pi^5}$$

여기서 η는 표적의 반사율, λ는 레이더 파장, 0.93은 물에 대한 유전율이다. 이 정의는 레일리 산란 근사에 근거하고 있는데, 이 근사가 유효하려면 물방울의 직경이 레이더 파장의 약 1/10보다 커서는 안 된다. 충분히 작은 물방울로 구성된 표적에 대해서, 정의로부터 반사율인자 Z가 상당 레이더 반사율인자 Z_e와 동등함을 알 수 있다. 그러나 만일 입자의 조성과 크기가 알려져 있지 않다면, 측정 반사율로 결정한 반사율인자를 Z_e로 간주하는 것은 괜찮다.

상당순압 모델(equivalent barotropic model, 相當順壓-) 역사적으로 수치예보 과학발전의 초기에 많이 사용했던 수치모형의 한 유형.

리처드슨이 처음 시도한 수치적 예측방법은 기본 방정식계에 기초한 것이다. 기본 방정식계는 빠르게 전파하는 음파와 중력파를 모두 포함하고 있어서, 수치적으로 그 해를 구하는 데 많은 계산 자원을 필요로 한다. 하지만 1950년 전후에는 컴퓨터 계산속도의 한계 때문에, 기본 방정식을 직접 풀어 일기예보에 응용하는 데 한계가 있었다. 또한 당시에는 중력파를 수치 계산하는 과정에서 발생하는 계산 불안정 현상을 제어하는 방법도 알려지지 않았다. 그래서 대안으로 고안된 것이 기본 방정식계에서 느리게 전파하는 로스비 파만을 선별하여 다루는 여파방정식계(filtered equation)가 많이 사용되었고, 순압방정식(barotropic equation)도 여파방정식의 한 변종이다. 상당순압 모델에서는 통상 대기 중에 연직바람의 시어 성분 중에서 방향 시어는 무시하고 등압선에 나란한 방향의 연직 시어만 고려한다. 즉, 등압면에서 지균풍에 직각인 방향으로만 기온의 경도를 고려한 모델이다. 실무적으로는 연직으로 평균한 바람과 소용돌이도를 사용한다.

상당온도(equivalent temperature, 相當溫度) 1. **등압상당온도** : 공기덩이 속에 있는 모든 수증기가 등압적으로 응결되어 수증기로부터 방출된 잠열이 공기를 가열시킬 때, 이 공기덩이가 갖게 되는 온도.

ㅅ

등압상당온도는 다음 식으로 표현된다.

$$T_{ie} = T\left(1 + \frac{Lw}{c_p T}\right)$$

여기서 T_{ie}는 등압상당온도, T는 절대온도, L은 잠열, w는 혼합비, c_p는 정압비열이다.

2. **단열상당온도** : 공기덩이가 포화될 때까지는 건조 단열적으로 팽창하고, 그 안의 모든 수분이 응결 낙하할 때까지는 위단열적으로 팽창한 뒤, 다시 원래 압력까지 건조 단열적으로 압축되는 과정을 거친 후 이 공기덩이가 갖게 되는 온도.

이 온도를 위(僞)상당온도라고도 한다. 단열상당온도는 단열선도를 이용하여 쉽게 구할 수 있는 온도이고 항상 등압상당온도보다는 높다. 단열상당온도를 식으로 표현하면 다음과 같다.

$$T_{ae} = T\exp\frac{Lw}{c_p T}$$

여기서 T_{ae}는 단열상당온도이다.

상당온위(equivalent potential temperature, 相當溫位) 자연 로그를 위한 결과가 습윤공기의 엔트로피에 비례하게 되는 열역학적 물리량.

단열상당온도를 구하는 과정에 덧붙여 공기덩이를 기준기압(100hPa)에까지 움직였을 때 갖는 온도이다. 이때 이 공기덩어리는 외부공기와 열교환을 하지 않는다는 가정을 하고, 공기덩어리 내부의 수증기의 응결 또는 응결된 수증기의 증발에 의한 잠열 변화와 함께 공기덩어리의 팽창과 압축이 공기덩어리 내부온도에 미치는 영향을 고려한다. 수치로는 다음과 같이 표현된다.

$$\theta_e = T\left(\frac{p_0}{p_d}\right)^{R_d/(c_{pd}+r_t c)} H^{-r_v R_v/(c_{pd}+r_t c)} \exp\left[\frac{L_v r_v}{(c_{pd}+r_t c)T}\right]$$

여기서, θ_e는 상당온위를, c_{pd}는 건조공기의 정압비열, r_t는 총수분혼합비, c는 물의 비열, T는 온도, R_d는 건조공기기체상수, p_d는 건조공기의 부분압, p_0는 기준기압, L_v는 수증기 증발잠열, r_v는 수증기 혼합비, R_v는 수증기기체상수 그리고 H는 상대습도를 의미한다.

상당흑체온도(equivalent blackbody temperature, 相當黑體溫度) 1. 복사 에너지를 방사하는 어떤 물체의 복사 플럭스 밀도와 동일한 양의 복사 플럭스 밀도를 방출하는 흑체의 온도. 이와 같이 정의된 상당흑체온도 T_E는 다음과 같이 계산된다.

$$T_E = \left(\frac{E}{\sigma}\right)^{1/4}$$

여기서 E는 물체가 방출하는 복사 플럭스 밀도로서 단위는 W/m^2이며, $\sigma(=5.67 \times 10^{-8}\,Wm^{-2}K^{-4})$는 스테판-볼츠만(Stefan-Boltzmann) 상수이다. 이 정의는 고체에 한정하지 않고 기체와 액체에도 적용할 수 있다.
2. 복사계로 측정함으로써 알 수 있는 비흑체의 겉보기 온도.
이것은 밝기온도로 알려져 있다.

상대습도(relative humidity, 相對濕度) 대기 속에 포함되어 있는 수증기의 양과 그 온도에서의 포화수증기량과의 비.
포화증기압에 대한 현재 수증기압의 백분율 또는 포화혼합비에 대한 현재의 혼합비의 백분율을 가리킨다. 두 정의는 거의 같은 값을 산출한다. 보통 일상에서 습도라고 하면 이를 말한다. 수증기압은 일정하나 포화증기압은 기온에 따라 변하므로, 같은 수증기를 함유하여도 온도가 변하면 상대습도도 변한다.

상대유전율(relative permittivity, 相對誘電率) 광학적으로 균질한 물질의 주파수에 의한 의존적 반응으로 시간적 조화전기장에 의하여 여기(勵起)되는 것.
일명 유전체 함수(dielectric function), 유전체 상수(dielectric constant), 비유전율(specific inductive capacity)이라고도 한다. 만일 어떤 물질의 전기적 편광 P(단위부피당 평균 쌍극자 모멘트)가 다음 식으로 표현된다면,

$$P = \epsilon_o x E$$

여기서, ϵ_o는 자유 공간의 유전율(보편상수), E는 전기장, x는 전기화율이다. (무차원)상대유전율은 다음과 같다.

$$\epsilon = 1 + x$$

여기서 ϵ은 주파수를 변수로 하는 복소수 함수로서, 허수 부분은 전자기파의 흡수와 연관된다. 유전체 상수를 간혹 상대유전율(또는 유전체 함수)의 동의어로 사용하지만, 유전체 상수라는 용어로서 오해를 불러일으키는데, 그 이유는 전자기 스펙트럼에서 거의 100 정도 변할 수 있으며, 따라서 '상수'라 할 수가 없기 때문이다. 흔히 어떤 물질의 유전체 상수(정역학 유전체 상수라 하는 게 더 바람직함)라는 용어는, 두 평행판 사이에 진공이 형성된 정전 용량과 두 판 사이에 있는 물질에 대해 평행판 콘덴서가 갖는 정전 용량의 상대적 비를 의미한다. 비자성(比磁性) 물질의 굴절률은 상대유전율의 제곱근이다.

상법칙(phase rule, 相法則) 평형상태에 있는 계의 상의 수를 변화시키지 않으면서 독립적으로 변화시킬 수 있는 세기변수(intensive variable)의 수.
상규칙이라고도 한다. 계의 자유도(degree of freedom)를 결정하는 방법이며, 상의 수를 ϕ, 성분의 수를 c라고 할 때 자유도의 수(f)는 $f=c-\phi+2$로 주어진다.

ㅅ

상변화(phase change, phase transformation, 相變化) 한 물질이 하나의 상에서 다른 상으로 바뀌는 열역학적 과정.
상변화는 불연속을 수반한다. 주어진 온도에서 순수한 동질의 한 물질에 존재하는 두 개의 상은 엔탈피와 엔트로피가 각각 다르며 그 두 개 상의 엔탈피의 차이가 잠열이다. 기상학에서 가장 중요한 상변화는 물, 수증기 그리고 얼음 간의 변화이다.

상부대기경계층(outer boundary layer, 上部大氣境界層) 대기경계층을 크게 2개의 부분으로 상부와 하부로 나누었을 때 윗부분.
지표층을 하부층, 혼합층(Ekman 층)을 상부라고 한다. 상부대기경계층에서는 대기의 흐름이 지표의 영향을 거의 받지 않는다.

상사관계성(similarity relationship, 相似關係性) 상사이론의 무차원 그룹에 관련된 경험적 공식.
무차원 그룹(무차원 수라 하기도 함)은 물리적 변수들의 무차원 조합으로서 보통 물리적 해석에 이용한다. 무차원 그룹은 자연히 방정식을 규모분석하게 된다. 대기과학의 무차원 그룹에는 부시네스크 수, 프란틀 수, 리처드슨 수, 로스비 수 등이 있다.

상사이론(similarity theory, 相似理論) 무차원화 변수들 사이의 보편적인 관계식을 경험적으로 구하는 방법.
무차원화 변수군을 파이(Pi)군이라 부르는데, 이는 버킹엄 파이 정리에서 기인한다. 이 분석법은 먼저 어떤 변수들이 흐름에 중요할 수 있는지 가설을 세우고, 각 변수들의 단위를 기본 단위로 표현한 후 흐름 상황과 관련된 변수를 선택하고 무차원화 변수군으로 구분한다. 실험자료를 이용하여 무차원화 변수들 사이의 보편적 관계식을 경험적으로 구한다. 이렇게 구한 상사관계는 복잡한 난류 흐름으로 형성되어 있는 대기경계층 연구에 매우 유용하다.

상승응결고도(lifting condensation level; LCL, 上昇凝結高度) 불포화 상태의 습윤공기가 건조 단열적으로 상승하여 응결이 일어나는 고도.
포화되지 않은 공기가 산허리 등을 따라 상승하게 되면 기온은 건조단열감률에 따라 100m 상승할 때마다 1℃ 낮아진다. 이에 따라 이슬점온도도 100m마다 0.2℃씩 감소하게 된다. 상승하는 공기의 기온과 이슬점온도가 같아지는 고도가 상승응결고도가 된다. 따라서 지상기온을 T, 지상 이슬점온도를 T_d라고 할 때, 상승응결고도 h는 다음의 관계식으로 얻을 수 있다.

$$h = 125(T - T_d) \quad [\mathrm{m}]$$

단열선도에서 상승응결고도는 공기덩이의 혼합비와 같은 값을 가지는 포화혼합비선과 건조단열선이 만나는 고도로 구할 수 있다. 응결이 일어난 고도의 기압과 기온을 각각 응결 압력과 응결 온도라고 한다.

상승지수(lifted index; LI, 上昇指數) 이 지수는 공기괴의 상승(건조단열과정으로 응결된 이후 습윤단열과정으로 500hPa층에 도달)을 제외하고는 쇼월터 지수(SSI)와 유사.
LI는 850hPa 면을 지나는 역전층 또는 수증기가 급격하게 감소하는 층이 있는 경우에 SSI를 수정 적용하기 위한 값이다. LI는 SSI 값보다 약간 적은 경향이 있다.

상승형(lofting, 上昇形) 플룸의 윗부분이 위로 확산되는 것이 아랫부분이 아래로 확산되는 것보다 더 빠르게 진행되는 현상.
플룸 발생원보다 낮은 고도에 있는 대기가 안정한 반면에 그보다 높은 고도에 있는 대기는 불안정할 때 발생한다. 일반적으로 고기압 지역에서 맑고 바람이 약하여 복사역전층이 낮게 형성되는 초저녁부터 이른 아침에 걸쳐 많이 발생한다. 원뿔형, 부채형, 고리형, 가라앉음형을 참조하라.

상용박명(civil twilight, 常用薄明) 일출과 일몰 후로부터 태양의 고도각이 −6° 정도까지의 시기.
일출 전과 일몰 후에도 일정 기간 밝은 것을 박명이라고 하는데, 이는 지구의 상층대기가 태양광

ㅅ

을 산란시켜 지상을 비추기 때문이다. 태양의 복각이 커져감에 따라서 어두워지는데, 태양고도가 −6°가 되기 전까지는 밖에서 일을 할 수 있고 신문도 볼 수 있는 밝기이다. 이때를 상용박명이라고 하며, 시민박명이라고도 한다.

상자모형(box model, 箱子模型)　공간적 임의의 한 지점(상자와 같은 개념)에서 대기의 화학적 변화를 모의하는 수학적 모형.
이때 상자 안팎의 화학종의 이류는 고려되지 않는다. 이 모델은 특히 균질한 기단의 발전과 라그랑주의 대기분수계 연구(Lagrangian airshed studies)를 위해 사용된다. 임의의 공간(도시 또는 그 보다 더 작은 공간)의 대기오염물질의 시간적 변화만을 예측하기 위하여 사용되는 모델로서 구역 내의 대기의 성분이 균일하게 분포되어 있어 상미분으로 해석되는 대기오염 모델이다. 임의 시간에 공간구역 내에 유입되는 오염물질의 양과 배출되는 양이 시간에 따라 같고 개개의 물질에 대한 확산이 존재하지 않다고 가정하여 공기의 유출입에 의한 질과 양의 변화를 선형미분 방정식으로 나타낼 수 있다.

ㅅ

상층기상관측(upper-air observation, 上層氣象觀測)　지표면으로부터 상층고도까지의 대기 중의 정보를 얻기 위한 관측.
직접 관측을 위해 존데를 사용하며 원격측정을 위해서는 레이더나 라이더 장비를 사용한다.

상층기압골(upper-level trough, 上層氣壓-)　상층대기에서 존재하는 기압골.
이들 기압골들은 보통 단파 또는 장파로 어느 하나의 형태로 나타난다. 기압골은 저기압의 배면 지역으로서 고기압의 기압마루와 상대적으로 낮은 지역이다. 상층기압골이라는 용어는 지표 부근의 기층에서보다 상층대기의 운동에 국한되어 사용된다. 이들 기압골은 보통 대기의 단주기운동이나 장주기운동으로 함께 묘사된다.

상층풍(winds-aloft, 上層風)　상공의 바람.
일반적으로 기상관측소 상공의 표준 등압면과 상세 고도에서의 바람 방향과 속력을 말한다.

상층풍관측(winds-aloft observations, 上層風觀測)　상층 여러 고도에서 바람의 속력과 방향을 관측하거나 추정함.

상층풍관측 보드(winds-aloft observations board, 上層風觀測-)　상층풍관측으로 얻은 자료를 계산할 수 있게 각도와 방위각을 표시한 보드 판.

상태방정식(equation of state, 狀態方程式)　열역학 평형에 있는 시스템의 온도, 압력 및 부피를 관련시키는 방정식.

이상기체법칙이라고도 하고, 이상기체에 대하여 샤를-게이뤼삭 법칙 또는 샤를의 법칙 또는 게이뤼삭의 법칙으로도 알려져 있다. 어떤 부피 V 안에 N개의 분자가 있는 이상기체의 상태방정식은 다음과 같다.

$$pV = NkT$$

여기서 p는 압력, T는 절대온도, k는 볼츠만(Boltzmann) 상수이다. 기체 부피의 질량으로 나눈 후에 이 식을 다시 쓰면 다음과 같다.

$$p\alpha = RT \text{ 또는 } p\alpha = \frac{R^*}{M}T$$

여기서 α는 비(比)부피, R은 개개의 기체상수, R^*는 보편기체상수, M은 기체의 분자량이다. 기체의 혼합물에 대해서는 돌턴(Dalton)의 법칙에 의해 이와 비슷한 방정식으로 표현할 수 있는데, 이때 R은 개개 기체상수의 가중평균이 된다.

상태변수(variables of state, 狀態變數) 1. 열역학에서는 계의 성질을 나타내는 것으로 온도, 압력, 비체적, 엔탈피, 내부 에너지, 엔트로피 등.
상태변수는 계의 질량과 무관한 온도, 밀도, 비엔탈피 등과 같은 세기변수(intensive variable)와 계의 질량에 의존하는 체적, 에너지와 같은 크기변수(extensive variable)로 구분한다.
2. 역학에서는 계의 위치나 속도 등.

상향확산(top-down/bottom-up diffusion, 上向擴散) 난류수송을 두 개의 성분으로 나누는 대기경계층이론으로서 그 하나는 경계층 꼭대기로 유입한 후 아래로의 확산, 그리고 다른 하나는 지표면으로부터 유입하여 경계층으로 올라가는 확산.
이 두 성분은 수동적 스칼라 양을 선형으로 분리한 것인데, 하향식 성분은 지면에서 제로 플럭스이며, 상향식 성분은 꼭대기에서 제로 플럭스라 가정한다. 이 이론은 가끔 왕성한 부력의 대류 경우에서와 같이, 수동적 스칼라 양의 연직 경도가 실제로 제로일 때에도 혼합층을 건너 연직으로 수송하는 모습을 모델링할 수 있도록 한다.

색온도(color temperature, 色溫度) 1. 반사광의 색온도는 금속표면의 화학변화(주로 산화막)로 인한 반사광의 색온도.
대기 중에서 금속이 높은 열을 받으면 표면에서 화학변화가 나타나기 때문에 금속물질의 종류나 표면 조건에 따라서 동일한 색을 나타내더라도 실제 온도에는 큰 차이가 나타난다. 금속에서의 색온도는 다음과 같다.

연황색	→	황색	→	갈색	→	자색	→	청색	→	옥색	→	은색	→	회색
150		180		210		240		270		300		330		360

위와 같은 순서로 색이 변하는 것을 뚜렷이 관찰할 수 있지만, 금속의 종류나 합금상태 등에 따라서 색변화가 비슷한 경우에도 실제 온도변화는 많이 다를 수 있다. 반사광 색온도 변화는 알루미늄이나 아연 등에서는 나타나지 않고 철 족 금속에서 뚜렷하게 볼 수 있다. 보통의 철강보다는 크롬강 계통에서 색변화가 보다 고온에서 나타나며 더욱 강하고 선명한 것으로 알려져 있다. 하지만 400℃ 이상에서는 복사선의 지배를 크게 받기 때문에 이러한 색변화를 관찰하기 어렵다.
2. 일반적으로 분광학에서 말하는 색온도는 물체 표면에서 발산되는 열복사선의 색온도.
열복사선의 색온도는 다음과 같다.

검붉은색	→	분홍색	→	붉은색	→	주홍색	→	주황색	→	황색	→	흰색	→	청색
600		700		800		900		1000		1200		4000		6000

이와 같이 황색반사광을 나타내는 색온도는 180℃ 정도이지만 황색복사선 색온도는 1,200℃를 넘는다.

샘(source)　　발원을 참조.

생(물)권(biosphere, 生(物)圈)　　대부분의 육상생물이 발견되는 지면과 대기권 간의 전이지대.

생물계절학(phenology, 生物季節學)　　기후, 특히 계절변화에 대한 주기적 생물학적 현상을 다루는 과학.
생물기후학이라고도 한다. 생물기후학 사건들은 식물 성장의 단계이다. 기후학 관점에서 보면, 이 현상은 국지적인 계절의 진행을 해석하고 기후대에 대한 기초를 제공하고, 식물 발달률에 영향을 주는 생물기후학적 요소들의 통합으로 간주한다. 생물계절학은 생물기후의 과학, 그리고 일생을 통한 식물 또는 작물 발달 서열의 한 분야로 취급할 수 있다.

생물기상학(biometeorology, 生物氣象學)　　대기과정과 지표면상의 생명체, 즉 인류를 포함한 동물과 식생과의 상호작용을 연구하는 융합과학.
도시화, 지구온난화, 지구사막화, 산성비, 오존층 감소 등 국지 및 전지구적 대기환경의 변화가 생명체의 유지 및 보전에 미치는 영향에 대하여 파악하고 예측하기 위하여 실험적 조사 및 연구를 수행하는 학문이다.

생물기원미량기체(biogenic trace gas, 生物起源微量氣體) 식물이나 박테리아 등으로부터의 생물학적 활동의 결과로 대기 중에 방출된 기체.
이소프렌, 디메틸황, 아산화질소 등이 있다.

생물기후학(bioclimatology, 生物氣候學) 기후와 생명의 관계, 특히 건강과 인간활동 및 동물과 식물에 미치는 기후의 영향을 다루는 기후학의 한 분야.

생물성 빙정핵(biogenic ice nucleus, 生物性氷晶核) 생물학적 기원, 특히 식물표면으로부터의 박테리아 기원의 빙정핵.
이러한 유기체는 문턱온도가 −2℃까지 높기 때문에 자연핵에 대해 알려진 최고온도에서도 활동적이다.

생물체량 소각(biomass burning, 生物體量燒却) 열대지역에서의 넓은 지면에 걸친 식생의 연소.
바이오매스 연소라고도 한다. 이 과정을 통해 토양에 영양소를 회복시켜 주지만, 불완전연소된 기체를 포함한 연기와 오존 및 풍하 측으로 수백 킬로미터까지 확장할 수 있는 입자와 같은 2차 오염물질의 원인이 된다.

생육도일(growing degree-day; GDD, 生育度日) 주위 환경기온에 대한 식물, 곤충 및 병균체의 발달에 관계되는 열지수.
GDD는 일평균기온으로부터 기준온도를 감하여 계산되며 GDD 값이 0 미만이면 0으로 간주한다. 일정 기간 동안의 합산값은 식물, 곤충 및 병균체의 발달에 관계된다. 해당 온도 미만이어서 발달이 늦춰지거나 멈춰지게 하는 기준온도는 해당 종에 따라 달라진다. 예를 들면, 저온계절식물(예 : 통조림완두콩, 봄밀)에 대해서는 기준온도가 5℃(40°F)이고, 온난계절식물(예 : 옥수수, 깍지콩 등)에 대해서는 기준온도가 10℃(50°F)이며, 고온계절식물(예 : 목화, 오크라 등)에 대해서는 기준온도가 15℃(60°F)이다. 도일을 참조하라.

생장호흡(growth respiration, 生長呼吸) 식물조직의 생장에 다른 물질 변화와 관련된 호흡.
구성호흡(constitutive respiration)이라고도 한다. 광합성이 활발하고 생장이 왕성할수록 식물의 암호흡이 활발해진다. 이는 암호흡이 광합성 산물로부터 식물체 조직을 구성하는 물질로의 변환을 위한 에너지 소비와 밀접한 관련이 있기 때문이다. 또한 식물체중이 증가함에 따라서 암호흡 속도도 비례적으로 증가하는 것으로 알려져 있다. 이와 같이 암호흡은 조직의 생장에 따른 물질 변환에 관계된 생장호흡과 생체를 유지하기 위한 유지호흡으로 구성되어 있다. 생장호흡과 유지호흡은 대사과정이 다른 것이 아니라 미토콘드리아에서 일어나는 암호흡 에너지를 어디에 소비하느냐에 따라서 구분한 것이다. 식물조직의 전체 암호흡속도를 R, 식물체 건물중을 W, 그리고 광합성 산물로부터 식물체 조직으로의 변환효율을 K이라고 하면 다음과 같은 관계가 성립한다.

$$R = \frac{1-K}{K}\frac{dW}{dt} + rW$$

여기서 우변 제1항이 생장호흡속도이고 제2항이 유지호흡속도이다. 광합성 산물이 전분, 셀룰로스 등의 탄수화물로 된 새로운 조직으로 변환될 때에는 K가 커서 생장호흡도 작지만 단백질, 지방 등의 새로운 조직으로 변환될 경우에는 K가 작아서 생장호흡이 많아진다.

생지화학순환(biogeochemical cycle, 生地化學循環) 생물학적 · 지질학적 · 화학적 순환과정을 통해 대기권, 생물권, 수권, 지권 내에서뿐 아니라 각 권역 간에 일어나는 물질의 변화 및 수송과정.

생태권(ecosphere, 生態圈) 생태학에서 다루는 복잡한 상호작용에 관련되어 있는 대기, 해양, 생권(生圈) 및 지각의 꼭대기 부분을 모두 포함하는 영역.
지구의 생물체와 그 환경 사이에 상호관계가 있는 영역이다.

생태역(biochore, 生態域) 1. 쾨펜(W. Köppen, 1931)의 기후구분에 따라 식물을 지탱할 수 있는 지구표면의 부분.
한편으로는 영구빙설지역인 빙역(cryochore)을 경계로 하고, 다른 편으로는 물 없는 사막인 건조역(xerochore)을 경계로 한다.
2. 생태학에서는 비슷한 식물과 동물의 지역을 의미.

샤를-게이뤼삭 법칙(Charles-Gay-Lussac law, -法則) 기체계(gaseous system)에서 기압이 일정할 때 온도 상승과 상대적 부피 증가는 이상기체에 대해 동일한 비율로 유지된다는 경험적 일반법칙.
샤를 법칙, 게이뤼삭 법칙이라고도 한다. 1787년 쟈크 샤를(Jacques Charles)과 1802년 조셉 게이뤼삭(Joseph Gay-Lussac)에 의하여 실험적으로 증명되었다. 어떤 고정된 압력하에서 0℃의 기체의 온도에 따른 변화시키면 온도별 비부피 v_0는 부피 v로 변하고 가해진 온도 t는 $v-v_0$에 비례하여 $t=K(v_t-v_0)$의 관계로 나타나며 온도의 차는 다음과 같다.

$$t - t_o = \frac{1}{c}\frac{(v - v_o)}{v_o}$$

여기서 t는 온도, v는 부피, c는 특정 기체에 대해 독립적인 열팽창계수이다. 백분위 온도척도(눈금)를 사용할 때, v_0가 섭씨 0℃에서 부피이면 상수 c 값은 대략적으로 1/273이다.

서리(frost)　대기 중의 수증기가 지면이나 지상에 있는 물체의 표면이나 설면(雪面) 등에 승화하여 생기는 침상(針狀), 선상(扇狀) 등의 얼음결정.
때로는 부정형(不定形)으로 생기기도 한다. 서리는 이슬이 만들어질 때와 마찬가지의 원인으로 지표면이 냉각되어, 지면온도가 0℃ 이하일 때 생긴다. 이러한 때의 기온은 3℃ 이하인 경우가 많다. 서리가 생기는 때에는 식물의 잎 등의 세포조직이 동결이나 저온으로 인해 손상되기 때문에 농작물에 피해가 발생하는데, 이를 상해(霜害)라고 한다. 서리의 발생은 지형 등의 영향으로 좁은 지역에 한정되는 경우가 있는데, 이런 지역은 다른 지역에 비하여 상해 발생 횟수가 많고 피해도 크다. 차가운 공기가 지나가는 길을 따라서 상해가 좁고 길게 발생하는 지역을 상해의 길(霜道)이라고 하고, 냉기가 모여서 상해가 발생하기 쉬운 움푹 팬 지역을 서리구멍(霜穴)이라고 부르기도 한다. 나뭇가지 등 지표에서 떨어진 높은 곳에 생기는 서리를 수상(樹霜), 창의 유리 내면에 생기는 서리를 창 서리(window frost)라고 부른다. 적설 안의 비교적 지면에 가까운 하층에서 볼 수 있다.

서리기후(frost climate, -氣候)　땅이 얼음으로 덮인 지역의 기후, 즉 영구적으로 눈과 얼음으로 덮여 있는 지역의 기후.
손스웨이트(Thornthwaite, 1931)의 기후구분에서 최한 영역 기후이며, 영구동결기후나 북극기후라고도 한다. 쾨펜(Köppen, 1918)의 한대기후(polar climates)보다 더 추운 기후이다.

서릿날(frost day)　기상관측에서 서리가 발생한 것으로 관측된 날.
서리관측에서 채용된 관측 요령에 따라 정의가 약간은 임의적이다. 따라서 정의가 다음과 같이 다양하다. (1) 백엽상에서 최저기온이 0℃(32°F) 미만으로 떨어지는 날, (2) 땅 위에 흰서리가 내린 날, (3) 영국에서의 경우 지면고도, 또는 키가 작고 땅에 붙어 자라는 식물의 꼭대기에서 최저기온이 −0.9℃(30.4°F) 이하로 떨어지는 날 등으로 정의된다.

서릿점습도계(frost point hygrometer, -點濕度計)　이슬계와 비슷하지만, 특히 낮은 서릿점 측정에 적합한 측기.
이 측기에서 필요한 강한 냉각을 위해서는 액체질소와 같은 다단 펠티어 장치(multistage Peltier devices)나 극저온유체를 사용한다. 이 기술을 써서 −100℃까지의 서릿점이 측정된다. 가열을 위해서는 전기저항선을 이용한다.

서미스터 온도계(thermistor thermometer, -溫度計)　전기저항과 온도관계를 이용하여 온도를 측정하는 장치.
서미스터는 저항온도계보다 온도계수가 큰 물질을 사용하여 온도를 결정하기 쉽도록 세분화되어 있다.

서풍돌진(westerly wind burst, 西風突進) 단기간 동안이지만 심하게 요동치지 않고 지속성을 보이는 대류권 하층에 출현하는 서풍.
서태평양(때로는 인도양) 적도 부근에서 발생한다. 이러한 급격한 상승(서지, surge)은 하루에서 수일 간 지속되며 동쪽의 적도 대류운동과 연관된다. 서풍돌진은 엘니뇨 해의 9월부터 익년 1월 사이에 가장 빈번하다. 라니냐 해에는 관측되지 않는다. 이것은 매든-줄리안 진동과 연계되어 있다. 서풍은 5m/s 이상이며 15m/s에 이른다. 이러한 강력한 서풍돌진은 이보다 동쪽에 위치하는 강력한 대류운동에 기인한다. 때로는 적도를 기준으로 남북반구의 태풍과 연관되기도 한다.

선(ray, 線) 전파하고 있는 전자기복사 에너지 및 소리 에너지의 영상적인 묶음.
광선이라고도 한다. 하나의 광선만으로 정의하는 것은 불가능하다. 그럼에도 불구하고 한계점들을 인정한 채 활용할 경우, 유용한 개념적 도구가 될 수 있다. 예를 들어 무지개는 빗방울에 입사된 태양광이 많은 단색광으로 분광되는 것을 영상화함으로써 기술할 수 있고, 이들 각각의 선(스펙트럼)은 반사법칙과 굴절의 법칙을 따른다. 선들은 존재하지 않기 때문에 광선광학(또는 기하학적 광학)은 일종의 근사법으로 취급하여 구한 값이다.

선도방전(leader (streamer), 先導放電) 구름과 땅 사이의 방전과정들 중 복귀방전을 유도하는 전하방전.
즉, 선도방전은 구름 하층에 생성된 전하들이 방전이라는 과정에 의해서 하층대기로 전파되는 고이온화 통로가 된다. 이 선도방전은 몇 가지 과정으로 분리되는데, 이들 중 계단형 선도방전은 구름과 땅 사이에서 첫 번째 방전을 시작하고 그 후 연속적인 방전을 위하여 후속 통로를 설정하는 과정이다. 그리고 화살형 선도방전은 계단형 선도방전의 후속 방전과정을 의미한다. 또한 계단-화살형 선도방전의 경우는 화살형 선도방전처럼 시작해서 계단형 선도방전처럼 마무리된다. 구름에서 방전이 시작되는 초기과정들을 때때로 선도방전이라고 부르기도 하나 이들의 특성이 관측자료에서는 뚜렷하게 나타나지 않고 있다.

선두 스트리머(pilot streamer, 先頭-) 상대적으로 속도가 느린 비발광성의 광선 스트리머.
구름과 지면 사이의 번개방전을 초기화시키는 계단형 선도방전 이전의 간헐적 모드에 대한 물리적 설명을 위해 사용되는 가상의 개념이다. 계단형 선도방전의 평균 하강속도는 10^5m/s이지만, 스트리머는 평균보다 빠른 속도로 대략 50m 정도를 선행하며, 50～100μs 동안 정지해 있다가 다시 하강한다. 번개의 평균 하강속도는 비가시 스트리머, 즉 대기 중 전자의 이온화 속도보다 약간 빠른 속도로 일정하게 하강하는 선두 스트리머와 연관되어 있으며, 맥동방식(pulsating manner)에 의해 급속히 이동하는 계단선도를 따라 약한 잔류 전리의 흔적을 남긴다. 선두 스트리머의 개념은 원거리 불꽃 실험 연구에 기초를 둔 현대 이론으로 대체되고 있다.

선적분(line integral, 線積分) 어떤 함수의 주어진 곡선 경로를 따른 적분.
곡선 경로 위에서 정의되는 함수 $f(s)$의 주어진 곡선 경로 위의 점 A와 점 B 사이의 선적분은 아래와 같이 나타낼 수 있다.

$$\int_A^B f(s)ds$$

기상학에서 선적분은 운동량, 기온 등 대기변수의 위도선이나 경도선을 따른 평균을 계산하는 경우에 많이 사용된다.

선진고분해능복사계(advanced very high resolution radiometer; AVHRR, 先進高分解能輻射計) 운량과 해수면온도의 측정을 위해 기상학과 해양학에서 사용되는 미국해양대기청(NOAA) 위성에 장착된 센서.
표본수집률은 주사각이 비천저 55.4°에 2048화소/주사(pixel/scan)이며, 5개 스펙트럼 밴드의 화소해상도는 1.1km이다. 5개 AVHRR 채널들의 스펙트럼 창은 채널 1 : 580~680nm, 채널 2 : 725~1100nm, 채널 3 : 3550~3930nm, 채널 4 : 10.3~11.3㎛, 채널 5 : 11.4~12.4㎛이다.

ㅅ

선진지구관측위성(advanced earth observing satellite; ADEOS, 先進地球觀測衛星) 정교한 센서들을 기반으로 세계적인 환경자료를 수집하도록 설계된 일본의 원격탐사위성.
ADEOS의 핵심 센서들은 선진 가시광선 및 근적외선 복사계, 해양색채와 온도 센서이다. ADEOS에 장착된 그 외의 기기들로는 NASA 산란계, 전오존량사상분광계, 지구반사율의 편광 및 방향성 측정기기, 간섭계 방식의 온실기체 감시, 개선된 주변대기분광계 및 우주의 역반사체가 있다. ADEOS는 1996년 8월 17일에 태양동기궤도에 올려졌다. 1997년 6월 29일에 실패로 끝났으나 ADEOS 시리즈의 다른 위성으로 대체될 것이다.

선택흡수(selective absorption, 選擇吸收) 물질이 복사 스펙트럼상의 특정 파장대의 복사만을 강하게 흡수하는 현상.
물질의 고유한 성질에 따라 흡수하는 파장대가 결정된다.

선형미분방정식(linear differential equation, 線形微分方程式) 종속변수와 그 도함수로 구성된 각 항의 계수가 상수나 독립변수만의 함수로 구성된 미분방정식.
예를 들면 2계 선형미분방정식의 일반식은 다음과 같이 쓸 수 있다.

$$A(x)\frac{d^2f(x)}{dx^2} + B(x)\frac{df(x)}{dx} + C(x)f(x) = D(x)$$

여기서 계수 A, B, C, D는 독립변수 x만의 함수로 나타난다. 미분방정식은 미지의 함수와 그

도함수, 그리고 이 함수들의 함수값에 관계된 여러 개의 변수들에 대한 수학적 방정식이다. 독립변수의 개수에 따라 상미분방정식과 편미분방정식으로 구분된다. 대기의 운동과 상태를 나타내는 지배방정식계는 뉴턴의 운동법칙, 열역학법칙 등 보존법칙의 수학적 표현으로 이루어진 비선형 편미분방정식계로 구성된다. 기본 지배방정식계에서 이류항은 종속변수와 그 도함수의 곱으로 나타나는 비선형 항이다. 일반적으로 선형미분방정식은 비선형미분방정식에 비해 더 쉽게 해를 구할 수 있다. 비선형미분방정식에서 종속변수들을 평균과 섭동 성분으로 분리하여 방정식에 대입한 후, 섭동의 곱으로 나타난 항은 나머지 항들에 비해 작은 값을 가지므로 제거하게 되면 선형화된 미분방정식을 얻을 수 있다. 다음은 이런 선형화 과정을 보여준다.

$$
\begin{aligned}
AB &= (\overline{A}+A')(\overline{B}+B') = \overline{A}\,\overline{B}+\overline{A}B'+\overline{B}A'+A'B' \\
&\cong \overline{A}\,\overline{B}+\overline{A}B'+\overline{B}A'
\end{aligned}
$$

대기역학 분야에서 대기운동 지배방정식의 선형화를 통해 음파, 중력파 등 대기 파동과 관련된 문제를 이론적으로 다룬다.

ㅅ

선형연산자(linear operator, 線形演算子) 종속변수의 각 항이나 미분항들이 선형성을 만족하는 수학연산자.
델 연산자, 라플라시안 연산자, 상미분연산자를 예로 들 수 있다.

$$
\begin{aligned}
\nabla &= \boldsymbol{i}\frac{\partial}{\partial x}+\boldsymbol{j}\frac{\partial}{\partial y}+\boldsymbol{k}\frac{\partial}{\partial z} \\
\nabla^2 &= \frac{\partial^2}{\partial x^2}+\frac{\partial^2}{\partial y^2}+\frac{\partial^2}{\partial z^2} \\
L &= A(x)\frac{d^2}{dx^2}+B(x)\frac{d}{dx}+C(x)
\end{aligned}
$$

여기서 $\boldsymbol{i}, \boldsymbol{j}, \boldsymbol{k}$는 각각 단위 벡터를 의미하고, 계수 A, B, C는 독립변수 x만의 함수이다.

선형풍(cyclostrophic wind, 旋衡風) 수평기압경도력과 원심력이 균형을 이루면서 부는 수평바람.
자연좌표계에서 이 두 힘의 균형을 등압면에 대하여 식으로 표시하면 다음과 같다.

$$
\frac{V^2}{R} = -\frac{\partial \phi}{\partial n}
$$

여기서 V는 선형풍속, R은 바람 경로의 곡률반경, ϕ는 지오퍼텐셜 그리고 n은 선형풍 방향에 왼쪽 직각 방향으로의 거리를 나타낸다. 자연좌표계에서 n이 곡률 중심을 향할 때 R은 양의 값으로, n이 곡률 중심과 반대 방향을 향할 때 R은 음의 값으로 정의한다. 선형풍은 코리올리 힘을 무시하고 정의한 바람이므로 이 바람은 코리올리 힘이 작은 적도 근처에서 나타나는 실제 바람의 근사값이라 할 수 있다. 또한 이 선형풍은 곡률반경이 비교적 작고 풍속이 매우 커서 원심력이 굉장히 커지는 토네이도나 태풍 같은 격렬한 기상현상에서 나타나는 바람이라 할 수 있다. 선형풍은 북반구에서 반시계 방향과 시계 방향으로 회전하면서 불 수 있다. 태풍이나 토네이도의 대부분은 반시계 방향으로 회전하는 선형풍을 동반하지만, 이보다 규모가 작은 소용돌이인 먼지회오리나 바다용오름은 반시계 방향과 시계 방향의 선형풍을 절반 정도씩 동반한다.

선형화(linearization, 線形化) 비선형계를 근사나 변수들의 적당한 변형을 통해 선형계로 변환하는 과정.
예를 들면, 비선형방정식 $Y=Ae^{bx}$를 $y=\log Y$와 $a=\log A$로 치환하면 주어진 비선형방정식은 선형방정식 $y=a+bx$로 변환할 수 있다. 다른 예로, 비선형함수 $y=e^x$는 x가 1보다 훨씬 작은 값을 갖는 조건에서 선형방정식 $y=1+x$으로 근사할 수 있다. 이와 같이 비선형방정식을 선형방정식으로 변환하게 되면 방정식을 좀 더 쉽게 풀 수 있다. 하지만 근사를 통해 선형화하는 경우에는 주어진 특정 범위에서만 유효한 해를 얻을 수 있음에 유의해야 한다.

선회감소시간(spindown time, 旋回減少時間) 소용돌이가 마찰에 의해 약화되면서 상대소용돌이도가 초깃값의 $1/e$(즉, 37.8%)로 감소하는 데 걸리는 시간.
에크만펌핑에 의해 유도되는 이차순환이 소용돌이를 변화시킬 때, 지균소용돌이도(ζ_g)의 시간에 따른 변화율은 다음과 같다.

$$\frac{d\zeta_g}{dt} = -\left|\frac{fk_m}{2H^2}\right|^{1/2}\zeta_g$$

이를 적분하면 다음과 같이 정의된다.

$$\zeta_g(t) = \zeta_g(0)\exp(-t/\tau_e)$$

이때 선회감소시간은 $\tau_e = H|2/(fK_m)|^{1/2}$이다.

선회증가시간(spinup time, 旋回增加時間) 오랜 시간 동안 얻은 값이 $(e-1)/e=63.8\%$로서, 속도 또는 상대소용돌이도를 유발하는 바람과 같은 강제력이 효과를 내기에 필요한 시간 길이. 이것은 강제력을 느끼기에 필요한 시간을 특정짓는 것으로 크기는 보통 선회감소시간과 같다.

설계적설심(design snow depth, 設計積雪深) 온실 등의 구조물 설계 시 적설하중 설정을 위해서 설정되는 적설심.

적어도 20년 이상의 적설자료를 이용하여 통계적 방법으로 결정한다. 즉, 구조물의 내용 연수와 안전도(설계치 이상의 적설심이 내용 기간 중에 발생하지 않을 확률)의 설정치를 고려하여 1년 중 최심적설의 확률분포함수로부터 설계적설심을 결정한다.

설계폭풍(design storm, 設計暴風) 시간과 공간에 대한 강우량과 그 분포.
설계홍수를 결정하거나 최대방전을 설계하기 위해 사용한다.

설계풍속(design wind speed, 設計風速) 온실 등의 구조물 설계 시 풍하중 설정을 위해서 설정하는 풍속.
적어도 20년 이상의 순간최대풍속 자료를 이용하여 통계적 방법으로 결정한다. 즉, 구조물의 내용 연수와 안전도(설계치 이상의 풍속이 내용 기간 중에 발생하지 않을 확률)의 설정치를 고려하여 1년 중 최대풍속의 확률분포함수로부터 설계풍속을 결정한다.

설계하중(design load, 設計荷重) 구조물 설계 시에 안전성을 고려하여 설정되는 하중.
하중은 온실 등의 구조물에 작용하는 외력을 말한다. 골재, 피복재 등 구조물에 상시 고정되어 있는 물체 중량에 의한 하중, 즉 고정하중과 같이 장기간 작용하는 장기하중과 적설하중, 풍하중과 같이 일시적으로 작용하는 단기하중으로 구분된다.

설량계(snow gauge, 雪量計) 낙하하는 눈의 양을 측정하는 관측기기.
보통 쌓인 눈의 깊이나 무게 또는 낙하한 눈을 녹여서 물의 양을 측정한다. 바람이 강할 때는 대표성을 갖는 관측지점 선정이 어렵고 눈과 비가 섞여 내릴 때는 눈의 양 산정에 어려움이 있다.

섬광계(scintillometer, 閃光計) 광전광도계의 일종으로 대기상층의 바람을 측정하는 데 사용하는 장비.

섭동기법(perturbation technique, 攝動技法) 방정식에서 비선형 요란 항을 유지하기 위해 선형 항을 제거하는 수학적 기법.
온도와 속도변수(예 : T, U)를 천천히 변하는 평균($\bar{T}$, $\bar{U}$)과 빨리 변하는 섭동(t, u)으로 분리하여, 이를 방정식에 삽입하면 평균과 요란 요소로 분명히 나눌 수 있다. 이 섭동방정식을 다시 평균하면 선형 항들을 제외할 수 있고, 두 개 또는 그 이상의 섭동들의 곱(비선형)으로 된 항들이 남는데, 이들을 요란 플럭스, 분산, 상관이라 한다. **앙상블 평균**, **레이놀즈 평균**을 참조하라.

섭씨온도눈금(Celsius temperature scale, 攝氏溫度-) 협약에 의한 백분도 온도눈금과 동일한 것.

1948년 개최된 중량과 척도에 관한 9차 학술총회는 '백분온도(degree centigrade)'란 명칭을 '섭씨온도(degree Celcius)'로 개정하였다. 원래 셀시우스는 1,000mb의 기압에서 물의 끓는점을 0℃로 정하였으며 빙점을 100℃라고 정의했다. 이것은 현재의 온도 척도와 정반대이다. 화씨온도 눈금을 참조하라.

성 엘모의 불(St. Elmos's fire, 聖-) 굴뚝의 피뢰침이나 돛대 끝과 같은 뾰족한 높은 지점에서 발생하는 방전현상.
연한 푸른색 또는 보라색을 띠나 어두운 곳에서는 불빛처럼 밝게 보인다. 구름 내부에서 전기장이 강화되어 일어나며 비행기 날개의 끝, 나뭇잎 또는 풀잎 끝에서도 발생하는 경우가 있다. 항해를 보호해 주는 수호신(St. Elmo 또는 St. Erasmus)의 이름에서 따온 것으로 항해 중 뇌우가 끝나는 무렵에 흔히 나타나므로 항해사들은 이 현상을 악천후로부터 벗어나는 신호로 여겼다.

성장계절(growing season, 成長季節) 1년 중 식물을 경작할 수 있는 기온이 적정하게 유지되는 기간.
이는 농업기후학에서 중요한 개념이지만, 애매성과 복잡성 때문에 조금은 혼란스럽다. 성장계절은 식물의 종의 기온 감수성에 따라 매우 변동성이 크다. 최근에는 공통적으로 성장계절의 평균 길이는 봄철 된서리의 평균 마지막 날과 가을철 된서리의 평균 첫날 사이의 날 수로 정의한다. 경제적인 유의성을 위해 유효성장계절의 길이를 연간 80%가 탁월한 성장계절 길이로 정의한다. 다르게는 무상계절을 봄철과 가을철에 각각 0℃(32°F) 기온의 마지막 날과 첫날 사이의 기간으로 정의하기로 한다. 이는 정확하게 관측될 수 있을 것이나, 이들의 국지적인 미기후에 대한 관계가 변수여서 식생 형태의 차이로 볼 수는 없다. 식생기간이나 식생계절은 큰 미기후온도범위를 나타내게 된다. 이는 42°F(또는 41°F 또는 43°F) 기온의 발생 사이의 여름 기간으로 정의된다. 위에 정의된 어느 것이라 하더라도 모두 생장계절의 길이에 대한 지수를 말한다.

성층권(stratosphere, 成層圈) 고도 약 10~17km의 **대류권** 꼭대기(**대류권계면**)에서부터 고도 약 50km의 중간층 밑(성층권계면)까지의 지역.
성층권의 온도는 고도가 증가함에 따라 일정하거나 증가하여 연직으로 안정한 층이다. 태양 자외선의 광화학 작용에 의해 생성되는 오존은 극자 외선 복사를 받아 가열되기 때문에 온도가 대류권계면 근처 약 −85℃ 또는 그 이하부터 성층권계면 약 0℃까지 변한다. 성층권의 주요 구성성분은 대류권과 같이 질소와 산소분자이지만 강한 극자외선 복사 환경 속에서 광화학 작용의 결과로 수많은 보다 작은 화학성분을 포함한다. 이들 중에서 오존이 가장 많은데, 오존의 존재는 아래 대기와 지면이 위험한 극자외선에 노출되는 것을 보호한다. 극지방에 위치한 오존층에 CFCs(chlorofluoro carbons)의 영향으로 오존 농도가 크게 감소하는 오존 구멍도 성층권에서 발생한다.

성층권 승온(stratospheric warming, 成層圈昇溫) 행성규모파의 영향에 의해 대류권으로부터의 유도된 에너지 전파로 인해 겨울 극지방의 성층권에서 나타나는 기온 상승.
성층권 승온에 의해 50mb 근처의 온도가 단지 며칠 만에 40℃까지 증가될 수 있다.

성층권 황산염층(stratospheric sulfate layer, 成層圈黃酸鹽層) 수용성 황산으로 구성된 아마이크로미터 크기의 입자가 있는 하층 성층권(고도 15~25km이고, 전 세계적) 지역.
융에어러졸층(Junge aerosol layer)이라고도 한다. 황화합물[주로 황아카르보닐(SOC)과 이산화황(SO_2)]의 산화가 황산의 발원이라 믿는다. 화산폭발은 많은 양의 H_2S 또는 SO_2를 성층권으로 직접 주입하여 황산 부유입자의 양을 증가시킨다. 이 입자들은 느리게 하층대기로 낙하한다(연단위). 황산입자들은 오존층에 나타나기 때문에 이들 사이의 비균질성 화학반응은 오존 농도에 영향을 주는 미량기체 양에 영향을 끼쳐 오존에 심각한 영향을 가져온다.

ㅅ

세(epoch, 世) 1. 지질시대(geologic age)보다 길고 지질기(geologic period)보다 짧은 공식적인 지질연대학적 단위.
이 기간 동안 유사한 계열의 암석들이 형성되었다.
2. 빙하기 같은 지질학적 연대의 (보통 짧은) 길이를 나타내기 위하여 비공식적으로 사용되는 용어.
3. 고지자기에서, 시간적으로 변하는 양의 측정과 관련된 날짜.
예를 들어, '세(epoch) 1965.0에 대한 자기편각 선도'와 같이 사용되거나, 비공식적으로 자기극성 세(epoch)로 사용된다. 자기극성은 지자기장이 오늘날과 같았는지(이 경우 정상 극성), 아니면 북극과 남극이 현재와는 반대였는지(이 경우 반대 극성)를 말해 준다.

세계시(universal time, 世界時) 과학적 목적으로 1928년에 도입된 그리니치 평균시(greenwich mean time, GMT)가 사용될 때의 명칭.
처음에는 지구자전주기에 기초하여 UT(즉 GMT)가 정의되었으나 지구자전주기가 일정하지 않다는 것이 밝혀져서 시간의 정확한 측정에는 부적절하다. 몇 가지 형태의 UT가 특별한 목적으로 사용되고 있다. 그러나 세계적으로 가장 많이 사용되는 것(예 : 방송)은 UTC(Coordinated Universal Time)이다. UTC는 여러 천문대에서 보관된 원자시계를 비교하여 정한 것이다. UT는 Zulu(Z)time이라고도 한다.

세계통신 시스템(global telecommunications system, 世界通信-) 세계기상감시(World Weather Watch) 체제 안에서 기상자료의 수집 및 분배를 위해 제공하는 전지구 통합 통신.

세로소용돌이(longitudinal roll, roll vortex) 대략 대기경계층의 평균 바람에 나란하고 서로 반대 방향으로 회전하는 소용돌이로 조직화된 대기구조.
세로소용돌이는 중립에서 중 정도 불안정인 성층을 가진 대기경계층에서 자주 나타난다. 이것은 평균경계흐름의 혼합된 대류-역학 정상 모드 불안정이 비선형 평형으로 발생한다. 세로소용돌이는 운동량뿐만 아니라 대기경계층을 혼합시키는 스칼라 양을 비국지적으로 수송한다. 준이차원인 세로소용돌이는 평균이차순환을 만든다. 이 순환은 작은 규모의 3차원 난류소용돌이를 선형으로 조직화한다. 세로소용돌이가 있으면 대기경계층 내와 지표면에서 플럭스가 상당히 달라진다. 플럭스 연직분포는 세로소용돌이의 상승 영역과 하강 영역에서 다르다. 열역학 조건이 적절하면 소용돌이 사이의 상승 영역에서 선형으로 보이는 구름열이 형성된다.

세로파(longitudinal wave, -波) 매질의 진동 방향이 파동의 전파 방향에 일치하는 비회전 평면파.
파동이 매질로 전파될 때 압축과 팽창을 만들기 때문에 압축파라고도 한다. 세로파의 예로 공기 매질 속에서 전파되는 음파가 있다.

셰지 방정식(Chezy equation, Chézy equation, -方程式) 유체의 평균속도를 채널 특성과 연결시키는 경험적 방정식.
방정식은 다음과 같이 표현한다.

$$V = CR^{1/2}S_f^{1/2}$$

여기서 C는 셰지 저항계수, S_f는 총 헤드라인의 변화도, 그리고 R은 동수(動水) 반경(경심)을 의미한다. 방출(방전) Q는 다음과 같다.

$$Q = AV = CAR^{1/2}S_f$$

여기서 A는 단면적이다.

소거비(cancellation ratio, 消去比) 1. 레이더를 이용하여 관측할 때 불필요한 목표물로부터 후방산란된 반사파의 일률을 나타내는 것으로 후방산란 반사파의 측정 모드가 다른 측정모드에 비해 소거되거나 억제되는 정도.
본 수치는 1보다 큰 값, 즉 양의 데시벨 양을 산출하기 위해 정의된다. 예를 들면 원형편광법으로 측정한 비로부터 후방산란된 신호의 강도에 대해 직선편광에서 측정된 우적에서 후방산란된 신호강도의 비율로 정의한다. 레이더의 3~10cm 사이의 파장역에서 측정한 약한 비에서는 25~30dB 값으로 나타나는 측정값이다.

2. 이중 채널 레이더의 경우 전송된 원형편광에 겨냥된 전송 채널에서 수신한 일률에 대해 직교 채널에서 수신한 일률의 비율.
직교 채널의 성분이 강수량으로부터 나온 표적신호에서 더 강한 성분이 된다. 그 이유는 레이더 쪽으로 재산란될 때 전파 방향이 변하면서 해당 원형편광의 방향이 역전되기 때문이다.
3. 레이더 반사파가 반사파 필터에 의해 억제되는 정도를 나타내는 비율.
본 용례는 특히 이동 목표 표시 레이더(이동표적 지시 레이더)에 적용한다. 지금까지 소거비란 용어가 일관성 없이 사용되어 왔기 때문에 슈레이더(Shrader)와 그레거스-한센(Gregers-Hansen (1990)은 개선인자(improvement factor)란 용어를 소거비 대신 사용해야 한다고 제안하고 있다.

소다(sodar) 레이더와 비슷한 원리로 작동하며 음파를 송수신하여 대기의 특성을 분석하는 데 이용되는 일종의 음파 레이더.
소다(Sodar)는 SOnic Detection And Ranging란 용어에서 만들어진 조어(造語)이다. 대기온도와 바람속도의 불규칙성이 음파에 대한 산란의 원천이다. 소다는 음파를 상방으로 발사하고 후방산란의 신호에서 도플러 변이를 측정하여 지상에서 500~600m 고도까지의 소리의 평균과 난류성질을 측정한다. 소다에 이용되는 진동수는 1~5kHz이다.

소말리제트(Somali jet) 아라비아 해역 소말리아 해안에서 여름철에 발생하는 남서 방향 하층 제트.
소말리제트는 적도를 가로지르는 흐름의 북쪽 부분에 해당하며, 아시아 여름 몬순을 돕는 수증기의 주된 공급원 역할을 한다.

소말리 해류(Somali Current, -海流) 북인도양의 서부경계 부근에 뚜렷이 나타나는 해류.
북동계절풍이 부는 기간 동안 소말리 해류는 12월에 남쪽으로 북위 1~5°로 부는데 1~2월에 10°N~4°S로 확장되고 3월에 다시 4°N~1°S로 축소된다. 그리고 북적도해류로 모였다가 적도반류로 다시 분산된다. 이 기간 동안의 유속은 0.7~1.0m/s이다. 남서 계절풍 기간 동안 해류는 빠른 표면 속도를 지닌 강한 북향 제트(5월 2m/s, 6월 3.5m/s)로 인해 발달된다. 제트는 남적도해류에서 모인 다음 아프리카 혼(Horn)의 동해안을 따라 흐른다. 그중 일부는 아라비아 반도를 따라 동아라비아 해류로 계속된다. 북위 5° 아래의 제트는 얕으며, 남향 흐름은 150m 아래에서 계속된다. 북위 5° 이상의 제트는 깊으며 영구적 수온약층을 감싼다. 북향 기간 동안 소말리 해류는 2~10°N 사이의 강한 용승과 연결된다. 용승된 냉수는 라스 하푼(Ras Hafun, 11°N) 연해를 돌아 그레이트 휠(Great Whirl)로 알려진 약 500km 지름의 큰 고기압성 에디를 형성한다. 결국 소말리 해류에서 바닷물은 남서 계절풍 해류로 유입된다.

소볼레프 공간(Sobolev space, -空間) 레베스크 L^p 함수 공간 안에서 s번 미분된 함수도

L^p 공간의 원소로서 존재하는 함수 공간.
구체적으로 다음과 같이 정의된다.

$$W^{s,p}(\Omega) = \{f \in L^p(\Omega),\ \ \forall|\alpha| \le s,\ \partial_x^\alpha f \in L^p(\Omega)\}$$

여기서 $\alpha = (\alpha_{1,} \cdots, \alpha_d)$, $|\alpha| = \alpha_1 + \cdots + \alpha_d$, 그리고 $\partial_x^\alpha = \partial_{x_1}^{\alpha_1} \cdots \partial_{x_d}^{\alpha_d}$로서 약형 미분(weak derivative)을 의미한다. 특별한 경우로 $p=2$인 경우를 $H^s(\Omega)$, $= W^{s,2}(\Omega)$)로 표현하며, 이 공간은 다음과 같이 미분의 내적이 존재하는 힐버트 공간이다.

$$< f,g >_{s,\Omega} = \sum_{|\alpha| \le s} < \partial_x^\alpha f,\ \partial_x^\alpha g >_{L^2(\Omega)} = \sum_{|\alpha| \le s} \int_\Omega \partial_x^\alpha f \left(\partial_x^\alpha g\right)^* d\Omega$$

분광요소법 혹은 연속적 갤러킨 방법에서는 다루는 함수가 H^1 소볼레프 공간에 존재하는 것으로 가정한다.

소비수량(consumtive use, 消費水量) 작물이 생육을 위해서 소비하는 물의 양.
작물의 잎 표면 등으로부터 증발하는 증산량과 토양으로부터의 증발량을 합한 양으로서 증발산량이라고도 한다.

소빙하기(little ice age, 小氷河期) 중세 온난기 이후 갑작스럽게 나타난 한랭한 기간(AD 1350~1850년).
최근의 홀로세는 소빙하기를 제외하고는 비교적 따뜻한 시기였다. 소빙하기의 기온은 오늘날 평균 기온보다 0.5~1.0℃ 정도 낮았다. 소빙하기에 대한 고기후학적 증거로서 16세기 및 17세기경의 고문서와 석판화가 있다. 한 예로 알프스 계곡을 그린 그림들을 보면 조그만 산간 마을까지 빙하가 전진해 있어 인간이 기억하는 어느 때보다 빙하가 성장했음을 알 수 있다. 이와 유사한 빙하의 전진이 세계의 다른 지역에서도 일어났으며, 대부분의 경우 1만 년 전 최후 빙하기 이후 빙하가 가장 크게 확장되었다. 소빙하기로 알려진 이 기간은 빙하가 짧은 기간에 걸쳐 확장했던 기간으로 주기가 더 긴 빙하기와 간빙기의 순환에 중첩되어 있다. 소빙하기 기후의 제일 큰 특징은 불안정성이다. 중세 온난기가 막을 내리고 소빙하기가 시작되자마자 기후는 요동치듯 불안정해졌다. 불안정적인 기후변동은 혹한의 겨울, 몹시 찌는 여름, 극심한 가뭄, 폭우, 흉년 그리고 온화한 겨울과 따뜻한 여름들이 불규칙적으로 나타났고, 유럽 사람들은 이러한 불규칙적인 기후에 적응하는 데 큰 어려움을 겪었다. 이러한 불안정한 날씨의 연속은 중세 온난기의 안정된 기후에 익숙한 인간에게 치명적인 영향을 주었다. 이 시기에 가뭄과 저온현상으로 곡식들이 여물지 않아 수확량이 감소되었고, 이로 인해 특히 유럽 경제는 악화되었다. 악화된 위생상태, 부족한 영양과 난방으로 인해 각종 전염병이 크게 유행하였다.

소산(dissipation, 消散) 초기의 에너지 형태에서 어떤 기계적인 과정을 거쳐 최종의 형태로 되는 비가역적인 과정.

예로 어떤 매개를 통한 열 에너지의 전달은 따뜻하거나 추운 물체에서 내부 에너지를 전달하는 것이기 때문에 소산과정이라 할 수 있고, 또한 어떤 저항체를 통한 유체의 흐름이나 확산, 화학작용, 전기정도 등도 소산작용의 예라 할 수 있다.

소산계수(extinction coefficient, 消散係數) 어떤 매질 속에서 전파하는 복사에 대하여 단위 경로 길이당 복사휘도의 분수적 감소.

부피소산계수는 베르 법칙을 이용하면 다음과 같이 정의된다.

$$\frac{dL}{L} = -\gamma\, ds$$

여기서 L은 주어진 파장의 단색광 복사휘도, γ는 부피소산계수, ds는 경로 길이의 증분이다. 질량소산계수는 부피소산계수를 매질의 밀도로 나눈 것과 같다. SI 단위로 부피소산계수는 m^{-1} 단위를 갖고 있고, 질량소산계수는 $m^2 kg^{-1}$의 단위를 갖고 있다. 일반적으로 복사 에너지의 소산은 흡수와 산란에 의해 발생한다. 소산계수는 흡수계수와 산란계수의 합이고 일반적으로 파장과 온도에 좌우된다.

소산길이규모(dissipation length scale, 消散-規模) 난류 강도와 난류 분자 소산율 ϵ에 관련된 연직 거리.

이 길이 규모 l_ϵ은 다음과 같이 정의된다.

$$l_\epsilon = 0.4\frac{\sigma_w^3}{\epsilon}$$

여기서 σ_w는 연직속도 w의 표준편차이다. 이 길이 규모는 전형적으로 mm의 차수이다.

소산단면(extinction cross section, 消散斷面) 어떤 물체에 입사하는 전자기파의 복사조도를 곱할 때, 이 물체가 산란시키고 흡수하는 총 복사 플럭스를 주는 면적.

레이더에서는 관습적으로 이 용어를 감쇠단면이라 부르는데, 입사하는 평면파 복사의 공률밀도를 곱할 때 흡수와 산란에 의해 빔으로부터 제거되는 공률을 주는 면적으로 정의된다. 산란시키고 흡수하는 물체들의 분산으로 구성되어 있는 전파 매질에 대하여, 매질 내 주어진 위치에서 부피소산계수($m^2 m^{-3}$ 또는 m^{-1})는 이 위치에 중심을 둔 단위부피에서 모든 물체의 소산단면의 합이다.

소산상수(dissipation constant, 消散常數) 대기전기에서 어떤 대전된 물체가 주위 공기로 전하를 잃는 율의 척도.
만일 물체가 시간 t에 전하 q를 갖는다면, 쿨롬의 법칙에 따라 다음과 같이 쓸 수 있다.

$$\frac{dq}{dt} = -kq$$

여기서 k가 시간단위의 역수로 표현되는 이 물체의 소산상수이다. k는 대전된 물체의 외형뿐만 아니라 주위 공기의 밀도, 습도 및 물체에 상대적인 공기운동 등에 좌우된다고 알려져 있다.

소산율(dissipation rate, 消散率) 분자 점성에 의하여 난류가 열로 전환되는 율(ϵ).
다음 식과 같이 정의된다.

$$\begin{aligned}\epsilon &\equiv \nu\overline{\left(\frac{\partial u'_i}{\partial x_j}\right)^2}\\ &= \nu\left[\overline{\left(\frac{\partial u'}{\partial x}\right)^2}+\overline{\left(\frac{\partial u'}{\partial y}\right)^2}+\overline{\left(\frac{\partial u'}{\partial z}\right)^2}+\overline{\left(\frac{\partial v'}{\partial x}\right)^2}+\overline{\left(\frac{\partial v'}{\partial y}\right)^2}+\overline{\left(\frac{\partial v'}{\partial z}\right)^2}+\overline{\left(\frac{\partial w'}{\partial x}\right)^2}+\overline{\left(\frac{\partial w'}{\partial y}\right)^2}+\overline{\left(\frac{\partial w'}{\partial z}\right)^2}\right]\end{aligned}$$

여기서 (u', v', w')은 (x, y, z) 방향의 난류 섭동 속도(즉, 각 평균속도로부터의 순간적 편차)이고 ν는 공기의 운동 점성도이며 오버 바($^{-}$)는 평균을 가리킨다. 이 전환은 항상 난류운동 에너지를 감소시키고 있으며 난류가 보존변수가 아니라는 것을 의미한다. 또한 이것은 다른 메커니즘에 의해 계속적으로 난류가 발생하지 않는 한 난류를 0으로 감쇠시킨다. 난류 소산은 가장 작은 크기의 에디(직경으로 mm의 차수)에서 가장 크다. 그러나 난류는 보통 대기경계층 크기(수백 m의 차수)만큼 큰 에디로 발생된다. 난류운동 에너지가 가장 큰 에디로부터 가장 작은 에디로 이동되는 것을 관성 다단폭포라 부르고, 이 에너지 이동률은 정체 난류에 대한 소산율에 비례한다. 난류가 발생되지도 않고 감쇠되지도 않는 에디의 중간 부분을 관성아구간(慣性亞區間)이라 부른다. 상사이론(차원분석)을 이용하면 파장 κ에서의 난류 스펙트럼 강도 $S(\kappa)$를 측정함으로써 소산율을 계산할 수 있다. 즉, $\epsilon = 0.49S^{3/2}\kappa^{5/2}$으로 소산율이 계산된다. 대류가 일어나는 낮에는 ϵ의 전형적 크기의 차수가 10^{-3} 내지 $10^{-2}\ m^2s^{-3}$이고, 밤에는 그 값이 10^{-6} 내지 $10^{-4}\ m^2s^{-3}$이다.

소스(source) 발원을 참조.

소용돌이(vortex) 소용돌이도(와도)를 포함하는 흐름.
와류라고도 한다. 주로 연속적인 유선을 가지는 유체의 흐름을 말하며 소용돌이도 벡터가 유한하게 밀집되어 있는 경우 소용돌이(와도) 필라멘트, 혹은 소용돌이 튜브라고 한다.

소용돌이(convolution) 기구 및 측정의 불완전 반응 및 분해능(해상도)을 기술하기 위해 사용되는 수학적 연산.

회선이라고도 한다. 가령, 선형계의 입력함수에 대한 시간반응은 다음과 같이 기술된다.

$$y(t) = \int_{-\infty}^{\infty} h(t-\alpha)x(\alpha)d\alpha$$

여기서 $x(t)$는 입력함수, $y(t)$는 출력함수, $h(t)$는 계의 특징을 결정하는 가중함수, 그리고 α는 적분변수이다. 출력은 가중함수를 갖는 입력의 회선이 된다고 한다. 제한된 진동수 반응 때문에 여러 도구들은 입력 데이터를 고르게 하는(평활하게 하는) 효과가 있어 주파수 함량의 입력치보다 더 제한적인 출력치를 생성하게 된다. 이 효과는 회선방정식의 푸리에 변환을 취함으로써 보다 쉽게 이해된다. 실제로 시간 영역에서 주파수 영역으로 변환시키는 것이다. 그 결과는 다음과 같다.

$$Y(f) = H(f)X(f)$$

여기서 Y, H, X는 각각 y, h, x에 대한 푸리에 변환이다. 함수 $H(f)$는 계의 주파수 반응함수라고 부른다. $H(f)$의 크기는 입력함수에 존재하는 주파수 성분들이 출력함수에도 존재하게 될 것인지 혹은 계에 의해 약화될지 여부를 결정해 준다. 레이더에서 회선과정의 예제는 펄스 부피의 크기가 유한한 결과로서(유한하기 때문에) 반사율의 공간 패턴을 평활화하는 것이다. 펄스 부피보다 작은 척도를 가진 공간불규칙성은 해당 펄스 부피를 가진 반사율장의 회선에 의해 측정과정에서 약화된다.

소용돌이도(vorticity, -度)　유체의 흐름에서 국지적 회전을 나타내는 벡터량.
$\boldsymbol{V}$를 바람 벡터라 할 때, 바람의 소용돌이도는 다음과 같이 정의된다.

$$\omega = \nabla \times \boldsymbol{V}$$

일반적으로 날씨와 기후와 관련된 소용돌이도는 상대소용돌이도로서 3차원 공간에서 정의된 소용돌이도의 연직성분이다. 따라서 상대소용돌이도 ζ는 다음과 같다.

$$\zeta = \boldsymbol{k} \cdot (\nabla \times \boldsymbol{V})$$

수평바람 성분을 이용하면

$$\zeta = \frac{\partial v}{\partial x} - \frac{\partial u}{\partial y}$$

상대소용돌이도가 양수인 경우는 반시계 방향, 음수인 경우는 시계 방향의 회전을 의미한다. 공기가 지구표면에 대해 운동하지 않더라도 자전에 의한 소용돌이도를 갖는데, 이것을 행성소용돌이도라 하며, 코리올리 인자 $f = 2\Omega\sin\theta$와 동일한 값이다.

소용돌이도 방정식(vorticity equation, -度方程式) 공기의 흐름에 따라 소용돌이도가 시간에 따라 변하는 비율을 나타내는 방정식.
이 방정식은 다음과 같이 나타낸다.

$$\frac{D(\zeta+f)}{Dt} = -(\zeta+f)\left(\frac{\partial u}{\partial x}+\frac{\partial v}{\partial y}\right) - \left(\frac{\partial w}{\partial x}\frac{\partial v}{\partial z}-\frac{\partial w}{\partial y}\frac{\partial u}{\partial z}\right)+\frac{1}{\rho^2}\left(\frac{\partial \rho}{\partial x}\frac{\partial p}{\partial y}-\frac{\partial \rho}{\partial y}\frac{\partial p}{\partial x}\right)$$

이 식은 절대소용돌이도의 시간 변화율은 수렴과 발산, 공기기둥의 뒤틀림, 밀도와 기압분포에 의해 결정됨을 의미한다. 소용돌이도 방정식은 운동방정식에 컬(curl, $\nabla\times$)을 취하여 유도할 수 있다.

소용돌이도 보존(conservation of vorticity, -度保存) 1. 비점성 순압 유체의 수평 흐름 내에서, 각각의 유체입자가 갖는 절대소용돌이도의 연직성분이 상수임을 의미.
이는 비발산 순압대기모형의 역학 원리에 해당한다.
2. 유체의 난류 혼합이 이루어지는 동안 각각의 에디들의 소용돌이도는 보존된다는 가설.

소용돌이도 수송가설(vorticity-transport hypothesis, -度輸送假說) 압력장의 변동에서 판단할 수 있는 요란이 유도하는 난류 에디 수송에서 운동량이 아닌 소용돌이도(와도)가 보존된다는 가설.
이 가정은 요란이 엄격하게 수평면상에서 일어나는 경우 완벽하게 성립한다. 혼합고와 연계하여 이 가정을 적절히 사용하면 고도에 따른 시어링 스트레스(shearing stress)의 크기를 결정할 수 있다.

$$\frac{1}{\zeta}\frac{\partial \tau}{\partial z} = K\frac{d^2\overline{u}}{dz^2}$$

K는 에디 점성계수이며 $\overline{u}$는 수평바람의 평균값이다. 기호 ζ는 소용돌이도를 표시한다.

소용돌이도 이류(vorticity advection, -度移流) 바람에 의해 절대소용돌이도가 수송되는 것.

$$-\boldsymbol{V}\cdot\nabla(\zeta+f)$$

소용돌이도 이류는 대기의 연직 운동을 진단하는 데 도움이 되는 요소이다. 상층 양의 소용돌이도 이류는 상승운동을, 음의 소용돌이도 이류는 하강운동을 유도한다. 위 식은 다시 상대소용돌이도 이류와 행성소용돌이도 이류로 구분할 수 있는데, 상층 500hPa 로스비 파의 전파 특성과 이들 소용돌이도 이류의 상대적 크기와 관련이 있다.

쇼월터 지수(Showalter index, -指數) 500hPa 층의 기온(T_{500})과 850hPa면의 상승응결고도(LCL)에서 포화단열선을 따라 올라가 500hPa 층면과 만난 점의 기온(T_L)과의 차.
즉, 다음과 같이 나타낸다.

$$SSI = T_{500} - T_L$$

이 불안 정도는 1947년 쇼월터(Showalter)가 뇌우에서 창안했는데, 이는 대기 불안정상태를 진단하고 예측하는 데 많이 사용된다. 고립된 공기 내(공기의 유출입이 없는 상태)에서 야간 복사냉각으로 인한 지면 부근에 역전층이 주간에 일사에 의한 가열로 해소되면서 기층이 불안정화되어 뇌우가 발생될 가능성을 가늠해 보기 위해 개발되었다. 따라서 맑은 날 바람이 거의 없는 안정된 기단의 영향을 받고 있을 때, 지면의 급격한 기온 상승 예측을 통해 대류가 발생하여 뇌우 발생(소나기) 가능성을 진단하는 데 유용하지만, 저기압에 의한 강수나 하층수렴, 상층발산의 대류운동이 잘 발달된 연직 대기상태에 적용하는 것은 적합하지 않다. 또한 빠른 기압계의 흐름(변질된 기단 영향)에서도 적합하지 않다. 만약 850hPa을 통과하는 깊은 역전층이나 수증기가 급격하게 감소하는 층이 있는 경우에는 SSI를 보완한 상승지수(LI)를 참고할 수 있다. 상층의 한기가 동반된 뇌우 진단은 CT, TTI, SWEAT I가 유용하며, 여름철 호우 형태는 KI가 적합하다.

소조(neap tide, 小潮) 해와 달이 직각 방향에 놓여 조석이 가장 약한 시기.
조금이라고도 한다. 해와 달이 직각 방향에 놓이는 상현과 하현 시기에 달과 해의 기조력이 상쇄되어 조차가 가장 작을 때를 말한다. 이때의 조차를 소조차(neap range)라고 한다.

속(flux, 束) 플럭스를 참조.

속도(velocity, 速度) 위치변화를 나타내는 위치 벡터에 대한 시간 변화율.
크기(속력)와 방향을 갖는 벡터로 표시된다. 3차원 공간에서 정의되는 위치 벡터가 $r(t) = (x(t), y(t), z(t))$일 때, 속도 벡터는 다음과 같이 나타낼 수 있다.

$$\boldsymbol{V} = \frac{d\boldsymbol{r}}{dt} = \left(\frac{dx}{dt}, \frac{dy}{dt}, \frac{dz}{dt}\right)$$

속도방위표시기(velocity azimuth display; VAD, 速度方位表示記) 정해진 고도각에서 360° 완전히 회전 스캔하여 방위각의 함수로서 주어진 관측거리에 대한 도플러 레이더의 평균속도에 대한 레이더 표시기.
가로축을 레이더의 관측 방위각, 세로축을 도플러 속도의 축으로 설정한 2차원 평면 레이더에서 관측한 도플러 속도를 방위각에 따라 표시하는 상태이다.
시선속도-방위각 표출이라고도 하며, 여기에 표시된 곡선을 VAD 곡선이라고도 한다.

속도접힘(velocity folding, velocity aliasing, 速度-) 도플러 레이더로 관측한 목표물의 시선속도의 실제 크기가 최대 관측 가능 속도, 즉 나이퀴스트 속도(Nyquist velocity)보다 클 경우에 실제 속도와 방향이 정반대인 다른 속도 값으로 주어지는 것.
예를 들면 나이퀴스트 속도가 $\pm 20ms^{-1}$인 레이더로 목표물을 관측했을 때의 실제 시선속도 $-30ms^{-1}$인 경우 레이더가 보여주는 속도는 $+10ms^{-1}$이다. 속도접힘이 일어날 경우 목표물의 실제 속도의 크기는 실제 속도보다 작으며 그 방향은 반대가 된다.

속도 퍼텐셜(velocity potential, 速度-) 그래디언트(gradient)가 속도 벡터 V가 되는 스칼라 함수.
여기서 V는 $\nabla \times V = 0$를 만족하는 비회전 바람이다. 따라서 $\chi(x, y, z)$가 속도 퍼텐셜일 때 다음과 같이 나타낼 수 있다.

$$V = -\nabla\chi$$

속도는 등속도 퍼텐셜 면에 수직으로 나타난다. 만약 어떤 속도장이 속도 퍼텐셜을 갖는다면, 스칼라 함수의 공간 기울기만 구하면 속도를 알 수 있으므로, 속도 퍼텐셜을 이용하는 것이 운동을 기술하는 데 더 편리하다. 만약 운동이 비압축성이라면 $\nabla \cdot V = 0$이므로 $\nabla^2\chi = 0$인 라플라스 방정식이 된다.

솎아내기(thinning) 중복된 관측자료의 제거 및 온라인 관측자료 전처리 시스템에서 자료처리시간의 과부하 방지와 자료동화 시스템에 효율적으로 이용할 격자 간격을 고려하여 주변의 관측자료들 중에 최상의 자료를 선택하는 기법.

손스웨이트 수분지수(Thornthwaite moisture index, -水分指數) 가능증발산량의 개념을 사용한 새로운 기후구분을 기초로 하여, 비교적 넓은 영역에 대한 토양 물수지를 모니터링하는 방법.
수분지수(I_m)는 다음과 같은 식으로 계산된다.

$$I_m = \frac{100S - 60D}{n}$$

여기서 S는 수분과잉량(cm), D는 수분부족량(cm), n은 증발산에 의해 잃어버리는 수분의 최대 가능량(cm)을 나타낸다.

솔레노이드(solenoid) 두 개의 스칼라 양의 주어진 시간에 단위간격면(isotimic surface)의 교차에 의해 공간에 형성된 관.

한 공간곡선에 의해 둘러싸인 솔레노이드 수는 그 곡선에 의해 경계지어지는 면적을 지나는 두 개의 기울기의 벡터적의 플럭스와 같으며 다음 식으로 주어진다.

$$\iint (\nabla \phi_1 \times \nabla \phi_2) \cdot d\boldsymbol{s} = \oint \phi_1 d\phi_2$$

여기서 $d\boldsymbol{s}$는 주어진 곡선에 의해 경계가 정해진 한 면적소의 벡터이다. 등압면과 등밀도 면의 교차에 의해 형성된 솔레노이드는 기상학에서 자주 참고한다. 순압대기는 등압면과 등밀도 면이 교차하지 않고 나란하므로 솔레노이드가 없는 대기이다.

송신기 효율(transmitter efficiency, 送信機效率) 송신기에 입력한 총 전력에 대한 송신기가 출력한 평균전력의 비.
송신기에 입력한 총 전력을 P_0, 송신기가 출력한 평균전력을 P_i인 경우 송신기의 효율(ϵ_t)은 $\epsilon_t = P_0/P_i$로 주어진다.

쇄파(breaker, 碎波) 해파가 너무 가파르게 형성되어 있어 안정되지 못하여 연안이나 외해에서 부서지게 되는 해양의 표면파.
파도가 연안 가까운 수심이 얕은 곳에 이르면 파장이 짧아지고 파도가 높아져 파도의 앞쪽이 낭떠러지처럼 되었다가 부서진다. 쇄파는 네 종류로 분류된다.
1. 상당한 거리에 걸쳐 점진적으로 부서지는 붕괴파.
2. 자주 말려 올라가며 파향 경사가 급하여 파봉이 감기듯이 상당한 충돌음과 함께 부서지는 권파.
3. 솟구쳤다가 파편화되거나 말리는 대신, 경사가 급한 해안 표면 위로 밀려드는 쇄기파.
이 경우 파봉의 전면부는 거의 연직을 이루고 후면부는 수평에 가깝게 보인다.
4. 파의 꼭대기가 아니라 파의 중간, 또는 바닥 근처에서 부서지는 함몰파.

쇄파(wave breaking, 殺波) 파의 진폭이 증가하여 파장에 대한 파고의 비가 임곗값을 초과하게 될 때 해파가 유체역학적으로 불안정한 상태가 되어 부서지는 현상.
이 과정에서 공기와 바닷물이 섞여 난류가 발생되어 많은 양의 파 에너지(wave energy)는 결국 난류운동 에너지로 바뀐다. 이 시점에 선형파이론은 더 이상 유효하지 않게 된다. 쇄파는 주로 수심이 낮은 연안으로 파가 접근할 때 파경사의 증가, 파들 간의 상호작용, 그리고 바람으로부터 에너지 유입에 의한 파의 경사와 불안정성 증가에 의해 발생한다.

수권(hydrosphere, 水圈) 암석으로 이루어진 지각표층부와 기체상태의 대기권을 제외한 물이 분포하는 지구의 영역.

적설, 얼음 및 빙하도 수권에 포함된다. 수증기, 구름과 같은 물 관련 대기인자가 분포한 대기 영역도 수권에 포함될 수 있다.

수농도(number concentration, 數濃度) 단위체적에 들어 있는 입자의 수(개/m^3). 수밀도라고도 한다.

수밀도(number density, 數密度) 단위체적에 들어 있는 입자의 수(개/m^3). 수농도라고도 한다.

수렴(convergence, 收斂) 공기의 수평유입, 즉 공기가 특정한 영역으로 모여드는 것.
대기 하층에 수렴이 있는 경우 그 영역에서는 수증기도 동시에 모여들어 상승하기 때문에 악천후가 나타나기 쉽다. 북반구 해양 위와 같은 아열대고기압 중심지역에서는 바람이 시계 방향으로 불기 때문에 해수면에서 수렴이 일어난다. 이는 해류가 풍향의 오른쪽 방향으로 휘기 때문이다. 해수가 수렴됨에 따라 와동의 중심에 물이 모이게 되어 그곳이 가라앉게 된다. 이러한 침강은 빠른 증발로 인한 밀도(염분) 증가에 의해 더 가속된다.

ㅅ

수렴선(convergence line, 收斂線) 대기의 수평 수렴역이 선상(線狀)으로 나타나는 영역.
전선이나 스콜 선이 생성되면 이러한 선상의 수렴선이 대기 하층에 나타나는데, 이 수렴선에 수반되는 상승류와 수증기의 수렴으로 선상의 적운 밴드가 발생하여 악천후 지역이 된다.

수렴수치방식(convergent numerical scheme, 收斂數値方式) 수치적 해는 격자길이가 작아짐으로써 미분방정식에서 더 정확한 해가 존재하는 특성의 유한차분 어림법.

수리기후(mathematical climate, 數理氣候) 태양 경사각의 연주기만을 이용하여 만들어 낸 지구기후 패턴의 기본적인 형태.
이 오래된 기후 구분 방법은 위도에 따라 여름, 중간, 겨울, 세 가지 기후대를 표현하는데, 이는 현재 쓰이고 있는 한대, 온대 및 열대 구분과 같으며 북극권, 남극권, 북회귀선, 남회귀선으로 구분된다. 이 용어는 가끔 태양기후(solar climate)와 같은 의미로 쓰이지만 후자는 더 분명한 이론적 의미를 내포한다.

수문기상학(hydrometeorology, 水文氣象學) 수문학과 기상학의 합성어로 대기, 육상 및 해양 수문순환(물순환)의 상호관계에 연구 관점을 두는 학문 분야.
수문순환을 구성하는 증발, 강수 및 유출 등과 같은 순환과정 간의 관계 및 상호작용 연구가 포함된다. 드물게 수상체를 연구하는 분야로도 해석하는 경우도 있다.

수문년(water year, 水文年) 북반구에서 10월 1일부터 익년 9월 30일까지의 기간.
수문학년이라고도 한다. 남반구의 경우 7월 1일부터 익년 6월 30일, 수문 계절의 자연적인 진전과 연관한 연주기이다. 토양 수분이 재충전되기 시작하는 시점부터, 최대 유출이 발생하고 지하수 재충전이 최댓값 시기를 지나 최대 증발산량이 발생하는 계절을 지나면서 종료한다.

수문순환(hydrologic cycle, 水文循環) 지구 시스템 내에서 물의 순환.
물순환이라고도 한다. 지표와 해양의 물은 증발을 통해 대기 중으로 수송된다. 대기 중의 수증기는 응결과정을 통해 액체 및 고체로의 상변화를 하며 강우 및 강설과정을 통해 지표와 해양으로 다시 이동된다. 지표로 이동한 강수는 토양 및 수목 등에 의한 흡수, 호수 및 지하수로의 저장, 하천으로의 유출과정을 거치게 된다. 수문순환과정에서 발생하는 물의 상변화에는 에너지 이동이 필연적이다. 즉, 증발 시 발생되는 표면 냉각 및 응결 시 방출되는 숨은열(잠열) 등은 지표 및 대기의 에너지 수지에 결정적 역할을 하여 물순환과 에너지 순환의 연결고리를 형성한다.

수문학(hydrology, 水文學) 지구상의 물의 특성, 분포 및 이동에 관한 연구를 하는 학문 분야.
물의 토양, 지표면, 해상, 대기에 미치는 영향이 주요 연구 대상으로 분류된다. 물의 저장과 이동경로와 관련된 요소 간의 관계 및 상호작용 연구도 포함될 수 있다. 응용 분야로 하천유출, 지하수 및 저수량 진단 및 예측도 포함될 수 있으며 물순환 관련된 및 수자원 관리 연구도 포함될 수 있다.

ㅅ

수문학방정식(hydrologic equation, 水文學方程式) 수문순환의 어느 부분에서 흐르는 물의 양을 계산하는 방정식.
이것은 다음과 같이 표현된다.

$$I - O = \Delta S$$

여기서 I는 정의한 기간 동안 계(系)로 들어오는 유입량이고 O는 정의한 기간 동안 계로부터 나가는 유출량이며 ΔS는 이 기간 동안 계에 쌓이는 저장량의 변화이다.

수반모형(adjoint model, 隨伴模型) 접선 선형모형의 전치(transpose).
어떤 시간 t에서의 섭동의 평균은 다음과 같이 정의된다.

$$\|\delta \boldsymbol{x}(t)\|^2 = \left(L\delta \boldsymbol{x}(t_0), L\delta \boldsymbol{x}(t_0)\right) = \left(L^T L\delta \boldsymbol{x}(t_0), \delta \boldsymbol{x}(t_0)\right)$$

수반 연산자의 정의에 따라 L^T는 수반모형이 된다. 접선 선형모형과 수반모형은 선형 연산자이기 때문에, 저해상도 모형의 경우에는 접선 선형모형과 수반모형을 초기장에 작은 섭동을 추가하고, 비선형모형을 반복적으로 짧은 시간 동안 적분함으로써 얻을 수 있다. 하지만 실제 규모의 수치예보모형에서는 이러한 방식은 매우 비효율적이며, 실제 수치 코드를 미분하여 접선 선형모형을 얻고 이를 전치한 연산자를 작성하여 수반모형을 얻는다.

수반민감도(adjoint sensitivity, 隨伴敏感度) 주어진 시공간에 의존하는 값들이 수반방정식의 초깃값으로 입력되어 계산되어 나오는 값.
주어진 값은 모델 제어변수 벡터들의 초기장에서의 초기조건, 경계조건, 매개변수에 주는 영향을 정량적으로 나타낼 수 있다. 접선 선형모형 및 수반모형을 이용하여, 예보장의 불확실성을 시간적으로 역추적하여 더 많은 관측을 통해 예보의 정확도를 높일 수 있는 방법에 활용된다. 수학적으로는 예측 결과의 상태를 측정할 수 있는 스칼라 함수 J가 있다고 했을 때, 대기에 대한 상태 벡터의 섭동인 $\delta \boldsymbol{x}$를 정의하면, 내적 $(\delta \boldsymbol{x}, \nabla_x J)$을 정의할 수 있다. 이 내적을 통해 대기상태의 섭동에 대해서 예측상태를 측정하는 함수 J가 얼마나 민감하게 변화하는지를 계산할 수 있다. 여기서 $\nabla_x J$가 수반민감도로 수반모형에 의해 계산된다.

수반방정식(adjoint equation, 隨伴方程式) 주어진 미분방정식에 시험함수를 곱하여 적분모양으로 만든 후, 이 식을 부분 적분을 통해 계산한 후 만들어지는 선형미분방정식.
주어진 미분방정식이 선형방정식(M)일 경우, 수반방정식(M^*)은 유일하게 존재하며 다음을 만족한다.

$$< \boldsymbol{x},\ M\boldsymbol{y} > \ = \ < M^* \boldsymbol{x},\ \boldsymbol{y} >$$

여기서 $\boldsymbol{x}$, $\boldsymbol{y}$는 벡터이며 $<\ >$는 내적을 나타낸다. 만일 $<\ >$가 표준내적이면 $M^* = M^T$이다. M^T는 M의 전치행렬을 나타낸다.

수반연산자(adjoint operator, 隨伴演算子) 다음 식과 같이 선형 연산자 L에 대해 정의되는 연산자 A.

$$(Ay,\ x) = (y,\ Lx)$$

여기서 x와 y는 어떤 상태 벡터를 의미하며, 일반적으로 A와 L은 상태 벡터가 곱해지는 행렬을 의미한다. (,)는 벡터 간의 내적을 의미한다. x와 y를 각각 시간 t와 $t+\Delta t$에서 어떤 변수의 선형 섭동이라고 할 때, L은 시간 t에서 정의된 벡터 x를 시간 $t+\Delta t$에서의 값으로 변화시키는 선형화된 전방 연산자로서 비선형적인 수치예보모형을 선형화한 연산자이다. 반대로 A는 시간 $t+\Delta t$에서 정의된 벡터 y를 시간 t에서의 값으로 변화시키는 선형화된 후방 연산자가 된다. 4차원 변분 자료동화에서는 이와 같은 전방 및 후방 연산을 반복적으로 수행함으로써 주어진 기간(Δt)에 존재하는 관측의 정보가 최적으로 반영된 초기상태 x를 추정한다.

수분 퍼텐셜(water potential, 水分-) 순수 물을 기준으로 단위무게의 물이 보유한 퍼텐셜 에너지.
수분 퍼텐셜은 여러 구성성분으로 이루어진다.

$$\tau = \tau_g + \tau_m + \tau_p + \tau_e$$

여기서 τ_g는 중력 성분에 의한 기여도이며, τ_m은 토양 행렬로 물분자와 물에 대한 토양 성분의 행렬이다. τ_p는 정역학 혹은 물의 비중에 대하여 표기한 압 혹은 누름 성분이다. τ_e는 용액이 반투과성인 막에 의하여 흐름이 저지될 때 물을 움직이게 하는 삼투압 퍼텐셜이다.

수분연속방정식(moisture-continuity equation, 水分連續方程式) 대기에 적용되는 수증기 저장 방정식.
일반적인 방정식 형은 다음과 같다.

$$dS/dt = I + E - O - P$$

여기서 I는 대기로 수분 유입, E는 지면으로부터 증발산, O는 대기로부터 수분 유출, P는 강수량, dS/dt는 관심 대상의 대기 부분에서 수분 저장의 시간 변화율이다. 실제로 이 식은 유한한 시간 구간에 더욱 일반적으로 적용되고, 이 시간 구간 내에서 식의 항들은 평균값을 사용한다.

수분인자(moisture factor, 水分因子) 강수량 효과의 가장 간단한 척도 중의 하나.
랭(Lang)은 다음과 같은 공식을 제시했다.

$$\text{주어진 기간에 대해 수분인자} = P/T$$

여기서 P는 강수량(cm), T는 평균온도(℃)이다. 이 인자는 단지 온도가 증가하면 증발이 더 많이 일어나므로 결과적으로 수분은 감소한다는 것만 인식한다. 더욱 세련된 개념은 **건조지수**, **습윤계수**, **건조계수**, **강수효과지수**, **습윤지수** 등이 있다.

수분조절(moisture adjustment, 水分調節) 폭풍우 시 실제 가강수량과 가능최대 가강수량과의 비를 사용하여 관측된 강수를 보정하는 것.
계산을 하려면 먼저 가능최대 강수량을 구해야 한다.

수분지수(moisture index, 水分指數) 1. 식물의 필요를 만족하기 위해 사용하는 총강수량 중의 일부분.
2. 물의 소요와 계절에 따른 변화 같이 물잉여와 물결핍의 영향에 하중을 주어 식물 성장을 위한 강수효과를 측정하는 총체적 척도.

한 관측소에 대해 다음 공식, 수분지수 = 습윤지수 $-0.6x$(건조지수)로 계산한다. 관계식은 다음과 같다.

$$I_m = (100s - 60d)/n$$

여기서 I_m은 수분지수, s는 물잉여, d는 물결핍, n은 물의 소요이다. s는 물잉여의 모든 월로부터 구한 총과잉이고, d는 모든 월의 결핍의 합이며, s와 d는 정상적 월별 근거로 계산한다. s와 d는 각각 월강수량과 월 잠재증발산의 차이로 표현한다(센티미터 또는 인치). n은 연 잠재증발산이다.

수온약층(thermocline, 水溫躍層) 해양(호수)에서 연직 수온경도가 가장 크게 나타나는 층. 해양의 연직 구조를 상층에 따뜻한 해수, 하층에 차가운 해수가 있는 두 개의 층으로 근사시킬 때는 수온이 다른 두 층의 경계면이 된다. 이때 수온약층은 상층과 하층을 구분짓게 하는 보이지 않는 막으로 간주되며, 혼합이 잘 일어나는 상층과 조용하고 잔잔한 심해로 나뉜다. 수온약층은 해양의 물리역학적 상태에 큰 영향을 주며, 최근에 주목받고 있는 두 가지 형태의 엘니뇨도 수온약층 변화와 관련된다고 한다. 수온약층에서는 연직밀도 변화율이 크기 때문에 브런트-바이살라 진동수가 매우 크게 나타난다.

수위측정기(staff gauge, 水位測定器) 홍수 시에 하천 수위를 측정하기 위해서 교량의 교각과 말뚝을 세워 페인트로 표시한 눈금.

수은기압계(mercury barometer, 水銀氣壓計) 진공의 연직관에 들어 있는 수은기둥의 높이를 이용하여 기압을 측정하는 측기.
아네로이드 기압계와 비교해서 정밀도가 높으나 그 측정치가 온도와 중력의 영향을 받으므로 온도보정과 중력보정을 해야 한다. 이 밖에 측기 고유의 오차보정도 필요하다.

수은온도계(mercury thermometer, 水銀溫度計) 유리온도계의 온도 측정 액체로 수은을 사용한 온도계.
수은은 그 팽창계수가 광범위한 온도에 걸쳐 별로 차이가 없으므로 정밀도가 높고, 알코올 온도계보다 더 정확하다.

수은 인치(inch of mercury, 水銀-) 대기압력을 측정하는 보통 단위.
1. 수은 1인치(Hg)는 표준중력 그리고 0℃에서 수은 1인치 기주에 작용하는 압력으로 정의. 1Hg=25.4mmHg=33.864mb=1.00005Hg(45°). 이것은 기상학적 목적에 사용하도록 추천된 단위이다.

ㅅ

2. 45°의 수은 1인치(Hg(45°))는 위도 45° 해면 그리고 0℃에서 수은 1인치 기주에 작용하는 압력으로 정의.
이 두 단위는 대부분의 경우 교환하여 사용할 수 있으나 그렇지 못할 경우는 잘 명세해야 한다. 수은기압계를 사용하는 초기부터 이 단위는 압력단위로 널리 사용되어 왔다. 최근 기상학에서 헥토파스칼(hPa) 단위로 대체하고 있으나 수은인치는 여전히 측고법에 사용되고 있으며 기압계 척도교정에서 가장 보편적으로 사용한다.

수잉기(booting stage, 穗孕期) 벼의 유수(어린이 삭)의 길이가 급속히 신장하여 외관적으로 잎집이 불룩하게 보이는 추수 전 16~2일의 기간.
배동바지라고도 한다. 수잉기에는 화분모세포와 배낭모세포의 감수분열이 일어나고, 유수에 소수(spikelet)가 분화되고, 소수에는 화기가 형성되며, 잎집 내부에 이삭이 급속히 발육된다. 이 시기에 저온, 고온, 침수, 한발 등 환경 스트레스에 매우 민감하다.

수정굴절률(modified refractivity, 修正屈折率) 대기의 굴절률을 다음 식과 같이 수정하여 나타낸 것.

ㅅ

$$M = \left(n - 1 + \frac{z}{R}\right)10^6$$

여기서 n은 대기의 굴절률이다. 그리고 R은 지구반경, z는 지표면에서 고도이다. 앞의 식에서 10^6을 곱한 것은 n의 값이 1에 너무 근사한 작은 값이므로 $(n-1)10^6$을 하여 좀 더 굴절률을 편리하게 나타내기 위한 것이다. 지구대기는 고도에 따라서 밀도, 압력, 습도, 온도가 감소하기 때문에 지표에서 연직 방향을 제외한 방향으로 전파를 반사할 경우 레이더파의 굴절이 일어난다. 한편 지구의 표면도 평면이 아니고 구형으로 곡률을 가지고 있기 때문에 레이더파를 주어진 위치에서 접선 방향으로 발사하여도 지구의 곡률로 인해 지표에 대해 상대적으로 그 경로가 지표 쪽으로 기울어진다. 이 효과를 대기의 굴절효과에 더한 것이 수정굴절률(M)이며, 앞에 주어진 식이며 보통 다음과 같이 나타낸다.

$$M = N + \frac{z}{R}10^6 = N + 0.157z$$

여기서 $N=(n-1)10^6$이며, 이때 N의 단위는 $N-units$로 표시하며, 수정굴절률(M)의 단위는 $M-units$로 표시한다. 만일 레이더파의 진행 경로의 곡률이 지구의 곡률보다 더 큰 경우에는 $dM/dz < 0$이 되며 이 경우에는 레이더 빔 갇힘현상이 나타난다.

수정굴절지수(modified refractive index, 修正屈折指數) 전파공학에서 작용하는 평평한 지구

를 가정했을 때 대기의 굴절률.
수정굴절지수는 다음과 같이 정의한다.

$$n_m = n + \frac{z}{R}$$

여기서 n_m은 수정굴절지수, n은 대기의 굴절지수, R은 지구반경 그리고 z는 지표에서 고도이다.

수증기(water vapor, 水蒸氣) 대기의 구성물질의 하나로 기체상태의 물을 나타냄.
물순환의 활발한 동력을 제공하는 수증기를 생성하는 증발과 수증기를 소멸시키는 응결현상은 시공간적으로 매우 다양하게 나타나고 있어, 수증기의 양도 시공간에 따라 매우 다양하게 나타난다. 대기 중 수증기의 절반가량이 2km 고도 이내에 존재하고, 대류권계면 이상의 고도에는 매우 적은 양이 존재한다. 수증기는 구름, 비, 눈 등을 생성하는 성분일 뿐만 아니라, 잠열의 형태로 에너지를 수송하거나 열적외선 영역의 에너지를 흡수 · 재방출함으로써 지구 에너지 수지의 균형 및 변화에 기여한다. 따라서 수증기는 기상과 기후현상 이해에서 매우 중요한 역할을 차지한다. 대기 중의 수증기량을 표현하는 방법으로서 절대습도, 혼합비, 이슬점온도, 상대습도, 비습, 수증기압 등 다양한 개념이 도입되고, 이에 따라 대기 중 수증기 관측방법도 다양하다.

ㅅ

수증기 몰비(mole fraction of water vapor, 水蒸氣-比) 습윤공기에서 건조공기와 수증기의 몰수의 합에 대한 수증기의 몰수의 비.
수증기 몰 분율이라고도 한다. 수증기 몰비는 다음과 같다.

$$X_v = n_v/(n_d + n_v)$$

여기서 X_v는 수증기의 몰비, n_v는 수증기의 몰수 그리고 n_d는 건조공기의 몰수를 나타낸다.

수증기 양되먹임(water vapor feedback, 水蒸氣陽-) 기후의 외부섭동에 반응하여 나타나는 수증기의 복사효과의 변화.
수증기는 가장 중요한 온실가스 중의 하나로 태양복사에는 그리 민감하지 않지만, 정전 쌍극자를 가지고 있어 지구가 방출하는 열 적외선 복사는 많이 흡수한다. 따라서 대기 중의 수증기량이나 연직분포의 변화는 열을 우주로 방출하는 지구의 능력을 변화시킨다. 대부분의 기후 모델들은 수증기 피드백이 양되먹임 현상임을 보이고 있다. 대기 중 수증기는 지구표면에서 방출한 적외복사를 흡수하여 지표보다 낮은 온도로 방출하기 때문에 수증기가 없을 때보다 더 적은 에너지를 방출하게 됨으로써 온실효과를 유발한다. 특히 상층의 대류권에서 수증기 분포의 변화는 수증기 피드백에 있어서 매우 중요한 역할을 하는데, 이는 수증기가 상층에 존재할수록 더욱 낮은 온도로 지구복사를 흡수 및 재방출하기 때문이다. 이러한 상층 수증기량과 관련된 역학적 · 열역학적인 과정의 이해 부족과 정확한 관측자료의 부족으로 수증기 피드백의 크기는 그 정확도가 떨어진다. (양성작용 : 온실가스 방출량의 증가로 지구가 온난화되면, 이로 인해 해양에서 수증기의 증발이 증가하게 된다. 대기 중 수증기량은 증가하게 되고 따라서 지구표면 온도 상승에 기여하게 되므로 결국 지구온난화는 더욱 가속화된다.)

수직측풍장비(wind profiler, 垂直測風裝備) 레이더 원리를 이용하여 고도에 따른 바람의 수평 성분을 측정하는 기상관측장비.
일반적으로 VHF-UHF(30MHz~3GHz) 밴드를 사용하여 대기 중 요란에 의하여 발생하는 산란 신호(브래그 산란)의 도플러 변이를 측정하여 시선 방향의 공기속도를 측정한다. 요란이 발생하는 산란 형태가 바람과 동일한 속도로 움직인다고 가정한다. 3차원 바람 성분을 전자 빔으로 3방향 이상의 다른 방향으로 스윙(swing)하여 구한다. 또 다른 VHF-UHF를 사용하는 수직측풍장비는 SAD(spaced antenna drift) 기술을 사용한다. SAD 레이더는 하나의 연직 빔과 3곳 이상의 지점에 수평 공간상에서 연직 빔 수신기를 사용한다. 수평 성분의 바람을 수신신호의 교차공분산을 이용하여 추정하며 연직성분은 수신 에코의 도플러 변이를 이용하여 측정한다. 수직측풍장비는 바람 벡터 외에 수신신호의 파워, 도플러 변이, 도플러 스펙트럼의 폭을 이용하여 다양한 대기변수를 추정할 수 있게 한다. 이들 중에는 요란강도(굴절, refractive)율의 구조상수(Cn^2), 에디 소멸률, 대기 안정도, 운동량 플럭스, 공기의 가온도, 열 플럭스(RASS 기술 응용), 강수율, 입자분포(수상입자에 의한 산란), 도플러 라이더와 음향 사운더를 수직측풍계로 사용할 수 있다. 라이더 산란에 있어 파장이 10㎛파인 경우에는 에어로졸 파장이 1㎛ 이하인 전파의 경우에는 분자들이 산란 물질로 작용한다. 요란이 발생하는 음향굴절률 지수의 요동은 초음파 풍향풍속계(SODAR)가 산란 구조를 설명할 수 있게 한다.

수치 플럭스(numerical flux, 數値-) 유한체적법이나 유한요소법에 근거한 불연속 갤러킨 방법을 사용하여 지배방정식을 이산화할 때 각 격자 요소들의 경계면에서 요구되는 플럭스.
수치 해법의 지역적 보존성을 보장함과 더불어 해법의 정확성과 안정성에 상당히 많은 영향을 미친다.

수치 모델링(numerical modeling, 數値-) 수치적 방법을 통해 대기운동 지배방정식계의 근사해를 구하는 과정.
대기운동 지배방정식은 시간과 공간을 독립변수로 하는 비선형 편미분방정식계로 구성된다. 이 방정식을 컴퓨터를 이용하여 계산하기 위해서는 시간과 공간에 대한 편미분항들을 다양한 수치적 방법을 이용하여 대수방정식 형태로 근사한다. 기본 대기운동 지배방정식은 미규모 운동에서 대규모 운동까지 모든 대기운동에 적용 가능하지만, 이를 계산하는 컴퓨터의 계산 용량의 한계로 각각의 운동 규모에 적합한 형태로 모형이 개발되어 활용되고 있다. 직접 수치모의는 가장 작은 수평 격자 간격을 이용하여 난류 규모의 유체운동을 계산하는 수치 모델링 방식으로, 정확한 수치해를 구할 수 있는 장점이 있으나 조밀한 격자 간격을 사용하기 때문에 모의 영역은 제한적인 단점이 있다. 큰맴돌이 모의(large eddy simulation) 방법은 직접 수치모의방법에 비해 큰 수평 격자 간격(수~수백 미터)을 이용하여 난류 흐름 내 큰 에너지를 가지고 확산에 중요한 역할을 하는 큰 맴돌이를 정확히 계산하고자 하는 방법이다. 이 방법은 컴퓨터 성능의 발달로 난류 연구의 중요한 수단으로 활용되고 있다. 일반적으로 날씨예보에 활용하는 중규모 수치모형은 수~수십 킬로미터의 수평 격자 간격을 이용하고, 그보다 작은 규모의 운동이나 물리적 현상을 격자 규모의 값을 이용하여 모수화한다. 보통 현업 일기예보에 활용되는 중규모 모형은 전지구를 모의 영역으로 하는 대기대순환 모형의 예측 결과를 경계조건으로 활용하여 수치적분을 수행한다.

수치모의(numerical simulation, 數値模擬) 보통 수치해의 거동을 연구하기 위한 목적의 수치적분.
정확한 초깃값을 이용하여 미래의 값을 예측하는 **수치예보**와 구별하여 사용한다. 초기조건에 의한 영향을 배제하고자 할 때 충분히 긴 시간 동안 **수치적분**을 수행하여 수치해를 구하기도 한다. 다양한 대기현상들에 대해 수치모형을 이용하여 현상을 재현하고 특징을 파악하기 위한 **수치 모델링**을 의미한다.

수치예보(numerical forecasting, 數値豫報) 대기의 상태와 운동을 설명하는 지배방정식을 주어진 초기조건을 이용하여 수치적 방법으로 계산하여 날씨를 예측하는 방법.
대기의 상태와 운동을 지배하는 방정식은 비선형 편미분방정식으로 구성되어 있으며, 방정식계가 복잡하여 정확한 해석해가 존재하지 않는다. 이런 이유로 수치적 근사방법들을 적용하여 대수방정식계로 근사한 후 컴퓨터를 이용하여 해를 구하게 된다. 예단변수들의 초기조건이 주어지면 대수적으로 시간에 따른 방정식의 적분을 컴퓨터를 이용하여 수행한다. 그 결과를 바탕으로 날씨를 예보하게 된다.

수치적분(numerical integration, 數値積分) 수치적 근사방법을 이용한 해석함수나 이산(혹은 연속) 자료의 적분.
수치적 방법을 이용한 유체역학 방정식의 해를 구하는 과정을 의미하기도 한다. 이 경우 수치해의 계산은 컴퓨터를 이용해서 수행한다. 현업 예보기관에서는 정확한 일기예보를 정해진 시각에 제공하여야 하므로 계산 성능이 뛰어난 슈퍼컴퓨터를 주로 활용한다. 수치적 방법으로는 자료의 표현 방식에 따라 크게 유한차분법과 갤러킨 방법으로 나눌 수 있다.

수평발산(horizontal divergence, 水平發散)　수평면에서 벡터장의 발산 또는 국지적 팽창의 척도.
일반적으로 $\nabla_H \cdot \boldsymbol{V}$로 표현한다. 카테시안 좌표에서는 다음과 같이 표현된다.

$$\frac{\partial u}{\partial x} + \frac{\partial v}{\partial y} = \nabla_H \cdot \boldsymbol{V}$$

여기서 u와 v는 각각 수평축 x와 y를 따른 속도장 $\boldsymbol{V}$의 성분이다. 속도장의 수평발산은 연직운동에 관련되어 있어서 연속방정식과 운동방정식을 통하여 국지적 기압 변동을 일으킨다. 보통 수평발산을 단순히 발산이라 부른다.

수평선(horizon, 水平線)　지평선과 같은 의미로 사용하는 용어.

수평호(환수평호)(circumhorizontal arc, (環)水平弧)　태양(혹은 달)으로부터 최소 46° 아래쪽에 얼음결정에 의하여 90° 프리즘을 통하여 빛의 굴절률에 의해 생기는 수평선과 평행한 무리. 빛이 수직면을 통해 입사하여 수평 밑면으로 나오면서 생성된다. 무리의 주축을 이루고 있는 얼음결정들은 크고, 지향성이 있는 6각형 판들로서 연직을 향하고 있다. 수평호는 천정호의 낮은 하늘 방향의 대칭 쌍을 이룬다. 수평호는 태양의 상승각이 58° 이상일 때만 낮게 나타난다. 천정호는 태양의 상승각이 32° 아래로 낮을 때 하늘에서 높게 나타난다. 가장 다채로운 수평호는 굴절률이 최소편향각에 가까워졌을 때 생기며, 이는 대략 태양의 상승각이 68°에 해당하며, 중위도에서 하지(夏至)가 될 무렵 정오 몇 시간 동안 태양의 상승각이 그 정도(68°)에 그친다.

숙련(skill, 熟練)　예보의 정확도 또는 포착기술의 효과를 나타내는 통계적 평가.
숙련도를 측정하기 위해 기상학에서 보통 사용하는 몇 가지 간단한 공식이 있다. 숙련도(skill score, SS)는 온도, 압력, 또는 다른 변수들의 수치적 예측을 평가하는 데 유용하게 사용한다. 이것은 일정 기간 동안 예보자 또는 예보기술의 제곱근 또는 평균 절대예측 오차(Er)를 종관일기 조건의 분석과 관계가 없는 기후 또는 지속성에 근거한 예보 등과 같은 기준기술 예보의 제곱근 또는 평균 절대예측 오차(Er)와 비교한다. 즉, SS=1−E/Er이다. 만일 SS>0이면, 예보자 또는 예보기술이 기준기술과 비교하여 숙련성이 있다고 평가한다. 이진법인 '예/아니요' 종류의 예보 또는 포착기술에 대해 포착확률(POD), 허위경보율(FAR), 임계성공지수(CSI)는 평가도구로 사용하기에 유용하다. 만일 A는 비가 올 것이라 예보를 하고 실제 비가 온 예보의 수(예보=예 : 관측=예), B는 비가 오지 않을 것이라 예보하고 실제 비가 온 예보의 수(예보=아니요, 관측=예), C는 비가 올 것이라 예보를 하고 실제 비가 오지 않은 예보의 수(예보=예 : 관측=아니요)라 하면, POD=A/(A+B), FAR=C/(A+C), CSI=A/(A+B+C)가 된다. 완전한 예보 또는 포착은 POD=SCI=1.0이며, POD와 FAR의 스코어는 짝이어야 한다.

순경도확산(down-gradient diffusion, 純傾度擴散) 고농도 지역에서 저농도 지역으로 물질들의 분자 이동이 일어나는 현상.
여기서 물질들은 화학물질, 온도, 습도, 운동량 등 모든 변수가 이에 해당될 수 있다. 금속봉 한쪽 끝에 열을 가했을 때 열이 뜨거운 금속봉 끝 쪽에서 다른 차가운 쪽으로 전달되는 현상이 순경도확산의 간단한 예이다. 이와 반대 개념이 역경도확산(up-gradient diffusion)이다.

순복사(net radiation, 純輻射) 복사 에너지의 수지를 나타낼 때 입사한 에너지와 방사한 에너지의 차이 혹은 흡수한 에너지와 방출한 에너지의 차이.

순압(barotropic, 順壓) 등압면이 등밀도면과 일치하는 유체의 상태.
즉, $\rho=\rho(p)$로 정의된 유체상태를 말한다. 이상기체방정식인 $\rho=p/RT$에 의하면 온도 T도 압력 p만의 함수면 순압상태를 유지하는 데 충분하다. 따라서 순압상태에서는 등압면, 등밀도면, 등온면이 일치하게 된다. 상기 정의만으로 순압상태는 상당한 규제이지만 등압면이 등고도면과 일치할 필요는 없으며 따라서 수평적인 기압경도, 온도경도는 존재할 수 있다. 경압을 참조하라.

순압대기(barotropic atmosphere, 順壓大氣) 경압대기와는 달리 밀도가 압력만의 함수로 정의된 대기.
이런 가상적인 대기에서는 등압면, 등밀도면, 등온면이 평행한 상태가 되며 따라서 고도에 관계없이 등압면의 모습이 같아진다. 여기서도 물론 기압경도가 있어 지균풍을 정의할 수 있다. 지균풍은 고도에 관계없이 같은 값을 갖는다. 순압압력함수를 참조하라.

순압모형(barotropic model, 順壓模型) 순압대기에서의 운동을 모의하는 모형.
순압모형은 비발산 순압모형과 천수방정식을 사용하는 발산 순압모형(천수모형, shallow water model)의 2종이 있다. 상하층 운동의 차이가 없다는 순압적 특성 때문에 여러 층으로 모형을 구성할 필요 없이 1개의 고도만 간주하므로 단층모형이 된다. 비발산 순압모형은 다음과 같은 절대소용돌이도의 보존법칙방정식을 사용한다.

$$\frac{\partial}{\partial t}(\nabla^2\psi) + \boldsymbol{V}_\psi \cdot \nabla(\nabla^2\psi + f) = 0$$

여기서 ψ는 유선함수, $\boldsymbol{V}_\psi$는 비발산 바람, f는 코리올리 인자를 말한다. 위 방정식에서 보듯이 이류에 따른 절대와도 장의 재배치를 다룰 뿐이며 일기 시스템의 발달이나 쇠약과정을 모사하지는 못한다.

순압불안정(barotropic instability, 順壓不安定) 순압대기에서 기본류의 남북 시어로 인해 발생하는 대기불안정.

경압불안정과는 달리 순압불안정에는 필요조건만 있으며 그 필요조건은 기본류의 절대와도 경도가 영역 내에서 부호가 바뀌는 것이다. 2차원 비발산 순압요란의 섭동이 기본류에 가해졌을 때, 기본류의 수평 시어에 의한 와도의 수평경도에 기인한다는 점에서 크게 관성불안정의 일종으로 볼 수 있다. 주로 여름철에 사하라 사막과 적도 사이에서 발달하는 아프리카 동풍 제트의 남쪽에서 순압불안정 상태가 생겨나며 이로 인해 아프리카 파동을 야기한다. 아프리카 파동은 대서양으로 진행하며 매우 드물게 열대폭풍이나 허리케인으로 발달하기도 한다.

순압성(barotropy, 順壓性) 등압면이 등밀도면과 일치하는 유체의 상태.
상세한 내용은 순압을 참조하라.

순압소용돌이도 방정식(barotropic vorticity equation, 順壓-方程式) 순압대기의 운동을 기술하기 위한 방정식.
수평발산과 연직운동이 없는 상태의 수평운동을 기술하기 위한 방정식으로 절대소용돌이도(와도) 보존법칙을 따른다. 말하자면 순압대기에서의 운동을 주관하는 방정식으로 다음과 같이 표현된다.

$$\frac{D}{Dt}(\zeta + f) = 0$$

여기서 $\frac{D}{Dt}$는 수평운동 만에 의한 물질미분, ζ는 상대소용돌이도 $\frac{\partial v}{\partial x} - \frac{\partial u}{\partial y}$, f는 코리올리 인자를 말한다.

순압압력함수(barotropic pressure function, 順壓壓力函數) 순압유체에서 기압경도력을 표현하는 스칼라 함수.
구체적으로 아래 식에서 π를 순압압력함수라고 한다.

$$\nabla \pi = \frac{1}{\rho} \nabla p$$

순압요란(barotropic disturbance, 順壓搖亂) 경압요란과는 달리 2차원적 흐름, 즉 수평 성분의 바람장으로만 구성된 요란.
대개 순압대기에서의 요란을 가리키는 데 사용된다.

순전(veering, 順轉) 바람의 방향이 시계 방향으로 바뀌는 현상.
남풍에서 서풍으로 바뀌는 것과 같이 바람의 방향이 시계 방향으로 바뀌는 것을 가리킨다. 온도풍관계를 고려하면, 고도가 증가하면서 바람이 순전하면 온난이류가 있게 된다. 이와는 반대로 바람 방향이 반시계 방향으로 회전하는 것을 반전(backing)이라 한다.

순전바람(veering wind, 順轉-) 풍향이 고도 증가에 따라 시계 방향으로 바뀌는 바람 또는 순전 상태에 있는 바람.
예를 들면 지표에서 남동풍이 850hPa 고도에서 서풍이 되는 경우가 순전바람이며, 이 바람은 온난이류와 관련이 있다.

순환(circulation, 循環) 유체의 회전하는 정도를 거시적으로 나타내는 것.
유체 내의 폐곡선에 대하여 접선 방향의 속도 벡터 성분으로 선적분한 것으로 정의된다.

$$C \equiv \oint \boldsymbol{U} \cdot dl$$

여기서 $\boldsymbol{U}$는 속도 벡터이며 dl은 접선 방향 벡터이다. 폐곡선을 따라 반시계 방향으로 적분했을 때 $C>0$이면 순환을 양(+)으로 정한다. 순환은 운동량, 각속도와는 달리 회전축에 대한 기준이 없이도 계산할 수 있으므로 각속도를 쉽게 정의할 수 없는 상황에서 유체회전의 특징을 결정하는 데 사용된다. 각속도 Ω으로 강체회전하는 유체에 대하여 반지름이 R인 원을 따라 순환을 구하면 $C=2\Omega\pi R^2$이 된다. 따라서 강체회전의 경우 단위면적에 대한 순환은 회전 각속도의 2배와 같게 된다.

순환적분(circulation integral, 循環積分) 폐곡선을 따라 결정되는 임의 벡터에 대한 선적분.
따라서 $\oint \boldsymbol{a} \cdot d\boldsymbol{r}$은 해당 폐곡선을 따라 수행한 벡터 $\boldsymbol{a}$의 순환적분이며, $d\boldsymbol{r}$은 해당 곡선의 무한 벡터 요소이다. 벡터가 속도일 때 이 적분은 순환이 된다.

순환정리(circulation theorem, 循環定理) 유체가 2차원 평면에서 폐곡선을 따르거나 또는 닫힌 계 내에서 이동할 때 나타나는 순환의 시간적 변화율에 대한 이론적 정리.
닫힌 개별 유체곡선, 즉 항상 동일한 유체입자로 구성될 곡선의 순환변화율에 대한 이론을 절대좌표와 상대좌표(회전하는 지구)의 압력-부피 솔레노이드의 개수 $N_{\alpha, -p}$로 설명한 비야크네스 순환정리(Bjerknes's circulation theorem), 닫힌 개별 유체곡선의 순환변화율, dC/dt는 가속도의 순환적분과 같다는 이론을 정리한 켈빈 순환정리(Kelvin's circulation theorem), 그리고 벡터 선 요소의 시작점에서 끝점까지 중력 퍼텐셜(gravitational potential) 변화량으로 순환을 나타낸 횔랜드 순환정리(Höiland's circulation theorem)로 구분된다. 비야크네스 순환정리, 켈빈 순환정리, 횔랜드 순환정리를 참조하라.

순환지수(circulation index, 循環指數) 대규모 대기순환 유형의 몇 가지 특징들 중 하나인 크기를 재는 척도.
가장 흔히 측정하는 지수들은 지상이나 상층에서 바람의 지역(동-서) 혹은 자오선(북-남) 성분의 세기를 나타내며, 대개의 경우 공간에 대한 평균을 계산하지만 시간에 대해 평균하는 경우도 있다.

숨은열(latent heat, -熱) 같은 온도에서의 물질의 두 상 사이의 비엔탈피 차이.
잠열(潛熱)이라고도 한다. 기화숨은열은 수증기의 비엔탈피 빼기 물의 비엔탈피이다. 건조공기와 수증기를 함유한 계의 온도가 이슬점보다 낮으면 수증기가 응결하며, 수증기로부터 방출된 엔탈피는 공기-수증기-물계를 덥혀 기온하강을 없애거나 감소시킨다. 비슷하게 물이 증발할 때 계는 차가워짐으로써 엔탈피를 수증기에 공급한다. 융해숨은열은 물의 비엔탈피 빼기 얼음의 비엔탈피이다. 승화숨은열은 수증기의 비엔탈피 빼기 얼음의 비엔탈피이다. 물의 기화, 융해, 승화숨은열은 섭씨온도 0에서 각각 다음과 같다.

$$L_v = 2.501 \times 10^6 Jkg^{-1}$$
$$L_v = 3.337 \times 10^6 Jkg^{-1}$$
$$L_v = 2.834 \times 10^6 Jkg^{-1}$$

숨은열의 방출과 같은 표현을 흔히 볼 수 있다.

쉼표구름 시스템(comma cloud system) 쉼표 구두기호와 닮은 구름 또는 구름군집.
구름의 전체적 형태는 풍상 측 가장자리가 S자처럼 생겼으며, 머리와 꼬리가 있다. 쉼표 형태는 구름 경계에서 회전이 차별적으로 일어나기 때문이며, 인접한 상승 및 하강 연직운동에 의해 추가적으로 영향을 받는다. 쉼표 형태는 크기가 다양하여 작은 대류형 덩어리부터 큰 폭풍 규모까지 있다.

슈먼-러드램 한계(Schuman-Ludlam limit, -限界) 과냉각 구름에서 주어진 기온과 기류 속도에서 우박 또는 다른 입자가 결착으로 성장 시에 모든 과냉각 수가 결빙되고 그 표면온도가 0℃보다 높아지는 임계 액체수 함량.
결빙될 수 있는 양보다 더 많은 과냉각수가 결착되면 일부가 떨어져 나가거나 스펀지 얼음으로 남아 있다.

슈미트 수(Schmidt number, -數) 분자확산력에 대한 관성력 비를 나타내는 무차원의 수.
슈미트 수는 $S_c = UL/K_D$와 같이 정의한다. 여기서 U와 L은 특성 속도와 특성 규모이며, K_D 용액에서 용질의 확산상수이며 예를 들면 물에서 소금의 확산상수이다.

슈퍼 태풍(supertyphoon, -颱風) 미국 합동태풍경보센터(Joint Typhoon Warning Center, JTWC)에서 정의한 최대풍속(1분 평균)이 65m/s 이상인 강한 태풍.
대서양에서 **사피어-심슨 카테고리**(Saffir-Simpson category) 4 이상의 허리케인과 위력이 비슷하다. 호주에서 사피어-심슨 카테고리 5 이상의 사이클론과도 위력이 비슷하다. 유사한 용어로 사용되는 메이저 허리케인(major hurricane)은 최대풍속(1분 평균) 50m/s 이상(사피어-심슨 카테고리 3 이상)의 허리케인을 말한다. 인텐스 허리케인(intense hurricane)은 메이저 허리케인과 유사한 뜻의 비공식적 용어이다.

스모그(smog) 대기오염의 한 형태.
20세기 초 연기와 안개의 합성어 'smoky fog'를 나타내기 위해 만들어졌다. 근래에는 석탄, 석유 등 화석연료의 산화과정에서 발생하는 검댕이 황산화물 질산화물뿐만 아니라 이들로부터 광화학적으로 만들어지는 탄화수소 화합물들에 의해 시정이 나빠졌을 때를 나타내며 자연적 안개 발생의 유무와는 상관이 없다. 일반적으로 석탄연료에 의한 황산화물 중심의 런던 **스모그**와 자동차 연료에 의한 질산화물 중심의 **로스앤젤레스 스모그**가 있다.

스웨트 지수(severe weather threat index, -指數) 뇌우 발달과 관련된 CT와 TT를 개선한 지수.
평범한 뇌우보다는 격렬한 폭풍과 토네이도를 예상하기 위해서 밀러(Miller)가 1972년에 고안했다.

$$SW = 20\times(TTI-49)+12D_{850}+2\times V_{850} + V_{500}+125[\sin(\Delta V_{500-850})+0.2]$$

여기서 TTI는 토탈 지수, V는 풍속, D는 이슬점을 의미한다. 850hPa과 500hPa 풍속항을 추가하여, 대기 중하층 풍속 차이와 바람 시어가 고려되었으며, 뇌우와 함께 돌풍 예상에 적용할 수 있다. 그렇지만 상층의 기온이 따뜻한 열대성 기단 내에서 발생하는 여름철 호우와 직접적인 상관관계를 보이지 않는다.

스칼라 곱(scalar product) 어떤 두 벡터의 크기의 곱과 이들 벡터가 이루는 각의 코사인을 곱한 것.
내적이라고도 한다. 두 벡터 $\boldsymbol{A}$와 $\boldsymbol{B}$의 스칼라 곱은 $\boldsymbol{A}\cdot\boldsymbol{B}$로 표시하며, 3차원 직교좌표계에서 두 벡터의 x, y, z 방향의 성분을 A_x, A_y, A_z와 B_x, B_y, B_z라 할 때, 다음과 같이 정의된다.

$$\boldsymbol{A}\cdot\boldsymbol{B} = A_xB_x + A_yB_y + A_zB_z = |A|\,|B|\cos\theta = AB\cos\theta$$

만약 어떤 두 벡터가 수직으로 만나면 두 벡터의 스칼라 곱은 0이 된다. 스칼라 곱은 벡터를

이용하여 대기운동을 기술할 때 흔히 사용된다. 예를 들어 연속방정식의 플럭스 형태인 다음 관계식

$$\frac{\partial \rho}{\partial t} + \frac{\partial}{\partial x}(\rho u) + \frac{\partial}{\partial y}(\rho v) + \frac{\partial}{\partial z}(\rho w) = 0$$

을 바람 벡터($\boldsymbol{V}$)로 이용하면,

$$\frac{\partial \rho}{\partial t} + \nabla \cdot (\rho \boldsymbol{V}) = 0$$

로 간략히 표현된다. 식을 간략하게 표현하는 것뿐 아니라, 물리과정을 좀 더 쉽고 명확하게 이해하는 데 스칼라 곱이 도움이 되는 경우도 있다. 가장 좋은 예로

$$-\boldsymbol{V} \cdot \nabla T$$

로 표현되는 온도이류를 들 수 있다. 만약 바람이 등온선에 평행하게 불면 온도이류의 크기는 0일 것이다. 이 경우 바람의 방향과 온도경도의 방향이 수직이 되므로, 위 식의 스칼라 곱은 0이 되어 온도이류가 0임을 쉽게 이해할 수 있다. 끝으로 바람의 수렴과 발산을 의미하는 발산항도 자주 만나게 되는데, 간단히 스칼라 곱을 이용하여 $\nabla \cdot \boldsymbol{V}$로 표현된다.

스코러 모수(Scorer parameter, -母數) 산을 타고 넘어가는 흐름을 표현하는 대기 중력파에 대한 파동방정식에서 다음 식으로 나타나는 모수.

$$l^2(z) = \frac{N^2}{u^2} - \frac{1}{u}\frac{\partial^2 u}{\partial z^2}$$

여기서 $N=N(z)$는 브런트-바이살라 진동수, $u=u(z)$는 수평풍의 연직분포로 산을 중심으로 이 변수의 값은 풍상 측에서 라디오존데 관측(대기관측)에서 구해진다. 앞에 주어진 방정식에서 오른쪽의 첫 번째 항은 통상적으로 두 번째 항보다 우세하다. 그러나 가끔 두 번째(속도 곡률 항)가 첫 번째 항과 비슷한 크기인 경우도 있다. l^2이 고도에 따라 거의 일정할 때 산악파가 연직으로 전파할 수 있는 좋은 조건이다. 이 모수는 $l^2(z)$가 고도에 따라 강하게 감소할 때 일어날 것으로 예상되는 갇힌 풍하파(tripped lee wave)의 지시자로서 자주 사용된다. 만일 이와 같은 감소가 l^2 값이 큰 저층(높은 안정도)과 l^2 값이 작은 상층(낮은 안정도)을 나누는 대류권의 중간에서 갑자기 일어난다면 이것은 특히 잘 맞는다. 모수의 제곱근에 해당하는 l의 단위는 파수에(파장의 역수)의 단위를 갖는다. 그리고 공명 풍하파(resonant lee wave)의 파수는 상층의 l과 하층의 l 사이에 존재하며, 파수에 대한 상당 파장(equivalent wavelength)은 일반적으로 대기에서 5~25km 범위이다. 상층의 l에 대해 일반적으로 긴 파장을 강제할 만큼

충분히 넓은 산맥은 상층 l보다 더 작은 파수를 가진 연직으로 전파하는 파동을 생성한다. 하층 l보다 더 큰 파수를 강제하는 작은 물체는 고도에 따라 감소하는 파동을 생성한다.

스콜(squall) 1. 갑자기 시작해서 1분 정도 지속되었다가 갑자기 풍속이 감소하는 특징을 보이는 강한 바람.
2. 해상에서 격렬한 국지 폭풍으로 전체적으로 바람, 구름덩이를 고려하여 강수, 뇌전이 있는 현상.
1의 정의에 의하면 미국에서는 실제 관측 시 돌풍과 구별하기 위해서 풍속이 8ms^{-1} 또는 그 이상으로 2분 이상 지속될 경우 스콜로 기록한다. 강우를 수반하지 않는 경우를 흰 스콜(white squall), 이에 대하여 검은 비구름이나 강수를 수반하는 경우를 검은 스콜(black squall)이라고 하며, 천둥번개를 수반할 경우를 뇌우 스콜이라고 한다.

스콜 선(squall line, -線) 뇌우로 인해 생긴 연속적인 강수 역을 포함하며 연속적 또는 단속적인 활성 뇌우의 선.
스콜 선은 중규모 대류계의 한 유형이며, 길이/폭의 비가 좀 더 큰 중규모로 대류계와 구분된다. 스콜 선은 열대 스콜 선과 중위도 스콜 선으로 구분한다. 열대 스콜 선은 열대에서 발달하며 보통 서쪽으로 이동하는 반면에 중위도 스콜 선은 보통 동쪽으로 이동한다. 중위도 스콜 선은 보통 한랭전선과 거의 나란하게 전선 앞에 형성된다.

스큐 티로그피 선도(skew T-log p diagram, -線圖) 온도와 기압을 축으로 하는 열역학선도. 기압은 로그 눈금이고, 기온은 선형 눈금이다. 등온선은 등온선과 등온위선이 교차하는 각을 크게 하기 위해 등압선과 45°가 되도록 회전시켰다.

스테판-볼츠만 법칙(Stefan-Boltzmann law, -法則) 흑체에서 단위면적마다 복사되는 에너지(E)는 그 흑체의 절대온도(T)의 4승에 비례한다는 법칙.
그 식은 다음과 같다.

$$E = \sigma T^4$$

여기서 σ는 스테판-볼츠만 상수라고 하며, 이 값은 5.670×10^{-8}Wm^{-2}K^{-4}이다.

스텝 기후(steppe climate, -氣候) 반건조기후라 하며 강수량은 아주 적지만 짧은 풀이 드물게 성장하기에 충분한 기후.
초원기후라고도 한다. 이 기후는 남부 중앙 유라시아 지역의 전형이라고 할 수 있다. 1936년 기후구분에서 쾨펜은 건조기후를 다우기후로부터 분리하기 위해 연간 강수의 최대치를 할당하였다. 겨울의 강수량은 $P=0.44(t-32)$, 한 해 동안 평균강수량은 $P=0.44(t-19.4)$, 여름에 강수량은 $(t-6.8)P=0.44$로 각각 나타내었는데, 여기서 P는 연간 인치당 평균강수량, t는 연간 평균 온도(화씨)이다. 이 메커니즘은 베일리에 의해 다음과 같이 수정되었다.

$$P = 0.41\left(T - \frac{R}{4}\right)$$

여기서 R은 추운 6개월 동안의 강수량을 말한다. 쾨펜의 분류에서 스텝 기후는 BS로 지정되었다. 손스웨이트의 반건조기후는 스텝 기후와 아주 밀접하다.

스토크스의 법칙(Stokes's law, -法則) 구형의 입자가 레이놀즈 수가 작은 환경의 유체 내에서 움직일 때 작용하는 항력을 나타내는 법칙.
대기 중에서 반지름 r이 $r \le 20\mu\text{m}$인 입자가 낙하할 때 나타나는 항력 F_{drag}는 다음과 같이 표현된다.

$$\text{F}_{\text{drag}} = 6\pi\mu r v$$

여기서 v는 입자의 종말속도, μ는 공기의 역학적 점성계수이다. 스토크스의 법칙은 구름 내부에서 물방울들이 낙하하면서 병합되는 과정을 이해하는 데 필요하다.

스토크스의 정리(Stokes's theorem, -定理) 경계가 폐곡선(c)으로 정의되는 3차원의 한 면(s)에 대하여 폐곡선의 둘레에 대한 한 벡터($\boldsymbol{V}$)의 순환과 s를 지나는 회전(와도), $\nabla\times\boldsymbol{V}$의 플럭스는 동일함을 보여주는 정리.

$$\iint_s \hat{\boldsymbol{n}}\cdot(\nabla\times\boldsymbol{V})ds = \oint_c \boldsymbol{V}\cdot dl$$

여기서 $\hat{\boldsymbol{n}}$은 면 s에 지각인 외향단위 벡터이고, dl은 c의 미소 부분을 나타내는 선소 벡터이다. 2차원 (x, y) 평면에 대해서는 스토크스 정리는 다음과 같이 주어진다.

$$\iint_S \zeta ds = \oint \boldsymbol{V}\cdot dl$$

여기서 ζ는 와도의 연직성분이다. 이 식은 폐곡선에 의해 둘러싸인 단위면적의 둘레에 대한 순환은 그 면적에 대한 평균 와도와 동일함을 보여준다$\left(\zeta = \frac{1}{s}\oint \boldsymbol{V}\cdot dl\right)$.

스토크스 표류속도(Stokes's drift velocity, -漂流速度) 극소의 진폭을 가진 파동의 유체 입자의 평균속도.
이 속도는 진폭의 제곱 급수로 표현된다.

$$\boldsymbol{u}(x) = < \int_{t_0}^{t} \boldsymbol{u}(x,\ t^{'})dt^{'} \cdot \nabla(x,\ t) >$$

여기서 $< \cdot >$는 파주기 기간의 평균, t는 시간, $\boldsymbol{u}$는 파동의 국지(오일러)속도, x는 시간 $t = t_0$에서 유체입자의 위치를 의미한다.

스톰(storm) 거칠고 파괴적인 특히 지표에 영향을 미치는 대기의 교란된 상태.
스톰은 관점에 따라서 다음 두 가지로 정의할 수 있다.
1. 종관기상학적인 관점 : 종관일기도에서 기압, 바람, 구름 그리고 강수의 복합체로 확인되는 하나의 완전한 개별적인 요란.
2. 국지적인 또는 특별한 관점 : 매우 파괴적인 또는 놀랄 만한 면으로 확인되는 일시적인 현상. 예를 들면 비폭풍(rainstrom), 바람폭풍(windstorm), 우박폭풍(hailstorm) 그리고 눈폭풍(snow-storm) 등이다. 특이한 것으로는 눈보라(blizzard), 얼음폭풍(ice storm), 모래폭풍(sandstorm), 먼지폭풍(dust storm)이 있다.

스트로우홀 수(Strouhal number, -數) 흐르는 유체 속에 잠겨 있는 물체의 후류에서 주기 또는 준주기를 갖는 현상에 대해 정의되는 다음의 무차원의 수.

$$S = \frac{nD}{U}$$

여기서 n은 소용돌이 또는 소용돌이 길의 발생 빈도, D는 물체의 길이 그리고 U는 유체속도이다. 이와 같은 현상은 원통에서는 레이놀즈 수가 대략 100인 경우 그 후면에 다소 규칙적으로 소용돌이 또는 소용돌이 길이 형성된다.

스펙트럼 협곡(spectral gap, -峽谷) 대기경계층 내부의 운동 에너지 스펙트럼에서 에너지가 상대적으로 낮은 파수(혹은 파장이나 진동수) 영역.
대기경계층 내 평균 바람장과 난류성분을 구분하는 기준으로 활용한다. 운동 에너지 스펙트럼 협곡이 나타나는 파장보다 긴 파장의 대기운동은 평균장, 상대적으로 작은 파장대의 운동을 난류라고 구분한다. 관측 바람장 분석으로부터 운동 에너지 스펙트럼 협곡은 시간 규모로 약 1시간 부근에서 나타난다.

스펙트럼 법(spectral method, -法) 분광차분방법을 참조.

스플라인 함수(spline function, -函數) 부분구간들을 연결하는 모든 점을 포함하고, 그 모든 점에서 함수와 미분에 부과되는 연속의 조건을 가지며, 인접한 부분구간에 대해 정의하는 다항식

함수의 항으로 구성된 함수.
가장 보편적으로 사용하는 스플라인 함수는 3차 다항식 항으로 구성된 3차 스플라인이다. 여기서 그 함수와 1차, 2차 미분이 연결되는 모든 점에서 연속하도록 다항식의 계수들을 결정한다. 3차 스플라인의 그래프는 진동하지 않는 곡선이다. 내삽 스플라인은 유한개의 자료 점들을 통과하는 스플라인 함수이다.

슬라브모델(slab model) 판상모델을 참조.

슬라이스 법(slice method, -法) 대기에서 기준고도상에서 제한된 면적에 정적안정도를 평가하는 방법.
공기덩이 법(parcel method)과는 달리 슬라이스 법은 대기의 상승과 하강운동에 따른 질량의 연속성을 고려한다. 그러나 여기서 상승기류와 하강기류의 혼합은 고려하지 않는다. 상승하는 공기의 온도초과는 다음 식에 따라 ① 음(안정), ② 영(중립), ③ 양(불안정)으로 구분된다.

$$\frac{A_d}{A}(\gamma_d - \gamma') - (\gamma_d - \gamma)$$

여기서 A는 고려하고 있는 영역의 총 면적, A_d는 하강기류가 차지하는 면적이다. 그리고 γ는 주위의 온도감률, γ'은 상승기류의 단열감률 그리고 γ_d는 하강기류의 단열감률을 나타낸다. 앞의 식에서 A_d/A는 대류가 시작된 후에만 어림이 가능하므로 이 방법은 예단적인 도구보다는 진단적 도구로 주로 사용된다.

습구온도(wet-bulb temperature, 濕球溫度) 1. **등압습구온도** : 일정한 압력을 유지한 채 어떤 공기덩이에 증발을 유발할 수 있는 물을 공급한 후, 잠열의 손실로 공기가 단열적으로 포화상태까지 냉각되었을 때의 온도.
2. **단열습구온도**(또는 위습구온도) : 임의의 공기덩이를 포화할 때까지 단열적으로 냉각시킨 후, 원래의 압력까지 습윤단열적으로 압축했을 때의 온도.
단열습구온도는 단열선도로부터 구할 수 있다. 등압습구온도에 비해 항상 낮은 값을 가지나, 그 차이는 대개 1℃ 혹은 1°K보다 훨씬 작다.
3. 습구온도계를 사용하여 측정한 온도.

습구온위(wet-bulb potential temperature, 濕球溫位) 임의의 공기덩이를 포화될 때까지 단열적으로 냉각하여 포화시킨 후, 포화된 공기덩이를 습윤단열과정으로 1,000mb에 가져갔을 때의 온도.
예를 들면, 아래 그림의 단열선도에서 A 상태에 있는 공기덩이를 단열냉각과정을 거쳐 포화시킨 이후, 습윤단열과정을 거쳐 1,000mb에 가져왔을 때 가질 수 있는 B의 온도가 습구온도가 된다. 가역단열과정일 경우 습구온위는 보존된다.

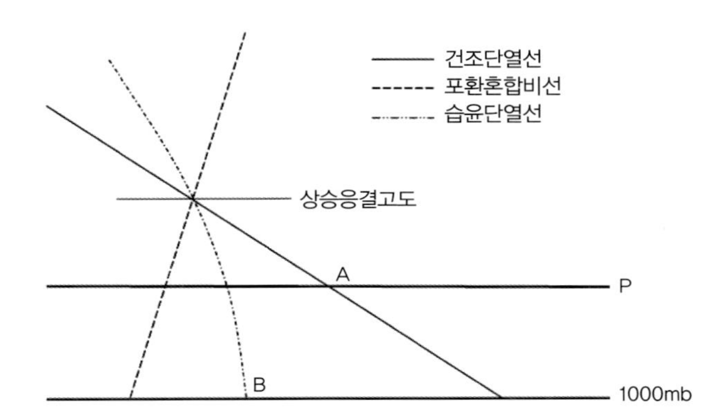

습도(humidity, 濕度) 1. 일반적으로는 공기 중 수증기 함량의 척도.
공기 중의 수증기량을 나타내는 것으로는 절대습도, 비습, 혼합비, 이슬점 등이 있다.
2. 상대습도와 같은 의미로 사용하는 용어.

습도계(hygrometer, 濕度計) 대기 중의 수증기 함량을 측정하는 기구.
이 수증기량을 측정하는 데 사용되는 변환방식이 기본적으로 여섯 가지가 있고, 이에 따른 여섯 가지 습도계 유형이 있다. (1) 열역학적 방법을 사용하는 것 : 건습구습도계, (2) 수분 흡수에 기인한 물리적 크기 변화에 좌우되는 것 : 모발습도계, 비틀림습도계, 금박막습도계, (3) 수분의 응결에 좌우되는 것 : 이슬점습도계, 서리점습도계, (4) 수분 흡수에 따른 화학적 또는 전기적 성질의 변화에 좌우되는 것 : 흡수습도계, 전기습도계, 탄소막습도계소자, 이슬점계, (5) 다공성 얇은 막을 통한 수증기의 확산에 좌우되는 것 : 확산습도계, (6) 수증기의 흡수 스펙트럼 측정에 좌우되는 것 : 스펙트럼 습도계.

습도공식(psychrometric formula, 濕度公式) 관측된 기압값과 건습구 온도계 값으로부터 수증기압을 구하는 준경험식.
온도를 섭씨로 표시할 때, 습도공식은 다음과 같다.

$$e = e_s(T_w) - 6.60 \times 10^{-4}(1 + 0.00115\,T_w)p(T - T_w)$$

여기서 T와 T_w는 각각 건구와 습구온도값, e는 수증기압, $e_s(T_w)$는 습구온도의 포화수증기압, 그리고 p는 기압이다. 습구가 얼음에 둘러싸인 빙점 이하의 온도일 경우, 6.60×10^{-4}은 대략 5.82×10^{-4}로 대치된다.

ㅅ

습도상수(psychrometric constant, 濕度常數) 응결잠열(L_v)에 대한 습윤공기의 정압비열(C_p)의 비.
건습계 상수는 다음과 같다.

$$\lambda = C_p/L_v \cong 0.4(g_{water}/kg_{air})\mathrm{K}^{-1}$$

잠열 플럭스에 이 건습계 상수를 곱하면 습기 플럭스가 된다.

습윤기후(moist climate, 濕潤氣候) 1948년에 손스웨이트가 기후구분에서 계절적 물잉여가 물결핍을 넘어서 수분지수가 제로(0)보다 큰 기후 형태.
이 기후는 아습윤기후, 습윤기후, 과습윤기후를 포함한다. 그 반대는 건조기후이다. 습윤기후는 건조지수의 값에 따라 더 세부로 나누어지는데, 무수분 또는 거의 무수분, 보통 여름물결핍, 보통 겨울물결핍, 큰 여름물결핍, 큰 겨울물결핍 등이 그것이다.

습윤공기(moist air, 濕潤空氣) 1. 대기열역학에서 건조공기(질소, 산소, 아르곤, 탄산가스 등) 수증기가 혼합되어 있는 공기.
2. 일반적으로 상대습도가 높은 공기.

습윤단열감률(moist adiabatic lapse rate, saturation adiabatic lapse rate, γ_s, 濕潤斷熱減率) 포화상태의 공기덩이가 단열상승할 때 나타나는 고도 증가에 따른 온도감소율. 또는 단열도에서 습윤단열선을 따라 상승할 경우 고도 증가에 따른 온도감소율.

$$\gamma_s = \gamma_d \frac{1+\dfrac{L_{wv}w_s}{R_d T}}{1+\dfrac{L_{wv}^2\, w_s \epsilon}{c_{pd}R_d T^2}}$$

여기서 γ_d는 건조단열감률, L_{wv}는 수증기의 응결잠열, w_s는 수증기의 포화혼합비, c_{pd}는 건조공기의 정압비열, R_d는 건조공기에 대한 기체상수, T는 공기덩이의 온도, 그리고 ϵ은 수증기의 기체상수에 대한 건조공기의 기체상수의 비를 나타낸다. 수증기의 단열상승 시 공기덩이가 포화상태에 이르러 수증기가 응결에 의한 잠열방출 때문에 건조단열감률보다 작다. 주어진 식은 가역 습윤단열감률과 위단열감률에 대한 근사이며, 이 두 가지 정의에 대해서 상당히 정확한 표현이다. 응결한 물이 대부분 얼었을 경우에는 응결잠열을 승화잠열로 대치한다. 한편 습윤단열감열(γ_s)은 $\gamma_s = \gamma_d + L_{wv}dw_s/c_{pd}dz$로 근사할 수 있다. 여기서 z는 고도를 나타낸다. 포화공기가 단열상승 시에는 $dw_s/dz < 0$이므로 $\gamma_s < \gamma_d$이다. 그러나 공기덩이가 계속 상승하여 포화혼합비가 0에 가까워지면 $dw_s/dz \approx 0$이 되어 γ_s가 γ_d에 거의 같아진다. 포화혼합비는 건조공기의 압력

과 포화수증기압의 함수이므로 dw_s/dz는 일정하지 않다. 보통 $\gamma_s \approx 4 \sim 7$℃/km의 범위의 값을 갖는다.

습윤단열과정(moist adiabatic process, 濕潤斷熱過程) 액체상태의 물을 포함할 수 있으며 포화상태의 공기에 대한 단열과정.
습윤단열과정을 두 가지로 구분한다. 포화공기가 단열상승 시 응결된 물을 계속 포함하여 수분이 보존되는 경우를 포화단열과정이라고 하며, 한편 포화 공기덩이가 단열상승 시 응결된 물이 계속 강수로 인해 빠져나오는 경우를 위단열과정이라고 한다. 따라서 위단열과정에서 공기덩이는 포화상태이지만 그 안에 물이나 얼음은 존재하지 않는다.

습윤단열선(moist adiabat, 濕潤斷熱線) 열역학 다이어그램에서 상당온위 또는 위상당온위의 등치선.
포화상태의 공기덩이가 단열도에서 위단열과정에 의해 공기덩이가 상승하거나 하강할 때의 온도 변화를 나타내는 곡선으로 포화단열선이라고도 한다.

습윤정적 에너지(moist static energy, 濕潤靜的-) 단열적으로 공기덩이를 지표에서 대기상층까지 상승시키는 과정에 수증기가 모두 응결하면서 잠열을 방출하였다고 가정했을 때 에너지.
습윤정적 에너지는 다음과 같이 정의한다.

$$E = C_p T + gz + L_v r$$

여기서 g는 지구중력가속도, T는 온도(K), z는 기준고도의 높이, r은 수증기의 혼합비 그리고 L_v는 물의 기화잠열이다.

습윤지수(humidity index, 濕潤指數) 1948년에 손스웨이트(C. W. Thornthwaite)가 기후구분에서 사용한 것처럼, 어떤 주어진 관측소에서 물 소요량을 넘는 물잉여 정도를 나타내는 지수.
습윤지수는 반대되는 개념인 건조지수와 무관하게 다음과 같이 계산된다. 습윤지수$=100s/n$ 여기서 물잉여를 나타내는 s는 평년 강수량이 가능증발산량을 초과하는 달에 대한 강수량과 가능증발산량 사이의 차를 모두 합한 값이고, 물 소요량을 나타내는 n은 잉여 달에 대한 월 가능증발산량의 합이다. 습윤지수는 손스웨이트 기후구분에서 (1) 수분지수의 한 성분으로 그리고 (2) 건조기후의 상세 구분을 위한 기초로 사용되고 있다.

습윤지수(index of wetness, 濕潤指數) 주어진 해에서 한 유역의 연평균 유출량에 대한 유출량의 비에 해당하는 수치.
퍼센트로 표현하기도 하며, 특정 계절에 국한하기도 한다.

습윤침착(wet deposition, 濕潤沈着) 대기 중 입자상 물질, 주로 오염물질이 수증기 함유와 강수에 의하여 지상으로 낙하하여 제거되는 현상.
이에 상대적 용어로 건성침착이 있다.

승화(sublimation, 昇華) 고체로부터 중간 단계인 액체를 거치지 않고 바로 기체로 변하는 상변화.
반대로 기체에서 고체로 변하는 상변화를 함께 나타내기도 한다.

승화핵(sublimation nucleus, 昇華核) 대기 에어로졸 가운데서 침적에 의해 그 위에서 빙정이 성장할 수 있는 입자.
베게너(A. Wegener, 1911)가 처음으로 대기 중에서 응결핵에 의해 물방울이 형성되는 것과 같이 수증기가 바로 침적하여 빙정이 형성되는 입자가 있음을 제안했다.

시간경도단면도(Hovmoller diagram, 時間經度斷面圖) 등위도선을 따라 기상요소의 변동성을 보여주는 그림.
흔히 위도와 시간을 양 축으로 하고 특정 기상요소를 이차원 평면에 나타내면, 동서로 이동하는 파동과 파동 그룹을 효과적으로 추적할 수 있다. 개별파동은 지향류를 따라 이동하며 소멸하는 반면, 파동 그룹은 상층의 강풍대를 따라 이동하는 경향이 있고 때로는 풍하 측 발달현상을 보이기도 한다. 블로킹과 같이 남북으로 큰 규모의 운동을 이 단면도에서 추적하기 위해서 위도 대신 일정폭을 가진 위도대에 대해 평균한 기상요소 값을 사용하기도 한다.

시계열(time series, 時系列) 일정한 간격 또는 불규칙한 시간 간격으로 측정 또는 생성된 한 변수의 값들.
예를 들면 자기기압계로 측정한 기압 값은 연속 시계열이고 반면에 1시간 간격의 기압값은 이산 시계열이다. 시계열자료를 이용하여 그래프 작성 시 가로축은 시간 그리고 세로축은 변수값을 표시한다. 시계열자료는 정상 시계열과 비정상 시계열로 구분할 수 있다. 정상 시계열의 경우 시계열을 유발시키는 실제 역학이 한 주기에서 다음 주기까지 일정하다. 그러나 비정상 시계열의 경우 시계열을 유발하는 역학이 계속 바뀐다. 따라서 이와 같은 시계열은 통계분석에서 그 특성을 잘 드러내지 않는다.

시계열상관(serial correlation, 時系列相關) 어떤 두 시계열이 서로 선형관계가 있는지를 알려주는 통계량.
두 시계열의 공분산을 각각의 표준편차의 곱으로 나눠서 구한다. 흔히 상관계수(corelation coefficient) 혹은 피어슨 상관계수라 부른다. 두 시계열 $x_1, x_2, \cdots, x_n$과 $y_1, y_2, \cdots, y_n$의 상관계수

r은 다음과 같이 구한다.

$$r = \frac{\sum_{i=1}^{n}(x_i - \overline{x})(y_i - \overline{y})}{\sqrt{\sum_{i=1}^{n}(x_i - \overline{x})^2}\sqrt{\sum_{i=1}^{n}(y_i - \overline{y})^2}}$$

상관계수 r은 -1부터 1까지 값을 가지며, $r=1(r=-1)$일 때는 두 변수 x, y가 완전하게 선형관계를 가지며 모든 (x, y) 점들이 한 직선에 위치하여 x가 증가(감소)할 때 y가 증가(감소)하는 것을 의미한다. 상관계수의 범위가 $-1 \le r \le 1$이 되는 것은 두 시계열의 편차로 이루어진 벡터가 이루는 각(θ)의 코사인과 r이 동일하다는 기하학적인 해석을 이용하면 쉽게 알 수 있다. 즉, 두 시계열의 편차로 이루어진 다음과 같이 n차원 공간의 벡터라 정의하면 다음과 같다.

$$\boldsymbol{x}' = (x'_1, x'_2, \cdots, x'_n), \quad \boldsymbol{y}' = (y'_1, y'_2, \cdots, y'_n)$$

두 벡터가 이루는 각의 코사인은, 스칼라 곱(내적)의 정의를 이용하면 다음과 같이 구한다.

$$\begin{aligned} \cos\theta &= \frac{\boldsymbol{x}' \cdot \boldsymbol{y}'}{\| \boldsymbol{x}' \| \ \| \boldsymbol{y}' \|} \\ &= r \end{aligned}$$

여기서, $\cos\theta$인 r이 -1과 0 사이에 있음을 알 수 있다. r을 편차를 성분으로 한 벡터들이 이루는 각과 연관시키는 것은 내적이 갖는 의미를 좀 더 이해하는 데 도움이 된다.

시그마 연직좌표(sigma vertical coordinate, -鉛直座標) 수치모형에서 사용하는 연직좌표계 중 하나로, 지표면 기압으로 정규화된 기압을 연직좌표로 사용하는 좌표.
수치모형에서 시그마 좌표라 부르고, 다음과 같이 정의한다.

$$\begin{aligned} \sigma &= p/p_s \\ \sigma &= (p - p_T)/(p_s - p_T) \end{aligned}$$

p는 기압을 나타내고, 아래첨자 s와 T는 모형 대기의 지표와 꼭대기를 의미한다. 이 좌표를 사용하면 최하층 좌표면$(\sigma=1)$이 모형의 지형과 교차하지 않고 지형을 따라 자연스럽게 흐르면서 정의되어 지표 경계조건을 간단히 계산할 수 있는 장점이 있다. 하지만 경사가 급한 지역에서는 수평 경도항의 계산에서 발생하는 오차로 인해 모형의 예측 정확도가 낮아질 수 있는 단점이 있다.

시듦점(wilting point, -點) 식물(또는 농작물)이 토양으로부터 더 이상 수분을 섭취하지 못함을 알려주는 토양수량의 한계.

식물로부터 대기로 이동하는 수분량, 즉 증발산량이 제로(zero)가 되고 대기가 포화가 되는, 식물의 온도와 기온이 같을 때, 시듦점의 토양수 잠재성은 15기압(15bars)이 된다. 많은 농업지역에서 토양의 가채수분량은 이 경우 절반으로 줄어든다.

시로코(sirocco)　남지중해 또는 북아프리카를 건너 동쪽으로 이동하면서 저압부 앞에서 부는 따뜻한 남풍 또는 남서풍.
'scirocco'라 쓰기도 한다. 공기가 사하라(사막 바람)에서 오기 때문에 건조하고 더럽다. 온도가 높기 때문에 지중해를 건너오면서 수증기를 많이 뽑아 올려 북쪽으로 이동할 때 안개와 비를 뿌린다. 지중해 지역에서는 가끔 푄(foehn)형의 따뜻한 남풍을 의미한다.

시베리아 고기압(siberian high, -高氣壓)　찬 지표면의 영향으로 바이칼호 부근을 중심으로 중앙시베리아 지방에 찬공기가 쌓여서 만들어지는 건조한 고기압.
준정체성을 띠는 키가 낮은 한랭 고기압이며, 겨울철에는 주변 높은 산맥들에 둘러싸여서 찬공기의 축적이 용이하므로 매우 크고 강하게 발달한다. 중심기압이 1,040hPa 이상인 경우도 흔하다. 겨울철 중앙시베리아 산악지대에는 전체적인 기압분포와 관계없이 계곡이나 저지대로 부는 활강바람이 국지적으로 발달하는 경우가 많으나 동아시아 태평양 연안을 따라서는 강한 북풍계열의 바람이 거의 지속적으로 분다. 이를 겨울 계절풍(winter monsoon)이라 한다. 여름에는 중앙시베리아 대부분이 저기압 지역으로 변하고 고기압은 매우 약화된다. 그 중심지역은 겨울보다 고위도에 위치하는 경향이 있으며 소규모로 나타난다.

시새트(Seasat)　미국 해양원격탐사용 최초 인공위성.
1978년 6월 28일 성공적으로 발사한 후에 시새트는 해양원격탐사 결과물들을 생산하였다. 하지만 위성 자체의 전기 시스템의 결함으로 약 3개월 후에 시새트 위성의 기능은 정지되었다. 시새트에 장착된 장비는 레이더 고도계, 지표면에서의 풍향 · 풍속 관측을 위한 마이크로파 산란계, 해수면온도 산출을 위한 주사형 다채널 마이크로파 복사계, 가시광-적외선 복사계, 그리고 위성에 최초로 탑재된 합성개구 레이더(synthetic aperture radar)가 있다.

시선방향(radial direction, 視線方向)　원 또는 구의 중심에서 반지름 방향을 의미.
방사방향이라고도 한다. 레이더의 경우 레이더의 빔이 가리키는 방향이다.

시선속도(radial velocity, 視線速度)　물체가 운동을 할 때 극좌표, 원통좌표, 또는 구면좌표의 중심에서 시선(또는 방사) 방향에서 잰 물체의 속도.
도플러 레이더와 관련해서 도플러 속도라고도 하며, 도플러 레이더의 시선 방향에서 접근하거나 후퇴하는 목표물의 운동을 나타내는 속도를 말한다. 물체의 운동 방향이 시선 방향과 90°일 때는 물체가 운동하더라도 시선속도는 $0ms^{-1}$으로 관측된다.

시야각(viewing angle, 視野角) 위성에 탑재된 센서를 이용하여 대상 물체를 탐사할 때, 위성 진행 방향의 좌우 혹은 고깔 형태의 궤적을 그리면서 탐사를 수행하게 되는데 스캔의 시작점-위성-스캔의 끝 지점이 이루는 각.
위성과 지구의 중심을 잇는 선분과 탐사하는 물체 사이의 각을 의미하기도 한다.

시어(난류운동 에너지) 생성(shear production, -生成) 바람 시어에 의한 난류운동 에너지의 생성.
아인슈타인 합산표기법을 이용하여 시어 생성항 S는 다음과 같이 나타낼 수 있다.

$$S = -\overline{u'_i u'_j}\frac{\partial \overline{u}}{\partial x_j}$$

시어 생성항은 항상 양수(+)가 되므로 난류운동 에너지의 발생원으로 작용한다. 대기경계층에서 난류는 수평바람의 연직 시어에 의해 주로 발생하므로, 시어 생성항은 다음과 같이 간단히 나타낼 수 있다.

$$S = -\overline{u'w'}\frac{\partial \overline{u}}{\partial z} - \overline{v'w'}\frac{\partial \overline{v}}{\partial z}$$

시에프엘 조건(courant-friederichs-lewy(CFL) condition, -條件) 유한차분 근사에서 해의 안정성을 확보할 수 있는 임계시간 증분 크기에 대한 조건.
수치적분의 정확성을 위해서 공간적인 격자간격과 적분시간 간격이 만족해야 하는 조건이다.

시정(visibility, 視程) 대기의 혼탁 정도를 나타내는 기상요소로서 지표면에서 정상적인 시각의 사람이 목표를 식별할 수 있는 최대 거리.
야간에도 주간과 같은 밝은 상태를 가정하고 관측한다. 보통 km로 표시하나, 작은 값은 m로 표시하며, 시정계급을 사용할 때도 있다. 수평 방향의 시정이 방위에 따라 다를 때 그 최댓값을 최대시정, 최솟값을 최소시정 또는 최단시정이라 한다. 지상기상관측에서는 최단시정을 관측한다. 시정은 항공기의 이착륙에 특히 중요하기 때문에 항공기상정보를 위해 정의한 우세시정 · 비행시정 · 활주로 가시거리 등이 있다.

시지에스 계(centimeter-gram-second(cgs) system, -系) 각각 길이, 질량, 시간을 재는 기초 물리량으로 센티미터, 그램 및 초를 사용하는 것에 기초한 물리적 단위계.
밀도는 gm cm^{-3}으로, 속력은 cm s^{-1}로, 힘은 dyne(gm cm s^{-2})으로, 압력은 배리(dynes cm^{-2})

로, 에너지는 에르그(gm cm^2s^{-2})로 표현한다. 거의 모든 과학기술 분야에서 널리 사용되는 단위계이지만, 미터-킬로그램-초 좌표계 단위 몇몇을 사용하는 게 특정 기상학응용 분야에서는 더 편리하다.

식물기후대(plant climate zone, 植物氣候帶) 1. 온도교차, 습도 형태 그리고 다른 지리적 계절적 특성을 조합하여 특별한 식물 분포를 만들어 냄으로써 어떤 특정 식물은 계승하고 다른 식물은 소멸하게 되는 지역.
2. 기후 특징을 규명하는 데 식물의 분포에 가장 중점을 둔 기후분류계의 한 지역.

식물기후학(phytoclimatology, 植物氣候學) 1. 식물이 생활하는 캐노피(canopy) 내부, 식물체의 자체 표면, 때에 따라서는 식물 사이의 기체 공간에서의 미기후에 관해 연구하는 학문.
2. 주로 식물 종의 분포로 정의되는 기후지역에 대한 학문.

식생지수(vegetation index, 植生指數) 식물의 잎면적, 총량, 지표면 식물들의 상태와 같은 식생의 성질을 예측하거나 평가하는 데 사용되는 수치적인 값.
식생지수는 다중채널 원격탐사 관측차료를 사용하여 얻을 수 있다. 식물은 보통 토양보다 근적외선을 더 많이 반사시키므로 근적외광과 적색가시광을 위성 센서로 관측하여 식생과 관련된 다양한 지수를 구할 수 있다. 일반적으로 널리 쓰이는 식생지수로는 정규식생지수(*NDVI*)가 있다. 근적외선 반사율(*NIR*)과 적색광 반사율(*RED*)을 이용하는 정규식생지수는 다음과 같이 산출한다.

$$NDVI = \frac{NIR - RED}{NIR + RED}$$

식피율(canopy cover, 植被率) 식물의 잎이나 줄기가 토지를 덮고 있는 비율.
식생의 직 상방(천정)에서 빛을 비추었을 때 토지에 드리워진 그림자 면적에 대한 토지 면적의 비율이다.

신경망(neural network, 神經網) 인간이 뇌를 통해 문제를 처리하는 방법과 비슷한 방법으로 문제를 해결하기 위해 컴퓨터에서 채택하고 있는 구조.
인간의 뇌가 기본 구조 조직인 뉴런이 서로 연결되어 일을 처리하는 것처럼, 수학적 모델로서의 뉴런이 상호 연결되어 네트워크를 형성할 때 이를 신경망이라 한다. 이를 생물학적인 신경망과 구별하여 특히 인공 신경망이라고도 한다. 신경망은 각 뉴런이 독립적으로 동작하는 처리기의 역할을 하기 때문에 병렬성이 뛰어나고, 많은 연결선에 정보가 분산되어 있기 때문에 몇몇 뉴런에 문제가 발생하더라도 전체 시스템에 큰 영향을 주지 않으므로 결함 허용(fault tolerance) 능력이 있으며, 주어진 환경에 대한 학습 능력이 있다. 이와 같은 특성 때문에 인공 지능 분야의 문제해결에 이용되고 있으며, 문자인식, 화상처리, 자연언어처리, 음성인식 등 여러 분야에서 이용되고 있다.

신기루(mirage, 蜃氣樓) 대기가 렌즈와 같이 작용하여 형성된 상.
신기루는 보통 지평선 가까이에 볼 수 있으며 0.5°보다 작은 상의 변위와 왜곡이 나타난다. 신기루는 육안으로 볼 수 있지만 쌍안경이나 망원렌즈로 사진을 찍으면 가장 잘 관찰할 수 있다. 특정 신기루의 이름은 물체 모양과 상의 모양이 어떻게 다른가에 따라 주어진다. 가장 간단한 구분은 신기루의 상이 하나인지 또는 여러 개인지의 구분이다. 만일 상이 하나이고 그 상이 물체보다 아래 있으면 침강(sinking), 그리고 만일 그 상이 물체의 위치보다 위에 있으면 떠보임(looming)이라고 한다. 만일 신기루의 상이 연직으로 물체보다 더 커 보이면 높이솟음(towering), 그러나 물체보다 더 축소되어 작게 보이면 위축(stooping)이라고 한다. 이와 같은 상태에 대한 인식은 결정적으로 신기루가 없을 때 관측자가 그 배경에 대한 기억이나 지식에 의존한다. 그 이유는 모든 것을 신기루의 상에서 볼 수 있기 때문이며, 가끔 그 변화가 너무 크면 쉽게 분류할 수 있다. 신기루는 굴절률이 바뀌는 대기를 빛이 통과할 때 굴절에 의한 현상으로 설명할 수 있다. 대기의 굴절률은 주로 공기분자의 수밀도에 의해 결정된다. 그러나 가끔 매우 얇은 대기층에서 굴절이 상당히 일어나는데, 이 경우 밀도 변화는 주로 온도에 의한 것이다. 신기루의 유형과 기온의 연직분포를 관련짓는 것은 간단하다. 대기라는 렌즈 속에 관측자가 있기 때문에 관측자가 위치(예 : 높이)를 조금만 바꾸어도 신기루는 그 모양이 크게 바뀐다.

신뢰구간(confidence interval, 信賴區間) 명확한 규칙들에 의해 시료로부터 결정된 값들을 포함하는 일정 범위($a_1 < a < a_2$).
해당 규칙들은 가설상의 모집단으로부터 반복적으로 채취한 무작위 시료에서 해당범위 내의 임의로 정해진 모집단 $(1-\epsilon)$이 추정 매개변수의 참값 α을 포함할 수 있도록 선택한 것. 해당 극한값들을 (a_1 및 a_2) 신뢰한계 혹은 신뢰도한계라 한다. 또 이 극한값들이 a를 포함할 상대빈도 $(1-\epsilon)$는 신뢰계수라 하고 상보확률 ϵ은 신뢰수준이라고 한다. 유의 수준별로 보면 신뢰수준은 공통적으로 0.05 혹은 0.01을 택하며, 이에 해당하는 신뢰계수는 각각 0.95와 0.99이다. 신뢰구간은 매개변수 자체가 일정 범위의 여러 값들을 포함하는 의미로 해석되어서는 안 되며, 단지 하나의 값 a만을 갖는다. 한편, 시료로부터 도출한 신뢰한계(a_1, a_2)는 확률변수로서 특정시료에 대한 해당 값들은 매개변수의 참값 a를 포함하거나 포함하지 않는 것 둘 중 하나이다. 그러나 반복 채취한 시료들로부터 실제 모집단이 초기가설을 만족한다면 해당 구간들에서의 일정 부분(즉, $1-\epsilon$)은 a를 포함할 것이다.

신호잡음비(signal-to-noise ratio, 信號雜音比) 관측되는 신호 중 신호량(S)과 잡음량(N)

의 비.
다음과 같이 정의될 수 있다.

$$SNR = Ps/Pn$$

여기서 Ps와 Pn은 각각 신호의 전력과 관측 잡음의 전력에 해당한다. 이는 통신 시스템의 성능이 절대적인 신호 전력이 아닌 노이즈 전력 대비 신호의 전력으로 결정되기 때문이다. 또는 스펙트럼 차트상에서의 신호가 존재할 때의 시그널 높이와, 신호가 존재하지 않는 백그라운드 상태에서의 높이 간 비로 나타내는 경우도 있다. 문헌에 따라서 SNR 또는 S/N이라 표기한다.

실링(ceiling) 미국 기상관측 관행에 따라구름의 최하층 혹은 구름차폐현상으로 인한 높이.
1. '깨진 구름', '구름 덮임' 혹은 '차광'이라고 보고되지만, '옅은' 혹은 '부분적인' 구름으로 분류되지 않을 때이다. 실링은 앞서 말한 조건들이 충족되지 않았을 때 '한계성이 없다'라고 부른다. 권운형의 높이를 알 수 없을 때마다 기울임 표시(/)를 높잇값 대신에 기록하여 보고한다. 기타 모든 다른 경우에는, 실링은 해발고도를 가진 공항고도와 같은 지면 위에서 측정되는 높이를 피트 단위로 표현한다. 이것이 적용되지 않는 장소에서는 '표면'은 관측지점의 지면고도를 의미한다. 차광에 대해서 실링 높이는 상공의 구름이나 차폐현상의 경우에서 지반의 높이보다는 차폐현상으로의 수직적 가시거리를 의미한다. 항공기상관측에서는 실링 높이는 언제나 실링 분류를 지정하는 글자 뒤에 기록된다.
2. 항공부유물체(항공기, 풍선, 로켓 및 발사체 등)가 주어진 조건에서 상승할 수 있는 최대고도. 항공기 실링(상승한계)은 실속 마하 수와 버페팅(난타) 마하 수가 이상적인 값에 접근하는 고도이다.

실링 관측등(ceiling light, -觀測燈) 수직으로 폭이 좁은 광선을 구름밑면에 투사하기 위해 서치라이트를 이용하는 일종의 구름높이 지표.
실링 투사기라고도 한다. 구름밑면의 높이는 클리노미터(경사계)를 이용해 결정한다. 이 경사계는 실링 관측등, 관측자 및 구름의 발광점 등을 포함한 각도를 측정하기 위해서 실링 관측등으로부터 정해진 거리만큼 떨어진 곳에 위치시킨다.

실링 기구(ceiling balloon, -氣球) 구름밑면의 높이, 즉 구름실링을 측정하기 위해 사용되는 작은 풍선.
구름높이는 풍선의 상승속도와 구름 속으로 사라지는 데 필요한 시간으로 계산할 수 있다.

실링 분류(ceiling classification, -分類) 항공기상관측에서 실링의 높이를 결정하는 방법을 설명하거나 기술하는 것.

본 분류법에 따른 실링 측정방법에는 항공기실링, 풍선실링, 추정실링, 불확정실링, 측정실링 및 강우실링 등 다양한 유형이 있다.

실체파(body wave, 實體派) 경계면이나 접촉면 없이도 고체나 액체물질 내에서 존재할 수 있는 파.
실체파 내에서 정보와 에너지의 진행은 일반적으로 모든 방사상 방향으로 가능하다. 그러나 몇몇 파의 경우 다른 힘(예 : 중력이나 지구회전력)에 의해 영향을 받는다. 바다에서 가장 흔한 실체파는 해양표면을 관통하는 음파, 광파 그리고 내부중력파 등이 있다.

실황예보(nowcast, 實況豫報) 수 시간 후에 대한 단기간 일기예보.
미국 기상청(NOAA)은 0~3시간 예보로 명시하지만, 6시간 예보까지 사용 가능하다고 제시한다. 기상청(KMA)은 초단기예보는 예보시점부터 6시간 이내에 대하여 행하며, 단기예보는 3시간 간격으로 3일 이내까지 12가지 날씨 항목을 일 8회 발표하는 예보로 한다.

심수파(deep-water wave, 深水波) 파장이 물 깊이의 두 배보다 짧은 표면파.
이 관계가 만족할 때 다음 근사식이 유효하다.

$$c = \left(\frac{gL}{2\pi}\right)^{1/2}$$

여기서 c는 파의 전파속도, g는 중력가속도, L은 파장이다. 이와 같이 심수파의 전파속도는 물 깊이와 무관하다. 위의 근사식은 표면중력파의 분산관계식인 아래 식으로부터 $\kappa^{-1} \ll H$에 대하여 얻은 것이다.

$$\omega^2 = g\kappa \tanh \kappa H$$

여기서 ω는 파의 진동수, κ는 수평 파수, H는 물 깊이이다. 이때 $c = \omega/\kappa$이다. 비교하기 위해 천해파를 참조하라.

심화(deepening, 深化) 정고도면일기도에 그려진 기압 시스템의 중심기압의 감소, 또는 정압면일기도에서 고도의 감소.
매몰(filling-up)의 반대 개념이다. 이 용어는 보통 고기압의 경우에서보다는 저기압에 적용한다. 저기압의 심화는 보통 해당 저기압의 저기압성 순환의 강화로 이어진다. 이 용어는 흔히 저기압 발생과정을 의미하는 것으로 사용된다. 심화는 최소한 두 가지 정량적인 방법으로 표현된다. 즉, (1) 중심기압의 시간적인 감소율, (2) 어떤 정점에서 기압 시스템이 한 점에서(상대적으로 움직이기 때문이거나 또는 일일 대기조석의 영향이 아닌) 기압 경향의 성분이다. 저기압발생을 참조하라.

싸락눈(graupel) 직경이 5mm 미만인 심하게 결착된 눈의 입자.
눈싸라기라고 하며 직경이 5mm 이상인 것을 우박이라고 한다. 모양에 따라 원뿔형, 육각형, 불규칙형 싸락눈으로 구분된다.

쌀알눈(snow grain) 크기가 작은(직경 1mm 이하) 편편한 판 또는 바늘모양의 설편으로 내리는 강수.
땅에 떨어질 때 부서지거나 튀어 오르지 않는다. 보통 불투명하고 백색이다. 일반적으로 층운이나 안개로부터 적은 양이 내리며 이슬비와 비슷한 기상조건에서 내리는 눈이다.

쌍극 안테나(dipole antenna, 雙極-) 가장 흔히 라디오 주파수 띠에서, 전자복사를 발신하거나 수신하는 안테나의 유형.
쌍극 안테나라는 말은 전자이론에서 보통 사용하는 의미의 쌍극복사와는 관련성이 없다. 쌍극 안테나는 근본적으로 하나의 틈으로 분리된 두 개의 얇은 (길이보다 훨씬 작은 직경의) 전도체 또는 막대이다. 두 막대의 총 길이가 복사 파장보다 훨씬 작으면 쌍극 안테나는 때때로 짧은 쌍극자라고 부르는데, 쌍극복사(무시할 만한 크기의 이상적 진동 쌍극자로부터 생기는 복사)라는 말은 여기서 나왔다. 때때로 쌍극 안테나는 반 파장 길이의 안테나를 의미하나, 더 정확한 용어는 반파(half-wave) 쌍극자이다. 쌍극 안테나는 길이가 아니라 두 개의 동일한 성분으로 정의한다.

쌍극유형(bipolar pattern, 雙極類型) 대부분 음의 섬광지역이 양의 섬광 위치로부터 수평 방향으로 분리되는 구름-지면 사이의 낙뢰 위치에서 나타나는 낙뢰 유형.
이 유형은 중위도의 중규모 대류계(MCSS)에서 확인된다. MCSS의 대류지역(레이더 에코> 35dBZ)은 음의 번개섬광인 데 반해, 양의 섬광은 보통 대류지역에 근접한 층상운역(<35dBZ)에 위치한다. 쌍극유형의 발생에 관한 가설은 다음과 같다. (1) 연직바람 시어에 의해 대류지역의 상부로부터 층상지역까지 양의 하전입자가 수평 대류, (2) 층운형 구름층에서 과냉각된 수적과 중규모의 상승이 있는 환경에서 원래 위치에서 양전하를 얻는 얼음알갱이의 대전, 또는 (3) 상기 두 과정의 결합 등이다.

쌍극자 모멘트(dipole moment, 雙極子-) 어떤 특별한 조건이 없다면 보통 전기적 쌍극자 모멘트를 의미하며 전기 쌍극자의 전하와 쌍극자가 서로 떨어져 있는 거리와의 곱.
쌍극자 모멘트는 벡터이며 그 방향은 음의 전하로부터 양의 전하까지 향하는 위치 벡터로 결정한다. (통상적으로 분자의) 쌍극자 모멘트는 영구적인 것(양전하와 음전하의 중심들이 아무 외부장의 영향을 받지 않을 때에도 일치하지 않는다.)과 유도된 것(전하 분리가 양전하와 음전하에 반대 방향으로 작용하는 외부 장의 결과이다.)으로 분류한다. 흔히 물분자는 영구적 쌍극자 모멘트를 가진 분자의 좋은 예로 알려져 있다. 자기(磁氣) 쌍극자의 자기 쌍극자 모멘트는 환상회로의 전류와 환상회로로 둘러싸인 면적의 곱이다. 자기 쌍극자 모멘트 역시 벡터이고, 그 방향은 오른손 법칙으로 정의되는 직각의 의미로서 전류 환상회로 평면에 직각인 방향이다.

쌍금속온도계(bimetallic thermometer, 雙金屬溫度計) 두 금속이 열팽창이 다름으로 인해 생기는 바이메탈의 휨 정도와 온도와의 관계를 이용해서 온도를 측정하는 온도계.
쌍금속은 열팽창 계수가 다른 얇은 금속판을 용접하여 중합한 것이다. 측정 가능한 온도 범위는 －100～600℃(상용 －50～350℃) 정도이고, 측정 정밀도는 0.5～10℃로 그다지 좋지는 않다.

쌍조(double tide, 雙潮) 조석의 최고조위와 최저조위가 각각 2개의 마루와 2개의 곡으로 나누어지는 현상.
조석파가 해안 가까이 전파되면서 지형적인 영향으로 마찰이나 비선형이류작용에 의해 발생하는 것으로 알려져 있고, 영국의 사우스햄턴, 네덜란드의 해변, 미국 매사추세츠의 케이프코드 등에서 많이 발생한다.

썰물(ebb current) 고조에서 저조로 해수면이 낮아질 때 발생하는 해수의 수평적인 흐름.
주로 해안이나 하구로부터 멀어지면서 흐르는 조류를 말한다. 낙조류(落潮流)라고도 표현된다. 낙조류 중에서 가장 빠른 유속을 가진 조류를 최강(最强) 낙조류라고 하며 주로 고조와 저조의 중간인 평균해수면 때에 발생한다. 고조와 저조 시기에 조류가 일시 정지할 때는 게류라고 한다. 밀물(flood current)을 참조하라.

씻어내림(downwash) 연기나 오염물질이 굴뚝, 건물, 벽, 산, 구릉 등 장애물을 따라 하강하는 현상.
세류(洗流)라고도 한다. 바람이 불 때 굴뚝, 건물 등 장애물의 풍하 측에 국지적인 저압부로 인해 발생하는 소용돌이 현상에 휩쓸려 연기나 오염물질이 하강하게 된다. 이로 인해 지상 가까운 건물이나 굴뚝 아래쪽에 심한 오염을 발생시킬 수도 있다. 이를 방지하기 위해서는 연기나 오염물질의 배출속도를 장애물 상단에서의 평균풍속보다 1.5배 이상으로 유지하거나, 굴뚝 높이를 건물 높이의 2.5배 이상으로 해야 한다고 알려져 있다.

대기과학용어사전

아경도풍(subgradient wind, 亞傾度風) 기압경도력과 원심력이 평형을 이루어 나타날 수 있는 경도풍에 비교해서 더 약한 바람.
바람이 등압선 간격이 넓은 지역에서 좁은 지역으로 불 때 나타날 수 있으며, 이때 바람은 기압이 낮은 쪽으로 등압선을 횡단하면서 대체로 가속된다.

아굴라스 해류(Agulhas Current, -海流) 남인도양의 주요 서안경계류의 하나로 아열대 자이어(gyre)에 해당함.
전지구상에서 가장 빠른 해류 중의 하나로 평균 속력은 1.6m/s 그리고 최고 속력은 2.5m/s를 넘을 때가 있다. 아굴라스 해류의 전체 수송량은 31°S 부근에서 약 70스베드룹(Sv)이며 35°S 부근에서는 약 135스베드룹에까지 이르기도 한다. 아굴라스 해류에 존재하는 에디들은 약 40°S, 20°E에서 서북쪽으로 이동하면서 뱅골라 해류와 합쳐지며 인도양의 물을 대서양으로 수송하는 전지구 컨베이어벨트의 중요한 부분을 차지한다.

아나디리 해류(Anadyr Current, -海流) 태평양 기원의 저염류를 운반하는 베링 해협에서 북극해를 아우르는 해류.
약 $0.3ms^{-1}$으로 시베리아 쪽으로 향하고 계절에 따라 약간의 변화가 있으며, 겨울철 동안 스판베르그(Sphanberg) 해협에서 추가 유입으로 강화된다. $0.5Sv(0.5 \times 10^6 m^3 s^{-1})$ 이하의 총 수송량과 함께 아나디리 해류는 전 세계 해양의 질량 균형에 미미하게 기여하지만 북태평양의 염분이 북대서양보다 매우 낮기 때문에 담수 수지 유지에 필수적이다.

아날로그 기후 모델(analog climate model, -氣候-) 고기후대의 기후 강제력의 특징이 미래에도 유사할 것으로 예상된다는 가정하에 고기후대의 역사적 상황을 비교 분석하여 미래 기후를 예측하는 방법.

아네로이드 기압계(aneroid barometer, -氣壓計) 기압을 측정하는 기기.
측정원리는 다음과 같다. 아네로이드 캡슐(얇은 골진 속이 빈 원판)을 부분적으로 진공을 만들되 외부 또는 내부 스프링을 넣어 내려앉지 않도록 한다. 스프링의 편향은 내부와 외부 압력의 차이에 거의 비례한다. 스프링 편향은 캡슐을 직렬로 연결하고 기계적 결합을 통해 확대한다. 아네로이드 기압계는 아네로이드 내의 잔여기체를 조절하거나 바이메탈 연결장치를 통해 주어진 압력에 대해 온도 보정된다. 기압계는 스프링과 캡슐의 탄력적 성질의 변화와 더불어 기계적 결합의 마모로 인한 불확실성이 있다.

아네로이드 자기기압계(aneroid barograph, -自記氣壓計) 아네로이드 캡슐의 편향이 펜을 움직여 회전하는 원통에 기록하게 하는 아네로이드 기압계.

캡슐의 편향 확대를 통하여 기압에서의 작은 변동치의 기록이 가능하다. 아네로이드 자기기압계는 아네로이드 기압계의 불확실성을 가지고 있기 때문에 정기적으로 점검해야 한다.

아라고 거리(Arago distance, -距離) 대일점에서 아라고 점까지의 각거리.
아라고 거리는 대기 중 이물질의 산란입자에 민감하다. 이물질입자들이 편광의 음(수평적)의 요소를 증가시킨다. 이는 편광의 양의 성분과 균형을 이루는 곳으로 아라고 점의 위치가 이동됨을 의미한다. 따라서 아라고 거리는 대기의 탁도를 측정하는 데 유용하다. 아라고 거리값은 일반적으로 20°에 가까우며, 태양 고도각과 파장의 함수이다.

아라고 점(Arago point, -點) 태양을 수직으로 관통하는 원을 따라 편광의 각도가 0이 되는 세 가지 중립점 중 하나.
아라고 점은 발견한 이의 이름을 따라 명명되었는데, 통상 대일점 상공 약 20°에 있지만, 대기가 탁한 경우에는 더 높은 고도에 위치한다. 후자 특징 때문에 아라고 거리가 대기의 탁한 정도를 측정하는 데 유용하다. 전형적으로 이 중립점의 위치를 측정하는 것은 Babinet 점과 Brewster 점(각각 태양의 위아래로 20°)의 것보다 쉽다. Babinet 점과 Brewster 점을 측정할 때 태양이 매우 가까워서 휘광 문제가 발생되기 때문이다.

아래 신기루(inferior mirage) 한 물체의 상이나 상들이 그 물체의 위치로부터 아래로 변위되는 신기루.
만일 먼 물체들의 상이 단 하나만 보인다면, 가라앉음이란 용어가 흔히 적용된다. 수평면은 거리가 멀수록 아래쪽으로 휘어지고 비교적 가까운 광학적 수평선으로 끝난다. 아래 신기루가 가장 뚜렷한 것은 그것이 두 상을 전시하는 때이다. 둘째의 낮은 상은 늘 뒤집혀서 작게 보인다. 때때로 교과서들은 단지 낮고 뒤집힌 하나의 상밖에 없다는 암시를 주고 있다. 하지만 둘 다가 상이고, 그들의 위치와 배율이 물체의 그것과 각각 다르다. 또한, 그 낮고 뒤집힌 상은 때로 한 반사에서 생긴 것으로 잘못 해석되고 있으며, 이것이 땅 위에 보이는 때, 반사를 일으키는 물이 멀리에 틀림없이 있다는 가정으로 이끈다. 이것은 신기루와 환상의 물의 오랜 연관의 원천이며, 마른 지면 위에 물이 있다는 가정으로 이끈다. 신기루란 우리말은 한자어로 이무기가 내쉰 누각을 뜻하고, 그 영어인 '미라주'는 '거울로 본다'는 프랑스 말에서 연유한다. 후자는 프랑스 항해자들이 바다에 보이는 상들을 반사에 의해 나타난 것으로 상상했음을 암시한다. 광학적 수평선 너머로 보이는 바로선 물체들의 아랫부분은 볼 수 없고, 물체의 윗부분만이 두 상으로 보인다. 바로 선 것과 뒤집힌 것. 그 물체가 더 멀리 떨어지면 그것의 하부가 더 많이 살아질 것이므로, 예를 들면, 먼 배의 위 갑판들이 바로 서고 뒤집히며 명백히 위로 들뜨고 그 광학적 수평선으로부터 떨어져 나타나는 반면에 그 아래 갑판들은 전혀 보이지 않을 것이다. 어떤 때는 이 같은 광경이 그 배의 상들이 수평선 위로 들어 올려졌다고 생각하는 사람에 의해 한 위 신기루로부터 결과된 것으로 잘못 해석되고 있다. 실제로, 이 경우에 모든 것이 변위되어 있으나, 단지 수평선이 더 많이 변위되어 있었던 것이다. 아래 신기루는 온도가 고도에 따라 감소하는 때 한 면 위에 나타난다. 한 2-상 아래 신기루의 형성은 또한 온도경도가 고도에 따라 감소할 것을 요구한다. 이들 조건들은 햇볕으로 따뜻해진 땅바닥이나 밤에 호수 위에서처럼, 그 면이 비교적으로 따뜻해 상향 열 속을 초래하는 때 충족된다.

아레니우스 식(Arrhenius equation, -式) 화학반응의 속도계수의 온도 의존도를 나타내는 데 사용되는 관계식.
방정식의 형태는 다음과 같이 나타낸다.

$$k = A\exp\left(\frac{E_a}{RT}\right)$$

여기서 k는 속도상수, A는 선지수요소, E_a는 반응을 위한 활성화 에너지, R은 기체상수, 그리고 T는 절대온도이다.

아르키메데스 원리(Archimedes' principle, -原理) 중력의 영향으로 액체 속의 물체는 그 물체의 일부 혹은 전체가 차지한 액체의 무게와 동일한 크기로 부력을 받는다는 원리.
이 힘은 아르키메데스 부력이라고도 하며, 액체물체의 모양과 특성에 무관하다.

아보가드로 수(Avogadro's number, -數) 1몰의 기체 안에 들어 있는 분자의 수 (6.02214×10^{23}).
이 숫자가 영구기체의 경우 상수라는 것이 바로 아보가드로의 법칙이다.

아보가드로의 법칙(Avogadro's law, -法則) 같은 온도와 압력에서 같은 부피의 서로 다른 이상기체는 같은 수의 분자(또는 원자)를 갖는다는 물리법칙.
이 법칙의 해석은 에너지의 균등배분 통계-역학이론에 놓여 있고 이상기체법칙은 이로 인한 결과이다. 기체 1몰이 차지하는 부피는 모든 기체가 동일하게 22.414리터이다.

아세트산(acetic acid, -酸) 유기(카복실)산 계열의 두 번째로 화학식은 CH_3COOH.
초산(醋酸)이라고도 하는 아세트산은 자세한 변환과정은 알려져 있지 않으나, 아세트알데하이드(acetaldehyde)가 산화되면서 대기 중에 생성되는 것으로 여겨진다. 원거리(비오염)지역의 강우 산성도에 영향을 미친다.

아스만 건습계(Assmann psychrometer, -乾濕計) 아스만이 개발한 흡기습도계의 한 형태.

크롬이나 니켈판 금속 프레임에 수직으로 장착된 두 개의 수은온도계와 흡기하는 관이 붙어 있다. 각 온도계는 태양복사로부터 온도계구부를 가리기 위하여 금속 튜브 안에 둔다. 건습구온도계의 일종이다. 통풍건습계라고도 한다. 온도계 상부에 팬(fan)을 붙이고 주위의 공기를 빨아들여 온도계 구부(球部) 주위에 공기가 정체하지 않도록 한 것으로, 기온 · 습도계기로서는 가장 정확하다.

아열대(subtropics, 亞熱帶) 남 · 북반구에서 열대기후와 온대기후지역 사이의 지구를 둘러싸고 있는 지대.
기후학적으로 보면 아열대기후지역은 실제로 잘 정의되어 있지 않다.

아열대고기압(subtropical high, 亞熱帶高氣壓) 해양성 고기압으로 아열대고기압 벨트에서의 반영구적 고기압.
평균 일기도상의 고기압 중심은 보통 위도 20~40° 사이에서 나타난다. 이 고기압은 해양에 머물러 있으며 여름에 가장 발달된다. 아열대고기압의 종류에는 아조레스 고기압, 버뮤다 고기압, 태평양 고기압이 있다.

아열대동풍지수(subtropical easterlies index, 亞熱帶東風指數) 위도 20°N~35°N 사이 지상 동풍 세기의 척도.
이들 위도 사이의 평균 해면기압 차이로부터 계산되며, 상응하는 지균풍의 동서성분을 m/s의 10분의 1 크기로 표현한다. 동서지수를 참조하라.

아열대수렴(subtropical convergence, 亞熱帶收斂) 표면 혼합층 수렴(아크만 층 수렴)으로 물이 영구 또는 해양 수온약층으로 침입하는 지역.
이 지역은 전형적으로 위도 15~20°에서 45°까지 이른다. 역사적으로 아열대전선으로도 사용되었다.

아열대저기압(subtropical cyclone, 亞熱帶低氣壓) 열대저기압과 중위도저기압의 성질을 가지는 열대 또는 아열대 위도지역(적도부터 50°N)의 저기압.
이 저기압은 약 또는 보통의 수평온도경도 지역에서 발생한다. 경압저기압과 같이 관련 잠재위치에너지를 이 온도경도에서 얻는다. 또한 열대저기압과 같이 그 에너지의 일부 또는 대부분을 해양에서 취한 열을 대류에 의한 재분포로부터 받는다. 보통 이 저기압의 최대풍속 반경은 순수한 열대저기압의 최대풍속 반경보다 크다. 그러나 지속적인 최대풍속이 약 32m/s를 초과한 관측은 아직 없다. 열대저기압이 종종 아열대저기압이 되는 것처럼 아열대저기압도 가끔 열대저기압이 되기도 한다. 대서양에서 아열대저기압의 최대풍속이 나타난다. 아열대 저압부의 지상풍속은

18m/s 이하이며 아열대폭풍의 지상풍은 18m/s 이상이다. 태풍과 같이 이름을 붙이지 않지만 경보를 발표한다.

아열대전선(subtropical front, 亞熱帶前線) 아열대수렴의 극 방향 부분에서 해면온도와 염도의 남북경도가 증가하는 구역.
남반구의 아열대전선은 남아메리카 동쪽 해안의 40°S부터 대서양을 건너 인도양에 이르기까지, 그리고 45°S로 휘어 그레이트 오스트레일리아만을 건너 태즈메이니아 남쪽을 지나 뉴질랜드의 남섬 남쪽 끝에 도달한다. 태평양에서는 40°S 근처 뉴질랜드 동쪽 채텀 섬으로부터 30°S 근처 남아메리카의 서안에 이른다. 북반구는 태평양의 25°N, 135°E와 30°N, 135°W 사이에서 아열대전선이 가장 잘 발달한다.

아이슬란드 저기압(Icelandic low, -低氣壓) 1. 해면기압의 평균 일기도에서 나타나는 아이슬란드 근처(주로 아이슬란드와 남부 그린란드 사이)에 위치한 저기압.
이 저기압은 북반구 대기순환에서 하나의 주요한 작용 중심이다. 이것은 겨울에 가장 강한데 1월에는 그 중심기압이 996mb 밑으로 떨어진다. 여름철에는 이 저기압이 약해질 뿐만 아니라 두 개의 중심으로 나누어지는데, 하나는 데이비스 해협 근처에, 다른 하나는 아이슬란드 서쪽에 위치한다. 태평양에 위치한 이 저기압의 짝인 알류샨 저기압처럼, 아이슬란드 저기압의 매일 위치와 강도는 크게 변해서 이 저기압 영역은 이동성 저기압 영역이 느려지고 깊어지는 영역으로 간주된다.
2. 종관일기도에서 아이슬란드 부근에 중심을 둔 모든 저기압.

아인슈타인 합산표기법(Einstein's summation notation, -合算表記法) 벡터 식들을 벡터 자체가 아닌 벡터의 스칼라 요소를 사용하여 나타내는 특별한 표기법.
대기과학에서는 대기난류와 관련된 분야에서 이 표기법을 폭넓게 사용하고 있다. 이 표기법을 이용하면 지배방정식에서 사용되는 많은 벡터와 텐서 요소들을 매우 적은 수의 항들로 간단히 표현할 수 있다. 이 표기법에서는 카테시안 좌표에서 일반적으로 사용하는 좌표 방향성 지수 i, j, k를 x, y, z좌표상의 각각 1, 2, 3으로 표현한다.

아조레스 고기압(Azores high, -高氣壓) 북대서양 지역에 반영구적으로 위치하고 있는 아열대고기압의 하나로 특히 이 고기압의 중심이 북대서양의 동쪽 지역에 위치하고 있을 때 명명되는 고기압.
아조레스 고기압과 달리 북대서양 아열대고기압의 중심이 서쪽 지역에 위치하고 있을 때에는 이 고기압을 버뮤다 고기압이라고 부른다.

아조레스 해류(Azores Current, -海流) 북대서양 아열대 자이어(gyre)를 구성하고 있는 해류 중 하나.
45°W 부근에서 북대서양 해류로부터 약 15스베드룹(Sv)의 해수를 받아 동쪽으로 흐르면서 35°N 부근에서 카나리아 해류와 합쳐진다.

아지균풍(subgeostrophic wind, 亞地均風) 기압경도력과 전향력이 평형을 이룰 때 나타날 수 있는 풍속에 비교해서 더 약한 바람.
보통 바람이 저기압성 흐름일 때 나타난다.

아크 방전(arc discharge, -放電) 고밀도 이온의 좁은 통로를 따라 전하가 지속적으로 이동할 때 강렬한 빛을 내며 발생하는 방전.
호의 전위 기울기가 계속 유지되어야 아크 방전이 일어나며, 대기 중에서는 자연적으로 발생하지 않는다. 코로나 방전을 참조하라.

안개(fog) 매우 작은 물방울이 대기 중에 떠다니고 있는 현상으로 수평 시정이 1km 미만인 경우.
구름과 안개의 차이는 그것이 지면에 접해 있는지 아니면 하늘에 떠 있는지에 따라 결정된다. 안개로 인한 시정의 감소는 응결핵의 수농도와 물방울 크기분포에 의해 영향을 많이 받는다. 일반적으로 안개는 공기가 포화상태에 이르면 생기지만 공장지대에서는 습도가 80% 정도인 경우에 생기기도 한다. 이렇게 불포화상태에서 생기는 안개를 연무라 부른다. 안개의 생성은 크게 증발과 냉각에 의하며, 이에 따라 크게 냉각안개와 증발안개로 분류한다. 냉각안개는 지면과 접해 있는 공기층의 온도가 이슬점 이하가 되면서 발생하는 안개를 말하며, 여기에는 복사안개 · 이류안개 · 활승안개가 있다. 복사안개는 지표면의 복사냉각에 의하여 지표에 접하는 공기가 냉각되어 생기는 안개를 말한다. 땅안개라고도 한다. 대부분 육상에서 복사냉각이 심하게 나타나는 가을, 겨울철에 많이 발생한다. 이류안개는 따뜻하고 습기가 많은 공기가 찬 지표면 위를 이동할 때 생기는 안개를 말한다. 해상에서 형성된 안개는 대부분 이류안개로 이를 해무라고 부른다. 해무는 복사안개보다 두께가 두꺼우며, 발생하는 범위가 아주 넓다. 또한 지속성이 커서 한 번 발생되면 수 일 또는 한 달 동안 지속되기도 한다. 활승안개는 습윤한 공기가 완만한 산의 경사면을 따라 불어 올라갈 때 공기가 단열팽창 냉각됨에 따라 생기는 안개를 말한다. 산안개는 대부분이 활승안개이며 바람이 강해도 생긴다. 증발안개 생성을 위해서는 수면에서 증발이 일어나야 하며 이러한 증발을 위해서는 수온이 기온보다 항상 높아야 한다. 공장지대에서는 안개가 공장오염물질로 구성된 연기와 섞이기도 하며 이렇게 연기와 섞인 안개를 스모그라 일컫는다.

안개적하(fog drip, -滴下) 바람에 날리는 안개에서 수분을 얻은 나무나 그 밖의 물체로부터 물이 땅으로 떨어지는 현상.
이 현상은 미국의 북부 캘리포니아 해안을 따라 존재하는 미국 삼나무 숲에서 때때로 발생하는데 어떤 경우에는 물 떨어짐 현상이 약한 비만큼 심하다. 안개는 끼지만 거의 비가 없는 캘리포니아 여름철에 안개적하는 해안 삼림지대의 과도한 한발을 막아준다. 보통 강도의 소나기와 비슷한 1.27mm의 물이 하룻밤에 캘리포니아 안개로부터 생긴 적이 있다. 포착효율이론과 공기역학원리에 따르면 침엽수의 바늘모양 잎이 대부분의 낙엽수의 넓은 잎보다 바람에 날리는 안개에서 생기는 물방울 제거에 더 효과적이다. 이와 같은 특성 때문에 미국 삼나무는 한정된 영역에서 번창하게 되었다. 서부 칠레에서는 지역 주민들에게 물을 제공하기 위하여 안개적하를 이용한 인공 안개물 수집기를 제작하였다.

안장부(col, 鞍裝部)　일기도상의 기압유형 중의 하나로 골(trough)과 마루(ridge)의 교차점으로서 두 고기압 사이에서 상대적으로 가장 낮은 기압 점과 두 저기압 사이에서 상대적으로 가장 높은 기압점 사이에 나타나는 말안장 모형의 기압분포.
일명 안장점, 중립점이라고도 한다. 고기압 축을 따라 형성되는 지역을 고기압 안장부(anticyclonic col)라 하고 저기압 축을 따라 형성되는 지역을 저기압 안장부(cyclonic col), 중립상태에서 형성되는 것을 중립 안장부(neutral col)라 한다. 모든 형태의 안장부 지역에서는 약하고 변동성이 있는 바람이 발생한다. 중립점에서는 특별한 기단의 특성을 나타내어 여름철 뇌우 발생과 겨울철 안개 발생과 연관이 있다. 일반적인 특성으로서는 고기압성 안장부와 저기압성 안장부에서는 각각 고기압과 저기압 형성을 나타낸다. 작은 기압 변화에도 이들 안장부의 이동이 쉽게 일어나기 때문에 종관적 기압 패턴과 연관성은 약하다. 저기압성 안장부는 접근하는 저기압의 특성을 쉽게 나타내기 때문에 골의 이동만으로도 충분히 파악할 수 있다.

안정경계층(stable boundary layer, 安定境界層)　찬 지표의 영향으로 지표에서 고도 증가에 따라 기온이 증가하는 대기경계층.
안정경계층은 정적으로 안정한 대기성층 구조를 보인다. 따라서 온위가 고도에 따라 증가($\partial\theta/\partial z > 0$)한다. 안정경계층은 복사의 순손실로 지표가 냉각될 때 야간에 형성될 수 있다. 그리고 이류해 오는 공기보다 지면이나 해면의 온도가 더 낮을 때 안정경계층이 형성될 수 있다. 안정경계층 내에서 여러 가지 현상이 일어날 수 있다. 그 예로는 부분적인 간헐성 난류(sporadic turbulence), **내부중력파**, **배출류**, **관성진동** 그리고 야간 제트 등을 들 수 있다.

안정도(stability, 安定度)　1. 어느 계에 작은 변동이 생겼을 때 시간에 따라 변동폭이 감소하거나 일정 주기로 진동하면서 점차 소멸하여 원래의 상태로 되돌아가려는 특성.
일반적으로 안정도는 평형상태의 계를 의미한다. 그러나 근래에는 전 사상과 상관성을 유지하면서 서서히 진화해 나가는 계를 나타낼 때도 사용하고 있다. 이 경우 안정도는 예측 가능성을 의미한다.
2. 유한차분법에 의해 계산한 근사값이 전후 시간에 관계없이 일정한 범위 내에 나타날 수 있는 속성.
3. 유체흐름에서 층류가 난류로 변해갈 가능성.
4. 외부 조작에 맞추어 반응하는 기기의 신뢰성.

안정도등급(stability class, 安定度等級) 대기의 안정도를 주간에는 지상풍속과 일사강도 그리고 야간에는 지상풍속과 운량에 따라 6개로 나눈 것.
대기안정도는 공기덩이를 연직 방향으로 변위시켰을 때 공기덩이의 연직운동에 의해 결정된다. 안정도등급은 1961년 잉글랜드 기상학자인 프랭크 파스퀼(Frank Pasquill, 1914~1994)이 최초로 제안하였으며 안정도등급을 A : 매우 강한 불안정, B : 불안정, C : 약한 불안정, D : 중립, E : 약한 안정, F : 안정과 같이 6개로 구분하였다. 표에서 풍속은 지상 10m의 높이에서 측정값이다. 그리고 강한 일사는 맑은 여름날 태양의 고도각 60° 이상에 해당한다. 중간 일사는 여름날 몇 개의 조각구름(broken cloud)이 있거나 맑은 날 태양의 고도각이 15~35°인 경우이다. 약한 일사는 가을철 오후 또는 구름 낀 여름날 또는 맑은 날 태양의 고도각이 15~35°인 밝은 여름날에 해당한다. 그리고 중립(D)은 풍속에 관계없이 주간과 야간에 흐린 경우이다.

풍속(m/sec)	주간 일사			야간 상태	
	강함	중간	약함	엷은 온흐림 또는 하층운≥4/8	≤3/8운량
<2	A	A~B	B		
2~2.9	A~B	B	C	E	E
3~4.9	B	B~C	C	D	E
5~6.0	C	C~D	D	D	D
>6.0	C	D	D	D	D

안정도지수(satbility index, 安定度指數) 대기층의 정적안정도를 나타내는 숫자.
어느 지역의 공기층에서 대류운동의 발달 가능성을 나타낸다. 연직 방향 관측자료로부터 쉽게 계산할 수 있으며 **쇼월터 지수**(Showalter index), **케이 지수**(K index), **상승지수**(lifted index), **스웨트 지수**(SWEAT index) 등이 자주 이용되고 있다.

안테나 온도(antenna temperature, -溫度) 안테나 단말기에서 잡음 전력에 의해 나타나는 상당흑체온도.

안테나 온도는 손실이 없는 최적화된 안테나 주변 장소에서의 흑체가 내놓는 복사온도로서 실제 안테나와 유사한 잡음 전력을 생산한다. 안테나 온도는 환경 잡음원에 대해 안테나가 결합된 경우뿐만 아니라 안테나 내에서 저항손실로 인해 만들어진 안테나의 잡음 온도와 관련이 있다.

알라드의 법칙(Allard's law, -法則) 자가발광하는 목표물의 야간 가시거리 예측에 사용하는 방정식.
광의 근원지와 관측자와의 거리를 x, 관측자 방향으로 목표물의 조도(단색광)를 P_v라 가정하면 광소산계수 σ, 관측자에게 닿는 조도는 E_v일 때 다음과 같이 관계가 성립된다.

$$E_v = P_v x^{-2} \exp(-\sigma x)$$

E_v가 주어진 배경의 휘도 및 물체를 탐지할 수 있는 임계 조도와 동일할 때 구한 x값은 야간 가시거리 혹은 빛의 근원지를 탐지할 수 있는 최대거리가 된다.

알래스카 스트림(Alaska Stream) 알류샨 해역의 남단에 위치하고 있는 섬들을 따라 흐르는 알래스카 해류의 한 부분.
알래스카 해류와 알래스카 스트림은 때때로 하나로 합쳐지기도 하고 때때로 분리되기도 한다. 깊이가 얕은 알래스카 해류와 달리 알래스카 스트림은 해저의 밑바닥까지 도달하기도 하며 평균 속도는 0.3m/s로 서안경계해류들의 일반적인 속도보다는 그 크기가 작다.

알래스카 해류(Alaska Current, -海流) 알래스카만 주변을 시계 반대 방향으로 회전하면서 따뜻한 물을 북쪽으로 수송하는 층이 얕고 작은 규모의 아한대 자이어(subpolar gyre).

알류샨 해류(Aleutian Current, -海流) 북태평양에서 남동쪽으로 향하는 아한대 소용돌이 해류로 알류샨 열도 부근을 흐르는 해류.
아(북)극해류라고도 한다. 북태평양 북쪽에서 나와서 서쪽으로 한대전선을 형성하고 동쪽으로 진행하면서 많은 양의 물을 교환한다. 북미 연안에 도달하면서 북쪽으로 알래스카 해류와 남쪽으로 캘리포니아 해류로 나뉜다.

알베도(albedo) 특정 지표를 기준으로 반사된 플럭스 밀도의 입사한 플럭스 밀도에 대한 비율.
반사율(反射率)이라고도 한다. 알베도는 일반적으로 태양복사의 전스펙트럼 또는 가시영역만을 나타내는 광대역 비율이다. 더 정밀하게 하려면, 특정 파장에 기준한 스펙트럼 알베도를 사용해야 한다. 자연 표면의 가시 알베도는 잔잔하고 깊은 물과 같이 약 0.04의 낮은 값에서부터 신설(fresh snow)이나 두꺼운 구름과 같이 0.8보다 높은 값의 범위를 보인다. 대부분의 표면은 태양

ㅇ

천정각의 증가에 알베도가 증가한다.

알베도 계(albedo meter, -計) 지표의 반사도(알베도)를 측정하는 일종의 복사계.
전천일사계(pyranometer)의 기능을 입사하는 복사량에 대한 지표와 대기 반사도를 측정하는 기기로 사용하기 위하여 고안한 반사율계이다.

알에이치아이 스코프(range-height indicator(RHI) scope) 극좌표상에서 관측거리와 고도각의 함수로 레이더 반사도 인자 또는 다른 에코를 나타내는 레이더 표출의 한 유형.
주어진 방위각에서 레이더안테나를 아래에서 위로 고도각을 증가시키면서 목표물을 관측했을 때 얻은 정보를 2차원 연직평면에 나타낸 것이 RHI이다. 또한 RHI는 레이더 부피주사(volume scan)한 자료를 주어진 방위각에 대하여 합성함으로써 얻을 수 있다. RHI에서 관측 정보(예 : 레이더 반사도)는 같이 레이더에서 거리를 가로축, 그리고 레이더를 기준으로 한 고도각(또는 높이)을 세로축으로 설정하여 표시한다. 기상 레이더의 경우 RHI는 태풍이나 뇌우 등의 연직 구조를 분석하는 데 매우 유용하다. 그러나 한 가지 단점은 가로축의 규모에 비해 세로축의 규모가 너무 확대되어 있다는 것이다. 따라서 태풍이나 뇌우의 영상이 실제의 기하학적 모습과 다르게 나타난다.

ㅇ

알제리 해류(Algerian Current, -海流) 대서양에서 지중해로 알제리 연안을 따라 흐르는 좁고 빠른 해류.
알메니아-오랑 앞에서 시작되며, 해류의 시작지점부터 300km까지는 폭이 30km 미만이고, 평균 속도는 $0.4ms^{-1}$, 최대속도는 $0.8ms^{-1}$이다.

알칼리도(alkalinity, -度) 1. 용액의 상대적인 산성도.
pH로 표시하며 용액의 수소이온 농도(mol L^{-1}) 역수의 상용대수 값으로 나타낸다. 즉, $pH=-\log[H^+]$. 순수한 물과 같이 산성도 중성도 아닌 것을 중성이라고 하며 pH는 7이다. 산성용액은 pH 0 이상 7 미만이며 pH가 작을수록 산성도는 강하다. 알칼리 또는 염기성 용액의 pH는 7보다 크고 14 이하인 pH 범위를 가지며 pH가 클수록 알칼리도는 강하다.
2. 수질 측정에 사용되는 척도 중의 하나.
메칠오렌지, 브로모크레졸그린, 페놀프탈레인 등의 적당한 지시약을 사용하여 강산 표준액으로 적정하였을 때에 소비된 산의 당량수로 나타낸다.

알파 입자(alpha(α) particle, -粒子) 헬륨 원자핵과 동일한 구성을 갖고 있는 물질.
α-입자 혹은 $2He^4$로 표기한다. 즉, 두 개의 양성자와 두 개의 중성자로 구성되어 있다. 일반적으로 핵반응에 의한 생성물질을 일컬을 때 사용된다. 우라늄이나 토리움 동위원소가 방사성 붕괴를

할 때 수백만 일렉트론볼트(Electron volt, eV)의 에너지를 가진 알파 입자가 방출된다. 알파 입자는 대기 이온화 과정에 중요한 역할을 한다.

암모니아(ammonia) 분자식이 NH_3으로 질소와 수소로 이루어진 화합물.
암모니아는 상온에서 특유한 자극적 냄새를 가진다. 대기 중 무색의 기체로 존재하며 공기보다 가볍고 가압에 의해 액화되기 쉽다. 암모니아는 염기성 유독 물질이기 때문에 인체에 유해하다.

암석권(lithosphere, 巖石圈) 1. 대기권과 수권에 비교하여 암석과 같은 고체상태의 지구표면 영역.
2. 지질구조론에서 쉽게 변형될 수 있는 연약층 위에 자리 잡고 있는 단단한 층.
즉, 지각과 상부 맨틀의 일부를 포함하며 두께는 약 100Km이다.

암시시간차분(implicit time difference, 暗示時間差分) 시간 변화를 강제할 항들이 예측될 시간에서 계산되는 유한차분의 근사.
다음 차분근사$(f^{n+1}-f^{n-1})/2\Delta t=g(f^{n+1})$는 미분방정식 $df/dt=g(f)$의 암시시간차분의 근사이다. 여기서 위첨자 n은 시간을 의미하고, Δt 시간 간격에 대해 전 시간을$(n-1)$, 다음 시간을 $(n+1)$로 표시하면 명시시간차분(explicit time difference)은 $g(f)$를 $g(f^n)$ 또는 $g(f^{n-1})$로 시행한다. 암시근사는 암시차분방정식에서 얻게 되는 선형방정식계를 풀어야 하므로 명시근사보다 더 어렵고 계산시간도 더 걸릴 수 있으나, 일반적으로 동일한 차분 크기에 대해 정확도가 명시근사보다 더 높다. 시간적분 시 암시시간차분은 명시시간차분보다 상대적으로 더 안정하고 시간 간격을 더 크게 할 수 있는 장점이 있다.

암윈드(almwind) 폴란드 크라쿠프 남쪽 타트라 산맥을 가로질러 불어오는 푄 바람.
헝가리에서 폴란드 크라쿠프 남쪽 타트라 산맥을 가로질러 불며, 북쪽 골짜기로 내려오는 푄 바람을 말한다. 알프스 남쪽 높새바람(Alpine south foehn)과 유사하며, 가끔 폭풍우를 동반하고 봄과 가을에 풍속이 20∼25ms^{-1}(40∼50mph)까지 달하기도 한다. 암윈드는 기온을 평균보다 14℃ 이상 상승시키기도 하고, 겨울이나 봄에는 산사태를 유발하기도 한다. 자코파네(Zakopane, 폴란드 남부)에서는 가끔 강한 푄 바람(high foehn)으로 불기도 한다. 이 바람은 발트해에서 동쪽으로 이동하는 저기압 전면에서 발생한다.

압력(pressure, 壓力) 1. 모든 방향으로 일정하게 미치는 힘의 일종.
표면에서 측정할 때, 단위면적에 연직 방향으로 표면에서 분자가 되튀는 힘이다. 역학에서는 압력은 점성과는 다르게 주어진 온도와 밀도에서 분자운동에 의해 결정된다. 이는 3방향의 연직 응력의 음의 값으로 정의된다. 열역학에서 압력은 접선 방향의 힘이 없고 연직 방향의 힘이 같을 때의 상태이다.
2. 기상학에서는 일반적으로 대기압을 의미.
3. 기계학에서는 응력과 같은 의미로 사용.
복사압력을 참조하라.

압성방정식(equation of piezotropy, 壓性方程式) 압성유체의 과정에서 열역학 변수들을 관련시키는 방정식.
일반적 형태로는 다음과 같이 밀도 ρ를 압력 p의 함수로 나타낸다.

$$\rho = \rho(p)$$

이 밀도를 압력으로 미분한 도함수 $d\rho/dp$를 압성계수라고 부른다. 가장 많이 알려진 방정식은 이상기체에서 상태의 다방(多方) 변화에 대한 다음과 같은 식이다.

$$p\rho^{-\lambda} = \text{상수}$$

여기서 λ는 다방과정의 계수이다. 19세기 중엽 열역학 제1법칙을 발견하기 전에 압성방정식은 운동방정식 및 질량보존방정식과 함께 유체역학방정식 세트를 완성시키기 위하여 사용되었다.

ㅇ

압축계수(coefficient of compressibility, 壓縮係數) 등온과정에서 압력이 증가할 때 시스템의 부피가 감소하는 비율.
일반적으로 이 계수는 아래와 같은 식으로 표현된다.

$$-\frac{1}{V}\left(\frac{\delta V}{\delta p}\right)_r$$

여기서 V는 부피, p는 압력, 그리고 T는 온도(등온과정)를 의미한다.

압축성(compressibility, 壓縮性) 닫힌 계의 표면에 가해지는 압력이 증가하면 해당 계의 부피가 줄어드는 조건.
모든 물리적 실체들은 압축성이다. 그러나 액체 및 고체의 압축성은 기체보다 훨씬 작다. 기체의 압축성은 상태방정식에 의해 정의되고 이상기체의 압축성에 의해 여러 목적에 맞게 적당히 근사된다. 압축계수를 참조하라.

압축파(compression wave, 壓縮波) 압축성 유체의 1차원적 등온 흐름에서 유체입자의 압력과 밀도가 운동 방향으로 파동을 가로지를 때 증가하는 단일파 혹은 진행(성)교란.
파의 전파 방향과 입자의 진동 방향이 일치하는 실체파로서 지진이 발생할 때 가장 먼저 도달하는 파(primary wave)이며, 머리글자를 따서 P파라고도 한다. 가령 피스톤을 이용하여 실린더 내에서 기체를 압축하는 것으로 압축파를 보여줄 수 있다. 실린더 내에서 기체는 초기에는 정지 상태로 있다가, 피스톤을 진행시키면 압축파는 음속에 가까운 속도로 유체 속으로 이동할 수 있다. 이에 따라 부피 또는 밀도 변화에 의한 교란이 파동으로 나타나기 때문에 소밀파(dilatational wave) 또는 압력파(pressure wave)라 한다.

앙각(elevation angle, 仰角) 지평선 위의 한 점이 천정(zenith)을 따라 지나는 호의 지평선과 이루는 각.
천문학에서는 고도라 한다. 방위각을 참조하라.

앙상블 변환 칼만필터(ensemble transform Kalman filter; ETKF, -變換-) 칼만필터의 계산 비용을 줄이기 위한 하나의 방편으로서, 서로 다른 초기 조건으로 시작한 단기 앙상블 예보 결과로 모형의 오차를 정의하는 방법.
기존의 앙상블 칼만필터 방법과 달리 분석이 앙상블 평균에 대해서 한 번 수행되며, 분석의 오차에 대한 오차 공분산이 칼만필터 수식에 의해서 갱신된다. 단기 앙상블 예보들 간의 차이가 큰(작은) 지역이 모형 오차가 큰(작은) 지역으로 판단된다.

앙상블 예보(ensemble forecast, -豫報) 같은 관측시각의 자료를 사용하여 생산한 예보들의 집합.
하나의 현상에 대해 다양한 예측 결과를 종합하여 판단하는 예보방식으로 예측 신뢰도를 높이고 예측 불확실성의 정도를 정량적으로 추정하기 위해 실무적으로 널리 쓰인다. 예보 간의 차이는 예보의 신뢰도 또는 불확실성을 나타내는 지표로 사용한다. 앙상블을 구성하는 개별 멤버들은 이상적으로는 상호 독립적이어야 종합하는 과정에서 개별 멤버의 예측 편이를 걸러낼 수 있다. 앙상블 멤버의 예측값을 단순 평균하기만 해도 평균한 예측값이 개별 멤버의 예측값보다 신뢰도가 크다는 조사결과들이 많이 나와 있다. 예보 현장에서는 다양한 수치예보모형 결과를 종합 분석하는 방법이 흔히 쓰인다. 모델의 예측 불확실성은 초기조건, 물리과정, 경계조건이 조금씩 다른 수치실험을 반복 수행하여 얻은 예측자료의 앙상블을 통해 추정한다. 서로 다른 초기조건은 관측 오차범위 내에서 무작위 차이(random difference)를 갖도록 설계한다. 모델 물리과정에서는 주요 매개변수를 다르게 설정하거나 다른 방안을 선택적으로 활용한다. 경계조건은 전지구 예보 모델의 앙상블 예측자료로부터 흔히 구성한다. 비단 모델뿐 아니라, 여러 사람이 각각 생산한 주관적인 예측 결과를 예보 토의를 통해 종합하는 방법도 크게 보면 앙상블 예보방법에 속한다.

앙상블 평균(ensemble average, -平均) 주어진 기류나 대기조건에서 일어날 수 있는 모든 상태의 평균으로, 공간이나 시간에 대한 단순한 평균과 대비되는 개념.

대기상태는 제트 기류의 흐름에 따라 저기압이나 고기압의 영향권에 들어가기도 하고, 저위도에서는 태풍의 영향을 받기도 한다. 또한 저지고기압 같이 특정한 기류 패턴이나 레짐(regime)에 지속적으로 머무르는 경우도 있고, 때로는 서로 다른 패턴으로 급격하게 전이하기도 한다. 단순하게 시간 평균 개념으로 대기상태를 분석하면, 다양한 날씨 패턴의 특성이 상쇄되거나 소멸되지만, 앙상블 평균을 취하면 각각의 날씨 패턴에 고유한 특성과 예측 불확실성에 대한 정보를 구할 수 있다. 통상 결정론적 모델을 이용하여 모델의 초기조건이나 물리과정을 바꾸어 가며 앙상블 예측자료를 확보한 다음, 평균을 취한다. 앙상블을 구성하는 방식이나 계산자원의 한계로 인해 현실적인 앙상블 표본은 발현 가능한 모든 상태를 대표하는 데 한계가 있다.

앞시정(forward visibility, -視程) 항공 용어로서 비행경로를 따라서 항공기로부터 앞으로 본 시정.
앞시정은 다른 항공기를 볼 수 있는 최대의 전방거리를 결정하기 때문에 항공승무원들에게 매우 중요하다.

액상수 온위(liquid water potential temperature, 液狀受蘊爲) 가역단열운동에서 보존되는 양. 다음과 같은 근사식으로 나타낼 수 있다.

ㅇ

$$\theta_L \approx \theta - \frac{L_v}{c_{pd}} r_L$$

여기서 θ는 온위, L_v는 증발잠열, c_{pd}는 건조공기의 정압비열 그리고 r_L은 액체상태의 물의 혼합비이고 보다 정확한 식은 다음과 같다.

$$\theta_L = \theta \left(\frac{\epsilon + r_v}{\epsilon + r_t} \right)^x \left(\frac{r_v}{r_t} \right)^{-\gamma} \exp \left[\frac{-L_v r_l}{(c_{pd} + r_t c_{pv})T} \right]$$

여기서 x는 푸아송 상수, ϵ은 건조공기와 수증기의 기체상수비(0.622), r_t와 r_v는 각각 전체 물 혼합비와 수증기의 혼합비, c_{pv}는 수증기의 정압비열 그리고 T는 온도이고 $\gamma = r_t R_v / (c_{pd} + r_t c_{pv})$이며 R_v는 수증기에 대한 기체상수이다. 위 식에서 상당온위와 전체 물 혼합비 그리고 액상수 온위는 가역단열운동에서 보존되는 변수들이고 이들 중 앞의 두 변수는 독립적이나 마지막 세 번째 변수는 나머지 두 변수를 이용하여 유도된다.

액체수 경로(liquid water path, 液體水經路) 단위면적 위의 연직대기층에 존재하는 액체수의 질량을 나타내는 물리량.
고도 z_1과 z_2 사이 대기층의 액체수경로 W_p는 다음과 같이 계산한다.

$$W_p = \int_{z_1}^{z_2} \rho_{air} r_L dz$$

여기서 ρ_{air}는 습윤공기의 밀도, r_L은 액체수 혼합비를 나타낸다. 단위는 kg m^{-2}로 나타낸다. 대기 중에 포함된 액체수의 질량은 기상현상과 밀접한 관련이 있으므로, 일기예보를 위한 수치모형에서 중요한 개념으로 다룬다. 대기 중에 포함된 액체수의 크기 분포와 절대량은 장파와 단파 복사전달과정에도 중요하게 고려되는 변수이다. 대기 중의 액체수경로는 마이크로파를 이용하는 위성이나 레이더 등의 원격탐지장비들을 이용하여 주로 관측한다.

액체수 정적 에너지(liquid water static energy, 液體水靜的-) 공기 중에 존재하는 액체상태의 물을 모두 증발시킨 후 지표면($Z=0$)이나 또는 주변 기압이 100kPa인 고도까지 단열 이동시킨 상태의 에너지.
다음과 같이 나타난다.

$$s_L = C_p T + gz - L_v r_L$$

이 식에서 g는 중력가속도, L_v는 증발잠열, C_p는 공기의 정압비열, T는 절대온도 그리고 r_L은 공기에 있는 액체상태의 물 혼합비이며 이 식에서의 s_L은 습윤단열과정을 따라 보존되는 양이다.

액체수 혼합비(liquid water mixing ratio, 液體水混合比) 단위부피 내 건조공기의 질량에 대한 액체수의 질량비.
대기 중에서 수증기의 응결에 의해 생기는 액체수질량의 절대량을 표시하는 물리량으로, 단위는 kg kg^{-1}로 나타낸다. 일반적으로 수치모형에서는 액체수를 크기분포에 따라 구름입자와 강수입자로 구분하여 다루기도 한다.

앤젤(angel) 레이더 관측에서 눈으로는 식별하기 어려운 물리적인 현상들에 의하여 반사되는 레이더 에코 현상.
앤젤은 간섭 또는 비간섭 에코로 나타나는데, 분산과 비간섭이 나타날 때, 이것을 고스트 에코라고 한다. 앤젤 에코는 주로 S-band 레이더에서 관측되고 일부는 보통 새와 곤충들로 인해 나타난다. UHF 및 VHF 무선 주파수 대역을 이용하는 레이더와 수직측풍측정기기들은 대기굴절률의 공간적 변동에 원인이 되어 발생되므로 광학적으로 맑은 대기에서 앤젤을 감지한다.

앨버타 저기압(Alberta low, -低氣壓) 캐나다 앨버타 지역에서 캐나다 로키 산맥의 동쪽 사면에 중심을 두고 발생되는 저기압.
예전에는 이런 저기압은 실제로 다소 독립적으로 이 위치 상층에 근원을 두고 발생된 저기압이라 여겼다. 지금은 태평양에서부터 내륙 쪽으로 이동하는 저기압이 실제 모체임이 알려지게 되었다.

앨버타 저기압은 이러한 시스템으로 확장되기 때문에 전형적인, 거의 반영속적인 이 지역의 역학적 기압골로 인지되고 있다.

야간경계층(nocturnal boundary layer, 夜間境界層) 지표의 복사냉각으로 야간에 형성되는 대기경계층.
맑은 날 밤에는 장파복사에 의한 냉각으로 지표면이 냉각되고 그다음으로 지표와 접하고 있는 공기가 전도, 난류 그리고 복사전달과정에 의해서 냉각되어 안정경계층이 형성된다. 정적으로 안정한 대기경계층에서 간헐성 난류(sporadic turbulence), 내부중력파, 관성진동, 야간 제트, 그리고 배출류(drainage flow)가 형성된다.

야간시계(night visual range, 夜間視界) 정해진 기상조건하에서 관측자가 야간에 특정한 점광원을 감지할 수 있는 최대거리.
발광능(luminous power) P_v의 광원에 관하여, 시야각에 따라 일정한 대기소산계수 σ, 그리고 관측자에 대한 문턱조도(threshold illuminance) E_{thresh}에 대한 야간시계 x는 다음과 같이 표현된다.

$$x = \frac{1}{\sigma} ln\left(\frac{P_v}{E_{thresh}x^2}\right)$$

주간시계와는 달리, 야간시계는 역제곱법칙과 대기소산에 의해 결정된다. 만약 거리 $x>0$에서 빛을 인지하려면, 관측자$\left(\frac{P_v}{x^2}\right)$에서의 조도는 E_{thresh}보다 커야 한다. 또한 σ를 아는 경우에도, x 또한 P_v에 의존적이며, 관측자의 암적응 때문에 고유한 야간시계는 없다.

야코비안(Jacobian) n개 변수들의 n개 함수들의 n^2개 편도함수로 형성되는 행렬식.
각 함수의 편도함수는 그 행렬식의 한 행씩을 점유한다. 두 함수 $f(x,y)$와 $g(x,y)$의 경우에, 야코비안 $J(f,g)$는 다음과 같다.

$$J(f,g) = \begin{vmatrix} \frac{\partial f}{\partial x} & \frac{\partial f}{\partial y} \\ \frac{\partial g}{\partial x} & \frac{\partial g}{\partial y} \end{vmatrix}$$

때로는 다음과 같이 표현되기도 한다.

$$J\left(\frac{f,g}{x,y}\right) \quad \text{또는} \quad \frac{\partial(f,g)}{\partial(x,y)}$$

어떤 스칼라 ψ의 지균 이류는 다음과 같이 표현된다.

ㅇ

$$\left(\frac{g}{f}\right)J(\psi, z)$$

여기서 g는 중력가속도, f는 코리올리 매개변수, z는 등압면 고도이다.

약형 미분(weak derivative, 弱形微分) 일반적인 함수 미분의 개념의 미분은 불가능하지만 적분은 가능한 함수 공간에로 확장된 개념.
예를 들어, 어떤 함수 u가 레베스쿠 공간 $L^1([a, b])$의 원소라고 할 때, 다음의 조건을 만족하는 $L^1([a, b])$ 공간의 함수 v는 함수 u의 약형 미분으로 정의된다.

$$\int_a^b u(x)\phi'(x)dx = -\int_a^b v(x)\phi(x)dx$$

여기서 ϕ는 무한 번 미분 가능한 함수로서, $\phi(a) = \phi(b) = 0$을 만족한다.

양각계(Clinometer, 仰角計) 경사각을 측정하는 기기.
기상학에서는 운고관측등과 함께 밤에 운고를 측정하기 위해 사용된다.

양방향반사인자(bidirectional reflection function; BDRF, 兩方向反射因子) 주어진 지역의 반사복사의 상대적 각도 의존성은 입사 방향 및 보는 방향의 함수로 나타낸 것.
반사휘도의 π배를 반사조도로 나눈 것과 같다.

양자이론(quantum theory, 量子理論) 뉴턴역학으로 알려진 고전역학이론에서 적어도 불연속과 불확정이라는 두 가지 면으로 차별되는 1900년에서 1930년 사이에 대부분 개발된 물질과 빛에 관한 이론.
양자역학이라고도 한다. 고전역학이론에 의하면, 에너지와 운동량 같이 측정할 수 있는 물리적 변수는 연속적인 값을 가질 수 있다. 그러나 양자이론에 의하면, 이 값들은 오직 값들의 이산집합에 국한된다는 것이다. 고전역학에서 역학법칙은 결정론적이다. 즉, 시스템의 초기조건이 정확히 같다면 역학법칙에 의해서 결정되는 시스템의 미래상태도 정확히 같다는 것이다. 양자이론은 태생적으로 확률론적이다. 역학법칙은 단지 어떤 물리변수의 이산값은 유사하게 준비된 시스템의 앙상블 결과에 의해 결정된다는 것이다.

얕은대류모수화(shallow convection parameterization, -對流某數化) 수치모형에서 열과 수증기 수송을 구름 높이가 지상에서 고도 3km 이하의 비강수성 적운으로 표현하는 모수화.
얕은 적운대류는 거의 전지구에서 나타나는데, 특히 얕은 적운대류와 이와 관련된 난류수송은 무역풍 지역에서 중요하다. 무역풍 지역에서 얕은 적운대류는 열과 수증기를 공급하여 대류권 하층의 열역학 구조를 유지한다.

어두운 번개(dark lightning) 연속적인 번쩍임으로 야기되는 다중 노출에 기인한 빛 대신에 번개방전이 어둠으로 표시되는 사진 효과.
이 효과는 사진 감광유제의 노출 대 조명 곡선의 특성으로부터 생기는데 영국 발견자의 이름을 따서 때때로 '클레이든(Clayden) 효과'라고 부른다. 클레이든 효과를 좀 더 자세히 설명하면 다음과 같다. 사진 감광유제가 단시간 고강도의 빛에 노출될 때, 이 감광유제는 이후의 긴 노출에서 중간 강도의 빛에 감광성이 약해진다. 즉, 두 번째 노출은 첫 번째 노출이 없을 때보다 더 희미한 영상을 만든다. 이 현상은 원래 클레이든이 번개섬광을 찍을 때 발견하였으나, 강도가 충분히 세고 시간이 충분히 짧으면 어떤 유형의 광원에 의해서도 이 현상은 똑같이 재현된다.

어둠띠(dark segment) 천문지평선과 분홍색, 주황색 또는 보라색의 반대박명호 사이에서 태양의 정면 하늘에 나타나는 푸른색을 띠는 회색 또는 청색의 쐐기모양 띠.
맑은 날 새벽이나 황혼에 어둠띠는 태양고도가 약 −0.5°와 −7° 사이에 있을 때 볼 수 있다. 이 어둠띠는 때때로 지구그림자라고 부르는데, 그 이유는 지구가 부근 대기에 만드는 일광 그림자로 인하여 어둠띠가 생길 수 있기 때문이다. 그러나 대기의 산란과 소산현상이 어둠띠의 휘도와 색깔 분포를 단순한 그림자보다 더 복잡하게 만든다. 예를 들어 대일점 위 어둠띠의 연직폭은 단순한 기하학적 그림자와는 달리 앞에서 기술한 태양고도의 크기보다 항상 크다.

어둠적응(dark adaptation, -適應) 인간의 눈이 현저한 휘도(밝기) 감소에 적응하는 과정.
만일 망막에 미치는 평균 휘도가 낮 수준으로부터 갑자기 감소한다면, 눈으로 감지할 수 있는 광원의 최소 조도는 3~4분 동안 점차 감소한다. 여기서 기술한 최소 조도란 어떤 점 광원이 있을 때 주어진 주위의 밝기와 어둠 적응상태에서 볼 수 있는 가장 낮은 밝기를 말한다. 이와 같은 현상은 눈이 이 시간에 훨씬 더 민감해지기 때문에 일어난다. 3~4분 후에 눈의 민감도는 더 이상 증가하지 않는다.

언 비(freezing rain) 액체상태로 내리던 강수(비)가 지표면에 닿거나 물체에 부딪쳤을 때 유리면과 같이 코팅된 모습으로 얼어붙는 현상.
따라서 간단하게 대기 중에서 비로 내리지만 곧 얼어붙는 비로 표현할 수 있다. 이를 항공기상관측에서는 FZ 수상코드로 표기한다. 언 비가 내리기 위해서는 지표나 지표 부근의 물체표면 온도는 반드시 영하(0℃ 이하)여야 한다. 또한, 대기 중의 기온이 0℃ 이하라 하더라도 얼지 않은 과냉각수적이라면 가능하다. 특히 지표에서 대기 중으로 돌출되어 있는 나뭇가지 등은 바람에 의해 열손실이 지표면보다 크기 때문에 먼저 발생하고 육안으로 뚜렷하게 확인할 수 있다. 빈번하게 발생하는 지역은 지표면에 냉각이 잘 발생하는 지형으로서, 해안에서 멀리 떨어져 있고 주변이 산으로 둘러싸인 분지형 지역이다. 비행 중인 항공기가 과냉각 수적층을 통과할 경우 맑은 착빙이 발생하는 것도 언 비의 한 종류라고 할 수 있다. 언 비의 발생 원인은 중·상층대기에서 만들어진 눈이 하층대기로 낙하하면서 0℃ 이상의 기층에 진입하면서 녹아서 비로 내리다가 지면의 영하의 물체에 부딪치면서 얼어붙기 때문이다.

언 이슬(white dew) 이슬이 형성된 후 기온이 빙점 이하로 떨어지면서 언 이슬.
둥글고 투명한 경우도 있으나 이슬이 언 후 승화에 의해 공기 중의 수증기가 부착되므로 대체로 불투명하고 흰색을 나타내는 경우가 많다.

얼음(ice) 고체상태의 물.
지구대기 자연상태에서 물은 수증기(기체), 물(액체), 얼음(고체)의 세 가지의 상태를 가질 수 있다. 얼음의 종류로 대기에서 만들어지는 것은 눈, 우박, 진눈깨비 등이며, 지면에서는 육지나 해양에서 얼음, 서리 등이 있다.

얼음결정(ice crystal, -結晶) 대기 중에서 자연스럽게 생겨난 얼음의 결정.
빙정(氷晶)이라고도 한다. 얼음결정이 만들어지기 위해서는 공기온도가 0℃ 이하가 되어야 하며, 포화된 수증기가 빙정핵을 중심으로 승화하면서 얼음결정이 생겨난다. 얼음결정 주변의 다른 얼음결정이나 공기 속의 찬 물방울이 달라붙으면 얼음은 커져서 눈송이를 만든다. 대개 맨눈으로는 눈송이를 볼 수 없고, 현미경으로만 볼 수 있다. 대기에서 만들어진 눈송이의 모양은 대개 바늘, 육각뿔, 삼각판 모양 등 여러 종류로 나뉜다.

얼음결정계수기(ice nuclei counter, -結晶計數器) 얼음결정구름 등 대기에 떠 있는 얼음결정 개수를 세는 기기.

얼음결정구름(ice-crystal cloud, -結晶-) 대기에서 구름이 작은 얼음결정이나 눈송이로 이루어진 것을 말함.
빙정구름이라고도 한다. 구름온도가 0℃ 이하인 경우에도 전부 얼음결정이 아니라 과냉각수적이나 과냉각수적과 얼음결정이 혼합된 경우가 대부분이다. 대기의 조건에 따라 다르지만, 대개 구름온도가 −40℃ 이하면 전부 얼음결정으로 이뤄졌다고 한다. 대류권 상층에서 발생하는 권운은 얼음결정으로 이뤄졌다.

얼음결정연무(ice-crystal haze, -結晶煙霧) 7,000m만큼 높은 고도에서 때때로 관측되고 빙정으로만 구성된 매우 옅은 얼음안개의 한 유형.
이것은 보통 빙정의 강수와 연관되어 있다. 지상에서 관측해 보면 얼음결정연무는 천체관측(때때로 태양관측까지도)을 방해할 정도로 짙을 수 있음을 알 수 있다. 그러나 얼음결정연무가 있을 때 공중에서 내려다보면 땅은 보통 보이고 지평선은 흐릿하게만 보인다. 낮 동안 매우 엷은 얼음결정연무가 낀 경우, 결정 표면으로부터 반사되는 햇빛이 공기 중에서 섬광을 발생시킨다. 따라서 이 결정을 '다이아몬드 먼지'라고 이름을 붙였다.

얼음바늘(ice needle) 얼음의 긴 방향에 직각인 단면이 육각형인 길고 가는 얼음결정.
얼음바늘은 −4℃ 근처 좁은 범위의 온도에서 성장한다. 또한 이 얼음바늘은 얼음에 대한 과포화도에 좌우하여 −25℃부터 −50℃까지 아주 낮은 온도에서도 성장한다.

얼음싸라기(ice pellet) 직경 5mm 이하의 투명 또는 반투명의 작은 알갱이로 구성된 강수의 한 유형.
얼음싸라기의 모양은 구형이거나 불규칙한 형태지만 드물게는 원추형일 때도 있다. 얼음싸라기가 딱딱한 땅에 떨어질 때 보통 튀고 충돌하면서 소리가 난다. 현재 국제적 인정으로는 얼음싸라기는 기본적으로 다른 두 가지 강수 유형이다 : 언비와 작은 우박. 다음과 같이 두 부분으로 정의된다. (1) 언 비(sleet) 또는 얼음싸라기(grains of ice) : 지표면 근처의 영하 기온층을 통과하며 떨어질 때 빗방울의 빙결로부터 형성되었거나 거의 다 녹았던 눈송이의 재결빙으로부터 형성된 일반적으로 투명하고 공모양의 딱딱한 얼음싸라기. (2) 작은 우박 : 얇은 얼음층으로 둘러싸인 싸락눈으로 구성된 일반적으로 투명한 입자이다. 이 얼음층은 싸락눈 위에 물방울이 결착하거나 싸락눈의 표면이 녹았다가 다시 결빙함으로써 형성된다.

얼음안개(ice fog) 안개의 한 종류로서 극히 작은(직경 20~100㎛) 크기의 수많은 얼음결정이 대기에 떠 있는 형상.
이 작은 얼음결정이 시정을 나쁘게 해서, 대개 1km를 넘지 못한다.

얼음침식(cryoplanation, -浸蝕) 강한 결빙에 의해 얼음이 움직이거나 토양이 갈라지거나 침식되는 현상.
고위도에서 흔히 나타나며, 강한 결빙 혹은 서리에 의한 얼음침식에 의해 토양이 갈라진 틈에 물이 흐르거나 얼음의 결빙 등에 의해 토양이 침식되는 현상을 말한다.

에너지 균형(energy balance, -均衡) 어떤 부피의 순가열 또는 냉각과 모든 가능한 에너지원 또는 에너지 흡원 사이의 균형.
주요 에너지원과 에너지 흡원에는 현열, 잠열 및 복사 에너지의 순플럭스가 있다. 에너지 보존에 따르면 지면이 받는 에너지는 지면에서 잃는 에너지와 지면에 저장되는 에너지의 합과 같아야 한다. 수면과 지면에서 주요 에너지원은 아래로 향하는 단파복사와 장파복사의 합에서 반사되거나 위로 방출되는 복사를 순 복사이다. 이 순 복사 에너지는 보통 토양 속으로 이동(토양 열속)하거나 공기 속으로 이동(현열속)하거나 증발산의 형태로 이동(잠열속)한다. 적은 양의 입사 에너지라도 지면에서 물 또는 곡식의 열용량을 변화시킬 수 있고 또는 다른 형태의 에너지(예 : 광합성)로 전환될 수 있다. 에너지 균형은 (1) 순 복사, 토양 열속 및 현열속을 측정하여, (2) 이 값들을 에너지 균형방정식에 넣고, (3) 잠열속에 대하여 풂으로써 증발산을 계산하기 위해 사용된다. 찬 지면 위를 고온건조한 바람이 불 때, 순 복사 이외에도 열의 이류가 필요하다. 이 이류는 순 복사만으로부터 오는 유용한 에너지보다 증발률을 더 증가시킬 수 있다.

에너지 밀도 스펙트럼(energy density spectrum, -密度-) 비주기적 함수에 대한 (복소) 푸리에 변환의 진폭의 제곱.
때때로 에너지 스펙트럼이라고 부르기도 한다. 만일 $f(t)$가 주어진 함수라면, 이 함수의 푸리에 변환은 다음과 같다.

$$F(\omega) = \frac{1}{2\pi}\int_{-\infty}^{\infty} f(t)\, e^{-i\omega t}\, dt$$

그리고 에너지 밀도 스펙트럼은 $|F(\omega)|^2$이다. 이때 총 에너지 $\int_{-\infty}^{\infty} |f|^2\, dt$는 유한하다고 가정된다.

ㅇ

에너지 방정식(energy equation, -方程式) 1. 열역학 에너지 방정식 : 열역학 제1법칙과 같음.
2. 역학 에너지 방정식(또는 운동 에너지 방정식) : 운동 에너지의 시간적 변화율에 대한 표현.
이 방정식은 3차원 벡터 운동방정식에 속도 벡터 $\boldsymbol{u}$를 스칼라 곱을 함으로써 얻을 수 있다. 이것은 다음과 형태로 표현된다.

$$\frac{\partial}{\partial t}\left(\frac{1}{2}\rho \boldsymbol{u}^2\right) = -\nabla\cdot\left(\frac{1}{2}\rho\boldsymbol{u}^2 + \rho\phi + p\right)\boldsymbol{u} - \frac{\partial(\rho\phi)}{\partial t} + p\nabla\cdot\boldsymbol{u} - \boldsymbol{u}\cdot\boldsymbol{F}$$

여기서 $\phi = gz$는 지오퍼텐셜 에너지, ρ는 밀도, p는 압력, $\boldsymbol{F}$는 단위체적당 벡터 마찰력, 그리고 ∇은 델 연산자이다.

3. 총 에너지 방정식 : 열역학 에너지 방정식을 역학 에너지 방정식과 결합시켜 얻을 수 있는 모든 형태의 에너지를 관련시키는 표현.
이 방정식을 고정된 대기의 부피에 대하여 적분하면 다음과 같이 표현된다.

$$\frac{\partial}{\partial t}\int \rho\left(c_v T + \frac{1}{2}\boldsymbol{u}^2 + \phi\right)dV = \int\left(\rho c_v T + \frac{1}{2}\rho\boldsymbol{u}^2 + \rho\phi\right)V_n\, ds + \int p V_n\, ds + \int \rho Q\, dV - \int \boldsymbol{u}\cdot\boldsymbol{F}\, dV$$

여기서 dV는 체적소(素), ds는 체적의 면적소(素), V_n은 체적 표면에 직각이고 체적 안으로 향하는 속도이다. 어떤 주어진 체적에서 내부 에너지, 운동 에너지 및 위치 에너지가 결합된 에너지는 (1) 체적의 경계를 횡단하는 이들 형태의 에너지 수송, (2) 압력이 경계에 한 일, (3) 열의 추가 또는 제거, (4) 마찰의 소멸효과 등의 결과로만 변할 수 있다는 사실을 이 방정식은 표현하고 있다.

에너지 보존(conservation of energy, -保存) 고립계의 전체 에너지는 변하지 않는 상수라는 원리.
이 원리는 모든 경우의 에너지를 고려한 것으로, 에너지의 전환에 있어서의 구속조건이 된다. 대기에 대한 총 에너지는 내부 에너지, 운동 에너지, 위치 에너지를 포함하며, 고정된 부피에 대하여 적분한 총 에너지 방정식을 사용한다. 즉, 주어진 단위부피에 대한 에너지 변화는, (1) 단위부피 내부로 들어오는 에너지, (2) 경계면에 압력이 행한 일, (3) 열의 가감, 그리고 (4) 마찰에 의한 소멸에 의하여 발생한다.

에너지 전환(energy conversion, -轉換) 에너지가 한 형태로부터 다른 형태로 변하는 과정. 에너지는 주위와 상호작용하지 않는 시스템에서 보존된다. 이와 같은 시스템의 총 에너지는 다음과 같이 다른 종류의 에너지를 합한 것으로 표현할 수 있다.

$$E = E_1 + E_2 + E_3 + \cdots$$

이때 만일 E_1이 어떤 과정에서 감소한다면, E가 일정하게 유지되어야 하므로 E_2 등이 증가해야 한다. 그리고 이 경우에 유형 1의 에너지가 유형 2, 유형 3 등의 에너지로 전환되었다고 말할 수 있다.

에너지 캐스케이드(energy cascade) 난류운동 에너지 스펙트럼의 관성 아(亞)구간에서 큰 맴돌이로부터 작은 맴돌이로의 에너지 이동.
대기경계층 내에서 난류는 경계층 깊이와 대략적으로 동일한 거칠기 규모(1km의 차수)에서 부력이나 바람 시어(풍속 전단)에 의해 생성되며 최소 규모(1mm의 차수)에서 점성에 의해 열로 흩어진다. 리처드슨(1922)은 이러한 ‘캐스케이드’ 현상을 다음과 같이 시적으로 우아하게 표현하였다. “큰 소용돌이무늬 속에는 작은 소용돌이가 들어 있지, 작은 소용돌이는 큰 소용돌이로부터 속도를 얻네. 그리고 작은 소용돌이 속에는 더 작은 소용돌이가 … 마침내 점성 속으로 사라지네.”

에디(eddy) 맴돌이를 참조.

에디 확산(eddy-diffusivity/mass-flux(EDMF) parameterization, -擴散) 대기경계층 과

정의 난류 확산과 습윤대류과정의 질량속 모수화를 결합한 경계층 모수화 방안.
질량속 모수화라고도 부른다.

에르고드 상태(ergodic condition, -狀態) 앙상블 평균이 시간 평균 및 공간 평균과 같은 이상화한 대기상태.
대부분의 난류이론이 **앙상블 평균**에 근거하고 있는 반면, 실제 대기에서 평균을 계산할 때 한 고정점에서 시간에 대한 평균을 하거나 어떤 순간에 선(線), 면적, 부피에 대한 평균을 한다. 에르고드적이라 가정하면 실제 대기에서 측정한 값들을 난류 흐름에 대한 레이놀즈 평균방정식에 사용할 수 있다.

에마그램(emagram) 레프스달(A. Refsdal)이 개발한 열역학선도의 하나로서, 가로축(x축)을 기온 T로 잡고, 세로축(y축)을 아래로 증가하는 기압 p의 대수 즉 $-\ln p$로 잡은 선도.
에마그램은 'energy-per-unit-mass-diagram'에서 나온 말이다. 이 선도에서 건조단열선, 포화단열선 그리고 등포화혼합비선은 곡선이다. 순환과정에 대한 일 또는 에너지는 $R\oint T\frac{dp}{p}$(여기서 T는 온도, p는 압력, R은 기체상수)로 표현할 수 있기 때문에, 이 에너지는 에마그램에서 과정 곡선으로 둘러싸인 면적에 비례한다.

ㅇ

에스-밴드(S-band) S-밴드는 전자기 스펙트럼의 마이크로파의 한 부분이며 진동수가 2~4GHz인 영역.
S-밴드는 기상 레이더(파장 : ~10cm), 해상 선박 그리고 통신위성 등에 이용된다.

에어로졸(aerosol) 고체 혹은 액체입자의 분산상이 기체(주로 공기)의 분산 매질에 흩어져 있는 교질계.
에어로졸을 구성하는 분산상 입자의 크기 상한은 분명하지 않으나 주로 1㎛ 정도로 정한다. 연무나 연기, 일부 안개나 구름은 에어로졸로 간주할 수 있다. 그러나 교질의 안정성을 확보할 수 없는, 즉 큰 구름입자가 포함된 일반적인 구름을 에어로졸로 분류하는 것은 적절하지 않다. 분산된 입자들만을 에어로졸이라 말하기도 하는데, 분산상과 분산 매질을 함께 일컫는 엄밀한 의미에서의 에어로졸을 나타내지는 못한다.

에어로졸 광학깊이(aerosol optical depth, -光學-) 대기의 성분 중에서 에어로졸이 매질을 통과하는 복사 에너지의 강도를 감쇠(減衰)시키는 정도를 나타내는 척도.
에어로졸 광학두께라고도 한다. 일반적으로 파장이 커질수록 적어지고 단파복사광에서 큰 감쇠값을 나타내며 장파복사광에서는 보다 적게 나타난다. 에어로졸 광학깊이의 크기는 대기조건에 따라 다르게 나타나지만 가시광선 파장역에서는 0.02~0.2의 범위의 값을 보인다.

에어로졸 크기분포(aerosol size distribution, -分布) 대기 중에 에어로졸로서 부유하고 있는 고체 및 액체입자를 크기에 따라 그 양을 분류하여 놓은 것.
대기 중 입자는 태양빛을 산란시키고 산란 정도(레일리 산란과 미산란 참조)에 따라 푸른 하늘, 구름의 밝기, 연무 및 시정 등에 영향을 미친다. 또 이들 입자의 크기에 따라 구름입자를 형성하는 강수과정에서 곡률효과와 용해효과 등에 영향을 미쳐 입자의 핵화능이 결정된다. 입자의 크기에 따른 상대적인 양은 대륙, 해양, 도시지역, 농촌지역 등과 같은 입자의 발원지역이 어디에 기인하는지 또는 기단의 특성을 추적하는 데 사용될 수 있다. 이들 입자의 양이 수용될 수 있는 범위는 구름입자의 총 밀도수에 비례하고 구름입자가 성장하여 강수로 발달될 수 있는 구름입자 크기를 결정한다.

에이 디스플레이(A-display) 가장 최근에 전송되는 신호의 펄스로부터 경과 시간을 나타내는 레이더의 표출.
수평선에서 수직 편향으로 표시되며, 목표물까지의 거리를 시간 축을 원점으로 하여 편향의 수평위치로 나타내며 수직변위의 진폭은 수신신호의 강도 함수이다. A-디스플레이는 일반적으로 사용되는 레이더 표출의 첫 번째 유형이다. 그것은 수신신호를 가진 오실로스코프의 진폭변조의 가로 스위프(sweep)에 의해 생성될 수 있다. 항공기나 선박에 의하여 생산되는 간섭 에코와 강수로부터 급속이 변동하는 비간섭 에코 강수와의 차이는 뚜렷하게 나타난다.

에이트킨 먼지계수기(Aitken dust counter, -計數器) 존 에이트킨(John Aitken)이 개발한 대기 중의 먼지량을 측정하는 기기.
에이트킨 핵계수기라고도 한다. 표본공기가 먼지 없이 수증기만을 포함한 공기와 팽창관에서 섞인다. 갑작스러운 팽창에 의해 관의 공기가 단열적으로 이슬점온도 이하로 냉각하면 먼지입자를 핵으로 갖는 물방울입자가 형성된다. 이런 입자들의 일부가 눈금이 그려진 기기의 아래 표면에 가라앉는데 이를 현미경으로 보면서 센다.

에이트킨 핵(Aitken nucleus, -核) 에이트킨 먼지계수기 안에서 매우 빠른 단열팽창에 의해 형성되는 높은 과포화도하에서 만들어지는 물방울들의 응결핵 역할을 할 수 있는 작은 입자.
이런 핵은 도시 대기에서 1cm^{3}에 수만 개 정도 존재하며 직경은 0.1㎛ 혹은 그보다 작은 수준이다. 에이트킨 먼지계수기 안의 매우 높은 과포화도하에서 물방울을 만들 수 있는 입자의 크기분포는 1% 이상의 과포화도가 나타나기 매우 어려운 자연적인 구름에서의 응결핵 분포와 일치하지 않는다. 한편 에이트킨 핵은 작은 이온입자를 포획하여 이동도가 매우 낮은 큰 이온입자가 될 수 있기 때문에 공기의 국지적 전도도를 결정하는 데 중요한 역할을 한다. 에이트킨 핵 수농도가 높은 공기에서는 상대적으로 작은 이온입자의 수농도가 낮고 큰 이온입자의 수농도가 높으며 공기의 전도도가 낮다. 이런 입자들은 에이트킨 핵의 일부이면서 실제 구름입자 생성에 관여하는 구름응결핵이 될 수 있는 큰 입자의 전 단계 입자라고도 할 수 있다.

에코(echo) 레이더 표출에서 표적으로부터 반사되거나 산란된 라디오 신호의 겉모양에 대한 일반적 용어.
레이더 에코의 특성은 (1) 파형(波形), 주파수 및 입사파의 공률, (2) 레이더에 상대적인 표적의 속도와 거리, (3) 표적의 크기, 모양 및 조성 등으로 정해진다.

에코 돌출(echo overhang, -突出) 격렬한 뇌우와 연관된 레이더 에코에서, 스톰의 저(低)고도 유입(inflow) 약(弱)에코 지역 위에 위치한 에코의 부분.
돌출 부분은 스톰의 꼭대기로부터 발산하는 강수입자로 구성되어 있는데, 이 강수입자들은 바람 부는 쪽으로 이동하면서 하강한다. 만일 스톰 에코가 경계를 가진 약에코 지역을 발달시킨다면, 이 스톰 에코는 에코 돌출 안에 존재한다.

에코 상자(echo box, -箱子) 레이더 장비를 검사하고 조정하기 위해 사용되는 전자 기구의 한 유형.
에코 상자는 공동(空洞) 공명장치의 원리로 작동된다. 발신하는 안테나로부터 나오는 적은 양의 전자 에너지를 작은 공동 속으로 공급하여 이 공동의 부피를 전기적으로 공명하도록 하거나 이 주파수의 신호에 종이 울리도록 조정할 수 있다. 이 공명현상은 레이더 수신기로 탐지한다. 수신기 출력(오실로스코프)에 나타나는 공명의 양은 발신 공률, 공동의 조율 및 수신기의 조율과 증폭 등의 함수이다. 따라서 에코 상자는 대기변수를 소거하여 레이더 시스템의 전반적인 효율성을 점검하는 데 사용한다.

에크만 경계조건(Ekman boundary condition, -境界條件) 에크만 층과 관련된 4차 미분방정식을 적분하기 위해 필요한 네 가지 수학적 · 물리학적인 조건.
첫 번째 두 가지 조건은 지면에서 마찰력으로 인해 수평풍속이 모두 0이 되는 경우이다.

$$U \rightarrow G \text{ and } V \rightarrow 0 \quad as \quad z \rightarrow 0$$

여기서 U는 동서 방향의 바람, V는 남북 방향의 바람, z는 고도이다. 나머지 두 가지 조건은 지상으로부터 충분히 높은 고도에서 마찰력이 무시되는 경우 바람이 지균적으로 되는 조건을 나타낸다. 여기서 G는 지균풍을 의미한다.

에크만 나선(Ekman spiral, -螺線) 1. 기상학에서 사용되며, 지구표면 효과가 충분이 영향을 미칠 수 있는 범위인 대기경계층 내의 바람 분포를 표현하는 이상적인 수학적 표현.
모형을 단순화하기 위하여 다음과 같은 가정을 한다. 먼저 맴돌이 점성과 밀도는 상수, 운동은 수평이며 정상운동, 등압선은 일직선의 평행선을 유지하고, 지균풍은 높이에 대하여 상수이고, x축의 방향이 기압경도를 따라 가도록 정하면, x와 y 방향에 대한 바람의 속력 U, V는 임의의 높이 z에 대하여 다음과 같이 주어진다.

$$U = -Ge^{-\beta}\sin\beta,\ V = G(1-e^{-\beta}\cos\beta)$$

여기서 G는 지균풍의 속력, $\beta = z(f/2K_M)^{1/2}$, f는 코리올리 매개변수, K_M은 맴돌이 점성이다. $U=0$를 만족하는 가장 낮은 층을 H라 할 때, 지균풍과 실제 바람은 같은 방향을 갖게 되고, 이를 지균풍 층이라 한다.

$$H = (2K_M/f)^{1/2}(3/4\pi + \alpha_0)$$

여기서 α_0는 지표 바람과 지표 등압선이 이루는 각이다. 이 높이에서 실제 바람의 세기는 지균풍보다 약간 강할 것이며, 그 차이는 β에 의해 결정된다. 에크만 나선은 등각나선으로, 지균풍 층 아래에서 바람은 낮은 압력을 향하여 등온선을 교차하면서 불고, 이때 등온선과 바람이 이루는 각은 지표에서 최대가 되며, 최댓값은 45°를 넘지 않는다. 지균풍 벡터에 대한 실제 바람의 벡터의 변분은 상층으로 갈수록 기하급수적으로 감소하게 된다. 에크만 나선 이론은 1902년 에크만에 의하여 정상 바람에 대한 해양 상층의 운동을 기술하기 위하여 개발되었으며, 1908년에 아케블롬(Akerblom)은 대기에 이를 적용하였다.
2. 본래는 에크만에 의하여 해류에 적용된 것으로, 바람 강제력에 의하여 유도된 깊이에 따른 해양 표층의 해류분포를 도식화한 것.
해양이 균질하고, 깊이는 무한대이며, 상수의 맴돌이 점성을 갖는다고 가정하고, 여기에 균질한 정상 바람이 주어질 때, 나타나는 표층 내의 해류의 특징은 다음과 같다. (1) 해양표면의 해류는 바람 방향에 대하여 45°의 각도를 유지하며 움직이고, (2) 깊어질수록 해류의 방향은 바람의 방향에 대하여 보다 큰 각을 이루면서 흐르며, 그 속도 또한 감소한다. (3) 해류의 속도에 대한 호도 그래프는 나선의 구조로서, 깊이에 따라서 그 크기는 기하급수적으로 감소하는 모습이 된다. 바람의 방향과 정반대의 방향의 해류가 나타나는 깊이를 마찰 영향의 깊이(depth of frictional influence)라 하며, 이 깊이에서의 해류의 속력은 표면에서의 속력에 $e^{-\pi}$를 곱한 값이다. 또한 표면에서 이 마찰 영향의 깊이까지 해류를 적분하면, 적분된 해류 벡터는 바람 방향과 90°의 각을 이룬다.

에크만 수(Ekman number, -數) 맴돌이 점성력을 코리올리 힘에 관련시키는 무차원 수. 명백히 연직 에크만 수 E_v는 다음과 같이 표현된다.

$$E_v = 2K_v/(fD^2)$$

여기서 K_v는 연직 맴돌이 점성도, f는 코리올리 매개변수, D는 특성 연직길이 규모이다. 수평 에크만 수 E_h는 다음과 같이 나타낼 수 있다.

$$E_h = 2K_h/(fL^2)$$

여기서 K_h는 수평 맴돌이 점성도, L은 특성 수평길이 규모이다. 에크만 수는 경계에서의 응력(예 : 해면에서 바람이 일으킨 응력)이 유체 내부에 전달되는 율의 척도가 된다.

에크만 수송(Ekman transport, -輸送) 코리올리 힘과 마찰응력 간의 균형으로 나타나는 총 수송.
에크만 수송은 $M_{ek} = \tau/\rho f$이며, 여기서 τ는 응력, ρ는 밀도, f는 코리올리 매개변수이다. 바람응력에 의하여 유도된 에크만 수송의 발산과 수렴은 바람에 유도된 해양환류의 원인이 된다.

에크만 층(Ekman layer, -層) 대기의 바람 응력과 전향력에 의해 바람의 방향은 오른쪽으로 나타나며, 저층으로 진행할수록 마찰에 의하여 더욱더 오른쪽으로 휘어지게 되며, 지균풍 흐름과 반대 방향으로 나타나는 층.
해양 표층에서는 통상 수백 미터의 두께로 나타나며, 해양의 바닥이나 대기의 저층에도 나타난다. 해양에서의 에크만 층의 두께는 표층의 바람의 세기에 비례하고 위도에 반비례한다. 에크만 수는 마찰력과 전향력의 비로 나타난다.

에크만 펌핑(Ekman pumping) 대기와 해양경계층의 운동량 플럭스의 효과가 직접적으로 주변의 유체와 상호작용하는 메커니즘.
이는 강제된 이차순환을 포함한다.

에타 연직좌표계(eta vertical coordinate, -鉛直座標系) 수치모형을 설계할 때 지면경계조건을 용이하게 다루기 위하여 고안된 연직좌표계의 일종.
대기는 크게 보아 정역학적 균형을 이루고 있어서 연직고도 대신 기압을 연직좌표로 사용할 수 있다. 하지만 등기압면은 산악을 관통하므로, 기압 대신 지상기압으로 정규화된 기압을 채택한 시그마 좌표를 연직좌표계로 사용하면 산악의 문제를 피해갈 수 있다. 하지만 기압경도력은 시그마 좌표계에서 서로 크기가 비슷한 두 힘의 차이로 나타나며, 산악이 가파를수록 계산 오차가 커지는 약점이 있다. 또한 지형 위에서 연속적인 기류 흐름을 보장하는 특성 때문에 가파른 산맥의 풍하 측에 찬공기가 갇힌 현상(cold air damming)을 과소예보하고 대신 풍하 측 저기압 발달은 과잉 예보하는 문제를 안고 있다. 한편 에타 좌표계는 지상기압 대신 해면기압 또는 해면고도를 사용하여 시그마 좌표계가 갖는 산악지역 기압경도력의 계산 오차를 피해간다. 하지만 등 에타 면이 산악을 관통하므로 수치계산과정이 복잡하고, 산악에서 기류가 절단하여 활강 강풍을 모의하기 어렵고 산악 부근의 경계층의 해상도 낮아지는 과제도 안고 있다.

에프 영역(F-region, -領域) F_1 층과 F_2 층을 포함하고 있는 이온층의 일반적 영역. F_1 층은 낮에 F_2 층의 아랫부분에 부속물로 존재한다. F_1 층은 겨울철 고위도를 제외하고 약 200~300km 고도에서 자유전자 밀도의 최댓값을 보인다. 이 층은 극자외 파장 범위에서 태양복사 에너지를 흡수함으로써 형성된다. F_2 층은 이온층 중에서 항구적으로 관측할 수 있는 가장 높은 층으로서 극지방 겨울철의 약 225km 고도로부터 자기적도 근처 낮의 400km 이상 고도에 걸쳐 나타나는 자유전자 밀도가 최대로 되는 곳이다. 다른 이온층들처럼 F_2 층도 단파장 태양복사를 흡수함으로써 형성되나 그 행동과 성질은 더 복잡하다. 한편 다른 이온층들과는 달리 F_2 층은 겨울철 중 · 고위도를 제외하고 낮 중간에 발생한다. 최대 전자밀도는 낮에 나타나고 최소 전자밀도는 보통 일출 직전에 나타난다. 이 층은 장거리 라디오 송신에 가장 유용한 층이다.

에프 평면근사(F-plane approximation, -平面近似) 코리올리 매개변수가 위도에 따라 변하지 않는다고 가정하는 근사.

지구는 구형에 가깝지만 대기현상을 표현할 때 간단한 직각좌표계를 이용하여 만든 방정식들을 사용하곤 한다. 어떤 대기운동의 수평 방향 폭이 아주 크지 않다면 우리는 구에 접하는 한 평면을 사용할 수 있고 거의 무시할 수 있는 오차로 직각좌표계를 사용할 수 있다. 실제 지구자전의 영향으로 코리올리 매개변수 f는 위도에 따라 변화하지만, 지구표면에 접한 평면 내에서 코리올리 매개변수는 다음과 같이 일정하다고 가정할 수 있다.

$$f = f_0 + \frac{\partial f}{\partial y}y \cong f_0, f_0 = 2\Omega\sin\phi_0$$

여기서 Ω는 지구자전 각속도, ϕ_0는 주어진 위도, y는 남북 방향이다. 여기서 남북 방향, 즉 위도에 따른 f의 변화 $\partial f/\partial y$를 무시하면 f를 f_0로 일정하다고 가정할 수 있다. 이것이 f 평면근사의 보다 상세한 설명이다. 코리올리 매개변수가 몇 도 내의 작은 위도 차이에서는 많이 변화하지 않기 때문에 f 평면근사는 합당하다. 중위도나 저위도보다 극 가까이에서는 코리올리 매개변수가 매우 느리게 변화하므로 f 평면근사는 상대적으로 합당하다. 반면에 적도에 가까울수록 f 평면근사는 타당하지 않으며 위도에 따른 f의 변화($\partial f/\partial y$)를 고려해야 한다.

엑스선(X-ray, -線) 가시광선파장의 약 1/1000에 해당하는 전자기파로 0.01~10nm 범위의 매우 짧은 파장.

1895년에 뢴트겐(W. K. Rontgen)에 의하여 우연히 발견되어 그 당시 알려지지 않은 광선이라는 뜻으로 X선이라 명명하였다. 피부는 투과하나 인체의 뼈는 투과하지 못하기 때문에 의학적 진단이나 부품이나 용접 부위의 무결성 검사, 공항 안전 수하물 스캐너 등에 이용된다.

엔스트로피(enstrophy) 상대 소용돌이도 제곱의 절반.
이 용어는 리스(C. Leith)가 보급시켰는데, '회전의 행동'이라는 뜻을 갖고 있는 현대 그리스어 '$\sigma\tau\rho\omega\phi\eta$'에 근거한 말이다. 엔스트로피는 2차원 비점성 흐름에서 보존량이 된다. 그러나 점성이 존재할 때, 엔스트로피는 에너지나 각운동량 같은 엄격한 적분량에 비하여 선택적으로 감쇠한다.

엔탈피(enthalpy) 다음과 같이 정의되는 열역학 상태함수(H).

$$H = U + pV$$

여기서 U는 내부 에너지, p는 압력, V는 부피이다. 균질계의 비(比)엔탈피는 그 질량 m으로 나눈 엔탈피로서 다음과 같이 정의된다.

$$h = H/m = u + pv$$

여기서 u는 비(比)내부 에너지, v는 비(比)부피이다. 기체법칙을 이용하면, 이상기체의 비엔탈피는 다음과 같이 쓸 수 있다.

$$h = c_p T + \text{상수}$$

여기서 c_p는 정압비열이고 T는 절대온도이다. 액체의 비엔탈피 h_l은 다음과 같다.

$$h_l = c_l T + \text{상수}$$

여기서 c_l은 액체의 비열인데, 이것은 압력과 비부피에 거의 독립적이다. 여러 성분의 혼합물로 구성된 시스템에서 총 엔탈피는 각 성분의 엔탈피를 질량 가중하여 합한 것이다. 따라서 건조공기, 수증기 및 액체상태 물로 구성된 시스템의 총 엔탈피는 다음과 같이 표현된다.

$$H = (m_d c_{pd} + m_v c_{pv} + m_w c_w) T + \text{상수}$$

여기서 m_d, m_v, m_w는 각각 건조공기, 수증기, 액체상태 물의 질량이고 c_{pd}와 c_{pv}는 각각 건조공기와 수증기의 정압비열이며 c_w는 액체상태 물의 비열이다. 이 양은 일반적으로 습윤 엔탈피라고 부르는데, 비(比)습윤 엔탈피는 $h = H/(m_d + m_v + m_w)$이다. 기화잠열의 정의를 이용하면 습윤 엔탈피는 다음과 같이 쓸 수 있다.

$$H = (m_d c_{pd} + m_t c_w) T + m_v L_v + \text{상수}$$

여기서 m_t는 수증기와 액체 물을 합한 질량이고 L_v는 기화잠열이다. 얼음의 효과를 포함시켜서 이와 비슷한 관계식을 표현할 수 있다. 상변화 중인 성분들 사이의 엔탈피 교환 때문에 성분 비엔탈피가 보존되지는 않지만, 엔탈피와 비엔탈피는 단열가역과정에서 보존된다.

엔트로피(entropy) S로 나타내는 열역학 상태변수.
단위질량당 엔트로피인 비(比)엔트로피는 소문자 s로 나타낸다. 열역학 시스템의 엔트로피 변화율은 다음과 같이 정의된다.

$$dS/dt = Q/T$$

여기서 Q는 가역과정에서의 가열률이고 T는 절대온도이다. 이 방정식을 적분하면 두 상태 사이의 엔트로피 차를 얻는다. 고립계에서 엔트로피는 어떠한 실제 물리과정에서도 감소할 수 없는데, 이것이 열역학 제2법칙에 대한 하나의 진술이다. 이상기체의 비엔트로피 s_g는 다음과 같이 표현할 수 있다.

$$s_g = c_{pg} \ln T - R_g \ln p_g + \text{상수}$$

여기서 c_{pg}는 기체의 정압비열, R_g는 기체상수, T와 p_g는 각각 기체의 절대온도와 압력이다. 액체의 엔트로피 s_l은 다음과 같이 표현된다.

$$s_l = c_l \ln T + \text{상수}$$

여기서 c_l은 액체의 비열이다.

엘니뇨(El Niño) 2~7년에 걸쳐서 불규칙하게 발생하는 중-동 적도 태평양 해수면온도의 이상상승현상.
이 현상은 주로 봄철에 발생하여 이듬해 봄에 소멸한다. 이 용어는 원래 페루 어부들 간에 통용되었던 것으로, 따뜻한 연안해류가 크리스마스를 전후해서 발달한 데 기인하며, 엘니뇨는 스페인어로 '아기 예수'를 의미한다. 이 용어는 매우 강한 연안 승온현상을 의미하는 것으로 발전하였고, 현재는 연안 승온현상도 결국, 적도 태평양의 광범위한 지역에서 해양-대기 상호작용에 의하여 발생하는 승온현상의 일부로 인식되면서 그 의미가 확장되었다.

엘니뇨-남방진동(ENSO, -南方振動) 1960년대 후반 전까지도 서로 독립적인 현상으로 여겨졌던 엘니뇨와 남방진동 간의 상호연관성을 인식하여, 1980년대 초에 이를 합하여 엘니뇨(El Nino)-남방진동(Southern Oscillation)이라고 만든 용어.
엘니뇨와 남방진동 간의 연관성을 최초로 주장한 학자는 비야크네스(Bjerknes)로서 이 두 현상의 상호작용과 관련된 양의 되먹임작용을 비야크네스 피드백이라 불리기도 한다.

엘리아슨-팜 플럭스(Eliaseen-Palm flux) 맴돌이열 플럭스와 운동량 플럭스의 상대적인 중요도를 결정하기 위한 방향과 크기를 나타내는 벡터로서 위도-높이 평면에서 표기함.
엘리아슨-팜 플럭스가 연직으로 위를 가리킬 때는 자오면 방향의 열속이 강하고, 자오면 방향을 가리킬 때는 자오면 방향으로의 동서 운동량 플럭스가 우세함을 의미한다. 엘리아슨-팜 플럭스의 발산은 맴돌이 위치소용돌이도 플럭스에 비례하기 때문에 진단 도구로 자주 사용된다.

엘사서 복사도(Elsasser's radiation chart, -輻射圖) 기상학에서 중요한 복사전달 문제의 해를 그래프로 구하기 위하여 엘사서(W. M. Elsasser)가 개발한 복사도.
이 복사도는 가로축을 $x=aT^2$으로, 세로축을 $y=Q/(2aT)$로 놓고 온도와 수증기량이 각각 일정하게 되는 선을 보조선으로 갖고 있다. 여기서 a는 상수, T는 절대온도이고 Q는 다음과 같이 정의되는 양이다.

$$Q = \int_0^\infty \pi \frac{dB_\nu(T)}{dT} T_f(l_v u) dv$$

여기서 B_ν는 플랑크(Planck) 함수, $T_f(l_v u)$는 주파수 ν에서의 플럭스에 대한 투과함수이다. 라디오존데 관측으로부터 온도와 수증기량의 연직분포가 얻어지면 이것을 복사도 위에 기입함으로써 유효지구복사, 구름밑면이나 구름 꼭대기에서 적외복사의 순 플럭스, 복사냉각률과 같은 양을 구할 수 있다.

엠유 레이더(MU radar) 중층대기와 상층대기(middle and upper atmosphere : MU)를 관측하기 위해 설치한 거대한 위상배열 안테나를 가진 윈드 프로파일러 레이더.
현재 일본 교토대학교에 있는 MU 레이더의 특징은 다음과 같다. 진동수 : 46.5MHz, 밴드 폭 : 1.65MHz, 안테나 유형 : 야기(yagi) 안테나(475개로 구성된 원형), 원형 안테나 직경 : 103m, 빔 폭 : 3.6°, 송신기 : 475개 고체 증포기(solid state amplifiers)로 구성되었으며 첨두전력(peak power)은 1MW이다.

엠케이에스 단위(MKS system, -單位) 국제표준단위로 meter(길이), kilogram(질량), second(시간)를 기본단위로 하는 물리단위.

여과(filter, 濾過) 통상적으로 필터를 이용하여 복사의 어떤 성분(들)을 제거하는 것.

여과근사(filtering approximation, 濾過近似) 다루고 있는 문제에서 별로 필요하지 않은 물리적 요란에 해당하는 해를 제거하기 위해 유체역학 편미분방정식 시스템에 도입되는 한 세트의 수학적 근사.

예를 들면, 저기압 규모의 대기 흐름 이론에서, 준정역학 근사를 도입하면 대기 음파에 해당하는 운동방정식 해를 효과적으로 제거할 수 있다. 반면에 발산을 소거한 소용돌이도방정식에서처럼 준지균근사를 선택적으로 사용하면 빠른 속도의 대기 중력파에 해당하는 해를 효과적으로 걸러낼 수 있다. 이와 같은 여파근사를 사용함으로써 운동방정식에서 원하는 흐름 성분에 초점을 맞출 수 있다.

여름계절풍(summer monsoon, -季節風) 대륙과 해양의 비열 차이로 발달하는 바람의 연주기에서 여름철의 상태.
여름철 동안 대륙의 가열로 대륙의 대기압이 낮아져 바닷바람이 발생하는데, 내륙의 지형과 같은 다른 요인들도 상당한 영향을 미친다. 여름계절풍은 아시아의 남쪽과 동쪽 지역에서 가장 강하지만 호주의 북쪽, 아프리카의 일부 지역, 미국의 남서쪽, 그리고 지중해에서 발생하기도 한다.

여명후광(morning glory, 黎明後光) 주로 늦은 건조계절(9~10월) 북오스트레일리아의 카펜타리아만 지역의 남쪽 해안에서 아침 일찍이 발생하는데, 자주 환상적인 낮은 두루마리구름을 동반하는 바람의 스콜.
구름이 진행하는 방향에 엇갈려 구름선이 2~3km까지 뻗는다.

여파기(filter, 濾波器) 자료의 시계열 또는 공간 계열로부터 어떤 진동수 (또는 파장) 한계 안에서 정보를 제거하기 위하여 사용되는 수학적 도구.
이 여파기는 일반적으로 저(고)진동수의 진동을 연구하고 싶을 때 자료 세트로부터 고(저)진동수의 진동을 제거하기 위해 사용된다.

역복사(counterradiation, 逆輻射) 지구대기복사 에너지 평형계에서 주어진 표면으로부터 복사한 장파복사의 하향 플럭스.
대체로 지표면에서 가장 많은 역복사 영향을 받는다. 역복사는 각각 다른 고도와 온도를 갖는 구름이나 온실가스에서 방출되는 복사장(輻射場)에 근원하며 임의의 표면에 도달하기 전에 매질의 흡수에 의한 추가적인 영향에 따라 그 크기가 달라진다. 지표면에 도달하는 전지구적 역복사량의 장기적 평균값은 대략 $330Wm^{-2}$로 지표면 에너지 균형에 미치는 가장 큰 요소 중 하나이다.

역전(inversion, 逆轉) 기상학에서 어떤 대기 성질의 값이 고도에 따라 증감하는 경우 그 경향성이 정상적인 범위에서 벗어남을 가리킴.
특히, 이 벗어남이 발생하는 층을 역전층, 발견되는 가장 낮은 고도를 역전의 기저라고 한다.

역-제곱법칙(inverse-square law, 逆-法則)　x가 $1/y^2$에 비례한다는 식으로 설명 가능한 물리량 사이의 관계.
여기서 y는 보통 거리를 나타내고 x는 보통 어떤 힘 또는 플럭스를 의미한다. 역-제곱법칙의 한 예로 한 점원으로부터 거리에 따른 복사 플럭스의 감소가 있는데, 지구에 도달하는 태양복사를 근사하기 위해 종종 사용된다.

역추적(backtracking, 逆追跡)　면밀한 첫 번째 검색으로서 시작 단계에서 의사결정 트리를 검색하는 방법.
검색은 마지막 결정시점과 그 대안을 표시한다. 하나의 검색 경로가 실패할 경우, 시스템은 가장 최근의 결정 포인트로 역추적한 다음 다른 분기를 따른다. 여기서 가능한 의사결정 트리의 작은 부분으로서 검색을 허용한다. 일기예보 전문가 시스템에서 대부분의 경우는 의사결정 트리로 구성하고, 효율성을 개선하기 위해 역추적을 사용하고 있다.

역학경계조건(dynamic boundary condition, 力學境界條件)　유체의 내부경계면 또는 자유면을 가로질러 압력이 연속적이어야 한다는 조건.
이 조건은 기상학에서 전선면과 **대류권계면**에 적용된다. 경계조건을 참조하라.

역학고도(dynamic height, 力學高度)　지오퍼텐셜에 비례하는 단위로 표현되는 대기 중 한 점의 고도.
고도 z에서 지오퍼텐셜은 단위질량의 입자를 해면으로부터 이 고도까지 올릴 때 행한 일과 수치적으로 같기 때문에, 역학고도의 차원은 단위질량당 위치 에너지의 차원과 같다. 역학고도의 표준 단위는 다이나믹미터이다. 기하학 고도에 비하여 역학고도의 장점 중 하나는 역학고도를 **정역학방정식**에 대입할 때 중력가속도가 제거된다는 점이다. 기상학적 고도 계산에서는 지오퍼텐셜 고도가 역학고도보다 더 자주 사용된다. 해양학에서도 역학 계산을 할 때 역학고도(또는 역학 깊이)의 단위에 기초하고 있다.

역학난류(mechanical turbulence, 力學亂流)　유체 내의 속도 차에 의한 시어에 의해 형성되는 난류.
예를 들면 유체의 층에서 상층과 하층의 유체가 흐르는 방향이 반대인 경우 유체의 흐름이 불안정해져서 요란이 형성되고 이로 인해 상하층의 유체 사이에는 혼합이 일어난다.

역학불안정(도)(dynamic instability, 力學不安定(度))　공기덩이 변위에 대한 유체역학적 불안정(도) 또는 준정역학 근사가 적용되거나 적용되지 않거나 관계없이 유체역학의 기본방정식으로 지배되는 이동 유체 시스템에서 파의 유체역학적 불안정(도).

역학불안정에는 헬름홀츠 불안정, 관성불안정, 경압불안정, 순압불안정 등이 있다.

역학상사(dynamic similarity, 力學相似)　서로 다른 환경에서 비슷하게 행동하는 기류 또는 바람의 특성.
예를 들면, 한 위치의 연직바람 단면은 연직고도나 풍속이 다를지라도 다른 위치의 바람 단면과 같은 모양을 가질 수 있다. 이와 같은 연직 단면을 무차원 고도와 무차원 풍속으로 표현할 때, 이 단면은 하나의 무차원 방정식으로 기술할 수 있는 공통 곡선이 된다.

역학적 연장예보(dynamical extended range forecast, 力學的延長豫報)　종관적인 파동, 예를 들면 저기압 고기압, 규모의 예측 한계를 넘어선 시구간에 대한 예보.
로렌츠의 혼돈이론에 따르면 역학적 모델을 이용한 결정론적인 방식으로 날씨를 예측할 수 있는 기간은 2주 내외이다. 수 개월 이후의 기간에 대해서는 확률적인 방법을 응용하여 매일의 날씨보다는 일정 시구간의 통계적 날씨 특성 또는 기후를 예상하는 것이 관례다. 전자는 초깃값의 영향을 크게 받으므로 초깃값 문제에 속하고, 후자는 해수온도와 같이 지상이나 해면의 경계조건에 민감하게 반응하므로 경곗값 문제에 속한다. 그 사이에는 두 가지 특성이 서로 혼재하여 애매한 시구간이 존재하는데, 모델 기반의 앙상블 예보기법을 응용하여 이 구간의 예보를 접근하는 방식을 일컫는다. 이 구간에서는 단기예보처럼 저기압의 흐름에 대한 자세한 예보를 하기는 어렵지만, 저주파 운동이나 행성규모의 파동에 대해서는 어느 정도 예측성을 갖고 있다.

역학적 저층(dynamical sublayer, 力學的底層)　지면으로부터 1미터~수십 미터 두께의 층.
이곳에서는 물리적 · 화학적 조성의 차이로 발생하는 대기의 성층화(成層化)도 이루어지지 않고 전향력도 영향을 미치지 않는다.(반면에 역학적 저층보다 위에 있는, 지면으로부터 충분히 멀리 떨어진 높이에서는 점성과 거칠기 요소들이 무시됨) 즉, 역학적 저층은 $z << |L|$인 경우를 의미한다(z : 지면 위 높이, L : 오부코프 길이).

역학적 초깃값 설정과정(dynamic initialization, 力學的初期-設定過程)　모델의 기본 방정식에 완화항(relaxation term) 또는 너징항(nudging term)을 강제하거나, 감쇠효과가 높은 시간적분방법(time integration scheme)을 활용하여, 모델의 예측값이 관측값에 인위적으로 수렴하게 유도하는 기법.
초기화 방법이라고도 한다. 너징 방법을 사용하면 예측값과 관측값의 차이가 e-감쇠시간 안에 37% 이하로 줄어들게 된다. 완화계수와 관측값을 너징하는 기간, 관측값이 갱신되는 시간 간격에 따라 모델의 예측값이 관측값에 근접하는 과정이 달라진다. 한편 오일러 후방방법처럼 단위시간을 적분할 때마다 고주파 성분이 감쇠하는 성질에 착안하여, 분석시점에서 전방적분과 후방적분을 교차로 수차 시행하면 모델 초기장의 고주파 잡음을 여파할 수 있다. 레이더 반사도는 변분자료동화 기술을 개발하는 데 많은 기술투자가 필요하고, 분단위의 자동지상 관측자료는 관측주기가 매우 짧고 모델로 모의하기 쉽지 않아, 실무적으로는 역학적 초기화 방법이 많이 쓰인다.

역학적 혼합(mechanical mixing, 力學的混合) 상대적인 유체운동의 운동 에너지를 이용하는 혼합과정.
예를 들면 상층과 하층의 흐름의 방향이 정반대일 때 유체의 흐름이 연직 방향의 시어로 불안정해져서 역학적 혼합이 발생한다.

역학점성(dynamic viscosity, 力學粘性) 운동의 시어에 대한 시어 응력(shearing stress)의 비로 정의되는 유체 성질.
역학점성은 속도의 연직분포, 시스템의 크기 등에 무관하다. 기체의 경우 이것은 매우 낮은 압력 이외의 압력에는 무관하다. 완전기체의 역학점성 μ에 대해서, 기체의 운동론으로부터 다음과 같은 식을 얻게 된다.

$$\mu = \frac{1}{3}\rho c L$$

여기서 ρ는 기체밀도, c는 기체분자의 무작위 열운동의 평균속도(온도의 제곱근에 비례), L은 평균자유행로이다. 0℃의 건조공기의 경우에 역학점성은 약 $1.7\times10^{-4} g\,cm^{-1}s^{-1}$이다. 대부분의 기체에 대한 역학점성이 온도가 증가하면 증가하는 반면, 물을 포함한 대부분의 액체에 대한 역학점성은 온도가 증가하면 급격히 감소한다.

역행(retrogression, 逆行) 대기의 파동 또는 기압계가 그것의 기본 흐름에 반대 방향으로 가는 운동.
역행파는 매 일기도에 잘 나타나지 않으나, 5일 또는 월평균 일기도에서 가끔 관측된다.

연(year, 年) 1. 지구가 태양을 중심으로 1회의 공전에 소요되는 시간.
다음과 같은 해석이 가능하다. (1) 항성년 : 태양에서 바라본 진정한 1회의 공전주기로 365.2564 평균태양일과 일치한다. 이 기간은 365일 6시간 9분 10초에 해당한다. (2) 열대년, 평균태양년, 혹은 일반적인 해로 기간은 황도상의 태양을 따르는 태양의 가시적인 공전기간으로 365.2422 태양일이며 365일 5시간 48분 46초이다. (이 값은 상수가 아니어서 1000년에 5초 지연된다.) (3) 달력년으로 그레고리안력에 의하면 평년의 365일과 윤년의 366일로 구성된다.
2. 특정 목적을 위해서 정한 임의의 12개월 기간.

연기(smoke, 煙氣) 1. 어떤 물질이 산화 또는 열분해되는 과정에서 공기 중에 배출하는 기체 또는 액체상 미립자 및 가스들을 총합적으로 지칭함.
연기가 관측 상공에 있을 때 태양은 붉은색을 띠며, 하늘은 회색 또는 푸른색을 띤다.
2. 극지방에 나타나는 김안개.

연륜학(dendrochronology, 年輪學) 나무의 연륜(나이테)을 분석하여 과거의 기후변화를 유추하는 학문.
연륜의 폭은 연륜이 형성된 당시의 온도와 수분에 의해 결정된다. 온도와 수분의 변동성은 나무 나이테의 폭에 반영되고 나이테를 통해 과거의 시간을 비교적 정확히 알 수 있기 때문에, 연륜학은 과거 수천 년 동안의 기후변화를 연구하는 데 유용하게 이용된다.

연무(haze, 煙霧) 1. 기상관측에 있어서 대기 먼지현상의 하나로, 육안으로는 보이지 않는 아주 작고 건조한 입자가 대기 중에 부유해 있는 현상.
입자수가 많기 때문에 공기가 유백색(乳白色)으로 탁하게 보인다. 입자에 의한 빛의 산란효과로 배경이 밝을 때에는 황색이나 붉은 계통의 색으로 보이고 배경이 어두울 때에는 청색 계통의 빛으로 보인다. 연무가 발생하였을 때의 상대습도는 75% 미만인 경우가 많고, 그 이상일 때에는 시정의 대소(大小)에 따라서 대기현상 가운데 연무 또는 안개로 관측된다. 안개와 연기가 결합된 경우를 스모그라고 부르기도 하지만, 이것은 기상관측의 공식적인 종류의 하나로 규정되어 있지는 않다. 기온의 역전층 내에 한정되어 넓게 연무가 분포된 층을 연무층이라고 한다. 도시나 공장지대에서 바람이 약한 쾌청한 야간에 형성되는데, 한낮이 되어도 남아 있는 것을 종종 볼 수 있다.
2. 비균질 핵생성에 의해 형성된 수적의 크기와 과포화도와의 관계를 나타낸 쾰러 곡선(Köhler Curve)에서 수적의 반경이 임계반경보다 작은 입자.
임계반경보다 큰 입자들을 구름 수적(cloud droplet)이라고 한다.

연소지수(burning index, 燃燒指數) 화재거동에 따라 특정 연료 유형의 화재를 억제하는 데 얼마나 많은 노력이 필요한가를 나타내는 것과 관련된 비례 수.
계산된 연소지수는 1~100까지의 규모를 가지며, 1~11까지는 화재위험 없음, 12~35는 화재위험 보통, 40~100은 화재위험 높음을 뜻한다.

연소핵(combustion nucleus, 燃燒核) 산업활동, 교통 및 자연연소과정의 결과로 형성되는 응결핵.
이러한 핵들의 화학적 성질은 거의 연소과정중의 반응물 특성만큼이나 다양할 수 있다. 그러나 여러 가지 연료들은 황불순물을 다량 포함하기 때문에, 이산화황(SO_2)을 삼산화황(SO_3)으로 변환하여 황산을 생성하는 과정은 연소핵을 생성하는 데 있어 가장 중요한 반응일 것이다. 황산은 흡습성이 매우 크므로 대기응결과정들을 중화시키는 역할을 할 수 있다. 몇몇 연소과정에서 형성되는 암모늄이온의 역할은 아황산염(SO_3^{-2}) 및 황산염(SO_4^{-3}) 이온들의 역할과 마찬가지로 중요할 것이다. 이러한 핵들은 물에서 완전한 혹은 부분적(검댕이와 연관하여)으로 수용성이 될 수 있다.

연속 갤러킨 방법(continuous Galerkin method, 連續-方法) 일반적으로 갤러킨 방법은 격자에서 어떠한 함수를 주어진 기저함수의 선형 결합으로 표현하는 모든 방법을 일컬음. 이 중 연속 갤러킨 방법은 유한요소법과 갤러킨 방법을 결합한 것으로, 수치해를 계산하는 전체 영역을 작은 요소들로 나누고 각 요소 내의 격자점에서 정의되는 함수를 요소 안에서 정의된 기저함수의 선형 결합으로 표현한다. 각 요소의 경계에 격자점을 두기 때문에 경계에 함수값이 존재하며, 그 함수값들이 연속이 되도록 하여 전 영역에 대한 수치해를 결정하는 방법이다. 이 방법은 분광요소법이라고도 불린다. 예를 들어, 경계지어진 공간 영역에서 푸아송 방정식

$$-\nabla^2 u = f$$

에 어떤 시험함수 ϕ를 양변에 곱하고 부분 적분을 계산하면,

$$-[\nabla u \cdot \phi]_\Gamma + \int_\Omega \nabla u \cdot \nabla \phi d\boldsymbol{x} = \int_\Omega f \phi d\boldsymbol{x}$$

을 얻는다. 함수 u에 대한 완전한 경계조건을 주기 위해서는 ∇u와 u가 경계에서 모두 정해져야 한다. 함수 ∇u가 영역의 경계에서 0이고(단, 구면과 같이 닫힌 공간에 대해서는 ∇u에 대한 경계 조건이 필요 없다.), u가 경계에서 어떠한 함수 $g(\boldsymbol{x})$라 가정하면, 다음의 약형 푸아송 방정식을 얻는다.

$$\int_\Omega \nabla u \cdot \nabla \phi d\boldsymbol{x} = \int_\Omega f \phi d\boldsymbol{x}$$

좌변과 같이 적분 형태로 주어진 함수의 내적이 유한한 값을 가져야, 약형의 푸아송 방정식의 해를 얻을 수 있다. 유한한 내적을 갖기 위해서는 함수 u와 ϕ는 일계 미분의 내적이 정의되는 함수 공간인 소볼레프 공간(Sobolev space)의 원소이기만 하면 된다. 다시 말해서 위와 같은 약형의 방정식을 이용하면, 해당 함수들의 2계 미분이 연속이라는 제한적 조건 없이도 푸아송 방정식을 풀 수 있다.

연속방정식(equation of continuity, 連續方程式) 어떤 유체에 대한 질량보존의 원리를 표현하는 유체역학방정식.
이 식은 가상 유체의 체적 속 질량의 증가를 그 체적 속으로의 순흐름과 동일시한다. 연속방정식

은 보통 두 가지 형태로 사용된다.

$$\frac{\partial \rho}{\partial t} + \nabla \cdot (\rho \boldsymbol{u}) = 0 \quad \text{또는} \quad \frac{D\rho}{Dt} + \rho \nabla \cdot \boldsymbol{u} = 0$$

ρ는 유체의 밀도이고, $\boldsymbol{u}$는 속도 벡터이다. 연직좌표계를 기압으로 설정하고 준정적 근사를 적용하면 위 식을 다음의 형태로 표현할 수 있다.

$$\nabla_p \cdot V + \frac{\partial \omega}{\partial p} = 0$$

여기서 p는 기압이고 V는 수평 풍속이며 $\omega = Dp/Dt$는 연직기압속도, 그리고 ∇p는 등압면에서 델 연산자이다.

연속 스펙트럼(continuous spectrum, 連續-) 어떤 파장 범위에 걸쳐서 연속적으로 나타나는 스펙트럼.
복잡하게 조성되어 있는 것을 단순한 성분별로 분해하여 그 성분을 특징짓고 있는 어떤 양을 크기 순서로 늘어놓은 것을 스펙트럼이라고 한다. 대기복사학에서 전자파의 파장별 분포나 에너지 등에 관한 주파수별 분포 등을 사례로 들 수 있다. 이것은 밀집한 선으로 이루어진 대(帶) 스펙트럼과 달라서 슬릿 폭이나 분해능을 변화시키더라도 분리한 슬릿의 상을 발생시키지 않는다. 고체나 액체의 열복사 스펙트럼이 이에 속한다. 이와 달리 수소원자가 발하는 광의 스펙트럼과 같이 연속이 아닌 흩어져 있는 선으로 나타나는 스펙트럼을 불연속 스펙트럼이라고 한다.

연속체흡수(continuum absorption, 連續體吸收) 연속 복사를 방출하는 흑체 앞에 차가운 온도의 분자나 원자가 존재하는 경우 이들의 전자를 이온화시켜 주는 특정 파장대역에 광자의 흡수가 일어나는 현상.
수증기 흡수대가 존재하는 10㎛ 대기창 파장역에서 가장 뚜렷이 나타난다.

연쇄규칙(chain rule, 連鎖規則) 대부분의 전문가 시스템에서 사용되는 기본 추론 규칙. 만일 A가 B를 의미하고 동시에 B가 C를 의미한다면, A가 C를 의미한다는 것도 참이다. 가령, '서울에서의 7월'이라는 사실이 의미하는 것은 기온이 결빙온도보다 높다는 것이며, 동시에 결빙온도보다 높은 기온이 의미하는 것은 강수가 눈의 형태로 지상에 도달하지 못한다는 것이라면, 이는 곧 7월에 서울은 눈이 오지 않을 것이라는 결론이 된다.

연안류(longshore current, 沿岸流) 해안에 일정한 각도로 굴절하여 접근하는 파도가 해안에서 해저면과 마찰로 부서져서 생긴 해류.
연안류는 해안에서 수십 킬로미터까지의 해역에서 해안선에 거의 평행하고 비교적 일정한 속도로 흐른다. 그리고 연안을 따라 퇴적물을 운반시키는 역할을 하며, 해류속도가 일정하게 유지되면 상당한 양의 퇴적물을 수송한다. 그러나 수중바위나 연안류의 경로를 가로막는 육지와 같은 장애물이 있으면 해류속도가 크게 떨어져 퇴적물 운반능력이 떨어진다. 연안류의 속도는 강풍이 불 때 2~3ms^{-1}에 이른다.

연안용승(coastal upwelling, 沿岸湧昇) 해안선과 평행한 바람이 지속적으로 불 때 북반구에서는 왼쪽에 그리고 남반구에서는 오른쪽에 해안을 두고 약 200~400m 깊이의 물이 표층으로 올라오는 현상.
해안용승이라고도 한다. 이와 같은 연안용승이 발생하는 근본적인 이유는 코리올리 힘에 의해 표층 해류가 에크만 나선 특성을 가지게 되는데, 이로 인해 해수 표면의 물이 해안으로부터 멀어지면서 표면 아래의 차가운 물이 해수의 표면으로 상승하기 때문이다. 연안용승으로 인해 표면으로 올라온 심층의 차가운 물은 표층 온도를 낮추고 이로 인해 그 위의 대기와의 열속 교환에 영향을 주어 그 지역의 지역기후에 큰 영향을 미치는 것으로 알려져 있다. 또한 용승되는 물들은 상대적으로 풍부한 영양염을 가지고 있어서 전 세계적으로 중요한 어장은 연안용승이 활발한 곳에 위치하고 있다.

연장예보(extended forecast, 延長豫報) 열흘간의 날씨를 다루는 중기예보와 월간 이상을 다루는 장기예보 사이에 놓인 10~30일 구간에 대한 예보.
예측성이 주간이나 월간예보보다 낮다. 중기예보는 초기조건에 예민한 초깃값 문제이다. 초기조건의 정확도가 예측성을 좌우하므로, 초기조건을 개선하면 그만큼 예측성도 향상된다. 반면 장기예보는 대기에 강제력을 가하는 해수온도나 산악처럼 경계조건에 민감하게 반응한다. 경계조건의 분석수준이 개선되면 장기예보의 예측성도 어느 수준까지 향상된다. 한편 연장예보 구간은 초기조건과 경계조건이 각각 상당한 영향을 미치는 회색지대로서 과학적으로 예측하기 어려운 시구간이다. 중기예보나 장기예보는 모두 예측 불확실성이 크기 때문에 여러 개의 예측 시나리오를 해석하여 확률적으로 예보를 표현한다. 연장예보도 주간예보와 장기예보 사이에 예보의 연속성을 확보하기 위해 앙상블 예보로 접근하는 것이 추세다. 최근에는 하나의 전지구 시스템 모델을 이용하여 중기에서 장기까지 일관성 있는 예보를 제공하려는 시도가 늘어나고 있다.

연직강우 레이더(vetical rain radar, 鉛直降雨-) 구름이나 강수 관측을 목적으로 레이더 빔이 연직 방향을 향하고 있는 레이더.
마이크로 강우 레이더는 연직강우 레이더의 일종이다.

연직기압속도(vertical P-velocity, 鉛直氣壓速度) 공기덩이의 연직속도를 시간에 따른 기압의 변화로 표시한 것.

이 경우 공기덩이의 내부압력과 주위압력은 순간적으로 같다고 고려한다. 공기밀도를 ρ, 지구중력가속도를 g, 그리고 대기의 연직속도를 w라고 할 때 $\frac{dp}{dt} \approx \rho g w$로 근사할 수 있다.

연직지향 레이더(vertical pointing radar, 鉛直指向-) 레이더 안테나의 빔이 연직 방향을 향하고 있는 레이더.
연직지향 레이더는 주로 강수입자의 낙하속도, 레이더 반사도 인자, 스펙트럼 폭을 측정한다.

연직 시어(vertical shear, 鉛直-) 연직 시어는 고도 변화(Δz)에 따른 유체의 수평속도 변화(ΔV)로 $\frac{\Delta V}{\Delta z}$로 나타냄.
시어의 단위는 s^{-1}이며, 시어가 존재할 때 유체는 회전운동을 한다. 시어는 수평 시어와 연직 시어로 구분한다.

연직이류(vertical advection, 鉛直移流) 연직 방향으로 어떤 물리량의 경도가 존재할 때 유체의 운동에 의한 물리량의 연직이동.
유체의 물리량(Q)의 연직경도가 $\frac{\partial Q}{\partial z}$일 때 w가 연직속도인 경우 연직이류는 $-w\frac{\partial Q}{\partial z}$로 정의한다. 여기서 $\partial Q/\partial z$는 물리량(예 : 수분, 온도 등)의 고도에 따른 연직 변화율을 나타낸다. 예를 들면 온도의 연직이류는 $-w\frac{\partial T}{\partial z}$로 나타낼 수 있으며, $-w\frac{\partial T}{\partial z} > 0$이면 온난이류를 나타낸다. 즉, 지면에서 온도가 높은 공기가 온도가 낮은 위로 상승기류에 의해 이동함을 의미한다.

연직좌표계(vertical coordinate system, 鉛直座標系) 유한차분법을 사용하는 경우 지표면에서 거의 연직 방향의 거리를 표시하는 시스템.
많은 분야에서 기하학적인 고도를 사용하는 것이 일반적이나 대기과학에서는 계산의 편리, 수치해석이나 아날로그적인 수식의 처리에 있어서 장점이 있는 다양한 시스템을 사용한다. 예로서 시그마 좌표, 에타 연직좌표, 혼합연직좌표, 온위좌표, 압력좌표계가 있다. 이들의 분류는 전적으로 연직좌표계의 속성을 고려한 것이며 수평좌표계는 대부분 동일하다. 좌표계 구성의 발달에 힘입어 최근에는 수평좌표도 기존의 경위도, 사각좌표(rectangular coordinates)를 벗어나 비구조적 좌표계(unstructured grid)의 사용으로 바뀌고 있다.

연직편광(vertical polarization, 鉛直偏光) 편의상 전자기파에서 지면과 90°를 이루는 면에서 전기장 벡터가 진동하는 것.
편파 레이더는 수평편파와 연직편파를 이용하여 관측을 한다.

연차근사법(method of successive approximation, 連次近似法) 초기 근사값 결정에서 일련의 시험값 대입을 반복적으로 진행하여 방정식 또는 연립방정식의 해를 구하는 방법.
각각의 시험값은 바로 직전의 시험값에 의하여 결정되며 가장 최근의 추정값과 실제 해와의 차이를 체계적으로 줄여나가는 방법으로 결정한다. 연차근사법 응용의 흔한 예로 대수방정식의 근을 구하는 뉴턴법(Newton's method)이나 편미분방정식의 완화법(relaxation method)을 들 수 있다.

열(heat, 熱) 에너지의 한 종류로, 물체의 온도를 높이거나 상태를 변화시키는 원인이 되고 온도 차가 존재하는 두 시스템 중 고온의 시스템에서 저온의 시스템으로 이동하는 에너지 형태.

열기포(thermal, 熱氣泡) 부력에 의해 상승하는 공기덩어리.
열기포는 태양이 지표면을 불균등 가열하면서 밀도가 작아진 공기덩어리가 상승하는 대류현상으로 생성된다. 새나 글라이더가 높은 곳으로 솟구치기 위해 종종 열기포를 이용한다.

열대강우 측정임무(tropical rainfall measuring mission; TRMM, 熱帶降雨測定任務) 미국과 일본의 합작 위성관측 프로그램으로 목적은 열대지방의 강수량을 관측하고 연구하는 것.
TRMM 위성관측장비는 최초로 지구궤도를 회전하는 강수 레이더, TRMM 마이크로파 이미저(Imager), 가시와 적외 스캐너, 구름과 지구복사 에너지 시스템, 번개 이미지 센서가 탑재되었고, 1997년 11월 27일 일본의 다네가시마 우주센터에서 성공적으로 발사되었다.

열대계절풍기후(tropical monsoon climate, 熱帶季節風氣候) 쾨펜의 기후구분(1936)에 따른 열대우림기후의 하나.
이 기후는 열대우림식생을 형성하기에 충분히 따뜻하고 습한 기후지만 건조한 겨울철을 겪는 계절풍기후의 특징을 보이기도 한다. 일부 학자들은 열대계절풍기후를 독립적인 기후 형태로 보지 않고 열대우림기후의 하나로 보기도 한다.

열대공기(tropical air, 熱帶空氣) 열대 또는 아열대의 공기를 의미.
열대공기는 열대기단을 이루는데, 이 중에서 해양성인 것은 하층이 고온다습하고, 대륙성인 것은 고온건조하다. 열대기단은 주로 열대태평양과 열대대서양, 열대인도양 등 주로 해양성이지만, 사하라 사막에서 발생하는 기단은 매우 고온건조한 대륙성 기단이다.

열대기상학(tropical meteorology, 熱帶氣象學) 열대지방에서 발생하는 기상·기후현상을 다루는 기상학의 한 분야.
열대지방은 온대지방과 다른 독특한 지역으로 열대지방에서 발생하는 기상·기후현상도 다르다.

열대지방은 온도대로 나눈 구분으로의 하나로서 일반적으로 남북회귀선 사이에 있는 위도대를 말한다. 기후학적으로는 열대기후의 출현지역을 말하며, 전지구 면적의 40~50%를 차지하고 있다. 열대지방은 지구의 절반을 차지하고 있어서, 대기대순환 등에 큰 영향을 준다. 열대지방은 거의 대부분 달의 월평균기온이 20℃ 이상이지만 식생은 연간 강수상태에 따라 다르며, 연중 비가 많이 내리는 적도 주변의 저위도지방은 열대우림이 되어 있으나 중위도로 올라감에 따라 우량이 감소하여 사바나로부터 사막으로 변하다. 열대지방은 적도 주변의 저위도지방에서 볼 수 있는 고온기후를 말한다. 태양고도의 계절변화가 작은 관계로 기온의 연변화도 작아 사계절의 구별이 없다. 우량은 대체로 많은 편으로서 연 2,500mm를 넘는 곳이 많으며, 계절 배분의 치우침에 따른 우기와 건기의 상태에 따라 열대우림기후, 열대계절풍기후, 사바나기후로 세분된다. 지상풍계는 해륙풍, 산골바람 등이 발달하는 외에는 대규모 풍계는 발달하지 않는다. 일사가 강하고, 기온 등 기후요소의 일변화가 크며, 일반적으로 연교차에 비하여 일교차가 현저하게 큰 것이 특징이다. 열대기상학에서 다루는 중요한 주제로는 엘니뇨-남방진동, 몬순, 열대수렴대, 성층권에서 발생하는 준2년주기진동, 편동풍파, 열대저기압, 서풍돌진 등이 있다.

열대수렴대(intertropical convergence zone, 熱帶收斂帶) 북반구의 북동 무역풍과 남반구의 남동 무역풍이 만나 수렴하는 지대.

ㅇ

적도수렴대 또는 ITCZ라고도 한다. 수렴에 의해 상승기류가 활발하여 적운형 구름과 소나기성 강수가 빈번히 발생하며 상대적으로 수평기류가 약해 적도무풍대로도 불린다. 해들리 세포의 상승기류를 지배하며 계절에 따라 적도를 중심으로 북반구의 여름철에 북상하며 겨울철에 남하한다.

열대저기압(tropical cyclone, 熱帶低氣壓) 열대해상에서 발생하는 대류권의 저기압성 순환의 총칭.

대부분 폭풍우를 동반하고 중심부는 동심원 형태로 되어 있으며 전선을 동반하지 않는다. 온대 및 한대역에서 전선을 동반하고 비대칭적인 불규칙한 타원 형태를 가진 온대저기압과는 구별된다. 북태평양 서쪽 해상에서는 태풍, 북대서양, 카리브해, 멕시코만에서는 허리케인, 그리고 인도양, 아라비아해 그리고 벵골만에서 사이클론으로 불린다. 연중 발생하지만 북반구에는 7월에서 10월까지, 남반구에는 12월에서 3월까지 집중적으로 발생한다. 열대저기압은 그 강도(최대풍속)에 따라 열대저압부(tropical depression, TD), 열대폭풍(tropical storm, TS), 강한 열대폭풍(severe tropical storm, STS), 그리고 태풍(typhoon, TY)으로 분류한다. 열대저기압 발생의 기후학적 조건으로는 해수면온도가 높을 것(26~27° 이상), 적도로부터 5~7° 이상 떨어져 있을 것, 바람의 연직 시어가 작을 것, 초기요란이 있어야 한다는 것 등이 밝혀져 있다. 온대저기압, 태풍, 허리케인을 참조하라.

열대전선(intertropical front, 熱帶前線) 열대수렴대(ITCZ)가 동남아시아와 같은 대륙 위에서 계절풍이 강화될 때 찬공기가 적도수렴대에 유입되면 두 기류의 온도 차이에 의해 온대지방의 전선처럼 활발한 전선활동을 보이는 것.

열 로스비 수(thermal Rossby number, 熱-數) 관성력의 무차원 계수로, 아래로부터 데워진 유체의 흐름에 의해 생긴 온도풍과 코리올리 힘에 의해 정의되는 수.
다음과 같이 나타난다.

$$R_{O_T} = \frac{U_T}{fL}$$

여기서 f는 코리올리 매개변수, L은 특성길이, 그리고 U_T는 온도풍 항을 나타낸다. 이 중 U_T는 다시 다음과 같은 형태로 나타낼 수 있다.

$$U_T = \frac{g\epsilon(\Delta_r\theta)\delta}{f\Delta r}$$

여기서 g는 중력가속도, ϵ은 열팽창계수, $\frac{\Delta_r\theta}{\Delta r}$는 특성방사온도경도(characteristic radial temperature gradient), 그리고 δ는 유체의 깊이를 나타낸다.

열린 세포(open cell, -細胞) 해상에서 대기에 구름이 없는 영역을 에워싼 도넛 모양 혹은 U자형 구름 집단(패턴).
주로 대류성 구름으로 이루어지며 구름이 없는 중심 영역에서 하강하고 이를 둘러싼 주위 구름 장벽에서는 상승하는 연직류가 존재하여 하나의 순환류를 형성한다. 열린 세포의 직경과 높이의 비는 20~30 정도이다. 풍속과 풍향의 연직 시어가 작을 때 도넛 모양을 유지하지만 연직 시어가 커지거나 풍속이 강해지면 고리모양(環狀) 부분이 무너져서 열린 세포가 형성되지 않는다. 열린 세포는 해수면온도와 그 대기의 기온과의 차가 높을 때 나타난다. 이러한 현상은 열린 세포가 해상의 난류역 혹은 강한 한기장 내에서 발달하는 것을 나타내며, 발달한 저기압 후면에서 유입되는 한기의 지표가 되기도 한다. 하층에서 저기압성 흐름이 강한(일반적으로 한기류가 강하고 해수면온도와 기온의 차가 큰) 영역에서 출현하기 쉽다고 할 수 있다.

열린 세포 적운(open cell cumulus, -細胞積雲) 구름이 없는 맑은 중심부를 다각형 또는 타원형으로 둘러싸고 있는 적운.
해양에 강한 찬 이류가 있을 때 주로 열린 세포 적운이 발달한다.

열번개(heat lightning, 熱-) 뒤따르는 천둥소리 없이 수평선 혹은 뇌우로부터 떨어진 구름에서 섬광만 보이는 번개.
이 현상은 관찰자로부터 멀리 떨어진 곳에서 번개가 발생할 경우 소리는 소멸되고 빛만 전달될 때 나타나는 현상으로, 주로 여름철 저녁 맑은 하늘에서 관측된다.

열복사계(bolometer, 熱輻射計) 저항기에 의하여 복사 에너지의 강도를 측정할 수 있는 기기로서 광량계의 일종.
기상관측용으로는 두 개의 동일한 검은색 감온저항기를 휘스톤 브릿지 회로에 사용한다. 그러면 복사 에너지가 두 저항기 중 하나에 가해지면서, 저항값의 변화를 일으킨다. 이 변화값이 바로 복사강도가 된다.

열선풍속계(hot-wire anemometer, 熱線風速計) 어떤 물체로부터 나오는 열의 대류가 통풍에 좌우된다는 원리를 이용한 풍속계.
뜨거운 물체에 바람이 닿으면 이 물체는 열량을 잃어 온도가 내려간다. 이 온도 하강과 풍속의 관계는 일정하기 때문에 온도 하강 정도를 측정해서 풍속을 구할 수 있다. 뜨거워지는 물체로 금속선을 사용한 것이 열선풍속계이다. 이때 금속선으로는 백금이나 니켈 등 부식이 잘 안 되는 가는 선을 사용한다. 이 열선풍속계는 보통 약 1000℃까지 가열되는 가는 백금선으로 구성되어 있어서 백금선의 온도는 주변 온도변화에 상대적으로 좌우되지 않는다. 풍속은 일정한 온도로 열선을 유지시키는 데 필요한 전류를 측정하거나 또는 열선을 통과하는 전류가 일정하게 유지되는 동안 열선의 저항변화를 측정함으로써 알 수 있다. 수 cm/s의 약한 풍속은 이 방식으로 측정할 수 있다. 이때 열선의 반응시간상수는 매우 작게 할 수 있다.

열소용돌이도(thermal vorticity, 熱-度) 지균소용돌이도와 유사하게 정의한 온도풍의 소용돌이도.
수식으로 표현하면 다음과 같다.

$$\zeta_T = g/f\nabla_\rho^2 h$$

여기서 ζ_T는 열소용돌이도, g는 중력가속도, f는 코리올리 매개변수, ∇_ρ는 압력좌표계의 델 연산자, h는 두 등압면 사이 층의 두께이다.

열소용돌이도 이류(thermal vorticity advection, 熱-度移流) 바람에 의한 소용돌이도의 이류와 유사하게 정의한 온도풍에 의한 열소용돌이도 이류 또는 수송.
수학 표현은 다음과 같다.

$$V_T \cdot \nabla_H \zeta_T$$

여기서 V_T는 온도풍, ∇는 수평 델 연산자, ζ_T는 열소용돌이도이다. 대기의 2층 경압 모델은 열소용돌이도 이류가 지균소용돌이도의 발달에 기여하며, 저기압 규모의 흐름에서 위치 에너지가 운동 에너지로 전환하는 척도를 보인다.

열역학(thermodynamics, 熱力學) 열 흐름 및 에너지 변화와 연관된 과정들의 변화율을 미분 방정식을 통해 기술 가능케 하는 아이디어와 공리의 집합.
고전역학이나 타 물리학 분야에 존재하지 않았던 온도라는 새로운 개념을 도입한다. 고전열역학은 진행과정이 아닌 처음과 끝의 평형상태에 초점을 맞추고 있다.

열역학변수(thermodynamic variable, 熱力學變數) 역학적 계의 상태를 기술하는 데 이용되는 상태변수.
열역학변수는 질량에 무관한 세기변수(intensive variable)와 질량에 의존하는 크기변수(extensive variable)로 구분할 수 있다. 기압, 온도, 밀도 등은 세기변수에 속하며 체적, 면적, 열량 등은 크기변수에 속한다.

열역학선도(thermodynamic diagram, 熱力學線圖) 관측자료를 토대로 대기의 연직 구조를 파악할 수 있도록 고안된 다이어그램.
열역학법칙을 이용하면 관측자료로부터 안정도, 구름의 높이, 위험기상 발생 여부 등을 계산하여 알아낼 수 있다. 이들 열역학과정을 가시적으로 나타내어 여러 현상을 좀 더 쉽게 이해할 수 있도록 만든 것이 열역학선도이다. 열역학선도는 기압과 기온을 기본 좌표축으로 하여 포화혼합비, 건조단열선, 습윤단열선, 보조선 등이 그려져 있다. 이들 등치선의 형태에 따라 스큐 티-로그피 선도(Skew T-log p diagram), 테피그램(tephigram), 에마그램(Emagram), 스튀브 선도(Stüve diagram) 등의 여러 종류가 있다.

열역학 제1법칙(first law of thermodynamics, 熱力學第一法則) 열역학 계(系)(반드시 평형일 필요는 없음)에 대한 에너지 보존을 진술하는 법칙.
이 법칙을 말로 표현하면 “어떤 계가 흡수한 열은 이 계의 내부 에너지를 증가시키는 데 쓰이고 이 계가 팽창하면서 주위에 일을 하는 데 쓰인다.”이고 식으로 표현하면 다음과 같다.

$$dq = du + dw$$

여기서 dq는 단위질량당 가해진 열, du는 단위질량당 내부 에너지의 증가량, dw는 계가 주위에 행한 단위질량당 일이다. 비록 dq와 dw가 완전미분은 아니지만, 이 둘 사이의 차인 du는 항상 완전미분이다. 이 방정식을 적용한 특수한 예를 보면 기체가 진공 쪽으로 단열 자유 팽창할 때, 이 세 항은 모두 0이 된다. 가역과정의 경우에 일은 주위 압력에 대항해서 팽창하며 하는 일이다. 이것은 다음과 같이 표현할 수 있다.

$$dw = p\,d\alpha$$

여기서 p는 주위의 압력이고 α는 기체의 비체적이다. 완전 기체에 대해서 내부 에너지 변화는 온도변화에 비례하는데 다음과 같이 표현할 수 있다.

$$du = c_v\,dT$$

여기서 c_v는 기체의 정적비열이고 T는 절대온도이다. 그러므로 기상학에서 보통 사용하는 열역학제1법칙의 형태는 다음과 같다.

$$dq = c_v\,dT + p\,d\alpha$$

상태방정식을 이용하면 다음과 같이 또 다른 형태의 열역학 제1법칙을 표현할 수 있다.

$$dq = c_p\,dT - \alpha\,dp$$

여기서 c_p는 기체의 정압비열이다.

열역학 제2법칙(second law of thermodynamics, 熱力學第二法則) 물질계의 자발적 변화는 비가역 반응임을 주장하는 법칙.

열역학 제2법칙은 어떠한 양의 보존이 아니라 자연현상의 진행방향을 명시한다는 점에서 열역학 제1법칙과는 근본적으로 다르다. 플랑크의 정의에 따르면 열역학 제2법칙은 모든 물리 시스템에서 적용 가능한 열역학적 상태함수 S(엔트로피)의 변화를 의미하며, 우주나 고립계에서 총 엔트로피는 항상 증가하거나 일정하다. 등호는 가역반응 또는 정상상태에만 적용된다.

$$\frac{dS}{dt} \geq 0$$

열역학 제2법칙은 다른 형태로 설명될 수 있으며 다음은 그 예이다. (1) 온도가 다른 두 물체가 접촉할 때, 뜨거운 물체는 항상 차가워지고 차가운 물체는 항상 따뜻해진다. 외부의 간섭이 없는 한 그 반대의 과정(즉, 차가운 물체가 더 차가워지거나 따뜻한 물체가 더 따뜻해지는)은 자발적으로 일어나지 않는다. (2) 어떤 물체로부터 열을 빼앗아 모두 일로 바꾸는 순환장치는 존재하지 않는다. 즉, 단열적이고 가역적인 영구기관의 존재는 불가능하다.

열역학 제3법칙(third law of thermodynamics, 熱力學第三法則) 물질의 온도가 0°K에서 그 엔트로피가 존재하지 않는다는 원리.

유한한 온도에서 모든 물질은 열에 해당하는 고유 여기 에너지(intrinsic excitation energy)를 갖는다. 그러나 절대영도에서는 어떠한 물체도 여기 에너지를 갖지 않는다.

열역학 퍼텐셜(thermodynamic potential, 熱力學-) 등온, 등압의 가역과정에서 일정한 값을 가지는 수학적으로 정의된 열역학적 상태함수.
깁스 에너지(Gibbs energy) 또는 깁스 함수(Gibbs function)라고 하며 단위질량에 대한 깁스 에너지는 다음과 같이 정의한다.

$$g = h - Ts$$

여기서 h는 비엔탈피, s는 비엔트로피 그리고 T는 온도를 나타낸다. 앞의 정의는 미국 기상학회 용어해설집에 기술된 정의이다. 열물리에서는 내부 에너지, 엔탈피, 헬름홀츠 에너지, 깁스 에너지를 열역학 퍼텐셜이라고 한다. 깁스 에너지는 기상학에서 물의 상변화를 다루는 데 매우 중요하다.

열염분순환(thermohaline circulation, 熱鹽分循環) 밀도차에 의해 발생하는 전지구적인 심층순환.
해수의 밀도는 수온과 염분에 의해 결정되기 때문에 해양에는 열속과 담수속에 의해 대규모 순환이 생성된다. 열속과 담수속은 각각 해수의 온도와 염분에 영향을 주고 결국 해수밀도를 변화시킨다. 열염분순환은 바람에 의해 생성되는 순환에 비해 해수의 수송량은 적지만, 열을 재분배하는 데 매우 중요한 역할을 한다. 현재 추정되는 열염분순환은 걸프만에서 오는 따뜻한 해수가 북대서양 지역에서 냉각되고 침강한 후, 북대서양심층수 형태로 남대서양으로 이동하고, 인도양과 태평양으로 유입되어, 해양표면으로 용승된다. 그린란드 앞바다의 표층에서 수온 하강과 해빙에 의한 염분의 증가로 인해 밀도가 높아진 해수가 해저로 가라앉아 바닥을 타고 전 대양을 매우 느리게 이동한다. 이 심층해수는 태평양과 인도양에서 결국 상승하여 **풍성순환**과 연결되어 **해양 컨베이어벨트**를 형성한다. 이것은 지구의 기후를 조절하는 역할을 하는 것으로 알려져 있다.

열용량(heat capacity, 熱容量) 온도의 상승(하강)을 위해 시스템이 흡수(혹은 방출)하는 에너지나 엔탈피의 비율.
특정 과정을 위한 열용량은 다음과 같이 정의된다. 부피가 일정한 과정에서 시스템의 내부 에너지를 U, 온도를 T라고 하면 열용량은 다음의 식과 같이 표현된다.

$$C_v = \frac{\alpha U}{\alpha T}$$

압력이 일정하게 유지되는 과정에서는 다음과 같이 표현된다.

$$C_p = \frac{\alpha H}{\alpha T}$$

여기서 H는 시스템 엔탈피를 가리킨다. 가열률, 즉 시스템이 가열되는 속도는 시스템이 갖는 열용량과 실제 온도변화율의 곱으로 표현할 수 있으며 부피가 일정할 때는 다음과 같이 표현된다.

$$Q = C_v dT/dt(V = constant)$$

압력이 일정한 과정에서는 다음과 같이 표현된다.

$$Q = C_p dT/dt(p = constant)$$

열이류(thermal advection, 熱移流)　유체운동에 의한 열이동.
온도이류라고도 한다. 유체의 속도를 $\boldsymbol{V}$, 그리고 유체의 온도경로를 ∇T라고 할 때 열이류는 $-\boldsymbol{V}\cdot\nabla T$로 정의한다. 주어진 지점을 중심으로 찬공기가 이동해 오는 경우를 한랭이류($-\boldsymbol{V}\cdot\nabla T < 0$), 그리고 따뜻한 공기가 이동해 오는 경우를 온난이류($-\boldsymbol{V}\cdot\nabla T > 0$)라고 한다.

열저기압(thermal low, 熱低氣壓)　지표면 가열에 의해 주변지역에 비해 기압이 낮아지는 지역.
국지적으로 기온이 상승하면 주변과의 기온차이에 의해 상승기류가 발생하고 상층에서 발산이 일어나면서 지표면의 기압이 낮아진다. 계절풍, 해륙풍, 산곡풍을 일으키며 일반적으로 전선을 동반하지 않는 대류성 강수를 초래하는 경우가 있다.

열적도(heat equator, 熱赤道)　지구표면을 따라 동일한 경도선상에서 평균기온의 최대가 나타나는 지점을 연결한 선.
지리적 적도와는 일치하지 않고 대륙과 해양순환의 위치나 계절에 따라 바뀐다. 북반구 여름철에는 대개 북위 20°, 겨울에는 적도 근처에 있다. 1년 평균기온으로 구할 경우 북위 10° 부근에 위치한다.

열전(기)쌍온도계(thermocouple thermometer, 熱電(氣)雙溫度計)　전위차계와 일정 온도 전해조에 연결된 열전기쌍 두개로 구성하는 전자온도계의 일종.
열전온도계라고도 한다.

열전달계수(heat transfer coefficient, 熱傳達係數)　단위시간에 일정한 온도의 변화를 위해 단위 표면적을 통해 전달되는 열의 비율.
Q를 열전달률, A를 열의 전달이 이루어지는 표면적, $\triangle T$를 온도 차이라고 할 때, 열전달계수

h는 다음과 같이 표현되며, 식에서도 알 수 있듯이 열속(Q/A)에 비례하는 값이 된다.

$$h = \frac{Q}{A \cdot \Delta T}$$

열전도계수(coefficient of thermal expansion, 熱傳導係數) 등압과정에서 온도가 상승함에 따른 계(혹은 물질)의 체적(體積)의 상대적 증가율.
기호로 표시할 때 이 계수는 다음과 같다.

$$\frac{1}{V}\left(\frac{\partial V}{\partial T}\right)_p$$

여기서 V는 부피, T는 온도, 그리고 p는 압력이다. 샤를-게이뤼삭 법칙(Charles-Gay-Lussac law) 장력계수, 압축계수를 참조하라.

열지수(heat index, 熱指數) 동일한 기온이라도 습도가 높아지면 사람이 느끼는 혹은 체감하는 기온이 훨씬 높은 것을 반영하기 위해 기온과 상대습도 개념을 결합하여 만든 지수.
체감온도라고도 한다. 예를 들어 동일한 32℃의 기온 조건에서도 습도가 높아지면 열지수도 급격히 상승하는데, 75% 조건에서의 열지수는 42℃에 달한다.

열파(heat wave, 熱波) 고온현상이 수 일 또는 수 주간 이어지는 현상.
정의를 내리는 기준은 다양하지만 주로 고기압 내의 하강기류에 의해 단열승온 또는 푄 현상이 나타나거나 지표의 냉각이 잘 일어나지 않거나 일사에 의해 승온이 나타나면 발생한다.

열폭발(heat burst, 熱-) 뇌우나 소나기 혹은 중규모 대류 시스템이 소멸하는 단계에서 상층의 비가 주변의 차갑고 건조한 공기로 증발하면서 밀도가 커진 공기괴가 급격하게 하강하면서 압축됨에 따라 지면온도가 국지적으로 급격하게 증가하는 현상.
매우 건조한 현상을 동반한다. 폭발이 나타날 때 온도의 증가는 매우 급격한 경우가 많아 열폭풍이라고 불리기도 하며, 강수에 의해 유도된 하강기류가 지표면의 얇은 안정층을 뚫고 지표로 내려오면서 나타난다.

열 플럭스(heat flux, 熱-) 다음과 같은 식에 의해 측정되는 양으로 λ가 열이 전달되는 매질의 열전도율이라 할 때, 단위면적을 통해 단위시간 동안 이동하는 열량.
열속이라고도 한다.

$$B = \lambda \frac{dt}{dz}$$

열확산율(thermal diffusivity, 熱擴散率) 물질의 비열(c)과 밀도(ρ)의 곱에 대한 열전도도(k)의 비($k/\rho c$).
전도율이라고도 한다. 기온이 0℃에서 공기의 열확산율은 $1.9 \times 10^{-5}\ m^2s^{-1}$이다.

염도(salinity, 鹽度) 바닷물에 함유되어 있는 염분의 양.
바닷물은 지각의 물질, 화산 분출물, 생물활동에 의한 부산물, 대기의 일부 성분들이 용해되어 있어서 다양한 무기염류가 포함된 복잡한 용액이다. 염도는 바닷물 1kg당 녹아 있는 이러한 무기물질의 총량을 비율(psu 또는 ‰)로 나타낸다. 바닷물에는 염소이온이 가장 많으며, 나트륨, 마그네슘, 칼슘, 브롬, 황산 등 여러 가지 이온이 함유되어 있고 이들이 다양한 종류의 염분을 만든다. 보통 염도는 염화이온의 농도, 전기 전도도 또는 굴절률을 측정하고 알려진 경험식을 이용하여 계산하고 있다. 염도는 주로 증발과 강수 및 강물의 유입 등 물수지에 의해 결정된다. 따라서 일반적으로 염도는 연근해보다 먼바다가 높고, 강수량이 많은 적도수렴대에 비해 강수량이 적은 중위도 고압대가 높다.

염분경사(halocline, 鹽分傾斜) 해양의 한 물성 내에서 수직적으로 강한 염분의 차이.
중위도에서는 강수량에 비해 증발량이 더 크기 때문에 표층수의 염분이 저층수의 염분보다 더 높게 유지되는데, 이 경우 상층의 염분이 하층의 염분보다 농도가 높아서 염분경사는 매우 불안정하다. 반면에 극지역은 표층수의 염분도가 저층수보다 더 낮기 때문에 강한 염분경사에 의해 성층이 유지된다.

염소량(chlorinity, 鹽素量) 해수의 연소함유량 측정치(해수 1kg당 혹은 1마일당 그램 수).
원래 염소량은 브롬화물과 요오드화합물이 염화물로 대체된 후, 해수 1kg당 함유된 그램 수로 표시한 염화물의 중량으로 정의하였다. 원자량과 독립적으로 정의하기 위해서 염소량은 현재 모든 할로겐화물과 동일한 무게를 갖는 중량의 0.3285233 배수로 정의한다. 염도를 결정하는 다른 방법들도 있지만 일반적으로 해수의 염소량을 결정하여 염도의 계산이 가능하다. 비교기준으로 표준해수, 해당 분석을 위한 (크누센) 뷰렛과 피펫 법 그리고 결과값을 계산하기 위한 크누센 표 등을 이용함으로써 시간이 많이 걸리는 중량분석법만큼 정확한 결과값을 얻을 수 있는데, 동시에 질산은 용액에 대해 해수의 빠른 적정을 기대할 수 있으며 해당 목적을 위해 크로뮴산칼륨 및 기타 적절한 지시약을 이용한다. 염소량 혹은 염소도(鹽素度)의 측면에서 해수의 화학적 분석을 표현하는 것이 관례이다.

염화불화탄소(chlorofluorocarbon, 鹽化弗化炭素) 전적으로 인위발생적 원천을 가진 일련의 화합물.
프레온가스라 하며, CFCs로 흔히 나타낸다. 20세기 대부분에 걸쳐 여러 산업에 이용되었다.

주요 염화불화탄소들로는 CFC-11($CFCl_3$)과 CFC-12(CF_2Cl_2)를 들 수가 있다. 이러한 화합물들은 대기 중에서 오랜 수명을 보이는데(수십 년 이상 지속됨), 성층권까지 이동하기도 한다. 이런 종의 화합물에서 염소가 분리되는 현상이 매년 봄 남극 오존 구멍이 출현하는 원인이 된다는 발견 덕택에, 몬트리올 의정서 도입이 이루어졌다. 몬트리올 의정서에서는 이러한 종류의 화합물들의 사용을 금지하였다. 현재 더 이상 사용되지는 않지만 수명이 길기 때문에 대기권에서 소멸하는 데 매우 오랜 시간이 걸릴 것이다.

영거드리아스기(Younger Dryas, -期)　약 BP 10,800~9,600년 기간 그린란드 주변의 연평균기온이 20~30년에 걸쳐 5~7℃ 정도 하강한 후 유사한 속도로 회복된 기간.
신드리아스기라고도 한다. '드리아스'라는 이름은 이 기간 동안 많이 존재한 장미과의 일종인 드리아스 옥토페탈라(*Dryas octopetala* : 담자리꽃나무)의 이름에서 유래되었고, 이 꽃의 광범위한 출현은 극지기후 발현의 척도로 이용되었다. 영거드리아스기의 현상이 전구에 걸쳐 일어났을 것이라는 증거가 누적되고 있지만, 북대서양 부근에서 가장 강하게 나타났을 것으로 믿어진다. 해양의 심층순환의 변화가 신드리아스기 냉각의 생성과 소멸을 야기했다는 학설이 가장 지배적이다. 즉, 세인트로렌스 강(St. Lawrence River)에서 빙하가 녹은 물이 넘쳐, 주변의 빙하를 넘어 많은 양의 담수들이 북대서양으로 유입되었고, 멕시코 만류와 섞이면서 만류 순환이 방향성을 잃어 난류의 단절이 일어나 짧은 기간에 빙하기를 발생시켰다는 것이다. 이러한 급격한 기후변화는 그린란드에 존재하는 최종빙기의 빙하 아이스코어나 북태평양의 해저 침전물 코어도 잘 나타나 있다. 영거드리아스기는 지난 빙기의 마지막 하인리히 사건(Heinrich event)이며 영거드리아스기 이후 이렇듯 급격한 기후변화는 찾아보기 힘들다.

영구동결기후(perpetual frost climate, 永久凍結氣候)　연간 누적된 눈과 얼음이 풍화침식작용에 의해 줄어들지 않을 만큼의 차가운 온도지역.
영구동결기후는 쾨펜의 기후구분에 따른 한대기후 중 하나이고, 가장 따뜻한 달의 평균기온이 0℃(32°F) 이하인 특징이 있다. 이 기후는 문자코드 EF로 지정되었고, 손스웨이트의 구분법에서 서리기후 그리고 노르덴스크횰드(Nordenskjöld)의 구분법에서는 북극기후에 해당한다.

영구동토층(permafrost, 永久凍土層)　1. 수천 년에서 몇천 년 동안 온도가 지속적으로 결빙온도보다 낮은 토양층 또는 기반암 층.
지표면 아래에 있는 지층인데 시간에 따라 깊이가 변한다. 영구동토층은 여름철 가열이 동토층의 기저까지 미치지 못한 지역에서 나타난다. 영구동토층의 연속적인 지층은 연평균기온 약 −5℃(23°F) 아래인 지역에서 발견된다.
2. 한정된 정의로 볼 때, 최소한 한 세기 동안 얼어 있었던 것으로 알려진 토양.

영구언땅이라고도 한다.

영국열단위(British thermal unit, 英國熱單位) 1파운드의 물을 화씨 1℉ 올리는 데 필요한 열량.
단위 에너지로서 252.1calories, 또는 1,055Joule에 해당된다.

영면변위(zero-plane displacement, 零面變位) 경계층 내부의 높은 구조물에 의하여 실제지면보다 다소 높은 고도에서 실질적인 지면과 공기 흐름 사이에 운동량 이전이 발생하는 고도.
중립 대기에서 로그스케일(log-scale) 바람 변위는 연직축 원점을 영면변위 고도로 이동한 경우 선형화를 한다. 다양한 지표면 성격을 감안하기 위한 여러 가지 관련식이 제안되어 있으며 표준값을 표로 제시하는 경우도 있다. 동질 유체의 경우 변위거리 혹은 변위두께라 한다. 평판 위의 유체 시어 흐름의 경우 경계층 두께로 불리기도 한다.

영시선속도선(zero-isodop, 零視線速度線) 도플러 레이더로 관측한 시선속도 분포를 나타내는 PPI(Plan Position Indicator) 영상에서 시선속도가 영(zero)인 선.
영시선속도선을 중심으로 양의 시선속도 영역과 음의 시선속도 영역을 구분할 수 있다.

ㅇ

영역분할(domain decomposition, 領域分割) 체 계산 영역을 작은 단위로 분할하여 각각 독립적으로 계산하고자 할 때 흔히 사용됨.
도메인 분할이라고도 한다. 병렬 계산은 크게 작업 병렬(task parallel)과 데이터 병렬(data parallel)로 나뉘는데, 영역분할은 주로 데이터 병렬에서 사용된다. 데이터 영역을 분할하는 방법은 데이터 형태와 수치 알고리즘에 크게 의존하며, 가장 보편적인 영역분할방법은 체적비율을 최소로 하여 통신량을 줄일 수 있는 정사각 형태로 분할하는 것이다.

영점닫힘(zero-order closure, 零點-) 난류의 풍속이나 기온의 평균량을 실험이나 관측자료의 결과를 감안하여 난류를 연구하거나 묘사하기 위해 사용하는 근사.
난류를 다루는 경우 예단방정식은 없고 진단방정식만 있는 관계로 1차 평균값을 포함하는 어떤 차수의 통계적인 차수에 대하여도 난류통계를 위한 방정식은 없다. 대표적인 진단방정식의 하나의 예로서 표면층에 대한 로그 프로파일이다. 이것은 운동방정식을 필요로 하지 않으며 고도에 따른 풍속을 표시하는 로그 풍속관계식이다.

영향구역(region of influence, 影響區域) 공기 속의 물체가 영향을 주는 공기의 영역.
직선 유선의 지속적 바람이 고립된 건물을 지난다고 할 때, 공기가 건물 주위에 이르면 건물에서 발산되고, 주위를 돌아 지나가서 건물 뒤에서 수렴하고, 결국은 다시 직선이 될 것이다. 건물의 영향을 받은 유선의 영역이 영향구역이다. 영향구역은 산, 항공기, 기상측기 주위에서도 발견할 수 있다.

옆바람(crosswind) 노출되어 이동하는 물체나 그 물체의 진행 방향에 대해 현저하게 직각으로 부는 바람.
측풍이라고도 한다. 광의로는 직접적인 맞바람이나 뒷바람을 제외한 모든 바람을 말한다. 옆바람에 의해 발생하는 표류는 항공에서는 중요하여 이륙과 착륙에 특히 위험을 초래할 수 있다.

옆신기루(lateral mirage, -蜃氣樓) 물체의 실제 위치가 옆쪽으로 옮겨진 듯이 보이는 신기루 현상.
특히 태양광 때문에 가열된 건물의 벽을 따라 어떤 물체가 마치 저위신기루(inferior mirage)처럼 보인다. 그러나 건물 벽이 비균질할 경우 어떤 물체가 다중영상으로 보이는 옆신기루 현상이 발생된다. 즉, 벽면이 평평하지 않고 굴곡이 있을 경우나 벽면의 열전도성이 다를 경우 벽면의 온도가 일정하지 않고 구조적 변화가 발생할 수 있기 때문에 옆신기루가 발생되나 이러한 옆신기루는 벽면이 균질한 경우에도 발생될 수 있다. 즉, 건물 벽의 수평 및 연직면에 따른 공기는 기온변화와 중력 차이 때문에 일정하게 작용하지 않을 수 있고, 이 경우 3중 영상에 의한 옆신기루 현상이 발생될 수 있다. 그러나 물체의 연직 표면에서 멀리 떨어진 자유대기의 경우 수평 방향 온도경도가 옆신기루를 만들어 낼 만큼 크지 않기 때문에 자유대기에서 옆신기루를 보았다는 보고는 잘못된 것으로 해석해야 할 것이다.

예단구름(prognostic clouds, 豫斷-) 구름물의 생성을 지배하는 여러 가지 미세물리과정의 모수화를 포함한 예단방정식 세트.
예단구름은 보통 날씨와 기후를 예측하는 수치모형에 쓰인다. 예단구름 방안은 예단방정식의 수와 모수화 미세물리과정에 따라 달라질 수 있으며 또 구름물을 이류하느냐에 따라 달라질 수 있다. 현재 기후 모델에서는 구름물입자의 스펙트럼 크기분포를 예측하기보다는 거의 항상 가정하여 이들의 (복사) 효율반경을 구체화한다. 아주 가끔 구름부피 비율은 실제에 기초한 진단구름 모수화에서와 같이 진단관계로 모수화되지만, 예단할 수도 있다. 구름광학깊이 및 방출률 같은 주요 구름 복사 성질은 예단구름 변수와 구름입자의 (복사) 효율반경으로 모수화할 수 있다.

예상도(prognostic chart, 豫想圖) 한정된 미래에 예상되는 기압 또는 지위고도 분포를 나타내는 종관일기도.
많은 경우 전선뿐만 아니라 기류, 소용돌이도, 연직류 등 다른 기상요소도 겹쳐 나타내기도 한다. 24시간 또는 36시간 이후를 나타내는 예상도는 기상청의 수치예보 결과에 의해 작성된다.

예조건화(preconditioning, 豫條件化) 선형 문제 $Ax=b$를 반복법을 이용하여 수치적으로 푸는 데 있어서 행렬 A의 조건 수(condition number)가 너무 큰 값을 가져서 안정적인 수치 해를 얻기 힘든 경우 양변에 정착 행렬의 역행렬을 곱하여, 다음과 같이 동치의 시스템을 재정의하는 과정.

$$M^{-1}Ax = M^{-1}b$$

여기서 행렬 M을 예조건 행렬(preconditioner)이라고 하며 $M^{-1}A$의 조건수는 처음보다 그 값이 작아져서 안정적 수치 해를 얻는 데 도움을 준다.

예측방정식(prognostic equation, 豫測方程式) 다른 사항을 모두 알고 있을 때 기상현상을 예측하고자 하는 변수에 대한 시간미분을 포함한 지배방정식.
예를 들면, 와도방정식을 꼽을 수 있다.

예측성(predictability, 豫測性) 시스템의 현재와 과거로부터 획득한 지식을 바탕으로 추정할 수 있는 미래에 대한 예측 정도.
예측가능성이라고도 한다. 시스템의 현재와 과거로부터 획득한 지식은 완벽하지 않고, 또 이 지식을 바탕으로 미래를 예측하는 모델도 완벽하지 못하기에 예측성은 태생적으로 한계를 갖기 마련이다. 임의의 정확한 모델과 관측값이 있다고 해도 물리적 시스템의 예측성은 한계를 가질 수밖에 없다.

오가사와라 고기압(Ogasawara high, -高氣壓) 서태평양의 아열대에서 발생하는 대류권 하부 고기압.
여름 기간 동안 종종 나타나고 일본에 영향을 준다. 오가사와라 섬(27°N, 141°E)의 중심에서 종종 발생하여 오가사와라 고기압이라 불리게 되었다.

오땅(Autan) 프랑스 남부 중심지역, 특히 가스코니와 가론느 강 상류지역에 나타나는 강한 남동풍.
알타누스라고도 한다. 피레네 산맥 근처에서 오땅은 계곡에서 그 세기가 커져, 매우 센 난류를 이룬다. 툴루즈에서 부는 바람은 평균속력이 13m/s로 20~22m/s의 돌풍을 동반하며 한낮에 가장 강하게 나타나는 경향을 갖는다. 450m 고도까지 속력이 증가하다가 그 위에서 약해지며 풍향이 남풍으로 우선회한다. 툴루즈의 북쪽에서 오땅은 바람의 특성을 잃고 통상적인 남동풍이 된다. 오땅은 다음 두 가지 유형이 있다. (1) 하양 오땅은 맑고 메마르며 겨울엔 차고 여름엔 더운 날씨의 원인이 되며 이는 피레네와 남쪽의 스벤느로 인한 하강운동의 결과이다. 그것은 덴마크 근처에 중심을 두었거나 아조어로부터 북동쪽으로 움직이는 고기압에 수반되어 일어난다. 겨울에는 2~4일 동안 지속하지만, 여름에는 일주일 이상 버티어 심각한 가뭄을 초래하고 식생을 건조시킨다. 카탈로니아(북서 스페인)에서 오우토(outo)라 불리는 유사한 바람이 있다. (2) 까망 오땅은 자주 발생하지는 않지만 거의 이틀 이상 지속되지 않는다. 그것은 더 습하고 흐린 날씨와 안개나 비, 또는 바다 근처 고원에서는 눈을 내리게 한다. 따라서 그 특성이 다소 해양성인데, 다르게 표현하면 해양성이 지배하는 스벤느로부터 불어오는 남동풍에 적용된다.

오른손 직교좌표(right-handed rectangular coordinates, -直交座標)　좌표 x, y, z가 서로 수직이고, 양의 x축이 양의 y축으로 회전하면, 오른손 나사의 방향으로 양의 z축을 향하는 직교 데카르트 좌표.
기상학에서 데카르트 좌표는 대체로 x는 동으로, y는 북으로, z는 천정 방향으로 증가하도록 사용한다.

오메가 방정식(omega equation, -方程式)　준지균이론을 토대로 연직속도를 계산하는 진단방정식.
다음과 같이 표현된다.

$$\sigma\nabla_H^2\omega + f^2\frac{\partial^2\omega}{\partial p^2} = f\frac{\partial}{\partial p}\left[v_g \cdot \nabla_H(f+\xi_g)\right] - \nabla_H^2\left(u_g \cdot \nabla_H\frac{\partial\phi}{\partial p}\right)$$

여기서 f는 코리올리 매개변수, σ는 정적안정도, v_g는 지균속도 벡터, ξ_g는 상대와도, ϕ는 지오퍼텐셜, ∇_H^2은 수평 라플라스 연산자, ∇_H는 수평 델 연산자이다. 오메가 방정식의 우변은 Q 벡터의 발산항으로 표현될 수 있다.

오버슈팅 뇌우(overshooting thunderstorm, -雷雨)　뇌운의 정상부의 일부가 대류권계면을 통과하여 보다 더 안정된 성층권에 진입하여 모루구름 위에 돔 모양의 구름이 발단한 뇌우.
오버슈팅 뇌우는 뇌우 중심의 강한 상승기류가 대류권계면의 주위온도와 공기덩이의 온도가 동일한 평형고도를 통과할 만큼 충분한 운동량을 가질 때 발달한다. 뇌우의 오버슈팅으로 성층권에 수분이 공급된다.

오부코프 길이(Obukhov length)　공기의 역학적, 열적, 부력과정으로 특징지어지는 대기운동의 모수 사이의 관계로부터 주어지는 비 단위의 길이.
대기경계층의 지표층에서 바람 시어에 의한 난류운동 에너지 생성과 부력에 의한 난류운동 에너지 생성 효과를 기술하는 데 이용된다. 알렉산더 오부코프(Alexander Obukhov)에 의해 19346년에 처음 정의되었으며 모닌(Monin)과 오부코프(Obukhov)에 의해 개발된 상사이론에서 중요한 역할을 하기 때문에 모닌-오부코프(Monin-Obukhov) 길이라고도 한다. 오부코프 길이(L)는 다음과 같이 정의한다.

$$L = -\frac{u_*^3 \overline{\theta}_v}{kg(\overline{w'\theta_v'})_s}$$

여기서 u_*는 마찰 속도이고, $\overline{\theta}_v$는 평균 가온위, 그리고 $(\overline{w'\theta_v'})_s$는 지표면에서 평균 가온위 플럭스, 그리고 k는 카르만 상수이다. 오부코프 길이(L)에 대한 물리적 해석은 상사이론에 의하면 주간에 L은 부력에 의한 난류운동 에너지와 시어에 의한 난류운동 에너지의 생성이 동일한 고도라고 해석할 수 있으며 고도가 L보다 크면 부력에 의한 난류운동 에너지 생성이 시어에 의한 난류운동 에너지 생성을 능가한다. 지표층에서 시어 항은 항상 양이지만 부력 항은 현열 플럭스와 관계하므로 음이 되는 경우도 있다. z/L은 무차원 고도를 나타내는 모수로 지표층의 안정도 모수로 이용되며 그 기준은 $z/L>0$: 안정($L>0$), $z/L=0$: 중립($L\to\infty$), $z/L<0$: 불안정($L<0$)와 같다. 보통 안정한 길이는 1에서 5 사이의 값을, 불안정한 길이는 −5에서 −1의 값을 가진다.

오브라이언 3차다항식(O'Brien cubic polynomial, -三次多項式) 에디 확산계수 K를 고도 z, 경계층 깊이 h, 지표층 깊이 z_{SL}의 함수를 사용한 근사적으로 표현.

$$K(z) = K(h) + \left[\frac{h-z}{h-z_{SL}}\right]^2 K(z_{SL}) - K(h) + (z - z_{SL})\left[\frac{\alpha K}{\alpha z}\Big|_{SL} + 2\frac{K(z_{SL}) - K(h)}{h - z_{SL}}\right]$$

이 식에서 $K(z_{SL})$와 $K(h)$은 각각 지표층 꼭대기에서, 그리고 경계층 꼭대기에서의 에디 확산이다. 경계층 꼭대기 위에서 에디 확산은 $K(h)$에서의 상수값을 가정하고, 지표에서는 제로를 가정한다. 케이 이론을 참조하라.

오아시스 효과(oasis effect, -效果) 건조한 지역에 물이 있을 때 더운공기가 이류해 오면 이 열이 증발잠열로 공급되어 공기가 냉각되는 현상.
오아시스 효과는 실제 사막에 있는 오아시스뿐만 아니라 건조지역에 물이 있는 곳, 녹고 있는 얼음 있는 곳, 건조한 지역에 있는 관개지역 등에서도 나타날 수 있다. 이러한 지역에서는 지표 에너지 수지에서 국지적으로 잠열 플럭스가 복사 에너지 플럭스를 능가할 수 있다. 그 이유 중 하나는 주위에서 물이 있는 곳으로 온난이류와 그리고 증발냉각으로 인해 그 위에서 더운공기가 침강하여 물의 증발에 필요한 잠열을 공급하기 때문이다.

오염표준지표(pollutant standards index, 汚染標準指標) 미국 환경보존청에서 대기질을 일반인들에게 쉽게 알리기 위해 주요 오염물질(오존, 일산화탄소, 이산화질소, 이산화황, 미세먼지)에 적용한 상대적인 오염 정도의 척도.
각 오염물질에 대해 미국 연방정부 대기질 표준값은 지수값 100으로 나타낸다. 오염표준지표는 완벽하게 깨끗한 상태인 0에서 최악의 대기질을 의미하는 500 사이의 값으로 나타낸다. 오염물질별 서로 다른 지수값을 갖지만 일반 대중에게는 보통 가장 나쁜 지수값을 공표한다. 건강권고수준은 오염표준지수에 따라 등급별로 0~50(좋음), 50~100(중간), 100~200(건강에 나쁨), 200~300(건강에 매우 나쁨), 300 이상(위험)으로 구분한다.

오일러 수(Euler number, -數) 기압경도력에 대한 관성력의 비.
즉, 다음과 같이 정의된다.

$$E_u = \frac{\rho V^2}{\Delta P}$$

여기서 V는 특성속도이고, ΔP는 특성기압경도력이다.

오일러 바람(Eulerian wind) 제프리스(Jeffreys)의 구분법에서 압력의 반응으로만 생기는 바람. 기호로 다음과 같이 표현된다.

$$\frac{D\boldsymbol{v}}{Dt} = -\alpha \nabla_H p$$

여기서 $\boldsymbol{v}$는 수평속도, α는 비체적, ∇_H는 수평 델 연산자, p는 압력이다. 선형풍은 오일러 바람의 특별한 경우로서, 이 바람은 코리올리 효과를 무시할 수 있는 경우에만 적용할 수 있다는 점에서 한계가 있다.

오일러 방법(Eulerian method, -方法) 고정된 장소를 지나는 유체의 특성을 측정하는 방법. 측기를 고정하고 실시하는 측정(예 : 기상관측소)은 모두 이 방법으로 실시된다.

오일러 좌표(Eulerian coordinates, -座標) 어떤 시간으로부터 다음 시간까지 개개의 유체덩이를 따라가지 않고 주어진 각 시간에 유체의 성질들이 공간 점에 할당되는 좌표계.
기상학에서 대부분의 관측은 규정된 시간에 지역적으로 이루어지기 때문에, 오일러 좌표계가 편리하다. 일련의 종관일기도는 관측자료에 대한 오일러 표현이다. 공간의 점들을 표시하기 위해 사용되는 특별한 좌표계(카테시안 좌표계, 원기둥 좌표계, 구 좌표계 등)에 오일러 형태로 표현할 수 있고 라그랑주 형태로 표현할 수도 있다.

오존(ozone) 특이한 냄새를 지닌 다소 푸른빛을 띤 산화력이 강하고 표백 살균에 이용되는 기체.

분자량 48, 분자식 O_3이며, 인체에 해롭고, 대기오염원(광화학 스모그)인 산화제의 주성분이다. 성층권에 있어서 태양자외선의 광화학작용에 의하여 생성되며, 그 농도의 극대는 지상 약 20~25km 부근에 있다. 지상의 오존은 성층권으로부터 수송되어 온 것과 지상의 인공원에 의한 것이 섞여 있다. 따라서 그 농도는 도시 부근에서 크다. 오존은 파장 2,000~3,000Å의 태양자외선을 강하게 흡수하기 때문에 동식물에 해로운 자외선은 지상에 도달되지 않는다. 또 성층권에서 오존에 흡수된 태양복사가 공기를 가열하기 때문에 상부 성층권은 비교적 고온이 되어 성층권계면에서 극대(0℃ 전후)가 된다. 또, 오존의 가열작용은 성층권순환에 큰 영향을 준다. 연직공기기둥 안에 포함되는 오존을 표준상태로 환산한 총량을 오존전량이라고 정의하며 DU(Dobson units)로 표시한다. 지구대기의 오존전량은 지역과 계절에 따라 다르지만 대략 300DU이다.

오존 구멍(ozone hole) 지구의 극지역 성층권 오존층의 오존 농도가 계절적 또는 CFCs (Chlorofluoro Carbons) 등과 같은 오존 파괴물질의 영향으로 감소되어 주위 지역의 오존층보다 얇아져 있는 현상.
1970년대 후반에 급격히 오존 농도가 급격히 감소했으며 남반구의 봄철에 오존이 크게 감소한다. 북반구에도 오존 구멍이 형성되지만 남반구보다는 덜 심각하다.

오존권(ozonosphere, -圈) 지상 약 10km부터 50km 부근까지 비교적 오존 농도가 높은 대기층.
오존층이라고 한다. 오존층의 범위는 위도, 계절 그리고 기상상태에 따라 다르다. 중위도지방의 경우 오존의 최대 농도는 고도 25km 부근에 나타나며 대략 $1cm^3$당 10^{13}개의 분자가 존재한다. 그리고 오존의 최대 농도를 나타내는 고도에서 오존의 혼합비는 12ppm 정도이다. 한편 성층권에서 오존은 $0.3\mu m$ 이하의 태양복사를 흡수하여 성층권 내의 고도에 따른 기온 상승에 부분적으로 기여한다. 지표면 오존의 주요 발생원은 인공원이지만 대류권계면 접힘 시에 성층권에서 대류권으로 오존이 확산되어 오는 부분도 무시할 수 없다. 오존은 태양자외선의 광화학작용에 의하여 생성되나, 그 3차원적 분포는 성층권의 대기대순환에 의해 크게 지배된다.

오존 전량측정분광계(total ozone mapping spectrometer; TOMS, -全量測定分光計) 후방산란 자외선 측정을 통해 오존 전량을 측정하는 위성 탑재체.
미국 항공우주국 NASA의 ESSP(Earth System Sciences Program)의 일환으로 1978년 11월 Nimbus-7에 처음으로 탑재된 뒤 Meteor-3, ADEOS 등 위성에 총 4번 탑재되어 약 30년간(1978~2006) 전지구의 오존 농도를 측정하였다. 장기간의 TOMS 측정자료는 대기권 오존에 대한 이해를 높이는 데 크게 기여했고 자료분석을 통해 장기간 오존 변화경향, 오존 구멍의 발생, 오존 구멍의 회복이 밝혀졌다. 오존 전량(全量)뿐만 아니라 대류권 오존, 화산분출 SO_2, 자외선량, 홍반자외선, 지표와 구름에 의한 반사도 등이 측정된다.

오존층(ozone layer, -層) 성층권 내에 오존의 농도가 가장 높게 분포되어 있는 기층.
오존층은 지표 위 10km부터 50km까지 이어진다. 최대 오존 농도는 20~25km 고도로서 이 층이 인간에 의해 배출된 염소 및 브롬화합물 등에 의해 근래 파괴되고 있다. 해마다 남극 상공에서는 봄철에 인위적 염소화합물과 브롬화합물이 그 지역의 특정 기상조건과 결합하여 매우 심한 오존 고갈현상이 발생한다. 이 현상을 **오존 구멍**이라 한다.

오차분포(error distribution, 誤差分布) 무작위 오차의 확률분포, 즉 전형적으로 평균이 0인 정규분포.
다음과 같은 식으로 표현된다.

$$f(\nu) = \frac{1}{\sigma\sqrt{2\pi}} e^{-\nu^2/2\sigma^2} \ (-\infty < \nu < \infty)$$

여기서 ν는 무작위 오차, σ는 무작위 오차의 표준편차(σ는 일반적으로 표준오차라고 부름)이다. $f(\nu)$는 오차분포(또는 오차정규곡선)를 나타낸다.

온난고기압(warm high, 溫暖高氣壓) 중심 부근의 기온이 주위보다 높은 고기압.
상층으로 갈수록 고압성이 강화된다. 북반구의 경우 온난고기압은 태평양의 동쪽, 대서양의 동쪽 부근에서 빈번하게 발달한다. 저지고기압은 위 고기압보다 세력이 다소 약하나 전형적인 온난고기압의 특성을 보인다. 온난고기압은 자신이 거의 정체하면서 이동성 저기압의 진행을 저지하여 온난고기압의 남쪽이나 북쪽을 통하여 서에서 동쪽으로 이동하게 만든다.

온난구름(warm cloud, 溫暖-) 구름이 온도 0℃(32°F) 이하인 고도에서 존재하지 않아, 얼음입자 없이 오직 액상의 구름입자만 존재하는 구름.
온난구름 안에서 모든 강수는 병합과정에 의해 생성된다. 따라서 구름이 온도 0℃(32°F) 이하인 고도 위까지 발달할 경우에는 강수가 얼음입자로부터 생성되는 경우가 있기 때문에 온난구름이라고 볼 수 없다. 이 경우에 강수가 얼음상에서 시작할 수 있지만 온난구름 병합과정으로 성장할 수 있기 때문이다. 온난구름은 주로 열대지방이나 여름철 중위도지방에서 형성되는 구름이다.

온난역(warm sector, 溫暖域) 비야크네스(J. Bjerkness)의 저기압 모델에서 한랭전선과 온난전선의 남쪽 부분.
기온이 매우 높으며 소낙성 강수가 발생한다. 난역의 가장자리인 온난전선이나 한랭전선 부분에 비하여 수평 방향 기온경도가 매우 작다. 저기압 중심에 대한 상대적인 위치가 북반구에서는 남쪽이며 남반구에서는 북쪽임을 주의할 필요가 있다. 이 부분은 저기압이 발달함에 따라 수평적인 넓이가 점점 감소하여 저기압이 폐색되는 시기에는 지표면 부근에서 사라진다.

온난우과정(warm rain process, 溫暖雨過程) 구름물리학에 있어서 액상입자(운립, 이슬방울, 빗방울) 사이의 충돌을 통한 강우형성 과정.
온난우의 형성과정에서 우립의 성장이나 생성은 충돌과 병합에 의하여 가능하며 입자 분리 혹은 파괴과정에 의하여 우립 성장의 한계가 나타난다. 온난우과정은 충분한 구름물과 상승운동을 필요로 하며 동시에 충돌병합에 의한 성장으로 이슬방울이 우립 크기로 성장할 수 있어야 한다. 운저가 10℃를 유지하며 구름 두께가 2km 이내인 경우에 일반적으로 작용한다. 열대나 중위도지방에서 얕은 혹은 깊은 대류과정에서 발생한다. 천둥과 낙뢰를 동반하는 구름 내부에서의 온난우과정의 주요 역할은 응결입자를 낙하할 수 있게 운립 형태로 만든 다음 충돌병합과정을 통하여 이슬방울이나 우립 크기 정도로 천이시키는 것이다. 온난우 과정은 과냉각 수적을 만들 수 있는데, 이렇게 형성된 과냉각 수적은 동결하거나 싸락눈으로 변하여 대류운 상부의 2차적인 빙결핵으로 작용하여 급속하게 빙결을 촉진할 수 있다. 이러한 과정을 병합응결과정이라 한다. 온난우과정은 한자어에 기원되며 순수한 우리말로는 따뜻한비과정이라고 한다.

온난저기압(warm low, 溫暖低氣壓) 주어진 고도에서 저기압 중심부의 기온이 주위보다 높은 경우.
이러한 저기압은 상층으로 가면서 고기압으로 변하여 대류권 하층부에서만 저기압으로 관측된다. 온난고기압이나 한랭저기압에 비하여 이동속도가 매우 크다. 하루 중 강한 일사에 의하여 생성되는 사막지역에서 발생하는 저기압의 전형이다.

온난전선(warm front, 溫暖前線) 전선면을 경계로 온난한 공기가 한랭한 공기 위로 활승하는 형태를 가진 전선.
비야크네스(J. Bjerknes)가 온대성 저기압 모델을 도입하는 과정에서 처음 사용한 개념이다. 폐색전선이 이러한 형태를 가지는 경우 온난폐색이라 명명한다. 북반구 중위도지방의 경우 저기압의 동쪽에 주로 발달하여 남서쪽에서 발달하는 한랭전선과 대비된다. 온난전선면의 기울기는 약 1/100~1/300이어서 평탄한 지표면과 거의 일치한다. 즉, 기울기가 매우 작다. 강수를 고려하지 않고 기온의 연직분포만을 고려하면 안정도가 매우 높은 지역으로 전선성 안개가 발생하기도 한다.

온대(temperate zone, 溫帶) 북반구와 남반구 각각 위도 23°26′과 66°34′ 사이의 지구표면의 위도대.
수학적 기후를 나누는 3개 부분 중의 한 개로서 가장 일찍이, 가장 쉽게 기후를 구분한 것으로서 다른 두 개는 한대와 열대이다.

온대저기압(extratropical cyclone, extratropical low, 溫帶低氣壓) 열대저기압이 아닌 저기압 규모 폭풍.
보통 중위도와 고위도의 이동성 전선저기압을 가리킨다. 때로는 온대폭풍이라고도 한다. 아열대저기압을 참조하라.

온도미규모(temperature microscale, 溫度微規模) 온도요동, θ의 분산 소멸을 공식으로 표현한 미규모.

$$\varepsilon = \kappa \frac{\partial \theta}{\partial xj} \frac{\partial \theta}{\partial xj} = 6\kappa\theta^2/\lambda^2 \quad \text{또는} \quad \lambda = (6\kappa\theta^2)^{1'2}$$

여기서 κ는 열확산계수이다. 난류운동 에너지의 소멸을 다룬 테일러 미규모와 비슷하다.

온도역전(temperature inversion, 氣溫逆轉) 높이에 따라 기온이 일정하거나 상승하는 경우. 기온역전이라고도 한다. 대기층은 매우 안정하여 상승 또는 하강운동은 차단되거나 약화되고, 지표면으로부터 발생하는 먼지나 오염물질의 확산은 어렵게 된다. 일반적으로 기온역전층을 경계로 하여 바람, 수증기압, 오염농도 등의 연직변화가 크다.

온도-염분곡선(temperature-salinity curve, 溫度鹽分曲線) 수괴나 수형을 분석하기 위하여 현장에서 수심별로 관측된 수온과 염분을 대응시킨 상관곡선.
x축에는 수온, y축에는 염분을 나타낸다. 해수의 수직안정도와 수괴의 혼합도를 구하는 데 사용된다. 수온과 염분은 보존적인 특성이 있어 대기와 접촉되거나 다른 수괴와의 혼합에 의해서만 변화한다는 원리를 이용해 해수의 이동과 기원(형성 환경)을 조사하는 데에도 사용된다. 비슷한 표현으로 온도-염분선도가 사용된다.

온도이류변화(advective change of temperature, 溫度移流變化) 공기의 이류에 의하여 생긴 국지적 기온변화.
수평적 이류에 의한 변화는 보통 대류권에서 가장 중요한 요소이며, 기온의 수평경도와 경도 방향의 바람 성분의 크기에 비례한다. 연직성분의 변화는 연직속도와 정지안정도 및 대기의 포화상태에 의존한다.

온도일교차(daily range of temperature, 溫度日較差) 하루 중 최고기온과 최저기온의 차이.
일반적으로 하루 최저기온은 이른 아침에 나타나고 하루 최고기온은 정오를 조금 지나서 나타나는데, 이 두 값의 차이가 일교차가 된다. 일교차는 지형, 위도, 계절, 기상 등에 따라서 달라진다.

온도풍(thermal wind, 溫度風) 대기 상하층 사이의 지균풍 차이.

대기의 온도에 따라 기층의 두께가 변하므로 수평적으로 온도 차이가 있으면 높이에 따라 기압경도력에 변화가 생겨서 바람이 변한다. 상층에서는 한랭공기의 중심이 저기압성 소용돌이, 온난공기의 중심이 고기압성 소용돌이가 되도록 변한다. 바람은 풍속만 변하는 경우도 있으나 대체로 풍향과 풍속이 함께 변화하는 경우가 많다.

온도풍방정식(thermal wind equation, 溫度風方程式) 온도풍을 나타내는 식.
온도풍은 대기가 정역학평형과 지균평형을 이루려는 경향이 있기 때문에 나타난다. 등압면 p_0과 p_1 사이의 온도풍 벡터 $\boldsymbol{V}_T$는 두 평형방정식으로부터 다음과 같이 표현된다.

$$\boldsymbol{V}_T = \boldsymbol{V}_g(p_1) - \boldsymbol{V}_g(p_0) = R/f\boldsymbol{k} \times \nabla_p \overline{T} \ln(p_0/p_1)$$

여기서 $\boldsymbol{V}_g$는 지균풍 벡터, R은 건조공기의 기체상수, f는 코리올리 인자, $\boldsymbol{k}$는 연직 방향 벡터, ∇_p는 등압면에서의 델 연산자, $\overline{T}$는 등압면 p_0와 p_1 사이 기층의 평균온도이다.

온도효율비(temperature-efficiency ratio, 溫度效率比) 어떤 위치와 월에 대한 정상월온도의 열효율의 척도.
T-E 비라 쓰며 공식은 다음과 같다.

$$T\text{-}E \text{ ratio} = (T - 32)/4$$

여기서 T는 정상월온도(화씨)이고, 32℃ 이하의 온도는 모두 32℃로 쓴다. 이 비에 단위를 쓰지 않는다.

온습지수(temperature-humidity index, 溫濕指數) 1. 여름철 사람이 더위로 인한 불쾌감을 느끼는 정도를 나타내는 지수.
기온과 습도를 고려하여 결정된다. 이 지수의 산정식은 다양하며 활용 가능한 자료에 따라 다음과 같은 형태로 표현된다.

$$THI = 0.4(T_d + T_w) + 15$$
$$THI = 0.55T_d + 0.2T_{dp} + 17.5$$
$$THI = T_d - (0.55 - 0.55RH)(T_d - 58)$$

여기서 T_d는 건구온도(화씨), T_w는 습구온도(화씨), T_{dp}는 이슬점온도(화씨) 그리고 RH는 상대습도(%)를 의미한다. 상대습도는 십진수로 표현되는데, 예를 들어 상대습도 50%는 0.50으로 표현된다. THI 지수가 70 또는 그 이하일 경우 소수의 사람만이 불쾌감을 느끼며, 75 이상일 경우 절반, 79 이상일 경우 대부분의 사람이 불쾌감을 느낀다. 미국의 경우 이 지수가 90에 가깝게 나타나는 경우도 있다.

2. 대류운 형성의 시작을 나타내는 지수.
다음과 같이 정의한다.

$$[150.0 - sfc/100 - 2(T850 + T700 + T500)] - 100PW700$$

여기서 sfc는 지점의 고도(m)이고, $T850$, $T700$, $T500$은 각각 850hPa, 700hPa, 500hPa의 온도(℃)이며, $PW700$은 지표면과 700hPa 고도 사이의 가강수량(cm)을 의미한다. 온습지수가 큰 음의 값을 나타낼수록 대류성 강수 가능성이 증가한다.

온실가스(greenhouse gas, 溫室-) 태양복사 에너지의 짧은 파장은 투과하고 지구나 대기의 장파복사 에너지는 흡수하는 가스.
수증기, 이산화탄소, 오존, 메탄, 아산화질소, 염화불화탄소 등이 포함되며, 지표의 온도를 높이는 데 중요한 역할을 한다. 대기의 수증기를 제외하고는 모두 인간활동에 의한 방출이 중요한 부분을 차지하며, 수증기는 다른 온실가스의 증가에 의한 기온 상승이 되먹임작용을 일으켜 증가하게 된다.

온실효과(greenhouse effect, 溫室效果) 대기 중의 온실기체(수증기, 이산화탄소 등)가 적외복사를 흡수하고 재방출하여 지구를 가열시키는 효과.
대부분의 태양광은 대기를 투과하여 지구표면에 흡수되는데, 지표면에서는 에너지 균형을 유지하기 위하여, 지표온도에 해당하는 적외복사를 방출한다. 이때 지표에서 방출된 대부분의 적외복사는 온실기체에 의해 흡수되고, 다시 모든 방향으로 적외복사를 방출한다. 지표로 향하는 적외복사는 지표에 흡수되어 가열되기 때문에, 태양광의 직접적인 흡수를 통하여 얻을 수 있는 온도보다 높은 지표온도를 유도하게 된다. 이렇게 증가된 가열의 크기가 온실효과이다. 지구의 연평균 지표온도인 15℃는 지구를 흑체라 가정하고 복사평형을 통하여 도달할 수 있는 온도보다 33℃ 높은 온도이다.

온실효과강화(enhanced greenhouse effect, 溫室效果强化) 온실기체의 증가로 인한 부가적인 온실효과.
예를 들어 산업혁명 이전의 대기 중 이산화탄소 함량을 기준으로 온실기체가 두 배 증가했을 때, 온실효과강화는 약 $4W/m^2$가 된다.

온위(potential temperature, 溫位) 불포화된 건조공기덩이가 처음 고도에서 외계와 어떠한 열 교환 없이 단열적으로 이동하여 표준기압면(일반적으로 1,000hPa 고도면)에 도달할 때 공기덩이가 갖는 온도.
위치온도라고도 하며, 온위의 수학적인 표현은 다음과 같다.

$$\theta = T(p_0/p)^K$$

여기서 p_0는 표준기압(1,000hPa), θ는 온위, T는 공기덩이의 온도, 그리고 K는 푸아송 상수로 2원자로 된 기체의 정압비열에 대한 기체상수의 비로 값은 2/7로 알려져 있다. 해양학에서는 물덩이가 해면까지 단열적으로 상승했을 때 온도로 정의된다. 만약 10,000m 깊이에서는 단열냉각이 1.5℃보다 적다.

온흐림(overcast) 전체 구름양이 95~100%인 경우로 하늘에 낱개로 구름이 없는 상태. 구름층이 거의 또는 전 하늘을 덮고 있는 경우이다. 때로는 온흐림을 하늘 전체가 구름으로 덮여 있는 상태로 정의하는 경우도 있다.

옹스트롬식 보상직달일사계(Ångström compensation pyrheliometer, -式補償直達日射計) 직달 태양복사 측정을 위해 옹스트롬(K. Ångström)이 개발한 기기.
복사수신부는 동일한 두 개의 길고 가느다란 망간 조각으로 되어 있고, 그 온도는 붙여놓은 열전대에 의해서 측정된다. 한 조각은 그늘져 있고, 다른 하나는 햇볕에 노출되어 있다. 전기가열 전류를 흐르게 하여 그늘진 조각의 온도를 노출된 조각의 온도까지 상승시키며, 이때 요구되는 전력이 태양복사의 척도가 된다.

ㅇ

옹스트롬 지구복사계(Ångström pyrgeometer, -地球輻射計) 유효지구복사 측정을 위해 옹스트롬(K. Ångström)이 개발한 기기.
네 개의 작은 망간 조각으로 구성되어 있으며, 이 중 두 개는 검고, 다른 두 개는 광택을 낸다. 검은 조각들은 대기로 복사를 방출하도록 되어 있으나 광택을 낸 조각들은 보호되어 있다. 네 조각의 온도를 동일하게 하기 위해 요구되는 전력이 상향지구복사의 척도로 간주된다.

와이불 분포(Weibull distribution, -分布) 대기과학에서 흔히 사용되는 강수량, 기압값처럼 양수로만 표현되는 변수 중에서 특히 양의 왜도값을 갖는 변수의 연속분포.
또한 풍속 변동성을 다루는 경우 편리하다. 이 분포의 확률 밀도함수는 다음과 같다.

$$f(x) = \left(\frac{\alpha}{\beta}\right)\left(\frac{x}{\beta}\right)^{\alpha-1}\exp\left[-\left(\frac{x}{\beta}\right)^{\alpha}\right]$$

위에서 α와 β는 와이불 분포의 형태를 결정하는 매개변수다. α가 1인 경우 와이불 분포는 감마 분포와 동일하다. $\alpha=3.6$인 경우 와이불은 가우시안 정상분포와 유사하다. 규모변수 β는 주어진 α에 대한 기본함수를 x축에 대하여 확장 혹은 축소한다.

완전예단(perfect prognostic, 完全豫斷) 수치모형의 결과를 보완하여 정확한 날씨예보를 도와주는 통계기법.
완전예상이라고도 한다. 완전예단 기법은 예측하고자 하는 날씨변수와 수치예보모형이 계산하는 관측수들을 예측인자로 하여 선형/비선형 회귀식 혹은 다른 통계적 방법을 이용하여 통계적 관계를 얻어낸 후, 수치예보모형이 산출한 변수들을 이 통계식에 적용하여 날씨 요소를 생산하는 방법이다. 이 방법은 모형의 예측결과가 완벽하다는 가정을 내포하고 있기 때문에 완전예단이라 부른다. 모형산출 통계기법은 예측량을 실제 모형의 산출 결과를 이용하여 통계적 관계식을 찾는 반면, 이 방법은 관측변수들을 예측인자로 하여 통계적 관계식을 찾는다는 점에서 차이가 있다.

완화(abatement, 緩和) 인간, 동물, 식물, 또는 구조물들에게 해로운 것으로 간주되는 대기상태가 감소되거나 줄어드는 것.
대기오염 기상학에서 오염물질로 간주되는 공기 속의 그러한 화학물질의 최대강도, 발생기간, 평균 농도 또는 노출의 감소와 연관성이 있다.

완화시간(relaxation time, 緩和時間) 일반적으로 환경의 어떤 불연속적 변화에 노출된 시스템이 전체 상태변화에서 분율 $(1-e^{-1})$ 혹은 바꾸어 말해 약 63%만큼의 변화량에 필요한 시간 간격.
이러한 경우 무한히 긴 시간이 흐른 뒤에 나타날 수도 있다. 예를 들어, 온도가 $T1$인 욕실 욕조 속에서 초기에 평형을 이룬 온도계를 온도가 $T2$인 욕조 속에 갑자기 집어넣게 되면, 시간에 따라서 기하급수적인 온도변화를 보일 것이다. 이론적으로는 $T2$는 무한히 긴 시간 후의 새로운 온도가 될 것으로 가정된다. 온도계가 상당한 변화$(T1-T2)(1-e^{-1})$를 보이는 데 필요한 유한한 시간 간격을 온도계의 열 완화시간이라 하고, 때때로 $(1-e^{-1})$ 대신에 9/10라는 분수가 사용된다. 그러므로 상황을 언제든지 점검해서 특정 경우에 이용되는 정의에 맞도록 해야 한다. 비감쇠(非減衰) 기기에 대해서는 정의도 변할 수가 있다. 그런 기기의 상태변화는 여러 번 변화한 뒤에야 비로소 최종값에 도달하게 될 것이다.

외기권(exosphere, 外氣圈) 대기의 가장 바깥 부분 또는 가장 꼭대기 부분.
외기권의 아래 경계가 임계탈출고도인데, 이 고도는 보통 지표면으로부터 500~1,000km 위에 위치한다. 외기권에서는 공기밀도가 너무 낮아 개별입자의 **평균자유행로**는 매우 크다. 이 평균자유행로는 방향에 따라 달라지는데, 위로 이동하는 입자의 평균자유행로가 가장 크다. 대기 기체들이 어느 정도 외부 공간으로 탈출할 수 있는 것은 외기권에서만 가능하다. 외기권은 중력분리의 작용에 의해 질량이 작은 수소, 헬륨 등 플라스마(정리 이온과 자유전자의 집하)로 구성되어 있다.

외력(external forcing, 外力) 관심 영역의 외부로부터 대기에 주어지는 경계조건(예 : 표면에 대한 표면항력) 또는 물체힘(예 : 공기 중에 장파복사에 의한 가열).
정확한 정의는 다루고자 하는 문제의 스케일에 따라서 다르다. 예를 들면 대기경계층의 경우 기상학자에게는 지균풍을 외력이라 할 수 있지만, 대기대순환 연구자에게는 태양에 의해 주어진 외력이 유도한 내부변수로서 지균풍을 취급한다.

외전(abduction, 外轉) 잘못된 결론을 유도할 수 있는 관측으로만 설명하는 가설적 진전. 전문가 체계에서 진단적으로 자주 사용되어 나타날 수 있다. 예컨대 마이크로 버스트에 의한 순간돌풍을 토네이도 초기상태에 속하는 것으로 설명하는 잘못된 가설적 진전을 들 수 있다.

외접무리(circumscribed halo, 外接-) 태양고도가 대략 30°와 75° 사이의 광원 상하각(양각)이 되었을 때 안무리의 상단 접호와 하단 접호가 합쳐진 안무리의 바깥쪽에 나타나는 무리. 완전히 발달된 22° 각도의 접호에 붙여진 서술적 명칭이다. 태양고도가 60° 정도가 되면 타원형을 이루나 75° 이상이 되면 원형이 되어 안무리와 거의 완전하게 맞닿아 양자의 구별이 어려워진다. 외접무리의 생성은 안무리와 마찬가지로 빛의 굴절 및 반사가 원인이 된다. 이 정도 상승각에서는 상하 22° 각도의 접호들이 모여 22° 헤일로(22°무리)에 외접하는 강낭콩모양의 헤일로(무리)를 형성한다. 가끔 외접무리란 용어를 22° 접호와 혼동하여 잘못 사용되기도 한다.

요동(perturbation, 搖動) 어떤 계의 가정된 정상상태로부터의 이탈.
섭동이라고도 한다. 그 크기는 작은 값으로 간주하여 종속변수들 사이의 곱으로 나온 항들을 무시한다. 그러므로 요동은 작은 요동의 동의어로 사용한다. 요동은 공간의 한 점 또는 유한한 부피에 집중하여 있다고 볼 수 있다. 그것은 파일 수도 있고, 회전체에서는 회전축에 대칭일 수 있고, 공기덩이 방법에서 변위일 수 있다. 불안정도 문제의 수학에서는 섭동기법으로 쓰인다. 종관기상학에서는 대기의 주요 동서류 흐름 내의 동서류로부터 이탈로 사용된다. 요란을 참조하라.

요란(disturbance, 搖亂) 정상상태가 불안을 일으키거나 붕괴되는 현상.
기상학에서는 요란을 다음과 같은 몇 가지의 뜻을 의미한다. (1) 보통은 규모가 작고 영향이 적은 저기압, (2) 바람, 기압 등 날씨가 저기압성 순환을 보이는 곳(열대저기압 참조), (3) 일기(즉, 구름양과 강수)의 요란상태와 관련된 기류나 기압의 편차, (4) 대기의 주된 순환 내의 각 순환 시스템. 요동을 참조하라.

요정(sprite, 妖精) 활발한 뇌우 바로 위에 나타나 구름-지면 사이 섬광 또는 구름속 번개섬광과 일치하는 약한 발광 방출.

요정의 공간 구조는 작고 연직으로 늘려진 한 개 또는 여러 개 점에서부터 위아래 흐릿한 돌출점, 구름 꼭대기서부터 약 95km 고도까지 연장된 밝은 무리까지의 범위이다. 요정은 압도적으로 붉다. 가장 밝은 지역은 고도 65~75km 범위에 있다. 그 이상의 고도에서는 약 90km까지 가끔 늘어진 흐릿한 붉은 노을이나 다발 구조를 가진다. 밝고 붉은 지역 이하는 덩굴손 같은 푸른 섬유 구조가 가끔 40km까지 늘어져 내려온다. 고속광도계가 측정한 것에 의한 요정의 지속시간은 단지 2~3밀리초이다. 최근 증명한 바로는 요정은 뇌우의 소멸 부분에서 먼저 발생하고 큰 양의 **구름-지면 사이 섬광**과 관련된 것으로 추정한다. 별빛 강도의 표와 비교하여 추정하면 요정무리의 광학적 강도는 중간 밝기의 극광호와 비슷하다. 광학 에너지는 발생당 약 10~50kJ이며, 이것은 5~25MW 광학 공률과 맞먹는다.

용량수정(capacity correction, 容量修正) 조절 불가능한(고정된) 수조가 설치된 수은기압계에 따른 수조 수위의 변화를 보전할 목적으로 적용하는 보정치.
따라서 압력이 하락하면 수조의 높이가 상승하는데, 이것은 기압계 관과 해당 수조 사이에 수은이 교환되기 때문이다. 본 보정은 큐 기압계처럼 척도가 보정이 되는 경우에는 필요하지 않다.

용승(upwelling, 湧昇) 해양에서 하층의 물이 표면으로 상승하는 현상.
일반적으로 바람에 의해 표층의 발산이 일어날 경우 이를 보충하기 위해서 하층의 물이 상승한다. 북반구에서 대륙의 동(서)쪽에서 남(북)풍이 불 경우 **에크만 수송**에 의해 상층의 물이 외해로 이동하고 이를 메우기 위해 하층의 물이 표층으로 상승하면서 발생한다. 저기압과 **열대수렴대**(ITCZ)에서 표층의 발산이 일어날 경우에도 발생한다. 상승된 물은 수온이 낮고 영양염류가 풍부하여 표층 수온을 하강시키고 일차생산을 증가시켜 어장 형성에 도움을 준다. 우리나라 동해안에서 여름철 남풍이 불 경우 종종 발생하며 이때 연안을 따라 큰 수온 하강이 관측된다.

용오름(waterspout, 龍-) 일반적으로 수괴상의 여하한 형태의 토네이도.
가장 일반적인 형태로 수면상의 비초월 셀의 토네이도를 말한다. 이러한 현상은 기둥모양(주상형태)의 수면상의 소용돌이도 혹은 와도와 초월구름에 도달한 와도로 구성된다. 용오름은 다음 5단계를 거친다. (1) 매우 어두운 장소의 출현, (2) 나선 형상, (3) 물보라 반지 형태 단계, (4) 성숙 혹은 물보라-소용돌이도 단계, (5) 소멸 단계. 용오름은 아열대지방의 더운 계절에 가장 흔하며 전지구적으로 플로리다 하부 키이 지방에서 빈번하다. 깔때기 구름의 직경은 수 미터에서 100m에 이르며 이보다 큰 경우도 있다. 시간상의 생애는 약 5~10분이다. 특이한 경우 1시간 이상 지속되는 수도 있다.

우도함수(likelihood function, 尤度函數) 최대우도 추정 시에 설정되는 함수.
여기서 우도는 모집단의 각 모수값에 대해 관측된 확률변수의 확률값이다. 모수가 θ인 모집단에

서 표집한 확률변수 X의 값이 $x_1, x_2, x_3, \ldots, x_n$이고, 서로 독립인 경우에 이들 확률, 즉 $f(\theta|x_i)$의 곱으로 주어지며 다음과 같이 나타낼 수 있다.

$$f_n(\theta|x_1, x_2, \ldots, x_n) = f(\theta|x_1)f(\theta|x_2)\ldots, f(\theta|x_n) = \prod_{i=1}^{n} f(\theta|x_i)$$

여기서 x_i는 측정에서 얻어지므로 구해야 할 미지수는 모수 θ이다. 따라서 f_n은 θ의 함수이므로 우도함수는 다음과 같이 기술한다.

$$L(\theta) = f_n(\theta|x_1, x_2, \ldots, x_n) = \prod_{i=1}^{n} f(\theta|x_i)$$

우량계수(pluviometric coefficient, 雨量係數) 어느 관측소의 어떤 월에 대해 연 표준강수의 12분의 1에 대한 월 표준강수의 비.
영문 용어로는 'hyetal coefficient'라 하기도 한다. 총체적으로 우량계수를 연 강수량의 각 월별 몫으로 생각하면, 12개 우량계수들은 연 표준강수의 표준 월별 분포를 나타낸다.

우량적도(hyetal equator, 雨量赤道) 각 반구의 저위도에서 강우량의 연간 시간적 분포를 대표하는 두 지대 사이에서 지구를 둘러싸는 선(또는 전이지역).
이것은 기상학적 적도의 한 형태이다. 우량적도는 지리적 적도보다 약간 북쪽에 위치해 있는데, 가장 북쪽으로는 남아메리카의 오리노코 강(Orinoco River)의 하구 근처(약 10°N)에 위치한다. 우량적도는 열대우림지대의 중심 근처에 위치하는데, 여기에는 두 우기와 하나의 주 건기가 있고 건기는 해당 반구의 겨울철에 발생한다.

우박(hail, 雨雹) 구름 내의 작은 구름물방울이 구름빙정입자에 충돌 · 결착되어 생기는 것.
큰 우박을 쪼개 보면 흰 층과 투명한 층이 교대로 짜여 있고, 속과 겉이 바뀐 듯한 구조를 하고 있는 경우가 많다. 주로 공이나 불규칙한 큰 얼음덩이 모양을 하고 있으며 주로 대류운으로부터 형성된다. 주로 지름이 5mm 이상인 얼음덩이를 우박으로 분류하며 5mm 작은 덩이는 싸락눈으로 분류된다. 강한 상승류, 큰 수함량, 큰 물방울을 가지고 높이 발달하는 적란운으로부터 우박은 잘 형성된다. 우박은 동물, 식물, 빌딩, 비행기 그리고 농작물에 큰 피해를 끼치기 때문에 인공적으로 우박을 줄이려는 연구가 활발하다.

우박단계(hail stage, 雨雹段階) 공기덩이 상승 시 공기덩이의 온도가 전에 생긴 빗방울이 모두 얼어버릴 때까지 빙결점에 머문다고 보는 개념 모델의 한 부분.
상승곡선의 기타 부분으로는 건조단계, 눈단계 및 비단계가 있다.

우박덩이(hailstone, 雨雹-) 개개 우박입자를 가리킴.
최소 지름이 5mm 정도이며 크게 발달하면 지름이 15cm를 초과하기도 한다. 많은 우박입자들은 구형이거나 원뿔형 구조를 따르지만 특정지을 수 없는 불규칙한 형태를 보이기도 한다. 구형의 우박을 쪼개 보면 많은 기포를 포함하고 있는 흰 층과 투명한 층이 교대로 짜여 있고, 속과 겉이 바뀐 듯한 구조를 하고 있는 경우가 많다. 흰 층은 우박이 건조 성장할 때, 투명한 층은 우박이 습윤 성장할 때 형성된다. 하지만 원뿔형 우박덩이는 바닥이 아래로 향한 채 일정한 자세로 낙하하며 크기가 작고 흰 층과 투명한 층이 교대로 나타나는 구조를 보이지 않는다. 불규칙한 형태의 우박은 빈번하게 물갈퀴 구조를 보인다. 우박덩이는 빙정입자에 물입자가 결착되면서 성장하게 된다. 어떤 우박덩이는 액체상의 물을 포함할 수 있고, 이로 인해 액체상과 고체상의 물이 공존하는 부분을 가질 수 있다. 대부분의 우박덩이는 밀도가 0.8g cm^{-3}를 초과하나 작은 우박덩이는 0.8g cm^{-3}보다 훨씬 작은 밀도를 보이기도 한다.

우(세)시정(prevailing visibility, 優(勢)視程) 기상관측 수행 시 수평원을 기준으로 절반 또는 그 이상의 지역에서 최대로 멀리 보이는 수평 시야.
수평원은 지속적으로 절반일 필요는 없다. 시정이 빠르게 바뀔 경우, 관측이 수행되는 동안의 우시정을 평균한다. 이 평균값이 지상에서의 기상관측값이 된다. 만약 이 값이 7마일(약 11km) 미만이라면, 날씨의 종류 또는 시야 방해물을 설명할 수 있어야 한다.

우적계(disdrometer, 雨適計) 강수입자의 크기를 측정하고 기록하는 기계.
강수입자의 크기는 입자가 가지는 운동량으로부터 결정이 되고, 이들 결정된 크기에 따라 강수입자의 숫자를 계산해 강수입자의 크기 분포를 도출하게 된다. 이때 운동량은 강수입자가 우적계의 일부로 지표에 설치되어 있는 평평한 판으로 된 감지기에 닿을 때 측정이 된다.

우주 선(cosmic ray, 宇宙線) 우주공간에서 지구자장의 영향을 받아 대기 중으로 들어오는 고에너지(1GeV=10^9eV 이상)의 입자.
1차 우주 선과, 1차 우주 선이 성층권에서 대기의 분자들과 충돌하여 발생하는 저에너지의 2차 우주 선으로 구성된다. 1차 우주 선의 약 90%는 양자(수소원자의 핵)이지만 헬륨이나 헬륨보다 무거운 원자핵도 포함된다. 1차 우주 선의 대부분은 신성이나 초신성이 폭발할 때에 발생하며, 우주 공간에 있는 플라스마 구름의 성간물질에 의한 자장의 페르미 가속에 따라서 가속되어 고에너지를 갖게 된 것이다. 이 외에 태양 플레어에 의해 비교적 저에너지를 갖는 입자복사는 태양우주 선 또는 준(準)우주 선이라고 불린다. 지구자장의 영향으로 그것의 강도는 극지방에서 최대가 된다. 지구상에서 관측되는 우주 선의 강도는 캐스케이드 샤워를 반복하여 다수의 전자와 감마선으로 되어 마치 용이 하늘에서 지상으로 내려오듯이 쏟아진다.

운고계(ceilometer, 雲高計)　구름의 존재와 운량을 탐지하고, 구름밑면의 높이를 측정하기 위한 전자동으로 조절하는 원격탐사 측정기기.
대부분의 권운같이 광학적으로 옅은 구름의 경우, 1개 이상의 구름층이 탐지되지만, 액상수 층운처럼 광학적으로 두꺼운 구름이 있을 때는 측정 광선이 구름의 가장 낮은 액체층 밑단을 넘어 투과할 가능성이 없다. 레이저 운고계는 강력한 펄스의 빛을 매우 좁게 조준하여 투사하는 수직 방향의 빔을 이용하는데 송신기와 수신기를 함께 장착하고 있다. 따라서 구름밑면 높이는 시간-높이 구간의 영상의 다양성을 모사하거나 후방산란광의 세기를 수직고도에 따라 그래프로 표시할 수 있다. 구형 운고계는 개별 송수신 장치를 이용하며 주간 또는 야간에 별도로 작동할 수 있도록 고안되어 있다.

운동량(momentum, 運動量)　물체의 질량과 속도의 곱으로 주어지는 물리량으로 벡터.

운동량보존(conservation of momentum, 運動量保存)　외부 강제력이 작용하지 않을 때 절대 운동량은 생성 또는 소멸되지 않는다는 원리.
운동량은 질량과 속도의 곱으로 표시되며, 단위는 Ns 또는 kg ms^{-1}이다.

운동량 플럭스(momentum flux, 運動量-)　단위시간에 단위면적에 미치는 운동량.
그 단위는 단위면적에 대한 힘, 즉 응력과 같다.

운동방정식(equation of motion, 運動方程式)　뉴턴의 제2법칙을 유체 시스템에 적용시켜 나타낸 유체역학방정식.
이 식은 개개 유체입자의 총가속도를 유체입자에 작용하는 힘들의 합과 같게 놓은 방정식이다. 지구에 관하여 고정된 좌표계에서 운동 중인 단위질량의 유체에 대하여 표현한다면, 대기에 대한 벡터 운동방정식은 다음과 같다.

$$\frac{D\boldsymbol{u}}{Dt} = -\frac{1}{\rho}\nabla p - 2\boldsymbol{\Omega} \times \boldsymbol{u} - g\boldsymbol{k} + \boldsymbol{F}$$

여기서 $\boldsymbol{u}$는 3차원 속도 벡터, $\boldsymbol{\Omega}$는 지구의 자전각 속도 벡터, $\boldsymbol{k}$는 연직 위로 향한 단위 벡터, ρ는 밀도, p는 압력, g는 중력가속도, $\boldsymbol{F}$는 단위질량당 마찰력이다. 경도 λ, 위도 ϕ, 지구 중심으로부터의 반경 r을 좌표로 하는 구좌표계(λ, ϕ, r)에서 스칼라 운동방정식에 대한 일반적 형태는 다음과 같다.

$$\frac{\partial u}{\partial t} + u\frac{\partial u}{r\cos\phi\,\partial\lambda} + v\frac{\partial u}{r\,\partial\phi} + w\frac{\partial u}{\partial r} + \frac{1}{\rho}\frac{\partial p}{r\cos\phi\,\partial\lambda} - \left(2\Omega + \frac{u}{r\cos\phi}\right)(v\sin\phi - w\cos\phi) = F_\lambda$$

$$\frac{\partial v}{\partial t}+u\frac{\partial v}{r\cos\phi\,\partial\lambda}+v\frac{\partial v}{r\partial\phi}+w\frac{\partial v}{\partial r}+\frac{1}{\rho}\frac{\partial p}{r\partial\phi}+\left(2\Omega+\frac{u}{r\cos\phi}\right)u\sin\phi+\frac{vw}{r}=F_\phi$$

$$\frac{\partial w}{\partial t}+u\frac{\partial w}{r\cos\phi\,\partial\lambda}+v\frac{\partial w}{r\partial\phi}+w\frac{\partial w}{\partial r}+\frac{1}{\rho}\frac{\partial p}{\partial r}-\left(2\Omega+\frac{u}{r\cos\phi}\right)u\cos\phi-\frac{v^2}{r}+g=F_r$$

대부분의 전구 수치예보모형과 대기대순환모형은 위의 비정역학 원시방정식의 근사 형태를 사용한다. 이 근사 형태는 연직운동방정식을 정역학방정식으로 근사시키고 $r=a+z$를 $r\approx a$로 근사시킨 것인데, 여기서 a는 지구 중심으로부터 평균해면까지의 일정한 지구반경이고 z는 평균해면으로부터의 고도이다. 이 근사를 하면 다음과 같은 준정적 원시방정식을 얻는다.

$$\frac{\partial u}{\partial t}+u\frac{\partial u}{a\cos\phi\,\partial\lambda}+v\frac{\partial u}{a\,\partial\phi}+w\frac{\partial u}{\partial z}+\frac{1}{\rho}\frac{\partial p}{a\cos\phi\,\partial\lambda}-\left(2\Omega+\frac{u}{a\cos\phi}\right)v\sin\phi=F_\lambda$$

$$\frac{\partial v}{\partial t}+u\frac{\partial v}{a\cos\phi\,\partial\lambda}+v\frac{\partial v}{a\,\partial\phi}+w\frac{\partial v}{\partial z}+\frac{1}{\rho}\frac{\partial p}{a\,\partial\phi}+\left(2\Omega+\frac{u}{a\cos\phi}\right)u\sin\phi=F_\phi$$

$$\frac{1}{\rho}\frac{\partial p}{\partial r}+g=0$$

운동 에너지(kinetic energy, 運動-) 운동의 결과로서 물체가 갖는 에너지이며 질량과 속도의 제곱을 곱하여 그것의 2분의 1로 정의.

$$\frac{1}{2}m'v^2$$

유체덩이의 단위부피에 대한 운동 에너지는 $(1/2)\rho v^2$이며, 여기서 ρ는 밀도이며 v는 유체의 속도이다. 그러나 좌우로 진동하는 진자와 같이 물체의 운동상태가 중력이나 전기력 · 자기력 등과 같은 물체의 위치만으로 정해지는 힘의 영향을 받는 경우에는 운동 에너지의 변화가 위치 에너지로 저장되며, 반대로 물체의 위치 에너지가 줄면 그만큼 운동 에너지가 늘어 둘의 합이 항상 일정하게 보존된다. 이 관계를 역학적 에너지 보존법칙이라 한다. 위치 에너지를 참조하라.

운동학(kinematics, 運動學) 힘, 운동량 혹은 에너지에 관계 없이 순수 운동의 성질을 묘사하는 역학의 분야.
동력학이라고도 한다. 전이, 이류, 와도 및 변형이 운동학적 변수의 예들이다.

운동학적 경계조건(kinematic boundary condition, 運動學的境界條件) 고체 경계에 직각 방향으로 작용한 유체속도는 경계면 위에서는 없다는 가정을 하는 조건.
이것은 수학적으로 다음과 같이 표현된다.

$$\boldsymbol{n}\cdot\boldsymbol{u}=0$$

여기서 n은 고체면에 직각 방향의 단위 벡터이고, u는 유체속도 벡터이다. 기상학에서 이 경계조건은 지구표면에서 흐름을 고려할 때 자주 적용이 된다. 경계가 유체표면이나 경계면에 놓여 있을 때 경계면을 가로지르는 속도들의 차이 벡터에 적용하여 경계면에서 운동이 있더라도 항상 같은 유체덩이로 구성되어 있도록 한다. 보통 이 조건이 전선이나 여러 불연속면에서 적용된다.

운동학적 플럭스(kinematic flux, 運動學的-) 단위시간당, 단위면적당 어떤 변수의 전달양(역학적 플럭스)을 대기밀도로 나눈 값.
결과적으로 운동학적 플럭스는 속도와 전달되는 어떤 변수의 곱으로 표현된다. 예를 들어 연직 난류열 플럭스는 $\overline{w'\theta'}$이다. 반면 평균 바람에 의한 연직적 열 플럭스는 $\overline{w'}\,\overline{\theta}$이다. 여기서 w는 연직속도이고 θ는 온위, 오버 바(¯)는 평균을 의미하고, 프라임(')은 평균으로부터의 편차를 의미한다. 운동학적 플럭스는 역학적 플럭스(J $m^{-2}s^{-1}$)보다 온도나 바람 같은 쉽게 측정되는 변수들과 더 밀접하게 관련되어 있다. 통계적으로 운동학적 플럭스는 공분산들이다.

운반(conveyance, 運搬) 에너지 경도 S_f의 제곱근에 대한 흐름의 통로에서의 방전 Q의 비. 전달이라고도 하며, 개수로 흐름에 이용된다. 매닝 방정식에서 다음과 같이 표현될 수 있다.

$$K = \frac{Q}{S_f^{1/2}} \quad \text{또는} \quad Q = KS_f^{1/2}$$

또한

$$K = \left(\frac{1}{n}\right) AR^{1/2}$$

여기서 n은 매닝의 거칠기계수(흐름의 저항을 가리킴)이며 A는 흐름 통로의 단면적이다.

웅대적운(cumulus congestus, 雄大積雲) 강하고 거대하게 발달한 적운.
구름의 최상부는 6km 정도 되고, 웅대적운은 보통 적운이 발달해 형성되거나 고적운의 탑상운, 층적운의 탑상운에서 형성될 수 있다. 웅대적운은 충분히 불안정한 상태의 구름 윗부분이 둥그스름한 적운형에서 확산해 권운으로 변해 가는 적란운을 발달시킬 수 있다. 웅대적운은 연직적으로 강한 상승발달을 동반하며 상부 부분은 양배추모양을 하고 있는 경우가 많다. 연직적으로 발달하며 일부분은 구름의 주 본체로부터 떨어져 나가 미류운(virga, 尾流雲)을 이루다 급속히 사라져 가기도 한다. 웅대적운이 더욱 발달하게 되면 많은 빙정이 구름상부에 존재하게 된다. 이때 구름 상부에 실사모양 구조가 형성되면서 적란운으로 전이되기도 한다.

워커 순환(Walker circulation, -循環) 적도를 따라 형성된 직접순환세포로 서태평양 온난해역과 동태평양 냉수역대를 연결하는 적도 동서방향순환을 지칭.

이 순환세포의 변동은 남방진동과 관련된다. 워커 순환은 때로 모든 동서적도순환의 고리들을 표현할 때 사용하기도 한다.

워크먼-레이놀즈 효과(Workman-Reynolds effect, -效果) 소량의 불순물을 포함하는 물의 빙결과정에서 발생하는 전하 분리현상.
1950년에 워크먼(Walkman)과 레이놀즈(Reynolds)가 발견하였다. 극소량의 염류가 녹아 있는 용액이 급속하게 어는 과정에서 물의 액상과 고체상 사이에 강한 전위차가 발생하는데, 특정 염류의 경우 고체인 얼음이 음의 전하를 띠나 다른 염류의 경우 양의 전하를 띠게 된다. 이러한 기구는 천둥번개 구름의 전하 축적에 기여한다고 본다. 하지만 싸락눈의 착빙과정에서 발생하는 전하분리를 설명하지는 못하는 것으로 알려졌다. 이유는 전하를 띤 수적의 표면이 언 다음 파열되어 나가는 시간이 무척 짧아서 전하 분리에 요구되는 시간을 만족하지 못한다. 워크먼-레이놀즈 효과는 천둥번개 구름 내부의 눈입자나 우박입자들이 과냉각 수적을 포획하는 하강기류가 강한 지역의 전하 분리를 설명할 수 있다. 액상 필름의 부분 빙결과 파쇄가 전하 분리로 이어진다. 뉴멕시코 지역에서 빈번하게 관측되는 수분 없이 성장하는 싸락눈의 대전현상을 고려하여 레이놀즈(1952)는 이 기구의 대기현상 적용에 의문을 제시하였다. 이는 물방울 성장을 취급하는 레이놀즈 효과와 혼돈하지 않아야 할 것이다.

ㅇ

원격상관(teleconnection, 遠隔相關) 어느 지역의 기후변동이 다른 지역의 변동과 관련되어 나타나는 현상.
예로서 원격상관으로는 타히티와 오스트레일리아의 다윈(Darwin)의 기압이 서로 음의 상관을 보이는 남방진동(Southern Oscillation)을 들 수 있다. 엔소(ENSO)에 의해 영향을 받는다고 알려진 PNA 패턴(Pacific-North American Pattern)도 원격상관의 하나의 사례이다. 원격상관이 나타나기 위해서는 어느 한 지역의 기후변동이 다른 지역으로 전파되어야 한다. 연구에 의하면 많은 경우가 행성파 혹은 로스비 파에 의해 전지구로 그 영향이 전파된다고 한다. 여러 지역 사이의 동시 상관계수나 지연 상관계수 등을 이용하여 원격상관 패턴을 찾을 수 있다. 엔소는 전지구 원격상관을 유도하는 대표적인 현상이다.

원격탐사(remote sensing, 遠隔探査) 해당 대상에 물리적인 접촉 없이 대상의 성질에 관한 정보를 획득하는 방법.
서로 떨어져 있는 두 물체가 중간 매질을 거치지 않고 원격작용 원리를 이용한 탐측방법으로서 두 물체를 근원으로 전파해 온 전자파(전자파)나 음파를 이용하여 상호 간의 성질에 관한 정보를 파악하는 과학적 방법이다.

원기둥좌표(cylindrical coordinates, 圓-座標) 공간에 있는 한 점의 위치가 다음 요소에 의해 결정되는 곡선좌표계.

(1) 주어진 선으로부터의 직각 거리, (2) 이 주어진 선에 직각으로 선택된 기준 평면으로부터의 거리, (3) 이 기준 평면 위에 투영될 때 선택된 기준선으로부터의 거리. 이와 같이 결정되는 좌표계가 원기둥좌표를 형성한다. 통상적인 표기방법으로 이 원기둥좌표는 (r, λ, z)로 표현되는데, 여기서 r은 원기둥의 z축으로부터의 반경 방향 거리이고 λ는 z축에 직각인 원기둥 단면에 있는 기준선으로부터의 각 위치 즉 방위각 방향의 각이다. 원기둥좌표계(r, λ, z)와 직각 카테시안 좌표계(x, y, z) 사이의 관계는 다음과 같다.

$$x = r\cos\lambda$$
$$y = r\sin\lambda$$
$$z = z$$

원기둥좌표계에서 몇 가지 벡터 연산은 다음과 같다.

$$\nabla\phi = \boldsymbol{i}\frac{\partial\phi}{\partial r} + \boldsymbol{j}\frac{1}{r}\frac{\partial\phi}{\partial\lambda} + \boldsymbol{k}\frac{\partial\phi}{\partial z}$$
$$\nabla\cdot\boldsymbol{V} = \frac{1}{r}\frac{\partial(ru)}{\partial r} + \frac{1}{r}\frac{\partial v}{\partial\lambda}$$
$$\boldsymbol{k}\cdot(\nabla\times\boldsymbol{V}) = \frac{1}{r}\frac{\partial(rv)}{\partial r} - \frac{1}{r}\frac{\partial u}{\partial\lambda}$$
$$\nabla_h^2\phi = \frac{1}{r}\frac{\partial}{\partial r}\left(r\frac{\partial\phi}{\partial r}\right) + \frac{1}{r^2}\frac{\partial^2\phi}{\partial\lambda^2}$$

여기서 u, v는 각각 반경 방향과 방위각 방향 속도성분이고 $\boldsymbol{i}, \boldsymbol{j}, \boldsymbol{k}$는 각각 반경 방향, 방위각 방향, 위쪽 방향 단위 벡터이다.

원뿔형(coning, 圓-型) 연기기둥(연기깃털)의 중심선으로부터 대기오염물질의 연직분산과 옆분산이 거의 같은 경우.

이는 통계적으로 중립적인 조건하에서 발생한다(정적안정도 참조). 점오염원으로부터 발생한 오염물질이 바람을 타고 이동할 때, 연기기둥의 포락선(包絡線, 육안으로 보이거나 중심선에서 밀도의 백분율 감소에 의해 측정되는)이 원뿔 형태를 나타내게 된다. 역으로 원뿔형 연기기둥의 관측은 해당 지역에서 주변공기가 통계적으로 중립적임을 알려주는 지표로 이용될 수 있다. 부채형, 고리형, 가라앉음형, 상승형을 참조하라.

원시방정식(primitive equation, 原始方程式) 유체의 속도성분이 주요 종속변수인 유체의 오일러 운동방정식.

이 원시방정식은 다양한 유체운동을 지배하며, 대부분 유체역학적 분석의 근간이 된다. 기상학에서는 종종 여과근사(filtering approximations)를 적용하여 저기압 규모의 운동에 바로 적용하여 사용하기도 한다. 원시방정식은 전지구대기운동을 근사하는 비선형미분방정식으로 구성되어 있으며, 대부분 수치모형에서 사용되고 있다. 원시방정식은 다음 3개의 주요 방정식들로 구성되어 있다.

1. **운동량 보존** : 연직운동이 수평운동보다 작다는 정압 가정과 유체의 깊이가 지구의 반경에 비해 매우 작다는 가정 아래 구체 표면에서 유체역학적 흐름을 묘사하는 나비에-스토크스 방정식으로 구성됨.
2. **열 에너지 방정식** : 모든 열원과 열 흡수원에 이르기까지 시스템의 모든 온도에 관련된 사항.
3. **연속방정식** : 질량보존을 나타내는 식.

원시방정식은 흐름의 위도적 구조를 결정하는 분석을 위한 고윳값 문제인 라플라스 조석운동을 나타내기 위해 선형화하기도 한다. 일반적으로 거의 모든 원시방정식은 5개의 변수, u, v, ω, $T\,W$의 시공간적인 전개를 나타낸다. 이 원시방정식은 빌헬름 비야크네스(Vilhelm Bjerknes)에 의해 처음 소개되었다.

원심력(centrifugal force, 遠心力) 회전하는 물체의 질량을 회전축 바깥 방향, 방사 방향으로 편향시키는 회전체에서의 겉보기힘.
따라서 단위질량당 힘의 크기는 $\omega^2 R$로서 여기서 ω는 회전 각속력이고 R은 경로의 곡률반경이다. 즉, 반지름이 R인 원을 그리며 일정한 각속도 ω로 회전하는 공을 생각하면 공의 속력은 일정하나 공의 방향은 계속 변하므로 공의 속도는 일정하지 않다. 이 힘을 선형속력 V의 크기로 보면 V^2/R로 나타내고, 이 (단위질량당) 힘은 구심력과 크기는 같고 방향은 반대이다. 지구축을 중심으로 회전하는 지표면과 대기에 대한 원심력은 중력장을 형성하기 위하여 지구중력장과 연결된다.

원일점(aphelion, 遠日點) 태양 주위를 공전하는 혹성 및 혜성이 공전궤도상에서 가장 멀리 떨어지는 위치.
궤도 장경상에서 근일점의 반대쪽에 있다. 지구의 경우 7월 3일경에 원일점에 달하여 태양과의 거리가 152.0×10^6km가 되고, 1월 3일경에 근일점에 달하여 태양과의 거리가 147.0×10^6km가 된다.

원천(source, 源泉) 발원을 참조.

원통도법(cylindrical projection, 圓筒圖法) 공모양의 지구를 실린더에 투사시키는 지도투사법의 한 형태.
이때 실린더는 지구와의 접촉이 지구의 대원에 접하거나 또는 지구의 두 개의 위도를 따라 접하게 된다.

원편광회복률(circular depolarization ratio; CDR, 圓偏光回復率) 원편광된 신호가 전송될 때, 전송 채널에서 수신된 일률의 이중 채널 레이더의 직교 채널에서 수신된 일률에 대한 비율. 대기수분현상으로부터 후방산란된 원편광 신호의 더 강한 성분이 전송된 편광에 수직한 편광이기 때문에, 원편광회복률은 1 미만의 값을 보이거나 그에 상당하는 음의 데시벨 양을 보인다. 레이더의 수신 채널에 상대적으로 원편광회복률은 선편광회복률과 반대로 정의될 수 있음을 확인하라.

웨버 수(Weber number, -數) 유체에서 표면장력의 영향을 표시하는 무차원 계수. 다음 식으로 나타낸다.

$$W = \frac{UL\rho^2}{\sigma}$$

U는 고유속도, L은 고유길이, ρ는 밀도, 그리고 σ는 표면장력이다. 수면에 미치는 바람의 영향을 다루는 경우 매우 중요하다.

ㅇ

위단열감률(pseudoadiabatic lapse rate, 僞斷熱減率) 포화습윤공기의 상하운동에 동반되는 상태변화에 있어서 포화단열 변화와는 달리 수증기의 응결, 빙정과 같은 생성물은 생성 즉시 전부 공기덩이 밖으로 낙하하고, 그 후 공기덩이 상태 변화에는 전혀 관여하지 않는다는 위단열 변화 가정 아래 공기덩이의 고도에 따른 기온감률.
위단열감률의 수학적 표현은 다음과 같다.

$$\Gamma_{ps} = g\frac{(1+r_v)\left(1+\dfrac{L_v r_v}{RT}\right)}{c_{pd}+r_v c_{pv}+\dfrac{L_v^2 r_v(\epsilon+r_v)}{RT^2}}$$

여기서 Γ_{ps}는 위단열감률이고, g는 중력가속도, r_v는 수증기의 혼합비, c_{pd}와 c_{pv}는 각각 건조공기와 수증기의 정압비열, L_v는 증발잠열, R은 건조공기 기체상수, $\epsilon \approx 0.62$는 건조공기 기체상수와 수증기 기체상수 간의 비, T는 온도를 말한다. 위단열감률은 **습윤단열감률** 또는 가역습윤단열감률과는 1% 미만의 적은 차이를 보인다.

위단열과정(pseudoadiabatic process, 僞斷熱過程) 수증기의 응결로 물이 생성되자마자 이상적인 강수로 제거되고, 그 후 공기덩이 상태변화에는 전혀 관여하지 않는다는 가정을 하는 습윤단열과정.
비가역습윤단열과정이라고도 한다. 위단열과정은 팽창할 경우에 한하여 정의된다. 만약 공기덩이가 팽창한 다음 수축할 때는 건조단열감률을 따르게 된다. 그러나 비슷한 위단열 하강이 나타날 수도 있는데, 상대적으로 약한 하강기류 안에서 이슬비 빗방울이 증발하는 경우이다.

위단열변화(pseudoadiabatic, 僞斷熱變化) 이상적인 순간 강수에 의해 공기덩이에서 수증기가 응결하여 수적이나 빙정이 형성되는 대로 바로 제거되는 습윤단열과정.
위단열과정을 비가역습윤단열과정이라고도 하며 이 과정에서 수증기는 보존되지 않는다. 위단열과정은 팽창인 경우에만 적용한다. 그 이유는 위단열팽창 후에 공기를 압축할 경우에는 공기덩이의 온도변화는 건조단열과정을 따른다. 그러나 만일 이슬비 속도가 낮은 하강기류에서 증발할 경우에는 위단열 하강과 비슷한 과정이 일어날 수 있다.

위단열선(pseudo-adiabat, 僞斷熱線) 열역학 다이어그램에서 공기덩이의 위단열팽창을 나타내는 직선.
공기덩이가 상승하면서 위단열팽창을 하는 경우에는 수증기의 응결에 의한 생성물(수적이나 빙정)이 형성되는 대로 바로 공기덩이에서 빠져나가므로 수분 보존이 되지 않는다. 생성물이 공기덩이로부터 나갈 때 에너지를 잃게 되므로 엄밀한 의미에서는 단열변화가 아니기 때문에 위단열이라고 한다.

위단열팽창(pseudoadiabatic expansion, 僞斷熱膨脹) 포화단열과정을 거치면서 응결된 수적이 계에서 제거되며 나타나는 현상.
열린계 열역학으로 고려해야 한다. 기상학적으로 이 과정은 수분이 포함된 공기가 상승하는 것을 말하며, 하강한 공기의 상승 시에는 건조단열과정을 따르게 된다.

위비압축성 근사(pseudo-incompressible approximation, 僞非壓縮性近似) 비압축성 근사의 한 종류.
이 근사를 통해 얻어진 역학방정식계에서는 원천적으로 음파가 제거된다. 오구라(Ogura)와 필립스(Phillips)의 비탄성계에서 사용한 등온위(isentropic) 대기 가정을 사용하지 않음으로써, 대류권계면과 같이 대기의 안정도가 연직으로 급격하게 변화하는 층경계의 효과를 고려하는 역학방정식계를 얻을 수 있다. 위비압축성 근사는 비탄성계에서와 같이 운동량보존, 각운동량보존 및 에너지보존에 대한 관계식을 완전히 표현할 수 있는 합법적인 역학계를 제공한다. 위비압축성 근사에서는 질량 보존을 나타내는 유체의 연속방정식을 다음과 같이 나타낼 수 있다.

$$\nabla \cdot (\rho_0 \theta_0 \boldsymbol{V}) = 0$$

여기서 ρ_0는 참고 대기의 밀도, θ_0는 참고 대기의 온위이며, 이 두 양은 일반적으로 모두 고도의 함수로 주어진다.

위상당온위(pseudoequivalent potential temperature, 僞相當溫位) 위단열과정을 따라 기압이 0이 되는 곳까지 올라갔다가 건조기온감률을 따라 1000hPa까지 내려왔을 때 공기덩이가 갖는 온도.
위상당온위는 위상당과정을 통해 보존되며, 다음과 같이 어림 수식으로 주어진다.

$$\theta_{ep} = T\left(\frac{P_0}{P}\right)^{0.2854(1-0.28r_v)} \exp\left[r_v(1+0.81r_v)\left(\frac{3376}{T_c}-2.54\right)\right]$$

여기서 T는 온도(K), p는 기압(Pa), p_0는 기준기압(1000hPa), T_c는 노점 공식을 통해 얻은 응결온도, 그리고 r_v는 수증기 혼합비(kg kg^{-1})를 의미한다. 만약 수증기가 없다면($r_v = 0$), 위상당온위 값은 온위와 같다($\theta_{ep} = \theta$).

위상불안정(phase instability, 位相不安定) 물질의 과냉각 또는 과포화된 상태와 관련된 불안정.
물질의 상태는 작은 요동이 일어나거나 외부입자에 의해 보다 안정하게 되기도 한다. 예를 들어, 얼음의 평형 녹는점보다 낮은 온도에서 얼음은 안정하지만 물은 과냉각되어 불안정해진다. 이는 물의 화학 퍼텐셜이 얼음의 화학 퍼텐셜보다 높기 때문이다. 과냉각수에 얼음의 충돌과 같은 작은 요동이 가해지면 얼음으로 상태가 바뀌어 안정하게 되기도 한다.

ㅇ

위상속도(phase velocity, 位相速度) 파동의 일정 위상(예 : 파의 마루 또는 골)이 전파되는 속도.
이것은 파의 진동수의 한 성분이 전파하는 속도를 의미한다. 위상속도(v_p)=진동수(ν)×파장(λ) 또는 위상속도(v_p)=각진동수(ω)/파수(k)로 주어진다.

위상속력(phase speed, 位相速力) 위상이 일정하게 전파되는 파동에서 일정한 위상의 단위시간에 이동한 거리.
예를 들어 파의 마루(또는 골)가 이동되는 속력을 의미한다.

위상 스펙트럼(phase spectrum, 位相-) 파장에 따라 분리된 두 기상변수 사이에서의 상대적 위상 차이를 연속적으로 나열하여 놓은 것.
이것은 큰 상관관계를 가지는 두 시계열의 진동수에 대한 위상차이다. 위상 스펙트럼은 교차 스펙트럼의 실수부인 공 스펙트럼에 대한 허수부인 사분 스펙트럼의 비를 아크탄젠트(arctangent)를 취하여 계산한다. 예를 들어, 난류는 주로 위상일치이거나 180° 위상불일치인 연직속도와 온위로 구성된다. 그러나 중력파는 90° 위상불일치를 보이는 연직속도와 온위로 이루어져 있다. 따라서 우리가 야간에 안정경계층에서 교차 스펙트럼을 분석하여 긴 파장에 대해 90° 위상이동을 발견하였으나 짧은 파장에 대해 180° 위상이동을 발견한 경우, 장파의 중력파가 작은 에디 난류의 지역을 통해 전파되고 있다고 할 수 있다.

위상지연(phase lag, phase delay, 位相遲延) 1. 신호와 다른 신호 사이의 위상차.
예를 들면 맑은 날 일사의 최대 강도는 오전 12시에 나타나는 반면 그날의 최고기온은 오후 2시에 나타난 경우 최고치의 위상지연은 2시간이다.
2. 어떤 시스템에서 단일진동수의 신호가 한 점에서 다른 점으로 전파되는 과정에서 위상이 확인되는 파의 한 부분(예 : 마루 또는 골)의 시간차.

위상함수(phase function, 位相函數) 다중산란이 발생할 경우 산란된 에너지의 방위각과 고도각에 따른 분포를 기술하기 위하여 도입된 무차원의 함수.
정규화된 위상함수를 다음과 같이 정의한다.

$$\int_0^{2\pi}\int_0^{\pi}\frac{p(\cos\theta)}{4\pi}d\Omega = 1$$

여기서 $p(\cos\theta)$는 위상함수이고, θ는 산란각으로 복사의 입사 방향과 산란 방향 사이의 각이다. Ω는 입체각이다. 위상함수에는 미(Mie) 위상함수, 레일리(Rayleigh) 위상함수, 헤니예이-그린스타인(Henyey-Greenstein) 위상함수 등이 있다.

위성기상학(satellite meteorology, 衛星氣象學) 대기, 지표, 해양 시스템들의 영상화, 대기 프로파일 자료 생산, 환경자료의 수집 및 전달을 목적으로 인공위성을 사용하는 학문.
위성기상학은 기상 및 기후의 시공간적 양상에 대한 자료 획득은 물론 새로운 알고리즘 개발과 획득자료의 해석방법의 연구, 위성 센서 개발, 기상분석을 위한 기상자료 산출, 일기분석 및 예보를 위한 산출자료의 응용을 망라하는 학문이다.

위신기루(superior mirage, -蜃氣樓) 대기 중에서 이상적인 빛의 굴절에 의해 물체의 원래 위치보다 떠올라 보이는 현상.
떠올라 보이는 상이 한 개가 보통이나 2~3개가 될 때도 있다. 하나일 때를 루밍(looming)이라 하고, 이때 원래 물체의 길이보다 짧아 보이면 위축(stooping), 확대되어 보이면 타워링(towering)이라 한다. 3개일 때는 가운데 상이 항상 거꾸로 나타나고 가장 위와 아래는 바르게 나타난다. 2개일 때는 위의 상이 바르고, 아래 상은 거꾸로 나타난다. 보통 물체의 상은 관찰하는 방향 또는 고도에 따라 크게 달라진다. 위신기루는 높이에 따라 전자기파의 굴절률이 크게 감소하는 경우에 물체로부터 반사한 빛이 지표면 방향으로 많이 휘어지기 때문에 나타난다. 지표면 근처 공기의 온도가 매우 낮거나 습도가 매우 높은 때 또는 두 경우가 겹쳤을 때 흔히 관측된다. 특히 지표면 근처에 상층 역전층이 있으면 물체의 한 점에서 반사된 빛이 각기 다른 경로를 따라서 관측자에게 도달할 수 있으므로 동시에 몇 개의 상을 볼 수도 있다. 또한 수평으로 역전층을 따라서 내부중력파가 발생하면 공기밀도의 수평적인 변화가 더해져서 주기적으로 변화하는 더 많은 상이 관찰될 수도 있다. 겨울철 한반도 동해안에서 가끔 관측되는 오징어잡이 원양어선의 불빛은 루밍의 좋은 예이다.

위전선(pseudo front, 僞前線)　뇌우 스톰에서 강수로 인하여 냉각된 공기 기단과 주변의 따뜻한 공기 사이에서 조직화된 강한 대류활동과 연관하여 형성된 소규모 전선.

위치(potential, 位置)　공간의 함수.
위치의 경도는 힘과 동일하다. 힘은 $F=-\nabla\phi$와 같이 표현되는데, 여기서 ∇는 델 연산자, ϕ가 위치이다. 이렇게 표현되는 힘은 보존된다고 하며, 동일 위치의 면을 운동할 때, 한 일(work)은 운동한 경로에 따라 다르지 않다. 대기과학에서 중력 g도 하나의 위치, 즉 지위(지오퍼텐셜)를 갖는데, 중력가속도가 일정하면, 지위는 $\phi=gZ$로 표현할 수 있다. 여기서 Z는 고도좌표이다. 압력, 전향력, 점성력은 위치를 가지지 않는다.

위치굴절(potential refractivity, 位置屈折)　굴절률의 경도에서 위치굴절률의 경도를 제거하고 10^6을 곱한 B로 표시하는 지수.

$$B = ((n-1) + z/4R) \times 10^6$$

B의 경도는 중립대기(근사적으로)에서 0이다.

위치굴절지수(potential refractive index, 位置屈折指數)　전파공학에서 사용하는 온위와 비습이 고도에 관계없이 일정한 대기의 굴절률을 나타내는 지수.
위치굴절률의 경도는 온위와 비습의 값에 의존한다. 그러나 지구대기에서 일반적으로 갖는 값의 범위에서는 그 경도가 그리 크지 않으며, 근사적으로 $dn/dz=-1/4R$의 관계를 가진다. 여기서 n은 굴절률, z는 고도, R은 지구반경이다.

위치밀도(potential density, 位置密度)　공기덩이가 하강하며 1,000hPa의 표준압력으로 단열압축될 때 갖게 되는 그 공기덩이의 밀도.

위치밀도 ρ는 온위 θ로 가장 쉽게 정의할 수 있다.

$$\rho = p/R\theta$$

여기서 p는 100kPa에서의 압력, R은 기체상수이다.

위치소용돌이도(potential vorticity, 位置-度) 밀도의 역수인 비부와 절대소용돌이도의 벡터양과 온위의 기울기와의 스칼라 곱으로 나타내는 물리량.
잠재소용돌이도, 절대위치소용돌이도라고도 한다.

$$P = \alpha(2\Omega + \nabla \times \boldsymbol{u}) \cdot \nabla\theta$$

여기서 α는 비부피, Ω는 지구자전 각속도, $\boldsymbol{u}$는 자전하는 지구에 대하여 3차원 속도 벡터, 그리고 θ는 온위이다. 마찰이나 외부 열원 없이 에르텔(Ertel) 소용돌이도 P는 실질적으로 보존된다. (즉, 모든 입자에 대해 같은 값을 갖음). 경도가 λ, 위도가 ϕ, 지구 중심으로부터 거리를 r로 표현하는 구면좌표계 $(\lambda, \phi f, r)$에서 P는 다음과 같이 표현된다.

$$P = a\left[\left(\frac{\partial w}{r\partial\phi} - \frac{\partial(rv)}{r\partial r}\right)\frac{\partial\theta}{rcos\phi\partial\lambda} + \left(2\Omega\cos\phi + \frac{\partial(ru)}{r\partial r} - \frac{\partial w}{rcos\phi\partial\lambda}\right)\frac{\partial\theta}{r\partial\phi} + \left(2\Omega\sin\phi + \frac{\partial v}{rcos\phi\partial\lambda} - \frac{\partial(ucos\phi)}{rcos\phi\partial\phi}\right)\frac{\partial\theta}{\partial r}\right]$$

이 비정역학적 정의가 대규모 기상계를 해석하는 데 필수적이지는 않다. 대신에 근사한 정역학적 정의가 종종 사용된다. 이 근사 정의에서는 연직속도 w가 포함된 항은 무시되고, 위도의 코사인 값과 비례하는 코리올리 항을 무시하고, 지구 중심으로부터 거리인 r을 지구반경인 a로 표시한다 $(r \approx a)$. 이러한 가정 아래 근사위치소용돌이도는 다음과 같이 표현될 수 있다.

$$P = a\left[-\frac{\partial v}{\partial z}\frac{\partial\theta}{acos\phi\partial\lambda} + \frac{\partial u}{\partial z}\frac{\partial\theta}{a\partial\phi} + \left(2\Omega\sin\phi + \frac{\partial v}{acos\phi\partial\lambda} - \frac{\partial(ucos\phi)}{acos\phi\partial\phi}\right)\frac{\partial\theta}{\partial z}\right]$$

위치소용돌이도의 SI단위는 $m^2\ s^{-1}\ K\ kg^{-1}$이고 단위위치소용돌이도는 $1.0\times10^{-6}\ m^2\ s^{-1}K\ kg^{-1}$이다(1PVU).

위치 에너지(potential energy, 位置-) 상대적인 위치에 의해 결정되는 에너지로서, 계에 운동 에너지의 변화가 없고, 배경위치 에너지가 0으로 지정된 주어진 상황으로부터 계가 취한 일의 음의 값.
퍼텐셜 에너지라고도 한다. 예를 들어, 질량 M을 갖는 둥근 공모양의 물질(예 : 행성) 중심에서 r만큼 떨어진 지점에서 질량 m을 갖은 물체의 중력위치 에너지는 다음과 같이 표현된다.

$$-\frac{GMm}{r}$$

여기서 G는 일반적인 중력상수이고, 상대적인 배경위치 에너지는 0으로 정의되었다. 물질의 반경보다 작은 z만큼 이 물질의 표면 위에 있는 물체의 위치 에너지는 대략적으로 다음과 같이 주어진다.

$$mgz$$

여기서 g는 표면에서 중력 때문에 생기는 가속도를 말하며, 표면($z=0$)에서는 위치 에너지가 0이다. 아주 작은 범위에 국한되지만 중력보다 매우 강하고 모든 화학반응에 관련되어 있는 분자위치 에너지는 액체와 고체의 응집력을 결정하고, 증발이나 응결과 같은 과정에 영향을 미친다.

위치정보 시스템(global positioning system; GPS, 位置情報-)　지구의 위치 시스템과 같은 의미로 사용되는 용어.

위험반원(dangerous semicircle, 危險半圓)　열대저기압, 태풍 등이 진행하는 방향의 오른쪽 반원(남반구에서는 왼쪽 반원).
위험반원으로 불리는 이유는 태풍의 진행속도와 태풍 고유의 회전 성분의 바람이 합쳐져서 풍속이 반대쪽 반원보다 강해지기 때문이다. 위험반원에 대응하여 태풍의 진행 방향에서 왼쪽 반원을 가항반원이라고 한다. 가항반원에서는 폭풍으로써 소용돌이치는 바람과 폭풍 전체의 이동에 따른 공기의 움직임이 상쇄되어 바람이 비교적 약하고, 배가 순풍을 따라 전진하면 태풍권 밖으로 빠져나오기가 위험반원보다 쉽다.

윌슨 구름상자(Wilson cloud chamber, -箱子)　고에너지의 원자보다 작은 입자들의 궤적을 볼 수 있는 기구.
구름상자라고도 한다. 단열팽창과 냉각을 이용하여 먼지가 없는 공기로 채워진 챔버로 과냉각 수증기로 채운다. 상자 혹은 챔버 내부에서 작은 이온입자의 경로를 따른 궤적이 형성된다. 물방울들이 이루는 선은 입자가 지나간 궤적을 표시한다.

유도돌풍속도(derived gust velocity, 誘導突風速度)　주어진 공기밀도에서 항공기의 설계 운항 속도로 고도 비행 중인 특정 항공기에 주어지는 가속도를 발생시키고 풍속 피크를 가진 돌풍의 최대 속도.
유효돌풍속도에 대한 유도돌풍속도의 비는 일정하지 않으나 약 2 : 1 정도이다. 여기서 유효돌풍속도란 주어진 공기밀도에서 항공기의 설계 운항 속도로 고도 비행 중인 특정 항공기에 주어지는 가속도를 발생시키고 풍속 피크를 가진 돌풍 속도의 연직성분을 말한다.

유도충전 메커니즘(induction charging mechanism, 誘導充電-)　주변 전기장에서 입자들이 쌍으로 충돌함에 따라 일어나는 입자 충전에 관한 물리과정.
주변 전기장에 의해 입자 겉면들에 유도되는 전하는 두 입자가 접촉되는 때 전달될 수 있다. 중력 아래 일어나는 입자들의 지속적 차동(differential motions)이 대규모 전하 분리를 초래하는 것으로 가정된다. 뇌운의 대전에서 구체적인 충전의 구체적인 역할은 해결되지 않고 있다.

유리관 액체자기온도계(liquid-in-glass thermometer, 琉璃管液體自記溫度計)　눈금이 매겨진 유리관에 열적으로 민감한 성분의 액체로 채워진 온도계.
이 온도계는 액체와 유리의 열팽창 계수의 차이를 정확하게 표시하는 것이 핵심이고 수은 및 알코올은 기상관측 목적의 온도계에 흔히 사용되는 액체이다.

유선(streamline, 流線)　어느 순간 유체의 흐름을 나타내는 선.
대기과학에서 유선은 모든 지점의 바람 벡터에 접한다. 즉, 유선의 선분 벡터 $d\boldsymbol{s}$, 바람 벡터 $\boldsymbol{V}$라면 $d\boldsymbol{s} \times \boldsymbol{V} = 0$이다. 보통 유선이 모아지면 흐름이 빨라지고, 흩어지면 느려짐을 의미한다.

유선함수(stream function, 有線函數)　각 유선에 따라 일정한 값을 갖는 2차원 비발산의 변수.
유선함수를 이용하면 비압축성 유체의 속도장을 간단하게 나타낼 수 있다. 따라서 상대와도의 연직성분은 다음과 같이 주어진다.

$$\xi = \frac{\partial v}{\partial x} - \frac{\partial u}{\partial y}$$

여기서 u, v를 유선함수(ψ)로 $u = \frac{\partial \psi}{\partial y}$, $v = -\frac{\partial \psi}{\partial x}$와 같이 나타낼 수 있다. 이 관계식을 이용하면 다음과 같이 주어진다.

$$\xi = \frac{\partial^2 \psi}{\partial x^2} + \frac{\partial^2 \psi}{\partial y^2} = \nabla_H^2 \psi$$

즉, 유선함수를 도입함으로써 간단하게 표시된다.

유역(basin, 流域)　하천의 임의의 한 지점에서 강수로 인해 그곳을 통과하여 흐르는 유출을 발생시키는 지역의 범위.
물의 순환이 이루어지는 기본적인 수문 시스템이라 할 수 있다. 분수계 또는 분수령이라고도 한다. 유역이란 강수가 지표수의 형태로 유출되어 하천의 어느 특정지점을 동일한 유출점으로 갖는 지표의 범위이다. 즉, 강우가 내릴 경우 산지의 계류나 하천의 임의지점으로 흐르는 유량에 직접적인 영향을 미치는 구역으로 분수경계(分水境界)로 둘러싸인 범위의 지역이다. 유역과 함께 사용되는 용어로서 권역, 소유역 등이 있으며 영문으로도 'basin', 'watershed', 'catchment' 등이 혼용되어 사용된다. 하지만 권역 또는 수계란 서로 다른 출구점을 갖는 두 개 이상의 하천 유역을 행정적인 하천 관리상 하나의 수계로 묶어서 표현한 것으로서 한강권역은 한강 유역과 안성천 유역 등을 포함한 수계를 의미한다. 반면 소유역(catchment)이란 하나의 출구점을 갖는 하천 유역을 여러 개의 단위유역으로 구분한 경우를 의미한다.

유의성검정(significance test, 有意性檢定) 추정된 어떤 통계량이 믿을 만한 값인지 혹은 그렇지 않는지를 평가하는 방법.
예를 들어 서울의 오존 농도의 평균값은 0.03ppm이라는 추정(혹은 가설)이 있다고 하자. 이것이 신빙성 있는 값인지 확인하기 위해서는 여러 곳에서 오존 농도를 측정하고, 이를 기초로 평균값이 올바르게 추정한 것인지를 판단하게 된다. 이때 서울의 여러 지역에서 측정한 값을 표본이라 한다. 그런데 표본을 이용할 때는 항상 오류가 포함될 가능성을 염두에 두어야 한다. 극단적인 예로, 표본으로 어떤 두 지역만을 선정하였는데 이들만이 동일하게 0.03ppm이고, 나머지 지역이 0.08ppm이었다면 표본을 이용한 값이 실제 농도를 잘 반영한다고 말할 수 없을 것이다. 따라서 통계적 검정은 이와 같은 오류 가능성을 고려하여 오류의 허용확률을 미리 정해 놓고 이것에 따라 추정이나 가설을 채택할 것인지 기각할 것인지를 결정한다. 이때 오류의 허용확률을 유의수준이라 하며 흔히 α로 나타낸다. 유의수준이 0.05(혹은 5%)라는 것은 처음 세운 가설(우리의 예에서는 서울 오존 농도가 0.03ppm)이 참인데도 불구하고 표본의 치우침 등으로 인해 이를 기각할 확률이 5%라는 것이다. 다시 말하면, 100개의 표본이 있을 때 이중 5개의 표본은 가설을 (참인데도 불구하고) 기각하는 오류를 범하게 된다는 의미이다. 연구 논문에서 흔히 상관계수나 회귀분석값 등이 통계적으로 의미가 있는지를 제시하기 위해 유의성검정을 한다. 널리 쓰이는 검정은 티-검정, 카이 제곱검정, 분산분석 등이 있다.

유입(entrainment, 流入) 1. 기상학에서 주위 공기가 기존의 조직화된 기류 속으로 들어가 혼합되는 과정.
이 과정을 통하여 주위 공기가 기류의 한 부분이 된다. 이와 반대되는 과정을 유출(detrainment)이라 한다. 주위 공기의 혼합에 대한 시간 규모가 물방울 증발에 대한 시간 규모보다 훨씬 더 클 때, 구름 특히 적운 속으로 들어가는 공기의 유입은 비균질하다고 말한다. 주위 공기가 처음 적운 속으로 유입될 때 생기는 이와 같은 상태에서는 유입된 공기의 영역과 구름의 영역이 서로 뒤얽히고, 구름 속 공기와 유입된 주위 공기 사이의 경계면 가장자리에서만 증발이 일어난다.
2. 혼합층 내의 난류성 유체가 비난류성이거나 훨씬 적은 난류성인 이웃 유체와 혼합되는 과정.

이때 유입은 항상 비난류층 쪽으로 진행한다. 이류효과가 없을 때 유입은 혼합층을 깊게 한다.

유입계수(entrainment coefficient, 流入係數) 연기 플룸의 상승 속도에 대한 측면 유입속도의 비(比).
부력 또는 운동량에 기인하여 주위를 통과하여 상승하는 연기 플룸은 주위 공기와 희석되는데, 이때 희석률은 플룸의 상승률에 비례한다. 이 경우에 유입계수는 비례상수로 작용한다. 이 측면 유입의 개념은 대기경계층의 대류 열기포에 대하여 잘 맞지 않는다. 그 이유 중 하나는 경계층 열기포가 굴뚝연기의 가는 상승기류라고 하기보다 정적불안정 상태 동안 일어나는 경계층 전체를 포함하는 큰 연직 순환의 부분이기 때문이다.

유입속도(entrainment velocity, 流入速度) 단위시간, 단위면적에 유입되는 공기의 체적. 속도의 단위를 갖는다. 유입속도는 대기경계층과 같은 대기 전층 또는 상승하는 연기 플룸과 일부 구성요소가 희석되는 정도를 측정하는 것이다. 대기의 혼합층의 높이(경계층의 꼭대기와 일치하기도 하는 높이)가 증가하는 경우, '혼합층 높이 z의 증가비$=w$(유입속도)$=-w$(대규모 침강속도)'가 된다. 땅 위에서 맑은 날 동안의 유입속도는 지표면으로부터의 열 플럭스 값을 유입역(entrainment zone)을 횡단하면서 나타나는 온위변화로 나눈 값에 비례한다. 또한 바람이 강한 날의 경우 유입속도는 경계층 꼭대기에서의 난류운동 에너지에 비례하고, 유입역을 횡단하면서 나타나는 온위변화에 반비례한다.

유지호흡(maintenance respiration, 維持呼吸) 생장호흡을 참조.

유체동압력(hydrodynamic pressure, 流體動壓力) 압력과 유체정압 사이의 차.
여기서 유체정압은 정역학 평형에 있는 유체의 압력을 의미한다. 유체동압력이란 개념은 주어진 고도에서 정역학 압력이 일정한 비압축성 유체의 정상(定常) 흐름의 문제에서 유용하다. 이러한 흐름에서는 외력(중력)이 문제에서 제거될 수 있다. 만일 p^*가 유체동압력, ρ가 밀도, V가 속도라면, 베르누이(Bernoulli) 방정식은 다음과 같이 표현할 수 있다.

$$p^* + \frac{1}{2}\rho V^2 = \text{유선을 따라 일정}$$

유체역학(hydrodynamics, 流體力學) 유체운동에 대한 학문.
여기서 유체란 액체와 기체를 말한다. 비록 고전적 유체역학은 주로 비압축성 유체와 관련되었지만, 대부분의 기상역학이 유체역학이라는 일반적 표제 아래 포함되는 압축성 유체흐름의 특별 양상에 대하여 공기역학이란 용어가 사용되어 왔다. 비야크네스(W. Bjerknes)와 비야크네스(J. Bjerknes)는 압축성 유체의 유체역학을 물리유체역학으로 불렀다.

유출(detrainment, 流出) 강수에서 시작된 물이 육지에서 최종 하천으로 흘러내리는 과정. 유거라고도 한다. 빗물이나 지하수 등이 흘러가는 현상으로서 흘러가는 물의 양을 의미할 경우도 있다. 유출은 지표유출, 중간유출, 지하수유출 등 세 유형으로 나뉘며, 지상에 도달한 비가 유출할 때까지의 체류시간은 지표유출이 가장 짧고 중간유출, 지하수유출 순으로 길어진다.

유출계수(leakage coefficient, 流出係數) 어떤 유출 우물과 유입 우물 사이에 다음 식으로 나타낼 수 있는 무차원 변수.

$$\frac{r}{B} = \frac{r}{\left(\dfrac{KHH'}{K'}\right)^{1/2}}$$

여기서 r은 유출 우물로부터 유입 우물까지의 거리이고 K와 K' 그리고 H와 H'은 각각 유출과 유입 우물의 수리전도도(水理傳導度)와 우물 두께이다.

유출 제트(outflow jet, 流出-) 계곡 또는 협곡의 평야(확 트인 공간) 쪽 출구로부터 흘러나오는 야간 한랭공기 제트.
공기 흐름이 완전히 발달했을 때 그 출구의 흐름 깊이는 계곡 또는 협곡의 옆 벽의 높이와 비슷하다. 이 제트는 지표냉각에 의해 계곡에서 생성되는 산바람이 지속하거나 연장하는 것이다. 이 제트는 종종 계곡 밖에서 최고 풍속에 도달한다. 이때의 가속도는 계곡 밖으로 찬공기 기주가 흘러나오면서 연직으로는 제한되나 수평으로 계곡 옆벽에서 자유롭게 되면서 위치 에너지가 운동 에너지로 전환하기 때문에 생기는 것 같다. 또 다른 요소는 계곡 옆벽을 따라 나오면서 공기가 지면마찰에서 벗어나기 때문이다. 이 제트의 최고 속력은 초저녁 지면 근처에서 생기는데, 깊은 계곡의 출구에서 잘 발달한 제트의 최고 풍속은 지상 300~500m 또는 그 이상에서 일어난다. 깊고 긴 계곡에서 최고 풍속은 맑은 밤 $10ms^{-1}$를 넘을 수 있다.

유한요소모형(finite element model, 有限要素模型) 갤러킨 차분방법을 이용한 수치해법의 일종.
물리적인 공간 안에서 연속적인 임의의 함수는 모자함수(hat function)처럼 특정지점 부근에서만 유한한 값을 갖는 국지적이면서도 상호 독립적인 기본함수의 조합으로 전개할 수 있다는 점에 착안하여, 갤러킨 차분방법을 응용하면 자연현상을 설명하는 함수의 미분이나 적분을 기본함수의 계수들 간의 대수관계로 환원할 수 있다. 국지적인 기본함수로는 전지구적으로 정의된 푸리에 함수나 **구면조화함수** 대신 다항식함수가 흔히 사용된다.

유한요소법(finite element method, 有限要素法) 수치계산에서 연속체인 구조물을 1차원인

막대, 2차원인 삼각형이나 사각형, 3차원인 중실체(사면체, 6면체)의 유한개의 요소로 분할하여 각기의 영역에 관하여 에너지 원리를 기초로 하는 근사해법에 기하여 계산을 해나가는 계산방법. 컴퓨터 이용공학(CAE) 중에서 구조해석을 중심으로 가장 많이 사용되는 방법으로, 복잡한 형상의 응력해석 등을 위해 개발된 방법이다. 방대한 매트릭스 연산을 하는 것이므로 고성능의 컴퓨터가 필요하지만, 최근의 컴퓨터 발전에 의하여 퍼스널 컴퓨터로도 가능하다. 수치계산방법에는 그밖에 차분법, 경계요소법 등이 있다.

유한차분근사(finite difference approximation, 有限差分近似) 미분방정식의 수치해를 구하는 과정에서, 미분연산자를 인접한 격자점 사이의 차분값으로 근사하여, 격자점 값에 대한 더하기, 빼기, 곱하기, 나누기의 사칙연산으로 환원하는 수치해법의 일종.
일차원 직선 위에서 연속적인 함수는 등간격으로 유한하게 배치한 격자점마다 그 함수값이 정해져 있다. 미분의 정의와 극한의 개념을 이용하면, 임의의 격자점 위에서 함수의 미분값은 주변의 격자점들의 함수값에 대한 사칙연산으로 표현할 수 있게 된다. 차분근사과정에서 절단오차가 불가피하게 발생하며, 단위격자 간격이 작아질수록 절단오차는 줄어들고 수치해는 이론해에 근사하게 된다.

유한차분법(finite difference method, 有限差分法) 편미분방정식을 차분방정식으로 근사시키는 계산방법.
유한차분법의 특징은 유한요소법(FEM)이나 경계요소법(BEM)에 비해 편미분방정식에서 1차 연립방정식으로의 변환과정이 직관적이라는 점이다. 유한차분법은 선형 문제뿐만 아니라 비선형 문제에도 비교적 쉽게 대응할 수 있고, 특히 유체 해석에서 잘 사용된다. 컴퓨터 이용공학(CAE)에서의 수치해석에 많이 사용된다.

유한체적법(finite volume method, 有限體積法) 공기나 액체의 유동이나 열의 흐름을 효과적으로 수치해석하기 위해서 사용되는 오일러 기술법을 기반한 근사해석 기법.
유한요소법에서 대상이 되는 물체의 기하학적 형상이나 공간을 유한개의 유한요소로 나누는 것과 같이 유한체적법에서도 유한개의 유한체적으로 기하학적 영역을 세분화한다. 그리고 물체 거동에 대한 수학적 표현식을 행렬방정식으로 전환한다는 공통점을 지니고 있다. 하지만 유한요소법에서는 구하고자 하는 미지수, 즉 자유도가 주로 요소의 각 모서리, 변 혹은 면상에 위치하는 절점(node)에 지정되어 있는 반면, 유한체적법에서는 자유도가 유한체적 내부의 격자점에 지정되어 있다. 또한 유한요소법에서는 물체의 거동을 근사하기 위해서 별도의 보간함수를 사용하고 수학적 표현식을 전체 영역에 대해 적분을 취한다. 유한체적법에서는 각 유한체적별로 적분을 취하여 인접하고 있는 유한체적 내 격자점에서의 물리량들과 상관관계를 구성하여 근사해를 구한다는 점에서 차이를 나타낸다. 유체-구조 연계해석과 같은 연계해석에서는 유체 영역에서 유한체적법을, 구조물 영역에서는 유한요소법을 혼용해서 사용하고 있다.

유황비(sulfur rain, 硫黃-) 빗방울이 낙하하면서 포착한 외부물질(예 : 꽃가루, 황색먼지)에 의한 황색의 비.
먼지로 찬 구름 아래층이 이 효과를 가져오고, 입자들이 충분히 아황산가스를 포함하여야 황색을 띤다.

유효 거칠기 길이(effective roughness length, 有效-) 수평으로 평균한 풍속 프로파일을 공간 평균한 시어 응력 또는 운동량 플럭스에 관련시키는 비균질 지면 위 공기역학적 거칠기 길이의 값.
유효 거칠기 길이는 수치적 블렌딩 높이(blending height) 이상의 고도에 대해서만 정의되고 지면 거칠기 변화의 크기, 분포 및 길이 규모에 좌우된다. 이 유효 거칠기 길이는 보통 선형적으로 평균하거나 기하학적으로 평균한 거칠기 길이보다 더 길다.

유효온도(effective temperature, 有效溫度) 1. 보통 실내 옷을 입고 앉아서 일하는 사람에게, 움직이지 않는 포화된 공기가 온도, 습도 및 공기 움직임에서 실제 조건이 만드는 것과 같은 안락한 느낌을 갖게 하는 온도.
유효온도는 실제 냉방 지침으로 사용되고, 미국 냉난방 기술자 협회의 안락 도표에서 이것은 안락 영역을 정의하는 데 하나의 축으로 사용하는 곡선들로 나타난다.
2. 생물계절학에서 식물, 특히 곡식들이 성장하기 시작하는 온도.
예를 들면, 가을밀의 경우는 약 0℃이고 옥수수의 경우는 7~10℃이다.
3. 복사에서 방출하는 복사량과 같은 양을 생기게 하는 흑체온도.
전반적인 지구의 유효온도는 약 254K이고 이것은 236Wm^{-2}의 평균방출률에 해당한다.

유효증발산(effective evapotranspiration, 有效蒸發散) 활발하게 성장하는 식물이나 곡식에 의해 토양-식물 연합체로부터 증발산으로 잃는 실제 물의 양.
증발산을 통한 물 손실은 식물과 토양 특성과 토양 속 가용수분의 양에 좌우된다.

유효지구반경(effective earth radius, 有效地球半徑) 레이더 연구와 라디오 전파 연구에서, 대기에 의한 굴절을 수정하기 위하여 실제 반경 대신 사용하는 지구반경.
유효지구반경은 대기에서 나타나는 라디오 선(線)의 실제 곡선 경로를 직선으로 만드는 편리한 가상반경이다. 곡선 경로를 직선으로 만드는 것은 실제 지구반경보다 큰 반경을 가진 가상적 지구에 상대적인 라디오 선을 나타냄으로써 가능한데, 이때 지구와 라디오 선 사이의 상대적

곡률은 유지된다. 유효지구반경 R_e는 근사적으로 다음과 같이 나타낼 수 있다.

$$\frac{1}{R_e} = \frac{1}{R} + \frac{dn}{dz}$$

여기서 R은 지구반경이고 dn/dz는 대기의 굴절지수 n의 연직 경도이다. 유효지구반경은 dn/dz가 일정한 범위에서만 잘 정의된다. 더욱이 n이 주파수와 함께 변하기 때문에 유효지구반경이 이 범위에서 잘 정의된다. 대기의 굴절지수는 보통 고도와 함께 감소하므로, 수평으로 발신되는 레이더 파 또는 라디오파는 아래방향으로 굴절한다. 이때 전파하는 선의 곡률반경은 굴절지수의 연직 경도에 좌우한다. 표준 굴절상태에서 유효지구반경은 기하학적 반경의 4/3배이다.

유효 플럭스(effective flux, 有效-) 지표면으로부터 수 밀리미터 안에 존재하는 분자 플럭스와 난류 플럭스의 합.
고체 지구의 표면에서 난류 플럭스는 0이어야 하므로 이 경계면에서 현열 플럭스나 잠열 플럭스는 전적으로 분자운동에 의하여 수송된다. 지면 위 수 밀리미터 내에서 분자효과는 고도가 증가함에 따라 무시하게 되는 반면, 난류가 넘겨받아 플럭스를 수송하게 된다. 분자 플럭스와 난류 플럭스의 합을 때때로 유효난류 플럭스라고 부른다. 유효라는 말은 아주 빼기도 한다. 따라서 지면난류 플럭스는 지면유효 플럭스를 의미한다.

ㅇ

육각격자(hexahedral grid, 六角格子) 구를 표현하는 격자 체계 가운데 정 20면체 분할격자에서 유도되어 육각형 또는 오각형으로 구성된 격자 체계.
이는 정 20면체의 삼각격자들의 질량 중심을 이어 전체 구면을 둘러싸도록 만들어진다. 육각격자에서는 12개의 5각 격자가 발생하게 되는데, 이는 오차의 근원으로 작용할 수 있다.

육각기둥(hexagonal column, 六角-) 대기에 있는 빙정의 여러 형태 중 하나.
이 특별한 얼음의 결정 특징은 얼음기둥의 긴 방향(주축, 主軸)에 직각인 평면에서 육각형 단면을 갖는다는 것이다. 육각판 모양의 빙정으로 성장하기 좋은 환경조건과 육각기둥 모양의 빙정으로 주축에 직각인 방향보다 주축 방향을 따라 성장하기 좋은 환경은 서로 다르다. −3℃부터 약 −8℃까지의 온도 범위와 −25℃보다 낮은 온도에서 수증기 침적에 의한 성장은 기둥모양의 빙정을 만든다. 반면, 바늘모양이나 육각판 같이 이와 다른 모양의 빙정은 수증기 과포화 정도와 결정의 낙하속도에 따라 −8℃부터 −25℃까지의 범위에서 잘 발생한다. 육각판 모양의 빙정은 −8℃와 −25℃ 사이의 온도에서 수증기 침적으로 성장한다. 대기가 물에 대한 포화에 접근한다면, −12℃와 −16℃ 사이의 온도에서 빙정이 성장하고 낙하속도가 커지면서 빙정의 모서리들이 자라나 나무모양의 옆가지를 형성하게 된다.

육면체 구격자(cubed-sphere grid, 六面體求格子) 구에 내접하는 정육면체의 각 면에서 직교 좌표계를 형성하여 다음 구 표면으로 투영시킨 형태의 격자.
육면체 구격자는 위경도격자의 특이점 문제가 발생하지 않고, 거의 비슷한 형태의 사각격자를 만들 수 있다는 장점이 있다. 이 격자상에서 미분방정식을 수치적으로 풀 때 유한체적법 혹은 분광요소법이 적합하다.

육풍(land breeze, 陸風) 육지에서 바다로 부는 바람.
해수면이 인접한 육지보다 더 따뜻해질 때의 온도 차로 인해 발생하는 바람으로서 보통 밤까지 계속되며 하루 동안 반대 방향의 바람인 해풍과 교대로 분다.

융게 에어로졸 층(Junge aerosol layer, -層) 성층권 저층인 15~25km 내에서 큰 입자 농도가 최대인 것으로 관측되는 기층.

융삭(ablation, 融削) 빙하 또는 설면으로부터 눈, 얼음, 수분(물)이 사라지는 모든 과정.
수분이나 눈 쌓임과 대조되는 개념이다. 이러한 과정은 융해, 증발, 빙하분리, 풍화작용 그리고 눈사태 등을 포함한다. 기온은 이러한 융삭과정을 지배하는 지배요소이고 강수량은 이차요소이다. 전형적인 온난계절인 융삭계절(보통 여름) 동안에 빙하가 녹는 율은 시간당 2mm이다. 이상의 과정에서 눈이나 얼음이 제거되는 양은 축적과 반대되는 개념이 된다.

융해고도(melting level, 融解高度) 대기 중에서 하강하는 눈입자가 녹기 시작하는 고도로서 보통 기온이 0℃인 고도.
녹는고도라고도 한다.

융해점(melting point, 融解點) 고체가 녹아서 액체로 되는 온도.
1기압하에서의 순수한 얼음의 녹는점은 얼음점과 같이 0℃이나, 압력이 증가되면 녹는점이 낮아지는 특성이 있다. 녹는점이라고도 한다.

융해층(melting layer, 融解層) 얼음상태의 강수가 하강하면서 녹는 대기층의 고도 구간.
기상 레이더로 층상운 강수를 관측할 경우 밝은 띠로 나타난다. 융해층의 깊이는 보통 200~300m 정도이며 온도는 보통 0℃이다.

은반일사계(silver-disk pyrheliometer, 銀盤日射計) 에버트(C.G. Abbott)가 1913년에 고안한 것으로서 현재도 널리 사용되고 있는 직달일사계.
태양을 향한 원통의 저변에 까맣게 칠을 한 은반이 있기 때문에 이와 같은 명칭이 붙여졌다. 이 은반에는 1/100℃까지 읽을 수 있는 눈금이 부착되어 있다. 이 원통을 태양 쪽으로 향하게 하고, 원통 끝의 셔터를 2분 간격으로 개폐하여 이 사이의 온도 상승이나 하강을 측정하여 일사량을 계산한다. 원통은 적도의에 장치되어 있어 측정 중에 태양을 추적할 수 있다. 이 기기는 정밀도가 좋아 안정된 측정을 할 수 있으므로 다른 기구로 측정한 자료를 비교할 때의 기준으로 사용된다.

음극선관(cathode-ray tube; CRT, 陰極線管) 화면판 혹은 스크린의 뒷면 형광물질 코팅막에 부딪히는 집중된 전자 빔을 생성하는 전자총으로 구성된 진공관.
인광물질의 여자(勵磁)로 인해 빛이 발생되는데, 광도는 전자의 흐름을 제어하여 조절한다. 관 주위를 둘러싼 코일에 흐르는 전류에 의해 전자기적으로, 혹은 내부 편향판상에서의 전압에 의해 정전기적으로 빔의 편향을 일으킨다.

음되먹임(negative feedback, 陰-) 초기섭동에 대한 반응이 감소하는 일련의 상호작용.
예를 들어, 입사복사의 증가에 의한 지표에서 에너지 균형의 이런 변화는 스테판-볼츠만 법칙에 의하여 온도의 증가를 가져와 지표에서 방출복사를 증가시킨다. 따라서 온도와 복사에 의한 상호작용은 원래의 섭동을 일부분 거스르게 작용한다.

음양격자(Yin-Yang grid, 陰陽格子) 전지구 모델에서 사용되는 변수들을 공간적으로 구면상에 이산화하여 표현하는 방법 중의 하나로 위경도격자 2개를 테니스공이 만들어지는 방식처럼 붙여 놓은 꼴의 격자 체계.
각각의 위경도격자 도메인을 음격자(陰格子)와 양격자(陽格子)로 정의하고, 위도대역은 90°를 다소 넘으며, 경도대역은 270°를 다소 넘는다. 전통적인 위경도격자를 사용함으로써 직교성을 지니고, 극 특이성이 없다는 장점이 있지만, 음과 양 두 격자가 겹쳐지는 영역에서 중복 계산과 질량 보존 위반이 일어날 수 있다.

음파(sound wave, 音波) 매질(공기나 물)의 단열적 팽창과 압축이 반복되면서 전파되는 파.
음파는 종파의 한 종류로서 전파되면서 매질을 구성하는 입자는 진행하는 방향으로 진동한다. 공기 중에서 음파가 전파될 때는 공기입자가 진행 방향의 앞뒤로 진동하면서 밀도가 높은 곳과 낮은 곳이 반복적으로 나타난다. 운동량방정식, 연속방정식, 단열운동의 열역학방정식을 이용하여 전개하면 대기 중에서 x 방향으로 진행하는 음파를 나타내는 파동방정식으로 다음과 같다.

$$\left(\frac{\partial}{\partial t}+\bar{u}\frac{\partial}{\partial x}\right)^2 p' - \frac{\gamma\bar{p}}{\bar{\rho}}\frac{\partial^2 p'}{\partial x^2} = 0$$

여기서 $\gamma = c_p/c_v$이다. 간단한 해 $p' = Re[A\exp(ik(x-ct))]$을 위 파동방정식에 대입하여 정리하면 음파의 전파속도를 나타내는 식을 얻을 수 있다.

$$c = \overline{u} \pm (\gamma R \overline{T})^{1/2}$$

이 식을 이용하면 $\overline{T}$= 300 K이고 평균류가 없을 때 ($\overline{u}$= 0) 음파는 약 350 ms^{-1} 속도로 전파하는 것을 알 수 있다. 수치 모델링에서는 날씨와 기후와 관련된 대기 파동을 모의하기 위해서 음파를 제거할 필요가 있다. 또한 수치적분의 안정도는 격자점 사이를 파가 전파하는 데 걸리는 시간과 같거나 작은 적분 간격이 필요하므로, 전파속도가 매우 빠른 음파를 모델에서 제거하는 것은 안정적인 수치모형 해(解)를 얻는 데 필수이다. 음파를 제거하기 위해서 다음과 같은 비탄성 흐름을 가정한다.

$$\text{비탄성 가정} : \frac{\partial}{\partial x_j}(\rho_0 u_j) = 0$$

음파단층촬영(acoustic tomography, 音波斷層撮影) 물체 내부의 2차원 슬라이스를 통과하는 음파 빔으로부터 수집된 정보를 상화시키는 기술.
특히 해양학에서는 해양 내부에서 음파신호를 사용하는 인버스(inverse) 기술을 사용한다. 이와 같은 방법으로 해양 내부의 수온 구조를 파악할 수 있다.

음파온도계(acoustic thermometer, 音波溫度計) 음파 속도가 온도의 자승근에 비례하는 원리를 이용하여 기온을 재는 장치.
가장 보편적인 응용은 소닉 아네모미터로서 두 개의 음향변환기 사이에 음파 펄스의 이동시간이 음파속도를 결정하는 데 사용된다. 이 장치는 다음 식을 통하여 기온으로 변환된다.

$$c_s^2 = 403\, T(1 + 0.32e/P)$$

여기서 c_s가 음파속도이고, T는 기온(K), e는 수증기 분압(mb), 그리고 P는 대기정압(mb)이다.

음파우량계(acoustic rain gauge, 音波雨量計) 호수 위나 해양 위에서 강수량을 결정하기 위하여 착안된 측정 기구.
빗방울이 수면을 때릴 때 각 운립 크기에 따라 다른 음파신호에 반응하는 수중청음기가 사용된다. 각 음파신호는 고윳값을 가지기 때문에 빗방울 내의 운립 크기분포를 추정하기 위하여 수중 음파장을 역산하는 것이 가능하다. 운립 크기분포의 선택된 모멘트로부터 강수율, 강우적산량, 그리고 다른 강우 특성도 만들어 낼 수 있다.

음파탐측(acoustic sounding, 音波探測) 원격탐사 기술의 한 부분.
기기에서 음파를 수직적으로 보내어서 대기의 연직구조를 이루고 있는 역전층이나 난류층과 같은 매질을 통해 반사되는 음파를 탐지하는 것으로 대기나 해양과 같이 유체를 이루고 있는 물질들의 상태변수의 연직구조를 파악하는 것이 주목적이다. 특히 음파의 전파속도를 알고 있을 때 반사되는 과정에서 발생되는 감쇠현상을 통해 매질의 특성을 파악할 수 있다.

음파풍속계(sonic anemometer, 音波風速計) 음파를 이용하여 풍속을 측정하는 장비.
풍속 U인 대기 속으로 퍼져나가는 음파의 진행속도는 원래의 진행속도 c보다 바람의 방향에 따라 크게는 $c+U$, 적게는 $c-U$로 달라진다. 따라서 어떤 위치에서의 음파 도달시간의 차이는 다음과 같다.

$$\Delta t = \frac{2lUcos\theta}{c^2 - U^2}$$

여기서 l은 음파의 진행거리, θ는 음파에 대한 기류의 각도이다. 음파의 발신부와 수신부 사이의 거리를 일정하게 두고 Δt를 측정하면 풍속 U를 구할 수 있다.

응결(condensation, 凝結) 기체상태에서 액체상태로 바뀌는 변화.
기상학에서는 수증기에서 물로 변하는 것으로 주로 수증기가 이슬, 안개 그리고 구름으로 바뀌는 현상을 가리킨다. 공기온도가 낮아지면서 공기에 함유된 수증기량이 공기가 수증기를 포함할 수 있는 용량을 넘어설 때 응결이 발생하게 된다. 또는 공기온도가 일정한 상태에서 공기 중 수증기량의 증가가 이러한 용량의 초과를 초래해 응결을 발생시킬 수 있다.

ㅇ

응결자국(condensation trail, 凝結-) 청명하고, 차가운 습한 대기 중에서 비행하는 항공기 뒤편에 형성되는 것으로서 자주 관측되는 구름모양의 띠.
비행구름이나 증기자국이라고도 한다. 응결자국은 오랫동안 남아 권운층의 형성을 촉진할 수 있다. 응결자국은 다음 두 가지 뚜렷한 직접적인 과정 중 하나에 의해 형성될 수 있다. 첫째, 수증기가 항공기의 비행 흔적 경로에 첨가되는 현상은 필수적으로 엔진으로부터 배출되는 연료 부산물을 동반한다. 이렇게 첨가된 수증기의 습윤현상 때문에, 그와 동시에 항공기에서 배출되는 부산물로 나오는 연소열의 과잉 균형으로 주변 환경에 있는 대기와 혼합으로 인해 배기구름 자국이 형성될 수 있다. 이러한 과정의 열역학적 효과는 대류권계면 부근에서 측정되는 다소 낮은 기온에 대해서만 중요한 과정이 된다. 따라서 이러한 유형의 응결자국은 대체로 높은 고도 비행에서만 관측된다. 항공기 배기는 필수적으로 응결핵을 만들어 내는 경우가 많이 발생하지만 이 효과에 대해서는 철저히 연구되지는 않았다. 둘째, 청명하지만 거의 포화상태인 대기 중에서 프로펠러 날개 끝과 익단 주위의 공기 흐름을 수반하는 항공역학적 기압경정은 공기를 매우 차갑게 냉각시킴으로써 대기의 응결을 유발하여 항공역학적 자국을 형성할 수 있다. 후자의 프로펠러 날개 끝 자국과 익단자국은 배기자국만큼 조밀한 경우가 드물다. 일정 조건하에서는 기압의 하락 때문에 얼음의 균질응결을 위한 임계온도 이하로 기온을 낮추게 되며, 주변 온도가

−15℃ 정도로 따뜻할 경우에도 자국은 얼음결정을 포함한다. 익단자국은 매우 강력한 날개 끝 소용돌이 순환을 일으킬 정도로 육중한 날개하중이 큰 항공기에서만 발생한다. 급강하를 마친 요격기는 그에 따라 일시적으로 무거운 날개(면) 하중을 갖는데, 이로 인해 짧게 끝나는 소용돌이자국이 생겨날 수도 있다. 희미한 소용돌이 자국들이 항공기 착륙 도중에 날개모서리 뒷부분에 나타날 수도 있다.

응결핵(condensation nucleus, 凝結核) 대기 중에서 수증기가 응결하여 작은 물방울이 핵화될 때 그 핵이 되는 에어로졸 입자.
크기에 따라 거대핵(반지름 약 1~20㎛), 큰 핵(반지름 약 0.2~1㎛), 에이트킨 핵(반지름 약 0.0006~0.2㎛)으로 나눈다. 또 발생 원인에 따라 해염핵, 연소핵, 먼지핵 등으로 부를 때가 있으며, 그중에서도 흡습성의 물질로 구성되는 흡습핵은 작은 물방울을 생기게 하는 데 유리한 조건을 가지고 있기 때문에 중요하다. 대기 중의 응결핵의 수는 구름이 발생할 때의 조건에 따라 매우 다를 뿐만 아니라, 장소에 따라 공기의 오염 정도도 다르기 때문에 정확히 표시하기는 곤란하지만, 공기 $1cm^3$ 중에 수백에서 10만 개 정도라고 생각된다.

응답모수화(responsive parameterization, 應答某數化) 난류는 불안정에 반응하고 난류 혼합을 일으켜 난류를 감소시키거나 제거하기 때문에 대기의 정역학, 역학불안정에 비례한다고 가정하여 난류 양을 근사하는 방법.
예로서 에디 점성을 리처드슨 수에 관련하도록 하는 방법이 있다.

응력(stress, 應力) 주위로부터 한 면에 작용하는 평균 표면력으로서 단위는 압력과 같으나 방향과 크기를 가진 9개의 성분을 가지는 텐서.
응력 텐서(τ)는 면 δA_i에 힘 δF_j가 작용할 때 다음과 같이 정의한다.

$$\tau_{ij} = \lim_{\delta A \to 0} \frac{\delta F_j}{\delta A_i}$$

여기서 $i(=1, 2, 3)$는 면에 외향으로 수직인 방향을 표시하며, $j(=1, 2, 3)$는 힘의 방향을 나타낸다. i와 j가 동일한 경우(τ_{11}, τ_{22}, τ_{33})를 법선응력 그리고 나머지 6개의 성분(τ_{12}, τ_{13}, $\cdots$, τ_{31})을 접선응력이라고 한다.

응용기상학(applied meteorology, 應用氣象學) 실용적 사용을 위하여 기상자료, 분석, 예보를 취급하는 기상학 응용연구.
환경, 건강, 기상조절, 대기오염기상학, 농업과 산림기상학, 교통기상, 방재기상, 군사기상, 가치창조, 디스플레이 및 산업기상 등을 포함한 다양한 분야에 응용되는 기상연구이다. 응용기후학을 참조하라.

응용기후학(applied climatology, 應用氣候學) 실용적 목적으로 기후자료의 과학적 분석을 적용하는 학문.
여기서 실용적 목적이란 산업, 공업, 농업 혹은 기술적 목적이나 특별한 적용으로 해석된다. 일반적으로 **농업기후학**, 항공기후학, **생물기후학**, 산업기후학 등을 포함한다.

이년바람진동(biennial wind oscillation, 二年-振動) 2년 주기의 동서류의 변화.
적도지역 위의 하부 성층권에서 가장 두드러지게 나타난다.

이동성(mobility, 移動性) 단위 크기의 전기장에서 이온 속도의 세기를 측정하는 양.
다음과 같이 표현된다.

$$\mu = \frac{v}{E}$$

여기서 v는 이온 속도, E는 전기장의 세기이며 이동성의 단위는 단위 볼트당 단위 초당 제곱미터이다. 무거운 이온은 가벼운 것보다 이동성이 낮고 이동성의 값은 밀도에 반비례하여 변화하므로 지구표면 가까운 곳에서는 이동성이 낮을 것이다.

이동평균(moving average, running mean, 以東平均) 통계적으로 시계열의 각 값을 중심으로 전후 3항, 또는 5항의 값을 평균하여 하나의 값으로 나타내는 방법.
관측값의 시계열(예 : 매일의 기온)에는 짧은 주기나 불규칙한 변동을 포함하고 있으므로 큰 변동 경향을 분석하기 위해서 사용된다. 예로서 5년 이동평균 산출방법을 소개하면 다음과 같다. 연의 순서를 따라서 나열한 자료를 $a_1, a_2, a_3, \cdots, a_n$을 먼저 제1항부터 5항까지의 값을 평균하여, 평균치 $A1-5=(a_1+a_2+a_3+a_4+a_5)/5$를 계산하고, 이것을 3년째의 값으로 한다. 이어서 2항(2년)째부터 6항(6년)까지를 평균해서, 평균치 $A2-6=(a_2+a_3+a_4+a_5+a_6)/5$를 계산하고, 이것을 4년째의 값으로 한다. 이러한 방식으로 계산을 계속해 간다.

이력현상(hysteresis, 履歷現想) 어떤 값이 주기적으로 또는 어떤 범위 내에서 움직일 때, 처음 위치로 돌아오지 못하고 다른 위치로 도달하는 현상.
히스테리시스라고도 한다.

이류(advection, 移流) 대기의 질량운동(속도장)만에 의한 대기성질의 수송과정.
주어진 한 점에서 이류된 성질의 값의 변화율을 말한다. 이류를 벡터 표기법으로 나타내면 다음과 같다.

$$V \cdot \nabla \phi$$

여기서 V는 바람 벡터, ϕ는 대기성질, 그리고 $\nabla\phi$는 성질의 경도이다. 삼차원-카테시안 좌표에서 나타내면 이류는 다음과 같다.

$$-\left(u\frac{\alpha\phi}{\alpha x}+v\frac{\alpha\phi}{\alpha y}+w\frac{\alpha\phi}{\alpha z}\right)$$

여기서 u, v, w는 각각 동쪽, 북쪽, 그리고 연직상향으로의 바람 성분이다. 첫 두 항은 수평이류, 마지막 항은 연직이류를 나타내며, ϕ 자체가 벡터장일 수 있다. 종종(특히 종관기상학에서) 이류는 운동의 수평 또는 등압 성분(즉, 종관일기도에 보이는 바람장)만을 의미하기도 한다. 기상학에서 이류와 대류를 일반적으로 구분하기 위해, 전자는 주로 대기의 수평, 대규모운동을, 후자는 주로 연직, 국지적으로 유도된 운동을 나타낸다.

이류모형(advective model, 移流模型)　강제력, 소산항 등의 다른 물리항이 없거나 덜 강조되고 이류항만이 중요하게 다루어지는 수치모형.
이류모형은 대기나 해양에서 잠재와도와 같이 거의 보존되는 양에 가장 잘 적용된다. 이류모형은 대체로 단일층에 대하여 적용되거나 연직적으로 적분된 유체에 적용된다. 역사적으로 순압모형이 이러한 유형에 성공적으로 적용되었다. 이류모형의 또 다른 최근의 예는 발산아노말리 와도이류모형이다.

이류서리(advection frost, 移流-)　영하의 기온을 가지고 한랭한 공기의 수평 수송이나 이류에 의하여 발생하는 서리.
이렇게 발생하는 서리는 농업에 냉해를 일으키는 주범이 된다. 바람에 의해서 0℃ 미만의 기온을 가진 한랭기단의 수평 수송의 결과로 서리가 발생하는 경우를 말한다. 예로서, 이런 형태의 서리는 한랭한 공기가 범람하는 경우 남부 플로리다와 텍사스의 리오그란데 계곡의 농업지역에 큰 피해를 가져온다. 복사안개를 참조하라.

이류안개(advection fog, 移流-)　1. 차가운 표면 위로 습윤공기가 이류하여 기온이 이슬점온도 이하로 냉각되어 생기는 안개.
흔히 볼 수 있는 이류안개는 차가운 물 표면 위에 습윤공기가 이류하여 발생한다(바다안개, 해무).
2. 때때로 증발안개에 적용되기도 함.
안개를 참조하라.

이류역(advective region, 移流域)　대기가 상대적으로 안정하여 기온의 변화가 대류보다도

이류에 의하여 일어나는 곳.
따라서 대류권 위의 대기 영역이어서 성층권을 의미하기도 한다.

이산화탄소 대기농도(carbon dioxide atmospheric concentration, 二酸化炭素大氣濃度) 대기 중의 이산화탄소의 양.
가장 일반적으로 부피에 대한 혼합비로 나타내는데, 보통 ppmv(parts per million by volume) 단위를 사용한다.

이상(abnormal, 異常) 정상상태가 지나치게 전형적 수준을 넘을 때.
비정상의 의미를 내포하며, 일반적으로 발생할 수 있는 한계 밖에서 이상적 비정상(理想的 非正常)으로서 그 의미를 지닌다. 일반적으로 정상이라는 용어가 평균이나 중앙값을 의미할 때 이상은 평균이나 중앙값으로부터의 편차를 의미한다.

이상강수(excessive precipitation, 異常降水) 비정상적인 비율로 강하게 내리는 강수.
주로 비의 형태에 대해 적용한다. 보통 정성적으로 표현하지만 여러 기상 서비스에서 정량적 방법을 적용하고 있다. 일반적으로 이상강수의 범주를 결정하기 위한 공식은 다음과 같다.

$$R = at/(b+t)$$

여기서 R은 t분 동안의 강우량이고, a와 b는 상수이다. 좀 더 긴 호우기간에 대해서는 표현 방법이 $R = a + b\log T$이다. 여기서 T는 시간으로 표시한 기간이다.

이상굴절(anomalous refraction, 異常屈折) 비정상적으로 나타나는 대기의 굴절현상.
이상굴절의 대표적인 예로 신기루를 들 수 있다. 지표 대기의 경우 온도 차이로 인하여 매질의 밀도가 달라져 굴절률 차이가 발생한다. 지표 부근 공기온도가 상층부의 공기온도보다 높은 경우 상층보다 하층의 빛 투과속도가 빨라지기 때문에 이상굴절은 상층대기보다 지표 근처에서 자주 발생한다. 신기루는 지표에서 멀리 떨어진 곳에서 나타나는데, 측정될 때까지 지표 부근 굴절률 경도는 비정상이다.

이상기체(ideal gas, 理想氣體) 분자 사이에 상호작용하는 잠재력이 분자들의 분리나 기체의 부피와는 무관한 기체.
완전한 기체라고도 한다. 또 기체의 내부 에너지 변화가 밀도에 따르지 않고 온도만의 함수이며, 보일-샤를 법칙으로 알려진 이상기체상태방정식을 만족하는 기체이다. 일상적인 지구온도와 기압에서 대기는 이상기체로서 근사할 수 있다.

이상전파(anomalous propagation; AP, 異常傳播) 표준대기에서 굴절상태로부터 예상한 경로를 벗어났을 때의 전자기복사의 전파 경로.
표준 전파상태에서 지구표면에 수평적으로 전송되는 복사는 지구반경의 4/3배의 곡률반경으로 아래를 향해 꺾인다. 아굴절 전파는 광선이 덜 꺾이고 초굴절 전파는 표준상태보다 아래로 더 많이 휜다.

이상편차(anomaly, 異常偏差)　통계적인 관점에서 평균 혹은 정상의 범위에 들지 않는 현상 혹은 수치.
기상 및 기후학에서는 보통 기후값과의 편차를 의미한다.
1. 기상학에서 임의 지역에서 어떤 기간 동안의 기온이나 강수량에 대한 장기간의 평균값과의 차이.
2. 지구물리에서 장파의 범위에서 벗어난 국지편차, 자장편차, 중력편차.
3. 해양학에서 주어진 해수의 온도와 염도와 실제 관측값과의 차이.
수치예보에서도 예보의 정확도를 측정하기 위해서 예측된 변수나 분석된 변수에서 기후값을 제거하여 그 편차만을 사용한다. 이는 예측장이나 분석장에 기후값이 포함된 경우 예측장과 분석장과의 상관도가 비정상적으로 높게 나타나는 것을 방지하기 위함이다. 이와 같이 기후값을 제거하여 예측 정확도를 측정하는 방법을 편차상관이라고 하며 다음과 같이 계산된다.

ㅇ

$$ACC = \frac{\overline{(f-c)(a-c)}}{\sqrt{\overline{(f-c)^2}\,\overline{(a-c)^2}}}$$

여기서 f는 예측치, a는 분석치, 그리고 c는 기후값을 의미한다.

이슬(dew)　야간에 복사냉각으로 인하여 이슬점 밑으로 지면공기의 온도가 내려갈 때(그러나 기온은 영상인 경우) 풀과 지상의 모든 다른 물체에 응결되어 맺혀 있는 물.
이슬은 복사냉각으로 차가워진 지면 물체와 접촉된 공기가 냉각되어 과포화가 되고 과포화된 양의 수증기가 물로 변화된 것이다. 이슬점온도가 영하인 경우에는 하얀서리(hoarfrost)가 형성될 수 있다. 이슬이 형성된 후 기온이 영하로 떨어지면 이슬이 얼게 되는데, 이것을 언 이슬이라 한다. 이슬이 형성되기 좋은 조건은 다음과 같다. (1) 토양의 열 공급으로부터 잘 차단되고 수증기가 응결할 수 있는 복사 표면이 있어야 한다. (2) 지면 냉각이 잘 일어나고 충분한 지구복사가 발생하기 위하여 지표층을 제외한 전 층에서 낮은 비습을 가진 맑고 바람 없는 대기상태가 되어야 한다. (3) 지면 부근 공기층의 상대습도가 높거나 근처에 호수와 같은 수분 공급원이 존재해야 한다. 이슬은 감자 줄기마름병과 같은 식물 병원균을 전파시키는 데 중요한 역할을 한다. 한편 이슬은 하일리겐샤인이라고 알려진 광학적 효과를 일으키기도 한다.

이슬무지개(dewbow) 이른 아침에 풀에 맺히는 작은 물방울에 형성되는 무지개.
이슬무지개라는 용어가 이슬과 관계있는 것을 암시하고 있지만, 이슬무지개는 이슬에 생기는 경우가 매우 드물다. 여기서 물방울은 이슬이라기보다 보통 일액(溢液)으로 생긴 것이다. 넓은 풀밭에서 보면 이슬무지개는 쌍곡선 모양으로 나타날 수 있다. 그러나 이것은 물방울에서 시작하는 원뿔모양의 무지갯빛이 굴곡 있는 풀밭의 표면과 만나면서 실제로는 무지개와 마찬가지로 반경이 일정한 호(弧)의 형태이지만 풀밭 표면의 굴곡과 비교되어 쌍곡선 같은 모양으로 비쳐지는 것이다.

이슬비(drizzle) 매우 많은 수의 작은 물방울이 거의 일정하게 내리는 강수.
안개를 구성하는 작은 물방울과는 달리 이슬비는 땅에 떨어진다. 이슬비는 주로 층운으로부터 내리며 낮은 시정과 안개를 동반하기도 한다. 이슬비의 강수강도가 시간당 0.3mm 이하일 경우, 시간당 0.3~0.5mm 사이일 경우, 시간당 0.5mm 이상일 경우, 각각 약한, 중간, 강한 이슬비로 분류된다. 보통 강수강도가 시간당 1mm 이상일 경우 이슬비가 아닌 비로 분류된다.

이슬빗방울(drizzle drop) 지름이 0.2~0.5mm 사이이며 층운이나 층적운에서 낙하하는 수적.
직경이 2mm 이상인 것은 구름방울에 대해 빗방울이라고 한다.

이슬양계(drosometer, -量計) 주어진 표면 위에 형성된 이슬의 양을 측정하는 데 사용되는 측기.
대기에 노출된 반구형 진공 유리컵으로 구성되어 있는 것도 있다. 유리 표면에 형성되는 이슬은 컵의 밑바닥에 자동적으로 모이게 되고, 노출 기간의 끝에 무게가 측정된다. 이슬양계의 또 다른 한 형식은 두브데바니 이슬양계(Duvdevani dew gauge)인데, 이는 이슬이 특성적인 모양으로 형성되게 만들어진 나무 블럭 표면으로 구성되어 있다. 관측자가 이슬 형성을 0.01~0.45mm (0.0004~0.018in.)로부터 결로까지에 상응하는 각 측기별로 사진들로 구성된 표준 세트와 비교하여 관측할 수 있게 되어 있다.

이슬점(온도)(dewpoint, dewpoint temperature, -點(溫度)) 주어진 공기덩이가 일정한 압력과 일정한 수증기 함량에서 냉각될 때 포화가 발생하는 온도.
이 온도가 0℃ 이하일 때는 이 온도를 서릿점이라 부른다. 이슬점은 또한 공기덩이의 **포화증기압**이 현재의 실제 증기압과 같아지는 온도로 정의할 수 있다. 수증기가 가해지거나 제거되지 않는 한, 공기덩이의 등압가열 혹은 등압냉각은 이 공기덩이의 이슬점 값을 변화시키지 못한다. 그러므로 이슬점은 이와 같은 등압과정에서 보존되는 양이다. 그러나 이슬점은 대기 중 공기의 연직단열운동에서는 보존되지 않는다. 상승하는 습윤공기의 이슬점은 **건조단열감률**의 약 1/5의 율로 감소한다. 즉, 건조단열감률은 약 10℃/km이므로 이슬점 감률은 약 2℃/km이다. 이슬점은 여러 종류의 이슬점습도계로 직접 측정할 수도 있고, 수증기 밀도나 혼합비를 측정하는 장치 또는 습도계로부터 간접적으로 얻을 수도 있다.

이슬점계(dew cell, -點計) 이슬점을 측정하기 위해 사용하는 습도계의 한 종류.
포화 소금 용액의 표면에 대한 평형증기압은 같은 온도에서 순수한 물 표면에 대한 평형증기압보다 작다. 이 효과는 모든 용액에서 잘 나타나는데, 특히 염화리튬의 경우 현저하다. 이슬점계는 다음 원리로 이슬점을 측정하게 된다. 염화리튬 용액에 대한 평형증기압이 주위 공기의 수증기압을 초과하는 온도에 도달할 때까지 염화리튬 용액을 가열한다. 이때 수증기는 응결 대신 소금 용액으로부터 증발이 일어나는데, 이 변화는 용액의 특별한 전도율 감소로 알 수 있다. 가열 전류를 적절히 조절함으로써 주변공기의 수증기압과 이슬점온도에 대한 경험적 방정식으로부터 평형온도를 얻을 수 있다. 이슬점계를 냉각시키는 설비는 없어서, 결국 이슬점계는 주변 온도에서 포화 염화리튬 용액에 대한 증기압보다 작은 증기압은 측정하지 못한다. 이슬점계는 자동기상관측소(Automatic Weather Station, AWS)에 설치하여 이슬점온도를 측정하고 있다.

이슬점공식(dewpoint formula, -點公式) 상승응결고도의 대략적인 높이를 계산하기 위한 공식.
상승응결고도는 적절한 대기조건과 지형조건하에 발생하는 대류 구름의 밑면 고도를 계산하여 알아낸다. 실제적이고 단순한 방법으로 이 고도는 다음과 같이 얻을 수 있다.

$$H = (T - T_d)/8$$

여기서 H는 km 단위로 나타낸 지면으로부터의 고도이고, T와 T_d는 각각 섭씨로 나타낸 온도와 이슬점이다. 이 식은 온도와 이슬점이 각각 고도 1km 올라갈 때마다 9.8℃와 1.8℃ 감소한다고 가정하여 유도한 것이다. 이 감소율 값들은 잘 혼합된 경계층에서의 값이다. 대류 구름 고도 선도는 이 관계식을 그래프로 나타낸 것이다.

이슬점습도계(dew-point hygrometer, -点濕度計) 이슬점을 측정하는 기계.
가장 널리 사용되고 있는 이슬점습도계는 잘 닦아 윤을 낸 작은 금속거울 표면, 펠티어 효과장치(Peltier-effect device)를 사용한 전기적인 가열·냉각장치, 그리고 거울의 한쪽 편에 장치한 작은 온도 센서로 구성되어 있다. 서보 제어 시스템(servo-control system)을 사용하여 응결의 발생을 검출하고, 그리고 거울의 온도를 조정하는 전기-광학 시스템(electro-optical system)을 사용한다. 거울의 반사 정도는 이슬층의 두께에 따라 감소한다. 광학 서보 제어(optical servo-control)에 의해 유지되는 특정 이슬층 두께를 미리 문턱값으로 정한다. 금속거울 온도는 이슬점과 일치하게 된다.

22도무리(halo of 22°, -度-) 해나 달과 같은 광원 주위에 각반경이 약 22°가 되는 완전한 원모양 또는 원모양의 일부로 형성된 무리.
무리, 46도무리를 참조하라.

이안풍(offshore wind, 離岸風) 육지로부터 바다로 부는 바람.
약한 바람이 부는 종관상태에서 지면 근처의 이안풍은 육풍의 한 성분으로 밤에 발생한다.

이(E) 영역(E-region, -領域) 지상으로부터 보통 100km와 200km 사이의 고도에 존재하는 이온층의 한 영역.
헤비사이드(Heaviside) 층 또는 케넬리-헤비사이드(Kennelly-Heaviside) 층이라고도 한다. 이 영역에는 자유전자밀도가 최대로 되는 하나 또는 그 이상의 고도가 있고 자유전자밀도의 경도가 급한 곳들이 존재한다. E 영역은 낮에 뚜렷하고 밤에도 완전히 사라지지 않는다. 이온존데 기록에 의하면 E 영역은 흔히 둘 또는 그 이상의 부(副)층들로 나누어진다. 그 반면 돌발 E층으로 알려진 아주 높은 이온화 영역이 지역적으로 그리고 간헐적으로 관측되기도 한다. E 영역은 다양한 극자외선 파장과 X선 파장에서 태양복사를 흡수함으로써 생긴다.

이온(ion) 1. 하나 이상의 전자를 잃거나 얻어서 전기를 띤 단원자 또는 다원자를 의미. 염소이온 같이 전자를 얻어서 음전하를 띤 이온을 음이온이라고 하며, '암모니아 이온' 같이 전자를 잃어서 양전하를 띤 이온을 음이온이라고 한다. 일반적으로 이온은 물에 녹아 있는 상태인 수용액이나 입자상의 형태로 존재하지만 대기 중에 기체상으로도 존재한다. 이온은 대부분 약 70~300km 사이의 고도에 분포하며, 이온이 밀집된 고도인 이온권은 전체 대기구조에서 중요한 의미를 갖는다.
2. 대기 중에 일반적으로 분포되어 있는 대전상태의 극소(submicroscopic) 입자들을 의미하는 기상전기학 용어.
대기 중의 이온은 작은 이온과 큰 이온으로 분류되지만 일부는 중간 이온으로 분류되기도 한다. 작은 이온의 이온화는 주로 우주 선(cosmic ray)과 방출된 방사능에 의해 이루어진다. 각각의 작은 이온은 매우 에너지가 높은 입자들로 구성되어 있어 중성상태의 공기분자를 양이온화시킨다. 그 결과로 생긴 자유전자와 양이온은 또 다른 양이온이나 중성 공기분자들과 빠르게 반응하여 새로운 작은 이온을 형성한다. 이때 대기 중에 에이트킨 핵(Aitken nuclei)이 존재하면 작은 이온의 일부는 에이트킨 핵과 반응하여 새로운 큰 이온을 생성한다. 작은 이온과 큰 이온은 이동성에 있어 큰 차이를 보인다. 일반적으로 높은 이동성을 가진 작은 이온은 공기의 전기 전도도에 중요하게 기여한다. 중간 이온과 큰 이온은 특정 공간 전하효과에 있어 중요하지만 낮은 이동성으로 인해 전도도에는 기여하지 못한다. 이온의 형성과정은 특정 이온의 파괴과정에 의해 상쇄된다.

이온권(ionosphere, -圈) 중요한 이온과 전자가 집중 분포되어 있는 대기 영역.
전리권이라고도 한다. 지상 약 70~80km에 위치하며 끝없이 확장된다. 표준 상층대기 용어에서 이온권은 열권과 중간권 상부에 위치하며, 외부 이온권은 자기권의 일부를 형성한다. 초기 대부분의 지식들은 이온존데라고 알려진 지상 레이더 탐측에서 나왔으며, 이런 기구들에 의해 생성된 예리한 에코에 의해 이온화가 최대로 되는 명확한 지역을 포함해 이온층을 정의하였다. 다수의 원격 및 현장기술을 이용한 최근 연구들은 (돌발 E 층을 제외하면) 명확한 경계층이 일정하게 존재하지 않으며, 층보다는 지역으로 잘 기술된다. 그러나 여전히 층이라는 용어가 자주 사용된다. 이온권은 보통 고도 100~120km 범위를 E 층, 150~190km 범위를 F1 층, 200km 이상의 F2 층으로 나뉜다. 100km 이하의 상부 중간권에 위치한 D 영역은 낮 시간대에 높은 주파수의 라디오파를 흡수하지만, 보통 이온존데 기록지에 에코를 만들지 않는다. D 영역 밑의 C 층과 F2 층 위의 G 층이 존재한다는 초기 제안들은 인정되지 않아 이 용어들은 더 이상 사용되지 않는다. 지구 대부분에서 이온권은 대기성분에 있는 짧은 파장(극자외선과 X선 방사)의 태양복사에 의해 생성된다. 자기 고위도에서는 태양 또는 오로라 근원의 에너지 입자가 이온화에 중요할 뿐만 아니라 지배적인 근원이 된다.

이온 계수기(ion counter, -計數器) 단위부피의 대기 표본 안에 포함된 단위전하의 수를 세는 장치.
일반적인 대기 표본을 대전된 원통형 방전기에 통과시킬 때 나타나는 전위의 변화를 통해 해당 부피 안에 포함된 이온 전하의 수를 파악한다. 전위의 변화는 방전기의 분극 전위, 이온의 이동성과 전하량, 방전기의 부피와 길이, 그리고 표본의 흐름속도와 같은 요소들에 의해 달라진다. 이온 계수기는 일종의 이온화상자로서 상자 안에서는 기체 반응에 의한 내부적인 증폭은 없다.

이온 밀도(ion density, -密度) 단위부피의 공기 표본에 존재하는 이온의 수.
구체적으로는 단위부피의 공기에 포함된 유형별 이온(작은 양이온, 작은 음이온, 큰 양이온 등)의 수를 의미한다.

이온 이동도(ion mobility, -移動度) 기체의 전기 전도와 관련된 용어로서 단위세기의 전기장 내에서 이온이 특정 기체로 이동하는 평균속.
이온 이동도는 $[ms^{-1}(Vm^{-1})^{-1}]$의 단위로 표현된다. 진공상태에서 전위경도(potential gradient)에 놓인 단일기체 이온은 무한정으로 가속되지만, 지속적으로 기체분자들과 충돌한다. 이러한 충돌은 이온 이동 궤적의 편향을 야기하며, 그 순결과가 균일한 속도의 이온 운동으로 나타난다. 이온의 이동도는 이온의 특성뿐만 아니라 기체의 밀도에도 의존하는데, 이온의 평균 이동경로는 기체의 밀도에 의해 결정된다. 대기전기학에서 작은 이온과 큰 이온의 이동성은 대기 전도도에 영향을 미친다. 작은 이온은 해면고도에서 약 $1.3\times10^{-4}ms^{-1}(Vm^{-1})^{-1}$의 이동성을 가지며, 작은 음이온이 작은 양이온보다 조금 더 높은 이동도를 보인다. 작은 이온의 이동도는 습도가 높을수록 낮아진다. 큰 이온은 해면고도에서 약 $4\times10^{-7}ms^{-1}(Vm^{-1})^{-1}$의 낮은 이동성을 가지는데, 이는 큰 이온의 질량이 작은 이온에 비해 크기 때문이다.

이온 층골(ionospheric trough, -層-) 적도복각의 중심에서 양반구의 위도 15~20° 사이에서 이례적으로 전자밀도가 가장 낮으며 F 영역의 한 부분.
적도기압골에서 낮 동안 나타나며 밤에는 사라진다. 이것은 이온권 하부에서 다이나모 작용으로 생성된 동쪽으로 흐르는 전기장에 대응하여 이온권 플라스마가 자기적도로부터 자기장을 따라 확산한 탓이다. 고위도 지역에서 전자밀도 골이 하나 이상 발견되며, 외부 자기권에서 지구반경의 몇 배 되는 거리에 위치한 플라스마 권계면(plasmapause)에 자기로 연결되어 있다.

이온 포착설(ion-capture theory, -捕捉設) 윌슨(C. T. R. Wilson)이 1916년에 제안한 뇌우 전하 분리 이론.
주로 음이온을 포획한 빗방울들이 뇌운 속으로 하강하면서 구름 하부에 쌓여 음전하를 발생시킨다. 이런 빗방울들에 의한 음이온의 선택적 포획은 음전하를 띠는 지구와 양전하를 띠는 이온권 사이에 존재하는 정상적인 대기 전기장에서 빗방울의 편극 때문이다. 그러므로 떨어지는 빗방울의 절반 이하는 음전하를 끌어당겨 포획하지만, 절반 이상은 비슷한 효율로 양전하를 끌어당길 수 없다. 따라서 빗방울에 순 음전하가 쌓이게 된다. 오늘날 이 이론은 일반적인 이온 밀도 관점에서 양적으로 불충분하기 때문에 보편적으로 뇌우 전하 분리의 상당 부분을 설명할 수 없는 것으로 평가되고 있다.

이온화(ionization, -化) 대기전기에서 중립대기의 분자들(작은 이온들) 또는 다른 부유입자들(주로 큰 이온들) 이주로 고에너지 입자들과의 충돌에 의해 전기 전하를 띠는 과정.
우주 선(cosmic ray)과 방사성 붕괴는 대기 이온화의 주요한 근원이다. 하층대기에서 뮤 중간자의 전자 붕괴와 베타 입자와 감마선, 방사성 기체로부터의 알파 입자들은 공기분자들의 이온화를 돕는다. 이러한 공기를 이온화하는 속도 단위는 1초당 $1cm^2$당 하나의 이온쌍으로 표현되고 기호로는 I로 표기된다. 해수면에서의 우주 선은 육지와 바다 모두에서 약 2I이다. 방사선 기체는 해수면 높이의 육지에서는 약 5I이지만, 토양과 바위에 있는 방사성 물질들은 약 4I이다. 약 5km 이상 높이에서는 우주 선만이 이온화를 시키며 약 13km에서 최대가 되는데, 그 이상 높이에서 속도가 감소하는 것은 공기밀도의 감소와 우주광선의 목표가 되는 분자의 부족 때문이다.

이중굴절(double refraction, 二重屈折) 결정체와 같이 광학적으로 비등방성을 갖는 물질에 빛이 입사할 때 입사광 방향이 다른 두 개의 굴절광으로 나뉘는 현상.

1669년 덴마크의 물리학자 바르톨리누스(E. Bartholinus)가 방해석에서 처음으로 발견하였다. 복굴절과 매우 유사한 개념이나 이중굴절은 매질이 투명한 경우라는 점과 두 개의 굴절광으로 나뉠 때 하나는 굴절법칙인 스넬의 법칙을 따르는 정상광선으로 되고, 다른 하나는 스넬의 법칙을 따르지 않는 이상광선이 된다는 점에서 차이가 있다.

이중-도플러 분석(dual-Doppler analysis, 二重-分析) 강수 영역 안에서 또는 적절한 레이더 표적이 있는 어느 공간 지역 안에서 바람장을 알기 위하여 둘 또는 그 이상의 도플러 레이더나 라이더로부터 반경속도를 측정하여 분석하는 기술.
관측은 대기의 어떤 주어진 지역으로부터 오는 에코의 반경속도를 측정하기 유리한 둘 또는 그 이상의 지점에서 이루어진다. 전형적으로 반경 방향 속도성분들을 결합하여 하나 또는 그 이상의 대기 면에서 수평바람 벡터장을 추론한다. 이 면들은 실제로 스캔되는 면이거나 일련의 수평면이다. 이때 3차원 바람 벡터는 연속방정식을 적용함으로써 계산할 수 있는데, 이를 위해서는 층 내의 각 고도에서 수평발산장을 계산해야 하고 경계조건으로서 층의 꼭대기와 밑면에서 연직속도의 가정된 값을 사용하여 고도 전체에 대하여 발산을 적분해야 한다.

이중 모멘트 구름 미세물리(double moment cloud microphysics, 二重-微細物理) 단일 모멘트 방안에서 예측하는 혼합비(또는 절대습도)와 더불어 수농도를 예측하는 방법.
입자 크기분포의 계산에 필요한 모수들을 입자의 수농도와 혼합비로 결정하는 이중 모멘트 방안은 이들을 상수 또는 온도나 혼합비에 대한 간단한 함수로 가정하는 단일 모멘트 방안에 비해 입자 크기분포의 결정 및 미세물리과정의 표현에 유연성을 제공해 준다.

이중상관(double correlation, 二重相關) 두 변수 사이의 이차적인 통계적인 모멘트.
공분산이 이중상관의 한 예이다. 이중상관 중 하나인 공분산은 다음과 같은 식으로 나타낼 수 있다.

$$\overline{a'b'} = \frac{1}{N}\sum_{i=1}^{N}(a_i - \overline{a})(b_i - \overline{b})$$

여기서, a와 b는 각 변수, N은 시계열에 나타나는 자료 개수, i는 자료 인덱스, 오버 바(¯)는 평균값, 프라임(′)은 평균값에서의 차이다.

이중측위계관측(double-theodolite observation, 二重側衛械觀測) 상이한 곳에 위치하는 두 대의 경위의와 풍선의 상승속도를 이용하여 수행하는 상층풍 관측.

이중파장 레이더(dual-wavelength radar, 二重波長-) 두 파장의 신호를 송신하여 이 두

파장에서 에코를 분리하여 측정할 수 있는 레이더.
구름, 강수 또는 맑은 공기와 같은 산란 매질의 특성은 두 파장에서의 반사도 차 또는 감쇠 차로부터 추론할 수 있다.

이중편파 레이더(dual-polarization radar, 二重偏波-) 두 직교 편파를 송신하고 수신할 수 있는 레이더.
송신된 편파는 표적과 전파 매질의 산란 성질 변화에 대한 시간 규모와 비교하여 빠른 율로 전환할 수 있어야 한다.

이중 푸리에 급수(double Fourier series, 二重-級數) 자료의 동서 방향뿐만 아니라 남북 방향에도 푸리에 급수를 이용하여 구면상의 변수를 이중으로 표현하는 방법.
대부분의 전구 스펙트럼 모델은 동서 방향의 푸리에 급수와 남북 방향의 르장드르 함수의 곱으로 표현된 구면조화함수를 기저함수로 이용한다. 이러한 스펙트럼 모델은 계산 정확도 면에서 여러 가지 장점이 있지만, 르장드르 함수 변환 때문에 많은 계산시간이 요구되는 단점이 있다. 이 단점을 극복하기 위해 고안된 것이 이중 푸리에 급수 방안으로, 동서 방향과 남북 방향 모두 고속 푸리에 변환을 이용하여 계산 효율을 향상시킨다.

이중확산대류(double diffusive convection, 二重擴散對流) 해양에서 수온이나 염분 둘 중의 하나 혹은 하나 이상의 요인에 의해 결정된 유체의 밀도 변화로부터 유발된 유체운동.
비록 해양의 밀도 자체는 정역학적으로 안정되어도, 해양의 밀도를 결정하는 수온의 확산속도가 염분의 확산속도보다 약 100배 빠르기 때문에 같은 밀도의 물이 만나더라도 수온과 염분 둘 중의 한 요인으로부터 기인한 정역학적 불안정으로 인한 대류가 나타날 수 있다. 예로서 고온고염의 지중해 물이 대서양의 한랭저염의 물 위에 위치하면, 상층의 물이 열을 하층의 물에 뺏기는 속도가 염분을 잃는 속도보다 빠르기 때문에 상층의 물이 하층의 물보다 무거워져 하층으로 내려가고, 반면에 하층의 물은 상층의 물보다 상대적으로 가벼워 상층으로 올라가게 된다.

2차무지개(secondary rainbow, 二次-) 빗방울 안에서 빛이 두 번 굴절과 반사되어 만들어지는 무지개.
태양과 관측자를 연결하는 선을 연장한 방향을 중심으로 시반경 50~54°(태양빛으로부터 130~134°) 위치에서 나타난다. 2차무지개는 1차무지개와 색배열은 같지만, 안쪽 반원에 빨간색, 바깥쪽 반원에 보라색이 나타나 1차무지개와 반대의 색배열 순서를 보인다. 또한 1차무지개보다는 흐리다. 암무지개라고도 불리며 1차무지개와 2차무지개가 함께 뜬 모습을 쌍무지개라 칭한다.

2차순환(secondary circulation, 二次循環) 어떤 순환에 의해 역학적으로 유도되는 순환.

예를 들면 중위도 상층 제트류의 입구와 출구에서는 각각 서풍 바람이 가속되고 감속된다. 동서 방향 바람의 가속도는 남북 방향의 바람에 의한 코리올리 힘과 평형을 이룬다. 따라서 제트류의 입구에서는 남풍이, 출구에서는 북풍이 유도된다. 이처럼 제트류에 의해 유도되는 남북 방향 바람(혹은 남북 방향 바람과 연직운동이 결합되어 나타나는 순환)을 2차순환이라 한다. 2차순환은 또한 경계층의 마찰에 의해서도 유도된다. 소용돌이 하부 경계층에서는 마찰에 의해 소용돌이 중심으로 향하는 흐름이 생성되고, 이 수렴은 질량보존법칙에 의해 상승운동을 유도하여 경계층 바깥으로 질량을 수송하는 흐름을 유도한다. 이와 같이 소용돌이가 있을 때, 마찰에 의한 수렴, 상승운동 등으로 이루어진 순환을 2차순환이라 한다. 2차순환은 1차순환과 비교하여 그 크기는 약하지만 소용돌이를 감쇠를 이끌거나 연직운동을 유도하는 등의 역학적으로 중요한 역할을 한다.

2차종결(second-order closure, 二次終結) 예보방정식에 포함된 난류항의 고차종결방법의 하나.
2차종결은 평균변수(바람, 온도, 습도)와 이들 변수의 통계적 2차 모멘트인 분산(난류운동 에너지, 온도 분산, 습도 분산)과 공분산(난류운동량 플럭스, 난류열 플럭스, 난류수증기 플럭스)에 대한 예측방정식으로 구성된다. 분산과 공분산변수들에 대한 예측방정식에 포함된 3차 이상 모멘트는 저차 모멘트 변수들을 이용하여 모수화한다. 이 방법은 공분산변수들을 모수화하지 않고 예단 방정식의 수치적분으로 계산한다는 점에서 1.5차종결 방법과 다르다.

이차한랭전선(secondary cold front, 二次寒冷前線) 전선 저기압 후면의 수평온도경도가 뚜렷한 찬 기단 내에서 형성하는 이차전선.
드물지 않게 발생하는 현상이다. 그러나 찬 기류에 내에 있는 약한 기압골 또는 불안정선만큼 자주 나타난다. 진짜 전선인지를 결정하기 어렵다.

이탈속도(escape velocity, 離脫速度) 어떤 천체로부터 우주공간으로 향한 물체가 만유인력을 이탈하기 위하여 가져야 하는 최저 속도.
구형 물체의 중심으로부터 R만큼 떨어진 거리에서 물체의 이탈속도는 다음과 같다.

$$(2gR)^{1/2}$$

여기서 g는 중력에 기인한 가속도이다. R이 지구반경과 같고 g가 중력에 기인한 지표 가속도인 경우, 이탈속도는 약 11,200ms^{-1}이다. 이 이탈속도가 공기분자의 평균속도보다 훨씬 크기 때문에 지구는 그 대기를 존속시키게 된다.

이항분포(binomial distribution, 二項分布) 각각의 시행에서 오직 두 가지 결과(예 : 성공

또는 실패)만이 나올 수 있는 독립시행의 결과를 포함하는 실험에 적용하는 확률분포.
각 시행에서 성공이 나올 확률을 p라 하면, 실패할 확률, $q=1-p$, 그러면 n 시행에서 성공이 x번 나올 확률은 이항분포에 의해 주어진다.

$$p(x) = \frac{n!}{x!(n-x)}p^x q^{n-x}$$

인간생기상학(human biometeorology, 人間生氣象學) 인간들에 대한 날씨와 기후의 특정한 영향들을 설명하는 기상학의 한 분야.
이것은 효과 복합체로서 나누어진다. 열 효과(thermo effect) 복합체에는 온도, 습도, 풍속, 단파복사와 장파복사를 포함한다. 광화학 효과(actinic effect) 복합체는 가열 없이 직접 생물학적 효율성에 따른 가시광선 복사와 자외선 복사를 포함한다. 공기 위생 효과(air hygienic effect) 복합체는 고체, 액체, 기체상의 자연과 인공 대기오염을 포함한다. 더군다나 바람과 냄새들도 인간에게 영향을 준다.

인공강수(artificial precipitation, 人工降水) 자연강수에 비해 구름씨뿌리기와 같은 인공기술의 결과로 생성되는 강수.
가뭄이 지속되어 물 부족이 심각한 지역에서 날씨 조절의 일환으로 인공응결핵 등을 이용한 구름씨뿌리기를 하여 인공적으로 강수를 유발시킨다. **구름씨뿌리기**는 찬 구름에서는 구름 속의 온도를 하강시키는 드라이아이스와 빙정핵의 역할을 하는 옥화은(AgI)을 뿌리며, 따뜻한 구름에서는 습도를 높여주는 물방울을 뿌린다.

인공안개(artificial fog, 人工-) 1. 기상학에서 어떤 지역의 지표층에 **구름씨뿌리기** 등을 이용하여 형성하는 안개.
2. 농사과정에서 대량의 미세한 물방울을 대기 중에 분사하여 만드는 인공적인 안개.
농사지역에 복사냉각으로 인해 서리 발생이 예상될 때 인공안개를 생성하면 서리 피해 방지에 효과가 있다.

인공위성 채널(satellite channel, 人工衛星-) 기상 및 지구관측 위성에 이용되는 전자기파의 주파수 대역(가시광선, 마이크로파, 적외선 등)을 세분화한 것.
복사전달방정식에서 나타나는 대기 내 복사흡수체의 광학적 두께의 연직 변화가 각 채널마다 다르게 나타나는 것을 이용하여, 각 채널마다 서로 다른 고도에서의 대기 특성(온도나 수증기)을 관측할 수 있다. 일례로 미국 해양기상국에서 발사한 인공위성들에 탑재된 AMSU-A(Advanced micrometer sounding unit-A)의 경우 주파수별로 15개의 채널이 있으며, 채널 인덱스가 증가함에 따라 높은 고도에서의 정보에 민감하게 반응하는 가중함수(weighting function)를 갖게 된다.

이 가중함수는 해당 채널에서 민감하게 반응하는 복사흡수체의 광학적 두께의 연직 변화로부터 결정된다.

인공조명(artificial lighting, 人工照明) 인공광원을 이용해서 동식물의 생육을 제어하기 위해서 이용되는 조명.
광원은 백열등, 고압가스방전등, 형광등으로 대별되고, 각각은 광파장에 특징이 있다. 낮의 길이가 짧은 시기에 일몰 후 인공광으로 보광하여 일조시간을 길게 하는 것을 일장보광(supplementary lighting)이라고 한다. 시설재배에서는 일장조절이나 보광뿐만 아니라 인공광원만으로 재배가 되기도 한다.

인디언 서머(Indian summer) 가을에 비정상적으로 더운데 일반적으로 맑은 하늘, 햇빛이 있으나 연무가 있는 낮, 서늘한 밤으로 특징이 있는 날씨의 기간.
뉴잉글랜드에서는 따뜻한 기간 전에 적어도 된서리가 한 번 내리고 정상적으로 서늘한 기간이 상당히 지속해야 진짜 인디언 서머라 한다. 매년 발생하지 않지만 어떤 해에는 두세 번 나타난다. 이 용어는 북동 미국에서 자주 사용하며 영어권 나라들로 확장하였다. 어원이 불확실하지만 1778년으로 거슬러 가고, 아메리칸 인디언들이 겨울 양식을 추수하는 데 이 특별한 기회를 활용했다는 것이 가장 유력한 근거로 보인다. 비슷한 용어를 유럽에서도 사용하는 데 '노부인의 여름(old wives' summer)'이라 부르며, 시적으로 핼시온 날(halcyon days, 좋은 날씨)을 의미한다. 영국에서는 발생하는 날짜에 따라 성 마틴 서머(St. Martin's summer), 성 루카 서머(St. Luke's summer), 그리고 전에는 할로윈 서머(all-hallowin summer)라 하였다.

인위적 열(anthropogenic heat, 人爲的熱) 인간활동에 의해 대기로 방출되는 열.
인위적 열의 주된 방출은 인간에 의한 화석연료 사용이 주원인으로, 건물의 냉난방, 자동차 사용, 인간의 신진대사 등이 주 방출원이다. 도시에서는 인위적 열의 배출이 대략 15~50Wm^{-2} 정도이며 대도시 중심에서는 수백 Wm^{-2}에 달하기도 한다. 이러한 인위적 열은 주변보다 대도시 중심부의 온도를 더 높게 만드는 도시열섬 효과를 유발한다.

인지과제분석(cognitive task analysis; CTA, 認知課題分析) 지능을 필요로 하는 일을 수행하는 것과 관련된 과정을 확인하는 것이 주 목적인 인지과학의 한 분야.
CTA는 전문가 시스템, 컴퓨터 인터페이스의 설계 및 인간과 컴퓨터 간의 적절한 과제분배 등에서 유용하다. 공군의 일기예보에 사용되는 최근의 CTA는 예보관 및 관측관을 위한 교육에 활용되기에 이르렀고 이로 인하여 기상예보국의 변화를 가져왔다.

일(work) 힘을 받거나 혹은 힘이 가해지는 물체나 물리계의 운동에 기인하여 발생하는 에너지의 한 형태.
에너지 변환과정 동안만 존재하며, 다양한 형태의 일(전기, 화학, 원자력 기타)을 기계적인 일과 연관하여 정의할 수 있다. 대기과학에서는 역학 에너지, 전기 에너지, 열역학 에너지를 주로 취급한다. 일정한 힘 F가 가해져서 물체나 점이 거리 d만큼 힘이 작용하는 방향으로 움직인 경우 기계적인 일의 양은 다음 식으로 표현할 수 있다.

$$W = Fd$$

예를 들면, 10N의 힘이 작용하여 어떤 물체나 가상의 점을 힘이 작용하는 방향으로 2m 움직인 경우 총 일의 양 $W = (10\text{N})(2\text{m}) = 20\text{Nm} = 20\text{J}$이다. N, J, m은 Newton, Joule, meter의 약어로 표준 단위계의 힘, 일, 길이 단위이다. 열역학적인 일의 계산은 아래 식을 사용한다. 가장 일반적인 수식은 가역반응을 하는 단위질량의 가스가 상태 s_1에서 s_2로 천이하는 과정에서 생성할 수 있는 양으로 아래 수식으로 표현된다.

$$\int_{s_1}^{s_2} p d\alpha$$

여기서 p는 압력, α는 비적이다. 일의 양은 초기와 최종 상태 및 특정 진행과정의 함수로 나타난다. 즉, 일의 양은 보존적인 양이 아님을 의미하는데, 이는 비가역반응인 경우이다. 이에 반하여 가역반응과 연관되어 발생한 일의 양은 진행과정에 무관하게 최초와 최종 기체상태에 종속된다.

일광(sunlight, 日光) 햇빛에 대한 일반적인 용어.
태양으로부터 방출되는 전자기파 복사로 지표면에 도달하는 자외선, 가시광선 및 적외선을 통합하여 나타내는 경우가 일반적이나 가시광선만을 의미할 때도 있다. 자외선은 파장에 따라 보통 A, B, C로 구분하며 100~280nm 범위에 걸쳐 있으면 자외선 C, 280~315nm에 걸쳐 있으면 자외선 B, 315~400nm 파장대 사이를 자외선 A로 나눈다. 약 400~780nm 사이의 빛을 가시광 영역으로 700nm보다 긴 파장대를 적외선으로 구분한다.

일기(weather, 日氣) 인간의 생활과 활동에 미치는 영향으로 본 대기상태.
기후와 분리하여 수분의 기간에서 수일에 걸치는 대기의 상태를 이야기한다. 날씨 결정을 위하여 기온, 바람, 습도, 강수, 운량, 시정을 이용한다. 지상 날씨 관측에서 주로 사용되며 관측 시각을 전후하여 관측되어야 하는 대기상태 변수의 개별 사항이나 통합적인 대상들이다. 날씨 상황의 나열은 토네이도 발생, 용오름, 깔때기 구름, 천둥뇌우, 악성뇌우, 액상강수(이슬비, 비, 소나기) 빙결 강수(언 비, 언 이슬비), 동결강수(눈, 눈얼음, 싸락눈, 우박, 얼음입자, 빙정) 등이 있다. 맨 처음의 세 가지를 제외한 요소들을 문자화한 코드로 기록한다. 메타(METAR : 기상관측자료를 송수신하기 위해 만든 전신 통신문)코드로 대상의 강도를 약, 중, 강으로 표시한다. 종관 내지는 해양관측에서 두 가지, 즉 현천과 과거 날씨로 구분하여 보고한다. 현천보고는 100가지이며 과거 날씨는 10가지이다. 언어와 무관한 부호 형태로 기입 및 보고한다. 영어의 'weather'는 대기에 노출되어 부식되거나 마모되는 현상(즉, 풍화)을 나타내기도 한다.

일기도기입(map plotting, 日氣圖記入) 기상전문을 해독하여 일기도나 선도에 파악하기 쉬운 숫자나 기호로 표시하는 과정.
보통은 종관전문을 해독하여 지역과 지점번호가 인쇄된 종관일기도에 일정한 형식으로 표시하는 과정을 말한다. 이것은 컴퓨터로 기입하거나 숙련된 사람이 직접 기입하기도 한다.

일몰(sunset, 日沒) 지구의 자전에 의해 해가 서쪽 수평선 이하로 사라지는 현상.
태양의 상단이 서쪽의 지평선에 일치될 때이다. 일몰 시간은 1년 내내 다양하며 위도와 경도, 고도 등에 의해서 결정된다. 대기의 굴절이나 관측자의 고도에 따라 관측 시각에 약간의 차이가 있을 수 있다.

일반화좌표(generalized coordinates, 一般化座標) 고려하고 있는 계(系)의 상태를 구체적으로 설명하는 모든 좌표 세트.
라그랑주 좌표라고도 부른다. 보통 한정된 수의 자유도를 포함하는 문제에 사용되는 이 일반화좌표는 총 좌표 수를 줄일 때 계의 구속조건을 이용하도록 선택된다.

일사(insolation, 日射) 단위수평 지표면에 도달하는 태양복사 에너지.
대기 상층에서의 일사량은 태양과의 거리 및 태양 천정각에 의해 결정된다. 따라서 위도, 계절, 하루 중 시각에 따른 다른 일사를 가진다. 주어진 시간(기간)의 일사량은 단위 일사량을 주어진 시간(기간) 동안 적분함으로써 얻을 수 있다. 예로서 일일사량은 하루 동안의 일사시간 길이와 단위 일사량의 강도에 따라 결정되어 하지 및 동지의 경우 각각 북극과 남극지역에서 일일사량이 적도지역보다 크게 된다.

일사계(actinometer, 日射計) 복사 에너지의 강도, 특히 태양의 복사 에너지의 강도를 측정하는 데 사용되는 기기를 일반적으로 일컫는 이름.
일사계는 측정하는 양에 따라 (1) 직달일사의 강도를 측정하는 직달일사계(pyrheliometer), (2) 전구복사(직달일사와 산란대기복사를 합한 강도)를 측정하는 전천일사계(pyranometer), (3) 유효지구복사(effective terrestrial radiation)를 측정하는 지구복사계(pyrgeometer)로 구분된다.

일사시간(insolation duration, 日射時間) 태양복사가 주어진 지점에서 대기 중의 구름, 안개,

먼지입자 및 지형 등에 차단되지 않고 지속되는 시간.
일조시간이라고도 한다. 태양과 주어진 지점 간에 차폐물이 없을 경우 일 최대 일사시간은 일출과 일몰 사이의 시간으로 볼 수 있다.

일액(guttation, 溢液) 뿌리 압력의 결과로 잎으로부터 스며나오는 물.
결과적으로 생기는 물방울의 기원과 겉모양은 다르지만, 일액은 때때로 이슬과 혼동된다. 잔디 위에 생긴 이슬은 잎의 표면을 덮는 많은 물방울처럼 보인다. 이슬은 대기 중 수증기로부터 응결에 의하여 형성된다. 일액은 잎의 끝에서 쑥 내민 하나의 큰 물방울로 보인다. 일액은 습윤한 땅으로부터 액체상태의 물을 밀어올려 형성된다. 때때로 이슬과 일액 중 하나가 보이기도 하고 둘 다 보이기도 한다. 젖은 하일리겐샤인이 풀 위에 보일 때, 그것은 주로 이슬방울에 의해 생긴다. 한편 무지개가 잔디 위에서 나타날 때, 이것은 일액 방울에 의해 생긴다.

일예보(daily forecast, 日豫報) 보통 12시간으로부터 48시간까지의 앞선 기간, 즉 이틀 범위를 위한 예보.
때로는 단기예보라 한다. 이런 종류의 예보는 보통 물질적으로 인간의 활동과 편의에 영향을 미치는 특정 지리적 지역에 대해, 그날그날의 모든 일기 형태의 연속성을 비교적 상세하게 표현한다. 단기예보, 중기예보, 장기예보, 연장예보를 참조하라.

일일조(diurnal tide, 一日潮) 해수면의 일 1회 조석변화.
천체의 기조력에 의하여 해수면이 가장 높아지는 밀물과 가장 낮아지는 썰물이 1일을 주기로 반복하여 나타난다. 여기서 1일은 약 24시간 50분에 해당하는 달의 자전주기를 기준으로 한 것이다.

일정 절대소용돌이도 궤적(constant absolute vorticity trajectory; CAVT, 一定絕對-度軌跡) 수평 흐름에서 일정한 값으로 고정된 절대소용돌이도를 지닌 공기덩이의 경로.
현대 수치예보기법이 출현하기 전에 이들 궤적들은 로스비 파 이론과 함께, 대류권 장파의 이동을 예측하는 데 많이 사용되었다.

일정 플럭스 층(constant flux layer, 一定-層) 연직난류 플럭스의 크기가 고도에 따라 10% 이하로 변하는 지표로부터 수십 미터 두께의 층.
접지층에서 연직운동량 수송은 높이 올라갈수록 약간씩 감소하는데, 수평풍속은 지표면 근처에서는 고도에 따라서 급속히 증가한다. 고도(z)에 대수를 취한 값($\ln z$)에 따른 변화를 살펴보면, 풍속은 선형적으로 변화하고 운동량 수송량은 아주 약간씩 변화한다. 그래서 풍속의 변화에 비하면 운동량 수송량의 변화는 없다(일정하다)고 간주할 수 있다. 풍속은 $\ln z$에 따라서 선형적으로 변화하므로 풍속의 변화를 나타내는 데에는 변수로 고도 z보다는 그것에 대수를 취한 $\ln z$를 연직 축으로 취하는 것이 더 편리하다. 그러한 경우에 운동량 플럭스는 고도 z의 대수값인 $\ln z$에 대해서 일정하다고 가정한다. 현열 플럭스와 온위분포, 수증기 플럭스와 비습분포 등에 대해서도 똑같은 근사를 할 수가 있는데, 이를 일정 플럭스 층의 가정이라고 한다.

일조계(sunshine recorder, 日照計)　관측지점에서 태양빛이 비추는 시간을 측정하는 기기. 초기에는 특수 화학 처리된 감광지(減光紙) 또는 유리구(球)에 의한 관측용지의 탄 흔적 등을 이용했기 때문에 관측자의 판단에 의존하는 경향이 있었으나, 근래에는 대체로 전자식 태양복사 측정기를 이용한다. 세계기상기구(WMO)에서는 직달일사량이 120W/m^2 이상인 경우를 총합한 시간으로 권하고 있다. 일조시간을 기록하는 간단한 측기로는 조르단 일조계와 캠벨-스토크스 일조계 등이 있다.

1차무지개(primary rainbow, 一次-)　태양(또는 다른 광원)의 반대 방향 40~42° 사이 또는 138~140° 사이에서 발견할 수 있는 무지개.
붉은색이 무지개의 가장 바깥쪽에 위치하며 푸른색은 가장 안쪽에 나타난다. 1차무지개는 밝기에서 동시에 나타난 다른 무지개보다 더 뚜렷하다. 물론 1차무지개가 가장 빈번하게 나타나며 색깔의 순도나 범위는 거리가 멀어질수록 떨어진다. 따라서 발생한 다른 무지개로 부터 각반경, 색 순서, 그리고 밝기 등에서 구별된다. 1차무지개는 종종 2차무지개를 동반하여 발생하기도 한다. 2차무지개는 1차무지개의 바깥쪽 8° 정도에 나타난다. 경우에 따라 여러 개의 무지개가 형성되기도 하여 1차무지개 안쪽에 생기는 경우도 있으나 위쪽 일부 생기는 것이 보통이다. 특별한 경우 반사무지개가 관측되기도 한다. 무지개 생성이론에 의하면 빛의 굴절에 의해 1차무지개와 2차무지개 사이의 위치와 색깔 순서가 다르게 나타난다. 이 이론에 의하면 각 무지개의 위치는 빛이 물방울을 통과할 때 일어나는 가장 작은 굴절각에 의해 결정된다. 1차무지개는 물방울 내부에서 한 번 굴절하면서 나타나고, 2차무지개는 두 번 굴절하여 생긴다. 이는 가장 보편적인 무지개 형성에 대한 설명이다.

1차순환(primary circulation, 一次循環)　에너지 보존의 관점에서 위도에 따른 복사의 차이, 지구의 회전, 대륙과 해양의 분포에 의해 발생하는 기본적이며 지배적인 지구 규모의 대기순환. 1차순환과 일반순환(general circulation)은 가끔 동일하게 다룬다. 그러나 접근방법에 따라 1차순환은 바람이 기본적인 계이며, 일반순환은 기본 계의 바람의 섭동인 2차순환을 포함한다.

1차종결(first-order closure, 一次終結)　수분의 평균 경도 아래로 향하는 수분 흐름과 같이 어떤 양의 흐름과 같은 난류 플럭스를 포함한 난류방정식을 풀기 위해 만든 근사.
이때 흐름률은 맴돌이확산도에 비례한다. 이 맴돌이확산도에 대한 기호로 보통 K를 사용하는데,

이 때문에 이 이론을 케이(K) 이론이라 한다. 1차종결까지 지배방정식에 나타나는 2차 또는 그 이상의 고차 난류 통계량(분산, 공분산 등)은 일차 통계량(즉, 종속변수나 독립변수의 평균값)의 함수로 치환된다. 1차종결과 같은 근사를 함으로써 지배방정식의 미지수 수를 줄이고 방정식을 수학적으로 종결하여 근사적 흐름 상태를 구할 수 있다.

1.5차종결(one-and-a-half order closure, -次終結) 평균장 예보방정식에 포함된 난류 성분의 고차종결방식의 하나.
예보방정식은 바람, 온도, 습도 등 평균장방정식 이외에 난류운동 에너지와 온위분산(potential temperature variance)의 분산(통계적 2차 모멘트)방정식을 포함한다. 보통 수치예보모형에서 평균방정식계에 난류운동 에너지 방정식만 추가하는 경우도 흔하다. 예측방정식이 또 다른 통계적 2차 모멘트인 기상변수들의 공분산방정식을 포함하고 있지 않기 때문에 2차종결(second-order closure)이라 부르지 않는다. 1.5차종결에서 공분산 성분(난류 플럭스)은 평균값이나 분산값을 이용하여 모수화한다. 난류운동 에너지 방정식을 기반으로 난류에 의한 확산을 고려하는 $k-\epsilon$ 종결, $k-l$ 종결 등이 이에 속한다.

1/2차종결(half-order closure, -次終結) 바람과 온도 같은 평균 변수들의 연직 단면모양을 미리 가정하고, 이 평균 변수들에 대한 예측방정식을 존속시킴으로써 난류 효과를 근사시키는 방법.
예를 들면, 경계층에서 낮에 온위의 단면이 고도에 따라 일정하다고 가정하면, 전체 경계층에 대해서 오직 하나의 온도 예측방정식만이 필요하다. 유사하게 밤에 안정한 경계층의 온위 단면에 대하여 지수모양을 가정한다면, 지면냉각에 대해서 오직 하나의 온도 예측방정식만이 필요하다. 이 방법은 혼합층이나 안정한 경계층 내의 모든 고도에서 예측방정식을 푸는 것보다 계산 비용이 덜 든다.

일최고기온(daily maximum temperature, 日最高氣溫) 연속되는 24시간 내에서 나타나는 가장 높은 기온.
여기서 하루의 경계는 24시로 한다. 일최고기온은 바람이 약하고 쾌청한 날에는 태양 남중시각보다 2시간 정도 뒤에 나타나는 것이 일반적이다.

일최저기온(daily minimum temperature, 日最低氣溫) 연속되는 24시간 내에서 나타나는 가장 낮은 기온.
여기서 하루의 경계는 24시로 한다. 일최저기온은 바람이 약하고 쾌청한 날에는 일출 시각쯤에 나타나기 쉽다.

일출(sunrise, 日出) 지구의 자전에 의해 태양이 동쪽 수평선 위로 나타나는 현상. 해돋이라고도 한다. 태양의 상단(上端)이 동쪽의 지평선에 일치할 때를 말한다. 일출 시간은 위도와 경도, 고도 등에 따라 변화한다. 일출시간은 아래의 식으로 표현될 수 있다.

$$\cos \omega_0 = -\tan \phi \times \tan \delta$$

ω_0는 관측자 위치에서 본 시간각도, ϕ는 관측자의 위도, δ는 태양의 기울기를 말한다.

일치평균화(consensus averaging, 一致平均化) 측정오류, 외부 신호 및 잡음에 기인한다고 가정되는 통계적 변동값 및 가외치를 가진 측정값 및 관측값들로 물리량의 참값을 추정하는 데 이용되는 방법.
콘센서스 평균화기법을 이용하여 모든 측정값의 집합을 살펴보고 사전 정의된 구간 내에 있는 값들을 가진 최대 부분집합을 구한다. 해당 부분집합이 사전 정의된 수의 값들보다 작을 경우, 측정치들의 총집합은 거부된다. 그렇지 않으면 측정 물리량의 참값 추정치를 구하기 위해 선택된 부분집합을 평균한다. 이러한 기법이 유효하기 위해서는 참값은 측정치를 취하는 기간 동안 크게 변동해서는 안 된다. 콘센서스 평균화는 레이더 신호의 도플러 변이에 대한 몇몇 측정치로부터 풍속력의 추정치를 결정하기 위해 바람수직분포 자료화에 사용되어 왔다. 이는 주로 잡음이 주요 영향인자가 되며 간섭적 무선신호, 항공기, 새 등 여러 장애물에 의해 잘못된 영향을 받는다.

ㅇ

일평균기온(mean daily temperature, 日平均氣溫) 하루 동안에 나타나는 기온의 평균값. 하루의 경계는 24시이다. 매 정시(1시부터 24시)의 기온을 단순 평균한 값으로 정의한다.

임계경도(critical gradient, 臨界傾度) 1. 임계흐름을 만들어 내는 유로 경사의 최솟값. 2. 포화토양에서 토양의 배관이나 유동화가 일어나는 최대 수력경도.

임계고도(critical level, 臨界高度) 1. 내부중력파의 상대수평 위상속력이 풍속과 같을 때의 고도.
파동이 위로부터 혹은 아래로부터 이 고도에 접근할 때, 군속도의 연직성분은 0에 근접하여 해당 에너지가 흡수되고 평균풍으로 이전될 때, 파동이 상쇄되는 원인이 된다. 이로 인해 바람속력의 연직분포에 변화가 발생하는데, 따라서 결국 임계고도의 높이를 높이거나 낮출 수 있다.
2. 바람 시어가 충분히 강하여 리처드슨 수의 경도가 임곗값 아래로 하락하게 되어 켈빈-헬름홀츠 파가 형성되도록 하는 고도.
이러한 쇄파들은 상부 혹은 하부에 있는 인접 대기로 내부중력파의 전달을 발생시킬 수 있다.
3. 해양 해면파(표면파) 위상속력이 바람의 속력(혹은 해류속력)과 동일한 고도.
파동장과 평균유동장 사이의 상당한 상호작용은 이 고도에서의 여러 과정들과 연관될 수 있다.

임계 리처드슨 수(critical Richardson number, 臨界-數) 유체흐름이 유체역학적으로 불안정하고 난류상태로 변하게 되는 리처드슨 수의 값.
Ri_c로 표기하고, 통상적으로 $Ri_c = 0.25$를 취하며, 논문 등에서는 0.2에서 1.0 사이의 범위를 제시하고 있다.

임계물방울반지름(critical drop radius, 臨界-滴半徑) 평형포화비가 최대치에 도달하였거나 포화비의 크기에 대한 도함수가 0인 특정 질량을 가진 흡습성 핵의 크기.
쾰러 방정식을 이용하여 구할 수 있으며, 이를 통해 활성화도 알 수 있다. 이 크기보다 큰 용액방울은 활성화되었다고 말하며 더 낮은 포화도를 가진 환경에서 제한 없이 증가할 수 있다.

임계속도(critical velocity, 臨界速度) 임계깊이에서 유체에 대응하는 속도.

$$LI = T_L - T_{500}$$

임계점(critical point, 臨界點) 물질의 액체상과 기체상이 균형을 이루며 최고 가능온도에서 공존하는 열역학적 상태.
임계점보다 더 높은 온도에서는 어떠한 액체상도 존재할 수 없다. 물에 대한 임계점은 다음과 같다.

$$e_s = 2.21 \times 10^5 \mathrm{hPa},\ T = 647\mathrm{K},\ a = 3.10\,\mathrm{gmcm}^{-3}$$

여기서 e_s는 수증기의 포화증기압이고 T는 켈빈 온도이며 a는 비용적이다.

임계 플럭스 리처드슨 수(critical flux Richardson number; Rf$_c$, 臨界-數) 대기가 동역학적으로 불안정하여 난류가 되는 기층 아래의 기울기 리처드슨 수.
성층을 결정하는 플럭스 리처드슨 수는 다음과 같이 정의된다.

$$Rf = \frac{g}{T}\frac{\overline{w'T'}}{\overline{w'u'}(\partial u/\partial z)}$$

안정성층인 경우에서 난류 흐름이 갑자기 준층류, 비난류 흐름으로 변화하는 경우를 임계 플럭스 리처드슨 수(Rf_c)라 하고, 그 값은 1이 된다. R_i가 1보다 커지면 난류로 소산되어 층류로 변한다.

임계흐름(critical flow, 臨界-) 기본 무차원 매개변수 중 하나가 임곗값을 가질 때의 유계의 흐름 조건.
이 경우의 예는 프루드 수(Froude number)가 1일 때 개수로(open channel)에서의 물의 흐름, 마하 수가 1일 때 기체의 흐름, 레이놀즈 수가 2,500을 초과할 때 파이프(관)에서의 흐름, 리처드슨 수가 0.25 미만일 때 대기 중에서의 층밀림 흐름 등을 들 수가 있다. 각 매개변수가 임계치를 초과할 때, 흐름의 성질은 변한다. 가령 직선에서 물결모양으로, 층류에서 난류로, 혹은 선형에서 비선형 등으로 변한다.

입자속도(particle velocity, 粒子速度) 해파 연구에서 궤도운동을 하는 물입자의 순간속도. 스칼라 값을 가지며, 다음과 같이 나타낸다.

$$\pi/T \cdot H\exp(-2\pi z/L)$$

여기서 T는 파의 주기, H는 파의 높이, z는 정지 수면 아래의 깊이를 나타낸다. 파의 능에서 파의 방향은 파의 진행 방향과 같고, 파의 골에서는 반대 방향이다.

ㅈ

대기과학용어사전

자기권(magnetosphere, 磁氣圈) 플라스마 효과로 생긴 지구 자기장에 의해 대기역학운동이 영향을 받거나 지배받는 영역.
지구 쪽으로 불어오는 태양풍의 압력과 지구 자기장의 압력이 평형을 이루면서 태양에서 멀어지는 쪽으로 원통형 자기권을 형성한다. 자기권은 이온권의 F 층에서 자기권계면까지 뻗어나간다.

자기권계면(magnetopause, 磁氣圈界面) 행성 간 공간에서 날아오는 태양풍과 지구 자기권 사이에서 형성된 경계면.
자기권계면은 지구대기의 최상부로서 태양 쪽으로 지구 반지름의 수 배 거리에, 태양 반대쪽으로는 무한대 거리에 위치한다. 그 결과 마치 혜성처럼 태양에서 멀어지는 쪽으로 긴 꼬리를 가진 모양으로 나타난다. 자기권계면 위치는 태양풍의 압력과 지구 자기장의 압력 간 균형으로 결정된다. 태양풍 압력이 증가하면 자기권계면은 지구 쪽으로, 감소하면 지구 바깥쪽으로 움직인다.

자기권대류(magnetospheric convection, 磁氣圈對流) 태양풍이 자기권계면을 스치고 지나갈 때 점성효과로 유도되는 자기권계면 내부의 플라스마 순환운동.
자기권계면 바로 안쪽에 있는 플라스마는 태양풍과 같은 방향으로 흘러가다가 자기권 꼬리 부근의 내부에서 태양 쪽으로 되돌아간다.

자기상관(autocorrelation, 自己相關) 한 시계열과 그 자신의 과거와의 간단한 선형적 상관. 곧, 값 $x(t)$의 수열과 시간 단위로 τ 뒤의 값 $x(t+\tau)$의 수열과의 상관을 의미한다. 그 시간변위 τ는 시차라고 불린다. 자기상관 함수는 변하는 시차에 대한 자기상관이다. 자기상관계수는 적률(product-moment) 상관계수로서 변수 $x(t)$와 변수 $x(t+\tau)$를 관련시킨다.

자기쌍극(magnetic dipole, 磁氣雙極) 자유롭게 회전하는 자침이 지자기에 의해 수직 방향으로 가리키는 지구표면의 두 지점.
지자기는 전기와 달리 양과 음의 자기극이 단독으로 분리되지 않고 쌍으로 존재하기 때문에 자기쌍극이라고 한다. 자기쌍극은 지구 외핵의 자기변화 때문에 일정한 속도로 느리게 이동한다. 자기쌍극을 연결하는 선은 지구 중심을 통과하지 않는다. 2012년에 자기북극은 캐나다 북부에, 자기남극은 남극의 남부에 위치하였다.

자기온도계(thermograph, 自記溫度計) 주로 바이메탈판 또는 부르동 관으로 구성되어 있는 자동기록방식의 온도계.
이 중 바이메탈판은 나선 코일 형태로 한쪽 끝에 기구와 기록용 펜이 단단하게 고정되어 있으며, 부르동 관은 타원형 몸통에 용액이 가득 차 있는데, 온도가 증가하면서 용액이 팽창하고 밴드의 반경과 곡률을 증가시켜 관의 끝부분에 고정된 펜이 움직이며 온도를 기록하게 된다.

자기유도(magnetic induction, 磁氣誘導) 일반적으로 $\mathbf{B}$로 표시되고 다음과 같이 정의되는 벡터장.
자기쌍극자 모멘트가 $\mathbf{m}$인 소형 막대자석에 미치는 토크 $\mathbf{N}$은 다음과 같다.

$$\mathbf{N} = \mathbf{m} \times \mathbf{B}$$

막대자석에서 두 직각 방향으로 향하는 $\mathbf{m}$에 대해 $\mathbf{N}$을 측정하고, $\mathbf{m}$의 크기로 토크 성분을 나누면 자기유도성분이 얻어진다. 전기장 $\mathbf{E}$와 자기유도 $\mathbf{B}$ 내에서 속도 $\mathbf{V}$로 운동하는 전하 q에 작용하는 힘을 표현한 기본 방정식이 로렌츠 힘 방정식이다.

$$\mathbf{F} = q(\mathbf{E} + \mathbf{V} \times \mathbf{B})$$

자기유도는 흔히 자기장이라고 한다. 그러나 자기유도 $\mathbf{B}$와 자기장 $\mathbf{H}$는 서로 다르며 진공 속에서 다음과 같이 비례한다.

$$\mathbf{H} = \frac{\mathbf{B}}{\mu_0}$$

여기서 μ_0는 진공상태에서 투자율(透磁率)로서 보편상수이다. $\mathbf{B}$는 원시장(原始場)이지만 $\mathbf{H}$는 편리성 때문에 만든 이차장(二次場)이다. 로렌츠 힘 방정식에서 $\mathbf{E}$와 $\mathbf{B}$가 기본장이지만 보통은 전기장과 자기장이 의미하는 것은 $\mathbf{E}$와 $\mathbf{H}$이다.

자기이중굴절(magnetic double refraction, 磁氣二重屈折) 매질에 자기장이 작용하여 유발되는 이중굴절 혹은 복굴절.
패러데이 효과와 비슷한 원리로 등방성 매질에 자기장이 가해지면 이방성이 생기고 이것으로 빛이나 전파가 이중으로 굴절한다. 이온권에서 전파하는 무선전파는 지구 자기장 때문에 자기이중굴절이 나타난다. 매질이 기체일 때 나타나는 자기이중굴절 현상을 포크트 효과(Voigt effect)라고 하고, 매질이 액체일 때 나타나는 자기이중굴절 현상을 코튼-무튼 효과(Cotton-Mouton effect)라고 한다. 포크트 효과는 1902년에 포크트(Woldemar Voigt)가 강하고 수직인 자기장이 가해진 수증기 속에서 전달되는 빛이 이중굴절하는 현상을 밝히면서 발견되었다. 코튼-무튼 효과는 니트로벤젠과 같은 액체에서 일어나는 자기이중굴절 현상으로, 1907년에 코튼(Aimé Cotton)과 무튼(Henri Mouton)이 발견하였다.

자기장강도(magnetic field intensity, 磁氣場强度) 공간의 어떤 점에 나타나는 자기장의 세기.
엄밀히 말하면 자기장은 자기장강도로 구성된 모든 값의 세트이다. 그러나 자기장과 자기장강도는 비슷한 의미로 사용되기도 한다. 이것은 자기장이란 용어가 자기장이 미치는 전체적인 장과 어떤 점에서 자기장의 값이라는 의미로 동시에 사용되기 때문이다. 정확한 의미는 문맥으로 결정해야 한다.

자기폭풍(magnetic storm, 磁氣暴風) 태양활동의 교란으로 지구자기장이 지구 전체에 걸쳐 갑작스럽고 불규칙하게 변하는 현상.
자기폭풍은 갑작스럽게 시작하여 처음 수 분간 자기장 세기의 변화가 나타난 뒤에 강하고 불규칙적인 변화가 수 시간에서 수 일까지 계속되면서 정상상태로 회복된다. 자기폭풍은 태양 플레어 폭발이나 코로나 물질분출에 의해 발생한다. 태양 플레어의 폭발과 밀접한 관계가 있는 자기폭풍은 흑점 수가 많은 때 빈번하게 발생한다. 코로나 물질분출로 인한 자기폭풍은 코로나 분출이 발생하고 1~2일 후에 자기폭풍이 발생한다. 자기폭풍 기간 중에는 극지방에서 오로라가 빈번하게 발생한다. 자기폭풍이 강하게 일어나면 전리층이 교란되어 전파 통신에서 장해가 발생할 수 있다. 그리고 전리층을 따라 흐르는 제트 전류가 지상에 위치한 송전선, 송유관 등과 같은 거대한 도체에 유도전류를 발생시켜 피해를 입힐 수도 있다. 코로나 물질분출에 따른 많은 양의 하전입자가 인공위성에 영향을 줄 수 있다.

자동화상전송(automatic picture transmission; APT, 自動畫像傳送) 극궤도 위성으로부터의 관측된 저해상도 화상의 아날로그 방식의 전송.
두 채널의 감축된 해상도(4km) 자료가 감축된 속도(매 분 120줄)로 아날로그 VHF 신호(13MHz)를 이용해 연속적으로 전송되므로, APT 수신을 위해 간단하고 값싼 지상관측소장비를 이용할 수 있게 되었다. APT는 1963년 12월에 올린 TIROS 위성과 함께 시작되었다. 예로서 AVHRR 관측화상전송이 있다.

자동기상관측소(automatic weather station, 自動氣象觀測所) 관측자 없이 자동화된 측기로 기상을 관측하는 관측소.
감지기에 의하여 측정된 자료는 가공을 거쳐서 기억장치에 저장이 되고 자료수집장치에서 다양한 형식으로 무선 혹은 유선 통신방식으로 전송된다.

자동대류(autoconvection, 自動對流) 밀도가 고도에 따라 증가하고 감률이 자동대류감률보다 더 큰 한 대기층 안에서 저절로 시작되는 것으로 가정되는 대류.
자동대류 불안정이라고도 한다. 이 용어는 비압축성 유체 안에서 일어나는 대류와의 한 잘못된 비유에 근거하고 있다. 한 기체 안에서의 대류는 만일 감률이 단열감률보다 더 크다면, 부력불안정을 통해 저절로 시작할 것이다.

자동대류감률(autoconvective lapse rate, 自動對流減率) 밀도가 고도에 따라 일정하여(균질한 대기) g/R와 같은 대기 환경 안에서의 기온감률.

ㅈ

여기서 g는 중력가속도이고 R은 기체상수이다. 건조대기에 대해 자동대류감률은 대략 3.4×10^{-4}℃/cm 이다. 이 용어가 좀 잘못 지어졌지만, 그래도 그것이 대기 안에서 빛의 상향 굴절과 하향 굴절 사이의 차이를 정하기 때문에 광학에서 유용하게 쓰인다.

자동순압(autobarotropy, 自動順壓) 순압성과 압성 둘 다를 갖는, 곧 등압면과 등밀도면이 일치하는 유체의 상태.
이 조건은 유체가 모든 미래 시간에 순압상태로 남아 있을 것임을 보장한다. 예를 들면 일정한 조성을 갖고 균일한 온위를 가진 유체가 있다.

자람 벡터(bred vector) 토드(Toth)와 칼네이(Kalnay)에 의해 제안된, 앙상블 예보를 위해 활용되는 빠르게 성장하는 섭동 방향의 일종.
전개되는 대기 흐름(일련의 대기 분석들, 혹은 긴 모형 수행)이 주어졌을 때, 키움 순환(breeding cycle)은 주어진 초기의 크기[지위 고도 또는 운동 에너지 놈(norm)에 의해 측정됨]를 갖는 무작위 초기 섭동을 도입함으로써 시작된다. 동일한 비선형 모형이 통제조건으로부터 그리고 섭동이 첨가된 초기조건들로부터 적분된다. 이후 정해진 시간 간격마다(매 6시간 혹은 매 24시간) 섭동 예보들에서 통제 예보를 제거하여 준다. 그 차이는 앙상블(ensemble)을 거친 후 초기 섭동들과 같은 크기를 갖도록 조정된 뒤, 해당되는 새 분석이나 모형상태에 더해진다. 무작위 섭동이 주입된 후 초기 전이 기간인 3~4일이 지나, 키움 순환으로부터 생성된 섭동들은 큰 성장률을 얻게 되며 이를 자람 벡터라 한다.

자료동화(data assimilation, 資料同化) 모델 내에서 초기 입력자료를 실제 대기에 가깝도록 만들어 주는 과정.
관측자료를 이용해 모델이 가지는 오차를 수정, 혹은 관측자료를 모델에 입력하는 과정으로 모델이 이전에 예측한 기상장을 관측자료로 수정하여 분석장을 만들어 낸다. 즉, 관측자료를 적절히 내삽, 외삽, 또는 변환하되 역학적 원리를 만족하도록 격자점의 분석값을 확정하는 과정으로 대표적인 자료동화 기법에는 변분법과 앙상블 변환 칼만필터 방법 등이 주로 사용되고 있다.

자료명부(data directory, 資料名簿) 여러 면으로 응용하기 위하여 자료 세트의 잠재적 유용성을 초기에 결정하기에 알맞은 고수준의 정보를 갖고 있는 많은 자료 세트를 기술한 자료방. 좀 더 상세히 기술한 장소에 대한 정보 또는 최근 자료 세트 자체에 대한 정보를 이 자료명부에서 찾을 수 있다.

자료수집장치(data acquisition system, 資料蒐集裝置) 자료를 수집하여 처리하고 표시하거나 보관하기 위해 중앙 장소로 보내는 감지장치와 통신 연결장치.

자료저장기(data logger, 資料貯藏器) 야외에서 하나 또는 그 이상의 외부 기기로부터 날씨자료를 기록하고 처리하기 위해 설치한 장치.
최근의 자료저장기는 작은 디지털 컴퓨터로서 입력자료를 표본추출하고 그 결과를 일정한 간격으로 디지털화하고, 사전에 수행된 보정을 적용하여 신호전압 또는 전류를 기상자료로 변환하고, 다양한 통계량을 계산하여, 그 결과를 메모리카드에 저장하거나 원격사용자나 컴퓨터로 송신한다. 이러한 자료 집록기는 정기적으로 자료를 내려받고, 새로운 자료를 기록할 수 있도록 메모리를 정리해 주어야 한다.

자료창(data window, 資料窓) 관측자료가 구해진 시간적 또는 공간적 간격.
기상자료는 먼 과거에서 미래까지 무한한 시간의 연속선상에서 발생하는데, 그중에서 일정 시간 동안 측정된 자료, 예를 들어 현장실험이나 주기적 날씨 관찰과 같은 제한된 시간의 관측자료는 연속적인 시간선상의 어느 일정 부분을 들여다볼 수 있는 창을 제공한다.

자명해(trivial solution, 自明解) 수학방정식의 해로서 실제로 큰 의미가 없는 해.
예를 들면 미분방정식 $y' + cy = 0$에서 상수 $c \neq 0$인 때 방정식의 해 $y = 0$는 c의 값에 관계없이 항상 성립한다.

자북(magnetic north, 磁北) 지구표면의 어떤 점에서 자기북극을 향하는 지자기력선에 대해 수평인 방향.
자기나침반의 N극 바늘이 가리키는 방향을 의미한다. 자기나침반이 널리 사용되면서 공항 활주로 정렬과 같은 실제 항행기법에서 진북보다는 자북이 0°(혹은 360°)의 기준이 되고 있다. 그러나 지도는 진북을 좌표체계의 기준으로 하여 제작되며, 자북과 진북의 지역적인 각도차인 자기편각을 보정하도록 지도범례로 제시한다.

자연좌표계(natural coordinate, 自然座標系) 입자가 곡선운동을 할 경우에 흔히 이용되며 단위 벡터 $\boldsymbol{t}$, $\boldsymbol{n}$ 그리고 $\boldsymbol{k}$에 의하여 정의되는 좌표계.
단위 벡터 $\boldsymbol{t}$는 곡선상의 각 점에서 접선 방향을 나타내며, 단위 벡터 $\boldsymbol{n}$은 곡선상에서 접선속도 $\boldsymbol{V} = V\boldsymbol{t}$에 직각이며 입자가 운동하는 방향의 왼쪽이 양(+)이다. 그리고 단위 벡터 $\boldsymbol{k}$는 연직 방향을 나타낸다. 자연좌표계에서 수평속도의 크기는 $V = ds/dt$로 주어지며, 이때 $s(x, y, t)$는 수평면에서 움직이는 입자의 곡선거리이다. 자연좌표계에서 가속도는 다음과 같이 주어진다.

$$\frac{d\boldsymbol{V}}{dt} = \frac{d}{dt}(V\boldsymbol{t}) = \boldsymbol{t}\frac{dV}{dt} + V\frac{d\boldsymbol{t}}{dt}$$

자오면류(meridional flow, 子午面流) (혹은 남북류) 자오면 (남북 방향) 성분의 운동이 매우 강한 대기순환 유형의 하나.
이와 연관된 동서 방향의 운동은 일반적으로 평균보다 약하다. 남북지수를 참조하라.

자오면세포(meridional cell, 子午面細胞) 대기나 해양의 자오면에서 발생하는 큰 규모의 순환.
세포의 양쪽 끝에 북향이나 남향의 흐름을 수반하며 적도 쪽과 극 쪽의 꼭지에 상승운동과 하강운동을 볼 수 있다. 각 반구에 3개의 자오면 세포가 연중 존재하는데 그중 가장 강력한 세포는 해들리 세포이다. 페렐 세포는 이보다 훨씬 약한 간접세포이며 위도 30~60° 사이에 존재한다. 극 지역에는 매우 약한 직접세포가 존재한다. 이 세포들은 대기대순환의 중추적인 부분을 차지하고 있다. 해들리 세포(Hadley cell)를 참조하라.

자외복사(ultraviolet radiation, 紫外輻射) 태양으로부터 들어온 빛 중 파장이 400nm 이하인 전자기파.
UVC는 100~280nm 파장대, UVB는 280~315nm 파장대, 그리고 UVA는 315~400nm인 파장 대역을 의미한다.

자유대기(free atmosphere, 自由大氣) 지구대기의 행성경계층 위에 있는 대기.
자유대기에서는 공기운동에 대한 지구표면 마찰효과가 무시되고, 공기는 보통 역학적으로 이상유체로 간주된다. 자유대기의 밑면은 보통 지균풍고도로 한다.

자유대류(free convection, 自由對流) 유체에서 밀도차(부력)에 의해서만 일어나는 대류운동.
유체의 일부분이 가열 또는 냉각되어 수평 방향에 밀도차가 생기면 밀도가 작은 부분은 상승하고 밀도가 큰 부분은 하강한다. 만일 유체의 성층상태가 정역학불안정이면 상승류와 하강류가 점차 가속되어 순환이 일어난다. 유체를 국부적으로 가열 또는 냉각시키는 한 이 순환은 계속되면서 열이 수송되어 유체 전체의 온도를 상승 또는 하강시킨다.

자유대류고도(level of free convection; LFC, 自由對流高度) 조건부불안정대기에서 포화될 때까지 건조단열적으로 상승된 공기괴가 이후 포화단열적으로 상승하여 처음으로 주변보다 따뜻해지는 고도.
열역학선도상에서 자유대류고도는 상승한 괴가 따르는 과정을 나타내는 과정곡선과 환경의 기온감률을 나타내는 탐측곡선의 교차점으로 나타난다. 자유대류고도로부터 상승하는 괴가 다시 주변보다 차가워지는 지점까지를 잠재불안정이라고 특징지을 수 있다. 이 구간에서 괴는 상승하면서 운동 에너지를 얻을 수 있다. 조건부불안정, 대류응결고도를 참조하라.

자유도(degree of freedom, 自由度) 비구속 역학 시스템에서 주어진 순간에 그 시스템의 상태를 완전하게 명시하기 위해 필요한 독립변수의 수.
만일 시스템이 구속력, 즉 변수들 사이에 운동학적 관계나 기하학적 관계를 갖는다면, 한 관계마다 시스템의 자유도를 하나씩 감소시킨다. 주어진 경계조건을 갖는 연속 매질에서는 자유도의 수가 진동의 정규모드 수이다. 이와 같이 공간에서 이동하는 한 입자는 3개의 자유도를 갖고 있다. 자유표면을 갖는 비압축성 유체는 무한 수의 자유도를 갖게 된다.

자유침몰고도(level of free sink, 自由沈沒高度) 하강하는 공기가 그 주변 환경보다 차가워 급격하게 침몰되는 고도.
약어로 LFS(level of free sink)라 한다. 자유침몰고도는 공기의 하강에 따른 기온감률곡선과 환경상태를 나타내는 연직곡선의 교차점으로 결정된다. 이때 하강하는 공기는 증발하는 물의 양에 따라 습윤단열 또는 건조단열로 구분된다. 자유침몰고도로부터 공기의 일부분이 지표에 닿거나 또는 하강하는 공기가 주변보다 더워지게 되는 지점까지는 음의 부력 영역에 해당하고 이 영역 내에서 하강하는 공기는 급격히 침몰된다.

자유파(free wave, 自由波) 초기 힘을 제외한 어떠한 외력에 의해 발생한 것이 아닌 파동.
동종의 운동방정식과 동종의 경계조건들을 만족하는 파동의 해를 의미한다. 강제력이 없는 시스템에서, 자유파는 시스템의 경계에서 0의 진폭을 갖는다. 기상학에서 이러한 파동의 예로서 지상에서 나타나는 물결구름층을 들 수 있다. 정상상태에서 자유파는 임의의 진폭을 가지며, 완벽한 해를 구하기 위해서는 초기조건이 주어져야 한다. 물 표면의 자유파는 갑작스러운 충격에 의하여 생성되고, 이후 마찰에 의해서만 영향을 받는다. 대부분의 해양표면파는 조석파를 제외하고 자유파이다.

자유표면(free surface, 自由表面) 액체에서 압력이 외부의 대기압과 같아서 일정한 것으로 간주되는 액체의 윗면.
수문역학에서는, 자유표면의 존재가 자유표면상에서 $Dp/Dt=0$의 관계로 표현된다. 여기서 p는 전유체압력이다. 이 관계를 때로는 자유표면조건이라고도 하는데, 이는 역학경계조건의 특별한 경우이다.

자유표면조건(free-surface condition, 自由表面條件) p를 전유체압력이라 할 때, 수문역학에서 자유표면의 존재가 자유표면상에서 $Dp/Dt=0$로 표현되는 관계.
이는 역학경계조건의 특별한 경우이다.

자이어(gyre) 거대한 바람의 순환에 의해 생성된 회전하는 해양순환 시스템.

해양의 자이어는 바람에 의한 응력, 수직과 수평의 마찰력, 그리고 지구회전에 의한 와도, 그리고 코리올리 효과에 의해 생성된다. 해양의 아열대 자이어는 적도의 무역풍과 중위도의 서풍에 의해 생성되고, 아극 자이어는 중위도 서풍과 극지역 동풍에 의해 생성된다. 자이어는 지구회전에 의한 상대와도와 바람과 마찰에 의한 절대와도의 균형에 의해 자이어 서쪽 경계에서는 폭이 좁고 빠른 해류가 동쪽 경계에서는 넓고 느린 해류가 발달한다.

작물생장률(crop growth rate; CGR, 作物生長率) 작물의 생장해석지표의 하나로서 단위면적당 단위시간당 건물중(biomass) 증가량.
단위면적당 건물중을 W라고 하면 $CGR = dW/dt$로 정의된다.

작용 스펙트럼(action spectrum, 作用-) 에너지를 동일하게 했을 때 단위파장당 생물의 반응강도와 파장과의 관계를 나타낸 것.
식물 잎에서 일어나는 광합성은 가시역의 단색광의 강도가 광포화점 이상일 때에는 파장 의존성을 나타내지 않지만, 그 이하에서는 파장에 따라서 달라진다. 광합성 작용 스펙트럼에는 적색과 청색 파장대에서 피크를 나타내는 호브(Houver) 형과 적색파장역에서만 피크를 나타내는 가브리엘(Gabrielsen) 형 등이 있다.

작용온도(operative temperature, 作用溫度) 인간 생물기후학의 연구에서 인간의 몸에 영향을 주는 공기의 냉각효과를 측정하기 위해 고안된 매개변수의 일종.
옷을 입지 않고 벽에 기댄 인간의 몸으로부터 실제 환경과 같은 온도에서 잃을 열 손실을 메워줄 가정된 환경의 온도이다. 가정한 환경에서 벽과 공기의 온도는 같고 공기 움직임은 7.6cm s^{-1}이다. 시험을 통해, 작용온도$=0.48\,T_1+0.19(v^{12}\,T_2+(v^{12}-2.76)\,T_3)$을 얻었다. 여기서 T_1(℃)은 평균 방사온도, T_2(℃)는 평균 공기온도, T_3(℃)는 평균 표면온도, v(cm s^{-1})는 공기속도이다.

작용중심(center of action, 作用中心) 평균 해면기압면의 일기도에서 반영구적으로 나타나는 고기압과 저기압 중의 하나.
L. 티센(Teissenene de Bort)이 1881년에 최초로 사용했을 때 본 용어는 일기도상에서의 기압의 최댓값 및 최솟값에 적용함.
북반구에 나타나는 주요 작용중심점들에는 아이슬란드 저기압, 알류샨 저기압, 아조레스 고기압, 버뮤다 고기압, 태평양 고기압, 시베리아 고기압(겨울) 및 아시아 고기압(여름) 등이 있다. 그 외에 비교적 덜 강력하고 다소 일관성이 떨어지는 평균계를 고려할 수도 있다. 이러한 중심점들의 특성 변동은 광범위하고 장기적인 기상변화와 밀접한 연관이 있다.
2. 어떤 지역의 임의 기상요소 변동과 관련이 있는 다른 지역에서 다가오는 계절적 기상현상.

길버트 워커(Gilbert Walker)경이 경험이론에서 처음 사용하였다.

작은 구름방울(cloud droplet) 종종 '구름방울'과 상호교환적으로 사용되는 용어. 두 용어가 같이 사용될 때에는 구름방울보다 더 작고 따라서 더 느리게 떨어지는 입자를 말한다. 구름방울은 작은 구름방울의 충돌병합에 의해 성장할 수 있다.

작은 이온(small ion) 가장 큰 이동성을 가지며, 따라서 총체적으로 대기전도의 주요 매체인 대기 이온.
가벼운 이온(light ion), 빠른 이온(fast ion)이라 부르기도 한다. 작은 이온의 정확한 물리적 성격은 완전히 정리된 바 없다. 그러나 각각 작은 이온은 단독으로 전하를 띤 대기의 분자(아주 드물게 원자)로서 그 주위에 두 세계 중성분자가 이온화된 중앙분자의 전기력에 끌려 잡힌 것이다. 대기 이온화 과정 중의 한 과정에 의해 새로 형성될 때, 작은 이온은 단독 전하를 띤 분자일 것이지만, 중성분자와 수많은 충돌 후에는 위성분자들의 군집을 얻는다. 전하를 띤 중앙분자의 주위에 군집한 위성분자들일지라도 복잡한 결과인 이온 이동성은 큰 이온보다 10^4배 크다. 음의 작은 이온은 양의 작은 이온보다 이동성이 약간 더 크다. 작은 이온은 반대 전하를 띤 작은 이온과 직접 재결합하거나, 중성 에이트킨(Aitkin) 핵과 결합하여 새로운 큰 이온을 형성하거나, 반대 전하를 띤 큰 이온과 재결합하여 사라진다. 해면의 육지 및 해양에서 작은 이온의 대표적 농도는 음양 모두 m^3당 약 5×10^{-4}개이며, 고도에 따라 증가하여 18km에서 m^3당 약 10^{-3}개가 된다.

잔류시간(residence time, 殘留時間) 분자들이 어떤 방이나 영역에 머무는 시간 길이의 척도. 잔류시간은 방이나 영역의 부피를 방이나 영역을 통과하는 부피 흐름률로 나누어서 추정할 수 있다. 예를 들면, 구름 속의 공기 잔류시간은 수상(水象)체의 화학적 반응을 위하여, 그리고 수상체가 성장하기 위해 중요하다. 대기 성분기체의 잔류시간은 어떤 물질이 대기 내에 널리 분포되어 있는지를 결정하는 데 매우 중요하다. 따라서 잔류시간 t는 다음과 같이 구한다.

$$t = S/v$$

여기서 S는 대기의 저장고에 있는 기체의 양이고, v는 저장고에 유입되는 기체의 속도 또는 저장고에서 유출되는 기체의 속도이다.

잔물결(ripple) 유체의 표면에 발생하는 파(波)로서 지구중력이 지배요소가 되는 짧은 파장의 파동.

잠재(potential, 潛在) 대기의 열역학적 변수가 초기 압력에서 기준 압력인 보통 100kPa로 단열변화를 하면 가지게 될 값에 적용할 수 있는.

잠재불안정(latent instability, 潛在不安定) 자유대류고도 위에서 기온감률이 습윤단열보다 더 큰 경우의 불안정.
정성적인 조건보다 정량적으로 더 자주 쓰인다. 잘 사용되지 않는 용어로서 대체용어로 정성적으로는 **조건부불안정**, 정량적으로는 **대류가용잠재** 에너지가 쓰인다.

잠재불안정도(potential instability, 潛在不安定度) 고도를 따라 감소하는 습구온도 또는 상당온위를 갖는 불포화된 공기층 또는 공기기둥의 상태.
대류불안정도 또는 열불안정도로도 불린다. 만약 이 공기기둥이 완전히 포화될 때까지 그대로 상승한다면, 그 초기의 안정도에 관계없이 불안정하게 된다. 그 공기기둥의 기온감률이 포화단열 기온감률보다 커진다.

잠재예측도(potential predictability, 潛在豫測度) 주어진 시스템에서 현재와 과거상태로부터 알고 있는 어느 정도의 오류가 있다는 것을 감안하고 모델을 이용하여 미래를 예측할 때 나타나는 예측 정확도에 관한 이론적 정도.
예를 들면, 일반적으로 예측 모델이 완벽하고 오류가 초기조건의 불확실성에서 기인한다고 가정할 때 나타나는 예측도를 잠재예측도라 한다.

ㅈ

잡음(noise, 雜音) 1. 연속적 값들 사이에 상관성이 상당히 결함된 함수.
예로서 백색잡음(white noise)의 자기상관은 뾰족한 돌출이다. 이 경우 어느 순간의 이 값은 그 순간의 그 값과만 상관된다.
2. 시그널에서 정보를 전달할 능력이 퇴보된 변화.
예로서 번개방전으로 인하여 AM 라디오의 가청이 정지된다.
3. 수치예보에서 요구하는 해를 방해할 수 있는 유체역학방정식의 소규모 고주파 해.
기상학적 잡음이라 한다. 그 뜻을 확장하여 일반적으로 원치 않는 주파수를 일컫는다. 용어 '잡음'은 대기의 조석을 연구하는 사람들에게는 저기압 규모의 일기 패턴에도 정당하게 적용할 수 있다.

잡음온도(noise temperature, 雜音溫度) 장치 또는 회로에서 시그널의 잡음성분 공률의 척도.
잡음온도는 장치 또는 회로의 공률과 동일한 잡음공률이 있는 레지스터의 온도이다. 특별히 잡음온도는 $T=N/kB$로 정의한다. 이 식에서 N은 밴드폭 B 내의 잡음공률이고 k는 1.38×10^{-23} J K^{-1}은 볼츠만 상수이다. 레이더 시스템은 몇 개의 잡음온도가 있는 특징이 있다. 즉, 안테나 온도 T_a, 리시버 온도 T_r, 전파선 온도 T_l이다. 전파선 온도는 안테나와 리시버 사이의 전파선 또는 도파관에 있는 레지스터 손실에 의해 생성되는 리시버 밴드 폭 내의 잡음공률의 척도이다. 전파선 온도는 측정을 위한 기준점에 따라 안테나 온도 또는 리시버 온도와 자주 조합된다. 총 시스템 온도는 $T = T_a + T_r + T_l$이다.

잡음전력(noise power, 雜音電力) 신호의 잡음성분 전력.
잡음파워라고도 한다. 전자의 열운동 또는 다른 원인에 의해 생성된 전력으로 원하는 목표물의 수신신호를 탐지하는 데 방해가 된다. 전자의 열운동에 의한 잡음은 레이더 수신기 자체에서 발생하는 것으로 열잡음 전력이라고 하며, 다음과 같은 식으로 정의된다.

$$P_n = kT_sB$$

여기서 P_n은 잡음전력, k는 볼츠만 상수, T_s는 레이더 시스템의 온도 그리고 B는 잡음의 밴드폭이다.

장(field, 場) 제한된 물리적인 관점에서, 3차원 공간과 시간에서 어떤 면이나 곡선을 제외하고는 보통 연속적으로 변하는 어떤 물리량.
장량(場量)은 보통 편미분방정식을 만족한다. 스칼라 장의 예로는 시간 t에 고체의 각 점(x, y, z)에서의 온도 $T(x, y, z, t)$를 들 수가 있고, 벡터장의 예로는 액체에서 서로 상대적으로 움직이는 각 부분의 (국지) 속도장 $\mathbf{V}(x, y, z, t)$를 들 수 있다. 이 장의 연속성은 수학적인 가설로서, 여러 원자나 분자들을 포함하는 (그러나 아직도 거시적인 관점에서 보면 작은) 체적에 대해 평균을 취하여 구한다.

장기예보(long-range forecast, 長期豫報) 예보기간이 7일 이상으로 중기예보 기간보다 더 긴 예보.
정의에 포함된 기간은 절대적이지 않다. 기상청이 발표하는 장기예보로는 1개월 기상전망과 3개월 기상전망이 있다. 1개월 기상전망은 순별 날씨, 기온, 그리고 강수량을 예보하고, 3개월 기상전망은 봄철, 여름철, 가을철, 그리고 겨울철별로 개략적인 기상변화와 특이한 기상현상을 예보한다. 중기예보를 참조하라.

장력(tension, 張力) 줄 또는 로프 등에 물체가 매달려 있을 때 줄이 그 물체를 끌어당기는 힘.
줄이 끊어지지 않고 물체가 매달린 상태로 있는 경우 장력은 물체의 무게와 동일하며 그 방향은 반대이다. 여기서 장력과 중력은 작용과 반작용의 짝을 이루고 있는 것은 아니다. 그 이유는 동일한 물체에 두 힘이 작용하고 있기 때문이다. 질량이 없는 경우 장력은 모든 줄에 균일하다. 장력은 언제나 줄의 방향과 나란하다.

ㅈ

장력계수(coefficient of tension, 張力係數)　등체적 과정에서 증가하는 온도에 따른 계의 압력의 상대적 증가.
기호로 표시할 경우 이 물리량은 다음과 같다.

$$\frac{1}{P}\left(\frac{\partial p}{\partial T}\right)_v$$

여기서 p는 압력, T는 온도, 그리고 v는 부피이다. **압축계수** 및 **열전도계수**를 참조하라.

장마(Changma)　동남아시아의 몬순(계절풍)과 연관되어 시작되는 것으로 중국, 한국, 일본 등지에서 유사하게 발생하는 계절현상.
중국에서는 메이유(Meiyu) 그리고 일본에서는 바이우(Baiu)라 한다. 우리나라의 장마를 구성하는 것은 해양성 열대기단인 북태평양 고기압과 해양성 한대기단인 오호츠크해 고기압인 경우도 있고 대륙성 한대기단인 대륙고기압에 의한 경우도 있다. 이로 인해 북쪽의 찬 고기압과 남쪽의 따뜻하고 습한 고기압 사이에 정체전선이 형성되며 계절의 진행에 따라 남해상에서 북상하여 한반도에 접근하는데 이를 장마전선이라 한다. 장마는 우리나라에 6월 하순부터 7월 하순 기간 동안 많은 비를 내리게 한다. 장마 시작은 남쪽의 서귀포(6월 21일)에서 가장 빠르고 서울이 가장 늦게 시작(6월 25일)한다. 그러나 울릉도나 강릉 지방은 북동기류에 의해 서울보다 1일 정도 이르게 시작한다. 장마 종료일도 제주도 지방에서 가장 일찍 시작하며(7월 21일), 서울이 가장 늦게 끝나지만(7월 24일), 울릉도 지방은 남쪽에서 확장하는 해양성 열대기단의 영향을 받아 남부지방에서와 같이(7월 22일) 일찍 종료된다.

장벽설(barrier theory, 障壁說)　정체적인 산악성 구조물들이나 거의 정체적인 대기의 기단들이 이들 주변에서 더 빨리 움직이는 기단들에게 저기압 발생이나 고기압 발생을 일으킨다는 의견.

장벽 제트(barrier jet, 障壁-)　산악 장벽의 풍상 측에서 그 장벽에 평행하게 부는 제트 기류. 안정한 종관 흐름이 하층에서 그 장벽에 접근하고 하루나 그 이상 긴 시간의 상당 부분 동안 저지될 때 발생한다. 예를 들면, 한랭전선이 그 장벽에 접근할 때 이러한 현상이 흔히 일어난다. 그 능선에 직교하는 대규모 흐름의 성분은 그 흐름이 그 장벽을 타고 상승하도록 강제한다. 공기기둥이 안정하기 때문에, 지표 근처의 공기가 그 위의 기층보다 더 차가워 그 층리(=성층)가 경사 위로 향하는 흐름을 막고 지체시킨다. 찬공기가 상승함에 따라 그것이 그 경사 주변에 평야 위의 같은 고도에서보다 더 높은 압력을 산출하고 결과적으로 그 산악으로부터 멀어지는 방향으로 기압경도를 산출한다. 만일 이 압력 배열이 수 시간 이상 지속하면, 코리올리 전향이 그 기압경도에 직교하는 방향 곧 장벽을 따르는 방향으로 그 흐름을 가속시킨다. 지균 조절에 필요한 한 진자 일보다 더 긴 시간 규모에서 이 과정들은 그 산악 고도 밑으로 한 지속적인 장벽 제트를 산출한다. 그 지균 조절의 과정은 그 제트 안의 흐름을 온도풍과 균형을 이루게도 하며 온도풍 추론에 기초하는 논의 또한 그 장벽 제트를 설명한다. 장벽 제트에 대한 정보는 캘리포니아의 시에라네바다 산맥의 풍상 측에서, 알래스카의 브룩스 산맥의 북쪽에서, 그리고 남극대륙에서 남극반도와 남극횡단 산맥을 따라 상세히 보고되었다. 최고 풍속들은 일반적으로 산악의 중턱 바로 밑 고도에서 나타나며, 15~30m/s에 이르고, 제트의 폭은 그 장벽의 풍상 측으로 100km 이상까지 확장될 수 있다. 그 제트 안의 강한 시어는 낮게 비행하는 항공기에 심한 난류를 제공할 수 있다.

장벽층(barrier layer, 障壁層) 흔히 해양의 표층수 혼합층의 바닥과 수심 30~80m에 있는 수온약층 사이에 존재할 수 있는 수심 범위.
혼합층의 물이 그 아래의 물보다 더 낮은 염도를 가지고 있지만 동일한 온도를 가지는 열대해역에서 장벽층이 발견된다. 혼합층의 바닥에 온도경도 없이는 아래로부터의 물의 흡입이 그 혼합층으로부터 열에너지를 제거하지 못하기 때문에, 장벽층의 중성은 해양 속으로의 연직열 에너지 침투에 대해 그 층이 한 장벽으로 작용한다.

장파(long wave, 長波) 1. 대기대순환에서 나타나는 편서풍 파동과 같이 긴 파장과 상당한 진폭을 가진 파동.
대기대순환의 경우에 장파의 파장은 하부 대류권에서 빠르게 이동하는 저기압이나 고기압의 파장보다 길며 파수는 1~5개 정도이다. 로스비 파라고도 한다.
2. 상대적으로 긴 파장과 주기를 가진 파동.
해상 파랑의 경우에 장파는 주기가 약 10s 이상이고 파장이 약 150m보다 큰 파랑이다. 복사의 경우에 장파는 파장이 0.3~4㎛인 태양복사에 비해 상대적으로 파장이 1~100㎛로 긴 지구복사에 해당하는 파동으로 적외선을 가리킨다. 단파를 참조하라.

장파(기압)골(long wave trough, 長波(氣壓)-) 상층 편서풍 파동 내에서 나타나는 기압골. 주기가 길며 장파(파수 4~6 정도)는 큰 진폭을 가지고 대류권 중층(700mb)으로부터 성층권 하부(200mb)까지 분포하여 존재하고, 골짜기는 찬공기, 마루는 따뜻한 공기에 따른 위상 특징을 가지고 있다. 700mb 이하의 층에서는 하층의 소규모 순환계(대부분은 온난한 골짜기와 찬마루를 가짐)에 의하여 교란되어 파의 형성이 불명확하게 되어 있다. 장파는 정체되거나 또는 천천히 진행하나, 그 변동은 중위도 일기예보에 있어서 가장 기본요소가 된다.

장파복사(longwave radiation, 長波輻射) 대기과학 분야에서 파장이 약 4㎛ 이상인 영역의 복사 에너지.
태양에서 방출되는 복사 에너지 영역을 일컫는 단파복사와 구별하여 지표와 대기에서 방출되는 복사 에너지 영역을 장파복사(혹은 지구복사)라고 한다. 장파와 단파복사는 대략 3~4㎛의 파장대를 기준으로 명료하게 분리되는데, 이는 태양과 지구의 표면온도가 큰 차이를 보이기 때문이다.

재(ash, 灰) 물체가 타버린 후 공기 중에 날아든 분말.
재는 대기질에 영향을 주며 그들의 방출과 농도는 규제를 받기도 한다. 예로서 석탄재는 석탄질과 광물질로 이루어져 있다. 석탄질은 철과 칼슘, 유황 등의 산화물을 많이 함유하며, 광물질은 규산, 알루미늄, 철, 칼슘, 마그네슘, 나트륨, 칼륨, 유황, 티타늄 등을 함유하고 있다.

재결합(recombination, 再結合) 양(+)이온과 음(−)이온이 결합하여 중성분자 또는 중성입자를 형성하는 과정.
대기전기에서 이 용어는 양원자 또는 분자 이온이 자유전자를 포착하는 간단한 경우에 적용된다. 음의 작은 이온이 양의 작은 이온을 중성화하는 복잡한 경우에도 적용되며, 아주 드물게 큰 이온들의 비슷한 중성화에도 적용된다. 전격(電擊)의 흐름에서 방사하는 빛은 재결합 복사이다. 이온들이 형성되고 소멸되는 대기의 모든 부분에서 지속적으로 발생하는 집중적이지 못한 재결합은 관측이 가능한 복사를 만들지 못한다. 전자, 작은 이온, 큰 이온들이 재결합하는 비율은 그들의 상대적 이동성과 집중성의 함수이다. 복사 에너지의 방출에 따른 과정도 재결합으로 응용된다. 즉, 벼락을 발생할 때 방출되는 광(光)현상도 이에 속한다. 관측될 수 있는 복사 에너지를 생산하지 못하는 이온의 형성이나 없어지는 대기조건에서 일어나는 현상은 재결합의 양이 아주 작음을 의미한다.

ㅈ

재결합계수(recombination coefficient, 再結合係數) 반대 전하를 띤 이온들이 결합하여 중성입자를 형성하는 비율의 척도.
즉, 이온 재결합의 척도이다. 수학적으로 단위시간당 단위부피당 생성되는 이온쌍으로 표현하는 이온화율을 q라 할 때, 양(+)의 작은 이온 밀도의 시간 변화율은 다음과 같이 표현한다.

$$dn_1/dt = q - an_1n_2$$

여기서 n_1은 시간 t에서 단위부피당 양의 작은 이온 수, n_2는 시간 t에서 단위부피당 음(−)의 작은 이온 수, a는 작은 이온의 재결합 계수이며 해면에서 $10^{-6}\mathrm{cm^3s^{-1}}$ 계이다. 큰 이온의 재결합 계수는 $10^{-9}\mathrm{cm^3s^{-1}}$이다. 이 식은 에이트킨 핵과 큰 이온에 의한 효과를 무시한다.

재분석(reanalysis, 再分析) 기상학에서 과거 관측자료를 긴 기간으로서 연장하기 위해서 단일 동화방법을 이용하여 동질화된 자료를 생산하는 기상자료동화 분석방법.
분석과 거의 유사하게 사용하지만 두 가지 중요한 차이가 있다. 실시간에 수행되지 않고, 배경장이 수치모형을 이용해서 생성된다. 표준분석을 통한 기후변화 연구 수행 시 심각한 문제는 배경장을 생성하기 위해서 사용하는 모델의 변화로 초래된다. 해상도와 지형변화를 포함하여 이런 문제는 실시간 분석자료의 시계열에 불연속성을 만든다. 재분석은 시간적으로 동일한 전지구 격자자료를 생산한다. 재분석자료는 직접 관측으로 얻지 못하는 가열, 토양수분과 같은 많은 변수를 산출할 수 있다.

재현기간(return period, 再現期間) 정의된 이벤트가 다시 발생하기까지의 평균시간.
반복기간이라고도 하며, 다음 발생까지의 시간이 기하학적 분포를 가질 때, 재현기간은 다음 기간에 발생하는 이벤트 확률의 역수와 같다. 이는 $T=1/P$로 나타내며, T는 시간 간격의 수에서 재현기간, P는 주어진 시간 간격에서 다음 이벤트의 발생 확률이다.

저기압(cyclone, 低氣壓) 지구의 회전 방향과 동일하게 회전하는 유체의 순환모양으로 주위보다 상대적으로 기압이 낮은 곳.
북반구에서는 반시계 방향, 남반구에서는 시계 방향의 저압성 순환지역은 중심에 가까울수록 풍속이 빨라지고 상승기류로 인해 구름이 생성되어 비 또는 눈이 내리는 경우가 많다. 저기압은 주요 발생 위도에 따라 온대저기압, 열대저기압, 극저기압으로 구분하며, 중심부의 온도에 따라서는 온난저기압과 한랭저기압으로 구분한다. 온대저기압은 적도의 따뜻한 공기와 양극의 찬공기가 만나는 중위도 지역에서 발생하는데, 중심부가 찬 한랭저기압이며 통상적으로 공기의 성질이 급변하는 전선을 동반하며 남북 온도차가 큰 전선이 있는 지상과 상층의 풍속 차이가 클 때 기류가 남북으로 사행하는 경압불안정 파동이 발생하여 저기압이 생성 및 강화된다. 열대저기압은 따뜻한 열대와 아열대 해상에서 잠열을 에너지원으로 발달하는 수평규모 1,000 km 미만의 중규모 저압성 시스템으로, 중심부가 주변보다 따뜻하므로 온난저기압의 범주에 속한다. 발생하는 해역에 따라 북서태평양에서는 태풍, 동태평양과 대서양에서는 허리케인, 인도양에서는 사이클론이라고 불린다. 극저기압은 양극지방 해양에서 1,000km 미만의 수평규모로 수 일 정도의 짧은 기간 지속되는 중규모 저압성 시스템으로 주로 겨울부터 봄에 걸쳐 발생한다. 온난이류를 동반하지 않는 중심이 매우 찬 한랭저기압이지만 열대저기압과 같은 나선형 구조와 눈을 갖는 것도 관측되었다. 고기압을 참조하라.

ㅈ

저기압(low, 低氣壓) 등고도면 일기도의 닫힌 등압면에서 최저기압이나 등압면 일기도의 닫힌 등고선에서 최저고도와 관련되어 나타나는 낮은 압력의 영역.
종관일기도에서 보는 '저'는 항상 저기압 순환과 관련되기 때문에 '저기압'의 대신으로 사용되기도 한다. 저기압 영역에서 기류는 저기압의 중심을 향해 반시계 방향으로 회전하면서 수렴한다. 고기압(high)을 참조하라.

저기압가족(cyclone family, 低氣壓家族) 한대기단의 주된 확장 시기에 생기는 일련의 파동저기압.
이 저기압 가족은 한대전선을 따라 보통 동쪽 그리고 고위도 쪽으로 이동한다. 일반적으로 한대전선은 해당 가족의 각 저기압이 직전의 저기압보다 그 발원과 궤적을 저위도 쪽에 그리면서 동쪽과 고위도 쪽으로 이동한다.

저기압발생(cyclogenesis, 低氣壓發生) 온대저기압의 발달 혹은 강화과정.
저기압발생은 상층 편서풍 흐름에서 발생한 경압불안정 파동이 지상의 전선과 상호작용하는 3차원적 과정이다. 남북 온도차가 큰 전선이 있는 지상과 풍속이 빠른 제트 기류를 동반하는 상층의 기압골 사이에는 연직으로 풍속의 차이가 크다. 이러한 경압성이 큰 조건에서 상층의 기류가 남북으로 사행하는 경압불안정 파동이 발생하여 지상의 저기압이 발달한다. 저기압발생은 상층 기압골의 풍하 측(동쪽)이 지상의 전선대 또는 저기압 중심 상공에 위치하면서 시작된다. 경압불안정 파동의 발생은 상층 기압골을 더 강화시켜 저압성 소용돌이도가 증가하고 상승운동이 강화된다. 이와 동시에 지상에는 기압이 하강하고 마찰에 의해 수렴이 일어나 저기압이 발달한다. 상층 기압골 주위의 기류와 지상 저기압 주위의 기류가 결합된 결과 저기압 주위에는 주로 세 개의 3차원적인 공기 흐름이 존재한다. 세 흐름은 저기압의 남쪽에서 북동쪽으로 흐르는 습윤한 따뜻한 공기의 상승기류인 온난 컨베이어벨트, 저기압의 북쪽 지상 부근을 동쪽에서 서쪽으로 흐르는 한랭 컨베이어벨트, 저기압의 서쪽에서 남동쪽 방향으로 흐르는 건조한 한기의 하강기류인 건조 침입으로 구성된다. 온난 컨베이어벨트와 한랭 컨베이어벨트의 경계면이 온난전선이고, 건조 침입과 온난 컨베이어벨트의 경계면이 한랭전선이다.

ㅈ

저기압성 시어(cyclonic shear, 低氣壓性-) 흐름의 저기압성 소용돌이도에 기여하는 특성을 가진 수평바람 시어.
저기압성 시어는 유선을 따라 각 공기입자의 저기압성 회전을 유발하는 경향이 있다. 북반구에서는 풍하 쪽을 바라보고 있을 때 흐름의 방향을 가로질러 왼쪽으로부터 오른쪽으로 가면서 풍속이 증가할 때 저기압성 시어가 나타나고, 남반구에서는 반대로 나타난다. 고기압성 시어를 참조하라.

저기압성 지균류(cyclo-geostrophic current, 低氣壓性地均流) 저기압성 곡선을 따라 흐르기 때문에 생기는 원심가속도를 보정하여 거의 지균평형을 이루고 있는 흐름.
이 보정은 유체덩이가 에디 주위를 흐르는 시간이 진자일에 버금가는 시간을 가지는 강한 회전 에디 운동에서는 중요해진다.

저기압성 회전(cyclonic rotation, 低氣壓性回轉) 보통 북반구에서는 반시계 방향, 남반구에서는 시계 방향, 그러나 적도에서는 정의되지 않는 질량의 회전운동.

저기압소멸(cyclolysis, 低氣壓消滅) 대기에서 저기압순환의 약화.
저기압발생의 반대말이다. 순환에서 언급되는 저기압소멸은, 비록 대기압의 증가가 매몰과정에서와 같이 동시적으로 발생하지만 매몰과는 구별된다.

저기압순환(cyclonic circulation, 低氣壓循環) 북반구에서라면 반시계 방향, 남반구에서라면 시계 방향, 그러나 적도에서는 그 방향이 정의되지 않는 유체운동.

저기압파(cyclone wave, 低氣壓波) 1. 대류권에서 파장이 1,000~4,000km 정도인 저기압 규모의 요란.
이들은 종관일기도에서 이동성 고기압과 이동성 저기압 시스템으로 나타난다. 이 파들은 경압불안정도와 시어 불안정도와 관련되어 논의되는 불안정 요동과 같다. 단파, 순압요란을 참조하라.
2. 저기압 순환의 중심이 위치하는 파봉에서의 전선파, 즉 파동저기압의 전선파.

저빙(anchor ice, 底氷) 개울, 호수, 얕은 바다의 바닥에 형성된 얼음.
바닥얼음이라고도 한다. 맑고 추운 밤에 차가운 물체가 잔잔한 물에 가라앉으며 물체 주변에 형성된 얼음을 예로 들 수 있다. 강물이 빠른 유속으로 과냉각된 바닷물과 만나는 지점에서 형성되기도 하며 폭풍 같이 대기의 급격한 온도변화가 발생한 지역에서 얕은 바닷물이 이동하는 만조와 간조 사이에 발생되기도 한다. 극지역에서는 빙하와 바닷물이 사이에서 형성된다.

저압부(depression, 低壓部) 1. 보통 특정 표면에서 국지적으로 고도가 낮은 점 또는 지역.
2. 기상학에서는 기압이 낮은 지역, 즉 저기압이나 기압골.
이는 열대저기압의 경우, 어떤 발달 단계의 이동성 저기압과 기압골에, 그리고 상층의 경우는 단지 약하게 발달된 저기압과 기압골에 적용하는 것이 보통이다.

저온요구도(chilling requirement, 低溫要求度) 영양생장에서 생식생장으로 전환되기 위해 식물의 생육기간 중 일정 기간 이상의 저온에 조우되어야만 하는 정도.
저온요구성 식물에는 밀, 보리 등의 맥류, 양배추, 당근, 양파와 사과, 배, 포도 등의 온대 과수 등이 있다. 같은 추파맥류라고 하더라도 북방에 분포하는 것일수록 저온요구도가 크다.

저지(blocking, 沮止) 1. 대규모 기압계에서 동쪽으로 전파되는 저기압이나 고기압의 진행을 막는 현상.
대개 고기압과 저기압으로 이루어진 중위도 파동은 편서풍 평균류를 따라 진행하는데, 그 진행의 전방에 큰 규모의 하나 이상의 저지고기압과 저지저기압에 의해 평균류가 약해짐으로써 진행 속도가 더뎌지거나 멈추게 되는 현상을 말한다.

2. 길게 늘어선 산맥을 강제상승 요인에 의해 넘어가려는 안정된 공기가 어떤 요인에 의해 넘지 못하는 현상.
산맥이란 장애물을 공기가 넘어가는 데 있어서 이 조건을 프루드 수(Froude number)로 정의할 수 있으며 프루드 수가 대략 1 미만인 경우에 안정한 공기가 산을 넘어가지 못하고 '저지'되었다고 말한다.

저지고기압(blocking high, 沮止高氣壓) 상층에서 정체 중이거나 이동속도가 매우 늦은 비교적 큰 규모의 고기압.
이로 인해 서쪽 풍상 측으로부터 동쪽으로 이동하는 종관 파동을 저지하는 역할을 한다. 분리고기압을 참조하라.

저층수(bottom water, 底層水) 해수의 가장 깊은 부분에 위치하고 있는 수단(水團).
저층수의 특징은 밀도가 매우 높으며 해저지형의 특성에 따라 형성되는 것이 특징이며 해양분지지역에서도 지역적으로 발생하기도 한다. 전 세계 해양에서 가장 중요한 저층수로는 남극저층수와 북극저층수가 있다.

저항온도계(resistance thermometer, 抵抗溫度計) 열소자(熱素子)가 온도에 따라 변하는 전기 저항체를 가진 물질로 구성된 일종의 전기온도계.
전기 저항온도계라고도 한다. 저항온도계는 초단기시간 상수들로서 구성될 수 있으며, 매우 정확한 측정치를 산출할 수 있다. 이 온도계는 보통 라디오존데에 사용된다.

적경(right ascension, 赤經) 춘분점에서 천의 적도를 따라 동쪽으로 고려하고 있는 천체(또는 지점)의 시원(時圓)까지 잰 각거리.
적경과 적위를 이용하여 천구상에 있는 천체의 위치를 표시하는 것을 적도좌표계라고 한다. 시원은 천의 북극과 남극을 지나는 대원(大圓)을 의미한다.

적란운(cumulonimbus, 積亂雲) 10종 기본 운형의 하나로, 원명은 적운(cumulus)과 비구름의 뜻인 님버스(nimbus)에서 파생된 용어.
모양은 적운과 유사하지만 수직으로 발달된 구름덩이가 산이나 탑모양을 이룬다. 수직으로 발달하며 대류권계면에 다다르면서 구름정상 부분이 수평으로 퍼지며 발달하는 모루구름를 형성하기도 한다. 적란운의 구름바닥 부분은 아주 어두우며 강수를 동반하기도 한다. 구름의 대부분은 물방울의 집합체이나 구름 꼭대기 부근은 빙정으로 되어 있다. 이들 빙정과 물방울이 더욱 발달해 눈, 싸락눈 그리고 우박을 형성하게 된다. 주로 심한 소낙성 강우와 번개를 동반해 뇌운이라고도 한다. 적란운은 주로 웅대적운이 수직으로 더욱 발달하며 형성된다. 웅대적운의 상부 부분에서 빙정이 지배적으로 존재하고 있음을 보여주는 실사모양의 구조가 관측되면 웅대적운이 적란운으로 전이되고 있음을 알 수 있다. 가끔씩 고층운이나 난층운으로부터 높은 운저고도를 가진 적란운이 발달하기도 한다. 적운과 같이 강한 일변화를 보이기도 한다. 적란운은 극지역에서는 드물지만 열대지역에서는 자주 발생하여, 이 지역에서의 물순환에 중요한 역할을 담당한다. 적란운은 토네이도와 같은 강한 상승류를 동반하는 현상과 함께 권운과 같은 다른 종류의 구름을 생산해 내기도 한다. 적란운은 보통 여름철에 잘 발달하지만 겨울철에도 전선을 따라서 생기는 경우가 있다. 구름밑면은 지표 부근으로부터 2km 정도의 높이까지이나 구름 꼭대기는 종종 10km 이상에 이르기도 한다.

적도골(equatorial trough, 赤道-) 북반구와 남반구의 아열대 고압대 사이에 위치한 거의 상시적인 저압대.
적도기압골이라고도 한다. 위치는 태평양과 대서양의 동쪽에서는 계절별로 큰 변화가 없으나 서쪽 해역과 인도양에서는 여름 반구 쪽으로 크게 치우친다. 전 영역의 공기는 상당히 균질적인 상태이며 전지구적 영역을 통틀어 가장 순압적인 특성을 지니고 있다. 습도가 매우 높아 안정도가 조금만 바뀌어도 일기에 큰 영향을 미친다. 적도기압골은 중위도의 기압골과는 달리 골이 외견상 뚜렷하지는 않아 날씨가 좋은 적도무풍대나 ITCZ도 적도기압골의 일부이다.

적도무풍대(doldrum, 赤道無風帶) 역사적으로 항해에서 기인한 적도기압골의 항해 용어. 양반구로부터 불어오는 무역풍이 만나는 적도기압골에서 일시적/지역적으로 나타나는 매우 약한 바람에 의해 항해가 어려웠던 사실에 기인해 만들어진 단어이다. 말위도를 참조하라.

적도반류(equatorial countercurrent, 赤道反流) 열대지역에서 서풍인 무역풍의 방향과는 반대인 동쪽으로 흐르는 해류.
여기에는 북적도반류와 남적도반류가 있다. 북적도반류는 서쪽으로 흐르는 북적도류와 남적도류 사이에 나타나며, 이것의 강도와 위치는 대기의 열대수렴대에 의하여 결정되며, 태평양에서는 5~1월에 강하고, 북위 5~10°에 존재하고, 2~4월에는 약하며, 북위 4~6°에 존재한다. 남적도반류는 아시아-오스트레일리아 몬순에 의하여 조종되며, 12~4월 동안에 강하게 나타나고, 나머지 계절 동안에는 매우 약해진다.

적도용승(equatorial upwelling, 赤道湧昇) 적도를 따라서 약 200m 깊이에서 표면으로 상승하는 물.
대서양과 태평양에서 발생하며, 무역풍이 적도를 향하여 수렴할 때, 이로 인한 표층해류는 적도로부터 발산하여, 표층의 물이 극 쪽으로 빠져나가면서, 적도를 따라서 해양 하층의 찬물이 올라오는 현상을 의미한다.

적도 켈빈 파(equatorial Kelvin wave, 赤道-波) 적도를 따라 동쪽으로 진행하는 파동의 일종.

적도를 축으로 하여 남북으로 대칭 구조로 되어 있으며 동서 성분의 바람으로만 구성되어 있다. 파동의 골 부분에서는 동풍, 능 부분에서는 서풍 성분으로 되어 있다. 바람과 지위 섭동장의 진폭은 적도로부터 멀어지면서 가우스 분포로 감소하는 구조로 되어 있다.

적도편동풍(equatorial easterly, 赤道偏東風) 지상부터 상공 8~10km까지 깊게 걸친 여름 반구에서의 동풍무역풍.

그 상공에 서풍이 있더라도 매우 약해서 전체 일기에 영향을 주지 않을 정도에 한해서 적도편동풍이라고 부른다. 겨울 반구에서의 적도편동풍은 적도를 따라 좁은 띠 정도로 나타난다.

적도편서풍(equatorial westerly, 赤道偏西風) 적도기압골에서 이따금 발견되는 서풍계열의 바람.

적도기압골에서는 무역풍으로 인해 대개 동풍이 불지만 몇 가지 요인으로 곳에 따라 서풍이 불기도 한다. 이를 적도편서풍이라고 하는데, 그 이유 중 첫째로는 적도기압골에서 발생한 저기압의 남쪽은 주풍인 동풍을 상쇄할 정도의 서풍계열의 바람이 나타날 수 있다. 둘째, 북반구 여름철에 남반구로부터 적도를 가로질러 적도기압골로 몬순 바람이 불어올 때 편서풍으로 나타나기도 한다.

ㅈ

적산냉각(accumulated cooling, 積算冷却) 저녁에 지표 가까이의 난류열 플럭스가 지표에서 대기로 향하기 시작하는 시간으로부터의 총 냉각.

안정경계층의 변화를 측정하거나 예측할 때 사용된다. 적산냉각은 플럭스가 양에서 음으로 바뀌는 해가 지는 시간 t_0에서 시작하여 플럭스의 부호가 양으로 되돌아가기 직전까지의 끝나는 시간 t_e까지 적분한 지상 운동학적 열 플럭스로 정의된다. 차원은 온도 곱하기 길이(예 : K · m)로 나타낸다. 공기의 이류나 직접적인 복사냉각이 없는 경우, 적산냉각(AC)은 지상온위 θ_s에서 잔류층 온위 θ_{RL}까지 적분한 온위 프로파일 $z(\theta)$의 하부 면적과 같고 다음의 식으로 나타낼 수 있다.

$$AC = \int_{t_0}^{t_e} \overline{w'\theta_{s}'}\, dt \simeq \int_{\theta_s}^{\theta_{RL}} z(\theta)$$

여기서 w는 연직풍속, $^{-}$는 시간평균, $\int$ 은 평균으로부터의 편차를 나타낸다.

적산온도(accumulated temperature, 積算溫度) 온도에 관한 기후를 나타내는 지표.

도시(度時) 또는 도일(度日)로 나타낸다. 각 날에 대해 도시는 온도가 표준보다 높은 기간의 시간 길이와 평균온도가 표준을 넘는 기간의 과잉온도의 양을 곱해서 계산한다. 도시의 값을 24로 나누면 도일의 값이 된다. 적산온도의 개념은 캉돌(A. de Candolle, 1855)이 처음으로 식물지리학 연구에 소개하였고, 표준온도는 6℃로서 그 이하에서는 식생성장이 일어나지 않음을 고려한 것이다. 적산온도는 일최저기온 및 일최고기온으로부터 계산할 수 있으나, 나라마다 표준온도가 다른 점에 유의해야 한다.

적산우량계(accumulation rain gauge, 積算雨量計) 일정 시간 동안 내린 강우량의 적산량을 측정하는 강우계의 한 종류.
적산된 강우의 깊이는 물의 깊이를 직접 측정하는 계기를 이용하여 직접 측정하거나 물의 무게, 물 위의 부표의 높이로 결정될 수 있다. 우량을 연속적으로 자동 기록하는 측정기구로서 사이폰형, 전도승형, 칭량형의 3종이 있다. 이 가운데 칭량형은 눈 또는 우박의 측정도 가능하다.

적색잡음(red noise, 赤色雜音) 신호잡음 종류 중 하나.
백색잡음이 진동수에 따라 균일한 에너지를 가지고 있는 데 반하여, 적색잡음은 진동수에 반비례하는 에너지를 갖는 광대역잡음이다. 가시광선의 영역에서 적색으로 갈수록 진동수가 낮아지는 데에서 이름이 유래되었다. 적색잡음에 반해, 진동수에 비례하는 에너지를 가지는 광대역잡음을 청색잡음이라 한다.

적설(량)(snow accumulation, 積雪(量)) 지상에 쌓인 눈의 깊이.
관측 시 눈이 온 이래로 총 쌓인 깊이이며, 눈이 녹아 줄어든 깊이는 고려하지 않는다. 단위는 보통 cm로 하고 눈이 깊을 때는 m를 사용한다. 일반적으로 관측 장소 주위 지면의 반 이상이 눈, 싸락눈, 우박 등(눈사태 및 얼음사태 포함)에 의해 덮여 있을 때 적설을 관측한다.

적외복사(infrared radiation, 赤外輻射) 파장이 약 750nm~1mm의 범위에 분포하는 전자기파의 에너지.
파장이 작은 지역(750~2,000nm)은 근적외선으로 분류된다. 지구의 표면, 수증기 및 구름에서 적외복사의 흡수 및 방출이 이루어진다. 또한 대기 중의 이산화탄소는 적외복사의 주요 흡수체이다. 지구에서 방출되는 적외복사를 장파복사라고 부르며 지표 및 대기의 에너지 균형에 중요하다.

적외분광학(infrared spectroscopy, 赤外分光學) 적외영역의 전자기파와 대상물질의 상호작용을 연구하는 학문 분야.
적외영역의 전자기파는 대상물질의 진동-회전 에너지 준위 및 분포에 따라 흡수와 같은 분광학적 특성이 결정된다.

적운(cumulus, 積雲) 구름 분류에 있어 기본 운형 10종 중의 하나.
뭉게구름이라고도 한다. 구름 높이는 지표로부터 약 500m에서 2km에 달하며, 구름 꼭대기는 주로 대기경계층 높이보다 낮게 존재한다. 여름철에 지면이 가열되어 상승류에 의해 생긴다. 구름은 대부분 작은 물방울로 이루어져 있으나 빙정과 눈송이가 포함되기도 한다. 빙정은 구름 상부의 온도가 상당히 낮은 경우 생성되며 때론 물방울이 증발되며 증가하는 수증기를 흡수하며 상당히 빠른 속도로 성장해 강수를 형성하기도 한다. 적운 속 많은 물방울은 과냉각상태에 있기도 한다. 적운은 연직으로 솟아오르며 발달하는데 상부 부분이 돔이나 양배추와 닮은꼴을 이루는 경우가 많다. 햇빛을 받는 부분은 상당히 밝으며 운저는 어둡고 수평을 이루는 경우가 많다. 주로 소낙비를 동반한다. 주변의 바람에 의해 적운의 발달은 많은 영향을 받으며 강한 바람이 상부 부분을 적운의 본체로부터 분리시키기도 한다. 적운은 주로 많은 수증기를 포함하고 있는 공기덩어리가 상승하면서 응결고도에 이르며 조건부불안정을 극복할 때 형성된다. 적운은 또한 층운과 층적운과 같은 구름들로부터 형성될 때도 있다. 대륙 위에서는 적운의 성숙기가 정오를 중심으로 있는 반면, 해양 위에서는 자정 이후에 성숙기가 존재하는 경우가 많다. 적운이 발달하여 적란운이 형성되기도 하는데, 적운의 상부에서 빙정이 상당량 존재함을 보여주는 실사구조가 관측되면 적운이 적란운으로 전이되었음을 알 수 있다. 또한 적운이 발달하며 번개와 천둥 그리고 우박을 동반하게 되면 적운이 적란운으로 전이되었다고 판단할 수 있다.

적운형(cumulitorm, 積雲形) 적운과 같이 솟아오르며 돔 또는 탑의 형태로 연직으로 발달하는 것이 특징인 모든 구름에 대한 일반적인 기술.
적운형은 수평으로 발달한 층상층과 대조를 이룬다. 적운은 열적대류에 의해 형성되며 전형적으로 연직속도는 1ms^{-1}을 초과한다.

적위(declination, 赤緯) 천문학에서 사용되는 용어로서 어떤 주어진 천체와 천구적도 사이의 각거리.
적위는 천구극(極)을 지나는 대원(大圓)을 따라 측정한다. 이와 같이 적위는 지리적 위도와 유사한 천문학적 위도이다. 적위값은 적도 북쪽 위치에서는 양이고 적도 남쪽 위치에서는 음이다. 적위와 적경은 위치 천문학에서 사용되는 좌표이다.

적응격자(adaptive grid, 適應格子) 수치 모델링의 격자 체계 중 하나로서 모델링의 주 타깃 부근에 해상도를 집중시키는 수치기법 중 하나.
가변격자라고도 한다. 이런 목적으로 둥지격자도 사용되는데 둥지격자와 다른 점으로는 적응격자는 전체 격자 개수에는 변함 없이 주 타깃 부근에 해상도를 집중시킴으로써 다른 곳에서는 반대로 성긴 격자를 사용하게 하는 것이다. 대개 전선이나 태풍의 중심 부근에 경도가 큰 경우에 적응격자를 사용한다.

적응격자 조밀화(adaptive mesh refinement; AMR, 適應格子造密花) 주어진 영역에 대한 수치해를 계산하는 데 있어서, 정해진 조건에 따라 시간적으로 변화하는 격자를 사용하여 특정 지역에서 구현된 조밀한 격자를 통해 세밀한 수치해를 얻는 방법.
전체 영역이 아닌 특정한 지역만 조밀한 격자를 이용함으로써 계산 자원, 저장 자원 및 시간을 절약할 수 있다는 장점이 있지만 공간적으로 변화하는 격자 간격으로 인해 격자 경계에서 파동의 반사와 같은 비현실적인 수치해가 나타나지 않도록 처리하는 것이 중요하다.

적응휘도(adaptation luminance, 適應輝度) 가시거리를 추정하는 관측자의 바로 부근에 있는 목표물이나 지표면의 평균휘도 또는 평균밝기.
적응광도라고도 하며 적응수준, 적응조도, 밝기수준, 필드 밝기, 필드 휘도 등이 이에 해당된다. 적응휘도는 관측자가 관측 아래 있는 목표물을 가시각을 따라 가시거리를 추정하기 때문에 여기에 뚜렷한 영향을 미치고 관측자의 목표물에 대한 임곗값 대비를 결정하게 한다. 높은 적응휘도에 따라서 예상되는 시각적 범위를 줄이고, 높은 임곗값의 대비를 산출하려는 경향이 있다. 적응휘도의 효과는 배경휘도의 영향과 명확히 구별된다.

적조(red tide, 赤潮) 김노디니움(*Gymnodinium*)과 고니오락스(*Gonyaulax*)와 같은 여러 가지 편모조류에 의해 유독한 녹조현상이 발생하는 수질 악화와 관련된 것으로 흔히 바다가 붉게 변하는 현상.
적조의 붉은 색깔은 편모조류가 광합성을 하는 동안 페리디닌(peridinin) 색소가 만들어져 붉어진다. 이런 유독한 녹조현상은 해양생물을 위협하며 결국에는 사람에게도 해를 입힌다. 적조는 천문학적인 조수와는 관련이 없지만, 이와 관련된 조수는 적조의 움직임이 하구퇴적지에서 조수 움직임의 통속적인 관측에서 온 것이다.

적출(avulsion, 摘出) 1. 보통 한 수로가 한 새로운 다른 수로로 바뀌듯이, 한 개울이나 강의 경로에 일어나는 급격한 변화.
이 뜻으로, 그 변화는 한 사행의 절리나 수로 위치의 비슷한 국지적 변화보다 더 광범위한 것으로 고려된다.
2. 홍수 중에 물길이 하천 제방을 헤치고 나아감으로써 하천의 경로에 생기는 급격한 변화 또는 한 절리 사행의 형성을 포함한 토지의 급한 절리나 분리.

전기온도계(electrical thermometer, 電氣溫度計) 열적 상태에 따라 달라지는 전기적 성질을 가진 변환 소자로 만든 온도계.
이와 같은 온도계의 예로서 저항온도계와 열전온도계 또는 열전(기)쌍온도계가 있다.

전도(conduction, 傳導) 물질의 이동을 수반하지 않고 고온부에서 이것과 접하고 있는 저온부로 열이 전달되어 가는 현상.
물체 가운데 열전도가 잘되는 것을 양도체, 그렇지 못한 것을 절연체라고 한다. 관련 용어로 **열전도계수**가 있는데, 이는 물질에 의하여 전해지는 열량을 그 물질의 표면 온도변화로 나눈 값을 말한다.

전도도(conductivity, 傳導度) 물질에서 전류가 잘 흐르는 정도를 나타내는 물리량.
비저항의 역수로서 전도율과 유사한 값이나, 크기 변수인 전도율과 달리 물체의 크기나 모양에 관계없는 물질 고유의 성질을 나타내는 세기변수이다. 전기 전도도는 용해나 물속에서 단위거리당 전기 전도율의 측정 단위이고, 열 전도도는 열의 전도율을 나타낸다. 해양의 염분 농도는 전기 전도도에 영향을 미치기 때문에, 수층의 전기 전도도를 측정하여 해양의 염분을 산출한다. 순수한 증류수는 전기 전도도가 낮은 데 반해, 염분이나 다른 무기화합물이 포함된 물은 해리되어 전하를 띠기 때문에 전기 전도도가 높아진다.

전도도-온도-수심 측정기(conductivity-temperature-depth (CTD) profiler, 傳導度溫度水深測程器) 해양관측에서 수심별로 수온과 염분을 동시에 측정할 수 있는 기기.
CTD는 전기 전도도(Conductivity), 온도(Temperature), 수심(Depth)을 나타내며, 전기 작용으로 온도, 전기 전도도, 수압을 측정하여, 전기 전도도와 수압으로부터 염분도와 수심이 계산된다. CTD는 흔히 CTD 로젯 샘플러라 칭하기도 하는데, 해양물리와 해양생물 분야의 필수적인 변수들을 측정하는 필수장비이다. 이전의 난센 채수기(Nansen bottle)나 **전도온도계**(reversing thermometer)를 이용하여 염분과 수온을 측정할 때보다 CTD를 사용할 때는 현장에서 바로 수심별로 정확도 높은(염분은 ±0.005psu, 수온은 ±0.005K, 그리고 수심은 ±0.15%) 자료를 얻을 수 있다. CTD를 사용할 때는 기기에 대한 정기적인 보정이 필요하다. 또한 조사 목적에 따라 용존산소량(DO), pH, 광투과 등의 다양한 감지장치도 장착하여 사용할 수 있다. 예로 해양의 염분은 다음과 같이 정의되는데, 식에서 C(S, 15, 0)은 적정온도(14.996℃)와 대기압력(101325Pa)의 해수의 전기 전도도를 나타내고, C(KCl, 15, 0)은 15℃와 표준 대기압력에서 염화칼륨(KCl)의 전도도를 나타낸다.

$$S = 0.0080 - 0.1692\,K_{15}^{1/2} + 25.3851\,K_{15} + 14.0941\,K_{15}^{3/2} - 7.0261\,K_{15}^{2} + 2.7081\,K_{15}^{5/2}$$

$$K_{15} = C(S,\,15,\,0)/C(KCl,\,15,\,0), \quad 2 \le S \le 42$$

전도온도계(reversing thermometer, 轉倒溫度計) 바다나 호수 등의 수중온도를 측정하기 위한 특수 온도계.
수은의 팽창을 이용하는 것은 보통의 수은온도계와 같으나, 바로 서 있는 온도계를 거꾸로 세우면, 수은기둥의 수은이 수은 주머니로부터 분리되어 반대쪽 끝으로 흐르게 되어 있다. 바로 선 상태로 수중의 어느 깊이까지 내렸다가, 거기서 거꾸로 세우면 온도계는 끌어올린 뒤에도 그 점의 수온(현장온도)을 가리킨다. 전도온도계는 주로 채수기에 부착하여 사용된다. 예정된 수심에서 메신저에 의하여 채수기가 역전되면 온도계도 역전된다. 이때 수은주의 압축부가 끊어짐으로써 중력에 의해 수은이 온도계의 관 끝으로 흐르게 되므로 온도계가 역전된 수심에서의 온도를 기록하게 된다. 전도온도계는 약 0.01℃까지 읽을 수 있으며, 수심이나 수압에 제한을 받지 않지만, 배를 정지하고 정선관측에서 사용해야 하는 단점이 있다. 최근에는 **전도도-온도-수심 측정기**(CTD)를 이용하여 수심별 수온을 연속적으로 쉽게 측정하고 있어, 전도온도계를 거의 사용하지 않고 있다.

전도함수(total derivative, 全導函數) 2개 또는 그 이상의 변수에 대하여 하나의 매개변수를 기준으로 하는 함수의 변화율.
함수 $z=f(x, y)$이고 $x=x(t)$, $y=y(t)$가 모두 미분 가능한 경우의 dz/dt이다. 앞의 정의에서 z는 t의 함수로서 미분 가능하며 전도함수는 다음과 같이 주어진다.

$$\frac{dz}{dt} = \frac{dz}{dx}\frac{dx}{dt} + \frac{dz}{dy}\frac{dy}{dt}$$

일반적으로 $z=f(x_1, x_2, \ldots, x_n)$, $x_k=\phi_k(t)$가 모두 미분 가능하면 다음과 같이 나타낼 수 있다.

$$\frac{dz}{dt} = \sum_{k=1}^{n} \frac{\partial f}{\partial x_k}\frac{dx_k}{dt}$$

전방산란(forward scattering, 前方散亂) 대기의 산란 중심과 입사 방향에 대해 직각을 이루는 평면의 전방으로의 산란.
전방산란체는 전체 레일리 산란체의 반 정도가 된다. 주어진 파장에 대해서는 전방산란이 입자의 크기의 증가에 따라 증가한다. 따라서 큰 입자에 의한 산란은 전방산란이 탁월하다. **후방산란**을 참조하라.

전선(front, 前線) 밀도가 서로 다른 두 개의 기단이 접하는 경계의 전이층.
수평면(동일고도)에서 공기의 밀도는 대체로 온도로 결정되므로, 전이층에서는 수평 온도구배가 크다. 전이층은 두 개의 경계면을 갖는데, 그 경계면을 전선면이라고 한다. 난기쪽의 전선면이 지표면 또는 다른 특별한 면과 교차하여 생기는 선을 전선이라고 하는데, 이는 수평의 온도구배가 극대가 되는 지역에 대응한다. 지구대기 중에서는 주로 중・고위도에 출현한다. 전선을 포함하는 수평 온도구배가 큰 영역을 전선대라고 부르는 경우가 많다. 전선은 수십 킬로미터, 전선대는 수백 킬로미터의 수평폭을 가지고 있다. 전선은 바람, 기압, 노점온도의 불연속과 악기상을 수반하는 경우가 많아서 기상변화와 밀접한 관련을 갖는다. 전이층은 1～2km 정도의 두께를 갖는데, 지표면과는 1° 이하의 아주 약한 경사로 교차하고 있다. 이 경사가 수평이 되지 않는 이유는 수평 온도구배와 바람의 연직 시어 사이에 온도평형이 지켜지고 있기 때문이다. 중・고위도의 대규모 대기운동에 있어서는 지형풍 평형에서 벗어나면 수평운동과 연직운동을 여기(勵起)하여 지형풍 평형으로 돌아가려는 성질이 있기 때문에, 온도풍 평형이 유지되고 있는 전선 부근에는 전선을 경계로 바람이 저기압성 시어를 갖는 수평운동과 악기상의 기인이 되는 연직운동이 여기되는 경우가 많다. 수평운동은 병진, 회전, 발산, 변형 4개 성분이 중첩되어 나타나는데, 저기압성 시어를 갖는 수평운동은 회전 성분이 저기압성 회전의 흐름이다. 전선은 양측 공기의 밀도차가 클수록 강한 것으로 정의된다. 전선이 강화된다든가, 새로운 전선이 발생하는 과정을 전선생성이라고 하고, 약화된다든가 소멸하는 과정을 전선폐색이라고 한다. 지구상에는 전선이 형성되기 쉬운 장소가 있는데, 그것은 계절에 따라서 거의 일정하게 나타난다. 이것을 기후학적 전선대라고 부르고 있다. 한대기단과 아열대기단의 사이에서 생기는 전선대를 한 대전선대라고 하는데, 중위도에 존재하는 대규모적인 전선대로, 전선상에는 온대저기압이 발생한다. 이것은 경압불안정성에 의한 것과 유효위치 에너지가와 운동 에너지로 변환하는 것에 수반하여 저기압이 발달한다. 그 과정에서 전선이 소용돌이쳐서 저기압을 만들어 내는 것처럼 보인다. 우리나라를 포함한 동아시아에 나타나는 전선은 대체로 태평양 한대전선대에 속한다. 전선상에서 온대저기압이 발생하여 동쪽 또는 북동쪽으로 진행해 가면, 저기압의 앞쪽(전면)에서는 난기가 한기위로 올라가고, 뒤쪽(후방)에서는 한기가 난기 아래로 파고든다. 전자의 난기와 한기 경계를 온난전선, 후자의 경계를 한대전선이라고 한다. 온대저기압이 발달한 후에 폐색과정에 접어들면 한랭전선이 온난전선에 접근하여 난기를 상공으로 밀어 올려 하층의 한기 경계면에 폐색전선이 만들어진다. 이후 온대저기압은 소멸해 간다.

전선(성)강수(frontal precipitation, 前線(性)降水) 전선의 활동에 기인하는 강수. 기단강수, 지형성 강수와 구분되는 개념이다.

전선계(frontal system, 前線系) 단순히 종관일기도상에 표현된 전선 시스템. 이 용어는 온난, 한랭, 정체, 폐색 구간의 모든 범위를 포함한 연속적인 전선과 전선의 특징, 전선의 강도 변화, 그리고 전선을 포함한 어떤 전선 저기압을 표현할 때 사용한다. 또한 전선저기압이 유발하는 흐름에서 전선의 방향과 성질을 말할 경우에도 쓰인다.

전선뇌우(frontal thunderstorm, 前線雷雨) 전선에 관련되어 일어나는 상승운동 때문에 생기는 특유의 뇌우, 또는 전선상승운동에 의해 생성되고 조직화된 대류계에서 생기는 뇌우.

전선뒤 안개(postfrontal fog, 前線-) 전선 통과 후에 나타나는 안개.
주로 한랭전선 통과 후에 접근하는 찬공기 속으로 낙하하는 물방울이 증발하고 재응결되면서 발생한다. 한랭전선이 동서방향에 가까워 정체성을 나타내고 한랭공기의 안정도가 높은 때 층운과 함께 나타나는 경우가 흔하다.

전선발생(frontogenesis, 前線發生) 1. 최초의 전선이나 전선대의 형성.
2. 보통 기단경계 특성, 즉 기본적으로 밀도의 수평경도의 증가와 전선 특성을 나타내는 바람장의 발달.
'전선발달'이라고도 한다.

전선발생함수(frontogenetical function, 前線發生函數) 어떤 기단에서 ∇_H를 수평 델 연산자라 할 때, 다음 식으로 정의되는 보존량 θ의 수평경도를 증가시키는 흐름 경향을 나타내는 운동학적 척도.

$$F = \frac{D}{Dt}|\nabla_H \theta|$$

여기서 θ를 온위라 하면, 이 함수는 기단 내에서 전선발생의 척도가 된다.

전선소멸(frontolysis, 前線消滅) 1. 전선 또는 전선대의 소멸.
2. 일반적으로 기단 특성(원칙적으로 밀도의 수평경도)의 감소, 그리고 바람장에 부가된 기능들의 소멸.
전선쇠약이라고도 한다.

전선안개(frontal fog, 前線-) 전선에 수반하여 발생하는 안개.
다음의 세 가지 종류가 있다. (1) 전선을 따라서 난기와 한기가 혼합하여 발생하는 안개, (2) 온난전선면을 따라서 공기가 상승하여 단열팽창으로 냉각되어 우운(雨雲)이 생기고 비가 온다. 이 우적이 아래쪽의 한기단 속을 낙하할 때에 증발되어 과잉의 수증기가 재차 응결하여 안개가 발생한다. 이것을 온난 전선안개라고 하는데, 전선면의 위치가 낮은 곳에서 발생한다. (3) 전선의 통과 후 비로 습해진 지표면에서 수증기가 증발하고, 복사냉각으로 응결하여 안개가 된다.

전선역전(frontal inversion, 前線逆轉) 상공으로 올라갈수록 기온이 낮아지는 보통의 대기와는 달리 난기가 한기 위를 타고 상승하는 전선면의 전이층에서 발생하는 기온의 역전현상.

이 역전층 내에서는 혼합비도 증가하는 경향을 보이는 것이 보통이다.

전선이론(frontal theory, 前線理論) 대기에서 기단 및 한랭전선, 온난전선의 형성과 발달에 대한 이론.

전선치올림(frontal lifting, 前線-) 두 기단의 상대와도가 전선에서 수렴되는 경우에 발생하는 전선과 그 부근에서의 따뜻하고 밀도가 작은 공기의 강제상승.
대류를 참조하라.

전선파(frontal wave, 前線波) 대기 하층에서 전선의 수평적인 파상 변형.
일반적으로 저기압순환에 인접한 흐름의 최댓값과 관련이 있다. 파동저기압으로 발달하기도 한다.

전신방정식(telegraphic equation, 電信方程式) 보통 다음과 같이 쓰는 편미분방정식.

$$\frac{\partial^2 u}{\partial t^2} = a\frac{\partial^2 u}{\partial x^2} + bu$$

여기서 t는 시간좌표, x는 공간좌표, a와 b는 양의 상수이다. 이 식은 전선의 전기 흐름을 지배하는 방정식이다. 만일 $b<0$이면 이 방정식은 회전하는 해양의 긴 중력파에 적용할 수 있다.

전이속도(transfer velocity, 轉移速度) 대기-해양 경계면을 건너는 미량 성분들의 수송에 사용되는 속도 규모.
다음 공식을 쓴다.

ㅈ

$$F = v(C_w - C_a)$$

여기서 F는 경계면을 건너는 성분 C의 플럭스, v는 전이속도, 아래첨자 w와 a는 각각 물과 공기를 뜻한다. 성분 C_w는 물에 대해 평형을 이룰 때 공기에서의 농도로 간주해야 한다.

전자(기)파(electromagnetic wave, 電磁(氣)波) 전자기 복사의 전파와 연관된 전기장 또는 자기장의 진동.
전자(기)파는 그 파장 또는 파수, 진폭 및 편광 특성으로 특징을 알 수 있다. 이 파는 빛의 속도로 전파한다.

전자기 스펙트럼(electromagnetic spectrum, 電磁氣-) 파장이 가장 짧은 우주 선으로부터 감마선, 엑스선, 자외복사, 가시복사, 적외복사를 거쳐 마이크로파와 모든 라디오파를 포함하는 전자기 복사의 순서적인 연속.
이 연속적인 파장(또는 주파수)에 대하여 여러 가지 이름을 붙여 작은 부분으로 나누는 것은 다소 임의적이다. 한두 예외는 있지만 이렇게 여러 부분으로 나누는 경계는 모호하게 정의되어 있다. 그럼에도 불구하고 일반적으로 정해진 부분 각각에 대해서는 각 파장에서 복사를 방출할 수 있는 물리적 시스템의 특성 유형이 있다. 즉, 감마선은 여러 유형의 핵 재배열을 받을 때 원자핵으로부터 방출된다. 가시광선은 낮은 에너지 상태로 전이받는 행성 전자를 가진 원자에 의해 대부분 방출된다. 적외복사는 특성적 분자 진동과 회전에 연관되어 있다. 폭넓게 말해서 라디오파는 금속 안 자유전자(예 : 라디오 안테나 선에서 이동하는 전자)의 가속도에 의해 방출된다.

전자기복사(electromagnetic radiation, 電磁氣輻射) 전진하는 전기장 및 자기장이 요란의 형태로 전파하는 에너지.
복사라는 용어가 실제로는 보다 넓은 의미를 갖고 있기는 하지만, 일반적으로 복사라는 용어는 위와 같은 유형의 에너지에 대하여 일반적으로 사용된다. 고전적인 빛의 파동 이론에서 (또는 전자기 이론에서) 전파(傳播)는 전기장과 자기장의 연속적 파동형 요란으로 간주되는데, 이 전기장과 자기장은 전파 방향에 직각이고 서로 직교하는 평면에서 진동한다. 전자기복사의 양자이론은 이 요란이 입자로서 기여를 하여 한정된 운동량을 갖는 최소 에너지의 광자로 양자화된다는 시각을 추가하고 있다. 전자기 스펙트럼의 여러 부분에 대한 성질과 물리적 효과는 기상학에서 상당히 중요하며 여러 이름(예 : 우주 선, 감마선, 엑스선, 자외복사, 가시복사, 적외복사, 마이크로파 복사, 라디오파)으로 논의되고 있다.

전자사태(electron avalanche, 電子沙汰) 강한 전장(電場)에 놓인 비교적 적은 수의 자유전자가 가속되고, 충돌에 의해 기체원자를 이온화시키며, 계속적으로 같은 과정을 거쳐서 새 전자를 형성하는 과정.
번개방전의 모든 스트리머(streamer)는 전장 세기가 강한 지역에서 형성되는 전자사태로 인하여 전파한다. 특별히 강한 회귀 스트리머의 경우에, 이 전자사태 현상은 사태 끄트머리 바로 뒤 영역에서 들뜬 분자에 의해 방출된 자외복사의 결과로 인하여 생기는 광전자 형성으로 강화된다. 전자의 평균자유행로에 대응하는 공간 및 시간 구간에서 자유전자를 최소 이온화 속도로 충분히 가속시킬 수 있도록 국지적 전장 세기가 강해질 때까지 전자사태는 시작되지 않는다. 전자사태가 계속 유지되려면 활동적인 뇌우에서 주기적으로 누적되는 것처럼 전하의 큰저장소가 있어야 한다.

전자온도계(electronic thermometer, 電子溫度計) 열소자에서 온도 유발 변화를 탐지하여 이에 대응하는 온도를 숫자 형태로 나타내기 위하여 전자 회로를 사용하는 온도계.
이 유형 중 가장 일반적인 센서는 서미스터(thermistor)이다. 서미스터는 음의 온도 저항계수를

ㅈ

갖고 단조롭게 변하는 전기저항을 가진 장치이다.

전지구관측 시스템(global observing system, 全地球觀測-) 세계기상감시(World Weather Watch) 체제 안에서 전 세계적으로 관측을 수행하기 위한 방안, 기법 및 시설의 전지구통합 시스템.

전지구기준선자료 세트(global baseline data set, 全地球基準線資料-) 기후에 대한 완전한 역사적 기록을 제공하기 위하여 설계된 자료 세트.
이와 같은 자료 세트에는 지상기온, 해수면온도, 대류권 및 성층권 온도, 대기 중 수증기, 대기 상한에서의 복사 플럭스 등과 같은 매개변수가 포함되어 있다. 최댓값을 알기 위해서 이와 같은 자료 세트는 측기 사용, 측기 위치, 관측기법 등의 변화와 연관된 비균질성이 최소화되도록 설계되어야 한다.

전지구자료처리 시스템(global data processing system, 全地球資料處理-) 세계기상감시 체제 안에서 기상정보의 처리, 보관 및 복구에 대한 정리를 위한 기상 센터들의 전지구통합 시스템.
이 시스템은 세계기상센터(World Meteorological Center), 지역기상센터(Regional Meteorological Center) 및 국가기상센터(National Meteorological Center)를 포함하고 있다.

전진파(progressive wave, 前進波) 유체 내에서 고정된 좌표계에 대해 움직이는 파.
진행파라고도 한다. 기상학에서는 지표면에 대해 움직이는 파 또는 파 같은 요란을 의미한다. 전진파는 상대적인 전환을 보이지 않는 정체파와 구별된다. 정립파는 수학적으로 크기가 같고 방향이 반대인 두 전진파가 서로 중첩하는 것으로 취급할 수 있다.

전천일사계(pyranometer, 全天日射計) 태양복사 에너지의 직사강도뿐만 아니라 대기의 산란 일사 강도까지 측정하는 수평면의 복사 에너지 측정계.
그냥 일사계라고도 한다. 전천일사계는 크게 기록장치와 태양으로부터 직사성분과 하늘로부터 산란성분을 수평으로 설치한 복사감광장치 두 가지로 구성되어 있어 수평면일사계라고도 한다. 전천일사계의 수감부는 반구모양의 유리용기 속에 흰색(황산바륨)과 검은색의 2개로 된 동심원의 은환(銀環)이 수평으로 되어 있고, 뒷면에는 금(60%)-팔라듐(40%), 백금(90%)-로듐(10%) 합금의 열전대가 붙어 있어 일사를 받았을 때, 그 양에 따라 흑백의 온도 차에 따른 기전력이 발생하며 이를 이용하여 일사량을 측정한다. 전천일사계는 수감부, 유리 돔, 보호 틀, 전위차 기록계로 구성되어 있다. 열전대 수감부면은 흰색 면과 검은색 면이 각각 3개가 교대로 부채형으로 이루어져 있으며, 검은 면에는 모든 일사를 잘 흡수하는 칠감이 칠해져 있고 흰 면에는 산화마그네슘이 칠해져 있어 파장 0.3∼3㎛의 일사를 잘 반사하도록 되어 있다. 검은색의 도색 재료는 에플리-파슨스 광흑색 라카(Epply-Parsons optical black lacquer), 흰색은 코닥 흰색반사 코팅(Kodak white reflectance coating) 칠감을 주로 사용하는데, 흡수능과 반사능에 대한 실험 결과 0.98∼0.99로 일사의 전 파장에서 균일하게 나타나는 것으로 되어 있다. 일사계 성능을 나타내는 주요 요소 중의 하나인 일사 파장 반응범위는 수감부 표면의 흡수율과 유리 돔의 투과율에 의해 결정되는데, 앞서 기술한 대로 수감부 표면의 흡수능은 1에 가까운 성능을 지니고 있고 유리 돔 역시 0.28∼2.8㎛ 범위(일사량 97%를 포함하는 영역)에 대해 투명하기 때문에 일사 수감부로서는 성능이 좋은 편에 속한다. 직달일사계, 알베도계를 참조하라.

전파상수(propagation constant, 傳播常數)　복사 에너지의 주어진 진동수에 대하여 복사가 통과하는 매질의 특징을 복소수로 표시한 양.
전파상수(γ)는 다음과 같이 파의 발생원에서 진폭과 거리 x인 지점에서 파의 진폭의 비로 정의한다.

$$\frac{A_0}{A_x} = e^{\gamma x}$$

여기서 γ는 전파상수이며, 실수 α, β를 이용하여 $\gamma = \alpha + i\beta$로 나타낼 수 있다. 이때 실수 부분 α를 감쇠상수, 허수 부분 β를 위상상수라고 한다. 파장을 λ라 하면 $\beta = 2\pi/\lambda$로 주어지며 βx는 거리에 따른 위상을 나타낸다. 그리고 $\alpha = 0$인 경우, 파동의 감쇠는 일어나지 않는다.

ㅈ

전파수평선(radio horizon, 電波水平線)　라디오 송신기에서 발사된 전파가 지표에 접선이 되는 선의 궤적.
대기의 정상굴절상태에서는 전파지평선은 기하학적 지평선과 가시지평보다 더 멀리까지 확장된다. 완만한 지표면을 가정할 경우 전파지평선의 거리(R)는 $R = \sqrt{17h}$으로 근사할 수 있다. 여기서 R의 단위는 km이고 h는 지표면에서 안테나의 높이(m)이다. 대기가 정상굴절상태가 아닌 경우에 전파지평선의 길이는 R보다 길거나 또는 짧게 된다. 전파지평선(R)보다 멀리 있는 물체는 VHF(very high frequency) 대기상태에서는 탐지되지 않는다. 가끔 전파지평선 아래 회절영역에서 상당한 전파전력이 탐지되기도 한다. 그러나 이것은 난류로 인해 발생한 대기의 비동질에 의한 산란의 결과이다. 레이더 관측 시에 라디오 지평선 아래 물체를 탐지할 수 없다.

전하분리(charge separation, 電荷分離)　구름 전화(電化)의 원인이 되는 물리적 과정.
입자 규모에서는 해당 과정이 선별적 전하 이동 및 작은 이온들을 입자가 포집하는 것을 수반하는 입자 충돌을 포함하며 구름 규모에서는 해당 과정이 중력으로 인한 입자의 차등적 운동과 대전된 공기덩어리의 대류이동을 포함한다.

전향(recurvature, 轉向) 열대저기압이 초기에는 극 쪽으로 향해 서진(西進)을 하다가 중위도 편서풍의 영향으로 방향을 변환하여 북진 또는 북동쪽으로 향하는 것.
열대저기압은 처음에 편동풍대 내에서 서쪽으로 진행하여 그대로 대륙에 상륙해서 쇠약해지는 것도 있으나, 많은 경우 편서풍대에 진입하여 동진한다. 이 경우 진로는 포물선형으로 방향을 바꾸며 포물선 진로의 정점에 해당하는 곳을 전향점이라 한다. 전향하는 위도는 25~30°N 범위가 많으나 계절에 따라 다르다. 전향하기 전의 이동속도는 평균 20km/hr 정도이나 전향할 무렵에는 매우 늦어지고 전향 후에는 40km/hr 이상으로 빨라진다. 전향은 중위도 스톰의 진로에서 자주 나타나며 특히 열대성 저기압의 진로예측을 위해 분석할 핵심 요소이다.

전향위도(turning latitude, 轉向緯度) 적도 중력파 또는 로스비 파의 자오선 구조가 그 위도 남쪽에서 파동형, 그리고 북쪽에서 감쇠형을 갖는 위도.
β-평면 근사에서 전향위도(각 반구에 한 개)는 다음과 같이 정의한다.

$$y = \pm(2n+1)c/\beta$$

여기서 n은 자오선 모드의 수, c는 주어진 연직 모드인 켈빈 파(Kelvin wave)의 위상속도, β는 코리올리 매개변수 f의 위도에 대한 미분이다.

절대가뭄(absolute drought, 絕對-) 적어도 15일 동안 강수가 없이 건조 기간이 계속되는 현상.
주로 영국 학자들에 의하여 정의되어 왔다. 미국에서는 유사한 의미를 '건조지속기 혹은 건기(dry spell)'라 정의한다. 통상적으로 이 조건은 계절에 무관하게 사용된다.

절대각운동량(absolute angular momentum, 絕對角運動量) 항성에 기준을 둔 절대좌표계로부터 측정되는 각운동량.
따라서 절대각운동량은 다음과 같이 입자의 위치 벡터와 절대운동량의 벡터 곱으로 나타낼 수 있다.

$$M = u\,r\cos\phi + \Omega r^2\cos^2\phi$$

대기에서 공기의 단위질량에 대한 절대각운동량 M은 지구의 상대적인 각운동량과 지구자전에 기인된 각운동량의 합과 같다. 여기서 r은 지구 중심으로부터 입자의 위치를, u는 동쪽으로 향하는 상대속도, ϕ는 위도, 그리고 Ω는 지구의 고유각 회전율(각속도)이다. 지구대기가 얇기 때문에 대기 내 입자의 위치 r은 변수이나 지구반경 수 a와 자주 동일시한다. 따라서 단위질량당 절대각운동량은 근사적으로 다음 식과 같이 표현된다.

$$M = u a \cos\phi + \Omega a^2 \cos^2\phi$$

여기서 우변 제1항은 상대각운동량, 제2항은 지구의 회전각운동량을 나타낸다. **각운동량보존**을 참조하라.

절대복사규모(absolute radiation scale; ARS, 絕對輻射規模) 복사조도를 측정하는 복사 (규모) 스케일.
1956년 이전에 옹스트롬 규모(AA)와 스미소니언 규모(SS)가 사용되었다. 각 규모는 서로 다른 복사감지기인 옹스트롬 보상 일조계와 수중감지 일조계(water-stirred pyrheliometer)에 의하여 각각 검정되었으며 AS 측정이 SS 측정보다 약 3.5% 낮게 복사조도를 나타내는 것이 확인되었다. 1956년에 국제일조계규모(International Pyrheliometric Scale, IPS)로서 두 규모 스케일 사이에 수치적 타협점으로 발표했다. 이후 1975년에 IPS는 ARS로 바뀌었다. ARS는 스위스 다보스의 세계복사센터(World Radiation Center)에서 6개의 절대공극복사계에 대하여 검정되고 있다. 6개 복사계 사이의 변화는 약 0.3%이다. 반면 IPS의 경우에는 더 상세한 ARS에 비하여 복사조도 기준이 약 2~3% 낮게 측정되는 것으로 밝혀졌다.

절대불안정(absolute instability, 絕對不安定) 기층의 기온감률이 건조단열감률보다 큰 상태. 이 기층은 상승하는 공기덩이의 포화된 상태와 관계없이 항상 불안정하다. 대기에서 보통 다음 두 가지 상태를 설명하기 위하여 사용된다. (1) 대기 연직기온 기울기가 초단열감률을 가질 때의 상태. 즉, 기온감률이 건조단열감률보다 클 경우에 해당된다. 연직적으로 움직이는 공기덩이가 변위되는 방향으로 계속 가속되게 된다. 공기덩이의 운동 에너지는 결과적으로 원래의 고도에서부터 거리가 증가할수록 더욱 커지게 된다. **조건부불안정**, **절대안정**을 참조하라. (2) 연직기온감률이 자동대류감률보다 클 경우의 상태. 역학적불안정으로 불린다. 이러한 대기에서는 연직적으로 대기밀도가 고도와 함께 증가되는 경우이다. **자동대류**를 참조하라.

절대소용돌이도(absolute vorticity, 絕對-度) 절대좌표계에 대하여 결정되는 유체입자의 소용돌이도.
절대소용돌이도 벡터는 $2\Omega + \nabla \times \boldsymbol{u}$와 같이 정의된다. 여기서 Ω는 지구 각속도 벡터이고, $\boldsymbol{u}$는 3차원 상대속도 벡터이다. 절대와도 벡터의 연직성분 η는 지구에 상대적인 상대와도의 연직성분인 ζ와 지구의 와도(코리올리 매개변수와 동일)인 f의 합이 된다($\eta = \zeta + f$). 절대좌표계에 표시된 유체의 소용돌이도는 지구와 함께 회전하지 않는 축에 대한 대기의 소용돌이를 이룬다.

절대속도(absolute velocity, 絕對速度) 절대좌표계에서 측정되는 속도.
기상학에서는 지구에 상대적인 유체덩이의 속도와 지구자전에 기인된 공기덩이의 속도의 합으로 나타낸다. 다음 식과 같이 동-서 성분에 대하여 표현할 수 있다.

$$u_a = u + \Omega r \cos\phi$$

여기서 u와 u_a는 동쪽 방향을 향하는 상대속도와 절대속도를 나타낸다. Ω는 지구자전 각속도이고, r은 지구 중심에서부터의 공기덩이의 방사거리, 그리고 ϕ는 공기덩이가 놓여 있는 위도이다.

절대안정(absolute stability, 絕對安定)　대기에서의 연직기온감률이 포화단열감률보다 작은 경우의 상태.
상승하는 공기덩이의 포화된 상태와 관계없이 항상 안정한다. 대기에서 단열과정으로 상승하는 공기덩이가 주변공기보다 더 밀도가 커서 원래의 고도로 되돌아오려는 경향을 가질 때이다. 절대불안정을 참조하라.

절대영도(absolute zero, 絕對零度)　켈빈(Kelvin) 단위로서 영점일 때의 온도.
이 용어는 열역학 및 통계역학에서 매우 중요하게 다루어진다. 일정 압력에서 이상기체의 부피가 없어질 때까지 선형적으로 외삽된 온도이다. 모든 실제 기체는 충분히 낮은 온도에서 액체나 고체로 되어 일정한 부피를 유지하고 있다. 켈빈 규모로 절대영도는 섭씨온도로 −273.15℃이다.

절대온도눈금(absolute temperature scale, 絕對溫度-)　켈빈 온도눈금을 참조하라.

절대운동량(absolute momentum, 絕對運動量)　절대좌표계에서 측정된 입자의 운동량.
절대선형운동량이라고도 한다. 기상학에서는 지구에 상대적인 입자의 운동량과 지구의 자전에 기인한 입자의 운동량의 합으로 표현한다.

점성(viscosity, 粘性)　유속의 분포가 일정하지 않게 흐를 때, 유체가 유속을 일정하게 하려는 성질(유체 내 각각의 분자들이 불규칙하게 움직이면서 나타나는 질량운동량의 수송).
점성은 유체에서 유속의 분포가 일정하지 않을 때, 유체의 속도장의 경도로 나타나는 결과이다. 이렇게 생성된 점성은 유체의 유속 분포를 일정하게 유지하려고 하기 때문에 유체마찰, 혹은 내부마찰이라고도 한다.

점성력(viscous force, 粘性力)　움직이는 점성 유체의 단위부피나 단위무게당 작용하는, 물체의 면에 평행하게 미치는 힘.
현재로서 가장 만족할 만한 가정은 나비에-스토크스이다. 이는 뉴턴 마찰운동을 일반화한 것이다. 이는 스트레스 텐스를 변형장에 비례한다고 가정한다. 비례상수는 역학점성계수이다. 이 경우 점성력은 다음과 같이 표현된다.

$$\nu\left[\nabla^2 \boldsymbol{V} + \frac{1}{3}\nabla(\nabla \cdot \boldsymbol{V})\right]$$

ν는 운동학적인 점성계수이다. $\boldsymbol{V}$는 속도 벡터이며 ∇는 경도연산자이다. 그리고 $\nabla \cdot \boldsymbol{V}$는 발산항이다. 발산항은 비압축성 유체의 경우 0이다. 나비에-스토크스 가정은 점성을 운동량의 단순 확산으로 취급한다. 운동량의 확산으로 나타나는 점성이 에너지와 레이놀즈 스트레스를 확산함은 다소 이해하기 힘든 부분이다. 점성 스트레스는 기계적인 에너지를 열 에너지로 전환함은 물론 주위 유체를 가속시킨다. 이러한 가속은 에너지 전달에 해당한다.

점성유체(viscous fluid, 粘性流體) 확산이나 소멸과정 동안 분자 간의 점성 영향이 해당 유체의 흐름을 좌우하는 유체.
점성의 중요도는 해당 유체의 적절한 속도 크기와 길이 규모와 점성의 크기이다. 무차원의 점성 강도를 표시하는 지수는 레이놀즈 수(Re)에 역비례한다. 일상적인 대기 흐름의 경우 Re > 107이어서 나비에-스토크스 방정식에서 중요 크기만을 고려하는 경우 무시하여도 된다. 그러나 점성은 경계층이나 와류 확장에 따른 대규모 요란에서 소규모 요란으로 천이되는 과정에서 비선형적인 난류 에너지의 감소를 유도한다. 대규모의 요란은 레이놀즈 스트레스를 유발하는 동시에 평균류의 에너지를 난류운동 에너지로 전환한다. 캐스케이드(cascade)의 일정 부분에서 요란의 속도나 크기가 감소하여 레이놀즈 수가 1에 접근할 정도로 감소한다. 이 정도의 규모에서 에디의 운동 에너지는 점성에 의하여 내부 에너지(일반적으로 온도로 표시됨)로 전환된다. 이처럼 작은 규모의 요란은 대규모의 요란에 비하여 아주 짧은 시간의 시간 규모를 가진다. 통계적으로 대규모 요란과 무관하게 된다. 충분하게 발달한 난류의 경우 평균류에서 난류의 가장 큰 규모로 이송되는 에너지의 양은 난류의 가장 작은 규모로부터 소멸되는 에너지의 양과 일치한다. 이 단계에서도 작은 규모의 요란은 분자 규모의 운동에 비하면 여전히 크다. 연속 가정은 여전히 성립한다. 비록 에너지 소멸이 가장 작은 규모의 요란에서 발생하더라도 난류 에너지는 대부분 큰 규모에 집중되어 있다. 점성에 의한 소멸은 여전히 중요하며 운동 에너지 분배에서도 고려되어야 한다.

점성체(viscous body, 粘性體) 점성저항이 나타나는 유체.
나비에-스토크스 방정식을 적용하는 유체이다. 모든 유체는 본질적으로 점성유체이지만 편의상 점성을 무시한 이상화된 유체로 다루는 경우도 많은데, 이런 유체를 완전유체라고 한다.

점성항력(viscous drag, 粘性抗力) 1. 물체가 유체 내에서 운동할 때 받는 저항력.
2. 두 유체가 접촉하면서 움직일 때 접촉면에 작용하는 힘.

접선가속도(tangential acceleration, 接線加速度) 물체가 그 중심에서 거리 r만큼 떨어져

원형 경로를 따라 운동할 경우 경로상에서 물체의 접선 방향의 속도.
중심에 대한 물체의 각속도가 ω라고 하면 접선속도는 $v=r\omega$으로 주어진다. 원형 경로의 한 점에서 접선속도의 방향은 항상 중심과 그 점을 이은 선과 직각을 이룬다.

접선선형모형(tangent linear model, 接線線形模型) $x_1 = Lx_0$형을 가지는 방정식.
여기서 L은 비선형모형($\boldsymbol{M}(\boldsymbol{x}, t)$)의 시간 변화를 따르는 예측 궤적에 대한 선형화이고, x_0와 x_1은 비선형 벡터 $\boldsymbol{x}$의 1차 섭동이다. 이 모델과 접선선형모형을 이용하여 자료동화를 한다. 수반방정식을 참조하라.

접지역전(ground inversion, surface inversion, 接地逆轉) 지표면에 접한 기층에서 기온이 상공으로 갈수록 높은 상태.
야간에 지표면의 복사냉각으로 지표면 근처의 기층온도가 상층보다 더 많이 냉각되어 발생한다. 따라서 겨울철 고위도의 대륙, 특히 일출 전에 발달하기 쉽다. 역전층 내에서는 정적안정도가 높아서 인공적으로 방출된 대기오염물질이 상공으로 확산되기 어려워서 대기오염이 심해질 수 있는데, 특히 스모그로 인한 피해가 발생하기 쉽다.

접호(tangent arcs, 接弧) 원형 무리에 접한 호 형태의 무리.
일반적인 접호 대부분은 22°무리에 접한 상단과 하단 접호이다. 이들은 태양이 낮을 때 분리된 호를 형성하다가 태양이 솟아오르면 합쳐져 외접무리를 만든다. 이들은 수평으로 장축을 가진 얼음기둥의 60° 프리즘 면을 통해 굴절하여 생긴다.

접힘주파수(folding frequency, -周波數) 단속적으로 샘플링된 레이더 자료가 식별될 수 있는 주파수 중 가장 높은 주파수.
나이퀴스트 주파수와 같은 의미이다. 레이더 자료를 샘플링할 때 샘플 간격에 따라 식별 가능한 최대 주파수이다. 샘플링 간격이 Δt인 경우, 구분이 가능한 최소 주기는 샘플링 간격의 2배인 $2\Delta t$가 되고, 이 최소 주기에 대응하는 최대주파수, 즉 접힘주파수는 $1/2\Delta t$이 된다. 이 접힘주파수보다 높은 주파수는 알리아싱되어 식별되지 않는다.

정이십면체격자(icosahedral grid, 政二十面體格子) 구를 표현하는 격자 체계 중의 하나로 정이십면체를 구에 투영시킨 형태.
정이십면체는 각 꼭짓점이 다면체의 중심으로부터 같은 거리상에 놓여 있다. 즉, 모든 꼭짓점을 외접하는 구가 존재한다. 정이십면체의 면을 이루는 정삼각형을 4개의 작은 정삼각형으로 분할하고, 이때 생성된 꼭짓점들을 정이십면체에 외접하는 구에 투영시키는 과정을 반복함으로써 새로운 분할 레벨의 정이십면체 분할격자를 생성할 수 있다.

정규 모드 초기화(normal mode initialization, 正規-初期化) 수치모형 역학이 가지는 로스비 모드와 중력파 모드를 이용하여 관측자료로부터 높은 진동수(중력파 모드)를 가지는 모드를 제거하여 중력파 잡음을 제거하는 초깃값 방법.
관측을 바탕으로 얻은 모형의 초깃값은 역학에 맞지 않는 바람장과 질량장의 불균형을 포함하는데, 이들은 모형 적분과정에서 중력파 잡음을 생성하여 수치해의 정확도를 떨어뜨린다. 초깃값에서 이런 중력파 모드를 제거하고 날씨와 관계된 로스비 모드를 포함하도록 하여 안정적인 수치적분을 수행하기 위한 방법으로 고안되었다. 초창기 수치예보모형에서 많이 활용되었으며, 특히 비선형 정규 모드 초기화 방법이 관성 중력파를 효율적으로 제거하면서 성공적으로 활용되었다.

정규분포(normal distribution, Gaussian distribution, 正規分布) 통계분석의 기본적인 빈도 분포.
가우스 분포라고도 한다. 만일 확률밀도함수, $f(x)$가 다음 방정식을 만족하면 연속적인 변량 x는 정규분포, 또는 정규적으로 분포되어 있다고 한다.

$$f(x) = \frac{1}{\sigma\sqrt{2\pi}} e^{-(x-\mu)^2}/2\sigma^2 \quad (-\infty < x < \infty)$$

여기서 μ는 산술평균, σ는 표준편차를 나타낸다. $x=\mu-\sigma$와 $x=\mu+\sigma$ 사이에 있는 면적이 전체 정규분포 곡선 아래 전면적의 약 67%를 차지한다. 초기에 인체측정학과 물리측정의 확률오차에 관한 연구에서 변량이 정규분포를 너무 믿을 수 있게 보여주어서, 이 분포가 거의 모든 확률현상을 지배하는 원리로 잘못 가정되어 '정규'란 명칭을 얻게 되었다. 처음 예상했던 것보다 덜 보편적이긴 하지만 정규분포는 상당히 많이 적용되고 있다.

정렬격자(structured grid, 整列格子) 유클리드 평면 또는 공간상에서 직사각형이나 벽돌과 같이 일정한 육면체 모양으로 계산 영역을 분할하는 것.
변수들의 미분값들을 쉽게 구현할 수 있어서 일반적으로 유한차분법과 같은 수치기법에서 이용하는 공간분할방식이다. 예로서 위경도격자를 들 수 있으며, 격자점의 분포가 공간적으로 규칙적이어서 n차원 공간 영역을 표현하는 전체 격자를 n개의 독립적인 인덱스로 표현할 수 있다.

정립파(standing wave, 正立波) 1. 파의 매개체에 대해 정체한 파.
정체파라 부르기도 한다. 예로서 방향이 반대인 동일한 두 개의 중력파가 합한 것이다. 진폭의 최고점은 진동하나 마디는 정체한다.
2. 둘러막힌 바다 안에서 진행하는 입사파와 반사파가 결합하여 조류 진폭의 마디가 0이 되는 파의 운동.
최대 조류 진폭은 반사가 일어나는 해분의 머리에서 발견된다. 정립파에서는 에너지가 전환되지 않고, 파의 모양이 전파하지도 않는다.

정상(normal, 正常)　일반적인 사건 발생 내에 놓인 규칙적 또는 전형적인 것이나 가끔 중심 경향의 척도로서 유일한 값을 의미함.

정상상태(steady state, 正常狀態)　계의 특성이 시간에 따라 변화하지 않은 안정된 상태. 계의 어떤 특성이 p라면 시간 t에 대한 편도함수 $\partial p/\partial t=0$인 경우이다. 역학적인 평형상태에 있거나 가역과정이 이에 속한다. 유체운동에서 정상상태는 모든 점의 운동이 시간에 따라 변하지 않을 때이며, 이 경우 유선과 유적선은 일치한다. 기압밀도 등 모든 유체의 특성이 정상상태이면 유체역학방정식에서 국지 변화를 나타내는 모든 항은 0이 된다. 이론적으로 어느 방정식으로부터 정상상태의 해를 얻었다면 그러한 해는 어떻게 존재하게 되었는가와 그러한 상태가 지속할 것인가의 두 관점에서 해석되어야 한다. 통계적으로는 되풀이하여 나타날 수 있는 다양한 상태의 발생 확률이 시간에 관계없이 모두 일정하게 유지되는 상태를 의미한다.

정압(static pressure, 靜壓)　공학적 유체역학 정상 흐름에서 유체의 정체점이 아닌 다른 많은 점에서 동일한 수준의 유선을 따르는 동질의 비압축성 유체 내에서의 압력.
만일 p가 정압이라면 베르누이(Bernoulli) 방정식에 의해 다음과 같이 주어진다.

$$p+\frac{1}{2}\rho V^2=p_1$$

ㅈ

여기서 ρ는 유체밀도, V는 유속, p_1은 정체점에서 압력으로서 총 압력이라고도 한다. 단위체적에 대한 운동 에너지 $\frac{1}{2}\rho V^2$을 동압(動壓)이라고도 한다. 정압은 운동상태에 있는 유체 내의 압력이며 유체와 함께 이동하는 압력계로 측정한다. 정압은 유체역학적 압력(hydrodynamic pressure)과 같이 정확히 유선을 따라 분포하고 있어 용어 선택이 다소 부적절하게 되어 있다. 베르누이 방정식이 적용될 때만 엄밀하게 정의되므로 기상학자들은 곧잘 '정압' 용어 사용을 꺼린다. 이러한 관점에서 사실 무자격인 '압력'이라는 용어는 상당히 만족스럽다. 그러나 유체역학에서 측정되고 있는 것이 풍속이 아니라 압력이기 때문에 정압 측정 시에 취해지는 조심성이 기상학적인 기압계에도 또한 적용되어야 한다. 측정된 기상학적 압력은 대기에서 비교적 작은 연직가속도 때문에 근사적으로 정역학적 평형상태에 있다. 그러나 이러한 조건은 정압의 개념이 적용되는 연구에서는 통상적으로 통용되지 않는다. 이러한 까닭에 정압과 정역학적 압력(hydrostatic pressure)은 구별되어야 한다.

정압면도(constant-pressure chart, 定壓面圖)　압력이 일정한 면의 일기도.
임의의 고정압력면에 대한 종관일기도로 대체로 좌표에 나타낸 데이터 및 여러 값의 분포에 대한 분석치를 포함한다. 예를 들어 표면의 높이, 바람, 기온 및 습도 등의 분포에 대한 분석치를 말한다. 가장 일반적으로 정압면도는 그 압력값으로 나타내고 있다. 가령, 1,000mb 일기도(지상도에 가장 근접함), 850mb, 700mb, 500mb 일기도 등으로 표시된다.

정압비열(specific heat at constant pressure, 定壓比熱) 계의 압력이 일정한 상태에서 단위질량의 물체의 온도를 1℃ 높이는 데 필요한 열량.
정압비열 c_p는 다음과 같이 정의한다.

$$c_p = \frac{dq}{dT}$$

여기서 q는 열량, T는 온도이고, c_p의 단위는 $\mathrm{J\,kg^{-1}\,K^{-1}}$이다. 건조공기의 경우, 정압비열 값은 다음과 같다.

$$c_p = 1005.7 \pm 2.5\mathrm{Jkg^{-1}K^{-1}}$$

정역학근사(hydrostatic approximation, 靜力學近似) 대기가 정역학평형상태에 있다고 가정하는 것.
준정역학근사와 같은 의미로 쓰인다. 강한 대류현상이나 하강기류의 발생을 제외한 대부분의 대기에서 연직기압경도력과 중력이 평형을 유지하는 정역학평형을 유지한다.

정역학모형(hydrostatic model, 靜力學模型) 대기운동방정식의 연직항이 정역학평형으로 이루어진 모형.
정역학모형은 종관규모와 그 이상의 공간 규모의 대기운동을 나타내는 수치모형과 기후모형에서 유용하게 사용된다.

정역학방정식(hydrostatic equation, 靜力學方程式) 대기운동방정식의 연직항을 이루고 있는 여러 힘(코리올리, 지구 곡면 효과, 마찰, 연직 가속 등) 중에서 연직기압경도력과 중력의 세기가 가장 커서 이 두 힘이 서로 평형을 유지하는 방정식.
이를 수식으로 표현하면 다음과 같다.

$$\frac{\partial p}{\partial z} = -\rho g$$

여기서 p는 기압, ρ는 밀도, g는 중력가속도, z는 고도를 나타낸다.

정역학평형(hydrostatic equilibrium, 靜力學平衡) 연직기압경도력과 중력이 평형을 이루고 있는 상태.

정역학평형상태를 유지하는 대기는 안정하다.

정적비열(specific heat at constant volume, 定積比熱) 계의 체적이 일정한 상태에서 단위질량의 물체의 온도를 1℃ 높이는 데 필요한 열량.
정적비열 c_v는 다음과 같이 정의한다.

$$c_v = \frac{dq}{dT}$$

여기서 q는 열량, T는 온도이고, c_v의 단위는 $\mathrm{Jkg^{-1}K^{-1}}$이다. 건조공기의 경우 정적비열 값은 다음과 같다.

$$c_v = 719 \pm 2.5 Jkg^{-1}K^{-1}$$

정적안정도(static stability, 靜的安定度) 대기의 부력에 의하여 유체의 흐름이 난류나 층류로 될 수 있는 상태.
정역학적안정도 또는 면직안정도라고도 한다. 유체가 난류가 되거나 난류로 남아 있을 경향이 있는 대기상태를 정적불안정이라 하며, 반면에 층류가 되거나 층류를 유지하는 유체를 정적안정이라 한다. 이들 두 가지 대기상태 사이에서 경곗값에 있을 경우를 정적중립이라 할 수 있다. 정적 안정성의 개념은 대기운동의 모든 시어와 관성효과를 무시한 상태에서 단지 부력효과만을 고려한 계속 운동하는 공기에 적용할 수 있다. 만일 다른 역학적 안정도의 효과 중에서 어떤 것이 유체가 동역학적으로 불안정함을 나타낸다면 그 흐름은 정적안정도와 관계없이 난류가 될 것이다. 즉, 유체의 안정도를 측정하기 위한 모든 가능성(정적, 역학적, 관성적 또는 순압성 등과 같은 효과가 유체의 불안정성을 나타낼 때)을 고려할 때 이에 대해서 난류는 물리적 우선순위를 보인다. 정적으로 불안정한 공기에서 형성되는 난류는 유체가 상승할 때 밀도가 낮아지고 하강할 때 높아지는 운동과 중립적 부력의 혼합이 생성됨으로써 원인이 되는 대기의 불안정성을 줄이거나 제거하는 역할을 한다. 지속적으로 공기를 불안정하게 하는 외부의 어떤 강제성(맑은 날 주간에 따뜻한 지면과 접한 대기 하부층의 가열 등)이 없다면 난류는 정적불안정성이 제거됨으로써 시간이 지남에 따라 소멸할 것이다. 후자의 메커니즘이 대기경계층에서 24시간 난류가 될 수 있는 이유 중 하나이다.

정적 에너지(static energy, 靜的-) 건조공기의 단위질량당 에탈피와 위치 에너지의 합. 공식은 다음과 같다.

$$h = (c_{pd} + r_t c_w)T + L_v r_v + (1 + r_t)gz + \text{일정}$$

여기서 h는 정적 에너지, c_{pd}는 건조공기의 정압비열, c_w는 액체 물의 비열, L_v는 기화잠열, r_v는 수증기 혼합비, r_t는 총 물의 혼합비, T는 온도, z는 지표면 위의 고도, g는 중력가속도이다. 정적 에너지와 운동 에너지의 합은 단열가역 조건에서 정상상태 궤적을 따라 보존된다.

정지기상위성(geostationary meteorological satellite; GMS, 靜止氣象衛星) 일본 기상청이 운영하는 일련의 위성들.
GMS 프로그램은 1977년 7월 GMS-1의 발사로 시작되었다. GOES 위성에 탑재된 VISSR(가시 적외 주사 방사계)의 약간 개선된 버전인 다중 스펙트럼 화상이 제공된다. GMS는 동경 140°에 위치해 있다.

정지실용기상위성(geostationary operational meteorological satellite; GOMS, 靜止實用氣象衛星) 76°E에 위치하여 중앙아시아와 인도양을 관측하도록 설계된 러시아 정지궤도 위성. 이 위성은 1994년 11월 정지궤도로 발사되었으나, 신뢰할 만한 영상을 생산해 내지 못하고 있다.

정지실용환경위성(geostationary operational environmental satellite; GOES, 靜止實用環境衛星) 미국이 운용하는 정지궤도 위성관측 시스템 전체나 위성 자체에 모두 적용되는 용어. 현재 운용되는 GOES 위성은 1975년 10월 16일 발사된 GOES-1과 함께 ATS와 SMS 위성의 후속 위성이다. 초기의 GOES 위성들(GOES-1~7)은 회전안정위성이었으나, 최근의 GOES 위성들은 3축 안정법을 사용하고 있다. 보통 두 개의 GOES 위성이 함께 운용되며, 하나는 서경 75°에, 다른 하나는 서경 135°에 위치하고 있다. GOES 위성들은 발사되기 전에 GOES-J와 같이 각각의 문자 명칭을 지명받았다가 발사 후 GOES-9과 같이 숫자 명칭으로 변경된다. 현세대 GOES 위성들은 독립적인 분광복사계와 음향 시스템, SEM, DCS 등을 지원한다. 분광복사계는 1km 해상도의 가시 채널, 약간 낮은 해상도의 중적외선 채널, 수증기 채널, 열적외선 채널 등 5개의 채널을 탐색 가능한 복사계이다.

정지위성(geostationary satellite, 靜止衛星) 적도 위를 서에서 동으로 35,786km 고도 궤도에서 돌고 있는 위성.
정지위성은 지구의 자전과 같은 속도로 이 궤도를 24시간에 한 번씩 회전하게 된다. 정지위성 궤도는 궤도 경사가 없고(궤도면이 지구의 자전 궤도면과 일치해야 함) 편심이 없어야 한다(완전한 구형 궤도여야 함). GOES, Meteosat, GMS와 같은 정지위성들은 반드시 적도 위의 정해진 지리적 위치에 정지해 있어야 한다.

정지질량(rest mass, 停止質量) 좌표계에서 물체가 정지해 있을 때 측정한 물체의 질량. 운동량 P와 속도 v의 물체에 힘 F가 작용하는 뉴턴 운동역학의 고전적 형식을 특별상대성으로 보면, $F=dP/dt$이고, 운동량은 $P=mv$이고, 상대질량은 $mr=m/(1-v^2/c^2)^{12}$이다. 여기서 m은 정지질량, c는 자유공간의 빛의 속도이다. 기상학적 관점에서 정지질량과 상대질량은 거의 같으므로 두 개 사이를 구분할 관점이 아니다.

정진동(seiche, 靜振動)　호수나 반폐쇄형 만에서 여러 가지 원인으로 갑작스러운 교란을 받았다가 원래의 상태로 돌아가면서 정해진 고유 공명주기로 움직이는 출렁임.
자연에서 정진동이 생길 수 있는 방법은 여러 가지가 있다. 예를 들면 호수에서 폭풍이 통과할 때 물을 밀어 바람이 불어가는 쪽으로 물이 쌓이게 된다. 폭풍이 지나가고 바람에 의한 응력이 사라지면 쌓였던 물은 수면 경사 때문에 정진동을 시작한다. 양 끝이 막힌 수로(또는 호수)에서 고유 공명주기(T)는 수로의 수심(h)과 길이(l)에 의해 다음과 같이 결정된다.

$$T=\frac{2l}{n\sqrt{gh}}$$

여기서 g는 중력가속도이고, n은 수로 중간 마디의 수($n=1, 2, 3, \cdots$)이다. 한쪽이 열린 수로(또는 반폐쇄형 만)에서 공명주기는 위의 식에서 구한 값의 두 배이다(단, 이때 마디 수는 $n=1, 3, 5, \cdots$로 홀수임).

정체파(stationary wave, 停滯波)　공간 내에서 임의의 방향으로 진행하는 파동인 진행파와 대비되는 개념으로 진동의 마디점이 고정된 파동.
진폭과 진동수가 같은 파동이 서로 반대 방향으로 이동할 때 파동의 합성에 의해 발생하기도 하며 정지파 혹은 정재파(定在波)라고도 한다.

ㅈ

정체파 길이(stationary-wave length, 停滯波-)　대규모 대기 정상파의 파장.
이 길이(L_s)는 다음과 같이 구할 수 있다.

$$L_s = 2\pi\left(\frac{U}{\beta}\right)^{1/2}$$

여기서 U는 동서 바람의 속도이며 β는 로스비 매개변수이다.

정합 필터(matched filter, 整合-)　목표물과 잡음이 함께 관측되는 곳에서 목표물의 신호 탐지에 최적으로 디자인된 목표물의 가정된 또는 알려진 특징과 일치하는 필터의 한 유형.
전형적으로 이와 같은 필터는 시간 또는 공간 진동수 영역에서 디지털 기법을 이용하여 실행한다.

정화계수(scavenging coefficient, 淨化係數)　대기에서 가스 또는 에어로졸 입자가 더 큰 물방울(비 또는 다른 강수 형태)로 합쳐져 손실되는 비율을 나타내는 모수화.

정확적분(exact integration, 正確積分) 이류-확산방정식의 수치해를 갤러킨 방법으로 푸는 경우, 방정식의 각 항에 대한 수치적분을 정확하게 계산하기 위해 격자점을 설정하는 방법. 방정식의 종속변수를 N차 다항식으로 전개하는 경우, 시간 변화를 포함하는 질량항은 2N, 이류항은 3N, 그리고 확산항은 2N-1차 다항식으로 표현된다. 모든 항의 수치적분을 정확하게 계산하기 위해서는 가장 고차인 이류항의 적분을 정확하게 얻을 수 있도록 **르장드르-가우스 격자** 혹은 **르장드르-가우스-로바토 격자**를 설정할 수 있다. 이류항이 3N차이므로 이 항의 적분을 정확하게 하기 위해서는 적어도 3N/2개의 격자점이 필요하다.

제곱근오차(root-mean-square error, -根誤差) 자료의 값과 임의 실수와의 차이를 평균하여 제곱근으로 나타낸 값.
이 오차는 $X_1, X_2, \cdots, X_n$을 자료의 값이라 할 때 임의의 실수 a에 대하여 다음과 같이 정의된다.

$$\sqrt{\sum_{i=1}^{n} \frac{(X_i - a)^2}{n}}$$

특히 $a = \overline{X}$(X의 평균)인 경우를 표준편차라 부른다.

제번스 효과(Jevons effect, -效果) 우량계의 존재 자체가 강우 측정의 오차에 미치는 효과. 1861년 제번스(W.S. Jevons)는 우량계를 지나치는 기류가 난류를 일으켜, 정상적으로 우량계에 포획될 비를 놓친다고 지적한 데서 유래하고 있다. 그 효과는 풍속과 지면으로부터 우량계 수수구의 높이의 함수이다. 이 손실을 최소화하기 위해 우량계 바람막이(rain-gauge shield)가 고안되었다.

제빙(de-ice, 除氷) 항공기가 과냉각구름 속에 진입하게 될 때 그 표면이나 엔진 부위에 생기는 착빙을 제거하는 과정.
착빙은 항공기의 운항에 심각한 지장을 주어 때로는 사고를 유발하게 된다. 제빙 방법에는 (1) 항공기의 표면을 가열, (2) 얼음이 달라붙지 못하도록 기름을 살포, (3) 표면을 신축시켜 붙어 있는 얼음을 떼어내는 방법 등이 있다.

제어변수변환(control variable, 制御變數變換) 자료동화과정에서 요구되는 거대한 배경오차 공분산 행렬을 현실적으로 계산 가능한 형태로 전환하기 위해 모형의 변수를 공간적으로 상관관계가 최소화된 변수(제어변수)로 변환하는 과정.
일반적으로 어떠한 변환과정 없이 구성된 배경오차 공분산 행렬은 $n \times n$ 행렬(여기서 n은 모형의 자유도로서, 중첩되지 않은 3차원 모형의 총 격자 개수)과 같은 거대 행렬이 되어 현실적으로 다루기는 쉽지 않다. 배경오차 공분산 행렬은 모형격자에서의 오차가 다른 격자에서의 오차와의 상관관계를 나타내는 것으로 제어변수로의 변화의 핵심은 이 공분산 행렬의 비대각(off-diagonal) 성분을 최대한 제거하는 데 목표를 둔다. 수평바람 성분의 경우, 제어변수 변환을 위해서 수치예보모형에서는 바람 성분을 소용돌이도와 발산으로 변환하거나, 헬름홀츠 정리를 이용하여 유선함수와 속도 퍼텐셜로 변환한다. 변환된 함수는 보통 구면조화함수와 같은 기저함수를 이용한 분석을 통해 구면조화함수의 계수로 전환하여 격자점 간의 수평 상관관계를 제거하고, 각 계수에 대해서 연직으로 고유함수를 계산함으로써 최종적으로 공간 상관도가 제거된 제어변수를 얻는다. 이러한 방식으로 공간 상관도가 제거된 제어변수에 대한 배경오차 공분산은 대각 성분(분산)만을 갖게 되어 수치적으로 다룰 수 있는 형태로 전환된다.

제4기(quaternary period, 第四紀) 플라이스토세(Plestocene, 160만 년 전~12,000년 전)와 홀로세(Holocene, 12,000년 전~현재)를 포함하는 지난 2백만 년 동안의 지질학적 기간.

제4기기후(quaternary climate, 第四紀氣候) 적어도 지난 1만 년 동안 홀로세의 따뜻한 기후와는 차별되며, 플라이스토세의 빙하기와 홀로세 간빙기를 포함하는 지난 250만 년의 기후. 이 기간은 지구의 46억 년 기간 중 기후의 변화가 가장 활발하였고 그 변동도 매우 크다. 일반적으로 플라이스토세는 빙하기로 대변되며 대략 기온이 현재보다 5~10℃ 낮았다. 반면에 홀로세는 따뜻하여 12,000년 전 빙하기가 끝나고 잠시 도래한 간빙기로 인정되고 있다.

제2종조건부불안정(conditional instability of the second kind; CISK, 第二種條件付不安定) 바람에 의한 하층 수렴이 대류와 적운을 유발하여, 잠열을 방출하게 되는 과정.
CISK는 수렴을 강화시켜서 대류를 보다 증가시킨다. 해수면온도가 높은 열대해양이 CISK가 발생하기 좋은 지역으로 습기의 공급이 용이하고, 코리올리 힘이 약하며, 대기의 수렴이 강한 지역이 이에 해당한다.

제트류(jet stream, -流) 대기에서 좁은 기류에 집중된 상대적으로 강한 바람.
이러한 용어는(연직을 포함하여) 방향에 상관없이 어떠한 기류에 대해서도 적용될 수 있지만, 최근에는 중위도 서풍대에 끼여 있는 대류권 상층에 집중된 최대 풍속대인 준수평 제트류를 의미하는 경향이 강하다. 제트류가 유지되는 원인에 대한 의문은 이론기상학에서 가장 기본적인 문제이다. 제트류는 두 개로 종종 구분된다. 하나는 한대전선 제트류로서 중위도와 상층 중위도의 한대전선과 관련되어 있다. 굉장히 느슨하게 말해서 한대전선 제트류는 반구 전체로 확장되어 있다고 말할 수 있지만 한대전선처럼 불연속적이며 일변화가 매우 크다. 다른 하나는 아열대 제트류로 위도 20°와 30° 사이의 일부 경도에서 발견되며, 특히 아시아 해변 끝에서 가장 강하다. 상층일기도 분석에서 제트류는 풍속이 50노트와 같거나 더 큰 경우로 정의된다.

제트-알 관계(Z-R relation, -關係) 기상 레이더의 반사도 인자 $Z(mm^6m^{-3})$와 강우율 $R(mmh^{-1})$ 사이의 관계를 나타내는 경험식.
이 관계는 다음과 같다.

$$Z = aR^b$$

여기서 a와 b는 조정매개변수로서 일반적인 경우에 $a = 200 \sim 600$, $b = 1.5 \sim 2.0$의 값을 사용한다.

제트 효과바람(jet effect wind, -效果-) 어떤 산맥에서 협곡을 통과하는 기류의 가속으로 생기는 국지바람의 한 형태.
가속은 보통은 대규모 기압경도에 의해 생기지만 좁은 통로를 통한 벤추리(Venturi) 가속에 의해 생길 수도 있다. 대규모 과정에서 기압경도는 대규모 고기압이 장벽의 한쪽에 위치할 때, 또는 한랭전선이 협곡을 가진 산악 장벽에 부딪치는 때 일어날 수 있다.

제한상세격자망모형(limited fine-mesh model, 制限詳細格子網模型) 1968년에 슈만(Shuman)과 호브멜(Hovermale)이 채택한 반구 6층 원시방정식의 수치일기예측모형.
수치모형을 구성하는 격자점 간 거리가 좁을수록 더욱 짧은 파동으로 분해할 수 있고, 그만큼 기상변수의 공간분포를 정교하게 예상할 수 있다. 지구 전체를 계산 영역으로 삼으면 수평 방향으로 인위적인 경계조건을 필요로 하지 않는다. 그러나 전산자원의 한계 때문에, 단위 격자점 간 거리를 줄이는 대신 계산 영역을 지역으로 제한하여 총 계산비용을 절감하는 방법이 흔히 쓰인다. 이 경우에 측면경계조건은 전지구 영역의 모델에서 받게 된다.

제한된 약한 에코 영역(bounded weak echo region; VWER, 制限-弱-領域) 거의 수직인 채널로, 측면과 꼭대기는 훨씬 더 강한 에코로 둘러싸여 있는 약한 레이더 에코.
때로는 궁륭이라 불리는 BWER은 새롭게 형성된 대기 물현상은 레이더에 포착될 수 있는 크기로 성장하기 전에, 높은 고도로 운반하는 격렬한 대류폭풍의 강한 상승기류와 관련이 있다. BWER은 전형적으로 대류폭풍의 중간 높이인 상공 3~10km에서 발견되며, 수평 직경은 수 킬로미터에 달한다.

조건부불안정(conditional instability, 條件付不安定) 온도감률이 건조단열감률보다 작고, 습윤단열감률보다 큰 불포화 공기층의 상태.
이 상태에서 주변 온도에 대하여 포화된 공기덩이는 상승변위에 대해 불안정하며, 불포화상태로 구름방울을 함유한 공기덩이는 하향변위에 대하여 불안정하나, 불포화된 경우에는 약간의 연직변위에 대하여 안정하다. 빗물을 포함한 공기의 하강운동에 대하여, 안정도는 감률과 물방울의 크기 모두에 의하여 결정된다.

조르단 일조계(Jordan sunshine recorder, -日照計) 태양의 운동에 의해 시간 눈금이 생기도록 만들어진 일조계.
조르단 일조계는 두 개의 불투명 금속 반원통의 곡면이 서로 마주 보도록 구성되어 있다. 반원통들은 각각 평평한 쪽에 한 개씩 좁은 틈새구멍을 가지고 있다. 시간에 따라 그 틈새들 중의 하나로 들어오는 햇빛은 그 반원통의 곡면에 감긴 감광 종이(청사진 종이) 위에 닿는다. 한 반원통은 아침 시간을 담당하고, 다른 것은 오후 시간을 담당한다. 그 기록하는 종이의 감광 민감도가 일정치 않아 기록의 평가에 불확실성이 따르게 된다.

조석(tide, 潮汐) 달, 태양 등 천체의 인력작용으로 해수면이 주기적으로 상승 하강하는 현상.
조석에 가장 큰 영향을 미치는 요소는 달의 기조력이다. 해의 기조력은 달의 약 1/2이다. 조석은 달 이외에도 태양의 위치, 수심, 해안의 지형, 해수의 운동 등의 영향을 받으므로 실제로 관측되는 조석은 장소와 계절에 따라 다르게 나타난다. 조석주기 동안 해면이 최고 높이에 이르렀을 때를 고조(또는 만조)라 하고 최저 높이에 이르렀을 때를 저조(또는 간조)라고 한다. 고조와 저조의 해수면 높이 차이를 조차라고 한다. 해와 달이 일직선에 놓여 해와 달의 기조력이 합쳐져 조석이 커지는 시기를 사리(재조)라고 하고, 둘이 직각 방향에 놓여 달과 해의 기조력이 상쇄되어 조석이 가장 작은 시기를 조금(소조)이라고 한다.

조종사 보고(pilot report, 操縱士報告) 항공기의 조종사나 승무원이 수행하는 비행 중 기상 상황에 대한 보고.
항공기 보고라고도 한다. 전체 보고서에는 항공기의 위치, 기상현상의 범위, 관측시간, 현상에 대한 설명과 고도, 그리고 항공기의 유형(난류 또는 결빙 보고 시)과 같은 정보가 포함된다. 항공기의 착륙 후에 제출되는 비공식, 약식의 보고서 또한 조종사 보고에 해당된다.

조화분석(harmonic analysis, 調和分析) 푸리에 급수를 이용하여, 자료에 내재된 임의의 조화 또는 파동의 주기와 진폭을 결정하는 통계적 방법.
기상학에서는 기후자료의 주기성을 분석하거나, 대기대순환장에서 가장 강력한 진폭을 갖는 파를 결정하거나, 난류맴돌이의 스펙트럼을 결정하기 위하여 사용된다.

좁은파장역 복사(narrowband radiation, -波長域輻射) 플랑크 함수가 심하게 변화하지 않으나 흡수계수 스펙트럼이 상당히 변화할 수 있는 파장 범위의 복사.
단색복사의 지수함수(부게의 법칙)와 달리 좁은파장역 복사의 전달함수는 상관-케이(correlated-K) 방법 같은 밴드 모델 또는 수치기법의 적용이 필요하다. 좁은파장역 복사의 스펙트럼 구간은 너비가 전형적으로 100cm^{-1}이다.

종결(closure, 終結) 흔히 난류 문제에서 난류보다 큰 공간 규모를 갖는 공간적으로 연속적인 흐름 안에서 생성된 난류가 해당 흐름에 주는 영향을 표현하기 위해서 난류의 통계적 성질을 표현하는 섭동의 공분산항을 계산하는 방법.
이 섭동의 공분산항을 시간적으로 예측하기 위해서는 더 고차의 공분산항을 요구하는 문제가 발생하게 된다. 결국 예측해야 할 종속변수의 개수가 방정식의 개수보다 언제나 많아지는 문제가 발생하게 되어 계산해야 할 방정식계가 닫힌 계로 표현되지 않는 문제가 발생한다. 이러한 문제를 해결하기 위해서 공분산항을 적절한 차수에서 예측되는 변수의 함수로 표현하여 다루는 계를 수학적으로 닫힌 계로 만드는 과정을 종결이라 한다. 난류 모델링에서 보통 1차종결은 공분산항을 난류보다 큰 규모 흐름의 공간 기울기로 표현하며 다음과 같은 형태로 적는다.

$$\overline{u_{i'}\psi'} = -K\frac{\partial\overline{\psi}}{\partial x_i}$$

여기서 $u_{i'}$은 난류에 의한 x_i 방향의 바람 성분, ψ'은 난류에 의해 공간적으로 수송되는 변수의 섭동, $\overline{\psi}$는 난류보다 큰 규모에서의 공간적으로 느리게 변하는 변수, 그리고 K는 난류확산계수이다.

종관예보(synoptic forecasting, 綜觀豫報) 일련의 종관일기도 분석에 근거한 예보.
가장 일반적인 의미의 일기예보를 뜻한다. 이러한 기법은 보통 물리적, 운동학적, 그리고 기후적 특징 요소를 포함하며 상당 부분 주관적이다. 주로 이러한 방법을 중규모예보, **수치예보**, **통계예보**, 그리고 기후학적 예보와 같은 다른 방법과 구분하기 위해 이 용어를 사용한다.

종관일기도(synoptic chart, 綜觀日氣圖) 일정 시각에 넓은 지역에 관측한 기상 데이터를 기호나 등치선(등압선, 등온선 등)으로 나타낸 일기도.
종관일기도는 종관 규모의 기상현상을 분석하는 데 매우 유용하다. 종관일기도에는 지상일기도와 상층일기도(850, 700, 500, 200hpa)가 있다.

종속변수(dependent variable, 從屬變數) 다른 변수의 함수로 표현되는 변수.
이때 다른 변수는 독립변수라 부른다. 가장 간단한 예인 $y=ax+b$에서 a와 b가 상수일 때 x는 독립변수이고 y는 종속변수이다. 어떤 주어진 양이 종속변수로 취급되는지 아니면 독립변수로 취급되는지는 다루고자 하는 문제에 달려 있다.

종횡비(aspect ratio, 縱橫比) 방정식을 규모 분석할 때나 물리모형을 구축할 때 유체나 물리적 모형 특성을 나타내는 길이 규모(L)에 대한 높이 규모(D)의 비(比).

좌표계(coordinate system, 座標系) 주어진 연속체에서 한 점에 대해 유일한 좌표를 부여하기 위해 약속된 위치표시체계.

주관예보(subjective forecast, 主觀豫報) 예보자의 주관에 의해 결정되는 예보.
객관예보는 수학방정식이나 수치모형의 결과에 의해서만 결정되는 예보이다. 현대의 예보는 객관예보의 자료를 근거로 예보자가 최종 결정한다.

주기(cycle, 週期) 1. 어떤 계의 초기상태와 최종상태가 서로 같은 모든 과정.
2. 파 진동수의 단위로서 실제로는 1초당 1사이클(cycle), 즉 헤르츠(hertz)를 의미함.
킬로사이클(kilocycle)은 10^3사이클을, 메가사이클(megacycle)은 10^6사이클을, 기가사이클(gigacycle)은 10^9사이클을 나타낸다. 이들 단위는 일반적으로 라디오파의 주파수와 연관하여 사용한다.

주변공기(ambient air, 周邊空氣) 대기를 구성하는 여러 요소, 예를 들어 기단, 구름, 물방울 등의 열역학적 현상을 다룰 때 이러한 요소들을 둘러싸고 있는 환경.
특히 역학적 · 열역학적 현상을 다룰 때 주변공기는 대기를 구성하는 요소들에 비해 훨씬 크고 구성요소들의 변화에 쉽게 영향을 받지 않는다고 가정한다. 대기오염현상에서 굴뚝에서의 연기나 화석연료 연소에 의한 오염물질의 배출이 상대적으로 깨끗한 공기와 섞였을 때 이러한 공기를 주변공기라고 정의하기도 한다.

주사(scan, 走査) 1. 레이더 빔 또는 빛 등을 이용하여 주어진 영역 또는 공간을 원모양, 또는 위아래로, 또는 좌우로 일부분씩 차례로 확인해 과는 과정.
2. 목표물의 전체를 일부분씩 차례로 확인해 보는 동작.
주사는 경치나 영상을 전기신호로 변환한다든지 레이더에 의해 목표물의 탐지 또는 주어진 영역을 감시하는 경우에 행해진다.

주사각(scan angle, 走査角) 레이더 빔 또는 빛 등을 이용하여 주사가 이루지는 각 범위.
레이더의 경우 주어진 방위각에서 고도각 15°에서 45°에 걸쳐 주사가 행해졌을 경우 주사각은 30°이다.

주사방식(scanning, 走査方式) 레이더를 이용하여 기상자료를 수집할 때 사용하는 안테나의 운동방식.
주사방식은 다음과 같은 두 가지 방법이 있다. (1) 수평 스캐닝 : 평면위치지시기(plan position

indicator) 평면 방향으로 관측자료를 표출하는 데 사용하는 주사방식. 수평면에서 안테나의 주사 방위각을 연속적으로 증가시키면서 안테나를 완전히 회전시키는 방식이나 또는 어떤 각도가 정해진 구역에서 안테나를 앞뒤로 회전하는 주사방식(섹터 스캔)이 있다. 일정 고도각에서의 주사가 완료되면, 고도각을 증가시켜서 다시 주사한다. (2) 연직 스캐닝 : 거리고도지시기(range height indicator) 연직 방향으로 관측자료를 표출하는 데 사용하는 주사방식. 주사방위각을 고정시킨 후 안테나의 고도각을 연속하여 변화시켜 연직 방향으로 관측하는 방식이다. 어떤 한 방위각에서의 주사가 끝나면, 방위각을 증가시킨 후 다시 주사하며, 이때 이전 연직 주사 방향과는 반대로 고도각을 변화시킨다.

주사원(scan circle, 走査圓)　하나의 고정점을 중심으로 레이더 빔 또는 빛 등을 이용하여 0~360° 범위에 걸쳐 주사할 때 만들어지는 원.
레이더의 경우 주어진 고도각에서 관측반경을 일정하게 하여 방위각 0~360°에 걸쳐 주사했을 때 주사원이 형성되며, 이때 주사가 행해진 전 영역을 평면위치지시기라고 한다.

주사폭(swath width, 走査幅)　인공위성 센서에서 획득되는 대상 물체의 폭을 나타내는 것으로 인공위성의 센서에서 대상을 탐지하는 과정에서 한 번의 스캔으로 획득할 수 있는 폭.
위성의 진행 방향(궤도)에 교차하는 방향으로 스캔하는 교차궤도 탐사방법의 경우 스캔이 시작되는 부분에서 끝나는 부분까지의 거리를 의미한다. 센서의 해상도에 따라, LANDSAT의 경우 폭은 183km, 길이는 170km이고, 육상관측위성인 SPOT의 경우 60km 정도이다.

주요(중앙)기상대(main meteorological office, 主要(中央)氣象臺)　국제민간항공기구(ICAO)의 요건에 따라 국제항공항행을 위한 기상 서비스를 제공하는 기상대.
주요기상대 또는 중앙기상대는 예보를 준비하고 항공요원에게 기상정보와 브리핑을 제공한다. 그리고 관련 기상실이나 하위 기상대에서 요구하는 기상정보를 제공한다.

주의보(advisory, 注意報)　날씨가 경보수준에 도달되지는 않았지만 위험상황을 유발할 수 있는 일기상태를 알려주는 일종의 기상 서비스에 관한 용어.
예를 들어 미끄러운 노면이 될 수 있는 강설주의보, 또는 시정을 저해할 수 있는 잠정적 부분 안개발생에 대한 안개주의보 등이 있다. 일반적으로 감시(watch 또는 monitor), 주의보, 경보의 단계로 나누어진다. 날씨로 인한 재해경감을 위하여 예비특보도 시행되고 있다. 경보, 감시를 참조하라.

주파수(frequency, 周波數)　진동수와 같은 의미로 사용하는 용어.
흔히 전기와 라디오파에서 사용된다.

준라그랑주 방법(semi-Lagrange method, 準-方法) 오일러(Euler) 방법과 라그랑주(Lagrange) 방법을 혼합한 형태의 유체흐름 계산방식 중 하나.
오일러 방법은 기준좌표계가 시간에 종속되지 않아 계산이 용이한 반면 계산 안정도에 따른 시간 간격 제약이 따른다. 라그랑주 방법은 기준좌표계가 흐름을 따라 움직이고 변형되므로 안정적으로 적분이 가능한 반면 계산 메시(mesh)가 복잡하게 엉킬 수 있다는 단점이 있다. 준라그랑주 방법은 라그랑주 방법의 안정성과 오일러의 메시 정규성의 이점을 모두 취하는 방법으로 일정 기간 동안 라그랑주 방법으로 유체흐름을 둔 뒤에 오일러 격자로 이류된 변수들을 내삽하는 방법으로 구현된다.

준라그랑주 좌표(quasi-Lagrangian coordinates, 準-座標) 오일러 좌표계와 라그랑주 좌표계가 혼합된 시스템.
각 유체덩이에 적용되는 좌표계에서 적어도 하나는 시간에 불변이어야 한다. 이런 시스템이 여러 대기모형에서 갖는 이점은 운동에서 3차원 특성이 아니라 1차원의 특성만 보존되면 된다는 점이다. 가장 보편적으로 사용되는 이런 좌표계 시스템은 단열과정에서 (x, y, θ) 시스템이다. 여기서 x와 y는 카르테시안 좌표계이고, θ는 온위좌표이다. 만약 물의 상변화 가운데 수증기가 이 시스템에 허용된다면 온위 대신 습구온위 또는 유사하게 보존되는 온도가 가용될 수 있다.

준비발산(quasi-nondivergent, 準非發散) 준지균근사와 마찬가지로 준비발산근사가 소용돌이도방정식에서 발산항을 제외한 다른 모든 경우에서는 비발산속도를 적용하는 모델을 특정짓는 것.
준무발산이라고도 한다. 이 속도장은 평형방정식과 같이 지역가속도를 허용하지 않는 정적방정식으로부터 계산되며, 지균풍가정보다 더 일반적이다. 물론 수평발산은 연속방정식이나 다른 방정식으로부터 계산되어야만 한다.

준암시적 시간적분(semi-implicit time integration, 準暗示的時間積分) 시간에 의존하는 미분방정식을 수치적으로 적분하기 위해 이산화(discretization)하는 과정에서 몇 개의 방정식 항들은 암시해법을 적용하고 나머지 항들에 대해서는 명시해법을 적용하는 방법.
빠른 파를 일으키는 항들을 암시해법으로, 그리고 느린 파를 일으키는 항들은 명시해법을 통해 계산하는 것이 준암시적 시간적분의 통상적인 적용 예인데, 이를 통해 완전히 명시해법만 사용하는 경우에 비해 큰 시간 간격 사용이 가능하다는 것이 특징이다.

준2년 주기진동(quasi-biennial oscillation, 準二年週期振動) 열대지방의 하부 성층권에서 동풍과 서풍이 24개월에서 30개월 주기로 번갈아 나타나는 현상.
이 준2년 주기진동은 방향을 번갈아 가면서 아래로 진행한다. 이 현상은 때때로 준2년 주기를 갖는 다른 대기현상과 구별하기 위하여 성층권 준2년 주기진동으로 표기하기도 한다.

준정상상태(quasi steady state, 準定常狀態) 상태가 거의 변하지 않는다고 할 수 있을 정도로 느리게 변하는 상태.
예를 들면, 대기요란은 시간에 대해 매우 빠르게 변한다. 그러나 요란의 성장을 결정하는 경계층의 깊이 변화는 상대적으로 느린 시간 규모를 갖는다. 그리하여 빠르게 변하는 대기요란은 주어진 순간적인 경계층 깊이가 마치 불변으로 간주하고 평형상태에 도달한다고 가정하고 분석될 수 있다.

준정역학근사(quasi-hydrostatic approximation, 準靜力學近似) 연직운동방정식으로 정역학방정식을 사용함으로써 연직가속도를 0으로 취급하지는 않지만 매우 작다는 것을 가정하는 근사. 이런 가정을 통해 폐쇄 시스템의 다른 방정식으로부터 계산되는 연직속도분포를 이론적으로 가능하게 하면서 저기압 규모에서 나타나는 조직적인 연직가속이 아주 작다는 이점을 가질 수 있다. 역학적으로 준정역학근사는 기본방정식에서 음파와 중력파 일부와 같은 높은 진동을 갖는 현상을 선택 제거하면서 저기압 규모 운동에 해당되는 진동은 존속시킬 수 있다. 때때로 수치예보의 이론적 과정에서 준지균풍근사와 함께 준정역학근사가 적용된다. 이런 근사를 적용할 수 없는 사례로는 풍하파를 꼽을 수 있다. 이 준정역학근사와 다른 중력파 경우 기본 흐름에 대해서는 정역학평형을 가정하나 섭동에 대해서는 정역학평형을 가정하지 않는다.

준정체전선(quasi-stationary front, 準停滯前線) 정체하고 있거나 거의 정체상태인 전선. 전통적으로 이동속도가 5노트(약 2.57m/s) 이하일 때를 준정체상태로 간주한다. 종관 차트 분석에서 준정체전선의 위치는 3시간 또는 6시간 이전 시간대의 종관 차트에서 눈에 띄게 움직이지 않는다.

준지균류(quasigeostrophic current, 準地均流) 코리올리 힘과 기압경도력이 거의 균형을 이루어 지균풍근사가 적용되는 흐름.
하지만 가속도의 시간적 변화 또는 이류에 관련된 관성항과 같은 다른 항도 비록 크기는 작지만 소용돌이 확장효과를 통해 중요한 역학적 역할을 한다. 지균풍근사를 적용하기 위해서는 흐름이 거의 준정상상태이어야 하고[시간 규모 >> 진자일(pendulum day)], 약하고, 규모가 충분히 커야 하고(작은 로스비 수), 마찰이 무시할 정도(작은 에크만 수)가 되어야 한다.

준지균방정식(quasigeostrophic equation, 準地均方程式) 준지균풍이론을 충족하여 준지균풍근사를 적용한 운동량과 열역학방정식 시스템.
운동량에서 위고도좌표($z=[1-(p/p_0)^{\kappa}]\, c_p\theta_0/g$)를 사용할 때, 운동방정식은 다음과 같다.

$$\frac{\partial u_g}{\partial t} + u_g \frac{\partial u_g}{\partial x} + v_g \frac{\partial u_g}{\partial y} - f v_{ag} = 0$$

여기서 x, y 그리고 z는 카르테시안 좌표계, u_g와 v_g는 각각 지균풍의 동향 성분과 북향 성분, w는 위고도좌표에서 연직속도, ϕ_f는 지위고도, θ는 온위, g는 중력가속도, f는 코리올리 매개변수, ρ는 z 공간에서 밀도, θ_0는 기준온위, 그리고 N은 브런트-바이살라 진동수이다.

준지균운동(quasigeostrophic motion, 準地匀運動) 준지균풍이론을 충족하는 대기운동.

준지균이론(quasigeostrophic theory, 準地匀理論) 준지균풍방정식을 유도할 때 적용되는 준지균근사를 포함하는 대기역학이론.
준지균이론은 로스비 수가 1보다 작은 종관규모 대기운동에서는 유효하다. 그러나 전선이나 규모가 작고 강한 저기압 세포와 같은 현상들에는 정확도가 떨어진다.

준지균풍근사(quasigeostrophic approximation, 準地均風近似) 운동량과 열역학방정식에서 실제 바람보다 근사된 바람을 사용하는 원시방정식의 한 형태.
특히 운동방정식에서 수평 가속항과 열역학방정식에서 이류항의 수평바람이 지균풍으로 대체된다. 또 준지균풍근사에서는 연직 방향으로 운동량 이류를 무시하고, 4차원의 정적안정도 변수를 연직좌표만의 함수인 기본 정적안정도로 대체한다. 준지균풍근사는 바람이 거의 준지균풍 값과 유사한 중위도 종관 규모 시스템을 분석할 때 이용된다. 하지만 비지균풍이 주요 역할을 하는 전선면 근처에서는 이 준지균풍근사가 유효하지 않다.

준평형상태(quasi-equilibrium, 準平衡狀態) 기상학에서 대류운 앙상블과 대기의 대규모 운동 간의 통계적으로 평형에 도달되어 있는 상태를 설명하기 위해 사용되는 개념.
준평형상태에서는 새로 생기는 대규모 운동에 의한 대류위치 에너지는 대류운 안에서 마찰로 소멸되는 에너지 양과 같다.

줄(Joule) 에너지의 한 단위(N · m)로 SI 단위계에서 1뉴턴의 힘으로 1미터 거리를 옮길 수 있는 에너지.
1W · s(와트 초), 또는 0.2389cal(칼로리)와 같다.

줄기흐름(plume) 대기경계층에서 대류현상을 단순화한 모형으로 지면과 연결되어 있는 부력을 가진 상승하는 공기 흐름.
플룸이라고도 한다. 주위 공기보다 온도가 높거나 또는 수증기량의 밀도가 커서 상승하는 공기 흐름을 의미하며, 실제로 눈에 보이는 것은 아니다.

줄(의) 상수(Joule's constant, -常數) 물의 한 주어진 질량의 온도를 섭씨 1℃만큼 올리기 위해 필요한 역학적인 일의 양.
열의 일당량이라고도 부른다. 현대적인 용법에서 그것은 물의 열용량이며, 실온에서 4,186줄/kg 이다.

중가평균(weighted average, 重價平均) 주어진 숫자나 값에 중요도를 다양하게 고려하기 위하여 곱하거나 유사한 연산을 한 후 합산한 양.
가중값의 합은 1이 된다. 만약에 가중값이 모든 관측값에 동일하게 적용되는 경우에 산술평균이 된다.

중간권(mesosphere, 中間圈) 기온의 연직분포에 따라 성층권과 열권 사이에 존재하는 고도 50~85km 사이에 위치하며 기온이 고도에 따라 감소하는 층.
중간권과 열권의 경계면을 **중간권계면**이라 하고 중간권계면은 중간권에서 기온이 가장 낮은 곳으로 온도는 −90℃ 정도에 이른다.

중간권계면(mesopause, 中間圈界面) 중간권 상부와 열권 하부에 위치한 등온대기층.
중간권계면은 보통 85~95km 고도에 위치하며, 대기에서 가장 낮은 온도가 나타나는 곳이다. 이 고도에서의 기온은 약 −90℃이다.

중간권 제트류(mesospheric jet, 中間圈-流) 중간권에 존재하는 두 동서 제트류.
1월에는 북위 25~45° 사이 약 70km 고도에 최대속도 60m s^{-1} 정도의 서풍이 존재한다. 남위 30~50° 사이에는 비슷한 속도의 동풍이 존재한다. 7월에는 중간권 제트류의 방향이 반대로 바뀌며 남반구의 서풍은 하강하여 50km 고도에서 관측되며 최대속도는 100m s^{-1}로 증가한다.

중간층수(intermediate water, 中間層水) 하나의 일반적인 용어로서 대양의 중간 깊이에서 발견되는 모든 물덩어리.
중간층수들 가운데서 가장 중요한 것은 남극해 중간층수이고 그다음으로 아북극 중간층수와 북극해 중간층수가 있다. 중간층수로 확인된 다른 물덩어리들은, 배핀만의 북극 중간층수로서 극 대서양수라고도 불리는 물덩어리로서 북쪽에서 들어오는 북극 물로 이루어져 50~200m 깊이에서 한 최저온도로서 확인되며, 유럽-아프리카 지중해에 있는 레반트 중간층수로서 150m와 400m 사이의 깊이에서 한 염도 최고로서 확인되는데, 이는 로드와 사이프러스의 접경지역과 북 및 중앙 아드리아해에 내려오는 찬 겨울바람이 표수의 냉각과 침강을 초래하는 때 형성된다.

중규모 대류계(mesoscale convective system, 中規模對流係) 개별적, 독립적인 뇌우보다는

크고 종관규모보다는 작은 뇌우의 조직화된 집단.
그 수명은 2~3시간 정도이다. 위성 또는 레이더 영상에서 둥글거나 선형으로 나타나며, 열대 저기압, 스콜 선 그리고 **중규모 대류복합체**, 극저기압이 여기에 속한다.

중규모 대류복합체(mesoscale convective complex; MCC, 中規模對流複合體)　위성으로 관측 시 크고, 원형이며 장시간 온도가 낮은 구름 차폐로 보이는 중규모 대류계의 한 부류.
중규모 대류복합체는 다수의 뇌우세포로 구성되어 있는 뇌우의 집단으로 기상위성의 적외영상에서 관측되는 온도가 −52℃ 이하이고 면적이 50,000km^2 이상의 면적을 가지며 지속시간은 6시간 이상이다. 매독스(Maddox, 1980)는 다음 기준을 적용하여 MCC를 처음으로 정의하였다.

판정조건	물리적 특징
크기	A : 구름 차례의 적외선 온도가 −32℃보다 낮은 면적이 10만 km^2 이상인 것 B : 온도가 −52℃보다 낮은 구름 면적이 5만 km^2 이상인 것
지속시간	조건 A와 B가 6시간 이상 지속될 것
모양	온도가 −32℃보다 낮은 구름 차례가 최대 넓이에 도달했을 때, 편평도(단경과 장경의 비)가 0.7 이상
발생	조건 A와 B가 처음으로 만족되었을 때
소멸	조건 A와 B가 더 이상 만족되지 않게 되었을 때

ㅈ

중규모 세포상 대류(mesoscale cellular convection, 中規模細布象對流)　경계층 위에 형성된 구름상부에서 복사냉각이나 또는 대기경계층의 하부에서 가열로 발달하는 대류세포의 규칙적인 패턴.
중규모 세포상 대류현상은 대륙의 찬공기가 상대적으로 온난한 해양을 통과하는, 즉 찬공기의 진입 동안 위성영상에서 쉽게 관측된다.

중규모 저기압(mesocyclone, 中規模低氣壓)　격렬뇌우의 상승기류에서 발달하는 직경 3~10km의 저기압성 회전을 하는 연직 원통모양의 공기기둥.
초대형세포(supercell) 뇌우에 존재하며 토네이도 형성과 관련이 있다.

중규모 제트류(mesojet, 中規模-流)　중규모의 풍속 최대치가 나타나는 흐름.
중규모 제트류는 바람 방향으로 수십~수백 킬로미터에 다다르며 바람과 수직 방향으로는 100km 이내의 크기에 이른다. 중규모 제트류는 수천 킬로미터에 달하는 행성 규모 제트나 활동적인 공관 패턴(골이나 마루)과 연관된 1,000~2,000km 정도의 종관규모 제트와는 다르다. 큰 규모의 중규모 제트류는 제트 스트리크(jet streak)라고도 불린다. 중규모 제트류는 두드러진 지형적인 요인에 의하여 강제적인 공기의 흐름 때문에 생길 수 있다. 중규모 제트류는 잘 정렬된 중규모 대류계와 연관되어 나타나기도 하며 활동적인 스콜 선 뒤에서 종종 관측되는 증발에 의한 후방 유입 제트가 전형적인 유형이다. 또한 중규모 제트류는 대류권 하층의 잘 발달된 안정층 안에서 공기의 흐름이 행성경계층과 분리되면서 저녁에 나타나기도 한다. 특별히 수백 킬로미터에 이르도록 잘 발달된 중규모 제트류는 하층 제트로 알려져 있다.

중규모 현상(mesoscale phenomenon, 中規模現像) 수평규모가 2km~수백 km이고 시간 규모는 브런트-바이살라 진동수의 역수($1/N$)~진자일의 역수($1/P_d$)에 속하는 대기현상으로 열대와 온대에서 발생하는 뇌우, 스콜 선, 전선, 강우 밴드, 중규모 대류계, 청천난류, 해풍, 산악파 등과 같은 대기현상.
진자일(pendulum day)은 주어진 위도(ϕ)에서 푸코(Foucault) 진자의 주기(τ)로 $\tau = 2\pi/\Omega\sin\phi$으로 주어지며, 여기서 Ω는 지구자전 각속도이다. 깊은 습윤대류와 관성중력파는 포함하지만 로스비 수가 1보다 작은 종관현상은 포함하지 않는다. 중규모 분류기준은 학자에 따라 다르다. 중규모 현상의 특징은 종관규모와 달리 중규모 현상을 일으키는 역학적 기구가 그 현상에 따라 다르다.

중기예보(medium-range forecast, 中期豫報) 약 3일에서 7일 정도 기간의 예보.
중기예보 정의에 정확한 예보기간은 없다. 장기예보, 연장예보를 참조하라.

중기후학(mesoclimatology, 中氣候學) 중(규모)기후에 관한 연구.
넓은 지역을 대표하지 못하는 비교적 좁은 지역에 관한 기후학이다. 중기후학에 쓰이는 자료는 대부분 일반 관측자료이다. 연구 지역에 관한 특별한 정의는 없으나 수천 평방미터에서 수천 평방킬로미터에 달하는 작은 계곡, 숲, 해변 혹은 마을 등의 지형적·외형적 특징을 포함할 수 있다.

중력(gravity, 重力) 지구에 상대적으로 정지해 있는 질량에 지구가 작용하는 힘.
질량을 가진 지구상의 모든 물체는 지구 중심 방향으로 만유인력을 받고 있다. 또 그 물체에는 지구자전에 따른 회전운동으로 원심력이 작용한다. 이러한 결과로 지구상의 모든 물체에는 만유인력과 원심력이 항상 작용하고 있는데, 이 두 힘의 합력을 중력이라고 한다.

중력류(gravity current, 重力流) 어떤 밀도의 유체가 다른 밀도를 가진 주위 유체 속으로 들어가기 때문에 발생하는 수평 압력경도에 의해 생기는 흐름.
비회전 유체에서, 유체흐름의 앞부분은 다음과 같은 일정한 수평속도로 이동한다.

$$C(g' H)^{1/2}$$

여기서 g'은 감소중력, H는 유체 깊이, C는 차수가 1인 상수이다. 해풍, 산사태, 어떤 냉수 형성의 경우는 지구물리학적 상황에서 나타나는 중력류의 일반적 징표이다.

중력바람(gravity wind, 重力-) 경사면에서 수평으로 좀 떨어진 곳의 공기밀도보다 이와 같은 고도의 경사면 근처의 공기밀도가 더 크기 때문에 경사면을 따라 내리 부는 찬바람.
종관규모 또는 이보다 큰 규모의 약한 바람이 부는 기간에 냉각된 경사면에 의해 찬공기가 국지적으로 발생될 때 활강바람 또는 배출풍과 함께 이 용어가 사용된다. 이 경우에 경사는 기복이 있는 지형이나 강 계곡처럼 완만할 수도 있고, 산맥이나 산악지대처럼 가파를 수도 있다. 이 용어는 보통 작은 규모의 흐름에 적용되지만, 때때로 내리바람을 포함시켜 사용하기도 하고 한랭한 발원지로부터 이류되어 오는 공기에 사용되기도 한다. 이 경우 이 바람은 보라(bora)와 함께 또는 산 위 한랭전선 통과와 함께 경사면 아래로 가속된다.

중력위치 에너지(gravitational potential energy, 重力位置-) 어떤 물체가 중력장 안의 그 위치에 의해 갖게 되는 에너지.
중력위치 에너지는 위치 에너지의 한 예로서 다음과 같이 표현할 수 있다.

$$-\frac{GMm}{r}$$

여기서 G는 만유인력상수, M은 행성과 같은 구형 물체의 질량, m은 어떤 물체의 질량, r은 구형 물체의 중심으로부터 어떤 물체까지의 거리이다. 기준위치 에너지는 무한대 거리에서 0으로 잡는다.

ㅈ

중력조석(gravitational tide, 重力潮汐) 태양이나 달의 인력에 의한 대기조석.
반일(半日) 태양 대기조석은 부분적으로 중력에 의해 발생하고, 반일(半日) 달 대기조석은 전적으로 중력에 의해 발생한다.

중력중심(center of gravity, 重力中心) 물체에 합성 중력이 작용하는 점.
중력중심이 반드시 물체 내부에 있지는 않다. 가령 고리의 중력중심은 대칭중심에 있다. 물체의 기하학적 특성이 시간에 따라 변화하지 않는 경우, 중력중심은 물체에 대하여 변화가 없다. 중력중심의 수학적 정의는 다음과 같다.

$$\boldsymbol{x}_c = \left(\int \boldsymbol{x}\rho dV\right) / \left(\int \rho dV\right)$$

여기서 벡터 $\boldsymbol{x}$는 해당 기준좌표계에서 물체의 위치를 나타낸다. 또 $\rho = \rho(x)$는 밀도, V는 물체의 부피이다.

중력파(gravity wave, 重力波) 정역학평형으로부터 변위된 유체덩이에 부력이나 감소중력이 복원력으로 작용하여 생기는 파.
이 파 운동에서는 위치 에너지와 운동 에너지 사이에 에너지 전환이 존재한다. 정적안정도를 갖고 있는 유체 시스템에서 순수 중력파는 안정하다. 이 정적안정도는 경계면에 집중되어 있거나 중력 축을 따라서 연속적으로 분포되어 있다. 중력파는 다음과 같이 크게 두 유형으로 나눌 수 있다.
(1) **표면중력파** : 유체 내부의 경계면에서 발생하는 중력파는 표면중력파와 유사한데, 경계면 중력파는 경계면에서 최대 진폭을 갖는다. 표면중력파는 한 쌍의 중력파로 구성되어 있다. 즉, 두 중력파는 서로 반대 방향으로 이동하고 유체에 상대적으로 서로 같은 속도로 이동한다. 상층 유체의 밀도가 0인 경우에 경계면은 자유면이 되고 두 중력파는 다음과 같은 속도(c)로 이동한다.

$$c = U \pm \left[\frac{gL}{2\pi}\tanh\left(\frac{2\pi H}{L}\right)\right]^{1/2}$$

여기서 U는 유체의 속도, g는 중력가속도, L은 파장, H는 유체의 깊이이다. $H \gg L$의 경우인 심수파(深水波)에 대해서 파의 속도는 다음과 같이 된다.

$$c = U \pm \left(\frac{gL}{2\pi}\right)^{1/2}$$

이 파를 스토크스 파(Stokesian wave) 또는 단파라고 부르기도 한다. 한편 $H \ll L$의 경우인 천수파(淺水波)에 대한 파의 속도는 다음과 같이 된다. $c = U \pm (gH)^{1/2}$ 이 파를 라그랑주 파(Lagrangian wave) 또는 장파라고 부르기도 한다. 바다 표면이나 바닷속 경계면에서 생기는 모든 파는 중력파이다. 왜냐하면 수 센티미터보다 큰 파장에서는 물의 표면장력이 무시할 수 있을 정도로 되기 때문이다.
(2) **내부중력파** : 대기와 같은 비균질 유체는 환경기온감률이 건조단열감률보다 작은 안정한 성층(成層)의 정적안정도를 갖는다. 연직 방향으로 전파하는 중력파를 내부중력파, 연직 방향으로 진폭이 감소하는 중력파를 외부중력파라 하는데, 대기는 짧은 내부중력파와 긴 외부중력파를 발생시킬 수 있다. 예를 들면, 10km 차수의 단파는 풍하파(風下波)나 물결구름파와 연관되어 있다. 이 파는 연직 섭동운동방정식에서 무시할 수 없는 연직 가속도를 갖고 있다. 균질대기의 고도를 H라 할 때, 대기에 상대적으로 $\pm(gH)^{1/2}$의 속도로 이동하는 긴 중력파는 작은 연직 가속도를 갖게 되므로 준정역학근사와 일치한다. 그러나 중력파의 어느 유형에서도 수평발산은 무시될 수 없다. 내부중력파는 주로 대류 구름이나 산맥 위에서 발생한다.

중력파항력(gravity wave drag, 重力波抗力) 파가 깨지는 고도에서 위로 전파하는 중력파가 발생시키는 동서 방향의 가속도.
중력파는 지면의 발원지로부터 낮은 밀도 지역인 위로 전파하면서 진폭이 증가한다. 큰 진폭에 도달하면 파는 깨져서 난류와 소산이 일어난다. 이것이 동서 방향 평균류에 단위질량당 동서 방향 힘을 발생시키게 된다. 중력파항력은 높은 대기층 특히 중간권의 열적 구조와 동서 방향 평균류를 설명하는 데 중요한 역할을 한다.

중립면(neutral surface, 中立面) 유체입자가 중력을 거슬러 일을 하지 않고도 교환할 수 있는 면.
해양학 목적을 위해 중립면을 잠재밀도가 일정한 값으로 정의하도록 가정하면 충분히 정확하다. 그러나 해양 혼합의 연구에서 이 가정은 잠재밀도 면을 따라 온도, 염도, 압력의 측면 변화에 의해 가끔 충분히 정확하지 않을 수 있다. 이러한 변화는 잠재밀도 면 내의 여러 점에서 온 유체입자가 측면으로 이동할 때 그 면으로부터 약간 떨어져 이동하게 한다.

중립점(neutral point, 中立點) 1. 맑은 하늘에서 선형 편광각도 $P=0$(편광은 중립)인 제1의 평면에 있는 여러 개 점 중의 한 개.
다른 식으로 표현하면 중립점은 스토크스 매개변수(Stokes parameter) $Q=U=0$인 곳에서 발생한다. 사실, P는 명목상의 주요 점 주위의 작은 면적(~3° 반경) 내에서 식별할 수 없도록 0과 다르다. 그래서 중립 편광은 보통 제1의 평면 약간 밖에서 발생한다. 단산란분자 대기에서 중립점들은 태양점(solar point)과 대일점(antisolar point)과 일치한다. 실제 대기에서 큰 입자(예 : 연무)산란과 다중산란은 관측된 중립점을 이동시킨다. 아라고 중립점은 대일점 위 약 10~30°에서 발생한다. 브루스터 중립점(Brewster neutral point)은 태양 아래서 발생하고 브루스터 점(Brewster point)은 태양 위에서 발생한다. 태양이 낮은 하늘에 있을 때 브루스터 점과 바비네 점은 비록 각거리가 같을 필요가 없더라도 태양에서 25~35° 만큼에 있다. 원리대로 브루스터와 바비네 점들은 천정 태양과 일치한다.
2. 유선장에서 수렴선과 발산선이 교차하는 특이점.
쌍곡점과 같은데 쌍곡점은 단일값의 스칼라 양의 장에서 안장부(col)와 같다.

ㅈ

중세온난기(medieval warm period, 中世溫暖期) 약 10~13세기 북유럽, 북대서양, 그린란드의 남부 및 아이슬란드에 있었던 평균보다 온난했던 시기.
유럽의 중세 시기와 대략 일치한다. 최근 들어 세계 곳곳에서 이 기간 동안의 정확한 정보의 기후 프록시 자료가 증가함에 따라 중세온난기를 모든 계절 동안 온난했던 시기라고 보는 것은 지나치게 단순한 시각이라는 것이 밝혀지고 있다. 특별히 지구 규모뿐 아니라 북대서양 및 북유럽의 일부 지역에서의 온난화에 대한 시각도 바뀌고 있다.

중심수분(central water, 中心水分) 영구 수온약층(水溫躍層) 혹은 대양의 변온층(수온약층)의 고온, 고염분의 수분량.
150m에서 800m 사이의 깊이에 위치한다(대표수온 20℃, 염분 36.5psu). 중심수분은 북반구 25°N와 45°N 사이의 아열대지방에서 '섭입'에 의해 형성된다. 따라서 광범위한 온도, 염도, 염분함유도 등의 범위에 걸쳐 존재하며 수온과 염분함유도 둘 다 깊이에 따라 감소한다. 각 대양에는 해당 형성 영역에서 대기조건에 따라 특정한 수온-염분함유도 관계를 보이는 고유 중심수분이 있다. 중심수분의 종류는 적절한 이름으로 구분짓는데, 가령 남대서양중앙수, 북서태평양중앙수 등이 있다.

중앙값(median, 中央-) 중심 경향을 측정하는 척도의 하나.
(1) 수열의 경우 중앙값은 숫자들을 산술적인 순서로 늘어놓았을 때 중앙의 값을 의미한다. 숫자의 개수가 짝수일 때 중앙 두 값의 평균값으로 결정된다. (2) 연속적인 무작위변수 x의 경우 중앙값은 확률분포를 반으로 나누는 지점의 값으로 결정한다. 따라서 분포함수 $F(x)=1/2$이 되는 x값이 중앙값이 된다. 분포함수가 불연속적일 때 양쪽 끝에서 확률을 적분할 때 같은 결과가 나오도록 결정한다.

증강지수(buildup index, 增强指數) 1. 현재의 화재위험에 대하여 장기간의 건조로 인한 누적 효과.
2. 화재방재기관의 역량 증가.
3. 시간에 따라 가속화되는 화재의 확산.

증기(vapor, 蒸氣) 충분한 압력이 주어졌을 때 물질이 액화될 수 있는 환경보다 낮은 온도에서 기체상태로 존재하는 물질.
만일 주어진 일정한 압력에서 어떤 증기가 충분히 냉각되면 포화상태에 이르게 되고, 이후의 열의 제거는 기체의 응결에 의해서 이루어진다. 증기는 포화상태에 근접한 상태가 아니라면 증기는 모든 기체가 갖는 일반적인 특성을 보인다. 그러나 포화상태와는 거리가 먼 상태일지라도 이상기체법칙으로부터는 정량적으로 벗어나 있다. 물의 경우 충분한 압력이 주어졌을 때 (2.21×10^5mb 이상) 액화가 가능한 온도는 대기의 온도보다 훨씬 높은 374℃이므로, 열권과 같은 최상층대기를 제외하면, 대기 중 존재하는 기체상태의 물은 일반적으로 수증기라고 불린다.

증기압(vapor pressure, 蒸氣壓) 증기의 분자들에 의해 발생하는 압력.
용기에 한 종류의 증기만 담겨 있다면 용기의 벽에 가해지는 압력이 증기압이다. 만약 용기의 증기가 다른 종류의 증기나 기체와 함께 존재한다면 용기의 벽에 가해지는 전체 압력 중 해당 증기에 의한 분압만이 증기압이 된다(Dalton의 분압 법칙). 일반적으로 기상학에서는 대기 중의 수증기에 의한 분압을 증기압이라 일컫는다. 즉, 대기압은 질소, 산소, 아르곤, 탄소 및 미량기체, 수증기에 의한 분압의 합으로 이루어진다.

증발(evaporation, 蒸發)　대기에서 액체나 고체가 기체로 바뀌는 물리적 과정.
증발과 반대되는 용어는 응결이다. 증발은 통상적으로 물이 액체에서 기체로 바뀌는 것을 의미하며, 승화는 고체가 기체로 바뀌는 것을 의미한다. 기체분자운동론에 의하면 물의 증발은 물분자가 액체표면에서 평균자유행로보다 더 작은 위치에 있으면서 표면을 향한 평균 이상의 병진속도를 획득할 때 물 표면을 이탈하면서 일어난다. 편의상 기체가 포화에 도달하면 증발은 멈추는 것으로 기술한다. 그러나 실제는 순증발이 멈춘 것으로 이 경우 물 표면에서 증발로 나가는 분자 수와 물 표면으로 들어오는 분자 수가 같다. 즉, 응결률과 증발률이 동일하다.

증발가용위치 에너지(evaporative available potential energy; EAPE, 蒸發可用位置-)　대류가용위치 에너지(convective available potential energy, CAPE)에서 침강하고 있는 구름공기덩이 내에서 액상 물의 증발냉각에 관련된 음의 부력에 관련된 것만 제외한 것.
열역학선도에서 만일 침강하는 구름공기덩이가 포함하고 있는 모든 액체 물이 증발하는 동안 습윤단열선을 따르며, 구름밑면 아래에서는 건조단열선을 계속 따른다면, EAPE는 이 공기덩이가 따르는 선과 환경곡선 사이의 면적이 된다. 결과적으로 EAPE는 침강하는 공기덩이가 받는 음의 부력에 관련된 운동 에너지가 된다. 이는 뇌우로부터의 하강기류와 하강돌풍의 특성을 결정하는 데 도움이 된다. **대류가용위치 에너지**를 참조하라.

증발계(atmometer, evaporimeter, evaporation gauge, atmidometer, 蒸發計)　대기 중으로 들어오는 물의 증발률의 측정 기구.
증발계는 다음 네 가지 분류에 의하여 구분된다. (1) 땅속에 들어가거나 물에 떠 있는 큰 증발계, (2) 작은 증발 팬, (3) 다공성의 자기체, 그리고 (4) 다공성의 종이 심지기구. 지표면에서의 증발은 지표면 성질이나 대기로의 표면의 노출 정도에 크게 의존한다. 측정된 증발률은 같은 기구에서 측정된 것끼리 비교되어야 한다.

증발산(evapotranspiration, 蒸發散)　1. 지구의 표면을 형성하는 열린 수면과 얼음표면, 맨땅 및 식생으로부터 물이 대기로 수송되는 복합적인 과정.
2. 지구로부터 대기로 수송되는 물의 총량.
이는 자유수면, 토양, 식생들로부터 대기로 수송되는 수분의 총량을 나타낸다.

증발안개(steam fog, 蒸發-) 따뜻한 수면 위로 차가운 공기가 불어갈 때, 수면에서 증발한 수증기가 공기 중에서 응결하여 발생하는 안개.
증기안개라고도 한다.

증발접시(evaporation pan, 蒸發-) 증발계의 한 형태로서 대기로의 물의 증발을 측정하는 데 사용되는 원통형 접시.
미국 기상청에서 사용하는 증발접시인 A팬(Class-A pan)은 깊이 25.4cm, 직경 121.9cm인 아연 도금한 철이나 부식방지 금속의 합성재로 된 원통형 그릇이다. 그 접시는 평평하며 잔디가 잘 길러져 있고 장애물로부터 방해를 받지 않는 입지에 정확하게 수평으로 설치한다. 수위는 접시의 테두리의 꼭대기로부터 아래로 5~7.5cm 정도가 유지되게 한다. 그리고 물이 정지상태에서 갈고리계기의 도움을 받아 수위의 변화를 주기적으로 측정한다. 수위가 17.8cm로 떨어지면 접시의 물을 채운다. 증발계계수는 평균 약 0.7이다. 비피아이 증발계(BPI pan)를 참조하라.

증산작용(transpiration, 蒸散作用) 식물에 있는 물이 세포벽면에서 수증기로 바뀌어 입의 기공을 통해서 대기로 이동하는 과정.
일반적으로 풍속이 증가할수록 그리고 주위의 상대습도가 낮을수록 증산작용이 활발하다.

증식법(breeding method, 增殖法) 한정된 섭동폭으로 비선형모형의 궤적에 균형적이고 빠른 속도로 성장하는 섭동을 생성시키는 방법.
증식법은 보통 6시간의 짧은 시간 동안 비선형모형을 적분한 후, 섭동된 대기의 초기장을 사용하여 같은 시간 동안에 같은 모형을 적분한다. 이 두 모형 결과들의 차이로 초기 섭동의 폭을 조절하여 모형의 원래 초기장에 더한다. 이러한 방법을 며칠간 되풀이하여 적용한 후 만들어진 섭동모형과 비섭동모형의 차이가 빠른 속도로 성장하는 비선형섭동의 표본을 나타낸다. 다른 임의의 초기장에서 시작하는 복증식주기(multiple breeding cycle)는 빠르게 성장하는 섭동들의 폭넓은 표본들을 만들어 준다. 이러한 증식법은 가장 최근의 분석장을 초기장으로 하는 일련의 대기분석장에 적용될 수 있다.

지구관측 시스템(earth observing system, 地球觀測-) 미국 항공우주국이 현재의 최첨단 원격탐사장치들을 이용하여 전지구표면, 생물권, 지구, 대기, 해양 등을 관측하기 위한 프로그램.
지구관측 시스템은 극궤도 위성과 낮은 경사위성을 통합적으로 이용하여 지구의 제반현상에 대한 이해를 높이기 위한 관측 프로그램이다.

지구권(geosphere, 地球圈) 지권과 같은 의미로 사용하는 용어.

지구물리학(geophysics, 地球物理學) 지구와 그 환경, 즉 지구, 공기, 우주공간을 다루는 물리학.
고전적으로 지구물리학은 지질학, 해양학, 측지학, 지진학, 수문학 등을 포함하며, 지표와 지표 밑에서 일어나는 모든 물리적 현상을 다룬다. 요즈음은 기상학, 지자기학, 천문학 및 우주과학까지 포함시켜서 지구물리학의 범위를 넓히려는 경향이 있다. 지구물리학에서는 순수하게 기술적으로 표현하기보다 분석적이고 수학적인 기법을 많이 사용한다.

지구복사(terrestrial radiation, 地球輻射) 지구의 지표면이나 대기로부터 열적방출에 기인하는 장파복사.
4～200㎛ 파장대의 빛을 갖는다.

지구복사수지실험(earth radiation budget experiment; ERBE, 地球輻射收支實驗) 지구복사값을 측정하기 위해 지구복사수지위성(earth radiation budget satellite, ERBS, 1984년 10월 발사)이나 극궤도 위성인 NOAA-9(1984년 12월 발사)과 NOAA-10(1986년 9월 발사)에 장착된 기구 꾸러미를 사용하는 실험.
ERBE는 주사(走査)방식과 비주사방식의 기구로 분리되어 구성되어 있다. 지역적인, 전구적인, 그리고 지역과 전구의 중간에 해당되는 영역 등 세 종류의 규모에 대해 월평균 복사수지값을 생산한다. 참고로 보다 앞서서 사용된 지구복사수지 측정기구들은 Nimbus-6(1975년 6월 발사)와 Nimbus-7(1978년 10월 발사)에 장착되어 사용되었다.

지구위치 시스템(global positioning system, 地球位置-) 지표면 가까이에서 삼각형 측정에 의한 위치 계산 능력과 고도로 정밀한 시계를 갖춘 24개 지구 저궤도 위성의 배열을 기반으로 한 항법 시스템.
이 시스템은 미국 국방부에서 개발하였는데, 30～100m의 정확도로 위치를 파악할 수 있다. 만일 두 지점에 있는 시스템을 오랜 시간 동안 사용한다면, 어떤 위치는 알고 있는 기준 위치에서 mm 오차 내로 계산할 수 있다.

지권(geosphere, 地圈) 수단(水團)을 포함한 지구의 '고체' 부분, 즉 암석권과 수권(水圈).
지권 위에는 대기가 있고, 지권과 대기 사이의 영역에 거의 모든 생물권 또는 생명 구역이 존재한다.

지균균형(geostrophic balance, 地均均衡) 코리올리 힘과 수평기압경도력 사이의 균형.
지균균형을 성분식으로 표현하면 다음과 같다.

$$fv = (1/\rho)\,\partial p/\partial x$$
$$fu = -(1/\rho)\,\partial p/\partial y$$

여기서 f는 코리올리 매개변수, u와 v는 각각 속도의 동서성분과 남북성분, x와 y는 각각 동서 방향 좌표와 남북 방향 좌표, p는 압력, ρ는 밀도이다.

지균근사(geostrophic approximation, 地均近似) 1. 수평바람을 지균풍으로 가정하는 근사. 2. 준지균근사와 같은 의미로 사용하는 용어.

지균류(geostrophic current, 地均流) 운동방정식의 수평 성분에서 수평기압경도력과 코리올리 힘 사이에 균형을 이룬 흐름.
이때 운동방정식의 연직성분은 정역학 균형에 있게 되고, 압력은 위에 위치한 물의 질량에 비례하여 깊이와 함께 증가한다. 압력을 고도면(지오퍼텐셜면)에 기입한다면, 지균류는 등압선에 평행하고 북반구에서 흐름의 오른쪽에 고기압이 위치하며 남반구에서는 흐름의 왼쪽에 고기압이 위치한다. 지균균형이 이루어지려면 흐름이 정상적(定常的)이고(시간에 따라 변하지 않고), 매우 약하며, 대규모적이고, 마찰이 없어야 한다.

지균소용돌이도(geostrophic vorticity, 地均-度) 지균풍의 소용돌이도.
연직좌표로 압력을 선택하고 코리올리 매개변수의 변동을 무시하면, 지균소용돌이도는 다음과 같이 표현된다.

$$\zeta_g = \frac{g}{f} \nabla_p^2 z$$

여기서 g는 중력가속도, f는 코리올리 매개변수, z는 등압면의 고도, ∇_p^2는 등압 라플라스 연산자이다.

지균운동량근사(geostrophic momentum approximation, 地均運動量近似) 유체의 운동이나 흐름에 대한 실제 운동량이 지균적 성질을 갖는 경우 행해질 수 있는 선택적인 근사.
이 근사에서는 보통 코리올리 매개변수 f가 상수라고 가정하고, 동서, 남북 방향의 운동방정식을 다음과 같이 나타낼 수 있다.

$$\frac{\partial u_g}{\partial t} + u\frac{\partial u_g}{\partial x} + v\frac{\partial u_g}{\partial y} + w\frac{\partial u_g}{\partial z} - fv + \frac{1}{\rho}\frac{\partial p}{\partial x} = 0$$

$$\frac{\partial v_g}{\partial t} + u\frac{\partial v_g}{\partial x} + v\frac{\partial v_g}{\partial y} + w\frac{\partial v_g}{\partial z} + fu + \frac{1}{\rho}\frac{\partial p}{\partial y} = 0$$

이 식들에서 u, v, w는 각각 동서, 남북, 연직 방향의 바람, ρ는 밀도, p는 압력을 의미한다. 또한 동서와 남북 방향의 지균풍은 각각 다음과 같다.

ㅈ

$$u_g = -\frac{1}{f\rho}\frac{\partial p}{\partial y} \quad \text{and} \quad v_g = \frac{1}{f\rho}\frac{\partial p}{\partial x}$$

지균운동량근사에서, 지균풍은 이류되는 양이나 그 이류는 지균풍과 비지균풍 모두 합한 이류를 의미한다. 지균운동량근사가 지균좌표계와 결합할 때 방정식들은 반지균방정식이 된다.

지균조절(geostrophic adjustment, 地均調節) 요란의 수평규모에 따라 기압과 바람이 서로 적응하면서 불균형상태가 균형상태로 회복되는 과정.
지상 등압선에 나란하게 부는 지균풍은 기압과 바람 간의 균형을 나타낸다. 이 관계는 대기조건에서 80% 정도 만족하는 근사일 뿐이다. 실제 대기는 크고 작은 지균 이탈현상을 보이는데, 이때 다시 지균 평형을 회복하는 과정에서 관성중력파가 발생하고 분산과정을 통해 그 에너지가 사방으로 퍼져나간다. 관성중력파는 기상학적으로 일기예보에 중요한 로스비 파보다 빠르게 이동하고 파장도 짧아 수치계산과정에서 계산 불안정 현상의 원인이 된다. 따라서 모델의 초기장에서 관성중력파 성분을 인위적으로 삭감하기 위해서 자연상태에서 일어나는 지균조절과정을 응용한 방법들이 한동안 많이 사용되었으나, 최근 모델이 정교해지고 변분자료동화 기술이 발전하면서 인위적인 지균조절과정은 점차 퇴장하였다.

지균좌표(geostrophic coordinates, 地均座標) 반지균방정식에서 사용하는 좌표계.
지균좌표 (X, Y, Z, T)는 다음과 같이 물리적 공간좌표 (x, y, z, t)와 관련되어 있다.

ㅈ

$$X = x + \frac{v_g}{f}, \quad Y = y - \frac{u_g}{f}, \quad Z = z, \quad T = t$$

여기서 u_g와 v_g는 각각 지균풍의 동서성분과 남북성분이고 f는 코리올리 매개변수이다. 이 좌표 변환을 거치면 반지균방정식들이 나타난다. 지균근사는 준지균방정식만큼 반지균방정식에서 빈번히 사용되지는 않는다. 이와 같이 반지균방정식을 사용하면 전선과 제트 같은 어떤 현상을 더 정확하게 나타낼 수 있다.

지균편차(geostrophic departure, 地均偏差) 실제 (또는 관측) 바람과 지균풍 사이의 벡터 차(差).
비지균풍이라고도 부른다. 대기경계층에서 바람은 지면에 대한 난류항력 때문에 아지균적(亞地均的)일 수 있다. 이것은 정상상태의 지균편차를 일으키는데, 다음과 같이 분리된 카테시안 성분들 $(V - V_g)$와 $(U - U_g)$로 쓸 수 있다.

$$(V - V_g) = C_D M U / f z_i$$
$$(U - U_g) = -C_D M V / f z_i$$

여기서 (U, V)는 수평바람 성분, C_D는 항력계수, M은 수평 풍속 크기, (U_g, V_g)는 지균풍 성분, f는 코리올리 매개변수, z_i는 경계층 깊이이다. 위 방정식들은 단지 근사적 [유입이 없는 판(板) 경계층을 가정한] 형태이나 항력효과를 잘 설명하고 있다.

지균평형(geostrophic equilibrium, 地均平衡) 모든 점에서 수평 코리올리 힘이 수평기압경도력과 정확히 균형을 이루고 있는 비점성 유체의 운동상태.
지균균형을 식으로 표현하면 다음과 같다.

$$2\boldsymbol{\Omega} \times \boldsymbol{v}_g = -\alpha \nabla_H p$$

여기서 $\boldsymbol{\Omega}$는 지구의 벡터 각속도, $\boldsymbol{v}_g$는 지균풍 속도, α는 비부피, p는 압력, ∇_H는 수평 델 연산자이다. 온대지방의 저기압 규모 운동에 대하여, 자유대기는 빈번히 지균평형상태에 접근한다.

지균풍(geostrophic wind, 地均風) 코리올리 힘이 수평기압경도력과 정확히 균형을 이루며 부는 수평바람.
이와 같은 힘의 균형은 다음과 같이 표현된다.

$$f\boldsymbol{k} \times \boldsymbol{v}_g = -g\nabla_p z$$

여기서 $\boldsymbol{v}_g$는 벡터 지균풍, f는 코리올리 매개변수, $\boldsymbol{k}$는 연직 방향 단위 벡터, g는 중력가속도, ∇_p는 연직좌표로 압력을 사용하는 수평 델 연산자, z는 등압면의 고도이다. 이와 같이 지균풍은 등압면의 등고선을 따라 (또는 지오퍼텐셜 면의 등압선을 따라) 북반구에서 왼편에 저고도를 (또는 저기압을) 두고 불고 남반구에서 오른편에 저고도를 (또는 저기압을) 두고 분다. 지균풍 속도 V_g는 다음과 같이 표현할 수 있다.

$$V_g = -\frac{g}{f}\frac{\partial z}{\partial n}$$

여기서 $\partial z/\partial n$는 등고선에 직각인 방향의 등압면 기울기로서 북반구에서 운동 방향의 왼편으로 직각인 방향의 등압면 기울기이고 남반구에서 운동 방향의 오른쪽으로 직각인 등압면 기울기이다. 지균풍은 적도를 제외하고 모든 점에서 정의된다.

지균풍고도(geostrophic wind level, 地均風高度) 에크만(Ekman) 나선(螺線) 이론에서 바람이 지균적으로 되는 가장 낮은 고도.
지균풍고도라고도 부른다. 이 고도는 $(\nu/\sin\phi)^{1/2}$에 비례하는데, 여기서 ν는 운동 맴돌이 점성도이고 ϕ는 위도이다. 실제 관측에 의하면 지균풍고도가 주로 1km와 2km 사이에 있고, 이 고도는 보통 지표면 마찰 영향을 받는 상한(上限)으로 가정한다. 또한 지균풍고도는 에크만 층과 행성경계층의 꼭대기로, 즉 자유대기의 밑면으로 취급한다.

지균풍척도(geostrophic wind scale, 地均風尺度) 종관일기도의 등압선 또는 등고선 간격으로부터 지균풍의 속력을 계산하기 위해 사용되는 도식적 도안.
다음은 지균풍속을 구하는 계산도표이다.

$$V_g = \frac{1}{\rho f}\frac{\partial p}{\partial n}$$

여기서는 지오퍼텐셜 고도가 연직좌표이다. 또는 다음과 같이 지균풍을 구할 수도 있다.

$$V_g = \frac{g}{f}\frac{\partial z}{\partial n}$$

여기서는 대기압력이 연직좌표이다. 위 두 식에서 V_g는 지균풍의 속력, ρ는 공기밀도, f는 코리올리 매개변수, p는 고정된 지오퍼텐셜 고도에서의 압력, z는 등압면의 고도, n은 흐름에 직각방향으로 측정한 수평거리이다. n축은 북반구에서 흐름의 오른쪽으로 향하고, 남반구에서는 흐름의 왼쪽으로 향한다. 계산도표에서 ρ 또는 g 값은 보통 표준값을 사용한다. 압력(p) 또는 고도(z)의 경도(傾度)는 유한차(有限差) 비(比) $\Delta p/\Delta n$ 또는 $\Delta z/\Delta n$로 근사되는데, 이때 압력 또는 고도의 표준차가 사용된다. 그리고 Δn은 등압선 또는 등고선 사이의 직각거리를 나타낸다. 계산도표에서는 흔히 Δn을 가로좌표로, 위도를 세로좌표로 사용한다. 따라서 지균풍의 속력은 계산도표의 여러 선으로부터 읽을 수 있다.

지균 플럭스(geostrophic flux, 地均-) 지균풍에 의한 대기 성질의 수송 (플럭스).
맴돌이에 의한 수평 평균 플럭스에 적용하면 지균운동량의 지균 플럭스는 맴돌이가 기울어진 수평축을 갖고 있지 않는 한 0이 된다.

지균항력계수(geostrophic drag coefficient, 地均抗力係數) 지균풍 속도의 제곱에 대한 지면 레이놀즈 응력의 비(比).

지면 거칠기(surface roughness, 地面-) 지표층의 유체에 대한 운동량의 감소원으로서 그 효율성과 관련된 지표면의 기하학적 특성.
지표면의 거칠기는 대기의 수평운동에 대한 항력과 연직 시어를 일으키고 이로 인해 난류의 감소원으로 작용한다. 미기상학에서 지면 거칠기의 척도는 통상적으로 거칠기 길이로 추정한다. 거칠기 길이는 대수 바람분포 관계식을 유도하면 적분상수로 주어진다. 예를 들어, 중립인 지표층에서 바람의 연직분포는 다음과 같다.

$$u(z) = \frac{u_*}{k} ln(z/z_0)$$

여기서 u_*는 마찰속도, k는 폰 카르만 상수, 그리고 z_0는 거칠기 길이다.

지면갱신 모델(surface renewal model, 地面更新-) 지상 근처의 유체가 인근층으로부터 간헐적으로 잘 섞인 유체로 교체되고, 따라서 지상 바로 아래 점성층을 붕괴시킨다고 가정하는 난류교환 모델.
지표 근처의 경도는 다음 식에 따라 전도로 복원된다고 가정한다.

$$\frac{\partial T}{\partial t} = \kappa \frac{\partial^2 T}{\partial z^2}$$

여기서 T는 온도, κ는 열확산계수이다. S-값(S-value)은 아래 관계식의 비온도 편차이다.

$$S = (T - Tp)/Tp$$

여기서 T는 실제온도, Tp는 기압고도가 z인 점에서의 표준대기온도이다. S 값은 백단위의 절대온도당 1/10 온도로 표현한다. S 값의 선들은 $\Delta vD = S\Delta zp$와 같이 D 값과 관계되므로 $4D$ 차트에 그린다. 식에서 ΔvD는 주어진 기압고도에서 ΔZ_p 변화에 대한 D 값 변화이다.

지면복사수지(surface radiation budget, 地面輻射收支) 지표의 한 지점에서 주어진 시간 동안 복사의 출입으로 인해 나타나는 순복사속밀도.
지면복사수지는 하향 단파복사(태양직달복사와 태양산란복사의 합), 상향 단파복사(반사된 태양복사), 하향 장파복사(대기로부터의 장파복사), 상향 장파복사(지표면으로부터의 장파복사)의 합으로 결정된다. 지면복사수지는 전 세계 월평균 측면에서 태양복사의 흡수가 장파복사의 방출보다 많아 약 100W/m^{2}의 값을 보인다. 그러나 순간적으로 수백 W/m^{2}의 양 혹은 음의 값을 보이기도 한다. 연 지구평균의 관점에서 양의 값을 보이는 지면복사수지량은 음의 대기복사수지와 균형을 이루어, 지구 전체의 복사수지 측면에서 복사평형을 이루고 있다고 생각한다.

지문법(fingerprint method, 指紋法) 예측 가능한 기후변화의 구조 특성을 가진, 관측된 기후 시그널의 확인법.
지문법은 대기의 여러 장소 또는 층에서 단일 기후 변수의 변화, 또는 둘 혹은 그 이상의 다른 변수들의 변화를 포함하여 다변수 시그널의 분석을 필요로 한다. 이 방법은 증가한 온실기체 농도처럼 관측된 기후변화를 일으킨 원인이 무엇인지 찾아내는 데 사용된다.

지상기상관측(surface weather observation, 地上氣象觀測) 종관적인 현재의 대기상태와 일

기예보를 위한 정보를 제공하기 위해서 지상에서 수행되는 기상관측.
일반적 기온, 기압, 바람, 강수, 적설, 증발, 구름시정, 일로, 일사 등이며 이외에 특이 사항을 관측한다.

지상바람(surface wind, 地上-) 지상관측소에서 측정한 바람.
지상에 나무나 건물 등이 있으면 바람이 영향을 받으므로, 지상바람으로 대표성을 갖기 위해서는 장애물이 없는 넓은 장소를 택해서 상당히 높은 곳에서 바람을 측정해야 한다.

지상일기도(surface map, surface chart, 地上日氣圖) 평균해면고도면에서 대기의 상태를 나타내는 일기도.
지상일기도에는 일반적으로 각 지점에서 관측한 기상요소와 기압분포, 고・저기압, 기압골, 기압마루, 전선, 태풍 등이 포함되어 있다.

지속성(persistence, 持續性) 1. 시계열에서 계속되는 이전 값.
만일 현재의 값을 $x(t)$라 하면, $x(t-1)$은 지속성의 값이고 이 값은 '지속하고 있는'이라 한다. 지속성은 날씨예보를 검증할 때 객관적 표준으로 사용한다.
2. 주어진 위치에서 바람의 장시간 특성을 뜻하는 것으로, 바람의 방향과 관계없이 평균풍속에 대한 주 바람 벡터의 크기의 비.
3. 일반적으로 이전 시간에 발생한 특정 사건이 주어진 시간에 확률적으로 더 잘 발생함.

ㅈ

지수(index, 指數) 1. 측기의 지시 부분(예 : 시계 지침).
2. 양상 또는 해석을 지시하는 크기의 척도(예 : 동서지수).

지시기(indicator, 指示器) 표출하는 측기.
반드시 전기량을 측정하여 표출하는 것은 아니다. 종종 표출(display)이라 부르기도 한다. 적절한 증폭과 조절을 거친 후 감지한 요소의 출력을 표출하기 위해 사용한다. 레이더에서는 목표물에서 되돌아온 에코를 가시적 또는 그래프로 표현하는 음극선 오실로그래프 또는 다른 기록장치를 뜻한다.

지시기함수(indicator function, 指示器函數) 자료분석에 포함할 부분집합의 결정에 사용하는 신호.
예를 들면, 대류경계층을 나는 비행기는 가끔 열 상승류 내 그리고 그 사이를 날게 된다. 어떤 문턱값을 초과하는 상승 연직속도는 열기포 내를 측정할 때 지시기로 사용할 수 있다. 지시기함수로 정의된 열기포 내에서 얻은 온도만을 평균하면 열기포의 평균온도를 찾을 수 있다. 큰 자료 중의 일부를 선정하기 위해 지시기 함수를 사용하는 방법을 조건부 표본이라 한다.

지역분석(regional analysis, 地域分析) 1. 한 지역에서 강우, 홍수 흐름 등 현상의 행태를 일반적으로 서술하기 위해 많은 관측점의 기록을 사용하는 분석.
지역분석은 대체로 한정된 관측점에서만 얻을 수 있는 강우 또는 유출분포의 서술을 향상시키는 데 사용한다.
2. 고도, 배수구역, 채널 기울기 같은 지형학적 정보를 사용하기 위해 평균 강우 또는 홍수 흐름, 홍수 흐름 분위수, 다른 통곗값의 일반적 예측모형의 개발.

지역예보(area forecast, 地域豫報) 특정 지리학적 지역에 대한 날씨예보.

지연상관(lag correlation, 遲延相關) 어떤 시계열에 대한 현재와 과거의 값들의 선형상관관계.
즉, 시간(t)의 함수인 어떤 수열 $x(t)$와 τ 시간 후의 수열 $x(t+\tau)$의 상관을 의미하고 τ는 시간 지연이라 한다. 자기상관함수란 시간 지연(τ)에 대한 자기상관관계이며 그 계수는 변수 $x(t)$와 $x(t+\tau)$에 대한 적률상관계수(product-moment correlation coefficient)를 의미한다.

지오이드(geoid) 지표면보다는 단순하면서 회전타원체보다는 실제에 가깝게 지구의 모양을 나타낸 것.
지구의 모양을 나타내는 데는 지표면을 그대로 나타내는 방법과, 지구를 단순한 회전타원체로 나타내는 방법이 있다. 그러나 지표면을 실제로 나타내기는 매우 어렵고, 지구타원체를 이용하는 방법은 지표면의 요철(凹凸)을 전혀 나타낼 수 없다는 단점이 있다. 지오이드는 지표면의 70%를 차지하는 해수면의 평균을 잡아서 육지까지 연장한 것으로, 어디에서나 중력 방향에 수직이며, 해양에서는 평균해수면과 일치하고 육상에서는 땅속을 통과하게 된다. 또한 그 높이가 항상 0m로, 측량 해발고도의 기준면이 된다. 측지학에서는 측지좌표(위도 · 경도 · 해발고도)의 기준면으로서 중요성을 갖는다. 국제기준타원체와의 높이의 차이로 표시되는데, 그 차이는 최대 100m 정도이다. 1979년 국제측지학협회는 지오이드에 상당하는 등중력 퍼텐셜 면의 퍼텐셜 값을 $(6,263,686\pm3)\times10\text{m}^2/\text{s}^2$으로 채택하였다.

지오퍼텐셜(geopotential) 해면에 상대적인 단위질량의 위치 에너지.
지오퍼텐셜은 수치적으로 단위질량을 해면으로부터 어떤 고도 z까지 올리는 데 필요한 일과 같다. 이것은 일반적으로 역학고도 또는 지오퍼텐셜 고도로 나타낸다. 고도 z에서 지오퍼텐셜 ϕ는 수학적으로 다음과 같이 표현된다.

ㅈ

$$\phi = \int_0^z g\, dz'$$

여기서 g는 중력가속도이다.

지오퍼텐셜 고도(geopotential height, -高度) 단위질량의 위치 에너지(지오퍼텐셜)에 비례하는 단위로 나타낸, 대기 중 어느 주어진 점의 해면에 상대적인 고도.
SI 단위로 지오퍼텐셜 고도 Z와 기하학적 고도 z 사이의 관계는 다음과 같다.

$$Z = \frac{1}{980}\int_0^z g\, dz'$$

여기서 g는 중력가속도이다. 따라서 이 두 고도는 대부분의 기상학적 목적을 위해 수치적으로 서로 교환할 수 있다. 또한 1 지오퍼텐셜미터는 0.98다이나믹미터와 같다. 역학고도를 참조하라.

지오퍼텐셜 두께(geopotential thickness) 대기 중 두 등압면 사이의 지오퍼텐셜 고도 차.
지오퍼텐셜 두께는 다음과 같이 두 등압면 사이의 평균기온에 비례한다.

$$\Delta\phi = -R\int_{p_1}^{p_2} T\frac{dp}{p} = R\,T_m \ln\left(\frac{p_1}{p_2}\right)$$

여기서 $\Delta\phi$는 지오퍼텐셜 두께, R은 공기에 대한 기체상수, p_1과 p_2는 각각 하부 등압면과 상부 등압면의 압력, T는 절대온도, 그리고 T_m은 두 등압면 사이의 평균절대온도를 나타낸다.

ㅈ

지오퍼텐셜 면(geopotential surface, -面) 지오퍼텐셜이 일정한 면, 즉 공기덩이가 그 위치 에너지의 어떠한 변화도 받지 않고 움직이는 면.
지오퍼텐셜 면은 기하학적 고도가 일정한 면과 거의 일치한다. 기하학적 고도가 일정한 면을 따라 극 쪽으로 갈수록 중력가속도가 증가하기 때문에, 어떤 주어진 지오퍼텐셜 면은 적도보다 극에서 더 낮은 기하학적 고도를 갖게 된다.

지온계(soil thermometer, 地溫計) 깊이에 따른 토양의 온도를 측정하는 기기.
토양온도계라고도 한다. 일반적으로 두 종류의 온도계가 사용된다. 낮은 깊이에서의 토양온도를 측정하기 위해 손잡이가 직각으로 구부러져 있으며 온도계의 끝부분만 토양 내에 위치한다. 깊은 곳에서의 토양온도를 측정하기 위해서는 구부를 유리로 감싸 외부로부터 보호하며, 구부와 유리보호막 사이에는 왁스가 삽입된다.

지위(geopotential, 地位) 지오퍼텐셜과 같은 의미로 사용하는 용어.

지위고도(geopotential height, 地位高度) 지오퍼텐셜 고도와 같은 의미로 사용하는 용어.

지위두께(geopotential thickness, 地位-) 지오퍼텐셜 두께와 같은 의미로 사용하는 용어.

지위면(geopotential surface, 地位面) 지오퍼텐셜 면과 같은 의미로 사용하는 용어.

지자기극(geomagnetic pole, 地磁氣極) 지자기 좌표계에서의 극.
지자기에서 사용하는 자기쌍극 중 하나를 가리킨다. 자기쌍극이란 자유롭게 움직이는 자침이 연직 방향으로 가리키는 지구표면 위 두 점 중 하나를 말한다. 이 두 점을 연결하는 선은 지구 중심을 지나지 않는다. 이 점들은 끊임없이 매우 느린 속도로 움직인다. 그리고 이 점들은 현재 하나가 북부 캐나다에 있고 다른 하나가 호주 남쪽 남극지방에 위치해 있다.

지자기위도(geomagnetic latitude, 地磁氣緯度) 지리적 위도와 지리적 적도가 갖는 관계처럼 지자기 적도와 관계를 지닌 지자기에서 사용하는 좌표.
지구 자기장에 밀접하게 관련된 현상의 자오선 방향 변동을 지자기위도에 따라서 기입하면 이것을 지리적 위도에 따라서 기입하는 것보다 좀 더 명료한 관계가 나타난다. 우주 선 강도와 오로라 진동수는 이와 같은 유형의 위도를 사용하여 연구한 좋은 예이다.

지자기적도(geomagnetic equator, 地磁氣赤道) 지자기극으로부터 거리가 모두 같은 지구표면 위 대원(大圓).
즉, 이것은 지자기 좌표계에서의 적도이다.

지점(solstice, 至点) 1. 태양의 연중 겉보기 통로 중 지구적도에서 남 또는 북으로 가장 멀리 떨어졌을 때의 두 극점 중의 하나.
즉, 태양의 황도가 천구적도로부터 가장 큰 편차점을 말한다. 북회귀선(북반구)과 남회귀선(남반구)은 지점(solstice) 바로 아래 놓인 평행위도로 정의한다.
2. 태양이 남과 북으로 가장 멀리 떨어진 시기.
북반구에서 하지는 6월 21일 혹은 그 근처이고, 동지는 12월 22일 혹은 그 근처가 된다. 남반구는 이와 반대이다.

지정오염물(designated pollutant, 指定汚染物) 1. 감시 받고 주의 깊은 연구의 대상이 되는, 잠재적 유해물질로 인지되는 대기오염물.
2. 정부 규정으로 관리하는 대기오염물.
미국에서는 환경보호국이 규제하는 두 종류의 지정오염물은 표준 오염물과 독성 오염물이다. 암을 유발하거나 출생장애 또는 발달장애 같은 심각한 건강 이상을 일으키는 것으로 알려져 있거나 의심되는 188가지 독성 대기오염물에 대하여 정부 규정으로 공장과 같은 오염원으로부터의 배출을 관리하고 있다.

지중해기후(Mediterranean climate, 地中海氣候) 온화하고 습한 겨울과 고온건조한 여름으로 특징지어지는 기후.
일반적으로 위도 30~45° 사이의 대륙 서안에서 볼 수 있다.

지진계(seismograph, 地震計) 지진에 의한 진동과 다른 지각 떨림 현상을 측정하고 기록하는 장비.
측정원리는 공중에 매달린 추에 펜을 고정시키고 펜 아래에 기록할 종이를 놓는다. 지진이 발생하면 공중에 매달린 추는 관성 때문에 움직이지 않고 종이만 움직이기 때문에 지진파를 측정할 수 있는 것이다. 이러한 관성지진계는 한 방향만을 기록할 수 있으므로 동서 방향, 남북 방향, 상하 방향으로 3개를 설치하여 각각 측정한다.

지진해일(tsunami, 地震海溢) 해저 지진, 해저 화산폭발, 해저 산사태와 같은 원인으로 발생하는 파장이 긴 해파.
쓰나미라고도 한다. 여러 원인으로 해저에 변형이 발생하면 바로 위의 바닷물이 갑자기 상승 또는 하강하고 이것이 빠른 속도로 해안가로 전파된다. 일반적으로 파장이 수백 킬로미터 주기가 수 시간에 달하는 지진해일은 수심이 깊은 외해에서는 그 변화가 미미하여 위험하지 않지만 수심이 낮은 천해로 접근하면 파고가 높아져 큰 피해를 발생시킨다. 지진해일은 천해파이기 때문에 파의 속도(c)는 수심(h)에 의해서만 결정된다($c = \sqrt{gh}$, g는 중력가속도). 예를 들면 평균수심이 약 4,000m인 태평양 외해에서 발생한 지진해일은 약 200m/s의 속도로 빠르게 이동하지만 수심이 100m인 천해에 도착하면 속도는 30m/s로 느려진다. 지진해일이 발생하면 전 세계에 퍼져 있는 지진관측 네트워크를 통해 수분 만에 지진의 발생위치를 파악하고 목표지점 사이의 수심분포를 이용해 파의 도달시간을 예측한다. 폭풍해일을 참조하라.

지질기(geologic era, 地質紀) 첫 번째이면서 가장 긴 지질시대를 구분하는 체계.
주요한 지구 규모 대륙판의 사건, 해면 또는 기후의 변화, 혹은 생물학적 변화를 기준으로 구분된다. 이는 5개의 지질기로 구분되는데, 시생대(25억 년 전), 원생대(25~5.7억 년 전), 고생대(5.7~2.5억 년 전), 중생대(2.5~0.7억 년 전), 신생대(0.7억 년 이후)가 이에 해당한다.

지질대(geologic period, 地質代) 중간 정도 수준의 그러나 보통의 지구 규모 대륙판의 사건, 해면 또는 기후의 변화, 혹은 생물학적 변화, 때때로 지역적인 변화를 기준으로 정한 지질시대 구분의 두 번째 분류 체계.

두 개 이상의 지질대가 합쳐져 지질기를 이룬다.

지질세(geologic epoch, 地質世) 부분적으로 해양이 축소하면서 대륙이 들어나거나, 지역적으로 약한 지각변동이 발생한 시기를 기준으로 정한 지질학적 시대 구분의 세 번째 분류 체계. 둘 이상의 세가 합하여 지질대(geologic period)가 되고, 둘 이상의 지질대가 합쳐져 지질기(geologic era)가 된다.

지평선(horizon, 地平線) 지구표면 위 어떤 주어진 위치에 상대적인 관측과 측정을 위하여 기준으로 사용하는 여러 선 또는 평면 중 하나.
지평선의 개념에 대하여 사용되는 명명법 사이에는 상당한 반론이 존재한다. 뚜렷하게 다른 지질학적 지평선(지구물질의 층)을 제외하고, 다음 두 유형의 지평선이 있다고 말할 수 있다. 지구-하늘 지평선(아래 1, 2, 3의 해설)과 천체 지평선(아래 4, 5의 해설). 기상학은 전자에, 천문학은 후자에 관련되어 있다. (1) **국지 지평선** : 관측되는 하늘의 실제적 하부 경계 또는 자연적 장애물을 포함한 지구상 물체의 상부 윤곽. (2) **지리 지평선** : 지구와 하늘이 만나는 것으로 보이는 멀리 있는 선. 대중적으로 사용되는 측면과 날씨를 관측하는 측면에서 이 용어가 통상적인 지평선의 개념을 갖고 있다. 바람직한 최소 지평선 거리는 3마일 정도이어야 한다. (3) **해면 지평선** : 지구의 해면과 하늘의 뚜렷한 접합선. 이때 지평선은 실제로 바다에서 관측한 것이다. 이 유형의 지평선은 일출과 일몰의 시간을 정하기 위한 기준으로 사용된다. (4) **천문 지평면** : 관측자의 눈을 통과하고 관측자 위치에서 천정에 직각인 평면, 또는 이 평면이 천구와 교차하는 면. (5) **천체 지평면** : 지구의 중심을 지나고 지구표면 위 관측지점을 통과하는 지구반경에 직각인 평면, 또는 이 평면이 천구와 교차하는 면.

지표면(earth surface, 地表面) 지각의 가장 위의 표면으로 대기와 접하는 곳.
여기에는 지표면의 성질이 균일한 균질 지표면과 균일하지 못한 비균질 지표면으로 구분된다. 균질 지표면은 비교적 평탄하고, 수평적이고, 동질적이고, 광범위하고, 복사에 불투명한 것을 말한다. 또한 이것을 이상적인 지표면이라고도 한다. 비균질 지표면인 경우에는 내부경계층을 발생시킨다.

지표 에너지 수지(surface energy balance, 地表-收支) 지표에서 순복사 에너지 플럭스(R_n), 토양열 플럭스(G_0), 현열 플럭스(H) 그리고 잠열 플럭스(LE) 사이의 균형관계.
지표 에너지 수지를 식으로 표시하면 $R_n = H + G_0 + LE$와 같다. 여기서 각 항에 대한 부호는 모든 복사항에 대해서 지면을 향하는 경우에는 양(+)으로 하고, 우측의 3항의 경우에는 지표에서 나가는 경우는 양(+), 그리고 지표로 향하는 경우에는 음(−)의 부호를 취한다. 예를 들면

G_0는 맑은 날 주간에는 지표온도가 지중온도보다 높아서 열이 지표에서 지중으로 이동하므로 $G_0>0$이다. 그러나 맑은 날 야간에는 지표의 복사냉각으로 지표의 온도가 지중보다 낮아서 열이 지중에서 지표로 이동하므로 $G_0<0$으로 고려한다. R_n은 지표의 알베도를 α, 지표의 복사 에너지 방출률을 ϵ, 지표의 복사온도를 T_0, 하향 단파복사를 R_{SD} 그리고 하향 장파복사를 R_{LD}라고 하면 $R_n=(1-\alpha)R_{SD}+\epsilon R_{LD}-\epsilon\sigma T_0^4$으로 주어진다. 앞에 주어진 식에서 σ는 스테판-볼츠만(Stefan-Boltzmann) 상수이며, $-\epsilon\sigma T_0^4$은 지표에서 대기로 나가는 장파복사를 나타낸다. R_n에 관한 식에서 R_{SD}는 주간에는 $R_{SD}>0$이지만 야간에서 $R_{SD}=0$이 된다. 그리고 대기의 하향 장파복사는 대기의 방출률을 ϵ_a 그리고 기준고도에서 대기온도를 T_a라고 하면 $R_{LD}=\epsilon_a\sigma T_a^4$으로 주어진다.

지표(경계)층(surface boundary layer, 地表(境界)層)　시어에 의한 난류의 역학적 생성이 부력에 의한 난류 생성 또는 난류 에너지 소모를 증가하는 지표에 인접한 대략 100m 정도의 두께를 가지는 대기층.
접지(경계)층이라고도 한다. 이 층에서는 연직으로 바람이 대수분포를 기술하기 위해서 모닌-오부코프 상사이론이 이용된다. 지표층에는 마찰속도가 고도에 따라 거의 일정하다.

지향류(steering flow, 指向流)　그 안에 내재(內在)되어 있는 더 작은 규모의 요란의 운동에 크게 영향을 미치는 기본류 또는 기본 흐름.
기상학에서는 대기요란(저기압, 고기압, 전선 등)의 이동 방향과 속도에 직접 영향을 미치며, 그 진행 방향이나 진행 속도의 가늠이 되는 상층의 기류를 말한다. 보통 500hpa 면의 평균류를 지향류로 고려하는 경우가 많다.

지형성 강수(orographic precipitation, 地形性降水)　습윤공기가 지형성 치올림의 기구에 의하여 발생하는 강수 또는 강수의 증가량.
산악형 강수라고도 한다. 지형에 의한 강수의 예는 강제 상승에 의해 생긴 지형성 층운의 강우 그리고 주간에 산의 경사면의 가열로 인해 생긴 지형성 적운의 강우를 포함한다. 연강수량을 초과하는 전형적인 많은 지역이 해양에서 불어오는 지속적인 바람을 향하고 있는 산의 풍상층 경사에 위치하고 있다. 또 다른 예는 겨울철 지형성 층운(모자구름)은 종종 미국 서부 산악지방과 같이 인구가 많은 반건조 지역에 주요한 물 공급원이 된다. 따라서 이들 구름계는 설괴빙원(snow pack)을 증가시키기 위한 구름씨뿌리기 프로젝트, 즉 강수 증대의 목적이 되어 왔었다. 지형성 강수는 항상 구름이 상승하는 지역에만 한정되지 않고 지형의 아랫부분에서 풍상 측으로 다소 확장될 수 있으며, 이를 풍상효과라고 한다. 그리고 풍하 측으로 짧은 거리에 걸쳐 강수가 있는데, 이를 날림비(spillover)라고 한다. 풍상 측의 많은 강수에 의해 풍하 측은 종종 건조한 비 그늘(rain

shadow)의 특징을 나타낸다.

지형성 구름(orographic cloud, 地形性-) 습윤공기가 지형에 의한 상승으로 포화되어 형성된 산구름.
활승바람에 의해서 형성된 구름은 일반적으로 층상운이다. 그리고 산 정상 부근에 가열이나 풍하 측에서 수렴에 의해 형성된 구름들은 일반적으로 적운형이다. 활승구름과 파상운은 그 모양과 범위는 기류가 통과하는 지형의 영향을 받는다. 이러한 구름들은 지형과 연계되어 있기 때문에, 이들 구름은 동일 고도에서 바람에 좀 더 강해져도 그 자리에 있는 정립운(standing cloud)이다. 지형성 활승구름은 층상형 모자구름, 층상형 마루구름, 그리고 푄 벽을 포함한다. 대류 · 지형성 구름은 또한 지형과 밀접한 관계가 있다.

지형성 비(orographic rain, 地形性-) 지형에 의한 기류 상승 시 형성된 구름에서 내리는 비.
습윤공기가 해상으로부터 육지로 불어올 때 산이 있으면 그 경사면을 따라 상승하여 단열팽창으로 냉각되어 강우가 발생한다. 지형성 비가 내리는 범위는 풍상 측에서 산에서 조금 떨어진 곳에서 시작되어 산의 경사면에 많고, 산을 넘어선 풍하 측의 산꼭대기에 가까운 경사면까지도 내린다. 산의 정상에서 먼 풍하 측에는 비가 적게 내리는 지역인 비 그늘이 형성된다.

지형성 상승(orographic lifting, 地形性上昇) 산에 의한 기류의 상승.
지형성 상승을 일으키는 기구는 두 가지로 나눌 수 있다. (1) 장애물로 작용한 지형에 의하여 수평 방향의 대규모 흐름의 위로 치우쳐짐. (2) 주간의 산 표면의 가열로 경사를 따른 상승기류(anabatic flow)가 산의 정상 부근에서 수직 상승기류를 형성. 첫 번째 정의는 연직으로 전파되는 파동과 강제치올림과 같은 직접효과와 풍하파와 상류 정지와 같은 간접효과를 포함한다. 이 용어는 엄격하게는 산에 의한 치올림에 대해 적용되지만 언덕, 긴 경사진 지형에 의한 효과도 포함한다. 상승하는 공기에 충분한 수분이 있을 때는 안개 또는 구름을 형성할 수 있다.

지형성 소용돌이(orographic vortex, 地形性-) 산 또는 장애물을 넘을 때 또는 넘은 후 대기 흐름에 의해 발생하는 대기소용돌이 또는 회오리바람.
지형성 소용돌이는 개개의 산꼭대기 또는 지형 장애물에 의해 방향과 관계없는 수십에서 수백 미터 크기 에디로부터 산맥 규모 장애의 풍하 측 종관 저기압(연직 소용돌이)까지 광범위한 범위의 규모와 근원을 가진다. 수백 미터에서 수십 킬로미터 에디는 항공기 난류를 일으키고 활강 바람폭풍 시 피해를 가중시킨다. 강한 대류가열 조건하에, 산에서 생긴 소용돌이는 가열된 평지로 계속 내려가 먼지회오리를 발생시키는 데 가담한다.

지형증폭요소(topographic amplification factor, 地形增幅要素) 계곡과 동일한 고도의 주변

평지에서의 일 온도 진폭 또는 교차에 대한 그 계곡에서의 일 온도 진폭 또는 교차의 비.
이 비는 지형자료로부터만 계산된다. 공기의 부피가 계곡에서 작지만 가열 또는 냉각이 두 위치에서 근사적으로 같기 때문에 일 진폭은 평지보다 계곡에서 더 크다(증폭된다). 이 증폭으로 인한 온도 차이가 중요한 것은 계곡과 주변 평지 사이에 또는 계곡의 축을 따라 수평기압경도를 일으킨다는 것이다. 결과적으로 낮에는 계곡 위쪽으로 그리고 밤에는 계곡 아래쪽으로 하루 두 번 바뀌는 계곡을 따라 부는 바람을 만든다.

지형학(geomorphology, 地形學) 고체 지구의 형태와 표면 구조를 취급하는 과학.
한편으로는 지면 특징의 기원(물질 조성)과 다른 한편으로는 지표변화의 원인(침식, 풍화, 크러스트, 융기 등) 사이의 복잡한 상호관계를 밝히려고 시도하는 학문이다.

직각성분(quadrature component, Q-component, 直角成分) 동위상 성분과 위상차가 90° 차이가 나는 복소신호의 성분.
레이더에서 수신한 신호를 전압과 위상을 함께 표시할 경우 이를 복소신호라고 하며, $s(t) = V(t)e^{i\phi(t)}$로 나타낼 수 있다. 여기서 $s(t)$는 복소신호, $V(t)$는 전압이며 그리고 $\phi(t)$는 위상을 나타내며 t로 표시한다. 복소신호에서 허수부분에 해당하는 $V(t)\sin\phi(t)$를 Q-성분이라고 하며, 그 값은 복소평면에서 허수축에 표시한다.

직교의(orthogonal, 直交-) 원래 수직이라는 뜻으로 사용되었으나, 후에는 곱의 합 또는 적분이 0임을 의미하는 용어.
각각의 구성요소 (x_1, y_1, z_1), (x_2, y_2, z_2)를 갖는 두 벡터 $\boldsymbol{V}_1$과 $\boldsymbol{V}_2$ 사이의 코사인은 곱의 합인 $x_1x_2 + y_1y_2 + z_1z_2$에 비례한다. 따라서 두 벡터가 수직이라면, 후자의 합은 0이 된다. 이러한 이유로 어떤 일련의 두 수열 $(x_1, x_2, \cdots, x_n)$, $(y_1, y_2, \cdots, y_n)$은 다음과 같은 경우 직교한다고 말한다.

$$\sum_i x_i y_i = 0$$

해양-파랑 굴절선도에서는 광선이 파꼭대기의 직각으로 사방에 그려지는 것을 의미하기도 한다.

직교편파(orthogonal polarization, 直交偏波) 두 개의 파의 진행 방향은 동일하지만 진동 방향이 서로 90°를 이루고 있는 파.
예를 들면 각진동수가 ω이고, 시간에 따라 z 방향으로 전파하는 수평편파, $\boldsymbol{E}_h = \boldsymbol{x}cos(\omega t - \beta z)$와 이 수평편파와 위상차가 σ인 연직편파 $\boldsymbol{E}_v = \boldsymbol{y}cos(\omega t - \beta z + \sigma)$는 서로 직교관계에 있다. 여기서 $\boldsymbol{x}$와 $\boldsymbol{y}$는 서로 직교인 단위 벡터를 나타낸다. 두 개의 편파가 직교인 경우 2개의 파 사이에는 파의 간섭이 일어나지 않는다.

직교함수(orthogonal function, 直交函數) 두 개의 함수 $f_m(x)$와 $f_n(x)$가 주어진 구간(a, b)에서 두 개의 정수 $m \neq n$인 경우, 다음 조건을 만족하는 함수.

$$\int_a^b f_m(x) f_n(x) dx = 0$$

예로서, ω_0가 상수이고, m과 n이 $m \neq n$인 경우, $\sin(m\omega_0 t)$와 $\sin(n\omega_0 t)$는 다음과 같이 구간 $(0, T)$에서 직교성을 갖는다.

$$\int_0^T \sin(m\omega_0 t) \sin(n\omega_0 t) dt = 0$$

직달일사계(pyrheliometer, 直達日射計) 태양의 직사 강도를 측정하는 복사계의 총칭. 직달일사계는 원통의 아랫부분에 태양에서 오는 직사광선의 강도를 측정하기 위한 감응장치가 설치되고 윗부분은 태양의 직사광선만 들어올 수 있는 구멍이 뚫려 있는 일사계이다. 직달일사계는 감응장치에 따라 종류가 구분된다. 그중 하나는 검게 칠한 물 칼로리계이다. 이 일사계는 태양에 노출되면 복사 에너지가 물에 흡수되어 올라가는 물의 온도를 측정하여 복사 에너지 강도를 나타낸다. 다른 종류로는 검게 칠한 열용량이 큰 판으로 된 것이 있다. 태양의 직사광선이 열시상수(thermal time constant)보다 짧은 시간에 판에 도달하면 판의 온도는 판에 도달하는 빛의 강도에 따라 올라간다. 세 번째 종류로는 한 쌍의 판으로 된 일사계인데, 판 하나는 검게 칠해져 있고 나머지 하나는 연속해서 들어오는 햇빛에 반사하도록 되어 있다. 그러면 이 두 판 사이의 온도 차이는 햇빛의 강도에 비례하여 나타난다.

ㅈ

직달태양복사(direct solar radiation, 直達太陽輻射) 태양이 위치한 방향에서 평행광선으로 대기 중에서 산란이나 반사를 받지 않고 직접 지표면까지 도달하는 태양복사 에너지로서 수직으로 단위면적당 단위시간 동안에 받는 태양복사 에너지.

대기권 바깥에서 관측되는 직달일사량은 태양상수가 되고 이 값은 대체로 1,367W/m^2으로 평가된다. 쾌청한 날 지표면의 직달일사량 성분은 전천일사량의 약 80%를 점하지만, 그 비율은 태양고도가 낮아져서 빛이 대기를 통과하는 광로가 길어질수록 감소한다. 또 대기가 혼탁할수록 직달일사량이 적어진다. 따라서 직달일사량을 관측하면 대기의 혼탁도를 평가할 수 있다. 실제로 직달일사의 관측으로부터 대기혼탁도를 평가하려면, 전파장에 대한 직달일사의 감쇠에는 에어로졸만이 아니라 수증기를 포함한 기체 성분의 영향도 포함되기 때문에, 에어로졸의 영향만을 분리해 내는 기법이 추가적으로 활용되어야 한다.

직접강성합(direct stiffness summation, 直接剛性合) 유한요소법에서 주로 사용되는 행렬계산.

전역 합산(global assembly)이라고도 한다. 직접강성합을 통해 전역계수 벡터와 국지계수 벡터와의 관계를 정의하고 특히 **분광요소법**에서 함수값의 연속성(즉, C^0 연속성)이 유지되도록 강제할 수 있다.

직접세포(direct cell, 直接細胞)　1865년에 미국 기상학자인 페렐(W. Ferrel, 1817~1891)이 제안한 삼세포 순환에서 열적 원인에 의해 직접 형성되는 세포.
이 삼세포 모델은 각 반구의 순환을 3개의 뚜렷한 세포로 나누었다. 대기대순환을 이루는 삼세포는 열대지방과 아열대지방 사이에서 공기를 순환시키는 열적 순환인 **해들리 세포**(Hadley cell), 중위도에 위치한 **페렐 세포**(Ferrel cell) 그리고 극세포(polar cell)로 구성된다. 이들 삼세포 중에서 지표면 가열과 지표면 냉각이라는 열적인 원인이 구동력이 되어 유지되는 해들리 세포와 극세포가 직접세포이다.

직행조(direct tide, 直行潮)　태양이나 달의 인력에 의하여 태양이나 달 방향으로 생기는 해양이나 대기의 태양조석 또는 달조석.
직행조는 조석을 발생시키는 태양이나 달 바로 아래쪽과 지구의 반대쪽에 최댓값을 갖는다. 태양이나 달의 위치와 반대쪽에 생기는 중력조석을 역조(逆潮)라 부른다. 해양에서는 달과 태양의 인력에 의하여 바다면이 주기적으로 높아졌다 낮아졌다 하며 밀물과 썰물이 나타난다. 이 현상은 하루에 두 번 일어나는데, 보통 12시간 25분 간격으로 높아졌다 낮아졌다 한다. 대기의 태양조석에서는 작은 진폭의 6시간 주기 성분과 8시간 주기 성분이 관측되고 있는데, 이것은 주로 열적 원천 때문이다. 대기조석 성분 중에는 12시간 주기 성분이 가장 큰 진폭을 갖고 있다. 이 진폭은 적도에서 약 1.5mb이고 중위도지방에서는 약 0.5mb이다. 대기의 달조석에서는 유일하게 탐지되는 성분이 해양조석에서처럼 12시간 주기 성분이다. 이 대기조석의 진폭은 너무 작아서 긴 기록을 주의 깊게 통계분석을 수행해야 탐지된다. 이 진폭값은 열대지방에서 약 0.06mb이고 중위도지방에서는 0.02mb이다.

진단방정식(diagnostic equation, 診斷方程式)　어떤 시스템을 지배하는 방정식 중에서 시간 미분항을 포함하지 않는 방정식.
시간 미분항을 포함하지 않기 때문에 진단방정식은 어떤 순간의 균형관계를 설명한다. 예로서 **정역학방정식**, **균형방정식**을 들 수 있다.

진동(oscillation, 振動)　1. 진자와 관련된 규칙적 운동.
고정된 경계 사이에서 다소 규칙적인 변화를 의미하기도 하지만 종종 주기운동이나 어떤 양의 시간에 대한 변동에 적용된다. 요동(fluctuation)은 불규칙적인 변동에 가깝다. 진동이 시간뿐만 아니라 공간에 대한 변동까지 적용되는 것을 제외하면 떨림(vibration)과 거의 유사하다. 감쇠진

ㅈ

동의 진폭은 꾸준히 감소한다. 진동은 진동하는 계의 외력에 대한 반응 유무, 그리고 강제력의 유무에 따라 판단되며, 그 힘의 종류에 대한 것은 관습적인 문제이다. 일반적인 진자는 외력인 중력에 의해 발생하지만 진자가 자유진동을 하는 것으로 설명되기도 한다.
2. 길버트 워커(Gilbert Walker)가 경험적으로 유도하여 사용한 단일 숫자.
대양 위의 기압과 온도의 분포를 나타낸다. 기본적으로 이 숫자는 특정 섬과 해안관측소에 대한 가중기압과 온도로 나타내며, 대수적으로는 기압과 온도를 결합하고 있다. 이러한 진동의 종류에는 북대서양 진동, 북태평양 진동, 그리고 남방진동이 있다.

진동수(frequency, 振動數) 모든 종류의 파와 연관되어 있는, 주기적 현상의 재현율(再現率). 별도로 설명이 없으면 이 진동수는 흔히 시간적으로 변하는 함수의 재현율인 시간적 진동수를 의미한다. 그러나 공간적으로 변하는 함수의 재현율인 공간적 진동수를 의미하기도 한다. 공간적 진동수는 반복거리(때때로 파장)의 역수이다. 시간적 진동수의 단위는 시간의 역수이다. 진동수의 일반적 단위는 사이클(cycle)/초로서 공식적 약어로 cps로 쓰나 헤르츠(hertz)를 대신하여 사용하고 있으며 약어로는 Hz로 표현한다. 문자 ν가 흔히 진동수로 사용되나, 공학에서는 f가 일반적이다. 주기는 진동수의 역수이다. 각 진동수 또는 원 진동수가 이 진동수에 관련되어 있고 특히 사인 형태로 변하는 양에 적용될 수 있는데, 이것은 흔히 $\omega = 2\pi\nu$로 나타내고 단위시간당 라디안의 단위를 갖고 있다.

진동수영역평균(frequency-domain averaging, 振動數領域平均) 멱 스펙트럼의 통계적 요동을 평활화시키는 기법.
이 기법으로 잡음에 대한 신호의 탐지능력을 개선시킬 수 있다. 본질적으로 동등한 두 가지 기법이 MN 자료점으로부터 유도된 **멱 스펙트럼**에 사용될 수 있다. (1) N개의 스펙트럼 멱밀도점을 포함하는 M개의 스펙트럼을 각 진동수 구간에서 평균하여 하나의 평균된 N 점 스펙트럼을 생산한다. (2) 하나의 MN-점 스펙트럼에 있는 스펙트럼 점들을 M개의 점들 그룹에서 평균하여 하나의 평균된 N-점 멱을 생산한다. 이와 같은 기법은 윈드 프로파일러와 MST(mesosphere-stratosphere-troposphere, 중간권-성층권-대류권) 레이더에서 **도플러 스펙트럼** 측정에 폭넓게 사용된다.

진자일(pendulum day, 振子日) 지구자전을 증명한 푸코(Foucault) 진자의 주기에서 비롯된 것으로 주어진 위도(ϕ)에서 진자가 1회전 하는 데 걸리는 시간.
진자일(p)은 $p = 1$일$/\sin\phi$로 주어진다. 따라서 극에서는 24시간 위도 30°에서는 진자일은 12시간이다.

진폭(amplitude, 振幅) 주기적인 파형에서 진동의 중심으로부터 최대로 움직인 거리 혹은 변위.
진동의 최댓값을 말한다.

진폭변조(amplitude modulation, 振幅變調) 여러 가지 방법으로 반송파의 진폭을 증폭 혹은 감소시키는 것.
각 주파수(ω)를 갖는 반송파가 $\cos(\omega t)$이라면, 해당하는 진폭-변조된 신호는 다음과 같다.

$$f(t) = g(t)\cos(\omega t)$$

여기서 $g(t)$는 반송파보다 더 천천히 변화하는 함수이다.

진폭 스펙트럼(amplitude spectrum, 振幅-) 푸리에 또는 스펙트럼 분석에서 주파수 또는 파수함수와 같은 두 개의 시계열 간의 상관성에 대한 정량적인 측정.
단, 두 개의 시계열 간의 어떤 위상차는 무시되는데, 이것은 다음과 같이 정의된다.

$$Am(n) = Q^2(n) + Co^2(n)$$

여기서 n은 파수(시계열의 전체 주기당 파수), $Co(n)$은 공 스펙트럼이며 $Q(n)$은 사분 스펙트럼이다.

ㅈ

질량발산(mass divergence, 質量發散) 계의 단위체적으로부터 나가는 질량의 순 플럭스율의 척도인 운동량 장의 발산.
유체의 연속방정식은 질량보존을 나타내며 다음과 같이 주어진다.

$$\frac{\partial \rho}{\partial t} + \nabla \cdot (\rho \boldsymbol{v}) = 0 \quad \text{또는} \quad \frac{\partial \rho}{\partial t} = -\nabla \cdot (\rho \boldsymbol{v})$$

여기서 ρ는 유체의 밀도, t는 시간, $\boldsymbol{v}$는 유체의 속도이며 ∇는 3차원 공간 미분연산자로 다음과 같이 나타낸다.

$$\nabla = \boldsymbol{i}\frac{\partial}{\partial x} + \boldsymbol{j}\frac{\partial}{\partial y} + \boldsymbol{k}\frac{\partial}{\partial z}$$

여기서 $\nabla \cdot (\rho \boldsymbol{v})$를 질량발산항이라고 하며 $\rho \boldsymbol{v}$는 질량속을 나타낸다. 따라서 $\nabla \cdot (\rho \boldsymbol{v}) > 0$이면 주어진 공간에서 질량발산, 그리고 $\nabla \cdot (\rho \boldsymbol{v}) < 0$이면 질량수렴이다. 질량수렴이면 주어진 공간에서 유체의 밀도가 증가하여 $\frac{\partial \rho}{\partial t} > 0$이 된다.

질량보존(conservation of mass, 質量保存) 질량은 생성되지도 소멸하지도 않으며, 단지 이동할 뿐이라는 뉴턴 역학의 원리.
대기과학에서 이 원리는 일반적으로 연속방정식으로 표현된다.

질량분석법(mass spectrometry, 質量分析法) 화학물질을 진공 속에서 이온화한 후에 이것을 질량-전하 비율에 따라 분리해 화학물질의 질량 스펙트럼을 분석하는 기술.
이온화 방법에는 가열된 필라멘트에서 나오는 전자선으로 충격을 가하는 전자 충격 이온화와 미리 준비한 이온에서 시료 분자로 전하를 전달하는 화학이온화가 있다. 고감도 질량분석기는 어떤 분자의 동위원소비에서 작은 차이를 측정하고, 이것으로 표본의 연대를 알아내거나 표본의 생성 특성을 추정한다.

질량전달방법(mass-transfer method, 質量傳達方法) 수표면으로부터 실제 증발량을 예측하는 방법.
증발량은 바람의 속도, 수표면 온도에서의 포화수증기압과 주변공기의 수증기압의 차이, 선험적으로 얻어진 질량전달계수를 곱한 값으로 얻는다.

집적차분화(compact differencing, 集積差分化) 격자에 대한 데이터의 도함수값을 수치적으로 추산하기 위한 '암묵적' 방법.
동일한 정확도 차수에서 템플리트[형판(形板)]를 차분화하는 기존의 '명시적' 방법보다 더 집적된 범위의 격자점들을 포괄하는 계수 템플리트를 이용한다. 예를 들어 기존의 균일격자상의 4차 차분화법은 다섯 가지 값의 데이터를 포괄하는 중앙 템플리트를 이용한다. 집적 4차 차분화는 3점 중앙 템플리트 2개를 이용하는데, 하나는 주어진 데이터에 또 다른 하나는 격자화된 도함수값 자체를 위해 이용한다. 고로 동시에 두 값의 해를 구해야 한다. 격자 기하구조가 충분히 규칙적일 경우 우수한 정확도를 갖춘 강력한 방법 때문에 이 값들은 계산적으로 유리하다.

ㅊ

대기과학용어사전

차녹 관계(Charnock's relation, -關係) 해상의 공기역학적 거칠기 길이(z_0)에 대한 경험적 표현식.
이 관계식은 다음과 같이 표현된다.

$$z_0 = \alpha_c u_*^2 / g$$

여기서 u_*는 마찰속도, g는 중력가속도 그리고 $\alpha_c \approx 0.015$는 차녹 매개변수이다. 이 관계는 바다 표면 스트레스의 증가 때문에 파고가 상승할 때 거칠기의 증가를 설명해 준다.

차니-필립스 격자(Charney-Phillips grid, -格子) 대기모형의 방정식계에서 사용되는 변수를 연직 방향으로 이산화시키는 방식의 격자.
각 층의 중앙에 수평바람을 정의하고 층의 경계에 온도와 연직속도를 정의한다. 1953년에 차니(Jule G. Charney)와 노만 필립스(Norman A. Phillips)가 시도한 준지균방정식계를 통하여 전지구 수치예보에서 최초로 사용한 이후에 차니-필립스 격자라는 이름이 붙여졌다. 수평바람과 온도변수를 모두 층의 중앙에 정의하는 **로렌츠**(Lorenz) **격자**와 여러 가지 측면에서 대조를 이룬다. 보통 차니-필립스 격자는 일기예측에 중요한 현상인 **위치소용돌이도** 역학과 대규모 파동의 전파를 잘 표현하는 것으로 알려져 있다. 그러나 온도나 수증기와 같은 열역학적 변수에 대한 연직 수송의 보존성을 표현하는 데에는 로렌츠 격자에 비해 성능이 좋지 않은 것으로 알려져 있다.

차단(interception, 遮斷) 1. 땅에 도달하지 않고 계속해서 증발하는 식생이나 구조물에 붙잡히는 강수량.
2. 강수가 식생이나 구조물에 잡힌 뒤에 흘러내림으로 땅바닥에 도달하거나 또는 증발되는 과정.
일반적인 규칙으로 유출이나 하천 방출에 의한 이 손실은 한 폭풍의 시초에만 일어난다.
3. 햇빛의 손실 중에서 언덕, 나무 또는 높은 빌딩에 의해 차단되는 부분.
햇빛의 계기 기록을 평가하는 때 이 손실은 꼭 감안되어야 한다.
4. 태양 스펙트럼 중에서 대기의 기체와 에어로졸에 의한 흡수와 산란에 기인하는 손실 부분.
보통 오존과 에어로졸에 의한 자외선 복사의 흡수를 말한다.

차등광학흡수(differential optical absorption, 差等光學吸收) 광학기술로 얻을 수 있는 값으로서, 스펙트럼에서 관심 있는 종(種)에 대한 빛 흡수의 최대와 최소 사이의 차.
이 기술은 흔히 스펙트럼 중 가시 영역이나 자외 영역을 사용한다. 일반적으로 고압 크세논(Xe) 전구나 석영-요오드 백열전구 같은 넓은 띠의 연속적 백광원이 이 목적을 위해 사용되었으나, 해와 달로부터 오는 빛도 사용되어 왔다. 차등광학흡수 방법은 낮은 ppt(parts-per-trillion) 수준부터 수백 ppt까지의 민감도를 갖고 오존, 대기 중의 이산화황, 이산화질소, 질산염기(NO_3) 및 수산기(OH)와 같은 기체분자들을 탐지하기 위하여 사용되어 왔다.

차등(산란)단면(differential (scattering) cross section, 差等(散亂)斷面) 입자나 산란매질에 의해 산란된 전자 에너지의 각분포를 명시한 것.
차등(산란)단면은 입사하는 복사조도에 대한 주어진 방향으로 산란된 복사 에너지 강도의 비로 정의된다. 따라서 차등(산란)단면은 단위입체각당 면적의 차원을 갖는다. 산란단면에 대해서 기호 σ가 자주 사용되고, 차등단면에 대해서는 $d\sigma/d\Omega$가 사용된다.

차등반사도(differential reflectivity, 差等反射度) 속성이 다른 두 가지 신호(예 : 편광 또는 파장)에 의해 측정되는 레이더 반사도의 비(比).
편광계 레이더 관측에 응용하면, 차등반사도는 연직 편광 송수신 신호로 관측된 반사도에 대한 수평 편광 송수신 신호로 관측된 반사도의 비이다. 이것은 보통 부호 Z_{DR}로 나타낸다. 서로 다른 파장의 두 가지 신호로 측정된 레이더 반사도의 비가 이중파장 비(比)로서 더 일반적이다.

차분흡수 라이더 온도계(differential absorption lidar thermometer, 差分吸收-溫度計) 레이저를 사용하여 온도를 측정하는 원격 센서.
차분흡수 라이더 온도계는 온도를 측정하기 위해 세 가지 파장을 발신한다. 그중 하나는 산소 흡수대로, 또 하나는 산소 흡수대와 떨어져 있는 파장으로, 그리고 나머지 하나는 이 둘 사이의 전이 파장으로 발신한다. 이 기법으로 여러 에너지 상태의 산소 농도를 측정할 수 있다. 많은 경우에 산소의 높은 회전 에너지 상태는 온도에 좌우된다. 이와 같은 원리로 차분흡수 라이더 측정으로부터 온도를 추정할 수 있게 된다. 이 방법은 매우 높은 정확도, 스펙트럼 분해능 그리고 레이저 송신기와 감지기의 안정성 등을 필요로 하는데, 현재 이 조건들은 거의 만족되어 있는 상태이다.

차분흡수 습도계(differential absorption hygrometer, 差分吸收濕度計) 적어도 두 개의 서로 인접한 파장을 사용한 분광습도계의 유형.
하나는 흡수대 안에서 선택되고, 나머지 하나는 흡수대 밖에서 선택되어 이 습도계는 수증기 흡수에 영향을 받지 않는다. 후자의 측정값을 전자의 측정값으로부터 빼면 수증기에 의한 흡수만 남고 모든 흡수효과는 상쇄된다. 이와 같은 간단한 원리에도 불구하고 두 파장을 매우 정밀하게 조절하고 유지시켜야 하므로 기술적으로 제작하기는 어렵다. 이 기술에 기반한 기구에는 두 고정된 파장에서 운영되는 차분흡수 라이더 또는 최근에 개발된 것으로 조율이 가능한 이극관 레이저가 있다. 이 레이저의 파장은 전체 흡수선과 그 부근 선의 강도와 모양을 측정할 수 있는 작은 파장 범위 안에서 연속적으로 변화시키거나 조율할 수 있다.

차원분석(dimensional analysis, 次元分析) 차원을 근거로 하여 기상학 변수들 사이의 가능한 관계를 결정하는 방법.
버킹엄 파이(Buckingham Pi) 정리라 부르는 체계적인 방법이 이 관계를 알아내는 데 사용된다. 이 결과를 파이 그룹이라 부르는 무차원 그룹으로 흔히 표현한다. 버킹엄 파이 정리가 적절한 무차원 그룹을 찾아내는 데 도움은 주지만 이 이론이 그룹 사이의 관계를 나타내지는 않는다. 이 관계는 무차원 그룹에 대한 야외 관측이나 실험실 측정을 통하여 경험적으로 찾아낼 수 있다. 경험적 자료들을 하나의 무차원 그룹(x축)과 또 다른 무차원 그룹(y축)으로 이루어지는 그래프에 기입할 때, 서로 다른 많은 기상조건들로부터 얻은 자료들이 결국 하나의 일반적 곡선으로 나타나기 때문에 이 곡선으로부터 보편적인 상사관계가 존재함을 알게 된다. 차원분석은 대기경계층 연구에서 광범위하게 그리고 성공적으로 사용되어 왔다.

차폐계수(sheltering coefficient, 遮蔽係數) 해수면에서 바람이 행한 일을 계산하기 위한 제프리스(Jeffreys)의 식에 사용되는 상수.
제프리스는 물의 표면에 행해진 일이 공기밀도, 물표면의 경사도, 파도에 상대적인 풍속의 제곱을 모두 곱한 값에 비례한다고 가정하였다. 제프리스가 발견한 차폐계수값 0.27이 풍파의 초기 형성에 만족스러운 설명을 주기는 하지만, 관측을 해보면 바람으로부터 파의 형태로 에너지를 계속해서 전달하기에는 이 차폐계수값이 약 10배 크다는 것을 알 수 있다.

착륙예보(landing forecast, 着陸豫報) 항공기의 이용자와 항공사의 요구 사항을 충족시키기 위하여 비행시간 한 시간 이내에 특정 비행장의 기상에 대한 공항예보.

착모역전층(capping inversion, 着帽逆轉層) 대기경계층 꼭대기의 정적 안정을 이룬 역전층. 마개역전이라고도 한다. '역전'이란 용어가 높이에 따라 온도가 증가함을 의미하지만 '착모역전'이란 단어를 경계층 상층부에 있는 모든 안정층(높이에 따라 잠재적인 온도 상승 가능성이 있는 층)에 대해 융통성 있게 활용한다. 이 역전층은 대기경계층이라면 어디에서나 볼 수 있는 공통적인 특징으로 대류권이 평균적으로 정적 안정상태이고 기류가 경계층 내부의 공기를 균질하게 만들기 때문에 형성된다. 즉, 열 보존에 의해 안정층이 경계층 상층부에 필수적으로 형성되기 때문이다. 이러한 역전층은 지면유도 난류와 그 아래에 있는 대기오염물질을 잡아두며 이로 인해 자유대기가 갠 날 중에는 지표면을 느끼지 못하게 한다(즉, 항력이 없고 자유롭게 미끄러지고, 지표면으로부터 열과 습기의 공급이 없으며, 바람은 거의 지균풍이다.).

착빙(icing, 着氷) 1. 일반적으로 보통 과냉각된 대기물현상의 충돌 및 빙결에 의하여 물체 위에 형성되는 얼음의 침착 또는 피복(被覆).
이것은 하얀서리와 구별되는데, 하얀서리는 수증기의 침적으로부터 생긴다. 착빙의 두 가지 기본 유형은 상고대(rime)와 비얼음(glaze)이다. 항공기에 생기는 착빙은 항공기의 양력과 프로펠러의 효율을 떨어뜨리기 때문에 항공기 운항에 어려움을 준다.
2. 땅, 강 또는 샘으로부터 스며나오는 물이 연속적으로 결빙함으로써 겨울철에 형성되는 얼음덩어리 또는 얼음 벌판.

찬공기 풀(cold pool, -空氣-) 따뜻한 공기로 둘러싸인 비교적 찬공기의 영역 또는 '풀'. 찬 강하, 찬공기 강하라고도 부른다. 이 용어는 보통 분리저기압 형성과정의 부분으로서 저위도에서 고립된, 상당한 연직 크기의 찬공기에 적용된다. 찬공기 풀을 확인하는 가장 좋은 방법은 층후선도에서 층훗값 최솟값들을 찾는 것이다. 찬공기풀은 저기압 규모의 현상들이다.

창(window, 窓) 1. 특정 감지기의 사용으로 특별한 매질을 거쳐 최대 투과와 최소 감쇠를 제공하는 전자기 스펙트럼의 띠(밴드).
2. 뚜렷하게 결빙이 일어난 강이나 호수에서 얼음이 없는 지역.
이는 지하 용출수나 지류에서 유입되는 따뜻한 물 또는 수심이 얕은 여울목의 난류에 기인한다. 대기창을 참조하라.

채널링(channeling) 산꼭대기에서 계곡 쪽으로 부는 대규모의 바람에 의한 운동량 전환 때문에 발생하는 산골짜기 주축(세로축)과 평행한 바람.
혼합 또는 강제적 대규모 기압경도에 의하여 계곡으로의 운동량의 직접 이동은 계곡 축을 따라 흐르는 흐름을 발생시키는 경우가 가장 많은데, 이 흐름은 상공의 흐름과 동일한 방향의 대규모 흐름의 성분을 나타낸다. 그러나 종종 기압경도와 대규모 바람 사이에 직각의 지균풍 관계 때문에 강제적 기압경도가 산마루 위에서 대규모 흐름의 계곡 방향 성분과 반대 방향으로 계곡 흐름을 만들어 내는 상황이 이어진다.

채집기(collector, 採集器) 대기의 어떤 한 지점에 대해 전위와 궁극적으로 대기전기장을 측정하기 위한 기구.
집전기라고도 한다. 모든 채집기는 전도체를 둘러싸고 있는 공기가 갖고 있는 것과 같은 전위를 전도체가 아주 빠르게 갖도록 하는 장치와 평형상태에 이른 채집기와 지표 사이의 전위차를 측정하는 전위계로 구성되어 있다. 대기의 전위 변화에 반응하는 속도에 따라 많은 종류의 채집기가 있다. 채집기에 불꽃을 이용해서 국지적 이온밀도를 증가시켜 전위의 평형을 촉진시키면 전위 변화에 대한 반응속도를 증가시켜 보통의 채집기에 비해 높은 측정효율을 얻을 수 있다. 특히 알파 입자를 방출하는 방사능물질을 채집기에 적용할 경우 반응속도는 몇 초 이내로 빨라진다.

채집효율(collection efficiency, 採集效率) 구름물리학에서 공기역학적으로 상호작용하는 구름과 강수입자에 대하여 다음 두 가지로 정의되는 것.
1. 상호작용하는 물방울에 대해서는 충돌효율과 병합효율의 곱.
2. 상호작용하는 얼음입자에 대해서 또는 얼음입자와 상호작용하는 물방울에 대해서는 충돌효율과 부착효율의 곱.

채택역(acceptance region, 採擇域) 가설을 시험 검증하는 데 사용되는 시료통계 값의 범위. 검증과정에서 시료채취 영역은 수용 영역과 거부 영역으로 나누어진다. 시료통계가 수용 영역 내에 있을 경우, 귀무가설(歸無假說, 일반적으로 기존의 이론에 근거한 가설)은 잠정적으로 허용된다. 시료통계가 거부 영역에 있는 경우, 귀무가설을 부정하는 대체가설이 허용된다. 유의성 검정을 참조하라.

채프먼 메커니즘(Chapman mechanism) 지구 성층권 오존층이 존재를 설명하기 위해 1930년대 시드니 채프먼(Sydney Chapman)이 처음 제안한 일련의 대기화학 반응.
반응이 일어나는 순서는 다음과 같다.

$$O_2 + h\nu \rightarrow O + O$$
$$O + O_2 + M \rightarrow O_3 + M$$
$$O_3 + h\nu \rightarrow O + O_2$$
$$O + O_3 \rightarrow O_2 + O_2$$
$$O + O + M \rightarrow O_2 + M$$

여기서 M은 3분자 반응에서 기타 분자이다. 오로지 채프먼 순환에 기초한 모형들은 성층권의 오존 수치를 과도하게 예측하며, 오존의 추가 붕괴는 질소, 염소 및 수소의 산화물과 관련된 촉매 순환을 통하여 발생한다는 것으로 현재 인식하고 있다.

채프먼 층(Chapman layer, -層) 태양복사의 흡수에 의해서만 생성되는, 고도의 함수로서 이온화의 이상적 고도분포.
시드니 채프먼(Sydney Chapman)의 이름을 딴 이유는 그가 처음으로 해당 층의 모습을 수학적으로 유도하였기 때문이다. 방정식을 개발하기 위해 사용한 기본 가정 몇 가지를 보면, 태양으로부터의 이온화 복사는 기본적으로 단색광이며, 이온화된 성분이 지수적으로 분포되며(즉, 일정한 규모고도를 가짐), 자유전자의 생성과 재결합에 의한 손실 사이에 균형이 존재한다는 것이다.

천둥(thunder) 뇌운에서 번개방전의 경로를 따라 급격히 팽창하는 기체가 방출하는 음(音).

뇌운에서 방전이 일어나면 순간적으로 기온이 상승하고 공기가 팽창하면서 음파가 발생한다. 일반적으로 방전현상이 일어나는 가까운 거리에서는 날카롭고 큰 폭발음을 동반한 충격파를 느낄 수 있고, 먼 거리에서는 굵고 낮은 소리를 들을 수 있다. 대기 중 음파는 보통 위 방향으로 휘어져 전파되므로 평지에서 천둥소리를 들었을 때 방전은 대체로 25km 거리 이내에서 일어난 것이다. 그러나 강한 기온역전층이 있을 때는 음파는 아래 방향으로 휘어져 전파될 수 있으므로 땅-구름방전인 경우 좁은 지역에 천둥소리가 집중되는 경우도 있다.

천둥번개(thunder and lightning) 뇌우 발달 시 번개와 천둥이 함께 나타나는 현상.
뇌전이라고도 한다. 천둥은 공중전기의 방전 시 공기의 갑작스러운 팽창에 의해 발생하는 소리이다. 그리고 번개는 구름 속에서 분리되고 축적된 음전하와 양전하 사이 또는 구름 속의 전하와 지면에 유도된 전하와의 사이에서 발생하는 불꽃방전을 말한다.

천문박명(astronomical twilight, 天文薄明) 태양의 미(未)굴절 센터가 고도각(h_0)의 범위 $-12° > h_0 > -18°$에 있을 동안의 박명상태.
맑은 저녁 천문박명이 일어날 때 산란된 태양광으로 인한 수평 조도는 약 0.008룩스로부터 6×10^{-4}룩스까지 감소한다. $h_0 = -18°$에서는 태양 방위각에서 아무 수평 빛이 보이지 않고 천정 부근에 눈으로 6등성이 보이며 산란된 태양광의 잔여 조도는 별빛과 대기광으로부터 오는 조도보다 작다. 참고로 서울의 천문박명의 시간은 춘분과 추분 때는 56분, 하지에는 64분, 동지에는 58분쯤 된다.

천수근사(shallow water approximation, 淺水近似) 관련현상의 수평규모가 유체 깊이보다 훨씬 큰 균질한 유체의 가정을 운동방정식에 작용하는 근사.
예로서 물의 깊이에 비하여 아주 긴 (깊이의 25배 이상의 거리를 가진) 해파에 대해 적용하는 근사이다.

천수방정식(shallow water equation, 淺水方程式) 운동의 수평규모가 연직 규모보다 훨씬 큰 경우의 유체운동을 설명하는 방정식계.
운동의 연직 규모 D가 수평규모 L보다 매우 작게 되어 천수근사 $\delta = D/L \ll 1$을 적용하면 유체는 연직 방향으로 정역학 평형을 이루고 있는 것으로 근사할 수 있다.

천수파(shallow water wave, 淺海波) 수심에 비하여 파장이 상대적으로 긴 장파로서 적어도 파장이 수심의 25배 이상인 파(波).
천수파의 속도(c)는 수심(H)에 의해서만 변하는데, 다음과 같이 나타낼 수 있다.

$$c = (gh)^{\frac{1}{2}}$$

여기서 g는 중력가속도이다. 이처럼 천수의 이동속도는 파장 L에 무관하다. 수심이 $0.5L$와 $0.04L$ 사이에 있다면 천수파의 이동속도는 더 정확한 다음 표현을 사용한다. 심수파를 참조하라.

$$c = [(gL/2\pi)\tan h(2\pi H/L)]^{\frac{1}{2}}$$

천정호(circumzenithal arc, 天頂弧) 천정에 중심을 두고 태양 (또는 달) 위로 최소 46°에서 볼 수 있는 호.
천정호는 얼음결정의 90° 프리즘을 통과한 빛의 굴절률에 의해 생기며, 빛은 수평 밑면으로 입사해 수직면으로 나온다. 일반적으로 결정은 크고, 지향성 있는 6각형 판이다. 천정호는 수평호의 높은 하늘 짝이다. 수평호는 태양이 높이 떴을 때(고도각 58° 이상) 낮아지며, 천정호는 태양이 낮게 떴을 때(고도각 32° 미만) 높아진다. 대다수의 천정호는 수명이 짧고, 길이가 짧으며 희미하거나 은은한 밝기이다. 단, 매우 다채로운 수평호는 굴절률이 최소편각에 가까울 때, 즉 약 22°의 태양고도각에 해당할 때 발생할 수 있다.

첨단방전(point discharge, 尖端放電) 주변의 전위와 다른 전위를 가진 끝이 뾰족한 전도체에서 소리가 없고 빛이 없는 기체의 전기방전.
요란의 날씨에서 나무 또는 뾰족한 끝과 돌기가 있는 지상물체는 첨단방전 흐름의 발원일 수 있다. 주변 물체의 위로 뻗은 뾰족한 지상 전도체 근처에서, 국지 전기장의 세기는 멀리 떨어진 같은 높이의 물체보다는 여러 배 강하다. 자유전자가 중성 공기분자를 이온화할 만큼 충분한 고속으로 가속하는 (평균자유행로로) 값에 도달하면 이 국지 전기장은 첨단방전을 시작하게 된다. 첨단방전은 전기를 띤 구름과 땅 사이 전하 변환의 주요 과정이며, 지구적 전기 회로에서 전하가 균형을 이루는 데 주요 항목이다.

첨도(kurtosis, 尖度) 어떤 변수들에 대한 확률분포의 편평 정도를 나타내는 척도.
첨도는 $\beta_2 = \mu_4/\sigma^4$으로 정의되는데 여기서 μ_4는 평균에 대한 네 번째 통계 모멘트이고 σ^2은 분산이다. 정규분포의 경우에 $\beta_2 = 3$이고, 일반적으로 $\beta_2 > 3$일 때의 확률분포 곡선은 정규분포보다 더 뾰족한 봉우리 모양이 되는 반면, $\beta_2 < 3$일 때는 정규분포보다 더 편평한 곡선이 된다. 급첨(leptokurtic)과 중첨(mesokurtic) 및 완첨(platykurtic)과 같은 용어들은 각각 β_2가 3보다 큰 경우와 같은 경우 그리고 작은 경우를 나타낸다. 초과(excess)란 첨도에 대한 상대적인 표현이고 초과계수 γ_2는 $\beta_2 - 3$으로 정의된다.

청천난류(clear-air turbulence; CAT, 晴天亂流) 구름이 없는 지역의 6~15km 정도의 상공에서 일어나는 난류현상.
제트류 중심부와 주위의 공기 사이에서 잘 일어나는 바람 시어로 청천난류는 특히 상층전선과 대류권계면 근처에서 잘 발생하며 비행기에 갑작스러운 영향을 준다. 청천난류는 탑모양 적운(보통 30km 이내)과 산악지대 근처에서도 잘 발생한다. 산악이나 다른 지형에 의해 요동치는 기류는 1,000km 또는 그 이상 길이의 난류성 파동을 발생시킬 수 있다.

청천대기 에코(clear-air echo, 晴天大氣-) 구름이나 강수 같은 명확한 기상학적 산란체가 없는 대기의 영역에서 되돌아오는 레이더 에코.
청천대기 에코는 (1) 새, 벌레, 먼지 혹은 기타 입자상 물체 등으로부터 되돌아오는 고체 표적물의 복귀신호(復歸信號), 또는 (2) 레이더 파장보다 작거나 비슷한 수준의 크기를 가진 굴절률의 공간적 요동에 의해서 발생한다. 두 번째 유형의 청천대기 에코의 사례로서는 대기난류로부터 비롯되는 브래그(Bragg) 산란과 프레스넬(Fresnel) 반사 또는 굴절률에서 예리한 경도를 가진 층으로부터의 오는 거울 반사를 들 수가 있다. 벌레, 새 혹은 미립자 등은 3cm 이하의 파장을 갖는 레이더에서 관측되는 청천대기 에코의 원인이 된다. 반면, 10cm 이상의 파장에서 작동하는 고출력 레이더가 일상적으로 탐지하는 대상은 강한 굴절지수 변이에서 나오는 후방산란 신호이다.

체류시간(lifetimes, 滯留時間) 대기 중 어떤 기체의 화학적 성분 농도가 초깃값에 비하여 $1/e$의 수준으로 감소되는데 소요되는 평균시간.
성분기체의 화학적 특성에 대한 농도가 위일차감쇠(僞一次減衰) 수준으로 되었을 때의 시간을 의미하며, 그때의 농도는 다음과 같이 나타낸다.

$$[A] = [A]_o \exp(-kt)$$

여기서 $[A]$와 $[A]_o$는 각각 일차감쇠 후의 농도와 초기 농도를 의미하고 k는 감쇠율을 의미하는 비율계수이며 t는 체류시간이다. 시간 t가 1차 비율계수 k의 역수와 같을 때 농도 $[A]$는 초기농도 $[A]_o$의 1/e/로 감소하게 될 것이다. 정상상태에 있는 어떤 종(種)의 대기 체류시간은 총 대기 속 양을 총 소실률이나 총 발생률로 나눈 것으로 정의될 수 있다.

초경도풍(supergradient wind, 超傾度風) 존재하고 있는 기압경도력과 원심력이 필요로 하는 경도풍보다 더 강한 속도의 바람.
등압선 간격이 좁은 지역에서 넓은 지역으로 바람이 불 때 나타날 수 있으며, 이때 바람은 기압이 높은 쪽으로 등압선을 횡단하면서 대체로 감속된다.

초고압기구(anchor balloon, 超高壓氣球) 대기의 연직상태를 측정하기 위해 사용되는 일반적인 풍선들과는 달리 대기 중 온도변화 및 풍선에 의한 태양복사의 흡수변화에도 주변공기와 비교해서 부력의 변화가 거의 없게끔 초고압으로 설계한 풍선.
이 기구는 따라서 일정한 고도를 장기간에 걸쳐 유지하며 특히 상층 관측에 많이 사용된다. 그러나 일반 풍선들과는 달리 초고압기구를 만들기 위해서는 보다 강한 재질의 재료가 필요하다.

초깃값 문제(initial value problem, 初期-問題) 초기조건이 계(系)의 미래상태를 좌우하는 문제.
대기운동을 지배하는 기본방정식은 시간에 대한 일차미분의 형식을 취하고 있어서, 현재 대기상태가 주어지면 다음 시각의 대기상태를 예상할 수 있다. 이러한 방정식계에서는 초기조건이 계의 미래상태를 결정하고, 초기조건의 변화가 미래 예측에 큰 영향을 미치게 된다. 하지만 예측기간이 늘어나면 비선형 효과 때문에 초기조건이 조금만 달라져도 종국에는 매우 다른 대기상태로 옮겨가게 되어, 시스템이 초기장의 메모리를 잃어버리는 시점에 도달한다. 통상 2주 정도가 여기에 해당하는데 이 기간을 대기운동의 예측성 기간이라고 간주한다.

초깃값 설정(initialization, 初期-設定) 초기조건에서 계산 불안정을 유발하는 고주파 성분을 강제적으로 제거하여 안정적인 수치계산을 보장하는 작업.
초기화라고도 한다. 역사적으로 볼 때 수치예보 초창기에 리처드슨(Richardson) 박사의 수치예측 실험이 실패로 끝난 데에는 모델 초기장에서 관성중력파 성분을 미리 제어하지 못한 문제점도 원인 중 하나로 작용했다. 기상학적으로 일기예보에 중요한 **로스비 파**에 비해 관성중력파는 빠르게 이동하고 파장도 짧아 수치계산과정에서 계산 불안정 현상의 원인이 된다. 따라서 모델의 초기장에서 관성중력파 성분을 인위적으로 삭감하는 절차가 필요했고, 자연상태에서 일어나는 지균조절과정을 응용한 방법들이 많이 등장하였다. 정규모드 초기화가 직접 중력파 성분을 제어하려 했다면, 역학적 초기화는 모델의 중력파 분산과정을 초기적분 단계에서 가속화하는 방법으로 접근하였다. 최근 모델이 정교해지고 **변분자료동화** 기술이 발전하면서 인위적인 지균조절과정은 점차 퇴장하였다. 분석에 쓰이는 모델 초기장은 지균평형에 근접해 있고, 모델 예측 오차가 줄어들면서 분석 증분(增分)도 작아졌기 때문이다.

초기조건(initial condition, 初期條件) 한 수치예보모형 같은 계의 미래상태의 예보를 시작하기 위해 쓰이는, 시간에 종속적인 역학계의 한 주어진 시각에서의 상태.

초단열감률(superadiabatic lapse rate, 超斷熱減率) 환경 기온감률이 건조단열감률을 능가할 때의 기온감률.
하루 중 바람이 매우 약하고 지면이 건조하면 강한 일사에 의해 현저히 대기가 가열되는데,

이때에는 지표층 내의 기온감률은 초단열감률이 되며 이 경우의 대기는 절대불안정해진다.

초대형세포(supercell, 超大型細胞) 경사진 상승기류와 중규모 저기압을 동반하며 지속시간이 4~5시간, 그리고 종종 토네이도와 우박을 동반하는 거대한 뇌우.
중규모 저기압은 뇌우의 심층까지 발달한 지속적인 회전하는 상승기류를 동반한다. 이 때문에 초대형세포 뇌우를 종종 회전하는 뇌우라고 한다. 초대형세포는 세 가지 유형, 즉 전형적인 유형, 저강수형, 고강수형으로 분류한다. 저강수형은 보통 미국의 고원에서와 같은 건조한 기후에서 발달한다. 고강수형은 습한 기후에서 발달한다. 그러나 초대형세포는 기존의 기상조건이 적절하면 어느 곳에서나 발달할 수 있다. 초대형세포는 뇌우 중 발생 빈도가 가장 낮지만 토네이도를 동반하므로 많은 피해를 줄 수 있는 뇌우이다.

초록테(green rim, 草綠-) 보통 초록색으로 나타나는 저고도 태양의 상부 가장자리.
수평선에 의한 차단과 태양의 나머지 부분에 의한 불명화 사이에 초록테가 일시적으로 나타나는 것을 때때로 녹색섬광의 기원으로 믿고 있다. 그러나 녹색섬광의 색깔은 초록테에 의해 생기지만 그 크기와 일시적 성질은 다중-영상 신기루와 더 연관되어 있다.

초상온도(grass temperature, 草上溫度) 짧은 잔디의 풀잎 꼭대기 고도에 구부(球部)가 위치한 온도계가 기록한 온도.

초상최저(grass minimum, 草上最低) 짧은 잔디의 풀잎 꼭대기 고도에 온도계의 구부(球部)가 위치하고 열린 환경에서 노출된 최저온도계가 나타내는 최저온도.

ㅊ

초저주파수(very low frequency; VLF, 超低周波數) 무선 주파수 밴드에서 3~30kHz의 대역.
파장의 범위는 10~100km이다.

초지균풍(supergeostrophic wind, 超地均風) 존재하고 있는 기압경도력이 필요로 하는 지균풍보다 더 강한 속도의 바람.
초지균풍은 반드시 초경도풍이 아니다.

초표준전파(superstandard propagation, 超標準傳播) 대기의 초표준굴절 조건에서 라디오파의 전파.
즉, 킬로미터당 40N-단위 이상의 율로 굴절률이 고도에 따라 감소하는 대기 또는 대기 일부에서의 굴절을 말한다. 초표준전파는 대기 중을 전파하는 라디오파의 하향 구부러짐을 정상보다 더 크게 하여 라디오 수평을 확장하고 라디오 수신을 증가한다. 이것은 주로 노점온도가 갑자기 감소하거나 온도가 고도에 따라 증가하는 지표면 근처의 층에서 전파하는 데 기인한다. 이와 같은 조건은 일반적으로 따뜻한 건조공기가 해면 근처의 차고 습한 층 위에 있을 때 해안선 근처에서 관측된다. 하향 구부러짐이 지구 곡률보다 큰 층은 전파관(라디오 덕트)이다. 가끔 이상전파를 초표준전파로 사용한다.

총체난류규모(bulk turbulence scale, 總體亂流規模) 지표면 온도감소에 대한 냉각의 e-겹 깊이의 비로 정의되는 안정경계층의 난류의 평균 척도.
안정경계층의 깊이가 잘 정의되지 않고 냉각 양과 난류강도가 높이에 따라 연속적으로 변하기 때문에 총체 규모는 전반적인 난류의 척도를 제공한다. 이 규모의 전형적 크기는 약한 난류에서 $3mK^{-1}$으로부터 강한 난류에서 $15mK^{-1}$까지 변한다.

총체 리처드슨 수(bulk Richardson number, 總體-數) 연직 시어와 연직 안정도의 비인 무차원 수.
리처드슨 수(R_B)는 경도 리처드슨 수의 근삿값으로 층간의 유한차분으로 지역경도를 근사하여 아래와 같이 구한다.

$$R_B = \frac{(g/T_v)\Delta\theta_v\Delta z}{(\Delta U)^2 + (\Delta V)^2}$$

여기서 g는 중력가속도, T_v는 절대가온도, $\Delta\theta_v$는 두께 Δz의 층 내에서 가온위차, ΔU와 ΔV는 같은 층에 대한 수평바람 성분의 변화이다. 층 두께가 무한히 작아지면 총체 리처드슨 수는 경도 리처드슨 수에 접근하는데, 이에 대한 임계 리처드슨 수(Ri_c)는 대략 $Ri_c = 0.25$이다. 이 임곗값보다 작은 경도 리처드슨 수는 역학적으로 불안정하고, 난류로 되든지 아니면 난류 형태가 지속된다. 불행하게도 임곗값은 총체 리처드슨 수에 대해서는 잘 정의되지 않고 임곗값 근처 값에서 난류 가능성이 불확실해진다.

총체법(bulk method, 總體法) 난류 종결의 일종으로 어떤 변수의 연직분포 모양을 이미 알고 있거나 선험적으로 알고 있다고 가정하고 그 분포 모양에 대한 매개변수만을 모형화하거나 예측하는 방법.
예를 들어, 대류혼합층에서 온위분포는 높이에 따라 일정한 것으로 이상화한다. 즉, 혼합층 온위의 단일값이 그 혼합층의 모든 높이에서의 온위를 정하는 것이다. 다른 예로서는 안정된 경계층에서의 온위로서 지수함수 모양으로 이상화했을 때, 두 변수인 지면에서의 온도감소와 e-겹 깊이가 경계층의 모든 높이에서의 온위로 정해진다. 이러한 난류 종결은 1차종결보다 낮으며, 1/2차종결로 불린다.

총체전달계수(bulk transfer coefficient, 總體傳達係數) 총체전달법칙에서 쓰이는 경험적 비례 상수.

대규모 대기수치모형에서 지표면 플럭스를 구할 때, 총체전달법 또는 항력계수법을 사용하는데, 이때 총체전달계수를 결정하는 것은 매우 중요하다. 총체전달계수는 경험적 상수로 그 특성상 같은 지역이라도 자료나 연구의 양, 관측기술이나 방법의 차이, 사용자에 따라 달라질 수 있으며 또한 오류를 포함하고 있다. 총체전달계수의 오류 정도는 지표면 플럭스의 오류에 영향을 미치고 따라서 보다 정확한 총체전달계수를 구하는 일은 중요하다. 총체전달법칙을 참조하라.

총체전달법칙(bulk transfer law, 總體傳達法則) 어떤 기상학 변수의 지표면 운동학적 플럭스와 풍속을 지표면과 기준고도 (통상적으로 지상 10m) 사이의 풍속 차이에 곱한 것과의 상관관계. 지표면에서의 운동학적 열 플럭스에 대한 총체전달법칙은 다음과 같이 표현된다.

$$< w'\theta_s' > = C_H M(\theta_s - \theta_{10m})$$

여기서 C_H는 열에 대한 총체전달계수, M은 풍속, θ_s는 지표면 온위, θ_{10m}는 지상 10m에서의 온위, w'은 연직속도의 섭동, θ_s'는 지표면 온위의 섭동, 그리고 $< >$은 평균을 나타낸다.

총체접근법(bulk approach, 總體接近法) 에너지 교환을 결정하기 위해서 사용되는 가장 간단한 프로파일 법.

총체접근법이란 균일한(선형) 경도가 주어진 층에서 가정되고 상층과 하층 경계에서만 값들이 사용된다는 의미이다. 만약 이 층의 하한이 지표면으로 아주 동일하게 간주된다면, 이 방법은 엄격하게 수체(水體)상에서만 적용되게 된다. 왜냐하면 단지 지표면 자료와 어떤 측정 높이(대부분 10m)에서의 측정자료 사이의 경도만이 명백하게 결정될 수 있기 때문이다. 예를 들면, 육지면인 경우 지상온도와 수분은 거칠기 요소(식물 피복과 다른 것들) 때문에 정확하게 측정될 수 없다. 그럼에도 불구하고 위성으로 측정되는 지표면 정보의 계산에 의해서 일부 적용된다. 이 경우에 상당한 정확도 손실을 감수해야만 한다. 그것은 또한 지표면 위의 어떤 거리에 해당하는 가장 낮은 높이를 수정하는 것이 가능하다.

총체평균(bulk average, 總體平均) 대류혼합층과 같은 특정한 층의 연직 깊이에 대하여 평균값을 낸 기상학적 변수.

고도에 따라 이미 상대적으로 균일한 층에 대해서는 총체평균이 보통 층 전체에 대한 그 변수의 최적값으로 사용된다. 예를 들어, 온위는 혼합층에서 보통 고도에 따라 거의 변함이 없으며, 그래서 연직분포는 종종 정확한 상수로 최적화되어 총체평균 온위와 동일한 값을 갖는다.

총체혼합층모형(bulk mixed layer model, 總體混合層模型) 대기혼합 경계층의 이상적인

모형의 하나.
혼합층 내 변수들의 값이 동일하다는 가정과 함께 경계층 꼭대기에서 급격한 도약이나 불연속성을 가정한 모형이다.

최고온도계(maximum thermometer, 最高溫度計) 관측기간 중의 최고온도를 측정할 수 있도록 고안된 온도계.
최고온도계는 가는 수은기둥에 가늘고 잘록한 죄어진 부분을 제외하고는 일반적인 유리관 수은 온도계와 같다. 온도계에서 잘록한 부분은 온도 상승 시 위로 올라간 수은이 기온이 내려가도 내려오지 못하도록 한다. 기온이 상승하였다가 순간적으로 하강한 후 다시 상승하면 수은기둥이 이어지면서 수은은 위로 다시 상승한다. 최고온도를 측정한 후 다시 최고온도를 측정할 수 있도록 수은기둥을 이어주는 것을 복도(複道)라고 한다. 최고온도계의 복도는 온도계를 위아래로 세게 흔들어 주면 수은기둥이 다시 연결되어 이루어진다.

최대강수역(zone of maximum precipitation, 最大降水域) 산, 산맥, 혹은 지형의 분포에 기인하여 주위 지역보다 많은 계절 강수량이나 연강수량을 보이는 지역.
일반적으로 강수량은 고도의 증가에 따라 증가한다. 그러나 이상적인 최적고도를 상회하면 오히려 강수량이 감소하는 강수량 역전현상이 나타난다(강수역전). 강수역전의 가장 큰 원인은 높은 고도의 기온이 낮아 절대습도가 낮기 때문이다. 낮은 절대습도는 응결할 수 있는 물의 양이 적음을 의미한다. 밀러(Miller, 1961)에 의하면 최대 강수고도는 1~2km이며 지역에 따라 다소의 차이를 보인다. 온대지역보다 열대지역, 건조지대보다 습윤지역, 한랭 계절보다 고온다습한 시기 동안의 최대강수역은 낮은 고도에서 출현한다. 강수그림자와 대비되는 현상이다.

최대 엔트로피 방법(maximum entropy method, 最大-方法) 매우 날카로운 극값을 가진 멱 스펙트럼을 추정하는 방법.
매우 날카로운 극값이 무한에 접근하는 특이점과 유사한 모양을 갖는다는 가정하에 멱 스펙트럼을 분모가 다항식인 유리함수의 형태로 표현하고 분모가 0이 되는 지점이 스펙트럼 밀도가 무한으로 접근하는 (날카로운 극값을 갖는) 주파수가 되도록 설정한다.

최대우도추정법(maximum likelihood method, 最大尤度推定法) 모집단의 모수(θ)의 값을 추정하기 위해 우도함수[$L(\theta)$]를 최대로 하는 모수의 값을 구하는 방법.
여기서 추정된 값을 최우추정량이라고 한다. 모수가 θ인 모집단에서 표집한 확률변수 X의 값의 분포로부터 최대우도값을 구하기 위해서는 먼저 주어진 샘플들로부터 우도함수 $L(\theta)$를 구하고, 그다음에 $L(\theta)$에 대수를 취한 다음 이를 최대로 하는, 즉 $\frac{\partial \ln L}{\partial \theta}=0$을 만족하는 $\theta=\hat{\theta}$을 구한다.

예를 들면, 한 오염된 지역에서 n개의 지점에 일정량의 토양 샘플들을 채취했을 때, 샘플에 대한 오염물질의 농도를 X라고 하고 X는 푸아송(Poisson) 분포를 따른다고 가정한다. n개의 독립된 샘플로부터 X의 가능한 값을 x_1, x_2, x_3, ⋯, x_n이라고 한다. 이 경우 우도함수는 다음과 같이 주어진다.

$$L(\theta) = f(\theta|x_1)f(\theta|x_2)\ldots f(\theta|x_n) = \prod_{i=1}^{n} f(\theta|x_i)$$

한편 모집단의 모수(평균값)가 k인 푸아송 분포는 다음과 같다.

$$f(x|k) = \frac{e^{-k}k^x}{x!}$$

여기서 $x = 0, 1, 2, \cdots$이다. 따라서 우도함수는 다음과 같이 주어진다.

$$L(k) = \prod_{i=1}^{n} f(x_i|k) = \prod_{i=1}^{n} \frac{e^{-k}k^{x_i}}{x_i!}$$

$$L(k) = e^{-nk}k^{\sum_{i=1}^{n} x_i} / \prod_{i=1}^{n} x_i!$$

여기서 모수의 최댓값을 쉽게 구하기 위해 자연대수를 취하면 다음과 같다.

$$\ln L(k) = -nk + \sum_{i=1}^{n} x_i \ \ln k - \ln \prod_{i=1}^{n} x_i!$$

ㅊ

이 식을 편미분한 결과식 $\frac{\partial \ln L}{\partial k} = 0$에서 모수 k를 구하면 최우추정량은 다음과 같다.

$$\hat{k} = \sum_{i=1}^{n} x_i / n = \bar{x}$$

최대유효속도(maximum unambiguous velocity, 最大有效速度) 도플러 레이더가 속도접힘 없이 관측할 수 있는 최대시선속도.
최대탐지속도 또는 나이퀴스트(Nyquist) 속도라고도 한다.

최대유효탐지거리(maximum unambiguous range, 最大有效探知距離) 레이더가 탐지할 수 있는 최대거리.
전파의 펄스를 발사한 후 다음 펄스를 발사할 때까지 시간의 1/2에 광속을 곱해서 구한다. 수신시간이 $2\mu s$이면 최대유효탐지거리는 300km이다.

최대탐지거리(maximum detectable range, 最大探知距離) 레이더로 목표물을 탐지할 수 있는 최대거리.
송신전력, 펄스 길이, 수신기 감도, 대기상태, 목표물의 크기와 모양 그리고 반사도 인자 등에 따라 결정된다.

최소비행(minimal flight, 最少飛行) 이상적인 측면에서 잘 계획하고 순항하여 최소의 시간 내에 완료한 항공 비행.
이러한 계획에는 항공 운항 특성과 관련된 항로 내의 완전한 3차원 바람 패턴을 고려하여야 한다. 그러나 지금까지도 최소비행은 기압 배치 비행이라는 2차원적인 개념하에서 생각한다. 최소비행경로를 결정하기 위한 하나의 실용적 방법으로는 파동전선법이 있다.

최소제곱(least square, 最小-) 제곱 차의 합을 최소화하는 절차.
예를 들어, 모집단의 평균에 대한 편차는 제곱의 측면에서 모집단 값의 어떤 다른 선형조합보다 작다. 이 절차는 알려진 변수 Y를 나타낼 수 있는 서로 다른 X_i에 대한 상수들을 얻는 데 가장 널리 쓰인다. $Y(s)$가 다음과 같이 쓰일 수 있다고 하자.

$$Y(s) = \sum_{n=0}^{N} a_n f_n[X_i(s)] + \epsilon$$

여기서 a_n은 결정될 상수, f_n은 임의의 함수, s는 Y와 X_i의 공통된 매개변수, ϵ은 미지의 오차이다. N은 보통 Y와 X_i의 수보다 훨씬 작다. 방정식은 중첩과정을 통해 상수들이 최적화된다. 이러한 최적화는, 다음과 같이 Y와 X_i가 S 범위에서 연속적일 때,

$$\left\{Y(s) - \sum_{n=0}^{N} a_n f_n[X_i(s)]\right\}^2$$

을 계산하고 a_n에 대한 합을 최소화함으로써 진행된다. 특히 예를 들어, $f_n[X_i(s)] \equiv X_i(s)$이면, 회귀함수가 결정된다. 그리고

$$f_n[X_i(s)] \equiv \cos nX_i(s), \quad \text{또는} \quad \sin nX_i(s)$$

이면 Y는 다차원 푸리에 급수로 표현될 수 있다. 최소제곱은 미지의 상수 a_n이 선형성을 만족할 때에만 사용가능하다. 최소제곱방법은 1806년 르장드르(Legendre), 1809년 가우스(Gauss), 1812년 라플라스(Laplace)에 의해 독립적으로 소개되었다.

최저온도계(minimum thermometer, 最低溫度計) 관측기간 중의 최저기온을 측정할 수 있도록 만들어진 온도계.

온도계 안에 알코올과 아령모양의 지표가 들어 있다. 측정원리는 기온이 올라갈 때는 계속 지표가 올라가다 기온이 떨어지면 온도계 구부(球部) 쪽에 형성된 메니스커스(meniscus)가 표면장력으로 지표를 끌어내린다. 그 후 기온이 상승하면 알코올만 상승하고 지표는 그 자리에 남아 있다. 따라서 지표의 윗부분이 최저온도를 나타낸다. 메니스커스란 유리관 속의 액체 표면이 오목하거나 볼록한 부분을 말한다.

최적내삽(optimal interpolation, optimum interpolation, 最適內插) 관측장과 배경장 사이의 오차에 하중을 주어 최소제곱근으로 맞추어 대기상태를 추정하는 내삽법 중의 하나.
주로 OI로 쓰며, 배경장은 보통 수치예보에서 제공한다. 하중은 관측장과 배경장의 오차 공분산 행렬의 역을 사용한다. 실제로 오차 공분산을 정확히 정의하는 것이 어렵기 때문에 '최적'이라는 말을 사용하면 오도할 수 있다. 적당한 용어는 '통계적 내삽'이라 할 수 있다.

최적섭동(optimal perturbation, 最適攝動) 예보의 척도에 가장 큰(최적의) 변화를 생산하는 섭동.
예로서 만일 최적섭동 δx가 현업 예보모형의 전형적인 분석오차에 비교할 수 있는 크기라는 제약을 주면, δx는 예보의 초기조건에 대한 변화를 표현할 수 있다. 수반민감도를 참조하라.

추대(bolting, 抽薹) 엽채류, 근채류, 그 밖의 식물에서 근출엽(rosette)으로부터 꽃봉오리가 붙어 있는 꽃대가 추출되어 나오는 것.
추대는 온도와 낮길이 등의 환경 자극에 의해서 꽃눈이 분화되어 개화 결실에 이르는 생식생장과 정의 일부분이다.

ㅊ

추분(autumnal equinox, 秋分) 태양이 북반구에서 남반구로 천구적도를 지나는 분점(分點, 9월 22일경).
추분은 여름에서 겨울로 바뀌면서 낮과 밤의 길이가 같은 날이며, 이날부터 낮의 길이가 점점 짧아지고 밤의 길이가 길어진다. 농사력에서는 이 시기가 추수기이므로 백곡이 풍성한 때이다.

추적물(tracer, 追跡物) 1. 이류 중에 보존되는 흐름의 화학적 또는 열역학적 특성.
공기덩이의 운동을 추적하거나 기단의 유래를 구별하는 데 사용된다. 예를 들어, 추적물을 통해 절대습도, 상당온위, 방사능 그리고 응결핵 등의 유래를 식별할 수 있다.
2. 기단의 유래를 추적하는 데 사용하는 대기 중의 어떤 물질.
추적물에 대한 주요한 필요조건은 추적물의 수명이 수송과정보다 충분히 길어야 한다. 비활성 화학 추적물 중의 하나인 육불화항(SF_6)은 야외 실험 중에 흔히 방출되며, 기단의 희석 정도를 평가하기 위하여 추후에 측정된다. 지구표면에서 방출되는 메탄(CH_4)이나 아산화질소(N_2O)와 같은 화학물은 대기 중에서 서서히 파괴되며, 연직수송률의 추정에 사용될 수 있다. 경계층에서 배출된 일산화탄소(CO)는 대류권 내에서 일어나는 수송을 추적하는 데 사용된다. ^{14}C와 ^{90}Sr 같은 방사성 추적물들은 성층권 순환모형을 테스트하는 데 사용된다. 예를 들어, 프레온가스(CFCs)와 같은 기체들은 해수에 대한 추적물로도 사용되어 왔다.

추파성 정도(degree of winter habit, 秋播性程度) 맥류가 일정 기간 저온처리되지 않으면 춘파성화되지 않는 성질의 정도.
즉, 춘화처리(vernalization)를 하지 않으면 영양생장만을 계속하게 하고 생식생장으로의 전환을 방해하는데, 이 성질을 추파성(winter habit)이라고 한다. 추파성은 저온처리와 단일처리에 의해서 소거될 수 있다. 품종에 따라서 추파성을 소거하는 데 걸리는 기간, 즉 저온요구도가 다른데, 이와 같이 맥류가 가진 추파성의 정도를 추파성 정도라고 한다. 생식생장으로의 전환에 저온요구도가 없는, 즉 추파성이 없는 것을 춘파성(spring habit)이라고 하며 춘파성 정도, 즉 추파성이 없는 정도를 **춘파성 정도**(degree of spring habit)라고 한다.

축대칭(axial symmetry, 軸對稱) 대칭의 축을 포함하는 모든 평면 안에서 동일한 배열을 묘사하는 삼차원 대칭.
원통좌표계에서 이 대칭은 방위각으로부터의 독립성을 내포한다.

축대칭난류(axisymmetric turbulence, 軸對稱亂流) 파이프(관) 또는 풍동 안에서처럼 평균 흐름의 방향 주변에 대칭적으로 분포된 난류.

춘분(vernal equinox, 春分) 태양이 남반구에서 북반구로 이동할 때 천구의 적도를 지나는 점.
춘분일은 대략 3월 21일경이다. 인공위성이 지구를 돌 때 기준점이 되어 방위각을 결정한다.

춘추분점(equinox, 春秋分點) 태양의 황도와 천구의 적도가 교차하는 두 점.
일반적으로는 태양이 적도 바로 위 상공을 통과하는 시기를 의미하며, 현재는 3월 21일과 9월 22일이 이에 해당하나, 세차운동에 의하여 시기는 주기적으로 달라진다.

춘추분 폭풍우(equinoctial storm, 春秋分暴風雨) 춘분과 추분 때 일어나는 것으로 믿고 있는 영국과 북아메리카의 격렬한 폭풍우.
이 믿음은 추분 근처에 가장 빈번한 서인도 허리케인을 선원들이 관측했던 때인 1700년대 중엽에 시작되었다. 겨울 반 년의 첫 번째 격렬한 강폭풍우가 때때로 9월 말 근처에 발생하기는 하지만, 큰바람 빈도 통계는 폭풍우가 특히 9월 22일경에 온대지방에서 빈번하다는 것을 보이지 않고 있다. 3월 21일경인 춘분에도 유사하게 이와 같은 현상이 빈번하다고 믿게 되었다.

춘파성 정도(degree of spring habit, 春播性程度)　추파성 정도를 참조.

출력밀도(power density, 出力密度)　전자기파에서 특정 지점에서 특정한 방향으로 전달매체를 통해 전달되는 에너지 전달률.
전자기파의 진행 방향에 연직으로 위치한 단위면적당, 단위시간에 도달하는 에너지를 의미한다. 일반적으로 출력밀도는 발원지로부터 멀어질수록 약해지고 흡수, 반사, 산란 또는 전자류의 기하학적 퍼짐 등 또 다른 이유로 약해진다. 발원지로부터 충분한 거리에 있는 흡수체의 표면에 도달하는 에너지 전달은 평면파 또는 평행 전자류 복사로 간주될 수 있다. 출력밀도는 전자류의 연직으로 놓인 면에서 받는 복사조도와 같다. 레이더 기상학에서는 단위면적을 통과하는 레이더파의 에너지 양을 말한다.

출력밀도 스펙트럼(power density spectrum, 出力密度-)　무작위함수의 일반화된 푸리에 표기에서 주어진 특정 진동수 범위가 전체 분산에 기여하는 척도.
만약 $f(t)$를 무작위함수라 할 때, 총 에너지 $\int_{-\infty}^{\infty} f^2 dt$는 무한하다. 그래서 푸리에 적분 형태로 나타내는 것은 적절하지 못하다. 만약 변환이 제한된 구간에서 다음과 같이 정의된다면

$$F_T(\omega) = \frac{1}{2\pi}\int_{-T}^{T} f(t)e^{-iwt}dt$$

적당히 제한된 조건 아래, 출력밀도 스펙트럼은 다음과 같이 정의된다.

$$\lim_{T\to\infty} \frac{\pi}{T}|F_T(\omega)|^2$$

무작위함수의 해석과 일반적인 푸리에 해석 사이의 유추적인 관련을 정리한 비너 정리(N. Wiener's theorem)에 의하면 출력밀도 스펙트럼이란 자기상관함수의 푸리에 전환이며, 무작위함수에 대해 다음과 같이 정의된다.

$$\lim_{T\to\infty} \frac{1}{2T}\int_{-T}^{T} f(t)f(t+\tau)dt$$

충격도(bumpiness, 衝激度)　항공기를 위아래로 급격히 요동치게 하는 공기운동의 연직성분의 변동에 대한 크기.
충격도는 일반적으로 불안정한 대기 속의 대류나, 불규칙한 표면 위의 공기 흐름, 또는 이 두 가지 모두와 연관되어 있다. 이는 바다에서보다 육지에서 더욱 흔하고 강도도 강렬하다. 대기권의 가장 낮은 고도구역에서 가장 뚜렷하게 나타나지만, 더 높은 고도 특히 산맥지형 위쪽으로까

지 연장될 수도 있다. 서로 다른 항공기는 동일한 상태의 대기 속을 통과할 때에라도, 서로 다른 종류의 기류의 강도와 충격도를 경험한다. **청천난류**를 참조하라.

충돌이론(collision theory, 衝突理論) 분자 간 충돌이 발생할 때 그리고 이들 충돌에 관여하는 분자들의 운동 에너지가 특정 임곗값을 넘을 때, 이들 분자들이 화학반응을 일으킬 수 있음을 가리키는 이론.
두 개의 기체분자가 충돌하는 간단한 경우에 대해서 충돌률계수가 가질 수 있는 최댓값은 초당 그리고 하나의 분자당 $2\times10^{-10}cm^3$에 이른다. 그러나 실제 충돌률계수는 이 값보다 낮게 측정된다. 왜냐하면 충돌 시 반응이 일어나기 위해서는 에너지 장벽을 넘어서야 되고 이 반응은 충돌 시 분자들이 특정 상대경로를 따를 때만 일어나기 때문이다.

충돌효율(collision efficiency, 衝突效率) 1. 큰 수적이 낙하할 때 그 경로상에 있는 모든 수적과 충돌하는 비율.
낙하하는 수적의 지름이 40㎛보다 작을 경우, 충돌효율은 10% 미만으로 떨어지나 낙하하는 수적의 지름이 80㎛보다 클 경우, 충돌효율은 거의 100%에 접근한다. 따라서 낙하하는 수적의 지름이 최소 40㎛보다 커야 충돌과정을 통한 강수형성이 가능해진다. 수적 간 충돌과정이 일어난다고 하여 이들 수적들이 서로 병합되는 것은 아니므로 충돌과정과 병합과정을 구분해서 이해하는 것이 중요하다. 충돌효율과 **병합효율**과의 곱을 **채집효율**이라고 한다.
2. 강수입자와 충돌하는 수적 또는 에어로졸 입자의 비율.

취주거리(fetch, 吹走距離) 1. 관측부지, 수신부지 또는 기상학적 관심 지역으로부터 지표 특성이 비교적 일정한 상류 쪽으로의 거리.
만일 관측부지가 일정한 토지 사용 상태인 농장의 중간에 위치하고 있으며 토지 사용에 변화가 없고 해당 부지의 바로 상류에 나무나 빌딩과 같은 장애물이 없으면, 해당 부지는 '취주거리가 길다'고 표현한다. 만일 측정이 그 농장에서 대기를 대표한다면, 일반적으로 취주거리가 긴 것으로 간주한다. 마찬가지로 만일 관측부지의 상류에서 지표의 특성에 뚜렷한 변화가 없으면, 일정한 지표에서의 측정이 긴 취주거리를 갖게 된다.
2. 일정한 방향과 속력을 갖는 바람에 의해 파가 생성되는 해역.
3. 바람의 방향으로 측정한 해파가 생성되는 취주 구역의 길이.
많은 경우 취주거리는 해안까지의 풍상거리로 제한된다.

측고계(hypsometer, 測高計) 글자 뜻 그대로 고도를 측정하는 기구로서 특별히 관측소에서 액체의 끓는점을 결정함으로써 대기압을 측정하는 기구.
액체의 끓는점과 대기압 사이의 관계는 클라우시우스-클라페이론(Clausius-Clapeyron) 방정식으로 알 수 있다. 측고계의 민감도는 압력이 감소할수록 증가하여 높은 고도 작업을 하는 데 측고계를 더 유용하게 만든다. 결국 측고계는 고도 측정에 빈번히 사용된다.

측고방정식(hypsometric equation, 測高方程式) 두 등압면 사이의 두께 h를 이 층의 평균 온도에 관련시키는 방정식.
이 방정식은 다음과 같이 표현된다.

$$h = z_2 - z_1 = \frac{R\overline{T}}{g}\ln\left(\frac{p_1}{p_2}\right)$$

여기서 z_1과 z_2는 각각 압력고도 p_1과 p_2에서의 기하학적 고도, R은 건조공기에 대한 기체상수, $\overline{T}$는 공기층의 평균온도, g는 중력가속도이다. 측고방정식은 정역학방정식과 이상기체법칙으로부터 유도할 수 있다.

측면경계조건(lateral boundary condition, 側面境界條件) 미분방정식의 일반 해를 구하는 과정에서 미지의 상수와 함수를 정하기 위해 영역의 경계에 대해 부여하는 조건인 경계조건 중 상단, 하단을 제외한 수평 방향의 경계에 주어지는 조건.
수치예보모형을 수행함에 있어, 구(球) 전체에 대해 계산을 하는 전구 모델은 측면경계조건이 필요 없다. 그러나 지역 모델은 제한된 영역에 대해 계산을 하게 되므로 반드시 측면경계조건이 필요하고, 일반적으로 보다 큰 규모의 모델에서 계산된 결과로부터 측면경계조건 값을 받아 사용한다.

측정 실링(measured ceiling, 測定-) 미국의 기상관측 통례에 따른 실링 구분으로 다음과 같이 세 가지 방법에 의하여 결정된 실링 값.
1. 빔의 투과가 보통 관측되는 높이나 층의 종류 범주 안에 있으며 앙각계나 운고계가 나타내는 앙각이 84°를 넘지 않을 때 운고관측등 및 운고계가 가리키는 실링 값.
2. 고도를 알 수 있는 상태에서 라디오존데 기구의 정확한 시간의 소멸에 따른 실링 값.
3. 공항 활주로로부터 1.5해리 내 지역에서 자연 경계표지 외의 물체의 빛이 투과되는 고도에 의해 결정된 실링 값.
측정 실링은 구름이나 대기 상부의 빛을 투과하지 않는 현상에만 적용된다. 항공기상관측에서 M이란 기호로 표시한다.

측풍기구관측(pilot-balloon observation, 測風氣球觀測) 특정 관측지점 상층의 풍속과 풍향을 측정하는 상층 바람관측의 한 방법.
일반적으로 파이발(pibal)이라고도 한다. 이 방법은 경위의(經緯儀)를 이용하여 측풍기구를 추적하며, 추적을 통해 얻은 고도와 방위각을 읽는다. 풍선의 상승속도는 전체 상승고도를 통해 추정한다. 지상에서 풍선이 비양된 후, 고도와 방위각이 순차적으로 (보통 1분 간격) 기록된다. 이 자료들은 상층바람 기입판으로 전송되며, 특정 고도에서의 풍속 및 풍향은 삼각함수를 이용해 계산한다.

층류(laminar flow, 層流) 유체흐름이 원만하고 일정하며 인근의 유체들에 의한 난류 혼합이 발생되지 않는 층의 흐름.
층류의 물질 교환은 분자 확산에 의하여 발생되나 이 과정은 난류와 비교하여 10^6배 정도 비효율적이다. 층류 두께는 경계면에서 일정한 비율로 증가하는 유체속도에 의하여 쉽게 이해될 수 있으나 혼란스럽고 무작위한 난류 특성과는 대조적이다. 층류는 일반적으로 중립이나 불안정한 대기에서는 발생하지 않으며 눈과 얼음 같이 부드러운 표면에 접한 매우 얇은 층(1mm)에 국한되어 발생된다. 그러나 야간 경계층과 같이 강한 정적 안정상태의 경우 리처드슨 수는 난류를 억제할 정도로 충분히 클 수 있고 이 경우 수십 미터 두께의 층류를 형성할 수도 있다.

층류경계층(laminar boundary layer, 層流境界層) 유체흐름이 원활하고 난류가 잘 발생되지 않는 기층.
표면 위에서 얇은 판 모양의 유체흐름이 발달하는 경우, 유체속도는 표면으로부터 멀어질수록 증가하나 무한히 증가하지는 않는다. 표면에서 많이 떨어지면 유체흐름이 난류로 바뀔 수 있고 이 난류층과 표면 사이에는 경계층이 생기는데, 이 층을 층류경계층이라 한다. 대부분의 층류경계층은 매우 얇으나(1mm 차수) 개울에서 이 층류경계층은 무척추 동물의 피난처가 될 수 있고 대기 중에서는 식물의 잎 보호 등 생물학적으로 중요한 역할을 할 수 있다.

ㅊ

층밀림(shear) 공간의 주어진 방향에 따른 벡터장의 변화(보통 방향적 도함수).
대기과학에서는 바람 시어를 가리키는 경우가 많다. 바람 시어는 어떤 방향으로 바람 벡터($\boldsymbol{V}$)가 변하는 것을 가리킨다. 쉽게 표현하면 바람이 장소에 따라 급격히 변하는 것을 강한 바람 시어가 있다고 말할 수 있다. 연직 방향(z 또는 p)으로 바람이 변하는 것을 일컫는 연직바람 시어는 $\partial \boldsymbol{V}/\partial z$나 $\partial \boldsymbol{V}/\partial p$ 등으로 표현된다. 지균풍($\boldsymbol{V}_g$)의 연직 시어는 수평온도 분포와 밀접하게 관련되며, 이를 온도풍관계라 한다. 바람 시어는 위험뇌우를 생성시키는 데 매우 중요한 역할을 한다. 또한 공항에서 발생하는 강한 바람 시어는 항공기 이착륙 시 위험에 빠뜨리게 하는 요인이 된다. 일반적으로 강한 바람 시어가 나타나는 기상현상에는 온난전선이나 한랭전선, 상층 제트에 동반되는 청천난류, 야간 제트, 산악에 의해 발생하는 두루마리 바람, 마이크로버스트 등이 있다. 온도풍을 참조하라.

층밀림응력(shearing stress, -應力) 바람 시어가 있을 때 분자점성에 의해 발생하는 응력. 동서바람의 연직 시어에 의해 나타나는 x 방향 층밀림응력(τ_{zx})은 다음과 같이 표현된다.

$$\tau_{zx} = \mu \frac{\partial u}{\partial z}$$

여기서 μ는 역학점성계수이다. 기체분자 운동론을 고려하면 층밀림응력은 분자의 무질서한 운동에 의하여 운동량이 수송되기 때문에 발생한다. 이와 유사하게 분자의 무작위운동에 의해 열이 전도되어 온도경도를 줄이거나, 기체를 확산시켜 농도변화가 없게 만든다. 층밀림응력은 공기분자 운동에 의한 마찰력을 생성시킨다. 보통 100km 이하 대기에서는 $\nu = \frac{\mu}{\rho}$로 정의되는 운동점성계수가 매우 작기 때문에 분자운동에 의한 마찰력은 무시되나, 연직 시어가 매우 큰 지표부터 수 센티미터까지 얇은 층에서는 고려해야 한다. 맴돌이응력이나 레이놀즈 응력은 μ를 대신하여 맴돌이 점성계수의 작용으로 발생한다.

층밀림중력파(shear-gravity wave, -重力波) 밀도와 유속의 불연속면 위에 발생하는 중력파와 헬름홀츠(Helmholtz) 파가 결합된 파.
상하층의 밀도 및 유속을 각각 ρ, ρ' 및 U, U'이라고 하면 층밀림중력파의 위상속도 c는 다음과 같다.

$$c = \frac{\rho U + \rho' U'}{\rho + \rho'} \pm \left(\frac{gL}{2\pi} \frac{\rho - \rho'}{\rho + \rho'} - \frac{\rho\rho'(U - U')^2}{(\rho + \rho')^2} \right)^{1/2}$$

여기서 g는 중력가속도, L은 파장이다. 괄호 속의 양이 음이면 운동은 불안정하다. 여기서 알 수 있듯이 밀도차는 안정도에 기여하고, 속도차는 불안정도에 기여한다. 이것은 대기의 전선면과 역전에 응용되어 왔다. 가장 성공적으로 물결구름 형상에 응용되었다. 합리적인 대기 매개변수 값들은 1km 차수의 정체 파장을 제공한다.

층운(stratus, 層雲) 아주 균일한 운저(雲底)를 가진 회색층 형태의 주요 구름형.
층운 내의 구름입자 구성은 일반적으로 균일하며 보통 다양한 크기의 작은 물방울, 드물지만 낮은 온도의 경우에는 빙정으로 이루어져 있다. 빙정의 경우 무리 현상이 빈번하게 발생한다. 일반적으로 층운은 강수를 동반하지 않으나 이슬비, 빙정, 쌀알눈을 유발하는 경우도 있다. 층운은 종종 요철 형태의 모양을 띠거나 구름 조각(조각 층운) 형태를 갖기도 한다. 층운형 구름은 보통 1m/s 이하의 다소 낮은 연직속도를 가지고 있다. 난층운, 층적운과 공존하고 있는 층운은 서로를 구별하는 일이 다소 어려우나 층운은 낮은 고도에서 균일한 파도모양을 갖는 반면 층적운은 더욱 선명한 모양을 갖는 차이를 가진다. 난층운은 층운과는 달리 보통 중층운과 하층운이 있는 상태에서 형성되며 구름이 좀 더 밀하고 습하며 난층운에 동반되는 바람은 층운에서 보다 더 강한 편이다. 층운을 관측할 경우 층운이 해를 통과할 때 층운의 윤곽선은 뚜렷하게 보이며, 광환 현상을 동반한 경우도 있다. 태양원의 중심 부근 인접지역에서 층운은 매우 하얗게 보인다. 태양으로부터 떨어져 있고, 구름이 충분히 두꺼우면 약하고 균일한 휘도를 보인다. 또한 층운은 본래의 구름에서 파생된 토막구름을 수반하는 경우가 많다. 층운은 다른 구름과는 달리 중·저고도의 구름이 없어도 독립적으로 형성될 수 있으며 밀도가 큰 층운은 종종 강수입자를 포함하기도 한다. 보통의 경우 층운은 하층에서 증발이 활발한 안개에서 발달된다. 안개와 마찬가지로 층운도 밤과 이른 아침 사이에 일변화가 최대로 나타난다. 일사로 인해 층운은 빠르게 소산되는 경향이 있지만, 종종 적운으로 발달되기도 한다. 해상에서 발생한 안개는 인접 대륙에서의 층운 형성에 빈번하게 영향을 준다. 해안가 지역은 하층 수증기가 풍부하고 대기 안정도가 층운 형성에 좋은 요건을 형성하는 경우가 많아 층운이 잘 발생하며, 층적운 하층의 후면부에 하강기류가 있을 때 층운이 생성되기도 한다. 또한 난층운과 적란운에서 유발된 강수는 대기 하층의 응결에 영향을 주어 층운을 형성하기도 한다.

층적운(stratocumulus, 層積雲) 거의 항상 어두운 부분이 있고 실모양이 아닌 회색 또는 흰색층 또는 조각 형태가 주류인 주요 구름형.
약어는 Sc로 표시한다. 층적운은 모자이크 모양, 둥근 모양, 두루마리 모양 등으로 나타나지만, 이것들이 서로 합쳐 있을 수도 있고 그렇지 않을 수도 있으며, 보통 무리, 선, 파동으로 규칙적으로 정렬되어 간단한 (또는 가끔 엇갈린) 파동 시스템의 외모를 보인다. 층적운의 성분은 일반적으로 꼭대기가 납작하고, 평평하고, 크며, 수평선 위 30° 이상의 각도에서 관측되나 각 층적운 성분은 5° 이상의 각을 마주 본다. 층적운은 작은 물방울로 구성되나 가끔 큰 물방울, 부드러운 우박, 눈송이(아주 드물게)를 동반한다. 구름이 아주 두껍지 않을 때 굴절현상인 코로나와 무지갯빛이 나타난다. 보통 조건에서 얼음결정들이 띄엄띄엄 있어 실모양의 구름을 만들지 못하지만, 매우 추운 날씨에는 얼음결정체 수가 충분히 있어 풍부한 꼬리구름을, 심지어 (해, 달)무리까지 만든다. 유방운은 층적운의 보조 형태인데, 이 경우에 유방 형태의 돌출 부분들은 주된 구름에서 떨어져 나간 것 같은 점까지 발달한다. 꼬리구름은 구름 아래서 형성되는데 특별히 매우 낮은 온도에서 형성된다. 층적운에서 강수는 거의 일어나지 않는다. 층적운은 종종 맑은 공기에서 형성된다. 층적운은 층운이 상승하여 형성될 수 있고, 층운 또는 난층운의 대류 변환 또는 파동 변환에 의해(고도 변화를 동반하거나 동반하지 않고) 형성될 수 있다. 층적운은 고적운과 유사한데 고적운 성분이 충분한 크기로 성장할 때 고적운으로부터 직접 형성된다. 난층운 저변 근처의 습한 층이 난류 그리고/또는 대류를 동반하면 더 습해져 층적운이 형성될 수 있다. 적운 또는 적란운을 생성하는 상승기류가 안정 공기의 상층에 접근하면 상승기류가 느려지고 어미구름의 전부 또는 일부가 점차 발산하고 수평으로 퍼져 가끔 층적운을 형성한다. 적운성 층적운의 특별한 유형은 가끔 대류가 감소하는 저녁에 발생하고 결과적으로 적운형 구름의 위와 아래에서 점차 소멸한다.

층차분석(differential analysis, 層差分析)　두 층에서의 어떤 기상변수 패턴을 도식적이나 수치적으로 빼서 얻은 변화도 또는 층후선도 같은 연직 차(差) 선도에 대한 종관분석.
연직으로 한 면에서 그 위의 어떤 면까지 공간적 차를 계산하고 이를 분석하는 것은 유체정역학과 관련되어 있기 때문에 여러 면에서 유용하다. 하층에서 압력에 대하여 층차분석을 하면 이 층에 대한 평균 등밀도선을 알게 된다. 그리고 두 고도에서 온도와 온위에 대한 층차분석으로부터는 이 층의 평균 안정도를 근사적으로 알 수 있다. 또한 두 등압면의 등고선을 층차분석하면 이 층의 두께 패턴이나 평균 등가온도선의 패턴을 파악할 수 있다.

층후이류(thickness advection, 層厚移流)　바람에 의한 국지적인 기층 두께의 이동.
층후이류는 기층의 두께를 Δh로 표시할 경우에 다음과 같이 표현된다.

$$-\boldsymbol{V}\cdot\nabla(\Delta h)$$

여기서 $\boldsymbol{V}$는 고려하고 있는 기층의 평균 바람 벡터이다. 일반적으로 층후는 기층의 평균온도에 비례하므로 층후이류는 온도이류로 볼 수 있다. $-\boldsymbol{V}\cdot\nabla(\Delta h)>0$인 경우를 온난이류, 그리고 $-\boldsymbol{V}\cdot\nabla(\Delta h)<0$인 경우를 한랭이류라고 한다.

치누크(chinook)　서부 북미에서 발생하는 푄 현상에 붙여진 이름으로, 특히 미국과 캐나다에 걸쳐 있는 로키 산맥의 동쪽 또는 풍하 측으로 평원에서 부는 바람.
로키 산맥의 동쪽 경사면에서 치누크는 대체로 서쪽 또는 남서쪽으로부터 불어오는데 지형에 따라 풍향이 바뀔 때도 있다. 종종 치누크는 북극 전선이 동쪽으로 물러갈 때 불기 시작하여 급격한 온도상승을 발생시킨다. 불과 15분 만에 섭씨 10~20℃가 상승하기도 하며, 몬태나 주 하버에서는 불과 3분 만에 영하 12℃에서 영상 5℃까지의 급격한 온도상승이 기록된 적도 있다. 가끔 북극 전선은 거의 정적이지만 관측소에서 왔다갔다 진동하기도 한다. 이 때문에 관측소가 따뜻하고 찬공기의 영향을 번갈아 받아 온도가 폭넓게 변동을 거듭한다. 여느 푄 현상의 경우처럼 치누크 바람도 강하고 거센 때가 많다. 치누크 바람은 산악파를 동반하며, 재산상 손실을 끼치는 하강폭풍의 형태로 발생할 수 있다. 치누크의 공기는 산마루 상공의 중층대류권에서 만들어진 것이며, 따뜻함과 건조함은 침강으로 인한 결과이다. 습한 상태가 유지될 때, 다양한 산악파 구름과 풍하파 구름이 형성될 수 있는데, 캐나다 앨버타 주 캘거리 서쪽 로키 산맥의 치누크 아치 같은 것을 들 수 있다. 치누크는 겨울의 한파를 완화시키기도 하지만 가장 중요한 효과는 눈을 녹이거나 승화시키는 것이다. 즉, 약 30cm 두께의 눈이 몇 시간 만에 사라질 수도 있다. 푄 현상에서처럼 연구자들은 치누크를 따뜻함을 가져오는 하강풍으로, 보라를 추위(냉각)를 동반하는 바람으로 분류하려고 시도했다. 그러나 이러한 시도는 제한적으로만 성공하였는데, 그 이유는 애매하거나 잘못 분류된 사례들이 많이 있었기 때문이다.

치누크 아치(chinook arch) 로키 산맥의 동쪽 경사면을 따라, 특히 산맥이 대략 남북 방향으로 향한 몬태나와 앨버타 지역에서 발생하는 산악파 구름 형태.
아치 구름은 바람이 불어오는 쪽엔 서쪽 가장자리가 날카로운데, 로키 산맥과 평행하게 바람이 불어가는 쪽에 바람 방향과 직각으로 폭넓게 퍼져 있다. 위성이나 지상에서 측정해 보면 아치 구름은 수백 킬로미터 이상 남북 방향으로 뻗어 있을 때도 있다. 산맥의 풍하 측인 동쪽 평원의 땅에서 서쪽으로 관측자가 바라볼 때 파동구름의 서쪽 가장자리 모습 때문에 '아치'라고 한다. 아치는 그 서쪽의 푸른 하늘에 다른 구름층이 전혀 없을 때 특히 두드러지게 나타난다. 글라이더 조종사들은 때때로 이렇게 깨끗한 영역을 '창'이라고 부르기도 한다. 아치 모양이 두드러지게 보이는 것은 구름높이(보통 중층운 또는 상층운), 지평선을 따라 걸친 바람 직각 방향으로 큰 아치의 크기 그리고 관측자의 시각 등과 같은 이유 때문이다. 아치 구름은 치누크를 예고하는 경우가 흔히 있다. 치누크와 관련된 급격한 온도상승 때문에, 아치는 예측인자로서 지역 날씨 지식에 중요한 역할을 하고 있다.

치올림 응결고도(lifting condensation level, -凝結高度) 상승응결고도와 같은 의미로 사용되는 용어.

치올림 지수(lifted index, -指數) 골웨이(Galway, 1956)가 개발한 안정도 지수.
치올림 지수(L)는 다음과 같은 식으로 계산된다.

$$L = (T_L - T_{500})$$

여기서 T_L은 예보된 지상 최고기온과 900m 아래 하층의 평균 혼합비를 이용하여 공기덩이를 건조단열적으로 상승시키고 포화된 후에는 포화단열적으로 상승시켰을 때 500hPa 고도에서 갖게 되는 온도이고 T_{500}은 500hPa 고도에서 관측된 온도이다. 상승하는 공기(처음에는 건조단열과정을 따라서 그리고 포화된 이후에는 습윤단열과정을 따라서 500hPa 등압면까지)가 어떤 날 오후의 예측된 지상 최고기온과 사운딩(sounding)에 의하여 관측된 900m 아래층의 평균 혼합비를 이용하여 건조단열적으로 상승시키는 것을 제외하면 치올림 지수는 명목상 쇼월터(Showalter) 지수와 동일하다. 만약 더 이상의 가열이 기대되지 않는다면, 늦은 오후에 얻은 사운딩 자료를 사용하여 900m 아래층의 평균온위를 계산함으로써 해당 건조단열선을 정의할 수 있다. 공기덩이를 상승시키는 방법이 다를 수 있기 때문에 원래의 정의 이후 다양한 변형이 사용되어 왔다. 그리고 이 지수값은 쇼월터 지수값에 비해 다소 낮은 경향이 있고 공기덩이를 상승시키는 방법에 따라 다르게 해석할 수 있다.

침강(downwelling, 沈降) 표층에서 수평 방향의 흐름에 의해 수렴한 물이 질량의 균형을 맞추기 위해 일어나는 하강운동 혹은 무거운 상층의 물이 가벼운 하층의 물 아래로 하강하는 현상.
찬 고염의 물이 온난 저염의 물 아래로 가라앉는 현상을 지칭하기도 한다.

침강역전(subsidence inversion, 沈降逆轉) 하강하는 공기층이 단열 압축에 의해 기온이 상승함으로 인해서 형성되는 역전층.
일반적으로 고기압 권역에서 발생하며, 넓은 범위에 걸쳐서 강한 지속성을 나타내는 경우가 많다.

침식(erosion, 浸蝕) 바다, 흐르는 물, 이동하는 얼음, 강수, 바람 등의 작용에 의해 토양 혹은 암석이 한 점에서 다른 점으로 이동하는 것.
침식은 풍화작용과 구별되는데, 풍화작용은 물질의 수송을 반드시 포함하지는 않는다. 정상적인 지질학적 율을 넘어 침식이 증가할 때, 가속 침식이란 말을 쓴다. 지표물질이 계속적으로 재분포하는 경우에는 바람 침식이 매우 중요한 인자이다. 지질학자들은 이 효과를 나타내기 위해 두 가지 척도인 바람의 취주량(吹走量)과 바람의 고형물(固形物) 수송력을 사용한다.

침식기준면(base level of erosion, 浸蝕基準面) 1. 한 분지의 주류 곧 본체 하천의 하류 말단 쪽으로 기울어진, 그 밑에서 그 하천과 하천의 지류들은 침식할 수 없었으리라 추정되는, 불규칙한 모습의 가상적 곡면.
2. 더 일반적으로 적용될 때 침식의 임계 평면.
이것은 하천으로부터 흘러나오는 물이 흔히 침식할 듯싶은 가장 낮은 점에 해당하는 연안 해수면으로 근사되는 평면이다.

침입(subduction, 沈入) 바람 작용과 냉각의 합작으로 물의 질량이 형성되는 과정.
바람에 의해 표면류 장에 수렴이 발생하면 밀도가 일정한 물 표면 아래로 물을 밀어 내린다. 겨울철 표면이 냉각하면 이 물은 대류에 의해 혼합한다. 봄이 오면 혼합된 물은 더 따뜻한 얇은 표면층의 물 아래 고립되지만, 표면의 수렴에 반응하여 밀도가 일정한 표면에 의해 아래로 움직이고, 결국 다음 해 겨울철이 오기 전에 움직여 바다 내부로 들어가 새로운 물의 질량이 된다.

침입법(encroachment method, 侵入法) 혼합층의 승온율에 비례하는 혼합층 성장률의 유형을 나타내기 위해 경계층 기상학에서 사용하는 기법.
이때 혼합층의 승온율은 혼합층 바로 위 주위의 기온감률과 나뉜다. 다른 말로 말하면, 지면으로부터의 가열은 혼합층 두께를 증가시킨다. 또한 열역학적 방법에 의해 알려진 대로, 혼합층 꼭대기는 이른 아침 탐측 곡선 밑(탐측 곡선과 더 따뜻한 공기에 대한 단열선 사이)에 있는 면적을 계산함으로써 알아낼 수 있다. 이 면적은 지면 열속과 시간을 축으로 하는 선도의 기입 곡선 밑에 있는 면적과 같다.

침전물농도(sediment concentration, 沈澱物濃度) 유체의 단위부피당 유체 내 침전물의 질량을 표시하기 위해 사용되는 용어.
하천 침전물에 대해서는 덜 일반적으로 무게의 퍼센트처럼 물의 질량당 침전물의 질량으로 표시한다. 침전물농도는 흔히 물 입방미터당 침전물의 킬로그램으로 표시한다. 더 일반적으로는 물 1리터당 침전물의 밀리그램(mg)으로 표시한다.

침전직경(sedimentation diameter, 沈澱直徑) 1. 자연 침전물 입자의 불규칙한 모양 때문에 성질과 행태가 비슷한 구형입자로 동등하게 정의하는 직경.
2. 주어진 침전물 입자로서 같은 유체 내에서 같은 종단속도로 떨어지는 같은 비중량(단위부피당 무게)의 구의 직경.

침착(deposition, 沈着) 대기 중의 미량기체나 입자들이 확산에 의해서 대기로부터 지면 부근으로 이동하여 충돌 등에 의하여 지면이나 지면 부근 물체에 붙는 현상.
침적(沈積)이라고도 한다. 대기침착은 보통 침착과정 동안 물질의 상(相)에 따라 습성침착과 건성침착으로 나누어진다. 습성침착에서는 기체나 입자가 먼저 물방울과 통합된 다음 강수로 지면으로 이동한다. 이것을 강수에 의한 세정(洗淨)효과라 부른다. 건성침착에서는 기체나 입자가 지면으로 수송되어 지면 위에 흡착된다. 여기서 언급한 지면이란 해양, 토양, 초목, 건물 등을 말한다. 건성침착에서 말하는 지면은 습윤할 수도 있고 건조할 수도 있다. 건성침착에서의 '건성'은 오로지 침착되는 물질의 상(相)을 말하는 것이다.

침착속도(deposition velocity, 沈着速度) 건성침착에서 지면으로 향하는 특별한 종(種)의 플럭스(단위시간당 단위면적을 통과하는 양)를 지정된 기준고도(전형적으로 1m)에서의 종(種)의 농도로 나눈 몫.

종	육지	해양	얼음/눈
CO	0.03	0	0
N_2O	0	0	0
NO	0.016	0.003	0.002
NO_2	0.1	0.02	0.01
HNO_3	4	1	0.5
O_3	0.4	0.07	0.07
H_2O_2	0.5	1	0.32

일반적 기체상(相)의 오염물질(예 : 오존, 질산)에 대한 전형적인 침착속도는 0.01~5cm s^{-1}의 차수이다. 앞의 표는 여러 가지 종(種)에 대한 전형적인 건성침착속도(cm s^{-1})를 보이고 있다.

침착핵(deposition nucleus, 沈着核) 대기 중에서 수증기가 침착하여, 즉 침착핵화를 통해, 작은 빙정이 생길 때 그 핵이 되는 에어로졸 입자.
주로 미세한 모래이며 유성(流星)먼지, 점토입자, 화산재도 침착핵이 될 수 있다. 일반적으로 침착핵은 대기온도 −20℃에서 공기 1l 속에 몇 개 정도 존재하나, 기온이 더 하강하면 급격히 증가한다. 침착핵화를 이용하는 인공강우실험에서는 요오드화은(AgI), 요오드화납(PbI) 등의 미립자가 사용된다.

침투대류(penetrative convection, 浸透對流) 안정층 꼭대기에 도달하고 안정층에서 어느 정도 거리를 이동할 수 있는 충분한 에너지를 가진 부력 열기포에 의한 대류.
이러한 대류의 침투로 안정층과 대류층 사이 유체가 혼합하게 된다. 대기의 대류경계층에서 나온 열기포가 혼합층의 꼭대기에서 온위의 역전을 일으키는 침투대류는 흔한 예이다.

대기과학용어사전

카나리아 해류(Canary Current, -海流) 북대서양 아열대 자이어(gyre)의 동안(東岸)경계류. 카나리아 해류는 모로코에서 세네갈까지 북아프리카 해안을 따라 남쪽으로 흐르며 이 지역의 해안용승과 밀접한 상관성이 있다. 이때 해안용승(연안용승)은 무역풍의 가장 강한 북반구 겨울철에 가장 남쪽에 도달된다. 그다음에 이 용승은 카나리아 해류가 아프리카 해안으로부터 분리되는 케이프블랑(Cape Blanc, 21°N)을 지나 확장된다.

카르노 순환(Carnot cycle, -循環) 어떤 시스템에 대하여 정의한 이상적인 가역 일 순환. 기상학에서는 보통 이상기체에 한정된다. 카르노 순환은 4개의 상태로 구성된다. (1) 온도 T_1에서 기체의 등온팽창, (2) 온도 T_2로 단열팽창, (3) 온도 T_2에서 등온압축, 그리고 (4) 순환을 완성하기 위해 원래 기체상태로 단열 압축. 카르노 순환에서 행해진 순 일의 양은 높은 온도 T_1에서 유입된 열 Q_1과 낮은 온도 T_2에서 유출된 열 Q_2 사이의 차이이다. 대기대순환과 일부 스톰 중에서 특히 허리케인은 카르노 순환과 비슷한 과정을 따른다.

카르트 좌표(Cartesian coordinate, -座標) 세 평면 중 어느 두 평면도 평행하지 않은 3개의 좌표면에 대한 기준으로 공간의 점 위치를 표현하는 좌표계.
3개의 평면은 좌표축이라 부르는 3개의 직선으로 교차한다. 좌표면과 좌표축은 원점이라 부르는 공통점에서 교차한다. 좌표축이 서로 직각이라면 좌표계는 직교좌표계라 부른다. 기상학에서 (x, y, z) 직교 카르트 좌표의 가장 일반적인 방향은 x축이 동쪽을 향하고 지표면에 접해 있으며, y축이 북쪽을 향하고 역시 지표면에 접해 있으며, z축이 국지적 천정을 향하고 지표면에 직각 방향에 있게 된다.

카르트텐서(Cartesian tensor) 카르트 좌표축의 회전에서 규정된 규칙에 따라 변환하는 성분들에 의해 명시된 물리량.
0차 카르트텐서는 스칼라 양이며 회전에 대해 불변이다. 1차 카르트텐서는 벡터로서 해당 벡터의 성분들은 단일 3×3 회전행렬에 따라서 회전에 의해 변환된다. 2차 카르트텐서는 9개의 성분을 가지며 해당 성분들은 두 개의 3×3 행렬들의 곱에 따라서 변환된다. 보다 높은 차수를 갖는 텐서들도 동일한 방식으로 정의할 수 있다. 기상학에 관련된 예로서, 질량은 스칼라이고 속도는 벡터이며 스트레스텐서는 2차 카르트텐서이다. 회전하에서 변환에 대한 제약 때문에 카르트텐서는 일반적 텐서일 필요가 없다. 일반적 텐서는 임의의 좌표변화에서 규정된 방법으로 변환하는 성분을 갖는다.

카리브 해류(Caribbean Current, -海流) 카리브해를 통과해 동쪽에서 서쪽으로 흐르는 강하고 빠른 해류.

이 해류는 전지구 대양 컨베이어벨트에서 남반구로부터 북반구로 흐르는 주요 물 통로이다. 이것은 또한 북대서양 아열대 선회운동(gyre)의 서쪽경계 해류 시스템의 요소이기도 하고, 따라서 맴돌이 발산과 강한 속력에 연관되어 있다. 그레나다(Grenada) 해역에서는 0.2 ms^{-1}, 베네수엘라, 콜롬비아 및 카이만(Cayman) 해역에서는 0.5 ms^{-1}, 유카탄(Yucatan) 해협 부근에서는 0.8 ms^{-1}의 해류 속도를 기록하기도 한다. 맴돌이는 모든 해역에서 서쪽 방향으로 흐르는 해류를 동쪽 방향으로 흐르도록 해류역전을 발생시킬 수도 있다. 카리브 해류로부터 오는 대부분의 해수는 유카탄 해협을 통과하지만, 해수의 적은 양은 카리브해로부터 대서양을 향해 동쪽으로 카리브 반류로 되돌아온다.

카이 제곱검정(chi-square test, -檢定) 발생 빈도에 기초한 하나의 통계적 유의성 검정. 이것은 정성적 특성과 정량적 변수 모두에 적용할 수 있다. 이 검정의 여러 용법 중에서 가장 일반적인 것은 다음과 같다. 가설확률 또는 확률분포(적합도) 검정, 통계적 의존 또는 독립(연합도) 검정, 공통모집단(균질도) 검정. 카이 제곱(χ^2)에 대한 공식은 의도한 용법에 좌우하나, $(f-h)^{2/h}$ 형태의 항의 합으로 흔히 표현할 수 있는데, 여기서 f는 관측 빈도수이고, h는 그것의 가설값이다.

카타 온도계(katathermometer, -溫度計) 온도계의 시간상수를 통풍의 함수로 하는 원리에 기초한 냉각력 풍속계의 한 유형.
19세기 초기에 개발된 형태로서 38.5℃와 35℃에 해당하는 구부에 두 개의 조정 마커를 가진 액체온도계로 구성되어 있다. 온도계가 40℃로 되어 있다면 스톱워치로 38℃에서 35℃로 내려가는데 걸리는 시간을 잰 다음 풍속을 계산하는 데 사용한다. 특히 매우 낮은 풍속에 대하여 유용하다. 카타 온도계는 인간의 생명기후학에서 공기의 냉각력을 결정하기 위하여 사용된다.

카탈리나 맴돌이(Catalina eddy) 캘리포니아 남부 해안가의 물에 형성되는 저기압성 중규모 순환.
이 현상은 봄이나 초여름에 가장 많이 나타나지만 연중 어느 때나 발생할 수 있다. 카탈리나 맴돌이 순환은 전형적으로 해수층이 깊어지는 현상과 연관이 있으며 그와 관련하여 로스앤젤레스 해역의 공기질의 개선과 관련이 있다. 대부분의 경우 해수층은 1km 이상 깊어질 수 있으며 해상공기가 해안산맥의 골을 타고 파고들거나 사막지역의 내부에 도달하기도 한다. 카탈리나 맴돌이는 바다 쪽으로 바람이 부는 기간 동안, 연안산맥으로부터 바람이 불어가는 쪽 해안에서 발달하는 것으로 종종 관측된다. 산타와이네즈(Santa Ynez) 및 산라파엘(San Rafael) 산맥을 가로질러 불어 내리는 연안의 활강바람에 의해 해면기압의 하강이 발생하는데, 이로 인해 저기압성 소용돌이도는 남부캘리포니아 만곡부에 발달한다. 카탈리나 맴돌이 현상이 있은 후 나중에 전형적으로 발생한다.

칸델라(candela) 스테라디안(sr)당 루멘(lm sr^{-1})으로 표현되는 광도의 단위.
처음에 칸델라는 백금의 동결온도인 약 2,042K와 1기압의 압력하에서 1cm^2 면적의 흑체복사체가 이 면적에 직각방향으로 발산하는 빛에서 측정된 광도의 1/60로 정의하였다. 현재는 1스테라디안당 1/683 와트의 공률을 갖고 540테라헤르츠의 단일 주파수 빛을 발생시키는 광원의 광도로 정의하고 있다. 이 물리량은 국제단위계(SI)가 채택한 광도에 대한 표준단위이다. 일부 교과서에서는 이를 국제표준촉광이라고 부르기도 한다.

칼로리(calorie) 1g의 물의 온도를 섭씨 1℃ 만큼 높이는 데 필요한 에너지 양으로 정의되는 에너지 단위.
약어로는 cal로 나타낸다. 그램-칼로리(g-cal) 또는 소칼로리(cal)라고도 하며 1cal는 4.1855줄(joule)에 해당한다. 킬로칼로리 또는 큰(대) 칼로리(Kcal, kg-cal, 또는 Cal)는 칼로리(cal)의 1,000배이다.

칼만-부시 필터(Kalman-Bucy filter) 상태 추정값의 오차공분산을 명시적으로 전개시켜 모형상태추정값을 제공하는 4차원 자료동화방법.
간단히 칼만필터라고도 한다. 현재 다양한 칼만필터 알고리즘이 대기과학 자료동화 문제에 적용되고 있다. 필터 추정값은 현재 시각까지의 모든 관측값에 기초한다. 칼만필터의 일반화 결과는 연속체 역학에 대하여, 비선형 확률 시스템에 대하여(예 : 확장 혹은 앙상블 변환 칼만필터) 서로 다른 유형의 잡음을 갖는 시스템에 대하여, 미지(未知)의 잡음 통계에 대하여, 그리고 현재 시간 이후의 관측에 대하여, 그리고 칼만 평활(smoother) 관측에 대하여 존재한다.

캐노피 온도(canopy temperature, -溫度) 식물이나 식생피복의 온도.
일반적으로 적외선온도계로 측정한다. 이 온도는 식생의 수분상태를 나타내기 위해 사용되고, 원격탐사를 이용해 식생으로부터의 증산율과 현열수송을 산출하기 위한 모델링에 사용된다.

캔터베리 북서풍(Canterbury northwester, -北西風) 뉴질랜드 알프스 산맥을 넘어 뉴질랜드 남섬의 캔터베리 평원으로 부는 강한 북서 푄 바람.
이 지역에서는 '북서강풍'이라고 일컫는데, 이 바람은 농작물을 해칠 정도로 강력하고 더운 거센 돌풍을 일으키며, 삼림지대의 나무를 뿌리째 뽑아버리거나 건물 및 기타 구조물을 파손시키기도 하고 토양유실을 일으키기도 한다. 이 바람이 습기를 걷어가기 때문에 캔터베리 평원에서는 관개용수가 절실히 필요해진다. 연중 내내 발생할 수 있지만 봄에 가장 강하고 빈번하다. 대체로 남섬 상공의 한랭전선이 통과하기 직전에 발생한다. 뉴질랜드에서 기록한 최고기온 역시 이 바람 때문에 발생하였다[1973년 2월 7일 캔터베리 평원 랑기오라(Rangiora)에서 측정된 기온값은 42.4℃이다.].

캘리포니아 해류(California Current, -海流) 북태평양 아열대 자이어(gyre)의 동안(東岸)경계류.
미국 서부의 워싱턴 주와 캘리포니아 주 해안을 따라 남쪽으로 흐르며 북반구 봄철 및 여름철 기간 동안 이 지역에서 발생하는 해안용승류와 연관이 있다. 이때 해면수온은 약 15℃까지 떨어지는데, 이로 인해 이 시기에 매우 더워진 해안선을 따라 해무가 자주 발생한다.

캠벨-스토크스 일조계(Campbell-Stokes recorder, -日照計) 태양운동에 의해 시간 눈금이 주어지는 유형의 일조계.
유리구를 통과하는 빛의 광학적 특성을 이용하여 일조시간을 구하는 측기로서 장기적인 관측자료의 안정성 및 측기의 견고성, 관측의 용이성 등으로 1962년 WMO 측기 및 관측법 전문위원회(Commission for Instruments and Method of Observation, CIMO)로부터 국제적인 표준일조계로 권고 받은 측기이다. 본 기기는 기본적으로 원형 렌즈로 구성되어 있어 태양의 영상이 특별 제작한 기록지 위에 맺히도록 설계되어 있다. 측정 시 기록지 위의 시간척도가 태양시간과 일치하도록 기기 방향을 잘 맞추어야 한다. 궤적의 깊이와 폭을 대략적인 태양의 세기로 해석할 수 있다. 지름이 약 100mm인 렌즈 역할을 하는 유리구를 통과하는 태양광선이 한곳으로 모여 지름 약 140mm의 반원형 홈에 끼워져 있는 기록지 표면을 태우게 되며, 이 탄 흔적의 길이로부터 일조시간을 구한다. 따라서 유리구에 먼지, 이슬, 성에 등으로부터 항상 깨끗한 상태를 유지해야 하며 유리구에 흠집이 가지 않도록 하여야 한다.

커뮤니케이터(communicator) 분산 메모리 병렬기법을 구현하는 MPI(Massage Passing Interface) 라이브러리에서 사용하는 개체 중 하나.
계산 및 통신에 참여하는 여러 개의 프로세스를 그룹 짓는 역할을 한다. 즉, 여러 개의 프로세스를 요소로 갖는 집합을 표현하는 개체를 커뮤니케이터라고 할 수 있다. 구체적으로 MPI에서 각 커뮤니케이터는 하나의 정수지수로 표현된다. 초보적인 MPI 기반병렬 프로그램에서는 MPI_COMM_WORLD라는 단일 커뮤니케이터만이 사용되나, 다양한 병렬 프로그램을 하나의 프로그램 안에서 결합하여 사용하는 경우에는 각 병렬 프로그램에 개별적인 커뮤니케이터를 할당하여 결합하는 방법을 사용할 수 있다. 대기 모델에 해양, 파고, 혹은 화학 모델을 결합하여 거대한 지구 시스템 모델을 개발하는 경우, 보통 각 모델 성분에 개별적인 커뮤니케이터를 할당하여 전체 모델이 단일한 병렬 환경에서 작동할 수 있도록 한다.

컬(curl) 스토크스 정리에 의하여 각 점에서 장의 순환과 관련되어 장의 회전을 표현하는 벡터장에 대한 벡터 연산.
컬은 좌표계 변환에 대해 불변이며 다음과 같이 나타낸다.

$$\nabla \times \boldsymbol{F}$$

여기서 ∇는 델 연산자이다. 카테시안 좌표계에서 벡터 $\boldsymbol{F}$가 각 성분 F_x, F_y, F_z을 가지면 컬은 다음과 같다.

$$\left(\frac{\partial F_z}{\partial y} - \frac{\partial F_y}{\partial z}\right)\boldsymbol{i} + \left(\frac{\partial F_x}{\partial z} - \frac{\partial F_z}{\partial x}\right)\boldsymbol{j} + \left(\frac{\partial F_y}{\partial x} - \frac{\partial F_x}{\partial y}\right)\boldsymbol{k}$$

다른 좌표계에서 컬의 확장식은 벡터 해석에 대한 문헌에서 볼 수 있다. 특히 속도 벡터의 컬을 소용돌이도라고 부른다. 고체회전장에서 소용돌이도는 각 속도의 두 배와 같다. 종종 소용돌이도는 컬의 1/2로 정의하기도 한다. 이차원 벡터장의 컬은 항상 장 벡터들에 대해서 수직이다.

컵 풍속계(cup anemometer, -風速計) 회전축에 대하여 주위에 대칭적으로 배치된 3개나 4개의 반구 컵이나 원뿔 컵으로 구성되어 있고 연직 회전축을 갖고 있는 기계적인 풍속계. 컵의 회전율로 풍속을 측정한다. 돌풍이 불 때는 컵풍속계가 평균풍속을 과도하게 측정하는 경향이 있다.

케이 이론(K theory, -理論) 난류 규모나 아격자 규모에서 미량물질의 운동을 묘사하는 방법.
혼합길이이론이라고 부르기도 한다. 이 이론은 미량물질의 플럭스를 맴돌이확산(K로 나타냄)을 거친 평균 양의 경도에 관련시키고 있다.

케이 지수(K index, -指數) 기온감률, 하부 대류권의 수분 함량 및 습윤층의 연직 크기를 기본으로 하여 만든 뇌우 가능성 척도인 안정도 지수.
이 지수는 1960년에 George가 개발하였기 때문에 조지(George) 지수라고도 부른다. K 지수(KI)는 중층 이하 대기층에서 불안정 요소를 진단하기 위해 3개 층의 기온과 2개 층의 노점온도를 사용하여 다음 방정식으로 구한다.

$$KI = (T850 - T500) - D850 - (T700 - D700)$$

여기서 T는 온도, D는 노점온도를 의미하고 숫자는 hPa 단위의 고도를 나타낸다. KI는 현재의 기상상태에서 역학적 안정도를 나타내지만 중 · 상층에 차가운 공기가 위치하는 경우에 KI의 신뢰성이 떨어진다. 또한 하층대기가 충분히 포화되지 않고 건조한 층이 존재할 경우와 역전층이 존재할 경우에도 정확성이 낮아진다. 우리나라에서는 해양성 열대기단인 북태평양 기단의 영향을 받는 여름철에 호우 및 뇌우 진단을 위해 KI를 활용할 수 있다. 우리나라에서 발생된 여름철 대부분의 호우는 KI 값이 30 이상일 때 나타났다.

켈빈 순환정리(Kelvin's circulation theorem, -循環定理) 닫힌 유체곡선을 따른 순환의 변화율이 이 폐곡선을 따라 가속도를 적분한 것과 같다는 정리.
뉴턴의 제2법칙을 유체운동에 적용한 오일러 방정식(점성력은 무시함)을, 유체입자를 둘러싼 폐곡선에 대하여 선적분하면 순환정리를 구할 수 있는데, 절대좌표계에서 다음과 같이 표현된다.

$$\frac{dC_a}{dt} = \frac{d}{dt}\oint \boldsymbol{U}_a \cdot dl = -\oint \rho^{-1}dp$$

여기서 C_a는 절대순환, $\boldsymbol{U}_a$는 절대좌표계에서의 속도 벡터, l은 폐곡선을 따른 길이 벡터이다. 그리고 맨 오른쪽 항은 솔레노이드 항으로서 ρ와 p는 각각 밀도와 기압을 나타낸다. 순압유체에서 밀도는 기압만의 함수이므로 솔레노이드 항은 0이 된다. 그러므로 순압유체에서는 $\frac{dC_a}{dt}=0$이 된다. 즉, 유체의 운동을 따라서 절대순환은 보존되는데, 이를 켈빈 순환정리라고 한다.

켈빈 온도눈금(Kelvin temperature scale, -溫度-) 작동하는 물질의 열적 성질과 무관한 절대온도눈금.
약어로는 K로 하고 절대온도눈금이라고도 부르는 열역학적 온도눈금이다. 이 눈금에서 T_1과 T_2 사이의 차이는 T_1과 T_2를 통하여 등온선과 단열선 사이에서의 카르노 엔진에 의하여 열이 역학적 일로 변환되는 율에 비례한다. 완전기체를 이용한 기체온도계가 가지는 온도눈금이라 보면 된다. 이 눈금은 1848년 켈빈 경(William Thomson, Baron Kelvin, 1824~1907)에 의해서 도입되었으며 켈빈 눈금은 편리하게 100분도의 눈금을 사용하며 켈빈 눈금으로 어는점은 273.16K이다. 절대영도를 참조하라.

켈빈 파(Kelvin wave, -波) 대양 주변으로 반시계 방향(북반구에서)으로 전파하고 연직 경계나 적도에 갇혀 있는 일종의 저진동 중력파.
대기나 해양에서 해안선과 같은 지형적 경계나 적도와 같은 도파관에 대응하여 지구의 코리올리 힘을 균형시키는 파이다. 이 흐름은 경계에 평행하여 경계에 직각인 기압경도와는 지균 균형에 놓여 있다. 따라서 경계에 직교하는 속력은 영이다. 즉, 진행 방향으로는 중력파와 똑같이 기압경도력과 가속도가 평형을 이루지만 해안에 직각인 방향으로는 기압경도력과 코리올리 힘이 평형을 이루는 지균관계를 만족한다. 적도에서는 해안이 존재하지 않으나 전향력이 적도를 경계로 하여 서로 부호가 바뀌기 때문에 적도를 대칭으로 적도 켈빈 파가 존재할 수 있다. 따라서 해안을 따라 발생하는 켈빈 파는 적도를 따라 계속해서 적도 켈빈 파로 전파될 수 있다. 균질한 해양에서

이 파는 순압 혹은 외부 켈빈 파로 불리고 성층을 이루는 해양에서는 경압 혹은 내부 켈빈 파로 불린다. 회전계의 경계 부근에서 켈빈 파는 측벽에 직교하는 파 정상과 함께 전파하고 파 전파의 방향으로 선 관찰자의 오른쪽 측벽에서 최대파고를 간다. 파고는 측벽에서 로스비 변형반경 (c/f)의 e-겹(e-folding) 길이 규모로 지수적으로 감소한다. 여기서 f는 코리올리 매개변수이고 c는 경계 방향을 따르는 파의 위상속도이다. 천수근사계에서 파는 다음 진동수로 비분산적이다.

$$\omega = \pm ck$$

여기서 k는 경계 방향의 파수이며 위상속도는 다음과 같다.

$$c = (gH)^{1/2}$$

여기서 g는 중력가속도이고 H는 평균 유체깊이다. 채널이나 도관에서의 켈빈 파는 쁘앙까레(Poincare) 파로 불린다.

켈빈-헬름홀츠 불안정(Kelvin-Helmholtz instability, -不安定) 서로 다른 속도와 밀도를 가진 두 평행 무한 흐름에서 비압축성, 비점성 유체의 기본류의 불안정.
속도 U_2와 밀도 ρ_2인 유체가 위에 놓이고 속도 U_1과 밀도 ρ_1인 유체가 아래에 놓여 있다면, e^{ikx}(여기서 k는 파수) 형태의 교란은 다음 조건에서 불안정하다.

$$g(\rho_1^{\,2} - \rho_2^{\,2}) < k\rho_1\rho_2(U_1 - U_2)^2$$

여기서 g는 중력가속도이다. 따라서 $U_1 \neq U_2$인 경우에 흐름은 단파(고파수)에서 항상 불안정하다.

켈빈-헬름홀츠 파(Kelvin-Helmholtz wave, -波) 켈빈-헬름홀츠 불안정에 의하여 야기되는 파동 형태의 교란.
밀도가 다른 두 개의 유체인 경우 충밀림 불안정도 또는 켈빈-헬름홀츠 불안정에 의해 켈빈-헬름홀츠 파가 발생하여 청천난류의 원인이 된다.

코로나(corona) 1. 태양, 달 또는 다른 발광체가 엷은 구름으로 가려져 있을 때 이들 주위에 생기는 작은 각(角) 반경을 가진 하나 또는 그 이상의 채색 고리.
코로나는 각 반경과 색깔 순서로부터 22도무리와 구별된다. 22도무리는 각 반경이 22도이지만 코로나는 수 도에 불과하다. 코로나의 경우 안쪽의 청백색으로부터 바깥쪽의 적색까지 색깔이 분포되지만 22도무리는 색깔 순서가 이와 반대이다. 더욱이 코로나의 색깔 순서는 반복될 수 있다. 코로나는 프라운호퍼(Fraunhofer) 회절이론을 사용하여 설명할 수 있다. 이 이론은 코로나의 중심이 본질적으로 흰색이라는 것과 특정 색깔의 고리반경이 대략적으로 물방울 반경에 역비례한다는 것을 말하고 있다. 이 결과로 구름의 특정 부분에 있는 물방울들이 크기에 있어서 거의 균일할 때, 고리들이 가장 잘 식별되고 가장 순수한 색깔을 갖는다는 것을 알 수 있다. 코로나를 발생시키는 물방울들이 거의 같은 크기를 갖는다면(공간적으로 균질하다면) 고리들은 대부분 거의 원형이다. 고리들은 약 15㎛보다 작은 반경의 물방울에 의하여 발생된다. 물방울 크기가 넓은 범위에 있을 때는 고리들이 독특하고 색깔이 희미한데, 이 현상을 흔히 오레올(oureole)이라고 부른다. 빙정에 의해서 채색된 코로나가 발생할 가능성은 있지만 광범위한 크기와 모양의 빙정은 보통 코로나 발생을 방해한다.
2. 이온화된 고온의 가스(주로 수소와 헬륨)로 구성된 태양대기의 가장 바깥 영역.
온도는 약 200만 K이고 밀도가 매우 낮으며, 광구(태양표면)로부터 1,300만 km 정도 퍼져 있다. 태양자기장의 영향으로 크기와 모양이 계속 변하며 뚜렷한 경계가 없다. 태양계 바깥 방향으로 퍼져나가는 태양풍은 코로나 가스에 의해 형성된다. 고온에도 불구하고 희박한 밀도 때문에, 코로나에서 생성되는 열은 상대적으로 작다. 코로나를 구성하고 있는 기체분자들이 희박하여 단위부피당 에너지 용량이 태양 내부보다 낮다. 코로나는 달의 밝기의 절반 정도의 빛을 내지만 태양표면의 밝은 빛에 휩싸여 있기 때문에 코로나 그래프와 같은 특수한 망원경 장비를 갖추지 않으면 맨눈으로는 관찰할 수 없다. 다만 개기일식 동안에는 달이 광구의 빛을 차단하기 때문에 육안으로도 관찰된다.

코로나 방전(corona discharge, -放電) 본질적으로 불꽃방전(보통 단일방전 채널을 갖는)과 첨단방전(확산성, 부활동성, 비발광성이 있는)의 중간 형태인 발광성 가청 전기방전.
물체들, 특히 뾰족한 물체에서 발생하는 이 현상은 물체 표면 근처의 전기장 세기가 1×10^5 V m^{-1}에 가까운 값에 도달할 때 생긴다. 활동뇌우를 통과하는 항공기는 종종 안테나와 프로펠러에서 코로나 방전 뇌격을 발생시키기도 하며, 심지어 동체와 날개구조에서 일으킬 수도 있다. 이른바 '강수공전(空電)'이 결과적으로 생긴다. 폭풍우 속에서도 볼 수 있으며, 해상에서는 선박의 돛대와 활대에서 발생하기도 한다. 성 엘모의 불을 참조하라.

ㅋ

코리올리 가속도(Coriolis acceleration, -加速度) 상대좌표계에서 이동하는 물체의 가속도.
지구가 각속도 $\boldsymbol{\Omega}$로 회전할 때, 어떤 물체가 $\boldsymbol{u}$의 속도로 이동하게 되면 코리올리 가속도는 $2\boldsymbol{\Omega}\times\boldsymbol{v}$이다. 즉, 코리올리 가속도는 3개의 성분인 동서 방향, 남북 방향, 연직 방향 성분을 갖는데, 각각은 $2\Omega(v\sin\phi - w\cos\phi)$, $-2\Omega u\sin\phi$, $2\Omega u\cos\phi$로 나타난다. 여기서 u, v, w는 각 방향 속도, ϕ는 위도이다.

코리올리 인자(Coriolis parameter, -因子) 지구에서 움직이는 물체의 수평운동에 대하여 물체가 나아가는 방향에 직각으로 작용하는 코리올리 힘에 나타나는 비례상수.

코리올리 매개변수라고도 한다. 국지적 연직선에 대하여 지구 각속도 성분의 2배가 되는 코리올리 인자 $f = 2\Omega\sin\phi$이다. 여기서 Ω는 지구의 자전각속도이고 ϕ는 위도이다. 코리올리 인자 f와 수평으로 움직이는 유체덩이의 속력 V를 곱한 fV는 유체덩이에 작용하는 단위질량당 수평 코리올리 힘의 크기가 된다.

코리올리 효과(Coriolis effect, -效果) 회전하는 계에서 운동하는 물체가 받는 코리올리 힘에 의해 나타나는 역학적 효과.
코리올리 힘과의 차이점은 회전계 위에서 움직이지 않는 물체에도 작용한다는 점이다. 지구의 경우 북반구에서는 물체 진행 방향의 오른쪽으로, 남반구에서는 물체 진행 방향의 왼쪽으로 휘는 효과를 지칭한다. 코리올리 효과는 전향력 또는 코리올리 힘이라고도 하며, 1835년 프랑스의 수학자 구스타프 코리올리(Gustav Gaspard de Coriolis)가 처음 설명하였다.

코리올리 힘(Coriolis force) 회전계와 같은 비관성 좌표계에서 움직이는 입자에 작용하는 겉보기 힘.
코리올리 힘은 각운동량 보존법칙에 의해 발생하는데, 회전하는 좌표계 내에서 물체가 운동하는 경우에 회전축에 대해 반지름이 줄어드는 경우에는 줄어드는 반지름에 대해 각속도가 변화하게 된다. 이 결과 회전좌표계는 코리올리 힘이 발생하며, 코리올리 힘의 크기는 운동물체의 속력에 비례한다. 코리올리 힘의 효과로 인해 회전좌표계에서 움직이는 물체의 경로는 겉으로 보기에 편향된 것처럼 보이지만 실제로 물체는 그 경로로부터 벗어나지 않는데, 좌표계의 회전으로 인해 그렇게 보일 뿐이다. 코리올리 힘에 의해 지구표면에서 움직이는 물체는 북반구에서는 오른쪽으로, 남반구에서는 왼쪽으로 겉보기 편향을 한다. 이 현상에 대한 두 가지 원인은 첫째, 지구가 동쪽으로 회전하기 때문이고, 둘째, 지표면에서 어느 지점의 접선속도는 위도의 함수이기 때문이다. 접선속도는 극지점에서는 정확히 0이고 적도에서는 최댓값을 갖는다.

코시 수(Cauchy number, -數) 유체역학에서 압축성 흐름을 연구하는 데 등장하는 무차원 그룹.
후크 수라고도 한다. 후마하 수(數)의 제곱에 해당하며, 그 물리적 해석은 압축력($1/\kappa$)에 대한 관성력(ρU^2)의 비율이다. 여기서 ρ는 밀도, U는 특성 속력, 그리고 κ는 압축도이다.

콜로이드(colloid) 10^{-5}~10^{-7}cm 정도 크기의 콜로이드 입자가 매질 안에 분산되어 있는 상태.
콜로이드 입자를 분산질, 콜로이드 입자가 분산되어 있는 용매를 분산매라고 한다. 콜로이드 용액의 특이한 성질로는 킨달 현상, 브라운 운동, 투석이 있다. 콜로이드의 물에 대한 친화성에 따라 물과 친화력이 약하고 수중에서 안정한 분산상태를 유지하는 것이 어려운 소수성(疏水性)

콜로이드와 물과의 친화력이 강하고 비교적 안정한 친수성(親水性) 콜로이드로 나뉜다. 일반적으로 금속이나 그 화합물 등 무기 콜로이드의 대부분은 소수성 콜로이드로 된다. 콜로이드 입자의 형태에 따라 진정 콜로이드, 미셀 콜로이드, 분산 콜로이드로 구별하고 입자와 매질의 친화성에 따라 친액 콜로이드, 소액 콜로이드로 분류한다. 매질이 기체일 때 콜로이드를 에어로졸이라 부른다.

콜로이드 계(colloidal system, -系) 두 물질 중 콜로이드라고 부르는 한 물질이 분산 매질이라고 부르는 두 번째 물질과 정교하게 나누어진 상태로 균질하게 분포되어 있는 두 물질의 혼합. 콜로이드 분산이라고도 한다. 콜로이드 계는 열역학적으로 불안정하여 응집하는 경향이 있으나 입자 표면의 전하 또는 보호 콜로이드의 존재로 수명이 매우 긴 것도 있다. 분산매는 기체, 액체 고체 등이 될 수 있으며, 분산위상 역시 이 세 가지 중 하나가 될 수 있지만, 하나의 기체가 다른 기체 속에 있는 경우는 예외이다. 기체 내에서 콜로이드적으로 분산된 액체 및 고체입자들로 이루어진 계를 에어로졸이라고 부른다. 액체수(液體水)에 콜로이드적으로 분산된 비수용성 액체 혹은 고체물질로 이루어진 계를 하이드로졸이라고 한다. 참용액과 콜로이드 계 혹은 순수부유물와 콜로이드 계 간의 명확한 경계 및 구분은 없다. 분산위상의 입자들이 대략 직경 $10^{-3}\mu m$ 미만일 경우, 계는 참용액의 성질을 보이기 시작한다. 한편 콜로이드 계, 분산된 입자들이 $1\mu m$를 초과하는 크기가 될 때, 분산위상이 분산매로부터 분리되는 현상이 가속화되어 계를 부유(물)로 간주하는 것이 가장 적절하다. 후자의 기준에 따르면, 대기 중 자연구름은 에어로졸로 부르면 안 된다. 하지만 여러 구름이 명백히 참 콜로이드 부유의 성질을 명백히 보이기 때문에, 이러한 엄격한 생화학적 정의는 편리하고 유용한 유추를 위하여 무시되기 쉽다. 응결핵들 및 여러 인공연기는 에어로졸로 간주할 수 있다.

콜모고로프 미규모(Kolmogorov microscale, -微規模) 세 개의 표준 난류 길이 규모 중의 하나로 가장 작은 소산규모 에디를 특성화한 규모.
난류운동 에너지가 가장 큰 규모에서 가장 작은 규모로 에너지가 흐를 때 작은 에디들의 역학은 큰 에디들과는 무관하게 된다. 가장 작은 에디 규모에서 에너지 공급률은 점성에 의한 소산율과 같아야 한다. 그러므로 길이와 속도 규모를 형성하게 하는 모수들은 소산율 ϵ과 운동학적 점성 ν이다. 콜모고로프 길이 규모 η와 속도 규모 υ는 다음과 같다.

$$\eta = \left(\frac{\nu^3}{\epsilon}\right)^{1/4}$$

$$\upsilon = (\nu\epsilon)^{1/4}$$

콜모고로프 미규모로부터 형성되는 레이놀즈 수는 1과 같음을 주목하라.

콜모고로프 상수(Kolmogorov constant, -常數) 콜모고로프 이론에서 관성아구간에서의 분광에너지 S를 표현하는 식, $S=\alpha\varepsilon^{2/3}k^{-5/3}$에 사용되는 비례상수 α.
분광 에너지를 나타내는 식에서 ε은 난류운동 에너지의 점성 소산율을 표현하며 k는 에디 크기나 파장에 반비례하는 파수이다. 대기경계층에서 바람의 1차원 동서 방향의 분광 측정을 통하여 이 상수가 약 0.5임을 보이고 있다.

콜모고로프의 유사가설(Kolmogorov's similarity hypothesis, -類似假說) 난류 스펙트럼의 높은 파수 끝에서 운동 에너지의 전달과 소산을 결정하는 인자들의 서술.
콜모고로프는 크기 규모가 작은 쪽으로 전달되는 에너지 근원으로 큰 비등방성 에디를 고려하였다. 어떤 점에서는 에디가 자신의 구조를 잃고 균질하게 되고 등방성이 되어 서로 유사하게 된다. 이 영역에서 그들의 에너지는 더 큰 에디로부터의 전달률과 더 작은 규모 에디의 소산율에 의하여 결정된다. 콜모고로프는 두 가지 유사성 가설을 서술하였다. (1) 레이놀즈 수가 클 때 어떤 난류운동의 소규모 성분의 국지적 평균 특성은 전체적으로 운동학적 점성과 단위질량당 평균소산율에 의하여 결정된다. (2) 소규모 에디들의 폭넓이에 상한의 소영역 아구간(관성아구간)이 존재하며 이 구간에서 국지평균 특성이 오로지 단위질량당 소산율에 의하여 결정된다. 따라서 이 가정들에 의하여 관성아구간에서 에너지는 $k^{-5/3}$에 비례하는 에디들 사이에서 나누어진다. 여기서 k는 파수이다.

콤프턴 효과(Compton effect, -效果) X선과 감마 복사의 산란현상.
산란복사의 주파수가 입사복사의 주파수보다 작은 물질에 의한 콤프턴 산란이라고도 한다. 콤프턴이 최초로 에너지 및 운동량보존법칙을 자유전자에 의한 광자의 산란에 적용함으로써 측정된 주파수변이를 설명하여 그의 이름을 붙였다. 콤프턴의 실험적 · 이론적 연구결과에 의하여 복사선에 대한 양자이론의 유효성을 확립할 수 있었고, 이는 광자가 에너지뿐만 아니라 운동량을 지니며 그 결과 복사압력을 가질 수 있다는 것을 보여줌으로써 가능했다.

쾌적대(comfort zone, 快適帶) 대다수의 인간에게 정신적으로 즐거움을 느끼게 하고 육체적으로 건강하게 하는 실내 기온, 습도 및 공기 이동의 범위.
그 범위는 계절과 인종에 따라서 다르다. 미국 열 및 에어컨 학회(American Society of Heating and Air Conditioning Engineers)에서 제시한 쾌적도(快適圖)에 나타나 있듯이 쾌적대는 유효온도와 습도의 범위 내에서 작성된 쾌적곡선에 따라 결정된다. 제한된 기후조건은 개개인이나 집단이 거주하고 있는 계절적 조건이나 고유한 기후의 특성에 따라 변한다. 미국과 같은 중위도 온대지역에서는 자연적인 공기의 환기상태에서 상대습도가 70% 정도이고 기온이 17~24℃(63~75°F) 구간에 있을 때, 또 기온이 19℃(67°F) 부근에 있고 상대습도가 30%일 때 인간은 쾌적감을 느끼게 된다. 우리나라를 포함한 동아시아인들의 경우에 겨울은 17~21℃ 정도로 최근 알려져 있다. 그러나 쾌적대는 지역과 계절에 따라 다소 차이가 난다. 따라서 여름이 겨울보다 쾌적대가 높게 나타나며, 영국의 경우 16℃(60°F) 부근의 기온 구간에서 쾌적대의 유효온도가 나타나며 열대지역의 경우 26℃(78°F)의 기온에서 상대습도가 낮을 때 쾌적감을 느낀다.

쾨펜의 기후구분(Köppen classification, -氣候區分) 독일의 기후학자 블라디미르 쾨펜(Wladimir Köppen, 1846~1940)이 식생분포에 기초하여 1923년에 고안한 기후구분 방안. 이 기후구분 방안은 기온과 강수량의 연평균 및 월평균 그리고 식생분포의 한계선을 근거하고 있으며 세계적인 기후분포를 제시하고 이로부터 벗어나는 중요한 편차들을 찾아내는 방법을 제안하고 있다. 기온과 강수량의 두 가지 변수의 단순 계산만으로 기후를 구분하는 경험적 방안에 의해 구분한 것이 특징이다. 분류기준이 간결하고 명확하며, 식생 및 토양의 특징만을 반영하고 있다. 이 구분은 현재까지 기후, 산업, 문화, 농업 등 여러 분야에서 가장 보편적으로 이용되고 있다. 그러나 식생에만 주목하고 있어 인간생활 등 문화적인 면에서 적합하지 않은 부분이 있으며, 아시아나 아프리카의 기후에 대해서는 정확하지 않다는 평을 받고 있다. 쾨펜은 세계 기후를 A, B, C, D, E로 나누어 B를 제외한 다른 기후형은 기온에 따라 구분하였고 B형은 건조도에 의해 구분하였다. 건조도는 수분을 공급하는 강수량과 식생의 증발에 의한 수분수지에 의해 결정된다. 증발량은 관측이 어려우므로 기온-강수량 지표에 의해 건조(BW)와 반건조(BS) 기후로 세분하였으며, 이들 값을 다시 온난과 한랭의 정도에 따라 각각 h와 k로 세분하였다. A, C, D형 기후는 연중 강수량 분포에 따라 다시 세분하여 온난·한랭 정도에 따라 세 번째로 다시 세분하였다. E형 기후는 식생이 자랄 수 있는지에 따라 툰드라(ET)와 빙설(EF) 기후로 구분하였다.

쾰러 방정식(Köhler equation, -方程式) 흡습성 핵 위에 성장하는 구름방울의 반경과 방울의 곡률반경의 관계를 나타내는 방정식.
건조한 덩어리의 흡습성 핵 위에 성장하는 구름방울은 편평한 면에 대한 수증기압을 감소시키며, 방울의 곡률반경은 편평한 면에 대한 수증기압과 평형 상대습도를 증가시킨다.

쿠로시오(Kuroshio) 북태평양 아열대순환에서 서안(西岸)경계류의 일종.
유속이 빠르며 폭이 좁고 수심이 깊은 이 해류는 필리핀 해류로부터 시작하여 동중국해의 대륙융기부(大陸隆起部)를 따라 대만의 북동쪽으로 이어지며 일본 동부 해안에 근접한 토카라(Tokara) 해협을 통과한다. 이 해류는 북위 35°에서 해안으로부터 이탈하면서 쿠로시오 확장해류(Kuroshio Extension)로 알려진 자유제트가 되어 동쪽으로 이동하며 태평양으로 흘러들어간다. 이 해류는 북쪽으로부터 흘러들어 오는 오야시오 해류와 쿠로시오 확장해류가 만나는 곳에서부터 염도와 온도가 뚜렷한 전선을 형성하고 서로 나란히 흐른다. 다른 서안경계류와 마찬가지로 쿠로시오는 불안정성이 증가하면서 맴돌이를 생성하고 혼슈 남쪽으로부터 18개월에서 수년에 이르기까지의 불규칙한 간격으로 이주(Izu) 압력마루를 가로지르는 세 개의 준안정 경로 사이를 오가는 독특한 특징을 가지고 있다. 쿠로시오의 체적 수송량은 하류 쪽으로 갈수록 증가하여 쿠로시오 확장해류를 따라 57 Sv(57×10^6 m^3s^{-1})만큼 수송되고 특히 여름 동안에는 15%가량 증가한다. 쿠로시오 확장해류에서 그 경로는 각각 동경 145°와 152°의 첫 번째와 두 번째 커브 지점에서 자오 방향으로 크게 이탈하는 특징을 지니고 있다. 쿠로시오 확장해류는 동경 157°의 샤츠키 고원(Shatsky rise)에 가까워지면서 여러 개의 경로로 나누어지나 곧 다시 합류되고 동경 170° 부근의 엠페러 해산군(Emperor Seamount)에서 또 다시 갈라져 북태평양 해류에 합류된다.

큐벡터(Q vector) 준지균이론과 반지균이론에서 나타나며 오메가 방정식의 오른쪽 항에 발산 형태로 나타나 있는 수평 벡터.
코리올리 매개변수 f가 일정하다는 가정 아래 f면에서 준지균이론에 의하면 큐벡터($\boldsymbol{Q}$)는 다음과 같이 정의된다.

$$\boldsymbol{Q} = -\frac{g}{\theta_0}\left(\frac{\partial \boldsymbol{\nu}_g}{\partial x} \cdot \nabla_p \theta,\ \frac{\partial \boldsymbol{\nu}_g}{\partial y} \cdot \nabla_p \theta\right)$$

여기서 g는 중력가속도, θ_0는 기준온위값, $\boldsymbol{\nu}_g$는 수평지균풍, ∇_p는 등압면에서 수평경도 연산자, θ는 온위이다. f 평면 반지균이론의 문맥에서 큐벡터 정의는 물리좌표계 (x, y)가 지균좌표계 (X, Y)로 치환되는 것 말고는 정확히 같은 모양이다. 큐벡터는 상승하는 공기를 향하게 된다. 만약 큐벡터가 따뜻한 공기를 향하면 지균풍으로 전선이 발달하고, 반대로 찬공기를 향하면 지균풍으로 전선은 소멸한다.

큐어링(curing) 원래 치유라는 의미로서 고구마의 저장 전 처리방법으로 널리 행해지는 상처 치유방법.
고구마를 수확한 직후에 온도가 32~35℃이고 습도가 85~90%인 고온다습한 곳에 4일 정도 보관하면 상처 부위에 유상조직인 코르크 층이 형성되어 검은점무늬병 등의 병원균 침입이 억제된다.

크누센 수(Knudsen number, -數) 입자반경에 대한 공기분자의 평균자유행로 거리의 비.
이 수는 분자나 입자로서 활동하는 능력을 나타내는 척도이다. 화학에서는 진공하에서 기체의 흐름, 열 이동 및 확산을 취급하는 경우에 사용하는 무차원 수로서 Kn으로 표기한다. 기체분자의 평균자유행로 거리 λ와 물체 혹은 흐름의 대표길이 L과의 비인 $Kn = \lambda / L$로 정의된다.

크레바스 서리(crevasse hoar) 빙하의 갈라진 틈 및 움푹한 곳에서 형성되고 자라나는 얼음결정.
이러한 움푹한 곳에서는 냉각되는 공간이 크게 형성되며 수증기가 고요, 즉 공기의 정지상태 속에서 쌓일 수 있다. 서리의 일종이다. 속서리(depth hoar)와 근원이 동일하며, 전형적인 결정의 형태는 안쪽으로 측면이 뚫린 빈 컵 모양으로 계속하여 6각형 두루마리 형태로 이어진다.

큰 레이놀즈 수 흐름(large Reynolds number flow, -數-) 레이놀즈 수가 10^4~10^6보다 큰 경우의 유체흐름.
이러한 흐름은 대기 중에서 흔히 볼 수 있다. 이 흐름의 주요 특성은 표층 내에서 마찰응력이 일정하게 유지된다는 것이며, 이 마찰응력은 지표면의 거칠기에 따라 변화되나 레이놀즈 수 자체에는 크게 의존하지 않는다. 따라서 레이놀즈 수에 따른 흐름을 설명할 경우에 마찰응력과 분자 점성 등의 특성은 무시될 수 있다.

큰바람(gale) 1. 폭풍우 경보용어로 28~47노트의 바람.
보퍼트 풍력계급(Beaufort wind scale)에서는 28~55노트 속도를 가진 바람이 다음과 같이 세분화된다. 28~33노트의 바람(moderate gale), 34~40노트의 바람(fresh gale), 41~47노트의 바람(strong gale), 48~55노트의 바람(whole gale).
2. 일반적으로 비정상적으로 강한 바람.

큰 에디 모사(large eddy simulation; LES, -模寫) 1. 문제의 전체 크기보다는 작은 규모를 갖는 큰 에디는 분해하고, 아격자 규모 에디 효과는 모수화하는 3차원 난류 수치모의 방법.
이러한 난류와 같이 자연에서 보편적으로 발견되는 아격자(subgrid) 규모의 에디는 몇몇 변수들로서 표시될 수 있다. 즉, 큰 에디는 보편적인 난류와 특성이 다르기 때문에 이들 난류들과는 뚜렷이 구별된다. 따라서 기존의 난류 흐름은 몇몇 요소들로서 나타낼 수 있고 수치 모델링이 가능하나 큰 에디 시뮬레이션에서는 모델링이 쉽지 않은 것이 중요한 차이점이다.
2. 수치모형의 공간해상도를 관성 아범위까지 확장할 수 있으나 운동의 최소규모까지는 분해할 수 없는 모델링 기술.
따라서 관성 아범위의 운동은 아격자 규모 모델로 사용하여 콜모고로프(Kolmogorov) 이론을 적용하여 근사적으로 나타낼 뿐이다.

큰 이온(large ion) 에이트킨 핵(Aitken nucleus)에 작은 이온이 부착되어 생성된 비교적 질량이 크고 이동성이 낮은 이온.
느린 이온 또는 무거운 이온으로 불리기도 한다. 큰 이온은 랑게빈(P. Langevin)에 의해 발견되었기 때문에 랑게빈 이온이라고도 한다. 이들 큰 이온의 이동성은 약 $10^{-8} ms^{-1}/voltm^{-1}$로서 작은 이온보다는 10,000배 정도 느리다. 따라서 이러한 큰 이온은 이동성이 작기 때문에 대기 중에서 공기 전도성에는 별로 기여하지 못한다. 그러나 이와 같이 큰 이온들이라 할지라도 작은 이온과 마찬가지로 전기 전하를 띠고 있으며, 이들이 매우 느리게 이동하는 동안 또 다른 큰 이온과 접촉 및 충돌하여 중성화되는 일은 드물지만 무수히 많은 작은 이온과 결합함으로써 중성화된다. 큰 이온의 평균수명은 대략 바다에서 15~20분이고 매우 오염된 공기에서 1시간까지 갈 수 있다. 큰 이온의 농도는 대기오염 정도에 따라 매우 다양하여 저위도의 깨끗한 시골 환경에서 $10^9 m^{-3}$ 정도이고 도시 지역에서는 $10^{10} m^{-3}$이며 해상에서는 $10^8 m^{-3}$ 정도이다.

클라우시우스-클라페이론 방정식(Clausius-Clapeyron equation, -方程式) 어떤 물질의 두 상이 평형을 이룬 계에서 그 물질의 압력과 온도의 관계를 나타내는 미분방정식. 클라우시우스 방정식 또는 클라페이론-클라우시우스 방정식이라고도 한다. 이 방정식의 일반적인 표현은 다음과 같다.

$$\frac{dp}{dT} = \frac{\delta s}{\delta v} = \frac{L}{T\delta v}$$

여기서 p는 압력, T는 온도, δs는 두 상의 단위질량당 엔트로피 차이, δv는 두 상의 비체적 차이, L은 상변화에 따른 잠열이다. 수증기와 물의 상변화와 관련이 있으며 기상학에서 가장 익숙한 형태는 근사식으로 다음과 같이 표현된다.

$$\frac{1}{e_s}\frac{de_s}{dT} = \frac{L_v}{R_v T^2}$$

여기서 e_s는 물의 포화수증기압, L_v는 기화잠열, R_v는 수증기의 기체상수이다. 얼음표면에서의 포화수증기압에 대한 식은 기화잠열 대신에 승화잠열을 이용하여 비슷한 방법으로 표현할 수 있다. 어떤 일정한 지점에서의 값을 알면 이 식은 적분을 통해 e_s와 T의 명시적 관계를 정립할 수 있다. 경험적으로 얻은 식 중에서 가장 정확한 것은 적분을 통해 얻을 수 있는 식과 거의 차이가 없다. 볼튼(Bolton, 1980)은 $-35℃ < T < 35℃$의 온도 범위에서 0.3% 내의 오차를 갖는 다음 식을 제안하였다.

$$e_s(T) = 0.6112\exp\left(\frac{17.67T}{T+243.5}\right)$$

여기서 온도 T는 ℃ 단위로, 포화수증기압 e_s는 kPa 단위로 표현되었다.

클라이매트 방송(climate broadcast, -放送) 세계기상기구(WMO)에 속한 미국 국립기상국의 기지국을 위한 전월(前月) 동안의 기상요소들의 평균값에 대한 월간 방송.

메시지는 매월이 끝나자마자 가능한 신속히 다음달 15일이 되기 전에 전지구통신시스템(GTS)을 통해 세계로 배포된다. 본 프로그램은 WMO의 전신인 국제기상기구(IMO)에 제안되었고, 1936년부터 1939년까지 널리 시행되기에 이른다. 해당 프로그램에서 방송되는 (기상)요소들 및 사용되는 코드들은 프로그램 시행 이래 여러 차례 개정되었다. 주요 기후관측소에서 코드에 대한 1995년판 매뉴얼(WMO 출판물 번호 306)에 따라 방송하는 기상요소들에는 대기압, 기온(일평균기온, 최대기온, 최저기온의 극대값, 극소값 및 평균값), 풍속, 증기압, 강수량(월 총강수량, 월 강수량의 5분위수, 일극값), 일조기간, 기온의 표준편차, 뇌우 및 우박 일수, 강수 일수, 다양한 문턱값을 넘긴 기온, 눈 깊이, 시정, 풍속 등이 포함된다. 가장 최근의 기후 표준 평년값 기간(즉, 1901~30, 1931~60, 1961~90년 등)에 대해 가급적 유사한 평년값을 발행하기 위해서 개정도 이루어진다.

클러스터 이온(cluster ion) 대전된 분자가 정전기력에 의해 잡혀 있는 다수의 약한 결합의 중성분자로 둘러싸여 있는 경우에 해당되는 이온.
대류권에서 관련된 분자들은 많은 경우 임의의 주변 물분자들로 구성되어 있다. 성층권에서는 양이온이 물이나 아세토니트릴(acetonitrile)과 함께 발생하는 현상이 있는 반면, 음이온은 대체로 황산이나 질산과 연관되어 있다.

클러터 제거(clutter rejection, -除去) 레이더 측정에서 원하지 않는 신호(반사파)의 효과를 제거하기 위한 다양한 과정이나 기술 중 하나.
클러터 제거의 가장 흔한 예는 특정 위상 및 진폭 특성이 있는 성분들을 제거하기 위해 수신된 신호를 걸러내는 것이다. 가령, 기상 도플러 레이더 신호처리에서는 클러터 제거의 한 방법으로 0에 가까운 **도플러 속도**를 가진 신호를 제거하는데, 그 이유는 정지상태의 산란물체는 도플러 변이를 유발하지 않기 때문이다.

ㅋ

클레이든 효과(Clayden effect, -效果) 사진유제(寫眞乳劑)를 높은 강도의 빛에 아주 잠깐 노출시킨 경우, 약한 세기의 빛에 추가로 더 오래 노출시키는 쪽으로 감광도가 떨어지는 현상. 즉, 두 번째 노출로 인해 사전 노출이 없는 경우보다 더 희미한 영상을 맺는다. 이 현상은 원래 클레이든이 번개의 섬광을 촬영하던 중 최초로 관찰하였다. 빛의 세기가 충분히 강하고 기간이 충분히 짧다면 어떤 유형의 광원도 마찬가지로 이러한 현상을 발생시킬 수 있다.

클로(clo) 보통 의류나 침대보에 적용하는 단열 단위.
이 단위는 온도 21℃(70°F), 상대습도 50% 미만, 실내기류 6.1m/분의 실내 환경에서 표준대사율(신체표면에서 시간당 50Kcal m^{-2}, 1 met)로 열을 발산하는 사람 한 명에 대한 안락함과 33℃(92°F)의 평균 피부온도를 유지하기 위한 단열량으로 정의한다. 옷을 통해 대사열의 76%를 상실했다고 가정했을 때, 이 단위는 물리적 용어로 표현하면, 직물 전체에 걸쳐 기온경도 0.18℃로 1Kcal m^{-2} h^{-1}까지 열손실을 제한하는 단열량으로 정의한다. 1차 근사로 1클로의 단열은 총 두께 0.64cm를 가진 의류재질과 약 0.51cm 두께의 공기층(피부와 의복 사이 그리고 안감과 겉감 사이)으로 가능하다.

키르호프 방정식(Kirchhoff's equation, -方程式) 잠열의 온도에 다른 변화율이 두 상(相)의 비열 차와 같다는 관계식.
기화잠열에 대해서 이 방정식은 다음과 같이 표현된다.

$$\left(\frac{\partial L_v}{\partial T}\right)_p = c_{pv} - c_w$$

여기서 L_v는 기화잠열, c_{pv}는 수증기의 정압비열, 그리고 c_w는 물의 비열이다.

키르호프의 법칙(Kirchhoff's law, -法則) 같은 파장에서 물질의 흡수율이 방출률과 같다는 기본적 복사법칙.
주어진 파장과 온도에서 방출되는 에너지의 양은 물질의 방출률과 흑체방출 에너지의 곱으로 표시된다. 키르호프의 법칙에 따라 이 물질의 흡수 에너지는 방출 에너지와 동일하다.

대기과학용어사전

타원좌표(spheroidal coordinate, 楕圓座標) 3차원 직교좌표계의 하나로서, $x-z$ 카테시안 평면에서 정의된 포물선을 z축을 중심으로 회전시킨 곡면과, $x-y$ 카테시안 평면에서 정의된 타원을 z축을 중심으로 회전시킨 곡면, 그리고 $y-z$ 카테시안 평면을 z축을 중심으로 회전시켜 얻은 세 개의 면으로 정의된 좌표계.
좌표계를 이루는 면을 만드는 데 사용되는 타원방정식의 장축이 $x-y$ 카테시안 면의 법선 벡터와 직각인 경우(즉, z축 방향과 타원의 단축이 평행한 경우)를 편원(扁圓) 타원좌표계라고 하고, 타원방정식의 장축이 z축 방향과 평행한 경우를 편장(扁長) 타원좌표계라고 한다.

타원형 감극비(elliptical depolarization ratio, 楕圓形減極比) 타원 형태로 편광된 신호가 전송될 때 이중 채널 레이더의 직교 채널에서 받는 수신력과 전송 채널에서 받는 수신력의 비. 어떤 기상목표점에 대해 타원형 감극비는 세 가지 요소, 즉 (1) 편광타원의 장축과 단축의 비, (2) 타원의 방위, (3) 기상목표점을 구성하는 대기물현상의 감극성질 등에 의해 정해진다. 타원의 장축과 단축이 비슷하거나 분광타원이 원에 가까울 때 이 비는 단위크기보다 작다. 반면에 분광타원 형태가 충분히 한쪽으로 길게 늘어졌을 때 이 비는 단위크기보다 크다. 즉, 큰 값의 감극비는 좀 더 타원형이다.

타원형 편광(elliptical polarization, 楕圓形偏光) 공간의 한 점에서 전장(電場) 벡터가 타원을 그리는 전자(기)파의 편광상태.
편광상태는 전장의 회전 방향(오른쪽 또는 왼쪽), 타원율 및 타원의 주축 방향을 이용하여 정의한다.

타이가 기후(taiga climate, -氣候) 일반적으로 타이가(taiga) 식생이 분포하는 기후.
다시 말해, 열매를 많이 맺는 나무가 자라기에는 한랭하지만 툰드라 기후보다는 온화하며 식생이 발육하기에 충분히 습한 기후이다. 이 기후는 쾨펜(Köppen)의 설림기후(snow forest climate)에서 세분화된 것이며 손스웨이트(Thornthwaite)의 저온기후에 해당한다.

타이로스(television and infrared observation satellite; TIROS) 기상학에 공헌한 첫 위성 시리즈.
TIROS-1은 비디콘 TV 카메라를 장착하고 지구의 가시 이미지를 제공하기 위해 1960년 4월 발사되었다. TIROS-9은 1965년 1월 태양동기궤도에 올려져 최초로 전지구종합 이미지를 생산하였다. 1960년에서 1965년까지 발사된 10개의 TIROS 시리즈는 실험용이었다. 1966년부터 1969년까지 발사된 위성은 ESSA-1에서 ESSA-9의 이름으로 현업용 극궤도 위성 시리즈, TIROS 현업 시스템으로 사용되었다. 향상된 TIROS 현업 시스템은 1970년부터 계속하여 NOAA-1부터 NOAA-14까지 발사되어 NOAA 시리즈의 이름이 붙었다. 적외선 텔레비전 관측위성과 같다.

탁월풍향(prevailing wind direction, 卓越風向) 주어진 기간에 가장 빈번하게 부는 바람 방향.
가장 흔히 사용되는 기간 단위는 일, 월, 계절, 년이다. 탁월풍향을 결정하는 방법으로는 단순히 주기적으로 관측된 바람 방향 횟수를 세는 것부터 바람장미를 계산하는 것 등 다양한 방법이 있다.

탄소가루 씨뿌리기(carbon-black seeding, 炭素-) 일종의 구름 속 응결핵 뿌리기와 같은 방법으로서 복사 에너지를 흡수하여 주변공기를 가열할 수 있도록 미세 검댕이 입자를 대기 중에 뿌리는 것.
이에 따라 대기는 대류현상으로 이어지기도 한다.

탄소결합 메커니즘(carbon bond mechanism, 炭素結合-) 대체로 도심지역에서 대기 유기화학의 모형구축에 활용되는 일종의 집중된 화학 메커니즘.
구축된 모형에서 어떤 종(種)이 탄소결합 메커니즘의 각 원자에 결합되어 있느냐에 따라 해당 탄소원자를 취급한다. 즉, 모두 단일 결합된 탄소원자들은 방향성 탄소원자 등에서와 같이 단일체로 함께 취급한다.

탄소막습도계소자(carbon-film hygrometer element, 炭素膜濕度計素子) 합성수지나 유리 조각을 흡습 바인더에 검게 분산시킨 탄소막으로 코팅하여 만든 전기습도계소자.
주변 상대습도의 변화는 결국 흡습막의 치수변화로 이어지며 습도에 정비례하여 저항이 증가한다. 이러한 센서 유형을 성공적으로 활용하려면 생산과정을 정밀하게 통제하는 것이 필요하며 매우 신중한 취급이 필요하다. 본 센서는 특정 라디오존데에 사용되며 탄소습도측정소자라는 명칭이 붙는다.

탄화수소(hydrocarbons, 炭化水素) 엄격히 말해서 탄소와 수소로만 구성되는 유기분자.
흔히 산소, 할로겐 등을 포함하는 탄화수소의 파생물에도 적용된다. 대기 중에 있는 탄화수소는 자연적 배출과 인위적 배출 모두로부터 온다.

탈질소(denitrification, 脫窒素) 탈질소 박테리아에 의해 아질산염 혹은 질산염을 일산화질소 혹은 아산화질소의 가스상태로 환원시키는 작용.
분자상태의 질소는 대기 중 가장 풍부한 구성성분인데, 질소의 산화 형태인 질산염, 아질산염, 질산, 혹은 산화질소 등은 산소가 부족할 경우, 전자를 받아들이는 역할을 하여 탈질소 작용은 기본적으로 혐기성 작용이다.

탐측기구(sounding balloon, 探測氣球) 대기의 연직 구조를 파악하기 위해 관측기기를 매달아 띄우는 풍선.
관측기기는 보통 기압, 기온, 습도, 바람 등을 측정하며 라디오존데(radiosonde)라 한다. 이 경우 풍향과 풍속을 구할 때는 위성 기반의 위치정보 시스템(global positioning system, GPS)을 이용한다. 풍선을 끈으로 묶어 오르내리면서 관측하는 기기를 테더존데(tethered sonde)라 한다.

탑모양구름(castellanus, 塔模樣-) 상층부에서 최소한 일부라도 세로로 발달된 적운모양의 돌기를 보여주는 구름 종(種).
탑상운이라고도 한다. 바로 이 돌기 때문에 구름의 모습이 구멍이 뚫려 있는 형태 혹은 작은 탑의 모양이 된다. 이러한 탑상운의 특성은 측면에서 볼 때 특히 두드러진다. 적운형 구름의 요소들은 대체로 하나의 공통기반을 갖는데 대체적으로 일렬로 배열한 것처럼 보인다. 본 종(種)은 권운속(屬), 권적운, 고적운, 층적운 등에서만 나타난다. 탑권운은 탑권적운과 다른데, 수평선 위로 30° 이상의 각도에서 관측했을 때, 수직돌기가 1°도 이상 대항각을 이룬다는 점에서 다르다. 탑고적운과 탑층적운이 수직 방향으로 크게 발달했을 때, 봉우리 적운(웅대적운)이 되며, 종종 적란운으로 발전하기도 한다. 탑층적운을 적운이 가로지르는 층적운과 혼동해서는 안 된다.

태양총조도(total solar irradiance; TSI, 太陽總照度) 대기권 최상층에 입사되는 태양복사 에너지의 총량.
정확한 값은 위성을 통해서 측정이 가능하고 1978년 후반이 되어서야 비로소 처음으로 측정되었다. 일반적으로 태양상수(1,368Wm^{-2})가 사용되지만 태양주기에 따라 흑점 발생이나 자기장의 영향에 의해 그 값이 약 0.1%가량 변한다.

태양동기위성(sun-synchronous satellite, 太陽同期衛星) 위성이 궤도상에서 남반구로부터 북반구를 향하여 적도를 통과하는 시각이 그 지방시각으로 언제나 일정하게 통과하는 인공위성.
태양동기궤도위성이라고도 한다. 현재의 업무용 기상위성은 태양동기위성이다. 지구가 태양의 주위를 1회 공전하는 1년간에 위성의 궤도면이 동쪽을 향해 360° 회전할 때 태양동기위성이 된다. 기상위성 NOAA나 지구표면의 환경과 자원 등의 관측을 목적으로 한 랜드새트(Landsat) 등은 태양동기위성이다.

태양복사(solar radiation, 太陽輻射) 태양으로부터 복사되는 전자파의 총칭.
일사라고도 한다. 표면온도가 약 6,000K인 태양복사에는 파장이 수 Å인 X선으로부터 수백 미터의 전자파까지 포함되어 있으나, 에너지의 대부분(99.9%)은 0.15~4.0㎛의 파장 범위에 포함되어 있다. 빈(Wien)의 법칙 $\lambda_{최대} = \frac{2897}{T}$[㎛])에 따라 0.5㎛에서 태양복사 에너지는 최댓값을 가진다. 전체 태양 에너지 중의 약 49%가 적외선(0.7~4㎛), 약 43%가 가시광선(0.4~0.7㎛)

그리고 약 7%가 자외선(0.15~0.4μm)에 존재한다. 일반적으로 태양복사의 파장은 지구복사에 의한 파장보다 짧기 때문에 단파복사라고 말한다.

태양풍(solar wind, 太陽風) 태양으로부터 빠른 속도로 쏟아져 나가는 전기를 띤 입자의 흐름.
태양으로부터 1전문단위(AU)의 거리에서 1cm^3당 1~10개의 입자를 가지고 있으며, 평균속도는 400~500km/s이다. 태양풍은 태양활동이 활발할수록 더 강하게 일어난다. 태양풍의 입자들이 공기가 희박한 대기권의 상층에서 공기분자와 충돌하게 되면, 에너지를 상실하면서 빛을 발하게 되는데, 이를 오로라(aurora)라고 부른다.

태양흑점(sunspot, 太陽黑點) 태양표면에서 비교적 검게 보이는 반점(斑點).
태양흑점은 대부분 중심부의 암영부(暗影部)와 주변부의 반암부(半暗部)로 이루어져 있으며, 온도는 3,000~4,500°K로 광구 표면온도보다 낮고 강한 자기활동을 동반한다. 보통 N과 S의 자기극을 갖는 쌍으로 나타나며 수명은 짧게는 2~3일에서 길게는 몇 달일 때도 있다. 흑점은 태양표면에서 동에서 서로 움직이며, 크기는 직경이 1km~100,000km 정도로 다양하다. 발생주기는 약 11년, 자기극까지 일치하는 주기는 대략 22년이다.

태음일(lunar day, tidal day, 太陰日) 지구가 달에 대해 한 바퀴 도는 데 걸리는 시간.
다시 말해, 달이 자오선을 통과하고 다시 같은 자오선을 통과하기까지 걸리는 시간을 말한다. 달이 불규칙하게 운행하기 때문에 일정하지 않으나 평균 태음일은 대략 24시간 50분이다.

태평양 · 북미형(Pacific-North American pattern; PNA pattern, 太平洋 · 北美形) 적도 태평양에서부터 북미의 북서지역을 거쳐 북미의 남동지역까지 이어지는 파동열 신호.
이것은 해수면온도변화에 대한 반응으로 나타나는 겨울철 대기순환의 저진동 변동성을 나타내는 가장 강한 원격상관 패턴이다.

ㅌ

태평양고기압(Pacific high, 太平洋高氣壓) 평균적으로 북위 30~40° 그리고 서경 140~150°를 중심으로 북태평양에 위치하는 거의 영구적인 아열대고기압.
해수면 기압의 평균장에서 이 고기압은 주요한 작용중심의 하나이다.

태풍(typhoon, 颱風) 북서태평양에서 발생한 열대저기압으로 최대풍속이 17m/s 이상인 것.
태풍은 북서태평양 서쪽 북위 5~25°, 동경 120~160°의 광범위한 고수온의 열대해상에서 주로 발생한다. 태풍이 발달하기 위한 조건은 높은 해수면온도, 풍부한 수증기, 그리고 상층의 강한 발산 등이다. 세계기상기구(WMO)에 의하면 태풍의 발달 단계는 열대저압부(TD), 열대폭풍

(TS), 강한 열대폭풍(STS) 그리고 태풍(TY)으로 구분된다. 그러나 우리나라에서는 열대폭풍, 즉 최대풍속이 17m/s 이상일 때를 보통 태풍이라고 한다. 태풍은 연평균 25.6개(1981~2010년 평균)가 발생하며 발생 빈도가 큰 달은 8월, 9월, 10월 그리고 7월 순이다. 8월의 발생 빈도는 평균 5.9개 정도이다. 우리나라에 영향을 미치는 태풍은 평균 3.1개이다. 이동경로는 발생 후 서쪽 또는 북서쪽으로 진행하여 필리핀, 대만 또는 남지나해로 직진하는 유형과 도중에 진로를 북쪽 또는 북동쪽으로 방향을 전향하는 유형이 있다. 일반적으로 고위도로 갈수록 태풍의 이동속도는 빨라진다. 태풍의 이름은 WMO 태풍위원회의 14개 참여국이 10개씩 제안한 총 140개를 돌아가며 붙인다. 가끔 아주 심각한 피해를 입힌 태풍의 이름은 영구 제명되고 새로운 이름으로 교체된다. 허리케인, 열대저기압을 참조하라.

태풍의 눈(eye of typhoon, 颱風-) 태풍의 중심에 구름 없는 지역이 대략 원형의 모습으로 나타나는 현상.
위성영상에서 눈이 뚜렷이 나타나는 경우는 매우 강한 태풍의 경우에만 그러하다. 태풍의 눈은 깊은 대류성 적란운으로 이루어진 눈벽으로 둘러싸여 있고 눈 구역은 약한 하강기류가 있어 구름이 거의 없다. 직경은 작게는 10km부터 크게는 100km 이상 되기도 한다. 눈의 크기와 태풍의 강도와의 관계에 대해서는 알려진 바 없다.

테일러 가설(Taylor's hypothesis, -假設) 평균풍속이 클 때 고정된 한 점을 지나는 난류장의 이류는 난류의 통계적 특성 변화 없이 평균풍속에 의해 흐른다는 가정.
테일러 동결난류가설이라고도 한다. 평균풍속(U)이 난류 성분(u)에 비해 훨씬 클 경우, 즉 $u/U \ll 1$일 때 유효하다. 이 가설로부터 파수(κ), 파장(λ), 그리고 주파수(n) 사이에는 다음의 관계를 만족한다.

$$\kappa = 2\pi / \lambda = 2\pi n / U$$

이를 이용하면 측정이 용이한 오일러 관측의 자기상관 푸리에 변환으로부터 구해지는 주파수 스펙트럼으로부터 난류 에너지의 파수 스펙트럼을 구할 수 있게 된다.

테일러 수(Taylor number, -數) 회전하는 점성유체와 관련된 무차원 수.
테일러 수는 다음과 같이 표현된다.

$$T = f^2 h^4 / \nu^2$$

여기서 f는 코리올리 매개변수, h는 유체의 깊이, ν는 운동점성을 의미한다. 테일러 수의 제곱근은 회전 레이놀즈 수이며, 4제곱근은 에크만 층 깊이에 대한 유체의 깊이인 h의 비(比)에 비례한다.

테일러 정리(Taylor's theorem, -定理) 실해석학의 중요한 정리 중 하나로, 평균값 정리를 임의의 n계 도함수로 정리.
함수 $f(x)$의 모든 도함수가 $x=a$의 부근에서 연속적이라면, $f(x)$는 다음과 같이 급수 형태로 전개할 수 있다.

$$f(x) = f(a) + f'(x)(x-a) + \frac{1}{2!}f''(x)(x-a)^2 + \cdots + \frac{1}{n!}f^{(n)}(a)(x-a)^n + \cdots$$

이때, $a=0$인 경우를 맥클로린 급수(Machlaurin series)라고 한다.

테일러 확산정리(Taylor's diffusion theorem, -擴散定理) 대기난류의 통계이론에서 테일러 정리.

$$\overline{x^2} = 2\overline{u^2}\int_0^T \int_0^t R(\xi)d\xi\, dt$$

여기서 x는 시간구간 T 동안 입자가 이동한 거리, u는 입자의 요동 또는 에디 속도, $R(\xi)$은 시간 t와 $t+s$에서 입자속도 사이의 라그랑주 상관계수이다.

테텐스 공식(Tetens's formula, -公式) 온도의 함수로 주어지는 포화수증기압(e_s)의 해석적 표현.
이 공식은 다음과 같이 표현된다.

$$e_s(T) = 0.611 \times 10^{7.5T/(T+273.3)}$$

여기서 온도 T의 단위는 ℃이고 포화수증기압 e_s의 단위는 kPa이다. 좀 더 개선된 식으로는 클라우시우스-클라페이론 방정식(Clausius-Clapeyron eqation)이 있다.

텐서(tensor) 스칼라와 벡터의 개념을 다차원 공간까지 확장한 것으로 어떤 변환법칙을 따르는 수 또는 함수의 배열.
텐서의 성분의 수는 n차원 공간에서 차수가 m인 경우 n^m으로 주어진다. 따라서 스칼라는 크기만 가지고 있으므로 차수가 $m=0$인 텐서, 그리고 벡터는 3차원 공간에서 일반적으로 3개의 성분을 가지고 있으므로 계수가 $m=1$인 텐서라고 할 수 있다. 벡터의 경우 3개의 성분은 단지 1행 또는 1열의 배열로 주어진다. 한편 대기과학에서 많이 사용하는 응력 텐서 τ_{ij}는 면의 방향($i=1, 2, 3$)과 힘의 방향($j=1, 2, 3$)을 고려할 경우 9개의 성분이 있으므로 차수가 $m=2$인 텐서이다. 이 경우에 9개의 성분은 정방배열로 나타낼 수 있다. 텐서는 좌표계의 회전, 즉 선형변환에 불변하는 특성이 있다.

토네이도(tornado) 1. 적운형 구름에서 아래로 늘어뜨려진 형태로 지면과 접해 있거나 또는 적운형 구름 아래서 지면과 접해 있는 격렬한 회전을 하는 공기기둥.
토네이도는 흔히 깔때기구름으로 보인다. 깔때기구름 없이 토네이도가 발생했을 때는 지상에 있는 파편을 통하여 지면과 접한 강한 순환이 있음을 알 수 있다. 국지적으로 보면 토네이도는 모든 대기순환 중 가장 강한 순환이다. 그 소용돌이는 보통 직경이 수백 미터이고 저기압성 회전을 한다. (드물게 고기압성 회전을 하는 것도 관측된다.) 풍속이 작게는 $18ms^{-1}$에서 크게는 $135ms^{-1}$에 이른다. 풍속은 종종 **후지타 등급**(Fujita scale)을 이용하여 바람에 의한 피해를 기초로 추정한다. 어떤 토네이도는 2차 소용돌이(**흡입소용돌이**)를 포함하기도 한다. 토네이도는 모든 대륙에 걸쳐 발생하며 미국에서 가장 발생 빈도가 높고 1년에 대략 1,000개의 토네이도가 발생한다. 토네이도는 연중에 걸쳐 하루 중 어느 시각에도 발생할 수 있다. 토네이도는 미국의 중부 평원에서 봄철 늦은 오후에 가장 많이 발생한다.
2. 서아프리카와 인근 대서양에서 발생하는 격렬한 뇌우 스콜.

토네이도 가족(family of tornadoes, -家族) 주기성 거대세포폭풍에 의해 순서적으로 생성되는 수명이 긴 토네이도.
토네이도는 거의 규칙적인 간격(전형적으로 45분)으로 착지한다. 보통 새로운 토네이도는 오래된 토네이도가 **중규모저기압**으로 소멸된 직후에 새로운 중규모저기압에서 발달한다. 때로는 연속된 두 토네이도가 몇 분 동안 함께 진행될 수도 있다. 이때 두 중규모저기압은 부분적으로 서로의 주위를 선회할 수가 있다. 만일 토네이도의 피해 경로가 깨진 파동 선 형태를 보이면, 그 토네이도 가족은 연속형으로 분류된다. 좀 더 보편적인 평행형 가족에 의한 피해 경로는 새로운 토네이도가 앞선 토네이도의 오른쪽에 형성되는 평행 호(弧)를 따라 나타난다. 평행형은 경로가 휘는 방향에 따라 좌회전형과 우회전형으로 나뉜다.

토양공기(soil air, 土壤空氣) 토양 내의 통기역(通氣域)을 포함한 모든 틈에 함유된 공기와 그 밖의 기체.
통기대 내에서 공기는 자유로이 움직이지만 온도와 기압에 의해 영향을 받는다. 토양공기의 구성 성분은 박테리아의 활동이나 수분이 있는 상태에서 산소와 이산화탄소의 화학적 변환과정에 따라 바뀐다.

토양수분량(soil moisture content, 土壤水分量) 토양 내 포함된 물의 양을 나타내는 물리량. 토양의 부피(혹은 질량)에 대한 물의 부피로 표현하며, 단위는 $m^3\ m^{-3}$(혹은 $kg\ kg^{-1}$)을 사용한다. 토양수분량은 지면으로부터의 증발이나 식생에 의한 증산에 중요한 요소로서 이에 따라 지표 에너지 균형이 크게 달라질 수 있다.

토양온도(soil temperature, 土壤溫度) 일정 깊이에서 토양이 갖는 온도.
지표면에 도달하는 순복사 에너지 중 일부는 대류에 의해 대기 중으로 방출되고 잉여 에너지는 지중으로 전달된다. 임의의 토양층에서 지중 열 플럭스의 수렴 혹은 발산에 따라 토양온도의 변화가 나타난다. 토양온도의 일변화 진폭은 깊이가 깊어짐에 따라 급격히 작아지고, 최고온도가 나타나는 시각도 늦어진다. 씨앗의 발아, 미생물 활동, 토양 호흡 등 다양한 생물학적 과정에서도 중요한 변수로 활용된다.

토탈 지수(total totals index; TTI, -指數) 하층대기(850hPa 이하 층)의 기온이 고려되지 않는 횡단 토탈 지수(cross totals index, CTI)를 보완하여 뇌우의 범위와 강도를 예측하기 위해 밀러(Miller, 1972)가 개발한 지수로서 토탈 지수(TTI) 계산식은 다음과 같다.

$$TTI = VTI + CTI$$

여기서 VTI는 연직 토탈 지수로서 850hPa과 500hPa 층의 기온 차, $T_{850} - T_{500}$이며, CTI는 횡단 토탈 지수로서 850hPa의 노점온도 500mb의 기온 차, $D_{850} - T_{500}$을 의미한다. 850hPa과 500hPa의 기온 차이가 추가되어 대기 중·하층의 불안정 판단이 가능하게 된 것이 장점이다. 그렇지만 수증기가 거의 존재하지 않을 경우 수치의 정확성이 떨어지는 단점이 있다. 만약 850hPa 수증기가 적을 경우 CTI를 이용하는 편이 더 낫다.

통계-역학 모델(statistical-dynamical model, 統計力學-) 종관규모 역학과정의 통계적 행태를 모수화로 표현한 기후 모델.
대기대순환 모델과 비교하여 통계-역학 모델은 계산의 장점이 있지만, 모델에서 채택한 모수화가 종관규모 에디의 효과를 아주 근사한 것일 뿐이다.

통계예보(statistical forecast, 統計豫報) 시스템 외부의 유효한 예측인자의 관측을 포함하여, 과거 측정결과를 바탕으로 예보되는 시스템의 형태를 나타내는 체계적인 통계적 방법에 근거한 예보.
단기기후예보의 경우, 반스톤(Barnston, 1994)의 CCA(canonical correlation analysis)가 통계예보의 좋은 예시이다. 사용방법과 그 범위에 따라 통계예보의 한계로서 기록의 부족, 과도 적응의 위험, 선형성의 가정, 물리적 고찰 결여 등이 나타난다. 일기예보에서 순수한 통계적 예보는 드물지만, 일기예보에서 역학적 모델의 결과와 통계학의 결합은 매우 일반화되어 있다. 일부 통계적 모델은 물리적 법칙에 의한 역학적 모델의 결과와 거의 흡사하다고 인정되기도 하는데, 그 예로는 경험적 파 전파(wave propagation)가 있다.

통풍(ventilation, 通風) 1. 온도계의 시간상수에 대한 방정식에서 풍속과 공기밀도를 곱한 것과 같은 양.
시간상수는 통풍과 역으로 변한다. '깨끗한 공기'의 질량 플럭스가 관측자를 지나 이동하기 때문에 대기오염물의 농도는 통풍에 역비례한다. 통풍의 결여에 의해 야기되는 조건인 정체는 역사적으로 주요 대기오염사건과 연관되어 있다. 이 정체현상은 역전에 의해 생기는 수평풍속의 결여와 연직풍속의 결여로 발생한다.
2. 성질 농도가 대기와의 평형값에 더 근접해지는 지표층과의 성질 교환.
이와 같은 교환은 수단(水團) 형성 없이 발생할 수 있다.
3. 기상관측 용어에서 대표적인 공기를 관측기기의 수감부와 접촉시키게 하는 과정.
특히 습구온도계의 구부를 지나는 기류를 발생시키는 데 응용된다.

투과계수(transmission coefficient, 透過係數) 입사한 빛이 특정 매질을 지나면서 산란되거나 흡수된 후의 빛의 양을 나타내는 계수.
입사한 빛의 양(I_0), 매질의 소산계수(k_λ), 매질을 투과한 거리(s), 매질의 밀도(ρ), 그리고 투과된 후의 빛의 양(I)은 아래와 같은 관계를 갖는다.

$$I = I_0 \exp\left(-\int_0^s k_\lambda \rho ds\right)$$

이로부터 투과계수(T)는 아래 수식과 같이 표현될 수 있다.

$$T = \frac{I}{I_0} = \exp\left(-\int_0^s k_\lambda \rho ds\right)$$

투과손실(transmission loss, 透過損失) 거리, 강수, 다중경로전송 등의 효과로 인한 송신된 라디오 신호의 강도 감소를 총칭하는 용어.

투과율(permeability, 透過率) 막이 유체, 이온, 용질 등을 통과시키는 성질.

투과율계(transmissometer, 透過率計) 대기의 소산계수를 측정하거나 가시거리를 결정할 때 사용되는 측정 장비.
헤이즈미터(hazemeter)라고도 한다.

투명계수(coefficient of transparency, 透明係數) 태양이 천정점에 있을 때 지표면에 도달하는 직달태양복사의 비율(분율).
이 계수는 부게의 법칙(Bouguer's law), 베르 법칙(Beer's law), 람베르트 법칙(Lambert's law)의 수학적 표현식에 등장한다.

투수율(permeability, 透水率) 공극의 구조에 따라 달라지는 다공성 매질의 수리전도도(hydraulic conductivity)를 나타내는 용어의 한 부분.
수리전도도의 식은 다음과 같다

$$K = \frac{k\rho g}{\mu}$$

여기서 k는 투수율, ρ는 밀도, μ는 동점성도(dynamic viscosity) 그리고 g는 중력가속도이다.

투자율(permeability, 透磁率) 물질 내부에서 유도되는 자기 플럭스($\boldsymbol{B}$)와 자기장의 강도($\boldsymbol{H}$)의 비례관계를 나타내는 인자.

특성값 문제(characteristic-value problem, 特性-問題) 미정 매개변수가 미분방정식 계수와 연관된 경계조건으로 미분방정식의 해 내에 포함되어 있는 문제로서 해당 매개변수의 어떤 이산값, 고윳값이라 불리는 특성값(때로는 간혹 주요값)에만 존재하는 경우에 발생하는 문제.
특성값 문제로 귀결되는 물리적 문제의 중요한 예로는 진동계의 진동주파수와 모드의 결정이 있다. 이 경우에 미분방정식의 종속변수는 해당 계의 변위를 나타내며, 매개변수는 진동주파수를 나타낸다.

특이값 분해(singular value decomposition; SVD, 特異-分解) 행렬을 분해하는 여러 방법 중 하나.
$(m \times n)$ 행렬 A는 다음처럼 분해된다.

$$A = U \Sigma V^T$$

여기서 U와 V는 모두 직교행렬이고, Σ는 대각성분을 제외한 성분이 모두 0이고 대각성분이 $\sigma_1 \geq \sigma_2 \geq \cdots \geq \sigma_n \geq 0$인 행렬이다. 다음 식으로 표현된다.

$$\Sigma = \begin{pmatrix} \sigma_1 & 0 & \cdots & 0 \\ 0 & \sigma_2 & \cdots & 0 \\ \vdots & & \ddots & \vdots \\ 0 & \cdots & & \sigma_n \end{pmatrix}$$

보통 특이값 분해를 간단히 SVD라 부른다. 프로하스카(Prohaska, 1976)가 처음으로 SVD를 기상학에 적용하기 시작하였으며, 시공간함수인 어떤 두 변수에서 서로 선형관계에 있는 부분을 추출하는 데 이용된다. 먼저 두 변수의 공분산행렬을 만들고 이를 특이값 분해를 수행하여 U, V, 그리고 Σ 행렬을 얻게 된다. 이와 비슷한 목적으로 사용되는 것으로는 결합 PCA(principal component analysis)가 있다. SVD의 자세한 설명은 보레더턴(Bretherton) 등(1992)에서 볼 수 있다.

틈새바람(gap wind) 두 산맥 사이의 비교적 평평한 협곡 또는 산악 장벽의 틈새를 따라 부는 강한 하층 바람.
원래 이 바람은 미국 워싱턴 주 서부의 올림픽 산맥과 캐나다 브리티시컬럼비아 주 밴쿠버 아일랜드의 산맥 사이에 있는 후안 데 푸카(Juan de Fuca) 협곡을 통과하는 강한(10~20ms^{-1}) 동풍을 일컬었던 말이다. 그곳에서 이 바람은 '협곡 축에 평행한 기압경도에 의해 가속되는 해면 협곡의 공기 흐름'으로 정의되었다. 산악 틈새바람의 경우에서처럼, 이 용어는 산악 장벽의 틈새를 지나면서 가속되는 기압경도 바람에도 사용되었다. 틈새나 협곡을 지나는 흐름을 제외하면, 기압경도는 흔히 장벽에 접근하는 한랭전선 뒤 안정한 고기압으로부터 생기는데, 이 고기압은 장벽을 올라가면서 부분적으로 저지된다. 중앙아메리카의 테완데페세르(tehuantepecer)는 잘 알려진 틈새바람이다. 이 흐름을 때때로 제트 효과바람 또는 협곡바람으로 불러왔다.

틈흐림(break in overcast) 실제 기상관측에서, 하늘의 구름 덮임이 1.0은 되지 않지만 0.9 이상이 되는 조건.
항공기상에서 전천 하늘 가림에서 조금 틈새가 보이는 현상을 표시하는 용어이다.

틘흐림(broken) 하늘의 구름양이 0.6~0.9로서 전천(全天) 운량(1.0)에 가장 가까운 상태를 표현하는 용어.
틘흐림은 하늘 상층의 차폐현상을 지칭하는 용어로서 하늘의 구름양 전체가 지표면을 근거로 한 차폐현상만으로 이루어지지 않고 상층의 전천의 차폐현상을 적용할 때이다. 항공기상관측 시스템에서 틘흐림은 명백하게 얇음(두드러지게 투명함)으로 식별된다. 그렇지 않은 경우 두드러진 불투명한 하늘상태가 내포되기 때문이다. 불투명한 틘흐림 구름양은 실링(ceiling)을 위한 최소 요건이 되며, 이는 보통 틘흐림 실링이라 한다.

티-검정(student's t-test, -檢定) 모분산(σ^2)이 알려지지 않은 정규모집단$N(\mu,\sigma^2)$의 모평균 μ에 관한 가설의 검정.
크기 n인 확률표본으로부터 표본평균을 $\overline{X}$, 표본분산을 S^2라 할 때 스튜던트(studentized) 확률변수와 t 확률분포는 다음의 관계가 성립한다.

$$\frac{\overline{X}-\mu}{S/\sqrt{n}} \sim t(n-1)$$

정규검정법의 검정통계량에서 σ대신 표본 표준편차 S를 사용하여 가설을 검증하는데, 이를 t-검정이라고 한다.

티년사건(T-year event, -年事件) 평균 T년마다 반복하여 일어나는 현상의 크기.
희귀사건에 대해 T-년사건은 어느 해에 초과할 확률 $1/T$를 가진다. 보통 일어나는 사건에 대해 T년 동안 적어도 한 번 초과할 T-년사건의 확률(P)은 $P=1-\exp(1/T)$이다.

티센 다각형법(Thiessen polygon method, -多角形法) 면적 강수량을 점 강수량 값으로 할당하는 방법.
각 측정관측소와 그 바로 주변 관측소들을 연결하는 선들에 직교 이등분선을 구축한다. 이 이등분선들은 일련의 다각형을 이루고, 각 다각형은 한 관측소를 포함한다. 한 관측소에서 측정한 강수량 값을 다각형으로 둘러싼 전 면적에 할당한다.

ㅌ

대기과학용어사전

파(wave, 波) 시공간적으로 대체적인 반복 주기를 확인할 수 있는 현상.
기상학에서 대기의 수평운동에 나타나는 현상으로서 로스비 파, 장파, 단파, 저기압파, 순압파 등이 있다. 해수면상에서 바람에 의하여 발생하며 중력이나 이에 더하여 표면장력의 역학관계로 나타난다. 급격한 증가나 유입의 개념으로 쓰이기도 한다. 예로 한파, 열파, 조석파, 폭풍해일이 있다.

파고(wave height, 波高) 파의 마루와 골 사이의 연직 거리.
풍파는 단순히 정현파가 아닌 수많은 파가 모인 매우 복잡한 형태를 지닌다. 따라서 특정 시기와 지역의 파고를 표시할 때에는 평균적인 개념을 사용한다. 대표적인 것이 유의파고이다. 이것은 특정 시간 주기 내에서 일어나는 모든 파고 중 가장 높은 3분의 1에 해당하는 파고들의 평균 높이를 말한다. 파장을 참조하라.

파동방정식(wave equation, 波動方程式) 파동 해(解)를 갖는 편미분방정식.
파동은 빛, 음파, 표면중력파등과 같이 진동과 전파(傳播)가 함께 나타나는 물리적 현상이다. 파동은 $\psi = \hat{\psi}\cos(kx - \omega t)$ 등의 형태로 표현될 수 있다. 여기서 k는 파수, ω는 진동수이고, 파동은 x 축으로만 진행함을 가정하였다. 이 파동은 다음과 같은 방정식

$$\frac{\partial^2 \psi}{\partial x^2} = \frac{1}{c^2}\frac{\partial^2 \psi}{\partial t^2}$$

의 해가 되는데, 이 방정식을 파동방정식이라 한다. 여기서 c는 파동의 전파속도(위상속도)이다. 비슷하게 y 방향으로 편광된 빛이 x 방향으로 진행하고 있다면, 전기장 E_y는

$$\frac{\partial^2 E_y}{\partial x^2} = \frac{1}{c^2}\frac{\partial^2 E_y}{\partial t^2}$$

를 만족할 것이다. 이때 c는 빛의 속도를 의미한다. 만약 3차원 공간에서 진행하는 파동이라면 파동방정식은

$$\nabla^2 \psi = \frac{1}{c^2}\frac{\partial^2 \psi}{\partial t^2}$$

이 되며, 이 경우도 c는 파동의 전파속도가 된다.

파동주파수(wave frequency, 波動周波數) 시간에 종속되는 하모닉(harmonic) 혹은 정현파의 물리량으로서 파동방정식으로 묘사되는 파의 진동수.
단위시간당 지나가는 파의 마루 수나 골짜기 수로서 파동의 주기에 역비례한다. 그러나 무작위 세계에서는 여러 가지의 해석이 가능하다. 일반적인 정의는 소위 영점 진행 진동수이다. 즉,

주어진 지점에서 단위시간당 평균 수면이 높아지는 현상이 연속적으로 시간에 따라 발생하는 수이다.

파동항력(wave drag, 波動抵力) 파동현상이 평균류에 흡수 · 반사 · 통과하면서 야기하는 평균류의 감소현상을 초래하는 힘.
드문 경우이지만 음의 계수를 사용하여 평균류의 증가를 다룰 수도 있다. 지표의 굴곡이 발생한 파동(산악파)은 지표면의 운동량을 상층의 파동 진행속도와 동일한 평균류 고도에 쌓는다. 평균류를 지표면 속도에 대하여 가속 혹은 감속시킨다.

파랑기후(wave climate, 波浪氣候) 어떤 지역의 장기 파랑 자료에 근거한 월별 또는 계절별 통계적 파랑 특성.
예를 들면 유의파고의 계절적인 변화는 수년간의 관측된 자료로부터 월평균 유의파고를 계산하여 추정한다. 최근에는 관측의 시공간적인 제한성을 극복하기 위하여 **파랑모형**을 이용하여 추정하는 방법이 사용된다.

파랑모형(wave model, 波浪模型) 파랑의 구조나 성질을 이해하는 수단으로 쓰이는 이론적 모형.
모형 내에서는 파의 입력항(바람응력), 파와 파 간의 상호작용, 쇄파와 바닥마찰에 의한 분산을 경험함수를 이용하여 표현하고 방향 파수 스펙트럼에 대한 스펙트럼 균형방정식을 수치해석 방법으로 푼다.

파랑예보(wave forecasting, 波浪豫報) 예측된 기상자료를 이용하여 파랑의 특성을 예보하는 것.
주로 **파랑모형**을 사용하여 유의파고, 주기, 파향, 파장, 파랑 스펙트럼 정보 등의 예측정보를 생산한다. 파랑예보 결과의 정확도는 입력되는 바람예측자료의 정확도에 의해 주로 결정된다. 예측의 정확도는 해상의 부이나 파고계로부터 관측된 자료를 이용하여 검증한다. **날씨예보**를 참조하라.

파수(wavenumber, 波數) 단위거리 사이에 있는 파(波) 또는 주기성에 가까운 패턴의 수.
파수(κ)는 파장(L)의 역수에 2π를 곱한 것으로서 아래 식과 같이 표현된다.

$$\kappa = \frac{2\pi}{L}$$

파스칼(pascal) SI(International system of unit)에서 유도된 압력단위.
1파스칼은 1m^2 면적에 1뉴턴의 힘이 수직으로 작용하는 압력$\left(\frac{1N}{m^2}\right)$이다. 대기의 압력에 대해서는 Kilopascal(kPa)이 주로 사용된다. 그러나 국제적인 동의에 의해 기상학자들은 일반적으로 압력의 단위로 mb를 사용하여 왔다. 여기서 1mb=1hPa(hectopascal)이다. 전형적인 해면기압은 102.345kPa=1023.45hPa=1023.45mb이다.

파슬법(parcel method, -法) 정지상태에 있는 공기덩이를 어떤 고도 z에서 연직으로 δz만큼 단열상승(또는 단열하강)시켰을 때 변위된 위치에서 주위공기의 온도와 공기덩이의 온도를 비교하여 대기의 안정도를 결정하는 방법.
공기덩이법이라고도 한다. 정적안정도를 기층의 연직기온감률(γ)과 공기덩이의 건조단열감률(γ_d)을 이용하여 정적안정도를 $\gamma > \gamma_d$이면 불안정, $\gamma < \gamma_d$이면 안정, $\gamma = \gamma_d$이면 중립으로 구분한다.

파시발의 정리(Parseval's theorem, -定理) 단위시간에 한 일이나 단위시간에 소모된 에너지(x^2)에 대한 시간적분으로 구한 총 에너지는 $x^2(t)$의 푸리에 변환, 즉 $X(f)$의 제곱을 전 진동수에 걸쳐 적분한 것과 동일함을 보여주는 정리.
이를 수식으로 나타내면 다음과 같다.

$$\int_{-\infty}^{\infty} x^2(t)dt = \int_{-\infty}^{\infty} |X(f)|^2 df$$

여기서 $|X(f)|^2$은 에너지 스펙트럼 밀도를 의미한다. 예를 들면 전기저항을 R, 전류를 i라고 하면 전력(P)은 $P = Ri^2 = (\sqrt{R}\,i)^2 = x^2(Joule\,s^{-1})$으로 나타낼 수 있으며 이 경우에 x^2에 대한 시간적분은 주어진 시간에 대한 총 에너지를 나타낸다. 한편 각 진동수 $\omega = 2\pi f$를 이용하면 파시발의 정리의 우변을 ω에 대한 적분으로 다음과 같이 나타낼 수 있다.

$$\int_{-\infty}^{\infty} x^2(t)dt = \frac{1}{2\pi}\int_{-\infty}^{\infty} |X(\omega)|^2 d\omega$$

파엽(wavelet, 波葉) 모파엽(母波葉)이라 부르는 함수 $w(t)$의 병진(예 : $w(t) \rightarrow w(t+1)'$)과 스케일링(예 : $w(t) \rightarrow w(2t)$)을 취함으로써 발생되는 함수 가족의 구성원.
$w(t)$의 선택은 $w(t)$의 제곱이 모든 t의 범위에서 적분 가능하다는 조건으로 제한되어 있다. 파엽의 선형결합은 파동형 신호를 나타내기 위해 사용된다. 신호의 파엽분해는 신호에 대한 국지적 또는 단기적 기여가 더 잘 나타날 수 있다는 점에서 푸리에 분해보다 장점이 더 많다.

파이 정리(pi theorem, -定理) 차원분석의 기초정리로서, 버킹엄(Buckingham)이 무차원 π군을 설정하는 데 사용한 정리.

버킹엄 파이 정리라고도 한다. 이 정리에 의하면 한 물리적 계에 대한 방정식이 m개의 모수(또는 변수)로 $f(Q_1, Q_2, \cdots, Q_m)=0$으로 주어진다고 고려한다. 그리고 이 식과 관련된 단위가 n개이면 이 방정식을 무차원의 군(群), 즉 파이 군 $g(\pi_1, \pi_2, \cdots, \pi_{m-n})=0$으로 나타낼 수 있다. 여기서 무차원 변수 π_i항의 수는 $(m-n)$개이다. 파이 이론은 무차원 모수를 구하는 한 방법과 또한 이를 이용하여 모수 간의 관계를 구하는 방법을 제시하지만 가장 의미 있는 모수나 모수 간의 상대적인 중요성을 제시하지는 않는다. 예를 들어 대기 중에서 낙하하는 구형의 물방울에 작용하는 저항력과 관계된 모수들을 파이 정리를 이용하여 구하면 다음과 같다. 먼저 저항력에 관계된다고 생각되는 6개의 모수(또는 물리량), 저항력 F_d, 공기밀도 ρ, 수적의 직경 d, 공기의 역학점성 μ, 낙하속도 V, 주위 기압 p_∞을 고려한다. 이 경우, 6개 모수 간의 함수관계는 다음과 같이 나타낼 수 있다.

$$f(F_{d,}\ \mu,\ d, \rho,\ V,\ p_\infty)=0 \tag{1}$$

그리고 3개의 기본 물리량을 힘(F), 길이(L) 그리고 시간(T)을 고려한다. 따라서 π항의 개수는 $m-n=3$이 된다. 3개의 무차원의 π항은 다음과 같이 나타낸다.

$$\pi_1=\frac{F_d}{\rho V^2 d^2},\ \pi_2=\frac{\rho Vd}{\mu},\ \pi_3=\frac{p_\infty}{\rho V^2} \tag{2}$$

식(1)에서 6개의 모수들 간의 관계는 차원만을 고려할 경우 다음과 같이 주어진다.

$$F_d=\rho^a\ \mu^b d^c\ V^d p_\infty^e \tag{3}$$

한편 식(2)에서 π_1에서 $\rho=FT^2L^{-4}$, π_2에서 $\mu=FTL^{-2}$, $p_\infty=FL^{-2}$, $V=LT^{-1}$, $d=L$로 표시할 수 있다. 이 식을 식 (3)에 대입하면 다음과 같다.

$$F=(FT^2L^{-4})^a(FTL^{-2})^bL^c(LT^{-1})^d(FL^{-2})^e \tag{4}$$

여기서 각 물리량에 대한 지수를 고려하면 다음 식을 얻는다.

$$F:\ 1=a+b+e;\ e=1-a-b \tag{5}$$

$$T:\ 0=2a+b-d; \quad d=2a+b \tag{6}$$

$$L:\ 0=-4a-2b+c+d-2e; \quad c=4a+2b-d+2e=2-b \tag{7}$$

여기서 식(5)~(7)을 식(3)에 대입하면 다음과 같다.

$$F_d=\rho^a\mu^b d^{2-b}V^{2a+b}p_\infty^{1-a-b} \tag{8}$$

이 식을 각 지수별로 정리하면 다음과 같은 식을 얻는다.

$$F_d = d^2 p_\infty (\rho V^2 / p_\infty)^a (\mu V / p_\infty d^2)^b \quad (9)$$

여기서 무차원의 π군을 다음과 같이 나타낼 수 있다.

$$\pi_1 = F_d / p_\infty d^2, \quad \pi_2 = \rho V^2 / p_\infty, \quad \pi_3 = \mu V / p_\infty d^2 \quad (10)$$

저항력을 π_1과 π_2를 이용하여 나타내면 다음과 같다.

$$\pi_1 / \pi_2 = F_d / \rho V^2 d^2 \quad (11)$$

식(11)에서 다음의 관계를 얻는다.

$$\text{저항력} : F_d \propto \rho V^2 d^2 \quad (12)$$

파장(wavelength, 波長) 파에서 인접한 마루와 마루 또는 골과 골 사이의 수평거리.
해파(풍랑과 너울)의 파장은 약 60～200m이고, 지진해일은 수십～수백 킬로미터이다. 천해로 진행하면서 파속, 파고 그리고 파장은 변할 수 있지만 파주기는 변하지 않는다. 파고를 참조하라.

판모양결정(plate crystal, platelet, 板模樣結晶) 삼각형과 때로는 다른 형태의 대칭을 보이기도 하지만 통상적으로 바닥면의 길이에 대한 결정의 높이의 비(aspect ratio)가 2～100에 이르는 육각형 대칭을 가진 빙정.
판결정이라고도 한다. 판모양결정이 형성된 구름에서 낙하하면서 다른 대기조건을 만나면 판모양결정이 나뭇가지모양으로 되며, 이를 판상-나뭇가지모양 결정(plane-dendritic crystal)이라고 한다.

판번개(sheet lightning, 板-) 먼 곳에서 활동하고 있는 뇌우의 번개에 의하여 밤하늘 또는 뇌운의 일부가 순간적으로 밝게 빛나는 경우가 있는데, 이때 방전로가 구름에 차단되어 보이지 않고, 번개 및 **구름속 방전**으로 구름 전체가 빛나는 현상.

판별분석(discriminant analysis, 判別分析) 한 사건이 발생할지 아니면 발생하지 않을지를 예측하기 위한 다중선형회귀분석의 변형.
피예측인자의 비수치적 성질을 설명하기 위하여 함수의 양의 값이 '발생'에 해당하고 음의 값이 '비발생'에 해당한다는 방법으로 유도되는 회귀함수의 유형으로 판별함수를 사용한다. 기상학에서 예를 들면, 피예측인자인 강수의 발생은 판별함수를 통하여 예측인자인 연직속도, 이슬점온도, 기압변화 및 다른 변수들의 측정값에 관련시킬 수 있다. 강수 발생을 예측하기 위하여 어떤 문턱값(전형적으로 0) 이상 또는 이하의 판별함수를 사용할 수 있다.

판상 모델(slab model, 板狀-)　모든 물리량이 완전하고 순간적으로 균질하다고 가정한 지표층 또는 혼합층의 밑바닥 모델.
이 가정은 혼합층에 영향을 주는 과정들이 대체로 혼합층을 휘젓는 큰 에디들의 혼합시간에 비하여 천천히 작용한다는 것이다.

팔머 가뭄심도지수(Palmer drought severity index; PDSI, -深度指數)　미국 기상학자인 웨인 팔머(Wayne C. Palmer, 1916～2000)가 고안해 낸 지수로서 특정 기간 동안 한 지역에 내린 실제 강수량과 같은 기간에 대해 정상적이고 평균적으로 예상되는 강수량을 비교하는 지수.
PDSI는 수문학 또는 물수지의 과정에 기초한 것으로 수분의 초과 또는 결핍이 평균 기후와 관련하여 결정된다고 설명한다. 이 지수를 계산할 때 고려되는 기후값은 강수량, 가증발산량과 유효증발산량, 해당 토양대의 수분 침투량, 그리고 유출량 등이다. 이 지수는 손스웨이트(Thornthwaite)의 연구로 발전되었는데, 토양이 수분을 머금고 있는 양에 대한 지역적 변화를 더 잘 나타내기 위해 깊이를 고려한 토양대를 추가하였고, 토양대 사이의 이동과 그에 따른 식물 수분 스트레스, 즉 너무 습하거나 너무 건조한 상태가 고려되었다.

패턴 상관(pattern correlation, -相關)　두 개의 서로 다른 지도에서 서로 상응하는 위치의 변수가 같을 때, 두 변수 사이 선형상관의 피어슨(Pearson) 승적률 계수.
유형상관이라고도 한다. 두 개의 서로 다른 지도란 다른 시간, 연직 방향에서 다른 면, 예보와 관측 등을 의미할 수 있다. 가끔 지도(地圖)상관이라 부르기도 한다. 아노말리 상관은 패턴 상관의 특별한 경우라 할 수 있다.

팽창파(expansion wave, 膨脹波)　압축성 유체의 등엔트로피 흐름에서 진행하는 요란 또는 단순한 파.
예를 들면, 기체를 가득 채운 실린더로부터 피스톤을 뺌으로써 팽창파를 설명할 수 있다. 처음에 기체가 실린더 안에 정지해 있을 때, 피스톤을 빼면 팽창파는 음속의 빠른 속도로 교란되지 않은 유체 속으로 이동한다. 이 팽창파는 전파하면서 모양이 변하는 한정된 진폭의 요란이지만, 불연속을 가진 충격파 전선을 동반하기도 하고 동반하지 않기도 한다.

펄스 길이(pulse length)　레이더의 송신기에서 발사한 펄스의 공간길이.
공간길이에 대응되는 시간길이를 펄스 지속기간이라고 한다. 펄스 지속기간에 광속을 곱하면 펄스 길이를 얻는다. 펄스 지속기간이 $1\mu s(10^{-6}s)$인 경우 펄스 길이는 $300m$이다. 공간길이를 펄스 너비라고도 한다.

펄스 너비(pulse width)　레이더, 소다(sodar) 또는 라이더(lidar)에서 발사한 펄스의 길이.

펄스 길이라고도 하며 펄스 길이는 (펄스의 지속시간)×(광속)으로 주어진다. 가끔 펄스 길이는 펄스 지속시간 대신에 사용되기도 한다. 펄스 길이를 참조하라.

펄스 레이더(pulsed radar) 라디오 에너지의 개개의 펄스를 송수신하는 레이더.
연속파 레이더에 반대되는 것으로 송신기에서 발사되는 전파의 연속성을 기준으로 한 레이더의 분류 중 하나이다. 일정한 시간 동안 나가는 전파를 전파의 펄스라고 한다. 한편 전파의 펄스와 펄스 사이에 전파가 발사되지 않는 동안에 레이더는 바로 전에 발사된 전파가 물체에 부딪쳐 레이더로 되돌아오는 반사 전파를 수신한다. 펄스 레이더는 관측된 물체까지의 거리, 방향, 고도를 측정할 수 있으며 기상 레이더는 펄스 레이더의 한 종류이다.

펄스 반복시간(pulse repetition time, -反復時間) 레이더 안테나에서 하나의 펄스를 발사하고 다음 펄스를 발사할 때까지의 시간 간격.

펄스 반복주파수(pulse repetition frequency; PRF, -反復周波數) 레이더에서 안테나를 통해 1초 동안에 발사된 펄스의 수.
레이더 기종과 활용 목적에 따라 일부 레이더는 PRF를 바꿀 수 있는 것도 있으며, 일부 레이더는 서로 다른 두 개의 PRF를 사용하는 것도 있다. 연속된 두 개의 펄스의 경우 첫 번째 펄스의 선단부가 나간 시간과 다음 펄스의 선단부(또는 끝부분)가 나간 시간차를 펄스 반복간격(pulse repetition interval, PRI) 또는 펄스 반복주기(pulse repetition time, PRT)라고 한다. 도플러 기상 레이더의 경우 PRF의 범위는 300~700Hz이다. PRI와 PRF의 관계는 $PRF(Hz) = \frac{1}{PRI}$ 이다.

펄스 부피(pulse volume) 펄스의 길이에 펄스의 단면적의 곱으로 주어지며, 실제로 레이더 펄스가 차지하는 부피.
펄스의 단면적을 일반적으로 타원으로 가정할 경우 펄스 부피(V)는 다음으로 주어진다.

$$V = \frac{\pi r^2 \theta \Phi h}{8}$$

여기서 r은 레이더에서 펄스까지 거리, θ와 Φ는 각각 수평, 연직 방향의 빔 폭이고, h는 펄스 길이를 나타낸다. 실제로 레이더에서 적용하는 펄스 부피(V)는 다음과 같다.

$$V = \frac{\pi r^2 \theta \Phi h}{16 \ln 2}$$

이것은 안테나의 주 방사부의 빔 패턴을 가우스 모양으로 고려한 부피이다.

펄스 쌍 처리(pulse-pair processing, -雙處理)　도플러 레이더 관측에서 얻어진 디지털 자료를 이용하여 평균 도플러 속도와 스펙트럼 폭을 추정하는 방법.
자기상관함수를 기초로 한 것으로서 통상 고속 푸리에 변환보다 계산이 빠르다. 그러나 이 방법으로는 완전한 스펙트럼 폭을 얻을 수 없다. 정지한 레이더에 대해 입자(예 : 강수입자)가 상대운동을 하는 경우, 입자로부터 반사된 파에는 도플러 변이가 나타난다. 예를 들면, 입자가 레이더를 향해서 접근하는 경우에 레이더가 입자로부터 반사된 전파의 진동수(f_r)는 레이더가 송신한 진동수(f_0)보다 더 크다. 여기서 두 진동수의 차이, $\triangle f(=f_0-f_r)$을 구한 후 도플러 원리를 적용하면 입자의 접근속도를 구할 수 있다. 그러나 기상 레이더의 경우(예 : $\lambda=10cm$), 입자의 속도가 $70ms^{-1}$인 경우에 $\triangle f/f_0 \approx 10^{-7}$정도로 너무 작아서 실제 측정이 어렵다. 따라서 입자의 시선속도를 측정하는 한 방법으로 펄스 쌍 처리를 이용한다. 도플러 기상 레이더에서 시선 방향에서 입자의 운동에 따른 전파의 위상차($d\Phi$), 그리고 시선속도(dr/dt)와의 관계는 다음과 같이 주어진다.

$$\frac{d\Phi}{dt} = \frac{4\pi}{\lambda}\frac{dr}{dt}$$

펄스에 있는 입자의 시선속도를 V_r이라고 하면 입자가 시선방향으로 펄스 반복시간(T_r)에 이동한 시선거리(dr)는 $dr=V_rT_r$로 주어진다. 두 개의 연속적인 펄스에서 측정한 위상을 각 각 Φ_{n+1}과 Φ_n, 그리고 레이더의 파장을 λ, 두 펄스 사이의 시간차를 $dt=T_r$(펄스 반복시간)이라고 하면 앞에 기술한 식은 다음과 같이 나타낼 수 있다.

$$\frac{\Phi_{n+1}-\Phi_n}{T_r} = \frac{4\pi}{\lambda}V_r$$

따라서 시선속도는 다음과 같이 주어진다.

$$V_r = \frac{\lambda}{4\pi}\left(\frac{\Phi_{n+1}-\Phi_n}{T_r}\right) = \frac{\lambda f_d}{2}$$

여기서 f_d는 도플러 진동수이다. 펄스 쌍 처리의 기본 원리는 주어진 시선 방향에서 펄스 부피 내에 하나의 입자가 있는 것처럼 그 운동을 고려하여 시선속도를 구하는 것이다.

펄스 압축(pulse compression, -壓縮)　레이더에서 신호잡음비와 거리분해능을 증가시키기 위해서 주로 사용되는 신호처리기법.
레이더에서 탐지거리를 크게 하려면 송신전력을 크게 해야 하고, 관측거리 분해능을 높이기 위해서는 가능한 펄스 폭을 좁게 하여야 한다. 따라서 이 두 가지 조건을 만족하려면 짧은 펄스에 커다란 첨두(尖頭)전력을 집중시켜야 한다. 그러나 때로는 과도한 전력이 여러 가지 문제를 일으킬 수 있으므로 펄스의 길이를 길게 하고 평균전력을 길어진 펄스에 집중시키는 동시에 긴 펄스로 인해서 관측분해능이 저하되지 않도록 수신할 때 펄스를 압축하는데, 이를 펄스 압축이라고 한다.

페렐 세포(Ferrel cell, -細胞) 지구의 각 반구에서 발생하는 3개의 경도세포 중의 중간 것으로서 열적으로는 간접적으로 발생하는 띠모양의 대칭순환.
윌리엄 페렐(William Ferrel, 1856)이 처음으로 제안하였다. 비슷한 형태의 세포를 매튜 모리(Matthew Maury, 1855)와 제임스 톰슨(James Thomson, 1857)이 거의 같은 시기에 기술한 바 있다. 페렐 세포는 해들리 세포(Hadley cell)처럼 중위도에서 침강운동을 나타내지만, 고위도(대략 60°)에서는 상승운동을 나타낸다. 페렐 세포는 대규모 맴돌이나 비단열과정에 의한 열과 운동량 플럭스에 의해 유지된다.

페르마 원리(Fermat's principle, -原理) 원래의 형태에 가깝게 말하면 빛이 가능한 가장 짧은 시간에 두 지점 사이를 이동한다는 원리.
좀 더 정확하게 말한다면, 광학적으로 균질한 매질 안에서 두 지점 사이를 지나가는 광선의 경로는 다음과 같이 그 경로를 따라 수행한 선적분이다.

$$\int_1^2 n\,ds$$

여기서 n은 굴절지수로서 가능한 모든 경로에 상대적인 극값(최소 또는 최고)이다. n이 위상속도에 역으로 관련되어 있기 때문에, 이 적분은 시간에 비례하게 되고 이때 비례상수는 자유공간의 광속에 해당한다. 페르마는 '자연이 이 작용을 가장 간단하고 가장 경제적인 방법으로 수행한다는 형이상학적 원리'를 터득하였다.

페클렛 수(Peclet number, -數) 유체에서 어떤 물리량의 확산율에 대한 이류율의 비로 정의되는 무차원 수.
유체 내 열전달 문제에서 페클렛 수(Pe)는 다음과 같이 정의한다.

$$Pe = \frac{UL}{k}$$

여기서 U는 유체의 특성 속도, L은 특성 길이, 그리고 k는 열확산계수를 나타낸다. 이 값은 레이놀즈 수(Reynolds number)와 프란틀 수(Prandtl number)의 곱과 같다. 동일 유체 내 흐름에서 질량에 대한 페클렛 수는 열에 대한 페클렛 수와 종종 서로 다른 값을 갖는다.

펜만-몬티스 방법(Penman-Monteith method, -方法) 식생이 있는 지표면에서 증발량을 계산하는 미기상학적 방법.
증발량(E)[혹은 잠열 플럭스(λE)]을 계산하기 위해 순복사(R_n), 지중열속(G), 기온, 습도, 풍속의 관측이 필요하며, 다음의 식을 이용하여 계산한다.

$$\lambda E = \frac{S(R_n - G) + \rho C_p [e_s(T_z) - e(z)]/r_a}{S + \gamma[(r_a + r_c)/r_a]}$$

여기서 λ는 증발잠열, r_a와 r_c는 각각 공기역학적 저항과 기공(氣孔) 저항, C_p와 ρ는 각각 공기의 비열과 밀도, S는 온도에 따른 포화수증기압의 변화율, γ는 건습계상수, e_s는 포화수증기압, T_z는 높이 z에서의 기온, e는 수증기압을 나타낸다. 국제연합의 식량농업 기구(UNFAO)에서는 증발산량을 계산하는 표준방식으로 이 방법을 사용하고 있다.

편각(declination, 偏角) 지자기에서 사용되는 용어로서 어떤 주어진 장소에서 지리적 자오선과 자기자오선 사이의 각 즉, 진북(眞北)과 자북(磁北) 사이의 각.
편각은 자기편차라고도 한다. 나침반 바늘이 지리적 자오선의 동쪽과 서쪽을 가리킬 때, 편각은 각각 '동쪽'과 '서쪽'에 있게 된다. 편각은 동쪽에 있을 때 양, 서쪽에 있을 때 음으로 정의한다. 편각이 일정한 선을 등향선이라 부르고 편각이 0인 선을 무편각선이라 부른다. 지구자장의 방향은 경년변화를 하기 때문에 이 편각은 시간이 경과함에 따라 변한다.

편광(polarization, 偏光) 전자기파를 구성하는 전기장의 두 직교 성분의 위상 차 및 진폭 차의 관계에 따라 발생하는 현상.
편광의 종류에는 선형편광, 원형편광 및 타원편광 등이 있으며 선형편광은 전기장의 두 성분 위상이 동일할 경우에 발생한다. 위상차 및 진폭차가 있는 경우에는 타원편광이 발생한다. 특히 위상차가 90°이고 진폭이 동일할 경우에 원형편광이 발생한다. 편광된 전자기파의 에너지에는 변동이 없으나 입자 및 표면과 반응하는 특성이 편광 종류에 따라 다르게 되어 원격탐사에 유용하게 활용되고 있다. 전기장의 두 직교 성분의 위상과 진폭이 정해져 있지 않거나 무작위로 변할 경우 비편광 또는 무작위 편광 전자기파로 구분된다. 비편광 전자기파의 한 예로는 지구에 입사하는 태양광을 들 수 있다.

편광도(degree of polarization, 偏光度) 어떤 방향의 총복사휘도에 대한 편광된 복사휘도의 비(比).
편광도는 0%부터 100%까지의 범위에 있게 되는데, 0%의 편광도는 전혀 편광되지 않은 복사휘도의 경우로서 전형적인 직달태양복사, 구름 내부의 확산태양복사 및 모든 지구 적외복사가 여기에 해당한다. 한편 100%의 편광도는 완전히 편광되는 복사휘도의 경우로서 최소 혼탁도를 갖는 레일리(Rayleigh) 대기로부터 오는 빛의 편광도가 90°의 산란각에서 100%에 근접한다. 여기서 레일리 대기란 빛 산란 계산을 위해 사용되는 맑은 모델 대기를 말한다. 순수한 레일리 대기는 레일리 산란으로 빛을 산란시키는 영구기체만을 포함하고 있다. 즉, 레일리 대기에서는 수증기, 구름 및 에어로졸의 효과가 제외되고 있다.

편구형 우적(oblate raindrop, 扁球形雨滴) 수적의 전체적인 모양이 편평타원체와 비슷한 우적.
수적이 작을수록 그 모양은 구형에 가깝다. 그러나 수적이 점점 커져서 우적 크기가 되면 그 모양은 편평타원체에 가까워진다. 우적의 편평도(扁平度)로 인해 우적에서 연직편파와 수평편파의 산란 강도가 차이가 난다. 따라서 우적의 모양은 강우입자의 편파 측정의 중요한 인자가 된다.

편극(polarization, 偏極) 전기장 내 입자들의 경우 주어진 전기장에 반응하여 쌍극자를 형성하는 현상.
편극 정도는 전자기파의 산란과 밀접히 연관된 중요한 광학적 특성이다.

편도함수(partial derivative, 偏導函數) 둘 이상의 독립변수를 갖는 어떤 함수의 단일 독립변수에 대한 함수의 미분.
x와 y를 독립변수로 하는 함수 $F(x,y)$를 생각할 때, x와 y 방향에 대한 편도함수는 각각 다음으로 표현한다.

$$\frac{\partial F(x,y)}{\partial x},\ \frac{\partial F(x,y)}{\partial y}$$

이때 변화율을 고려하는 독립변수를 제외한 다른 독립변수들은 고정되어 있다고 생각한다. 어떤 변수의 시간에 대한 편도함수를 국지도함수라고 부른다.

편동풍파(easterly wave, 偏東風波) 열대 편동풍의 이동성 파 모양 요란.
편동풍파는 폭넓은 편동류 안에서의 파로서 일반적으로 이 파가 묻혀 있는 흐름보다 천천히 동쪽에서 서쪽으로 이동한다. 이 편동풍파는 바람장에서 파 모양 특성으로 가장 잘 기술할 수 있지만 이 파는 또한 약한 저기압 골로 구성되어 있다. 편동풍파는 적도기압골을 가로질러 확장되지는 않는다. 해양에서 편동풍파의 기압골선 서쪽으로는 보통 발산, 얇은 습윤층 및 맑은 날씨가 발생한다. 습윤층은 기압골선 근처에서 급격히 상승한다. 기압골선에서와 기압골선 동쪽으로는 수렴이 강해지고 구름이 많으며 억수 같은 소나기가 잘 발생한다. 이 파가 육지 영역을 지나갈 때 이와 같은 비대칭 날씨 패턴은 산악 효과와 주간(晝間) 영향에 의해 크게 변형된다. 편동풍파는 경우에 따라서 열대저기압으로 강화되기도 한다.

편서풍(westerly, 偏西風) 중위도지역에서 서쪽으로부터 동쪽으로 부는 탁월한 바람.
아열대고압대로부터 아한대저압대까지 부는 바람으로 지구자전의 영향으로 북반구에서는 남서풍, 남반구에서는 북서풍이 우세하다. 지표면에서는 평균 35~65° 위도에서 탁월하며 상공에서는 극지방까지 확장된다. 북반구에서는 광대한 대륙의 영향을 받고 또 이동성 고기압, 저기압 및 전선 등이 빈번히 통과하므로 불규칙하다. 남반구에서는 비교적 규칙적이며 바람도 강하다. 겨울철에 강하고 여름철에 약한 계절적인 변화를 보인다. 무역풍을 참조하라.

편차(anomaly, 偏差) 1. 통계적인 관점에서 평균 혹은 정상의 범위에 들지 않는 현상 혹은 수치.
기상학 및 기후학에서는 보통 기후값과의 편차를 의미한다. 수치예보에서도 예보의 정확도를 측정하기 위해서 예측된 변수나 분석된 변수에서 기후값을 제거하여 그 편차만을 사용한다. 이는 예측장이나 분석장에 기후값이 포함된 경우 예측장과 분석장과의 상관도가 비정상적으로 높게 나타나는 것을 방지하기 위함이다. 이와 같이 기후값을 제거하여 예측 정확도를 측정하는 방법을 편차상관이라고 하며 다음과 같이 계산한다.

$$ACC = \frac{\overline{(f-c)(a-c)}}{\sqrt{\overline{(f-c)^2}\,\overline{(a-c)^2}}}$$

여기서 f는 예측치, a는 분석치, 그리고 c는 기후값을 의미한다.
2. 어느 지역에서 특정 기간의 온도, 강우량 등이 그 지역의 장기간 평균값에서 벗어난 차이. 비정상적인 또는 통계적으로 볼 때 그 빈도가 드문 현상을 나타내는 개념인 이상(abnormal)과는 (예 : 이상기온) 다른 의미로, 관측값 또는 매년의 통곗값에서 평년값을 뺀 값을 말한다. 평년차라고도 한다.

편파 레이더(polarimetric radar, 編波-) 목표물 또는 후방산란 매질의 모든 편파 특성 또는 그중 일부를 측정할 수 있는 기능이 있는 레이더.
편파 레이더는 편파의 송수신 방식에 따라 이중 채널 레이더, 이중편파 레이더 그리고 편파 다양성 레이더로 구분한다. 현재 기상예보 현업에서 이용되고 있는 편파 레이더는 주로 이중편파 레이더이며 두 개의 직교하는 전파(수평편파와 수직편파)를 동시에 송신하고 그리고 동시에 수신하는 레이더이다. 이중편파 모수에는 수평 및 수직 반사도 인자, 차등반사도, 교차상관계수, 차등위상차 그리고 비차등위상차가 있다.

편평타원체(oblate spheroid, 扁平楕圓體) 적도반경이 극반경보다 큰 회전 대칭 타원체.

예를 들면 지구의 모양은 편평타원체에 매우 가깝다.

평년값(normal, 平年-) 기상학에서 사용할 때 한 해의 정해진 기간에 대한 표준으로 인식되는 기상요소의 평균값.
가끔 일반인들이 그들이 기대하는 기상 패턴을 뜻하는 것으로 잘못 해석하기도 한다. 방송의 경우, 평년값은 사건 발생의 중심 경향, 범위, 편차, 빈도수의 척도를 포함하여 하나의 서술적 통계로 구성된다. 국제적으로 평년값은 매 10년의 끝에서 이전 30년을 계산하도록 추천한다. 기후의 느린 변화를 고려하고 최근에 개설한 관측소를 관측 평년값을 가진 네트워크에 추가하여 사용하도록 한다. 평년값은 실제 관측에 근거해야 한다.

평균속도(mean velocity, 平均速度) 고정된 지점에서 임의의 정해진 시간 동안 유체속도의 평균값.
예를 들면 동서 방향의 평균속도($\overline{u}$)는 다음과 같이 표현할 수 있다.

$$\overline{u} = \frac{1}{T}\int_{t_o}^{t_0+T} u\,dt$$

다른 변수의 경우도 같은 방법으로 평균값을 구할 수 있다.

평균운동 에너지(mean kinetic energy, 平均運動-) 평균 바람장과 연관된 운동 에너지. 질량 m에 대하여, 단위질량당 평균운동 에너지(MKE)는 $\mathrm{MKE}/m = 0.5\times(\overline{U}^2+\overline{V}^2+\overline{W}^2)$로 주어지며, $(\overline{U}, \overline{V}, \overline{W})$는 바람 벡터의 각 성분의 평균값을 의미한다. 난류운동 에너지를 참조하라.

평균자유행로(mean free path, 平均自由行路) 대기 중에서 한 분자(또는 입자)가 다른 분자와 충돌하기 전까지 이동한 평균거리.
이 개념은 분자의 크기보다 비교적 더 짧은 거리에 걸쳐 분자 간의 충돌에 의해 거의 직선인 분자 경로가 차단되는 범위에 대해서만 의미를 갖는다. 분자의 속도가 맥스웰-볼츠만 분포를 따르는 한 종류로 구성된 기체에서 평균자유행로(l)는 다음과 같이 주어진다.

$$l = \frac{1}{\sqrt{2}\,nS}$$

여기서 n은 분자의 수 밀도이고 S는 상호 충돌 단면적을 나타낸다. 분자를 반경이 r인 단단한 구(球)로 고려할 경우 $S=\pi r^2$이다. 해면에서 평균자유행로는 0.1㎛ 정도이다.

평균태양일(mean solar day, 平均太陽日) 일정한 각속도로 천구적도를 따라 돌고 있는 가상적인 점(평균 태양)의 1년이 태양의 1년 회로의 시간 길이와 정확히 같다고 가정할 때 이 점이 같은 자오선을 연속으로 가르는 시간 간격.
평균태양일은 86,400초 혹은 1.0027379 항성일이다. 실제 태양의 일운동을 변형한 이 정의는 태양과 지구의 상대운동에서 볼 수 있는 불규칙성을 해소하기 위하여 만들어졌으며 균시차(均時差)는 두 시간의 차이를 나타낸다. 천문학의 범주 밖에서는 대체로 평균태양일을 사용하며 정오에서 정오의 시간을 의미하기 때문에 현실적인 이유에서 상용일(常用日)로 변형하여 사용한다.

평균온도(mean temperature, 平均溫度) 주어진 시간 주기 동안, 즉 보통 하루, 1달 또는 1년 동안 적절히 노출된 온도계에 의해서 측정된 기온들의 평균값.
기후표의 경우 평균온도는 일반적으로 월평균기온과 연평균기온을 사용한다. 기후도에서는 관측소에서 관측된 평균기온값들은 고도보정을 통해서 해면값으로 보정을 해야만 한다. 이때 사용되는 보정값은 일반적으로 5℃/1000m의 율을 근거로 하지만 산악지역에서는 지역 특성을 고려하여 다른 값들이 적절하게 사용된다.

평균제곱오차(mean-square error; MSE, 平均-誤差) 잔차(殘差)의 제곱을 평균한 값.
잔차의 평균이 0인 경우, 평균제곱오차는 잔차의 분산과 동일하다. 회귀를 참조하라.

평균해면(mean sea level, 平均海面) 조석, 파랑 등에 의해 변하는 해면의 높낮음을 장기간에 걸쳐 평균한 수면.
해발고도를 나타내는 기준이 되는 면이다. 우리나라에서는 보통 인천만의 평균해면을 표준으로 한다.

평면위치지시기(plan position indicator; PPI, 平面位置指示機) 레이더에서 주사원(走査圓)의 중심을 기준으로 위치(시선거리, 방위각)를 표시하는 지시기.
통상적으로 레이더 에코 신호(반사도 인자, 시선속도 등)를 시선거리와 방위각을 이용하여 표출한 레이더 영상기기를 의미한다.

평형(equilibrium, 平衡) 1. 역학에서는 모든 힘 벡터의 합이 0인 경우로서 가속 벡터가 0인 경우.
평형상태는 변위에 대하여 안정 또는 불안정할 수 있다.
2. 열역학에서는 계(系)가 고립되었을 때 계가 변하지 않는 상태.

평형증기압(equilibrium vapor pressure, 平衡蒸氣壓) 응축 상(相)(액체 또는 고체)과 평형상태에 있는 증기의 압력.
증발과 응결이 함께 일어나면서 평형에 있게 된다는 점에서 이 평형은 동적(動的)이다. 평형증기압은 온도만의 함수이고 한 시스템 안에 다른 기체들이 존재해도 거의 무관하며 다른 기체들의 밀도에도 거의 독립적이다. 더 일반적으로 용해성 불순물을 포함하고 있는 작은 물방울에 관한 평형증기압은 포화증기압과는 아주 다르다.

폐색전선(occluded front, 閉塞前線) 일반적으로 한랭전선의 이동속도가 온난전선의 이동속도보다 빨라서 저기압 중심부터 한랭전선이 온난전선과 겹쳐져 생기는 전선.
폐색전선은 한랭전선의 뒷부분 공기와 온난전선의 앞부분 공기를 분리시킨다. 이것은 파동성 저기압 발달 후기에서 나타나는 일반적인 과정이지만, 파동저기압 내부에서만 발생하는 것으로 제한하지는 않는다. 폐색전선의 기본 유형은 세 가지가 있는데, 이는 온난 또는 정체전선 앞의 공기에 대한 원래의 한랭전선 뒤 공기의 상대적인 한랭한 정도에 의해 결정된다. (1) 가장 차가운 공기가 한랭전선 뒤에 있을 때 한랭폐색이 발생한다. 한랭전선은 지표면에서 온난전선을 약화시키고, 가장 차가운 공기는 덜 차가운 공기로 대체된다. (2) 가장 차가운 공기가 온난전선 앞에 놓일 때, 온난폐색이 형성되는데, 이 경우에 원래의 한랭전선은 온난전선 표면 위로 상승한다. 지표면에서 가장 차가운 공기는 덜 차가운 공기로 대체된다. (3) 자주 발생하는 세 번째 유형은 중립폐색이다. 중립폐색은 한랭전선의 찬 기단과 온난전선 사이에 상당한 온도차가 없을 때 발생한다. 이 경우에 지표면에서 전선의 특성은 주로 기압골, 바람 급변선, 구름양 및 강수가 띠 형태로 나타나는 것이다.

포차(saturation deficit, 飽差) 1. 주위 온도와 기압의 변화 없이 포화에 이르는 데 증가해야 할 수증기의 양.
이 경우에 포차는 수증기압의 차, 절대습도의 차, 상대습도의 차로 나타낼 수 있다. 어떤 기온 T_a에서 포화수증기압 $e_s(T_a)$와 그때의 실제 수증기압 e의 차, $[e_s(T_a)-e]$를 포차라고 한다. 이것은 공기의 건조한 정도를 나타내는 지표로서 표차가 클수록 증발 또는 증산이 활발하게 일어난다.
2. 체온에서 포화공기의 수증기량과 대기 중에 존재하는 실제 수증기량의 차.
이것은 생리학적인 포차를 나타내는데 생리학적인 포차는 절대습도(g/m^3)의 차이로 표시한다.

포화(saturation, 飽和) 증발과 응결이 서로 평형상태에 있는 것.
포화상태에서는 물표면 근처에서 수증기분자가 물로 바뀌는 비율과 물표면에서 물분자가 수증기로 바뀌는 비율이 같다. 이때 수증기압을 포화수증기압이라 하며 상대습도는 100%가 된다. 포화수증기압은 온도만의 함수이며, 클라우시우스-클라페이론 방정식을 적분하면 물표면과 얼음표면에 대한 포화수증기압을 다음과 같이 표현할 수 있다.

- 물에 대한 포화수증기압 : $e_{sw} = 6.11\exp\left(19.83 - \frac{5417}{T}\right)$
- 얼음에 대한 포화수증기압 : $e_{si} = 6.11\exp\left(22.49 - \frac{6142}{T}\right)$

여기서 T는 절대온도이고 포화수증기압의 단위는 hPa이다.

포화면(saturation level, 飽和面) 공기덩이가 포화되기(액체 물 없이 상대습도 100%) 위하여 건조단열로 들려져야 하는 또는 습윤단열로 내려져야 하는 고도 그리고 그 고도에 해당하는 기압.
포화면은 불포화 공기에 대해 일반적으로 치올림 응결고도라 한다. 포화면은 포화공기 또는 불포화 공기의 상승 또는 하강 시 변화하지 않는 보존변수이다. 치올림 응결고도에서 포화공기온도와 일치하며 그 결과는 열역학 선도에서 나타낼 수 있는 포화점이다.

포화상당온위(saturation equivalent potential temperature, 飽和相當溫位) 열역학 변수로서 다음 식으로 정의되는 양.

$$\theta_{es} = \theta + \left(\frac{L_v\theta}{c_pT}\right)^{r_s}$$

여기서 θ_{es}는 포화상당온위, θ는 온위, L_v는 기화잠열, c_p는 공기의 정압비열, T는 절대온도, 그리고 r_s는 온도 T, 압력 p의 공기 안에 있는 물의 포화혼합비의 이론적 값이다.

포화정적 에너지(saturation static energy, 飽和靜的-) 단위질량에 대한 위치 에너지와 포화공기의 습윤 엔탈피의 합으로 정의되는 열역학변수.
포화정적 에너지(E_s)는 다음 식으로 정의한다.

$$E_s = c_pT + gz + L_vr_s$$

여기서 c_p는 건조공기의 정압비열, T는 절대온도, g는 중력가속도, z는 어떤 기준고도(예 : 1,000hPa)로부터 높이, L_v는 기화잠열, r_s는 포화혼합비를 나타낸다.

폭우(cloudburst, 暴雨) 짧은 시간 동안에 갑자기 대량으로 호우 형태로 내리는 강우.
비공식적으로 정해진 값으로는 시간당 100mm 이상의 강우율을 보이는 경우를 폭우로 정의한다.
이상강수를 참조하라.

폭풍(우)경로(storm track, 暴風(雨)經路) 1. 종관규모 에디의 활동이 다른 지역에 비해 강하고 활발한 지역.

겨울철 저기압의 평균적 이동경로와 대체로 일치하며, 북반구에서는 45°N 부근의 북태평양과 북대서양에 위치한다. 남반구에서는 50°S 부근의 남인도양에서 전 계절에 걸쳐 나타난다. 그리고 종관규모 에디 활동은 중위도 제트와 밀접하게 관련되므로, 연구 논문 등에서 강한 제트류가 나타나는 지역을 폭풍(우)경로와 동일하게 간주한다.
2. 저기압 중심, 격렬뇌우, 토네이도 등이 이동하는 경로.

폭풍(우)경보(storm warning, 暴風(雨)警報) 태풍과 관련하지 않은, 예측 또는 실제 상황의 지속적 강한 바람에 대한 경보.
한국의 경우 육상에서 풍속 21m/s 이상 또는 순간풍속 26m/s 이상이 예상될 때, 그리고 산지는 풍속 24m/s 이상 또는 순간풍속 30m/s 이상이 예상될 때 경보를 발표한다(기상청). 미국의 경우에는 48노트(55mph) 이상으로 예상 또는 실제로 일어날 때 발표한다. 참고로 한국은 육상에서 풍속 14m/s 이상 또는 순간풍속 20m/s 이상이 예상될 때, 그리고 산지는 풍속 17m/s 이상 또는 순간풍속 25m/s 이상이 예상될 때 주의보를 발표한다(기상청).

폭풍해일(storm surge, 暴風海溢) 태풍이나 저기압 등의 영향으로 해안에서 해수면이 비정상적으로 높아지는 현상.
일반적으로 조위관측소에서 측정된 해수면 시계열자료에서 천문조석의 영향을 제거하여 구해진다. 폭풍해일의 발생원인은 다음과 같다. (1) 태풍 또는 발달한 저기압에서는 기압이 주변보다 낮아 해수면이 정역학적 균형을 유지하기 위해 부풀어 오른다. 일반적으로 주변보다 기압이 1hPa 낮아질 때마다 해수면은 1cm 상승한다. 즉, 중심기압 960hPa의 태풍인 경우에 중심 부근의 해수면은 태풍 밖(1,010hPa)에 비하면 50cm 정도 상승한다. (2) 바람이 해수를 해안으로 밀어 해수면이 높아진다. 해안선의 모양이 양쪽이 막힌 만과 같은 형태일 때 그리고 바람이 해안선에 직각 방향으로 불 때 폭풍해일은 더 커진다.

폰 카르만 상수(von Kármán's constant, -常數) 경계층 하부 약 5%를 차지하는 지표층 내부 연직 방향의 로그 바람 프로파일을 수학식으로 표현하는 경우에 사용하는 상수.
중립 지표층에서의 연직바람 시어는 다음과 같이 표현된다.

$$\frac{\partial U}{\partial z} = \frac{u_*}{kz}$$

위 식에서 z는 고도, u_*는 마찰속도, U는 풍속이며 k는 폰 카르만 상수이다. 폰 카르만 상수는 수문학에서 처음 도입되었다. 현재 $k = 0.40 \pm 0.01$이 일반적으로 사용된다. 그냥 카르만 상수라고도 한다.

푄(foehn) 바람이 산맥을 넘어갈 때 산맥의 풍하 측에 부는 따뜻하고 건조한 바람.
바람이 따뜻해지고 건조해지는 것은 공기가 산비탈을 내려오면서 단열압축되기 때문이다. 푄은 거의 모든 산악지역에서 발생할 수 있다. 이 바람은 짧은 시간에 공기가 주 산맥을 완전히 지나갈 수 있도록 순환이 충분히 강하고 깊을 때에만 발생하는 저기압규모 운동과 연관되어 있다. 그러나 푄 바람의 성질은 지역에 따라 크게 달라지는데 이 성질은 그 지역의 지형, 산을 넘어가는 바람의 강도, 풍상 측에서 강수로 잃은 수분의 양, 푄 시작 전 조건 등에 좌우된다. 이 이름은 푄이 가장 잘 발달하는 알프스 지방에서 유래되었고, 특히 북쪽 경사면에서는 남(南) 푄으로 불리었다. 다른 산악지역에서는 푄이 다양한 지역 이름을 갖고 있다. 북아메리카의 로키 산맥에서는 치누크(chinook), 아르헨티나의 안데스 산맥에서는 존다(zonda), 북서 크로아티아의 카르티니아(Carthinia)에서는 류카(ljuka), 폴란드에서는 할니비아트르(halny wiatr), 루마니아에서는 오스트루(austru), 스위스에서는 푄(favogn)이라 부른다. 프랑스의 마시프 센트럴(Massif Central) 지역을 하강하여 가론느(Garonne) 평원 위까지 영향을 주는 북동 푄은 아스프레(aspre)라고 부른다. 마조르카의 해안가 언덕을 내려오는 건조한 북서풍은 스카이 스위퍼(sky sweeper)라는 이름을 갖고 있다. 뉴질랜드에서 뉴질랜드 알프스로부터 캔터베리 평원으로 부는 푄은 캔터베리 북서풍(Canterbury northwester)이다. 강한 바람과 함께 냉각을 일으키며 산을 넘는 흐름은 전 세계 여러 곳에서 보라(bora)라고 부른다. 많은 학자들은, 예를 들어 기후학을 위하여, 강풍 사건들을 푄(또는 치누크)과 보라로 구분하려고 시도해 왔다. 이 연구들에서 많은 강풍 사건들을 쉽게 구분할 수 있었으나 또 다른 여러 강풍 사건들은 구분하기 어려웠다. 그 이유는 이들 연구에서 강풍 사건의 두 유형을 차별화하기 위해 사용한 자료와 방법이 달랐기 때문이다.

표고(elevation, 標高) 평균해면으로부터 주어진 점 또는 면까지의 기하학적인 연직 거리.
지면에 고정된 점 또는 면의 해발고도를 의미한다. 편의상 그냥 고도라고도 한다. 표고를 나타내는 표지를 수준점이라고 한다.

표류(drift, 漂流) 1. 액체 내에서 바깥 고정점에 상대적으로 움직이는 물체의 속도에 대해 흐르는 유체속도의 효과.
즉, 유체에 상대적인 물체의 속도와 고정점에 대한 상대적 속도 사이의 벡터 차를 말한다. 항공에서는 때때로 표류가 향방(向方)과 진로 사이의 편차각과 같은 말로 쓰인다. 따라서 표류는 옆바람에 의해서만 발생될 수 있다. 풍속이 맞바람이나 뒷바람과 일치하면 표류는 없다고 간주한다. 대양을 항해하는 선박에서의 표류의 경우는 두 가지 유체의 복합된 효과를 계산해야 하기 때문에 복잡해진다.
2. 지질학에서는 얼음에 의해 수송되는 물질.

즉, 육지나 바다에서, 그리고 녹은물 중 빙하얼음에 의한 퇴적을 말한다.
3. 해류의 속도.
4. 바람이나 유체운동의 영향에 의한 같은 물체의 수평 경로.
예를 들면 위성 센서의 검정에서의 편차 또는 위성의 궤도변화 등이다.

표류병(drift bottle, 漂流甁) 해류를 연구하기 위해 바다에 띄우는 병.
이 표류병에는 발견 날짜를 써서 자료를 수집하는 곳으로 전달할 수 있도록 병을 띄운 날짜와 장소를 표시한 카드가 붙어 있다. 표류병은 직접적인 바람효과를 최소화하도록 만들어진다. 비록 경비가 적게 들기는 하지만, 일반적으로 병의 회수율이 수 퍼센트에 불과하고 병의 방출지점과 발견지점 사이를 추정해야 하기 때문에 효율성이 낮다. 병 대신 부유할 수 있는 방수봉투인 표류카드를 사용하기도 한다.

표류 부이(drifting buoy, 漂流-) 해양의 수온, 염분, 광도 등을 측정하기 위하여 설치된 떠다니는 부표.
표류부표라고 한다. 위성이나 라디오 송수신기에 의해 추적되며 표층과 중층의 부이는 해류뿐 아니라 정해진 깊이의 수리적 정보를 측정하며 표층과 심층을 오가면서 해양 변수들을 3차원으로 측정하여 광범위한 정보를 제공한다.

표면력(surface force, 表面力) 주위에서 직접 접촉에 의해 한 면적소에 작용하는 힘.
표면력의 예로서 압력, 응력, 기압경도력, 마찰력이 있다.

표면마찰(surface friction, 表面摩擦) 지표 또는 항공기의 날개 위를 따라 공기가 이동할 때 받는 저항.
총표면마찰은 유체의 점성에 의한 표피항력, 바람이 거친 표면과 부딪치면서 생기는 기압경도력에 의한 형체저항, 그리고 정적으로 안정한 대기에서 발생하는 중력파 항력의 합으로 주어진다. 대기에 대한 지표마찰은 통상적으로 지표에 대한 바람의 시어 응력으로 나타낸다. 표면마찰의 크기는 지표의 거칠기나 지상의 구조물의 영향에 따라 다르다.

표면마찰계수(skin-friction coefficient, 表面摩擦係數) 단위면적당 마찰력 또는 바람에 의한 지표면 시어 응력과 지상풍속의 제곱의 비례성을 표현한 무차원 항력계수.
마찰계수 또는 항력계수라 하기도 한다. 관계식은 다음과 같이 나타낸다.

$$\tau = (1/2) C_d \rho U^2$$

여기서 τ는 시어 응력, C_d는 표면마찰계수, ρ는 공기밀도, U는 지상풍속이다. 표면마찰계수는 바람이 바로 아래 지면을 변화시키는 곳(예 : 수면, 키 큰 풀) 외에서는 풍속에 독립이다. 이 계수는 열적 안정도에 독립이고, 아주 거친 지표면에서 기준면의 풍속에 독립이지만 기준면의 높이에 의존한다. 대기에 대하여 유도한 값은 공기역학에서 사용하는 값과 거의 같은 크기를 갖는다. 즉, 이 값은 매끈한 수면 위의 약 0.005부터 초원 위의 0.015까지의 범위에 있다.

표면부하(surface loading, 表面負荷) 침전지 등에 있어서 유입수량을 수면적(水面積)으로 나눈 것.
단위는 $m^3/(m^2day)$으로 표현한다. 이상적인 침전지 이론에서 침전속도가 수면적 부하값보다 큰 입자는 침전에서 제거될 경우이므로, 침전지 등의 설계인자로서 사용되고 있다. 표면부하율을 v, 유입수량을 Q, 침전지의 표면적(또는 못의 밑면적)을 A라 하면 다음 식으로 나타난다.

$$v = Q/A$$

속도의 차원을 가지고 있기 때문에, 상승속도라 하는 경우도 있다. 약품침전지에 있어서의 표면부하율은 단층식 침전지에서 15～30mm/min, 다단층식 침전지에서 15～25mm/min 정도이다.

표면중력파(surface gravity wave, 表面重力波) 부력이 복원력으로 작용하여 해양 또는 물 표면에서 생성되는 파동.
해양의 깊이가 H일 때, 표면중력파의 분산방정식은 다음으로 주어진다.

$$\omega^2 = gk \ \tanh(kH)$$

여기서 k는 파수로 $k = 2\pi/L$이고, L은 파장이다. 위 분산방정식과 tanh 함수의 그래프 형태를 고려하면, 두 가지 근사식을 구할 수 있다. 먼저 $L \gg H$인 천해에서는 $\omega^2 \approx gk^2H$가 되어, 우리에게 친숙한 천해파의 위상속도인 $c = \pm(gH)^{1/2}$을 얻을 수 있다. 만약 $L \ll H$인 심해라면 $\omega^2 \approx gk$가 되어, 심해파의 위상속도인, $c = \pm(gL/2\pi)^{1/2}$을 얻을 수 있다.

표적신호(target signal, 標的信號) 레이더에서 발사한 전파가 목표물에 의하여 반사 또는 산란되어 레이더 안테나에 수신된 신호 또는 전파.
표적신호는 수신된 전파의 진폭, 위상, 진동수 그리고 편파에 따라 그 특성을 달리한다. 예를 들어 기상 레이더에서 레이더 반사도 인자와 도플러 속도는 관측하고 있는 입자 또는 물체에 관한 정보를 추정할 수 있는 신호이다.

표준강수지수(standard precipitation index, 標準降水指數) 시간 규모가 여러 개 포함된 어떤 위치의 강수 결핍을 정량화한 지수.
표준화한 강수는 어느 특별한 시간 동안 평균으로부터 강수의 차이를 표준편차로 나눈 것이다.

이때 평균과 표준편차는 기후기록으로 결정한다. 강수가 정규분포가 아닌 경우에는 그 분포를 변환(예 : 감마 함수)하여 사용한다.

표준굴절(standard refraction, 標準屈折) 기온과 습도의 연직분포가 평균상태인 대기에서 일어나는 전자기파의 굴절.
대기가 표준굴절 상태인 경우 고도(Z)에 따른 굴절(N)의 변화율은 dN/dZ=−39N단위/km이다. 지표에서 대기로 전자기파가 전파할 경우 표준굴절보다 덜 휘는 경우를 과소굴절이라고 하며, 이때의 굴절률은 dN/dZ≤−39N단위/km이다. 한편 과소굴절과는 반대로 표준굴절보다 좀 더 지표 쪽으로 전자기파가 휘는 경우 이를 과대굴절이라고 하며, 이때 굴절률은 dN/dZ≥−39N단위/km이다.

표준기압(standard atmosphere, 標準氣壓) 1. 온도 0℃의 해면에서(중력가속도=980.616cm s^{-2}) 위도 45°에 위치한 수은주 760mm가 만드는 압력으로 정의되는 대기압의 표준단위.
45° 기압이라고도 부른다. 45° 기압=760mmHg(45°)=29.9213inHg(45°)=1013.200mb=101.320kPa.
2. 표준중력(온도 0℃에서 980.665cm s^{-2})에서 수은주 760mm가 만드는 압력으로 정의되는 대기압의 표준단위.

표준대기(standard atmosphere, 標準大氣) 1. 압력고도보정, 항공기 성능 계산, 항공기와 미사일 설계, 탄도표 등의 목적을 위하여 국제 합의에 따라 대기의 표본으로 정한 온도, 압력, 밀도의 가상적 연직분포를 갖는 대기.
이 대기에서 공기는 연직 방향으로 온도, 압력, 밀도 사이의 관계를 나타내는 이상기체법칙과 정역학방정식을 만족한다고 가정한다. 더욱이 공기는 수증기를 포함하고 있지 않고, 중력가속도는 고도에 따라 변화하지 않는다고 가정한다. 중력가속도가 고도에 따라 변하지 않는다는 가정은 연직변위측정을 나타내는데 기하학적 고도단위 대신에 지오퍼텐셜 고도단위를 채택하는 것과 같다. 왜냐하면 표준대기와 연결하여 정의한 대로 이 두 단위는 미터계(系)에서 수치적으로 동등하기 때문이다. 현재 사용하고 있는 표준대기는 1925년에 준비한 NACA 표준대기(또는 미국 표준대기)를 대신하여 국제민간항공기구(ICAO)가 1952년에 채택한 것을 약간 수정하여 1976년에 채택한 것이다. 해면에서의 값들은 다음과 같다고 가정한다.

- 온도 : 288.15K(15℃)
- 압력 : 1013.25hPa(1013.25mb, 760mmHg, 29.92inHg)
- 밀도 : 1225g m^{-3}(1.225g L^{-1})
- 평균 몰 질량 : 28.964g mol^{-1}

현재 사용하고 있는 표준대기에서 이용된 매개변수 가정과 물리적 상수는 다음과 같다. (1) 0의 압력고도는 수은주 760mm 높이를 지탱하는 압력과 일치한다. 이 압력은 1.013250×10^6dyne cm^{-2} 또는 1013.250mb와 같고, 1 표준기압 또는 1기압으로 알려져 있다. (2) 건조공기의 기체상수 값은 2.8704×10^6erg $g^{-1}K^{-1}$이다. (3) 1기압에서 빙점은 273.16K이다. (4) 중력가속도는 980.665cm s^{-2}이다. (5) 0의 압력고도에서 온도는 15℃ 또는 288.15K이다. (6) 0의 압력고도에서 밀도는 0.0012250g cm^{-3}이다. (7) 대류권에서 온도감률은 6.5℃ km^{-1}이다. (8) 대류권계면의 압력고도는 11km이다. (9) 대류권계면에서 온도는 −56.5℃이다.
2. 라디오 전파에 관하여 표전전파가 존재하는 가상적 대기, 즉 굴절률이 1,000피트당 12N 단위의 율로 고도에 따라 감소하는 대기.

표준화변수(standardized variate, 標準化變數) 평균으로부터의 거리를 표준편차의 단위로 측정하는 무차원 무작위 변수.
x를 평균이 μ, 표준편차가 σ인 무작위 변수라 하면, 표준화변수 z는 다음과 같이 정의된다.

$$z = (x - \mu)/\sigma$$

푸른 제트(blue jet) 뇌우의 최상단에서 위쪽을 향한 전하의 약한 발광현상으로서 희미하게 빛나는 푸른색 발광 빛.
이러한 발광 빛은 뇌운의 최상단에서 형성된 다음 전형적으로 위쪽을 향해 전파되는데, 대략 최대 각폭이 15°인 좁은 원뿔 범위에서 움직인다. 수직이동속도는 대략 100km s^{-1}(마하 300)로, 위쪽으로 전개되어 40~50km 고도에서 부채꼴로 사라진다. 푸른 제트의 강도는 출발점 근처에서는 800kR, 상부 종착점 근처에서는 10kR 정도인데, 이는 대략 4kJ의 광에너지, 30MJ의 총 에너지와 같으며, 에너지 밀도는 1제곱미터당 몇 밀리줄(mJ) 정도가 된다. 푸른 제트는 국지적으로 자기장과 나란히 배열되지는 않는다.

푸른 달(blue moon) 1. 흔하지 않은 경우로서 달이 뚜렷한 푸른 색조를 띠는 현상.
보통 달(또는 태양)이 하늘에 낮게 떠 있거나 오염된 대기의 하늘에서 높게 보일 때에도, 노란색이나 붉은색 색조를 띤다. 이것은 대기 중의 작은 입자나 분자들이 단파장 복사를 대부분 감쇠시키기 때문이다. 그러나 장파장 복사를 더 많이 감쇠시키는 크기의 많은 입자들도 존재하는데, 달 주위의 오염된 대기가 이와 같은 입자들로 둘러싸여 있을 경우 푸른색을 띤다. 여기에 필요한 적당한 크기의(또는 정확한 크기의) 입자들이 대규모로 조성되는 경우는 드물기 때문에, 푸른 달 현상 역시 아주 드물다. 지금까지의 관측으로는 1883년(Krakatoa), 1927년(인도, 늦은 우기 시), 1951년(캐나다, 앨버타의 삼림지역에서 화재가 발생했을 때) 푸른 달이 관측된 바 있다. 한편 푸른 달 현상이 드물기 때문에, '푸른 달 아래에서 단 한 번'이라는 구절은 19세기 중반부터 아주 드물고 진정한 사건을 지칭하는 은유적 표현으로 사용되어 왔다.
2. 월력에서 푸른 달이 두 번째로 발생하는 보름달의 출현을 지칭하는 용어.
최근에 잘못 쓰이고 있는 용어로서 이 이상한 용례는 1980년대 중반에 보드게임을 통해 널리 퍼졌고, 1940년대 한 잡지 기자가 기사를 쓰다 실수를 한 데서 유래했다. 한 달에 보름달이 두 번 보이는 현상은 정기적으로 관측되는 드문 현상이라 볼 수 없다.

푸른 얼음(blue ice)　커다란 단결정 형태의 순수한 얼음.
얼음분자에 의한 빛의 산란 때문에 푸른 색조를 나타내며 얼음이 맑을수록 푸른색도 깊게 나타난다.

푸리에 급수(Fourier series, -級數)　보통 주기 $2L$을 가진 사인과 코사인으로 구성된 급수를 사용하여 어떤 구간 $(-L, L)$에서 함수 $f(x)$를 다음 형태로 표현한 것.

$$f(x) = A_0 + \sum_{n=1}^{\infty}\left(A_n \cos\frac{n\pi x}{L} + B_n \sin\frac{n\pi x}{L}\right), \quad -L < x < L$$

여기서 푸리에 계수들은 다음과 같이 정의된다.

$$A_0 = \frac{1}{2L}\int_{-L}^{L} f(x)\,dx$$

$$A_n = \frac{1}{L}\int_{-L}^{L} f(x)\cos\frac{n\pi x}{L}\,dx$$

$$B_n = \frac{1}{L}\int_{-L}^{L} f(x)\sin\frac{n\pi x}{L}\,dx$$

이 경우에 $f(x)$가 짝함수일 때 코사인 항들만 나타나고, $f(x)$가 홀함수일 때 사인 항들만 나타난다. 급수가 수렴하기 위한 $f(x)$의 조건은 아주 일반적이다. 그리고 급수가 수렴하지 않을 때에도 이 급수는 제곱 평균 근사로 사용된다. 만일 함수가 무한 구간에서 정의되고 주기적이지 않다면, 이 함수는 푸리에 적분으로 나타낼 수 있다. 어떤 식으로 표현되는 진동수가 함수의 스펙트럼을 구성하는 주기 성분으로 함수는 분해된다. 푸리에 급수는 파장 $2L/n\,(n=1, 2, \cdots)$의 **불연속 스펙트럼**을 사용하고 푸리에 적분은 **연속 스펙트럼**을 필요로 한다.

푸리에 변환(Fourier transform, -變換)　함수 $f(x)$에 e^{-iux}를 곱하여 모든 x에 대하여 적분함으로써 얻을 수 있는, $f(x)$의 분석적 변환.
식으로는 다음과 같이 표현된다.

$$F(u) = \int_{-\infty}^{\infty} e^{-iux} f(x)\,dx \; (-\infty < u < \infty)$$

여기서 u는 변환함수 $F(u)$의 새 변수이고 $i^2 = -1$이다. 만일 어떤 함수 $f(x)$의 푸리에 변환을 안다면, 그 함수 자신은 다음과 같이 역공식을 사용하여 알아낼 수 있다.

$$f(x) = \frac{1}{2\pi}\int_{-\infty}^{\infty} e^{iux} F(u)\,du \; (-\infty < x < \infty)$$

푸리에 변환은 푸리에 급수와 같은 용도를 갖고 있다. 예를 들면, 피적분인자 $F(u)\,e^{iux}$는 어떤 주어진 선형방정식의 해이다. 따라서 이 해들의 적분 합은 이 방정식의 가장 일반적 해가 된다. 변수 u가 복소수일 때, 푸리에 변환은 라플라스 변환과 동등하다.

푸리에 적분(Fourier integral, -積分)　다음과 같은 형태의 무한적분으로 x의 모든 값에 대하여 함수 $f(x)$를 표현한 것.

$$f(x) = \frac{1}{2\pi}\int_{-\infty}^{\infty}\int_{-\infty}^{\infty} f(t)\cos\left[u(t-x)\right] dt\,du$$

푸아송 방정식(Poisson equation, -方程式)　1. $\nabla^2\phi = F$로 표현되는 편미분방정식. 여기서 ∇^2는 라플라스 연산자, ϕ는 위치의 스칼라 함수, F는 공간 독립변수들에 대해 주어진 함수로 정의된다. $F=0$인 경우 푸아송 방정식은 라플라스 방정식으로 된다.
2. 단열과정에서 이상기체의 온도 T와 압력 p 사이의 관계를 나타내는 방정식.
이 방정식은 다음과 같이 표현된다.

$$\frac{T}{T_0} = \left(\frac{p}{p_0}\right)^k$$

여기서 T_0와 p_0는 각각 초기 온도와 압력이고 T와 p는 각각 나중 온도와 압력이며, k는 푸아송 상수이다. p_0가 표준압력 100kPa일 때의 T_0는 온위값과 일치한다.

푸아송 분포(Poisson distribution, -分布)　구간 (또는 시간) x에서 n개의 점들이 각각 독립이며, 어느 부분 구간에서 발생하는 수가 서로 겹쳐지지 않는 어떤 다른 구간에서 발생하는 수에 영향을 미치지 않을 때, 그 n개의 점들이 발생할 1개 매개변수의 이산(빈도수)분포.
푸아송 분포의 형태는 $P(n, x) = \exp(-\kappa n)(\kappa n)^n/n!$이다. 평균과 분산은 모두 κx이고, 여기서 κ는 사건이 발생할 평균밀도(또는 율)이다. κx가 클 때 푸아송 분포는 정규분포에 접근한다. 사건 n의 수가 크고 성공 p의 확률이 $np \to \kappa x$가 되도록 작으면 이항분포는 푸아송 분포에 접근한다. 푸아송 분포는 방사능 및 광전자 방출, 열잡음, 서비스 수요, 전화 통화량의 문제에서 발생한다.

푸아송 상수(Poisson constant, -常數) 정압비열에 대한 기체상수의 비(比).
건조공기에 대해 푸아송 상수값(κ)은 $\kappa = 0.2854$, 습윤공기에 대해서는 다음 식과 같이 표현된다.

$$\kappa = (R_d/c_{pd})(1+r_v/\epsilon)/(1+r_v\, c_{pv}/c_{pd}) \approx 0.2854(1-0.24r_v)$$

여기서 R_d는 건조공기의 기체상수, c_{pd}는 건조공기의 비열, ϵ은 건조공기의 분자량에 대한 수증기의 분자량 비인 0.622, c_{pv}는 수증기의 비열, r_v는 수증기 혼합비이다. 푸아송 상수는 푸아송 방정식과 온위에 나타난다.

푸아죄유 흐름(Poiseuille flow) 푸아죄유 법칙에 따라 원통 속을 흐르는 액체의 흐름.
이 액체의 층류는 다음 식으로 결정된다.

$$q = \frac{\pi r^4}{8\mu}\left(\frac{p_1 - p_2}{L}\right)$$

여기서 q는 유출량, L은 파이프의 길이, p_1과 p_2는 각각 파이프 끝에서의 압력, μ는 역학점성, r은 파이프의 반경이다.

푸앵카레 파(Poincare wave, -波) 지구자전의 효과를 감지할 만큼 느린 중력파.
코리올리 인자가 진동수 분산관계에 나타난다. 회전체의 채널 내에서 푸앵카레 파는 채널 횡단파의 적분수 또는 반적분수의 정현곡선으로 변하는 채널 속도를 가진다. 천수근사에서 푸앵카레 파는 다음과 같은 진동수 분산관계를 갖는다.

$$\omega^2 = f^2 + c^2(\kappa^2 + \pi^2 n^2/L^2)$$

여기서 f는 코리올리 매개변수, κ는 채널을 따라 계산한 파수, L은 채널의 너비, n은 어떤 양의 정수, 그리고 c는 천수 중력파의 위상속도인 $c=(gH)^{1/2}$로서 g는 중력가속도, H는 유체의 평균 깊이이다. $n=0$인 모드의 역할을 하는 켈빈 파는 푸앵카레 파에 관련되어 있다.

푸코 진자(Foucault pendulum, -振子) 코리올리 가속도의 효과에 의해 생기고 지구에 고정된 관측자에게 상대적인 세차운동을 하는 진자.
북극에 있는 공간의 어떤 주어진 면에서 진자를 흔들어 준다면, 이 면에 직각인 진자의 선형 운동량은 0이 되고, 지구가 진자 밑에서 1일 주기를 갖고 회전하는 동안 진자는 변하지 않는 이 면에서 계속하여 진동할 것이다. 위도 ϕ에서 세차운동의 진동수는 $(1/T)\sin\phi$가 되는데,

여기서 T는 1일이다.

품질검사(quality control, 品質檢査) 관측자료의 오차 특성을 보정하기 위해 검사 대상이 되는 관측값을 다양한 종류의 기댓값 또는 주변 관측들의 평균값이나 성능이 좋은 모델 배경장과 비교하는 과정.
관측값과 배경장 사이의 차이가 일정한 기준을 넘는 경우 해당 관측은 자료동화과정에 넘겨지지 않고 제거되는데, 이러한 방식을 오프라인 품질검사라고 한다. 현재는 자료동화과정에서 향상되는 분석장을 이용하여 품질검사를 수행하는 온라인 품질검사가 현업에 많이 활용되고 있다.

풍성순환(wind-driven circulation, 風成循環) 해양표면에서 바람응력에 의해 발생한 대규모 순환.
대양에서 평균 바람장은 중위도에서는 편서풍, 저위도에서는 동풍 계열의 무역풍이 우세하다. 이들 바람의 마찰력은 표층수에 회전력을 발생시켜 북반구에서는 시계 방향, 남반구에서는 반시계 방향으로 대규모 순환을 만든다. 해양의 주요 해류(쿠로시오 해류, 멕시코 만류, 브라질 해류 등)는 이 순환에 의해 생성된다. 열염분순환을 참조하라.

풍속계(anemometer, 風速計) 총풍속이나 바람 벡터의 하나 또는 그 이상의 선형 성분의 속도를 측정하도록 설계된 기기를 일컫는 용어.
이와 같은 기기들은 사용된 변환기에 따라 구분될 수 있으며, 기상학에서 보편적으로 사용되는 풍속계로는 컵 풍속계, 프로펠러 풍속계, 피토관 풍속계, 열선풍속계 또는 열 필름 풍속계, 그리고 음파풍속계 등이 있다.

풍압(wind pressure, 風壓) 바람이 구조물에 미치거나 가하는 힘의 총합.
평면상에서는 표면에 미치는 풍상 측의 힘(바람부하)이다. 이것은 $1/2\rho v^2$에 해당한다. 여기서 ρ는 공기의 밀도이며 v는 구조물 벽면에 수직인 바람 성분의 속력이다. 두 번째 요인은 풍하측의 감속, 흡입현상으로 이것의 크기는 $1/2c\rho v^2$으로 표현되며 c는 구조물에 종속되는 상수로서 원기둥의 경우 -0.3에서 긴 판상 구조물의 경우 1.0까지 변한다. 풍압(p)은 이 두 가지의 합이다.

$$p = \frac{1}{2}(1+c)\rho v^2$$

위 수식의 사용은 주의를 요구한다. 실제적인 풍압은 구조물의 모양과 주위 환경에 영향을 받는다. 바람에 대하여 직각인 평면상의 면을 가지지 않은 구조물인 교량과 굴뚝의 경우 위 수식을 사용하려면 복잡한 공기역학적인 요소를 고려하여야 한다.

풍하기압골(lee trough, 風下氣壓－) 산의 능선을 가로지르며 부는 바람 성분에 의하여 산맥의 풍하 측에 형성되는 기압골.
미국의 로키 산맥 동쪽에서 자주 발견되며 때때로 애팔래치아 산맥의 동쪽에서도 나타나지만 로키 산맥의 경우와 비교하여 뚜렷하지 않다. 풍하기압골은 열역학적으로 산맥의 풍하 측에 가라앉는 공기의 단열 압축에 의한 온도상승으로 설명될 수 있고 역학적으로는 바람이 산의 능선을 통과하면서 풍하 경사면을 내려오는 공기기둥의 연직 확장에 따라 수렴된 저기압성 순환이다. 즉, 후자의 관점에서 공기기둥의 연직 확장이 상대소용돌이도 증가에 따라 보상되어 잠재소용돌이도가 보존되는 현상으로 이해할 수 있다.

풍하저기압발달(lee cyclogenesis, orographic cyclogenesis, 風下低氣壓發達) 산맥의 풍하 측에서 종관규모의 저기압성 순환이 발달하는 현상.
산악성 저기압발달이라고도 한다. 풍하 측(lee side)이란 평균 배경기류의 흐름에 따라 상대적으로 정의된다. 대규모 흐름이 산을 지나면서 소용돌이가 일어날 경우 약한 풍하저기압이 발달될 수 있다. 이 경우에 경압파동이 산맥과 상호작용한다면 풍하 측에 강력한 저기압 및 2차 저기압이 생성될 수 있다. 그리고 이 경우 산에서 멀리 떨어진 극쪽 방향에 약한 모체(母體) 저기압이 종종 생성된다. 풍하저기압발달은 급격한 경압발달 단계로부터 시작하여 완만한 경압발달 단계까지의 다단계과정이다. 산악은 편평한 지형에서 저기압 뒤쪽에 발생되는 한랭이류를 방해하고 준지균불균형을 유도한다. 그러나 풍하저기압발달은 준지균 불균형을 복원하는 경향이 있기 때문에 지상의 저기압을 발생시킨다. 그리고 풍하 측의 저층은 상대적으로 공기가 따뜻하고 또한 상층 공기가 하강하여 단열 압축되기 때문에 풍하 측 환경은 주위 환경보다 안정도가 낮다. 즉, 상층에서 접근하는 기압골과 하층의 요란은 연직 방향의 잠재소용돌이도 최대화 가능성을 높이고 있다. 이와 같은 풍하저기압발달은 알프스, 히말라야, 로키(동쪽과 서쪽 모두), 그리고 안데스를 포함하는 세계의 대형산맥 풍하 측에서 흔히 발생되며 주변의 많은 소규모 산맥들이 풍하 측 저기압의 발달을 돕고 있다.

풍하측수렴(lee side convergence, 風下側收斂) 열적으로 강제 상승되거나 강한 대류가 발생될 수 있는 낮 시간 동안 산 또는 산맥의 풍하 측에 형성되는 선 모양의 수렴.
산꼭대기에서 바람이 불어 공기가 산을 타고 내려오는 동안 풍하 측 낮은 고도에서 오르막 바람과 혼합되어 풍하 측에 수렴이 발생될 수 있다. 이러한 풍하측수렴에 의하여 생성된 기류는 산에서 적운을 형성시키거나 뇌우 또는 악기상을 유발할 수 있다.

풍하파(lee wave, 風下波) 바람이 산악에 의해 방해 받아 풍하 측에 발생하는 파.
산악의 규모와 유체흐름의 구조에 따라 이 파는 중력파와 관성파 및 순압파 등이 될 수 있으나 대부분의 연구는 중력파에 관심이 집중되고 다음과 같은 항에 의하여 중력파를 평가할 수 있다.

$$2\pi V[T/g(\gamma_d - \gamma)]^{1/2}$$

여기서 V는 유체속도, T는 켈빈 온도, g는 중력가속도, 그리고 γ_d 및 γ는 건조단열감률 및 환경기온감률을 각각 나타낸다. 이 항은 렌즈구름 등의 경우 특별한 값이 발생되고 비숍(Bishop)파의 경우에 뚜렷이 예증되어 있다. 역학적으로 풍하파는 바람의 특성과 산악의 구조에 따라 결정되는 파동 성분들의 합으로 표시된다. 일반적으로 공기 흐름에 의한 교란은 산악의 풍상측에서 무시될 수 있으나 공기 흐름이 정상상태일 경우는 다른 결과를 초래할 수 있으므로 주의가 필요하다. 풍하파라는 용어는 롤 구름 등과 같이 산악 풍하 측에서 발생하는 파동이 아니라 교란의 의미로 사용되기도 한다.

풍하파분리(lee-wave separation, 風下波分離) 대기조건이 매우 안정할 경우에 형성되는 산악파가 산꼭대기 부근에서 작은 파장의 산악파로 나누어지는 현상.
대기가 매우 안정하고 천천히 움직일 경우 프루드 수(Froude number)는 작게 나타나고 산악을 굽이치는 공기파장은 종종 산악의 폭보다 훨씬 작다. 이 상황에서 공기는 산꼭대기를 넘고자하는 수직 이동 세력이 저지되기 때문에 대부분 산의 측면을 돌아서 이동한다. 그리고 이때 산 정상 부근의 얇은 공기층은 풍하 측으로 흘러나가든지 또는 산악으로부터 떨어져 나오면서 연직 진동을 할 수 있다.

프라운호퍼 선(Fraunhofer line, -線) 광구(光球)의 밝은 연속체 스펙트럼에 대비되어 보이는 태양 스펙트럼의 어두운 흡수선.
특정한 원자 에너지 수준 변이와 연관되어, 이 흡수 특징은 원자 불투명도의 파장변화와 광구 바깥쪽 온도 감소의 결과로 발생한다.

프란틀 수(Prandtl number, -數) 주어진 유체의 역확산도와 관성력의 곱에 대한 열전도와 점성력 곱의 무차원 비(比).
프란틀 수(Pr)는 다음과 같이 주어진다.

$$\mathrm{Pr} = \frac{c_p \mu}{k}$$

여기서 c_p는 정압비열, μ는 역학적 점성도, 그리고 k는 열전도율이다. 프란틀 수는 열전도율에 대한 동적 점성도의 비를 말한다. 프란틀 수는 온도에 따라 변하나 기체에서는 거의 일정한 값을 유지한다($\mathrm{Pr} \approx 0.72$).

프레넬 대(Fresnel zone, -帶) 송신기와 수신기 사이에 (또는 레이더 안테나와 목표물 사이에) 직접 경로를 중심으로 한 원형 구역.
따라서 이 대(帶)의 한 점을 통하여 송신기로부터 수신기까지의 경로를 따른 거리는 $[L+n\lambda/2]$와 $[L+(n+1)\lambda/2]$ 사이의 어떤 값과 같은 경로 길이를 갖고 있다고 정의된다. 여기서 L은 직선 경로의 길이, λ는 파장, n은 양의 정수 또는 0이다. 첫 프레넬 대는 $n=0$으로 정의되는 구역이고 최소 경로 길이를 갖고 있다. 프레넬 대는 전파 경로 위의 직접 신호와 직선 경로로부터 변위된 물체가 반사하는 신호 사이에 생기는 간섭현상을 분석하기 위해 유용하게 사용된다. 이와 같이 어떤 주어진 경로에 대하여, 어느 점으로부터 수신기에 도달하는 반사 라디오 에너지는 이 점이 위치한 특별한 프레넬 대로 결정되는 위상을 가질 것이다. 짝수의 n으로 정의되는 구역으로부터 반사된 신호는 직접 신호와 보강 간섭을 일으킬 것이고, 홀수의 n으로 정의되는 구역으로부터 반사된 신호는 파괴 간섭이 일어날 것이다.

프레넬 반사(Fresnel reflection, -反射) 레이더에서, UHF(ultra high frequency, 초고주파수)와 VHF(very high frequency, 초단파) 레이더가 관측한 어떤 종류의 맑은 날 에코를 설명하기 위하여 제안한 산란 메커니즘.
이와 같은 에코는 약 1m 이상의 파장에서 운영하는 연직 방향 레이더로 관측된다. 이 에코들은 연직 빔에 대한 반사율이 연직에서 벗어난 방향 빔의 반사율보다 더 크다는 의미에서, 외관 민감도가 강한 얇은 수평층의 형태를 띠고 있다. 이것들은 굴절률의 연직 경도가 큰 얇은 층으로부터 생기는 부분 반사로 설명할 수 있다. 이 층들은 한 파장 또는 그보다 작은 연직 크기를 갖고 있고 첫 프레넬 대(帶)의 폭만큼 큰 수평 크기를 갖고 있다. 첫 프레넬 대의 폭의 크기는 $(z\lambda)^{1/2}$인데, 여기서 z는 고도이고 λ는 레이더 파장이다. 프레넬 반사로 설명되는 에코들은 빔-충전 에코로부터의 브래그(Bragg) 산란으로 설명되는 에코보다 더 긴 동조 시간을 갖는다. 때때로 프레넬 반사와 프레넬 산란을 구분할 수 있는데, 여기서 산란이라는 용어는 펄스 부피에 여러 개의 반사층이 있을 때 사용되고, 반사란 용어는 펄스 부피에 오직 한 층이 위치해 있을 때 사용된다.

프루드 수(Froude number, -數) 1. 유체흐름에서 중력에 대한 관성력의 무차원 비(比). 리치(Reech) 수의 역수로서 프루드 수(Fr)는 다음과 같이 표현된다.

$$Fr = V^2/Lg$$

여기서 V는 특성 속도, L은 특성 길이, g는 중력가속도이다. 프루드 수는 위 표현의 제곱근으로도 정의된다.
2. 산이나 다른 장애물 위를 넘어가는 대기 흐름에서 더 유용한 형태의 프루드 수는 다음과

같음.

$$Fr = \frac{V}{N_{BV} L_w}$$

여기서 N_{BV}는 풍상측 주변 환경의 브런트-바이살라 진동수, V는 산을 가로지르는 풍속 성분, L_w는 산의 폭이다. 프루드 수는 산의 파장에 대한 대기의 고유 파장의 비로 해석될 수 있다. 때때로 분자에 π가 더해지기도 하고, 어떤 때에는 이 비가 제곱근으로 표현되기도 한다. $Fr = 1$ 일 때, 대기의 고유 파장은 산의 크기와 공명이 일어나 가장 강력한 산악파를 만들어 낸다. 이 산악파는 때때로 렌즈구름을 형성시키고 지면에서는 역류의 두루마리 돌풍을 발생시킬 수 있다. $Fr < 1$의 경우에 저고도 풍상 측 공기의 일부는 산에 의해 막히고, 단파장 파는 산꼭대기로부터 분리되며, 저고도에 남아 있는 공기는 산을 옆으로 돌아 흐른다. $Fr > 1$의 경우, 매우 긴 파장이 산의 풍하 측에 형성되고, 지면 근처 산의 풍하 측에 역류의 공동(空洞)이 생길 수 있다. L_w 대신에 $(z_i - z_{hill})$를 사용하여 표현한 또 다른 형태의 프루드 수는 경사면 아래로 향하는 바람폭풍과 **물뜀** 현상을 진단하는 데 유용하다. 여기서 z_i는 산기슭 위 혼합층의 깊이이고 z_{hill}은 산의 고도이다.

플라스마(plasma) 양전하와 음전하(그리고 중성원자와 분자도 포함 가능)로 구성되어 있는 이온화된 기체.
적어도 전하의 첫 번째 특성은 이동성이다. 이 용어는 이온과 전자밀도가 높으면서도 실질적으로 같은 데서 아치형 방전 부분을 나타내기 위해서 랭뮤어(Langmuir)와 통스(Tonks)가 1929년에 명명하였다. 좀 더 정량적인 정의는 디바이 차폐거리(Debye Shield distance)로 주어진다. 디바이 차폐거리는 음전하의 밀도가 양전하의 밀도와 현저하게 다른 거리이다. 플라스마는 이온화된 기체이며 플라스마의 경우 디바이 차폐거리가 특성거리보다 작다. 이 정의에 따르며 전리층은 플라스마이며 그리고 알루미늄 평판도 플라스마이다. 그러나 대기와 관련해서 사용 시에는 이온화된 기체로 제한된다.

플랑크 상수(Planck's constant, -常數) 물질과 복사의 양자론에서 $h = 6.626075 \times 10^{-34} Js$으로 주어지는 보편상수.
플랑크 상수(h)를 이용하면 진동수가 ν인 광자 에너지(E)는 $E = h\nu$로 주어진다.

플럭스(flux) 1. 어떤 형태의 에너지 흐름에 관하여 흔히 사용되는, 어떤 양의 흐름 율. 2. 대기난류와 경계층 분야에서 플럭스 밀도를 줄여서 사용하는 용어.
플럭스 밀도란 단위시간에 단위면적을 통과하는 어떤 양을 말한다. 이 플럭스는 두 가지 형태로 정의할 수 있다. 역학적 형태와 운동학적 형태. 어떤 양의 역학적 플럭스는 단위시간에 단위면적을 지나는 이 흐름의 양인데, 이 경우에 '역학적'이란 단어가 명확하게 언급되지 않을 수도 있다. 운동학적 플럭스는 역학적 플럭스를 평균 공기밀도(열 플럭스의 경우에는 평균 공기밀도와 공기의 정압비열)로 나눈 것이다. 운동학적 플럭스의 장점은 전통적인 기상측기로 쉽게 측정할 수 있는 단위를 갖고 있다는 것이다. 운동학적 플럭스의 단위는 보통 속도($m\,s^{-1}$)에 온도(K)를 곱한 것, 속도에 비습($kg_{수증기}/kg_{공기}$)을 곱한 것, 속도에 풍속($m\,s^{-1}$)을 곱한 것 등이다.

플럭스 리처드슨 수(flux Richardson number, -數) 난류운동 에너지 수지(收支)방정식에 있는 부력항과 음의 시어 항과의 비(比)로 정의되는 무차원 수.
이 수(R_f)는 다음과 같이 식으로 표현할 수 있다.

$$R_f = \frac{(g/T_v)\overline{w'\theta_v'}}{\overline{u'w'}(\partial\overline{U}/\partial z) + \overline{v'w'}(\partial\overline{V}/\partial z)}$$

여기서 g는 중력가속도, z는 고도, θ_v는 가온위, T_v는 가온도, (U, V)는 각각 수평바람의 동서 성분과 남북 성분이고, 프라임(′)은 평균값으로부터의 편차를, 오버바(¯)는 평균을 나타낸다. 이 무차원 수는 역학 안정도의 척도로서, 바람 시어에 의해 흐름의 난류상태가 유지될 수 있는지 그 가능성을 알려준다. 일반적으로 위 식의 분모는 음이다. 따라서 분자가 양일 때, 플럭스 리처드슨 수는 정적으로 불안정한 대기에서 음이 된다. 플럭스 리처드슨 수가 1보다 작을 때, 흐름은 역학적으로 불안정하고 난류적이다. 플럭스 리처드슨 수가 1보다 크면, 흐름은 역학적으로 안정되고 난류가 감쇠한다.

플럭스-비 방법(flux-ratio method, -比方法) 대류경계층의 꼭대기로 들어오는 유입속도 w_e를 추정하는 방법.
유입속도 w_e는 지표면 열 플럭스($\overline{w'\theta_s'}$)에 대한 유입 열 플럭스의 비인 A를 이용하여 다음 식과 같이 표시할 수 있다.

$$w_e = A\overline{w'\theta_s'}/\Delta\theta$$

여기서 $\Delta\theta$는 혼합층의 꼭대기에서 안정층을 횡단하면서 발생하는 온위변화이다. 이 추정법은 1960년 볼(Ball)에 의해 제안했기 때문에, 플럭스-비를 볼 비라고도 부른다. 이 플럭스-비는 경험적으로 A=0.2±0.05로 추정된다. 이 추정법은 순수한 자유대류가 있을 때에는 매우 잘 적용될 수 있으나, 바람 시어에 의해 발생하는 난류가 중요 부분을 차지할 경우에는 사용하기 적절하지 않다.

플럭스-프로파일 관계(flux-profile relationship, -關係) 연직난류 플럭스의 양과 그 양의 평균값의 연직 프로파일에 대한 기울기나 형태와의 관계를 나타낸 식.
플럭스-프로파일 관계는 주로 대기경계층 중 지표층에서 발생하는 현상에 적용된다. 예를 들어, 지표층에서 풍속은 마찰속도 u_*와 오부코프(Obukhov) 길이 L에 의존적인 비율로 고도에 따라 거의 대수적으로 증가한다. 왜냐하면 마찰속도와 오부코프 길이는 지표 플럭스에 의존적이고, 이 지표 플럭스는 평균 바람 프로파일의 측정으로부터 얻을 수 있기 때문이다. 기술적으로 플럭스를 직접 측정하는 것보다는 평균 바람 프로파일을 측정하는 것이 보다 경제적이고 유용한 방법이다.

플레이스토세 기후(Pleistocene climate, -氣候) 약 250만 년 전~1만 년 전 시대의 기후. 이 기간 동안에는 간빙기에 비해 상대적으로 길었던 빙하기로 인해 그 이전인 플라이오세(Pliocene) 기후보다 추웠다. 플레이스토세의 마지막 87.5만 년 동안은 11만 년 동안 지속적으로 반복된 빙하기와 1~1.5만 년 동안 간헐적으로 지속된 간빙기가 그 특징이다. 그 이전 시기의 지배적인 주기는 11만 년이 아닌 4.1만 년이었다. 플레이스토세 동안의 지각과 해양분포는 상대적으로 안정적이었지만 빙하기와 간빙기의 반복에 의한 진동은 광학활성기체인 이산화탄소와 메탄의 대기 중 농도변화(간빙기 때 높음), 육지의 빙하량(간빙기 때 낮음)과 관련된 전지구적 해수면 고도의 변화(빙하기 때 낮음)와 같은 특징을 야기했다. 지구의 공전궤도 변화에 따른 일사량의 계절, 위도별 분포변화가 이 시기의 빙하기-간빙기 변화 주기에 가장 큰 영향을 미쳤다.

피뢰침(lightning rod, 避雷針) 번개에 의한 피해를 방지하기 위하여 구조물 꼭대기에 접지 설치된 금속 전도체.
번개로부터의 피해 방지를 위한 보호반경 확보를 위하여 피뢰침의 위쪽 끝에 돌침이 건물 꼭대기에 설치된다. 피뢰침과 연결된 접지선은 전하에 대한 저항이 작은 재질을 사용해야 하고 그 하단부는 습기를 머금은 토양에 충분히 깊게 묻거나 물 파이프 등에 연결하는 것이 좋다.

피어슨 분포(Pearson distribution, -分布) 편향된 분포를 모델링하기 위해 피어슨이 고안한 연속 확률분포.
피어슨 분포는 다음의 함수 형태로 정의된다.

$$f(x) = \frac{1}{\beta \Gamma(p)} \left(\frac{x-\alpha}{\beta} \right)^{p-1} \exp\left(-\frac{x-\alpha}{\beta} \right)$$

여기서 β와 p는 양의 상수, α는 임의의 실수, 그리고 $\Gamma(p)$는 인자 p를 갖는 감마 함수를 나타낸다.

피에이치(pH) 수용액에서 1리터당 몰수로 표현된 수소이온 농도의 역수에 로그를 취한 값.

용액의 산도를 측정하는 지수이며 다음과 같이 표현된다.

$$pH = -\log[H^+]$$

일반적인 물은 pH가 7인데, 이것은 물 1리터당 수소이온 10^{-7}몰과 수산기(히드록실기) 10^{-7}몰을 가지기 때문이다. 낮은 pH 값은 산성 용액을 의미한다. 대기 중에 존재하는 자연적 물에는 이산화탄소와 이산화황 같은 산성기체가 용해되어 있기 때문에 pH가 5.5 또는 그 이하이다. 광범위하게 오염된 지역에서는 pH가 산성비 발생 조건인 3.0 이하로 낮게 떨어질 수 있는데, 이것은 인간활동에 의한 오염으로 생성된 황산과 질산에 의한 것이다.

피오르드(fjord) 보통 산으로 둘러싸인 깊은 물 어귀.
구체적으로는 빙하 작용으로 생긴, 물속에 가라앉은 *U*모양 계곡을 말한다. 피오르드는 노르웨이, 서부 스코틀랜드, 아일랜드, 그린란드, 래브라도, 알래스카, 브리티시컬럼비아, 남부 칠레, 남극 반도, 남서부 뉴질랜드 및 기타 고위도 해양 섬 등의 해안지역에 잘 나타난다.

피토관 풍속계(Pitot-tube anemometer, -管風速計) 풍향계의 끝 부분에 풍상 측 방향으로 피토관이 부착되어 있는 압력관풍속계의 일종.

필터(filter) 어떤 광학 시스템을 통하여 전달되는 복사를, 흡수 또는 반사에 의해 선택적으로 변화시키는 물질.

대기과학용어사전

하강대류 가용위치 에너지(downdraft convective available potential energy, 下降對流可用位置－) 덩이이론에 따르면, 하강하는 덩이에 유효한 최대 에너지.
하강하는 공기는 단열승온과정을 통해 가용 수증기량이 늘어나므로, 낙하하는 강수나 구름 속의 물이 기화하는 동안 열을 주변 대기에 빼앗기며 차가워지고 밀도가 커져 중력의 힘으로 낙하하게 된다. 낙하하는 힘은 하강하는 공기의 온도가 바깥공기의 온도보다 낮을수록 커지고, 바깥공기가 함유한 수증기량이 적어질수록 커진다. 열역학선도에서는 대기중층, 통상 600hPa에서 자유낙하하는 공기덩이를 따라, 상승응결고도를 찾고 여기서 습윤단열선을 따라 지상까지 내리면, 하강하는 공기의 기온이 주변 기온보다 낮은 면적을 도식적으로 계산할 수 있다. 이 면적이 넓을수록 하강하는 공기의 하향 속도가 커지고, 지면 부근에서 돌풍이 강해지고, 때로는 그 전면에 **돌풍전선**을 형성하며 주변으로 퍼져나간다.

하루의(diurnal) 매일의.
특히 24시간 내에 끝나는 활동 그리고 매 24시간에 재발하는 것에 사용된다. 지구상에서 중요한 요소들에 대한 하루의 변동은 다음과 같이 요약될 수 있다. (1) 최고기온은 지방시 정오 후에, 그리고 최저기온은 일출 무렵에 나타난다. (2) 상대습도와 안개는 기온과는 반대 주기로 나타난다. (3) 바람은 일반적으로 주간에는 증가하고 순전(順轉)하며 야간에는 감소하고 반전(反轉)한다. (4) 육지에서 구름양과 강수는 낮에 증가하고 밤에 감소한다. 그러나 낮처럼 현저하지는 않다. 해양에서는 반대가 된다. (5) 증발은 밤보다 낮에 더 현저하다. (6) 응결은 밤에 훨씬 크다. (7) 대기압은 대기조석의 영향에 따라 하루주기, 또는 반일주기로 변한다.

하부측면접호(infralateral tangent arcs, 下部側面接弧) 태양의 고도 밑의 점들에서 46°의 무리에 접하며 해를 향해 볼록하고 색깔이 든 두 개의 비스듬한 호.
이 호들은 그 주축들이 수평이지만 무작위로 방위들을 가지는 육각기둥 빙정 안에(유효 프리즘각 90°) 굴절로 생긴다. 만일 태양고도가 약 68°를 넘으면, 그 호들은 나타날 수 없다. 한 쌍의 상보적(相補的)인 호들, 곧 상부측면접호들이 태양고도 위에서 관측될 수도 있다.

하안(bank, 河岸) 1. 한 하천 또는 강의 정상 단계들 중에 흐름을 자연적 수로에 가두는 경사 물가.
또는 둑이라고도 한다. 둑을 넘어서는 홍수 흐름 중에 이 수로 물가의 정상이 초과될 수 있다.
2. 모래나 자갈 같은 결합되지 않은 물질에서 흔히 생기는 가파른 경사나 면.
3. 이동하는 퇴적물로 바다나 다른 물가에 구성된 얕은 면적.
'자갈 둑' 같이 수식어로 가리켜지기도 한다.

하얀서리(hoar frost) 나뭇가지, 식물의 줄기, 잎의 모서리, 전선 및 기둥 같은 물체 위에 직접 침적에 의해 형성되는 빙정의 부착.
서리는 또한 차가운 항공기가 따뜻하고 습한 공기 속으로 비행할 때 또는 항공기가 수증기로 과포화된 공기층을 통과할 때 항공기의 표면에 형성될 수 있다. 하얀서리가 침적하는 과정은 서리가 생기는 물체의 온도가 어는점 이하여야 한다는 것을 제외하고는 이슬이 형성하는 과정과 유사하다. 어는점 이하의 이슬점을 가진 공기가 냉각에 의해 포화가 될 때 하얀서리는 형성된다. 노출된 물체 위에 형성되는 것 외에도 하얀서리는 가열되지 않은 건물과 차량 안쪽에 형성되기도 하고, 동굴 안에, 갈라진 틈 안에, 또는 눈 표면 위에, 그리고 눈 속 공기가 있는 공간에, 특별히 눈 크러스트 밑에 형성되기도 한다. 하얀서리는 상고대보다 더 솜털 같고 깃털 같아서 비얼음보다 더 가볍다. 관측적으로 하얀서리는 침적의 양과 균일성에 따라 가벼운 서리와 무거운 서리로 나눌 수 있다.

하이드로클로로플루오르카본(hydrochlorofluorocarbons) 냉각제, 거품을 일으키는 약제 및 용제로 사용되는, 부분적으로 염소화되고 플루오르화된 탄화수소의 집합물.
수소, 염소, 불소, 탄소의 화학물(HCFC)인 이 물질들은 지금 금지된 클로로플루오르카본(CFCs)에 대한 대체물로서 개발되어 왔다. HCFC-141b(CH_3CFCl_2)와 HCFC-142b(CH_3CF_2Cl)가 좋은 예이다. 이들 화합물은 대기 중에 더 짧은 기간 체류하기 때문에 클로로플루오르카본보다 오존층을 덜 파괴한다. 그러나 이 대체물들도 오존 감소 가능성이 전혀 없는 것이 아니기 때문에 임시로 사용하고 있지만 궁극적으로는 생산 금지될 처지에 놓이게 될 것이다.

하이드로플루오르카본(hydrofluorocarbons) 클로로플루오르카본(CFCs)에 대한 대체 화합물로 사용 중이거나 개발 중인, 부분적으로 플루오르화된 탄화수소의 집합물.
수소, 불소, 탄소의 화학물로서 불화탄화수소(HFC)라고도 한다. 하이드로플루오르카본은 염소를 포함하고 있지 않기 때문에 대기 중 오존을 파괴하지는 않는다. 그리고 수소원자들이 존재하면 수산기(水酸基)와 반응하여 대기로부터 이 화합물을 제거하기 쉽게 만들어서 온실기체로서의 유효성을 감소시키게 된다. 가장 널리 사용되는 이런 종류의 화합물은 HFC-134a(CF_3CFH_2)인데, 이것은 현재 자동차 에어컨과 가정의 냉장고에 사용되고 있다.

하이브리드 연직좌표계(hybrid vertical coordinate, -鉛直座標系) 고도에 따른 하나의 연직좌표계에서 다른 연직좌표계로 옮겨가 복수의 좌표계를 혼용한 좌표계.
지면 부근에서는 지형효과를 반영한 연직좌표계를 사용하고, 고층 대기에서는 지형과 무관한 연직좌표계를 혼용하는 방식이다. 전통적으로 수치예보모형에서 사용하는 연직좌표계로는 지면효과를 효과적으로 반영하기 위해 지상기압으로 기압을 정규화한 시그마 좌표계가 흔히 사용된다. 그러나 시그마 좌표계는 가파른 지형 위에서 기압경도력에 대한 계산오차가 커지게 되므로,

지형의 영향에서 벗어난 고층에서는 이 좌표계를 고집할 필요가 없다. 상층대기에서 기압좌표계(Simmons and Burridge, 1981)나 온위좌표계(Konor and Arakawa, 1997)를 사용하면, 하층대기의 시그마 좌표계와 함께 하이브리드 좌표계를 구성할 수 있다.

하이퍼 스레딩(hyper threading) 기존 하나의 CPU 코어가 한 번에 한 개의 스레드밖에 실행할 수 없었던 것과 달리, 두 개의 스레드를 하나의 CPU 코어에서 한 번에 처리할 수 있는 기술. 이것은 운영체제가 연산의 실행 단위를 많은 부분으로 나누고 하나의 코어에서 서로 다른 실행 단위를 동시에 실행하게 함으로써 두 개의 스레드가 실행되는 것과 같은 효과를 볼 수 있다. 그러므로 하이퍼 스레딩 기능을 갖춘 CPU는 운영체제나 프로그램 입장에서는 물리적인 코어 수보다 많은 다중 CPU로 인식된다.

하일리겐샤인(heiligenschein) 불규칙한 지면 위에 생기는, 관측자 머리 그림자 주위의 밝은 산란 영역.
이것은 태양고도가 낮고 지면이 이슬로 덮여 있을 때 가장 뚜렷하다. 하일리겐샤인에 대한 설명은 이것이 건조한 지면 위에서 보이는지 아니면 이슬로 덮인 지면 위에서 보이는지에 따라서 달라진다. 관측자의 그림자가 건조하고 (자갈이나 초목과 같이) 불규칙한 지면 위에 생길 때, 대일점 부근에서 이 불규칙한 성질이 그림자에 영향을 준다. 다른 방향으로는, 볕이 드는 면과 그림자가 생기는 면의 혼합으로부터 평균 밝기가 초래된다. 태양고도가 낮을수록 그림자는 더 길어지고 대일점 부근에서 밝은 영역과의 대조가 커진다. 이것이 어느 불규칙한 지면 위에서 뚜렷한 반면, 항공기에서 보이는 볕드는 삼림 영역에서 하일리겐샤인의 겉모양은 '숲속의 더운 점'이란 별명을 얻게 하였다. '숲속의 더운 점' 관측에 의하면 항공기가 충분히 높이 떠 있어서 자신의 그림자가 사라질 때 이것은 틀림없이 현저해진다. 어떤 종류의 풀 위에 맺힌 이슬이 있을 경우 하일리겐샤인은 아주 뚜렷해진다. 잎의 작은 털에 의해 잎 표면에서 떨어져 붙어있는 이슬방울은 난반사시키는 잎 위에 햇빛을 모은다. 이 이슬방울은 렌즈와 유사한 방식으로 행동하면서 이 난반사되는 빛의 대부분을 수집한다. 벤베누토 첼리니(Benvenuto Cellini)가 1562년에 그의 전기에서 이것을 기술했기 때문에 하일리겐샤인은 때때로 첼리니의 무리라 부른다. 그는 풀밭이 이슬로 젖어 있을 때 이것은 가장 뚜렷하게 나타난다고 지적하였다. 그러나 그는 이 겉모양을 보고 '나를 향한 신의 대교구에 대한 신비로운 방법'을 주문한 것으로 느꼈다. 이 해석에 나오는 그림자는 하일리겐샤인이란 이름에서 발견할 수 있다. 이 용어는 '거룩한 사람의 빛'이란 뜻의 독일어이다.

하층대기(lower atmosphere, 下層大氣) 상층대기에 대한 대조적인 의미로서 대부분의 기상현상이 발생하는 대기의 일부분.

하층대기는 대류권과 하부 성층권을 의미하며, 문맥에 따라 하부 대류권을 의미하기도 한다.

하층 제트(low-level jet, 下層-) 대류권 하부 2~3km 이하의 고도에서 주로 나타나는 제트류.
하층 제트 영역은 대류권 하부에서 수평바람의 연직분포에서 최댓값이 나타나는 지역을 의미한다. 이 영역은 지표 부근의 상대적으로 풍속이 큰 영역, 제트류가 나타나는 고도 주변의 큰 바람 시어가 나타나는 영역, 최대 풍속이 12~16m/s 이상인 지역 등의 조건으로 정의하기도 한다. 이 영역에서는 수증기 수송이 크게 일어나게 되므로 중규모 대류계 발생과 발달에 밀접한 연관이 있으며, 상층 제트와 함께 나타나는 경우에 악기상을 초래하는 경우가 많다. 야간에 발생하는 하층 제트를 야간 제트라 하는데, 관성진동이나 경사지형에서의 경압성으로 인해 발생하는 것으로 알려져 있다.

한극(cold pole, 寒極) 지구의 반구 내에서 연평균기온이 가장 낮은 지점.
한랭극이라고도 한다. 북반구에서의 한극은 시베리아 베르호얀스크(67°33′N, 133°24′E)로서 연평균기온이 −16℃, 1월 평균기온이 −50℃, 7월 평균기온이 16℃이다. 남반구의 한극은 남극대륙의 80~85°S, 75~90°E 부근이며 −73℃ 이하인 기록도 있다.

한기범람(polar outbreak, 寒氣氾濫) 발원지에서부터 차가운 공기덩이의 급격한 이동.
대부분의 경우 극지방 찬공기가 적도 방향으로 확연하게 이동하거나 한대전선이 급격히 적도 방향으로 이동하는 것을 의미한다.

한대(기압)골(polar trough, 寒帶(氣壓)-) 상층 극둘레 편서풍의 파동이 충분히 진폭을 가져 열대에 도착하는 파동 기압골.
하층에서는 열대 동풍의 기압골로 나타나지만 어느 정도 고도에서는 서풍의 특징이 나타난다. 상당한 구름을 동반하고 서에서 동으로 이동한다. 보통 기압골의 선에서 웅대적운과 적란운을 발견할 수 있다. 6월과 10월 서캐리비안의 허리케인은 한대기압골에서 자주 형성된다.

한대전선(polar front, 寒帶前線) 열대기단과 한대기단 사이에 형성되는 반영구적이고 반연속적인 전선.
한대전선은 공기의 질량 차이와 저기압성 요란에 대한 민감도의 측면에서 중요한 전선이다.

한대전선이론(polar-front theory, 寒帶前線理論) 북유럽학파 기상학자들에 의해 확립된, 중위도저기압 발생을 설명하는 이론.
이 이론에 따르면 열대기단과 한대기단은 한대전선에 의해 분리되며, 이곳에서 저기압 요란이 발생한다. 한대전선이론은 기상분석의 새로운 장을 열었으며 중위도 지역의 종관분석과 일기예보의 기초로 이용되고 있다.

한랭고기압(cold high, 寒冷高氣壓) 중심이 차고 주위가 대칭적으로 따뜻하여 중심의 층 두께가 상대적으로 얇고, 높은 고도에서는 오히려 저기압이 나타나는 키 작은 고기압.
이 고기압은 고위도 지역에서 거의 한 장소에 머물러 있는 수평규모가 큰 정체성 고기압이다. 예로서 시베리아 고기압이 있으며, 한랭고기압은 대기대순환에 의한 중위도고압대인 아열대고기압과 극고압대인 극고기압 중 주로 극고기압에 해당한다. 중위도고압대인 아열대고기압은 주로 온난고기압이다. 주위보다 추운 지역에서 대기의 수축과 하강기류에 의해 형성된 한랭고기압은 키 작은 고기압이며, 주위보다 더운 지역에서 대기의 상층 압력에 의해 형성된 온난고기압은 키 큰 고기압이다.

한랭골(cold trough, 寒冷-) 등압면 일기도에서 대체로 주위보다 중심 부근의 대기온도가 낮은 지역의 기압골.
한랭저기압을 참조하라.

한랭노출(cold soak, 寒冷露出) 장기간 낮은 기온에 기기를 노출시킨 효과.
엔진의 한랭노출은 윤활유가 진해지고, 금속이 깨어지기 쉽고, 내구성을 줄어들게 하기 때문에 엔진을 사용하기 전에 예열이 필요하다.

한랭저기압(cold low, 寒冷低氣壓) 중심이 차고 주위가 대칭적으로 따뜻하여 주위의 층 두께가 상대적으로 더 두껍고, 중심에서는 저기압의 강도가 위까지 강하게 나타나는 키 큰 저기압.
고위도 지역에서 거의 한 장소에 머물러 있는 수평규모가 큰 정체성 저기압이다. 예로서 알류샨 저기압, 아이슬란드 저기압이 있다. 한랭저기압은 대기대순환에 의한 적도저압대인 열대저기압과 고위도저압대인 한대저기압 중 주로 한대저기압에 해당한다. 적도저압대인 열대저기압은 주로 온난저기압이다. 주위보다 추운 지역에서 상층까지의 상승기류에 의해 형성된 한랭저기압은 키 큰 저기압이며, 주위보다 더운 지역에서 대기의 팽창과 상승기류에 의해 형성된 온난저기압은 키 작은 저기압이다. 온난저기압을 참조하라.

한랭전선(cold front, 寒冷前線) 성질이 다른 두 기단 사이에 밀도가 크고 찬공기가 더운공기를 밀면서 지면을 따라 파고 들어갈 때 생기는 경계면이 지표와 만나는 선.
한랭전선은 찬공기가 더운공기를 밀어 올리기 때문에 공기의 상승운동이 매우 활발하고, 전선면의 기울기가 급하다. 따라서 적운형 구름이 발달하여 좁은 지역에 천둥과 번개를 동반한 소나기가 내린다. 한랭전선이 통과하고 나면 찬공기가 밀려들기 때문에 기온이 내려간다.

한랭전선뇌우(cold-front thunderstorm, 寒冷前線雷雨) 한랭전선을 따라 발생하는 강하고 습윤한 상승기류에 의하여 생성되는 뇌우.
전에는 한랭전선을 따라 발달하거나 한랭전선 전방의 온난구역에서 종종 수백 킬로미터 범위까지 나타나는 일종의 뇌우의 선에 적용하여 불안정선 혹은 스콜 선과 같은 개념으로 정의하였지만 현재는 스콜 선과 분명히 구별하고 있다. 뇌우의 발달은 대기가 조건부불안정성에서 주변보다 기온이 높아 강한 상향부력을 가지며 또한 연직바람 시어 조건이 강할수록 크고 지속적인 뇌우가 형성된다.

한랭핵고리(cold-core ring, 寒冷核-) 조해(藻海)에서 발견되는 대규모(대략 직경 300km) 저기압성 회전맴돌이.
중심부에 차가운 사면수를 포함하고 있다. 수개월간 지속되며 종종 멕시코 만류와 상호작용하는 동안에 파괴되기도 한다. 한랭핵고리는 대규모 진폭을 가진 멕시코 만류의 곡류가 남쪽으로 물러나면서 주변 해류 내에 멕시코 만류 북쪽에서 흘러온 상대적으로 차가운 사면수를 잡아두게 됨으로써 형성된다.

한랭형폐색(cold type occlusion, 寒冷型閉塞) 노르웨이형 저기압모형에 따르면 한랭전선면이 온난전선면을 들어 올리면서 형성되는 폐색.
한랭폐색 또는 한랭전선형 폐색이라고도 한다. 한랭형폐색의 발달에 대한 이러한 개념화는 현실적으로 흔히 관측되는 것은 아니다. 그러나 강한 저기압에서는 저기압 중심이 종종 한랭전선 및 온난전선대와 구분되는 찬공기 쪽으로 물러난다는 것이 정설이다. 해면기압에서 기압골은 전선상의 파동과 저기압 중심 사이에서 발견되며, 이 기압골은 폐색전선과 일치한다. 형성과정들에 관계없이 한랭형폐색은 다음과 같은 특징이 있다. (1) 폐색전선을 따라 형성된 층두께 능 혹은 따뜻한 기온, (2) 폐색전선을 따라 형성된 해면기압장에서의 기압골, (3) 전선 뒤의 상대적으로 더 차가운 공기, 그리고 (4) 전선 뒤에서 하부 대류권 정체안정도의 상승.

한류(cold current, 寒流) 고위도에서 저위도로 흐르는 찬 해류.
유역 밖의 해수보다 저온이고 저염분을 갖는다. 산소, 규산염, 인산염 등의 영양염류가 풍부하여 생산력이 높다. 고위도의 찬물을 저위도로 운반하는 역할을 한다. 오야시오(Oyashio), 래브라도(Labrador) 해류, 북한한류가 대표적이다. 난류(暖流)를 참조하라.

할레-모솝 과정(Hallet-Mossop process, -過程) 구름 속 빙정 농도가 얼음핵 농도의 10,000배 이상 될 때, 2차 얼음 생성에 대한 메커니즘의 하나.
구름방울 스펙트럼이 12㎛보다 작거나 25㎛보다 큰 적당한 수의 물방울을 포함한다면, 싸락눈이 결착에 의해 성장하면서 −3℃부터 −8℃까지의 온도 범위에서 (−4℃에서 최대로) 얼음입자들이 생성된다. 결착 얼음 1mg당 약 50개의 조각들이 생성된다.

할로카본(halocarbon) 염소나 브롬 또는 불소 중에서 하나 이상의 원소와 탄소를 함유하고 있는 화합물.
화학적으로는 메탄의 수소원자를 할로겐 원자로 치환한 것의 총칭이다. 대표적으로 사브롬화탄소와 사염화탄소가 있다. 또 메탄보다 탄소원자 수가 많은 탄화수소의 과할로겐 치환체의 총칭으로도 사용되며 이러한 화합물은 대기 중에서 강력한 온실가스로 작용한다. 할로카본에 함유된 염소와 브롬은 오존층 파괴에도 연관이 있다.

합류(confluence, 合流) 두 개 이상의 공기나 물의 흐름이 합쳐지는 것.
통상 작은 규모의 지류가 보다 큰 흐름으로 흘러드는 것을 가리키며, 이러한 지점은 합류점으로 불린다. 하천 등의 합류로부터 유추해 둘 이상의 도로가 하나로 합쳐지는 것을 말한다. 때로는 두 개의 조류가 만나는 지점 혹은 운하나 호수가 만나는 지점을 지칭하기도 한다.

합성바람(resultant wind, 合成-) 기후학에서 어떤 기간, 어떤 장소, 어떤 고도의 모든 바람 방향과 속력의 벡터 평균.
합성바람은 어떤 기간 동안 관측한 모든 바람을 동서 및 남북 방향 성분으로 나누고, 각 성분을 합하여 평균을 구하고, 이것을 다시 벡터로 만든다.

항공관측(aviation observation, 航空觀測) 항공과 관계되는 다양한 기상요소의 관측.
이때 관측되는 요소들로는 **구름양**, **실링**, **시정**, 날씨, 시정 장애물, **해면기압**, 기온, 이슬점온도, 풍향, 풍속 등이 있다.

항공기 관측(aircraft observation, 航空機觀測) 항공기에 탑승하고 있는 관측자가 기온, 습도, 풍속, 풍향 그리고 하늘상태 및 기압면의 높이 등을 관측하는 것.

항공기 기상정찰(aircraft weather reconnaissance, 航空機氣象偵察) 항공기를 활용하여 기상을 세밀하게 관측하는 것.
날씨정찰이라고도 한다. 정기적으로 정해진 항로를 따라 관측할 수도 있고 뇌우나 열대저기압 등 특정 기상현상을 관측하기 위한 특별한 임무를 수행(일반적으로 지상 혹은 선박으로 관측이 어려운 경우)하기도 한다. 기상정찰자료를 보고할 때 RECCO 코드를 사용한다.

항공기 난류(aircraft turbulence, 航空機亂流) 항공기가 운행 도중 풍속의 빠른 변동에 의해 갑작스럽게 위아래로 흔들리면서 불규칙적으로 움직이게 하는 대기의 흐름.
항공기 난류는 구름 내부를 항공기가 운행하거나 또는 맑은 공기를 지날 때에도 발생할 수 있다.

항공기 대전(aircraft electrification, 航空機帶電) 항공기 표면에 축적되어 있는 순수 전하량 또는 항공기 표면의 어느 한 부분에 밀집되어 있으면서 서로 반대의 부호를 가진 전하들의 분리 현상.
항공기 대전은 항공기가 구름 내부를 통과할 때 발생하는 자생(自生) 대전의 결과로 나타나며 전하 분리는 대기 중에 강한 자기장이 존재하고 있는 뇌우지역을 비행할 때 발생하는 전자기 유도 현상에 의해 발생한다.

항공기상관측(aviation weather observation, 航空氣象觀測) 항공기의 운항과 관련하여 가장 중요하다고 생각되는 기상요소들을 적절한 절차를 따라 수행하는 관측.
이때 관측되는 기상요소들로는 구름의 높이, 수직 시정, 하늘 가림, 시정, 특이 기상현상 풍향 및 풍속 등이 있다. 그 외에 해면기압, 온도, 이슬점온도 그리고 고도 설정값을 관측하기도 한다.

항공기상예보(aviation weather forecast, 航空氣象豫報) 항공과 관계되는 기상요소들의 예보. 항공로예보라고도 한다. 이와 같은 기상요소들에는 실링, 시정, 상층 바람, 착빙, 난류 그리고 강수와 폭풍의 형태를 포함한다. 항공일기예보는 크게 네 가지 영역으로 나누어지는데 공역예보, 터미널 예보, 경로예보 그리고 비행예보가 있다.

항공기 실링(aircraft ceiling, 航空機-) 공항의 활주로로부터 1마일 내지 1.5마일 정도 벗어난 지점에서 비행기의 조종사가 보고하는 실링.
항공기 실링은 일반적으로 연직 시정을 의미하며 구름 실링이나 차폐현상을 의미하기도 한다. 또는 항공기가 안전하게 운항할 수 있는 최대 고도를 의미하기도 한다.

항공기 얼음형성(ice formation on aircraft, 航空機-形成) 항공기가 지상에 있거나 비행 중일 때 항공기에 발생하는 얼음 형성.
비행 중 얼음 결착은 공기역학 특성과 엔진 성능에 영향을 주거나 또 다른 방식으로 영향을 미치게 함으로써 위험을 초래할 수 있다. 항공기 착빙에는 네 가지 유형이 있다. (1) 상고대 : 작은 과냉각 물방울로 구성되어 0℃보다 훨씬 낮은 온도의 함수량이 적은 구름에서 일반적으로 형성되는 가볍고 흰 불투명한 부착물. (2) 맑은 얼음 또는 비얼음 : 0℃ 근처나 이보다 낮은 온도의 항공기 위에 이슬비나 강우의 형태로(직경으로 40㎛ 이상) 큰 과냉각 물방울로 구성된 함수량이 많은 구름에서 형성되는 맑은 얼음의 피복물. (3) 혼합 얼음 또는 탁한 얼음 : 다양한 크기의 물방울을 포함하는 구름에서 또는 빙정, 구름방울 및 눈송이가 혼합된 구름에서 발생하는 거칠고 탁한 부착물. (4) 하얀서리 : 항공기 표면온도가 공기의 서릿점보다 낮을 때 수증기의 침착에 의해 맑은 하늘에서 형성되는 얼음의 흰 결정상 피복물. 이것은 항공기가 매우 찬공기가 있는 지역으로부터 따뜻하고 비교적 습윤한 공기가 있는 지역으로 급격히 이동할 때 (보통 하강할 때) 발생할 수 있다.

항공기탑재 기상 레이더(airborne weather radar, 航空機搭載氣象-) 기상관측을 목적으로 항공기에 탑재한 기상 레이더 장비.
항공기에 부착된 기상 레이더는 보통 기체의 앞부분에 장착되어, 전방에 있는 위험기상을 탐지한다. 주로 연구용으로 이용되며 레이더로 반사도, 시선속도와 난류를 측정한다. 연구용 항공 레이더는 전형적으로 측면을 향하거나 나선형 스캔을 하며, 뇌우의 구조를 더 자세하게 파악하기 위하여 이중편파를 사용하기도 한다. 항공기탑재 레이더는 보통 C-밴드 혹은 그보다 짧은 파장을 사용한다.

항력(drag, 抗力) 물체의 운동 방향과 반대 방향으로 물체에 작용하는 힘.
유체역학적으로는 유체를 통과해 이동하는 물체의 반대 방향으로 작용하는 마찰저항력을 말하며, 대기운동에서는 운동진행을 방해함으로써 항력이 운동 에너지를 소모시킨다. 물체의 이동속도의 빠르기에 따라 항력을 구분한다. 즉, 저속에서는 점성항력 또는 표면마찰이라 부르고 고속인 경우에는 형체항력이라 일컫는다. 점성항력의 경우 상당히 얇은 경계층을 통해서 주로 나타나게 되고, 구(球)에서의 공기저항은 스토크스(Stokes)의 법칙을 따른다. 형체항력에 있어서는 압력이 감소하는 곳에서 일정하지 않은 흐름 내의 후류(後流)가 만들어지는 층류경계층이 분리될 때 만들어진다. 레이놀즈 수가 높은 경우, 즉 관성력이 점성력보다 큰 경우는 형체항력이 점성항력보다 중요하게 되고 항력은 다음에 주어진 레일리(Rayleigh) 공식을 따른다.

$$drag = \frac{1}{2} C_D \rho L^2 U^2$$

여기서 C_D는 항력계수, ρ는 유체의 밀도, L^2은 물체의 단면적, U는 물체의 이동속도이다.

항력계수(drag coefficient, 抗力係數) 유체 내에서 물체가 이동할 때 마찰력 등을 나타내는 저항력과 운동 에너지의 비를 나타내는 무차원 계수.
항력계수 C_D는 항력을 구하는 레일리 공식으로부터 다음과 같이 얻을 수 있다.

$$C_D = \frac{\text{저항력}}{\frac{1}{2} \rho U^2 L^2}$$

여기서 ρ는 유체의 밀도, L^2은 물체의 단면적, U는 물체의 이동속도이다. 또한 레일리 공식은 관성력과 점성력의 비를 나타내는 레이놀즈 수의 지수승에 비례하기 때문에 다음과 같은 식으로도 표현할 수 있다.

$$C_D = \text{상수}(Re)^n$$

여기서 n과 상수값은 유체의 특성에 따라 달라지며[예 : 쿠에테(Couette) 흐름에서는 $n=-1$, 상수=2], Re는 레이놀즈 수를 의미한다.

항력법칙(drag law, 抗力法則) 항력과 연관되어 있는 어떤 힘과 풍속과의 관계를 나타낸 법칙.
여기서 항력과 연관된 어떤 힘은 물체 또는 지표면에 반대로 작용하는(저항하는) 바람으로부터 야기된 힘을 의미한다. 지상에 평행한 바람에 의해 생성되는 단위면적당 힘을 지표응력, τ라 정의하고, 이를 사용하여 항력법칙을 나타내면 다음과 같다.

$$\tau = C_D \rho M^2 \quad \text{또는} \quad u_*^2 = C_D M^2$$

여기서 C_D는 항력계수, ρ는 공기의 밀도, M은 풍속, u_*는 마찰속도이다. 일반적으로 지표면 가까이에서의 대기 흐름은 난류이다. 따라서 지표면에 근접한 대기 흐름에 있어 사용하는 항력계수는 점성이나 레이놀즈 수 같은 분자적 성질에 의해 결정하기보다는 경험적으로 결정한다.

항해박명(nautical twilight, 航海薄明) 태양의 비(非)굴절 중심이 고도각 −6∼−12°인 동안에 나타나는 박명.
맑은 저녁의 항해박명 동안에 수평조도는 약 3.5∼2.0룩스에서 약 0.008룩스로 감소한다. 항해박명의 가장 밝은 한계에서 가장 밝은 별을 볼 수 있고 해양 수평선이 분명하다. 어두운 한계에서는 일반적으로 수평선을 볼 수 없다.

해기둥(sun pillar) 태양으로부터 위 또는 아래로 뻗는 수직 방향 빛의 기둥.
판(板)모양의 빙정 또는 기둥모양의 얼음입자가 장축이 수평인 채로 떨어질 때 얼음 결정면에 의해서 태양빛이 반사되어서 나타난다. 보통 태양이 지평선 가까이 위치할 때 잘 나타난다. 가로등과 같이 인공적인 광원에 의해서 나타날 때는 해기둥 대신 빛기둥이라고 하기도 한다.

해들리 세포(Hadley cell, -細胞) 지구회전의 영향하에서 동서 대칭 열적 유도의 직접 순환.
1735년 조지 해들리(George Hadley)가 무역풍을 설명하기 위하여 최초로 소개하였다. 각 반구의 위도 30°와 적도 사이에서는 적도로 향하는 무역풍이 존재하고, 적도 근처에는 상승기류가, 그리고 상층에는 극 쪽으로 향하는 흐름이 나타나고, 약 30° 부근에서 다시 하강기류가 나타나는 자오면 순환 구조를 갖는다.

해류(ocean current, 海流) 정의할 수 있는 행로를 따라 흐르는 지속적인 흐름과 같이, 주기적 또는 일반적으로 규칙적 특성이 있는 해수의 흐름.

일반적으로 원인에 따라 다음과 같이 세 가지로 분류할 수 있다.
1. 해수밀도의 경도에 의한 해류.
이 경도류에는 여러 형태가 있다.
2. 해수표면에 작용하는 바람의 응력으로 생성되는 취송류.
3. 장파운동에 의해 생산되는 해류.
주로 조류이지만 내부파, 지진해류(쓰나미), 정진동(세이시)이 포함된다. 주요 해류는 지속성, 하천 흐름 성격, 그리고 지구열역학 균형의 유지에 1차적 중요성을 지닌다.

해면경정(reduction to sea level, 海面更正) 임의의 해발고도에서 측정한 기압이 현지기압을 지상 일기도에 나타내기 위해서 해면기압으로 바꾸어 주는 것.
환산기압을 참조하라.

해면기압(sea level pressure, 海面氣壓) 평균해면에서의 대기압.
실제고도가 아닌 평균해면에서 기압으로 환산한 것으로 관측소기압으로부터 경험적으로 추정한다. 즉, 관측소와 평균해면 사이의 가상적인 층에서 고도에 따른 온도감률을 가정하여 관측소기압을 평균해면에서의 기압으로 변환시킨다. 세계기상기구(WMO)에서는 지상일기도의 등압선을 그리기 위해 모든 관측소의 기압을 해면기압으로 환산하여 통보하도록 규정하고 있다. 관측소기압을 참조하라.

해무(sea fog, 海霧) 고온다습한 공기가 찬 바다 위를 지나면서 이슬점 아래로 냉각되어 발생하는 이류안개의 일종.
온난습윤한 기류가 한류지역으로 이동하는 늦은 봄부터 여름에 걸쳐 주로 발생한다. 예를 들면, 홋카이도 남동 해상의 해무는 북태평양고기압에서 기원한 남풍이 오야시오 해역으로 이동하는 4월에서 10월에 걸쳐 많이 발생한다. 해무는 대규모적인 한류지역뿐만 아니라 우리나라 서해와 남부 해상의 한랭한 연안류가 있는 곳에서도 많이 발생한다. 일반적으로 육지안개보다 두껍고 발생하는 범위도 극히 넓으며 지속성이 강해서 수 일 또는 수십 일에 걸쳐 지속되는 경향이 있다. 일반적으로 풍속이 너무 강하거나 약할 때보다 약한 바람이 불 때 잘 발생한다.

해묵은 눈(firn) 여러 가지 지면 변질, 즉 융해, 재결빙 및 승화의 결과로 알갱이로 되었거나 단단하게 굳어진 오래된 눈.
이렇게 생긴 입자들은 일반적으로 구형(球形)이고 아주 균일하다. 해묵은 눈의 형성과정은 눈이 육지얼음(보통 빙하얼음이라고 함)으로 변형되는 첫 단계이다. 어떤 사람들은 이 용어를 봄눈과 구별하기 위해 한 여름 내내 지속되는 얼음에 국한하여 사용한다. 원래 불어 용어인 'neve'가 독일어 용어인 'firn'과 동등했었는데, 특히 영국 빙하학자들 사이에 해묵은 눈의 영역에 대해서,

즉 일반적으로 빙하 위의 누적 영역에 대해서 'neve'를 사용하려는 경향이 증가하고 있다.

(해발)고도(altitude, (海拔)高度) 산 정상이나 항공기가 비행 높이를 나타내기 위한 높이의 척도.
기상학에서 고도는 대개 지표면, 평균 해수면 위에 떠 있는 물체의 높이에 대해 사용된다. 항공학에서 고도측정은 고도계로 측정한다.

해빙(sea ice, 海氷) 바다에 떠 있는 얼음덩이.
좁은 의미의 해빙은 해수가 동결된 것을 말하나, 넓은 의미로 보면 빙하나 육빙(陸氷)의 끝이 잘려서 해상을 떠다니고 있는 빙산, 얼음섬, 하천이나 호수의 얼음이 바다로 유출된 강얼음, 호수얼음 등 모두를 포함한다. 생성된 해빙이 그 장소에서 이동하지 않고 있는 것을 정착빙, 다른 장소로 표류하고 있는 것을 유빙이라고 한다. 빙산을 참조하라.

해수(seawater, 海水) 지구표면의 약 72%를 덮고 있으며 염소, 나트륨, 황산염, 마그네슘 등의 용해물질을 함유하고 있는 바다의 물.
염도(salinity)에 의해 담수와 구별된다. 세계의 대양들에서 해수의 평균염도는 34.5~35psu로 해수 1리터에 약 35g의 용존물질이 들어 있다. 이로 인해 전형적인 해수의 평균밀도는 약 1.025kg/m^{3}로 담수보다 높으며 어는점도 담수보다 약 2℃ 정도 낮다.

해수면(sea level, 海水面) 해양의 표면.
측지학적으로는 해양의 평균적인 높이를 나타낸다. 대기와 해양의 경계면으로 열과 운동량이 교환되며 해양물리학 및 기상학의 관점에서 매우 중요하다. 평균해면은 파랑에 의한 짧은 주기의 변동을 일정 시간 평균에 의해 제거한 후의 바다 표면의 평균높이를 말한다. 평균해면으로부터의 고도가 해발고도이다. 해수면은 해류, 기압, 온도, 염분 등의 변화에 영향을 받는다. 만약 이러한 영향이 없고 또 육지나 해저지형의 영향이 없는 경우에는 평균해면은 지구의 지오이드 면과 일치한다. 평균해면과 지오이드의 차이는 세계적으로 ±2m의 범위에 있다. 우리나라는 인천 앞바다의 평균해면을 해발 0m로 한다. 평균해면을 참조하라.

해수면상승(sea level rise, 海水面上昇) 평균해면이 장기적으로 올라가는 현상.
지구온난화의 영향으로 인한 해수의 열팽창과 대륙 빙하의 융해 등으로 평균해수면이 상승하는 현상을 말한다. 국립해양조사원 조위관측자료에서 나타난 한반도 근해의 해수면 상승률은 평균 4.7mm/yr이다. 해역별로 보면, 서해 3.7mm/yr, 동해 4.6mm/yr, 남해(제주 포함) 5.2mm/yr 순으로 남쪽으로 갈수록 상승률이 크게 나타난다.

해수면온도(sea surface temperature, 海水面溫度) 대기와 접해 있는 바다표면의 온도. 이 온도는 바다의 상층 수 미터 깊이의 값을 대표하는 값이다. 이와 달리 인공위성에 의해 주로 관측되는 표면온도는 바다의 상층 수 센티미터의 값을 대표한다. 해수면온도는 해양과 대기의 열 교환과정에 관여하는 중요한 요소로서 해양기상과 기후 연구의 중요한 지표로 사용된다.

해수온도계(seawater thermometer, 海水溫度計) 해수의 온도를 측정하는 기기. 과거에는 수은을 사용한 막대온도계가 주로 사용되었다. 특히 깊은 곳의 수온을 측정할 때에는 수온이 수심에 따라 일반적으로 감소하는 특성을 고려하여, 최저온도계 또는 전도온도계를 사용하였다. 최근에는 전기저항을 이용하여 해양의 모든 깊이에서 연속적으로 수온을 측정할 수 있는 서미스터(thermistor) 온도계가 널리 사용되고 있다. 최저온도계, 전도온도계, 서미스터 온도계를 참조하라.

해안전선(coastal front, 海岸前線) 강한 온도대조(≈5°−10℃/10km)를 보이는 한 지역에서 뚜렷한 저기압성 바람 급변이 특징인 얕은(대개 1km 깊이 미만의 경우) 중간규모 전선대. 이 전선들은 대체로 연해나 해안으로부터 100∼200km 이내 떨어진 곳에서 육지가 바다에 비해 차가운 시기, 즉 1년 중 더 서늘한 6개월 동안 발달한다. 예를 들어 미국의 해안전선은 뉴잉글랜드, 중부 대서양에 위치한 캐롤라이나 주 및 텍사스 주에서 가장 빈번히 나타난다. 전형적인 해안전선은 해안선에 대체로 평행하며, 수백 킬로미터 뻗어 있기도 한다. 겨울 동안 해안전선은 동결강수와 비동결강수를 구분짓는 경계점의 기준이 될 수 있다. 해안전선 발달은 대체로 종관규모 저기압발생 직전에 발생하며 강한 온도대조 축과 저기압성 소용돌이도 및 수렴점을 표시한다고 할 때, 해안전선은 강력해진 종관규모 저기압이 극지방 쪽으로 이동하는 경계선 역할을 하는 경우가 많다. 표면 해안전선 발달은 대체로, 진행성 기압골의 전면 바로 밑에서, 상공 기압능의 이동경로를 따라 이루어진다. 해안전선이 적도 방향으로 차가운 고기압권을 형성하는 경우가 가장 흔한데, 이러한 차가운 고기압권에서는 보다 따뜻한 내륙성 흐름이 더 차가운 대륙성 기류와 마주친다. 해안의 산악장벽, 가령 애팔래치아 산맥 등에서 차가운 대기가 차폐되는 현상은 종종 해안전선 발달에 중요한 역할을 하는 것으로 보인다. 해안 온도대조는 차등적 비단열 가열에 의해 보강되는데, 이러한 가열에서는 내륙성 흐름이 멕시코 만류와 같은 대양 온도경계선을 통과하며 인접하는 대륙성 기류가 눈 덮인 육지를 통과한다. 해안전선은 차가운 고기압권 그리고 관련된 차가운 공기차폐현상과 관계없이 형성될 수도 있다. 제자리에서 일어나는 해안전선 발달은 산악장벽 부근에서 볼 수 있는데, 이곳은 활승기류가 차등적인 기단냉각 및 안정화를 야기하고, 연안 기압골이 대양 온도경계선 전체에 걸친 차등적 가열로 인해 형성되는 장소이다. 대체로 해안전선 소멸은 저기압이 통과한 이후에 생기는 육지로 향하는 흐름의 정지와 함께 발생한다.

해양기단(maritime airmass, 海洋氣團) 해양이나 또는 지표의 대부분이 해양인 지역에서 발생하는 기단.
기단 발원지의 영향을 받아 하층은 다습하다. 오호츠크해 기단, 북태평양 기단이 이에 속한다.

해양기상관측(marine-weather observation, 海洋氣象觀測) 해양에 있는 선박에서 세계기상기구가 정한 절차에 따라 수행된 기상관측.
이 관측에는 풍향, 풍속, 시정, 현재 일기, 구름(운량, 운형, 운고), 기압, 기온, 기압변화 경향, 해수온도, 이슬점온도, 해상상태(파랑), 해빙, 선박착빙 등의 정보가 포함된다. 그리고 관측 일자와 시간, 선박의 이름, 위치, 항로, 그리고 속도가 포함된다. 해양기상관측을 부호화하여 송신하는 기상전문이 선박보고이다.

해양기상학(marine meteorology, 海洋氣象學) 섬과 연안지역을 포함한 해양 영역에서 해양과 대기의 상호작용을 주로 다루는 기상학의 한 분야.
해양기상학에서는 해수면과 해양 상공에서 교통 항행에 대해 지원하고, 해양과 대기의 열수지, 파랑, 폭풍해일, 해수면온도, 해양기후 등을 연구한다.

해양-대기 상호작용(ocean-atmosphere interaction, 海洋大氣相互作用) 해양과 대기 사이의 열, 염, 기체 등의 물질 교환 및 되먹임 작용.
대기는 바람에 의하여 해면에 에너지를 공급한다. 그 결과로 해양에서는 해파와 해류가 발생한다. 해양은 끊임없이 열과 수증기를 대기에 공급함으로써 대기상태를 변화시킨다. 이러한 해양과 대기의 상호작용은 기상 및 기후에 매우 중요하게 작용한다. 대표적인 예는 태풍과 엘니뇨 등에서 볼 수 있다.

해양-대기 플럭스(ocean-atmosphere flux, 海洋大氣-) 해양과 대기 사이의 접촉면에서 단위시간당 단위면적을 통과하는 물질과 에너지의 양.
어떤 변수(풍속, 열, 가스 등)의 해양-대기 플럭스(F)는 해양과 대기경계면 사이의 변수값(C)의 차에 비례한다.

$$F = -U_T \times ([C]_{대기} - [C]_{해양})$$

여기서 U_T는 수송속도이다.

ㅎ

해양도(oceanicity, oceanity, 海洋度) 지표의 한 점이 모든 과정에서 바다의 영향을 받는 척도.
해양도는 보통 기후 및 그 영향에 관련된다. 이 특징을 나타내는 한 척도는 해양성 기단이 대륙성

기단에 대한 빈도수의 비이다. 반대되는 개념은 **대륙도**이다.

해양물리학(physical oceanography, 海洋物理學) 해양의 해류, 온도, 염분 등 이들의 성질을 결정하는 물리적 과정과 이들 요소에 국한하지 않고 모든 해양요소를 포함한 해양의 물리적 성질을 연구하는 학문.

해양성 기후(marine climate, maritime climate, oceanic climate, 海洋性氣候) 해양의 영향을 강하게 받는 지역에서 나타나는 기후.
해양성 기후는 일반적으로 기온의 연교차와 일교차가 적으며 1년 내내 습도가 높고 바람이 강하다. 해양성 기후는 대양이나 섬에서 잘 나타나며, 대륙성 기후와 대조적인 특성을 지닌다. **대륙성 기후**를 참조하라.

해양 에어로졸(maritime aerosol, 海洋-) 해양표면 근처에서 발생하는 과정으로 만들어진 에어로졸.
부서지는 흰 파도 속으로 유입된 공기는 거품을 형성하고, 이 거품이 물표면에서 터지면서 미세한 에어로졸을 만든다. 레일리(Rayleigh) 제트는 좀 더 굵은 에어로졸을 만들고, 이것은 바람의 난류소용돌이에 의해 상공으로 수송된다. 에어로졸은 해양에서 만들어진 가스의 화학반응으로도 형성된다.

해양 컨베이어벨트(ocean conveyor belt, 海洋-) 현재 기후를 결정하는 수단(水團)의 전지구 재순환.
컨베이어벨트는 그린란드와 래브라도해의 표층해수의 냉각으로 인해 북대서양 심층수가 침강하면서 발생한다. **북대서양 심층수**는 대서양 아래 수심 3,000m를 통과하여 남쪽으로 흐른다. 북대서양 심층수가 남극순환류에 도달할 때, 북대서양 심층수의 일부는 인도양 및 태평양으로 흘러서 드레이크 해협(Drake Passage)을 거쳐 대서양으로 들어가고, 북대서양으로 되돌아온다. 그러나 대부분의 북대서양 심층수는 남극순환류에서 표면 가까이로 상승하며, 700~1,000m 깊이에서 남극 중층수로서 세 개의 해양으로 유입된다. **남극 중층수**는 북반구를 침투하여 그 위에 수단을 유입시킨다. 태평양 중앙수는 인도네시아해를 통해 인도양으로 유입된다. 태평양 중앙수는 인도 중앙수와 결합하여 동쪽으로 흐르고, 그다음 아열대환류에서 남쪽으로 흐른다. 인도양 소용돌이 운동은 태평양 중앙수를 벵겔라 및 브라질 해류와 함께 북쪽으로 움직이는 대서양으로 이동시키고, 멕시코 만류계에서 그린란드 및 래브라도해를 향하여 냉각 및 재침강한다. 이로써 컨베이어 벨트 순환이 끝난다.

해양 클러터(sea clutter, 海洋-) 레이더 파가 해수면 또는 해수면 바로 위에서 반사되어 형성된 레이더 에코.
해양 클러터는 해수의 물보라, 물결, 해파 또는 너울 등의 복합적 요인에 의해서 형성된다.

해양혼합(ocean mixing, 海洋混合) 다른 특성을 가진 해양수가 작은 규모의 접촉으로 분자확산이 일어나 해양수 사이의 차이가 줄어드는 일련의 과정.
물덩이가 밀접한 접촉으로 이동하는 휘젓기와 물덩이를 서로 혼합하는 분자 확산의 최종 과정인 혼합 사이에는 차이가 있다. '혼합'이라는 용어는 현재 분자 확산을 포함하는 모든 과정을 표현하는 데 사용된다.

해양혼합층 모델(mixed layer model, 海洋混合層-) 해양 상층부에 적용할 수 있는 일차원 모델.
해양혼합층 이론에 근거하여 (1) 해양의 평균온도, 염분 및 해류의 수평속도가 혼합층 내에서 거의 균일하며, (2) 혼합층 밑으로는 위 변수들의 불연속 분포를 가정한다. 이러한 가정에 의하여 운동량과 추적자 방정식을 혼합층 하부에서부터 표면까지 적분하여 부피혼합층의 속도, 온도, 그리고 염도의 방정식을 구할 수 있으며, 난류운동 에너지 방정식의 혼합층 연직 적분으로부터 유도된 혼합층 깊이의 발달을 기술하는 방정식의 첨가가 가능하다.

해염핵(sea-salt nucleus, 海鹽核) 부서지는 거품에서 생긴 해수의 작은 물방울 또는 바다 물보라의 입자가 부분적으로 또는 완전히 건조되어 만들어진 매우 강한 흡습성을 가진 응결핵.
해염핵은 해양 또는 해안에서 응결에 중요한 역할을 하는 것으로 잘 알려져 있다. 그러나 내륙에서는 일반적으로 응결핵의 원천으로 고려하고 있지 않다.

해파(ocean wave, 海波) 바람의 활동에 의해 생성되는 해양표면의 파.
해파의 역학은 중력의 영향을 받고, 약 20cm보다 작은 짧은 파장의 단파에 대해서는 표면장력의 영향을 받는다. 분산을 하는 해파의 각(角) 진동수(ω)는 다음과 같이 표현된다.

$$\omega = (gk + Tk^3)^{13}$$

여기서 g는 중력가속도, $k=(2\pi/\lambda)$는 파수, λ는 파장, T는 물의 밀도에 의해 유도되는 표면장력이다.

해풍(sea breeze, 海風) 바다표면이 주변 육지보다 온도가 낮을 때, 온도 차이에 의해 바다에서 육지 쪽으로 부는 해안의 지역적인 바람.
낮에 태양복사에 의해 바다의 공기보다 육지와 그 위에 접한 공기가 더 빨리 가열되어 상승함에 따라 바다에서 육지 쪽으로 부는 바람이다. 이와 반대로 밤에는 육지의 냉각으로 더 따뜻한 바다의 공기가 상승하여 육지에서 바다로 부는 바람은 육풍이다. 해풍과 육풍은 상대적으로 여름철에 날씨가 맑고 종관 바람이 약할 때 자주 발생한다. 육풍을 참조하라.

해풍전선(seabreeze front, 海風前線) 해풍이 불 때 해양의 차고 습한 공기덩이와 내륙의 공기덩이 사이에 나타나는 기온과 습도의 수평적인 불연속선.
낮 동안에 해풍이 내륙으로 침입하면 내륙의 따뜻한 공기덩이와 만나는 앞부분에서 높이 500m 정도에 달하는 밀도의 불연속이 생긴다. 거기서는 기류의 수렴이 있고 상승기류나 하강기류가 있어 종종 항공기의 착륙에 장애가 된다.

핵(nucleus, 核) 1. 전자가 궤도를 도는 원자의 양전하를 띤 핵심.
원자의 거의 모든 질량이 핵에 있다. 그 직경은 원자 직경의 약 10^4배보다 작다. 전기적으로 중성인 원자의 핵은 전자들의 수와 같은 양자와 핵력에 잡힌 중성자로 구성된다.
2. 물리기상학에서 과포화 또는 과냉각 환경하에 낮은 화학적 위치의 상에 대해 상변화를 일으키는 입자.
예로서 과포화 또는 과냉각 환경에서 고체입자 또는 액체입자 또는 가스/증기 버블 등이 있다.

핵겨울(nuclear winter, 核-) 핵전쟁으로 지구에 대규모 환경변화가 발생하여 일시적으로 추워지는 현상.
이 현상은 핵무기의 사용에 의한 폭발 자체와 거기에 동반되는 광범위한 화재에 의해 대기 중으로 떠오른 재, 먼지, 연기 등의 에어로졸에 의해 태양광이 극단적으로 차단되어 해양의 식물성 플랑크톤을 포함한 모든 식물이 광합성을 할 수 없게 되고, 식물을 섭취하는 동물도 굶어 죽게 된다. 또한 기온도 급격히 떨어져서 인간이 생존할 수 없을 정도의 지구 환경이 핵겨울이다.

핵화(nucleation, 核化) 과포화(용액 또는 수증기) 환경 또는 과냉각 액체에서 새로운 상(相)이 시작되는 과정.
열역학적으로 더 낮은 에너지 상태로 물질의 상변화는 기체 → 액체, 기체 → 고체, 그리고 액체 → 고체의 과정이다. 열역학적으로 모든 핵화과정은 총체적 상변화와 관련해서는 깁스(Gibbs) 에너지가 감소한다. 그러나 상 사이에 새로운 계면(界面)이 생기는 경우에는 깁스 에너지가 증가한다.

행성소용돌이도효과(planetary vorticity effect, 行星-度效果) 위도에 따른 지구 소용돌이도의 변화가 남북 방향 성분 흐름의 상대소용돌이도 변화에 미치는 효과.
회전 실린더상의 자유표면 유체는 반경 방향으로 변위된 유체기둥의 수축 또는 팽창에 의해 이 효과의 영향을 받게 된다.

행진문제(marching problem, 行進問題) 어떤 독립변수값에서 단계적인 변화를 거쳐 연속차분방정식을 풀기 위한 절차.
각 단계에서 종속변수를 계산한다. 그리고 독립변수의 이산값을 구성된 순서집합에 대해 차분방정식을 푼다. 예를 들어, 수치예측에서 대기상태는 관측된 초기상태에서 출발하여 이산적인 시간간격으로 계산된다.

향안풍(onshore wind, onshore breeze, 向岸風) 바다에서 육지로 부는 바람.
종관규모나 중규모 기압배치에 의해 부는 바람이다. 따라서 해풍은 향안풍이지만 모든 향안풍을 해풍으로 볼 수 없다. 향안풍의 반대말은 이안풍(離岸風)이다.

허리케인(hurricane) 동태평양과 대서양에서의 중심부근 최대풍속 64노트(32m/s) 이상인 열대저기압.
허리케인이란 이름은 타이노 족과 카리브 족의 신인 '후라칸'이나 마야 족의 신인 '훈라켄'에서 유래되었다. 열대저기압을 참조하라.

허리케인 경보(hurricane warning, -警報) 현재 진행 중인 열대저기압이 어느 지역에 24시간 내에 허리케인 등급(최대풍속 64노트 이상)으로 도달할 것으로 예상될 때, 그 지역에 발표하는 경보.
허리케인이 지나가서 최대풍속이 허리케인 등급 이하로 떨어지더라도 해수면이 위험 수위를 넘거나 파도가 매우 높은 상태가 유지된다면 허리케인 경보는 계속 유지될 수 있다.

허리케인 주의보(hurricane watch, -注意報) 현재 진행 중인 열대저기압이 어느 지역에 36시간 내에 허리케인 등급(최대풍속 64노트 이상)으로 도달할 것으로 예상될 때, 그 지역에 발표하는 주의보.
허리케인 경보 때와는 달리 주민들은 비상용품을 구입하거나 피해 대비를 위한 활동이나 일상생활을 할 수 있다.

헤니예이-그린슈타인 위상함수(Henyey-Greenstein phase function, -位相函數) 단일 매개변수 분석 형태의 비등방(非等方) 산란 위상함수.
헤니예이-그린슈타인 위상함수는 다음과 같이 표현된다.

$$p(\theta) = \frac{1-g^2}{(1+g^2-2g\cos\theta)^{3/2}}$$

여기서 θ는 산란각이다. 매개변수 g는 편리하게도 비대칭 인자와 같다.

헤이즌 기입위치(Hazen plotting position, -記入位置) 크기 n의 표본으로부터 r번째 순위(큰 것부터 작은 것으로)의 자료에 대한 다음과 같은 몫.

$$\frac{2r-1}{2n}$$

헤이즌 기입위치는 원래의 기입위치이고 대수정규분포와 함께 이용하도록 권장되어 왔다. 그러나 이것은 큰 흐름에 대해서 지나치게 긴 재현기간을 나타낸다. 이 헤이즌 기입위치가 바람직한 수학적 성질을 많이 갖고 있지만, 이 기입위치는 적절한 통곗값에 대하여 편향된 계산을 발생시킨다.

헬름홀츠 방정식(Helmholtz equation, -方程式) 다음과 같은 형태의 선형 2차 편미분방정식.

$$\nabla^2\psi + k\psi = 0$$

여기서 ∇^2은 라플라스 연산자이고 k는 상수이다. 이 방정식은 기상역학에서 특히 수치예보 또는 풍하파(風下波) 연구에서 자주 볼 수 있다. 고전물리학에서 이 식은 진동하는 막에 대한 방정식이다. $k=0$인 경우, 헬름홀츠 방정식은 **라플라스 방정식**으로 된다.

헬름홀츠 불안정도(Helmholtz instability, -不安定度) 2차원 운동의 경우, 두 유체의 경계면에서 유체속도의 시어 또는 유체속도의 불연속으로부터 발생하는 유체역학 불안정.
이때 기본 흐름의 운동 에너지로부터 섭동은 운동 에너지를 얻게 된다. 섭동이론에 따르면, 이 경계면에서 생긴 모든 파장의 파는 불안정하고, 다음과 같은 성장률 μ를 갖고 $e^{\mu t}$로 시간에 따라 증폭된다.

$$\mu = \frac{\pi}{\lambda}|U - U'|$$

여기서 λ는 파장, U와 U'은 두 유체의 속도이다. 이와 같은 파를 헬름홀츠 파 또는 시어(shear) 파라고 부르고, 이 파는 다음과 같은 두 유체속도의 평균인 위상속도 c로 이동한다.

$$c = \frac{1}{2}(U + U')$$

또한 두 유체의 밀도 차로 인하여 중력파가 발생할 수도 있다. 이 효과들을 결합하면 다음과 같은 임계 파장 λ_c를 얻는다.

$$\lambda_c = \frac{2\pi}{g}\left(\frac{\rho\rho'}{\rho^2 - \rho'^2}\right)(U - U')^2$$

여기서 ρ와 ρ'은 각각 하층과 상층 유체의 밀도이다. 임계 파장보다 짧은 파는 불안정하고, 임계 파장보다 긴 파는 안정하다. 이 분석방법은 물결구름에 적용하여 왔다. 그러나 이와 같은 종류의 불안정도를 이용하여 전선과 관련된 저기압성 요란의 성장을 설명하기에는 임계 파장이 수 킬로미터 정도로서 너무 작은 것으로 생각된다.

헬름홀츠 자유 에너지(Helmholtz free energy, -自有-)　가역등온과정에서 시스템에 행해진 일과 함께 증가하는 열역학 상태함수.
전형적인 표기방법으로 헬름홀츠 자유 에너지는 다음과 같이 표현한다.

$$F = U - TS$$

여기서 F는 헬름홀츠 자유 에너지, U는 내부 에너지, T는 절대온도, S는 엔트로피이다. 가역과정에 대한 열역학 제1법칙을 사용하면 헬름홀츠 자유 에너지의 변화율은 다음과 같은 식으로 계산된다.

$$\frac{dF}{dt} = -S\frac{dT}{dt} - \frac{dW}{dt}$$

여기서 W는 시스템이 한 일이다.

헬름홀츠 정리(Helmholtz's theorem, -定理)　만일 F가 아주 일반적인 어떤 수학적 조건을 만족하는 벡터장이라면, F는 비회전 벡터장과 비발산 벡터장의 합이라는 진술.
예를 들어, 수평속도장은 다음과 같이 표현할 수 있다.

$$\boldsymbol{v} = \nabla_H \chi + \boldsymbol{k} \times \nabla_H \psi = \boldsymbol{v}_\chi + \boldsymbol{v}_\psi$$

여기서 $\boldsymbol{v}_\chi$는 비회전적, 즉 $\nabla_H \times \boldsymbol{v}_\chi = 0$인 속도성분이고, $\boldsymbol{v}_\psi$는 비발산적, 즉 $\nabla_H \cdot \boldsymbol{v}_\psi = 0$인 속도성분으로서, χ는 속도 퍼텐셜이고 ψ는 유선함수이며 ∇_H는 수평 델 연산자, $\boldsymbol{k}$는 연직 방향 단위 벡터이다.

현열(sensible heat, 顯熱)　물질의 상태 변화 없이 온도가 변화하는 동안 물체가 흡수하거나 전달하는 열량.
느낌열이라고도 한다. 10℃의 물을 80℃까지 높인 경우, 물이라는 액체의 상태는 변하지 않고 온도만 변한다. 이 온도변화는 현열에 의해 발생한다. 현열은 엔탈피와 같은 개념이며, 온도 T인 단위질량의 공기덩이의 현열은 $c_{pd}T$로 표현된다. 여기서 c_{pd}는 건조공기의 비열(比熱)이다. 이와 달리 어떤 물체가 온도의 변화 없이 상태(고체, 액체, 기체)가 변할 때 방출되거나 흡수되는 열은 숨은열이라고 한다. 숨은열을 참조하라.

ㅎ

협곡바람(canyon wind, 峽谷-) 1. 야간에 협곡 벽에서 발생하는 냉각현상이 원인이 되어 협곡을 따라 아랫방향으로 부는 산악풍의 일종.
경사가 가파르면 협곡바람은 매우 강력해질 수 있다.
2. 협곡 혹은 골짜기를 관통하여 흐르면서 변화된 바람의 통칭.
골짜기바람이라고도 한다. 특히 산협(山峽)바람의 경우처럼 강한 기압경도에 의해 발생한다. 미국 유타 주에서 발생하는 편동풍인 와사치(Wasatch) 바람이 그 예이다. 협곡바람의 속력은 제트류만큼 빨라질 수 있다. 한편, 바람의 방향은 지형에 따라 엄격한 제약을 받는다. 도시지역의 높은 건물이 도로협곡을 이루어 도로를 따라 부는 바람을 도시협곡바람이라 한다.

형체항력(form drag, 形體抗力) 1. 고체 장애물을 넘어가거나 옆으로 지나가는 흐름에서, 장애물 근처의 흐름 정체와 연관되고 장애물 위의 압력 분포와 연관된 운동량의 손실 부분 또는 운동 에너지의 손실 부분.
형체항력은 상대속도의 제곱으로 계산할 수 있으나 장애물의 형태에 민감하게 좌우된다.
2. 항력을 참조.

호도그래프 분석(hodograph analysis, -分析) 한 관측소의 바람 탐측에 대한 분석방법. 수학적 관례와는 반대로 선택된 고도의 바람 벡터들이 바람이 불어오는 방향을 향하여 극좌표 선도에 기입된다. 벡터의 길이는 풍속에 비례하고 바람의 방향은 원점을 향한다. 각 고도에서 바람 벡터의 끝을 차례로 선으로 연결하면 호도그래프가 된다. 이와 같이 연결한 각 선이 그 층의 바람 시어 벡터에 해당한다.

호수바람(lake breeze, 湖水-) 해풍과 유사하나 일반적으로 해풍보다 약하고 오후 동안 넓은 호수표면으로부터 호수 가장자리 쪽으로 부는 바람.
즉, 육지와 물표면의 온도 차이에 의해 발생하는 해륙풍과 유사하며 호수 면적뿐만 아니라 깊이도 호수바람에 영향을 미치는 중요한 요소이다. 얕은 호수는 여름에 깊은 호수보다 빠르게 가열되기 때문에 깊은 호수의 경우가 여름에 더 효과적으로 호수바람을 발생시킨다. 그 예로서 북아메리카 오대호의 경우 호수바람이 잘 발생되어 주변의 여름철 폭염을 완화시킨다.

호수효과(lake effect, 湖水效果) 호수로부터 떨어져 있는 어떤 지점의 날씨에 호수가 영향을 미치는 효과.
미국 오대호와 그레이트솔트호(Great Salt Lake)가 대표적인 예로서 찬공기가 이들 호수표면을 통과할 때 호수로부터 열과 수분을 얻어 구름이 발생하기 때문에 호수의 풍하 측에 엄청난 폭설을 유발한다.

호우(heavy rain, pouring rain, 豪雨) 짧은 시간에 좁은 지역에 많은 양의 비가 내리는 현상.

시간과 공간적으로 집중성이 매우 강하여 방송, 신문 등 보도 관계자들에 의해서 집중호우라고도 한다. 일반적으로 한 시간에 30mm 이상이나 하루에 80mm 이상의 비가 내릴 때, 또는 연강수량의 10%에 상당하는 비가 하루에 내리는 정도를 말한다. 호우는 적운계 구름의 발달시간에 따라 지속시간이 수십 분에서 수 시간 정도로 강수 구역이 보통 반경 10~20km 넓이의 지역에 집중적으로 내린다. 천둥 · 번개를 동반하고 태풍과 장마전선 및 발달한 저기압 · 수렴대 등에 동반되어 2~3일간 지속되기도 한다. 호우는 주로 강한 상승기류에 의해 형성되는 적란운(뇌운)에서 발생한다. 적란운의 크기는 보통 수평 방향으로 수 킬로미터에서 수십 킬로미터, 연직 방향으로는 대류권의 꼭대기 부분인 권계면(고도 10~15km)에 달한다. 발달한 적란운은 약 1,000~1,500만 톤의 수분을 포함하고 있고 구름이 한곳에 정체하여 계속 비가 내릴 때 집중호우가 된다. 이 구름은 수명이 1~2시간 정도밖에 되지 않으나, 주변의 기상조건에 따라 발생하고 소멸하는 과정이 수없이 반복되면서 며칠 동안 계속되는 때도 있다. 우리나라의 호우는 장마전선과 연관되어 상층의 기압골의 발달에 의한 것과 장마가 북상한 후 태평양의 아열대고기압의 북서연변에서 상층의 기압골과 관련된 대류계의 활동에 의한 것으로 나눌 수 있다. 따라서 대략 6월 중순부터 7월 하순까지의 호우는 대개 장마전선에서 발생하는 것이며 7월 하순부터 9월 초순에 발생하는 호우는 대류불안정에 그 원인이 있다. 그러나 지구온난화 등 기후변화에 따라 호우의 강도와 지속시간이 증가하고 아열대성 호우로 변화될 수 있다.

혼돈(chaos, 混沌) 시스템 초기상태의 아주 작은 변화가 나중에 아주 크고 예측 불가능한 변화로 빠르게 이끌어 가는 불규칙한 움직임을 보이는 역학 시스템의 특성을 묘사하는 표현.

혼탁도(turbidity, 混濁度) 직달태양복사가 순수한 분자 대기를 통과할 때, 에어로졸의 총 광학두께로 인해 복사 전달이 감소되는 정도.

혼탁도는 에어로졸의 총 광학두께를 측정함으로써 알 수 있으며, 특정 파장에 대해 직접적으로 측정하는 방법(예 : 볼츠 투과도 인자 혹은 파장 1㎛에 대한 옹스트롬 투과도 계수)과 레일리 광학두께와 에어로졸의 광학두께의 비를 통해 간접적으로 얻는 방법(예 : 링케 혼탁도 인자)이 있다.

$$T = \underline{a_d}$$

혼합(mixing, 混合) 1. 유체운동 안에서 분자 크기로부터 큰 에디 크기까지 모든 규모의 불규칙적 파동의 결과.

온위, 운동량, 습도와 같은 보존성질의 경도 및 공기덩이와 기체성분의 농도는 균일분포의 상태로 가려는 방향으로 혼합되어 줄어든다. 난류, 맴돌이 플럭스, 확산을 참조하라.
2. 전자공학에서 신호들의 비선형적(비가산적)인 결합.
일반적인 혼합 요소는 하나 또는 여러 개의 다이오드이다. 일반적으로 원하는 결과는 두 가지 사인 형태 신호의 곱으로 진동수의 합과 차의 주파수로 구성된다. 혼합은 다른 반송파의 주파수로 신호를 이동시키는 데 사용된다.

혼합과정 구름(mixing cloud, 混合過程-) 습하고 따뜻한 공기와 찬공기가 혼합해서 기온이 이슬점온도 이하로 내려가 수증기가 응결해서 생기는 구름.
비행운이 이에 속한다.

혼합구름(mixed cloud, 混合-) 미세한 얼음의 결정, 즉 빙정 또는 얼음알갱이와 0℃ 이하로 과냉각된 물방울이 섞인 구름.
이와 같은 구름 속에서는 물방울은 증발하여 빙정이나 얼음알갱이가 급속도로 성장한다. 습하고 따뜻한 공기와 찬공기가 혼합해서 기온이 이슬점온도 이하로 내려가 수증기가 응결해서 생기는 구름을 말하는 경우도 있다. 수적과 얼음입자를 포함하고 있는 구름으로 혼합상(相)구름이라고도 한다. 고층운, 난층운, 적란운이 보통 이에 속한다.

혼합길이(mixing length, 混合-) 1. 분자의 평균자유행로에 해당되는 개념으로, 맴돌이의 경우 그 독자성을 유지하면서 이동하는 평균거리.
지표층 내에서 난류확산을 설명하기 위해 도입한 것이다.
2. 난류운동을 하고 있는 공기덩이가 갖는 기준고도까지 평균거리의 2차 제곱근 거리.
프란틀의 혼합길이(l)는 레이놀즈 응력(τ)과 같은 난류 플럭스를 설명하기 위하여 도입된 것이다. 프란틀은 부시네스크(Boussinesq)의 1차 난류종결 가설로 다음을 고려하였다.

$$\tau = \rho K \frac{d\overline{u}}{dz}$$

여기서 ρ는 공기의 밀도, $\overline{u}$는 수평바람의 평균속도, K는 운동학적 맴돌이 점성을 나타낸다. 프란틀은 교환계수 K는 길이의 단위에 속도를 곱한 단위를 가지는 것을 인식하고 $K = lw$로 나타낼 것을 제안했다. 여기서 w는 평균 난류 연직속도의 대푯값이다. 프란틀은 또한 난류의 연직운동은 서로 다른 수평운동속도를 가진 분자들 간의 충돌에 의해 생긴다는 것을 제안했다. 결과적으로 난류 연직속도는 난류 수평속도에 비례하게 된다. 이로부터 맴돌이 점성은 다음과 같이 근사할 수 있다.

$$K = l^2 \left| \frac{d\overline{u}}{dz} \right|$$

이 식은 부시네스크의 1차종결에서 사용될 수 있다.

혼합 로스비-중력파(mixed Rossby-gravity wave, 混合-重力波) 적도에서 대칭적인 남북 속도 성분을 가지고 MCC와 반대칭적인 동서 속도 성분을 가진 동쪽으로 전파되는 적도파. 야나이(Yanai) 파라고도 한다. 양(동쪽 방향)의 큰 동서파수에 대해서는 분산관계가 켈빈 파와 비슷하고 음(서쪽 방향)의 큰 동서파수에 대해서는 분산관계가 로스비 파와 비슷하다. 로스비-중력파를 참조하라.

혼합비(mixing ratio, 混合比) 건조공기의 질량 1kg에 대한 수증기의 질량(g)의 비.
혼합비(r)는 다음 식으로 주어진다.

$$r = \frac{622e}{p-e}$$

여기서 p는 기압, e는 수증기압이다.

혼합선(mixing line, 混合線) 열역학 분석의 한 방법으로 열역학선도에서 다른 상태의 공기(즉, 공기덩이)의 보존되는 변수들이 열역학선도에 그려지는 선.
두 공기덩이 혼합의 최종상태는 두 초기상태를 이어주는 직선상에서 찾는다. 이 최종상태의 초기상태로부터의 상대적 거리는 혼합물 안의 각 덩이의 상대적 양과 비례한다. 혼합선 분석은 구름 내 공기의 기원을 결정하는 데 도움이 된다.

혼합안개(mixing fog, 混合-) 물리적 성질(온도와 습도)이 서로 다른 공기가 혼합할 때 혼합된 공기가 포화상태에 도달하면서 형성되는 안개.

혼합층(mixing layer, 混合層) 기체의 보존성, 온위, 운동량 또는 풍속과 같은 대기물리량의 수직혼합이나 난류 등에 의한 대기의 혼합과 섞임에 의하여 특성이 결정되는 대기경계층.
대류혼합층, 대류경계층 또는 대기오염기상혼합층이라고도 한다. 접지경계층 속에서 대류에 의하여 상하의 혼합을 받는 층으로서, 그 혼합이 미치는 높이는 최고기온이 나타나는 낮에 가장 높다. 그 높이와 혼합층에서의 평균풍속을 함께 고려하여 넓은 지역의 대기오염에 대한 퍼텐셜 예보를 하나의 지표로 한다. 국제적으로 혼합층의 깊이는 지표기온을 지나는 건조단열선이 고층 관측으로 얻은 기온의 상태곡선과 마주치는 점의 높이를 취하고 있다. 지표기온으로서 일최고기온을 택할 경우 혼합층 깊이를 MMD(Maximum Mixing Depth)라 하고 대기오염에 관한 예보에 사용한다.

혼합층 덮개 역전층(mixed-layer capping inversion, 混合層-逆戰層) 주간에 대류경계층이

발달했을 때 그 상부에 형성되는 역전층.
이 역전층 위에는 자유대기가 있다.

혼합층유사(mixed-layer similarity, 混合層類似) 디어도프(Deardorff) 속도 w_*, 혼합층 깊이 z_i 및 혼합층 온도 규모 $\theta = \overline{w'\theta'_*}/w_*$로 무차원화된 경계층 변수 사이의 일반적인 관계를 찾는 경험적 방법.
여기서 $\overline{w'\theta'_*}$는 지표 운동학적 열속이다. 이 일반적인 관계는 오직 대류혼합층에서만 효력이 있다. 그 예로 다음을 들 수 있다.

$$\frac{\overline{w'\theta'(z)}}{w'\theta_*^{ML}} = 1 - 1.2\frac{z}{z_i}$$

여기서 θ_*^{ML}은 혼합층 온위를 나타낸다. 상사이론, 차원분석, 버킹엄 파이 정리를 참조하라.

혼합 퍼텐셜(mixing potential, 混合-) 대기에서 정역학적인 불안정을 제거하는 데 필요한 난류혼합의 양.
난류 에디를 포함하는 대기순환은 한정된 속도를 지니기 때문에 한정된 시간 동안에 발생할 수 있는 실제 혼합의 양은 혼합 퍼텐셜에 비해 적다. 일부의 비국지 난류 모델은 난류의 양을 국지뿐 아니라 비국지적 불안정을 고려한 혼합 퍼텐셜에 비례하도록 모수화한다.

홍수(flood, 洪水) 하천 또는 그 밖의 물 흐름에서 정상 한계를 넘어선 과잉 흐름.
보통 때는 물에 잠기지 않는 지역에 물이 넘치는 현상을 말하기도 한다. 홍수는 어느 유역 안에 내린 큰 비에 의한 홍수와 유역 안의 적설이 이른 봄에 녹아서 하천에 유입되어 발생되는 홍수로 나눌 수 있다. 전자는 여름철에 많이 발생하고 저기압이나 태풍에 의한 호우가 그 원인이 된다. 우리나라는 장마철에 여러 날 비가 계속해서 내릴 때 강의 수위가 평소보다 높아지고 토양 자체가 물로 포화에 가까워져서 작은 강우에도 홍수가 되기 쉽다. 후자의 경우는 이른 봄 융설기에 빈발하며 특히 강우가 합하여 하천에 유입될 때 피해가 커진다.

화살선도(dart leader, -先導) 번개방전에 대한 일련의 과정으로 첫 번째 벼락 후에 전형적으로 다중 섬광 번개의 후속 벼락을 일으키는 선도방전.
첫 번째 벼락은 계단형 선도에 의해 발생하고 계단형 선도가 지상에 도달하면서 되돌이 뇌격이 일어난다. 이어서 발생하는 후속 선도인 화살선도는 구름으로부터 첫 번째 선도 때와 같은 경로를 따라 발생하지만 이 경로의 전기 저항이 낮아진 상태이므로 처음보다 빠른 속도로 아래로 전진한다. 화살선도가 지상에 접근할 때 일어나는 되돌이 뇌격은 처음보다 그 힘이 상대적으로 약하다. 번개의 섬광은 1회에 보통 3~4개의 선도를 동반하며 선도마다 되돌이 뇌격이 뒤따른다. 여러 개의 뇌격으로 구성된 번개섬광은 1초도 안 되는 시간에 일어나기 때문에 육안으로 개개의 뇌격을 감지하기는 불가능하다.

화석연료(fossil fuel, 化石燃料) 물의 혐기성 분해에 의해 생산된 천연 인화성 연료.
화석연료의 종류에는 천연가스, 석유, 석탄, 혈류암, 타르샌드(혹은 오일샌드)가 있다. 유기체나 그 결과물의 나이는 보통 수백만 년 이상이며, 고비율의 탄소를 포함하고 있는 화석연료에는 석탄, 석유, 천연가스가 있다. 메탄과 같은 탄소량을 가진 저탄소를 포함한 천연가스에서 무연탄을 구성하는 순수한 탄소물질이나 비휘발물질인 액화석유에 이르기까지 다양하다. 메탄은 탄화수소 영역에서 발견되며, 기름과 결합되어 있거나 또는 메탄을 포함하는 형태로 존재한다. 메탄은 보통 죽은 동식물의 사체가 화석화되어 수백만 년 동안 열과 지표의 압력으로 형성된다고 알려져 있다.

화소(pixel, 畵素) 위성관측 또는 레이더 관측에서 얻은 영상의 가장 작은 요소.
픽셀이라고도 부른다. 영상의 공간 분해능과 직접 관계가 있으며 픽셀의 크기가 작을수록 분해능이 더 크다.

화씨온도눈금(Fahrenheit temperature scale, 華氏溫度-) 어는점을 32℃로 하고, 끓는점을 212℃로 하는 온도 눈금 체계.
화씨온도는 보통 °F로 나타낸다. 섭씨온도눈금(℃)과의 환산공식은 다음과 같다.

$$°F = (9/5)℃ + 32$$

섭씨온도눈금을 참조하라.

화학권(chemosphere, 化學圈) 광화학반응이 일어나는 상층대기의 모호하게 정의된 지역.
일반적으로 성층권과 중간권을 포함하며, 때때로 열권의 하층부를 포함하기도 한다. 전 지역이 산소원자(O), 산소분자(O_2), 오존(O_3), 하이드록실과산화물(OH), 질소(N_2), 나트륨(Na) 등의 많은 중요한 광화학반응을 일으키는 중심지이다.

화학습도계(chemical hygrometer, 化學濕度計) 습도에 의존하는 화학효과에 기초한 습도계.
실질적으로 기상학에서는 사용되지 않는다. 예로서 상대습도가 낮을 때는 파랗게, 높을 때는 분홍으로 변하는 코발트염화물을 바른 그림이나 숫자들이 있다.

화학 에너지(chemical energy, 化學-) 화학반응과정에서 생성되거나 흡수된 에너지.
이러한 반응에서 에너지의 손실이나 획득은 대개 원자의 제일 바깥쪽 전자들에만 또는 변화가 일어나는 시스템의 이온에만 관여한다. 여기서 구성 성분의 기존 원자나 이온의 정체성을 훼손시키지 않고, 특정 형태의 화학결합이 확립되거나 깨지게 된다. 변화에 유입되는 물질의 성질에 따라 화학변화는 열(열화학적), 빛(광화학적), 그리고 전기(전기화학적) 에너지에 의해 유도된다.

확률밀도함수(probability density function, 確率密度函數) 모집단에서 가능한 관측밀도가 분포하는가를 설명하는 통계함수.
밀도함수 또는 진동함수라고도 한다. 만약 임의변수의 분포함수 $F(x)$가 미분 가능하다면, 이 분포함수의 이차함수는 $f(x)$이다. 기하학적으로 $f(x)$는 임의의 변수가 x축의 dx 범위 안에 가질 수 있는 가능한 값을 갖는 확률을 나타내는 $f(x)dx$ 곡선의 세로 값이다. 밀도함수는 언제나 양의 값을 가지며, 전체 구간에서 적분한 값은 1이다. 때때로 확률밀도함수는 단순히 밀도함수라고도 한다. 그러나 실제 사용할 때에는 혼란을 야기할 수 있어 추천하지 않는다.

확률변수(random variable, 確率變數) 여러 가능한 값들을 추정하는 데 무작위 행동으로 특정화된 변수.
변량이라고도 한다. 수학적으로 확률변수는 확률분포로 기술하는데, 확률분포는 각각의 값과 연관된 확률과 함께 무작위 변수의 가능한 값들을 명시한다. 확률변수의 가능한 값들이 연속분포로 확장될 경우, 그 확률변수는 연속이라 하고, 확률변수의 가능한 값들이 유한한 간격들에 의하여 구분이 되는 경우 그 확률변수는 이산(離散)이라고 한다.

확률분포(probability distribution, 確率分布) 확률변수가 특정한 값을 가질 확률을 나타내는 수학적 표현으로서 확률변수가 취할 수 있는 모든 값에 대응하는 확률을 나타내는 분포.
연속변수의 확률분포는 분포함수 $F(x)$ 또는 확률밀도함수 $f(x)$ 그리고 이 방정식이 유효한 구간으로 정의된다. 불연속변수의 확률분포는 주로 어느 특정값 x를 갖는 확률방정식 $p(x)$로 정의된다.

확률오차(random error, 確率誤差) 동일한 조건에서 동일 객체에 대해서 독립적으로 반복적인 측정을 시도할 때 예측할 수 없는 요인에 의해서 관측과정에서 나타나는 오차.
무작위오차라고도 한다. 반복적인 관측이 이루어질 때 측정값의 일관성이 보장되지 않은 관측상의 오차를 말한다. 무작위라는 것은 태생적으로 예측 불가능한 것을 의미하고 모든 측정에 존재한다. 관측기기를 이용하여 측정을 시도할 때 관측자의 해석 오류와 같이 환경의 간섭에 의해서 발생한다. 측정기기의 상세한 정도가 클수록 그 폭이 작아진다. 주의 깊고 엄격한 통제하에서 관측을 시도해도 각각의 독립적인 일련의 측정 $x_1, x_2, \cdots, x_n$에는 차이가 생긴다. 그러므로 측정값 x_i는 실제값인 참값(μ)과 예측할 수 없는 오차(v_i)로 구성된다.

$$x_i = \mu + v_i$$

중심극한 원리에 따라 표본수가 많아지면 정규분포를 따르게 되고, 이때 나타나는 무작위오차의 분포를 오차분포라 한다.

확률적분(probability integral, 確率積分)　평균이 $\mu = 0$이고 표준편차가 $\sigma = 1/\sqrt{2}$인 특수 정규분포의 정적분.
기하학에서 확률적분은 주어진 임의의 양의 수 $-z$에서 z 구간까지 밀도곡선이 나타내는 면적과 동일하며 통상적으로 오차함수는 기호로 쓰며 다음과 같이 정의된다.

$$erf(z) \equiv \frac{2}{\sqrt{\pi}} \int_0^z e^{-x^2} dx$$

현대 통계용어에서 $\mu = 0$, $\sigma = 1$의 값을 사용하였을 때 단위정상변수 u에 대한 분포함수, $F(u)$는 다음과 같이 나타낸다.

$$u > 0 : F(u) = \frac{1}{2} + \frac{1}{2} erf\left(\frac{u}{\sqrt{2}}\right)$$

$$u < 0 : F(u) = \frac{1}{2} - \frac{1}{2} erf\left(\frac{-u}{\sqrt{2}}\right)$$

확산(diffusion, 擴散)　1. 서로 엉겨 붙어 있는 그룹으로 함께 움직이지 않고, 개개 분자의 무작위 운동만으로 이루어지는 물질의 수송.
확산은 농도 경도가 있을 때 일어난다.
2. 분자운동과 난류운동에 의해 유체 성질이 혼합되는 과정.
일반적으로는 떨어져 있는 두 종류의 유체가 분자운동에 의해 혼합되는 과정을 말한다. 이 혼합은 난류에 의한 혼합에 비하여 매우 천천히 이루어지는 과정이지만 상부 대기에서는 상당히 중요하다. 난류에 의한 혼합과정을 난류 확산 또는 맴돌이 확산이라고 부른다. 특히 방향에 독립적인 난류는 등방성을 가졌다고 한다. 일반적으로 대기와 해양의 난류는 등방성이 아니다.

확산대류(diffusive convection, 擴散對流)　찬 민물이 따뜻한 소금물 위에 있을 때 발생하는 이중으로 확산하는 대류의 형태.
따뜻한 소금물덩이가 물기둥 안에서 위로 이동한다면, 이 소금물덩이는 소금을 잃는 것보다 빨리 열을 잃어서 차가워지고 짜진다. 따라서 이 소금물덩이는 주위보다 밀도가 커지거나 초기 위치에 있을 때의 물보다 밀도가 커진다. 그러면 이 소금물덩이는 초기 위치를 넘어 더 짜고 따뜻한 물속으로 하강한다. 그다음에는 따뜻한 물로부터 열을 얻어 초기 위치를 지나 상승하기 시작한다. 확산대류는 소금을 수송하는 것보다 더 효과적으로 열을 수송하는데, 북극지방 수온약층에서 관측되는 계단형 구조는 이 확산대류에 의한 것으로 믿고 있다.

확산모형(diffusion model, 擴散模型) 대기나 해양에서 방출된 물질의 확산을 모의하는 한 조(組)의 수학방정식.
보통 컴퓨터 코드의 형태로, 확산모형들은 다양한 물리과정을 이용하여 확산을 모의한다.

확산반사(diffuse reflection, 擴散反射) 반사한 파가 한 방향만이 아니고 여러 방향으로 진행하는 현상.
난반사라고도 한다.

확산복사(diffuse radiation, 擴散輻射) 일반적으로 단파복사(가시광선), 장파복사를 구별하지 않고 복사의 진행 방향이 일정한 직달복사(직사광)와 달리 복사 진행 방향이 일정하지 않고 모든 방향으로 향하고 있는 상태의 복사.
산란광이라고도 한다.

확산속도(diffusion velocity, 擴散速度) 1. 일반적으로 질소(N_2) 대기로 취급하는 기체 대기에서 확산하고 있는 어떤 선택 기체의 상대적 평균 분자속도.
확산속도는 하나의 분자현상이고 이것은 압력경도와 온도경도에 좌우될 뿐만 아니라 기체 농도 경도에도 좌우된다.
2. 개개의 맴돌이 운동이 보여주는 것처럼 난류확산 과정이 진행되는 속도.

확산율(diffusivity, 擴散率) 어떤 특정한 면에 직각인 방향으로 평균 성질의 경도에 대한, 난류에 의해 그 면을 통과하는 보존 성질의 플럭스의 비(比).
확산계수라고도 한다. 평균 운동이 없는 등방성 난류의 특별한 경우에, 픽(Fick) 확산방정식은 다음 형태를 갖는다.

$$\frac{\partial \overline{S}}{\partial t} = K_s \nabla^2 \overline{S}$$

여기서 K_s는 확산율을 나타내고 ∇^2은 라플라스 연산자이며 $\overline{S}$는 성질 S의 평균값이다. 이 방정식은 라플라시안이 음인 곳에서 $\overline{S}$가 시간에 따라 감소하는 것을, 라플라시안이 양인 곳에서 $\overline{S}$가 시간에 따라 증가하는 것을 나타내고 있다. 일반적인 경우는 더 복잡하다. 정적으로 안정한 대기나 해양에서 난류의 수평규모는 연직 규모보다 훨씬 더 크고 수평 방향의 난류확산은 연직 방향의 확산을 크게 초과할 수 있다. 한편 부력의 경우에는 연직확산이 수평확산보다 더 클

수 있다.

확산하늘복사(diffuse sky radiation, 擴散-輻射) 일사가 입사될 때 산란에 의하여 진행 방향이 바뀌어 직달복사의 입사 방향이 아닌 다른 방향으로부터 지면에 도달하는 복사.
산란천공복사(散亂天空輻射)라고도 한다. 낮에 태양 주위뿐만 아니라 하늘 전체가 밝은 것은 확산하늘복사에 의한 빛 때문이다. 산란복사는 맑은 날 태양이 남중할 때 전천복사 에너지의 10% 미만이다. 그러나 태양의 고도가 증가하여 태양 천정각이 커짐에 따라 확산복사량도 증가하여 박명시간이나 구름이 전 하늘을 덮고 있을 때 또는 대기의 상태가 크게 혼탁할 때 100%의 산란현상을 보인다. 그림자 띠 전천일사계로 측정한다.

확신율(certainty factor, 確信率) 진술이 신뢰성 있다고 간주되는 범위.
이는 수학적 발생 가능성을 의미하는 확률과 대조적으로, 이전 경험에 기초한 주관적인 인자이다. 가령 기상예보관은 50%의 확률로 비올 확률이 있다고 진술할 수 있으며 해당 진술에 대해 95%의 확신율을 지정할 수 있다. 확신율을 조합하여 총확신율을 구하는 방법은 여러 가지가 있다. 가장 일반적인 방법으로는 뎀프스터-섀프터(Dempster-Shafter) 규칙이 있다.

환경감률(environmental lapse rate, 環境減率) 주로 고도가 증가함에 따라 대기온도가 낮아지는 비율.
보통 100m 고도 증가에 대해 섭씨 0.6℃ 정도의 대기온도의 감소가 있다. 온도뿐만 아니라 대기밀도와 같은 다른 대기변수들의 고도에 따라 낮아지는 비율을 나타낼 수도 있다. 주로 대류권에서 전체 대기가 가지는 온도변화를 나타내는 것으로서 어떤 특정 공기덩이가 상승하며 경험하는 온도의 변화를 나타내는 과정감률과는 구별된다.

환경음성학(environmental acoustics, 環境音聲學) 대기 중에서 발생하는 다양한 소리의 전파(傳播)현상을 연구하는 학문.
환경음성학은 주파수와 연관된 분자 흡수, 바람과 온도경도에 따른 소리 굴절, 지형 · 건물 · 나무 등과 같은 장애물에 의한 회절, 그리고 난류에 의한 산란현상을 모두 포함한다. 또한 환경음성학은 자연현상에 그 기원을 둔 뇌우와 대규모의 폭발에 의한 초저주파 방출에서부터 고출력 터빈과 물질시험용 변환기에서 방출되는 초음파까지도 관련이 있다.

환산기압(reduced pressure, 換算氣壓) 기상관측소에서 측정한 기압을 평균해수면 고도의 기압으로 계산하여 나타낸 기압.
관측소의 기압을 평균해수면의 값으로 환산하는 것을 해면경정이라 한다. 등온대기를 가정하면 고도 z에서 기압 $p(z)$은 다음과 같이 표현된다.

$$p(z) = p_0 e^{-z/H}$$

여기서 p_0는 해면기압, H는 규모 고도로서 $H=R\overline{T}/g$이다. 이때 R은 기체상수, $\overline{T}$는 관측소와 평균해수면 사이의 평균기온, g는 중력가속도이다. 그리고 고도 h에 위치한 관측소에서 측정한 기압이 p_h일 때, 이것을 평균해수면 기압으로 환산하기 위해서는 $\triangle p = p_0 - p_h$ 만큼 보정해야 한다. 위 식을 이용하여 이 보정값을 표현하면 다음과 같다.

$$\triangle p = p_0 - p_h = p_h \left(e^{gh/R\overline{T}} - 1 \right)$$

따라서 해수면부터 관측소가 위치한 고도(h)까지의 평균기온 $\overline{T}$를 알면 해면경정을 위한 보정값 $\triangle p$를 구할 수 있고, 이를 관측소에서 측정한 기압 p_h에 더하여 환산기압을 구할 수 있다. 이때 평균기온 $\overline{T}$는 관측소 기온과 해면기온을 산술평균하여 얻는데, 해면기온은 기온감률 $\varGamma$를 이용하여 추정한다. 즉, 평균기온은 $\overline{T}=(T_h+T_h+\varGamma h)/2$로 구할 수 있다. 이를 종합하면 고도 h인 관측소에서 측정한 기압과 기온이 각각 p_h, $T_h(K)$일 때 환산기압은 다음과 같이 표현된다.

$$p_h + p_h \left[\exp \left(\frac{gh}{R(2T_h + \varGamma h)/2} \right)^{-1} \right]$$

활강강풍(downslope windstorm, 滑降强風) 산을 넘은 바람이 지형적인 요인으로 산 아래 지역에 돌풍과 함께 강풍을 일으키는 현상.
산에서 멀어지면 그 세력이 급격히 약화된다. 순간풍속이 50ms^{-1}를 넘는 경우가 많고, 후지타 등급으로 F1, F2에 해당하는 토네이도급 강풍이 불기도 한다. 산맥이 길고 높이는 최소 1km 이상이고 풍하 측 비탈이 가파를수록 강풍이 발생하는 데 유리하다. 산맥을 가로지르는 바람 성분이 강하고 산 정상 위로 대기역전층이 형성되면 산을 넘는 기류가 많아지고 산비탈을 따라 내려가며 풍속이 급격히 증가한다. **프루드 수**(Froude number)가 1 부근이고, 산 정상 위로 역전층과 함께 능선을 가로지르는 바람 성분이 0이 되는 임계고도가 형성되면, 상향 전파하는 산악 중력파가 임계고도에서 쇄파 현상이 일어나고 산맥을 넘어 하강하는 기류의 전면에는 **물뜀 효과**가 가세하며 강풍이 발생하기 유리하다. 이 강풍은 매우 국지적인 현상으로 지역마다 다른 이름을 갖고 있으며, 아드리아해의 북동 해안에서는 보라, 알래스카 남동지역 가스티누 해협에서는 타쿠(Taku)라고 부른다.

활강바람(katabatic wind, 滑降-) 1. 산악기상학에서 널리 사용되는 용어로 대규모 바람장이 약할 때 산악의 경사면에서 야간 냉각에 의하여 작동되는 산에서 불어 내려오는 바람.
보통 지표면이 경사면에서 출발하여 10~100m 깊이에 도달하는 대기 연직층을 냉각한다. 이 냉각층은 계곡이나 평원에서 같은 깊이에 대하여서 보다 더 차가워서 계곡이나 평원보다 상대적으로 경사면 위에서 정역학 기압초과를 가져 기압이 높아진다. 그러면 수평기압경도력이 경사면에서 최대가 되어 경사면을 따라 아래로 가속이 일어나게 한다. 기압경도력은 경사면에서 최대이지만 지표마찰력은 지표 위 보통 수 미터에서 수십 미터 높이에 활강풍속의 피크를 야기한다. 경사면을 따라 내려오는 층의 깊이는 경사면 정상 높이의 0.05배인 것으로 관측된다. 산악에서의 활강바람의 풍속은 보통 3~4ms^{-1}이나 긴 경사면에서는 8ms^{-1}를 넘는 경우도 있다. 다양한 규모의 경사가 있을 경우 결과적으로 활강바람도 다양하게 나타난다. 일주기에 의한 냉각 이외에도 얼음이나 눈 덮인 찬 지면으로 인하여 지표냉각이 일어날 수도 있다. 이런 냉각면에서의 활강바람은 계곡에서의 빙하바람으로 연구되거나 극이나 그린란드에서의 대규모 경사바람을 설명하는 데 이용된다. 남극대륙의 빙하돔에서 아래로 부는 활강바람은 대륙 가장자리에서 50ms^{-1}에 도달하기도 한다. 지표 강제력과 이 거대한 대륙의 존재는 흐름이 코리올리 편향을 받으므로 순수한 활강바람이라 보기 어렵다. 중력바람, 배출풍을 참조하라.
2. 때때로 좀 더 일반적으로 사용되는데 보라 바람이나 열적으로 강제된 바람과 같이 다양한 규모에서 일어나는 경사면을 따라 부는 차가운 공기 흐름.
이 용어의 어원으로 보면 '아래로 가는' 혹은 '하강하는'이라는 뜻으로 해석되어 하강하는 흐름으로 사용되기도 하고, 저자들에 따라서는 좀 더 일반적인 용어로 푄 바람이나 치누크 등과 같이 차가운 바람이 아니라도 하강하는 흐름인 경우에는 이 용어를 사용하기도 한다. 이러한 개념은 경사면의 한랭전선면을 따라 아래로 부는 '활강전선' 바람으로 사용된다.

활동성 구름(active cloud, 活動性-) 대기경계층에서부터 자유대기까지 대기오염을 분포시킬 수 있는 적운형 구름계.
구름 내의 공기덩이는 수증기가 응결하는 동안 발생하는 잠열에 의하여 양의 부력이 기여됨으로써 자유대류고도에 도달한다. 이들 구름은 보통 처음에는 열적으로 생성되지만, 완전히 사라지기 전에 결국 수동형 구름으로 붕괴할 수 있다. 이로 인해 발생하는 구름에는 중간 적란운, 웅대적운 등이 있다.

활성도(activity, 活性度) 기체 또는 액체 속의 화학물질의 실효농도를 측정하는 열역학적 농도.
조성의 변수로서는 활량이라고도 한다(화학). 활성도는 가스 및 용해물질의 비이상적인 특성으로 인해 포함된 다른 질량 농도보다 일반적으로 낮다. 매우 묽은 혼합물의 한계 내에서 활성은 액체 용해물질의 농도 또는 가스의 부분 압력과 같다. 활성도와 조성변수의 비를 활성도계수라 하고, 일반적으로 γ 또는 F로 표시하는 활성도계수는 실제 물리적 농도에 따른 활동의 비율이 된다. 일반적으로 열역학적 특성의 조성은 활성도에 의하여 지배된다. 완전용액일 때만 활성도는 농도(몰 분율)와 같다.

활성질소(active nitrogen, 活性窒素) 홀수 질소 종 중의 하나.
질소산화물 NO와 이산화질소 NO_2를 포함하는 질소반응 기체이며, 보통 NOx로 지정되어 있다. 이러한 산화물은 대류권 오존을 형성하는 주범이며, 성층권 오존 양 감소에 중요한 역할을 한다. 대기 내에서 연소, 토양 배출, 번개, 그리고 성층권에서 여기(勵起)된 산소원자와 질소산화물의 반응이 활성질소의 주요 근원이 된다.

활승바람(anabatic wind, 滑昇-) 1. 산악기상학에서 맑은 날 경사면에서 주간의 일사에 의한 가열이 가동하는 경사면을 따라 오르는 바람.
이 상승바람의 발달 메커니즘은 다양하게 나타난다. 따뜻한 지표면이 경사면에서 시작하여 연직 기둥으로 대기를 몇백 미터 깊이까지 가열한다. 이 연직기둥은 골짜기나 평원보다 더 덥게 데워져 정역학적으로 경사면이 골짜기나 평원보다 상대적으로 더 낮은 기압을 갖게 된다. 따라서 경사면에 수평 기압경도가 최대가 되어 경사면을 따라 공기가 가속을 받게 된다. 이와 같이 낮 동안 경사면을 따라 상승하는 바람을 말한다. 골바람이 여기에 속한다. 활승풍이라고도 한다.
2. 경사된 지표면을 따라 오르는 바람.
'upslope wind'라고도 쓰이며, 종관기압계에 의해 산지의 풍상 측에서 일어나서 구름이나 강수의 발달을 초래하기도 하고, 또는 맑은 날씨에 바람이 약할 때 태양복사에 의해 경사지가 평지보다 더욱 가열이 되면서 나타나기도 한다. 경사지의 태양가열에 의해 나타날 때는 동쪽 방향의 경사지는 오전 중, 서쪽 방향의 경사지는 오후 늦게 자주 발달한다.

활승안개(upslope fog, 滑昇-) 습윤한 공기가 산의 경사면을 따라 오르면서 응결고도에 도달할 때 형성되는 안개.
호수나 해양에 접한 지역에서 바람이 고지대 쪽으로 불 때 자주 나타난다.

활 에코(bow echo) 기상 레이더에서 나타나는 활모양 강수 띠.
대류세포의 활모양 선으로, 이 경우 종종 피해를 끼치는 직선풍(直線風)과 작은 토네이도를 동반한다. 구조적인 핵심 특징으로는 활의 코어에 지장을 주는 강한 후방 유입 제트와, 제트의 양쪽 측면에 있는 북엔드 소용돌이, 또는 라인엔드 소용돌이가 존재하므로, 이 소용돌이들은 활모양으로 각각의 대류세포의 끝부분 뒤쪽에 위치한다. 활 에코는 20~200km 규모로 관측되며, 종종 3~6시간 정도의 수명을 갖는다. 발달 초기 단계에서는 저기압성, 고기압성 북엔드 소용돌이가 비슷한 세력을 가지지만, 발달이 진행되면 북쪽의 저기압성 소용돌이가 강해져 대류 시스템이 쉼표 형태의 모양을 갖게 된다.

활주로관측(runway observation, 滑走路觀測) 공항 활주로 또는 그 근처의 특별한 지점에서 하는 기상관측.

항공기의 이착륙에 매우 중요하므로 이와 같은 위치에서 온도, 풍속, 풍향, 실링, 시정을 자주 관측한다.

황도(ecliptic, 黃道) 지구 주위로 태양이 회전한다고 생각할 때 태양의 겉보기 연중 경로인 천구(天球)에서의 대원(大圓).
이 대원이 이루는 평면을 황도면이라 한다. 그리고 이 황도 평면이 지구적도를 지나는 평면과 만드는 각을 **황도경사**라고 한다. 태양계 내의 실제 운동에서 지구궤도의 평면은 황도면에 해당한다. 즉, 지표면과 지구 궤도면의 교선(交線)은 황도를 지표면에 투영한 것과 같다. 이 교선 위에서 가장 북쪽에 있는 점과 가장 남쪽에 있는 점을 각각 북회귀선과 남회귀선의 위도로 정의한다.

황도경사(obliquity of the ecliptic, 黃道傾斜) 황도면과 지구적도면 사이의 각도.
즉, 지구 기울기를 의미하며 23°27′08.26″−0.4684(t−1900)″로 구할 수 있다. 여기서 t는 기울기를 구할 연도이다. 위의 식을 활용하면, 1999년의 황도경사가 23°26′21.89″임을 알 수 있다. 황도경사는 지구궤도에 대해 축이 기울어진 정도로서 계절을 설명할 수 있다. 입사태양복사의 입사각은 장소에 따라 약 47°까지 다양한 값을 가진다. 특히 고위도에서 황도경사는 큰 온도 차이를 유발한다. 밀란코비치(M. Milankovitch)는 황도경사가 22°에서 24.5°까지 변동하며, 그 주기는 40,000년임을 계산했다. 이 변화는 장기간 기후조절로 간주될 수 있으며 빙하시대의 천문이론에 포함되어 있다.

황사바람(yellow wind, 黃砂-) 동아시아의 모래바람으로 황사 혹은 모래폭풍.
황사는 고비사막이나 중국 황토고원에서 발원하여 편서풍을 타고 동진하여 중국 동부, 한반도, 일본열도, 하와이, 심한 경우 북미대륙까지 도달한다. 수천 년의 먼지가 쌓여 중국의 황토층을 이루었다. 비슷한 황토층이 하와이섬에서도 발견된다. 봄철에 중국이나 몽골의 사막에 있는 모래와 먼지가 상승하여 편서풍을 타고 멀리 날아가 서서히 가라앉는 현상을 황사라 한다. 아시아 대륙에서는 중국과 대한민국, 일본 순으로 봄철에 황사 피해를 가장 많이 입고 있는데, 그 발생 기간이 길어지고 오염물질이 포함되는 등, 매년 심해지는 추세라고 보고하는 사람도 있다. 황사는 아프리카 대륙 북부의 사하라 사막에서도 발생한다. 황사는 그 속에 섞여 있는 석회 등의 알칼리성 성분이 산성비를 중화함으로써 토양과 호수의 산성화를 방지하고, 식물과 바다의 플랑크톤에 유기염류를 제공하는 등의 장점이 있지만, 인체 건강이나 농업을 비롯한 여러 산업 분야에서 피해를 끼쳐 황사 방지를 위한 범국가적 대책이 요구되고 있다.

황산화물(sulfur oxides; SOx, 黃酸化物) 황과 산소로 이루어진 화합물의 총칭.
대표적인 화합물로 이산화황(SO_2)과 삼산화황(SO_3)이 있으며, 이 외에 일산화황(SO), 삼산화이황(S_2O_3), 칠산화황(S_2O_7), 사산화황(SO_4)의 6종이 알려져 있다. 이들 물질들이 비에 녹으면 산성비의 원인물질인 황산(H_2SO_4)을 형성한다. 보통 황을 포함하는 석탄이나 석유의 연소과정에서 인위적으로 형성되며, 이 외에도 화산활동, 늪지, 조석지(潮汐地), 해양에서의 생물학적 활동, 그리고 토양 박테리아 등 자연적인 요인에 의해 대기 중에 방출되기도 한다.

회귀(regression, 回歸) 통계학에서 하나의 변수를 다른 것들과의 관계로 나타낼 때 사용하는 함수적 표현.
확률변수는 기타 변수들에 따라 거의 고유하게 결정되지만 사전에 정해진 기타 변수값들 집합에 대한 유일한 평균값을 가정하여 결정할 수도 있다. 다른 x 값 집합들에 대하여 다른 확률분포를 가질 경우에 변량 y는 통계적으로 기타 변량 $x_1, x_2, \cdots, x_n$에 좌우된다. 이 경우 해당 평균값은 해당 조건부평균이라 하고 제시된 x의 값들에 해당하는 값으로서, 일반적으로 x의 함수가 된다. $x_1, x_2, \cdots, x_n$에 대한 y의 회귀함수 Y는 x항으로 표시한 조건부평균 y의 함수적 표현식이다. 이 표현은 알려진 x 값에 대하여 y의 통계적 추정도는 예측의 근거가 된다. 회귀함수의 정의로부터 다음의 기본 성질을 유추할 수 있다.

$$E(Y) = E(y), \quad E(y - Y) = 0$$
$$E[Y(y - Y)] = 0, \quad E(Y^2) = E(yY)$$
$$\sigma^2(y) = \sigma^2(Y) + \sigma^2(y - Y)$$

여기서 $\sigma^2(w)$는 어떤 변량 w의 변화량(분산)을 나타내며, $E(w)$는 w의 기댓값을 나타낸다. 변량 y는 피회귀변수라 부르고, 연관변수 $x_1, x_2, \cdots, x_n$는 회귀변수라 칭한다. 또한 다른 표현으로는 y는 피예측변수라 부르고 x는 예측변수라 할 수 있다. 참회귀함수 Y의 근사값 Y'에 의존하는 것이 필수적일 경우, 근사값 함수는 대개 일련의 항들인 $Y_1, Y_2, \cdots, Y_m$으로 전개할 수 있는데, 이 각각의 항은 하나 이상의 기초 변량들($x_1, x_2, \cdots, x_n$)을 포함할 수 있다. 원래의 정의를 확장시켜, 성분함수 $Y_1, Y_2, \cdots, Y_m$은 회귀변수 또는 예측인자라 부른다. 회귀에 연관되는 여러 가지 변량들은 다음의 전문용어를 사용하여 부를 수 있다. 피회귀의 분산 $\sigma^2(y)$는 총분산이라 한다. 수량 $y - Y$는 잔차, 오차, 추정오차 등 여러 가지로 부른다. 분산 $\sigma^2(y - Y)$는 불명확분산, 잔여분산, 평균제곱오차 등으로 불리며 그 양(陽)의 평방근 $\sigma(y - Y)$는 잔여표준분산, 추정상 표준오차, 표준오차, 평균제곱근오차로 부른다. 회귀함수의 분산 $\sigma^2(Y)$은 설명된 분산 또는 분산감소로 칭한다. 설명된 분산 대 전체 분산비 $\sigma^2(Y)/\sigma^2(y)$는 상대적 감소로 부르거나 퍼센트로 표현하여 퍼센트 감소라고 한다.

회색체(graybody, 灰色體) 입사하는 모든 전자기 복사 중에서 0과 1 사이의 어떤 일정한 분수 부분을 흡수하는 '물체'.
이 분수가 흡수율이며 파장에 독립적이다. 이처럼 회색체는 백체와 흑체의 흡수 특성 사이의 중간 흡수 특성을 갖고 있다.

회전 레이놀즈 수(rotating Reynolds number, 回傳-數)　회전하는 점성유체에서 구해지는 무차원 수.
$\Omega h^2/\nu$ 또는 $\Omega r^2/\nu$의 형태로 주어지며, $\Omega h^2/\nu$의 경우 테일러 수의 제곱근의 절반과 같다. 여기서 Ω는 절대각속도, h는 대표깊이, ν는 동점성계수, r은 회전반경을 의미한다.

회전원판실험(disphan experiment, 回轉圓板實驗)　원통형의 수조를 회전시켜 가면서 수행하는 실내 실험.

회절(diffraction, 回折)　파가 진행하는 방향에 장애물이 있을 때 파가 기하학적으로 직진하지 않고 기하학적 그림자 부분으로 돌아가는 현상.
즉, 장애물의 후방에 기하학적인 그림자를 드리우지 않고 매질 속을 파동이 전파되는 것을 말한다. 음파와 전파에서는 회절이 잘 나타나지만 광파에서는 장애물에 비하여 파장이 매우 작아서 회절이 미미하므로 실용상 무시할 수 있다.

횔랜드 순환정리(Höiland's circulation theorem, -循環定理)　횡단면이 고정된(상수인) 임의의 닫힌 튜브형 유체 필라멘트에서 순환의 해당 필라멘트를 따라 작용하는 합성중력은 해당 필라멘트에서의 총 질량 가속도와 같다는 정리.

$$\oint \rho \dot{\boldsymbol{V}}_a \cdot d\boldsymbol{r} = -\oint \rho \, d\phi_a$$

여기서 ρ는 유체밀도이며, $\dot{\boldsymbol{V}}_a$는 절대 벡터 가속도, 그리고 $d\phi_a$는 벡터 선 요소 $d\boldsymbol{r}$의 시작점에서 끝점까지의 중력 퍼텐셜(gravitational potential) 변화량이다. 이 정리는 유체흐름의 안정도를 연구하는 데 특히 유용하다.

횡파(transverse wave, 橫波)　파의 진동 방향과 진행 방향이 직교하는 진행파.
가로파라고도 한다. 전자기파는 가장 전형적인 횡파이다.

후굴폐색(bent-back occlusion, back-bent occlusion, 後屈閉塞)　대부분의 폐색지점 근처에 새로운 저기압이 발달하거나 더 드물게는 전선을 따라 형성된 저기압이 다른 곳으로 이동했을 때, 그로 인해 유체의 운동 방향이 역전된 폐색전선.
그 결과로 폐색전선은 인접한 한랭전선 후방의 서쪽 그리고 (또는) 남쪽 방향으로 이동한다. 또 몇몇 저기압의 경우, 온난전선이 서쪽으로 확장되는 형태로 나타나기도 한다. 새로운 저기압의 발달에 따라 차후 한랭전선이 연속해서 나타날 수도 있으며, 이때 급격한 기온하강과 강한 바람이 동반된다.

후류(wake, 後流) 유체의 운동에서 고체 바로 후면의 난류 흐름.
특정 조건일 경우 일련의 소용돌이가 후류 속에서 발생하여 흐름의 아랫방향으로 확장하기도 한다. 난류 후류에서의 이러한 소용돌이 줄을 '소용돌이길'이라고 한다.

후류저기압(wake low, 後流低氣壓) 1. 스콜 선 뒤쪽의 지표 저기압부 또는 **중규모저기압**(또는 여러 저압부의 포락선).
대부분 미류 층모양 강수를 동반한 스콜 선에서 발견되며 이러한 경우 저기압의 축은 층모양 강수지역의 후면 가장자리 근처에 위치해 있다.
2. 유체역학에서 흐름 속 물체의 하류 측 저압부.

후류포착(wake capture, 後流捕捉) 크기가 다른 두 개의 수적이 낙하하는 경우 낙하속도가 좀 더 큰 수적의 후면에서 공기역학적 효과에 의해 작은 수적이 큰 수적과 충돌이 일어나는 현상.
후류포착이 일어나는 이유는 큰 수적은 낙하하면서 공기저항을 전부 받는 반면에 바로 뒤에 낙하하는 작은 수적은 큰 수적으로 인해 공기저항이 감소되어 저항력을 적게 받게 되고 이로 인해 그 낙하속도가 증가하면서 앞에 있는 큰 수적과 충돌하여 후류포착이 일어난다. 수적의 충돌확률은 후류포착을 고려하고 있지 않기 때문에 후류포착이 일어날 경우 충돌효율은 100%를 초과한다.

후방산란(backscattering, 後方散亂) 입사복사의 방향에 직교하는 한 평면으로 제한되고 그 입사광과 같은 쪽에 놓이는 반구의 공간 속으로 일어나는 복사의 산란.
전방산란의 반대이다. 대기의 후방산란은 입사하는 태양광 다발이 지표에 도달하기 전에 그 다발의 6~9%를 고갈시킨다. 레이더 용법에서 후방산란은 입사파의 방향에 대해 180°로 산란되는 복사만을 가리킨다.

후방유입분사(rear-inflow jet, 後方流入噴射) 대기의 시스템과 관련된 기류가 후방으로부터 중규모 대류 시스템의 층상 강우지역을 통해 유입되고 흘러가는 중규모 순환의 특성.
후방유입분사는 대류순환의 역시어(upshear) 기울기에 대한 반작용으로 형성되는데, 시스템의 배면 가장자리를 따라 취한 수평부력경도가 후방으로부터 중간 위치의 공기를 끌어당겨 순환을 생성하는 것과 같은 작용이다. 후방유입분사는 대류 시스템 규모의 하강기류 생성을 돕는, 잠재적으로 차고 건조한 중간 위치의 공기를 공급한다.

후지타 등급(Fujita scale, -等級) 토네이도 강도를 구조물과 식생 피해에 간접적으로 관련시키는 등급.
F-등급이라고도 하는데 F-등급에 따른 개략적인 풍속은 다음 공식을 사용하여 계산한다.

$$V = 6.30(F+2)^{1.5}\, m\, s^{-1}$$

다음과 같이 풍속 어림값에 해당하는 6개 등급을 개발하였다.

F0(가벼운 피해) : 18~32ms^{-1}
F1(보통 피해) : 33~49ms^{-1}
F2(상당한 피해) : 50~69ms^{-1}
F3(극심한 피해) : 70~92ms^{-1}
F4(황폐시키는 피해) : 93~116ms^{-1}
F5(믿기 어려울 정도의 큰 피해) : 117~142ms^{-1}

구조물의 디자인과 나무의 유형에 크게 좌우하지만, F-등급에 따른 피해 특성은 다음과 같다.

F0 : 굴뚝에 어느 정도의 피해를 입히고 나뭇가지가 부러지며 얕은 뿌리의 나무가 쓰러진다.
F1 : 지붕이 벗겨지고 이동식 가옥이 밀려나거나 뒤집히며 이동하는 차량이 도로를 이탈한다.
F2 : 골조 가옥의 지붕이 찢기고 이동식 가옥이 파괴되며 뚜껑 있는 화차가 넘어지고 큰 나무가 부러지거나 뿌리째 뽑힌다.
F3 : 튼튼하게 건축된 가옥의 지붕과 벽이 찢기고 열차가 뒤집히며 숲에 있는 대부분의 나무들이 뿌리째 뽑히고 무거운 차량들이 지면에서 들어 올려져서 날아간다.
F4 : 튼튼하게 건축된 가옥이 쓰러지고 기초가 약한 구조물이 날려가며 큰 물체들이 날아다닌다.
F5 : 강한 골조 가옥이 기초로부터 들어 올려져서 상당한 거리까지 이동하고 자동차 크기의 물체들이 100m 이상의 거리를 날아가며 나무들이 껍질까지 벗겨진다.

후지타-피어슨 등급(Fujita-Pearson scale, -等級) 토네이도 경로의 길이와 폭으로 토네이도의 강도를 나타내는 등급.
다음과 같은 6개 등급이 있다. 이 6개 등급의 피해 강도는 후지타 등급에서 설명되어 있다.

등급	경로 길이	경로 폭
0	<1.6km	<16m
1	1.6~5.0km	16~50m
2	5.1~15.9km	51~160m
3	16~50km	161~508m
4	51~159km	509~1,448m
5	160~507km	1,449~4,989m

휘도(luminance, 輝度) 복사강도의 측광량.
어떤 입체각의 방향에서 단위면적에 입사되거나 방출되는 빛의 세기이다. 휘도는 가시영역 스펙트럼에서 발광효율(發光效率)로 가중치를 준 스펙트럼 복사강도를 적분하여 얻는다. 휘도의 국제단위계 단위는 단위 평방미터당 칸델라(cd/m^2)이다.

휘돌이건습계(sling psychrometer, -乾濕計) 습구온도계로부터 수증기 증발에 바람의 영향이 잘 반영될 수 있도록 한 손으로 휘두를 수 있는 건습구온도계.
건습구온도계의 위쪽 끝은 자유롭게 회전할 수 있도록 보통 쇠줄이나 베어링을 이용하여 손잡이와 연결되어 있다.

흑구온도계(black-bulb thermometer, 黑球溫度計) 흑색 안료로 온도계를 감싸 거의 흑체에 가깝게 만든 온도계.
감도가 예민한 부품들로 구성되어 있다. 항온상태를 유지하는 진공방을 갖춘 복사조도에 반응하는 기기로서 방 내에서 복사 에너지 투과특성에 따라 보정된다. 흑구온도계는 검은색 무광 에나멜 등이 칠해진 둥근 모양의 구(球) 윗부분에 봉상유리온도계를 꽂아 놓은 모양을 하고 있다. 황동 재질로 된 구의 바깥 지름은 약 150mm이며 두께는 0.5mm이다. 내부에는 약 2/3 정도의 물이 채워져 있고, 고무마개에 주삿바늘이 꽂혀 있어 태양의 복사열로 인한 구 내부의 팽창열을 일정량만큼 밖으로 내보내는 역할을 한다. 흑구온도계는 통풍이 잘되고 직사광선이 내리쬐는 실외에 설치하며, 구의 중앙이 지면으로부터 약 1.2~1.5m 높이에 있도록 한다. 이 온도계는 기상관측용으로 사용되지 않고 군(軍) 훈련 또는 작업장의 온열환경 평가나 고열 허용기준 판정 등을 위한 온도지수 산출을 위하여 이용되는 측기이다. 이 측기를 이용한 습구흑구온도지수(WGI)는 인간의 냉온감(冷溫感)을 나타내는 유효온도(감각온도)와 불쾌지수의 근삿값을 얻기 위한 것으로 다음 식으로 계산된다.

- 태양 직사광선이 있을 때 : $WGI = 0.7T_w + 0.2T_g + 0.1T_a$
- 실내 또는 태양 직사광선이 없을 때 : $WGI = 0.7T_w + 0.3T_g$

여기서 T_w는 습구온도, T_g는 흑구온도, T_a는 건구온도를 의미한다. 군(軍)에서는 더운 여름철 WGI 지수가 26.5를 초과하면 더위에 적응이 안 된 병사의 훈련에 주의를 기울이고, 29.5에 도달 시에는 심한 탈수 증세가 우려되므로 과중한 훈련을 삼가고, 29.5를 초과할 경우에는 가능한 옥외 훈련을 삼가도록 하고 있다.

흑체(blackbody, 黑體) 주어진 온도에서 모든 파장에 걸쳐 가능한 최대의 복사를 방출하는 물체.

모든 물체는 절대온도 영도 이상에서 표면온도에 대응하는 복사를 방출하지만, 방출되는 복사 에너지는 파장에 따라서 다르다. 흑체는 입사한 모든 복사를 흡수하고 반사하지 않는 가상의 물체다. 흑체에 의한 복사를 흑체복사라고 하며 흑체를 완전복사체라고도 한다.

흡광도(absorbance, 吸光度) 흡광매체를 통과하는 어떤 파장에 있어서 광 강도의 감소 정도. 주로 화학자가 사용하는 용어로, 흡수체에 대한 투과도의 음의 대수로 나타내며 담은 용기에 의한 반사도를 보정하여 사용한다. 이름과 달리 흡광도는 산란현상이 보통 무시될 수 있다고 가정되지만 산란과 흡수 두 가지 모두의 결과이다. 흡광도는 흡수 광학두께이며 흡수체의 물리적 두께에 의존한다.

흡수(absorption, 吸收) 입사하는 복사 에너지가 매질의 물질에 의해 받아들여지는 에너지를 소모하는 과정.
흡수된 복사 에너지는 다른 에너지 형태로 비가역적으로 변환되고 또 흡수하는 매질의 특성에 따라 흡수된 후의 결과와 과정은 크게 달라진다. 즉, 매질에 흡수된 에너지는 변환되어 복사 에너지를 방출한다. 이를 입사한 복사 에너지에 대한 감쇠효과로 해석한다. 이 중에는 입사광(入射光)의 일부가 그 진로를 바꿀 뿐 복사 에너지 그 자체에는 변화가 없는 경우와 복사 에너지가 물체의 열 에너지로 변환되어 실제로 감소되는 경우가 있다. 전자를 산란, 후자를 흡수라고 한다. 원자나 분자에서는 우선 입사광의 광양자(光量子)가 흡수되어 전자의 에너지 상태가 여기(勵起)되고, 다시 그 에너지가 원자와 분자의 상호 충돌에 의하여 급속히 열 에너지로 변환되는 경우를 흡수가 일어난다고 한다. 이 경우 전자 에너지의 차를 $\triangle E$, 플랑크(Planck) 상수를 h라고 하면, 주파수 $v = \triangle E/h$로서 부근에 있는 복사 에너지만이 흡수되므로 이것을 선택흡수 또는 선흡수(線吸收)라 한다. 광양자의 에너지가 원자나 분자의 전리(電離) 에너지나 분자의 해리(解離) 에너지보다 클 경우에도 전리나 해리를 동반한 흡수가 일어난다. 이 경우 에너지가 일정한 값을 넘는 광양자는 모두 흡수되므로 연속흡수라고 한다. 이러한 흡수는 보통 자외선 부분에서 볼 수 있다. 또 입사된 복사 에너지가 다른 물질에 완전히 받아들여져 동화되거나 화학반응을 일으켜 물리적으로 융해되는 과정도 있다.

흡수계수(absorption coefficient, 吸收係數) 단색파장의 복사 에너지가 매질을 통과하는 동안에 흡수에 의해서 복사가 감쇠되는 정도를 나타내는 척도.
복사가 매질을 통과하는 도중에 흡수되는 경우, 매질 속에서 복사의 강도는 지수함수적으로 감소하여 람베르트-베르(Lambert-Beer)의 법칙을 따른다. 즉, 파장이 λ인 복사가 매질로 들어가기 전과 매질 속을 거리 χ만큼 진행했을 때의 복사강도를 각각 $I_{0\lambda}$, I_λ라고 하고 매질의 밀도를 ρ라고 하면, $I_\lambda = I_{0\lambda}\exp(-k_\lambda \rho \chi)$이다. 여기서 k_λ가 파장이 λ인 복사의 흡수계수이다. 위의 식으로부터 $k_\lambda = -(dI_\lambda/\rho d\chi)/I_\lambda$이므로 k_λ는 매질 단위질량당 복사 흡수량의 χ지점에서 복사강도에 대한 비율임을 알 수 있다. $I_\lambda/I_{0\lambda}$는 투과율이고 $(1-I_\lambda/I_{0\lambda})$는 흡수율이다. 흡수계수는 파장에 따라서 다르지만, 어느 특정 파장역의 복사만을 강하에 흡수하는 경우를 **선택흡수**(selective absorption)라 한다.

흡수단면(absorption cross section, 吸收斷面) 전자기파가 어떤 물체에 조사(irrandiate)될 때 다른 물체에 의해서 흡수되는 복사속(radiant flux)을 만드는 영역.
예를 들어, 오존이 자외선을 흡수하는 경우 흡수단면은 오존 분자가 특정 파장 혹은 특정 방향으로 편광된 복사를 흡수하는 능력으로 이해할 수 있다. 흡수단면은 면적과 비례하는 단위를 갖지만, 흡수단면이 복사를 흡수하는 물질의 밀도나 분자의 에너지 상태에 의존하기 때문에 실제 면적을 의미하지는 않는다. 흡수단면은 다음과 같이 람베르트-베르의 법칙에서 나타난다.

$$\ln\left(\frac{I_0(\lambda)}{I(\lambda)}\right) = l \cdot c \cdot \sigma(\lambda)$$

여기서 $I(\lambda)$와 $I_0(\lambda)$는 각각 파장 λ에서 투과된 전자기파의 강도와 입사한 전자기파의 강도를 나타내며, l은 전자기파의 경로길이, c는 흡수물질의 농도, 그리고 σ가 흡수단면을 나타낸다.

흡수대(absorption band, 吸收帶) **흡수 스펙트럼**에서 밀접한 흡수선의 집합, 또는 특정 파장역에 연속적인 흡수가 나타나 이룬 복사 흡수선 띠.
흡수대 또는 흡수띠는 다원자 가스들의 흡수 스펙트럼에서 보이는 흔한 현상으로, 흡수된 광자가 전자, 진동, 또는 회전 중 한 가지 또는 복합적 분자의 에너지 상태로 변하면서 발생한다. 복사 흡수대는 보통 복사 에너지의 연속 스펙트럼에서 부분적으로 나타나는 어두운 부분에 해당한다. 대기에서 태양복사와 지구복사의 흡수 스펙트럼을 관측했을 때, 많은 주파수 영역대에서 대기는 태양 및 지구복사를 잘 흡수하나 몇 개의 특징적인 파장대에서 복사 에너지는 잘 흡수되지 않고 상당한 정도의 투과율을 보인다. 그 대표적인 예로 300nm부터 가시광선 영역까지의 UV-C 영역, 400~700nm의 가시광선 영역, 1,100nm 부근의 적외광선 영역이 있다.

흡수 스펙트럼(absorption spectrum, 吸收-) 복사 에너지가 임의의 매질에 의해 파장별로 흡수되는 스펙트럼.
기체로부터의 복사 스펙트럼은 선 스펙트럼(원자로부터의 복사)과 띠 스펙트럼(분자로부터의 복사)으로 나뉜다. 선 또는 띠 스펙트럼을 가지는 기체 속으로 연속 스펙트럼의 복사를 투과시키면, 고유의 파장역에 검은 선 또는 검은 띠가 나타나는데, 이것이 흡수 스펙트럼이다. 이는 키르히호프의 법칙에 따라서 선 또는 띠 스펙트럼을 가지는 기체는 복사를 방출하는 파장역에서 또한 복사를 흡수하기 때문이다.

흡수습도계(absorption hygrometer, 吸收濕度計)　흡습성 화학물질에 의해 수증기가 흡수되는 방식을 사용하여 대기 중 수분의 양을 측정하는 습도계.
흡수된 수증기의 양은 흡습성 물질의 무게를 측정하는 절대적인 방법으로 또는 흡수된 수증기의 양에 따라 변화하는 물질의 물리적 특성을 측정하는 비절대적인 방법으로 결정할 수 있다.

흡수율(absorptivity, 吸收率)　빛이 매질 속을 진행하는 과정 중에 흡수된 비율.
즉, 파장이 λ인 복사가 매질로 입사하기 전과 매질 속 어느 거리만큼 진행했을 때의 복사강도를 각각, $I_{0\lambda}$, I_{λ}라고 하면 흡수율은 $(1-I_{\lambda}/I_{0\lambda})$이다.

흡습성(hygroscopic, 吸濕性)　1. 수증기의 응결을 가속화시킬 수 있는 뚜렷한 능력이 있는. 일반적으로 사용할 때는 결정성 고체(소금, 갈색 설탕)가 수증기를 흡수하는 능력을 말한다. 그러나 결정성 고체가 완전히 녹지 않는 대부분의 상태에서는 수증기를 흡수하는 율이 낮다. 기상학에서 이 용어는 소금으로 구성된 응결핵에 주로 적용되는데, 소금물은 같은 온도에서 순수한 물과 비교하여 매우 낮은 평형증기압을 보인다. 흡습성 핵에 생기는 응결은 100%보다 훨씬 낮은 상대습도에서 시작된다. 염화나트륨의 경우 약 76%에서 응결이 일어난다. 이 값 밑에서는 입자들이 건조한 상태로 남아 있게 된다. 충분히 큰 면을 가진 소위 비흡습성 핵에는 거의 100%의 상대습도가 응결을 일으키는 데 필요하다. '습한 연무'는 이것이 냉각하면서 비교적 건조한 공기에서 느린 성장 과정을 통하여 입자들로 형성된다.
2. 수증기 효과에 의해 변화되는 물질과 물리적 특성을 설명하는.
어떤 물질의 흡습도는 모발습도계의 모발 소자와 같은 제어장치와 습도측정에 이용하여 왔다.

흡입소용돌이(suction vortex, 吸入-)　중심 축 주위의 궤도를 돌며 토네이도 중심 안의 더 작은 2차 소용돌이.
실험 및 수치 시뮬레이션에서 소용돌이 비율이 크면, 단세포 소용돌이에서 2차 소용돌이로 전환한다. 토네이도가 파괴한 궤적을 보면 소용돌이가 사이클로이드(cycloid) 자국을 만들고, 토네이도의 바람이 단계적으로 파괴한 것으로 설명한다. 흡입소용돌이가 지나면서 구조물이 훼손된다.

흡착(adsorption, 吸着)　얇은 막의 액체나 기체가 고체물질에 부착되는 것.
고체는 흡착된 물질과 화학적으로 결합하지 않는다.

흡착등온선(adsorption isotherm, 吸着等溫線)　고체상과 액체상 사이의 화합물의 분배를 나타내는 위상도(상선도)상의 경계.
고체상과 접촉하고 있는 수용액 속 화합물의 농도와 고체상에 흡착되어 있는 화합물의 농도 사이의 등온 평형관계를 나타낸다.

흰서리(white frost) 1. 하얀서리(hoar frost)와 같으나 더 두껍게 쌓인 서리.
서리가 두껍게 쌓이면 차가운 공기와 차단하는 단열효과가 생기고, 또한 미량(微量)이지만 잠열이 발생하므로 농작물의 냉해 방지에 도움이 될 수 있다.
2. 작은 과냉각 물방울에 의해 형성된 상고대(rime)를 표현하는 구어체.

찾아보기

【B】

【C】

【D】

【E】

【F】

【G】

【H】

【I】

【J】

【K】

【L】

【M】

【N】

【O】

【P】

【Q】

【R】

【S】

【T】

【U】

【V】

【W】

【X】

【Y】

【Z】

【기타】